国家科学技术学术著作出版基金资助出版

感知矿山理论与应用

主　编　葛世荣
副主编　丁恩杰

国家重点基础研究发展计划项目“深部危险煤层无人采掘装备关键基础研究”（编号：2014CB046300）
国家科技支撑计划项目“矿井信息采集关键技术研究与新型传感关键技术研究及相关产品研制”（编号：2012BAH12B01）
国家863计划项目“面向煤矿灾害救援机器人研究开发与应用”（编号：2012AA041504）
资助出版

科学出版社
北　京

内 容 简 介

随着物联网技术的发展，将物联网技术应用到煤矿，将带来煤矿领域的第四次技术革命。本书介绍矿山物联网领域的理论与应用，按照“源、流、岛”的体系去认知矿山生产及环境全过程；利用“三个感知”诠释矿山物联网的本质；从信息的获取、传输、处理和应用示范方面详细描述作者对矿山物联网理论与技术的认识。本书包括感知矿山技术体系、感知矿山的信息源、感知矿山的信息岛、感知矿山的信息流、感知矿山的传输网、感知矿山的智能化、矿山灾害感知、矿山人员环境感知、矿山装备感知、感知矿山云平台、井下灾变感知以及感知矿山工程实践 12 章内容。

本书反映了当前矿山物联网领域所取得的最新技术成果和发展前景，可供广大煤矿科技工作者参考。

图书在版编目（CIP）数据

感知矿山理论与应用/葛世荣主编. 一北京：科学出版社, 2017.3

ISBN 978-7-03-052166-8

Ⅰ. ①感… Ⅱ. ①葛… Ⅲ. ①智能技术-应用-矿业工程-研究 Ⅳ. ①TD67

中国版本图书馆 CIP 数据核字（2017）第 053629 号

责任编辑：胡 凯 李涪汁/责任校对：张凤琴

责任印制：张 倩/封面设计：许 瑞

科学出版社 出版

北京东黄城根北街16号

邮政编码：100717

http://www.sciencep.com

新科印刷有限公司 印刷

科学出版社发行 各地新华书店经销

*

2017 年 3 月第 一 版 开本：787 × 1092 1/16

2017 年 3 月第一次印刷 印张：34

字数：780 000

定价：179.00 元

（如有印装质量问题，我社负责调换）

《感知矿山理论与应用》编委会

主　编：葛世荣

副主编：丁恩杰

编　委：（按姓氏笔画排序）

马洪宇　巩思园　朱　华　刘　春

刘　鹏　刘　静　孙晓燕　孟　磊

赵　端　赵小虎　赵志凯　胡延军

胡青松　霍　羽

前　言

分析家预测物联网产品与服务在近几年会有指数型的增长，国内外政府与相关机构对物联网研发的资助力度也会不断加强。将物联网技术引入煤矿行业，将带动煤矿行业的第四次工业革命，只有建设矿山物联网才能满足当今能源革命对煤矿行业所提出的任务和使命。本书反映了作者对感知矿山的理念、理论及技术的探索和实践。

煤矿行业已经经历了三次技术革命，第一次革命是以采掘面装备综合机械化设备为标志的机械化革命，此次变革极大地提高了煤矿生产效率；第二次革命则是以井下设备的控制自动化为标志的自动化革命，此次革命使得高效矿井成为可能；第三次革命则是以建立井上、井下骨干通信网络并实现地面对井下设备进行远程控制为标志的信息化革命，此次变革进一步提高了煤矿安全生产效率，但更重要的是初步实现了煤矿井下少人化。随着物联网技术的发展，我们认为将物联网技术应用到煤矿，将带来煤矿领域的第四次技术革命。只有建设了物联网矿山，才能实现“无人化采煤”，推动智能化矿山发展。

煤矿行业生产系统是一个复杂开放的巨系统，如何打破传统学科的束缚，系统性认知矿山生产的全过程，是我国煤矿科技人员一直努力解决的问题；这也是造成目前我国矿山生产的理论及技术呈条块分割状态的真正原因，科技部万钢部长视察物联网研究中心时指出“感知矿山物联网是解决煤矿安全问题的很好举措”。为了更好地解决上述问题，加快矿山物联网技术的快速发展，我们要加强对一些核心关键技术的研究，如身份识别、信息安全、语义信息的获取与处理、CPS 技术等，物联网与云计算技术的聚合、大数据和未来网络等也应在研究之列。

本书按照“源、流、岛”的体系去认知矿山生产及环境全过程；利用“三个感知”诠释矿山物联网的本质；从信息的获取、传输、处理和应用示范方面详细描述作者对矿山物联网理论与技术的认识。利用这种体系去认识矿山生产系统，能体现各个子系统的相互关系和整个矿山生产的跨学科特点。需要说明的是，本书的体系并不是对原有各种安全生产监控系统的否定，而是试图说明如何从更高层次对各子系统的聚合，使现有系统能发挥更大的作用，以及矿山物联网还需要建设什么内容。

本书由中国矿业大学葛世荣教授担任主编、丁恩杰教授担任副主编，其中葛世荣编写了第 9 章，丁恩杰参与编写了第 2 章和第 10 章。其余章节分工如下：赵端编写了第 1 章，马洪宇编写了第 2 章（葛世荣编写第 2.5 节），胡青松编写了第 3 章，赵志凯编写了第 4 章，霍羽编写了第 5 章，孙晓燕编写了第 6 章，刘春编写了第 7 章，胡延军、孟磊编写了第 8 章，刘鹏编写了第 10 章，朱华、葛世荣编写了第 11 章，赵小虎编写了第 12 章。全书由丁恩杰教授统稿。

本书的阅读对象主要是煤矿科技工作者。由于矿山物联网是一个新兴事物，目前还未见相关的系统阐述。因此，作者通过本书表达自身观点的同时，还希望本书能起到抛砖引玉的作用，使更多的研究人员关注矿山物联网，加速推动矿山技术革命。

目　　录

前言
1　感知矿山技术体系……1
1.1　感知矿山的基本概念……1
1.1.1　人的感知能力……1
1.1.2　感知矿山的内涵……2
1.1.3　感知矿山的意义……4
1.1.4　矿山感知技术发展……5
1.2　感知矿山物联网……7
1.2.1　物联网的概念……7
1.2.2　矿山物联网……8
1.3　感知矿山的关键技术……11
1.3.1　感知矿山系统架构……11
1.3.2　感知层关键技术……11
1.3.3　传输层关键技术……14
1.3.4　应用层关键技术……18
1.4　感知矿山的技术标准……19
1.4.1　标准建设的意义……19
1.4.2　矿山物联网标准内涵……19
1.4.3　M2M 接口标准……20
1.4.4　信息描述标准……23
参考文献……24
2　感知矿山的信息源……25
2.1　信息源……25
2.1.1　信息定义……25
2.1.2　信息获取……26
2.2　传感器……27
2.2.1　矿用传感器概述……27
2.2.2　物联网与传感器……29
2.2.3　传感器原理……30
2.2.4　传感器特性与选用……32
2.2.5　矿用传感器防爆……35
2.3　矿用气体传感器……36
2.3.1　气体传感器分类……37

2.3.2 瓦斯传感器……37
2.3.3 氧气传感器……44
2.3.4 一氧化碳传感器……47
2.4 微纳气体传感器……50
2.4.1 微纳甲烷传感器……50
2.4.2 微纳氧气传感器……52
2.4.3 其他微纳气体传感器……53
2.5 光纤传感技术……57
2.5.1 光纤传感原理……57
2.5.2 光纤温度传感器……57
2.5.3 光纤位移传感器……60
2.5.4 光纤压力传感器……63
2.5.5 应变感知……67
2.5.6 振动感知……71
2.5.7 流量感知……74
2.5.8 气体感知……75
2.5.9 电流感知……78
2.6 其他矿用传感器……81
2.6.1 风速传感器……81
2.6.2 其他传感器……84
2.7 矿用传感器的发展……86
参考文献……89
3 感知矿山的信息岛……92
3.1 信息岛的内涵……92
3.2 信息岛构建和演变……94
3.2.1 信息孤岛的动态扩展……94
3.2.2 全矿井信息岛拓扑生长……98
3.3 信息岛内的数据处理……100
3.3.1 监测信息入岛……100
3.3.2 统一数据描述……103
3.3.3 岛内数据表示方法……106
3.3.4 岛内数据融合方法……107
3.4 信息岛的中转与接驳……110
3.4.1 机会通信模型……110
3.4.2 机会中继与接驳……113
参考文献……117
4 感知矿山的信息流……120
4.1 感知矿山信息预处理……120

4.1.1 信息流分类 ……………………………………………………………………… 120
4.1.2 信息流预处理 …………………………………………………………………… 121
4.1.3 信息流数据融合 ………………………………………………………………… 122
4.2 感知矿山信息流编码 ……………………………………………………………… 123
4.2.1 信息流编码目的 ………………………………………………………………… 124
4.2.2 信息描述规范 …………………………………………………………………… 124
4.2.3 信息流编码设计 ………………………………………………………………… 125
4.3 感知矿山信息流传输 ……………………………………………………………… 126
4.3.1 信息流传输方式 ………………………………………………………………… 126
4.3.2 信息流传输平台 ………………………………………………………………… 128
4.4 感知矿山信息流存储 ……………………………………………………………… 129
4.4.1 信息库的特征 …………………………………………………………………… 129
4.4.2 信息库的构建 …………………………………………………………………… 130
4.4.3 信息库的应用 …………………………………………………………………… 131
4.5 生产状态感知信息流 ……………………………………………………………… 132
4.5.1 地质勘探感知信息流 …………………………………………………………… 132
4.5.2 采掘系统感知信息流 …………………………………………………………… 133
4.5.3 提升系统感知信息流 …………………………………………………………… 133
4.5.4 通风系统感知信息流 …………………………………………………………… 134
4.5.5 排水系统感知信息流 …………………………………………………………… 134
4.5.6 供电系统感知信息流 …………………………………………………………… 135
4.5.7 皮带系统感知信息流 …………………………………………………………… 135
4.6 灾害渐变感知信息流 ……………………………………………………………… 135
4.6.1 瓦斯灾害感知信息流 …………………………………………………………… 135
4.6.2 煤火灾害感知信息流 …………………………………………………………… 136
4.6.3 粉尘灾害感知信息流 …………………………………………………………… 136
4.6.4 矿震灾害感知信息流 …………………………………………………………… 137
4.6.5 突水灾害感知信息流 …………………………………………………………… 137
4.7 指挥调度感知信息流 ……………………………………………………………… 137
4.7.1 人员定位感知信息流 …………………………………………………………… 137
4.7.2 语音通信感知信息流 …………………………………………………………… 137
4.7.3 视频联动感知信息流 …………………………………………………………… 138
4.7.4 应急指挥感知信息流 …………………………………………………………… 138
4.7.5 生产调度感知信息流 …………………………………………………………… 138
4.8 矿区环境感知信息流 ……………………………………………………………… 138
4.8.1 矿区灾害感知信息流 …………………………………………………………… 138
4.8.2 生态环境感知信息流 …………………………………………………………… 139
参考文献 ……………………………………………………………………………… 139

5 感知矿山的传输网 …… 141
5.1 感知矿山传输网发展现状 …… 141
5.1.1 感知矿山传输网基本要求 …… 141
5.1.2 感知矿山传输网技术现状 …… 143
5.2 感知矿山传输网构建 …… 149
5.2.1 感知矿山传输网组网 …… 149
5.2.2 感知矿山传输网构架 …… 151
5.2.3 基于认知无线电的传输网 …… 152
5.3 感知矿山传输网优化 …… 160
5.3.1 矿山环境对传输网的约束与限制 …… 160
5.3.2 基于先进无线通信的传输网优化 …… 161
5.3.3 网络多媒体数据传输的可靠性保障 …… 162
5.3.4 网络多媒体数据传输的 QoS 提升 …… 167
5.4 灾后应急传输网重建 …… 171
5.4.1 灾后应急传输网重建策略 …… 171
5.4.2 基于 QoS 的应急数据传输 …… 173
5.4.3 应急泛在网络能耗最小化 …… 174
参考文献 …… 177
6 感知矿山的智能化 …… 180
6.1 概述 …… 180
6.2 感知矿山系统决策架构 …… 181
6.2.1 矿山决策概述 …… 181
6.2.2 决策支持系统 …… 182
6.2.3 智能决策架构 …… 183
6.3 感知矿山的认知方法 …… 185
6.3.1 感知矿山认知建模的对象 …… 185
6.3.2 感知矿山认知建模的方法 …… 187
6.3.3 感知矿山认知决策的知识 …… 197
6.3.4 感知矿山认知建模的模型 …… 198
6.4 大数据感知矿山系统建模 …… 205
6.4.1 矿山安全系统建模成果 …… 205
6.4.2 大数据驱动的感知建模 …… 206
6.5 融入知识的感知决策 …… 209
参考文献 …… 211
7 矿山灾害感知 …… 213
7.1 瓦斯与煤火灾害感知 …… 213
7.1.1 瓦斯与煤火感知方法 …… 213
7.1.2 瓦斯涌出量感知 …… 217

7.1.3 煤与瓦斯突出灾害感知 …… 226

7.1.4 煤火灾害感知 …… 239

7.2 矿山压力灾害感知 …… 245

7.2.1 矿山压力灾害感知方法 …… 245

7.2.2 冲击地压灾害感知的微震监测法 …… 251

7.3 矿井突水灾害感知 …… 272

7.3.1 矿井突水机理与感知方法 …… 273

7.3.2 突水地质条件感知 …… 276

7.3.3 突水地带特征感知 …… 283

7.3.4 矿井突水的感知网络 …… 290

7.3.5 矿井突水的综合感知 …… 294

参考文献 …… 298

8 井下人员感知 …… 302

8.1 井下人员感知模型 …… 302

8.1.1 人员感知的层次框架 …… 302

8.1.2 主动式人员环境感知 …… 303

8.2 井下人员定位技术 …… 304

8.2.1 井下定位技术发展 …… 304

8.2.2 井下动点定位算法 …… 306

8.2.3 动点定位误差分析 …… 314

8.3 人员感知流构建技术 …… 317

8.3.1 压缩感知技术 …… 318

8.3.2 分布式协同编码技术 …… 320

8.4 移动组网拓扑控制 …… 324

8.4.1 邻居节点选择概率的优化模型 …… 324

8.4.2 邻居节点选择概率的分布式实现 …… 325

8.4.3 算法描述 …… 326

8.4.4 算法仿真及分析 …… 326

8.5 人员感知信息岛 …… 328

8.5.1 特征提取技术 …… 328

8.5.2 信息联动 …… 328

8.5.3 井下人员管理 GIS 系统 …… 331

8.5.4 系统功能 …… 336

参考文献 …… 336

9 开采装备感知 …… 340

9.1 地下采矿装备概述 …… 340

9.1.1 巷道掘进装备 …… 340

9.1.2 煤炭回采装备 …… 340

9.1.3 液压支护装备 …… 342
9.1.4 矿井运输装备 …… 343
9.1.5 井下供电装备 …… 345
9.1.6 通风排水装备 …… 346
9.2 采矿装备状态感知 …… 347
9.2.1 掘进机状态感知 …… 347
9.2.2 采煤机状态感知 …… 349
9.2.3 液压支架感知 …… 351
9.2.4 转运装备感知 …… 353
9.2.5 提升装备感知 …… 353
9.2.6 带式输送机感知 …… 359
9.2.7 电力装备感知 …… 363
9.2.8 通风装备感知 …… 365
9.2.9 排水装备感知 …… 366
9.3 智能材料结构感知 …… 368
9.3.1 智能材料 …… 369
9.3.2 智能结构 …… 372
9.3.3 智能结构应用 …… 374
9.4 移动装备定位感知 …… 383
9.4.1 井下移动装备定位技术 …… 383
9.4.2 井下运输车辆导航技术 …… 391
9.5 截割煤岩性状感知 …… 398
9.5.1 基于煤岩物性的识别技术 …… 400
9.5.2 基于切割载荷的识别技术 …… 405
9.5.3 基于岩层扫描的识别技术 …… 409
9.6 机械润滑状态感知 …… 413
9.6.1 油液监测技术 …… 414
9.6.2 润滑油在线监测技术 …… 416
9.6.3 几种典型油液监测技术 …… 419
9.6.4 润滑油在线净化与修复 …… 426
参考文献 …… 431
10 感知矿山云平台 …… 434
10.1 感知矿山云平台基础 …… 434
10.1.1 云计算概念 …… 434
10.1.2 云计算应用模式 …… 435
10.1.3 云计算与大数据 …… 436
10.1.4 感知矿山的云计算 …… 437
10.2 感知矿山云平台技术 …… 439

10.2.1 云系统管理软件 …… 440
10.2.2 云存储软件 …… 441
10.2.3 云门户软件 …… 443
10.2.4 云应用软件群 …… 446
10.3 感知矿山云平台服务 …… 453
10.3.1 煤矿灾害预警云服务 …… 453
10.3.2 煤矿风网优化云服务 …… 462
10.3.3 设备健康监测云服务 …… 463
10.4 感知矿山云平台前景 …… 464
10.4.1 感知矿山云平台特色 …… 464
10.4.2 感知矿山云平台需求 …… 464
10.4.3 中国感知矿山云服务中心 …… 465
参考文献 …… 466
11 井下灾变感知 …… 468
11.1 井下灾变事故特征 …… 468
11.1.1 瓦斯事故 …… 468
11.1.2 顶板事故 …… 471
11.1.3 矿井水灾 …… 472
11.1.4 矿井火灾 …… 473
11.1.5 井下灾变感知特点 …… 474
11.2 灾变环境感知方法 …… 474
11.2.1 基于视觉的感知方法 …… 474
11.2.2 基于听觉的感知方法 …… 476
11.2.3 基于嗅觉的感知方法 …… 476
11.2.4 基于触觉的感知方法 …… 478
11.3 灾变感知的运载工具 …… 479
11.3.1 灾变感知的运载工具 …… 479
11.3.2 运载工具的关键技术 …… 483
11.4 灾变环境通信系统 …… 489
11.5 灾变受困人员感知 …… 494
参考文献 …… 496
12 感知矿山工程实践 …… 498
12.1 概述 …… 498
12.2 霍尔辛赫煤矿示范工程 …… 498
12.2.1 霍尔辛赫煤矿示范工程规划 …… 499
12.2.2 感知矿山信息集成交换平台 …… 499
12.2.3 骨干网络建设 …… 503
12.2.4 无线感知网络建设 …… 504

12.2.5 井下人员感知系统 ……… 505
12.2.6 井下设备感知系统 ……… 507
12.2.7 感知矿山信息联动系统 ……… 513
12.2.8 井下移动目标定位系统 ……… 515
12.2.9 感知矿山物联网运行维护管理系统 ……… 519
12.3 夹河煤矿示范工程 ……… 522
12.3.1 夹河煤矿简介 ……… 522
12.3.2 夹河煤矿感知矿山建设内容 ……… 522
12.3.3 夹河煤矿感知矿山系统应用 ……… 523
12.4 感知矿山示范创新意义 ……… 526

1　感知矿山技术体系

进入21世纪以来，以信息技术为代表的技术革命迅猛发展，为实现矿山的全面感知提供了成熟的技术支撑。数年来，工业界一直处于一场重大而根本性的变革之中，这一变革在德国被称为“工业4.0”，在中国称为“中国制造2025”，而推广到矿山领域，我们称之为“感知矿山”，它将是“互联网+”这一概念应用在矿山行业的最佳模式。因此，本章将从“感”“知”的概念入手，逐步揭示感知矿山的内涵、技术体系等内容。

1.1　感知矿山的基本概念

1.1.1　人的感知能力

什么是“感”？有些东西是我们用眼睛看不到的，如黑暗中的物体，我们却可以凭借手和身体去感觉它们的存在；有些东西是我们无法用手和身体触摸到的，如远处的物体或者是风景，我们却可以用眼睛来感觉它们的存在；有些东西我们既无法用眼睛看到，也不能用手和身体去触摸，如歌声、音乐、话语等，我们却可以用耳朵来感觉它们的存在；还有一些东西，是我们的感官无法直接感觉的，如紫外线、红外线、细胞、粒子与电磁波等，但我们可以制造各种仪器，借助工具来感觉它们的存在。人类对自己器官所接收的信号做出认识，称之为“感”。对这些感觉信号在大脑中进行分类处理和存储，并对其进行分辨和识别，解释这是什么、有什么作用，就是人类的“知”。

人有五感，分别为视觉、听觉、嗅觉、味觉和触觉，所对应的感受部分分别是人体的眼、耳、鼻、口和皮肤。正所谓，眼观五彩，耳听五音，鼻闻五气，舌尝五味，体感五动。人们对于外部世界的认知，无论是放在面前桌子上的一盘菜，还是远处天边的一道彩虹，都是在这五官五感的综合作用下，才变得直观，变得具体，变得深刻[1]。那什么是五感呢？

1）视觉

视觉是通过视觉系统的外周感觉器官（眼）接受外界环境中一定波长范围内的电磁波刺激，经中枢有关部分进行编码加工和分析后获得的主观感觉。光作用于视觉器官，使其感受细胞兴奋，信息经视觉神经系统加工后产生视觉。

2）听觉

声波作用于听觉器官，使其感受细胞处于兴奋并引起听神经的冲动以至于传入信息，经各级听觉中枢分析后引起的震生感。外界声波通过介质传到外耳道，再传到鼓膜，鼓膜振动，通过听小骨放大之后传到内耳，刺激耳蜗内的纤毛细胞（也称听觉感受器）而产生神经冲动。神经冲动沿着听神经传到大脑皮层的听觉中枢，形成听觉。听觉是仅次于视觉的重要感觉通道。

3）味觉

味觉是指食物在人的口腔内对味觉器官化学感受系统的刺激并产生的一种感觉。

4）嗅觉

它由两个感觉系统参与，即嗅神经系统和鼻三叉神经系统。嗅觉和味觉会互相作用。嗅觉是外激素通信实现的前提，它是一种远感，即说它是通过长距离感受化学刺激的感觉。相比之下，味觉是一种近感。

5）触觉

触觉是接触、滑动、压觉等机械刺激的总称，是指分布于全身皮肤上的神经细胞接受来自外界的温度、湿度、疼痛、压力、振动等方面的感觉。多数动物的触觉器是遍布全身的，像人类的皮肤位于人的体表，依靠表皮的游离神经末梢能感受温度、痛觉、触觉等多种感觉。

随着社会的进步，人与人之间的交流范围越来越大，仅凭借身体本身，人们已经不能完成对周围事物的掌控。于是，人类不断创新发明，用工具来延伸自己的感官：比如脚力不及，人类便发明了轮子；听力不够远，人类便发明了电话。同样，媒介也是人类感觉能力的延伸：印刷媒介是视觉的延伸，广播是听觉的延伸，电视则是视听觉的综合延伸；按照这个逻辑，电脑作为媒介融合的产物，无疑就是人脑的延伸[2]。随着感知手段的多样化、自动化、网络化，主流的技术创新一直以人的感官功能为诉求，人们持之不懈地研究人工智能、人机交互，以期实现感知的延伸。因此，“感知”在现今乃至未来的生产、生活中，不再仅仅是一般意义上的“感”和“知”，它还蕴含了智能、智慧的含义，如图1.1所示，给出了人的感知能力和人工智能感知替代的关系。

1.1.2　感知矿山的内涵

人类早在几千年前就对矿山有了一定的了解，并开始对矿石进行开采和利用，如中国夏商时期对青铜、春秋战国时期对铁矿石的开采和冶炼；在欧洲，希腊学者在公元前约300年就记载有煤的性质和产地，而古罗马更是在大约2000年前就开始用煤进行加热。在矿石的开采过程中，人类对矿山形成了初步的感知，掌握了掘进、支护、开采、运输等一系列的生产流程，并沿用至今[3]。随着科技的发展和进步，现代化开采需要新的感知手段，去更全面地了解矿山，从而更好地指导人们进行生产，由此，感知矿山的概念就应运而生了。

为了保证矿山的安全开采，管理者希望能够了解矿山开采每一个环节、每一道工序、每一台设备的运行情况，能够全面感知矿山的地质、环境、采掘设备状态等信息，就像人们利用感觉器官可以全面感知我们的身体状态一样。但是，矿山开采是一个复杂的过程，涉及大量的电气和机械设备，还难以做到有效监测监控。因此，感知矿山的内涵，就是要利用现代的传感技术、通信技术和信息处理技术，实现矿山生产过程中资源环境、地质灾害、人员安全、设备健康的全面监测。

矿山开采系统主要包括：综掘设备、综采设备、胶带运输、提升系统、辅助运输、煤的洗选、装车等矿山采掘、生产、运输过程中所涉及的一系列生产系统。同时，矿山开采还要面对复杂的地质条件、矿山压力、瓦斯、一氧化碳、地下水及煤尘等，需要排

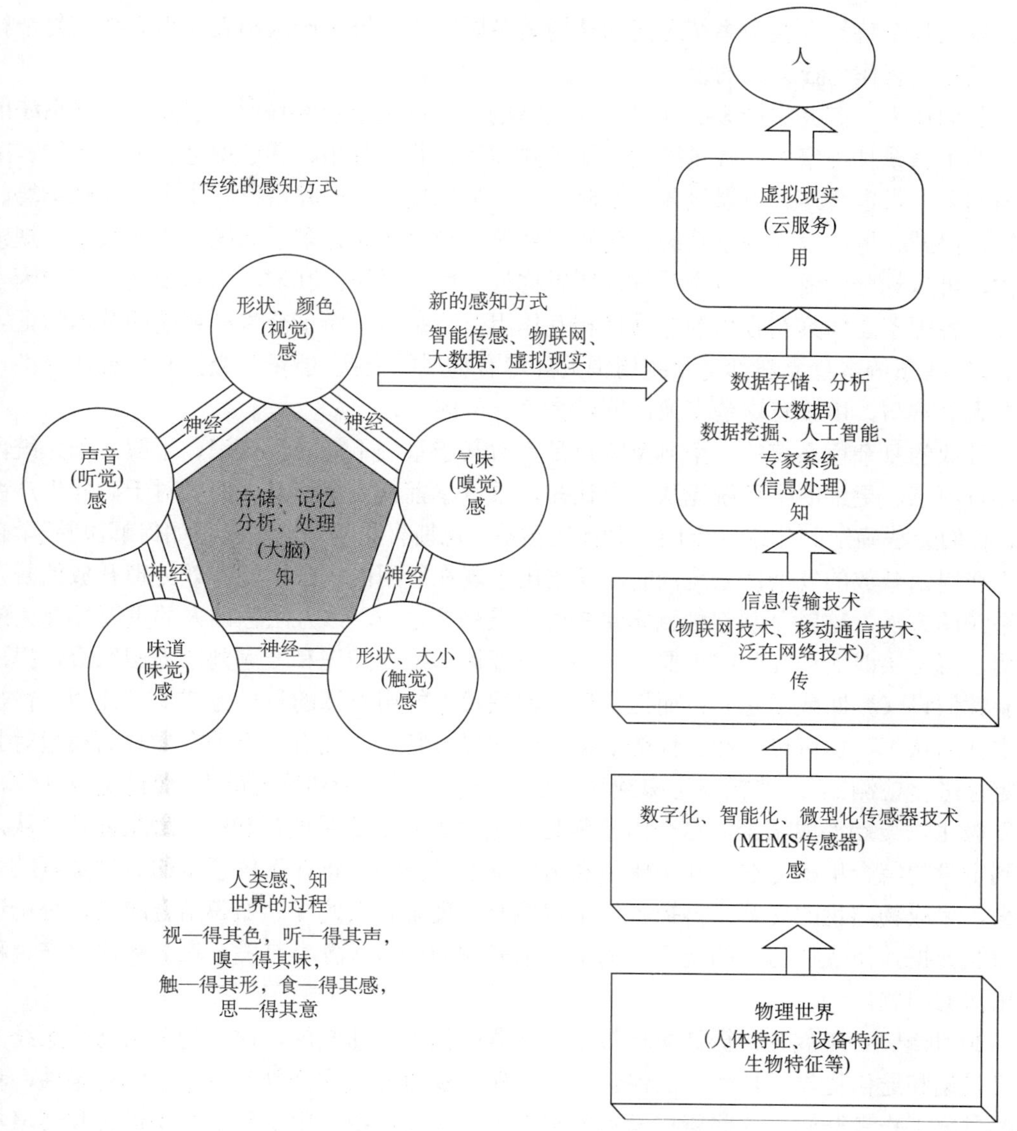

图 1.1 人工智能感知替代关系

水、通风、供电、压风等生产辅助系统。大量的开采系统、辅助系统独立运行，不成体系，造成了矿山生产监控难、调度难、安全事故多等问题。

钱学森等 3 位中国学者于 1990 年发表了题为“一个科学新领域——开放的复杂巨系统及其方法论”一文，提出了开放的复杂巨系统的概念，揭开了开放的复杂巨系统研究的序幕[4]。钱学森在复杂性理论的研究中将系统分为简单系统和巨系统两大类，巨系统又分为简单巨系统和复杂巨系统，进而提出开放的复杂巨系统概念。他指出开放的复杂巨系统具有以下四个特征：第一，系统是开放的，也就是系统本身与系统外部环境有物质、能量和信息的交换；第二，系统包含很多子系统，成千上万甚至是上亿万，所以是巨系统；第三，系统的种类繁多，有几十、上百甚至几百种，所以是复杂的；第四，正因为以上几个特征，整个系统之间的结构是多层次的，每个层次都表现出系统的复杂行为，甚至还有作为社会人的参与。

我们认为，矿井生产系统就是一个典型的开放的复杂巨系统[5]。首先，矿井系统所包含的子系统种类繁多，数量庞大，如矿井地质、巷道开拓、巷道掘进、围岩支护、工作面回采、供电线路、电器设备、监测监控、瓦斯抽放、矿井通风、排水、井底车场、运输、提升、地面设施等子系统，这些子系统本身又包含许多子系统，层次很多，规模宏大，可以划分为成千上万个系统，所以称为“巨”系统；其次，影响安全生产的因子众多，各因子之间具有强烈的非线性相互作用，复杂是矿山安全生产系统的基本特征。最后，这些系统本身显然都与系统周围的环境有物质的交换、能量的交换和信息的交换，且有人的参与，由于有这些交换，所以是“开放的”。

开放的复杂巨系统的一个典型特点是人对其子系统不能完全认识、了解，子系统内部还有更深、更细的子系统无法完全认知，难以掌握其完全信息。例如对于矿井生产系统，我们无法确定矿井每一个地方的地质构造、瓦斯含量等。这些问题如何解决?钱学森院士在提出开放的复杂巨系统同时，还给出了现在能用的、唯一能有效处理开放的复杂巨系统的方法，这就是从定性到定量的综合集成方法[5]，该方法强调人的重要性及人的聪明才智与实践活动经验的重要性，将科学理论、经验知识和专家判断力相结合，提出经验性假设（判断或猜想）；而这些经验性假设不能用严谨的科学方式加以证明，往往是定性的认识，但可以用经验性的数据和资料以及几十、几百、上千个参数的模型对其确定性进行检测，而这些模型也必须建立在经验和对系统的实际理解上，经过定量计算，反复对比，最后形成结论，这个结论就是从定性上升到定量的认识[5]。由此可见，从定性到定量的综合集成方法，其实质是利用各种通信网络，将井下传感器的监测数据结合起来，形成物与物的交互；再把各种学科的科学理论和人的经验知识结合起来，分析这些监测数据，形成物与人的交互，利用专家群体的优势（各类有关专家）解决生产过程中出现的问题。

20 世纪 90 年代初，微计算机技术、互联网技术飞速发展，这就为矿山开采系统的信息采集和通信提供了技术上的保证。为了保证矿山开采这个复杂巨系统的稳定性，我国的科研工作者开始将这些新技术引入到矿山开采系统中，用于采集各类设备和环境参数，初步实现矿山开采的自动化，自动化采掘、支护、开采、运输，使得矿石的产量及开采的安全性得到了质的飞跃。但是，人类对矿山的感知不全面，生产过程中伴随的冲击地压、岩爆、矿震、岩土工程失稳、泥石流、煤与瓦斯突出、矿井火灾、突水等灾害仍是造成矿山生产事故的主要因素。因此，如何运用新兴的信息技术、网络技术，感知矿山开采过程中的人员信息、设备信息、灾害信息及环境信息，预知自然灾害及生产事故，保证井下工人的生命安全、设备的运行安全以及开采环境的安全，即为感知矿山的内涵。

1.1.3　感知矿山的意义

感知矿山的目的是利用物联网技术搭建泛在网络平台，以有线或无线方式接入以 MEMS 传感器为核心的智能传感器，辅以大数据存储与云计算技术，对矿山开采前的勘探资料、生产过程中的动态数据进行全面监测，对工作人员的身体参数、工作环境、位置环境等信息进行主动感知，实现主动式的人员安全保障；对矿山的机械、电子设备工作健康状况进行感知，实现设备的预知维修；对矿山常见的灾害风险进行预报预警，实现灾害的主动感知；对矿区的环境信息进行感知，实现矿区生态环境的主动感知。从而形成对矿山生产的整体感知，完善矿山现有的监控、监测系统，使我们能全面、动态、准确地掌握我国矿山的储量、生产的环境、生产设备状态、工作人员动态的变化，从而进行科学化的管理，达到资源的合理开发利用和节约目的，使矿山生产由自动化、数字化向智能化、智慧化转变。

电子和信息技术的普及应用开启了第四次科技革命之门，而随着互联网技术的普及和移动互联网的发展，全球正处于半个世纪以来的又一次重大技术周期之中。这场变革的核心在于工业、工业产品和服务的全面交叉渗透。这种渗透借助软件，通过在互联网和其他网络上实现产品及服务的网络化而实现。新的产品和服务将伴随这一变化而产生，从而改变整个人类的生活和工作方式，尤其是改变了人类与产品、技术和工艺之间的关系。这样一场革命，在德国称为“工业 4.0”，而在中国称为“中国制造 2025”，或者以物联网为基础的“感知中国”。

感知矿山是“中国制造 2025”在矿山的成功应用，也使矿山的全面感知看到了新的曙光和方向。利用“互联网+矿山”的模式，形成对矿山勘探、挖掘、生产、运输过程的全面感知，不仅能够有效解决矿山感知手段单一、落后的局面，还能够有效提高矿山企业的安全管理水平和生产效率，对矿山企业由粗放型企业向精细化企业转型有着重要的理论意义和实用价值。

1.1.4　矿山感知技术发展

矿山感知技术的发展已有了几十年的历史，从单机（系统）自动化、矿山综合自动化（数字矿山）发展到矿山物联网（智能矿山、智慧矿山、感知矿山），图 1.2 给出了矿山自动化发展过程及趋势分析。近些年来，有关矿山自动化的新名词、新概念层出不穷，除了上面已列出的名词外，还有矿山数字化、矿山信息化（信息化矿山）等[6]。

自动化的发展过程就是一个将信息采集、信息处理和信息使用的方法与外部物理世界相融合的过程，即信息物理系统（cyber physical system，CPS），矿山自动化也不例外。因此，矿山自动化的过程本质上就是一个矿山信息技术与矿山物理世界相融合的过程，即矿山信息物理系统。矿山自动化的发展过程及其在各个阶段的特征反映了这种信息物理世界融合的程度[6]。

如图 1.3 所示，20 世纪 90 年代左右，矿山自动化基本是以单机或单系统自动化为主。胶带运输、排水泵房、通风机监控等基本都是单机就地控制，直到 20 世纪 90 年代后期开始出现单系统地面监控。此后，由于较多的单系统自动化都希望实现在地面的监测监控，采用了每个系统自己布置独立的传输线路到地面的方式，这样就逐步形成了信息孤岛格局，即一个矿山有多个不同类型的窄带通信线路并行，总成本高、信道不能共用、维护量大、备品备件多、维护人员多、可靠性差、信息不能集成等一系列问题随之出现。

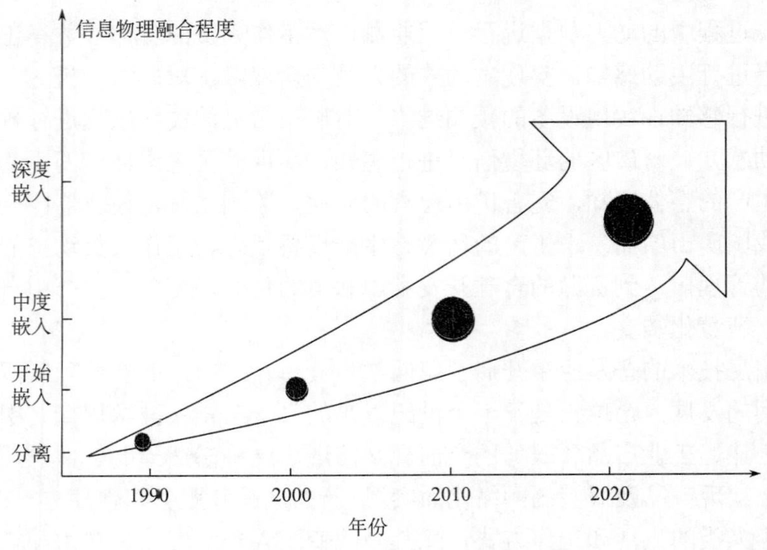

图 1.2　矿山自动化发展过程及趋势分析

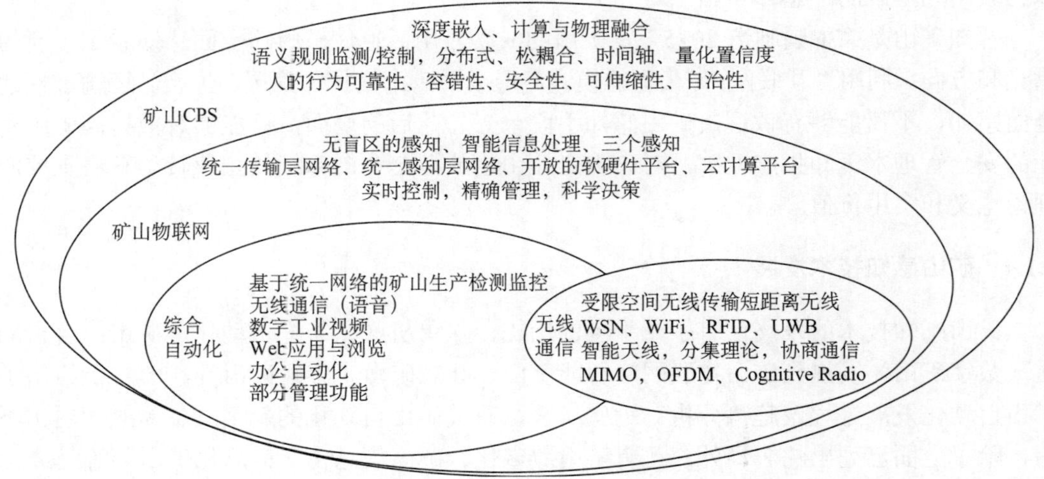

图 1.3　矿山自动化发展各阶段的技术特征

21 世纪初期，随着通信、工业总线及工业以太网技术的普及，用统一的网络来实现矿山众多子系统集成的呼声越来越高。国内神华集团大柳塔矿山首先采用了双 ControlNet 总线，实现了将胶带运输、排水泵房、通风机监控等多个子系统集成在一个网络上传输的综合自动化系统。此后兖矿集团等采用 1000 Mbit/s 的工业以太网实现了将各种监测监控系统、语音、工业电视等集成在一起的三网合一综合自动化系统。短短的几年内，综合自动化成为许多矿山，特别是新建矿山的首选模式。同一时期，矿山地测专业人员开始提出数字矿山的概念，但其最后的发展与综合自动化概念趋于一致。综合自动化也表现出许多不足：感知手段单一、缺乏泛在感知网络、重硬平台集成而轻软平台集成、缺乏应用层信息融合、多学科交叉不够、标准建设不突出等[7]。

对上述不足的思考让人们逐步认识到信息物理系统融合的需要，并出现一些这样的系统，如采煤机监控、电液阀支架监控等系统，表示进入了信息系统嵌入物理系统的阶段，特别是明确要求设备控制必须具有接入网络的能力，这就是物联网生存的基础与土壤，矿山物联网的概念就应运而生了。

1.2　感知矿山物联网

1.2.1　物联网的概念

国际电信联盟（ITU）和欧洲物联网研究联盟（IERC）对物联网的定义为：通过二维码识读设备、射频识别（RFID）装置、红外感应器、全球定位系统和激光扫描器等信息传感设备，按约定的协议，把任何物品与互联网相连接，进行信息交换和通信，以实现智能化识别、定位、跟踪、监控和管理的一种网络。

根据国际电信联盟(ITU)的定义，物联网主要解决物品与物品(thing to thing，T2T)、人与物品（human to thing，H2T）、人与人（human to human，H2H）之间的互联。但是与传统互联网不同的是，人与物品是指人利用通用装置与物品之间的连接，从而使物品连接更加简化，而人与人是指人与人之间不依赖于 PC 而进行的互联。因为互联网并没有考虑到对任何物品连接的问题，故我们使用物联网来解决这个传统意义上的问题。物联网顾名思义就是连接物品的网络，许多学者讨论物联网，经常会引入一个 M2M 的概念，这个概念可以解释成人到人（man to man）、人到机器（man to machine）、机器到机器（machine to machine），从本质上而言，人与机器、机器与机器的交互，大部分是为了实现人与人之间的信息交互。

与传统的互联网相比，物联网有其鲜明的特征。

首先，它是各种感知技术的广泛应用。物联网上部署了海量的多种类型的传感器，每个传感器都是一个信息源，不同类别的传感器所捕获的信息内容和信息格式不同。传感器获得的数据具有实时性，按一定的频率周期性地采集环境信息，不断更新数据。

其次，它是一种建立在互联网上的泛在网络。物联网技术的重要基础和核心仍旧是互联网，通过各种有线和无线网络与互联网融合，将物体的信息实时准确地传递出去。在物联网上的传感器定时采集的信息需要通过网络传输，由于其数量极其庞大，形成了海量信息，在传输过程中，为了保障数据的正确性和及时性，必须适应各种异构网络和协议。

再次，物联网不仅提供了传感器的连接，其本身也具有智能处理的能力，能够对物体实施智能控制。物联网将传感器和智能处理相结合，利用云计算、模式识别等各种智能技术，扩充其应用领域。从传感器获得的海量信息中分析、加工和处理出有意义的数据，以适应不同用户的不同需求，发现新的应用领域和应用模式。

最后，物联网的精神实质是提供不拘泥于任何场合、任何时间的应用场景与用户的自由互动，它依托云服务平台和互通互联的嵌入式处理软件，弱化技术色彩，强化与用户之间的良性互动、更佳的用户体验、更及时的数据采集和分析建议、更自如的工作和生活，是通往智能生活的物理支撑。

从物联网以及物与服务联网的概念，我们不难看出，物联网从提出到应用的根本目的就是为了增进人、物、服务之间的联系，让人类能够更轻松地去感知物理世界，从而更好地为人类的生产和生活服务。从本质上说，物联网及各类连接到物联网上的传感器是人类在现阶段感知世界的重要手段。

矿山开采是一个复杂的过程，各个环节环环相扣，不容差错。目前，我国的矿山开采自动化程度还不够高，对各个生产环节的监测、监控也不够完善，如何以第四次工业革命为契机，利用物联网技术对矿山进行全面的感知，提高矿山智能化程度，将有助于解决我国矿山开采相对落后的问题。我们将从矿山开采及其感知技术的发展历程开始，介绍利用物联网技术实现感知矿山所需要做的工作。

1.2.2　矿山物联网

矿山物联网是物联网技术在矿山领域应用的重要突破。其概念最早由中国矿业大学成立物联网（感知矿山）研究中心提出。其目的是以矿山物联网的“三层应用模型”（图1.4）、“骨干网络模型”（图 1.5）为基础，形成对矿山生产的整体感知，完善矿山现有的监控、监测系统，使矿山生产向自动化、信息化、智能化的智慧型矿山迈进。其核心是“四个感知”，即对工作人员的身体参数、工作环境、位置环境等信息进行主动感知，实现主动式的人员安全保障；对矿山的机械、电子设备工作健康状况进行感知，

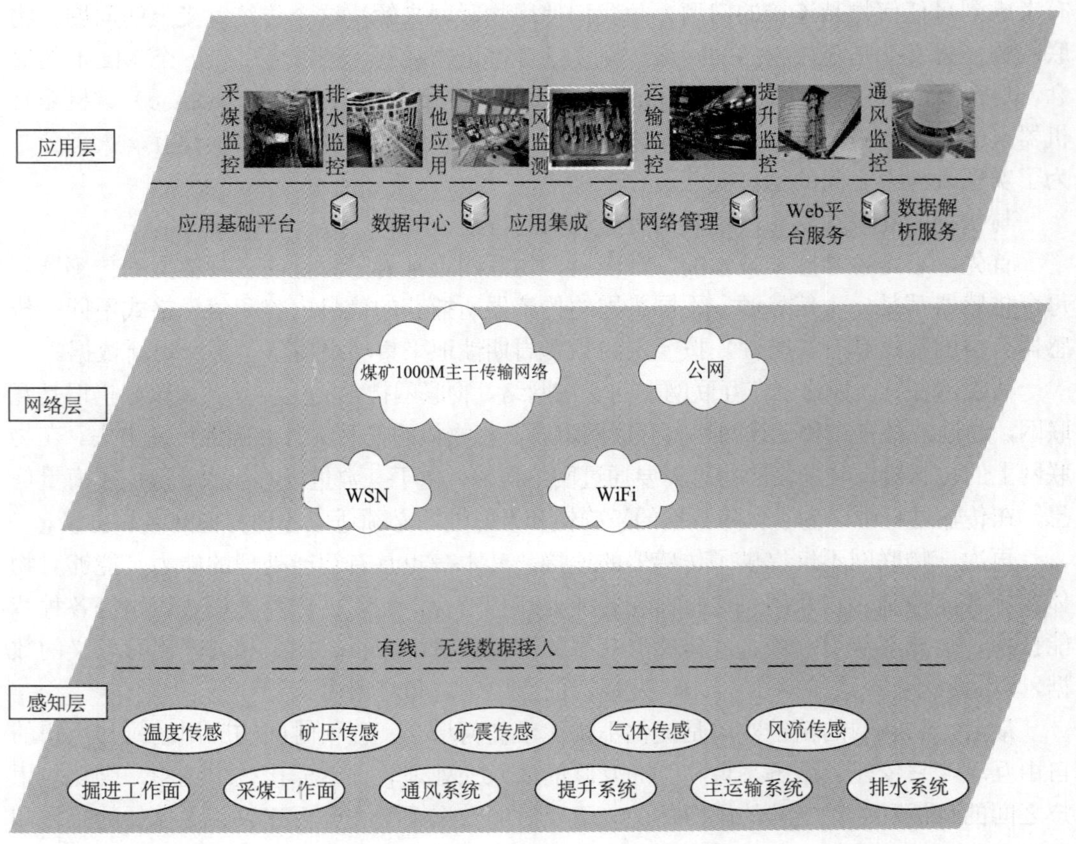

图 1.4　矿山物联网的三层应用模型

实现设备的预知维修；对矿山常见的灾害风险进行预报预警，实现灾害的主动感知；对矿区的环境信息进行感知，实现矿区生态环境的主动感知。

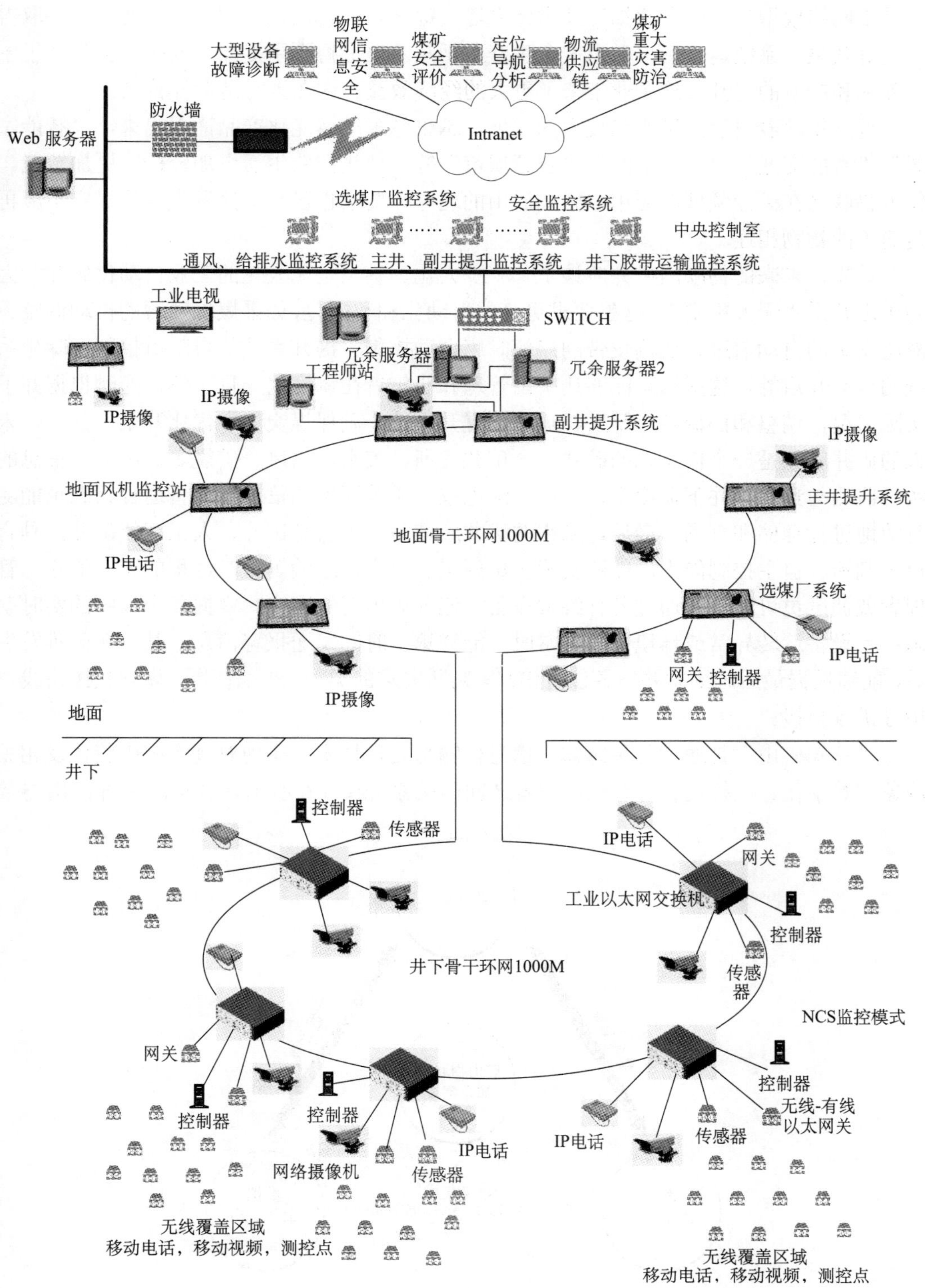

图 1.5　矿山物联网的骨干网络模型

2011 年 11 月，全球第一个基于物联网架构和技术的智慧矿井示范工程在徐州夹河矿山建设成功。由中国矿业大学物联网研究中心提出的矿山物联网“三层应用模型”“骨干网络模型”“四个感知”技术体系等关键技术，首次在工程中应用实施，并取得了良好效果。系统运行后，矿山安全生产水平从本质上得到了提高，同时，也带动了生产效率和产量的提升，给企业带来了更大的经济效益。这在当时是世界首例。

近几年随着科学的进步和技术的发展，越来越多的智能化产品涌现出来，“智能家居”“智能交通”“智能电网”“智慧城市”等，使我们的生活更加轻松、更加智能。作为物联网在矿业领域的应用，感知矿山的理念和要求也已经悄然发生变化，它不应再是简单的物物相连。

首先，未来的物联网矿井应该是一个少人化、甚至是无人化的工业自动化矿井，因为矿山开采“无人更安”，这就要求更高的自动化和智能化，如采煤机摇臂的自动调整、液压支架的自动前进、运输皮带的启停时序自动控制、提升系统的自动可控制、除尘系统的自动开启等，这些信息能够让矿山管理和决策者在调度室一目了然，随时根据井下实际情况，调整和协调各个开采、运输、提升系统，确保煤炭的最优化开采。其次，未来的矿井应该是一个信息化的矿井，全矿井瓦斯、突水、通风、矿震等矿山灾害信息的实时监测与预报，井下调度室、泵房、配电室、避难硐室的信息与设备运行状态也能随时随地进行存储和查询。最后，未来的矿井应该是一个智慧矿井、人工智能矿井，具有自主判断、自主控制能力，能够实现全矿开采、提升、运输等生产过程的无人值守，管理者或调度员可以随时通过各种终端设备，连入矿山感知网络，掌握各个系统的实时动态；当设备运转异常或环境信息异常时，能够第一时间发送报警消息，甚至在矿难发生后，能够根据最后时刻的井下各位置信息，判断灾难的类型、影响范围，规划救援路线，指导矿难救援。

“感知矿山”是通过各种感知、信息传输与处理技术，实现对真实矿山整体及相关现象的数字化、虚拟化、智慧化，三者之间的关系如图 1.6 所示。真实的物理矿山与数

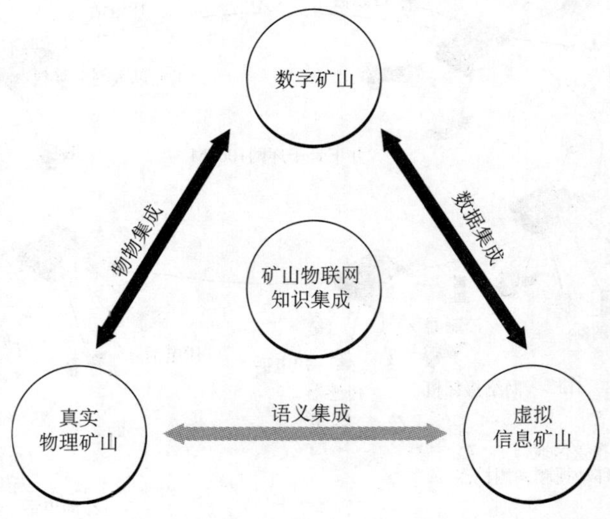

图 1.6　数字矿山、虚拟矿山及智慧矿山之间的关系

字矿山之间存在着物的集成关系，物理矿山与虚拟信息矿山之间存在着描述物与活动之间的语义集成关系，数字矿山与虚拟信息矿山之间存在着数据的集成关系，三者之间的集成关系共同形成了矿山物联网的知识集成关系。

感知矿山的总体目标是：将矿山地理、地质，矿山建设、矿山生产、安全管理、产品加工与运销、矿山生态等综合信息全面数字化，将感知技术、传输技术、信息处理、智能计算、现代控制技术、现代信息管理等与现代采矿及矿物加工技术紧密结合，构成矿山中人与人、人与物、物与物相连的网络，动态详尽地描述并控制矿山安全生产与运营的全过程。以高效、安全、绿色开采为目标，保证矿山经济的可持续增长，保证矿山自然环境的生态稳定。

1.3 感知矿山的关键技术

1.3.1 感知矿山系统架构

如何感知矿山开采这个复杂巨系统？我们发现动物的神经系统，与我们将要描述的感知矿山体系有着惊人的相似。

神经系统是由神经元这种特化细胞以网络形式所构成的系统，其作用是调节动物的动作并在其身体的不同部位间传递讯号。神经系统控制着肌肉的活动，协调各个组织和器官，建立和接收外来情报，并进行协调。神经系统是动物体最重要的联络和控制系统，它能测知环境的变化，决定如何应付，并指示身体做出适当的反应，使动物体内能进行快速、短暂的信息传达而保护自己和生存。而对于矿山开采系统来说，感知的主要目的，就是采集矿山各部位的传感器信号，协调各个子系统，建立控制决策模型，对各个生产系统进行控制和调节，来达到矿山安全生产的目的。

仿照动物的神经系统，我们提出了感知矿山的神经感知系统——复杂的智能系统，如图 1.7 所示。整个系统由大量布置在井下各个位置的传感器（瓦斯、矿震、粉尘、温度、突水……）及各类机械设备上的传感器（振动、电流、电压、加速度、扭矩……）构成神经元，负责各类感觉（传感器信息）的获取；由无线（或有线）网络构成神经纤维，负责将大量神经元信息向大脑传输；井上中央调度室则是整个矿山的大脑，由调度员或专家系统负责处理大量神经系统信息；而神经末梢则是安装在机械、电子等设备上的执行机构，完成大脑发布的指令（控制信息），这样才能使身处生产第一线的工人实时感知到整个矿井的情况，就如同对自己身体各个部位的了解。因此，感知矿山是一种实现矿山全面感知的开放式复杂巨系统，是中国煤炭企业一直追求的工业化、信息化和智能化的完美融合。

感知矿山体系分为三层，即感知层、传输层和应用层[8]。感知层是井下海量传感器信息的采集，传输层主要是数据的处理和传输，应用层是将海量传感器数据分类存储，为调度管理提供统一的数据服务。感知矿山关键技术如图 1.8 所示。

1.3.2 感知层关键技术

感知层，是整个感知矿山体系的重要基础，是信息的获取源头，这一层的主要内容为感知矿山信息源的获取和接入。

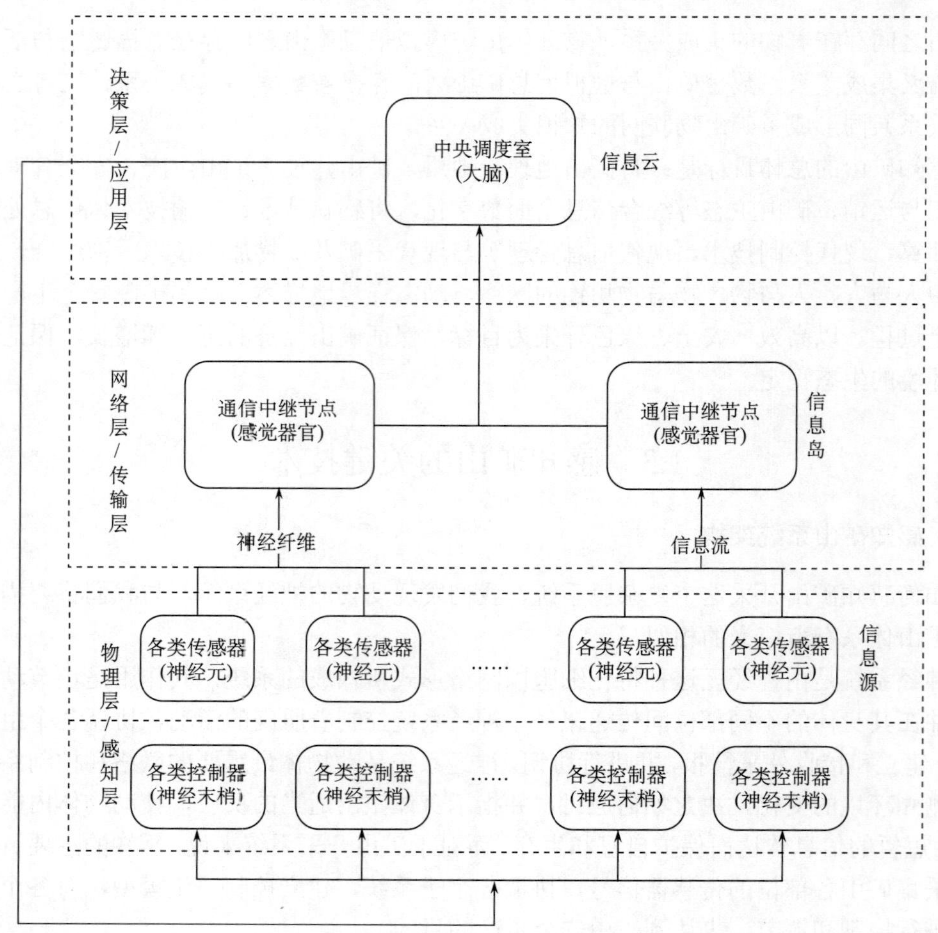

图 1.7　感知矿山物联网的体系结构

1. 感知矿山信息源获取技术

信息源与物联网天然密不可分，物联网中的信息种类繁多、来源广泛、获取方式不一，广义的感知矿山信息源主要包括采集矿山生产过程中发生的物理事件和数据，生产与安全的各类物理量、标志、音频、视频数据；在第 2 章中所讲述的信息源狭义的仅指传感器。传感器可视为信息采集和处理链中的一个逻辑元件。人们通过“五官”感知周围发生和变化的一切，进而了解世界、认识自然。与信息获取相对应，传感器就是“人造”的信息技术系统、物联网的五种感官。这一部分，我们称之为信息源获取。

感知矿山建设核心内容中的四个感知，即感知矿山灾害风险、感知矿山设备工作健康状况、感知矿工周围安全环境、感知矿区生态环境主要是在这一层实现。而现有的综合自动化系统存在的最大问题恰恰就是感知层的问题，在综合自动化系统中基本没有能适应矿山动态开采的感知层平台，缺失这样的感知环境，就不能实现物与物相连，也不能实现感知矿山[8,9]。这是由于矿山灾害发生的区域和时间均具有未知性，并且矿山处于动态开采过程中，要感知这些灾害产生的前兆信息，只能采用符合矿山生产特点的基于

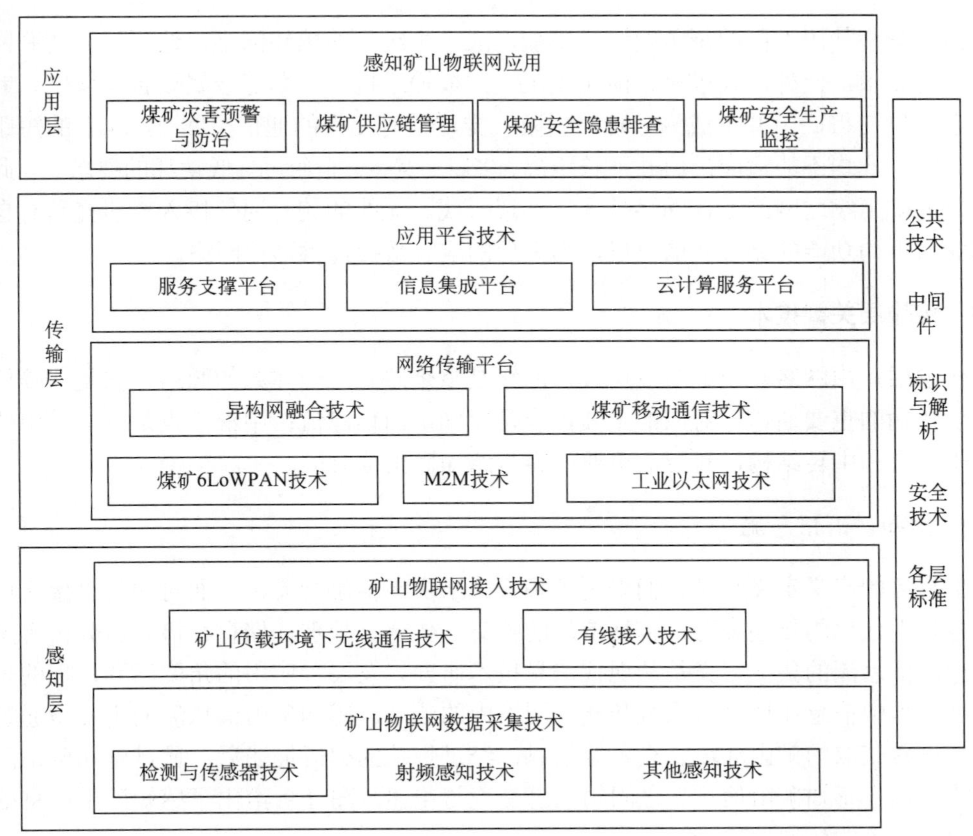

图 1.8 感知矿山的关键技术

无线传感器网络的分布式、可移动、自组网的信息源获取方式。同时，应从传感器原理、检测方法、矿山灾害发生机理、环境的动态、网络化监测等多方面进行研究，以解决矿山特殊环境条件下的安全信息感知和采集方法的问题；解决矿山复杂环境条件下的传感技术抗干扰和灾害准确预警与灾害源定位的问题。

2. 感知矿山信息源接入技术

在获取信息源的基础上，感知层还需要为源数据向传输层传输提供数据通用的信息接口，我们称之为感知层的信息源接入技术。

信息源接入技术主要是为各种分布式、移动传感器、RFID 以及其他生产与安全设备提供接入主干网的环境，主要分为有线接入和无线接入两种方式。有线接入可以是综合自动化系统采用的通过子系统接入方式，也可以是分布式接入方式；无线接入基本是分布式接入。

目前，矿山井下无线信道有移动通信的 WiFi 网络、PHS 网络，还有 WSN 网络、人员定位的 RFID 网络等。这些网络存在的主要问题[10,11]：①覆盖区域有限，只实现了局部地区的覆盖，存在监测盲点，不利于安全与减灾信息的监测；②信道容量低，不利于多种信息的宽带综合应用；③种类单一、重复建设，通常无线通信、人员定位、工况与环境监测分别使用不同的覆盖网络，不能形成一个统一的感知网络，这不符合物联网统一应用的要求。此外，采煤机、液压支架、刮板输送机、矿车等金属设备与煤壁、巷道等复杂环境使得矿山井下成为一种“受限、异质、时变”的通信空间[8]。现有的短距离无线组网方式均不能适应矿山井下长距离、多跳、宽带、自组网、低功耗的要求。因此，需要研究矿山物联网的泛在网络技术，实现有线、无线的统一通信接入，研究具有自组织和灾后重构功能的无线通信协议，为灾后的应急救援提供通信网络。

1.3.3　传输层关键技术

传输层，由网络和中继节点构成，网络是整个感知矿山体系的脉络，它是保障信息源有效传输的重要通道，对应的主要内容是感知矿山信息流；中继节点是感知矿山体系的骨干器官和中转结构，对应的主要内容是感知矿山信息岛。

1. *感知矿山信息流*

信息流的广义定义是指人们采用各种方式来实现信息交流，从面对面的直接交谈到采用各种现代化的传递媒介，包括信息的收集、传递、处理、储存、检索、分析等渠道和过程。信息流的狭义定义是从现代信息技术研究、发展、应用的角度出发，指的是信息处理过程中信息在计算机系统和通信网络中的流动。感知矿山信息流的定义是通过各种传感设备获取的矿山环境、设备等信息，经过规范的编码描述后，通过感知矿山网络的传输，进行感知矿山信息岛之间的信息交流与传递。图 1.9 给出了感知矿山信息处理模型中信息流的传递过程。

1）信息流的过程

（1）信息收集

感知矿山中的信息量非常之大，但并非所有的信息都有用，只有与自己目的相联系的信息才是收集的对象。目的不明确将会导致无边际的收集，降低了收集质量，造成不必要的浪费。收集目的是按照上层应用业务的需要而确定的，如果是综合决策的目的，所涉及的范围就比较大；如果是某一方面很具体的目的，比如环境感知、设备健康状况感知等，所涉及的范围就要小得多。不同的目的对深度和精度的要求也不相同，深度和精度决定着收集的难易程度和费用多少，是收集者必须考虑的问题。信息源的选择取决于收集目的及信息内容，一般来讲，选择信息源先要利用现有信息，当现有信息不够用时，就要寻找新的信息源。因此，确定具有连续性相对稳定的信息源，是非常有意义的。

（2）信息处理

收集来的信息往往是零乱的，有时甚至是片面的、虚假的，必须经过处理才能去伪存真，归纳出结果，提高信息的使用价值。信息处理主要包括以下内容：

①分类及汇总

对零乱的信息按照一定的标准进行分类整理、重新组合后，才能显示出信息之间的相互联系，为分析、比较、判断创造条件。分类采用统一的国家标准或者系统标准，简便易行，而且使信息容易传递，有较强的通用性。但也不排除为了特殊的目的，建立专门的标准。编码或编目是分类的方法之一，它是存储信息、利用计算机进行处理的重要手段。

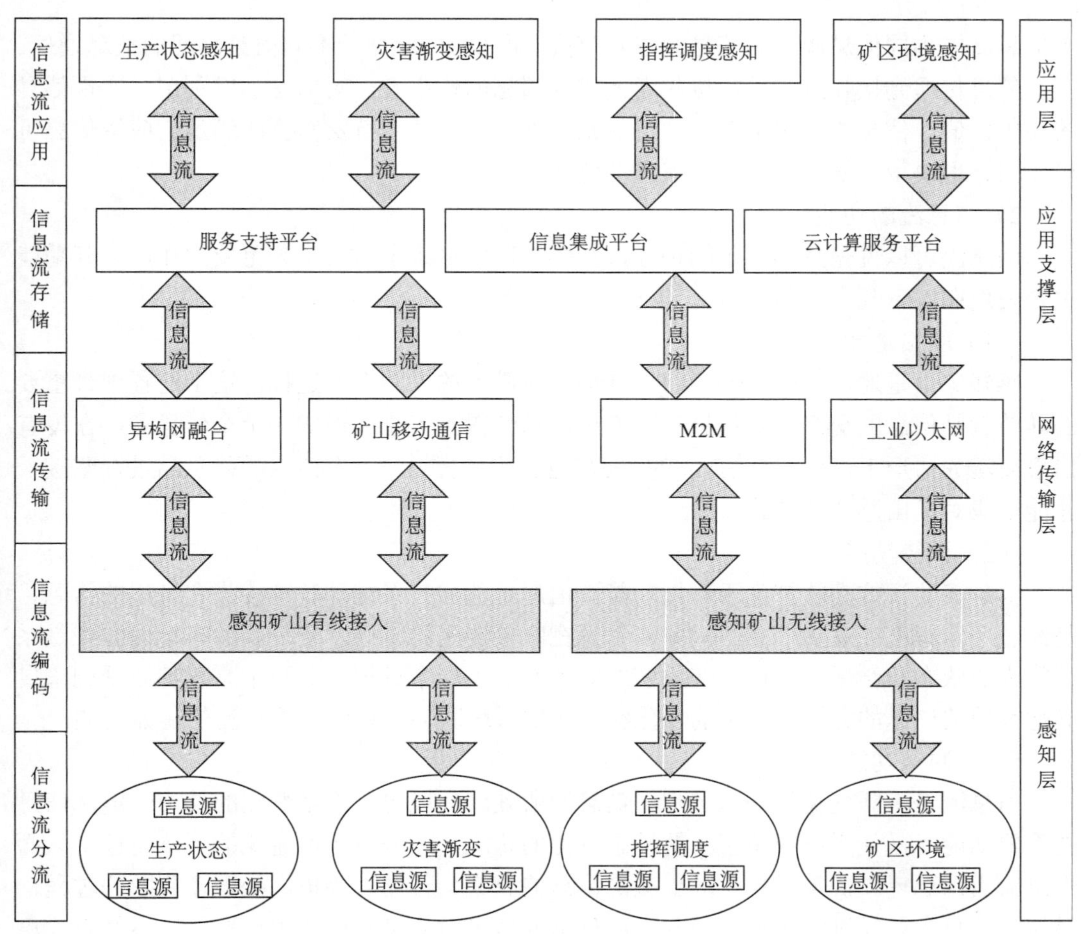

图 1.9 感知矿山信息处理模型

②分析、判断、形成结果

大量的信息罗列在一起，有真有假、有主有次、相互孤立、形式各异，既不容易存储和检索，也难以观察到信息所反映的事物本质内容。因此，要对信息进行比较、分析、计算，使之有条理、有规范、有序列，进而作出判断，形成结果，信息才有较高的使用价值。可以说，信息处理是对信息进行再创造的过程，是信息流运行非常重要的环节。

③存储和更新

经过处理的信息，有的不是立刻投入使用，有的虽然已经使用过，但仍然有再利用的价值，这就需要建立数据库进行大量存储。信息有很强的时效性，过时的信息失去使用价值，需要及时更新，才能保持信息的生命力。当然，一些反映长期动态和趋势的信息，是需要较长时间的保存和积累的。

（3）信息传递

信息传递是信息从信息源发出，通过感知网络传输给接收者的过程。如果说，信息收集相当于生产所需原材料的供应过程，信息处理相当于生产过程，那么，信息传递就相当于产品的流通过程。信息传递有岛内传递和岛间传递两种流向。岛内传递是指同一个信息岛内不同信息源之间信息的相互交流，而岛间传递是指不同信息岛间的信息通信。

信息传递到接收者之后，接收者就成为信息的使用者，对信息加以利用，实现信息的使用价值。信息的使用价值是信息的知识性、效用性对特定需要的满足。应用信息可以作出合理决策，从而为企业带来经济效益。

2）信息流的功能

信息流可以说是感知矿山的神经，在感知矿山体系中具有十分重要的作用。其功能主要表现在以下几个方面。

（1）联接功能

感知矿山是通过对矿山的“感”到最终对矿山的“知”的过程，这个过程中最重要的环节就是信息的交流，即信息流。通过信息源得到信息后形成一个个信息岛，在没有信息交流的情形下，信息岛是孤立的，只有通过信息流将一个个孤立的信息岛进行联接，才能形成对矿山感知的通路。

（2）调控功能

信息流的调控功能产生于联接功能。信息是能够被系统理解、接收和利用的信息，是经过一定程度处理的信息。因此，信息在联接要素的时候，所反映的客观内容就是系统行为的状态和结果。这样，在系统之间就产生了一个过程，每一个系统都会受到来自其他系统的信息的影响，信息的变化将会产生系统联动，这就是信息流的调控功能。

（3）决策功能

信息流是不断变化的动态过程，信息源所处的环境也是不断变化的动态环境。信息的重要功能，是使系统决策层了解动态变化的状况，以减少不可避免的不确定性，从而作出恰当的选择。决策过程实际上就是信息的收集、传递、分析、处理、判断的过程。显然，信息需要经过收集才能得到，而信息的质量对决策来讲至关重要。当系统对收集到的信息进行处理，作出判断，确认了不同行动可能产生的后果时，决策实际上已经作出来了。

3）信息流的内容

感知矿山信息流是感知矿山建设过程中涉及的信息流，主要包括四个大的方面，分别是生产状态感知信息流、灾害渐变感知信息流、指挥调度感知信息流和矿区环境感知信息流。

（1）生产状态感知信息流

生产状态感知信息流中包括的信息主要来自对矿山主要生产系统的运行状态的感知数据。包括设备的开停状态、设备运行参数以及设备健康状况监测参数等信息，如地质勘探、采掘系统、提升系统、通风系统、排水系统、供电系统和运输系统的信息及设备运行参数和健康状态信息。

（2）灾害渐变感知信息流

灾害渐变感知信息流是指与矿井安全有关的灾害信息，包括：井下关键作业地点的瓦斯浓度信息、风速信息、温度信息、粉尘信息、设备开停、负压、一氧化碳等环境参数。

（3）指挥调度感知信息流

指挥调度感知信息流是煤矿在进行日常生产指挥调度和应急救援时涉及的信息。主要包括：煤矿安全生产的井上井下有线和无线通信信息、井上调度平台的调度信息、通过煤矿专网实现的内部通信和异地调度信息、煤矿应急指挥调度系统平台信息、出现突发事件时报警联动广播信息，人员管理、考勤、定位，紧急通信视频调度、视频会议、视频联动等信息，以及整个应急作业过程中的任务下达和处理过程中的录音信息。

（4）矿区环境感知信息流

矿区环境感知信息流是煤矿矿区生态环境涉及的信息。主要包括：矿区特殊环境灾害信息和矿区景观生态环境信息。

2. 感知矿山信息岛

在传统的矿山信息化系统中，由于对煤矿信息化缺乏整体规划，不同厂家建设了各自独立的自动化系统，这些系统在数据采集方式、数据接口方法、数据传输手段、数据存储格式、数据展现方式等方面都遵循自己的格式，系统互不兼容，信息互不共享，是业务流程和应用相互脱节的孤立系统，从而形成了矿山信息化系统中的“信息孤岛”现象。“信息孤岛”的存在导致了大量问题：如信息可维护性差、信息更新同步性差、监测数据缺乏一致性与正确性、信息资源冗余浪费、信息管理效率低下等，造成了这些系统之间无法形成合力，为煤矿生产提供完备的安全保障。

感知矿山物联网在架构上采取了统一的感知层与网络层设计，信息由统一的数据传输与管理平台维护，在本质上就避免了“信息孤岛”的出现。因此，感知矿山信息岛的概念完全不同于“信息孤岛”。

感知矿山信息岛，是信息流汇聚的目标和方向，是各类信息流的中继站，实现信息的存储、转发与维护。感知矿山信息岛要根据矿山的巷道结构和生产需要，将信息设备尽量靠近前段而建设的信息采集站，接收来自感知设备和物联网络的信息流；各个不同的信息岛在物理上分散，以适应巷道的空间布局；在功能上可自治，各自完成所负责区域的任务但又相互配合；在结构上可伸缩，以适应煤矿不断开拓、不断掘进的流式生产过程。因此，信息岛是信息源的集散地，是信息流的中转地，是矿山信息的分布式存储和处理中心。

信息岛之间通过有线或无线网络进行通信，如果岛之间的距离过远或原有通信链路中断，则可利用在岛之间移动的人或物所携带的无线节点构成机会网络，为信息岛之间的数据交换提供通道。这些分布式存在的信息岛与移动节点就构成了支撑感知矿山物联网海量数据服务的岛网。在矿山物联网中，许多传感器节点是无人值守的，一旦部署好可能很长时间无人看管，它们被用于感知环境参数[12]。有时，这些节点并不需要实时采集数据和发送信息，特别是当一些节点部署到一些偏僻、无法组网的位置时，就需要这些节点将传感数据先存储起来，等待移动节点进行云采集[13,14]。因此，在岛网的上方，可以根据实际需要“飘浮”一朵或者多朵数据云，当云飘浮到某个信息岛上方的时候，即可实现与相应信息岛的信息交换，实现数据的云采集和云交互。

所以，感知矿山信息岛的建设，应主要实现各种数据信息集成，包括统一数据描述、统一数据仓库、数据中间件技术、虚拟逻辑系统构建等，在此基础上，构成服务支撑平台，为应用层各种服务提供开放的接口。应用平台是服务与网络元素解耦的核心，也是提供方便、快捷部署逻辑子系统的关键所在。M2M 技术的核心就在于能为服务商或第三方提供方便的接入服务，它也是感知矿山物联网区别于综合自动化的关键点之一[15,16]。

1.3.4　应用层关键技术

应用层，是感知矿山体系的核心，它是分析和处理信息源的大脑，对应的主要内容为感知矿山信息云。

以云计算为核心技术架构建立感知矿山信息云服务平台，以云服务的方式为全国矿山企业提供灾害预警等方面的服务，这将是一个基于云平台的全国矿山动力灾害监测服务中心，将全国矿山的灾害监测信息集中到服务中心平台，结合专家云对各矿山动力灾害的活动规律及监测数据进行分析，提供分析报告、预警等信息服务。利用云计算技术搭建的服务平台可以体现“一次投资、按需使用、分散监测、异地会诊、集中维护、多矿共用”的多重优势，具有明确而重大的意义和价值。

感知矿山云平台以先进的云计算技术为支撑，以矿山灾害信息预警为核心，针对矿山生产相关的数据存储、安全预警、监视与控制等基本问题，搭建矿山灾害预警云计算平台，为安全生产提供技术支持，最大限度地满足保护社会生命财产的需求。云计算技术所提供的大规模数据处理能力和弹性部署特性，为全方位的矿山灾害信息预警提供了强有力的技术后盾：首先，云存储技术能够为感知矿山物联网平台所产生的数据提供海量存储、快速检索、高效传输等云服务；其次，云计算并行处理技术能够协调大规模的计算资源，通过高效可靠的计算模式来快速完成井下状态模拟、安全预警等计算密集型的任务，从而指导应急反应；最后，云计算软硬件资源的快速部署和弹性服务可提高信息处理效率，降低运营开销。

总体来看，感知矿山云平台由云系统管理软件、云存储软件、云门户软件及云应用软件群四部分组成。

云系统管理软件和云存储软件，适合高层应用，用于管理决策与应用，主要包含各种应用软件模块。矿山及相关现象的信息在中间层得到提升，目的是利用这些信息去动态详尽地描述与控制矿山安全生产与运营的全过程，保证矿山经济的可持续增长，保证矿山自然环境的生态稳定。它可应用于矿山安全生产形势评估、矿山灾害预警与防治、矿山安全隐患排查、矿山资源环境控制及评价、矿山供应链管理、大型设备故障诊断，实现对整个矿山的优化管理与安全动态跟踪。根据矿山的具体应用不同，这些模块是可增减的。

云门户软件和云应用软件群，主要用于对矿山各生产安全子系统的实时监控，保障矿山的正常运行。它们或称作矿山 MES 层，包括调度、指挥控制中心、监控子系统等、如综采工作面监控子系统、主运输集控子系统、地面供电监控子系统、井下供电监控子系统、主通风机在线监控子系统、选煤厂自动化监控子系统、安全监控子系统等，以及对矿山生产过程的优化管理。根据矿山生产流程，当某个实时事件发生时，MES 层能及时做出反应、报告，并用当前的准确数据对它们进行指导和处理，从而减少矿山企业内部没有附加值的活动，有效地指导生产运作过程，提高生产力、生产安全性、生产回报率，改善物料的流通性能。MES 层需要与计划层和控制层进行信息交互，通过企业的连续信息流来实现企业信息集成。

1.4 感知矿山的技术标准

1.4.1 标准建设的意义

未来的感知矿山物联网将要允许各种不同的数据源以及各种不同的设备之间进行相互通信以及发生相互作用[17-19]，而这些实现都是依赖于标准化工作以及标准技术来支撑的。

通过各种各样的标准接口和标准的数据模型，未来的感知矿山物联网将可以实现千差万别的系统之间的高级别互操作性。但是人们也需要注意到，无论是今天还是未来，在物联网领域都将有许许多多不同的标准共同存在，它们之间可能使用的语言不同、翻译的质量不同、叙述的方式不同、采用的定义和规范不同，技术方案以及算法也可能是有差异的，但是实现过程中可能存在各种各样的交叉点。

从感知矿山物联网架构的角度来看，未来矿山物联网的标准将在其中发挥极其重要的作用。

首先，通过标准，可以将各类煤矿生产信息，如生态环境、开采过程、地质构造等感知信息，通过物联网实现数据统一传输，可以在各个矿井、矿务局及国家安全生产监督管理总局之间起到不可替代的协调作用，享受矿山物联网的建设成果和便利条件。

其次，通过标准，可以促进未来的感知矿山物联网解决方案市场的竞争性，增进各种技术解决方案之间的互操作能力，同时避免、限制垄断的形成，保证基于矿山物联网开放基础平台解决方案的提供商可以不受限制地、平等地向用户提供各种各样的应用与服务。

同时，通过标准，可以允许参与感知矿山物联网的个人和组织，在他们进行信息共享与数据交换时，高效地完成所需的工作，最大限度地减少和避免所交换信息的意义产生歧义的可能性。

最后，随着人们对于作为未来基础网络平台之一的物联网的更加依赖，全球/全局信息生成和信息收集基础设施的逐步建立，国际质量和诚信体系标准将变得至关重要。

1.4.2 矿山物联网标准内涵

物联网是国家战略层面的新型产业规划内容，也是江苏省大力发展的六大新兴产业之一，受到政府和企业的广泛关注。但是，随着市场潜力不断释放，物联网面临的问题也日渐凸显，标准体系不完善是物联网应用亟待解决的问题之一。物联网发展不能一味求快，标准问题必须解决，没有标准就是内战，“物联网”就会成为“勿联网”。物联网的标准可以分为三个部分：①国际和国家标准，其目的是规范行业通用技术；②企业和行业标准，在符合国家标准的基础上体现各个行业的特殊性；③用户标准，针对消费个体需求制定多样化的用户标准。

2010 年国家标准化管理委员会、工业和信息化部及全国信息技术标准化技术委员会对国家层面上的物联网制定了相关的国家标准，主要包括总则、术语、通信与信息交互、接口、安全、标志、传感器网络网关技术要求、传感器网络协同信息处理支撑服务及接口、传感器网络节点中间件数据交互规范、传感器网络数据描述规范等。在国家标准基础上，感知矿山和物流监控、污染监控、智能检索、远程医疗、智能交通和智能家居等是物联网产业的重要应用分支[20,21]。

感知矿山物联网的重点是探索矿山安全信息感知与减灾。围绕四个感知，包含灾害机理、通信传感网络、检测感知手段、智能信息处理、决策应用等一系列要深入研究的内容。这些研究原来是相对独立分散进行的，现在可以在感知矿山物联网的统一架构下进行技术与学科的融合。建立感知矿山物联网，保障矿山安全生产，不仅直接关系国家资源的安全开发利用，同时也是构建和谐社会的前提和保障。

但在矿山井下通信网络空间受限、采掘工作面和人员作业环境动态变化、灾害危险源分散且随开采活动而变化等时空协同复杂环境下，感知矿山物联网也具有特殊性。主要原因如下：矿山生产与安全保障所需的子系统多达几十个，要求这些子系统均为同一厂商提供是不现实的。而感知矿山物联网总体设计要求将所有这些子系统均作为矿山物联网的内容，纳入统一网络进行监测、控制与管理，实现全面的物联网矿山。显然开放的平台是非常重要的。应用平台要为服务提供商或第三方提供接口，以便在物联网上实现各种服务。这个能为第三方提供的平台应体现在两个方面，一是感知层要是开放式的，可以使其他服务应用很好地把感知网络利用起来，方便接入感知矿山物联网，如果存在技术壁垒，就不能算开放平台，也就不能称作感知矿山物联网；二是在应用平台层，也应该能把各种各样的服务很容易地架构到上面去，第三方可以在这个应用平台上方便地开发应用服务，供矿山企业应用，这个应用平台也要是开放的，包括数据描述、数据通信接口、统一的数据仓库和中间件等。只有这样，才是一个真正的按照物联网概念构建的感知矿山物联网，从而实现矿山的物与物相连。

感知矿山物联网必须是一个开放式的网络，以便为各种服务提供商和第三方煤矿提供各种各样的服务，同时也为煤矿今后不断增长的需求提供可能。因此，在感知矿山物联网建设过程中，标准化建设是非常重要的。在感知矿山物联网建设之初，就需要参照国家物联网相关标准的框架规划出相关的标准建设，使感知矿山物联网从建设初期就走上规范化的发展道路，避免再次出现以前矿山自动化系统建设过程中困扰过矿山企业多年的子系统孤岛和信息孤岛现象，为矿山今后不断增长的需要提供可能。这也是感知矿山物联网有别于其他行业物联网建设的地方。在这个标准体系下，规划建设感知矿山有两大方面的标准：M2M 接口标准，信息描述标准。

1.4.3　M2M 接口标准

1. 感知矿山 M2M 平台

感知矿山系统中各种应用众多，并且各种应用均需架构在一个应用平台之上，这个平台就是感知矿山 M2M 平台。M2M 平台的主要作用有如下几点：

（1）M2M 平台使得各种传感器、执行器及子系统能够方便灵活地接入感知矿山系统（综合自动化系统中是以子系统形式接入），从而能方便快捷地部署所需要的逻辑子系统，适应矿山动态部署、流动作业的需求。

（2）方便地为服务提供商或第三方提供感知层与应用层接入，真正实现系统与应用的开放，实现服务与数据协议及网络元素的解耦，提高系统的互操作性和可移植性，更有利于实现物与物相连，提高专业化服务水平。

（3）M2M 平台采用统一的数据描述方法来描述各个子系统的信息，实现统一数据服务平台和应用平台，这为数据融合应用提供了方便，为矿井生产安全可靠、有效地预防和及时处理各种突发事故和自然灾害提供了可能。

（4）感知矿山物联网 M2M 平台实现异构数据融合、传输、监视、管理与控制的一体化应用，实现井下和地面各个生产系统和大型机电设备、供电系统、管网等的监控。

（5）实现全矿井的各种数据采集，使生产调度、经营管理、决策指挥网络化、信息化、科学化，便于在地面调度室直接实现对关键设备的状态监测和故障分析。

（6）实现企业的经营、生产决策、安全生产管理和设备控制等信息的有机集成，达到减人增效和提高矿井安全水平的目的。

2. 标准作用

规定 M2M 平台的术语和定义、分类、技术要求，适用于 Ethernet 工业以太网络主干传输网络的环境以及 M2M 平台的建设。目的是对 M2M 业务系统中 M2M 平台与行业终端之间的接口提出规定，为矿山内部和厂商在业务开展、设备开发方面提供技术依据。

感知矿山 M2M 标准结构图如图 1.10 所示。

3. 网元功能描述

1）M2M 感知层

M2M 感知层具有对矿山生产与安全过程的监测与控制功能、就地控制显示功能、网络化控制与显示功能、超限报警及断电功能。包括接收远程 M2M 应用层的激活指令、本地故障报警、数据通信、远程升级。主要包括有线网络化监控、无线网络化监控、手持设备三种类型。

（1）有线接入子系统，指矿山各种除 IP 直接接入的监测、监控子系统，如各种工业总线接入系统。包括原有系统和新建系统。

（2）WiFi 接入系统，指采用 WiFi 无线方式接入的子系统。

（3）WSN 等其他无线网络接入系统，指采用 WSN（如 ZigBee）或其他方式（如 UWB、Bluetooth、红外等）接入的子系统。

（4）以太网 IP 接入系统，指 IP 接入设备。

2）M2M 平台

M2M 平台为矿山内部及集成商提供统一的 M2M 终端管理、终端设备鉴权，并对目前行业网关尚未实现的接入方式进行鉴权。支持多种网络接入方式，提供标准化的接口使得数据传输简单直接，提供数据路由、监控、用户鉴权等管理功能。

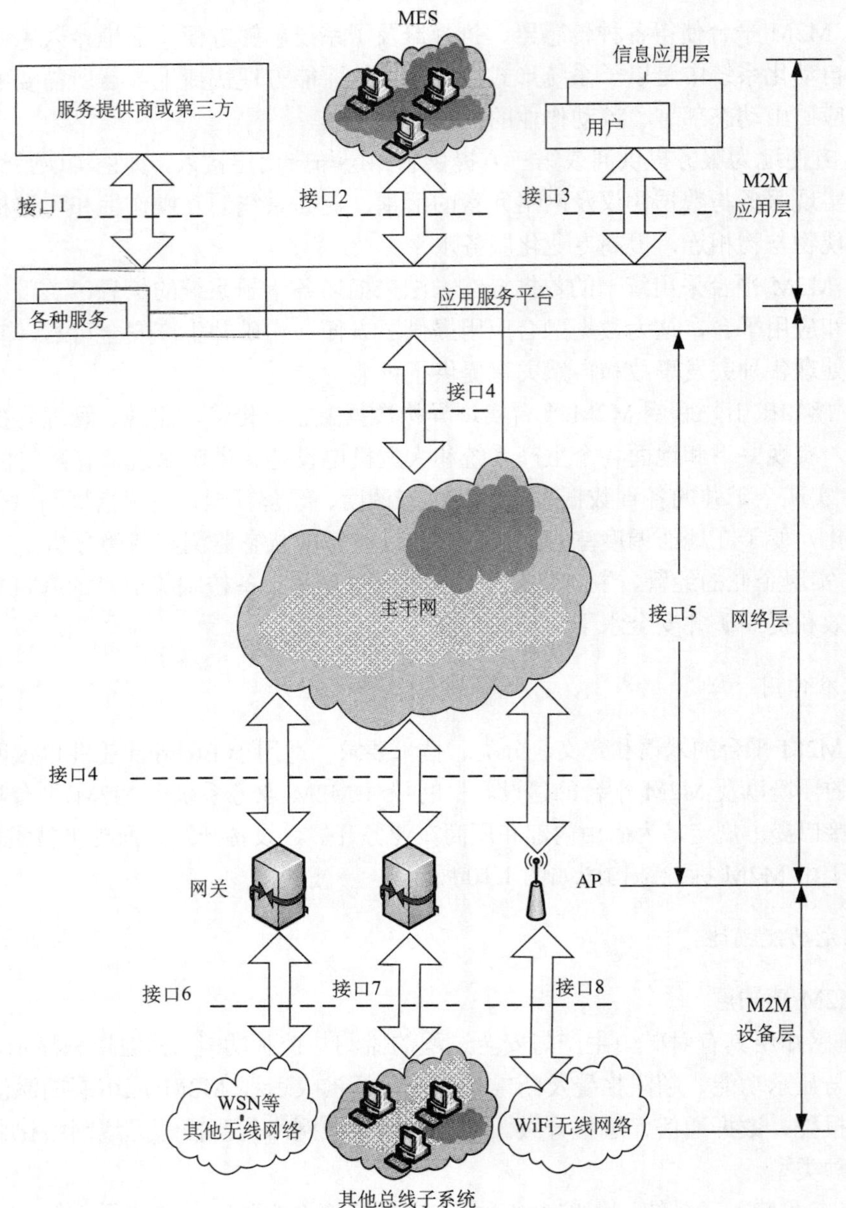

图 1.10　感知矿山物联网 M2M 标准结构示意图

（1）M2M 平台接口

M2M 平台按照接口功能划分为 8 大接口。

接口 1：为服务提供商或第三方提供应用服务。

接口 2：为矿山各种子系统远程监控提供标准接入。

接口 3：为各类信息集成用户提供接口，主要基于 XML Web 服务。

接口 4：接入工业以太主干网的接口，与 OSI 低三层相关。

接口 5：支持各种接入的物体，其包含 OSI 高四层的功能。包括描述对象的本体，将动态地反映不同应用对信息的共同理解，是 M2M 平台的核心内容。

接口 6：支持 WSN 等无线感知方式及协议。

接口 7：支持矿山有线子系统的接入。

接口 8：支持 WiFi 无线感知方式及协议。

（2）各种应用服务

各种应用服务指矿山生产与安全、监测与控制、经营与管理等过程中所需的各种应用服务。

（3）应用服务平台

应用服务平台为矿山生产与安全、监测与控制、经营与管理等过程中所需的各种应用服务提供公共的数据处理与集成服务，如数据仓库、数据描述方式、终端管理、终端设备鉴权，并对目前行业网关尚未实现的接入方式进行鉴权等。

（4）主干网

主干网是指矿山综合自动化系统或数字矿山系统使用的主干传输网络，本标准所指的主干网为工业以太网。

（5）网关

网关是指各种非 IP 网络与 IP 主干网络之间的接入转换设备。

3）M2M 应用层

M2M 应用层具有开发与集成矿山生产与安全、监测与控制、经营与管理等过程中所需的各种应用服务：就地控制显示功能、网络化控制与显示功能、超限报警及断电功能，包括接收远程 M2M 应用层的激活指令、本地故障报警、数据通信、远程升级等功能。主要有有线网络化监控、无线网络化监控、手持设备三种类型。

服务提供商或第三方：为矿山提供生产与安全、监测与控制、经营与管理等过程中所需的各种应用服务的开发方、集成服务提供商。

MES：矿山生产执行系统。

信息应用层用户：矿山各类信息集成用户，如办公自动化、生产经营管理、各职能部门等。

1.4.4 信息描述标准

矿山设备及系统由不同制造商和供应商制造或供应，因此若能形成统一的设备代码系统，统一到一个标准信息描述的标志系统下，可以形成统一的标志体系，方便管理。

采用统一的数据描述方法来描述上述系统的信息，从而满足感知矿山物联网建设统一数据服务平台和应用平台的需求，实现可以给任何系统中的任何设备对象进行编码的目的。国家物联网标准中规划了信息描述方式，但需要结合数据的需要进行应用扩展。应采用元数据技术为上述对象及数据提供统一的数据描述方法，制定统一的数据结构。对信息统一描述的要求为：

（1）矿山各种系统及各个工艺流程标志统一。避免采用不一致的命名系统导致矿山及上层管理投资机构之间的沟通问题。

（2）有足够的容量和细节来标识所有系统、设备和建筑物。

（3）有足够的扩充容量以适应新技术的发展，有一个连贯统一的标识系统。

（4）规划、施工、运行、维护和其他管理的标识始终一致，保证矿山所有历史数据的延续性。

（5）标志的规则在机械、土建、电气和仪表、监控系统、生产流程、地质地理参数、运销等各专业之间得到严格的统一和完美的适用，并兼备根据生产流程及工艺过程、安装地点和位置进行识别的能力。

（6）编码要求是强规则的编码规则，它的每一位编码的含义和取值，都有严格的规定。

（7）统一的数据仓库平台，根据元数据信息共享系统的结构、模块和特点，实现分布式数据组织与管理、分布式数据共享、分布式数据快速索引机制以及跨平台数据访问，为信息融合、信息挖掘提供良好的数据平台。

参考文献

[1] 吴旭. 外国人“五感”中的中国. 对外传播, 2011, (9): 57-58.

[2] 汤雪梅. 数字终端的未来: 人的五感功能的延伸. 出版发行研究, 2013, (1): 8-11.

[3] 李进尧, 吴晓煜, 卢本珊. 中国古代金属矿和煤矿开采工程技术史. 太原: 山西教育出版社, 2007.

[4] 钱学森, 于景元, 戴汝为. 一个科学新领域——开放的复杂巨系统及其方法论. 中国系统工程学会第六次年会, 1990, (3): 526-532.

[5] 吴祥, 程远平, 周红星, 等. 基于开放的复杂巨系统理论的煤矿生产重大瓦斯事故研究. 煤矿安全, 2007, 38(12): 86-88.

[6] 张申. 煤矿自动化发展趋势. 工矿自动化, 2013, 39(2): 27-33.

[7] 张申, 赵小虎. 论感知矿山物联网与矿山综合自动化. 煤炭科学技术, 2012, 40(1): 83-86.

[8] 张申, 丁恩杰, 徐钊, 等. 物联网与感知矿山专题讲座之三——感知矿山物联网的特征与关键技术. 工矿自动化, 2010, 36(12): 117-121.

[9] 张申, 丁恩杰, 徐钊, 等. 物联网与感知矿山专题讲座之四——感知矿山物联网与煤炭行业物联网规划建设. 工矿自动化, 2011, 37(1): 105-108.

[10] 张申, 程婷婷. 感知矿山物联网应用平台的作用与意义. 中国煤矿信息化与自动化高层论坛. 2011: 61-62.

[11] 张申, 丁恩杰, 徐钊, 等. 物联网与感知矿山专题讲座之一——物联网基本概念及典型应用. 工矿自动化, 2010, 36(10): 104-108.

[12] 张申, 张滔. 论矿山物联网的结构性平台与服务性平台. 工矿自动化, 2013, 39(1): 34-38.

[13] 谭得健, 徐希康, 张申. 浅谈自动化、信息化与数字矿山. 煤炭科学技术, 2006, 34(1): 23-27.

[14] 吴立新, 汪云甲, 丁恩杰, 等. 三论数字矿山——借力物联网保障矿山安全与智能采矿. 煤炭学报, 2012, 37(3): 357-365.

[15] 张申, 丁恩杰, 赵小虎, 等. 数字矿山及其两大基础平台建设. 煤炭学报, 2007, 32(9): 997-1001.

[16] 吴立新. 中国数字矿山进展. 地理信息世界. 2008, 6(5): 6-13.

[17] 乌尔里希·森德勒. 工业 4.0 即将来袭的第四次工业革命. 北京: 机械工业出版社, 2014.

[18] 刘陈, 景兴红, 董钢. 浅谈物联网的技术特点及其广泛应用. 科学咨询: 科技·管理, 2011, (9): 86.

[19] 张申, 丁恩杰, 徐钊, 等. 物联网与感知矿山专题讲座之二——感知矿山与数字矿山、矿山综合自动化. 工矿自动化, 2010, 36(11): 129-132.

[20] 物联网白皮书(2011). 北京: 工业和信息化部电信研究院. 2011.

[21] 物联网白皮书(2014). 北京: 工业和信息化部电信研究院. 2014.

2 感知矿山的信息源

信息源处于感知矿山物联网架构中的最前端，是感知矿山物联网的基石。信息的有效获取是矿山物联网、大数据技术发展的前提与关键。随着科学技术的发展，传感器/传感元件成为信息检测采集的前沿核心装置，以各种各样的海量传感器获取繁杂的信息是矿山物联网的必然要求和突出特点。本章首先介绍矿山物联网背景下的信息及信息源，然后介绍作为感知矿山物联网信息源的传感器，主要介绍以气体传感器为代表的典型矿用传感器的原理与技术基础，最后展望矿用传感器的发展趋势。

2.1 信 息 源

2.1.1 信息定义

信息（information）在日常用语中经常指“音讯”“消息”。通常信息是指以声音、语言、文字、图像、动画、气味等方式所表示的实际内容。但作为一个科学术语，信息至今还没有一个公认的定义，尚不存在一个统一的观点。

信息作为信息论中的一个术语，它由意义和符号组成，目的是用来“消除不确定的因素”。1948 年，信息论的创始人香农指出：“信息是用来消除随机不定性的东西”。美国著名数学家、控制论创始人诺伯特·维纳认为：“信息就是信息，既非物质，也非能量”，是“我们在适应外部世界、控制外部世界的过程中同外部世界交换的内容的名称”。意大利学者朗高在《信息论：新的趋势与未决问题》中认为，信息是反映事物的形成、关系和差别的东西，它包含在事物的差异中，而不在事物本身。虽然从不同的角度对信息有不同的定义，但在本质上信息是物质的一种普遍属性，是物质运动规律的总和，是事物本质、特征和运动规律的反映，它与物质、能量构成了客观世界的三个基本要素[1]。

信息广泛存在于自然界、生物界和人类社会，是普遍存在的、多种多样、多层次、多方面的。因此信息的种类很多，可以从不同的角度对信息进行分类，按社会性进行分类有社会信息（人类信息）和自然信息（非人类信息）；根据产生信息的客体性质，可分为自然信息、生物信息、机器信息和社会信息。而对社会信息可以按照其性质、逻辑层次以及表达形式和内容进行分类：按空间状态分类有宏观信息（如国家的）、中观信息（如行业的）、微观信息（如企业的）；按来源分类有内源性信息和外源性信息；按价值可分为有用信息、无害信息和有害信息；按时间进行分类有历史信息、现时信息、预测信息；按载体分类有文字信息、声像信息、实物信息。

信息具有以下的基本特性[1]。

（1）普遍性：只要有事物的地方，就必然存在信息。信息在自然界和人类社会活动中广泛存在。

（2）客观真实性：信息是事物存在方式和运动变化的客观反映，不随人的主观意志而改变。客观、真实是信息最重要的本质特征，是信息的生命所在。

（3）传递性：传递是信息的基本要素和明显特征。信息可以通过各种媒介在人-人、人-物、物-物等之间传递，信息只有借助于一定的载体（媒介），经过传递才能为人们所感知和接受。没有传递就没有信息，就谈不上信息的效用。

（4）动态性：事物是在不断变化发展的，信息也必然随之运动发展，其内容、形式、容量都会随时间而改变。

（5）时效性：由于信息的动态性，信息的功能、作用、效益都是随着时间的延续而改变的，这种性能即是信息的时效性。时效性体现了时间与效能的统一，它既表明信息的时间价值，也表明信息的经济价值。

（6）有用性：信息是为人类服务的，它是人类社会的重要资源，人类利用它认识和改造客观世界。

（7）可处理性：这包括多方面内容，如信息的可拓展、可引申、可浓缩等。这一特点使信息得以增值或便于传递、利用。

（8）可识别性：人类可以通过感觉器官和科学仪器等方式来获取、整理、认知信息。这是人类利用信息的前提。

（9）可共享性：信息不同于一般的物质资源，它可以为众多的人共享。实物转赠之后，就不再属于原主，而信息通过交流，交流者都有得无失。

对于人类社会而言，信息的基本作用是增强世界的有序性。信息对人类社会的重要作用主要体现为以下四个方面[1]：①信息是人类社会生存的条件；②信息是人类认识世界的媒介；③信息是重要的活跃的生产力要素；④信息是社会、经济发展的资源。而从信息属于人类认识范畴属性这个角度看，它具有两个作用，一是联系理性认识和不可知世界，使人类能够对不可知的世界进行感悟、推断与证伪，推动人类认识的进步与飞跃；二是指导人类有目的的生活、生产实践活动。

2.1.2 信息获取

信息是一个十分普遍而复杂的概念，不同的学科领域对信息有不同的定义与解释，因此信息源的内涵也十分丰富，也有着不同的含义。信息源是英文“information sources”的字面翻译。一般可指信息的来源地（包括信息资源生产地和发生地），不仅包括各种信息载体，也包括各种信息机构；不仅包括传统印刷型文献资料，也包括现代电子图书、报刊；不仅包括各种信息储存和信息传递机构，也包括各种信息生产机构。由于信息是一切物质的属性，所以信息源数量巨大、内容丰富、形式多样，在广义上，信息源的类型、载体的形态都十分复杂。联合国教科文组织出版的《文献术语》将信息源定义为“个人为了满足其信息需要而获得信息的来源”。

人通过眼（视觉）、耳（听觉）、鼻（嗅觉）、舌（味觉）、皮肤（触觉）五种感官感知获得外界事物的信息，将所得到的信息送入大脑并进行思维和判断，然后大脑命令四肢完成某种动作。耳朵、眼睛、皮肤感受声、光和热等物理信息；鼻子是非常灵敏和具有选择性的嗅觉器官，鼻子感知气味是依靠嗅觉膜将能感知到的气体化学物质传到包含生物接收器的嗅觉端点发生嗅觉响应，嗅觉神经将响应传输到大脑，然后大脑转换为人们所称的嗅觉的感觉；舌头产生味觉的过程与此类似。然而，“五官”能感受的外界信息范围很小，仅靠自身的“五官”获取信息是远远不够的，还有很多无法感知或难以感知的信息和超过人能承受范围的、不能触及的和感觉不准的信息。采集感知这些信息就需要采用特定的装置，大多数情况下是使用传感器来完成的。传感器是采集信息的重要器件，被认为是“五官”的工程模拟物，相当于人们“五官”的延伸、扩展、补充和替代。犹如眼睛、耳朵等“五官”是大脑的信息源，物联网感知层通过各种传感器获取世界中发生的物理事件和数据信息，因此采集客观事物信息的各种传感器以及相关检测设备或系统就是物联网系统的信息源。

物联网中由传感器或检测系统等实现对外界信息的采集。自然界中信息的存在形式多种多样，基本上可划分为物理信息、化学信息与生物信息。又可分为电量信息与非电量信息。自然界中大多为非电量形式的信息，而物联网所采集获得的、传输的、处理的信息在形式上普遍为电学参数/电量。因此在实际的信息检测中大量常见的非电量测量甚至电量信息，需要采用图 2.1 中的传感元件/传感器转换为合适的电量信息。

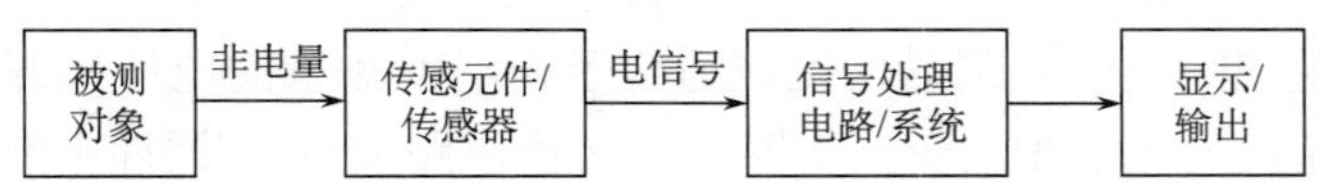

图 2.1　传感器/检测系统的组成框图

物联网中对外界信息的采集由传感器或检测等系统实现，主要包括传感元件/传感器、信号处理电路/系统以及显示/输出三大部分，组成框图如图 2.1 所示。传感元件或传感器将待测非电量信息转换为电信号，获取相应的非电信息量；信号处理电路/系统采用电子测量技术的方法得到定量的信息，信号处理电路一般包括放大、滤波、整形、A/D 转换和运算等单元，算法、软件系统也包括在信号处理系统中。

2.2　传　感　器

2.2.1　矿用传感器概述

物联网本质上是一个信息采集和处理的网络，全面的信息采集是实现物联网的基础。传感检测技术属于物联网体系架构中的感知层，是物联网中首当其冲的重要技术基础。在物联网的三个层次中，感知技术是核心和关键的技术。传感器已经渗透到人类生活的方方面面，传感技术的水平直接影响检测、控制、信息与物联网等系统的水平，因此物联网的信息传感检测技术决定了物联网的发展与水平。为了认识世界，进而改造世界，应当大力提高对物质世界的检测水平和能力。无数的科学进步都是检测技能和检测水平提高的结果。人类发展历史告诉我们，为了获得自身感觉器官无法感知的外部世界，扩大仪器探测的领域、范围，以及提高仪器测量精度、灵敏度是唯一出路。

传感器种类繁多，用途十分广泛，其定义也不尽相同。国际电工委员会（International Electrotechnical Commission, IEC）对传感器的定义为：测量系统中的一种前置部件，它将输入变量转换成可供测量的信号。中华人民共和国国家标准（GB 7665—1987）对传感器（transducer/sensor）的定义为：能感受规定的被测量并按照一定规律转换成可用输出信号的器件或装置。由于电信号具有高精度、高灵敏度、可测量、控制范围广，便于传递、放大及反馈等处理，并可连续检测和实现遥测、易存储等很多优点，所以人们往往希望传感器能将外界信息变成电信号，以便进一步放大、传输、存储、显示、输出信息。

传感器一般由敏感元件（sensing element）、转换元件（transduction element，也称传感元件）及变换电路三个基本部分组成，如图 2.2 所示。

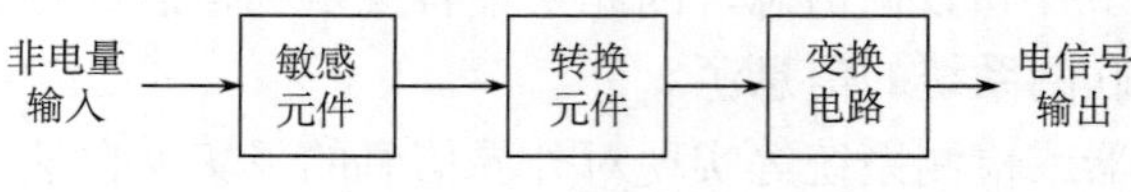

图 2.2　传感器组成框图

输入信号常称为被测量，它们通常是一些需要测量的物理或生物/化学量。敏感元件指传感器中能直接感受到或响应被测量的部分，它能直接感受被测非电量，并输出与被测量成确定关系的非电量，该非电量容易被传感元件接收和转换。转换元件指传感器中能将敏感元件感受或响应的被测量转换成适合于传输或测量的电信号部分，它将敏感元件输入的非电量转换为电参量。变换电路又称转换电路或调节/调理电路，它将传感元件输入的电参量变换为电信号，以便于后续电路接收、检测和处理等。虽然在传感器的定义中没有明确表明其包含转换电路，但因为不少传感器要通过转换电路之后才能输出电量信号，从而决定了转换电路是传感器的组成部分之一。

实际传感器的组成也不尽相同：有的传感器简单，有的传感器复杂，有些甚至是带反馈的闭环系统。有些传感元件则与敏感元件往往是同一个元件，功能上是合二为一的。如热敏电阻，温度直接使其电阻值变化；再如热电偶在感受温度差值时直接输出电压信号。某些传感元件则不能直接接收和转换被测非电量，必须依靠敏感元件的配合才能完成，如用电阻应变片测压力时就要将应变片粘贴到弹性元件上，弹性元件将压力转换为应变，应变片再将应变转换为电阻变化量，这里弹性元件是敏感元件，应变片是传感元件。有些传感器可以没有转换电路，仅由敏感元件和转换元件组成，如压电加速度传感器，其中质量块是敏感元件，压电片是转换元件。而有的传感器转换元件不止一个，要经过多次转换。

矿用传感器不同于普通的传感器，煤矿井下特定的使用环境对传感器提出了特殊的要求，受煤矿井下使用环境、要求及标准的约束，大部分矿用传感器既需要计量，又需要防爆，只有满足这些条件并获国家指定部门检验认证的传感器才能下井应用。目前已经推广使用的矿用传感器包括煤矿井下环境参数检测用传感器和生产环节中对设备状态监测用的各类传感器。矿用传感器已解决了煤矿安全生产中的一些问题，一定程度上满足了掘进工作面、采煤工作面、回风巷、排水、矿山压力、提升运输、大型机电设备等对环境参数及设备状态监控的需求，减少了瓦斯与煤尘爆炸、火灾、顶板等灾害的发生；有效减少了井下作业人员，降低了重大恶性事故发生的概率。这些传感器的使用对提高生产效率和增强矿山安全水平起到了非常重要的作用。但同时随着科学技术的发展与社会的进步，尤其是矿山物联网的发展，对高性能矿用传感器也有迫切的需求。

我国的传感器技术始于20世纪50年代，70年代研制生产了一批新型敏感元件和传感器。国内传感器行业虽得到了长足发展，但产业化程度不高，性能指标有待提高，多为中低档产品；在高端产品设计制造、工艺稳定性、产品系列化、工程配套应用等方面，与国外相比存在一定差距。

2.2.2 物联网与传感器

美国国家科学基金会认为，“20世纪80年代个人电脑的普及，使人类把运算简化到手指尖上；90年代的互联网技术，使人们通过网络获得了全球化的信息；21世纪的重大变革就是：再通过互联网，把人们赖以生存的物质世界连接起来，赋予每个欲知物体一个电子神经系统，使它具有被认知的信息生命，而担当其中核心重任之一的就是传感器”。

在物联网系统中，传感器是最基本、最关键的信息获取器件，属于物联网中的感知和输入部分，处于物联网信息源收集、获取信息的最前沿。传感器是“智慧地球”“感知中国”的核心基础技术。其中，“知”是建立在“感”的基础上的，没有“感”就没有“知”。因此，传感器的发展是物联网产业发展的需要，同时也是新兴产业发展的基础与核心，是高技术产业可持续发展的基本保障。可以毫不夸张地讲，没有传感器，就没有信息化，就没有物联网。

传感器的革命已经到来，之所以称为传感器革命，是因为会涌现出不计其数的敏感元件，通过以往我们几乎无法想象的方式出现在我们的生活当中，来监控我们周围的各种环境，使得“传感器技术成为各种力量的积聚点”。即，在物质信息化过程中传感器也会产生质的变化，逐步迫使人们改变生活方式和行为。这些技术有的已经存在，更多的正在或即将来临。

传感器在物联网中具有重要的基础性地位，这表现为：

（1）传感器是物联网的重要组成之一。传感器是物联网系统中不可或缺的、重要的关键组成部分。传感器的性能决定物联网的性能。

（2）传感器是信息感知获取的首要环节，是物联网中获得信息的必经途径和唯一手段，传感器采集信息的准确性、可靠性、实时性等性能对物联网应用系统的性能具有举足轻重的作用。

（3）传感器升级提升了网络升级。传感器技术的升级换代将提升网络的升级换代。当信息采集采用第一代模拟传感器时，产生第一代传感器网络；当信息采集仍用第一代模拟传感器，控制站之间采用数字通信时，产生第二代传感器网络；当信息采集采用第二代数字传感器或第三代智能传感器，控制和通信采用全数字化技术时，产生第三代传感器网络；当信息采集采用第四代网络化智能传感器时，产生物联网。

物联网的发展同时也对传感器提出了新的要求。物联网大规模、低成本、无人值守、环境复杂、电池供电等使用条件要求传感器应具有以下特性：

（1）微型化。要求传感器的特征尺寸为微米或纳米量级，质量为克或毫克量级，体积为立方毫米量级。

（2）低成本。低成本是物联网大规模应用的前提。传感器应该具有成熟的批量化生产技术，且一致性好、成品率高，能够批量自动标定、校准。

（3）低功耗。物联网诸多应用场合需要依靠电池长期供电，要求传感器功耗低，甚至是无源传感技术，或采用太阳能、光能、生物能、能量收集器作为传感器电源。

（4）环境适应性好。能抗电磁辐射、雷电、强电场、高湿度、高温、低温、障碍物等恶劣环境。

（5）灵活性。传感器节点在物联网中应用时，通过一系列的软硬件标准，能实现面向应用的灵活编程要求。

2.2.3　传感器原理

1. 传感器的工作机理

传感器的工作机理是基于物理、化学和生物的各种效应，主要基于四种基本定律：

（1）守恒定律。能量守恒定律、动量守恒定律、电荷守恒定律等守恒定律是传感器研究、开发与分析的基本法则。

（2）场的定律。主要是各种物理场中物质之间相互作用的定律，涉及动力场的运动定律、电磁场的感应定律、光的干涉定律等，场的定律由物理方程给出，是传感器数学模型的基础。

（3）物质定律。物质定律是各种物质本身内在性质的定律或法则，通常由物质固有的物理常数加以描述，这些物理常数是由物质本身的材料性能、内部结构等决定的，这些常数也会决定传感器的性能。相关的现象有热平衡规律、传输现象、量子现象。

（4）统计法则。统计法则是采用统计的方法把微观系统与宏观系统联系起来的法则，统计法则与传感器的工作状态有关，是分析某些传感器的理论基础之一。

2. 传感器的分类[2, 3]

传感器种类繁多，对于同一种被测量可采用不同的原理进行测量，而基于同一种原理或一类技术又可以制作多种被测量传感器，实际中可按照原理、被测量、材料、共轨、应用等加以分类。

（1）按照被测量进行分类。我国现有国家标准是按照被测量进行分类。按照被测量可将传感器分为物理量、化学量、生物量三大类，通常根据具体被测量分为位移、压力、力、速度、温度、流量、气体成分、离子浓度等传感器，如图 2.3 所示。

（2）按照功能原理进行分类。按照转换原理，传感器分为物理传感器、化学传感器和生物传感器。按照工作机理可分为结构型和物性型两大类，结构型传感器是依靠传感器结构参数的变化实现信号变化的，从而检测出被测量；而物性型传感器则是利用传感器中某些材料本身的物性变化实现被测量的变换，这主要是以半导体、电介质、磁性体等作为敏感材料的固态传感器。结构型传感器按照能源转换细分有机械式、磁电式、电热式等，而根据物性效应物性型传感器则可细分为压阻式、压电式、压磁式、磁电式、热电式、光电式、电化学式等。根据有无电源供电可分为有源传感器和无源传感器。如按

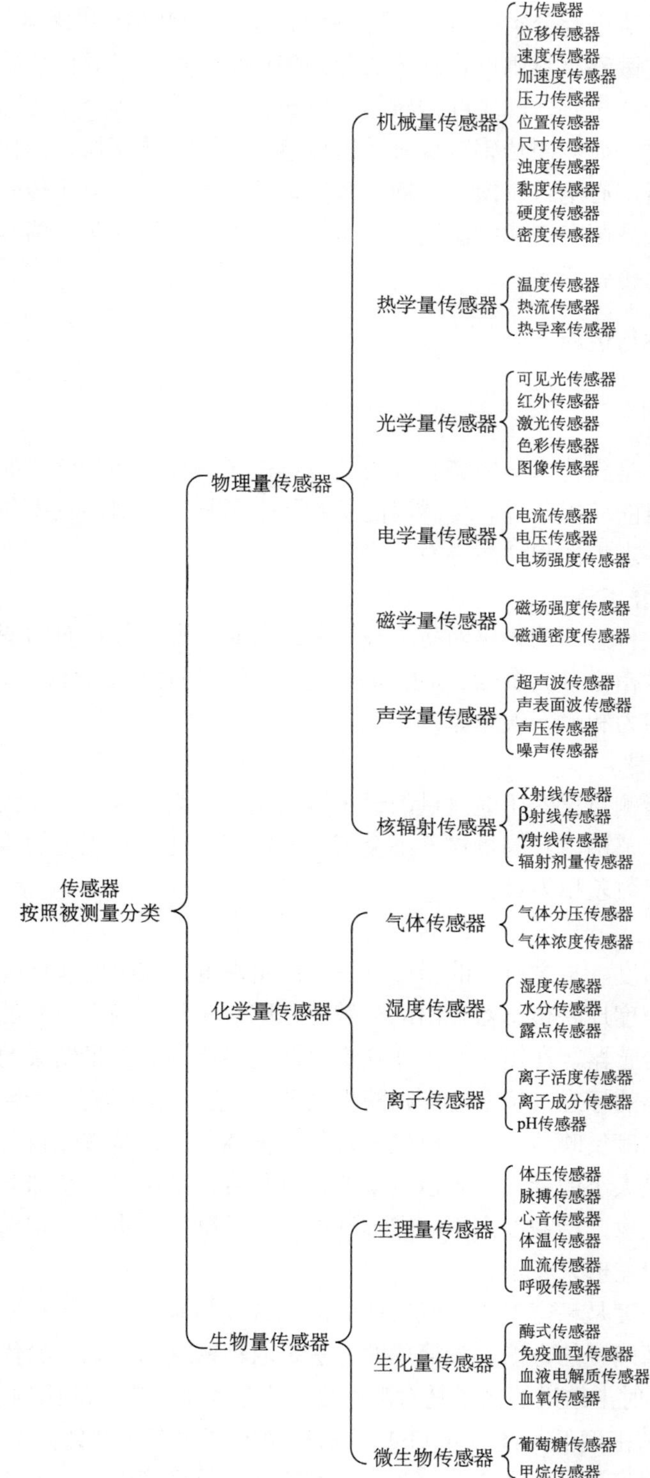

图 2.3 按照被测量分类的传感器种类

照加工工艺对传感器进行分类，则有厚膜/薄膜传感器、MEMS 传感器、纳米传感器。如按照所使用的主要敏感材料则可将传感器分为陶瓷传感器、半导体传感器、金属材料传感器、高分子聚合物传感器、光纤传感器、复合材料传感器等。还可以按照传感对象、应用领域进行分类。如按照传感对象有胎压传感器、温度传感器、图像传感器、气体传感器、水质传感器、心电传感器、血糖传感器、地震传感器、电压传感器、电流传感器等。而按照应用领域则有诸如机器人传感器、家电传感器、汽车传感器、气象传感器、海洋传感器、矿用传感器等。

2.2.4 传感器特性与选用

1. 传感器的特性

传感器的特性是指传感器所特有性质的总称。了解和掌握传感器的基本特性是正确选择和使用传感器的前提条件。传感器的基本特性是指传感器的输出与输入之间关系的特性，一般分为静态特性和动态特性。

1）传感器的静态特性

静态特性反映传感器的输出随稳态被测量或随时间变化缓慢时的变化规律。衡量静态特性的主要技术指标有测量范围、精确度、灵敏度、线性度、迟滞、重复性、分辨率、稳定性、抗干扰能力和静态误差等。

（1）测量范围

测量范围常指测量仪器所能测量的最小输入量（称为下限）至最大输入量（称为上限）的范围。在该范围内，测量误差不会超过规定值，能达到规定的精度。测量上限值与测量下限值的代数差称为量程。

（2）精确度

精确度也称精度，与之有关的指标有三个：精密度、准确度和精确度。

精密度。精密度反映传感器输出的分散性，即对某一个稳定不变的输入，由同一个测量者用同一个传感器，在短时间内连续重复测量多次，其测量结果的分散程度。精密度是随机误差大小的标志，精密度高则随机误差小, 精密度低则随机误差大。

准确度。准确度反映传感器输出值与真值的偏离程度，是重复误差和线性度等的综合。它是系统误差大小的标志，表示测量的可信程度。准确度高意味着系统误差小、可信程度高。但须注意，精密度高不一定准确度高，准确度高也不一定精密度高。准确度可以用输出量的误差值来表示。

精确度。精确度是精密度和准确度两者的综合，精确度高表示精密度和准确度都很高。有多种计算精确度的方法，最简单的方法是取精密度和准确度的代数和。

如图 2.4 所示射击结果的例子是对准确度、精密度和精确度的比喻。其中图 2.4（a）表示准确度高而精密度低，图 2.4（b）表示精密度高而准确度低；所以图 2.4（a）与图 2.4（b）的精确度都低；图 2.4（c）表示准确度和精密度都高，因此其精确度也高。

（3）灵敏度

灵敏度反映的是传感器对被测量变化的反应能力。它是传感器在静态条件下输出量的变化和与之相对应的输入量变化的比值。通常希望传感器的灵敏度高而且在整个量程内恒定，但在实际测量中，灵敏度有大有小，会有变化。

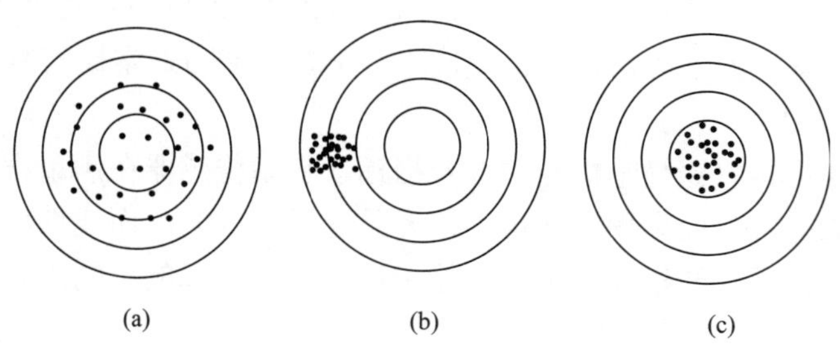

图 2.4　精确度关系示意图

（4）线性度（或非线性）

人们总是希望传感器的输入-输出关系是最简单的线性关系，这样可使显示仪表刻度均匀，在整个测量范围内具有相同的灵敏度，并且不必采用线性化技术加以处理，从而简化测量电路。但传感器的实际输入-输出曲线往往不是一条理想的直线。

线性度通常也称为非线性，是反映传感器实际输入/输出曲线的实际校准曲线与理论直线（或拟合的理想直线）之间的偏离程度，通常用实际输入/输出特性曲线对拟合的理想直线的最大偏差与满量程的百分比来表示。拟合直线的确定方法很多，常用的拟合方法有理论拟合法、端点直线法、过零旋转法、端点平移法和最小二乘法等。

（5）迟滞

迟滞特性反映传感器正（输入信号增大）、反（输入信号减小）行程对应的静态特性的不重合程度，亦称滞后量、滞后或回程误差。迟滞大小通常采用实验方法确定，采用正反行程输出的最大偏差与满量程输出比值的百分比表示。

（6）重复性

重复性表示传感器在同一工作条件下，按同一方向作全量程多次（3 次以上）测量时，对于同一个输入量其测量结果的不一致程度。重复性误差表现为随机误差，按照统计规律确定，通常用校准曲线间最大偏差相对满量程输出比值的百分比表示。

（7）分辨率

分辨率是指传感器对输入量最小变化的测量能力，即能引起输出量发生变化的最小输入变化量。常用满量程输入值的百分率表示其分辨能力，称为分辨率。可以通过用放大器放大测量信号来提高分辨率。

（8）稳定性

稳定性表示在较长的时间内传感器对于同一输入量其输出量发生变化的程度。一般在室温条件下，保持输入不变，传感器经过规定的时间后输出的变化量称为稳定性误差，常用相对误差或绝对误差来表示。影响传感器稳定性的因素很多，常用时间零漂、零点温漂和灵敏度温漂这三种指标来衡量稳定性的好坏。其中，时间零漂指的是在零输入的情况下间隔一定时间其输出量偏移的大小，反映了传感器零点随时间的变化；零点温漂是指温度变化时在零输入情况下传感器输出值的偏移程度，一般用温度变化 1℃时输出最大偏差与满量程的百分比表示；灵敏度温漂是指当温度变化时，传感器灵敏度的漂移。

（9）抗干扰能力

抗干扰能力是指传感器对外界各种干扰的抵抗能力。来自外界的干扰有冲击、振动、潮湿、电磁辐射、电源波动等，但评价抵抗这些干扰的能力通常比较复杂。

（10） 静态误差

静态误差是评价传感器静态性能的综合指标，它指传感器在满量程范围内任一点输出值相对于其真值的可能偏离程度（可也认为是逼近程度）。而线性度、迟滞、重复性通常称为传感器的分项性能指标或单项性能指标，这些指标的不同组合即构成各种综合性能指标。

2）传感器的动态特性

当被测量随时间变化很快时，传感器的输出信号反映其动态特性。实际中，常用传感器对某些标准输入信号的响应进行表示。通常阶跃信号和正弦信号从时域和频域两方面分析响应速度与频率响应。

（1）激励信号

用于研究传感器动态特性的激励信号多种多样，常见的规律性激励信号有正弦周期输入、复杂周期输入及非周期性输入，包括阶跃输入、线性输入与其他瞬变输入；而常用的随机性输入信号又包括各态历经过程、非各态历经过程的非周期性信号及非平稳随机过程信号。但一般只能根据“规律性”的输入信号来考察传感器的响应。由于复杂周期信号可分解为各种谐波，故可用正弦周期输入信号代替。而其他瞬变输入没有阶跃输入严格，故可用阶跃输入代表。因此，常用的“标准输入”为正弦输入和阶跃输入。

（2）响应速度

响应速度是传感器在阶跃信号作用下的输出特性，是动态特性的一项重要参数。它包括上升时间、峰值时间及响应时间等，反映传感器的稳定输出信号随输入信号变化的快慢。

（3）频率响应

频率响应是指传感器的输出特性曲线与输入信号的频率之间的关系，包括幅频特性和相频特性。实际使用时，需要根据待测信号的频率范围选择合适的传感器。

2. 传感器的校准

传感器的校准是指在传感器的输入/输出特性已确定的前提下，利用某种标准器具对传感器进行标定。对新研制的或生产的传感器进行全面的技术检定称为标定；传感器在使用中或存储后进行性能复测，称为校准。通常认为标定与校准的本质是相同的。

传感器的校准是利用标准仪器产生的已知非电量作为输入量，输入到待校准的传感器中，然后将传感器的输出与输入的标准量进行比较，获得相应的标准数据或曲线。校准需要使用长期稳定且精度高的基准；需要遵循精度传递原则，即要使用比被校准的传感器精度高的标准器。传感器的校准可分为静态校准和动态校准。

3. 传感器的选用

同样的测量目标可能存在不同原理与结构的传感器，在实际应用中应综合考虑各方面因素选择性能满足需求，成本费用等合适的传感器，选择时主要考虑以下几个因素[4]：

（1）灵敏度和工作范围。通常在传感器的工作范围内，希望灵敏度越高越好。灵敏度越高，与被测量变化对应的输出信号越大，相应的信号越易于处理。但与被测量相关的外界噪声也会随灵敏度增高而增大，影响测量精度，因此同时需要注意传感器的信噪比，以避免或减少外界干扰信号的影响。

（2）准确度和精密度。测量结果的好坏常用精确度衡量，精确度包括准确度和精密度。精密度也叫重复性，是在同一测试条件下，所得重复测量结果之间的差别程度；准确度则是指测量结果与实际真值之间的偏离程度，通常在选用传感器时着重考虑精密度。

（3）频率响应。传感器的频率响应特性决定了被测量的频率范围。传感器的响应实际上总存在一定的延迟，使用中希望延迟时间越短越好，频率响应高则可测信号的频率范围就宽。在选择时需要考虑传感器的频率响应特性与被测目标信号的频率范围。

（4）线性范围。实际中的传感器很难保证绝对的线性，通常可在一定范围将非线性误差较小的传感器近似为线性的；也可采用微处理器等计算机技术对非线性进行线性化处理。因此对线性特性的要求不像以前那样强烈。

（5）使用环境与抗干扰性。使用中需要评估环境条件，考虑传感器对环境条件的适应性，选择能耐受现场温度、湿度、磁场、电场、辐射、振动冲击等干扰的传感器。通常满足苛刻恶劣环境要求的传感器，其抗干扰性越好但价格、成本越高。因此需要综合加以考虑。

（6）易用性。传感器的易用性主要体现在信号的输出格式方面。随着数字传感器、智能传感器的发展，易用性正不断得到提高。

2.2.5　矿用传感器防爆

为确保不引起周围爆炸性混合物爆炸，对用于具有爆炸危险环境的传感器，必须选用取得防爆合格证的传感器。因此，在煤矿井下爆炸性环境中工作的传感器必须符合国家规定的防爆标准。矿用一般型电气设备的国家标准是 GB 1217.3—1990。通常把传感器看成是煤矿电气设备的一部分或者是其中的一类，并参照对电气设备的防爆安全规定对传感器的样品进行防爆检验。通常参考矿用防爆型电气设备的国家标准：GB 3836.1—2010 作为传感器的防爆设计制造与检验标准。防爆传感器样品应按照批准的合格图纸进行生产。

根据使用环境的不同，电气设备的防爆等级被划分为两大类：Ⅰ类和Ⅱ类。Ⅰ类防爆级别针对煤矿井下电气设备，即主要用于含有甲烷混合物的爆炸性环境。Ⅱ类防爆级别针对的是除甲烷外的其他各种爆炸性混合物环境中的工厂电气设备。如果矿井中除甲烷外，还有其他可燃性气体或蒸气时，则电气设备必须满足Ⅰ类和Ⅱ类防爆技术要求。国家制定了十种类型的防爆电气设备设计制造标准：隔爆型、本质安全型、增安型、浇封型、气密型、充砂型、正压型、充油型、无火花型和特殊型[5,6]，与此对应，有相应类型的防爆技术。以下是几种主要的防爆技术。

隔爆型防爆是将电气设备的带电部件放在特制的外壳内来实现的。这种特殊的外壳称为隔爆外壳，隔爆外壳不但具有耐爆性还应具有隔爆性，它还应同时具有以下三个功能：① 将壳内电气部件产生的火花和电弧与壳外爆炸性混合物隔离开；② 能承受进入壳内的爆炸性混合物被壳内电气设备的火花、电弧引爆时所产生的爆炸压力和温度，而外壳不被破坏；③ 同时能防止壳内爆炸生成物向壳外爆炸性混合物传爆，从而避免引起壳外爆炸性混合物燃烧和爆炸。具有隔爆外壳的电气设备就是隔爆型电气设备。隔爆型电气设备的标志为“d”。它具有良好的隔爆和耐爆性能，被广泛用于煤矿井下等爆炸性环境工作场所。

而本质安全型防爆是通过选择电气设备电路的各种参数，或采取保护措施来限制电路的火花放电能量和热能，使其在正常工作和规定的故障状态下产生的电火花和热效应均不能点燃周围环境的爆炸性混合物而实现电气防爆。即电气设备的电路本身具有防爆性能，从“本质”上就是安全的，故称为本质安全型（通常简称“本安型”）。本安型设备不需要专门的防爆外壳，这样就可以缩小设备的体积和重量，简化设备的结构。其标志为“i”。受本安型防爆原理对最大输出功率（25W 左右）的限制，本安型电气设备主要是通信、监控、信号和控制系统以及仪器、仪表。

增安型防爆适用于在正常运行条件下不会产生电弧、火花和危险温度的矿用电气设备，即在电气设备原有的技术条件上，采取了一定的措施避免了设备在正常运行和过载条件下产生火花、电弧和危险温度，提高其安全程度，实现电气防爆。增安型电气设备的标志是“e”。能作为增安型电气设备的仅是那些在正常运行中不产生电弧、火花和过热现象的电气设备。

浇封型电气设备的标志为“m”。浇封型电气设备的防爆原理是：将电气设备有可能产生点燃爆炸性混合物的电弧、火花或高温的部分浇封在浇封剂中，避免这些电气部件与爆炸性混合物接触，从而使电气设备在正常运行或认可的过载和故障情况下均不能点燃周围的爆炸性混合物。浇封型电气设备有整台设备浇封的，也有部件浇封的。对于采取浇封防爆措施的浇封型部件不能单独在爆炸性环境中使用，必须与使用该部件的防爆电气设备组合后才能在爆炸性环境中使用[5,6]。

气密型防爆是将电气设备或电气部件置入气密的外壳内，要求它完全密封，能阻止可燃性气体、粉尘、固体和液体侵入。气密型电气设备的标志为“h”。气密型电气设备的外壳结构要通过气密试验检验，在使用期间应始终保持气密性。

2.3　矿用气体传感器

煤矿井下是一个特殊的半封闭工作空间，生产过程中从岩层与煤层中不断涌出甲烷等易燃易爆气体、二氧化碳等窒息性气体，硫化氢、二氧化硫等毒性气体；爆破也会产生一氧化碳、二氧化氮（NO_2）等具有毒性的气体；除此之外，氧气浓度也会因消耗而降低，容易造成井下工作人员的窒息。在上述各种气体中，以甲烷为主的易燃、易爆瓦斯气体极易导致爆炸，形成恶性事故，造成重大生命财产损失。因此需要包括瓦斯传感器在内的多种气体传感器对矿井中的环境气氛进行检测[7]。

2.3.1 气体传感器分类

气体传感器是指气体成分的传感技术，在功能上类似于人的嗅觉，气体传感器主要利用气体的物理、化学性质，通过传感器的部件实现传感检测。当前，气体或气体成分传感器相对其他一些传感技术而言尚未能达到人们满意的水平，现有技术无法达到甚至超越昆虫借气味求偶觅食、大马哈鱼借气味洄游、警犬根据气味探寻目标的水平。相信未来随着科学的进一步发展，相关的气体传感技术会有快速发展，从而能使矿山安全水平有根本性的提升。

气体传感器的原理多种多样，气体传感器根据工作原理大致可有以下分类：利用物理化学性质的有半导体式、固体热导式、催化燃烧式；利用物理性质的有热导式、光干涉式、红外线吸收式、电阻式；利用电化学性质的有定电位电解式、伽伐尼电池式、隔膜离子电极式、固体电解质式。几种主要的气体检测方式及原理见表 2.1。

表 2.1 几种主要的气体检测方式及原理

检测方式	测定范围	适应检测对象	检测原理
载体催化燃烧式	0.1%到爆炸下限	可燃性气体	可燃性气体的氧化燃烧释热导致的温度增加
气敏半导体式	0.01%到百分之几	几乎所有气体和蒸气	金属氧化物半导体吸附气体所致的电阻变化
光干涉式	0.1%到 100%	几乎所有气体和蒸气	利用不同气体折射率不同导致的干涉条纹变化
热导式	0.1%到 100%	大部分气体与蒸气	利用不同气体热导率之差所导致的加热元件温度变化
红外线吸收式	10ppm（0.001%）到 100%	几乎所有气体和蒸气	不同气体对红外选择性吸收效应
电化学式	100ppm（0.01%）到 100%不等	CO、NO、NO_2、H_2S、NH_3、O_2等	利用气体在电解液中的电化学效应
固体电解质式	100ppm（0.01%）到 100%	O_2	利用高温状态下固体电解质两侧产生的氧离子浓度差传导的电位差

2.3.2 瓦斯传感器

煤矿瓦斯是煤矿井下开采过程中不断从煤和围岩中涌出的各种气体的总称，主要成分是甲烷，占 90%以上，因此瓦斯即指甲烷，除此之外还有少量乙烯、乙烷、丙烷、氢气、二氧化碳、一氧化碳、硫化氢、二氧化硫等气体成分。甲烷是易燃易爆气体，在大气中爆炸的下限为 5.3%，上限为 16%，浓度为 9.5%时爆炸威力最大，浓度超过 16%时只燃烧不爆炸。

煤矿瓦斯燃烧爆炸将引起矿井火灾、设备矿井损坏、人员伤亡甚至死亡，对矿山、工厂有很大的破坏力，危害巨大。甲烷浓度检测对于防止瓦斯爆炸具有重要的意义，是保障涉及甲烷气体的煤矿、石油、化工等行业安全生产的关键。为解决煤矿瓦斯爆炸这一问题，1815 年英国人发明了安全矿灯，这标志着瓦斯传感技术研究的开始。1923 年，美国研制成功催化燃烧式可燃性气体测定仪。1925 年研制成实用化的光干涉瓦斯测定仪，已经连续使用了数十年，至今仍在某些矿井的瓦斯检测中使用。英国于 1957 年发表的载体催化元件专利提高了纯铂丝催化燃烧式瓦斯传感器的性能，之后围绕载体催化开展了许多的相关研究。这一时期，很多基础研究成果被用于探索气体浓度的检测，如利用放射性同位素的甲烷浓度检测方法、基于超声波技术的瓦斯检测传感方法、基于红外线的气体检测传感技术。同时化学电池的发展使人们利用电化学原理的各类气体传感器成为可能。20 世纪 70 年代初，半导体技术开始迅猛发展，发现了半导体材料的气敏特性，这一特性被用于气体传感研究。目前基于这一技术的气体传感器在民用场合广泛应用，同时相关研究仍在不断深入。虽然对气体浓度的检测做了广泛的探索，但有的实用效果可能并不十分理想，有的则仍处于发展之中，尚存在很多问题需要解决。矿用瓦斯传感器的应用现状鲜明地体现了这一状况。

对煤矿瓦斯检测的实质是对甲烷的检测。目前研究的甲烷检测方法有载体催化法、热导法、金属氧化物半导体检测法、红外法、光纤法、声光法、声表面波等方法。但在矿井中广泛应用的仍是载体催化法、热导法与光干涉法。尽管气相色谱分析仪具有较高的检测精度，但其结构复杂，主要用于实验室分析，不适于矿井非固定式的瓦斯检测。

催化燃烧式气体传感器的原理是可燃性气体的催化氧化，是通过测量甲烷等可燃性气体在氧化燃烧时所释放的热量并将其转换成电信号的一种气体传感器，通常用于检测爆炸下限范围内的瓦斯等可燃性气体浓度。催化燃烧式瓦斯传感器在当前煤矿中使用最广泛、最普遍，从报警矿灯、便携式瓦斯报警仪到安全监控系统中的瓦斯传感器，占据了煤矿瓦斯检测仪器的主导地位，对煤矿安全生产起到了重要的作用[8]。

1. 催化燃烧式瓦斯传感器

载体催化燃烧式瓦斯传感器源于 1923 年美国最早制造成功的基于纯铂丝催化元件的瓦斯测量仪。纯铂丝催化燃烧元件既是加热元件，也是测温元件与催化元件。铂丝催化元件的工作温度为 900～1000℃，此温度状态下铂丝升华比较严重，铂丝线径显著缩小，元件结构易变形，检测仪器零点因此容易发生严重漂移，且连续工作寿命不长。但它在抗硫化氢中毒等方面却具有突出的优势。随后出现了在铂丝元件上制成的载体催化元件，并利用这种元件制成了载体催化燃烧式瓦斯传感器。

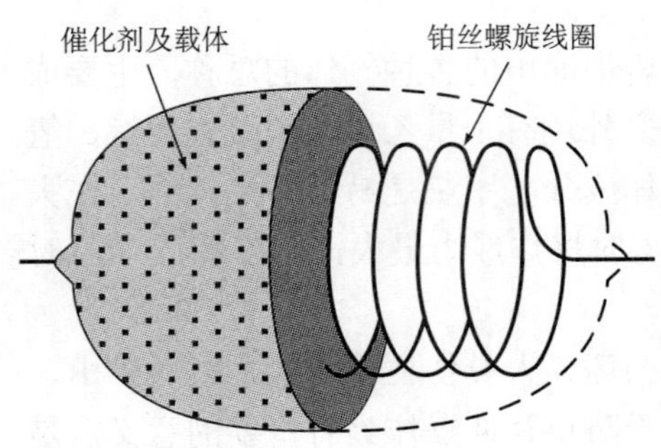

图 2.5　载体催化燃烧敏感元件构成示意图

载体催化燃烧式瓦斯传感器由铂丝螺旋线圈骨架、催化剂与载体构成，如图 2.5 所示。铂丝螺旋骨架被涂上有催化剂的载体小珠包裹形成载体催化元件。其中的铂丝螺旋线圈不仅是元件的加热丝，同时也是热敏电阻和负载载体的骨架。因此需要具有一定的强度和适当的弹性，并且还应具有较高的电阻温度系数以获得较高的输出活性。铂丝螺旋线圈通常用纯度为 99.999%的铂丝绕成，线圈直径为 0.007～0.25 mm，20℃时电阻值为5～8Ω。铂丝螺旋线圈通以工作电流后将载体及催化剂加热到瓦斯氧化燃烧所需的温度（450℃左右）。当瓦斯氧化反应放热使温度升高时，对温度敏感的铂丝电阻值会增大，由此可检测出瓦斯的浓度。

载体元件可采用涂浆法、分解法和电泳法制备[7, 9]，载体本身没有催化活性，其主要作用是提供较大的接触面积和反应面积。目前基本上都是使用氧化铝（Al_2O_3）作为载体材料。制出载体元件后可采用浸渍催化剂的方法制得载体催化元件。不含有催化剂的元件通常称为白元件，而含有催化剂的元件，颜色为黑色，俗称为黑元件，黑白元件结构形式如图2.6所示。

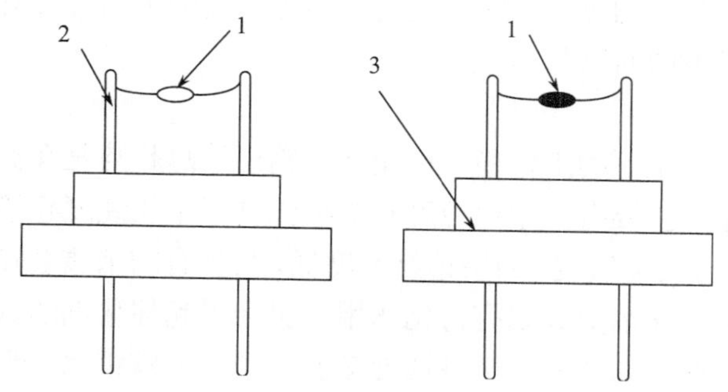

图2.6 催化燃烧黑白元件

1. 催化燃烧黑白元件； 2. 接线柱； 3. 元件座

黑白元件常构成惠斯通电桥检测电路来实现瓦斯的检测，如图2.7所示。受铂丝尺寸和载体制备工艺的限制，现有元件的形状大小与热学、电学参数很难做到严格一致。这使载体催化元件在使用中一般不能互换，即使是同种规格的元件互换，也需要调换补偿电阻。

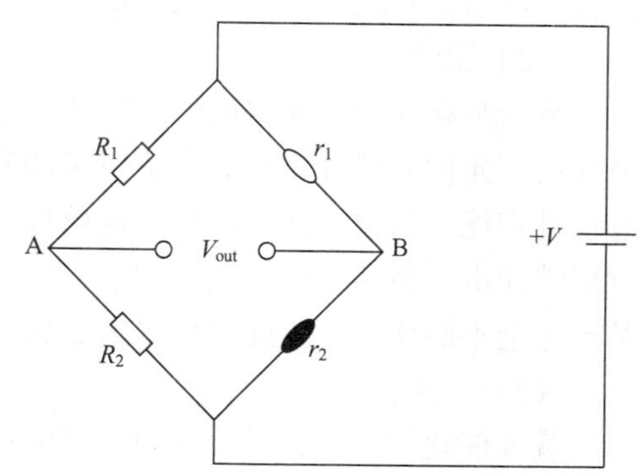

图2.7 催化燃烧元件的惠斯通电桥

催化燃烧传感器在煤矿井下主要是在采掘工作面、机电硐室、回风巷道等环境中使用以监测低浓度瓦斯，可与各类型监测系统及断电仪、风电瓦斯闭锁装置配套，检测爆炸下限范围内的低浓度瓦斯。

1）催化燃烧式瓦斯传感器主要性能

（1）灵敏度

灵敏度不仅取决于传感元件对瓦斯催化燃烧的速率，也与传感元件自身参数如温度系数等有关。传感元件的灵敏度一般不应低于10 mV/（1% CH_4），性能好的元件其灵敏度可达30 mV/（1% CH_4）以上。

（2）线性度

催化燃烧式瓦斯传感器输出特性在0～5% CH_4范围内一般呈线性，然而随着瓦斯浓度的升高，输出电压不断下降，呈现非线性特性。

（3）响应时间

响应时间标志着传感器与瓦斯反应的快慢。井下瓦斯检测要求实时性强、响应时间短。除了器件本身的特性影响外，风速也是影响该类瓦斯传感器响应时间的一个重要因素，井下现场使用时风速对响应时间有一定的影响，现场调校必须按规定的通气流量进行调校，否则将导致较大的误差。测量瓦斯时不能立即读数，应根据检测现场风速大小延迟一定时间后读数，待示值稳定后读数误差最小。

2）催化元件的缺点

载体催化元件瓦斯传感器虽然在矿井中应用广泛，但也有诸多问题。制造技术、加工精度、装配偏差、材料的热胀冷缩、使用环境等方面的因素对传感性能都会产生一定影响。同时还存在以下的问题[8,10]。

（1）稳定性

载体催化元件在高温下的工作稳定性差，其输出的总趋势是在波动中逐渐下降。影响元件输出变化的原因主要有：铂丝纯度和机械强度。铂丝纯度直接影响铂丝的温度系数，从而影响输出信号的灵敏度。如果铂丝纯度低，其含有的杂质会在高温工作时挥发，如果所含有的杂质对催化剂贵金属有毒化作用，也会引起催化剂的部分中毒从而造成输出活性下降。不仅如此，如若铂丝机械性能减弱，则会导致铂丝变形、脆裂，引起元件产生缺陷，这也会使元件的灵敏度发生波动，甚至失效。

在高温下，催化载体 Al_2O_3 会发生缓慢的晶型转化，而晶型的变化会使其表面积、孔结构等发生无法控制、不可逆转的变化，从而影响附着在其上的催化剂性能，最终必然影响输出信号的灵敏度，通常是使灵敏度降低。

（2）激活

激活是载体催化元件的一个特性。工作过一段时间的元件，遇到较高浓度的甲烷数分钟后，元件的活性将升高，浓甲烷消失后，元件活性在几十小时内逐步下降到原值附近，且有稳定的输出活性，这种现象称为元件被浓甲烷激活。载体催化敏感元件经高浓度甲烷冲击“激活”后，其灵敏度稳定性变差，忽高忽低，导致误差增大，示值不准，甚至完全不能使用。因此，要尽量避免用载体催化元件测高浓度的瓦斯。

（3）二值性

载体催化敏感元件的输出特性在0～5%浓度范围内呈线性，故一般在0～4% 测量范围内最为准确。超过13%后，空气中氧气浓度随着甲烷浓度的增加而降低，使甲烷的氧化燃烧反应非但没有增强反而随着浓度的增加而降低，甲烷浓度越高，元件输出信号值越小。输出电压的不断下降导致出现了高浓度瓦斯和低浓度甲烷输出信号值相同的现象，也就是说检测电桥的输出电压一般对应着高、低两个甲烷浓度值，这就是所谓的二值特性，如图2.8所示。这种特性所导致的测量假象具有极大的危险，因此在实际应用中需要加以注意并采取措施克服。

（4）积碳

如果甲烷浓度过高、氧气浓度降低，载体催化元件还会发生积碳现象。当空气中瓦斯浓度不超过9.5%时，正常工作的载体催化元件可将瓦斯完全氧化生成二氧化碳和水。然而，如果空气中瓦斯浓度过高，氧气浓度就会降低，缺氧氛围下的甲烷会不完全氧化

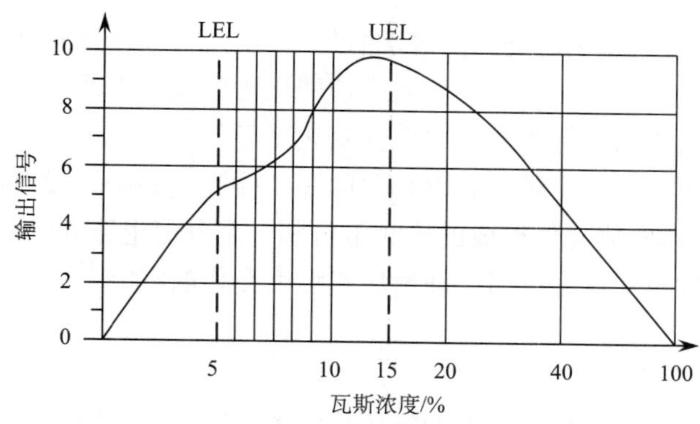

图 2.8 催化燃烧传感器对瓦斯气体的输出特性示意图[11]

燃烧生成碳和一氧化碳。当空气中甲烷浓度达到 40%，钯催化剂的温度为 600℃时产生的碳最多，这些碳积聚在钯等催化剂的表面，一方面会使催化剂中毒而影响之后的氧化反应，另一方面大量的碳积聚会影响颗粒尺寸、形态及元件的辐射率。上述因素会改变元件的热损耗从而影响传感器的输出。即使随后碳被燃烧掉，但碳在催化剂缝隙中生长导致的应力也会给传感器带来永久性的损伤。

（5）中毒

硫化氢和各种有机硅化合物的蒸气对载体催化元件有毒化作用。元件中毒失活，是由于催化剂表面强烈吸附了有毒气体分子，活性中心被占据使催化元件的活性降低。如果被吸附的有毒气体分子能逐步解吸附，催化剂逐步恢复活性，这可称为暂时中毒。如果吸附是强不可逆化学吸附，毒气消失后被吸附的有毒气体分子仍不会解吸附，甚至与催化剂生成稳定的化合物，元件的活性无法恢复，称为永久中毒。这一问题虽然早就提出，但目前最为有效的方法仍是加装过滤器使元件避免与毒气接触。通常利用活性炭吸附气体中的硅氧基化合物，而对气体中的二氧化硫、硫化氢、氯气等酸性气体则采用碱类物质加以吸收。显然，采用吸收剂防止催化元件中毒的方法不是一劳永逸的。吸收剂一方面存在饱和失效的问题；另一方面，何时失效也无法报警，因此何时更换吸收剂不容易掌握，所以，在使用中要注意经常更换吸收剂。

载体催化元件抗毒能力较弱，而纯铂丝元件本身却具有较好的抗中毒性能，因此在有毒气体环境中可采用纯铂丝催化元件而不采用载体催化元件。

3）环境对性能的影响及性能改进

载体催化燃烧元件在不同的环境中其性能也可能会有较大差别，这是因为催化剂的催化活性与其晶格结构有很大关系，在不同的温度下和不同气体环境中其晶格或有变化。虽然在制备时按照一定的规程能得到较为满意的初始结果，但使用中催化剂又将经历不同的温度与环境，此时晶格仍与环境参数有关，因此性能会发生改变。催化燃烧元件在矿井中使用，本身工作温度高达 400～600℃，且矿井气氛中水蒸气几乎饱和，因此需要注意环境条件对传感性能的影响。

针对载体催化燃烧元件只能测量5%浓度以下甲烷气体的缺陷，可采用恒温控制电路，使它处于恒温检测模式，可将载体催化元件的浓度检测范围拓展到0～10%。恒温检测的原理为：当温度由于瓦斯氧化燃烧升高时，通过降低电流使催化传感元件表面温度降低，并保证温度减小的值与由于瓦斯浓度升高而使催化传感元件表面温度增加的值相抵消。因此，通过测量催化传感元件的工作电流的变化就可测量瓦斯浓度变化的值。为了较好地解决恒温瓦斯检测方法中的环境温度补偿问题，检测电路中还设有由补偿元件和电阻构成的补偿电桥，载体催化元件构成的检测电桥和一个分流电路并联后与补偿电桥串联，补偿电桥和检测电桥相互对称，用以补偿环境温度变化的影响[12, 13]。

2. 热导式瓦斯传感器

热导式瓦斯传感器是一种最古老的气体检测器，它又称为“katharometer”、热线式、热传导式检测器。热导式传感器最早用于检验氢气纯度和氢气泄漏，在气相色谱仪上用于气体的检测，还用于过程控制及现场气体检测；它是基于热传导或热传递的传感器，是一种仅仅依靠物理效应作为传感方法的传感器。热导式检测器的核心元件是金属加热丝，金属通常采用钨、铂或镍-铁合金作为加热丝。补偿元件放在充满空气的密封气室中作为补偿桥臂，测量元件气室与补偿气室中气体的热导率不同，稳定后测量元件与补偿元件的温度不同，两个桥臂的电阻也不同，电桥输出相应的信号。

不同气体在不同温度时的热导率也不同，一些气体的热导率见表 2.2。采用热导检测的方法可以测出矿井瓦斯的浓度。一般情况下，用热导方法检测低浓度甲烷所得到的信号很小、灵敏度很低，因此主要用于检测高浓度的甲烷。实际中常与载体催化式瓦斯传感器相结合共同使用，即 0～5%浓度范围内用催化元件测量，5%～100%浓度范围内用热导元件测量。

表 2.2　几种气体的相对热导率（相对于空气）　　（单位：W/(m·k)）

气体	0℃	100℃	200℃	300℃	400℃	500℃	600℃
空气	1.000	1.000	1.000	1.000	1.000	1.000	1.000
氮气	0.996	0.993	0.997	0.999	0.998	0.994	0.988
氧气	0.987	1.026	1.049	1.062	1.065	1.062	1.056
二氧化碳	0.621	0.745	0.832	0.893	0.933	0.959	0.975
甲烷	1.244	1.500	1.723	1.911	2.066	2.192	2.296
乙烷	0.742	1.027	1.271	1.474	1.638	1.769	1.874
丙烷	0.619	0.874	1.092	1.271	1.415	1.529	1.619
一氧化碳	0.961	0.962	0.970	0.975	0.976	0.974	0.970
氢气	7.371	6.918	6.692	6.548	6.435	6.336	6.252

3. 红外瓦斯传感器

红外瓦斯传感器属于光学类气体传感器，其原理是基于不同气体所具有的特征吸收光谱。不同的气体，其分子结构各不相同，对不同波长红外辐射的吸收程度也不同。每种气体在红外辐射波段都有一条或若干条自己的吸收谱线，通常将吸收红外光最强的频率称为该气体的特征吸收频率。当不同波长的红外辐射依次照射到样品，穿过气体时特征频率谱线的光能就会被气体吸收，从而特征波长的红外辐射能被选择性地吸收而变弱；并且当同一种样品气体浓度不同时，在同一吸收峰位置的吸收强度与浓度成正比。通过检测气体的红外吸收光谱便可确定气体种类和浓度[14]。

甲烷最主要的光谱吸收峰集中在 2.3μm 和 3.3μm，而近红外低强度的吸收峰 1.33μm 和 1.66μm 已被用于甲烷的检测。通常为了分析特定气体组分，应该在传感器或红外光源前安装与气体吸收波长相适应的窄带滤光片，使传感器的信号变化只反映被测气体浓度变化。

基于红外光谱吸收的瓦斯传感器有封闭光路系统和开放光路系统两种，其基本结构有光源、气室和光路。光源一般采用红外发光二极管或红外激光器。气室有敞开式或封闭式结构两种。

红外光谱吸收式瓦斯传感器技术的发展依赖于光源技术、微弱信号检测技术、光谱分析技术以及光纤技术的发展。红外光谱吸收式瓦斯传感器有以下两种检测方法。

1）差分吸收检测技术

电源不稳定、器件老化及器件温度变化都将引起光源的不稳定；光电器件的光电特性、光谱特性和暗电流特性会引起温漂；而光电器件的光电流或灵敏度随时间的增加而减小，从而引起时漂。上述因素将直接影响瓦斯传感器的性能，采用差分吸收法可有效地消除这些影响。

差分吸收法的工作原理是：光源发出的光束被分成两路，一路是带有被测气体吸收后的信息；另一路是带有未经被测气体吸收后的信息，称参考信息。光源的不稳定以及光电器件的时漂、温漂对两路信息的影响相同，故信号信息与参考信息将只是气体浓度的函数，从而消除光源的不稳定以及光电器件零漂的影响。

2）谐波检测技术

通过对光源的调制实现对瓦斯气体的二次谐波检测，可以克服现有仪器受光路干扰较大的缺点，若采用激光器做光源可以比用 LED 做光源的差分检测方式具有更高的灵敏度。其基本原理是，当一束输入平行光通过充有瓦斯气体的气室，如果光源光谱覆盖一个或多个气体吸收线，且光谱分布带宽远远小于气体吸收线带宽，通过对光源的注入电流进行正弦调制，光源频率和输出光强也将受到相应调制。随着对光源注入电流的调制，光源频率受到相应调制而变化，此时，光谱吸收系数不再是一个常数，而是一个随调制频率变化的函数。一次谐波分量主要由强度调制引起，幅度大小正比于光源的平均功率，与气体浓度无关。而通过检测二次谐波可以获得气体浓度信息。用二次谐波和一次谐波的比值作为系统的输出，可以消除光源波动等共模噪声。差分吸收法虽然也具有很强的克服光路干扰的能力，但系统的固有噪声无法消除，灵敏度不会达到很高。谐波检测可以消除各种有效系统噪声和各种干扰，并且具有更高的灵敏度，是一种较先进的气体浓度检测方法。

已经商品化的红外气体传感器有二氧化碳传感器、一氧化碳传感器、甲烷传感器等，除此之外也有商品化的多气体分析系统，采用红外吸收谱能对多种气体进行检测。

4. 光干涉式瓦斯传感器

光干涉式瓦斯传感器是利用光的干涉原理，经过适当的光路设计把瓦斯浓度的变化转换为光干涉条纹位置的变化，通过测量这个位移量来确定瓦斯浓度值。传统的光干涉瓦斯传感器测量范围大，使用寿命长，但测量不直观且无法与监控系统连接，因此在煤矿中的使用量逐年减少。

采用现代检测技术，如 CCD 和单片机技术对传统的光干涉瓦斯传感器进行升级改造，构成的新型光干涉瓦斯传感器，具有自动检测瓦斯浓度值、自动存储和自动处理检测结果并通过数码显示输出、声光报警等多种功能，因而在煤矿业具有重新得到广泛应用的潜力[15]。

2.3.3　氧气传感器

对矿井环境中氧气含量进行检测具有重要的意义。检测氧气含量的方法很多，主要有利用氧顺磁特性的方法及电化学的方法。

1. 基于顺磁特性的氧分析仪

在外界磁场的作用下，物质会被磁化呈现出一定的磁特性。物质在外磁场中被磁化，其本身会产生一个附加磁场。当磁导率 $\mu>1$ 时，体积磁化率 κ 为正；而 $\mu<1$ 时，体积磁化率 κ 为负。$\mu>1$ 的介质处于磁场中，产生的附加磁场与外磁场方向相同，会受到磁场的吸引，表现出顺磁性，称为顺磁性物质；而 $\mu<1$ 的介质处于磁场中，产生的附加磁场与外磁场方向相反，则受到磁场的排斥，表现出逆磁性，称为逆磁性物质。气体介质处于磁场中也会被磁化，而且根据气体的不同也分别表现出顺磁性或逆磁性，常见气体的磁化率如表 2.3 所示。如 O_2、NO_2 等是顺磁性气体，H_2、N_2、CO_2、CH_4 等是逆磁性气体。

表 2.3　常见气体的体积磁化率（0℃）

气体	分子式	$\kappa\times10^{-6}$ (C.G. S.M)	气体	分子式	$\kappa\times10^{-6}$ (C.G. S.M)
氧气	O_2	+146	乙烯	C_2H_4	+3
一氧化碳	CO	+53	乙炔	C_2H_2	+1
空气	—	+30.8	二氧化氮	NO_2	+9
甲烷	CH_4	−1	氧化亚氮	N_2O	+3
氮气	N_2	−0.58	二氧化碳	CO_2	−0.84
氢气	H_2	−0.164	水蒸气	H_2O	−0.58

注：由于采用的参比条件（如温度、压力）的不同，磁化率数据存在差别[16]。

氧气是顺磁性物质，其磁化率比其他气体大很多。顺磁性气体在磁场中有许多物理特性，其中一个重要的特性是热磁效应。氧气的热磁效应是指其磁化率会随温度的升高而迅速降低，利用这一特性可以测量氧气的含量。利用顺磁性原理的氧气浓度检测方法有三种：热磁性分析仪、机械分析仪及磁压式分析仪。

热磁氧分析仪的工作原理如图 2.9 所示。若不含氧的气体进入环形气室，其中间的水平管道因两端气压相同而无气流；当含氧的混合气体进入环形气室时，氧气在永久磁铁的作用下被吸入水平管道中。水平管道绕有电加热丝（同时也作为敏感元件），被吸入水平管道的氧气被加热而温度升高。加热后氧气的顺磁性下降，磁场对它的吸引力小于冷态的氧气，于是被吸到磁极中心的冷态含氧样气被加热后又被挤走，这样在水平管道中形成了气体流动，也称为磁风，其速度与样气中的氧浓度成正比，并使电加热丝不同程度的冷却。电热丝与桥臂电阻组成惠斯通电桥，于是可精确测量出样气中的氧气浓度。

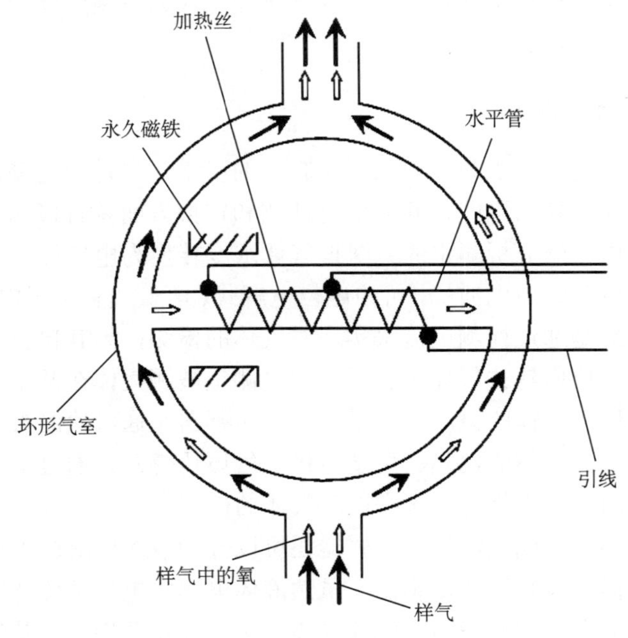

图 2.9　热磁氧分析仪

磁压式氧分析仪根据氧气的强顺磁特性，当含氧气体处于一个不均匀的磁场中时，它会被吸引到磁场强的地方，这样的部位气体压力会升高。通常采用差压测量元件如热敏元件和电容微音器加以测量，但这种分析仪需要参比气体。

热磁氧分析仪具有灵敏度高、响应时间短、测量精度高、抗震性好、能长时间稳定工作、受其他气体干扰少、使用维修方便、能可靠地应用于连续自动氧量分析等优点。该方法测量范围广、运用较为普遍，适宜矿井条件下环境应用。

磁力机械式氧分析仪。在非均匀磁场中，存在顺磁性气体时，若向磁场中放入磁化率为零的物体，就会受到斥力，企图将物体逐出磁场。这是磁力机械式氧分析仪的基本原理。通常采用小球-转子系统与光点检流计相结合的测量方法。在非均匀磁场中设置有悬挂起来的通过连杆连接的两个小球及连杆中心的微小反射镜所组成的转子系统，小球通常为充有氮气的玻璃小球。当非均匀磁场中通有氧气时，由于氧气和小球磁化率存在差别，小球将会转动被逐出磁场，带动反射镜偏转，光点发生位移，通过硅光电池等检流计可指示出含氧量大小。实际测量中多采用补偿测量法，即产生一个大小相等、方向相反的补偿力与被测力相平衡，这种方法测量过程相当简单，环境因素对测量过程影响较小，便于校正，容易实现多量程切换，所具有的精确度高、线性度好的优点是其他磁式氧分析仪所无法比拟的。

热磁式氧分析仪发展较早，结构简单、可靠性高，并且对被分析气体中的灰分、腐蚀性气体等杂质不敏感，因此应用广泛。但它受非测量组分的干扰严重，尤其是导热率大的气体如氢气对测量结果干扰大。而磁力机械式氧分析仪的显著优点是受非测量组分影响较小，精确度高；缺点是对分析气体中的灰分、腐蚀性气体等杂质较敏感。磁压式氧分析仪，尤其是采用微音检测器及微流体敏感元件作为变换元件的分析仪，其优点是响应速度快、适用于快速分析。

2. 电化学氧气传感器

电化学是一门将化学现象与电现象联系起来的科学，也是一门多领域、多学科协作的边缘科学，它在化学能与电能之间的信息计测和转换方面具有极为重要的作用。电化学气体传感器采用电化学分析测定的方法把气体浓度转换为电参量。

电化学传感器可分为原电池式、可控电位电解式、电量式和离子电极式四种类型[17]。原电池式气体传感器是通过检测电流来实现对气体的检测，因其自身就是电池，故不需要外加电压。可控电位电解式气体传感器是通过测定被测气体在某个确定电位电解时所产生的电流，来实现对气体的检测。电量式气体传感器是通过检测被测气体与电解质反应产生的电流来实现对气体的检测。离子电极式气体传感器是通过测量被测气体溶解于电解质溶液中产生的离子极化电流来实现对气体的检测。

按照电解质的不同，电化学气体传感器还可以分为液体电解质电化学传感器、固体电解质电化学传感器、凝胶型气传感器。虽然液体电解质电化学传感器与固体电解质电化学传感器在结构上有很大的差别，但都以离子传导为共同特征，其气敏特性都受到气体的扩散行为控制。

固体电解质有无机固体电解质、胶体电解质和聚合物固体电解质等类型。无机固体电解质型传感器主要以无机盐类为固体电解质，加上阴、阳极材料组合而成。这类传感器具有尺寸、价格、灵敏度等方面的优点，但也存在工作温度高、长期稳定性欠佳、易受其他气体干扰等不足。胶体电解质是用无机物胶体制作电解质，其优点是原料来源广泛、不漏液。但是由于制备工艺上要严格控制硫酸浓度，并且胶体本身不稳定，需加入稳定剂，上述因素不易控制。电化学态聚合物电解质型传感器通过聚合物中的官能基传导离子，由于能在室温下工作，并且可按照设计需要通过化学反应进行改性，便于加工。

固体电解质气体传感器由于电导率高，灵敏度高、选择性好，获得了迅速发展，产量大、应用广，在环保、节能、矿业、汽车等工业领域应用广泛。

以下主要介绍以氧化锆为电解质的固体电化学氧气传感器。氧化锆氧气检测器的原理结构如图 2.10 所示。它是利用固体电解质的氧离子的导电特性来工作的，它使用白色难熔的固体材料——氧化锆（ZrO_2）作为工作电解质，Pt 的多孔薄膜来作为电极。氧化锆晶体本身是绝缘体，当添加适量 CaO 或 Y_2O_3 等材料后经高温形成萤石型立方晶系固溶体，形成所谓的稳定氧化锆。氧化锆通常制为管状结构，在管内外壁用烧结的方法制备铂、铑等多孔金属电极和引线。管内通以参比气体（通常为空气），管外为待测气体。在一定高温下当管体内外两侧氧浓度不同时，高浓度一侧氧通过氧化锆固体中的氧空位以氧离子状态向低浓度一侧迁移，从而形成氧离子导电，使氧化锆呈现氧离子导电特性。通过测量在固体电解质两侧电极上产生的氧浓差形成的电势，便可检测出氧浓度。检测器实际工作时还要采取恒温措施，设置必要的辅助结构，如参比气体引入管、恒温热电偶、过滤器、加热管等。氧化锆固体电解质的导电性与温度有关，温度越高导电性越强。在 600～1000℃高温下掺杂的氧化锆晶体对氧离子有良好的传导性。这种传感器过高的工作温度（一般在 700℃以上），既是其优势同时也是其劣势。氧化锆氧气传感器多用于汽车空燃比的控制，在锅炉和内燃机中用于测量和控制燃烧过程，在炼钢中控制高温质量，在环境保护中分析和监控大气污染。

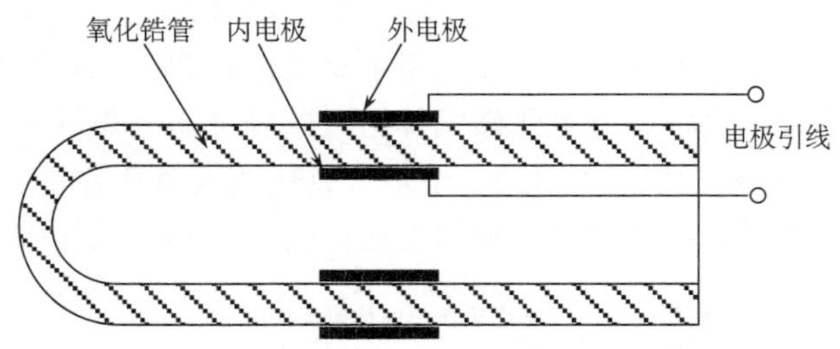

图 2.10 氧化锆氧气检测器结构示意图

电化学传感器通常对其目标气体具有较高的选择性。选择性优劣的程度取决于传感器类型、目标气体以及传感器要检测的气体浓度。最好的电化学传感器是检测氧气的传感器，它具有良好的选择性、可靠性和较长的预期寿命，其他电化学传感器则容易受到其他气体的干扰。电化学传感器的预期寿命取决于多个因素，主要受待检测的气体和传感器的使用环境条件影响。一般而言，电化学传感器的预期寿命为 1~3 年。实际中，预期寿命主要取决于传感器使用中所暴露的气体总量以及其他环境条件，如温度、压力和湿度。

2.3.4 一氧化碳传感器

一氧化碳不仅是一种可燃性气体，而且毒性极强，如果空气中一氧化碳浓度达到一定值时，将直接威胁人的生命安全；在空气中一定比例的一氧化碳还具有强烈的爆炸性。矿山井下巷道中，爆破后或瓦斯、煤尘爆炸时都会产生大量的一氧化碳；在自燃发火之前也会有较高浓度的一氧化碳出现。因此需要准确迅速地测定井下一氧化碳的浓度。

早期矿井中一氧化碳测定采用的是检知管。现在常用的一氧化碳气体检测方法有电化学法，除此之外还有光学法、金属氧化物半导体气体敏感方法、催化燃烧、气相色谱法等多种检测方法。本书主要介绍电化学式一氧化碳传感器。

电化学式一氧化碳传感器有液体电解质型、半固态电解质型和固体电解质型。液体电解质电化学式传感器的主要元件有透气膜、电极、电解质以及过滤器。透气膜也称为憎水膜，它被用于覆盖传感（催化）电极，在有些情况下用于控制到达电极表面的气体分子量。此类薄膜通常采用低孔隙率的特氟纶薄膜制成。也可以用高孔隙率特氟纶膜覆盖，同时采用毛细管控制到达电极表面的气体分子量。电极材料是一种能够在长时间内执行半电解反应的催化材料。电极材料的选择很重要，通常电极采用贵金属制造，如铂或金，在催化后与气体分子发生有效反应。为完成电解反应，根据传感器的设计需求，三种电极采用不同材料加工制作。对于电解质而言，首先它必须能够促进电解反应，并有效地将离子电荷传送到电极；它还必须与参比电极形成稳定的参比电势并与传感器内使用的材料兼容。如果电解质蒸发过于迅速，传感器信号会减弱。有时候需要安装洗涤式过滤器以滤除不需要的气体。过滤器的选择范围有限，每种过滤器均有不同的效率度数，多数常用的滤材是活性炭。活性炭可以滤除多数化学物质，但不能滤除一氧化碳。通过选择正确的滤材，对目标气体的传感可以实现更高的选择性。

电化学气体传感器的结构有两电极式、三电极式和四电极式。其中最简单的是两电极结构。两电极恒电位电化学一氧化碳传感器的结构如图 2.11 所示，在容器内的相对两壁，设置有工作电极和对比电极，其内充满电解质溶液，再在工作电极和对比电极之间加以恒定电位差构成恒压电路。一氧化碳气体透过隔膜（多孔聚四氟乙烯膜）在工作电极上被氧化，而在对比电极上氧气被还原，于是一氧化碳被氧化并生成二氧化碳。此时，工作电极和对比电极之间有电流流过，根据电流值就可测知一氧化碳气体的浓度。

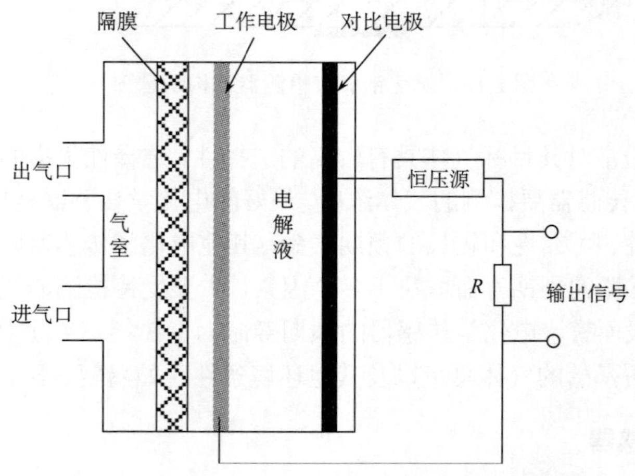

图 2.11　恒电位电化学一氧化碳传感器结构示意图

两电极电化学一氧化碳传感器的优点是：结构简单、易于制造、材料成本低，在较低一氧化碳浓度下具有良好的线性响应及较好的稳定性和可重复性。但两电极电化学传感器也有自身难以克服的缺点。比如，在测量高浓度一氧化碳时，由于电极电势的改变，工作电极的氧化反应速率可能低于对比电极的还原反应速率，导致传感器产生非线性的输出信号。因此两电极传感器一般被限制在低浓度气体检测应用和“门闩式”报警产品方面。

为改善传感器性能，人们引入了参比电极，这就是三电极系统电化学传感器。参比电极安装在电解质中，与传感电极邻近。引入的参比电极没有电流流过，但使传感电极受到恒定电势的作用，该恒定电势值可以根据目标气体有针对性的设定。气体分子与传感电极发生反应，反应强度和测量结果都与气体浓度直接相关。三电极电化学一氧化碳传感器如图 2.12 所示，其中，工作电极和对比电极均载有对一氧化碳催化反应活性高的催化剂，参比电极上一般载有对一氧化碳催化活性相对较低而化学性质稳定的催化剂，参比电极不参与氧化还原反应。

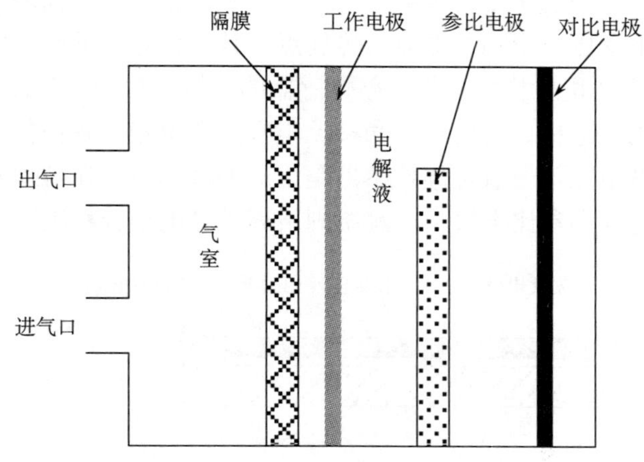

图 2.12 三电极电化学一氧化碳传感器结构

如图 2.13 所示，当含一氧化碳的气体通过透气膜扩散到含有催化剂的工作电极上时，在恒定电势的作用下，与电解液进行氧化还原反应。首先在工作电极处产生氧化反应，其反应方程式为

$$2CO+2H_2O \longrightarrow 2CO_2 + 4H^+ + 4e^-$$

同时，在对比电极处，产生还原反应，其反应方程式为

$$O_2+4H^+ + 4e^- \longrightarrow 2H_2O$$

在上述反应中，工作电极氧化释放出电子 e^-，对比电极还原获得电子 e^-。于是，在工作电极与对比电极之间产生电流。由反应方程式可知，电流的大小与一氧化碳的浓度成正比。因此，测出电流大小就可以获得一氧化碳的浓度。该结构允许对比电极的电势发生改变。三电极电化学传感器比两电极传感器更有效，可用于检测浓度范围更大的气体。为了增加其温度稳定性和选择性，还有四电极系统结构的电化学传感器。

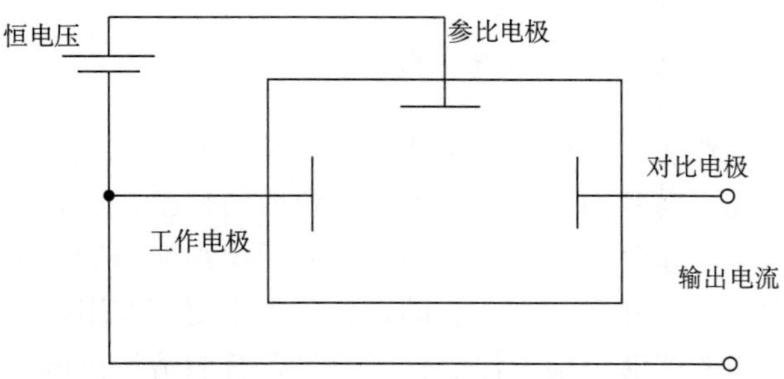

图 2.13 电化学一氧化碳传感器工作原理

液体电解质电化学一氧化碳传感器一般用一定浓度的硫酸作为电解质。液态电解质在过于干燥或潮湿的环境中体积有很大的变化，且由于液体电解质的流动性，漏液、腐蚀和电解液干枯等会使传感器不能正常工作甚至失效，这是该类传感器的主要缺点。而固态电解质一氧化碳传感器则采用固态聚合物电解质（SPE）作为离子交换膜，并将金属催化剂铂或金沉积在固态聚合物电解质薄膜上制成敏感电极。固态电解质一氧化碳传感器具有无漏液、不受压力影响、寿命长等优点，具有良好的发展应用前景。

图 2.14 是一种平面型电化学一氧化碳传感器的结构示意图。平面型电化学一氧化碳传感器的特征是将工作电极、对比电极和参比电极三个电极制备在某种基体材料的同一侧平面上。该平面型电化学一氧化碳传感器是用玻璃做基体，在玻璃基体上用溅射法制备工作电极、对比电极和参比电极，电解质则用离子导电聚合物浇注在电极上制得。

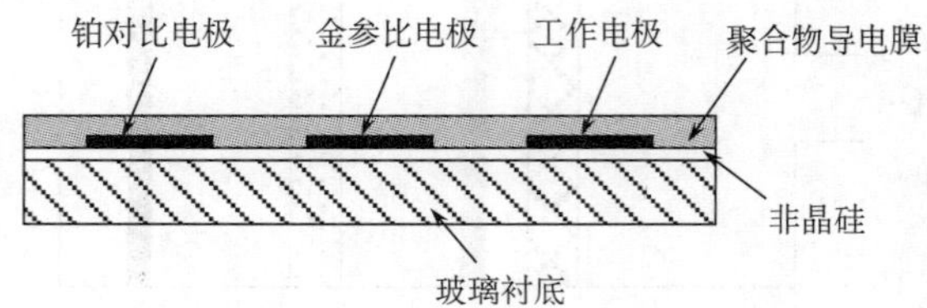

图 2.14　平面型电化学一氧化碳传感器结构

平面型电化学一氧化碳传感器的工作原理与前面的三电极电化学一氧化碳传感器一样，也采用恒电位电解原理。这种形式的固态电解质电化学传感器，有利于进行大规模批量生产。

2.4　微纳气体传感器

随着纳米材料的飞速发展与 MEMS 技术的成熟，一些基于微纳技术的新型传感器不断涌现，本节主要介绍一些与矿山环境监测相关的微纳新型气体传感器。

2.4.1　微纳甲烷传感器

“感知矿山”物联网的发展对矿用甲烷传感器性能的提升有着迫切的需求。随着新型材料与技术的发展，近些年不断有新型甲烷传感器研究的报道。

1. 基于笼状超分子化合物的甲烷传感器

超分子化学是由近代化学、材料科学和生命科学交叉发展起来的前沿科学。超分子体系由主体和客体组成，前者为天然或人工设计合成的分子，后者为能与前者通过非共价键作用的分子或离子。超分子作用是一种具有分子识别能力的分子间作用，是空间效应影响下的范德华力作用、静电引力、氢键力、疏水作用等作用力。笼状结构的穴蕃超分子化合物是人工合成的能够识别中性小分子的包含有脂溶性桥链和芳香环的有机超分子主体化合物，构成一个较深的空穴，属于“蕃”化合物，因此被称为穴蕃。

穴蕃-A是最小的穴蕃化合物，它具有空腔可调节、构象易变化、容易进行化学修饰等特点。关键是它能通过非共价键的作用来识别客体分子，并能对客体形成包封减少环境的影响。研究发现甲烷能进入穴蕃-A的空穴并形成比较稳定的包合物，因此穴蕃-A可被作为吸附甲烷的敏感材料，在光纤、石英晶体微天平上进行制备用于甲烷传感。目前报道的相关检测技术有荧光技术、基于模式滤光的光纤检测技术、石英晶体微天平技术的甲烷检测等。但其他气体的干扰、温湿度影响及测量范围等方面仍需进一步深入探索和研究[18, 19]。

2. 传统催化燃烧式甲烷传感器性能的提升

催化燃烧式甲烷传感技术简单可靠，输出信号易于处理、使用方便、价格低廉，在煤矿中应用广泛。一直以来人们希望能继续对传统催化燃烧式甲烷传感器的性能加以改进，以提高稳定性使之具有更长的调校周期与使用寿命[20]。

研究发现，采用隔热透气材料对催化燃烧黑白元件进行封装将是降低催化燃烧式甲烷传感器功耗并提高灵敏度的新途径。气凝胶是固体物质形态，因其内部有很多孔隙，充斥着空气而得名。气凝胶是最轻的，即密度最小的一类固体物质。而二氧化硅气凝胶的结构特征是拥有高通透性的圆筒形多分枝纳米多孔三维网络结构。它具有独特的特性，如极高孔洞率、极低的密度、高比表面积、超高孔体积率、在温度达到1200℃时才会熔化、导热性和折射率也很低。二氧化硅气凝胶纤细的纳米网络结构能有效地限制局域热激发的传播，其固态热导率比相应的玻璃态材料低2～3个数量级，纳米微孔洞抑制了气体分子对热传导的贡献。研究表明采用疏水二氧化硅气凝胶封装对催化燃烧甲烷传感器的性能有显著的改进，功耗可以降低约30%，灵敏度同时也得到了提高[21]，这一方法还可能有助于抑制粉尘对黑白元件性能的影响，从而可提高器件的寿命和稳定性。

3. 微纳催化燃烧式甲烷传感器

纳米气体敏感材料或者复合纳米气体敏感材料具有灵敏度高、稳定性与选择性较好的优势，MEMS 加热结构与检测结构具有批量化生产、低成本、低功耗以及可集成的优势。上述二者的结合，即在 MEMS 结构上制备纳米材料或基于纳米尺度的敏感结构将使新型气体传感器具备优良的特性，从而将能够满足物联网对低功耗、高可靠性气体传感器的需求。用于甲烷等气体传感的微加热器/微加热盘已经发展出了多种结构。

微加热器从最初的隔热膜发展到如图 2.15 所示的四支撑臂连接支撑的加热台，然后再到桥式加热结构，最近又发展了桥臂支撑的凹槽式微型加热器及双悬臂式微型加热器。

图 2.15 四支撑臂的微加热台

目前微加热器所使用的加热材料多为铂，也有使用钨、多晶硅、单晶硅甚至 MOSFET 加热的微加热器。承载加热材料的多为硅基材料，也有以低温共烧陶瓷、氧化铝陶瓷等为基材的研究。如，有学者采用常规微电子工艺结合精密激光微加工技术在单片氧化铝陶瓷上制作了悬梁式微热板结构，该微热板在高温应用方面具有较好的效果。微纳甲烷传感器的尺寸较传统催化元件小，功耗预期可达到 100mW 左右甚至低到数十毫瓦，但受催化剂性能等因素的影响，灵敏度等技术指标仍有待提高。

4. 微纳热导式甲烷传感器

热导式甲烷传感器是一种应用成熟的甲烷检测技术，但在煤矿井下主要用于高浓度甲烷的检测。它在本质上与催化燃烧式甲烷传感器都属于测热式传感器。热导式甲烷传感器具有诸多优点，但传统热导式元器件对于低浓度的甲烷灵敏度低，难以用于低浓度甲烷的检测。资料表明现有基于 MEMS 技术的商品化热导元件的灵敏度低于 5mV。也有报道基于 COMS 兼容 MEMS 工艺的超低功耗热导式气体传感器用于不同气体的检测，该研究采用表面工艺加工的多晶硅微桥作为加热/检测元件，氮气中氦气的检测限可达到 $700\times10^{-6}\mu L/L$[22]，但对空气中检测甲烷气体所能达到的灵敏度尚不明确。

在微电子机械系统（microelectro mechanical systems，MEMS）研究领域，多晶硅、单晶硅等材料常被用于加工制作微加热元件。最近提出了一种采用 MEMS 加工工艺在 SOI（silicon-on-insulator，绝缘衬底上的硅）加工制备的双悬臂梁支撑的微加热元件，如图 2.16 所示。该种元件对低浓度甲烷的灵敏度可高于 10mV。由于采用 CMOS 兼容的 MEMS 工艺，该结构具有可以批量化生产、成本低、一致性好、可以与信号处理电路单片集成等优点。尤为重要的是，热导式元件在工作原理上不涉及催化剂，因而将免受催化剂所带来的诸多困扰，如中毒、催化剂性能衰减所带来的传感性能降低，在煤矿井下使用环境中将具有较大的应用潜力。

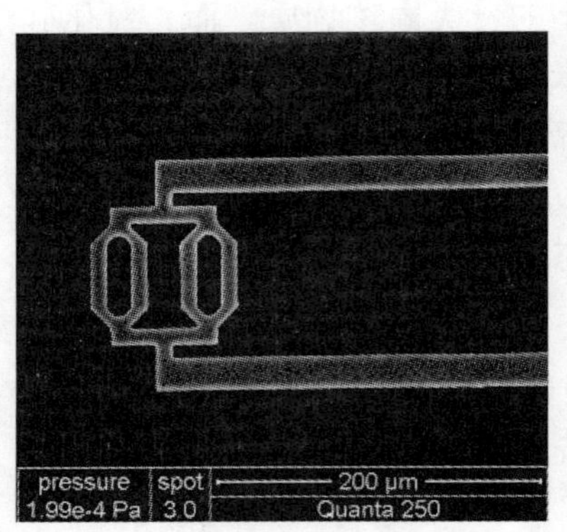

图 2.16　一种双悬臂式硅微加热器

2.4.2　微纳氧气传感器

1. MOSFET 氧气微传感器

采用微加工技术制备的金属氧化物半导体场效应晶体管（metal-oxide-semiconductor field-effect transistor，MOSFET，又称场效应晶体管）氧气传感器，集成了加热元件与测温元件。氧气敏感薄膜为 YSZ（掺有二氧化钇的二氧化锆混合物）溶胶-凝胶膜。MOSFET 氧气微传感器结构如图 2.17 所示，在场效应晶体管的 SiO_2 绝缘栅上沉积一层 YSZ 薄膜作为栅极而制成。

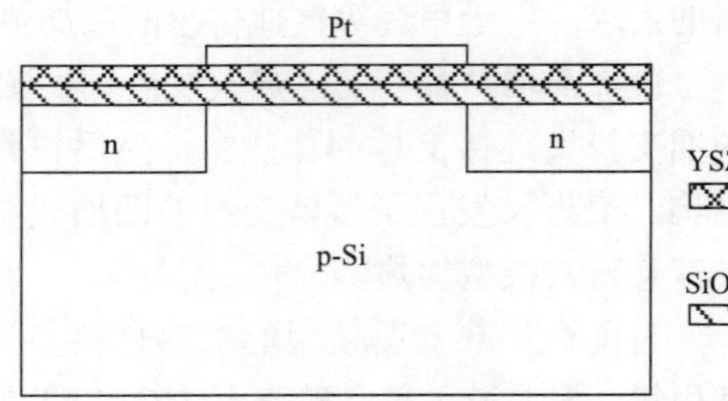

图 2.17　MOSFET 氧气传感器的结构示意图

加热元件与测温元件由绝缘层 Si_3N_4 之间的金属 Pt 薄膜加工得到，用以控制温度。

可在 p 型硅衬底上生长二氧化硅层后用 CVD 沉积氮化硅层、溅射 Pt 膜后用剥离的方法制作形成加热元件与测温元件。

2. 打印式电化学氧气传感器

传统的电化学传感器通常由十多个零件组成，需要十多个生产步骤，自动化生产与小型化难度大、成本高，且采用液体电解液容易漏液，寿命短、功耗较大。新型的打印方式生产的电化学氧气等传感器，其结构与平面式电化学传感器相同，但主要生产加工步骤却仅有数步，如图 2.18 所示。

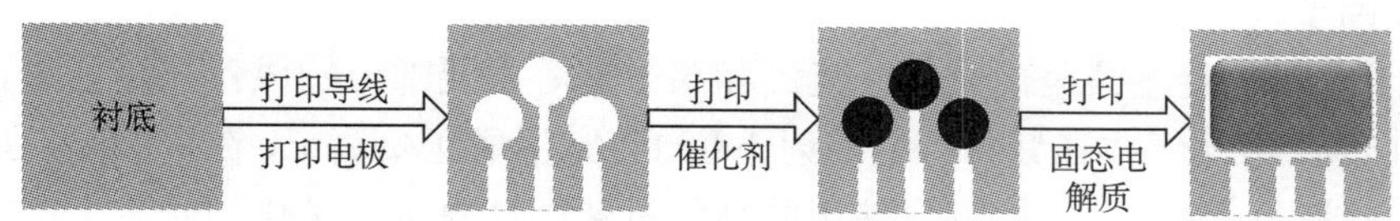

图 2.18 打印式电化学氧气传感器的主要工艺

为使传感器具有良好的选择性，减少其他气体的干扰，电极上的催化剂也采用打印加工制备，包括固态高分子电化学电解质在内，甚至加热器都采用打印方式加工。用于该传感器加工的打印设备一次可以打印 9 块晶圆，每个晶圆可以打印 48 个传感器，1 台打印设备每天的产量即可达 1 万只。传感器采用打印方式可完全自动化批量加工生产，具有成本低、功耗小、一致性好的优点，还易于批量校准、集成微处理器。

2.4.3 其他微纳气体传感器

1. 微纳离子气体传感器

通过某种机制使电子从气体原子或分子脱离而形成的气体媒质称为电离气体，电离气体中含有电子、离子和中性原子或分子。气体的电离现象可用于气体的传感检测，以检测气体电离后产生带电离子形成电流的方式来实现对气体成分和浓度分析的器件，被称为气体电离式传感器。根据气体电离原理的不同，离子式气体传感器有电离式和光离子式。不同于吸附式传感器，离子式传感器不受被测气体的化学吸附的影响，还具有灵敏度高、响应速度快、恢复时间短的优势。根据离子化源的种类可以将气体电离传感器分为光离子化传感器、火焰离子化检测器、辐射离子化传感器和场致电离传感器四种类型。目前上述四种类型的离子传感器都有不同程度的研究和实际应用。然而，传统的气体离子传感器的庞大体积、高能耗和高工作电压限制了这种传感器的应用。

1）电离式

施加外加高压电场可使气体产生电离，即当气体分子所在电场的强度超过某一临界值时会产生气体电离放电现象，气体由绝缘状态转变为导电状态，并可形成传导电流。不同的气体其击穿电压不同, 而且一种气体在同一电压下不同的气体浓度也将会具有不同的放电电流。利用这种特性的电离式气体传感器可以识别气体的种类和浓度。

基于碳纳米管阵列已研究出了一种微型电离式气体传感器，该传感器能够对大气中的各种气体进行定量及定性分析。该传感器结构简单，其制作方法为：首先利用化学气相沉积（chemical vapor deposition，CVD）在硅基板上生成多壁碳纳米管（MWNTs）阵列，然后加上绝缘玻璃板，并用铝膜片作为电极覆盖起来制成气体传感器。利用该气体传感器测定周围的气体成分时，以 MWNTs 端为正极，铝膜片为负极，施加直流电压。施加较低的电压就会在 MWNTs 的顶端产生强电场使周围气体发生离子化击穿。不同的气体种类发生离子化击穿时的电压明显不同，由此可以进行定性分析。该传感器可分析的气体种类范围很广，甚至可分析氩气和氦气等惰性气体。尽管气体介质的击穿电压不取决于气体浓度，但所产生的电流值与浓度对数成正比，因此还能够对气体进行定量分析。

2）光离子式

光离子式气体传感器是由紫外灯光源和离子室等主要部分构成。在离子室正负电极之间形成电场，待测气体在紫外灯的照射下离子化，生成正负离子，在电极间形成电流，经放大输出信号。光离子化检测器使用的高能量紫外灯提供离子化的能量，该能量取决于它所产生的紫外光的能量。可以根据所检测化合物的不同使用不同的紫外灯。

2. 声表面波气体传感器

声表面波（surface acoustic wave，SAW）传感技术由 Wohltjen 和 Dessy 等于 1979 年首先提出。声表面波传播于固体表面，对固体表面性质尤为敏感。固体表面涂覆的气体吸附膜吸收待检测的气体后，气体吸附膜自身性质的改变将使通过的声表面波的速度延迟发生改变。一般通过基底和吸附膜的不同组合可以制成各种气体传感器，即声表面波气体传感器是在声表面波器件的声通道加入敏感薄膜而构成的，依据不同的基底材料及其切向，引入不同的敏感薄膜可以检测多种气体和化学物质的成分和浓度。声表面波气体传感器大多采用双通道结构，一个检测通道用于测量，在该声波通道上设置不同的吸附薄膜，吸附气体或化学物质后将引起 SAW 速度和延迟时间的变化，从而引起信号的谐振频率或插入损耗、相位、振幅的变化，可检测不同的气体或化学物质浓度；另一个参考通道则用于对环境温度、压力等因素的补偿。不同厚度的特定敏感气体吸附薄膜通常用涂敷、蒸镀、沉积和拉膜等方法制备。

声表面波传感器有基底、叉指换能器、外围电路、气体吸附膜 4 个主要部分。其中两个叉指换能器利用压电材料的压电与反压电效应进行声−电转换。声表面波器件常用的基底为石英、$LiNbO_3$、$LiTaO_3$ 等压电材料。通常基底为 128°-YZ 切向的铌酸锂晶体压电材料；或以非压电材料为基底，然后在其上制备压电材料薄膜，并在压电薄膜上制备叉指换能器。叉指换能器能够有效激发和接收声表面波，能在声表面波传播途中引进和提取信号，可以通过叉指换能器电极的数目、宽度、长度、间隔、形状和加权等参数设计，产生不同的声表面波特性。两对叉指共同构成具有输入与输出的双端延迟线型声表面波器件，输入端利用逆压电效应将电信号转换为声表面波机械能，另一端通过压电效应将声信号转换为电信号输出。对于声表面波传感器系统而言，还包括器件的匹配电路、振荡和放大电路、检测输出信号的混频电路、整形电路等。可采用单片机及外围电路等实现频率的检测与数据的处理。酞菁铜、氧化锡、氧化铟可作为不同待测气体的吸附薄膜。

声表面波传感器结构灵活，抗干扰能力强、灵敏度高、检测范围线性度好、测量重复性好，适合无线远距离传输和遥测遥控。采用集成电路中的平面工艺制作，可实现集成化与智能化，使得声表面波传感器体积小、重量轻、可大批量生产。声表面波气体传感器的上述特点符合目前化学传感器领域智能化与网络化的发展方向，使其成为化学传感器的一个研究热点。对于声表面波传感器而言，其性能特别是检出下限主要取决于振荡器的频率稳定度，因此，频率稳定度的提高是声表面波传感器的一个重要研究内容。通常希望敏感薄膜吸附气体后能导致声波速度变化量较大而损耗较小（小于 10dB），因此需要对敏感薄膜的厚度进行精确设计。

3. 基于声信号检测的气体传感器

1）基于声学谐振腔的气体传感器

不同的气体具有不同的声学特性。如在声速、声学阻抗等方面，很多气体与空气具有显著的差别。当腔体内混入不同气体后会造成声学谐振腔的声学强度和原始驻波频率发生显著的变化。采用压电结构使声学谐振腔产生相应的谐振，如果声学腔中有待测气体进入，则声学谐振腔的谐振频率将发生变化，检测谐振频率的变化即可得知待测气体的浓度。

2）光声式气体传感器

基于光声效应的甲烷气体检测是利用了气体的光声特性。受到光照射的气体，其温度会产生周期性的变化，这部分气体及其邻近的媒质热胀冷缩而产生应力（或压力）的周期性变化，从而产生声信号，此种信号称光声信号。光声信号的频率与光调制频率相同，其强度和相位则决定于气体的光学、热学、弹性等特性。对于甲烷检测而言，如果测量腔中有甲烷气体，则到达光声腔中的光强将会由于甲烷的吸收而衰减。利用声学传感器检测光声腔产生的光声信号的幅值实现对甲烷气体体积分数的检测。

4. 碳基纳米气体传感器

碳元素是与人类密切相关的、在自然界中广泛存在的一种元素，其电子轨道杂化的多样性使其具有各式各样的存在形式。1991 年发现的碳纳米管（carbon nanotubes，CNTs）与 2004 年制备成功的石墨烯已经成为纳米碳材料研究的热点。由于独特的结构和奇特的性质，碳纳米管和石墨烯在传感方面也得到了研究人员的高度关注。

碳纳米管的质量密度为钢的 1/6，而硬度却是钢的 10 倍；纳米管可以认为是金属，也可以认为是半导体，这要取决于它们的手性结构。与传统气敏材料相比，碳纳米管具有高的比表面积、高的电导率、丰富的孔隙结构、相当高的表面能和稳定的理化性质，是一种前景广阔的气敏材料。CNTs 气体传感器以其较低的工作温度和最低检出限低等优点而被关注。室温下的半导体 CNTs 可以被用来制作反应快并且灵敏度高的化学场效应晶体管，也可以根据它们接触到分析物时改变自身的电导率而被设计成为传感器。掺杂了氧化物的半导体 CNTs 气体传感器兼具有氧化物半导体气体传感器和 CNTs 气体传感器二者的优点，具有灵敏度较高、最低检出限低和工作温度低等特性。碳纳米管可在常温下工作，无需附加温控单元，传感器的整体结构较简单，通过修饰或复合可有效改善碳纳米管的气敏性能。CNTs 本身与许多气体分子，如 CO 等，不发生相互作用，但可以通过用贵金属、氧化物、聚合物等对碳纳米管进行特定的物理和化学修饰或复合来使其对气体敏感，同样也可通过修饰或复合增强气敏性能，从而拓宽 CNTs 在气体传感器中的应用领域。多壁 CNTs 气体传感器可检测有机蒸汽等气体，如 NO_2、NH_3、甲苯和甲醛等，但恢复性差。碳纳米管阵列可检测的主要气体是 NO_2、N_2 和 NH_3，响应快，灵敏度高，恢复特性相对较好，但仍需通过加热等方法来改善。目前还不能完全控制所生成的半导体纳米管的性质，进行系统性的研究还比较困难。对于多壁 CNTs 气体传感器来说，虽然在室温下已经可以使用，但是在复杂环境下对气体的选择性研究是一个还未曾解决的难题，也是一个亟待解决的问题。

2004 年石墨烯采用机械剥离法制备成功，它是碳原子紧密堆积成单层二维蜂窝状晶体结构的碳材料，其理论厚度仅为 0.35nm，是单原子层二维晶体，是最薄的二维材料，可看做是构建其他维数碳材料的基本组成单元。石墨烯是继零维富勒烯和一维碳纳米管之后的具有优异性能的新型碳纳米材料。石墨烯是由碳原子以 sp^2 杂化构成的蜂窝状的二维结构，它同样也具有大的比表面积并且有优良的电子传递能力，在电化学传感器方面具有良好的发展前景，在应用于生物大分子以及无机小分子的检测过程中已取得了良好的效果。它还具有优异的光学、热力学、力学性能及非常高的机械强度。经过功能化的石墨烯具有两亲性，既可以溶于水又可以溶于有机溶剂，在实现电子的高效率传导方面比碳纳米管更具有优势。因此，将其修饰于电极表面可有效促进电子转移，是电化学传感器的理想材料。石墨烯基于其高的电子迁移率和大的比表面积而有望成为新一代气敏材料，关于石墨烯气体传感器的研究也在逐年增加。石墨烯对一些气体分子具有很强的吸附能力，可用来制作气体传感器。本征石墨烯气体传感器只对少数气体有较高的灵敏度，往往需要通过加热使其解吸附，而功能化和掺杂 B、N 等元素的石墨烯提高了对特定气体的选择性和灵敏度。石墨烯气体传感器基于气体分子作用时的电导率变化，吸附在石墨烯层的气体分子可作为受体或供体，引起电导率的增加或降低。基于石墨烯、碳纳米管材料的传感器有待于进一步发展，如石墨烯表面上其他功能性纳米材料形态和尺寸的控制，防止石墨烯与其他分子复杂的相互作用而团聚，石墨烯与待测物质分子间的相互作用机制等方面都需要深入探究。

5. 表面等离子体共振传感器

电磁辐射和物质界面的交互作用常会产生出一些奇特现象，Wood 发现电磁波在刻有光栅（grating）的金属表面会产生异常的反射光谱。对于 Wood 发现的异常反射光谱特性，Fano 首次提出此现象与沿着金属表面传播的电磁波共振有密切关联。后来 Hessel 和 Oliner 也提出相同的观点，此即所谓的金属表面等离子体现象。Maxwell 理论显示 P 偏振的电磁波（也称 TM 波）可以沿着金属的表面传播。位于金属表面附近的自由电子，在电场的激发之下产生电偶极振荡，形成所谓的表面等离子体振子（surface plasmon polariton，SPP）。由此形成的电磁波称为表面等离子体波（surface plasmons wave，SPW）。

当一定波长的 TM 偏振光以一定角度照在金属和电介质的接触面上并发生衰减全反射时，全反射产生的消逝波与 SPW 产生能量耦合吸收，出射光的能量因此将显著减少，这就是表面等离子体共振（surface plasmon resonance，SPR）现象。SPR 对附着在金属表面一定距离内的电介质的折射率非常敏感。把入射到金属膜上的光束按入射角度或者波长的变化来扫描，将得到具有吸收峰的光谱曲线；而如果金属膜表面的光学参数不一样，那么接收端得到的光谱吸收峰的位置也会有对应的移动，通过测定吸收峰位置，可以推得被测物质的折射率，这就是表面等离子共振传感器的基本原理。

2.5 光纤传感技术

20 世纪 70 年代出现低损耗光纤后，光纤在通信领域中被广泛用于长距离传递信息。光纤不仅可以用于光波的传输，它还可以用于传感信息。当光波在光纤中传播时，表征光波的特征参量（波长、振幅、相位、偏振态等）因外界因素的作用将会发生直接或间接的变化，从而可将光纤用作传感元件。

2.5.1 光纤传感原理

光纤布拉格光栅（fiber Bragg grating，FBG）传感器属于光纤传感器的一种，基于光纤光栅的传感过程是通过外界物理参量对光纤布拉格（Bragg）波长的调制来获取传感信息，是一种波长调制型光纤传感器。

光纤的材料为石英，由芯层和包层组成。通过对芯层掺杂（通常是掺锗），使芯层折射率比包层折射率大，形成波导，光就可以在芯层中传播。光纤布拉格光栅是利用光纤材料的光敏性，通过紫外线曝光的方法将入射光相干场图样写入纤芯，制作成纤芯折射率周期变化的一段光纤。光纤光栅实质是窄带的（透射或反射）滤波器或反射镜，当一束宽光谱光经过光纤光栅时，满足光纤光栅布拉格条件的波长将产生反射，其余的波长透过光纤光栅继续传输（图 2.19）。

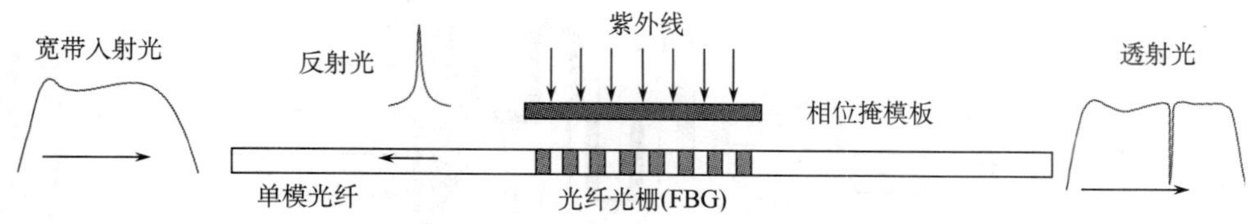

图 2.19 光纤光栅感知原理示意图

光纤光栅体积小，具有波长选择性好、不受非线性效应影响、极化不敏感、易于与光纤系统连接、便于使用和维护、带宽范围大、附加损耗小、器件微型化、耦合性好、可与其他光纤器件融成一体等特性。而且光纤光栅制作工艺比较成熟，因此它具有良好的实用性，这使光纤光栅以及基于光纤光栅的器件成为全光网中理想的一种关键器件。

2.5.2 光纤温度传感器

光纤温度感知按其工作原理可分为功能型和传输型两种。功能型光纤温度感知是利用光纤的各种特性（相位、偏振、强度等）随温度变换的特点，进行温度测定。传输型光纤温度感知的光纤作用仅传输光信号，以避开测温区域复杂的环境，对待测对象的温度检测是靠其他的敏感元件实现的。

1. 补偿式光纤温度传感器

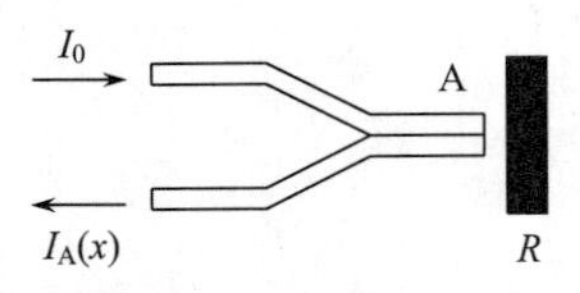

图 2.20　光纤反射调制原理图

光纤温度传感器采用强度型光纤传感方式与反射式调制原理。光纤探头由两根光纤组成，一根用于发射光，一根用于接收反射镜的反射光，R 是反射镜的反射率。光源光纤发出的光照射到反射器上，其中一部分反射光由接收光纤接收，通过检测反射光的强度变化，就能测出反射体的位移，如图 2.20 所示。

强度型光纤温度传感器利用光纤传感探头的位移敏感特性，需要采用能够将温度转化成位移的温度敏感元件实现对温度的测量，最常用的温度-机械转换元件为双金属片。双金属片是用热膨胀系数不同的两种合金结合在一起，把温度变化转换成机械式运动，一般来讲，低膨胀层使用 Ni-Fe 合金，高膨胀层使用 Ni-Mn-Cu 合金，或者 Fe-Ni-Cr 合金，也可根据不同的膨胀系数选择各种材质。双金属片在温度改变时，由于热膨胀系数不同，两面的热胀冷缩程度不同，因此在不同的温度下，其弯曲程度发生改变。将双金属片制成 U 形，并将两个尺寸完全相同的 U 形双金属片反转对称焊成一体，组合后的 S 形双金属片一端（固定端）焊接在测温基座上，另一端（自由端）与一个反射体（全反射镜）相连。利用结构的对称性，可将双金属片的弯曲位移转化为线性位移，如图 2.21 所示。由于这种双金属温度传感装置是由两个相同材料、相同尺寸的双金属片反转对称组合而成，当温度的变化转换为自由端反射镜的线性位移，调制反射接收光纤的光信号，实现反射式光纤温度的测量。

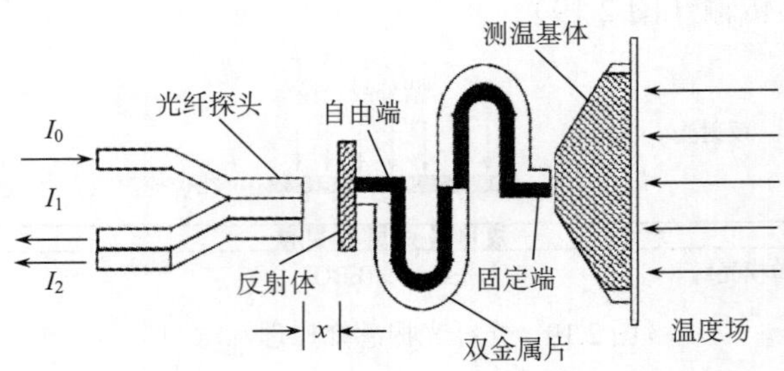

图 2.21　双金属片受热引起形变的示意图

2. 光纤温度传感器在煤矿的应用

光纤温度传感器主要应用于电力、建筑、化工、航空航天、矿山、海洋等工程领域。其中，在煤矿运输设备、电气设备以及开采装备作业区域的火灾监测方面已有成功的应用。

1）输送带火灾监测

采用分布式光纤测温技术，将温度信号作为火灾早期检测的特征物理量，沿井下带式输送机铺设光纤，对带式输送机及各关键点（托辊、滚筒类轴承端盖、机尾滚筒堆煤、驱动电动机、变速器等）的温度和变化趋势进行连续、实时监测，并能对温度异常区进行精确定位，从而实现对带式输送机火灾预警的目的。

利用分布式光纤测温的输送带火灾监测系统已在神华集团布尔台煤矿进行了工业性试验。在运行的 2 个月时间里，监测到温度异常升高 2 次，并做出了及时的火灾预警。该测温系统单通道的测温误差为±1℃，定位精度为 1m，在测温范围为 6km 时，系统响应时间为 20s[23]。

线型光纤感温火灾探测器在塔山煤矿选煤厂 4 条胶带输送机上应用，实现了选煤厂输送主皮带栈桥全长温度实时监测和预警[24]。该系统对塔山煤矿选煤厂 4 条输送带全长温度实施监测和预警，预警温度设定为 50℃，当皮带温度高于 50℃时，主控机发出报警，提醒集控员采取措施降低温度，避免发生火灾。线型光纤感温火灾探测器的测温曲线是由沿着感温光纤相隔 1m 取一个温度点，然后根据实时温度模拟的测温曲线。集控员可从曲线上得知监视输送皮带栈桥的温度分布状态。

淄博葛亭煤矿在井下集中运输巷 4 部皮带机上布置了光纤温度监测系统，每部皮带机分别对皮带机驱动、改向滚筒轴承、上下托辊轴承以及电机、减带机等运转轴承共计 136 个部位布置了测温传感器，对温度情况进行实时监测。测温主机置于井下，可通过光纤终端盒端口接出 2 根感温光缆，沿皮带机回程托辊进行铺设，通过专用夹具将光缆固定在每个托辊的外端面上，并分别引出光缆沿皮带机下方敷设进行温度检测[25]。

2）煤矿电气火灾监测

煤矿井下电缆整体和电缆接头的温度，一直以来是监测电缆运行状态的重要参数。电缆中间接头是整条电缆结构最为薄弱，事故率最高的环节。由于井下电缆着火的隐蔽性、蔓延性、毒害性以及着火后扑救的困难性，不但影响井下正常开采，而且严重威胁矿工安全。常规的火灾报警系统无法全面监控如此长度的对象，而分布式光纤测温技术解决了这个问题。

监测井下电缆温度时，将光缆直接敷设在电缆表面，井下电缆温度监测包括每相监测和回路监测。工业性试验表明，这种分布式光纤测温系统能够准确、快速地对温度进行监测和预警，测温误差为±1℃，定位精度为 1m，响应时间为 20s[26]。使用分布式光纤温度监测系统可以对露天煤矿动力系统的电缆隧道、电缆沟、电缆桥架、电缆竖井或电缆夹进行实时在线的温度监测[27]。

3）井下巷道火灾监测

布置在煤矿井下巷道、硐室或工作面的机电装备可能因故障引发火灾，对此可采用分布式光纤温度检测技术实现在线安全监测。应用于井下的分布式光纤温度检测技术能实现不带电远距离监控，并具有自动温度测量、温度实时记录和异常温度报警等功能；在事故发生前，能迅速找到故障点并加以排除，做到防患于未然。

付华等研发了煤矿光纤布拉格光栅感温火灾探测报警系统[28]，主要由光纤光栅火灾探测器和火灾探测信号处理器等相关设备组成，其结构示意图如图 2.22 所示。该系统根据现有煤矿火灾报警技术标准，设计了防火分区，在同一个防火分区采用布拉格中心反射波长相同的光纤光栅传感器，而在不同的防火分区采用布拉格中心反射波长不同的光纤光栅传感器。如果系统检测到某光纤光栅的波长产生了移动，就表明该光纤光栅温度传感器所检测的巷道区域温度发生了变化，若温度变化超过了设定值，系统就会报警。该技术将系统的复用能力成倍提高，在降低成本的同时，能够及时准确地完成火灾探测并产生报警信号。

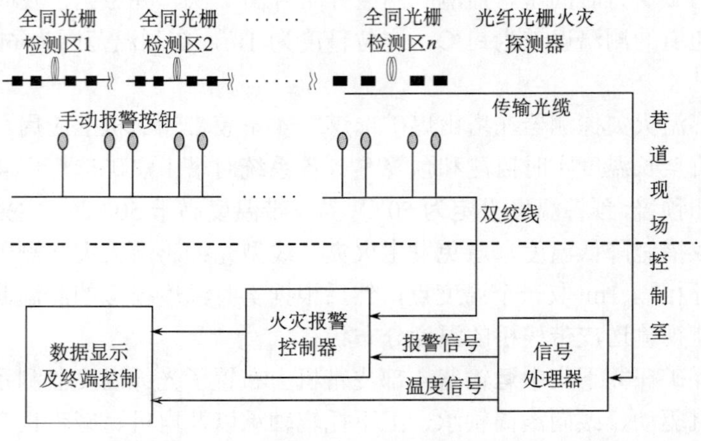

图 2.22 光纤光栅煤矿火灾探测系统结构示意图

2.5.3 光纤位移传感器

1. 悬臂梁光纤位移传感器

光纤光栅在温度和应力作用下，其折射率和栅格周期将发生变化，导致 FBG 的反射（或透射）峰值波长发生移动，这种光纤光栅的反射（或透射）峰值波长随外界物理量变化而移动的现象可应用于传感领域。由于悬臂梁调谐结构简单、线性好，常用于光栅的波长调谐以实现位移量的传感。

1）单悬臂梁光栅位移传感器

等腰三角形悬臂梁是沿其纵向各处应变均相同的弹性梁。光纤光栅被刚性粘贴在悬臂梁的表面，当梁的自由端发生位移（或受载荷作用）时，悬臂梁产生应变，可引起光纤光栅反射波长发生变化。波长的相对漂移量与作用在自由端上的垂直于轴向的外力成正比关系。光栅差动应变传感器如图 2.23 所示，其中 FBG_b 在梁的上表面，FBG_a 在梁的下表面，上表面为正应变，下表面为负应变。所以它们的反射波长的移动方向是相反的，反射波长都在 1550nm 附近。光信号被 FBG_b 反射后，经耦合器到达 FBG_a 处，由 FBG_a 透射输出。应变引起的布拉格波长的变化，可以通过系统光功率的变化在光功率计上反映出来[29]。

2）双悬臂梁光栅位移传感器

双悬臂梁光纤光栅位移传感器如图 2.24 所示[30]，采用两个相同的等强度悬臂梁结构，将两只光纤布拉格光栅分别粘贴在两个悬臂梁的同一侧面，外界位移通过传动杆使滑块向左移动，由于滑块两个侧面都是斜面，这使悬臂梁产生弯曲，粘在悬臂梁上的光纤光栅也随之发生形变（FBG1 拉伸、FBG2 压缩），通过解调光栅波长，就可得到相应的位移，由于两个悬臂梁位置较近，处于同一环境中时，可认为温度对粘贴在两个梁上的光栅的作用是相同的，通过对两个光栅波长做差就可以去除温度变化对位移的影响。

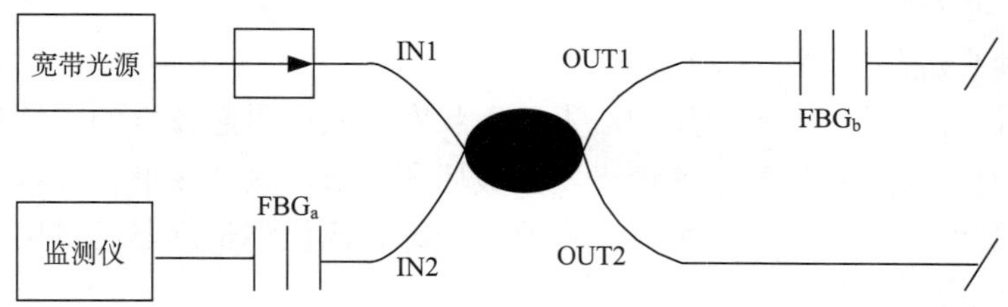

图 2.23 光纤布拉格光栅位移传感及解调装置

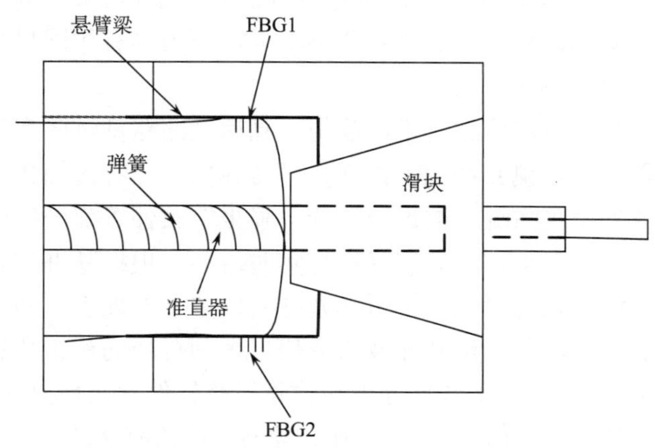

图 2.24 双悬臂梁光纤光栅位移传感器原理

由于两只光栅分别粘贴在两个梁的下表面，当滑块有横向偏移时，两只光栅波长漂移方向相同，即同时变大或者变小，又因结构对称，且两只光栅性能相同，这就使得两只光栅波长变化量大小相等，将两个光栅的反射波长做差之后就去除了滑块横向移动导致的误差。用两只光栅反射波长的差来标定位移，既实现了对温度的补偿，又提高了位移灵敏度，同时也可去除滑块的横向偏移对测量准确度的影响。双悬臂梁结构使传感器性能更加稳定。

2. 微弯光纤位移传感器

微弯光纤传感器是利用光纤中传播的高阶模全内反射条件因待测物理量而受到影响，部分能量在弯曲段从侧面逸出，使光纤中的光通量减少，通过检查光能量的变化，测出相应的物理量。它由变形器和敏感光纤构成，如图 2.25 所示[31]，其中变形器由一对齿形板组成，敏感光纤从齿形中间穿过，在齿形板的作用下产生周期性的弯曲。当齿形板受外部扰动时，光纤的微弯程度随之变化，从而导致输出光功率的改变，通过测量输出光功率变化来间接测量外部扰动的大小，从而实现微弯传感器功能。

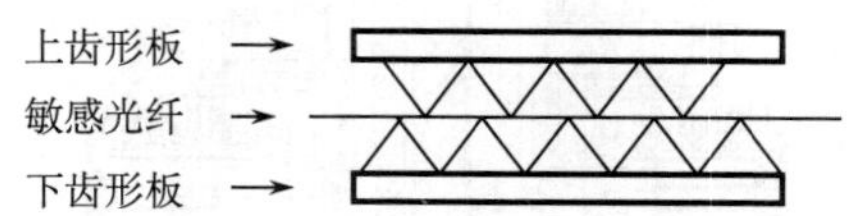

图 2.25 光纤微弯传感器示意图

3. 光纤位移传感器应用

1）采矿地表沉降监测

地下采矿破坏了采场上覆岩层的应力平衡状态，从而引起覆岩的破坏和移动。覆岩的破坏和移动有时会波及地表，使地表发生破坏和变形，这些变形会导致沉降区域内的建筑结构产生裂纹和变形，甚至垮塌。目前，光纤光栅位移传感器已被用于公路路基沉降、铁路路基沉降的监测。

根据铁路路基发生沉降位移的机理，宋志强等研制了一种光纤光栅型位移传感器，能够对路基相对于 CFG 桩或原土基的沉降量进行监测。光纤沉降光栅型位移传感器主要由一根具有楔形表面的钢棒和一个等腰悬臂梁构成，两根具有相同材料属性、不同波长的 FBG 分别贴在悬臂梁的两侧[32]。

郝晋豫等将光纤光栅位移传感技术，应用于高速铁路路基沉降变形的长期实时监测[33]。光纤光栅传感器沉降监测系统由长距离光纤传输网、光纤光栅传感器、多通道光纤光栅调制仪、远程数据采集系统、数据分析和故障报警软件等部分组成。该监测系统可对桥梁墩台垂直沉降、路基土体工后沉降进行实时监测，根据基桩控制网分布位置，安装光纤光栅传感器，铺设长距离光纤把所有光纤光栅传感器连接组网，使用多通道光纤光栅调制仪定时发射激光，并分析激光波长变化，得到沉降的初始数据，通过远程数据采集系统上传至控制室，最后利用数据分析和故障报警软件，结合基桩控制网基础数据，得到最终沉降数据和故障报警信息。光纤光栅传感器沉降监测系统，可实现长距离（50km）、准分布、多测点、多参量的测量，复用能力强，测量精度高，可精确测出小于 0.1mm 的垂直位移的变化，重复稳定性好。

2）涡轮机轴向间隙监测

要保证涡轮机正常工作，必须对其主体工作状况进行实时监测，其中轴向位移是影响涡轮机正常工作的关键因素。张丽红等采用一种强度补偿型反射式光纤位移传感器，借助光纤本身的优势，实现涡轮机轴向位移的实时监测[34]。传感器采用等间距错位式三光纤探头结构，该结构是在基本反射式光纤位移传感器的基础上，通过引入第二根接收光纤作为参考光纤，这两根接收光纤共同感受光源功率波动、光纤传输损耗、环境光等干扰因素的影响，然后通过比值运算抑制这些干扰的影响，最后的位移大小反映为两路信号的比值。

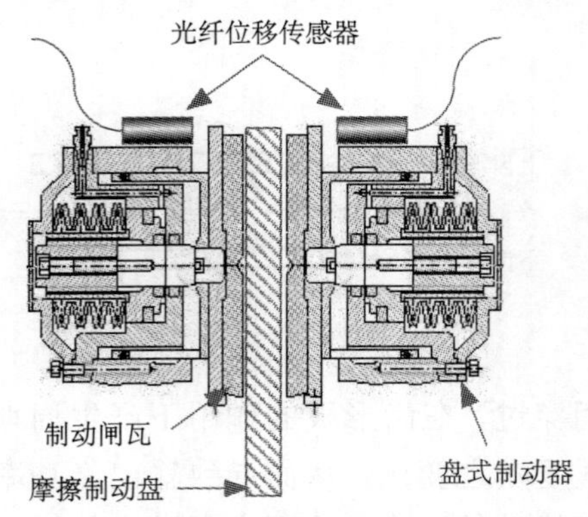

图 2.26　光纤位移传感器监测盘式制动器闸瓦间隙

3）制动器闸瓦间隙监测

矿井提升机的安全运行，很大程度上取决于盘式制动器的工作可靠性。从故障分析可知，制动力矩不足是制动器的严重性故障，而这种故障的主要原因是摩擦系数降低、液压站残压过大、弹簧压力不足和部分制动闸间隙过大。

采用光纤位移传感器的盘式制动器闸瓦间隙在线监测系统如图 2.26 所示，光纤位移传感器采用反射式强度调制检测原理，它固定在制动器外壳上面，在与其轴线对应的制动盘表面粘贴铝箔。当松闸时，光纤传感器监测到的位移减小；当施闸时，光纤传感器监测到的位移增大；二者之差就是实际的闸瓦间隙，同时可以获得制动器施闸及松闸过程中的闸瓦位移曲线。基于这些位移参数，配合植入制动器内部的光纤载荷传感器，即可实时获得闸瓦贴闸和松闸时刻的弹簧正压力，由此监测更多的制动器状态参数[35]。

2.5.4 光纤压力传感器

1. 光纤 F-P 腔压力传感器

基于光纤 Fabry-Perot（F-P）腔的压力传感器具有耐恶劣环境、抗电磁干扰、温度交叉敏感性小等特点，适于在医疗、航空航天、桥梁建筑、高温油井、国防等领域的压力监测应用。

1）压力检测原理[36]

光纤测压传感器的 F-P 腔传感结构如图 2.27 所示。弹性合金薄片作为 F-P 腔的一个端面，并将其抛光的一面作为反射面，光纤对准弹性合金片的中心，光纤端面直接作为另一个反射面，并且选择 2 个面合适的反射比；这样，在合金片与光纤端面之间就形成了 F-P 腔，当压力作用于 F-P 腔的合金薄片时，会产生弹性形变，不同的压强在传感器上具有不同的压力，弹性合金薄片受此压力产生的形变大小与压力有关。合金薄片的变形使得 F-P 腔的腔长发生改变，当入射光射到 F-P 腔后，反射回的光由于光程差改变使干涉条纹发生一系列的移动变化，测量干涉条纹的变化数就可得到相应压力的大小。

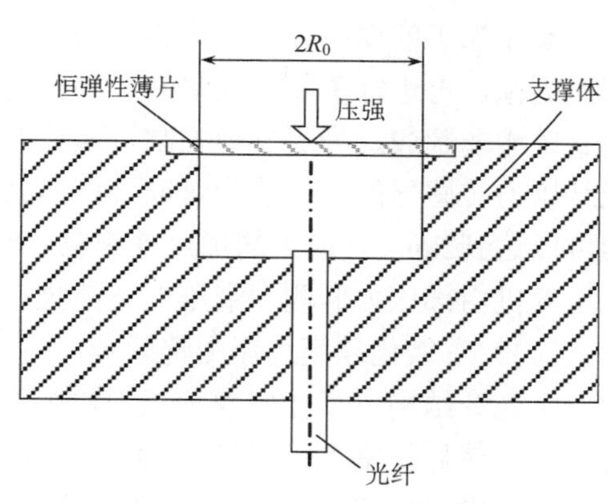

图 2.27　F-P 测压传感器结构示意图

2）光纤 F-P 腔压力传感器[37]

（1）全光纤结构 F-P 压力传感器

全光纤结构 F-P 压力传感器为毛细管结构，是基于非本征型法布里-珀罗干涉仪（extrinsic Fabry-Perot interferometer）结构的光纤传感器。此类传感器由单模及多模光纤通过焊接而成，如图 2.28 所示，首先将刻蚀得到的中空光纤与单模光纤熔接在一起，然后对单模光纤（SMF-28）与多模光纤进行刻蚀或拉伸，使其外径相同，并利用电弧热熔技术进行熔接，将熔接好的单模光纤（SMF-28）与多模光纤插入中空光纤。导光光纤（单模光纤）与多模光纤端面间即形成 F-P 腔体，利用白光干涉仪和微调机构监测并调整 F-P 腔的长度，当 F-P 长度达到设计要求后，固定单模光纤和多模光纤插入的位置，并与中空光纤焊接在一起，完成传感器的制作。全光纤结构压力传感器的压力量程可达 100MPa，灵敏度可达 0.2nm/kPa，外径为 125μm。

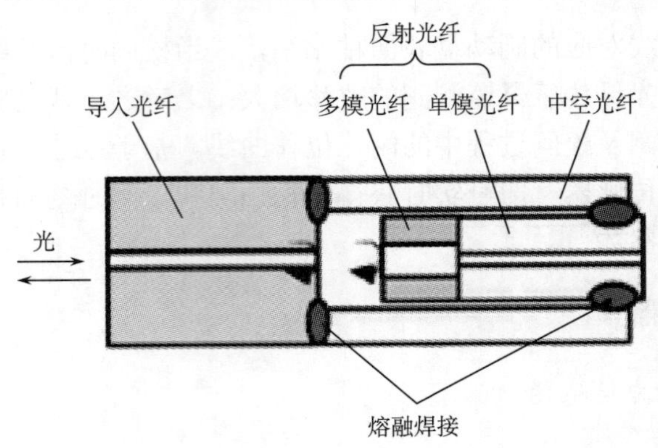

图 2.28　全光纤结构压力传感器

（2）激光加工 F-P 压力传感器

激光加工的微型光纤压力传感器主体结构为全石英材料，首先利用激光对单模光纤端面刻蚀，再进行覆膜形成 F-P 腔体，得到直径30μm 或70μm 的凹孔。F-P 腔的覆膜利用聚碳酸酯制成，为更好地控制端面反射，在薄片上阳极化100nm 的铝。激光加工微型光纤压力传感器的压力响应时间可以达到3μs，振动膜材料采用铝覆盖的聚碳酸酯薄片压力可以达到2kg，其最大的优点是响应时间快。所以，激光加工微型光纤压力传感器可用于压气机内部压力监测、液压支架油缸压力监测、油井内的压力监测等。

（3）二氧化硅膜片压力传感器

全光纤结构二氧化硅膜片压力传感器结构是将外径相同的单模光纤和多模光纤熔接在一起，然后切割多模光纤至40μm，对多模光纤的另一个端面进行刻蚀，刻蚀完成后，与另一单模光纤熔接。熔接后，先利用比长仪切割单模光纤，使其厚度不大于20μm，然后再利用氢氟酸腐蚀减薄膜片。

（4）MEMS 压力传感器

微电子机械系统（micro electro mechanical systems，MEMS）技术的引入，使得 F-P 压力传感器的可靠性、抗电磁干扰以及抗腐蚀性都有提高。近年来出现了多种不同结构的 F-P 光纤 MEMS 压力传感器。如国外研制的 SU-8 复合材料 MEMS 压力传感器。SU-8 是一种紫外敏感的负性厚光刻胶，弹性模量低于硅，使用这种材料相对提高了压力灵敏度。这种压力传感器是国外一种比较成熟的压力传感器，在介入式生物医学中已有广泛应用。

2. 增敏光纤压力传感器

光纤布拉格光栅的应力灵敏度都比较小，1MPa 压力变化引起的光纤光栅波长变化一般最多 10pm 左右。这么低的灵敏度在实际中无法应用，为此人们提出了多种应力增敏或温度增敏的测压传感器。

1）聚合物封装压力传感器

由于光纤本身对压力不敏感，所以，可以将光纤复合到其他对压力十分敏感的材料中进行压力增敏。将聚合物作为衬底是普遍的做法，可以提高应力灵敏度，又可起到保护光纤的作用。文庆珍等提出了一种具有压力传感增敏效果的多层封装结构，将弹性模量小且黏结性强的聚合物做成柱体状，光纤光栅准直地置于该柱体中心，然后置于弹性模量大的另一柱体状聚合物中。这种封装结构增敏效果好，优于单层封装结构，且结构简单，选用聚偏氟乙烯和聚丙烯两种材料作封装，分别将光栅的压力灵敏度提高 189 倍和 129 倍[38]。

2）弹性膜片压力传感器

傅海威等设计了基于平面膜片的光纤光栅压强传感器，分别将光纤光栅沿径向和环向粘贴在膜片中心附近。径向粘贴时反射谱的峰值波长与压强之间具有良好的线性关系。该传感器的压强响应灵敏度为 0.3964nm/MPa，是裸光纤光栅压强灵敏度系数的 132 倍，量程可达 10MPa。光纤光栅环向粘贴于平面圆形膜时，获得 4.8549nm/MPa 的压力响应灵敏度，是裸光纤布拉格光栅压力响应灵敏度的 1618 倍，但量程只有 0.22MPa。

3）圆筒封装压力传感器

刘钦朋等提出了一种基于圆柱形应变筒的耐高压光纤布拉格光栅压力传感器[39]。光纤布拉格光栅沿环向贴在薄壁应变筒面上，外柱面是密闭的，目的是屏蔽外压，使内柱面产生压差而发生形变，从而引起光纤布拉格光栅中心波长向长波方向偏移，通过检测波长偏移量，就可以测量压力的大小。实验获得了 0.0676nm/MPa 的压力响应灵敏度，其压力响应具有很好的线性，压力测量范围可达 30MPa 以上。这种结构封装的光纤光栅可以很好地实现较大范围内的压力测量，能用于油气井等恶劣环境中。

3. *在煤矿的应用实例*

1）矿用光纤称重传感器[40]

戴峻等基于光纤在径向载荷作用下产生的双折射效应，建立了一套称重实验装置，如图2.29所示。没有施加载荷作用时，光谱仪接收到的光纤光栅布拉格反射光谱具有单一的反射峰；当载荷增加到一定程度时，在光谱仪中看到反射光谱逐渐变宽、幅值逐渐减小，直至出现两个峰值，随外界载荷的增加，反射峰向波长方向移动，并伴随着两个反射峰彼此越发分离。再通过保偏分束器将两个反射波峰分离开，进入功率探测器，就可以实现简单的光纤光栅反射光谱的解调。这种方法测量载荷的灵敏度可达5kg，可应用于煤矿生产的煤车称重、提升机定量装载称重等。

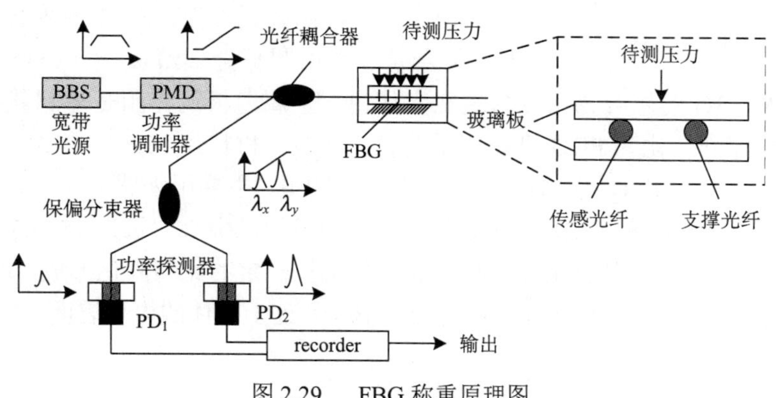

图 2.29 FBG 称重原理图

2）矿用光纤液压传感器

图 2.30 为光纤光栅测量液压的传感器，该光纤测压装置结构简单新颖，使用寿命长、灵敏度高[40]，非常适合用于煤矿井下的液压支架状态监测、顶板压力监测。如果把光纤压力传感器与无线通信技术、CAN 总线技术结合起来，就可以构建基于无线光纤压力传感器的分布式液压支架压力及支撑力的在线监控系统，如图 2.31 所示。

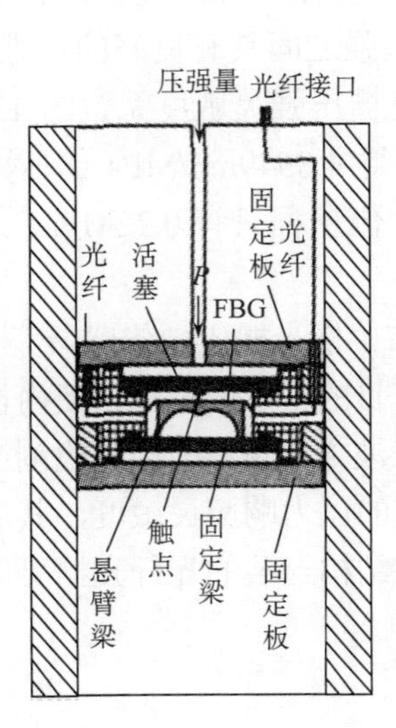

图 2.30　双拱形结构 FBG 压力传感装置结构和外形图

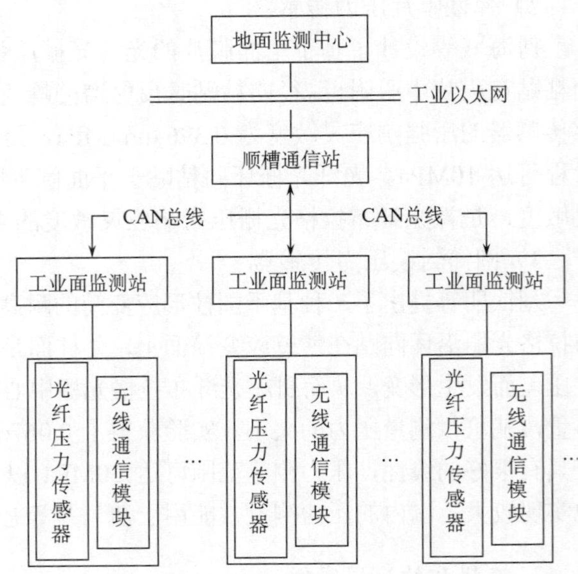

图 2.31　基于光纤压力传感器的液压支架压力传感网系统

3）路面载荷监测传感器

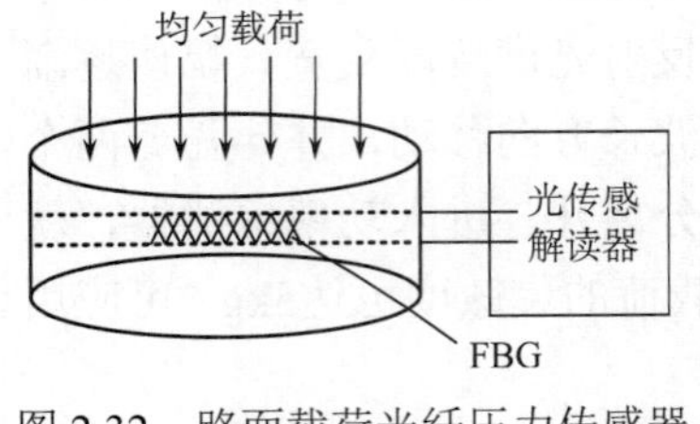

图 2.32　路面载荷光纤压力传感器结构及聚合物感知部件

王晓洁等研制了一种可用于沥青路面载荷测量的新型高灵敏度光纤布拉格光栅（FBG）压力传感器。传感器采用金属材料和聚合物相结合的封装形式，通过改变聚合物的几何结构实现了高倍数压力增敏效果，设计的 FBG 压力传感器的外观为圆柱形，如图 2.32 所示[41]。FBG 压力传感器由金属外壳、FBG 和聚合物组成，其中：①金属外壳由圆形金属薄板、金属环和金属底板组成，把埋入 FBG 的聚合物部分封装在壳体内，金属薄板的作用是将加载在其上的压力通过聚合物部分转化为 FBG 可以测量的轴向应变，材料为 Mg-Al 合金，金属环和金属底板的材料为钢；②FBG 感知元件封装在聚合物里，主要用来感应通过金属薄板传递的压力所产生的轴向应变，采用掺 Ge 单模光纤制成的，中心波长为 1546.327nm，栅区长度为 12mm；③聚合物部分由环氧树脂和固化剂按一定的比例固化形成，埋入 FBG 的聚合物通过胶固定在金属薄板上，聚合物及 FBG 就处于壳体的内上表面。

2.5.5 应变感知

1. 光纤应变传感器原理

1）光纤微弯应变传感器

光纤承受压力后会改变弯曲度，使得通过光纤中的一部分光产生散射损耗。实际上光纤微弯后的影响很复杂，如它的折射率、断面形状、光轴都将产生变化，同时还要产生双折射现象，引起数值孔径的变化。为埋入复合材料中使用，可以采用光纤本身纵横交错排列的方法，利用光纤本身制成光纤微弯传感网络。也可用两根光纤紧密绞合的传感元件，做成智能结构中的测量应变的传感器。两根光纤沿着长度均匀的弯曲，光通过时一部分因散射产生损耗，当它承受应变时，绞合光纤曲率减小，损耗也就减小，从而可以根据光强度的损耗来确定应变值。

2）偏振型光纤应变传感器

偏振型光纤传感器测量微弯应变的系统采用激光管作为光源，通过 1/4 波片、光学准直器、透镜聚焦后进入光纤，当敏感源出现应变后，将使光纤产生变形并改变纤芯的折射率，从而改变在光纤中传播偏振光的相位。光纤出口处的光相位发生改变，通过透镜、检偏镜、光敏管，可检测出这种改变量，从而确定敏感源的应变值。

3）光纤布拉格光栅应变传感器

光通过布拉格光栅时，由于纤芯折射率的周期性变化产生反射。一般来说，除了满足布拉格波长条件的入射光外，其他光波均被滤掉。当光纤内折射率变化的周期或纤芯的有效折射率任一参量发生变化时，都将引起光栅波长的移动，导致光纤布拉格光栅反射波长改变，从而可以通过检测光栅的布拉格波长的变化量来求得待测应变量。

4）迈克尔逊干涉型光纤应变传感器

迈克尔逊光纤应变传感器的原理为：光源发出的光经分光镜后分成两路，一路经透镜 L1 耦合进入光纤构成参考光，另一路经透镜 L2 耦合进入光纤构成信号光，被测表面变形使传感光纤长度发生变化，则光在光纤内部传输时的相位发生变化。光纤的端面都均匀地镀了一层反射膜，两束光被反射后反向传输，当它们相遇时发生干涉，干涉光的相位差由被测面的应变决定，即干涉光强受到被测试件的应变的调制。干涉光信号经光电管接收转换成电信号，通过对光信号的相应处理我们就可以得到相应应变的大小。

5）法布里-珀罗光纤应变传感器

法布里-珀罗光纤应变传感器的特点是利用单根光纤制作多束光干涉来检测应变，它比迈克尔逊型更适合于低频率应变信号的测量。当光纤中的光遇到两反射镜后分别产生两束反射光，这两束反射光相遇后产生干涉。干涉腔腔长由于应变而发生变化，两反射光的相位差也随之变化。因此，光电探测器输出的电信号随应变的变化而变化。

这种传感器充分体现了光纤质轻、易变形的特点，因此适合于疲劳度测量、悬梁弯曲应变测量和构成智能材料等应用，还可以应用在监测混凝土结构在养护期的热应变和温度、结构内部应力应变，在结构的振动参数、裂缝宽度和结构整体性估计等方面也有广泛应用。

2. 光纤应变传感器封装

裸光纤光栅抗剪能力差，在实际的恶劣环境中易折断。因此，需要对光纤光栅进行封装，有效地保护裸光纤光栅。常见的光纤光栅应变传感器封装方式为贴片式、埋入式和夹持式。

贴片式封装是将光纤光栅首先粘贴在胶基基片或者刻有凹槽的刚性基板上，一般应用于结构表面的应变测量。埋入式封装是通过将裸光纤光栅放入直径较小的钢管或高分子材料中，中间灌满环氧树脂等胶加以保护，适合于结构内部的应变监测。夹持式封装由光纤光栅、两个夹持部件以及两个固定支点组成，采用胶接的方法将光纤光栅固定在夹持部件内，这种光纤光栅应变传感器具有应变放大机制，消除了胶黏剂对光纤光栅应变传递的影响。

1）贴片式封装应变传感器

当采用贴片封装获取结构表面的应变时，传感器与结构表面的粘贴是非常重要的因素，直接将光栅粘贴于结构表面是困难的，一般通过金属敏感元件来实现应变测量。

（1）铜片封装工艺：利用线膨胀系数较大的铜做封装材料，用双组分的 M-Bond610 胶将 FBG 封装在刻有细槽的铜片内部。铜片封装的 FBG 结构如图 2.33 所示[42]。铜片封装的 FBG 传感器结构简单，而且容易固定在被测物体上，利用复用技术可以构成 FBG 传感网络，检测大范围空间的应变和温度等物理量，因此比较适用于航空航天结构、复合材料、土木工程建筑结构等的健康监测。

（2）铝合金箔片封装工艺：采用 DG-3S 改性环氧胶将 FBG 粘贴在下基片上刻出的细槽中，用厚度为 0.1mm 的铝合金箔片作为衬底材料。铝合金箔片封装的 FBG 结构如图 2.34 所示[42]。铝合金箔片封装工艺结构简单，轻便柔韧，易于与被测构件结合，还适合表面具有一定曲率的被测构件；铜片封装同样可以利用复用技术构成 FBG 传感网络，检测大范围空间的应变和温度等物理量，适合航空航天结构、汽车、轮船、土木建筑等铝合金广泛应用的行业。

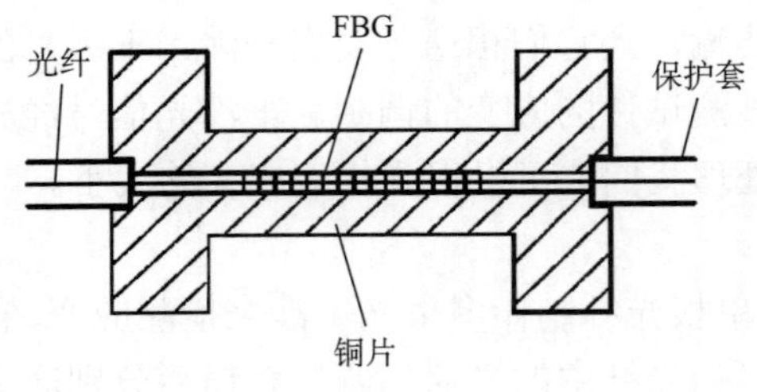

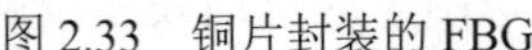

图 2.33　铜片封装的 FBG

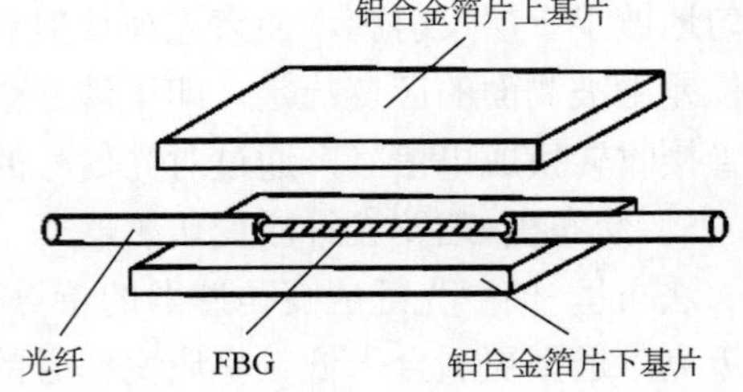

图 2.34　铝合金箔片封装的 FBG

（3）新型聚合物封装工艺：使用特殊方法将裸 FBG 封装在两种聚合物构成的基底中，用常见的热熔性材料结合热缩性材料成功地对 FBG 进行了封装。新型聚合物封装工艺可很好地满足常温下的工程应用要求，特别是对于金属材料，这种封装方法可选择的材料更广泛，且简单易行，尤其在温度测量方面更具优势。

（4）螺旋缠绕封装工艺：针对平直光纤对结构应变不敏感，当应变变化时，光纤中传播光的光功率变化很小的问题，通过改变光纤空间曲线，使光纤形成若干个敏感段，这样既可以大大提高光纤对结构应变的反应灵敏度，又可以实现结构对应变进行分布测试的目的。螺旋缠绕式光纤应变传感器结构如图 2.35 所示[43]。光纤以螺旋缠绕形式复合于钢丝上，当钢丝拉伸变形时，光纤不仅弯曲曲率发生变化，而且还会受到轴向拉力以及法向侧压力等的共同作用，从而引起光纤中传输光功率的变化，由此可测得受力结构的应变变化。

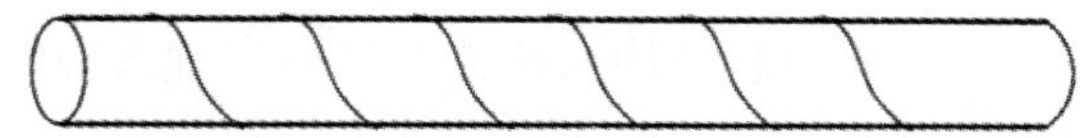

图 2.35　螺旋缠绕式光纤应变传感器结构示意图

2）埋入式封装应变传感器

埋入式封装的应变传感器是把光纤传感元件通过共混或嵌入的方式与被测部件结合为一体，从而形成在线监测变形、应力或缺陷的智能结构。光纤传感器具有尺寸小、重量轻的特点，易于直接埋置于被检测的材料或结构中，使之在恶劣的环境下也能工作，这些特点非常适合于制作埋入式传感器。

（1）埋入建筑结构的测力传感器

在建筑物、水坝、桥梁等承载结构中埋入应变传感器，使这些结构具有“自我检测”的功能，能够对结构的受力情况进行实时监测，并且按照预定要求对结构受力状态作必要的调节，确保结构安全运行并始终工作在最佳状态。在矿山固定装备中，矿井提升机、通风机、排水泵等设备的基础都是混凝土结构或钢结构，它们的受力状态及安全性极为重要，需要具备智能监测功能。

埋入式 FBG 应变传感器可适于混凝土结构内部应变的监测。光纤光栅管式封装结构主要由细金属管、光纤光栅、传输光缆、尾纤、胶黏剂、金属环等组成。考虑混凝土结构的变形特点，即混凝土的变形通常取最大骨料 3 倍距离的平均变形，约为 100mm，而细金属管是直接与混凝土接触的传感部位，取 100mm 左右。为了保证细金属管能够很好地与混凝土协同变形，在细金属管的两侧设置金属环，起到限位的作用。

（2）埋入金属构件的测力传感器

目前，埋入式的光纤智能结构的基体多为复合材料，原因是复合材料熔点低，易于使光纤埋入。由于金属的熔点远高于复合材料，因此埋入的光纤传感器必须解决埋入过程中遇到的高温及热应力的难题。

光纤传感器表面金属化一般采用表面镀层技术[44]，例如采用磁控溅射的方法将二氧化钛涂敷在法布里-珀罗（F-P）光纤传感器表面；在光纤布拉格光栅上用电磁气相喷镀金属镍或钛；用阴极溅射的方法在 II 型 FBG 上镀铝。但是，这些方法都会产生较大的残留应力，进而对光纤传感器本身的传感特性有较大的影响。近年来，室温化学镀结合电镀对光纤传感器表面金属化涂层技术被普遍采用。实验证明，裸光纤经化学镀结合电镀后，光纤表面与金属镀层能很好地结合，并能对光纤产生良好的保护作用。由于保护过程在常温下进行，产生的热应力很小，不会破坏光纤传感器的性能。

涂敷层金属化光纤传感器的埋入方法主要有[44]：用浇铸的方法将保护好的 F-P 干涉仪埋入铝中；用激光粉末烧结方法将 FBG 埋入不锈钢中；用真空焊接方法将银镍镀层的 FBG 埋入镍材料中；用超声波焊接方法将 FBG 埋入铝合金中；用软钎焊的方法将 FBG 埋入 42CrMo 结构钢中。

（3）埋入承载缆索的测力传感器

缆索是提升、运输、索道、电梯及斜拉桥梁的核心承载构件。对在役缆索进行在线监测、安全评定和寿命评估，是保证缆索可靠运行的重要基础。缆索内置光纤光栅应变传感器的特点为：①采用特制的封装结构保证光纤光栅在埋入缆索的过程中存活；②采用紧凑支座设计将传感器与钢丝连接，使钢丝的受力能够传递到光纤光栅上；③采用减敏结构设计，保证光纤光栅传感器能够长期工作在大应力状态下。

智能型缆索光纤光栅应变传感器为一次性埋入缆索中，且通过测量索内钢丝的局部应变反映整体索力。由于对索内高强钢丝不能有任何破坏性或削减强度的操作，只能选择两种连接方式：一是将光纤光栅应变传感器用结构胶与钢丝黏结成一体，二是将光纤光栅应变传感器用特制的 U 形抱箍与钢丝固定连接，并用螺栓固定锁紧。

（4）埋入巷道锚杆的测力传感器

光纤应变传感器用于煤矿巷道锚杆状态监测的系统主要由 FBG 测力锚杆、FBG 离层仪、FBG 锚杆压力计、FBG 温度计等部分构成。各种 FBG 传感器（包括可能扩展的其他 FBG 传感器）都通过矿用隔爆型 FBG 信号处理器进行波长解调，最后将井下状态信息通过光纤传输到地面监控中心。FBG 测力锚杆主要通过特殊工艺，将 FBG 敏感单元植入目前煤矿常用的螺纹钢（或其他材料）锚杆中，如果煤岩应力、应变出现异常，则应力会传递到 FBG 上并体现波长的变动。通常在锚杆内植入多只 FBG 传感单元，可反映锚杆在工作状态下锚杆全长范围内的应变、轴向力、弯矩、剪应力及锚杆变形等参数，这样便能更全面分析锚杆及顶板的安全状况。

3）夹持式封装应变传感器

两端夹持式的光纤光栅应变传感器封装方式具有应变放大机制，测量精度超过了裸光纤光栅，而且通过改变封装工艺参数可以调节应变传递率。这种传感器既可以埋入结构中也可以通过辅助构件构成夹持式传感器。两端夹持式光纤光栅应变传感器由光纤光栅、两个夹持部件以及两个固定支点组成[45]。采用胶接的方法将光纤光栅固定在夹持部件内，由于胶黏剂没有直接封装光纤光栅区域，消除了胶黏剂对光纤光栅应变传递的影响。

夹持式光纤光栅位移传感器被用于测量地应力应变，作为地震前兆观测信号，如图 2.36 所示[46]。图中的 A、B 固定在基岩上，AC 为伸缩系数较小的刚性连接棒，C、B 之间的光纤光栅一端固定于 B，另一端固定于 AC 棒的端点 C。当 A、B 之间产生相对微量位移时，通过固定安装在两基座之间的刚性连接杆传递给位于传感器保护罩内的光纤光栅应变传感器。FBG 自身长度约为 6～10mm，应变分辨率为 10^{-6}，通过调节安装基座与锚头之间的刚性锚杆的长度（1～10m），就可以使光纤光栅的应变分辨率提高 100～1000 倍，使应变测量分辨率达到 10^{-9}～10^{-10} 量级，从而实现机械增敏效果。当连接杆长度取 10m 时，可使光纤光栅应变传感器系统的应变灵敏度系数提高到约 1200pm/με，其应变分辨率可达 0.00083με左右（即探测 8.3×10^{-10} 的应变变化）。

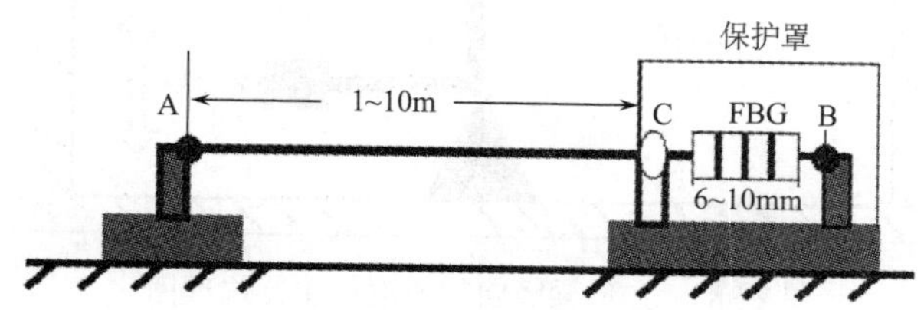

图 2.36　提高 FBG 应变灵敏度系数的技术措施

2.5.6　振动感知

1. 光强检测型振动传感器

光强检测型光纤光栅振动传感器采用匹配滤波原理，主要有反射型和透射型。该传感器原理虽在波分复用应用中有一定的技术局限，但显著降低了波长调制解调的实施成本，更利于工程化推广应用。

黄云刚等设计了基于光强检测的光纤微振动传感器，光纤是随着被测物的振动而振动的，在谐振时，利用共振原理对微小振动能够放大 50～100 倍，最小测量精度为 0.01mm，还具有在线实时检测的功能，可用于测量大型发电机、房屋以及桥梁等的微振动。一种带电的光纤微振动传感器如图 2.37 所示[47]，主要由光源、传感部分以及光接收处理三部分组成。光源可以采用普通光源，无需任何特殊要求，电源由内部的电池供应。传感部分由管子、连接器以及光纤构成，连接器用螺丝固定在管子上，而光纤用胶黏剂与连接器相连。光接收处理部分主要由 CCD（电荷耦合器件）、图像采集卡以及计算机组成。CCD 拍摄到的图像通过图像采集卡传入计算机，计算机通过对振动图像的分析和处理，从而实现对被测物的实时监控。

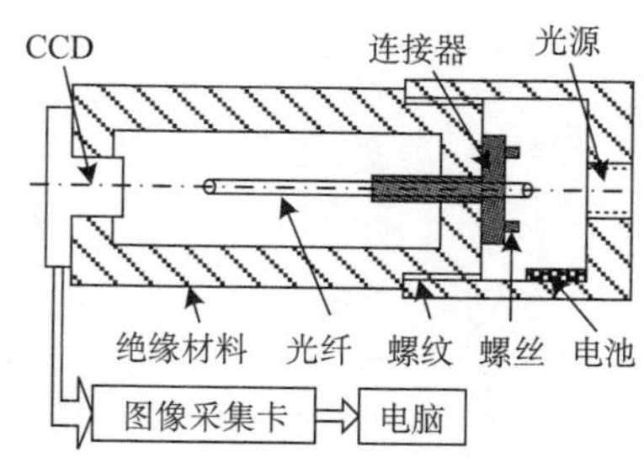

图 2.37　带电微振动传感器结构

2. 波长检测型振动传感器

波长检测型光纤光栅振动传感器是利用光栅的波长调制原理，即利用外界的微扰振动来改变光栅的栅距，再转化为对应的波长变化量，通过检测波长的变化来测量加速度的大小。

1）竖向 FBG 加速度传感器[48]

竖向 FBG 加速度传感器的原理如图 2.38 所示。2 个光纤光栅相当于 2 个弹簧，质量块通过 L 形梁和 2 个光纤布拉格光栅连在框架上。质量块在外加竖直方向加速度激励下产生上下振动，带动与之相连的弹性梁发生变形，从而使光纤光栅产生波长漂移。目前，竖向 FBG 加速度传感器大体上可以分为悬臂梁式、温度自补偿式和竖直式。

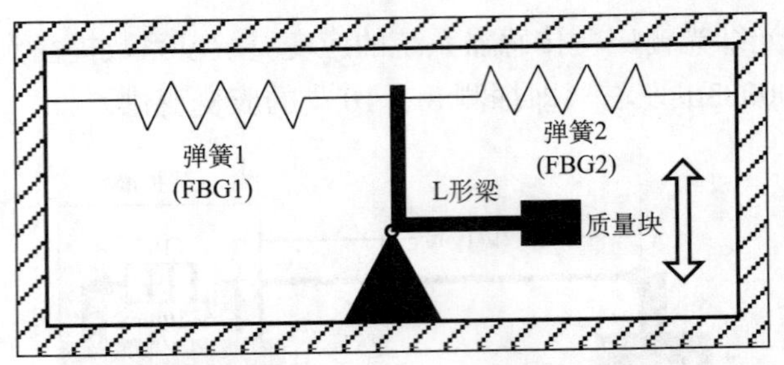

图 2.38　L 形梁竖向加速度传感器原理图

（1）悬臂梁式 FBG 加速度传感器[48]

悬臂梁式 FBG 加速度传感器的基本结构如图 2.39 所示，其传感机理是悬臂梁一端固定在机座上，另一端放有质量块，把光纤光栅两端点粘贴在悬臂梁的固定端附近，有利于光栅在受力时应变均匀。在测量物体振动时，把机座固定在振动源上，振动源与机座同时振动，从而引起质量块的振动，在惯性力的作用下悬臂梁产生收缩和伸长，带动光纤光栅产生应变从而引起布拉格波长的变化，通过探测布拉格波长的变化来实现振动加速度的测量。

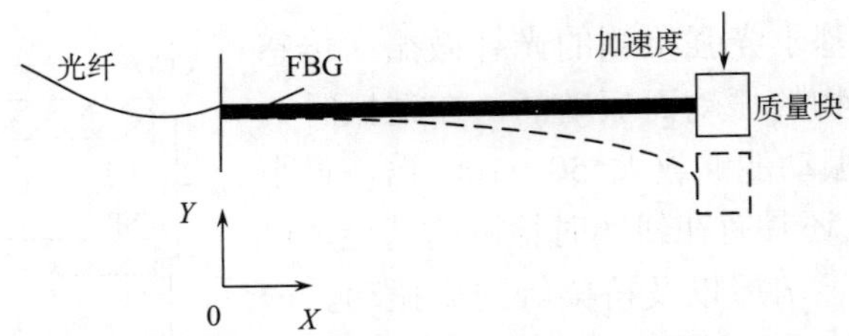

图 2.39　悬臂梁式 FBG 加速度传感器

（2）竖直式 FBG 加速度传感器[48]

由于悬臂梁式结构决定其测量范围限制在低频区域，其频率响应范围和灵敏度等指标一直无法满足机电领域和航空航天领域的高频振动测试要求，竖直式结构的研究和发展使光纤光栅类加速度传感器逐渐向高频领域迈进。

2）水平 FBG 加速度传感器[48]

水平 FBG 加速度传感器的原理如图 2.40 所示，质量块在外加水平加速度的激励下产生左右振动，带动与之相连的弹性梁发生变形，从而使左右 2 个光纤光栅产生波长漂移，并根据此原理设计了水平 FBG 加速度传感器，具有较好的效果，但是此传感器中质量块的位移和 FBG 的应变存在一定的非线性。目前国内对水平 FBG 加速度传感器的研究还比较少。

3. 工程应用实例

1）流体机械振动监测

朱晓明等设计了一种“L”形结构的光纤光栅振动传感器，用于对称平衡两缸往复式压缩机的振动监测，监测参数是气缸表面振动和气阀表面温度[49]。在两气缸的表面分别安装了垂直、水平和轴向的FBG振动传感器来监测气缸的工作状态，另外，在每个气阀的表面安装光纤温度传感器。

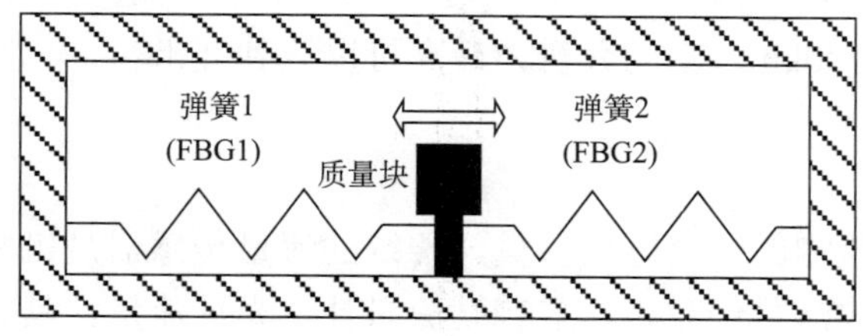

图2.40 水平FBG加速度传感器

方志强等采用基于反射式光纤工作原理的新型光纤束式叶尖定时传感器，监测涡轮机高速旋转叶片的振动状态[50]。非接触式旋转叶片测振系统由4个部分组成，即传感器模块、定时信号光电转换模块、信号采集与预处理模块、计算机数据处理与分析模块。传感器由发射光纤发射激光，监测时，每当被测旋转叶片经过测头时，经由叶片端面反射回的光由接收光纤束接收后，在后端的光电转换器中处理后得到数字脉冲信号，即叶片经过测头的脉冲时间信号，称为叶尖定时信号。但是，单只叶尖定时传感器只能分析部分异步振动的信息，通过增加传感器数量和合理的布局以及相应的算法就可以分析出所有叶片的异步振动和同步共振的参数。

2）桥梁结构振动监测

张东生等将研制的光纤光栅振动传感器应用于武汉长江二桥进行索力长期远程实时监测[51]。索力实时监测系统主要由光纤光栅振动传感器、光电信号调理器、数据采集器、计算机和索力实时监测系统软件等组成。光纤光栅振动传感器将斜拉索的振动信号转变为光的强度信号，光信号经过光缆传输到监控室，由光电信号调理器转化为电信号，经数据采集卡采集数据输入工控计算机，由索力实时监测软件进行频谱分析，并实时提取特征频率。根据两端固定的张拉弦所受拉力与弦振动的特征频率的关系式，可计算出索力。

3）铁路山坡崩塌监测

杨小军等采用光纤光栅振动传感器构建了铁路沿线崩塌落石监测报警系统，系统由危险源捕捉分系统、信号传输分系统、光纤光栅解调分系统、数据处理分系统、外围分系统组成。危险源捕捉分系统主要由光纤光栅振动传感器、信号传输光路组成，采集钢轨上面的各种振动信号，并将振动信号转变成光波长变化信号。布设光纤光栅振动传感器时，设定基站为初始位置，报警后能立刻得知崩塌落石发生地距基站距离[52]。

4）油气管道破坏监测

王延年等提出了一种长距离油气管线泄漏在线监测的分布式光纤振动传感器[53]。在油气管线附近并行铺设一条光缆，利用光纤作为传感器，拾取由油气管线泄漏、附近机械施工和人为破坏等事件产生的压力和振动信号。当油气管线发生泄漏时，泄漏出的高温高压石油和天然气会对附近的光纤施加作用力，使光纤发生弯曲和抖动，导致辐射模的增大或减小。同时，当油气管线附近有机械施工或人为破坏时，也会对光纤施加作用力，使光纤的损耗和输出光功率发生变化。利用这一特性，通过对光纤输出光功率频谱的分析，判定油气管线是否有泄漏等事件的发生，并通过对背向散射光的测量，完成泄漏等事件的定位。实验表明，当泄漏等作用于光纤时，光纤的传输损耗会发生明显的变化。工作在波长为 1310nm 的光时域反射仪，其损耗的测量精度为 0.05dB，对多模光纤的测量范围可以达到 100km，空间分辨力最高可以达到几米。

2.5.7 流量感知

流量是生产过程监测的一个重要参量，传统的流量传感器是机械转子式，随后发展了电磁流量计、超声波流量计和声学多普勒流量计。光纤流量计具有抗电磁干扰、尺寸小和重量轻等优点，但基于流量对光信号强度和相位的调制，其光强和相位受环境影响较大，实际应用中很难准确检测。光纤布拉格光栅流量传感器利用流量变化来引起反射光波长变化，外界环境对波长的影响很小。

1. 基于文丘里管的流量传感器

基于文丘里管的 FBG 流量传感测试系统如图 2.41 所示[54]。管道中大圆管的内径为 d_1，小圆管的内径为 d_2，流体分别流过截面 1 和截面 2，截面 1 和截面 2 的压强差与流速成二次关系，流速测量可转换为压强测量。通过设计光纤光栅传感器结构测量两个截面的压强差，可得到光纤光栅传感器的波长与压强差的关系，从而得到每个时刻液体流速的大小，进而求得流量。这种流量传感系统结构简单，灵敏度较高，且可实现光纤光栅流量传感器准分布式多点测量。但由于要测量两个截面的压强差，必须合理地设计管道尺寸，才能使光纤光栅传感器探头的波长发生改变。

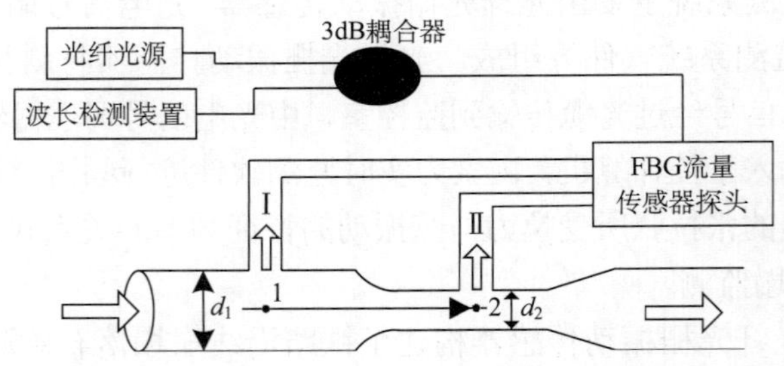

图 2.41　基于文丘里管的 FBG 流量传感测试系统

2. 基于涡街结构的流量传感器

基于涡街结构的 FBG 流量传感检测系统如图 2.42 所示[54]。被测流体经过涡街发生体，当流速超过一定阈值时，涡街发生体的下游会产生两列旋转方向相反的并排旋涡，旋涡的产生频率与流速成正比。旋涡在行进过程中会在旋涡发生体的下游产生一个垂直于管道轴线的升力，最终使旋涡发生体后的悬臂梁产生振动，即悬臂梁产生垂直于轴线方向的受迫振动。通过检测悬臂梁的振动频率来探测旋涡频率，进而可得到流体的流速，从而测得流量大小。FBG 流量传感探头即置于旋涡发生体后的悬臂梁结构上用以测量涡街发生频率。

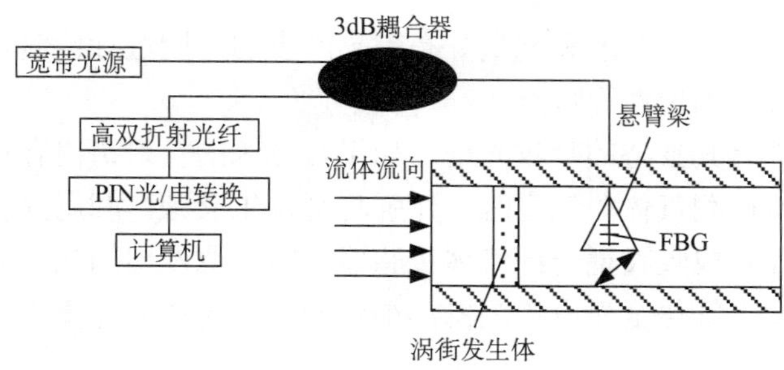

图 2.42 基于涡街结构的 FBG 流量传感检测系统

3. 基于靶式结构的流量传感器

基于靶式结构的 FBG 流量传感器测量装置如图 2.43 所示[54]。当满管的水流过时，与圆形靶相连的悬臂梁产生形变，沿梁的中轴线对称位置粘贴光纤光栅，梁的形变导致粘贴在其上的光纤光栅发生形变，引起光纤光栅反射波中心波长的移动。设悬臂梁和光纤光栅的形变相同，再根据反射波波长与外界应变和温度的关系，就可以算出 FBG 的波长漂移量与流速的关系。准确地测出光纤光栅的波长改变量后，即可测出流速并得到流量。此种结构的 FBG 流量传感器可以对 0～1000cm^3/s 的流速进行测量，而且克服了 FBG 温度、应变的交叉敏感问题，能够实现温度和流量的同时区分测量。

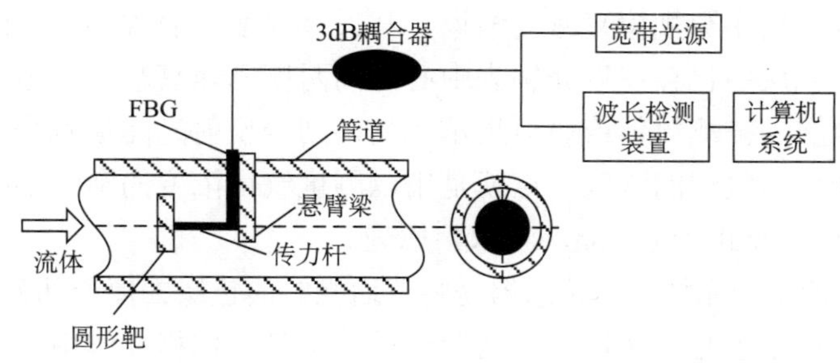

图 2.43 基于靶式结构的 FBG 流量传感器测量装置原理图

2.5.8 气体感知

光纤气体传感器是基于光纤与气体物理或化学特性相关的光学现象或特性实现气体浓度检测的。在原理上主要有以下四种光纤气体传感器：基于光谱吸收型光纤气体传感器，基于折射率变化型光纤气体传感器，基于渐逝场型光纤气体传感器，基于荧光型光纤气体传感器。

1. 光纤气体传感器原理

1）光谱吸收型光纤气体传感器[55]

光谱吸收型气体传感器是一种通过检测样气透射光强或反射光强的变化来检测气体浓度的传感器，它属于传光型光纤气体传感器，气室作为敏感元件。它利用气体的吸收光谱因气体分子化学结构、浓度和能量分布差异产生的不同进行检测，具有选择性、鉴别性和气体含量的唯一确定性等特点。

每种气体分子都有其独特的吸收光谱。如果在光源的发射谱内存在待测气体的吸收峰，则当光通过有待检测气体的气室时，光强将会发生衰减。利用介质对光吸收而使光产生衰减的这一特性制成吸收型光纤气体传感器。即光源发出的光由光纤送入气室，被气体吸收后，由出射光纤传至光电探测器，得到的信号光送入计算机进行信号处理，可得出气体浓度。

2）折射率变化型光纤气体传感器[56]

在裸露纤芯表面或是端面涂敷一层与气体作用时折射率会发生变化的特殊材料，可引起波导的参数变化，如损耗、有效折射率、双折射等，运用强度模式或干涉等方法检测参数变化量就可实现对气体的成分和含量进行分析。如检测 CO_2 气体，其敏感物质为 organopolysiloxanes，它的折射率在 1.46～1.56，以 M-Z 光纤干涉仪为敏感元件，将 M-Z 干涉仪的传感臂的包层剥去，可以采用溶胶–凝胶法在裸露纤芯上涂覆一层 organopolysiloxanes 薄膜，待测气体与敏感薄膜发生作用改变了光纤的有效折射率，从而在两臂（传感臂和参考臂）的光信号之间产生相位差，因此可以通过检测相位差来检测气体浓度。

3）渐场型光纤气体传感器[56]

光在光密介质/光疏介质界面发生全反射时，并不是全部的光都反射回去了，而是在光疏介质中存在强度按指数规律衰减的渐场，其透射深度一般约为几个波长。光波导在光纤芯中传播时，包层中也存在以光轴为中心，向两侧迅速衰减的渐逝波。如果在渐逝场区域存在吸收介质（被测气体或燃料指示剂），则全反射光能量减少，通过测量光能的衰减量就可以计算出气体的浓度。这就是用以测量气体浓度的渐逝场吸收探测器的受抑全反射（attenuated total reflection，ATR）原理。

典型的基于渐逝场的光纤气体传感器是将普通光纤的包层去掉一部分形成 D 形光纤，这样一部分渐逝场将处于测量环境中，当渐逝场与待测气体相互作用时，部分光能将被吸收，从而使输出光强发生减少。渐逝场气体探测器具有传感长度较长，结构简单，适合分布式及远距离测量等独特优点，近几年得到广泛的关注和快速的发展。渐逝场型传感器的一个重要问题就是解决表面污染问题，可以用高分子隔离膜防止较大污染物进入渐逝场区域，如果一些分子与待测气体分子体积相近，就会很容易通过隔离膜进入渐逝场区域，这将影响传感器的灵敏度。

4）荧光型光纤气体传感器[55]

光纤荧光气体传感器是指通过检测与待测气体相应的荧光辐射来确定其浓度的传感器。荧光可由待测气体产生，也可由荧光染料产生。荧光物质受到特定波长的激励光照射时，电子受激发，从低能级跃迁到高能级，受激电子产生波长大于激励波长的荧光，荧光波长与激励波长的波长差就称为 Stokes 位移。气体分子与某些荧光物质相互作用，导致荧光强度下降和荧光寿命减短，相应有两种传感机理：一是测量荧光的强度变化量；二是测量荧光的寿命变化量。其中第二种是基于气体分子对荧光的“淬灭”效应。

光纤荧光气体传感器一般做成反射式结构，将荧光物质涂敷在单光纤的一端，激励光从另一端入射到荧光物质上产生荧光，受外界气体浓度调制的荧光再被端面反射回来被探测单元接收。使用单一光纤容易受到光源干扰以及端面散射的影响（图 2.44（a）），选择双光纤激励光波与荧光光波分离可以在一定程度上提高探测的精度和灵敏度（图 2.44（b））。反射式探测器可以用浸渍了荧光物质的过滤膜作为传感元件，但将荧光物质溶于某些表面活性剂、纤维素物质、溶水性高分子材料，然后涂于玻璃载玻片上可以取得比过滤膜更好的效果。

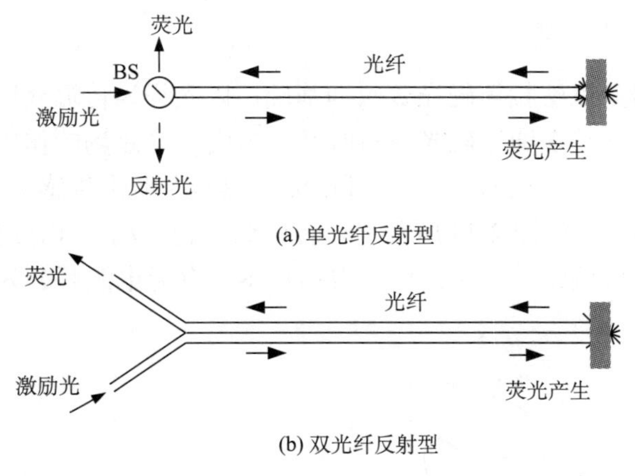

图 2.44　气体荧光光纤传感器

2. 瓦斯浓度监测

目前，光纤传感器监测瓦斯浓度的方法主要有两种：一是利用瓦斯气体的光谱吸收检测浓度；二是利用瓦斯浓度和折射率的关系用干涉法测折射率。

李长青等设计了单波长吸收比较型瓦斯监测光纤传感器，它属于吸收光谱型瓦斯传感器[57]。宽带光源 LED 发出宽带光，经光纤耦合器送入光纤布拉格光栅，满足一定波长的光全部被反射回来，获得窄带出射光，经过双向耦合器，由光纤放大器放大后，通过分光器时，光束被分成两路，其中一路送入气室，与气体发生作用后，通过光纤将信号传送至光电探测器 PIN，探测器的输出信号经过锁相放大器放大后被送入 A/D 转换器。另一路经过波长解调器得到光栅的中心波长值，该路信号用于压电陶瓷的电压控制。透射光经过光纤传至 PIN 探测器，其输出信号经过滤波放大器放大后送入 A/D 转换器，转换成数字信号后送入计算机进行处理，从而得出瓦斯浓度。

付华等设计了穴蕃-A修饰的涂层光纤构建的基于模式滤光检测的光纤化学瓦斯传感器[58]。激光源发出的光以一定的角度耦合到光纤中，当不同体积分数的甲烷气体依次引入该传感元件时，甲烷就会与光纤涂层中的穴蕃-A发生相互作用，导致光纤包层的折射率增大，部分光从光纤侧面漏出。这些漏出的光通过光纤侧面的 3 个检测通道传输到检测器CCD中。这些采集到的光信号经数据采集系统处理后通过计算机实时记录。该传感器的测量背景小于传统的检测光纤末端光的方式的 1/100～1/10，很大程度上提高了测量的信噪比和灵敏度。

2.5.9　电流感知

与电磁式电流互感器相比，基于光学、微电子、微机技术的光纤式电流传感器，具有无铁芯、绝缘结构简单可靠、体积小、重量轻、线性度好、动态范围大、无饱和现象、输出信号可直接与微机化计量及保护设备接口等优点。因此，能实现整个传感装置的小型轻量化，抗电磁噪声干扰。

1. 光纤电流传感器原理

光纤电流传感器是以法拉第磁光效应为基础，以光纤为传输介质的电流计量装置，通过测量入射光强、光波在通过磁光材料时其偏振面在电磁场的作用下而发生旋转后的出射光强来间接确定被测电流的大小。光纤电流传感器主要由传感头、输送与接收光纤、电子回路等三部分组成，如图 2.45 所示[59]。传感头包含载流导体，绕于载流导体上的传感光纤以及起偏镜、检偏镜等光学部件。根据传感头有无电源可分为无源式和有源式。

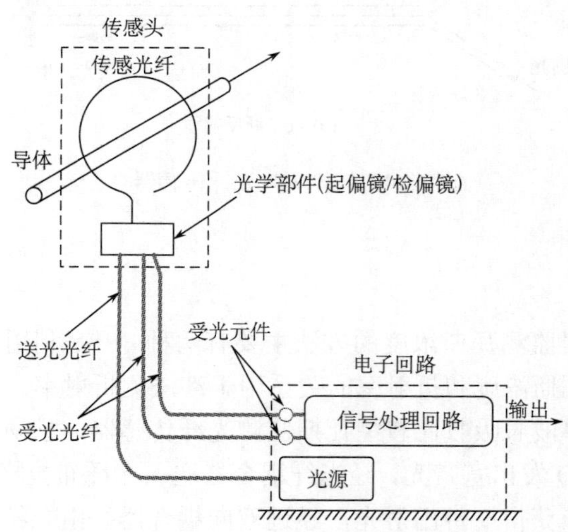

图 2.45　光纤电流传感器的结构示意图

1）无源式偏振光电流传感器

光纤电流传感器主要利用了法拉第磁光效应。磁场不能对自然光产生直接作用，但在光学各向同性的透明介质中，外加磁场 H 可使在介质中沿磁场方向传播平面偏振光的偏振面发生旋转。这种现象被称为磁致旋光效应或法拉第效应。

当一束线性偏振光通过置于磁场中的法拉第旋光材料时，若磁场方向与光的传播方向相同，则光的偏振面将产生旋转，旋转角度与被测电流成正比。利用检偏器将旋转角度的变化转换为输出光强度的变化，经光电变换及相应的信号处理，便可求得被测电流。

据此原理，可形成块状玻璃型传感探头电流传感器：利用透明材料使光发生多次全反射形成一个回路，并使这个回路围绕穿过材料中心的通电导体闭合，当导体中通电时就会发生法拉第旋光效应，求得线偏振光的法拉第旋转角，从而间接地测量电流，块状光纤电流传感器一般都要求磁光材料具有较高维尔德（Verdet）常数。偏振光光纤电流检测原理如图 2.46 所示[60]。块状玻璃型传感探头要求非常高的加工精度，在现场应用中易碎裂，并且成本较高不适合大规模应用。

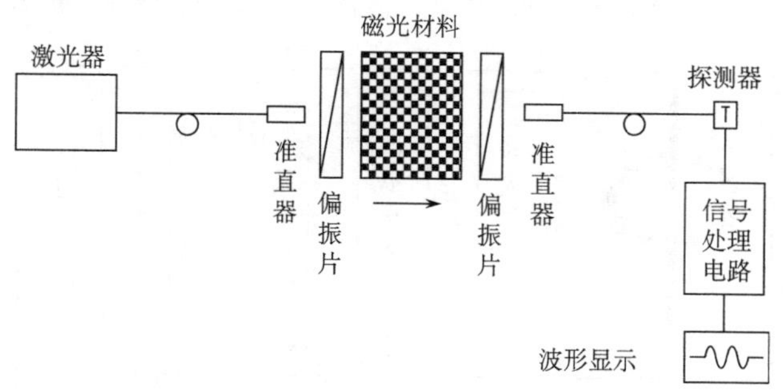

图 2.46　块状光纤电流传感器的具体的结构图

2）无源式全光纤电流传感器

全光纤电流传感器工作原理与偏振光电流传感器基本相同，在被测通电导体周围缠绕光纤，光纤中通过线偏振光时，导线中电流产生的磁场将导致线偏振光发生法拉第旋转，法拉第旋转角度与电流值之间为正比例关系，所以通过检测法拉第旋转角可以推导出被测电流值。图 2.47 为全光纤电流传感器的结构图。全光纤电流传感器在传输过程中能量损失小、结构简单、重量比较小、形状随意，通过调节光纤环数还可以调整系统的测量灵敏度，因而具有很大的应用优势。但其缺点主要是光纤内部存在线性双折射，温度、振动等外界环境因素对其影响较大。

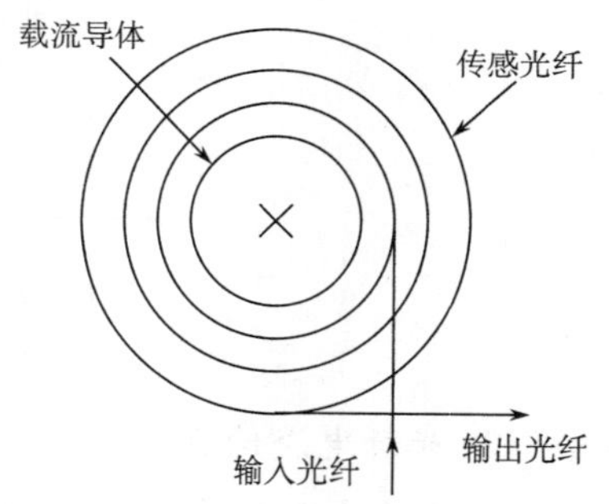

图 2.47　全光纤电流传感器的结构

全光纤电流传感器的光学传感有非往返式和往返式两种模式。非往返式系统是光只从一个方向通过电流传感元件，而往返式系统就是光从两个相反的方向同时通过电流传感元件。非往返式光电转换系统一般用在小信号处理和降低成本的场合，而往返式光电转换系统一般用在大信号的处理或者用于避免震动的场合。两种模式下的工作方式是相同的[61]。

3）有源式光纤电流传感器

有源式光纤电流传感器也称为混合型光纤电流传感器，这是一种基于传统互感器传感原理，利用有源器件调制技术，以光纤为信号传输媒介，将高压侧转换得到的光信号送到低压侧解调处理，并得到被测电流信号的新型传感器。它既发挥了光纤系统的绝缘性能好、抗干扰能力强的优点，明显降低了大电流高压互感器的体积、重量和制造成本，又利用了传统互感器原理技术成熟的优势，避免了纯光学互感器光路复杂、稳定性差等技术难点。

有源式光纤电流传感器是通过一次采样传感器（空心线圈、电阻分流器）将电流信号传递给发光元件而变成光信号，再由光纤传递到低电位侧，变换成电信号以后输出。高压侧电子器件供电方式有光供电、母线电流供电和太阳能电池供电等。目前应用最多的是采用空心线圈的有源式光纤电流传感器，其组成原理如图 2.48 所示。空心线圈的截面为矩形或圆形，其感应电动势与线圈的尺寸、匝数以及一次电流有关，受外磁场和载流导体位置的影响小。因此，对空心线圈的输出电压积分即可还原为被测电流。

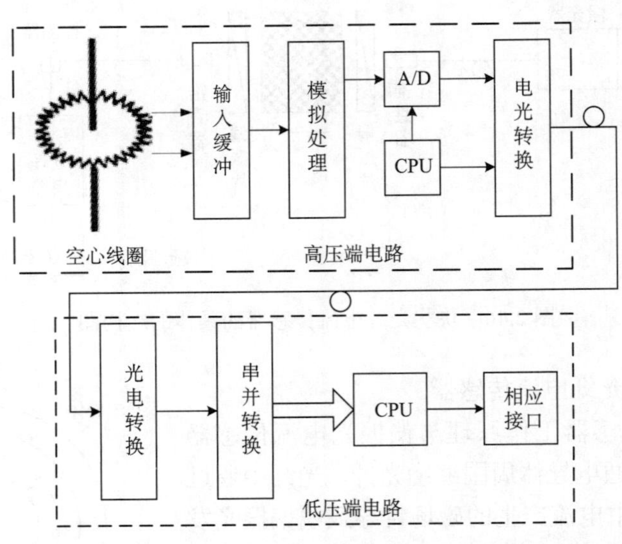

图 2.48　有源式光纤电流传感器组成原理框图

2. 光纤电流传感器应用

光纤电流传感器已陆续在智能电网得到应用[62]。国外 ABB 公司、Photonics 公司、NxtPhase 公司等的光纤电流传感器产品比较成熟。美国五大电气公司在 1986～1988 年实现了 161kV 独立式电流传感器、161kV 继电保护为主的光纤电流传感器，1989 年 5 月至 1992 年的 345kV、20～2000A、0.3 级计量与保护的光纤电流传感器挂网运行成功。1994 年 ABB 公司推出的有源式光纤电流传感器电压等级为 72.5～765kV，额定电流为 600～6000A。3M 公司在 1996 年开发出用于 138kV 电压等级的全光纤电流测量模块，也可用于 500kV 电压等级。Photonics 公司推出一种用于光供能的光纤电流传感器，称之为混合式光纤电流传感器，并于 1995～1997 年间在美国、瑞典、芬兰等国超高压电网上试运行。NxtPhase 公司研制的 230kV 和 138kV 两个等级的全光纤电流传感器，在正常计量范围的准确度达到 0.2 级，目前已进入商业生产阶段。

我国光纤电流传感器研究始于 20 世纪 70 年代。清华大学与沈阳互感器厂合作开发研制的光纤电流传感器于 1989 年在四平挂网运行，创造了国内首次挂网运行的记录。华中理工大学研究的块状结构传感器于 1993 年在广东新会供电局大泽变电站挂网运行，技术指标为 110kV，100～300A，精度等级为 0.3 级。燕山大学研制的额定电压为 110kV，额定电流为 1000A，精度为 0.2 级的混合式光纤电流传感器，于 2001 年在保定天威保变集团进行了测试。西安同维科技有限责任公司研制的 330kV 和 110kV 无源式光纤电流传感器，先后于 2002 年和 2005 年挂网运行。

光纤电流传感器在煤矿电器的应用还较少。李静设计了一种无源式偏振光光纤电流传感器，采用具有物理补偿功能的光学玻璃探头和温度补偿的双光路信号检测和处理系统，通过建立温度补偿方程，使光纤电流传感器的精度达到了 0.228%，非线性为 0.28%。采用的双光路补偿法能较好地抑制温度的影响。光纤电流传感器能够达到 0.5 级精度，可以满足矿井电流测量对于量程、精度、温度稳定性等各方面的要求[63]。

2.6 其他矿用传感器

2.6.1 风速传感器

矿井通风的主要目的是保证井下各作业地点有足够的风量，以确保安全生产。矿山井下通风系统负责为矿工提供赖以生存的新鲜空气，同时也将有毒、易燃、易爆气体及矿尘等有害物质排出井下，因此井下通风不仅直接影响矿工的身心健康、生命安危，也直接影响生产秩序和产量。

风量是单位时间内通过井巷断面的空气体积，是矿井通风系统的重要参数之一，它等于井巷的断面积与通过井巷的平均风速的乘积。井下工作地点和通风井巷中要有一个合理的风速范围，如表 2.4 所示，并且需要检测矿井用风地点的风量及风速是否符合要求，以及是否存在漏风等情况。《煤矿安全规程》中规定：“矿井必须建立测风制度，每 10 天进行一次全面测风，对采掘工作面及其他用风地点，记录风速，应根据测风结果采取措施，进行风量调节”。矿井的风速检测是煤矿安全的一项重要内容之一，需要采用风速传感器对井下巷道内的通风风速进行正确测定。

表 2.4 矿井巷道中的允许风速

井巷名称	允许风速/（m/s）	
	最低	最高
主要进、回风巷		8
升降物料和人员的井筒		8
无提升速度的风井和风洞		15
专为升降物料的井筒		12
风桥		10
架线电机车巷道	1.0	8
运输机巷、采区进回风巷	0.25	6
采煤工作面、掘进中的岩巷和半煤岩巷	0.25	4
掘进中的岩巷	0.15	4
其他通风人行巷道	0.15	

风速传感测量传感技术已有 20 余种。根据工作原理，几种常见的风速传感器有：机械风杯式、超声风速传感器、热电偶式风速传感器、激光多普勒风速传感器、孔板流量

计风速传感器等。传统的风速测量装置有风杯和皮托管，分别基于机械和空气动力学原理。风杯式（翼轮）风速传感器工作原理简单，它是将风速造成的翼轮转速转换成电信号的一种简单风速传感器，其优点为造价低、结构简单、使用方便等。但由于机械转动部分的影响性能不够稳定，使用寿命短，不适合在井下恶劣条件下长期使用，且受矿尘影响较大。在 20 世纪五六十年代，陆续出现了热丝（膜）风速计和激光多普勒流速计，分别基于传热学原理和多普勒效应。这里主要介绍超声波涡街风速传感器及热式风速传感器。

1. 超声波涡街风速传感器

基于超声波的气体流速测量可以采用三种原理：时差原理、多普勒原理和涡街原理，其中涡街原理的灵敏度最高，超声波涡街风速传感器也称为超声波旋涡式风速传感器。

基于超声波的气体流速测量可以采用三种原理：时差原理、多普勒原理和涡街原理。其中涡街原理的灵敏度最高，故此本节将主要介绍涡街风速传感器。

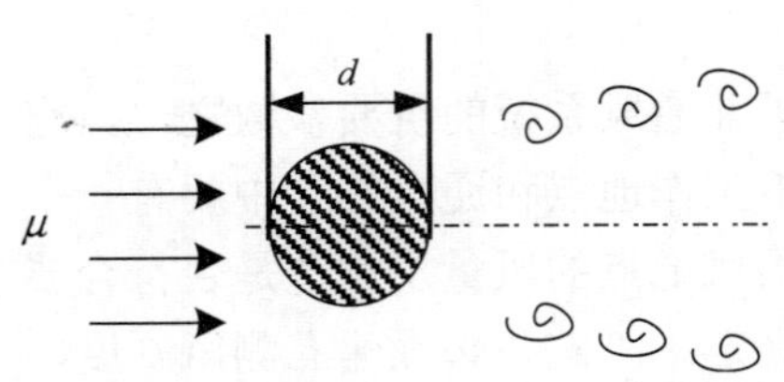

图 2.49　卡门涡街原理示意图

超声波涡街风速传感器也称为超声波旋涡式风速传感器。流体通过涡街发生体而产生的相互交错的、规律的两列旋涡也被称为卡门涡街（Karman vortex street），又称卡尔曼涡街，如图 2.49 所示。在无限界流场中垂直流向插入一根无限长的非流线型阻力体，在一定的雷诺数范围内，在阻力体下游会产生两排内旋的相互交替的旋涡列，产生的旋涡频率（f）正比于流速（μ）。通常把这两排旋涡称为卡门涡街。插入流体中产生涡街的物体称为旋涡发生体。

20 世纪 70 年代采用声学的方法实现涡街频率检测之后，卡门涡街原理才获得在流量测量应用方面的突破。如果有一个旋涡通过超声波束，超声波束就会被调制一次；通过的旋涡有多少个，超声波束就被调制多少次。因此超声波束的被调制频率就是相应的旋涡频率。检测超声波被旋涡调制的频率，确定旋涡频率后就可以获得对应的风速。一般由信号发生器产生超声频率的等幅电信号，再经超声波换能器发射出同频率的等幅超声声波，经过风流通道后的超声声波被接收换能器接收。如果风道中无气流旋涡时，则接收换能器收到的是连续的等幅超声声波；而当超声声波在传播途中遇到气流旋涡时，接收换能器接收到的则是调幅超声声波，检测到的超声波信号经由调幅接收电路、脉冲整形等电路处理后即可输出相应的风速参数。

超声波涡街风速传感器具有以下优点：无可动部件，因此无机械磨损，使用寿命长；输出信号是与风速呈线性关系的脉冲频率信号，且敏感元件灵敏度变化不会直接影响输出，因此没有零点漂移且测量精度高、重复性好、性能稳定；测量范围（量程比）很宽；重量轻，所占的空间与面积都小，可做成便携式的测量仪表；输出信号不受流体特性（温湿度、压力、黏度、成分、密度、矿尘等）的影响；可精确测量脉动的气流；风速计可实施干校（无需实流校验）。因此与其他各种风速检测方式相比，超声波涡街式风速计在煤矿安全监控系统中有着广泛的应用前景[7, 10]。

2. 热式风速传感器

热式风速传感器涉及流体、热学和电学三个能量域，其工作原理是基于加热单元和流体之间的热交换。随着硅基集成电路与 MEMS 技术的发展，基于硅 MEMS 技术的风速传感器应运而生。现在热式风速传感器往往采用 MEMS 技术研制。

根据测量原理的差别，硅基 MEMS 热式风速传感器可以分为三种类型：热损失型、热温差型和热脉冲型。传统的硅热流量传感器含加热单元和测温单元。测温单元是其重要的单元之一，一般采用二极管、晶体管、热电阻或热电偶制作。多晶硅电阻与 CMOS 工艺兼容，制作简单，且易通过介质层实现和硅衬底的隔热，故广泛用作热电阻。无论是热温差型还是热损失型，风速传感器都可工作于不同的方式，常见的六种工作模式为：①恒定电流工作模式，即保持加热元件的电流恒定；②恒定电压工作模式，即保持加热元件的电压恒定；③恒定功率工作模式，即保持加热元件的功率恒定；④恒定温度工作模式，即保持加热元件的温度恒定；⑤恒定温差工作模式，即保持加热元件和周围环境温度的温度差恒定；⑥温度平衡工作模式，即利用热调制技术实现的工作模式。

恒电流和恒电压工作模式的控制电路比较简单，一般多用于传感器原型研发。至于恒定温度的控制模式和温度平衡工作模式，则分别可以看做是没有环境温度跟踪的恒温差工作模式，以及恒温差工作模式的一种延续和发展。恒温差和恒功率工作模式应用最为广泛。

1）热损失型风速传感器

热损失型风速传感器，一般含有一个同时作为加热和测温功能的单元，如图 2.50 所示。热损失风速传感器通过测量加热单元的总热损失量来测量风速。根据加热材料的电阻率/电阻随温度变化而实现风速大小的检测。在热损失型风速传感器中一般采用溅射或淀积形成的薄膜电阻（常用的是金属铂电阻）作为加热、测温的敏感单元，该电阻制作在隔热薄膜上，以减少通过衬底的传热，提高反应速度和灵敏度。

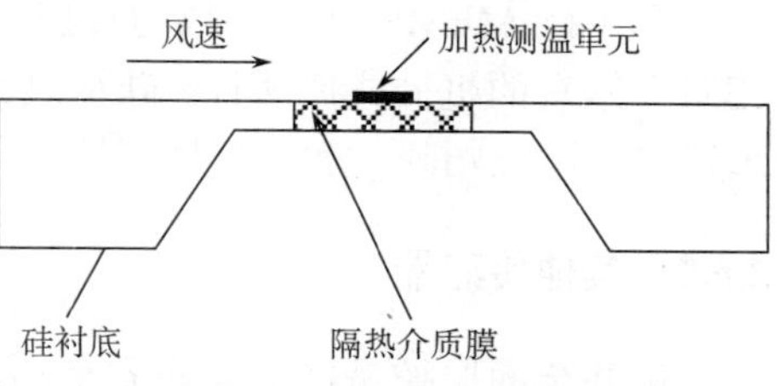

图 2.50 热损失型 MEMS 风速传感器

热损失型风速传感器经常采用恒功率和恒温差这两种工作模式。在恒功率模式下，通过测量加热单元的温度得到风速大小。在恒温差模式下，需要增加反馈环节，通过测量保持恒温差所需要的功率来测定出风速大小。在该模式下，传感器的响应时间短，只能测风速一个参数。

2）热温差型风速传感器

热温差型风速传感器包含一个加热单元、两个对称分布在加热单元上游和下游端的测温单元。有风时，整个加热单元对称的温度场将被破坏，上下游测温点则存在温度差，该温度差是风速大小的函数，同时也是风向的函数。基于这一原理，可以制作一维和二维的风速、风向传感器。热温差型传感器的风速量程较小，适合于测量小风速的情况。热温差型风速传感器存在一个可测量的最大风速。即当风速开始增加时传感器的输出值随之会达到一个最大值，之后随着风速继续增加，传感器的输出值则开始下降，输出值的最大值对应的风速就是该传感器可测量的最大风速值。这是由于当风速超过该值后，加热单元的热量来不及通过扩散到达上游端的测温单元造成的。

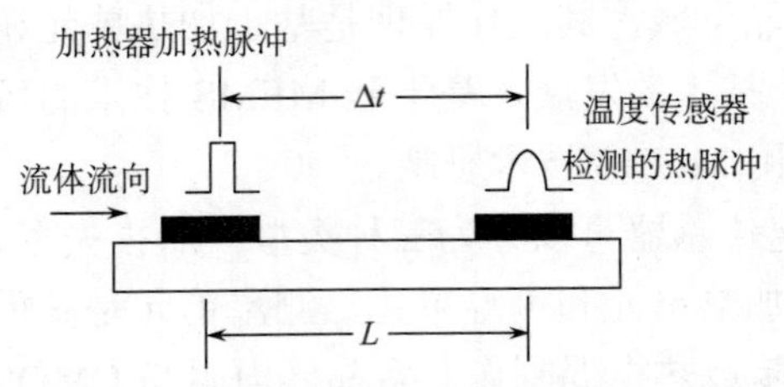

图 2.51　热脉冲型风速传感器结构原理示意图

3）热脉冲型风速传感器

热脉冲型风速传感器由两个距离已知的元件构成，如图 2.51 所示，其中上游端为加热单元，而下游端为敏感测温单元。在加热器上施加一个脉冲信号，产生的热脉冲将在风速的作用下传播，测出热脉冲到达下游敏感元件所需要的时间，便可以测出流速的大小。

由于热脉冲在传播中会受到热扩散和流速的影响，其热脉冲到达下游热敏感元件时会出现热脉冲宽度变大，而其幅值绝对值变小的脉冲变形现象。因此，热脉冲型流量传感器的流速范围不应小于 D_t/L，D_t 为热扩散率。

对于热式风速风向传感器而言，风向的检测一般采用三角函数测试法和高斯函数法。对于二维的热温差型传感器，单个对边的输出值基本按照正弦或余弦函数规律变化，通过测量两个对边的输出信号采用三角函数法可得到风向，该原理可以实现 0～360°风向的测量。而高斯函数法则适用于圆形加热元件进行风向的检测。当风吹过圆形加热单元时，圆形加热单元四周同心圆上的温度分布近似高斯分布，高斯函数分布的顶点即是风向的下游。

基于硅 MEMS 技术的风速传感器体积小、功耗低、便于携带，精度高且不易损坏。相对于原有的机械式风速计，硅基风速传感器应用 IC 工艺批量生产，可以具有很大的成本优势，因此市场前景广阔[64, 65]。

2.6.2　其他传感器

矿井全面监控是保障煤炭安全高效生产的需求、也是提高矿山安全生产水平的发展方向。矿井全面监控主要体现为对矿井环境、生产安全和机电设备健康状况等进行监控，物联网技术为这一趋势提供了新的技术支持。

矿井全面监控涉及矿井的环境安全、轨道运输、胶带运输、提升运输、矿山压力、大型机电设备、供电、排水、通风安全、火灾监控等各个关键方面。使用的传感器主要有压力传感器、位移传感器惯性（加速度、陀螺仪）传感器、位移传感器、气体传感器、粉尘传感器，电压、电流等电量传感器。鉴于矿井中使用的传感器种类繁多，本节对此仅做简述，有关传感器的详细内容请参见相应传感器书籍。

在安全与通风方面，不仅需要甲烷、一氧化碳、氧气、二氧化碳、硫化氢、温度、风速传感器，还需要其他传感器对风门、风窗、风筒状态，主通风机开停与局部通风机开停状态进行监控。在轨道运输监控方面则需要对电动转辙机状态、机车位置、运行方向、运行速度等进行监测感知。在提升运输监控系统方面则需要相应的罐笼位置、速度、安全门状态、摇台状态、阻车器状态传感器。在供电监控系统方面需要电网电压、电流、功率、功率因数、馈电开关状态、电网绝缘状态等传感器。在排水监控系统方面应对水仓水位、水泵开停、水泵工作电压、电流、功率、阀门状态、流量、压力等进行监测传感。在矿山压力监测系统方面需对甲烷涌出量、工作面煤壁温度、电磁发射进行检测，煤岩体声发射传感技术也是常采用的手段。而对于大型机电设备健康状况监控系统方面一般需要对机械振动、油质污染、温度等进行检测传感。为减小顶板事故造成的危害，可以利用顶底板位移量、移近速度、加速度、地音传感器等加以检测矿山应力。矿山突水的监测则可采用矿山压力、水文水质、微震、电位及电磁辐射这五个方面的传感检测技术来实现。

矿用设备开停状态传感器的原理多种多样，该种传感器主要用于监测矿井主要的机电设备（如采煤机、掘进机、运输机、提升机、破碎机、输送机、通风机、水泵、风门等）的启停、电源的通断、活动部件的极限位置等，其输出都是开关量。并可将其转换成各种标准信号传输至地面，对机电设备开停状态进行连续监测。矿用状态传感器的原理有直接式和间接式两类。直接式也称为接触式，是指在电气上与被测设备直接相连，从供电网络上直接获取信号，用电流互感器、电压互感器检测有无电信号输出等。间接式也称为非接触式，是指在电气上与被测设备无直接连接，通常根据或采用光电原理、电磁感应原理、测温原理、霍尔原理、磁致伸缩等实现检测。如电磁感应型矿用设备开停传感器则是通过测量机电设备馈电的电缆周围有无磁场存在，来间接地监测设备的工作状态。馈电状态传感器则是检测断电和馈电状态的传感器，主要用于监测电缆芯线是否带电，实质上是测量电压或电场的传感器。接触式馈电开关状态传感器多采用电压互感原理将高压变成低压，进而通过测量电、光、磁等信号并传输到馈电开关之外及煤矿监测监控系统中。在接触式馈电状态传感器中，其传感器直接与电缆内的铜线连接，传感器外部再采用隔爆箱加以密封隔断。

位移的测量所涉及的范围相当广泛，常用的有电感式、电容式、电位式、电涡流式、差动变压器式、旋转变压器、光电编码器、光栅、磁栅等基于多种原理的位移传感器。小位移常用应变式、电感式、差动变压器式、涡流式、霍尔等原理的传感器检测，而大的位移常用感应同步器、光栅、容栅、磁栅等传感技术来测量。根据传感器的变换原理，常用的位移测量传感器可分为电阻式、电感式、电容式、磁电式和光电式等。如差动变压器式位移传感器（LVDT）就是一种应用广泛的位移传感器。矿井地下水水位的监测可采用超声波位移传感器。

矿山压力监测的传感器主要包括振弦式压力传感器、半导体压阻式压力传感器、金属应变片式压力传感器、差动变压器式压力传感器等。振动弦式传感器是目前广泛应用的产品，半导体压阻式压力传感器有可能成为未来应用的方向。

由于地下水的导通与流动往往会导致水温的变化，可采用矿用温度传感器监测矿井地下水的水温变化来预测预报突水事故发生的可能性。

微震监测系统通过微震监测技术，在目的区打钻安置一定数量的震动传感器记录周围震源震动情况，获得矿山微震事件及其衍生数据。微震监测系统可用于岩爆、矿柱、地下开采影响、地表岩移及塌陷、突水等潜在危险源的检测与预报[66]。矿用震动传感器主要有速度传感器、加速度传感器。通常采用灵敏度高的加速度传感器、动圈式电磁拾振器。目前使用较多的是动圈式电磁拾振器，其基本结构是一个弹性悬挂系统加一个换能器，一种新型的拾振器则采用了双换能器[67]。

煤岩电磁辐射监测系统的工作原理是当煤岩动力导致的煤岩强烈变形破裂会产生电磁辐射信号。煤岩电磁辐射是煤岩体受载荷变形破裂过程中向外辐射电磁能量的一种现象。电磁辐射信息综合反映了冲击地压、煤与甲烷突出等煤岩灾害动力现象的主要影响因素，相关数据可以用于分析与预测预报[68, 69]。如电磁辐射强度主要反映了煤岩体受载荷的程度及变形破裂强度，脉冲数主要反映了煤岩体变形及微破裂的频次。

随着传感技术的不断进步、成熟与成本的降低，有的传感器已得到较大范围的应用，一些新型传感器不断出现并在矿井中得到推广。如高清摄像与影像传感器、各种基于激光的传感器、各种加速度与陀螺仪等惯性微传感器、光纤传感器等都具有极大的应用潜力。

2.7　矿用传感器的发展

当前矿山中应用的气体传感器大多仍是传统的分立式敏感元件，多传感器的集成目前也基本处于 PCB 板级系统集成的水平。因此需要选择敏感材料，运用微纳加工、微电子等技术，发展能够同时监测多种气体的全自动数字式、集成化、网络化、智能化、微型化的气体传感器。其中的薄膜技术、MEMS 技术有利于矿用气体传感器的微型化、低功耗、集成化和智能化，有利于解决气体传感器的批量生产及一致性问题。而新型气体方法与机理也是实现上述目标的关键。对于气体传感器而言，理想的情况是气敏材料的灵敏度、选择性和稳定性都很好。但气敏元件向高灵敏度、高选择性和高稳定性的历程将比较长，正因如此，更应注重从应用的角度研究气敏材料。如气敏材料的选择，高的灵敏度对低浓度气体的检测有利，但灵敏度太高将容易受到干扰，对稳定性不利；灵敏度太高也容易使输出过早饱和，测量范围可能由此受限。需要深入研究不同材料的特性及相互作用，区别运用不同的工作原理和作用机理设计研究新型矿用气体传感器。

矿用传感器不但要致力于现有传感器在矿井中的应用开发与改造，也应该根据现场需求研究一些新型的传感器。考虑矿井生产现场对传感器的可靠性、防爆、耐冲击、防水、防尘等要求，采用新材料、新技术研究方便拆装、体积小、重量轻的先进新型矿用传感器，将为矿山危险源致灾的前兆检测预报提供技术基础，从而提高主动干预消除各种危险源的技术水平。

在当今集成传感器、智能传感器发展趋势及物联网应用不断推动的大背景下，矿用传感器也面临着发展的新机遇。传感技术是一项多学科交叉的现代尖端技术，矿用传感器将遵循传感器技术的以下普遍发展规律[4, 70]。

1. 低功耗

多数传感器工作时需要电源，随着无线传感网络、物联网的发展，迫切需要开发低功耗传感器及无源传感器。采用电池、太阳能或其他能量采集器进行供电就可使低功耗传感器正常工作，既节省电能又可以扩大传感器的应用范围。低功耗化设计不仅包括传感器本身，还包括相应的信号处理电路。如采用数字时序电路的最简化设计，通过内部升压、稳压电路将芯片内部不同功能模块采用不同电源电压供电，减小多余功耗；综合考虑模拟电路中的噪声、带宽、增益、功耗等参数进行优化设计。

2. 数字化

将传感器的模拟信号转换为数字量，并交由微处理器采用数学的方法（数字信号处理方法及硬件功能模块 DSP）对信号进行处理后，容易实现标准的转换，能通过数字滤波的方法削减噪声，能采用频率映射等方法实现特定信号分量识别与提取，能通过数据融合等方法消除多参数的交叉灵敏，从而使传感器具有高的信噪比和分辨率。如以离散时间开关电容电路结构取代分立器件方案所采用的连续时间处理电路；还可以采用 sigma-delta 数字反馈噪声压缩原理以避免模拟电压输出及模数转换器的应用。数字化的传感器信号可直接与信息系统相连，传输能力好、抗干扰能力强。

3. 基于新材料、新原理、新技术的传感器

传感敏感材料是传感器技术的重要物质基础，各种物理、化学和生物现象以及效应是传感器工作的基础，所以发现新现象与新效应并将它们应用于传感器技术领域，是研制各种新原理传感器的重要理论基础。随着材料科学的进步，传感器种类也越来越多，传感敏感技术不断得到提升。除了早期使用的半导体材料、陶瓷材料以外，光导纤维以及超导材料的开发，都为传感器的发展提供了物质基础。现在诸如 SnO_2、ZnO、In_2O_3、WO_3、V_2O_5 与碳等各种纳米材料（纳米阵列、纳米带、纳米柱、纳米棒、单纳米线晶体管、石墨烯、碳纳米管）的气体敏感特性也得到了众多研究者的重视。微传感器将是物联网中应用最多的一种传感器。离子束、电子束、分子束、激光束和化学刻蚀等 MEMS 微纳加工技术已越来越多地用于传感器领域。采用各种微纳加工技术制成的硅加速度传感器体积非常小，互换性、可靠性都较好。随着各种纳米材料研究的不断深入、微纳米技术成为物联网发展的新动力，基于纳米材料及微纳加工工艺的微传感器将不断涌现。

4. 集成化与智能化

传感器的集成化，是指将信息提取、放大、变换、传输以及信息处理和存储等功能在同一基片上实现。当前传感器有三种集成模式：混合式集成或印刷电路板（PCB）上的板级集成；芯片级集成，即单片的传感器专用集成电路（ASIC）芯片与传感敏感芯片集成在一个封装单元里；单片集成，即传感器敏感单元和接口电路集成在一个芯片上。芯片级集成与单片集成能够大幅度降低器件的体积、重量、成本和功耗，实现高可靠性，适宜批量化生产。而传感器专用集成电路的发展，使很多传感器已超出了传统传感器单纯进行感知被测信号的技术范畴，大多数传感器内部都集成了放大器、调制解调器、补偿等处理电路，甚至集成模/数转换器、微处理器、存储器、总线处理器等，这使得传感器已接近智能仪表的功能。

集成传感器的主要优势体现在：系统尺寸小，重量轻，批量化生产成本低，抗干扰性强，内部各功能单元间匹配性好，可以节省各功能单元装配、调试带来的成本与误差，对于复杂的系统上述优点将尤为突出。

智能传感器是一种具有高级功能的集成传感器，通常由常规传感器、微处理器、数

字电路和接口电路等部分组成。智能传感器是微电子技术、计算机技术和自动测试技术相结合的产物，可利用集成电路工艺和MEMS加工技术将传感器敏感元件与功能强大的电子线路集成在一个芯片上（或二次集成在同一外壳内）。它不仅具有信息提取、转换等功能，还具有数据处理、双向通信、信息记忆存储、自动补偿及数字输出等功能。随着人工神经网络、人工智能和信息处理技术（如多传感器信息融合技术、模糊理论等）的进一步发展，智能传感器将具有更高级的分析、决策及自学习功能，将可完成更复杂的检测任务。集成化的智能传感器具有体积小、成本低、功耗小、速度快、可靠性高、精度高等优点。

越来越多的集成智能传感器采用MEMS技术加工并与大规模集成电路相集成，如压力、温度、湿度、惯性等智能传感器。智能传感器的商品始于20世纪80年代美国霍尼韦尔公司生产的压阻ST-3000压力智能变送器，它是在一块硅片上制作感受压力、压差及温度三个参量的具有三种功能（可测压力、压差、温度）的敏感元件结构的传感器。后来又出现了用于现场总线控制等系统中的多种智能压力传感器，如美国SMAR公司的LD302系列电容式智能压力传感器，基于I^2C总线的MAX6626、基于SPI总线的LM74、基于SMBus的MAX6654等温度传感器，基于CMOS工艺及高分子薄膜技术的SHT系列数字式温湿度传感器、ST公司的LIS302DL三轴加速度传感器、ADI的ADIS16354惯性传感器等。

煤矿井下需要多种气体传感器以检测环境气氛，如氧气、二氧化碳、一氧化碳、硫化氢、甲烷传感器等。目前多合一气体传感器是多种气体传感器的系统级集成，缺乏采用传感阵列的全量程甲烷传感器，也没有针对矿山应用的片上集成多传感器阵列。单个传感器只能获取单一预定目标的数据，由于数据单一，数据量也少，往往只能用来描述环境的局部特征，并且存在着交叉敏感的问题，因此单一的传感器往往存在较大不足。而多传感器阵列/系统通过多个敏感单元或传感器获得了更多的敏感信息种类和数量，获得充分的数据后经过处理挖掘能够对环境进行更加全面和准确的描述。因此集成的网络化矿用电子鼻等智能传感器将更能适应包括矿山井下在内的各种现场应用。多气体传感阵列、矿用电子鼻将是多气体矿用传感器的发展目标之一。矿用电子鼻将是基于集成气敏传感器阵列和多传感器信息融合技术的气体/气味识别系统，其结构如图2.52所示。

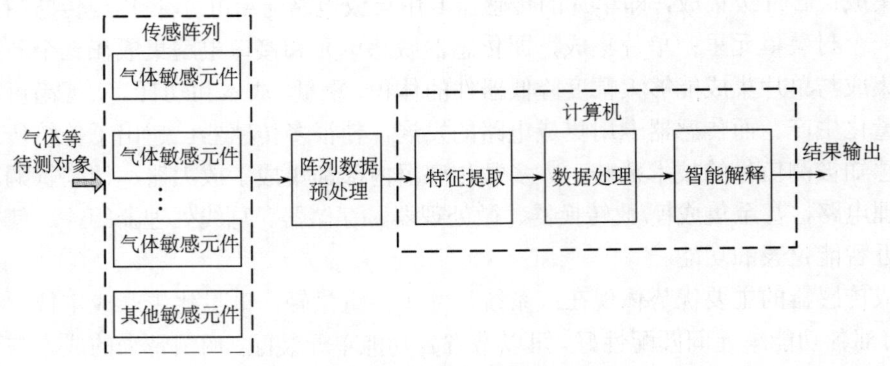

图2.52　矿用电子鼻结构示意图

包括电子鼻在内的智能传感器有非集成化、集成化和混合集成化三种形式的系统结构。其核心单元包括传感阵列、信号处理电路和微处理器。还可以包括信号发射传输单元、数据存储单元等，它可采用电池供电，甚至可以采用能量收集单元供电。通过模拟电路、数字电路和传感器网络实现实时操作，采用优化、简化的特性提取、多传感器信息融合等技术进行信息处理，甚至还可以通过重新编程改变算法来达到改变性能的目的。

5. 网络化

大量的静止或移动的传感器以自组织和多跳的方式构成网络，智能传感器与通信网络技术相结合，形成网络化智能传感器。随着计算机技术和网络通信技术的飞速发展，传感器的通信方式从传统的现场模拟信号方式转为现场级的全数字通信方式，即传感器现场级的数字化网络方式。网络传感器的敏感元件信号经数字化处理后，由网络处理单元根据程序的设定和网络协议封装成数据帧，就近通过网络与网络上有通信能力的节点直接进行通信。它同时也可以接收网络上其他节点的数据和命令，实现对本网络传感器节点的操作。网络化智能传感器使传感器由单一功能、单一检测向多功能和多点检测发展，从被动检测向主动进行信息处理方向发展，从就地测量向远距离实时在线测控发展。传感器可以就近接入网络，传感器与测控设备间无需点对点连接，大大简化了连接线路，节省了投资，也方便了系统的维护和扩充。

在实际应用中，大多要求无线传感器节点采用电池供电方式，因此制约无线传感器节点的主要因素是功率和费用。为使节点具有足够长的工作时间，不仅希望传感器能具有更低的功耗，也需要采用低功耗传感器接口、微功耗集成电路器件和信号处理电路。而无线集成网络传感器系统（wireless integrated network system，WINS）能工作在低功率、低采样频率等条件下。WINS 支持多跳通信，通过无线网桥与传统有线通信网络相连，WINS 紧凑的几何分布和较低成本可以降低无线集成传感器的配置难度和费用。

参考文献

[1] 邹志仁. 信息学概论. 2 版. 南京: 南京大学出版社, 2007.
[2] 吴亚林. 物联网用传感器. 北京: 电子工业出版社, 2012.
[3] 周润景, 郝晓霞. 传感器与检测技术. 北京: 电子工业出版社: 2009.
[4] 郭源生, 吴循, 李吉锋. 物联网传感器技术及应用. 北京: 国防工业出版社, 2013.
[5] 中华人民共和国国家质量监督检验检疫总局, 中国国家标准化管理委员会. GB3836.1—2010 爆炸性环境第 1 部分: 设备通用要求. 北京: 中国标准出版社, 2011.
[6] 曹茂永, 李丽君, 李晶, 等. 矿用新型传感器. 徐州: 中国矿业大学出版社, 2011.
[7] 王汝琳. 矿井环境传感技术. 徐州: 中国矿业大学出版社, 1998.
[8] 张志刚, 郑益慧, 张志丰, 等. 抗中毒载体催化传感器的研究. 上海交通大学学报. 2003, 37(9): 1484-1487.
[9] 王汝琳. 矿井瓦斯传感器的近代研究方法及方向. 工矿自动化. 1998, (4): 16-18.
[10] 童敏明, 吴国庆, 刘晓文, 等. 风流对催化传感器动态响应的影响. 工矿自动化, 2010, 36(3): 34-38.
[11] Chou J. Hazardous gas monitors: a practical guide to selection, operation and applications, New York: McGraw-Hill Book Company, 2000.
[12] 童敏明. 催化传感器恒温检测则及自动调校方法的研究. 徐州: 中国矿业大学, 2001.

[13] 童敏明. 恒温瓦斯检测的动态分析. 中国矿业大学学报. 2000, 29(3): 275-278.

[14] 刘中奇, 王汝琳. 基于红外吸收原理的气体检测. 煤炭科学技术. 2005, 33(1): 65-68.

[15] 林浩, 李恩, 梁自泽, 等. 光干涉甲烷检测器的光路改进与零点补偿. 煤炭学报. 2015, 40(1): 218-225.

[16] 王森, 纪纲. 仪表常用数据手册. 2 版. 北京: 化学工业出版社, 2006.

[17] 袁青. 新型气体传感器的研究. 杭州: 浙江大学, 2008.

[18] Khoshaman A H, Li P C H, Merbouh N, et al. Highly sensitive supra-molecular thin films for gravimetric detection of methane. Sensors and Actuators B: Chemical. 2012, 161(1): 954-960.

[19] Wu S Z, Zhang Y, Li Z P, et al. Mode-filtered light methane gas sensor based on cryptophane A. Analytica Chimica Acta, 2009, 633(2): 238-243.

[20] Korotcenkov G, Cho B K. Engineering approaches to improvement of conductometric gas sensor parameters. Part 2: Decrease of dissipated (consumable) power and improvement stability and reliability. Sensors and Actuators B: Chemical, 2014, 198: 316-341.

[21] Ma H Y, Ding En J, Wang W J. Power reduction with enhanced sensitivity for pellistor methane sensor by improved thermal insulation packaging. Sensors and Actuators B: Chemical, 2013, 187: 221-226.

[22] Mahdavifar A, Aguilar R, Peng Z C, et al. Simulation and fabrication of an ultra-low power miniature microbridge thermal conductivity gas sensor. Shanghai: Shanghai Foreign language Education Press, 2010.

[23] 于庆. 分布式光纤测温技术在煤矿中的应用. 工矿自动化. 2012, 38(4): 5-8.

[24] 许强. 光纤测温在塔山选煤厂皮带栈桥上的应用. 山西焦煤科技, 2013, (5): 51-52.

[25] 冯金义, 郭文秋, 程智勇. 分布式光纤测温系统在煤矿皮带运输机上的应用. 科技创新与应用, 2012, (26): 120.

[26] 李彬彬. 分布式光纤测温技术在井下电缆温度监测中的应用. 安徽建筑工业学院学报(自然科学版), 2013, 21(4): 30-32.

[27] 李文国. 分布式光纤测温技术及其在大型露天煤矿中的应用. 内蒙古煤炭经济, 2011, (6): 35-37.

[28] 付华, 蔡玲. 光纤布拉格光栅传感技术在煤矿火灾监测中的应用. 传感技术学报, 2011, 24(5): 778-782.

[29] 李丽. 光纤光栅位移传感系统关键技术的研究. 天津: 天津大学, 2007.

[30] 崔留住, 江毅, 刘有海. 具有温度补偿的光纤位移传感器. 光子学报, 2011, 40(11): 1667-1670.

[31] 李洪刚, 范万德, 盛秋琴. 微弯光纤传感器的原理和应用. 传感器世界, 2007, (1): 13-17.

[32] 宋志强, 张复荣, 赵林, 等. 光纤光栅传感器在路基沉降监测中的应用研究. 山东科学, 2011, 24(5): 18-21.

[33] 郝晋豫, 朱少捷. 郑西客运专线路基工后沉降监测方案的探讨. 铁道工程学报, 2010, (3): 33-36.

[34] 张丽红, 李艳萍, 侯桂凤, 等. 光纤传感器在涡轮轴向位移检测中的应用研究. 仪表技术与传感器, 2005, (9):55-56.

[35] 葛世荣, 肖志宽, 张世根. 提升机盘式制动器的故障模式与状态监测. 煤矿机电, 1992, (5): 49-52.

[36] 赵中华, 高应俊, 骆宇锋. 光纤压力传感器. 传感器技术, 2005, (12): 49-51.

[37] 韩冰, 高超. 光纤 F-P 腔压力传感器的研究进展. 计测技术, 2012, 32(2): 5-10.

[38] 文庆珍, 苑秉成, 黄俊斌. 光纤光栅压力传感器封装增敏技术. 海军工程大学学报, 2005, 17(3):1-4.

[39] 刘钦朋, 乔学光, 贾振安, 等. 一种耐高压光纤布拉格光栅压力传感器. 激光与红外, 2006, 36(6): 495-497.

[40] 戴峻, 赵华玮, 苗可彬. 光纤压力传感器在煤矿中的应用研究. 现代矿业, 2010, 26(7): 48-50.

[41] 王晓洁, 曾捷, 梁大开, 等. 用于沥青路面载荷监测的光纤光栅压力传感器. 光电子 · 激光, 2011, 22(2): 197-200.

[42] 雷飞鹏, 宁提纲, 周倩, 等. FBG 传感器封装技术的进展. 光纤与电缆及其应用技术, 2010, (3): 1-4.
[43] 张娟. 缠绕式光纤应变传感器技术的研究. 秦皇岛: 燕山大学, 2006.
[44] 饶春芳, 张华, 冯艳, 等. 埋入式光纤智能金属结构研究进展. 激光与光电子学进展, 2010, (10): 32-37.
[45] 任亮, 李宏男, 胡志强, 等. 一种增敏型光纤光栅应变传感器的开发及应用. 光电子·激光, 2008, 19(11): 1437-1441.
[46] 周振安, 刘爱英. 光纤光栅传感器用于高精度应变测量研究. 地球物理学进展, 2005, 20(3): 864-866.
[47] 黄云刚, 殷宗敏. 光纤微振动传感器. 光纤与电缆及其应用技术, 2004, (2): 30-31.
[48] 杨光, 黄俊斌, 顾宏灿, 等. 光纤 Bragg 光栅加速度传感器研究进展. 舰船电子工程, 2011, 31(7): 76-80.
[49] 朱晓明, 南秋明. 基于光纤传感技术的往复式压缩机振动监测研究. 武汉理工大学学报, 2013, 35(4): 116-119.
[50]方志强, 段发阶, 张玉贵, 等. 基于光纤传感的旋转叶片振动检测技术研究. 传感器与微系统, 2008, 27(2): 71-73.
[51] 张东生, 李微, 郭丹, 等. 基于光纤光栅振动传感器的桥梁索力实时监测. 传感技术学报, 2007, 20(12): 2720-2723.
[52] 杨小军, 兰先锋, 王士杰, 等. 基于光纤技术的铁路沿线崩塌落石监测报警系统研究. 中国铁路, 2012, (10): 57-60.
[53] 王延年, 赵玉龙, 蒋庄德, 等. 油气管线泄漏监测分布式光纤传感器的研究. 西安交通大学学报, 2003, 37(9): 933-936.
[54] 禹大宽, 贾振安, 乔学光, 等. 光纤 Bragg 光栅流量传感器的研究及进展. 光通信研究, 2008, (6): 37-39.
[55] 李瑛, 杨集, 冯士维. 光纤气体传感器研究进展. 传感器世界, 2005, 11(1): 6-10.
[56] 卜凡云. 基于 M-Z 干涉仪的光纤气体传感器. 无锡: 江南大学, 2012.
[57] 李长青, 殷振振. 光纤瓦斯传感器. 微计算机信息, 2008, 26(19): 115-117.
[58] 付华, 康海潮, 梁明广, 等. 新型光纤化学瓦斯传感器的研究. 传感器与微系统, 2011, 30(6): 24-25.
[59] 邓隐北, 彭晓华. 光纤电流传感器的工作原理及应用. 上海电力, 2008, (6): 550-552.
[60] 庞碧波. 光纤电流传感器的研制. 成都: 电子科技大学, 2009.
[61] 江智伟, 林勇锋, 李福兴, 等. 全光纤电流传感器的原理及应用. 华东电力, 2006, 34(8): 78-81.
[62] 徐金涛, 王英利, 王嘉, 等. 全光纤电流传感器在智能电网中的应用. 电器工业, 2011, (1): 60-64.
[63] 李静. 新型光纤电流传感器在煤矿中的应用研究. 传感器世界, 2011, (9): 12-14.
[64] 沈广平. 热风速风向传感器集成与封装技术研究. 南京: 东南大学, 2009.
[65] 高冬晖. CMOS 集成二维风速传感器的研究. 南京: 东南大学, 2005.
[66] 姜福兴, 叶根喜, 王存文, 等. 高精度微震监测技术在煤矿突水监测中的应用. 岩石力学与工程学报, 2008, 27(9): 1932-1938.
[67] 万季梅, 陆建松, 陆其鹄. 力平衡式加速度计: 中国, CN200420009088. 5. 2005.
[68] 王恩元, 刘晓斐, 李忠辉, 等. 电磁辐射技术在煤岩动力灾害监测预警中的应用. 辽宁工程技术大学学报(自然科学版), 2012, (5): 68-71.
[69] 王恩元, 何学秋, 聂百胜, 等. 电磁辐射法预测煤与瓦斯突出原理. 中国矿业大学学报, 2000, 29(3): 3-7.
[70] 何金田, 刘晓旻. 智能传感器原理、设计与应用. 北京: 电子工业出版社, 2012.

3　感知矿山的信息岛

矿山企业生产流程中各生产子系统、安全监控中各监控子系统、决策支持中各决策子系统、经营环节中各经营子系统都将不断产生大量数据，这有可能造成数据的传输、存储和使用困难。信息岛在物理上分散，以适应巷道的空间布局；在功能上自治，各自完成所负责区域的任务但又相互配合；在结构上可伸缩，以适应煤矿不断开拓、不断掘进的流式生产过程。

3.1　信息岛的内涵

“岛”是被海水环绕的小片陆地[1]。海岛大多面积狭小，地域结构简单，环境相对封闭，这是人们将岛称为孤岛的根本原因。

矿山物联网所要建立的信息岛与传统的信息孤岛有着本质的区别。

众所周知，煤矿信息化系统是煤矿安全生产的重要保障，在应急避险中发挥着重要作用[2]。从物理角度看，矿山企业的信息数据源非常分散，从信息的逻辑使用角度上看，各种信息又必须高度统一[3]。但是，由于煤矿信息化缺乏整体规划、各自为政，在不同部门主管下，于不同时期、由不同厂家建设了各自独立的系统，这些系统在数据采集方式、数据接口方法、数据传输手段、数据存储格式、数据展现方式等方面都遵循自己的格式，从而形成了类似于海上孤岛一样的“信息孤岛”，即相互之间在功能上不关联互助、信息不共享互换以及信息与业务流程和应用相互脱节的孤立系统[4]。

信息孤岛的存在将会导致许多问题：

（1）信息的多口采集、重复输入以及多头使用和维护，信息更新的同步性差，从而影响了数据的一致性和正确性，并使企业的信息资源拆乱分散和大量冗余，信息使用和管理效率低下，且失去了统一的、准确的依据。

（2）由于缺乏业务功能交互与信息共享，致使企业的物流、资金流和信息流的脱节，结果造成账账不符、账物不符，不仅难以进行准确的财务核算，而且难以对业务过程及业务标准实施有效监控，导致不能及时发现经营管理过程中的问题，造成计划失控、库存过量、采购与销售环节的暗箱操作等现象，给企业带来无效劳动、资源浪费和效益流失等严重后果。

（3）孤立的信息系统无法有效地提供跨部门、跨系统的综合性信息，各类数据不能形成有价值的信息，局部的信息不能提升为管理知识，以致对企业的决策支持只能流于空谈。同时由于企业信息孤岛的存在，还将影响信息化的集团化、行业化应用。

信息岛是根据矿山的巷道结构和生产需要，将信息设备尽量靠近前段而建设的信息采集站，接收来自于感知设备和物联网络的信息流；各个不同的信息岛在物理上分散，以适应巷道的空间布局；在功能上自治，各自完成所负责区域的任务但又相互配合；在结构上可伸缩，以适应煤矿不断开拓不断掘进的流式生产过程。信息岛是信息源的集散地，是信息流的中转地，是矿山信息的分布式存储和处理中心。

岛与岛之间通过有线或者无线网络实现互联互通，类似于连接岛和岛的桥梁或者隧道；或者通过移动物体（或人员）带来的通信机会，为岛与岛之间的信息转发提供机会式服务，类似于在不同岛之间运输货物（这里为数据）的轮船。这些分布式的信息岛通过网络和移动节点，构成为矿山物联网海量数据服务的岛网。在岛网的上方，可以根据需要“飘浮”一朵或者多朵数据云，当云飘浮到某个信息岛上方的时候，即可实现与相应信息岛的信息交换，实现数据的云采集和云交互。图 3.1 是信息岛的示意图。

图 3.1 信息岛示意图

可见，信息岛与信息孤岛在出发点、方法论和工程实践上都截然不同。从出发点来看，信息孤岛是为解决矿山信息化的某个小问题而构建一个子系统，而信息岛则是从实现矿山物物相连、信息相通着手进行整体设计。从方法论来看，信息孤岛是局部到整体、从底层到上层的方法，信息岛则是从整体到局部、从上层到底层的方法。从工程实践来看，信息孤岛强调子系统的快速建设及建成之后的稳定运行，信息岛强调矿山信息化整体效率的最大化和信息可用性的最优化。

矿山物联网的信息岛是为矿山信息系统建设服务的，需要充分顾及到矿山的业务特点、管理特点和信息功能特点：

（1）信息岛的物理设施建设受矿山地理、地质、业务情况所限制。

（2）与其他行业相比，矿山企业的数据更为巨大、复杂，必须应用先进的存储、处理技术，从软件、硬件上同时入手对信息岛进行优化管理。

（3）矿山企业以矿产资源开发为主，其规划、开采、运输、基建等重要环节都需要空间信息技术的支持。

（4）信息岛基于整体规划的重要性和矿山进行重要决策的超前性，决定了在矿山信息岛的分析决策中需要应用多种手段，实现多重设备的联动和多重技术的交叉验证。

在矿山物联网中，许多节点是无人值守的，一旦部署好可能很长时间无人看管，它们被用于感知环境参数[5]。传感器节点与 sink 节点之间的通信在有时并不是连续不断的，特别是对孤立的节点或者分割子网络而言，它们并不一定能够与 sink 节点通信，因此，传感节点需要先存储所感知到的数据。此外，如果应用不需要进行实时的数据采集，会将采集到的数据先存储起来，等待移动节点进行云采集。

这种高效的云采集方式可以利用一个移动节点周期性地去一个个回收感知到的数据来实现，不过，收集的频率太低会导致节点的存储空间不够，从而导致数据丢失。为此，可以让不同节点彼此协同，对感知到的数据进行分布式存储，实现岛与岛之间的数据交互。实现分布式存储的一个方法是采用数据副本的方法，即通过同一数据的多份副本分布式的存储在网络的不同节点中，但是这种消息冗余加重了通信开销，并降低了系统的存储容量。因此，一个有效的基于副本分布式的存储算法，应该在存储容量、系统鲁棒性、能量消耗（网络寿命）和通信效率之间折中考虑。

3.2　信息岛构建和演变

矿山是一个复杂的动态时空巨大系统，其地理空间要素、资源环境信息和生产经营信息的内容广泛、综合、复杂、变化迅速[6]，随着矿山生产的推进，矿山信息系统将会发生动态演变。信息岛在信息源和上层应用之间起到承上启下的重要作用，信息流如同血液一样在信息岛之间流动，为了适应矿山信息系统的动态变化，信息岛必然是动态构建和演变的。为此，本节提出两种演化方式，基于信息孤岛的动态扩展方式用于现有系统的升级，而基于井上/下一张图的拓扑生长方式则用于全新系统的构建。

3.2.1　信息孤岛的动态扩展

最近几年，煤炭企业在信息技术应用推广方面进行了较大投入，为企业的信息化建设打下了一定的基础，取得了明显的效益，也促进了煤矿安全生产[7]。在煤矿企业的各个组成部分中，信息化应用相对其他应用的变化速度更快。煤矿安全监测监控系统、视频技术、井下人员定位系统、无线通信小灵通、语音广播、井下泵房无人值守等系统在煤矿生产作业中得到普遍应用，并能通过网络在地面进行监视监控。同时人事管理系统、工资考勤管理系统、财务管理系统等也在煤炭企业管理上取得了很好的经济和社会效益。

煤矿企业信息化建设虽然取得了一些成就，但是煤矿企业信息化建设还存在很多问题和误区，许多煤炭企业都投入大量的资金去搞系统工程建设，却忽视了一个严重的问题，那就是信息的应用和再加工得不到重视；重硬件、轻软件的思想严重；同时，由于以前的信息化建设几乎没有统筹规划，在不同阶段根据当时需求建设了各自独立的子系统，因此没有统一的技术和数据标准，数据之间缺乏有效的关联和共用[8]，使企业中各类信息形成了“信息孤岛”，严重制约着信息化建设作用的发挥。为了消除信息孤岛，有必要弄清其形成的原因：

（1）信息化建设缺乏整体规划是形成“信息孤岛”主要的原因。

企业信息化建设想到哪儿就干到哪儿，信息系统建设前没有对各部门的业务要求进行全面调研，对各信息化系统没有进行整体的规划。这就导致在下一步的信息化建设中很难避免系统与系统之间的不兼容，系统与系统之间的信息容易出现不共享，在信息化的实施过程中无法避免部门之间各自独立的现象。

（2）主管领导的认识误区是造成“信息孤岛”关键的因素。

个别煤炭企业主管领导对信息化建设存在误区，主要体现在：一是“简单化”。认为信息化建设是很简单的事情，配台电脑，再买套软件就可以了，完全是技术上的事情。二是“神秘化”。认为信息化建设太高深，需大量专业知识和技术人才，自己没有能力从事这件事情。三是“模式化”。认为信息化建设是解决企业管理的“灵丹妙药”，对信息化建设抱有很大的期望，只要上马什么样的管理问题都能解决。四是“短视化”。认为信息化建设成本太高，没有必要。

（3）业务流程不合理是形成“信息孤岛”的直接原因。

首先，企业的业务流程不适合信息技术结构，使得信息化建设不能充分发挥作用。企业运用信息化改造生产经营管理的过程，同时也是用先进的管理方法和手段改造现有业务流程的过程，业务流程再造的成功与否直接关系到信息化的效果和成败。用先进的手段去适应过去的工作习惯，使先进的信息技术丧失统一性和先进性。其次，信息化建设出现“分层”。一些重要部门已经初步实现计算机管理，但企业决策部门的信息化建设依旧很薄弱，基本停留在“形象工程”上，相关的报表满天飞，部门之间的各类信息不能共享，导致出现“信息孤岛”的问题。

（4）重硬件、轻软件，重投入、轻管理等问题是形成“信息孤岛”的重要原因。

近几年煤炭企业在硬件上投入了大量的资金，外网、内部局域网都搭了起来，个人计算机也配置了很多，但是因领导重硬件、轻软件，重投入、轻管理的思想，加之职工对先进管理方式的敌对情绪等一些原因，一些信息应用系统成了上级部门检查的摆设，即使有些信息应用系统在用，也是独立运行，无法实现信息的共享。

（5）缺乏信息管理专业人才是形成“信息孤岛”的根本原因。

在煤炭企业，安全生产是领导关注的头等大事，负责安全生产的技术人员相应也得到了特别的重视，信息专业人员由于工作不受重视，人员流动很大；各基层单位基本没有专职信息化工作者，大部分计算机专业人员都转行做了其他业务；煤炭企业职工的总体文化素质比较低，在应用信息技术上存在一定的难度。因此，煤炭企业应用信息技术的整体水平较低，更谈不上信息共享，严重制约了煤矿信息化建设的进程。

根据形成方式和基本特征的不同，信息孤岛表现为数据孤岛、系统孤岛、业务孤岛、管控孤岛四种基本形式[9]。其中，数据孤岛是最普遍的信息孤岛形式，由于数出多门、数据多次重复录入、不同途径得到的同一类型数据存在差异造成数据冗余和不一致，使得部门之间数据无法实现共享，数据脱节；系统孤岛是由于技术架构不同等原因造成在一定范围内需要集成的系统相互独立产生的；业务孤岛是业务流程内不能通过信息系统完整、顺利地管理和执行，业务流程之间相互独立，缺少信息交互和共享；管控孤岛是综合管理决策系统与业务应用系统之间脱节。

在信息孤岛的集成和扩展的时候，为了使应用平台很大程度上独立于它所连接的不同应用程序，以便于业务处理流程可以在不改变应用程序的情况下进行灵活的变化和方便的扩展[10]。为此，首先必须实现下列五个技术层面的集成：

（1）接口：通过连接不同应用程序的接口获得对这些应用程序的访问。这些接口通过向平台的组件模型提供说明信息或利用程序的应用编程接口实现与应用程序的互操作。

（2）转换：由于并不是所有的应用程序都能以同样的方式或相同的格式存储数据，因此，需要将数据转换为接收应用程序功能所要求的格式。

（3）传输：数据可以点到点传送或利用一种所谓的“发布／预订”架构传送，一些应用程序先告知代理对某种消息感兴趣，然后其他应用程序则向这些应用发送这类消息。

（4）服务：如果接收消息的应用程序比发送消息的应用程序速度慢，用队列保存消息；交易的完整性用来保证交易在消息发送前或确认接收前完成；此外还包括消息优先级、错误处理等服务。

（5）业务处理过程的支持：支持利用可视化工具编制业务过程流程，用户可以为每条消息定义规则。

动态扩展后的系统分为数据集成层、数据接口层和数据表现层，它实现了结构、内容和行为的三相分离，在此基础上实现信息化管控，包括信息化组织及人员的结构划分和职责、信息化战略规划落实情况、信息化项目申请流程以及信息化成本控制等方面的管理模式，帮助煤矿各业务职能部门充分利用信息化能力提升业务价值。

这种动态扩展的过程，主要内容是现有子系统所能提供服务的组合和路由的问题。服务组合是服务调用其他服务功能的组合过程，其逻辑顺序与工作流管理系统相似[11]。服务节点的组合问题不仅涉及流程服务节点间的逻辑顺序关系（即结构特征），也涉及服务节点存在的众多候选服务的选择和优化问题。这里介绍文献[12]所提出的基于凸包构建的组合服务优化算法（CM-HEU），其目的是解决 QoS 感知的服务组合优化问题。该方法首先对构成组合服务流程的各个任务进行凸包构建，从而有效地保留可能出现在优化结果中的服务的同时显著地减少相应的搜索空间，然后通过对初始解向量的多次升级和一次降级操作以达到全局优化的目标。

对于一个给定的组合服务 $S=\{T_1, T_2, \cdots, T_n\}$ 和 m 个全局 QoS 限制 $C=\{C_1, C_2, \cdots, C_m\}$，优化的目标是找到一个可能性的组合服务 S 使得下面公式成立：

$$
\begin{aligned}
&\text{Maximize } F(S) \\
&\text{subject to } \sum_{i}^{n}\sum_{j}^{l_i} x_{ij} q_k(s_{ij}) \leqslant C_k (k=1,\cdots,m) \\
&\sum_{j=1}^{l_i} x_{ij} = 1 (i=1,2,\cdots,n;\ j=1,\cdots,l_i) \\
&x_{ij} \in \{0,1\} (i=1,2,\cdots,n;\ j=1,\cdots,l_i)
\end{aligned}
\tag{3.1}
$$

式中，当 $x_{ij}=1$ 表示在第 i 个任务中选择了第 j 个候选服务，否则 $x_{ij}=0$；$q_k(s_{ij})$ 表示组件服务的 QoS 资源需要，它的和必须满足全局 QoS 限制；$F(S)$ 是目标函数，它是单个服务效用函数的加权和，即

$$F(S)=\sum_{i=1}^{n} w_k F(s_{ij}) \tag{3.2}$$

下面通过 3 个步骤求解（3.1）式的最大化问题。

1）步骤 1：构建凸包

（1）使用如下公式，将各组任务中所有的候选服务的 QoS 向量转化为一个标量

$$a_{ij}=\frac{q_{ij}\cdot C}{|C|} \tag{3.3}$$

式中，a_{ij} 和 q_{ij} 分别表示组件服务 s_{ij} 的总 QoS 资源需求值和 QoS 向量，C 为全局 QoS 向量。

（2）应用 Grahams 算法对每个任务进行凸包的构建。这里每个组件服务对应二维空间里的一点，a_{ij} 表示该点的横坐标，$F(s_{ij})$ 表示该点的纵坐标。

（3）返回凸包的各个顶点，并添加到该任务的候选服务数组。

2）步骤 2：寻找初始解

（1）将各个任务中的组件服务按效用值非递减排列，分别选择第 1 个服务作为初始解，得到当前总 QoS 消耗向量 $Q=\sum_{i=1}^{n} q_{ijk} R_i$，其中 R_i 表示当前解向量。

（2）定义可行性因子 $f_\mu = Q_\mu / C_\mu = \max_{k\in m}(Q_\mu / C_\mu)$，判断 $f_\mu \leqslant 1$，则转到步骤 3。

（3）定义总资源节省因子 $\Delta a_{ij}=(q_i R_i - q_{ij})\times C/|C|$，考虑在所有任务组中找一个具有最大 Δa_{ij} 的并能满足以下三个条件的候选服务来替换 R_i（替换后的解向量记为 R_i'）：①$Q_\mu(R')<Q_\mu(R)$；②如果 $k\neq\mu$，且 $Q_k(R)\leqslant C_k(R)$，则有 $Q_k(R')<C_k(R')$；③如果 $k\neq\mu$，且 $Q_k(R)>C_k(R)$，则有 $Q_k(R')<C_k(R)$。

判断如果能找到该组件服务，则确定将该服务替换当前解向量中的服务并转到步骤 2 的（2），否则找不到可行解，并结束算法。

3）步骤 3：升级解向量 （解向量的总效应值增加）

（1）不断在所有任务组中找一个具有最大 Δa_{ij} 的候选服务来进行升级，如果该升级可行，则继续。

（2）定义总资源消耗升级因子 $\Delta p_{ij}=(F_{iR_i}-F_{ij})/\Delta a_{ij}$，其中 F_{ij} 表示 s_{ij} 的效用值。在所有任务组中找一个具有最大 Δp_{ij} 的候选服务进行升级，如果该升级可行，则转到步骤 3 的（1）。

4）步骤 4： 一次升级解向量并若干次降级解向量

（1）定义非理性升级因子 $\Delta p_{ij}'=(F_{iR_i}-F_{ij})/\Delta t_{ij}'$，其中 $\Delta t_{ij}'=\sum_{k=1}^{m}(q_{iR_ik}-q_{ijk})/(C_k-Q_k)$。在所有任务组中找一个具有最大 $\Delta p_{ij}'$ 的候选服务来进行升级。

（2）定义降级因子 $\Delta p_{ij}''=(F_{iR_i}-F_{ij})/\Delta t_{ij}''$，其中 $\Delta t_{ij}''=\sum_{k=1}^{m}(q_{iR_ik}-q_{ijk})/(C_k-Q_k)$。在所有任务组中找一个具有最小的 $\Delta p_{ij}''$ 的候选服务来进行降级，如果该服务能被找到，并且当前解向量可行，则转到步骤 3；否则，继续进行降级处理。

（3）算法结束并返回当前解向量 R。

3.2.2　全矿井信息岛拓扑生长

全矿井信息岛拓扑生长的构建方法适用于新建矿山，从一开始就整个矿井的信息化进行整体规划。在基于这种认知思想上设计信息岛的时候，应该充分借用地理信息系统（geographic information system，GIS）的最新成果，将地面、井下的资源和需求放在一张图中（图 3.2）[13]，统筹考虑，随生产过程而动态变化。它应该将网络指标、需求模式作为信息岛构建过程的输入。理想情况是，所构建的认知网络以信息岛作为主干节点，它应该具有预见性，而不是反应式的，能够在采掘过程中根据周围环境和生产过程主动做出调整，具有扩展性和灵活性。

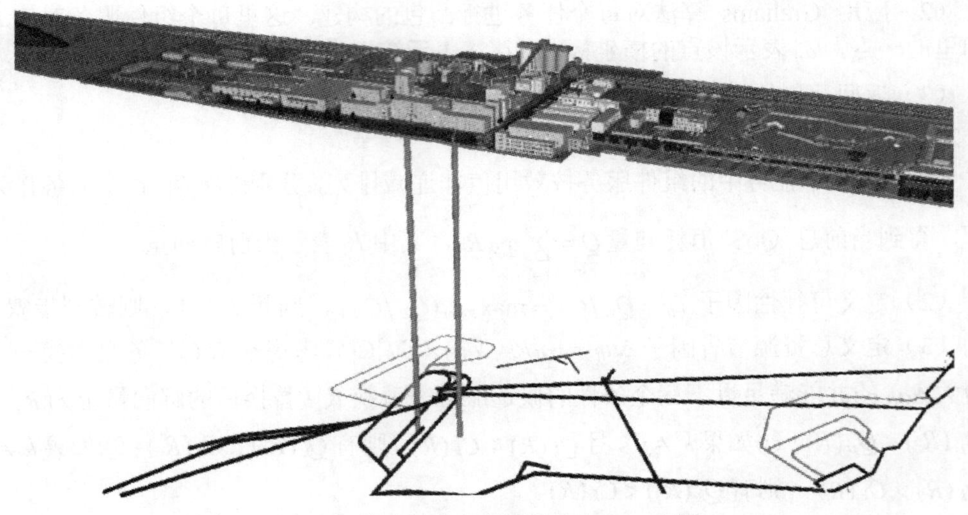

图 3.2　构建信息岛所用的井上/下一张图

基于拓扑生长的全矿井信息岛构建方法的主要思想是让矿山的设备组成区域性自治的功能体，每个功能体成为一个岛，进而由岛构成岛链或者岛网，它是一种层次性结构，与巷道的主干/分支以及大系统/小系统的特点相对应。在这种层次图 G 中有四种边[14]。

接入边：连接节点与其子节点的边，即 A 与子节点 A_i 的边。

水平边：同一层内子节点之间的边，代表不同节点间的信道。

垂直边：不同层、属于同一节点的子节点间的边，代表不同信道间的数据转发能力。

内部边：连接子节点和其附属节点的边。

在这样一种分层的体系结构中，各层的节点被分成簇，这个簇构成一个信息岛；而某一层的代表节点又构成其直接上层[15]，形成更高一级级别的信息岛，如图 3.3（a）所示。在岛的内部，有本地路由协议，岛内的每个节点都要参与这个协议，并且这些节点都知道所在岛的拓扑信息。而位于高层的信息岛仅仅提供一些有关下层的概要信息。

对于上述的分层结构，要求各层的节点簇具有如下特性：

（1）各个簇是连通的，这是进行拓扑聚合和簇管理的自然要求。

（2）所有簇的节点数都有上、下限。簇内的节点过多，簇头的效率必然大打折扣；

簇内的节点过少，组成簇来进行拓扑聚合的目标就无法实现。我们规定最小节点数为最大节点数的一半。

（3）任何层的任何节点都只从属于常数数量的簇。

（4）任何层内的任何簇都不允许有多于一个以上的公共节点。

信息岛的形成是通过簇形成协议完成的。最初，每个节点都形成一个只包含自身节点的簇。各个节点都需要将自己的部分簇信息向上传送给父节点。部分簇的大小小于 k，由一些子树构成。它的子节点不会包含在传送给父节点的子树信息中。节点要么合并所有的由子节点报告的部分簇子树，以形成满足大小要求的簇，要么被当做一个单一的部分簇，这将被进一步顺着树向上传递。分布式处理结束后，信息岛便生成完毕。

信息岛形成了层次性的树，树的创建和维护通过树发现协议完成，见图 3.3（b）。可以选用任何节点作为树根，比较简单的方法是标志号最小的节点。每个节点都存储它到根的跳数作为距离，并发送一个 root-distance 信标给它的邻居（周期性发送，或者发现父节点的信息发生改变的时候发送）。收到 root-distance 信标以后，节点将从中选择到根距离最短的节点源节点作为父节点。改变信息被发现后，就顺着树向下传播。

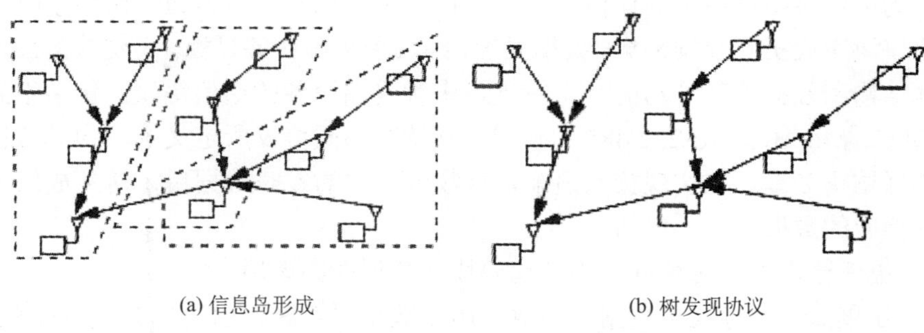

(a) 信息岛形成　　　　(b) 树发现协议

图 3.3　信息岛的形成和树发现协议

显然，每当矿山感知网络由于新设备的加入、故障或者移动而导致拓扑发生改变的时候，就运行一次簇形成算法的代价是极度高昂的。这里采用增量维护机制，当有新节点加入网络、现有节点漫游或离开网络（可能是电池耗尽）或者链路故障出现的时候，能够在不大幅增加簇集负担的情况下，对簇集进行维护。

新节点加入：新节点 v 加入网络的时候，首先需要建立可以与之通信的邻居集 $N(v)$ 。如果有节点 $u \in N(v)$ 属于大小小于 $2k \perp 1$ 的簇，就将 v 插入 u 所在的簇，这同时保证了簇的连通性和大小的要求。

如果 $N(v)$ 的每个节点都属于不小于 $2k \perp 1$ 的簇，而 v 所加入的邻居簇的大小小于 $3k \perp 1$，那么就将簇大小的上限放宽到 $3k \perp 1$。如果所有的邻居都属于 $3k \perp 1$ 的簇，就将 v 加入可以令簇的大小为 $3k$ 的簇。由于这个簇是连通的，就可以重新创建两个新的大小在 k 和 $2k$ 之间的簇。可以看出，在最坏的情况下，每 k 个这样的节点插入邻居周围仅有一个节点，这将导致本地的重新成簇。

现有节点离开：当节点离开的时候，可能会导致所在的簇不再连通。但是，剩下的节点中保持连通的数目是有界的(使用前面的单个节点邻域中的最大独立集一样的边界)，

如果不小于 k，就被当成一个簇；如果大小小于 k，就将它插入邻居簇。如果插入后的簇的大小超过了 $3k$，就可以重新创建两个新的大小在 k 和 $2k$ 之间的簇。

链路故障：链路故障并不改变簇内的节点数量。它可能将簇分成两个部分，因此可以利用与节点离开一样的处理方法来修复簇的分割。

重新运行簇形成算法：在极端情况下，某些节点所属的簇越来越多。为了限制这种情况的发生，可以采用一个全局指标 $\sum|S(v)|$，其中 $S(v)$ 是 v 所属的簇的集合。周期性地计算这个指标，以确定重新运行簇形成算法的频率。

3.3　信息岛内的数据处理

信息岛是矿井数据中心与信息源的中间机构，在接收到信息源的数据之后，首先需要对数据进行统一编码表示，并进行适当融合，再传输给地面的数据中心。

3.3.1　监测信息入岛

所有的矿山终端设备或其他信息源的数据都由信息岛的数据通信模块接收并预处理，数据通信模块完成实时数据采集、数据处理、终端控制等业务目标，实现数据接入适配、统一数据结构和数据处理等功能[16]。它支持多种终端设备的通信协议，包括工业控制领域中的 OPC、ModBus、RS232/485 协议等；支持对不同协议所定义的不同的数据结构进行统一数据结构处理。在实现接入适配，接收到终端的实时数据后，转换成统一数据结构，进行相应的数据处理，包括：

（1）更新至内存实时数据，供其他模块或数据中心调用。

（2）如果需要保存历史数据，则放入历史数据缓存区，由历史数据线程保存。

（3）触发数据的限值报警、规则报警、联动策略等规则。

统一数据结构能够给后续的数据处理及行业应用提供格式统一的基础数据，使数据与业务都更加清晰，具体内容见第 3.3.2 节和第 3.3.3 节。监测信息入岛主要完成各类监测数据的采集、存储，实现岛内分析处理、预警等工作，如图 3.4 所示。

其概要处理流程如图 3.5 所示。

岛内信息管理子系统包括感知信息管理、综合分析、监测信息展示和综合查询、监测资料报表等功能模块，能进行自动监测、数据整编、图形分析、自动判别、报表、数据浏览、模型建立及安全评估。

感知点信息管理：矿山物联网系统中各种监测项目中接入自动化系统监测仪器的所有测点以及未接入自动化的测点。

测点属性：指该测点的所有特征数据，包括测点点号（自动监测系统中的专用编号）、测点设计代号、仪器类型、仪器名称、测值类型、监测项目、安装位置、仪器生产厂家、测点物理量转换算法的公式及计算参数、测点数据入库控制、数据极限控制、测点数据图形输出控制等。可修改扩充的测点属性包括：仪器类型，仪器名称，仪器性能指标，监测量初始值，警戒值，拟合值，监测项目，安装位置，仪器生产厂家。

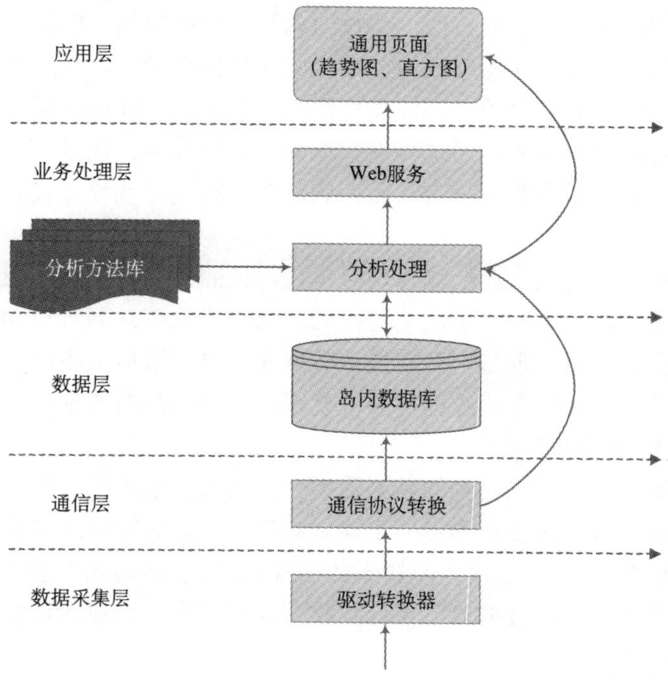

图 3.4　感知监测信息入岛流程

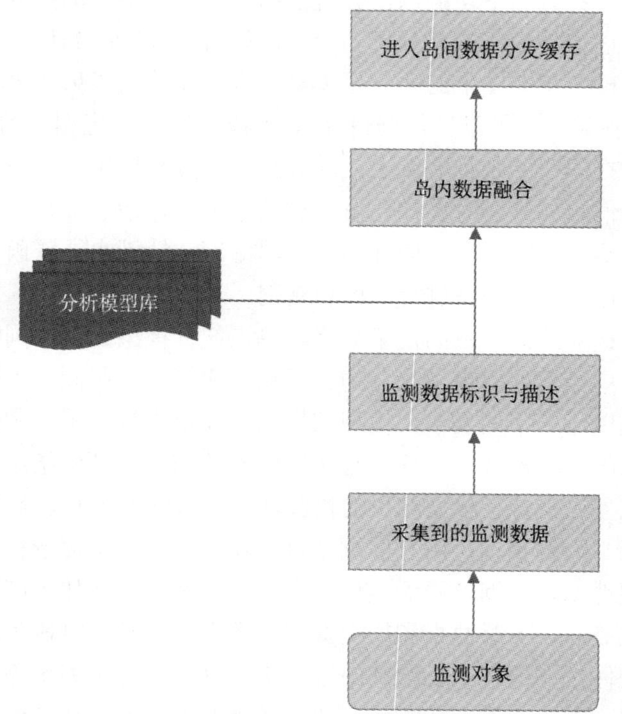

图 3.5　感知监测信息入岛的处理流程

数据属性、自动跟踪测点的修改：测点的属性是通过数据库中相互有关系的表来实现的，使得测量数据、算法（将监测数据转换成监测物理量）、入库控制及报表将自动地跟踪修改，使系统具有高度的灵活性和稳定性。例如数据库已经运行了一段时间，要修改某测点的点号或设计代号，通过测点管理修改点号或设计代号，所有该测点原来设置的属性、监测数据、报表数据将自动跟踪到修改后的点号或设计代号上去，不会造成混乱。

感知信息入库：通过调用在线输入功能模块，依照数据采集频率表设置的间隔时间和采集次数的规定，进行联网仪器观测数据的自动采集入库；同时自动进行数据的整编换算，将仪器读数转换为物理量，存入整编数据库。自动数据采集的处理过程中，需要对采集到的观测数据进行简单的数据可靠性检查，发现明显的数据错误，可以发出技术报警信息，并要求系统进行重测。

感知信息整编计算：将采集到的监测数据（包括人工输入的数据）换算成具有意义的监测物理量，它能自动对各监测点的不同观测值或物理量转换成果进行粗差检验和剔除（包括粗差、偶然误差、系统误差及错误数据等），以表格形式显示检验和剔除情况。经粗差检验和剔除后的物理数据可以保存到整编数据表中，而原始数据将完整地保留于原始数据表中，以便查证。

感知信息的图形化分析：绘制满足管理及分析需要的各类图形及表格，包括多个物理量的综合过程线图、相关图（包络图）、分布图。这些图形除满足应符合一般工程习惯基本要求之外，还具有以下功能以供分析使用：可显示某一测点分析物具体测值，并可对粗差或离群点进行处理；具有分析功能，例如对过程线图的任一测点，任一时段可以进行统计模型分析，相关图中的两个相关量可进行简单或多项式分析等相关分析。除常规的图表之外，各类图形可以进行编辑打印，例如，可将一直相关的过程线、分布图、特征量统计表组合打印在一张打印纸上，供分析人员分析使用。并进行特征值分析，根据对各测点的特征值，如某一时段和已发生过的最大值、最小值、平均值和变幅，某一时段的变化速率均值、标准及其相应环境量（温湿度、地下水、降雨）等资料，来对测值的精度、发展规律、是否正常进行分析和判别。

感知模型分析：对感知信息的定量分析以单点统计模型为主（同时也是在线监控使用的模型方式）。单点模型提供了充分的因子集，建模可采用固定因子、默认因子、任选因子等多种方式以适应不同要求。模型结果显示模块中设置了多种图形内容（各物理量及残差过程线、限值域过程、计算值与实测值相关图等）及模型结果文本显示（各类参数及方程），此外还设置了模型结果的检验功能（共线性检查、参数方差估计等）。

感知信息展示与综合查询：所有监测项目、仪器、测点按树形目录组织并辅之以模糊查询，可以方便地浏览查询仪器测点以及有关的静态信息（如生产厂家、安装埋设信息、整编换算公式等）、实时数据和历史数据；数据系列输出时段可以任意设定，可以定义一定的过滤条件，方便查询已绘制的过程线、分布图、相关图等图形。

感知模型查询：浏览查询有关测点已建的各类监控模型的详细信息、有关测点的特征值，如历史最大值、历史最小值及发生的时间等。

每个信息岛是矿山物联网平台下的一个云节点，数据交换提供各个信息岛之间的相互通信和联系的功能[17]。各个应用系统通过数据交换代理参与数据交换，所有数据交换代理在逻辑上是对等的。由于矿山物联网需要统一数据（见 3.3.2）并进行应用集成（见 3.3.4），因此统一的数据中心显得尤为重要，它采用基于元数据、统一的 RDF（resource description framework）交换协议标准（见 3.3.3），一般包括数据交换中心、数据交换代理两部分。数据交换中心基于企业服务总线（ESB）提供的事件发现服务、消息路由服务、消息日志等服务实现，负责交换代理之间消息的传递。

数据交换代理用来直接服务于数据交换参与者，应具有以下功能：

（1）向数据交换中心发出数据请求。

（2）接收数据交换中心发出的数据请求。

（3）提供手工录入数据的接口。

（4）提供数据映射服务，实现不同数据源之间的数据转化。

数据交换中心负责关联服务提供者与服务消费者。实时数据中包括实时视频、实时定位信息和实时感知信息等，通过工业以太网络、无线通信网络将信息实时地上报至地面数据库中，再通过数据中心服务平台就可以实时地浏览查询信息，并可以通过实时语音、即时文字消息等功能实现实时指挥调度、应急处理等功能。

3.3.2 统一数据描述

矿山数据对矿山地质体的表达是一个由模糊到精确的过程，是一个动态的积累过程。从矿山资源勘探、矿井开拓到生产，矿山数据量越来越大，反映矿山实体的层次逐步细化，反映地质体客观现象、规律的准确程度逐步提高[13]。矿山数据来源广泛，既有内部生产运营数据，又有外部相关数据，既涉及技术，又涉及经济等。数据表现形式有的是以数据文件形式存储，有的是以文本形式存储，有的是以图形形式存储。这就要求在进行矿山信息系统集成时对数据进行规范和统一，矿山数据的动态性从逻辑层面上对矿山信息进行分析，可以清楚认识到其具有时间维度、空间维度、业务分类维度。

信息岛的大量数据一方面要存储在岛内数据库中，其存储方法和存储介质可以使用现有成熟的方法和系统；另一方面要经过融合处理后发送到煤矿企业的数据中心，从而实现数据分布式存储和集中存储的结合。为了提供统一的服务，数据的统一表示是前提，它能够帮助不同厂家的系统之间实现元数据级别的信息共享；为了降低数据量，需要在岛内对数据进行语义级别的集成和融合，提高数据的可用性后再传输到数据中心。

矿山物联网是一个综合性系统，涉及煤矿生产、安全、运销、环保、地理地质、煤产品加工、企业管理等各个方面，仅生产与安全系统就多达几十套。如何采用统一的数据描述方法来描述上述系统的信息是感知矿山物联网要建设统一数据服务平台和应用平台必须要解决的问题。

目前，国际上有两种成功的数据描述集，一种是都柏林核心（Dublin core）元数据集，一种是 KKS 电厂标识系统，这两种数据描述方式一个用于图书馆图书管理，一个用于电厂设备管理。

1. 都柏林核心元数据元素集

元数据（meta data）是数据的数据[18]，目的是要建立一个广泛的元素集，可以描述任何信息资源。它必须足够简单，使得任何作者无需专门的培训就可以创建自己文件的元数据。元数据用来描述数据属性，表达数据储存位置、作者、日期、类型等信息。由于电子文件所具备的多种多样的格式和控制方法，它们可能不能被每个人直接使用，也许人们不熟悉或不了解它的格式，也许它的内容被加密了，或者它只有在交费后才能被接受，也或者这个资源太大，存取起来既困难又费时。在这些情况下，元数据能支持用户决策过程。它包含的数据元素集就是用来描述一个信息对象的内容和位置，以便能在网络中方便地查找和检索。

从图书馆的角度来看，就其本义和功能而言，元数据可说是电子式目录，因为编制目录的目的，即在描述收藏数据的内容或特色，进而协助数据检索。因此元数据是用来揭示各类型电子文件或档案的内容和其他特性，其典型的应用环境是计算机网络环境下数据获取。都柏林核心集的 DC 具有创建和维护简单、广为理解的句法、系统互用性、可扩展性等特点。目前，DC 已经拥有 15 个基本元素，并可以使用 TYPE 和 SCHEME 限定词以及 LINK 参照对元素进行扩展。

尽管都柏林元数据的目的是开发一个简单的元数据元素集[19, 20]，但这些元素的定义仍使其能与更复杂的控制系统（如 MARC）进行桥接。这些矛盾从两个方面得到了解决：一方面是创造一个不要对用户进行培训就能容易理解的元数据元素集，和一个能满足特殊用户的更精确的描述要求的修正方案；另一方面，是提供一种能扩展核心元素集的机制，来描述除文件类对象以外的内容。

2. KKS 电厂标识系统

KKS 电厂标识系统起源于德国，它根据任务、类型和位置来标志任何类型电厂中的各个装置，装置的各个部分以及各个设备[21, 22]。具有四个分解层次和固定字母数字字符的分层结构格式，各层次都是以工艺相关代码为依据。它采用下列三种类型标志的统一代码格式，按工程规范的专门规则分别进行标志：工艺（过程）相关标志（process-related code）、安装地点标志（point of installation code）、位置标志（location code）。

KKS 标识使得各种类型的电厂及相关工艺的标志统一，避免采用不一致的命名系统导致电厂间及上层管理投资机构之间的沟通问题。标准具有足够的扩充容量以适应新技术的发展，有一个连贯统一的标志系统。标志的规则在机械（汽机、锅炉、化学）、土建（建筑物）、电气和仪表热控各专业之间得到严格的统一，并兼备根据工艺过程、安装地点和位置进行识别的能力。由于设备由不同制造商和供应商制造或供应，因此不利于形成统一的设备代码系统，而 KKS 因为可以给任何设备对象编码，因而可以统一到一个标准的 KKS 标志系统下，形成统一的设备标志体系，方便管理。

在煤矿领域，尚缺少相关统一的数据描述标准，对各系统互联与设备统一管理带来了困难。为此，需要结合矿山物联网的实际特点，研究矿山对象的统一数据描述方法，从而满足矿山物联网建设统一数据服务平台和应用平台的需求，实现可以给任何系统中的任何设备对象进行编码的目的。根据元数据信息共享系统的结构、模块和特点，实现分布式数据组织与管理、分布式数据共享、分布式数据快速索引机制以及跨平台数据访问，为信息融合、信息挖掘提供良好的数据平台。对矿山信息统一描述的要求为：

（1）矿山各种系统及各个工艺流程标识统一。避免采用不一致的命名系统导致矿山及上层管理投资机构之间的沟通问题。

（2）有足够的容量和细节来标识所有系统、设备和建构件。

（3）有足够的扩充容量以适应新技术的发展，有一个连贯的统一的标识系统。

（4）规划、施工、运行、维护和其他管理的标识始终一致，保证矿山所有历史数据的延续性。

（5）标识的规则在机械、土建、电气和仪表、监控系统、生产流程、地质地理参数、运销等各专业之间得到严格的统一和完美的适用，并兼备根据生产流程及工艺过程、安装地点和位置进行识别的能力。

（6）编码要求是强规则的编码规则，它的每一位编码的含义和取值，都有严格的规定。是作为编码标准的优良品种。

通过对信息统一描述方法的研究，采用元数据和分级编码技术为煤矿各子系统及子系统中对象及数据提供统一的数据描述方法，制定统一的数据结构，实现一种煤矿物联网信息（数据）编码方法。编码具有足够的扩充容量以适应新技术的发展，有一个连贯的统一的标识规则，能实现各种类型子系统、子系统中对象、数据及相关工艺的标识统一。通过编码方法在矿山各种系统及装备中的应用，实现矿山各种系统及各个工艺流程标识实现统一，避免采用不一致的命名系统导致矿山及上层管理投资机构之间的沟通问题；实现规划、施工、运行、维护和其他管理标识的始终一致，保证矿山所有历史数据的延续性要求；实现机械、土建、电气和仪表、监控系统、生产流程、地质地理参数、运销等各专业之间标识的严格统一和完美的适用，达到根据生产流程及工艺过程、安装地点和位置进行识别的能力。

信息（数据）描述可以参考电厂标识系统 KKS 标准，主要包括编码的格式与级数、数据字符的内容及标识等。编码规则制定时要本着有足够的扩充容量、适应新技术发展及能形成统一标识系统原则进行，实现一种强规则的信息（数据）描述标准。

1）编码的格式与级数

代码采用分级格式，具体级数需根据研究确定，KKS 编码使用 4 个分级结构格式和固定的字母数据结合方式。煤矿物联网由于子系统较多，还含有不同交互数据，可以考虑采用 4～5 级结构。每一级格式不同，由识别代码（罗马字母）和编号数字（阿拉伯数字）构成。识别代码由功能和设备代码组成。编号数字一旦建立，不可改动。每一级编码格式可以参考 KKS 标准和元数据标准。

考虑到设备由不同制造商和供应商制造或供应，因此不易形成统一的设备代码系统。采取的措施是给设备对象编码，把不同的设备代码统一到一个标准的煤矿标识系统下，形成统一的设备标识体系，方便管理。

2）数据字符的内容及标识

数据字符包括全矿标识、监控系统编码前置编号、系统分类及编号的标识、设备单元的编码及编号、设备单元的附加编码、安装点标识、位置标识等，具体编码时需借助元数据思想。

3.3.3　岛内数据表示方法

本小节在 3.3.2 的基础上提出一种基于 RDF（resource description framework）的数据表示方法。

为了能被高效地发现、集成、自动处理、共享和重用信息岛内的数据，将之转化为决策者所需要的知识，就必须给数据赋予语义。煤矿井下的信息都是由设备或人员（统称为对象）产生的，这些信息的大小、传输、处理、展现方式与特定环境下信息的表示方法息息相关[23]。为了便于各种应用之间的交互和共享，这里采用标准化的元数据手段对感知到的信息进行刻画，并用本体描述语言（ontology web language, OWL）进行描述。被描述的事物具有一些属性，而这些属性各有其值，简称对象、属性、值三元组。其中每个陈述都由主体（subject）、谓词（predicate）、客体（object）组成，这里的主体、谓词和客体分别与对象、属性和值相对应。RDF 能够对矿井设备和人员进行描述，隧道、设备以及人员、网络在此都被视为某种资源，设备的属性值可以是其他的资源，即资源之间的表示可以嵌套。矿井资源的 RDF 表示法如图 3.6 所示。

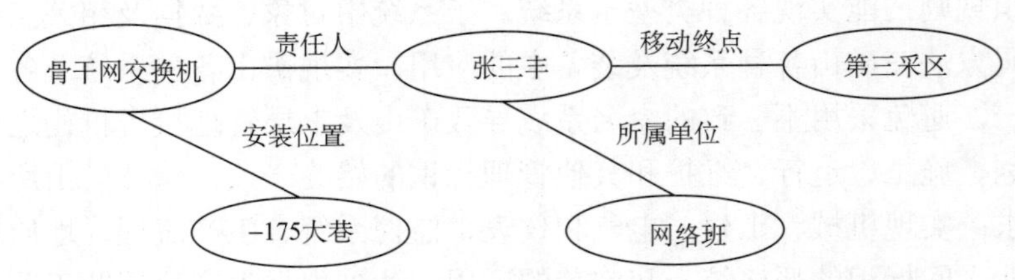

图 3.6　RDF 图描述法

岛内信息的预处理、存储、查询统称为岛内信息的处理，其传输由单独的系统构成，是基于内容传递网络 CDN 构建的。岛内信息处理系统设计为 C/S（客户/服务器）与 B/S（浏览器/服务器）相结合的三层体系结构。客户端包括两部分，一部分是本体建模器，另一部分是客户查询器，是系统的数据可视化部分，采用 Web 方式。用户按照一定的规则输入检索词，经过系统的处理后，返回列表或图形化的查询结果。查询的处理等功能均由服务器端完成，包括信息过滤、存储接口、检索词匹配等模块，如图 3.7 所示。

查询的时候可以直接采用 Jena 提供的 Model、Resource、Query 等接口，它们可以用于访问和维护数据库里的 RDF 数据，查询利用 D2R MAP 和 Joseki 实现。D2R MAP 是一种声明性语言，描述关系数据库 schemata 和 OWL/RDFS 本体之间的映射，它将一个关系型数据库中的数据输出为 RDF、N-TRIPLES 或 Jenamodels。Joseki 是 Hewlett-Packard 提供的开放源代码的 SPARQL 服务器。

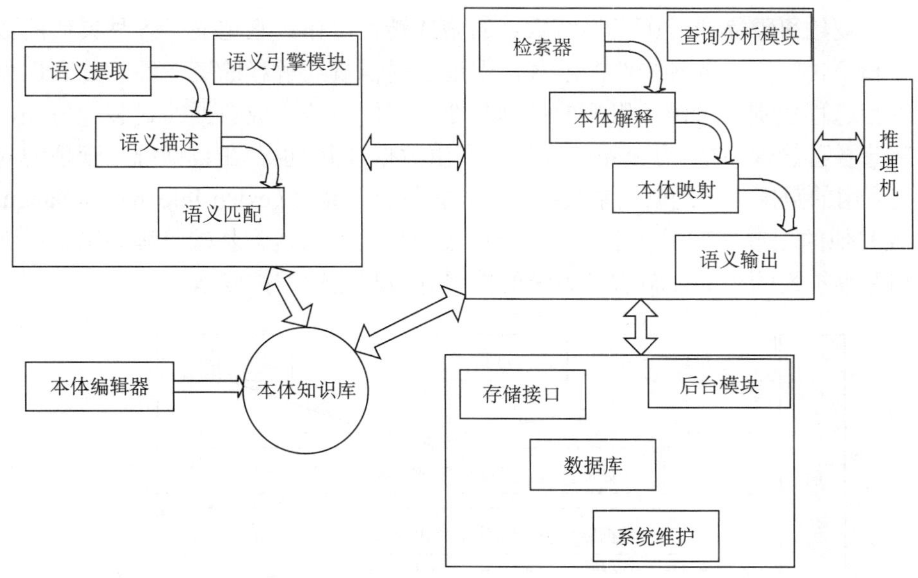

图 3.7 岛内信息处理系统

查询分析模块包括检索器、本体解释、本体映射、语义输出四个部分。为了支持语义查询，需要根据本体知识库及领域知识创建本体规则库。用户在客户端按照自己的需要输入检索词，本体解释器根据规则库进行语义转换和解释，然后交由本体映射部分转换成符合本体数据库格式的查询语句，查询的结果经由客户端界面输出。

语义引擎模块包括语义提取、语义描述、语义匹配三个部分。语义提取部分用于从一些已有的数据源中提取有用信息，并转化成 OWL 格式，与本体编辑器创建的本体一起存储于本体库中。语义描述部分根据相关领域的本体类、语义属性、语义关系以及语义规则，负责对指定的信息资源（如非结构化、半结构化、结构化）用 OWL 进行信息的语义描述[24]。语义匹配部分则用于辅助查询和存储。

后台模块有存储接口、关系数据库、系统维护等组成部分，主要用于信息的存储以及系统的维护，并作一些统计分析。数据库可以选用 SQL Server 等商用数据库，也可以选择 MySQL 等免费开源数据库。为了保证本体之间的一致性，并且为用户提供丰富的相关信息服务，设计中可以采用 Jenamodels 提供的推理机结合自定义的规则库进行更广泛的推理，得到更好的信息查询结果。

3.3.4 岛内数据融合方法

岛内数据不是简单的数据集成，而是在数据集成和融合的基础上快速聚类不同的数据，搭建所需的应用。3.3.3 节所提出的煤矿数据语义本体恰好有助于构建易于聚类的数据元仓库。

这里提出一个基于语义本体和 SOA（service oriented architecture，SOA）的煤矿认知信息集成框架，它建构于企业应用集成（enterprise application integration，EAI）基础之上，满足现代数字矿山面向服务架构所需要的组件化、模块化应用需要，如图 3.8 所示。其中，规约引擎完成井下子系统数据的格式转换工作，它定义了各种灵活的数据类型、动作和事件，完成各种规约的解释，保证了通信规约解释的统一性、独立性和可扩性。当进行远程控制的时候，用户的控制命令由规约引擎完成数据的封装。另外，由于已有的部分经营管理系统、办公系统同样要产生数据，因此也存在数据统一管理的问题，不过这类应用的数据一般是以关系数据库、可扩展标记语言（extensible markup language，XML）或其他的配置文件展现出来的。数据集成后，可以达到基础资源共用、增强系统可用性和可维护性的目的，节省了系统的扩展升级和运行维护成本。

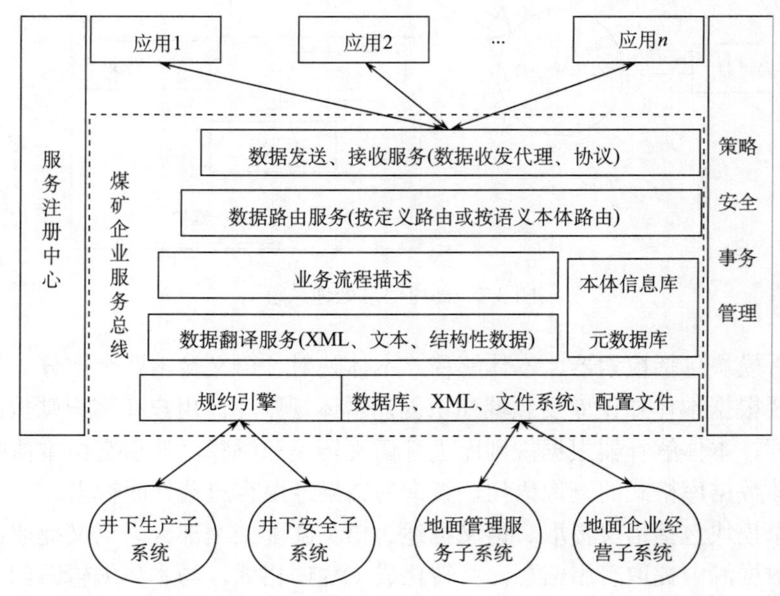

图 3.8 可扩展的岛内信息集成与融合框架

图 3.8 所示的框架除了支持异构数据集成之外，最大的好处是可以支撑新应用的开发。数据集成后，通过数据翻译服务将各种异构数据转换成 XML 格式（数据内容大时，也可以转换成其他形式的结构化数据，以提高通信性能）。随后由自动学习机根据预设的模式提取语义本体和数据元（可能有时候需要手动或半自动的方式进行协助），形成本体信息库（ontology information base，OIB）和元数据库（meta data base，MDB）。OIB 描述了数字化矿井中各个系统之间的关系和层次，同时给出了各自的属性和值约束[25]。同时，本体显式描述了潜在信息的语义，并定义了本体之间的关联和映射关系，以支持服务开发和交互。用 MDB 描述数据的语义特征，包括词汇和语义关系，它被用来在互联系统间交换特定子系统的信息。OIB 和 MDB 都是煤矿企业服务总线（enterprise service bus for colliery，ESBC）的核心组成部分。

业务流程描述是新应用开发的表述规范，用于使业务流程自动化。它采用业务流程执行语言（business process execution language，BPEL）按照需要的流程顺序把系统已有的服务整合起来，数据路由模块（有的学者称之为内容路由系统 content routing system，CRS）与传统的路由器功能存在相似之处，都是将内容按照一定的策略转发给特定的接收者，只不过此处的路由终点是各个应用系统，而非网络节点，数据发送、接收模块实现内容的收发。

井下设备一般采用 PLC 或智能分站进行数据采集，具有以太网络通信接口，其他的接口方式可以通过转换器进行通信接口的转换。信息岛必须对这些子系统具有无缝集成的能力，为它们提供统一的数据接口。每个子系统用一个软件适配器与综合监控平台进行数据交互。这类子系统的集成难点在于子系统的通信规约繁琐，表现在不同厂家有不同的规约；不同厂家对同一种规约有不同的实现方式；同一厂家的新老设备规约也各不相同；同一型号设备随出厂日期不同规约接口也有可能不同。因此，规约引擎的设计是生产信息集成的前提，即数据集成调用或数据集的创建，这是岛内信息集成的第一个层次，如图 3.9 所示。

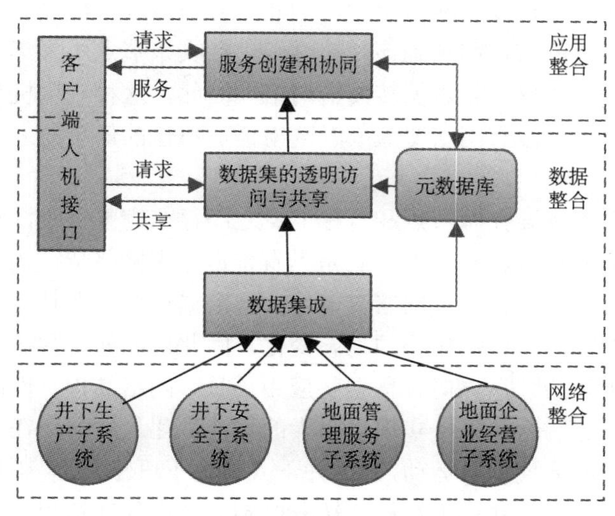

图 3.9　煤矿信息集成的层次与整合

有些应用系统的数据都是结构化的形式，不存在规约引擎问题。在岛内集成的目的主要是将煤矿业务信息的处理与煤矿生产中的自动化过程的控制结合起来，形成综合全面的控制与信息管理系统，为上层的办公人员和各级领导提供查询和访问支持。这类集成被称为数据集的透明访问，是煤矿认知信息集成的第二个层次。

煤矿认知信息集成的第三个层次是数据集的透明访问和语义约束下的互操作，这类问题可以抽象为服务的创建和协同。它利用 SOA 跨平台、跨语言、高效、可扩充等优点，在基于语义本体和 SOA 的认知信息集成框架下进行数据的集成和服务的动态创建与绑定。

因此，通过岛内信息的处理，可以实现三个方面的资源整合（图 3.9），其一是网络整合，即利用 TCP/IP 整合多种网络协议，实现信息流的岛内归流；其二是数据整合，即利用存储网络和通用的数据格式实现数据整合，为数据的继续传输与抽取奠定基础；其三是应用整合，即为上层实现信息和资源的共享提供统一数据支持[26]。

3.4 信息岛的中转与接驳

信息岛之间通过三个途径实现数据的中转与接驳（图 3.1），一是基于现有通信设施的通信网络，二是基于移动节点的机会通信方式，三是基于云方式的数据云。通信网络的主要手段是有线传输网络和传统无线传输网络，这一部分将在传输网（第 5 章）中阐述；数据云为数据的集中存储、处理和服务提供统一的平台，将在云平台（第 11 章）中探讨；这里研究信息岛之间基于移动节点的机会通信方式。

3.4.1 机会通信模型

在煤矿中，许多巷道还没有网络覆盖。为此，可以在没有覆盖的地方布设传感器，安装在机车或者人员上的节点移动到该处的时候，接收该节点所采集到的数据。移动节点移动到网络覆盖处的时候，将数据转发给网络。因此，这种利用机车或者人员的移动所带来的通信机会，对于没有网络覆盖或者网络覆盖不佳的信息岛之间的数据接驳具有重要意义。

机会网络是一种不需要在源节点和目标节点之间存在完整链路，利用节点移动带来的相遇机会实现通信的自组织网络[27]，它是具有延迟容忍网络特征的无线自组网，在野生动物追踪、手持设备组网、车载网络、偏远地区数据传输方面具有广阔的应用前景。机会网络面临的主要问题是网络拓扑的动态变化，因此，如何为数据选择合适的传输路径是它所面临的最大挑战[28]。同时，需要将应用场景、网络结构、性能需求和部署成本这些关键因素放在一起综合考虑，实现多因素的均衡优化。比如，在某些应用场景下，节点的运动是有规律的周期循环运动，比如井下人员上下班路线、煤矿机车运行规律等。

机会网络需要解决的问题集中在机会转发机制、节点移动模型、基于机会通信的数据分发和检索三个方面。机会转发的主要方法有[29]：基于复制、编码、相遇预测、链路估计、上下文信息、节点主动运动，以及冗余效用混合转发。节点移动模型主要有：独立同分布的理论移动模型、基于统计的实际移动模型、基于社区的移动模型。基于机会通信的数据分发和检索没有采用传统网络通信中根据分组目标地址进行转发的方式，它将存储和路由结合，支持基于内容的组网，主要有机会数据转发机制和机会数据检索机制[30]。在本节主要探讨机会转发机制，实现岛间数据的中转，这需要利用机会网络和煤矿的特征。

在矿井中的移动节点具有聚集性[31]，容易形成社区（比如同一个生产班组），同一个社区的节点会在短时间内频繁相遇，而不同社区间的节点相遇较少，即节点呈现出较大的空间相关性。通过聚类系数的分析，可以得出节点的移动具有周期特性的结论；通过对相遇次数的分布规律分析，发现大部分节点对的相遇很少，只有少数节点对频繁相遇，机会网络的连通性与这些相遇次数较少的节点密切相关，而频繁相遇的节点反倒起到了延迟的作用，源/目标节点之间的路径跳数较小，具备“小世界”特征。

同时，煤矿生产的动态特性决定了机会网络的拓扑结构是随时间动态演化的，具有动态特征，在假设各条边的演化是独立的前提下，可以将机会网络建模为边独立演化的时间演化图模型[32]。也可以利用节点的历史相遇信息建立网络的时序图模型[33]，将静态图划分为一系列离散时间序列图，能够反映链路随时间的变化情况，进而反映网络拓扑的变化过程和态势[34]。

在时序图中，一个节点随着时间的推进而移动，在每个节点相遇的时候，为节点创建状态点，进而用表示时间演进的虚线和表示两个节点相遇的实线建立节点关联。这种图保存了节点相遇的时间间隔、相遇频率和连接的顺序等信息。在此基础上，可以利用相遇的时间间隔、网络负载率（网络开销）和可达率作为转发指标，选择时延最小化、负载最小化（跳数最小即可实现）和最大可达概率作为因子，利用仿射坐标的方法对这三个因子进行均衡，进而利用非均匀量化的方法构造数据传递能力指标。节点相遇的时候，选择传递能力大的节点，将数据转发给它。

占空比技术可以大幅提升传感器网络的寿命，但是对于机会网络而言，较低占空比意味着节点的发现困难、相遇概率降低，同时，由于节点处于运动状态，且没有关于网络的整体信息，使得传输延迟增大、能耗消耗不均[35]。为此，可以在源端对数据进行编码；随后，计算相遇节点动态权重系数，进而与相遇节点的各自的自身能量和记录的网络平均能量计算出临时的网络平均能量，最终利用加权平均的方法计算出新的网络平均能量。在进行数据分发的时候，如果遇到的节点的能量大于本节点和阈值的最小值，则进行转发。这种方法减小了能量小的节点转发数据的机会，但是会增加传输时延。

在矿山物联网中，不同的感知节点具有不同的感知任务，不同的感知覆盖算法往往针对不同的指标[36]，比如网络覆盖率、感知时延。为此，矿山物联网不对称架构、通用切换和全局调度三个思想，将调度和切换这两个工作分开。切换功能在岛内实现，而调度则在数据中心或者调度中心实现，这样可以让需要资源较多的调度不受节点能力的限制，可以设计得更加复杂和强大，从而增强整个系统的性能。调度与切换彼此交换数据，调度需要信息岛和信息感知节点的位置信息，而切换则需要调度输出的调度命令和切换速率等信息。

因此，可以将矿山机会网络建模为一个联合 ad-hoc 网络和有基础设施（比如 WiFi 基站）的无线网络的一维混合网络[37]，其中有两种节点，即普通节点和超级节点，见图 3.10。普通节点是独立同分布的，按照泊松分布部署在一个单位间隔内。超级节点可以是任意分布，部署在同一个单位间隔内，超级节点之间通过主干基础设施彼此连通。

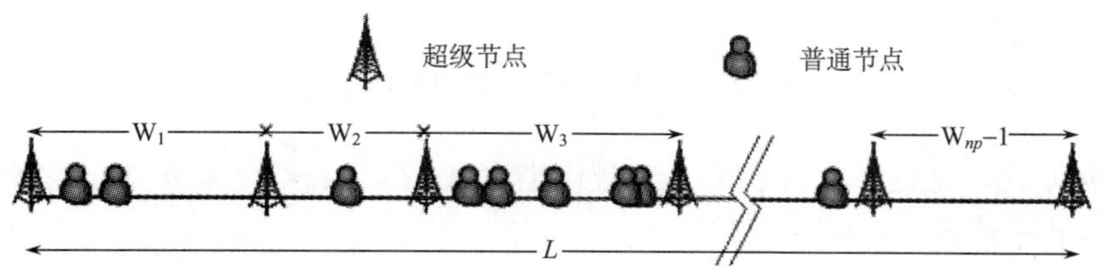

图 3.10 矿井一维机会网络模型

基于基础设施的无线多跳网络具有如下特征：①普通节点（车辆/传感器）与超级节点（路边的基础设施/数据终点）之间的通信对于网络的正常运行是非常重要的；②超级节点总是互连互通的，可能是有线方式，也可能是无线方式，它们的位置通常是确定的；③普通节点的位置通常是随机的。

用 $G(\lambda, n_p; L; r_0, r_p)$ 表示具有普通节点、超级节点这两种类型节点的多跳网络，普通节点独立同分布，在一维区间 $[0, L]$ 具有密度为 λ 的泊松分布。网络中有 $n_p \geqslant 2$ 个超级节点，其中 2 个位于区间的左、右端点上，其他超级节点则在区间内任意分布。如果两个普通节点（相对应的，普通节点和超级节点）之间的欧氏距离小于等于 r_0（相对应的，r_p），它们就是直接连通的。所有超级节点都是互连互通的，如图 3.10 所示，超级节点将区间 $[0, L]$ 分割成（$n_p - 1$）个子区间，每个子区间 i 的长度为 w_i。节点之间的直接连通遵循圆盘模型，并且假定 $r_p \geqslant r_0$。

Ji Luo 等利用煤矿巷道中的矿车作为移动 sink 节点[38]，其他采集数据的传感器均是静止节点。机车在巷道中按照既定路线运动，直接收集传感节点的数据，因此，传感节点的数据不必进行多跳传输。同时，这些感知到的数据具有时间-空间相关性：一个事件可能会持续一段时间，也可能被多个静止传感器感知到，因此移动 sink 节点没有必要和所有静止节点通信。

将煤矿隧道建模为一个长为 D 的直线段，其中部署了 N 个静止传感器，sink 节点位于 $x_0 = 0$，移动节点以固定速度 V_{car} 在巷道中移动，不同机车之间的时间间隔为 T_{car}。文中将移动节点建模为一个具有时间和空间的 2D 空间，如图 3.11 所示。假定静止节点在平时处于休眠状态，只有被移动节点唤醒汇报事件；移动节点在到达外面的基站时可以充电，因此不用考虑能量问题。节点在移动过程中收集事件区域的时间，如图 3.12 所示。

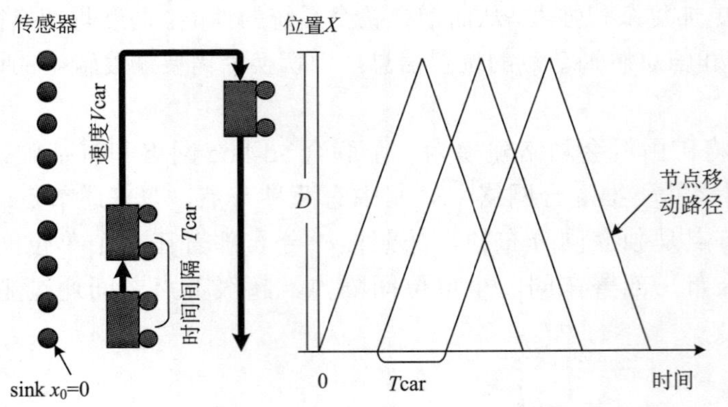

图 3.11 矿车在巷道中的周期性运动

对于 $E(l_1, l_2, \cdots, l_k; u_1, u_2, \cdots, u_k)$，当且仅当 $\forall i, 1 \leqslant i \leqslant k, l_i \leqslant r_{x,t}^i \leqslant u_i$ 时，位置 x 处发生事件 E。对于任意两个事件 $E(x_a, t_a)$ 和 $E(x_b, t_b)$，如果 $|x_a - x_b| \leqslant 1$ 且 $|t_a - t_b| \leqslant 1$，且存在一个事件 $E(x_c, t_c)$，当 $E(x_c, t_c)$ 与 $E(x_b, t_b)$ 是等同事件的时候，$E(x_a, t_a)$ 与 $E(x_c, t_c)$ 也是等同事件，则称 $E(x_a, t_a)$ 和 $E(x_b, t_b)$ 这两个事件是等同的。

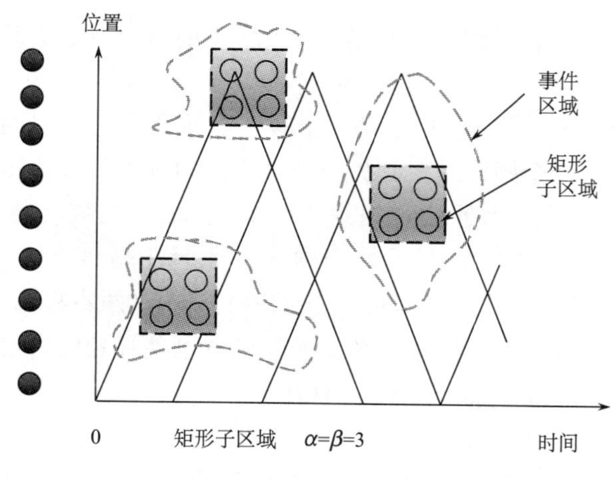

图 3.12 事件区域与矩形子区域

在事先知道所有事件区域和移动节点的移动路径的情况下，事件收集过程建模为一个组内最大最小费用集覆盖（min-max cost set-cover in group, MCSG）问题，即在给定事件集合 Ω、x 处可能的事件收集动作集合 F，每个收集动作 $(x,t)\in F$ 的费用 $C(x,t)\in R^{+}$，以及阈值 $B\in R^{+}$，是否存在一个子集 $\Psi\in F$，使得① $\bigcup_{(x,t)\in\Psi}C\left(x,t\right)=\Omega$；② $\forall x,e_x\geqslant B$。可以证明，这是一个 NP 难问题。

在事件消息是逐渐知晓的情况下，可以采用启发式的方法进行事件收集，移动节点在路过静止节点的时候，必须确定自己是否与静止节点通信。不过作者只考虑 sink 节点（机车）移动，而其他节点都是固定的情况，实际上，矿井中还包含其他移动节点，比如人员。

3.4.2 机会中继与接驳

在此介绍基于感知网络图嵌入框架 GEM（graph embedding for sensor networks）的机会中继方法[39]。GEM 与矿山巷道的拓扑结构具有很好的对应性，在此用于实现岛间信息的转发，每个节点代表一个信息岛。

GEM 在原网络中嵌入一个有标号的图，其标号包含了节点的位置信息，用于实现点到点路由和以数据为中心的存储和处理。GEM 甚至可以不需要地理信息，在有物理障碍的时候都能工作得很好。这里采用的图嵌入方法称为 VPCS（virtual polar coordinate space）[25]，其中所嵌入的图是带环图。随后利用 VPCS 实现一个具体的路由协议，即 VPCR（virtual polar coordinate routing），它是一个可以保证可达性、只要求每个节点知道直接邻居的状态的算法，不需要路由信息。

矿山物联网获得数据的存储方法可以分成三类：本地存储、外部存储、以数据为中心的储。在本地存储中，每个节点都将感知到的数据存储到本地，用户需要数据的时候，向网络洪泛一条查询信息，具有这条查询所需数据的传感器将数据发送给用户。在外部存储中，数据被感知到就发送给基站，从而节省了消息查询的开销，但是如果数据是基站不感兴趣的数据的话，就会浪费数据传输能耗。以数据为中心的从存储中，给网络中需要监测的事件命名，多个节点协同监测事件，检测到事件后，将它发送到负责该事件的节点。在用户需要数据的时候，直接将查询指令发送给负责事件的那个（那些）节点。

图嵌入是图论中的一项技术，用于将一个客图G嵌入到一个主图H中。它被用于许多问题求解中，比如将一个网络映射到另一个网络，即利用另一个拓扑仿真此网络的拓扑。一个图G（客图）的嵌入由两个映射组成：①节点分配函数α将图G的节点集合一对一地映射到主图H的节点集合中；②路由函数ρ在H中给每条边$\{u,v\}\in E(\mathrm{G})$一条通路，使得节点$\alpha(u),\alpha(v)$相连。与此对应，在GEM中通过两步将图嵌入到感知网络中：首先，必须选择一个带标签的客图G，用于数据的路由选择和以数据为中心的存储；接下来将客图G嵌入到实际的感知网络拓扑H中。

选择的客图G应该具有如下属性：

（1）路由：G必须在仅仅知道分配给邻居节点标签的情况下，就能够让节点有效地在标签之间进行消息的转发。因此，节点的标签隐含了网络拓扑的信息。

（2）分布式哈希表的映射：能够设计一个函数f，实现键值k和标签空间L中标签的映射。

（3）嵌入开销要低：以分布式的方式嵌入，并且不会带来不必要的开销。

（4）容错性：感知网络中的节点可能会失效，客图要么必须绕过失效节点转发数据，要么必须要能够动态重构图嵌入以便修复客图。

为了支持以数据为中心的存储，名为k的数据项可以被映射为标签$f(k)$，随后被路由到具有该标签的节点处，并存储在那里。查询器可以用相似的方法计算$f(k)$，并把查询结果发送到同一节点。由于带标签图G是被嵌入到连通图H中的，标签空间中的路由几乎可以像在原来的网络拓扑中使用最短路径路由一样高效。

为了进行常见的点到点路由，可以设计一个查表机制，用来在以数据为中心的存储中查询节点的当前标签。假定节点的永久标识为n，它的标签为$L(n)$。节点n将其标签存储在分布式的哈希表中，与节点存储数据的方式一样，它与节点的$f(n)$有关。当其他节点希望与节点n通信的时候，它首先发送一个查表请求给具有标签$f(n)$的节点，获取$L(n)$，随后就可以将消息发送给$L(n)$，这些消息通过嵌入图路由到节点n。

在虚拟极坐标空间（virtual polar coordinate space，VPCS）中，我们将一棵环形树嵌入到网络拓扑中。为每个节点分配一个等级，该等级等于节点到树根的跳数；同时为每个节点分配一个虚拟角度范围，用于在某个等级中对节点进行唯一标识。

构建VPCS的第一步是需要嵌入一个环形图，为此，可以通过构建支撑树的方法来实现。首先选择一个节点作为根节点，比如矿山数据中心。随后，根节点广播一条消息，告诉其他节点自己是第0级节点；处于根节点覆盖范围内的节点成为根节点的子节点，它广播一条消息，声明自己是第1级；根节点收到此消息后，将该节点标记为子节点；而那些收到此消息却还没有加入树的节点，就将消息的发送节点作为父节点。如此循环，直到所有节点都加入这棵树中。

支撑树构建好以后，需要将每棵子树的大小反向传递到根节点。为此，叶节点将自己的子树大小（为1）告诉自己的父节点，随后，它将子树大小加上1（代表加入了自己），然后继续传递给自己的父节点。如此循环，直到到达根节点。

随后进入角度分配阶段。根节点被分配全部角度，即 $(0,2\pi)$ 。随后，根节点为其子节点分配角度范围，每个子节点所分配到的角度范围与其子树的大小成正比，比如，如果三个子节点的子树大小分别为 10、20 和 15，那么它们所分配到的角度范围分别为 $\frac{10}{45},\frac{20}{45},\frac{15}{45}$ 。随后，子节点又继续为自己的子节点分配角度范围，直到叶节点为止，见图 3.13。

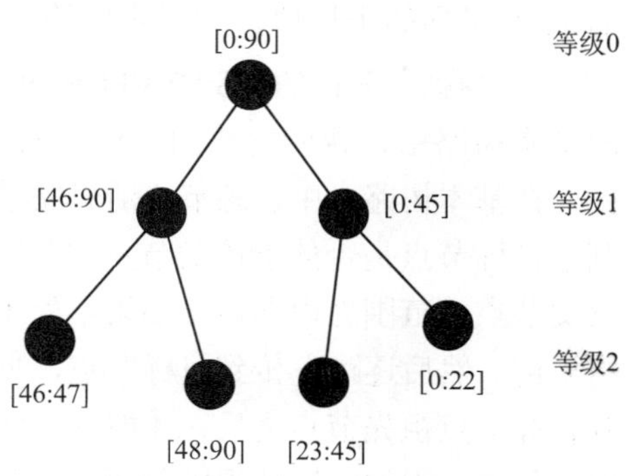

图 3.13　支撑树的构建与角度分配

为了保证算法正确，需要满足如下的一致性要求：①除了根节点之外，每个节点必须有一个父节点；②每个节点必须分配一个等级，它等于父节点的等级加 1；③每个节点必须分配一个虚拟角度范围，它是其父节点角度范围的一个子集；④任何节点的子节点，它们的角度范围都不能重叠。

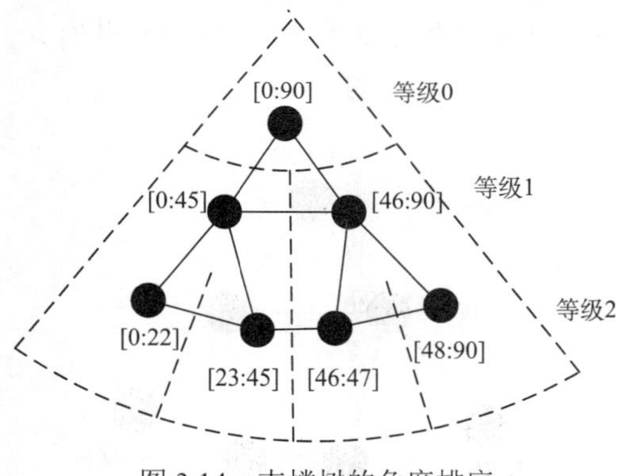

图 3.14　支撑树的角度排序

上述的虚拟空间分配方法对节点路由已经足够了，不过，为了利用环形树中额外的横向交叉链路，则需要仔细为节点打标签，以便让节点知道应该使用哪条交叉链路。为此，需要让虚拟坐标空间与网络拓扑进行更精确的排序。特别的，当循着树的同一等级的环的时候，角度范围应该严格增加或者减小，见图 3.14。

角度排序的基本方法是利用距离信息，比如信号的衰减、到达时间等，测得彼此之间的距离，进而确定邻居的坐标，从而把自己的子节点按照几何角度的顺序放置。遗憾的是，在这种方法中，即使一点小小的距离估计误差，都会导致子节点的失败。此外，子树偶尔会出现交叉，此时考虑整棵子树的角度比仅仅考虑子节点本身的角度更加合适。

为了解决上述局部坐标系的问题，可以通过在根节点、另外两个参考节点之间利用三角法来构建全局坐标系统。根节点通过一些简单的启发式方法挑选两个参考节点，要保证它们三者之间不共线，不要相隔太近。为了计算每个节点的坐标，需要知道它与每个参考节点的距离，以及参考节点之间的距离。在此采用节点之间最短路径的网络跳数进行计算。首先从每个参考节点构建一棵临时支撑树，每个节点于是知道了自己到达参考节点的跳数，它等于该节点的等级。其中一个参考节点随后将它自己与另外一个参考节点之间的距离发送给根节点，由根节点将自己到达两个参考节点的跳数距离广播给整个网络。通过这个消息，每个节点都能计算自己的位置。

由于采用了跳数来计算距离，因此结果位置比较粗糙，这有可能导致部分同级节点具有同样的坐标，这里利用到质心的角度对子节点进行排序的方法来解决。质心可以想象成一个节点的子树的中心。这里将节点的质心定义为该节点子树坐标的平均值（包括自己），叶节点的质心就为它自己的坐标，其他节点的质心为该节点的各个子节点质心的 x、y 坐标的平均值，并以它们的子树大小为权值。

下面探讨基于 VPCS 的 VPCR（virtual polar coordinate routing），包括三个路由方法，即基本树路由、智能树路由、VPCR。

在基本树路由中，源节点沿着父节点逐跳传递，每当传到它的父节点的时候，就需要判定目标节点是否处于该父节点的范围，这只需要简单地看目标节点的虚拟角度是否处于该父节点的范围之内即可；如果不处于，则继续上传，如果处于，则判定目标节点位于哪棵子树，然后逐跳下传到目标节点，见图 3.15。不过这个方法效率不高，因为它必须上传到目标节点祖先节点之后，才能往下传递。如果可以在某个位置横向传递，而不用一味的向上传递，不但能够使得路径更短，而且可以避免让上层的节点成为热点和瓶颈。

不同于基本树路由只能沿着树的路径向上转发数据，智能树路由允许节点在向上转发之前先检测邻居是否是目标节点的祖先或者本身就是目标节点，见图 3.16。进一步，可以考虑检查 2 跳范围内的邻居。更一般的是检测 n 跳范围的邻居状态。在此，将这些邻居组成的节点集合称为节点的邻域。显然，邻域越大，路由性能提升越大，但是节点必须存储的状态信息随着 n 呈指数上升，极端情况下甚至需要存储整个网络拓扑，此时，节点能够使用最短路径发送数据。

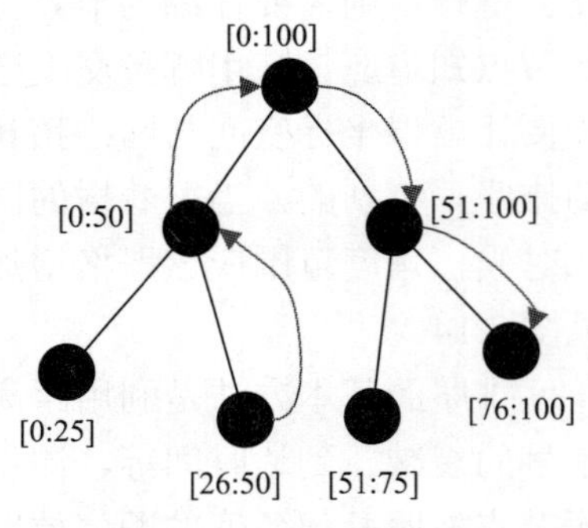

图 3.15　基本树路由

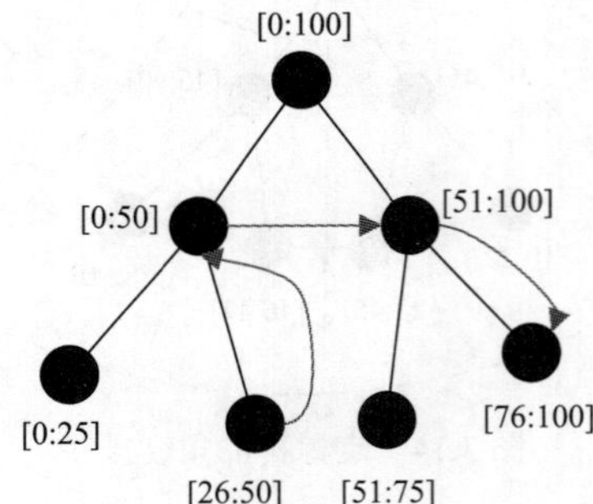

图 3.16　智能树路由

智能树路由只有在数据包到达一个接近目标节点的某个祖先节点的时候，才能提供捷径，对于那些相隔较远的节点，它们仍将可能沿着树向上转发多跳之后才能到达能够使用智能树优化的节点。VPCR 则试图利用有环树中的交叉链路，实现在树中的横向数据转发，即使在当前节点不能明确知道目标节点的任何一个祖先节点的情况下依然可以使用。为此，需要假定沿着有环树中的环，节点的虚拟角度已经严格按照递增或递减的方式排序。当智能树算法需要被迫沿着树向上路由的时候，VPCR 查看是否在其邻域中有节点的角度范围比自己的角度范围更靠近目标节点的角度范围，如果有，就采用贪婪方式，将数据包中继给角度范围更接近目标节点角度范围的节点，见图 3.17。

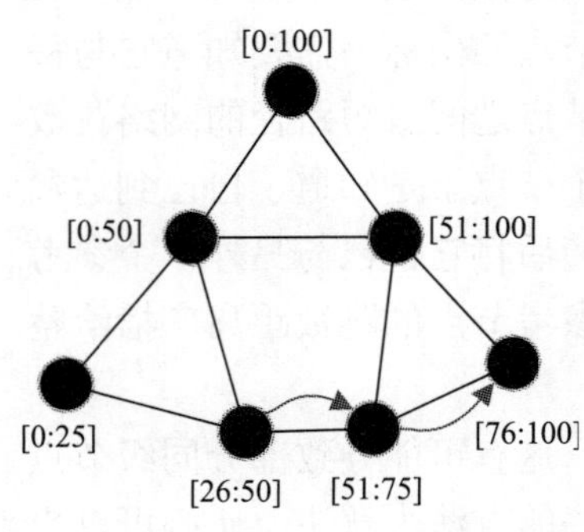

图 3.17　虚拟极坐标路由

节点失效、节点加入、节点移动，都会让 VPCS 不得不做出调整，以满足一致性要求，此外，还要在改变 VPCS 的时候保证稳定性，并按照网络的拓扑将节点排序。

这里的稳定性是指由于虚拟坐标的变化，将导致以数据为中心的存储中，数据从一个节点迁移到另外一个节点。此外，节点自身坐标的变化要求它与那些需要改变坐标的节点通信，这将消耗能量。因此，在保证 VPCS 的一致性的时候，要使得 VPCS 的改变尽可能小。

同时要注意，在 VPCR 中，VPCS 越能反映网络拓扑，路由贪婪转发的时候效率越高。如果 VPCS 的变化破坏了这种关系，VPCR 路由的性能将大大降低。因此，保护 VPCS 和网络拓扑之间的关联很重要。

不过，要实现稳定、按照网络拓扑排序这两大目标都很困难。保护拓扑关系的一个方法是“重启”部分或者整个网络，即在树中某个足够高度的节点处，将它及其下面所有节点的父子关系擦除，然后重新构建子树。不过这种方法代价不菲。因此，更好的方法是尽量让必须对齐到新地址的节点少一些，而不是保护关联关系。当节点 P 失效之后，其子节点就没有父节点了，从而违背了一致性准则的第一条。在最简单情况下，孤儿节点 C 能够找到一个连接到树中的其他节点 P'，将它作为 C 的父节点。不过此时又违背了一致性准则第三条，因为 P' 的角度范围没有包含 C 的角度范围。为此，P' 必须将 C 的角度范围加入自己的角度范围中，而 P' 的父节点也必须添加，一直到失效节点 P 与新父节点 P' 的最近公共祖先 W 为止。对 W 而言，有两个子节点，它们的角度范围有重叠（一个是 P 的祖先，一个是 P' 的祖先），从而违背了一致性准则第四条。为此，W 将 C 的角度范围从子节点甲（失效节点 P 的祖先）中删除，子节点甲继续删除，直到 P 的父节点为止。最后，为了满足一致性准则第二条，C 必须重设自己的等级为 P' 的等级减去 1，C 的子树中的所有子节点也必须做同样的等级调整。

有时候，孤儿节点可能不能找到其他连通的节点作为父节点，但是其后代节点可以，此时也要进行相应处理。还有一种情况是在断开的子树中找不到节点能够到达连通部分的节点，从而使得该子树从网络中割裂开来，这种情况没有手段进行修复，只有等待节点运动带来的通信机会。

节点的加入与节点失效处理方法类似，需要为新加入的节点分配一个等级和角度范围。

参 考 文 献

[1] 百度百科. 海岛[EB/OL]. http: //baike. baidu. com/link?url=rDMWS2BOvZ9JC6gUvFtSf8TfBoFJAiOwIwzp6M7bLuAaqR7PEbWeNxR0HxkM7wAghXBeATwqh3V_0SbGQcqyMK, html [2015-6-9].

[2] 中国煤炭工业协会. 煤炭科技“十二五”规划(征求意见稿). http://wenku. baidu. com/link?url=hzVxHvh9i2osCb_fn_n21_jBKmTcF8X-BYfY0Um0eLAz8hqWesDx4-yVpneBdnO7wogpm9RdW3nDtkp58zf3VVK0QDyefNLANGwc1DkGYOy. html[2015-6-9].

[3] 李壮阔. 矿山信息系统体系结构研究与矿山数据集成与分析基础平台开发. 昆明：昆明理工大学，2005.

[4] 北京赛迪世纪信息工程顾问有限公司. 利用信息整合技术解决“信息孤岛”问题. http: //wenku. baidu. com/link?url=IGe6Wor_o5KSfDnsjbH0Uc-gbdunFIeVk6Bbk52HUXlbMKWzcR41Q2UQV78KVqvQX

2dBumgygaz0BkjebmOoHQuK4mIcLW8uvxILCoOngXa. html [2015-6-11].
[5] Gonizzi P, Ferrari G, Gay V, et al. Data dissemination scheme for distributed storage for IoT observation systems at large scale . Information Fusion, 2015, 22: 16-25.
[6] 河北钢铁集团矿山设计研究院，东北大学系统工程研究所，东北大学秦皇岛分校. 矿山信息集成管理平台开发方案建议书. 2010.
[7] 黄小民. 浅谈煤矿信息化建设存在问题及解决对策. 山东工业技术, 2013, (11): 95.
[8] 百度文库. 煤炭企业信息化建设中“信息孤岛”的成因及对策. http: //wenku. baidu. com/link?url=lpE9l8tu17-NvigCSKjCjJiao_FqiUh_xIqFHxCsNXhX9dEspeJE_PAA_uXInPx2g_XTxmPhTTExI-tVq5xrknkQVHJyLxwJkovZ1yJIcse. html[2015-7-2].
[9] 刘恒伟，柳林. 水利信息孤岛再认识. 海河水利, 2012, (5): 59-61.
[10] 百度文库. 利用信息整合技术解决“信息孤岛”问题. http: //wenku. baidu. com/view/e7ed733431126edb6f1a10ee. html [2014-12-3].
[11] 高明. 知识协同工作流建模、服务规划和服务组合研究. 大连: 东北财经大学, 2013.
[12] 李俊，郑小林，陈松涛，等. 一种高效的服务组合优化算法. 中国科学: 信息科学，2012, 42(3): 280-289.
[13] 陈国良. 煤矿区“一张图”建设的若干关键技术研究，徐州: 中国矿业大学, 2011.
[14] Xin C X, Xie B, Shen C C. A novel layered graph model for topology formation and routing in dynamic spectrum access networks//Proceedings of the IEEE DySPAN, 2005.
[15] Banerjee S, Khuller S. A clustering scheme for hierarchical routing in wireless networks, Technical Reports CS-TR-4103, University of Maryland, Colleage Park, 2000.
[16] 北京普天通达科技有限公司，西安邮电大学. 龙门石窟动态信息及监测预警系统方案设计. 2012: 149-206.
[17] 龙岩市. 龙岩市物联网应用平台建设方案. 2012: 8-47.
[18] The Dublin Core Metadata Initiative (DCMI). http: //dublincore. org. html [2015-11-11].
[19] 韩珏. 都柏林核心(Dublin core)元数据发展简史(上). 图书馆杂志, 1999, 18(4): 30-31.
[20] 韩珏. 都柏林核心(Dublin core)元数据发展简史(下). 图书馆杂志, 1999, 18(5): 18-23.
[21] 中国华电集团公司. 中国华电集团公司发电企业 KKS 标识系统编码规则. 2006.
[22] 吴伟. 电厂设备管理中 KKS 编码的应用. 华东电力, 2007, 35(9): 88-90.
[23] 胡青松. 煤矿认知无线电网络的路由协议研究. 徐州: 中国矿业大学, 2011.
[24] 甘丹，谭春亮，王军，等. 基于语义 Web 的旅游信息服务的研究与应用. 计算机与信息技术，2007, 15(10): 10-12, 19.
[25] Antoniou G, Harmelen F V. A Semantic Web Primer. 语义网基础教程. 陈小平，等译. 北京: 机械工业出版社, 2008.
[26] 钟珞，潘媛媛，徐勇，等. 分布式异构空间数据共享研究. 计算机应用与软件, 2005, 22(10): 52-54.
[27] 熊永平，孙利民，牛建伟，等. 机会网络. 软件学报, 2009, 20(1): 124-137.
[28] 吴磊，武德安，刘明，等. 机会网络中面向周期性间歇连通的数据传输. 软件学报，2013, 24(3): 507-525.
[29] Abouelseoud M, Nosratinia A. Opportunistic wireless relay networks: diversity-multiplexing tradeoff. IEEE transactions on information theory, 2011, 57(10): 6514-6538.
[30] Li N, Das S K. A trust-based framework for data forwarding in opportunistic networks. Ad Hoc Networks, 2013, 11(4): 1497-1509.
[31] 蔡青松，牛建伟，刘燕，等. 机会网络中的消息传输路径特性研究. 计算机研究与发展，2011, 48(5):

793-801.

[32] 蔡青松, 牛建伟. 基于边独立演化的机会网络时间演化图模型. 计算机工程, 2011, 37(15): 17-22.

[33] 吴大鹏, 张普宁, 王汝言. 节点连接态势感知的低开销机会网络消息传输策略. 通信学报, 2013, 34(3): 44-52.

[34] Clementi A E F, Macci C, Monti A, et al. Flooding time of edge-markovian evolving graphs. SIAM Journal on Discrete Mathematics, 2010, 24(4): 1694-1712.

[35] 陈良银, 刘振磊, 邹循, 等. 基于能量感知的移动低占空比机会网络纠删编码算法. 软件学报, 2013, 24(2): 230-242.

[36] Gu Y. Sleipnir: A versatile extremely low duty-cycle sensor network, University of Minnesota, 2010.

[37] Ng S C, Mao G Q, Anderson B D O. On the properties of one-dimensional infrastructure-based wireless multi-hop networks. IEEE Transactions on Wireless Communications, 2012, 11(7): 2606-2615.

[38] Luo J, Zhang Q, Wang D. Delay tolerant event collection for underground coal mine using mobile sinks// Quality of Service, 2009. IWQoS. 17th International Workshop on. IEEE, 2009: 1-9.

[39] Newsome J, Song D. GEM: Graph EMbedding for routing and data-centric storage in sensor networks without geographic information//International Conference on Embedded Networked Sensor Systems. ACM, 2003: 76-88.

4 感知矿山的信息流

感知矿山通过信息感知设备从多源异构的信息源获取信息，经过编码之后进入传输网络，之后这些信息被存储起来为各种应用提供数据支持，同样，上层应用提供的控制信息也通过这个网络传递到每一个终端设备，这形成了感知矿山的信息传递回路。这个信息的交流传递过程中需要一种规范化的对象，这就是感知矿山信息流。

4.1 感知矿山信息预处理

感知矿山信息流预处理是信息流传递前的重要环节，保证了信息的准确性、完整性。通过数据预处理和信息融合技术可以提高信息的使用价值。

4.1.1 信息流分类

感知矿山是一个庞大的复杂异构的系统，其中，信息源的种类繁多，同样获取的信息也具有不同的性质。如何能够对这些信息进行有效的传输，首要的任务就是必须对这些信息进行分流。信息分流就是指依据特征将信息分成几种不同类别的流的过程。

1. 视频流

视频流是煤矿视频监控信息源获取到的视频信息。随着煤矿安全生产要求的逐步提高，视频监控范围不断扩大，包括各个出入口、主井口、井下通道、采煤工作面、掘进工作面、中央变电所、主运输大巷等[1]。

2. 音频流

音频流主要是包括煤矿井上井下的语音通信信息。包括调度室与井下之间进行指示命令，汇报井下生产状况等[2]。

3. 监控数据流

监控数据流是感知矿山信息源产生的监测、控制信息。主要包括环境安全监测监控信息、轨道运输监测监控信息、带式输送机监测监控信息、提升机运输监测监控系统信息、供电监测监控信息、排水监测监控信息、火灾监测监控信息、瓦斯抽放监测监控信息、矿山压力监测监控信息、煤与瓦斯突出监测信息、大型机电设备监测监控信息、人员定位监测信息等[3]。

4.1.2 信息流预处理

来自信息源的原始数据，大多是数据序列，但由于采集端可能会出现工作异常，比如采集程序正常退出、局端系统初始化启动、网络通信中断、传感器故障等，这时从信息源获得的数据并不是真实的数据[4]。因此对矿山感知数据序列，必要的工作是处理空缺值和清理不可能数据，并且进行压缩。具体的处理方法如下：

1. 数据清理

1）忽略该记录

记录中的关键信息丢失或数据丢失情况严重时，即使是采用某种方法把所有的缺失数据填充好，该记录也已经不能反映真实的情况，这样的数据质量较差，一个有效的数据清理方法就是忽略该记录。

2）手工填写空缺值

以某些背景资料为依据，手工填写空缺值。这种方法需要广泛的领域知识，且过程复杂、耗时长，不利于处理大型数据库和数据值缺失较多的数据集。

3）使用平均值

计算该记录其他数据的平均值，用来填充空缺值。该方法比较简便，但在一连串数据缺失时不采用。

4）使用同类样本平均值

计算同类样本记录的属性平均值，用来填充空缺值。例如通常煤矿井下每个掘面、采面、风巷、大巷，均布置多个瓦斯传感器，诸如 T1、T2 等。因此可按照一定关系，根据 T1 的值补充替代 T2 的值，或反之。

5）预测最可能的值

这种方法是最常用的方法，它从现有数据的多个信息推测空缺值。根据其他完整的记录数据，使用一定的预测方法，得到最可能的预测值。如通过回归分析、贝叶斯形式化方法工具或判定树来预测。

2. 数据压缩

随着煤矿生产监测系统的不断完善和增多，产生的监测数据也越来越庞大，如果没有高效的数据压缩技术，建立煤矿监控数据中心将比较困难。由于生产过程中实时数据都是秒级甚至毫秒级数据，如果采用传统的直接采集存储方案，将会占用大量的存储空间，大大增加存储成本并极大地影响系统处理效率。生产过程的原始测量数据中包含大量的冗余和不相关信息，在保留过程特征信号的基础上剔除冗余和不相关信息，就可以实现数据压缩。数据压缩的本质是数据变换，它是在压缩比和信号保真度或逼近误差之间寻求的一种折中方法。过程数据压缩方法基本分为 3 种，即分段线性方法、矢量量化方法及信号变换法[3]。

4.1.3 信息流数据融合

信息融合模型主要包括融合的功能模型、结构模型和数学模型。功能模型是从融合的过程出发，描写信息融合包含哪些功能、数据库以及进行信息融合时系统各组成部分之间的相互作用过程；结构模型从融合组成出发，说明信息融合系统的结构；数学模型则是信息融合算法和综合逻辑[5]。

1. 功能模型

信息融合的功能模型目前已有很多学者从不同的角度提出了信息融合系统的一般功能模型，最有权威的是美国三军政府组织的实验室理事联席会下属的技术委员会提出的功能模型。该模型把数据融合分为三级：第一级是单源或多源处理，主要是数字处理、跟踪相关和关联；第二级是评估目标估计的集合，以及它们彼此和背景的关系来评估整个情况；第三级是用一个系统的先验目标集合来检验评估的情况。

1）分布式多传感器信息融合

分布式多传感器信息融合是每个局部的传感器所获得的待估计参数模型或待决策现象观测的同时，顺便给出估计或决策，并将它们的结果传递到融合中心，融合中心就将所有传感器的结果融合起来，得到最终的估计或决策。

2）中心式多传感器信息融合

中心式多传感器信息融合是传感器能够将观测完全传递到融合中心，就相当于融合中心直接获得了所有的观测，这样的融合方式叫做中心式多传感器信息融合。

2. 结构模型

在实际环境中，各类传感器接收到的信息可能是实时信息，也可能是非实时信息；可能是快变的，也可能是缓变的；可能是模糊的，也可能是确定的；可能是相互支持或互补，也可能是互相矛盾或竞争。而多传感器信息融合的基本原理或出发点就是充分利用多个传感器资源，通过合理支配和使用，把多个传感器在空间或时间上的冗余或互补信息依据某种准则进行融合，以获得被测对象的一致性描述或解释，使该系统由此获得比其他各组成部分的子集所构成的系统更优越的性能。

多传感器信息融合与经典信号处理方法之间存在本质的区别，其关键在于信息融合所处理的多传感器信息具有更复杂的形式，且可在不同的信息层次上体现。主要的信息表征层有数据层、特征层和决策层。

1）数据层融合

数据层融合的特点是直接在多传感器分布检测系统中的检测判决层或信号层上进行融合。属于底层数据融合，优点是信息量大、信息准确，缺陷是很难达到实时要求、数据通信量大、抗干扰能力差，同时要求各个传感器信息具有同质性，否则需要进行尺度校准。

2）特征层融合

特征层融合是对各个传感器的原始数据进行特征提取后获得的信息进行融合。这些特征信息包括边缘、方向、速度、形状等。一般来说，形成特征的过程是一个较大幅度的信息压缩的过程，这为实时处理提供了前提条件。

特征层融合可划分为两大类：目标状态信息融合、目标特征信息融合。

（1）目标状态信息融合

目标状态信息融合主要应用于多传感器的目标跟踪领域，目标跟踪领域的大量方法都可以修改移植为多传感器目标跟踪方法。融合系统首先对传感器数据进行预处理以完成数据配准，即通过坐标变换和单位换算，把各传感器输入数据变换成统一的数据表达形式，在数据配准之后，融合处理主要实现参数关联和状态估计。常见的是序贯估计技术，其中包括卡尔曼滤波和扩展卡尔曼滤波。

（2）目标特征信息融合

目标特征信息融合就是特征层联合识别，它实质就是模式识别问题。多传感器系统为识别提供了比单个传感器更多的有关目标的特征信息，增大了特征空间维数。具体的融合方法仍是模式识别的相应技术，但是在融合前必须先对特征进行关联处理，再将特征矢量分类成有意义的组合。

对目标进行的融合识别，就是基于关联后的联合特征矢量，具体实现技术包括参量模板法、特征压缩和聚类算法、K 阶最近邻、神经网络等，除此之外，基于知识的推理技术也可应用于特征融合识别，但由于难以抽取环境和目标特征的先验知识，因而这方面的研究仅仅才开始。

特征层融合无论在理论还是应用上都逐渐趋于成熟，形成了一套针对问题的具体解决方法。在融合的三个层次中，特征层上的融合可以说是发展最完善的，而且由于在特征层已建立了一整套的行之有效的特征关联技术，可以保证融合信息的一致性，所以特征层融合有着良好的应用与发展前景。

3）决策层融合

决策层融合输出是一个联合决策结果，在理论上这个联合决策应比任何单传感器决策更精确或更明确，决策层融合所采用的方法有：贝叶斯理论、D-S 证据理论、模糊集理论及专家系统方法等。决策层融合在信息处理方面具有很高的灵活性，系统对信息传输带宽要求很低，能有效地融合反映环境或目标各个侧面的不同类型信息，而且可以处理非同步信息，因此目前有关信息融合的大量研究成果都是在决策层上取得的，并且构成了信息融合的一个热点。但是由于环境和目标的时变动态特性、先验知识获取的困难、知识库的巨量特性、面向对象的系统设计要求等，决策层融合理论与技术的发展仍受到一定的限制。

3. 数学模型

现有的信息融合的数学模型可分为三大类：嵌入约束观点、证据组合观点和神经网络方法。

4.2　感知矿山信息流编码

感知矿山信息流包含的信息具有多源异构的特性，因此，在进行信息传递之前依据统一的信息标准进行信息编码，有利于信息的高效传输和利用。

4.2.1　信息流编码目的

感知矿山信息源涉及的各种不同类型的信息，包括时间序列、音频、图片、视频等。采用统一的信息描述格式对信息进行编码是为了方便信息的存储、检索和使用，这是在进行信息处理时赋予信息元素以代码的过程。即用不同的代码与各种信息中的基本单位组成部分建立一一对应的关系。信息编码必须标准、系统化，设计合理的编码系统是关系信息管理系统生命力的重要因素。

编码是对原始信息符号按一定的数学规则所进行的变换。编码的目的是要使信息能够在保证一定质量的条件下尽可能迅速地传输至信宿。在通信中一般要解决两个问题：一是在不失真或允许一定程度失真的条件下，如何用尽可能少的符号来传递信息，这是信源编码问题；其次是在信道存在干扰的情况下，如何增加信号的抗干扰能力，同时又使信息传输率最大，这是信道编码问题。信源编码定理（香农第一定理）给出了解决前一个问题的可能性，并同时给出了一种编码方法；有噪信道编码定理（香农第二定理）指出存在着这样的编码，它可使传输的错误概率接近于信道的容量，从而给出了解决后一问题的可能性。因此，在通信中使用编码手段可以使失真和信道干扰的影响达到最小，同时能以接近信道容量的信息传输率来传送信息[6]。

经过编码后的信息能够方便系统进行鉴别，编码是鉴别信息分类对象的唯一标识。当分类对象按一定属性分类时，对每一类别设计一个编码，这时编码可以作为区分对象类别的标识。这种标识要求结构清晰，毫不含糊。由于某种需要，当采用一些专用符号代表特定事物或概念时，编码就提供一定的专用含义，如某些分类对象的技术参数、性能指标等。由于编码所有的符号都具有一定的顺序，因而可以方便地按此顺序进行排序。信息编码的基本原则是在逻辑上要满足使用者的要求，又要适合于处理的需要，结构易于理解和掌握，要有广泛的适用性，易于扩充。

一般应有的代码有两类，一类是有意义的代码，即赋予代码一定的实际意义，便于分类处理；一类是无意义的代码，仅仅是赋予信息元素唯一的代号，便于对信息的操作。常用的代码类型有：

（1）顺序码，即按信息元素的顺序依次编码。

（2）区间码，即用代码区间代表某一信息组。

（3）记忆码，即能帮助联想记忆的代码。

4.2.2　信息描述规范

感知矿山信息流涵盖了包括设备信息、人员信息、安全信息、管理信息在内的不同种类的信息。设备信息方面，矿山设备及系统由不同制造商和供应商制造或供应。人员信息方面，现有的人员管理系统多样化。安全信息方面，感知矿山涉及瓦斯、火灾、突水、矿震等多种灾害类型。管理信息更是纷繁复杂。因此，需要制定感知矿山信息描述规范，将各类信息统一到一个标准信息描述标识系统下，可以形成统一的标识体系，方便管理[7,8]。

国家物联网标准中规划了信息描述方式，但需要结合数据的需要进行应用扩展。应采用元数据技术为上述对象及数据提供统一的数据描述方法，制定统一的数据结构。对信息统一描述的要求参见 3.3.2 节。

4.2.3　信息流编码设计

1. 确定目标

根据系统的总目标确定感知矿山系统的信息内容，对感知矿山相关的数据与信息进行全面调查；分析各类信息的性质、特征；优化和重组信息分类；统一定义信息名称，提供系统设计数据。

2. 分析数据

对感知矿山涉及的传感器数据进行调查，根据调查所确定的信息范围对感知矿山现行的信息分类、编码情况和产品结构数据等进行深入的调查，收集全部数据样本。对收集到的信息采用特征表的方法进行特征分析，对需要统一名称的或多名称的事物或概念、数据项和数据元统一定义。

3. 确定数据集

初步整理收集来的信息，列出清单或名称表，并尽可能使用文字、数字的代码进行描述。

4. 制定编码规则

每个信息均应有独立的代码，信息代码一般是由分类码和识别码组成的复合码。分类码是表示信息类别的代码，识别码是表示信息特征的代码。信息分类编码系统的结构一般采用十进分类法系统。十进分类法系统中，层次是以树的结构形式表示，各码位数字的位置依前一位而定，并用 0～9 数字表示，每个码位表达一个固定的含义。为了保证代码正确的输入，对较长的代码和那些关键性的代码，应加校验码，以检查其输入、传输等操作而产生的错误。不同类别的信息可以有不同的编码规则，对同一类信息采用等长编码。

5. 建立编码系统

选用合适的编码系统，尽量采用已存在的各种不同内容的信息代码，予以调整和修改以形成感知矿山的信息编码系统。

6. 验证规则

编码系统形成后，应对编码系统进行验证、修改和补充，以确保编码系统的可靠性及适用性。

4.3　感知矿山信息流传输

感知矿山信息流传输是实现信息源和信息岛之间进行信息交互的关键步骤，合适的传输协议、可靠的传输控制能够保障感知矿山神经系统的正常运作，本节从信息流的传输方式和传输平台两方面对信息流的传输进行了阐述。

4.3.1　信息流传输方式

工业以太网技术已经在煤矿综合自动化方面实现了监控、共享、处理等功能。每个矿区都有自己的主干平台，包括安全管理、人员定位、生产监控、通信处理等。感知矿山是以工业以太网结构为基础的，实现了井下无线监控加有线的完美结合[9,10]，如图 4.1 所示为感知矿山信息流传输方式。

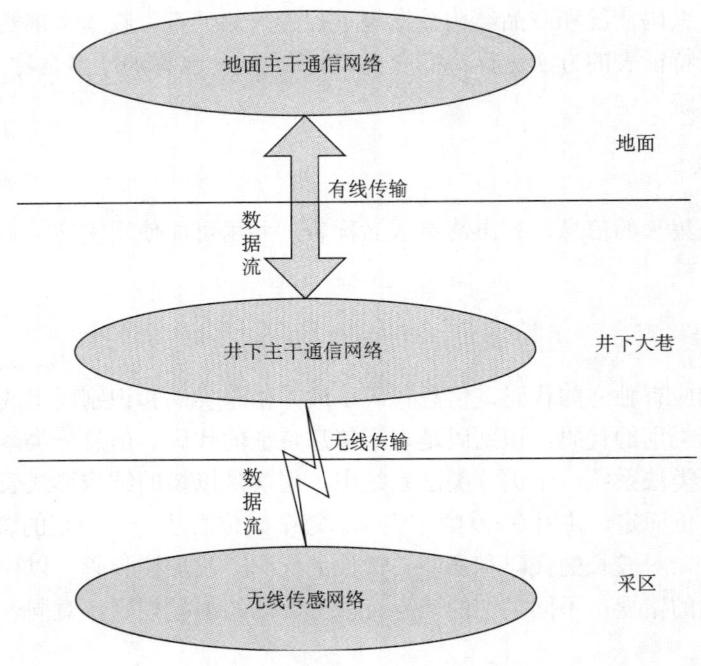

图 4.1　感知矿山信息流传输方式

煤炭生产企业的各种自动化设备，其数据通信环节大多采用有线传输。对于长距离的数据传输一般采用有线电缆或光缆，因为光缆它不受井下环境影响，传输可靠，效率高，传输距离远。比如，现在很多监控系统的主传输线都采用光缆传输。对于中短距离的数据传输，目前基本采用有线电缆，比如对于监控系统中的各种传感器到测控分站的数据信息传输一般采用阻燃型外护套或铠装的电缆、双绞线、同轴电缆、多芯电缆等。但是，对于短距离采用有线传输不能满足生产现场的需要，并且存在许多弊端和不足。在短距离情况下一般不采用光缆，因为光缆不易弯曲，容易折断，而且在井下生产现场的数据采集前端铺设光缆费用高、不易维护管理等，所以对于短距离、复杂环境的生产现场则不适宜采用光缆传输。在生产现场的短距离大多采用电缆，如阻燃型外护套电缆、双绞线等，也有采用无线电、红外等无线介质来进行数据传输。由于在煤矿井下生产现场环境十分恶劣，生产布局比较分散而且需要数据通信设备经常移动。在这样的环境下铺设电缆非常困难而且移动电缆麻烦，容易出现故障。另外，在矿井的一些特殊区域如采空区等一些死角目前一直无法采用有线方式进行有效的数据采集，这就使得这些区域存在巨大的安全隐患，从而给矿工生命带来严重威胁，给安全生产带来影响。另外，目前综采工作面亟须实现采煤机的机载瓦斯遥测，由于工作面无法敷设专用电缆，因此，采用无线的传输方式是解决工作面信息采集的重要技术。

感知矿山信息流的传输依托于矿山物联网技术，主要包括有线传输和无线传输两种方式[11-13]，下面分别对这两种传输方式中主要采用的通信技术进行介绍。

1. *数据流有线传输*

有线数据通信是靠有线传输，适于固定终端与计算机之间的通信。目前，感知矿山数据流的有线传输主要利用工业以太网技术。以太网技术，是比较成熟稳定的联网技术，配合光网技术的发展，目前它是最为主流的联网接入技术，是一种计算机局域网组网技术。IEEE 制定的 IEEE 802.3 标准给出了以太网的技术标准。它规定了包括物理层的连线、电信号和介质访问层协议的内容。以太网是当前应用最普遍的局域网技术。它很大程度上取代了其他局域网标准，如令牌环网、FDDI 和 ARCNET。以太网的标准拓扑结构为总线型拓扑，但目前的快速以太网（100BASE-T、1000BASE-T 标准）为了最大限度地减少冲突，最大限度地提高网络速度和使用效率，使用交换机来进行网络连接和组织，这样，以太网的拓扑结构就成了星型，但在逻辑上，以太网仍然使用总线型拓扑和带冲突检测的载波监听多路访问（carrier sense multiple access/collision detection，CSMA/CD）的总线争用技术。

2. *数据流无线传输*

WLAN（wireless local area network，无线局域网），是指应用无线通信技术将计算机设备互联起来，构成可以互相通信和实现资源共享的网络体系，从而使网络的构建和终端的移动更加灵活。WLAN 使用 ISM（industrial、scientific、medical）无线电广播频段通信。WLAN 的 IEEE 802.11a 标准使用 5GHz 频段，支持的最大速度为 54Mb/s，而 IEEE 802.11b 和 IEEE 802.11g 标准使用 2.4 GHz 频段，支持的最大速度分别为 11Mb/s 和 54Mb/s。

Bluetooth 技术，其基础为使用 IEEE802.15 协议，是一种开放性的、支持设备短距离通信的无线电技术，而蓝牙 4.0 版本其有效传输距离达 100m[14]。利用蓝牙技术，能够有效地简化移动通信终端设备之间的通信，也能够成功地简化设备与因特网 Internet 之间的通信，从而使数据传输变得更加迅速高效，为无线通信拓宽道路。蓝牙采用分散式网络结构以及快跳频和短包技术，支持点对点及点对多点通信，工作在全球通用的 2.4GHz ISM 是一种无需申请许可证（即工业、科学、医学）的频段，其数据速率为 1Mbps，采用时分双工传输方案实现全双工传输。

ZigBee技术，其基础为IEEE802.15.4标准，根据这个协议规定的技术是一种近距离、低复杂度、低功耗、低数据速率、低成本的双向无线通信技术，主要适合于自动控制和远程控制领域，可以嵌入各种设备中，同时支持地理定位功能。而且，对于工业现场，这种无线数据传输是高可靠的，并能抵抗工业现场的各种电磁干扰。在 ZigBee 技术中，使用网状拓扑结构，自动路由，动态组网，直序扩频的方式，就是为了满足工业自动化控制现场的这种需要。

4.3.2 信息流传输平台

感知矿山信息流传输平台确保煤矿所有安全生产、人员、设备、管理信息等复杂异构信息在一个统一的数据平台存储，在异构条件下进行连通与共享，能够使不同功能的应用系统联系起来，协调有序运行。实现将采集的感知信息及时的处理并转发给其他的信息岛，从而保证信息动态顺畅地沟通。

1. 关键技术

1）制定统一数据接口，实现异构分别传输信息的统一接入

感知矿山信息流传输平台作为信息交换与处理的核心平台，必须保证信息的高效、有序、可靠和安全，而煤矿现有的各类离散子系统种类繁多，传感信息类型、采集方式、传输方式等还基本各自为战。感知矿山信息流传输平台必须充分了解各子系统信息特征，并提取、归纳各种信息特征，指定统一的信息接入规范，确保异类、分布的传感信息能准确有效地集中到平台。通信中采用以太网信息交换模式，统一接口与应用平台中的应用系统的信息交换及统一通信下行接口与智能终端的通信协议，制定接口规范。

2）建立信息流预处理模型

由于复杂异构信息存在很大的不确定性和个别误差，如定位抖动、瞬时传感数据自相关异常等，因此必须对采集到的信息进行预处理。系统中的信息流预处理模块主要利用快捷的平滑滤波、关联分析等建立手段进行初步处理，信号有限降噪，在确保数据的有效性和准确性的前提下，适当去除冗余信息和降低后端信息交换及实时处理的复杂性和重复性，提高后端系统的鲁棒性[15]。

3）构建统一时空实时信息库

统一时空实时数据库作为信息流传输平台中的核心模块，是各类信息存储快速交换及融合的主要场所，实时数据库的有效性和合理性直接影响到系统处理能力；信息流传输平台中统一时空实时数据库主要对信息的基本属性及动态属性分别存储，通过高速哈希表对动态属性进行高速的读/写；通过高速并行算法对大量动态信息进行匹配与输出，使来自不同传感器，具有较大相关性的特征信息快速归类，具有时间、空间、环境特征[16]。

4）资源动态监管

实现对资源的动态管理。包括实时哈希表监管、线程监视、CPU 资源监管、实时数据队列并行调度管理等。实现运行状态下资源动态管理与自动优化，不必人为重新调整资源系统配置，确保系统运行的连续性和稳定性。

2. 平台功能

1）异构数据的统一接入

针对各种纷繁复杂的感知数据，采用统一规范的标准接入至信息流传输平台中，确保异构传感器信息的有效性和多维度关联。

2）定位标签数据的接入

接收来自定位服务器的众多定位标签的空间数据，并实时存入时空实时数据库的哈希表中，实现空间属性与基本属性的关联。

3）感知信息的接收与发送

接收来自感知信息平台的各类下行消息，并存储至短信待发队列中，感知设备休眠结束时，将消息发送至对应目标；同时接收来自人员、环境等信息终端及原有监控服务器的各类实时感知信息。

4）多传感信息快速预处理

针对复杂传感器的实时数据自相关特征及多维互相关特征，采用有限长数字滤波和关联分析对信号降噪平滑后输出至时空实时数据库。

5）主动路由

针对不同应用服务的不同定制服务，主动有序地从时空实时数据库中提取特征信息构建特征信息队列，并主动定时/非定时地将队列推送至应用服务器。

6）动态资源管理

实现对实时哈希表、任务线程、系统资源、实时队列等方面的管理，确保系统运行的连续性和稳定性。

4.4 感知矿山信息流存储

随着感知矿山信息源数量的增加，各种感知矿山信息日益庞大和复杂，如何组织和利用丰富的感知矿山信息，是感知矿山建设的重要内容。建立感知矿山信息库，在信息资源的管理和利用中，具有独特的优势。

4.4.1 信息库的特征

信息库是专门针对感知矿山信息流建立的信息库，是一个面向问题的、集成的、随时间变化的、永不散失的数据集合，用以支持管理层制定决策。因此，感知矿山信息库也同样具有面向问题的、集成的、随时间变化的和非易失的特点[17]。

1. 面向问题性

面向问题是信息库中数据组织的一个基本原则。信息库中的所有数据是有组织的，同时围绕一个问题执行。感知矿山信息库是对矿山海量数据进行组织、维护和管理的一项系统工程，其数据并不能任意收集和抽取，而是面向感知矿山这一应用主题和目标，在较高层次上对矿山数据进行整合与归类，并加以抽象分析利用。同时，围绕矿山应用主题，通常需要保持几年的历史数据，为更好地理解矿山生产经营状况，甚至需要保持数十年的企业历史数据。

2. 集成性

集成性是根据需求的决策分析分散在不同地方的源数据定义的，它是经过提取、过滤、清洁、整合信息库中的数据时集成的。感知矿山信息库中的数据，并不是杂乱无章、简单、低层次的数据集合，而是通过数据清理、转换和集成的，对矿山数据进行了归并或处理计算，这些数据都是高度集成和综合的。根据矿山企业的实际需要，可以对这些矿山数据进行多维分析和数据挖掘，从而提供各种统计报表和科学数据。

3. 非易失性

信息库中的数据主要用于查询处理，也不会频繁地更新。信息库中的数据是庞大的，这些数据一旦被装载它就一般不再被系统移除。

4. 随时变化性

当数据超时或者改变时，信息库需要在信息系统中连续加载改变的数据。

5. 系统稳定性

感知矿山信息库是一个相对稳定的信息系统。一方面，矿山数据具有持久性的特点，因为信息库中保存的数据经过集成和处理，反映和描述的是一段时间内矿山的状态和内容，信息库保持相对的稳定性。另一方面，间隔一定时间周期，矿山数据也需要进行维护和更新，并根据主题需求的变化，不断地对矿山数据进行综合与分析。

4.4.2 信息库的构建

构建感知矿山信息库是一项复杂的系统工程，需要各部门协调与合作，需要投入大量的人力和资金。从总体规划、数据收集、数据装载，到数据分析和具体应用，每个环节都可能影响系统的功能和效率。在实施信息库的过程中，应该尽量利用矿山数据资源以及综合考虑矿山企业的应用需求。同时，信息库也是一个开放的系统，随着数据的丰富和技术的提高，应该不断地增加系统数据和优化系统性能[18,19]。构建感知矿山信息库的具体步骤如下：

1. 确定矿山应用主题

确定应用主题是构建信息库的首要环节。组织高层管理人员、矿山领域专家和知识工程师进行可行性报告论证，规划总体设计方案，明确系统实施的目标和功能，例如主要解决矿山哪些问题和为矿山企业带来什么效益等。矿山数据的采集是感知矿山信息库中的一项重要工作，根据应用主题收集相关数据，包括矿山地质数据、矿山测量数据、物化探资料、矿山企业内部数据（如生产数据、管理数据和财务数据等）、外部市场统计数据等。

2. 感知矿山信息库构建与管理

构建信息库，包括数据装载、数据模型设计、元数据储存与管理等环节。元数据是关于数据的数据，属于信息库的关键组成部分，包括主题描述、数据抽取规则、逻辑模型的定义和数据分割定义等内容。为提高系统性能，进行数据挖掘和联机分析处理等操作，建立多维数据模型是一种有效的方式。多维数据模型易于理解，也方便用户开发和处理。针对矿山数据的复杂性和多源性特点，建立一种有效的矿山多维数据模型。最后，以装载数据、建立时间序列和各种索引，以及进行接口设计，组成感知矿山信息库的主体。

3. 感知矿山信息库应用工具开发

信息库是为各种应用工具提供一种有利的数据开发环境，这些工具包括查询报表工具、多维分析工具和数据挖掘工具等[20]。根据用户需求开发相关的工具，如 OLAP 可以对数据进行多维分析、旋转、下钻和上卷等操作。查询报表工具将有利于实现矿山数字化管理，提高矿山企业的办公效率。数据挖掘的利用是数据开发的高级阶段，可以发现矿山数据隐藏的关系和模式，为管理人员提供决策依据，基于这些结果，结合专家领域知识，从而辅助矿山管理决策和计划部署。

4.4.3 信息库的应用

1. 感知矿山管理信息库

感知矿山管理信息库中集成了矿产数据、财务数据、设备数据和销售数据，可及时准确地提供矿山企业的信息资料，提高企业对市场的应变能力。在矿山企业、设备、物资和人员等信息一体化的基础上，为矿山资源配置最优化和经济效益最大化提供信息化处理平台。在决策方面，全面、实时地为高层管理人员提供各种信息和数据，把环境、资源和经济的可持续性融合在决策中，掌握矿山的发展动态，预测矿山的发展规模，提高对应急事件的处理能力，使管理从定性化走向定量化。

基于信息库的企业内部网络，促进矿山信息资源的交流与共享，为广大职员提供以信息为媒介的教育培训、技术指导、安全操作等公共信息服务。实现信息发布、服务咨询和在线培训，为管理部门提供系统、实用的信息资料，有利于各级部门动态查询报表，推动矿山管理向科学化、规范化和民主化发展，极大地提高办公效率和综合治理能力，真正实现对矿山企业的信息化和数字化管理。

2. 感知矿山自动化开采信息库

目前，矿山存在资源回采率低、浪费严重和市场信息滞后等问题。感知矿山信息库的构建，将促进矿产资源的综合开发与利用，实现对矿产资源的“精细开采”和“柔性采掘”，延长矿山的服务年限，实现可持续发展。以矿山资源为依托，以信息技术为手段，以市场需求为导向，制订生产计划和远景规划，使矿山企业形成集资源开采、产品生产、销售服务等一体化的高科技实体。

感知矿山自动化开采信息库中集成了矿山地质、测绘、环境、生产和管理等多方面的数据，包含矿山地形图、矿山土地利用图、矿井地质图和采掘工程图等，为确定矿产的分布位置、开采工艺的设计与选取，以及成本利润分析提供科学依据。并通过钻孔布置图和矿产分布图等专题地图，全面掌握地质构造、矿石品位、开采厚度和井下生产状况，为管理部门提供矿山开采的实时数据。基于快速准确的矿山信息采集系统，可自动化采集与处理矿体位置、设备运行参数及其采掘进度等信息，实现矿山采掘和运输的可视化与自动化。

3. 感知矿山智能调度信息库

感知矿山智能调度信息库有利于采掘设备、选冶机械和车辆运输的合理调度，并与市场需求接轨，减少资源浪费和开采成本。利用从矿体到围岩，从井下到地面，在静态和动态的各种空间信息，以及岩体应力测量数据，指导生产机械的合理调度，实现安全生产、低成本和高效益的目标。信息库中记录的机械设备运行性能、供应商、维修历史等信息数据，集成矿山机械数据实时监测与故障诊断报警系统，保证生产装置的控制、优化、调度一体化，以及设备的集成管理，为生产管理人员进行决策分析提供有力的支持。通过数据挖掘技术，科学安排矿产开采的方法，以及合理地使用采掘设备，降低操作成本，提高生产效率。操作人员对各种设备的动态管理，能及时发现和诊断机械的故障，对矿山机械进行科学的检修。

4. 感知矿山网络监控信息库

感知矿山网络监控信息库的建立，为矿山生产过程监控、全矿井生产安全环境监测、生产过程信息综合利用，提供了强大的信息处理平台，有利于矿山尾矿监测与管理；对矿山引发的地质灾害进行分析，寻找诱导地质灾害的因素，对可能发生的地质现象进行预报预警[21]。通过数字视频、宽带网络技术和现代通信技术等，实现矿井生产监控、安全监控和管理监控，对矿山的环境、气候和地质工程实现全方位、动态的监测与预报。如建立矿井瓦斯动态监测网络，可以根据岩层透气性能、地质构造、瓦斯聚集的位置，预测矿井中瓦斯含量和分布规律等，为瓦斯治理提供科学依据。

4.5　生产状态感知信息流

4.5.1　地质勘探感知信息流

地质勘探感知信息流是指在进行矿山地质勘探过程中产生的信息流。主要包括测量数据、地质填图数据、遥感数据、物探数据、钻探数据和矿井生产数据。

测量数据主要包括地形数据和井下巷道相关数据。

地质填图主要包括实测地质剖面图、地质图测制两方面。

遥感影像的判读特征就是地表不同性质的地层、岩石、矿产、地质构造、地貌等地物在遥感影像上反映出不同的影像特征。

地球物理勘探（简称物探）是根据地下岩石或矿体的物理性质差异所引起的地表某些物理现象变化（异常）来判断地质构造或发现矿体的一种勘探方法，包括地震、重力、磁力、电法、地热、放射性及地下地球物理测量等。

钻探工程是利用机械传动钻杆和钻头，向地下钻进成直径小而深的圆孔，称为“钻孔”，由于钻孔可以直接从孔内相应深度采取岩芯、煤芯，因此由它所确定的岩层分界面深度及岩性等各种地质资料相对准确可靠。

在矿井生产过程中由于开拓工程、巷道（岩巷、煤巷）等要揭露岩层、煤层、断层、褶皱等地质现象，通过对开拓工程和巷道进行地质编录，或进行采样分析，就可以得到开拓工程和巷道所穿过位置的岩层、煤层的分层点、厚度、结构、岩性、煤质、产状以及所遇到断层或褶皱的位置产状要素、断距、断层的性质等信息。

4.5.2 采掘系统感知信息流

采掘系统感知又分为采煤系统感知和掘进系统感知两个方面。采煤系统感知主要实现采煤机、刮板机、液压支架等关键设备运行状态的感知。掘进系统感知主要是对掘进机的感知，包括运行参数和运行姿态等。

在采煤系统感知中，采煤机的感知是核心，主要的感知信息流包括采煤机的电压、电流、绝缘、牵引力、方向、位置、流量、压力、温度、湿度、速度、摇臂倾角和机身倾斜等。对刮板机的感知信息流包括电压、电流、速度及电动机和减速器温度等。对液压支架的感知包括电源、压力和位移等信息流。

在掘进系统感知中，掘进机的感知信息流包括油缸位移、油缸流量、电流、机身位姿参数、监控视频、振动信息、温度、音频、油压等。

4.5.3 提升系统感知信息流

矿井提升机是地下矿山运输的重要设备。它通过一定的装备沿井筒运出矿石、废石、升降人员及材料、设备等。矿井提升设备按井筒倾角可分为竖井提升设备和斜井提升设备；按提升容器可分为罐笼提升机和箕斗提升机等；按提升用途可分为主提升机（专门或主要提升矿石，一般称为主井提升机），副井提升机（提升废石、升降人员及运送材料和设备等，一般称为副井提升机）和辅助提升机（如天井电梯、检修提升等）。

矿井提升机的工作机构主要包括主轴装置和主轴承等。主轴装置由主轴、卷筒、滚动轴承、支轮、制动轮、调绳装置等组成，卷筒上装有木衬以减少钢绳的磨损。它的作用是缠绕和搭放提升钢丝绳；承受各种正常载荷（包括固定载荷和工作载荷），并将此载荷经过轴承传给基础；承受在各种紧急情况事故下所造成的非常载荷，在非常载荷下，各装置不应有残余变形；当更换提升机水平时，能调节钢丝绳的长度（仅限于单缠绕式双卷筒提升机）；调绳装置的作用是当更换提升水平需要调节钢丝绳的长度时，利用调绳装置使游动卷筒与主轴脱开，从而可以转动固定卷筒来调节提升的深度。

矿井提升机的制动系统包括制动器和液压传动装置两部分。制动器的作用是在提升机停止工作时，能可靠地通过闸瓦闸住提升机卷筒；在减速阶段及下放重物时，参与提升机的控制。紧急事故情况下，能使提升机安全制动，迅速停车，避免事故的扩大；双筒提升机在调节钢丝绳长度时，应能闸住提升机的游动卷筒。液压装置是矿井提升机整个控制系统的核心部分，液压传动装置的结构和性能直接影响到控制性能。矿井提升机的液压传动装置主要由以下几个部分组成：油源部分、工作制动控制阀、安全制动控制阀和执行机构（制动油缸）。液压传动装置的作用是作为制动力的能源，并控制制动器动作，即根据需要来分别实现工作制动和安全制动。

提升系统感知信息流是指矿井提升系统感知中需要的信息，主要包括立井闸瓦间隙信息流、立井润滑油压力信息流、立井润滑油温度信息流、立井动力制动电流信息流、立井提升速度信息流、立井轴瓦温度信息流、立井电机温度信息流、立井滚筒轴瓦温度信息流、立井测速发电机电压信息流和立井动力制动电流信息流等。

4.5.4 通风系统感知信息流

矿井通风是保障矿井安全的最主要的技术手段之一。在矿井生产过程中，必须源源不断地将地面新鲜空气输送到井下各个工作地点，以供给井下人员呼吸，同时稀释和排除井下各种有毒、有害气体及矿尘，创造良好的矿内工作环境，保障井下工作人员的身体健康和劳动安全。矿井通风系统就是为了完成矿井通风的所有任务而组成的设备系统，它是由通风动力及其装置、通风井巷网络、风流监测与控制设施等共同组成的随机动态系统，与井下所有的相关作业地点相互联系，对矿井通风的状态及达标程度有着全局性的重要影响。同时它也反映了以各种技术手段来调度、控制空气在井下的流动，实现并维护矿井正常开采环境和创造安全生产条件的动态过程。在正常生产时期，矿井通风系统的任务是利用通风动力，以最经济的方式来向井下所有用风地点供给质优、量足的新鲜空气，目的在于保证工作人员呼吸需要，稀释并排除瓦斯、煤尘等有毒有害物质，以及降低热害，为井下工人创造一个良好的劳动环境；同时，在矿井灾变发生的时期，能够有效、及时地控制风流方向与风量输送，同其他救灾措施相结合，来防止灾害的扩大，进而消灭事故所造成的不良后果。

通风系统感知信息流包括矿井负压信息流、矿井风量信息流、矿井风阻信息流、矿井等积孔信息流、矿井风量供需比信息流、矿井有效风量率信息流、采掘面实际风量与理论配风量比值信息流、矿井通风方式信息流、通风机效率信息流、通风机功率信息流、吨煤主扇电费信息流、矿井井巷工程费信息流、风机运转稳定性信息流、用风地点风流稳定性信息流、角联信息流、串联通风信息流等。

4.5.5 排水系统感知信息流

在矿井建设和生产过程中，大气降水、断层水、老空水等多水源会通过各种渠道涌入矿井之中，形成矿井涌水。由于各矿的地质水文、地形特征、气候条件不同，开采方法不一，导致矿井涌水量的大小和变化都不同。有的矿井涌水量为几十立方米/时，有的几百立方米/时，一些矿井在涌水高峰期甚至可以超过千立方米/时。排水系统会伴随矿井生产，不断运行到该矿井报废为止，它是矿井安全生产必不可少的一项重要装置，这就要求排水装置必须能够安全可靠地运行。

排水系统感知信息流是指各种传感器、执行器信息以及水泵运行的各种数据和相关参数，主要包括水泵排水量信息流、水仓最大蓄水量信息流、矿井涌水量信息流等。

4.5.6　供电系统感知信息流

煤矿供电系统的使命在于保证煤矿的安全生产，其责任非常重大。例如由于煤矿井下存在瓦斯和涌水，煤矿供电系统在运行中发生故障后如不及时排除，电力供应中断极易发生瓦斯积聚爆炸和淹井等重大安全事故。因此，煤矿供电系统在供电可靠性上的要求非常苛刻。根据《煤矿安全规程》可知，煤矿供电系统应做到以下几点：①矿井应有两路独立电源线路；②带主排水泵房的采区泵房、井下中央变电所、带掘进工作面的采区变电所的供电线路不少于两回；③瓦斯抽放泵、主要通风机、提人绞车等重要设备必须有专用双回路，其辅助设备及控制回路与主设备有同等可靠的双电源；④双电源、双回路应来自各自变压器和不同母线段，以保证电源独立性；⑤及时对供电系统进行简化优化，以减少冗余线路；⑥适当增大线路截面，提高供电能力；⑦变电所和配电点的设置应遵循靠近负荷中心设计原则，尽可能缩小电网调度操作路径[22]。

供电系统感知信息流是指煤矿供电系统中母线、主变压器和线路的测量信息流，主要包括线路上的三相电流和功率流[23]。

4.5.7　皮带系统感知信息流

皮带运输系统是煤矿井上和井下运输系统的主要工具。由于结构简单、运输量大、方便快捷等特点，皮带运输系统成为煤矿生产的重要组成部分。它能够安全可靠、快速高效地运载煤料，对提高煤矿生产效率和经济效益有巨大的作用。但是，随着耗煤量的急剧增大，矿井采煤规模的不断扩大，传统的煤矿运输生产控制方式效率低、故障率高，尤其是对具有非线性和时滞性等特点的复杂系统无法进行有效与精确地控制，已经难以满足生产需求。要始终保持皮带运输系统良好稳定的运行工作状态，这使得对皮带运输系统的性能以及其保护控制要求越来越高。

皮带系统感知信息流包括皮带系统的运行动作、故障点的各条皮带启停、跑偏故障、打滑故障、堆煤故障、撕裂故障、现场温度、煤仓物位、语音通信、声光报警等信息流。

4.6　灾害渐变感知信息流

4.6.1　瓦斯灾害感知信息流

瓦斯是吸附于煤体及周围岩层中的有害气体，主要成分是 CH_4，易燃易爆，且由于我国煤层透气性不高，难以实现在开采前抽放，所以采掘时极易发生瓦斯突出现象。相对于美国、澳大利亚等煤矿地质条件较好、储量丰富的一些国家，高瓦斯煤矿一般会被停产关闭。在我国，煤炭一直作为主要的能源，且资源有限，所以开采范围中包含了一些条件十分复杂、相对环境比较恶劣的特殊煤矿。当开采的深度达到了 600m 以下，则已经进入了开采的高瓦斯和瓦斯突出区，而在全国范围内，由于种种原因，大多数的矿井都选择冒险开采到这一区域，伴随而来的就是安全问题。与此同时，需要考虑的是，温度和开采深度成比例增高，当向下开掘垂深增加 100m 时，作业面温度就会升高 3～4℃，而瓦斯的相对涌出量的增长是呈线性增长（不同地区梯度值不一样），此时发生瓦斯灾害的几率更大。目前我国的煤矿事故中瓦斯事故已上升到 80%以上，造成的伤亡占特大事故伤亡人数的 90%，瓦斯爆炸伤亡事故位居煤矿伤亡事故的榜首，因此对于煤矿瓦斯灾害，长期以来，一直是以瓦斯的监测为主[24]。

瓦斯灾害感知信息流主要包括瓦斯浓度、煤层瓦斯含量、采掘应力、构造和软煤、突出预测指标、钻孔轨迹、钻孔动力参数、煤层瓦斯参数、预测指标、钻孔施工参数、瓦斯抽采参数、地质构造探测参数、工作面空间位置等信息流。

4.6.2　煤火灾害感知信息流

煤自燃的发生和发展是一个极其复杂的、动态变化的、自动加速的物理化学过程，其实质是一个缓慢地自动放热升温最后引起燃烧的过程。煤自燃始于物理吸附，然后发生化学吸附和化学反应，放出热量，这是一个化学动力学过程；煤氧复合放出热量的过程首先是氧的输送，即是流体渗透和扩散的过程；流体渗透过程中氧不断消耗，各种气体陆续产生释放，又是一个有源有汇的质量传递过程；流体在松散煤体内部运动的动力源部分来自机械动力和自然界动力，但随煤氧复合产生热量，受热动力驱动，煤体温度发生变化，即也是一个热力过程；此外，煤氧复合所产生热量的扩散和积聚又为传热的过程。

煤自燃灾害感知信息流包括环境温度、煤自燃标志性气体浓度、氧气浓度、浮煤厚度、漏风强度等信息流。

4.6.3　粉尘灾害感知信息流

矿井粉尘诱发尘肺病和煤尘爆炸，具有严重的危害。1949～2007 年中国发生煤尘爆炸 106 起，死亡 4613 人；截至 2011 年底，煤炭行业累计报告尘肺病例超过 35 万人，占全国尘肺病患者总数 50%以上，每年煤矿尘肺病死亡人数已超过安全生产事故死亡人数的 2 倍。

矿尘防治的首要前提是粉尘检测检验，伴随高产高效集约化生产的加速和机械化程度的提高，矿井产尘强度的增加和粉尘检测检验装备落后的矛盾日益突出，人工检测的方法测点少、时间不连续，无法真实全面地反映矿井粉尘状态。

粉尘灾害感知目的是构建在线煤矿粉尘监测网络，全方位反映矿尘状态，并基于云计算和大数据分析，建立矿井粉尘与生产工艺的关系数据库、控尘方法对降尘效果的评价体系，智能预测矿尘时空变化，提供矿尘防治的专家决策技术支持，对于改善煤矿井下作业环境、预防尘肺病、防止矿尘爆炸、保障作业人员健康与安全具有重要意义。

粉尘灾害感知信息流主要包括粉尘粒度、离散度、浓度、煤矿采掘工程进度、煤层地质赋存和瓦斯涌出等信息流。

4.6.4 矿震灾害感知信息流

矿震是指由地面、浅层（几百米）和深层（千米以下）的矿山开采所引起的地震活动，是影响矿井安全生产的重大灾害之一。随着时间的推移，许多煤矿将进入深部开采，矿震灾害也将日趋严重。矿山地震的成因是一个非常复杂的问题，因为不同的矿山，甚至同一矿山在不同地点、不同时间，发生矿震的原因都可能不同。虽然每一次矿震都有可能找到对应的诱发因素，但如同天然地震一样，矿震发生的根本原因涉及震源机制问题，因此矿震灾害感知对于减少灾害的损失是必不可少的。

矿震灾害感知信息流包括矿震信号信息流。

4.6.5 突水灾害感知信息流

我国煤矿水害事故频繁发生，成为制约煤矿安全生产的主要因素之一。开展煤矿水害预警监测是实现煤矿安全开采、减少水害损失的关键。分析矿井突水影响因素应首先弄清矿井充水条件，包括：充水水源、充水通道及其他影响因素，如含水层富水性及补水条件、隔水层、地质构造、边界条件、地下水动态类型等。从 2000 年以来，随着计算机技术、网络技术和通信技术的发展以及对煤层顶底板突水机理的深入研究，出现了多个矿井水害监测预警系统平台，众多学者与科研人员都将突水机理与监测设备相结合，开展了一系列监测实践。主要有：以水文地质参数、应力、应变等为监测指标的监测预警系统，以岩层破裂监测为监测目标的微震监测系统，以地层电阻率探查为基础的网络并行电法监测系统等。

突水灾害感知信息流包括水位（水压）、水温、水质、水量（明渠流量）、应力和应变等信息流。

4.7 指挥调度感知信息流

4.7.1 人员定位感知信息流

煤矿井下人员定位系统能够及时、准确地将井下各个区域人员及设备的动态情况反映到地面计算机系统，使管理人员能够随时掌握井下人员、设备的分布状况和每个矿工的运动轨迹，以便于进行更加合理的调度管理。当事故发生时，救援人员也可根据井下人员及设备定位系统所提供的数据、图形，迅速了解有关人员的位置情况，及时采取相应的救援措施，提高应急救援工作的效率。

人员定位感知信息流包括实时定位信息流、考勤信息流、异常报警信息流等[25]。

4.7.2 语音通信感知信息流

煤矿井下语音通信系统可实现井下与地面的语音通信，对工作交流及救灾通信具有重要的积极意义。目前的井下语音通信系统主要是在井上服务器端及井下终端配置语音编解码设备，实现双方的语音通信。编解码算法主要是波形编码、参量编码和混合编码等传统的编解码算法。其中常见的有脉冲编码调制、增量调制编码、线性预测编码、码本激励线性预测编码等。

语音通信感知信息流主要包括井下语音通信数据流[26]。

4.7.3 视频联动感知信息流

煤矿工业电视监视系统为煤矿安全生产、调度指挥提供直观、方便、可靠的手段。煤矿视频监控系统可以实现对人的不安全行为进行实时监控，弥补煤矿安全监控系统的不足。

视频联动感知信息流主要包括井下视频监控数据流。

4.7.4 应急指挥感知信息流

信息流贯穿于整个应急救援过程，是应急救援与调度流程执行的桥梁和纽带。在信息流管理方案中，根据煤矿应急救援实际情况，由事故专项处理预案、事故处理专家、事故案例和“六大系统”信息库等要素构成。事故专项处理预案以结构化的形式构建信息库，包括事故类型、事故判断、事故决策意见和事故救援措施等。通过接入全国煤矿应急专家库形成煤矿事故处理专家库，便于在突发事故中及时组建事故应急救援专家组。通过分解全国煤矿重特大事故案例，按事故类型进行电子化分解存档，利用案例推理技术在应急救援时根据事故相似度智能提供相关的救援方案、救援措施等。日常演练中，事故案例库为煤矿工人提供事故预防和应急处置经验，帮助工人避免类似事故的发生以及提供在同类事故中应采取的防范措施[27,28]。

4.7.5 生产调度感知信息流

煤矿的安全生产调度是煤矿企业最为关键的环节和核心部分，是安全生产的指挥所。它的任务是监测煤矿井下工况，监测煤矿各个环节的安全情况及运转状况，并快速处理有关数据，反馈给有关部门，便于企业领导或调度人员及时做出相关决策，从而应对各种状况。

生产调度感知信息流主要包括生产数据信息流、生产指挥与协调信息流、调度台账信息流和调度报表信息流等。

4.8 矿区环境感知信息流

4.8.1 矿区灾害感知信息流

矿产资源在开发和利用的过程中，造成资源破坏、环境破坏和污染，并出现一系列生态环境与地质灾害问题，如废气、粉尘排放导致矿区大气污染、酸雨等，露天、井工开采和废渣、尾矿排放等造成采空区地面沉陷、植被破坏、水土流失、土地沙化、耕地减少等地面生态环境问题，地下水位降低和废水、废渣排放造成地下水失衡、水质污染等水环境问题。矿区的资源安全与生态安全遭到威胁，严重影响和制约着矿区社会经济发展。基于物联网技术，整合传感器监测、卫星遥感监测、航空测量、雷达监测、卫星定位系统及矿山测量技术等先进的空间信息技术，构建矿区立体环境与灾害监测基准，研究矿区环境与灾害相关的地物、地貌信息的快速采集与更新的方法与技术体系。

矿区灾害感知信息流包括沉降/沉陷、矸石山、煤田火、岩体开裂、滑坡、山体崩塌、地裂缝、固体废弃物等矿区特殊环境灾害信息流。

4.8.2 生态环境感知信息流

采煤塌陷是生态系统严重退化的重要原因，土地塌陷不仅会对生态环境造成负面的影响，而且严重影响区域社会和经济的发展。由矿区开采引起的开采沉陷，会降低矿区地下含水层的水位，导致地表塌陷和地下水源干涸，从而改变土壤的含水性，引起土壤结构变化，使得矿区土地极其容易沙漠化，最终影响矿区生态环境[32]。

生态环境感知信息流包括矿区大气污染物（H_2S、TSP、NO_x、SO_2、PM2.5、PM10等）动态监测信息流，矿区地表土壤与水污染状况信息流，矿区土壤 Cd、Hg、As、Pb、Cr 等重金属监测信息流，矿区地面沉陷、植被破坏、水土流失信息流，矿区的土地利用变化、植被变化、景观格局演变信息流等[33,34]。

参 考 文 献

[1] 张谢华. 煤矿智能视频监控系统关键技术的研究. 徐州：中国矿业大学, 2013.
[2] 马丽娜, 曹新德. 基于压缩感知的煤矿井下语音通信系统. 安徽理工大学学报:自然科学版, 2011, 31(3):72-74.
[3] 陈振江, 王勇. 煤矿监控数据集成问题的探讨. 工矿自动化, 2011, (12): 67-70.
[4] 尹洪胜. 煤矿瓦斯时间序列分析方法与预警研究. 徐州：中国矿业大学, 2010.
[5] 孙延飞，李智超，王静，等. 多传感器数据融合在煤矿安全监测中的应用. 煤矿安全，2012, 43(1):102-104.
[6] 黄解军, 崔巍, 袁艳斌, 等. 面向数字矿山的数据仓库构建及其应用研究. 中国矿业, 2009, 18(11): 76-79.
[7] 薛永刚. 蓝牙技术在煤矿数据传输中的应用研究. 西安：西安科技大学, 2006.
[8] 钱建生, 马姗姗, 孙彦景. 基于物联网的煤矿综合自动化系统设计. 煤炭科学技术, 2011, 39(2): 73-76.
[9] 解海东, 李松林, 王春雷, 等. 基于物联网的智能矿山体系研究. 工矿自动化, 2011, 37(3): 63-66.
[10] 王军号. 基于物联网感知的煤矿安全监控信息处理方法研究. 合肥：安徽理工大学, 2013.
[11] 李世银, 钱建生, 孙彦景, 等. 煤矿工业以太网网络模型研究及应用. 华中科技大学学报：自然科学版, 2007, 35(S1): 222-225.
[12] 刘志贺, 王冲, 赵志伟. 煤矿物联网技术探讨. 煤炭技术, 2012, 31(12): 249-251.
[13] 孙彦景, 钱建生, 李世银, 等. 煤矿物联网络系统理论与关键技术. 煤炭科学技术, 2011, 39(2): 69-72.
[14] 孙继平. 煤矿物联网特点与关键技术研究. 煤炭学报, 2011, 36(1): 167-171.
[15] 霍振龙, 包建军. 煤矿物联网统一通信平台的研究. 工矿自动化, 2011, 37(10): 1-3.
[16] 雷张伟, 李丽宏, 李牡丹. 煤矿用远程数据采集与传输系统的设计与实现. 国外电子元器件, 2007, (9): 30-32.
[17] 马茹. 浅谈煤矿数据通信及其应用. 才智, 2011, (34): 332-334.

[18] 杨敏, 汪云甲. 面向数据挖掘的矿山数据仓库技术研究. 金属矿山, 2004, (2): 47-50.
[19] 谭章禄, 方毅芳. 基于信息处理的感知矿山可视化管理平台研究. 中国矿业, 2013, 22(9): 129-133.
[20] 张申, 丁恩杰, 徐钊, 等. 物联网与感知矿山专题讲座之一——物联网基本概念及典型应用. 工矿自动化, 2010, 36(10): 104-108.
[21] 张申, 丁恩杰, 徐钊, 等. 物联网与感知矿山专题讲座之二——感知矿山与数字矿山、矿山综合自动化. 工矿自动化, 2010, 36(11): 129-132.
[22] 张申, 丁恩杰, 徐钊, 等. 物联网与感知矿山专题讲座之三——感知矿山物联网的特征与关键技术. 工矿自动化, 2010, (12): 117-121.
[23] 张申, 丁恩杰, 徐钊, 等. 物联网与感知矿山专题讲座之四——感知矿山物联网与煤炭行业物联网规划建设. 工矿自动化, 2011, 37(1): 105-108.
[24] 郝丽娜, 张秀均, 郁万里, 等. 基于 RSS 手指模的煤矿井下 WLAN 定位方法. 传感器与微系统, 2012, 31(9): 46-49.
[25] 杨娟, 郭江涛. WiFi 通讯技术在煤矿井下的应用. 煤矿安全, 2008, 39(2): 49-51.
[26] 徐玉龙. 煤矿供电系统可靠性研究. 水力采煤与管道运输, 2012, (3): 23-26.
[27] 于不凡. 煤矿瓦斯灾害防治及利用技术手册. 北京: 煤炭工业出版社, 2005.
[28] 王立刚. 煤矿井下移动变电站故障检测与诊断系统的研究. 青岛: 青岛科技大学, 2009.
[29] 罗军舟, 金嘉晖, 宋爱波, 等. 云计算:体系架构与关键技术. 通信学报, 2011, 32(7): 3-21.
[30] 李从东, 谢天, 刘艺. 云应急——智慧型应急管理新模式. 中国应急管理, 2011, (5): 27-32.
[31] 张辉, 刘奕. 基于"情景-应对"的国家应急平台体系基础科学问题与集成平台. 系统工程理论与实践, 2012, 32(5): 947-953.
[32] 刘飞, 陆林. 采煤塌陷区的生态恢复研究进展. 自然资源学报, 2009, 24(4):612-620.
[33] 吴立新, 王金庄, 梁越. 中国煤矿环境挑战及战略对策. 中国煤炭, 1996, (10):15-17.
[34] 罗亚, 徐建华, 岳文泽. 基于遥感影像的植被指数研究方法述评. 生态科学, 2005, 24(1): 75-79.

5　感知矿山的传输网

煤矿井下作业环境恶劣，矿难事故频频发生。井下安全与生产管理的自动化控制是煤炭企业实现安全作业、提高生产效率的重要技术途径。2008 年我国提出了“感知中国”物联网（Internet of Things）战略，即利用传感器技术在物理上建立可以覆盖所有事物的感知延伸网，再通过计算机互联实现物品的自动识别和信息共享。2010 年，中国矿业大学物联网（感知矿山）研究中心提出了“感知矿山物联网”具体的“三个感知”内容，即：

（1）感知矿山灾害风险，实现各种灾害事故的预警预报；

（2）感知矿山周围安全环境，实现主动式安全保障；

（3）感知矿山设备健康与环境状况，实现预知维修。

“感知矿山物联网”是物联网技术在煤炭行业中的具体应用：通过部署高速网络对矿区进行全面覆盖，对人员、设备、环境状况进行感知，再通过多媒体、3D GIS 等虚拟现实技术与井上安全生产决策层进行全息展示和互动，最终为井下安全生产的信息化与智能化提供全面、系统的解决方案。

目前，“感知矿山”技术正处于研究与实施的探索与起步阶段，在国内外尚没有形成相关的技术协议和规范。根据中国通信标准化协会（CCSA）泛在网技术工作委员会（TC10）的物联网实施建议，“感知矿山”应具有如下 3 层体系结构，即：

（1）感知延伸层。实现对井下人员、设备和环境的信息采集、捕获和识别。

（2）网络层。传输井下感知信息的数据承载网，包括接入网和核心网两个组成部分。

（3）业务应用层。为决策终端提供信息存储、数据挖掘和自动化控制服务。

在整个感知矿山中，信息源负责采集矿山的各种信息，信息流负责对各类信息传递、处理、储存、检索、分析等，信息岛形成一个个信息的集散地、信息流的中转地。矿山控制传输网络则扮演承载信息流的管道、“岛桥”等角色，为信息源、信息岛、矿山安全生产决策层之间的充分沟通提供高速、实时、可靠的数据传输平台，是感知矿山中必不可少的一个组成部分。

5.1　感知矿山传输网发展现状

5.1.1　感知矿山传输网基本要求

矿山传输网络由节点和一系列的线路（光纤、电缆，甚至空气等介质）构成，依据网络传输协议，经过电路的调整变化，实现诸多对象间的联系和通信。矿山传输网络是信息传输、接收、共享的虚拟平台，通过它把各个点、面和体的信息联系到一起，从而实现这些资源的共享。

要在整个矿山构建人与人、 人与物和物与物相连的控制网络，实现矿山安全、生产管理与应急救援的智能感知和自动化控制，数据传输网络是必不可少的一个组成部分。在整个感知矿山中，信息源负责采集矿山的各种信息，信息流对各类信息进行传递、处理、储存、检索、分析等，信息岛形成一个个信息的集散地、信息流的中转地。传输网则扮演承载信息流的载体、“岛桥”的角色，为信息源、信息岛、矿山安全生产决策层之间的充分沟通提供高速、实时、可靠的数据传输平台。

目前，对矿山控制传输网络的研究面临着众多新的技术难题和应用挑战，其主要技术内容包括：

（1）“感知矿山”需要融合井下各种语音、视频监控和环境感知技术，要求感知延伸层具有可感知数据类型丰富、覆盖面广、感知信息识别准确、接入地点无限制、低成本快速部署和扩展性强等特点[1]。考虑到有如下问题：①有线通信系统的建设和维护成本较高、跟进采矿工作面的动态特性较差，尤其是会随着灾后供电系统的破坏而陷入瘫痪[1]（“感知矿山”的一个重要应用就是井下灾害的预警和救援）；②普通的无线传感器网络（wireless sensor network，WSN）[2]又存在着感知数据类型单一、低速率和静态部署缺乏移动性支持等问题，很难满足“感知矿山”感知多种数据类型（多媒体），以及对移动人员、设备进行实时感知的需要。因此，必须研究如何部署无线多媒体传感器网络（wireless multimedia sensor network，WMSN）[2]实现对井下环境的无缝覆盖和快速感知。

（2）在“感知矿山”接入网部分，井下 WMSN 需要实时感知并传输大量的多媒体数据（如摄像头采集的采矿工作面视频信息和井下灾害救援现场信息），同时要确定感知数据的来源方位，因此需要：①提供高可靠的网络传输，保证网络监控数据的不间断传输；②提供较高的链路层数据速率，确保多媒体业务传输的服务质量（quality of service，QoS）；③尽量减小传感器节点的信息处理和传输能耗，延长 WMSN 的井下生存期；④为“感知矿山”提供人员和设备井下定位服务。然而井下巷道恶劣的电磁波传播环境（长距离、窄截面结构和粗糙巷道表面引起的无线电磁波传播的反射、衍射和散射现象）会导致信号的密集多径传播，进一步会导致无线链路的接收信噪比（signal-to-noise ratio，SNR）和定位精确度的急剧下降，造成实时监控数据的准确性下降；此外，还会导致无线通信存在大量死区，无线网络的连通性很不稳定，实时监控数据因此缺失。而且，井下防爆又限制了传感器节点通过提高发射功率来对抗信号噪声和信号衰落、提高数据精度的可能性。因此，必须研究无线电磁波在井下巷道的传播特性，设计具有抗密集多径特性的井下无线多媒体传感器信号收发机，提供相应的信道估计和发射功率调整策略，并提供相应的高精度井下定位算法。同时，必须研究如何扩展井下 WMSN 的自组织性、移动灵活性、抗毁性和自愈性，以满足井下人员设备的移动和灾后快速重建的需要，尽可能避免网络出现信息传输故障。

（3）采矿工作面多存在于侧巷道，是井下重点感知和控制区域；而主巷道的传感器节点则主要负责向应用层提供高速率数据传输服务，构成“感知矿山”的无线骨干网[1]。鉴于井下巷道特有的长距离结构，“感知矿山”无线骨干网的数据传输方向并不是“四面八方”，而是具有一定方向性的。因此，处于侧巷道与主巷道交接点位置的传感器簇头节点将会同时担负起侧巷道和主巷道的信息处理及数据传输任务，巨大的能耗将会使这些节点相比于其他传感器节点提前关闭，进而也容易造成监控上的中断和时间上的盲区，影响了网络传输的可靠性。主巷道的窄截面特征又限制了使用多径路由技术来平衡和减少这些簇头节点能耗的可行性。这就加速了井下信息孤岛（侧巷道）的出现，减小了 WMSN 的井下生存期和整个“感知矿山”的覆盖面。因此，必须研究针对“感知矿山”无线骨干网的路由协议，提出能够平衡交接点传感器能耗的数据路由路径选择策略，延长 WMSN 的井下生存期。

5.1.2　感知矿山传输网技术现状

目前应用的矿山传输网络主要采用 2 种数据传输介质：一种是矿山有线通信方式，如千兆工业以太网、现场总线等；另一种是矿山复杂环境下无线通信方式，如 Z-Wave、ZigBee、RFID（radio frequency identification，射频识别）、WiFi（wireless fidelity，无线保真）、McWILL®（multi-carrier wireless information local loop，多载波无线信息本地环）、3GPP-LTE（long term evolution，长期演进技术）等。有线、无线网关作为感知层的传输子层，实现数据的传输。无线覆盖区域视具体情况和要求而定[1]。

1. 有线网络

有线网络在两个通信节点间通过导线或光纤进行连接，例如工业以太网、工业总线、同步数字体系（synchronous digital hierarchy，SDH）等。

1）工业以太网

工业以太网是专门为工业应用设计的以太网。以太网采用带冲突检测的载波侦听多路访问机制，通过无源的介质，按广播方式传播信息。以太网中节点都可以看到在网络中发送的所有信息，是一种广播网络。以太网规定了物理层和数据链路层协议，规定了物理层和数据链路层的接口以及数据链路层与更高层的接口。其中物理层规定了 Ethernet 的基本物理属性，如数据编码、时标、电频等；数据链路层的主要功能是完成帧发送和帧接收，包括负责对用户数据进行帧的组装与分解，随时监测物理层的信息监测标志，了解信道的忙闲情况，实现数据链路的收发管理。

在工业以太网的产品设计时，在材质的选用、产品的强度、适用性以及实时性、可互操作性、可靠性、抗干扰性、本质安全性等方面必须满足工业现场的需要。

目前国际 IEC 接受的工业以太网标准包括 CPF2 Ethernet/IP，CPF3 PROFINET，CPF4 P-NET，CPF6 Interbus，CPF10 VNET/IP；CPF11 TCNET，CPF12 EtherCAT，CPF13 Ethernet Power Link，CPF14 EPA（中国），CPF15 ModBus-IDA 和 CPF16 SERCOS。

工业以太网在现场应用时，除了要满足工业以太网的适应工业环境的基本要求外，更重要的是要满足传输的确定性或可预测性，即满足实时性要求，因此往往需要将工业以太网改造成带有时间约束的实时工业以太网，使它能在有限的确定时间内完成传输任务。例如，现有的工业以太网 Ethernet/IP 和 PROFINET 仅支持 10～100Mb/s 的数据传输速率，而多媒体数据的传输则要求增大到 1～10Gb/s 的数据传输速率。

近年来，由于工业以太网的高带宽和高可用以及全双工交换传输技术对确定性传输的促进，受到了煤矿工业的积极推广和应用。目前煤矿网络主要采用以环形工业以太网为核心，WiFi 和工业总线为分支的架构方式，实现全矿井数据通信网络的覆盖。

2）工业总线

工业总线是以工厂内的测量和控制机器间的数字通信为主的网络，也称现场网络。其将传感器、各种操作终端和控制器间的通信及控制器之间的通信进行特化。这些机器间的主体配线是 ON/OFF、接点信号和模拟信号，通过通信的数字化，使时间分割、多重化与多点化成为可能，从而实现高性能化、高可靠化、保养简便化、节省配线（配线的共享）等。现场控制设备具有通信功能，便于构成工厂底层控制网络。通信标准的公开、一致，使系统具备开放性，设备间具有互可操作性。功能块与结构的规范化使相同功能的设备间具有互换性。控制功能下放到现场，使控制系统结构具备高度的分散性。可实现兼容多种自动化控制系统和监测设备，为矿井底层监测监控设备数据实时控制提供了重要手段。

目前工业总线多种标准共存，且有各自的应用领域，每种总线又各有自己的国际组织，并都将自身作为国家或地区标准，以提升竞争力。如今随着竞争越演越烈，不同总线出现协调共存的现象。为弥补工业总线的不足，将以太网引入也早已成为趋势。未来的工业总线将是全数字化、网络化的控制系统，其网络结构趋于简单，且主要采用成熟、开放、通用的控制技术。例如，当前使用的 CAN 收发器 Philips P82C250，在同一网络中可以连接多达 100 个节点，提供实时控制应用的高达 1 Mb/s 的数据传输速率，同时，Philips P82C250 的硬件错误检定提供增强型 CAN 的抗电磁干扰能力。

3）同步数字体系（synchronous digital hierarchy，SDH）

SDH 是由终端复用器（TM）、分插复用器（ADM）和数字交叉连接设备（DXC）等组成的，可在光纤上进行同步信息传输、复用和交叉连接，并由统一网管系统操作的综合信息传送网络。SDH 具有统一的网络节点接口（NNI），有一套标准化的信息结构等级（称为同步传送模块 STM-1、STM-4 和 STM-16）。其帧结构及相应信息格式是 SDH 的核心，帧结构中具有丰富的用于维护管理的比特，能够直接影响传送业务信息的灵活性、对外兼容性及适应性。SDH 可实现网络有效管理、实时业务监控、动态网络维护、不同厂商设备间的互通等多项功能，能大大提高网络资源利用率、降低管理及维护费用、实现灵活可靠和高效的网络运行与维护。

迄今，SDH 在干线网和长途网、中继网、接入网中得到了空前的应用与发展。SDH 不仅适用于光纤，也适用于微波和卫星传输。将 SDH 技术与光波分复用技术（WDM）、ATM 技术、Internet 技术（IP over SDH）等技术相结合，将会使 SDH 网络的作用越来越大。

SDH 并不专属于某种传输介质，它可用于双绞线、同轴电缆，但 SDH 用于传输高数据率则需用光纤。这使得 SDH 既适合用作干线通道，也可用作支线通道。例如，我国的国家与省级有线电视干线网就是采用 SDH，而且它也便于与光纤电缆混合网（HFC）相兼容。

SDH 着眼于组网，而不是简单的点对点传输。首先，它支持网络的分层概念。在按电路层、通道层和传输媒质层划分的传输网中，SDH 的功能主要涉及后面两层，为信息传输提供通道，但不负责交换[3]。其次，SDH 的 ADM 环具有立体灵活性。由它组成的物理环形拓扑网络，通过改变不同节点间通路的上下关系，就可以灵活演绎成各种形式的逻辑网络。SDH 的 ADM 很适于构成自愈能力的环形网络结构，可大大提高网络的生存能力。因此，环形网是 SDH 的主要组网形式。目前基于 SDH/MSTP 的煤炭工业多信道网也是矿山应用的典型网络构架之一，该网络所用设备属于矿用本安型。

表 5.1 比较了几种有线网络技术在井下应用的优劣。根据矿山的组网原则，目前有线网络多采用工业以太网和工业总线相结合的架构方式，上层网络一般由以太网构建，而工业总线则位于网络结构的最底层，整个网络可以有 1 到多个总线控制网络，每个控制网络在地理位置、控制功能上相对独立，相互间不交换数据，各控制网络通过协议完成数据联通。

表 5.1　几种有线网络对比

有线网络	技术概要	优点	缺点
工业以太网	专门为工业应用设计的以太网。采用带冲突检测的载波侦听多路访问机制，通过无源的介质，按广播方式传播信息。是一种广播网络	（1）设备价格低廉，且组网简单、方便、灵活； （2）通信速率高，能实现三网合一； （3）应用广泛，几乎适合所有的编程语言； （4）资源共享能力强，可实现“控管一统化”； （5）可持续发展潜力大；在技术升级方面无需独自的研究投入	（1）属本质非确定性的网络系统； （2）可靠性、抗干扰性有待进一步提高； （3）网络安全性不高； （4）不能适合所有的工业自动化设备，缺乏在传输介质上提供模拟电压的方案； （5）程序编写量大、复杂度高； （6）工作实时性有待加强； （7）对煤矿生产设备的控制仍需要给予工业现场总线的控制器，这样增加了投资成本
工业总线	以工厂内的测量和控制机器间的数字通信为主	（1）可实现兼容多种自动化控制系统和监测设备； （2）工作实时性强、可靠性高、稳定性好、互操作性好、技术成熟； （3）网络结构简单，网络节点就是控制器，投资少； （4）能经受工业现场环境的干扰，可满足煤矿安全、生产监测监控的需求	（1）不能实现三网合一； （2）由总线构成的各传输系统相对独立，且各设备、各现场总线的通信协议有很大差异，不同总线产品、传输系统间的互联和信息共享实现难度较大，使用和维护不便； （3）因各总线系统无法通过统一的平台与企业决策层、管理层互联，造成控制层资源的浪费，加大了信息化系统的繁杂性
同步数字体系	由 TM、ADM 和数字交叉连接设备 DXC 等组成的，可在光纤上进行同步信息传输、复用和交叉连接，并由统一网管系统操作的综合信息传送网络	（1）组网灵活，自愈功能和重组功能强大，具有较强的生存率； （2）网络的可靠性好，兼容性强； （3）网络同步性较高，误码少，且便于复用和调整； （4）标准的开放型光接口，可以在基本光缆段上实现横向兼容，节约了系统联网成本； （5）网络操作、维护、管理功能强大	（1）带宽利用率低； （2）指针调整机理复杂；滤除因指针调整引起的抖动相当困难

2. 无线网络

应用于井下的无线通信主要包括透地通信、感应通信、漏泄通信、以无线电磁波为传输媒介的无线通信等。

1）透地通信

透地通信系统以大地为电磁波传播媒介，通过电波穿透大地的方式建立通信。涉及频率范围在极低频（extremely low frequency, ELF）、甚低频（very low frequency, VLF）以及低频（low frequency, LF）频段。

目前实用的透地通信系统是澳大利亚开发的个人紧急寻呼系统，通过地面调度中心寻呼或群呼井下的工作人员，从而用于井下生产调度和抢险救灾[2]。

但是，透地通信电磁干扰大、通信速率低、应用范围小、天线效率低且只能进行单向通信，这些固有的缺点使其不能满足现代煤矿通信的要求。因此，透地通信只能作为主通信系统的辅助通信手段，其所承载功能十分有限。

2）感应通信

感应通信是一种将无线电波馈送到电线或电缆中进行通信的方式。它利用电线、电缆甚至包括传输管道、电源线、牵引缆、电话线、轨道等已经存在的井下设备对无线电波的导向作用进行信号传输。感应通信的工作频段为中频（medium frequency, MF）、甚高频（very high frequency, VHF）以及特高频（ultra high frequency, UHF）的较低频段。

与一般的有线通信相比，感应通信的介质具有较高的机械强度和更好的绝缘性。但是感应通信的信道容量小、抗干扰性不强，用于通信的天线体积较大，不方便携带和安装。感应通信的传输衰减和耦合衰减较大，为延长通信距离，一般使用加入中继放大器的方法，这对系统的维护工作是一项不小的挑战[3]。

3）漏泄通信

漏泄通信的传输通道可以是同轴电缆或双芯电缆，漏缆外导体上有一系列的槽孔或隙缝。由于 VHF 频段，信号在电缆中衰减的程度小于在自由空间衰减的程度，因此漏泄电缆系统增加了信息的传播范围，漏泄电缆的通信距离可达到 500m。尽管有着更好的传输范围特性，为了补偿损耗，漏泄电缆仍需要专门放置线路放大器和中继器，延长通信距离和覆盖范围。漏泄通信系统具有受巷道形状、截面、粗糙程度、分支、拐弯、倾斜、回岩构造与介质、支护等影响较小，信道较稳定，电磁干扰较小等特点，适用于井下的移动作业，获得了较为广泛的应用[2]。

虽然漏泄通信系统具有一定的优势，但它也有着和有线通信系统同样的问题，巷道坍塌对线路设施构成了非常大的威胁。该种通信系统中两移动台之间的通信必须经基地站转换。基地台一旦发生故障将会造成整个系统瘫痪，并且任一中继器和电缆故障将会造成该中继器以下（远离基地站为下）的部分系统瘫痪。

现有漏泄通信系统是矿井无线通信的重要工具，但因其技术限制，不能用于整个矿井，只能作为补充，弥补有线调度通信系统所不能实现的功能[4]。

4）以无线电磁波为传输媒介的无线通信

大量的研究和应用已经表明，特高频（ultra high frequency，UHF）及以上频段的无线通信可在井下提供多信道的双向语音通信、监测、控制和传输压缩视频，有巨大的发展潜力。该类信号可以利用天线完成发送和接收信号的任务，构成以无线电磁波为传输媒介的无线通信系统。

该类无线通信系统大都具备以下优点。所需配置相对简单，极大地减少了人工和布线的成本，施工、维护简单方便，能够避免有线通信系统电缆易受损坏的问题；组网灵活，复杂度低，开放性好；采用该种系统的网络有强大的扩展功能，传输速率、信道容量等能够满足矿山数字化生产的各种需求，可实现语音、视频、定位、无线传感等多种功能；系统鲁棒性好，有自愈能力；所构成的网络安全性高，加密方式较多，能够较好地杜绝外网对内网的入侵。基于以上优势，以无线电磁波为传输媒介的无线通信系统在井下无线通信领域有广泛的、不可替代的作用，成为矿山传输网络越来越重要的工具。

早期有代表性的以无线电磁波为传输媒介的无线通信系统是井下小灵通系统。它是继漏泄通信系统之后，在矿井无线通信中用得较多的系统。然而随着地面移动通信业的发展，小灵通配件及产业链已经逐渐退出历史舞台，要保障矿井安全生产和管理的通信，小灵通系统已难以胜任。

目前广泛应用的无线通信技术包括 Z-Wave、ZigBee、Bluetooth（蓝牙技术）、RFID（radio frequency identification，射频识别）、WiFi（wireless fidelity，无线保真），此外还有 Mc 3GPP-LTE 等。

Z-Wave 具有组网灵活、功耗低、成本低的特点，但是其非常短的传输距离和 kbps 级的数据传输速率限制了其在矿井内的应用，且难以为大型的矿井提供充足的节点支持。

Bluetooth 普遍应用于移动设备近距离通信，具有低功耗、组网简单方便的优点。可以支持异步数据信道和多个同时进行的同步话音信道，还可以用一个信道同时传送异步数据和同步话音。通过采用较短的数据包、速度较快的跳频方案、快速确认方法、扩频技术、前向纠错以及二进制调频技术，提高蓝牙系统的稳定性，抑制各种干扰并有效防止衰落。蓝牙支持点对点、点对多点的通信方式，但现有 Bluetooth 的技术还不够成熟，系统设计主要针对小范围内的移动设备（一般是 10m），此外，一台蓝牙设备可同时连接的其他蓝牙设备数量极为有限（大概至 7 台），对工业遥测遥控领域而言，技术较为复杂，组网规模小，而且蓝牙植入成本仍然相对较高，因此限制了其在矿井领域大规模使用。

ZigBee 具有功耗低、费用低、组网灵活、复杂度低等特点，支持大量节点、多种网络拓扑结构，组网快速、安全可靠。但 ZigBee 数据传输速率较低，接入互联网时需要复杂的应用层网关。此外，与类似技术如 Z-Wave、ANT、Enocean 等不兼容，不利于产业化发展。目前，有被改良技术 IPv6 取代的趋势。IPv6 主要面向低功耗、链路动态变化但低速率的无线网络，比 ZigBee 简单，无需网关即可实现端对端的通信，使成本大大降低，可在多种介质上运行，有利于实现统一通信。

RFID 读取信号快速，读取精度不受尺寸和形状限制。设备抗污染能力和耐久性好。可重复使用，标签数据记忆容量大，可重复新增、修改、删除、更新。RFID 数据可经由密码保护，内容不易被伪造、变更。但 RFID 使用终端设备扫描需要外接读写器卡，属于专网专用，无扩展性，开放性差，没有国际标准支持，协议私有，网络相互独立，不兼容，易造成网络重复建设。有效读写器范围在 15m 左右，要实现无缝覆盖需密集部署，建设及维护成本高昂，接入井下数字光环网困难，网络集中管理能力较弱。RFID 没有统一标准的安全认证机制，传输数据安全加密也无统一的标准，大部分情况是不加密的，即使加密，格式也是厂家自己决定，可靠性差，被破解的风险较大。

WiFi 是一种高传输速率的高保真无线通信技术，其高达 54Mbps 的速率及较大传播距离比其他通信方式使用领域更加广大。在条件不是十分恶劣的矿井内，可覆盖 100m 甚至更长距离，可低成本的实现矿井的无缝覆盖，大大加强信号接收范围，一旦发生事故，呼叫信号可以及时送达，其强大的扩展功能，可方便地实现语音、视频、定位、无线传感等多种功能。采用 WiFi 技术的无线网络具有很强的兼容性，布网技术要求不高，有成熟的国际标准来保证，可以利用已铺设的 WiFi 网络，避免网络的重复建设，可以非常便捷地接入煤矿井下以太网，且具有强大的设备网管功能，网络安全性高，开放性极好，还可在无网络的情况下，支持 WiFi 终端（PDA、笔记本、WiFi 手机等）扫描、识别标签。目前的 WiFi 将向基于全 IP 的网络架构方向发展，这使其可以支持宽带码分多址（wideband code division multiple access，WCDMA）、Bluetooth 等多种无线接入方式。

表 5.2 比较了几种无线网络技术在井下应用的优劣。相较而言，以无线电磁波为传输媒介的无线网络在无线通信领域有广泛的、不可替代的作用。其强大的扩展功能，高速的传输速率、较大的信道容量，以及良好的发展前景，使其成为感知矿山传输网络的重要辅助工具。

表 5.2　几种无线网络对比

无线网络	技术概要	优点	缺点
透地通信	以大地为电磁波传播媒介，通过电波穿透大地的方式建立通信	较易建立起井下和地面间的通信，对救援等应急通信非常有用	（1）信号覆盖范围难以预测； （2）信号质量高度依赖于深度、频率和大地的结构； （3）抗干扰能力差，同时也会对已有的通信和控制设备产生干扰； （4）携带的信息量较少，信道量小； （5）地表天线尺寸极大，铺设复杂
感应通信	利用电线、电缆甚至包括传输管道、电源线、牵引缆、电话线、轨道等已经存在的井下设备对无线电波的导向作用进行信号传输	与一般的有线通信相比，感应通信的介质具有较高的机械强度和更好的绝缘性	（1）感应通信的信道容量小、抗干扰性不强； （2）用于通信的天线体积较大，不方便携带和安装； （3）感应通信的传输衰减和耦合衰减较大； （4）系统维护困难
漏泄通信	利用漏缆外导体上的一系列槽孔或隙缝，向外传播无线信号	（1）对于 VHF 频段，传输损耗优于自由空间，传输范围较广，信道传输较为稳定； （2）受巷道形状、截面、分支、倾斜、围岩介质、拐弯等外界因素影响小； （3）允许多路传输，传输质量高，频带宽，容量大； （4）有自愈能力	（1）可靠通信要求视距可见； （2）线缆损坏会造成系统故障； （3）抗干扰能力较低，移动支持能力有限

续表

无线网络	技术概要	优点	缺点
以无线电磁波为传输媒介的无线通信	利用天线完成接收和发送信号的任务。工作频率集中在UHF频段	（1）施工、维护简单方便，极大地减少了人工和布线的成本； （2）组网灵活、复杂度低、开放性好； （3）扩展功能强大； （4）可实现语音、视频、定位、无线传感等多种功能； （5）系统鲁棒性好，有自愈能力； （6）网络安全性高，加密方式较多	（1）在井下应用，信号多径效应严重； （2）需要多个中继节点以满足无缝覆盖，这些中继节点基本都有电源要求； （3）节点在发送数据时的拥堵易造成数据传输速率降低； （4）信道传输受巷道形状、截面、分支、倾斜、围岩介质、拐弯、障碍物等外界因素影响大

5.2 感知矿山传输网构建

感知矿山物联网是一个系统化、大规模的信息采集、处理以及自动化控制系统，传输网构成了整个矿山物联网系统的信息传输中枢，连接了矿山物联网中所有的终端节点、网络设备节点，提供高速、稳健的数据传输平台，使得煤矿井下各类生产应用环节产生的信息源能够快速、准确地流动至数据集成和数据处理设备。

近年来，中国矿业大学物联网（感知矿山）研究中心，针对煤矿井下无线电磁波的传输特征，基于WSN的井下设备/人员定位，矿山无线网络的时间同步，MAC层、网络层协议，数据流量拥塞控制，图像编码、传输和数据融合等研究领域进行了全面而深入的研究。研究中心提出的“感知矿山”物联网技术方案于2010年11月通过了国家安全生产监督管理总局组织的专家论证，这也是国际上通过的第一个“感知矿山”物联网技术方案。2011年11月，依据该方案在徐州夹河煤矿建设的“感知矿山物联网示范工程关键技术研究”项目通过了国家安全生产监督管理总局组织的专家鉴定，总体技术达到国际先进水平。2011年，研究中心获国家科技部批准承担国家“十二五”科技支撑计划项目——“矿井工业智能化作业控制与管理信息系统集成技术开发与应用示范”。作为科技支撑计划项目的重要组成部分，由研究中心与山西煤炭进出口集团有限公司合作的“感知矿山（霍尔辛赫）国家示范工程项目（一期）”于2012年5月正式启动，并于同年11月顺利完成。研究中心所有的科学研究均围绕煤矿安全生产的特殊需求展开，以物联网技术为手段，在感知矿山物联网系统架构、感知网络关键技术、时空信息集成交换技术、井下移动目标连续定位技术等方面解决了一系列关键理论、技术难题。

本节对中国矿业大学物联网（感知矿山）研究中心在感知矿山传输网构建方面所做的阶段性科学结论和研发成果进行介绍和论述。

5.2.1 感知矿山传输网组网

根据本章5.1.1所述矿山控制传输网络的主要研究内容，感知矿山传输网在构建时主要考虑了以下实施因素：

1）矿区安全生产的无缝覆盖

所开发的有线、无线融合网络系统应能及时收集和传达矿区每个安全生产环节、每个节点所释放的数据信息，对井巷内实现网络全覆盖对确保矿山开采的安全性和高效率是尤为必要的。

2）高数据传输速率和高可靠性传输

实时监控数据的缺失往往会酿成重大事故，感知矿山传输网需要提高大规模多媒体数据传输能力，既要保证较高的数据传输速率，又要保证传输的质量，避免网络出现信息传输故障。

3）灵活的组网策略

煤矿生产是一个不断变动的过程，用于环境实时监测和控制的现场网络的结构和布置会随之改变。此外生产事故等意外事件的突发，以及工作人员数量的随机变化，都会导致煤矿井下网络通信节点数量的增减。因此，在矿山控制网络的研发中设计了灵活的组网策略，使井下数据网络具备新环境实时跟进和根据现场环境改变做出自己适应调整的能力。

4）提供良好的网络兼容性和开放性

根据感知矿山的具体控制、监测的应用和需求不同，井下所采用的网络系统各不相同，根据井下的具体传输环境，井下使用的传输介质也不同，可能是同轴电缆、光纤、双绞线或者无线等，此外，网络的拓扑结构也会根据具体的情况和作业变化而不同。在矿上传输网络的开发过程中，采用了更为灵活、开放的网络结构和技术，开放了系统组件以及相关的用户接口，更利于今后对网络的维护、扩展升级以及与外界的信息沟通。

5）提供良好的网络可扩展性

随着网络技术的发展，一些新技术更能很好地满足矿业生产与安全监测对传输网络平台的要求，这需要在系统的选择与开发过程中，既能满足当前网络的应用需求，又能在将来需要扩展的时候，方便地扩展，保护目前的所有投资。因此，在设计矿山传输网络的架构和组件时应充分考虑网络配置的灵活性和变通性，以便将来有新的网络通信技术出现时，可以方便地嵌入现有系统，或对现有系统的相关网络组件进行更替，以满足新的网络应用需求。

6）实体安全性保护

由于井下特殊的无线电传输特性，有时，井下无线网络的传输可能会完全失效或是质量非常低，这就要求采用有线网络的方式进行传输。但是，有线网络的通信电缆可能会由于生产或事故的原因而被砸断，从而形成监控上的中断和时间上的盲区。因此，在设计网络基础设施时，所有的安装都按照可能受损的最小化来处理。

7）成本低且便于维护

除网络通信系统的安全性和覆盖范围之外，也考虑了整个矿山传输网络的构建成本和维护成本等因素。随着矿山规模的不断扩大，通信覆盖范围的不断扩展，对有线通信设施，需考虑安装新电缆的费用；而对无线通信设施，则需考虑增设中继站的费用。在设计网络架构时充分考虑到在保证安全性和网络覆盖范围的前提下，使成本降到最低，且设备便于维护。

8）灾后应急网络重建

一旦井下发生事故，事故现场巷道被破坏，网络设备（包括通信电/光缆、以太网交换机、无线基站等）和通信终端（包括传感器节点、人员/设备定位锚节点、移动通信节点等）将会受到不同程度的破坏、移位等影响，通信质量面临多种灾害的威胁，严重时会出现网络瘫痪，导致灾后残存信息网络的数据传输能力发生严重退化，井下井上难以通信，无法协助救援人员完成灾情控制和人员抢救等工作。抢险救援现场需要多区域、多终端的协同、联动监控，灾后泛在网络重建和应急通信必不可少，以保证流媒体数据的长时间、不间断连续性传输。

5.2.2 感知矿山传输网构架

煤矿生产是个流动过程，随着巷道的掘进，工作面的转移，井下的地质环境、瓦斯环境、出水环境、供电需求环境、通风需求环境都会发生变化，导致对这些环境实时监测和控制的现场网络的结构和布置会随之改变。生产事故等意外事件的突发，以及每天下井工作人员数量的随机变化，也会导致煤矿井下网络通信节点数量的增减，以及通信节点的通信负荷发生变化。此外，由于不同矿山所具备的条件、对服务的需求以及采用的频率资源有所差异，井下采用的网络传输方式、设备和型号众多。“感知矿山物联网”是物联网技术在煤炭行业中的具体应用：部署高速网络对矿区进行全面覆盖，对人员、设备和环境状况进行感知；再通过多媒体、3D GIS 等虚拟现实技术与井上安全生产决策层进行全息展示和互动；最终为井下安全生产的信息化与智能化提供全面、系统的解决方案。

为了能适应上述变化和需求，保证网络传输的实时性、高可靠性和高安全性，所设计的矿山传输网络采用了分布式、可移动、可自组网、开放式且异构可融合的泛在网络，并采用了模块化、可配置、可裁剪的方式架构。

矿山本身的多样性，使得现有技术中，还没有单一网络系统能够同时满足矿山开采的所有要求，一般来说，井下应采用有线与无线传输网相结合的方式。其原因如下：

第一，“感知矿山”需要融合井下各种语音、视频监控和环境感知技术，要求感知延伸层具有可感知数据类型丰富、覆盖面广、接入地点无限制、低成本快速部署和扩展性强等特点。有线网络的数据传输速率、传输时延等 QoS 指标可以得到一定的保障。

第二，有线通信系统的建设和维护成本较高、跟进采矿工作面的动态特性较差，尤其是会随着灾后供电系统的破坏而陷入瘫痪（“感知矿山”的一个重要应用就是井下灾害的预警和救援）。无线传感器网络（wireless sensor network，WSN）则具有自组织性、移动灵活性、抗毁性和自愈性，可以满足井下人员设备的移动和灾后快速重建的需要。不过，WSN 又存在着信道传输条件恶劣、数据速率较低等无线传输难以克服的缺点，无法单方面满足“感知矿山”对多媒体数据传输的 QoS 需求。

因此，无线传感器网络和有线网络相结合的井下通信网络系统可以实现对井下环境的无缝覆盖和快速感知，同时，能够满足网络系统的自组织性、移动灵活性、抗毁性和自愈性的需求，满足井下人员设备的移动和灾后快速重建的需要。

根据本章 5.2.1 节所列举的感知矿山传输网组网因素，所设计的网络基本构架包括以下几个重要的组件。

1）基于泛在网络的网络基础设备

矿井环境非常恶劣，用于一般环境的设备在井下可能会较快发生故障[2]。首先，应确保井下设备必须具备防潮、防尘、耐高温、耐腐蚀性的特点，传输网的相关设备、装置、系统也必须在“允许”级别进行操作。其次，由于空间限制，以及矿工、设备和矿车等移动的限制，设备必须尽可能小而轻，且具有防震坚固的特点。最后，对于移动设备来说，低功耗、电池长效也非常重要；设备的可靠性和可维护性也必须加以考虑。虽然上述需求看起来可能和常规生产环境相似，但适用于井下环境（如允许的功率水平和散热）的标准、规定与常规环境还是有很大的不同。

2）泛在网络的基本构架

根据矿山的组网原则，目前的有线网络多采用工业以太网和工业总线相结合的架构方式，上层网络一般由以太网构建，而工业总线则位于网络结构的最底层，整个网络可以有 1 到多个总线控制网络，每个控制网络在地理位置、控制功能上相对独立，相互间不交换数据，各控制网络通过协议完成数据通。

受井下恶劣传输环境的限制，如何增大无线覆盖、减弱多径效应，解决由此引发的无线网络覆盖盲点较多、信号传输质量提升受限等，是矿山传输网络中井巷无线传输网亟待解决的关键问题。相对于有线网络，当前的井下无线传输网络发展相对缓慢。目前广泛应用的矿山传输网仍然是以有线网络为主，无线网络为辅的架构方式。图 5.1 为所设计的感知矿山传输网的架构。井下网络采用千兆工业以太环网作为有线骨干网络，采用无线和工业总线作为分支，并通过多网融合网关接入到工业以太环网中。其中，无线网络由具自组网功能的接入点以及救灾通信功能的接入点组成。井下网络与井上网络通过防火墙隔离连接，从而实现井上、井下统一的矿山物联网网络体系的建设。

实际上，虽然有线传输网高效稳定，但其固定布线和不可移动的特点不能满足煤矿移动作业的需要，且在不断动态变化的工作面巷道中，易受破坏，安装维修成本较高。由于煤矿井下，特别是煤矿工作面的复杂性和现场作业的动态性，实时监控数据的缺失往往容易酿成重大事故。为达到矿山生产对传输网络的要求，最理想情况是实现矿山井下的无线通信全覆盖，这也是未来井下传输网络的发展趋势。

5.2.3　基于认知无线电的传输网

煤矿井下综合控制网络中传输的信息具有上行信息多，下行信息少的特点。工业以太网以其成熟可靠且扩展性强的特点，被广泛应用于构建煤矿全矿井控制系统骨干网，其在整个传输网中的地位好比树的主干，而其他相应节点，包括源、岛则通过相应的树枝连接至树干，具体的构建方法在第 4 章中已有详细介绍，此处不再赘述。

主干网主要为环形网络结构，这样能够保证系统具备较高可靠性。如果在使用过程中存在网络某点断开，网络也能照常工作，而且系统能及时诊断出故障点以便维修。主干网通过工业级交换机为各个子系统提供工业以太网接口[5]。

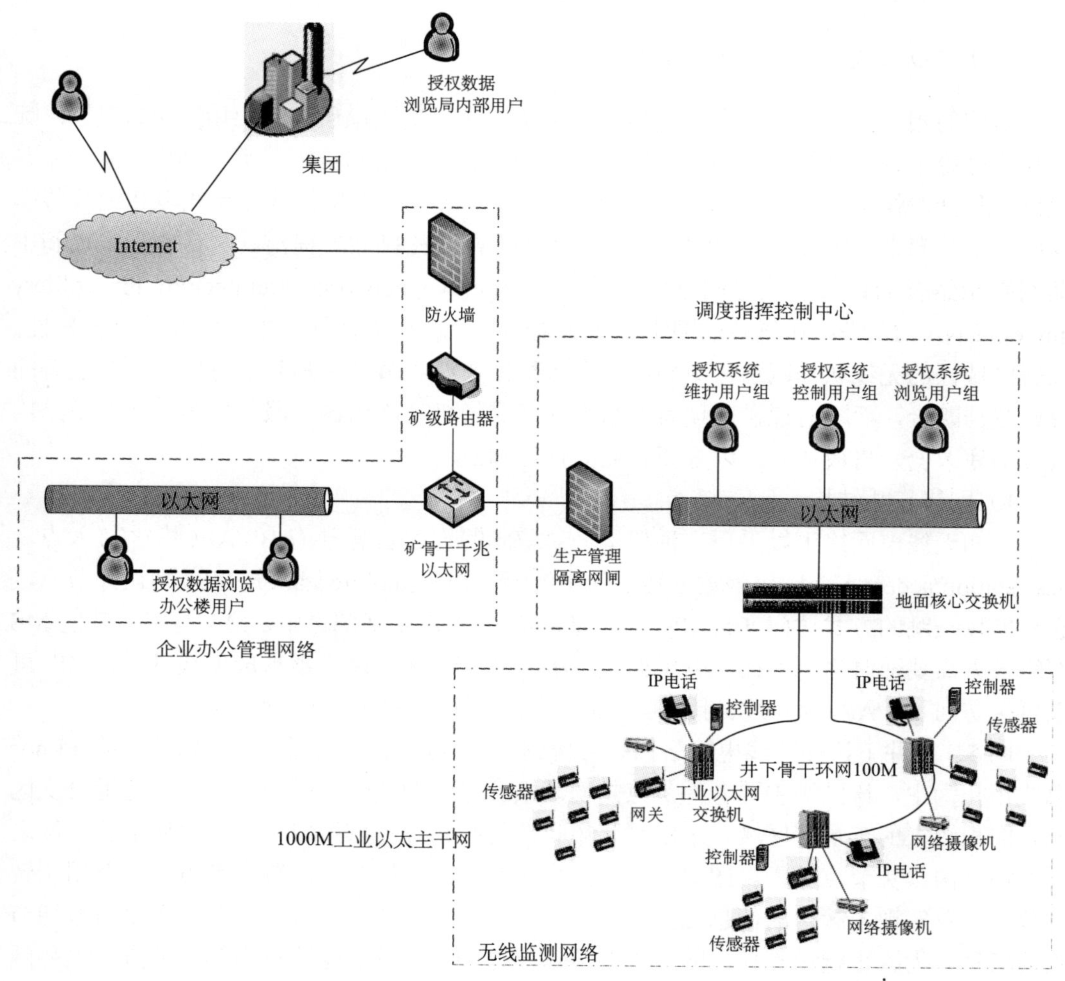

图 5.1 感知矿山传输网架构

煤矿井下地质结构复杂，矿体分布具有随机性，巷道结构狭长，在数十公里范围内纵横交错，是一个包含了多种设备、不同地质构造、不同物理走向的复杂环境，而且随矿山开采的进行，巷道环境也是动态变化的。信号在不同巷道中以及同一巷道的不同区段，其传输特性往往可能存在较大的差异。目前在井下使用的无线通信系统，设备参数、调制方式等无法随煤矿信道模型自适应调整，因此不能始终保持最佳通信效果，在部分煤矿或部分巷道中使用效果较好，换了环境则效果下降。应用于矿山的泛在感知网络，应该是具有环境认知能力和自动重新配置能力的“认知无线电”（cognitive radio, CR）网络[2, 6]，针对各种环境提供良好的解决方案，使矿井无线电设备能够在不同情况下工作。认知无线电可以用来提高资源管理、服务质量（QoS）、安全、接入控制或者许多其他的网络目标。认知网络仅仅受限于运营网络元素的适应性和认知框架灵活性的限制。ad-hoc 网络、基于基础设施的骨干网络和异构式网络都可以作为煤矿认知网络设计的候选网络。

1. 井下认知无线电网络的体系结构

早期的相关研究中，汤良等考察验证了认知无线电在煤矿井下应用的可行性[7]；陈桂真等讨论了认知无线电在井巷应用时，在提高容量、增强抗干扰等方面的优势[8]，并提出一种针对煤矿巷道环境的频谱感知模型[9]；王泉夫等尝试将认知无线电和无线传感器网络结合起来在矿井中使用[10]。在此基础上，胡青松副教授提出一种认知无线电和主动网络相结合的认知无线电网络体系结构（cognitive networks architecture for colliery tunnel, CNACT）[6]：在已有的网络中加入主动节点，以支持低层中继路径的可编程性；部署区域性的无线认知网络，对环境信息进行采集；当节点感知到信息以后，与现有的煤矿数据融合，而不对煤矿的现有网络组件（交换机、路由器、服务器等）和网络结构进行彻底改变，自成体系，以方便企业的管理和应用。

1）网络拓扑结构

认知无线电网络可以采用三种架构[11]：基础设施架构，需要有BS/AP（基站/接入点，base station/access point）作为数据转发的中继，移动站（mobile station, MS）为认知节点，它只能以一跳的方式访问 BS/AP；ad-hoc 架构，不需要基础设施，MS 与周围其他 MS 网络根据需要随时建立连接；网状架构，BS/AP 作为无线路由器形成无线骨干，MS 可以直接访问 BS/AP，也可以利用其他 MS 作为多跳路径的中继节点。

图 5.2 为井下认知无线电网络拓扑结构图[6,12]。对于长直巷道，主要以链状的 ad-hoc 总线拓扑为主，该区域主要考虑节点的物理损毁导致的通信中断问题。对于巷道分支区域、面积较大的车场等区域，采用网状拓扑。每个物理区域组成一个无线通信簇，簇之间的通信由簇头节点负责。图中白色节点为认知无线电网络中的普通节点，主要用来转发数据以及实现本簇内的信息交互。阴影节点为簇头，主要用来接收并融合来自普通节点的信息。为减小能量消耗，网络中的节点通过一定的算法轮流充当簇头节点。这种网络拓扑结构将认知无线电网络和传统的无线通信网络结合起来，没有无线节点覆盖的区域可以通过井下工业以太网使井下各个簇之间互联，使整个矿井内建立起联系，有利于在全局范围内收集节点的相关信息，实现跨簇的控制。

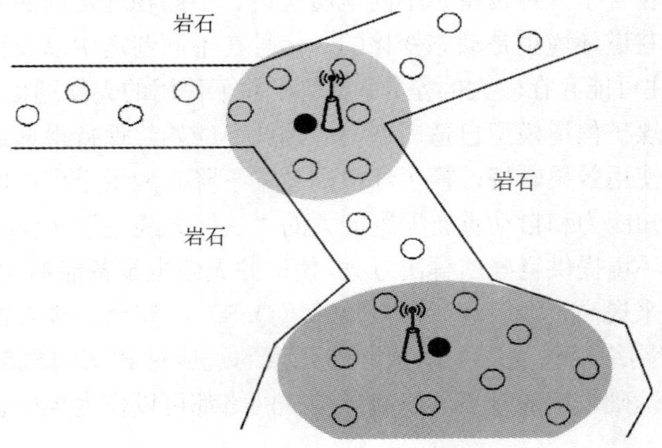

图 5.2　CNACT 的拓扑结构

2）网络功能

CNACT 的功能主要由三个引擎实现，即环境感知引擎、应用接口引擎和计算决策引擎[13]。环境感知引擎实现信息的感知和采集；应用接口引擎一方面将来自网络的数据交付给上层应用，另一方面接受用户的特定要求和指标；计算决策引擎综合环境信息和应用指标，计算出认知节点的新参数，对节点进行参数重配。CNACT 的功能结构如图 5.3 所示。

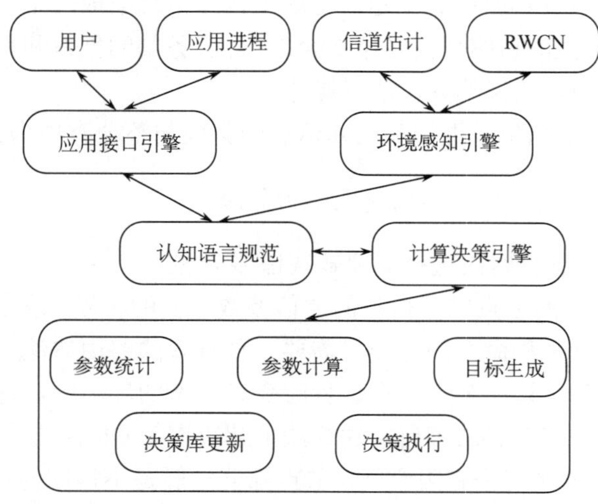

图 5.3 CNACT 的功能结构模型

（环境认知无线电网络（regional wireless cognitive networks, RWCN））

3）网络部署

煤矿井下的信息都是由设备或人员（统称为对象）产生的，这些信息的大小、传输、处理、展现方式与特定环境下信息的表示方法息息相关。资源描述框架（resource description framework，RDF）能够对矿井设备和人员进行描述，巷道、设备以及人员、网络在此都被视为某种资源，设备的属性值可以是其他的资源，即资源之间的表示可以嵌套。在 CNACT 实现的时候，将煤矿认知信息用 RDF 表示，形成本体信息库[14]。

认知信息处理系统由 C/S（客户/服务器）与 B/S（浏览器/服务器）相结合的三层体系结构组成，包括查询分析模块、语义引擎模块、后台模块和本体知识库四个部分[6]。采用基于内容传递网络的内容路由系统（content routing system，CDN）构建。RDF 图描述法和信息处理系统的表示方法见本书 3.3.3。其中本体是用来描述对象的属性、特征以及对象之间关系的有力工具。

4）认知信息的表示和处理方案

认知信息集成框架以一个语义本体和 SOA 为基础[6]。其中，规约引擎完成井下子系统数据的格式转换、封装工作。对于已有的部分经营管理系统、办公系统产生的数据，则以关系数据库、可扩展标记语言（extensible markup language, XML）或其他的配置文件展现出来的。框架除了支持异构数据集成之外，还可以支撑新应用的开发，可以达到基础资源共用、增强系统可用性和可维护性的目的，节省了系统的扩展升级和运行维护成本。业务流程采用业务流程执行语言（business process execution language，BPEL）把系统已有的服务整合起来，用于使业务流程自动化。数据路由模块（或称路由系统 content routing system, CRS）将内容按照一定的策略转发给特定的接收者，路由终点是各个应用系统，而非网络节点。数据发送、接收模块实现内容的收发。

基于该框架将煤矿认知信息的集成由下至上分成数据集成、数据集的透明访问和服务集的创建与协同三个层次，它们分别对应资源整合的不同阶段[6]。其中，规约引擎的设计，即数据集成调用或数据集的创建，是煤矿认知信息集成的第一个层次，它是生产信息集成的前提；数据集的透明访问是第二个层次；服务集的创建和协同是第三个层次，它是数据集的透明访问和语义约束下的互操作。

本书 3.3.4 对认知信息集成框架和认知信息的集成与整合有更为详尽的阐述。

2. 井下认知无线电网络的路由问题及路由算法

在煤矿 CR 网络中进行路由选择需要解决诸多问题[6,15-17]：

（1）当矿井巷道中的节点发现自身的通信参数改变的时候，或者当用户需要节点查询某一处的信息、执行某种命令的时候，需要一种有效的路由方法，能够快速、及时地传递消息，协调处理各个认知节点。在这种时变、动态的环境中，许多通信细节事先无从知晓，因此需要采用蚁群算法等启发式算法来解决煤矿 CR 网络中的路由选择问题。

（2）由于矿井巷道是一个有限空间，节点部署一般是不规则的链状拓扑，数据没有必要全向广播，因此需限制节点的广播角度，以节省路由开销。

（3）煤矿井底车场等较为开阔的区域面积，如果是有基础设施的认知网络，基站一般位于区域中心。在矿井的分支区域，可以将基站置于分支处。对于这种情况，可以将各节点聚集成簇。如果没有基站，各个节点组织成 ad-hoc 网络，同样可以聚集成簇。需借鉴无线传感器网络中的分簇路由算法进行数据的转发。然而，分簇路由算法存在零簇头问题与簇头失衡问题。零簇头问题是簇头的完全随机性导致的，会影响算法性能分析的真实性。簇头失衡问题则会使得算法在相当一部分运行时间内无法收发数据，影响了网络的有效性。

1）路由选择

在煤矿 CR 网络中进行路由选择，实际上是在多个服务质量（quality of service，QoS）约束的条件下进行。首先，最重要的是要将路由选择与环境感知和决策协调进行，使得路由选择模块能不断感知到煤矿巷道的物理环境，以便做出更为精确的决策。其次，需要定义适合于煤矿 CR 环境的路由指标，将传统的端到端路由质量指标（如带宽、吞吐量、延时、能量效率和公平）与一些新的指标结合起来，比如路径稳定性、频谱可用性等。

根据路由协议的层次划分，路由算法可以分成两类，分别是平面路由协议和分级（分簇）路由协议[18]。

（1）平面路由协议中的所有节点在路由的建立和维护过程中所需承担的责任是一样的，其逻辑视图是平面结构。这种协议在路由发现方面比较简单，但是不太适合于较大规模的网络，鲁棒性也不高，不具备移动性管理的功能。

（2）分级路由协议按照一定原则将网络分为多个簇，网络中的节点分为簇头节点和普通节点，前者充当簇管理者角色，簇与簇之间通过簇头交互信息。这种路由算法减少了参与路由计算的节点数目，网络结构比较清晰，适合大规模和特定拓扑形式的网络。

从煤矿认知无线电网络的拓扑特点考虑（图 5.2），在这种网络中混合使用平面路由算法和分级路由算法较为适宜。

按照路由发现过程中所采用的策略划分，路由协议有主动路由和被动路由（或称按需路由）两大类。

（1）在主动路由协议中，各节点在没有数据发送的时候周期性地广播路由信息分组，通过收集邻居信息主动发现路由。这种路由算法需要维护全网的网络拓扑，节点需要与邻居周期性地交换信息，在节点移动的情况下路由开销较大。

（2）被动路由协议算法只有在有数据要发送的时候才向目标发起路由请求，是“按需”进行的。这种路由算法的拓扑结构和路由表内容是按需建立的，不需要周期性地交互路由信息，路由开销相对较小。

煤矿通信环境的动态时变性使得系统不太可能对通信参数进行准确预测，而是需要自适应的调整。因此，用启发式的被动路由算法来解决煤矿 CR 网络中的路由选择问题更为方便。

针对有线网络或者 ad-hoc 网络设计的路由算法对环境变化的适应性差，在煤矿 CR 网络中，这些算法要么效率低下，要么根本不能使用。蚁群算法不仅能够进行智能搜索、全局优化，而且鲁棒性高，具有正反馈性，能够分布式计算，且易于与其他算法结合，较为适合于在煤矿认知无线电网络按需发送数据的情况。

蚁群算法[6]，包括路由发现、路由响应和路由维护三个阶段。煤矿巷道中的无线节点多数不是地面环境中的完全随机拓扑，而是具有一定的方向性和角度性。可采用 Vasil Hnatyshin 等在 GeoAODV 协议的基于地理位置的算法思想[19]，将数据的广播限制在一定的角度（洪泛角）之内。

蚁群算法的三个阶段分别由前向蚂蚁、反向蚂蚁和出错蚂蚁完成[6]。

每个节点维护三个数据结构，即频谱机会（spectrum opportunity，SOP）列表、流量统计信息表和信息素表。SOP 列表是节点通过感知方法感知到的可用频谱机会集；流量统计信息表用于记录本节点到目标节点的延时统计信息；信息素表用于记录蚂蚁留下的路径信息，它是由反向蚂蚁更新的，用于为数据包选择路由。

蚁群算法将网络建模为有向图，节点之间的信道建模为开关模型。采用转移概率作为路由指标，它是信息素和启发因子的结合，同时考虑了延时和节点链路队列的影响。路由发现与信道分配相结合，前向蚂蚁负责收集各节点的 SOP，反向蚂蚁负责信道分配和节点的信息更新。

本书的蚁群算法对目标节点的地理位置没有任何假设。如果目标节点位于网络的中心区域，或者网络由于地理位置的原因而在物理上类似一种聚类的结构，则更适合用分簇算法。

2）分簇路由算法存在零簇头问题与簇头失衡

煤矿认知无线电网络中的分簇路由设计与无线传感器网络中的分簇路由存在相似之处，因此可以借鉴 WSN 中已有的成熟路由算法。在分簇路由算法中，节能的自适应分簇路由协议（low-energy adaptive clustering hierarchy，LEACH）以及以 LEACH 为基础的改进算法（统称为 LEACH 类协议）使用得最为广泛。然而 LEACH 类协议阶段内的簇头数目存在严重失衡的现象，或者出现零簇头。零簇头和簇头失衡不但会导致部分节点的能量过快消耗而快速死亡，从而缩短网络的寿命，而且会使得算法中出现虚假轮，影响算法分析的效率和真实度。因此，需针对零簇头与簇头失衡问题的成因提出解决方案，根据存活节点数目自适应调整阶段的轮数，使簇头数目在阶段内各轮的分布尽量均匀。

可以采用三种自适应的解决零簇头和簇头失衡问题的方法[6]。

（1）第一种解决办法

随着网络中存活节点数目的减少而修正一个阶段所包含的轮数，使得节点多的时候，阶段持续的轮数长，节点少的时候，阶段持续的轮数短，保证各轮中的簇头数目基本均衡并加速簇头寻找过程。

（2）第二种解决办法

对簇头选举过程中所用到的概率值进行修正，让它随着死亡节点数的增加而逐渐增大，以加快节点成为簇头的概率。这种方法本质上也是根据死亡节点数量调整算法中各个阶段的轮数。但经实验表明，这种方法效果不是特别理想。

（3）第三种解决办法

不但采用了第一种方法对阶段的轮数进行修正，而且对各个轮中的候选节点数加以限制，并加入了剩余能量因素。这种做法可以较好地克服零簇头和簇头失衡问题，实验表明，它的性能可以得到很大提升。

3）分簇路由算法的节能

在认知无线电网络中，分簇的前提是必须知道网络的拓扑结构。但是，煤矿认知无线电网络中的频谱争用较少，可用机会频谱很多，主要矛盾是根据通信环境的变化选择最佳传输频率和发送功率。对于这样的网络，其中的移动节点较少，即使移动也是与步行相当的速度，因此网络的拓扑结构是相对稳定的，至少是缓慢变化的。

LEACH 假定各个节点的初始能量是相等的，这被称为能量同构网络，而网络中一部分节点的能量比其他节点高的情形被称为能量异构网络[20, 21]。对于能量异构不敏感的协议而言，比如 LEACH，因为节点的空间密度不再满足均匀随机分布的假设，在死亡掉一些节点之后，簇的最优构建就将失败。

胡青松提出两种改进方案[6]，改进的目标是：①簇头尽可能地在网络中均匀分布；②调节阈值的生成方法，让簇头选举不但考虑随机性，同时考虑节点的剩余能量和距离目标节点的距离；③多跳和单跳相结合；④算法尽可能简单。

第一种方案称为层次型分簇路由算法（layered clustering routing algorithm，LCRA），是 LEACH 的一种改进算法。LCRA 算法分为初始化阶段、簇头竞争与簇形成阶段、不要单独进行路由的维护阶段，其基本思想是依据一定尺度将网络分成内外两个部分。

第二种方案称为 EBCRV（energe-balanced clustering routing based on voronoi-graph，基于 Voronoi 图的能量均衡分簇路由协议），这是一种不依赖于 LEACH 的算法。其核心思想是：分簇的时候，根据 Voronoi 图动态划分网络区域，以均衡能量消耗。该协议先以锚点轮盘定位簇头选择区域，接着在锚点 Voronoi 图区域内寻找满足指标的节点充当簇头，最后在簇头 Voronoi 图区域内构建成员节点。一轮运行完毕后，将锚点轮盘旋转一个随机角度，让簇头选举在一个新区域内进行。EBCRV 分簇过程不但考虑了空间位置的随机性，而且照顾到了簇头的分散性。同时，将节点剩余能量纳入簇头选举指标，均衡了簇头和普通节点的能量消耗。

4）煤矿井下应急网络重建

灾后应急泛在网络能够利用灾后残存的无线基站和终端重构覆盖受灾区域的应急通信网络，为准确、高效的矿难抢险救援提供安全、可靠的信息传输通道。结合图 5.4，灾后应急泛在网络的重要作用体现在：

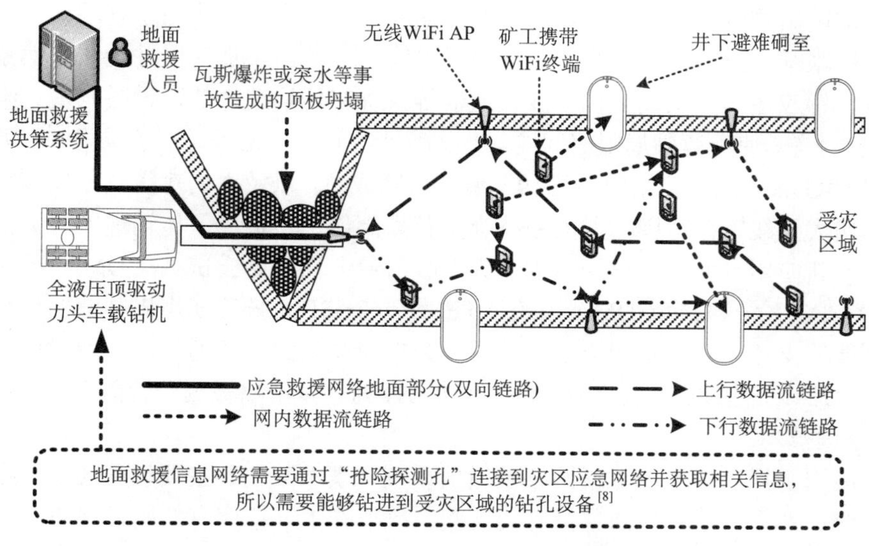

图 5.4 灾后应急泛在网络拓扑结构和数据传输流向

（1）获取事故现场信息（上行数据流传输）

瓦斯爆炸和突水等事故往往造成巷道顶板冒落和泥石堵塞，导致救援人员无法进入、直接观察事故现场。利用灾后应急泛在网络可以远程获取事故现场信息（如事故源的位置、烈度，被困人员的生命体征和位置分布）。这对地面救援及时了解灾情状况、搜索井下被困人员提供重要的参考信息，同时，该信息也被用于研究矿山灾害的发生、发展机理。

（2）协助被困人员和紧急避险系统进行信息交互（网内数据流传输）

井下紧急避险系统能够为被困人员提供自救器、避难硐室、救生舱、避灾路线指示、应急预案等紧急避险装备和措施。利用灾后应急泛在网络可以协助被困人员之间、被困人员与紧急避险系统之间进行信息传输，为被困人员实施自救、协救，最大限度发挥紧急避险设备的作用提供信息支持。

（3）向灾区传达地面救援指令（下行数据流传输）

地面救援获取灾区现场信息后，借助矿山物联网进行数据融合和大数据分析，作出最佳救援决策（如最佳避难硐室、救生舱位置，避灾路线指示和被困人员自救方案等），救援决策信息仍然需要借助灾后应急泛在网络传达至井下被困人员和紧急避险系统。

5.3　感知矿山传输网优化

5.3.1　矿山环境对传输网的约束与限制

有线传输网高效稳定，技术相对成熟，但其固定布线和不可移动的特点不能满足煤矿移动作业的需要，且实体安全易受井下恶劣环境的影响而破坏，安装维修成本较高。矿山井下最理想的情况是无线通信全覆盖，也是未来井下传输网络的发展趋势。本部分主要讨论无线网络的优化问题。

在感知矿山物联网的应用中，煤矿井下的通信业务不仅仅应用于移动语音，还应用于移动目标跟踪、传感器监测监控、移动多媒体等[22, 23]。早期的矿井无线通信系统，如透地通信、感应通信、架线电机车载波通信等，存在传输速率低，设备制造、维护成本高，抗干扰性差，使用范围局限等问题，难以满足当前井下无线通信的需求[24]。近年来，3G、4G 和 4G 后无线通信系统的迅猛发展及日趋成熟，以及人们对统一无线网络的迫切要求，在增大无线覆盖范围、增大系统容量及提高信息传输量、传输速率、频谱资源利用率等其他新应用方面发挥出的巨大潜力，吸引着人们开始尝试 WCDMA 系统、WiFi 系统、WiMAX 系统、TD-SCDMA 系统、LTE 系统、3GPP 系统等在煤矿井巷的应用[25-28]。这些系统能够支持无线设备间语音、图像、数据及视频的高速通信，涉及射频和中频数字化处理、RAKE 接收机、信道编解码、功率控制、多用户检测、智能天线、OFDM、UWB 等关键技术。

目前应用于煤矿井下的无线网络及通信系统，基本架构和主要设备还是照搬地面无线通信系统。然而，这种做法并没有使这些系统在井下发挥应有的明显优势。

井下环境复杂特殊，煤矿生产环境不同于一般的工业生产环境，其具有以下特点：

（1）井下空气潮湿，相对湿度可以达 90%以上。腐蚀性液体和尘埃也较为常见，此外，矿井内还可能含有一些毒性和爆炸性气体，如一氧化碳和甲烷。

（2）矿井巷道为非自由空间，电磁波在井下巷道的传输受到根本性制约。煤矿井下空间狭长且有风门、机车等阻挡体，巷道存在倾斜、拐弯和分支，巷道表面粗糙。电磁波不仅会被吸收，更主要的是会频繁地发生反射和散射现象，形成井下巷道传播中的多径效应。

（3）矿山作业动态变化，这使得井下巷道环境也是动态变化的。动态的工作环境导致通信覆盖的需求及效果动态变化，且易导致无线电信号在物理环境中的传播特性随之发生变化。

（4）除井下矿山的一般特征外，各矿场也各具特性。不同种类的矿山所含矿物（煤矿、岩石、铁矿）不同，岩层结构也不相同，使得井下巷道壁围岩介质电磁特性（介电性、导电性）不同。除了矿物类型，开采的方式也导致了矿山的差异，例如，有的矿山在开采的过程中，留下矿柱以支撑矿顶，也有的不在现场保留任何保护矿体柱子。这些差异最终导致井下无线通信传播特性各不相同。

在煤矿井下这种特殊传播环境中，信号的多径衰落比地面环境严重很多，造成无线通信存在大量死区，无线网络的连通性很不稳定，实时监控数据可能因此缺失。煤矿井下的特殊构造导致电磁波密集多径传播，由此将导致信号在时间、频率和角度发生色散，造成信道衰落在不同维度上具有选择性。由于井下特殊的传播特性，这些维度的选择性与地面环境不同，且易受巷道传播条件改变。

无线网络的物理层特性（阴影衰落、多径衰落等）直接影响其上层协议的性能（数据链路层和网络层）以及网络整体规划，同时，也是制约无线网络整体服务质量的最主要瓶颈，是矿山无线网络进行多媒体数据传输时所面临的主要环境约束。

这些约束与限制使得地面的成熟先进技术应用于井下，却难以发挥其优势，不能从根本上解决井下通信受限的问题。目前，要增大矿井无线覆盖，仍只能采取增加基站密度的方式[29]。

为了能适应感知矿山的具体需求，网络在井下应用，主要面临大规模异构数据的及时承载运输问题。为此，网络的质量保障重点，也是网络优化的主要方向及目标，具体涉及如下方面：

1. 泛在网络的可靠连通

随着 IP 语音电话、车载视频以及救援探测器等移动多媒体监控终端在矿山安全生产中的广泛应用，矿山传输网络不仅要传输多类环境监测数据（如瓦斯浓度、湿度、温度、矿压、矿震等信息），还需要监测/传输语音、图像、视频等多媒体格式数据。在煤矿井下，特别是煤矿工作面，一旦发生网络中断，实时监控数据缺失，往往容易酿成重大事故。

2. 严格的网络服务质量（QoS）保障

矿区大规模多媒体数据在井下传输，这些多媒体数据呈几何级数增长，将可能导致矿山传输网络出现数据承载瓶颈。以淮北矿业集团某矿厂为例，其用于安全监测的井下无线传感器数量近 1600 个，监测的多媒体数据类型近 60 种，每个传感器节点日产生数据量近 600 Mbps；若再考虑用于其他生产目的的数据监测，所使用的传感器数量和多媒体数据类型将至少增加一个数量级。因而大规模多媒体数据传输的需求对井下网络的服务质量（QoS）提出了更为严苛的要求，包括数据传输速率、误码率、信道容量等。以井下无线传感器网络（wireless sensor network，WSN）为例，要求：①IP 语音的传输速率不低于 16 kb/s，误码率不高于 10^{-3}，数据分组接收时延不超过 20 ms；②视频的传输速率不低于 200 kb/s，误码率不高于 10^{-5}，数据分组接收时延不超过 40 ms。假若上述多媒体数据业务的 QoS 需求无法得到保障，则不仅会造成矿山安全生产决策的不准确性和滞后性，更严重的还会延误矿难救援的最佳时机，无法实施及时、有效的救援。

5.3.2 基于先进无线通信的传输网优化

井下的安全、高效作业，需要大规模多媒体传感数据的平行、汇聚传输，这将可能使矿井网络出现数据负载瓶颈，由此导致多媒体数据流的 QoS 需求（误码率、时延和数据速率）无法得到保障。井下的移动式作业也为网络传输的不间断可靠连通带来困难。

国内外针对无线 Mesh 网（wireless mesh network，WMN）、无线传感网等在矿山应用中遇到的多媒体数据压缩[30]、动态组网策略[31]、数据传输协议[32]、拓扑控制算法[33]等方面展开了大量研究，为感知矿山泛在网络的大规模数据传输、分布式、移动性、自组网等问题的解决奠定了理论和应用基础。

分布式信源编码和语音、图像、视频压缩处理算法试图通过减小矿山无线网络的数据承载压力，从而间接增强其多媒体数据传输能力[30, 34, 35]。而井下无线网络的物理层特性直接影响其上层协议的性能（数据链路层和网络层）以及网络整体规划，是矿山无线网络进行多媒体数据传输时所面临的主要环境约束，现有的多媒体数据压缩、组网策略、传输协议和控制算法等的改进还不能从根本上解决煤矿井下海量数据的不间断传输以及多媒体数据流的 QoS 保障问题。

3G、4G 和 4G 后中的很多关键技术，如智能天线、UWB、MIMO 等，都是从无线网络的物理层特性出发，达到网络性能优化的目的。初步的研究显示，如果根据井下传输特性，对上述技术加以改进，可以明显改善井下的传输网质量。本部分将就此展开讨论。

5.3.3 网络多媒体数据传输的可靠性保障

要实现矿山无线泛在网络海量多媒体数据的有效实时传输，首先必须了解煤矿井下电磁波传播特性，克服多径衰落，针对传播环境的变化自适应调整网络参数，保障无线网络数据的不间断传输。

在整个无线信号的传输过程中，天线发挥的作用至关重要。巷道内信号强度的多径起伏实际是多个相位不同的波模叠加的结果，当波模间相位差异过大甚至相反，就会造成能量抵消，使信号强度深度衰落甚至无法接收，如果能够合理预知用户方位及该处各波模相位参数，自适应调整天线参数，控制各波模激励强度，改变天线方向图，从源头上减少多径的影响，则巷道无线网络的不稳定连通问题就会得到很大改善。

智能天线恰好能满足上述需求。智能天线能够对信号波达方向（direction of arrival, DOA）、波达时间（time of arrival, TOA）等多维参数进行估计，确定用户方位，根据信号传输的空间特征、自适应形成波束，达到抑制干扰、提取信号的目的。

1. 天线在井下的辐射场分布

天线电流分布与井巷内波导波模场相互作用产生耦合，加上巷道壁的阻挡作用，使天线辐射场分布整体发生改变，从而影响天线性能和覆盖效果[36]。

1）巷道中天线的耦合效率

当天线输入功率耦合至巷道各传输波模后，会有一定程度的损耗。天线与巷道波导波模的耦合效率 η_{couple} 就是巷道中天线耦合至导引波模的功率与天线激励功率的比值。

$$\eta_{\text{couple}} \cong \sum_{m}\sum_{n}\eta_{\text{couple}}(m,n) = \frac{|A|^2 Z_{mn}}{2MR_{\text{in}}} \cdot \cos^2(k_{xmn}x_0)\cos^2(k_{ymn}y_0) \tag{5.1}$$

式中，当天线的电尺寸相对于巷道横截面很小时，对水平极化天线，$A=\iiint_V J \cdot \boldsymbol{i}_x \mathrm{d}V$；对垂直极化天线，$A=\iiint_V J \cdot \boldsymbol{i}_y \mathrm{d}V$；$Z_{mn}$ 为（m,n）模波阻抗；R_{in} 为天线输入电阻。

2）巷道中天线的方向图乘积定理

天线在井巷的辐射方向受波导波模限制，因此在分析井巷内天线的辐射方向函数时，讨论波模阶数 m、n 要比 θ 、φ 更方便直接，以下方向函数都用波模阶数 m、n 描述，记为 $f(m,n)$，而在对方向函数制图时，出于习惯和直观的考虑，仍对 $f(\theta,\ \phi)$ 作图。

根据波导理论可以推出巷道中天线的辐射场空间分布规律，即巷道中天线的方向图乘积定理[36]：巷道中天线的方向函数是天线在巷道中心时的方向函数与天线耦合因子的乘积。用公式表示即为

$$f(m,n)=f_0(m,n)f_{\mathrm{couple}}(m,n) \tag{5.2}$$

式中，

$$f_0(m,n)=Z_{mn}\cos(k_{xmn}x)\cos(k_{ymn}y)\exp(-\mathrm{i}k_{zmn}|z-z_0|) \tag{5.3}$$

$$f_{\mathrm{couple}}(m,n)=\cos(k_{xmn}x_0)\cos(k_{ymn}y_0) \tag{5.4}$$

$f_0(m,n)$ 是发射天线在巷道中心时的方向函数，是 $f(m,n)$ 的特殊情况。对于电尺寸比巷道截面尺寸小很多的天线而言，$f_0(m,n)$ 基本只与巷道本身的传播特性相关。$f_{\mathrm{couple}}(m,n)$ 为天线在巷道中的耦合因子。

3）巷道中阵列天线的方向图乘积定理

根据巷道中天线的方向图乘积定理，巷道中天线的辐射场分布可简化为

$$E_{mn}=-\frac{I_0 A}{2\sqrt{M}}f_0(m,n)f_{\mathrm{couple}}(m,n) \tag{5.5}$$

若巷道中的天线由 (x_0,y_0,z_0) 移动至 (x_0',y_0',z_0') ，天线在巷道中的辐射场变为

$$E_{mn}=-\frac{I_0 A}{2\sqrt{M}}f_0(m,n)f_{\mathrm{couple}}'(m,n)\exp\left[-\mathrm{i}k_{zmn}(z_0-z_0')\right] \tag{5.6}$$

$$f_{\mathrm{couple}}'(m,n)=\cos k_{xmn}x_0'\cos k_{ymn}y_0' \tag{5.7}$$

当巷道的发射端为 N 个天线单元组成的相似阵，若天线间的互耦可以忽略，以第 1 个阵元作为参考单元，N 个天线共同作用后的辐射场为

$$\begin{aligned}E_{mn}&=\sum_{j=1}^{N}E_j\\&=\sum_{j=1}^{N}\frac{-A}{2\sqrt{M}}f_{01}(m,n)I_j f_{\mathrm{couple}}^{(j)}(m,n)\exp\left[-ik_{zmn}(z_{01}-z_{0j})\right]\\&=\frac{-A}{2\sqrt{M}}f_{01}(m,n)\sum_{j=1}^{N}I_j f_{\mathrm{couple}}^{(j)}(m,n)\exp\left[-ik_{zmn}(z_{01}-z_{0j})\right]\end{aligned} \tag{5.8}$$

$f_{01}(m,\ n)$ 表示第 1 个阵元在巷道中心的方向函数。

由式（5.8）可得出阵列天线在巷道中的方向函数

$$
\begin{aligned}
f(m,n) &= f_{01}(m,n)\sum_{j=1}^{N} I_j f_{\text{couple}}^{(j)}(m,n)\exp\left[-ik_{zmn}(z_{01}-z_{0j})\right] \\
&= f_{01}(m,n) f_{\text{couple}}^{N}(m,n)
\end{aligned} \tag{5.9}
$$

式中，

$$
f_{\text{couple}}^{N}(m,n) = \sum_{j=1}^{N} I_j f_{\text{couple}}^{(j)}(m,n)\exp\left[-ik_{zmn}(z_{01}-z_{0j})\right] \tag{5.10}
$$

定义 $f_{\text{couple}}^{N}(m,n)$ 为阵列天线在巷道中的耦合因子（以下简称阵耦合因子）。

由此可得出巷道中阵列天线的方向图乘积定理[24]：巷道中阵列天线的方向函数等于参考阵元在巷道中心的方向函数与阵耦合因子的乘积。

巷道中阵列天线方向图乘积定理，与一般的阵列天线方向图乘积定理虽然相似，但又有不同。除各阵元电流幅度和相位外，一般的阵列天线方向图乘积定理主要关注各阵元的相对间距，而巷道中阵列天线方向图乘积定理说明，表面看阵元相对间距不同改变了阵列天线辐射场分布，但实质上，是各阵元在巷道截面的激励位置不同，引起了天线与各波模耦合的改变。

2. 煤矿井下智能天线的空时信道模型

应用与研究波束受控阵列天线，首先必须建立合适的空时信道模型，以预测和评估煤矿井巷传播环境对阵列天线结构及相关算法的影响，并据此提出相应改进。

关于阵列天线的空时信道模型，可分为三类：基于统计特性分析的模型，基于特定环境的模型和基于测量数据的模型。

国内外针对地铁巷道或井下巷道阵列天线的信道建模展开了大量实验测量和数学分析，初步提出了一些模型，但所研究对象都是多输入多输出（multiple input multiple output, MIMO）系统。MIMO 技术虽也是在收发端分别采用多根天线组成阵列天线，但 MIMO 是通过空间分集和空间复用技术，创建多个并行信道独立传输信号，从通信系统的调制解调和编码技术等方面来克服多径传播的负面影响。MIMO 模型中大部分都只关注信道的空间相关性和快衰落特性，并不体现信号的角域信息：如信号的角度扩展（angle spread, AS）、DOA、到达角（angle of arrival, AOA）和功率角度谱（angular power spectrum, APS）等。因此，所建 MIMO 模型不能满足以波束成形、波束控制为目的的阵列天线技术的需要。

霍羽在研究分析巷道波导效应对阵列天线辐射场分布特性影响的基础上[24]，探讨了阵列天线的信道传输特征，建立适用于煤矿的以波束成形为目标的阵列天线空时信道模型。模型如下：

1）标量信道

煤矿井巷内物体的移动速度较慢，可认为无线信道响应在短时间内广义平稳。

对单输入单输出（single input single output, SISO）系统，若发射天线在巷道内共发射了 M 条射线，则对应的标量信道如下：

$$h(\tau,\theta,\varphi)=\sum_{j=1}^{M}\alpha_j\delta(\tau-\tau_j)\delta(\theta-\theta_{rj})\delta(\varphi-\varphi_{rj}) \tag{5.11}$$

式中，α_j 表示两天线间第 j 条路径的复传输系数，它包含了信号的瞬时幅值和相位角变化；τ_j 表示第 j 条射线在 t 时刻的传输时延；φ_r、θ_r 表示第 j 条射线信号在 t 时刻的AOA。

2）矢量信道

要准确反映收发端阵列天线的结构，需在标量信道的基础上补偿信号到达各阵元的相位差。

在一般的无线传播环境中，智能天线要求阵元间距较近，一般不超过波长的一半，若阵元间距过大，将会在不必要的方向产生过多的栅瓣，减弱天线方向性。然而，在煤矿井巷中，则不需担心这点，因为巷道壁的遮挡使得天线的辐射能量始终集中在巷道内部，传播方向固定，且巷道内天线辐射方向受“波导效应”影响，与传输波模方向保持一致，控制天线能量沿哪些波模方向辐射出去的关键在于天线的激励位置。也就是说，利用天线/阵列天线控制波束的本质是控制巷道内各波模的激励，除各阵元激励振幅和相位外，表面上看是阵元间距、排列方式影响了辐射场分布及指向，而从实质上看是各阵元在巷道截面中的安装位置影响了辐射场分布及指向。因此，与一般情况不同，在井下，若利用智能天线调整波束形状，所建立的信道模型不仅要体现信号的方向信息，同时，还必须照顾到各阵元摆放位置所产生的大阵元间距，及由此可能带来的信道不相关衰落。这就要求建立一个对信道衰落刻画更加细腻的通用的阵列天线信道模型，既能满足波束控制技术的需要，也能满足空间复用、空间分集技术的需要。

综上所述，对SISO标量信道模型做如下修正：

$$\boldsymbol{H}=\sum_{j=1}^{M}\boldsymbol{\alpha}_v^{(j)}\delta(\tau-\tau_j)\delta(\theta-\theta_{rj})\delta(\varphi-\varphi_{rj}) \tag{5.12}$$

式中，

$$\boldsymbol{\alpha}_v^{(j)}=(\alpha_v^{(j)}{}_{pk})_{N\mathrm{r}\times N\mathrm{t}}$$

$\alpha_v^{(j)}{}_{pk}$ 是时延为 τ_i，波达方向为 $(\theta_{rj},\varphi_{rj})$ 时，信号在第 k 根发射天线到第 p 根接收天线的补偿了相位差的复传输系数，

$$\alpha_v^{(j)}{}_{pk}=v_{pk}^{(j)}\alpha_{pk}^{(j)}=v_p(\theta_r,\varphi_{rj})v_k(\theta_{tj},\varphi_{tj})\delta_{\mathrm{r}_{pk}}^{(j)}a_{pk}^{(j)}\exp[-i(2\pi f_0\tau_j+\psi_j)] \tag{5.13}$$

其中，$v_k(\theta_{tj},\varphi_{tj})$ 和 $v_p(\theta_r,\varphi_{rj})$ 分别描述了发射端或接收端第 k/p 根天线相对于第一根天线的瞬时相移。ψ_j 表示第 j 条路径在信道中的随机附加相移，当载波频率较高时，移动台即使在很小的空间移动都能使相位迅速变化，ψ_j 一般服从 $[0,2\pi]$ 内的均匀分布；δ_{rj} 用于判断第 j 条路径的射线是否到达接收端，如果射线被接收，$\delta_{rj}=1$，否则，$\delta_{rj}=0$。f_0 为冲激信号频率。

该模型既适用于波束控制技术，也适用于MIMO技术，全面考虑了影响阵列天线信道的各种参数，如时延扩展、角度扩展、波达方向、阵列天线结构、阵元相位差等。

3. 井下智能天线的波束成形与波束控制

煤矿井下巷道错综复杂，四面受限，电波传播可被近似为有损耗的巨型波导，传播机理、传播特性与一般环境有很大不同，使得天线类型、天线安装位置等因素对天线辐射场分布、信源相关性影响很大[3,24]，目前成熟的波束受控阵列天线技术，包括已有的信号 DOA、TOA 等多维参数估计、自适应波束形成技术等，应用于井下，可能会使性能下降甚至失效，需针对煤矿井巷无线信道的特点做相应调整。智能天线在井下应用面临如下问题和挑战[24]：

（1）煤矿井巷中，天线电流分布与巷道波导波模场的耦合，使得天线辐射场分布发生彻底改变，天线性能受到严重影响。

（2）井下巷道空间尺寸对阵列天线结构、规模、阵元类型等方面的限制非常苛刻。根据已有研究，在 500～1500MHz 以外的频段，巷道内电波传播损耗较大，不利于无线通信，故阵元尺寸、阵元间距的可选范围很小。对阵列天线的材质、结构和安装条件要求较高，要考虑煤炭生产安全的因素。

（3）巷道中天线辐射方向基本固定，跟踪用户时，相比用户的方向，更关注用户在巷道纵轴的位置。

（4）当巷道内存在多个用户时，天线形成的多个波束会因为巷道壁的遮挡而产生反射相互干扰，从而人为地造成多径干扰，是信号难以被分离和识别的主要原因。

（5）一般环境中的干扰源较少，噪声以高斯噪声为主，而井下存在大量金属支架、电力电缆、钢轨、矿车和各种超大功率电气设备等，是井下无线通信的主要干扰源，这些干扰源产生的工业噪声相当复杂，主要表现为具有随机性的强冲击噪声，其统计特性与高斯分布差异很大，且通常远大于信号强度，使信号更难以被分离和识别。

（6）巷道内干扰源密集，为实现信号和干扰的分离，相比利用多个窄波束，更倾向于根据信号位置分配不同的发射功率。

Coraiola 和 Sturani 曾在实际巷道中对相控阵的信号快衰落曲线展开多次实验测量。试图通过改变相控阵的天线单元间距和相位差达到控制方向图、抑制多径、改善无线覆盖效果的目的[37]。实验采用两根方向性一致、馈电强度一样的天线单元组成相控阵，研究显示，对矩形巷道，二元阵天线单元的最佳间距 d 为 $w/2$，其中 w 为巷道横截面的宽度；对非矩形巷道，二元阵天线单元的最佳间距为 $w/2$ 或 $2w/3$，二元阵天线单元的最佳相位差为 $\pi d / w$。

虽然该研究只针对单个波模，没有考虑多个波模的综合控制，考虑的巷道环境也相对简单，但初步的实验测量已经显示了其在抑制多径衰落方面较单根天线具有优势。

根据巷道中天线、阵列天线的方向图乘积定理，可以看出，受巷道波导效应的影响，巷道中天线和阵列天线的辐射场分布规律都发生了改变，天线位置对辐射场的影响非常重要。巷道中天线的辐射场分布并不唯一，是天线对各波模激励程度和各波模传播损耗共同作用的结果。综合考虑这两个因素，经过进一步的仿真分析，得出结论[24]：通过改变巷道中天线的激励位置可以有效控制天线有效激励波模的类型和数目，增强天线在巷道内的方向性，抑制多径；巷道中应用阵列天线比单根天线的灵活性和潜力更大。

可以推断，矿井巷道中的智能天线的波束控制算法中，应当增加一个新的控制参数，即天线在巷道中的耦合位置。

目前，关于煤矿井下这种复杂环境的波束成形、波束控制理论的研究还极少。智能天线波束成形、波束控制理论涉及方向图分析与综合、阵列结构优化与设计、自适应波束成形相关算法、信息源解相干、多维参数估计和空间分集复用等多种信号处理技术。如何突破巷道空间的限制，充分发挥智能天线在井下应用的优势，还有大量工作需要探究。

5.3.4 网络多媒体数据传输的 QoS 提升

若能够有效克服因矿井多径衰落引起的时域、频域、空域衰落，就能在很大程度上突破矿山无线网络的数据传输瓶颈，从而显著提高网络对多媒体数据流的容量并满足其 QoS 需求。

受煤矿井下长距离、窄空间限制，矿山无线网络多采用多跳组网方式。大量文献研究显示，MIMO、UWB、OFDM 都可以在抗煤矿井巷多径干扰方面发挥一定的优势[3,24,38,39]，各种技术各有所长和偏重，如果要进一步提高多媒体数据传输的 QoS，可将几种技术结合使用。

本节讨论矿用 MIMO-UWB 空时理论，基于“分层”的通信协议架构，以无线网络的物理层特征为中心，对其物理层、数据链路层和网络层采用“跨层”联合设计的思想用于研究矿山 WSN 面向 QoS 的多跳、多媒体数据传输问题，以期最大限度地提升矿山 WSN 多媒体数据传输和 QoS 能力。

1. 基于 MIMO-UWB 的单跳链路方案

无线电磁波在矿井巷道的密集多径传播会引起窄带信号严重的码间串扰，形成制约窄带系统数据速率的瓶颈。UWB 系统可以在矿井巷道多径传播环境提供时域上互不重叠的码元脉冲多径序列。研究显示，与 SISO-UWB 系统相比，MIMO-UWB 系统在发射机和接收机植入多个天线，再结合空时编/解码理论，就可以利用不同发射、接收天线之间形成的多个并行、非相关信道，抑制 SISO-UWB 系统单一信道传输所造成的深度衰落，以更好地满足多媒体数据传输对低误码率、高数据速率的 QoS 需求[40]。

MIMO 系统的传输性能受多天线间距和仰角方向的影响，而井下无线传感器节点的体积较小，计算能力和携带能量都有限，无法安置太多天线和处理复杂的多天线阵列信号，计划仅在无线传感器节点增加 1 支天线，从而形成基于 2 发 2 收（2×2）的低复杂度井下 MIMO-UWB 单跳无线通信链路。

传感器发射节点和接收节点均配置了 2 支天线，令 $s_m^i(t)$ 表示第 i（i=1, 2）个发射天线传输第 m 个码元所调制的 UWB 脉冲序列，$h_{i,j}$（t）表示第 i 个发射天线至第 j 个接收天线的信道脉冲响应，n_j（t）表示接收天线电路的热噪声，则接收节点同时可以接收到 4 路多径脉冲序列的叠加。

$$r_m^1(t)=s_m^1(t)\times h_{1.1}(t)+s_m^2(t)\times h_{2.1}(t)+n_1(t) \tag{5.14}$$

$$r_m^2(t)=s_m^1(t)\times h_{1.2}(t)+s_m^2(t)\times h_{2.2}(t)+n_2(t) \tag{5.15}$$

式（5.14）和式（5.15）说明 MIMO-UWB 能为井下单跳无线链路提供 4 组用于码元判决的时域非重叠多径序列，即 $s_m^1(t)\times h_{1.1}(t)$，$s_m^2(t)\times h_{2.1}(t)$，$s_m^1(t)\times h_{1.2}(t)$ 和 $s_m^2(t)\times h_{2.2}(t)$。由于 SISO-UWB 系统只有 1 对收发天线，从而仅能提供 1 组用于码元判决的多径序列。因此，在理论上，当这 4 组多径序列的衰落特征互不相关时，基于 2×2 的 MIMO-UWB 单跳无线通信链路遭受强多径衰落的概率是 SISO-UWB 系统的 1/4，从而可以有效提高煤矿井下单跳链路的 QoS 性能。不过，UWB 采用实信号调制（传统窄带系统采用复信号调制），因此，还需根据矿山 WSN 物理层信道特征调整 MIMO-UWB 实信号 2×2 空时编/解码方案，并搭建实验平台，验证在不增加发射功率与传输带宽的前提下，基于 2×2 的 MIMO-UWB 系统能够更加有效地抑制矿井巷道的强多径衰落，提高 SISO-UWB 系统在煤矿井下的码元判决误码率性能等 QoS 指标。

2. 基于多跳传输的中继节点选择

建立高可靠性矿井单跳 MIMO-UWB 无线链路后，需要解决面向 QoS 的矿山 WSN 多跳数据传输问题。在图 5.5 所示的低路径冗余度矿山 WSN 多跳网络结构中，由于传输距离过远，数据源节点 S 的码元信息无法被数据汇聚节点 D 正确接收。不过，节点 S 和 D 之间存在着中间节点集 $C=\{R_1,R_2,\cdots,R_N\}$，假若选择若干个中间节点 $R=\{R_1,R_2,\cdots,R_N\}\in C$ 中继转发节点 S 的码元信息，则节点 D 就能正确接收该码元信息。因此，基于多跳传输的中继节点选择以及相关中继节点的数据转发策略（转发功率等）就成为矿山 WSN 网络层需要解决的核心问题。

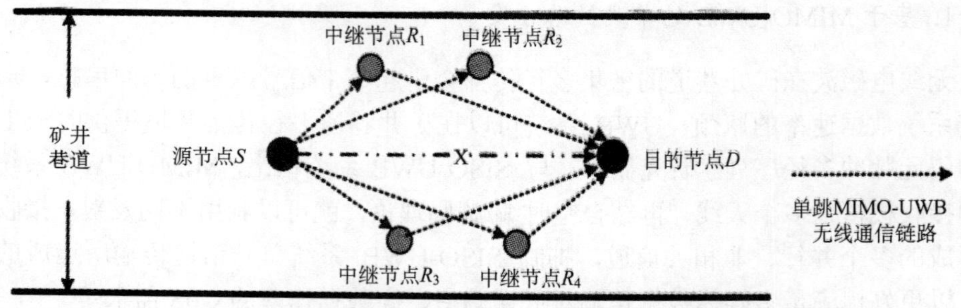

图 5.5　基于多跳中继的煤矿井下无线数据链路

此处将最优中继节点集 $\boldsymbol{R}^*$ 的选择目标设定为：在满足多媒体数据传输 QoS 需求（在时间限制 T 内以一定的误码率传输 L 比特数据）的前提下，最小化每个传感器节点的能耗。例如，在图 5.5 所示的两跳中继系统中，规定数据源节点 S 发射的码元信息只能被一个中继点 R_i 转发，则最优中继节点 R_i^* 应能使两跳中继链路的能耗 E 最小化。令 E_{S,R_i} 表示源节点 S 与中继节点 R_i 的传输能耗，$E_{R_i,D}$ 表示中继节点 R_i 与目的节点 D 的传输能耗，则两跳中继链路的总能耗就可以表示为 $E=E_{S,R_i}+E_{R_i,D}$，而最优中继节点选择策略就可以通过求解下述最优化问题获得。

目标问题：

$$R_i^* = \arg\min_{R_i\in \mathbf{C}}(E = E_{S,R_i} + E_{R_i,D}) \tag{5.16}$$

约束条件：

$$0 \leqslant T_{S,R_i} + T_{R_i,D} \leqslant T \quad i=1,\cdots,N \quad （最大传输时长限制）$$

$$P_S^{\mathrm{PA}} \leqslant P^{\max},\ P_{R_i}^{\mathrm{PA}} \leqslant P^{\max} \quad i=1,\cdots,N \quad （最大发射功率限制）$$

$$Q_i \leqslant Q_{S,D}^{\max},\ Q_D \leqslant Q_{S,D}^{\max} \quad i=1,\cdots,N \quad （最高误码率限制）$$

其中，P_S^{PA}和$P_{R_i}^{\mathrm{PA}}$分别表示传感器节点S和R_i的发射功率；$P^{\max}$表示节点的最大发射功率限；T_{S,R_i}表示为传输L比特数据，源节点S和中继节点R_i之间单跳数据链路的工作时间；$T_{R_i,D}$则表示中继节点R_i和目的节点D之间单跳数据链路的工作时间；$Q_{S,D}^{\max}$表示数据源节点S和目的节点D多媒体数据流传输所要求的最高误码率；Q_D和Q_i则表示目的节点D和每个中继节点R_i的接收误码率。

上述多跳中继节点选择问题属于多约束（即时延约束、数据速率约束、误码率约束）条件下的单目标优化（即多跳数据传输节点的能耗最小化）问题。考虑到传感器节点信息处理能力有限以及WSN的分布式特征，可采用凸优化理论、Lagrangian对耦合粒子群等多种算法降低上述优化问题的计算复杂度，寻找低复杂度、分布式算法。而在算法可行性方面，考虑到井下大部分环境中的传感器节点被静态部署，位置很少变化，因此，中继节点的决策信息不需要被频繁更新，这就相对减小了分布式算法因传递相关网络同步信息而增加的额外能量和频谱开销。在算法验证方面，需要扩展多跳MIMO-UWB仿真实验平台，验证所提出的分布式中继决策算法能在满足煤矿井下多媒体数据多跳传输QoS需求的同时，提高网络的能谱效益，增强网络对多媒体数据流的并行传输能力。

3. 面向全网节点能耗平衡的算法优化

多媒体数据流传输会加剧多跳路径上每个传感器节点的能耗，从而引发中继节点的能耗不一致性问题。以一个简单的由两条多跳路径组成的WSN为例，在图5.6所示的中继链路中，由于中继节点R_2与目的节点D之间的传输距离较长，若采用同一MIMO-UWB调制方案，为获得相同的QoS性能，中继节点R_2必须使用比中继节点R_1更高的发射功率，从而中继节点R_2相比于中继节点R_1会因为能量过早耗尽而提前关闭，造成源节点S和目的节点D之间的信息不可达，出现网络覆盖盲区。

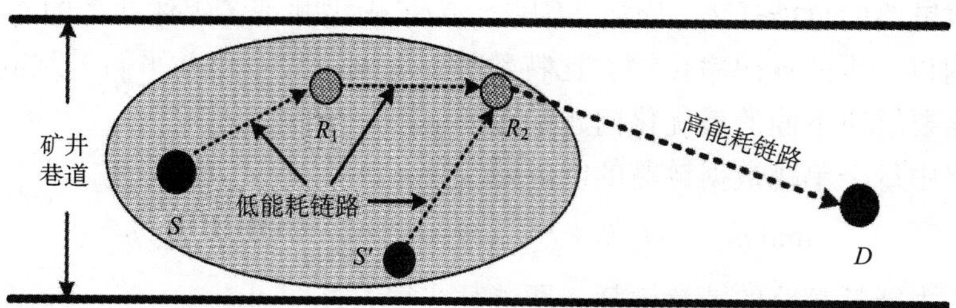

图5.6 多跳中继链路能耗均衡示意图

单跳数据收发的能耗是由链路层传输策略，包括发射功率、调制星座图以及传输时长联合决定的。因此，需通过优化上述传输策略参数来平衡多跳路径中每个中继节点的能耗，从而最大化网络生存期，延长其有效工作时长。

首先，考虑到 UWB 传感器的主要能耗不是来自于信号发射，而是来自于信号侦听与检测，故传感器节点将被设计成工作于活动（active）、睡眠（sleep）和转换（transition）三种状态来缩减其接收机的空闲侦听时间，减小能耗。令 $l_{i,j}$ 表示由任意相邻传感器节点 i 和 j 组成的井下单跳数据链路，则有：

（1）为满足井下多媒体业务的 QoS 需求，链路 $l_{i,j}$ 需要在 T 秒内传输长度为 L 比特的数据分组。

（2）为节约能耗，链路 $l_{i,j}$ 只被激活 T^{on} ($T^{\text{on}} \leqslant T$)秒来收发该分组，而其余时间($T^{\text{s}}$)则可以关闭信号收发支撑电路，工作在睡眠状态，减小链路的总能耗。

其次， UWB 传感器发射机和接收机的支撑电路功耗可分别计算如下[41]：

（1） 令 P^{PA} 和 P^{mod} 分别表示发射机功率放大器（power amplifier，PA）和调制器（modulator）的功耗，P^{syn} 表示频段扫描和同步的功耗，$P^{T} = P^{\text{mod}} + P^{\text{syn}}$ 即为发射机支撑电路的总功耗。

（2） 令 $P^{\text{front-end}}$ 、P^{ADC} 和 P^{DBP} 分别表示接收机前端（front-end）、模/数转换器（ADC）以及数字基带处理器（digital baseband processor，DBP）的功耗，$P^{R} = P^{\text{front-end}} + P^{\text{ADC}} + P^{\text{DBP}} + P^{\text{syn}}$，即为接收机支撑电路的总功耗。

因此，链路 $l_{i,j}$ 收发机支撑电路的总功耗就可以表示为 $P^{C} = P^{T} + P^{R}$ 。

最后，为满足多媒体数据流的 QoS 需求，链路 $l_{i,\,j}$ 传输一个分组所需的总能耗可以表示为

$$E_{i,j} = P^{\text{PA}} T^{\text{on}} + P^{C} T^{\text{on}} \tag{5.17}$$

传统的针对无线传感器节点的能耗优化仅仅为了最小化信号的发射能耗，即式(5.17)中的 $P^{\text{PA}}T^{\text{on}}$，而面向全网节点能耗平衡优化的目标之一就是最小化每个链路 $l_{i,j}$ 的总能耗 $E_{i,\,j}$。$E_{i,\,j}$ 与链路所采用的调制阶数、发射功率以及传输时长密切相关。假设链路采用 M 进制调制，第 m 个码元 d_m 将携带 $b=\log_2 M$ 比特信息。在一定的误码率 QoS 要求下，降低调制阶数 M 可以减小发射功耗 P^{PA}，但是同时会增加传输时长 T^{on}，由式(5.17)可见，这可能会导致链路的总能耗 $E_{i,\,j}$ 增加。因此，为了满足井下多媒体业务的 QoS 需求（在时间限制 T 内以一定的误码率传输 L 比特数据），同时最小化并平衡多跳链路中每个链路的能耗，需要解决下面的最优化问题。

多跳链路中每个单跳数据链路的能耗最小化：

$$\min E_{i,j} = (P^{\text{PA}} + P^{C}) T^{\text{on}} + P^{\text{tr}} T^{\text{tr}} \qquad \forall l_{i,j} \in G_{S,D} \tag{5.18}$$

最小化最大能耗链路的能量消耗（即能耗平衡）：

$$\min(\max E_{i,\,j}) \quad \forall l_{i,\,j} \in G_{S,\,D} \tag{5.19}$$

约束条件：

$$T^{\text{on}} + T^{\text{tr}} \leqslant T \qquad \text{（最大传输时长限制）}$$

$$P^{\text{PA}} \leqslant P^{\max} \qquad \text{（最大发射功率限制）}$$

$$Q_j \leqslant Q_{S,D}^{\max} \quad , \quad Q_D \leqslant Q_{S,D}^{\max} \qquad \text{（最高误码率限制）}$$

式中， $G_{S,D}$ 表示数据源 S 与目的节点 D 之间全部中继链路的集合（关于中继节点如何选择已在上一节给出）。上述能耗最小化和能耗平衡问题是多约束条件下的多目标优化问题，而算法的运算结果为每个中继节点的最优传输策略。

5.4 灾后应急传输网重建

在一般工作状态下，人员、机车、设备等节点分布及巷道结构的变化有相对稳定的时间和事件触发规律，矿山物联网网络的有效部署、大量传感器节点的布置能够在本质上解决煤矿日常生产过程中各类数据的监测以及环境信息的实时感知。但是，一旦井下发生事故，特别是严重的矿难事故后，事故现场巷道被破坏，网络设备（包括通信电/光缆、以太网交换机、无线基站等）和通信终端（包括传感器节点、人员/设备定位锚节点、移动通信节点等）将会受到不同程度的破坏、移位等影响，通信质量面临多种灾害的威胁，严重时会出现网络瘫痪，导致灾后残存信息网络的数据传输能力发生严重退化，井下井上难以通信，无法协助救援人员完成灾情控制和人员抢救等工作。抢险救援现场需要多区域、多终端的协同、联动监控，灾后泛在网络重建和应急通信必不可少，以保证流媒体数据的长时间、不间断连续性传输。

矿山应急救援网络领域的研究工作相对滞后。李起伟、温良等最早提出了基于无线 Mesh 的应急组网方案（wireless mesh network，WMN），并进一步将反应式与先验式路由算法相结合，提高了应急数据流传输的可靠性[42, 43]。张玉等研究了应急救援网络的信道容量[43]，提出了基于分布式链路负载预期的按优先级信道分配策略，用于提高应急数据传输的实时性[44]，提出改进的 AODV 路由策略，通过对 Mesh 终端的识别与路由避免，解决救援传输的高能耗问题[45]。然而，上述研究仍然基于混合式网络拓扑结构（由井下大巷等区域的有线骨干环网和采动工作面等动态区域的无线移动网络组成，无线基站仍然需要电缆供电并通过有线骨干环网互联）展开，没有考虑灾害事故对井下供电系统的破坏以及对网络设备健康工作状况的影响。基于无线网络架构，也有一些相关研究，但均是针对 WSN，WSN 采用无线多跳自组网（ad-hoc）结构，由于矿井巷道特殊的长距离、窄空间管状结构及其所造成的严重多径信号衰落，WSN 的高误码率和高丢包率问题一直没有得到很好的解决。此外，长距离多跳 WSN 还存在着节点时间同步困难等网络技术问题。

灾害事故所导致的电力供应中断和通信环境恶化是应急泛在网络拓扑重构所面临的最大困境。如何利用灾后残存的网络设备和终端实现无线互联就成为应急泛在网络需要解决的首要问题；在此基础上，进一步研究应急数据流传输等相关问题。

5.4.1 灾后应急传输网重建策略

1. 组网协议

矿山灾害事故会导致供电系统和有线环网的瘫痪，但无线基站和终端仍然可以依靠预装的蓄电池供电，并通过无线信道传输数据。由于衍生和重构关系，灾后应急泛在网络必须向前兼容现有矿山监控网络的通信协议，例如，在“矿山物联网示范工程”中使用的IEEE 802.11 协议（即 WiFi）[46]。考虑到灾害事故会对 WiFi 基站（access point, AP）以及终端的传输性能造成影响（例如，当灾区的环境温度超过一定阈值后，调制/解调芯片的接收误码率性能将急剧恶化[47]），灾区稀疏的可用 AP 不足以覆盖全部的无线终端。不过，最新被提出的 WiFi Direct 协议则为突破上述灾后应急泛在网络应急组网困境提供了解决途径。

如图 5.7 所示，WiFi Direct 的每个协议终端都能实现 AP 的网络管理功能，因此，位置相近的若干终端可以组成一个簇，并从中选择唯一的终端，即软件定义的 AP（software defined AP，SAP），履行网管职能，从而实现簇的宽带无线接入。此外，WiFi Direct 支持 SAP 与 AP、AP 与 AP 以及 SAP 与 SAP 的互联，受灾区域中可用的 SAP/AP 和终端间持续这种互联和网络扩展过程，最终可以实现灾后应急泛在网络的拓扑重构和对大部分终端的无线覆盖。

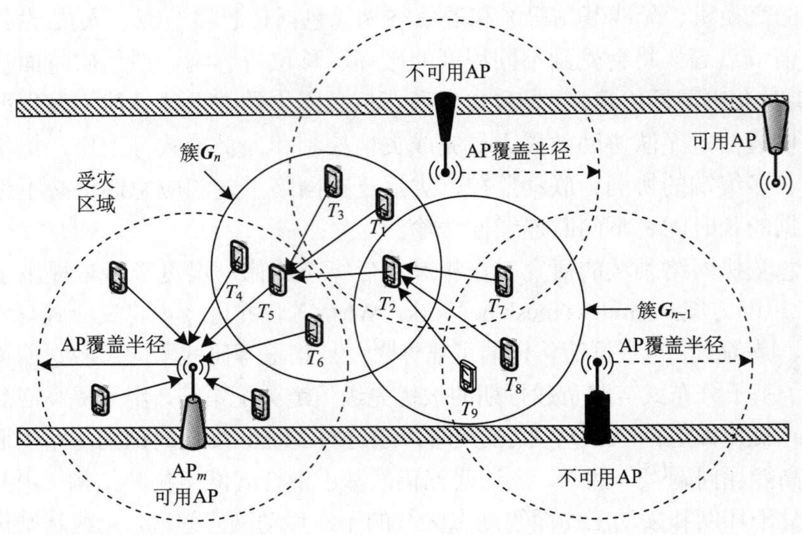

图 5.7 灾后应急泛在网络中的 WiFi Direct 簇结构和簇间互联

由于井下无线终端的数量较多（除了人员携带的移动终端和固定的传感器节点，还包括井下避难硐室预留的应急组网专用终端，这些终端在事故发生后由被困人员随机放置在巷道，用于增强应急网络的连通性和数据传输能力），而且比 AP 的体积小、耗电低，更易于存储和保护，因此 WiFi Direct 在矿山灾害事故抢险救援环境中极具应用优势。

2. 灾后应急泛在网络的拓扑重构

WiFi Direct 仅仅提出了基本的组网理论和协议框架，并没有给出具体的实现方案，相关的组网和维护协议算法都需要研究者自行开发实现。因此，灾后应急泛在网络需要解决以下问题：

1）拓扑重构问题

井下被困区域中各 WiFi Direct 簇的 SAP 选择（即相邻的多终端成簇）是灾后应急泛在网络拓扑重构的关键环节。当簇内存在多个候选终端时（如图 5.7 中的簇 G_n 有三个

候选终端 T_4,T_5,T_6），如何选择合适的 SAP 就成为灾后应急泛在网络拓扑重构需要解决的核心问题，并对灾后应急泛在网络的连通性、QoS 和能耗产生重要影响。SAP 选择与候选终端的当前运行状态密切相关，首先需要定义任意候选终端 T_i 在时刻 t 的多维度运行状态信息，包括：

（1） T_i 与相邻的多个 SAP 或 AP 的信道信息；

（2） T_i 与簇内其他终端的信道信息；

（3） 衡量 T_i 健康工作状况的灾后环境信息；

（4） T_i 的可用能量信息等。

最优 SAP 选择不仅取决于每个候选终端自身的运行状态，而且与本簇内其他终端的运行状态，以及相邻簇的 AP/SAP 的运行状态也密切相关。因此，最优 SAP 选择是一个多维度数学优化问题，需要根据不同的应急组网目标（例如，上行数据流要求实现基于时延的 QoS 区分，而下行和网内数据流则以能耗节省为网络目标），求解上述多维度数学优化问题，并设计面向多目标优化的最优 SAP 选择的低复杂度、分布式算法。

2）拓扑维护问题

灾后应急泛在网络的无线终端有一部分是矿工携带的“智能矿灯”多功能通信终端，矿工的移动会导致网络拓扑结构发生变化。此外，簇内 SAP 与其他候选终端的无线信道质量、当前健康工作状况和可用能量都随时间发生变化。因此，需要设计合适的 SAP 更新机制，保持灾后应急泛在网络的连通性。考虑到应急终端的移动性以及其运行状态的时变特性，CMSN 需要研究基于“时间触发”的 SAP 更新机制，并求解重启 SAP 选择的最佳时间频率，在平衡簇内各终端能耗的同时，减小 SAP 更新所需的网络信令开销。

5.4.2 基于 QoS 的应急数据传输

1. 灾后应急泛在网络的数据流 QoS 区分问题

向地面救援系统还原灾情发生和发展状况是灾后应急泛在网络上行数据流传输的主要目的之一。灾害事故从发生到衰减的时间较短，无线基站和终端受到灾害冲击后的有效工作时间呈不同程度的衰减。这就要求灾后应急泛在网络必须确保受灾害影响较大的数据源终端能在其信息获取能力完全丧失前将感知的灾害现场信息缓存至健康状况较好的无线基站或终端（当前的移动终端均能植入 16～256G 的大容量缓存[48]），以备地面救援系统获取。

为实现上述网络目标，应急终端不仅要感知事故现场的环境信息，还要对其灾后健康工作状况做出评价，从而灾后应急泛在网络能够根据其健康状况为其感知信息提供基于时延约束的数据传输服务。由于无线信道的时变衰落特性，灾后应急泛在网络难以保证上行数据流的硬性服务质量 QoS 指标，仅能提供 QoS 区分服务，使高优先级数据流的数据包会被优先调度传输。因此，需要研究针对灾后应急泛在网络的 QoS 区分问题。

2. 灾后应急泛在网络中公平性的 QoS 区分

上行数据流传输主要向地面救援反馈事故爆发、衰减过程以及事故现场信息，必须在其发生后的较短时间内完成。由于受到灾害冲击，应急终端的工作性能和有效工作时间都有不同程度的衰减。为了使健康工作状况较差的应急终端能在其信息获取和传输能力丧失前完成信息反馈，需要实现数据流的 QoS 优先级映射，使得灾后应急泛在网络能够根据源终端当前的健康工作状况及其对网络 QoS 的满意度，将其数据流归为不同的优先级。考虑到 QoS 区分不仅要保证高优先级数据流的数据包被优先调度传输，还要确保低优先级数据流的数据包获得传输机会，不至于出现数据吞吐量为零的“饥饿现象”[49]，这就需要研究基于优先级权重的数据包调度传输算法，解决公平性的 QoS 区分问题。

为了实现基于时延的 QoS 区分，矿山应急网络的 SAP/AP 必须支持多优先级队列。尽管 IEEE 802.11e EDCA 已经实现了多优先级队列，并通过赋予高优先级队列更有利的 MAC 层信道竞争参数（AFISN、CWmin 和 CWmax）实现 QoS 区分，如图 5.8 所示。然而 EDCA 会导致数据包传输碰撞加剧并出现“饥饿”现象，而公平性的队列调度机制可以有效避免“饥饿现象”的出现。

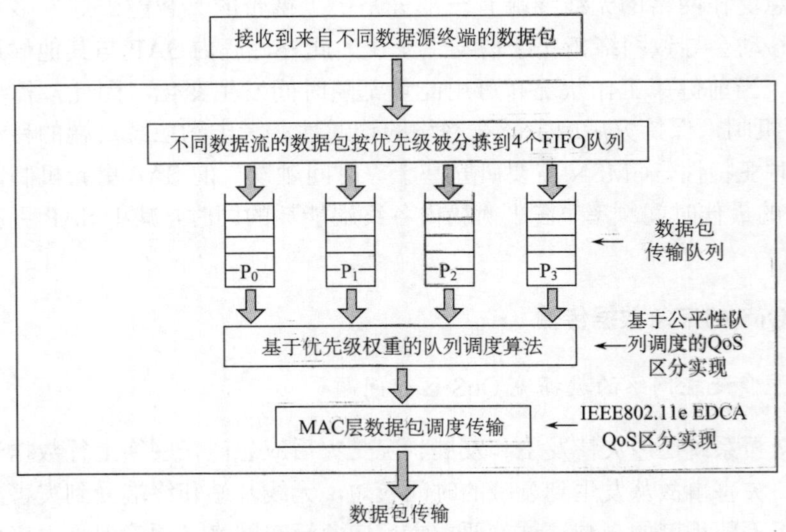

图 5.8　SAP/AP 内部多优先级队列和数据包调度传输机制

5.4.3　应急泛在网络能耗最小化

1. 灾后应急泛在网络中的能耗问题

灾害事故从爆发到衰减，灾区的环境状况逐渐趋于稳定。此时，抢险救援工作的开展主要依靠灾后应急泛在网络的下行及网内数据流传输。由于灾区的 AP 和终端都只能依靠电池供电，为了延长对救援行动的支撑时间（几小时甚至几十小时），必须研究下行以及网内应急数据流的传输能耗节省问题。有关研究表明，位置相近的被困矿工通常需要相同的救援信息（如最佳避难硐室位置、逃生路线图等），因此，可以采用无线组播（multicast）提高应急传输的能谱效益、降低传输能耗。

如图 5.9 所示，借助无线信道的广播特性，AP 或 SAP 在下行链路可以将同一信息一次性发送到多个具有相同信息需求的终端（即被困矿工），相比于多次的端到端单播（unicast），一次性组播可以大大降低数据和信令的传输总量，减小能量和频谱带宽消耗。然而，由于煤矿井下无线信道的深度衰落和时变特性，连接 AP/SAP 和多个终端的无线链路存在信道质量上的巨大差异，而无线组播的传输能耗和数据速率均取决于信道质量最差的收发链路。不过，D2D（device-to-device）直接通信的出现为突破无线组播的性能瓶颈提供了解决途径。D2D 是支持蜂窝小区中终端间直接通信的网络技术，可以减小通信跳数、缩短通信距离、降低传输能耗[50]。D2D 不同于 ad-hoc 模式：首先，D2D 通信必须在基站的授权之下进行；其次，D2D 需要使用其所在小区的频段进行通信。

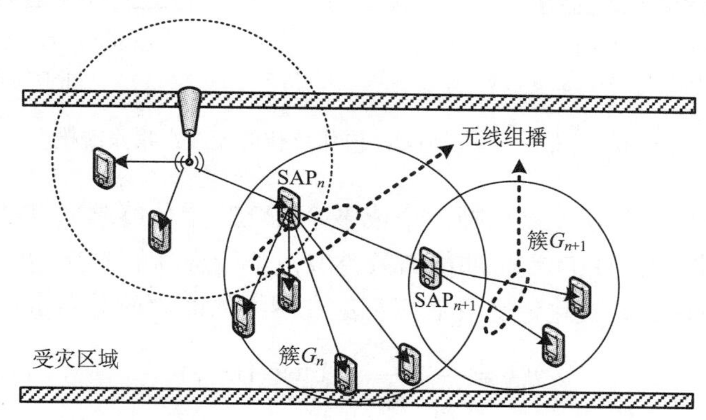

图 5.9 煤矿井下应急救援网络下行数据流的无线组播

当地面救援信息通过应急网关向灾区下行传输时，AP/SAP 以高速率向簇内多个终端组播同一信息，该信息被部分信道条件较好的终端接收；此后，成功接收的终端使用 D2D 向接收失败的终端重传该信息（即 D2D 协作重传），从而保证该救援信息能被簇内所有终端正确接收。D2D 协作重传利用了相邻终端间较好的无线信道条件，使无线组播不再受限于少数质量差的下行链路，在确保下行及网内数据流高速率传输的同时，也大大降低了 AP/SAP 的传输能耗。尽管如此，D2D 通信仍然要占用簇内的频谱和能量资源，需要在分析 D2D 协作重传对无线组播能谱效益影响的基础上，提高灾后应急泛在网络下行及网内数据流传输的能谱效益，降低传输能耗。

2. 基于 D2D 协作重传的应急数据组播

无线组播的性能受限于簇内信道质量最差的下行链路（SAP/AP 至终端），D2D 协作重传能够利用相邻终端间较好的信道条件，使无线组播不再受限于少数质量较差的簇内下行链路，但是，需要研究 D2D 重传方式对无线组播性能和相关算法复杂度的影响。

如图 5.10 所示，无线组播既可以通过一个低速的单 D2D 重传实现（图 5.10（a）），也可以通过多个高速并行的 D2D 重传实现（图 5.10（b））。因此，灾后应急泛在网络中基于 D2D 协作重传的无线组播需要研究以下三个彼此相关的问题：

（1） 簇内最优 D2D 重传终端选择；

（2） 簇内最优 D2D 重传终端数目；

（3） 簇内最优 D2D 重传路径选择。

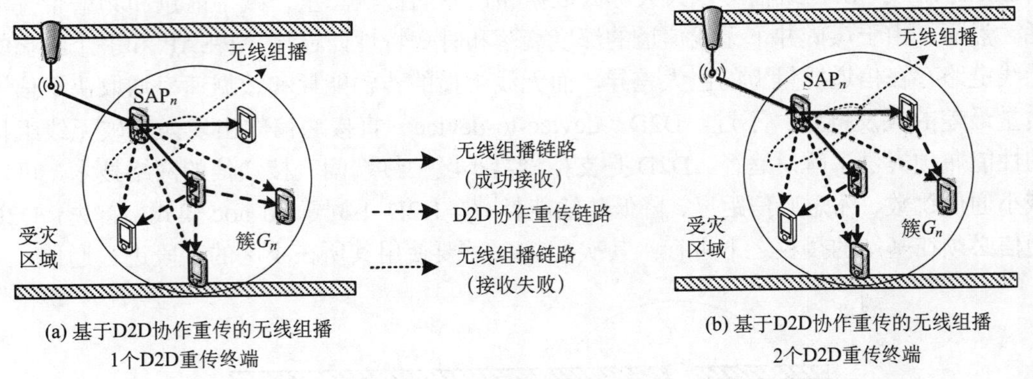

图 5.10　煤矿井下基于 D2D 协作重传的无线组播系统模型

在图 5.10 中，每个簇可以选择一个或多个 D2D 重传终端向 D2D 接收终端重传 SAP/AP 的组播数据，而 D2D 重传的能谱效益取决于所选择的 D2D 重传终端、重传终端的数目以及重传路径。公式化定义灾后应急泛在网络的能谱效益衡量指标为

$$\eta_{i,j} = \frac{r_{i,j}}{b_{i,j} \cdot p_i} \quad \text{bits/ (Hz}\cdot\text{J)} \tag{5.20}$$

式中，$r_{i,j}$(bits/s)表示簇内任意终端 T_i 和 T_j 之间的数据速率；$b_{i,j}$(Hz)表示传输信道带宽；p_i(W)表示终端 T_i 的发射功率。式(5.20)的物理意义是：使用 1 焦耳(J)的能量在 1 赫兹(Hz)频段上可以传输的最大比特数。令 C 表示簇内候选 D2D 重传终端的数目，D 表示簇内 D2D 接收终端的数目，可以进一步定义簇内所有 D2D 链路的能谱效益矩阵 $\boldsymbol{E}$（C 行 D 列）为

$$\boldsymbol{E} = \begin{bmatrix} \eta_{1,1} & \eta_{1,2} & \cdots & \eta_{1,D} \\ \eta_{2,1} & \eta_{2,2} & \cdots & \eta_{2,D} \\ \vdots & \vdots & & \vdots \\ \eta_{C,1} & \eta_{C,2} & \cdots & \eta_{C,D} \end{bmatrix} \tag{5.21}$$

当某簇内 SAP/AP 下行组播的数据量为 L 比特，且 D2D 重传终端的数目为 1 时，能谱效益最高的 D2D 重发终端选择方案可以表示为

$$T_{i^*} = \arg\min_{T_i \in T} \left\{ \frac{L}{\min_{\forall T_j \in R}(e_{i,j})} \right\} \tag{5.22}$$

式中，T 表示该簇内的候选 D2D 重传终端集合，R 表示该簇内的 D2D 接收终端集合。

当簇内允许的 D2D 重传终端个数 K 大于 1 时，即$1 < K \leqslant C$，可以推导出此时若重传 L 比特信息所需的最小能谱资源为

$$\min_{\substack{T_k \in T \\ R_1 \cup R_2 \cup \cdots \cup R_K = R \\ R_i \cap R_j = \varnothing, i \neq j}} \left\{ \sum_{k=1}^{K} \frac{L}{\min_{\forall T_j \in R_k}(e_{i,j})} \right\} \qquad (5.23)$$

式中，T 表示簇内候选的 D2D 重发终端集合；$\boldsymbol{R}$ 表示簇内的 D2D 接收终端集合；k 表示 D2D 重传终端 T_k 的序号 $(T_k \in T)$；R_k 表示从 T_k 接收重发信息的终端集合，且有 $R_k \subset R$，$R_1 \cup R_2 \cup \cdots \cup R_K = R$，$R_i \cap R_j = \varnothing$，$\forall i \neq j$。

从式（5.23）可见，随着簇内 D2D 重传终端数目 K 的增加，该簇的 D2D 接收终端被划分为多个子集 $R_1, R_2, \cdots, R_K$，完成一次数据重传需要越来越多的并行 D2D 协作重传，而每个重传终端服务的接收终端数目也相对减少。为了避免共信道干扰，必须分配正交的时频资源给每个 D2D 重传链路。因此，必须研究最优的 D2D 重发终端个数 K，以及最优的集合 R 子集划分方案（即重传路径选择），从而提高 D2D 协作组播的能谱效益。

综上所述，针对煤矿井下应急救援网络的应用需求，相关研究工作可集中于如下几个方面。①煤矿井下应急组网关键技术：在灾后断电的情况下，探索利用尚能正常工作的 AP 和终端完成对受灾区域的无线网络覆盖，并设计低复杂度、分布式算法实现应急网络拓扑维护；②基于时延的应急数据流实现 QoS 区分：在确保健康状况较差的源终端感知信息得到优先传输的同时，也使得其他源终端的数据流获得传输机会，从而避免信息还原的不完整性问题；③高能谱效益、低能耗的煤矿井下无线传输：探索利用无线组播和 D2D 协作重传技术提高应急网络下行和网内数据流传输的能谱效益，降低网络整体的数据传输能耗。

参 考 文 献

[1] 张申，丁恩杰，徐钊，等. 物联网与感知矿山专题讲座之二——感知矿山与数字矿山、矿山综合自动化. 工矿自动化, 2010, 36(11): 129-132.

[2] Yarkan S, GüZelgöZ S, Arslan H, et al. Underground mine communications: a survey. Communications Surveys and Tutorials IEEE, 2009, 11(3): 125-142.

[3] 郑红党. 煤矿井巷电波传播理论和 MIMO 信道建模关键技术研究. 徐州：中国矿业大学, 2010.

[4] 李晶. 井下巷道超高频无线电波传播及定位算法的研究. 天津：天津大学, 2006.

[5] 李世银，钱建生，孙彦景，等. 煤矿工业以太网网络模型研究及应用. 华中科技大学学报：自然科学版, 2007, 35(S1): 222-225.

[6] 胡青松. 煤矿认知无线电网络的路由协议研究. 徐州：中国矿业大学, 2011.

[7] 汤良，张申，干玲，等. 认知无线电技术在煤矿井下的应用研究. 工矿自动化, 2010, 36(7): 36-39.

[8] 陈桂真，丁恩杰，张申，等. 浅析认知无线电在矿井通信中的应用. 工矿自动化, 2009, 6: 12-14.

[9] 陈桂真，丁恩杰，齐宏伟. 基于认知无线电的煤矿井下频谱感知技术的研究. 电视技术, 2009, 33(12): 92-94.

[10] 王泉夫，陈丽华，钟强，等. 认知无线电在矿井无线传感器网络系统中的应用. 传感器与微系统, 2009, 28(8): 113-115.

[11] Chen K C, Prasad R. Cognitive radio networks. United Kingdom: John Wiley and Sons Ltd. 2009.

[12] 刘岩. 矿井中认知无线电网络的拓扑优化. 徐州：中国矿业大学, 2009.

[13] Rieser C J. Biologically inspired cognitive radio engine model utilizing distributed genetic algorithms for secure and robust wireless communications and networking. Virginia Tech, 2004.

[14] ORG W. RDF 入门. http: //zh. transwiki. org/cn/rdfprimer. htm [2009-5-3].
[15] Cesana M, Cuomo F, Ekici E. Routing in cognitive radio networks: challenges and solutions. Ad Hoc Networks, 2011, 9(3): 228-248.
[16] Zhu G M, Akyildiz I F, Kuo G S. STOD-RP: a spectrum-tree based on-demand routing protocol for multi-hop cognitive radio networks//Proceedings of IEEE GLOBECOM, 2008.
[17] Celebi H, Arslan H. Enabling location and environment awareness in cognitive radios. Comupter Communication, 2008, 31(6): 1114-1125.
[18] Younis O, Heed F S. A hybrid, energy-efficient, distributed clustering approach for Ad Hoc sensor networks. IEEE Transactions on Mobile Computing, 2004, 3(4): 366-379.
[19] Vasil H, Hristo A. Design and implementation of an OPNET model for simulating GeoAODV MANET routing protocol. Proceedings of OPNETWORK 2010. Washington DC, 2010.
[20] Smaragdakis G, Matta I, Bestavros A. SEP: a stable election protocol for clustered heterogeneous wireless sensor networks. Proceedings of SANPA 2004. Boston, 2004.
[21] Duarte-Melo E J, Liu M Y. Analysis of energy consumption and lifetime of heterogeneous wireless sensor networks. Proceedings of GLOCOM2002. 2002, 1: 21-25.
[22] 张申, 赵小虎. 论感知矿山物联网与矿山综合自动化. 煤炭科学技术, 2012, 40(1): 83-86.
[23] 孙继平. 煤矿物联网特点与关键技术研究. 煤炭学报, 2011, 36(1): 167-171.
[24] 霍羽. 煤矿井巷阵列天线应用基础研究. 徐州: 中国矿业大学, 2012.
[25] 孙维. 基于 Wi-Fi 技术的矿井无线通信系统的设计与应用. 煤矿安全, 2010, 41(4): 87-89.
[26] 李继来, 王小岑. 基于 WCDMA 的矿用 M2M 终端系统的设计. 工矿自动化, 2011, 37(12): 1-4.
[27] 焦保国. 基于 3G 技术的煤矿移动综合监控平台. 煤矿机电, 2012, (4): 77-80.
[28] 樊荣, 宋文, 黄强. 矿井无线通信系统研究与发展. 西安电子科技大学学报, 2010, 30(4): 471-474.
[29] Guan K, Zhong Z D, Alonso J, et al. Measurement of distributed antenna systems at 2. 4GHz in a realistic subway tunnel environment. IEEE Transactions on Vehicular Technology, 2012, 58(6): 834-837.
[30] 程德强, 赵国, 范一武, 等. 矿井移动载体摄像的电子稳像算法. 中国矿业大学学报, 2012, 41(5): 805-810.
[31] 冯小龙. 矿井无线 Mesh 网络关键技术及应用. 徐州: 中国矿业大学, 2011.
[32] 宋文, 戴剑波, 王飞, 等. 矿井 WMN 多媒体应急通信系统多跳传输性能研究. 煤炭学报, 2011, 36(4): 706-710.
[33] 周公博, 朱真才, 陈光柱, 等. 矿井巷道无线传感器网络分层拓扑控制策略. 煤炭学报, 2010, 35(2): 333-337.
[34] 陈振江, 王勇. 煤矿监控数据集成问题的探讨. 工矿自动化, 2011, (12): 67-70.
[35] 孙甲, 杨明忠, 李存荣. 煤矿井下数据传输系统的分析与构建. 武汉理工大学学报: 信息与管理工程版, 2011, 33(3): 396-399.
[36] 霍羽, 刘逢雪, 徐钊. 煤矿井巷天线位置对辐射场分布的影响. 煤炭学报, 2013, 38(4): 715-720.
[37] Coraiola A, Sturani B. Using a pair of phased antennas to improve UHF reception/transmission in tunnels. IEEE Antennas and Propagation Magazine, 2000, 42(5): 40-47.
[38] 张晓光. 基于 OFDM_CDMA 的矿井无线通信抗多径关键技术研究. 徐州: 中国矿业大学, 2011.
[39] 王艳芬. 矿井超宽带无线通信信道模型研究. 徐州: 中国矿业大学, 2009.
[40] 刘鹏, 张国鹏, 杨小冬, 等. 基于 UWB 的井下无线传感网信道模型研究. 武汉理工大学学报, 2011, 33(6): 139-143.
[41] Chandrakasan A P, Lee F S, Wentzloff D D, et al. Low-power impulse UWB architectures and circuits.

Proceedings of the IEEE, 2009, 97(2): 332-352.
[42] 李起伟, 霍中刚, 温良, 等. 基于无线 Mesh 网络的煤矿应急救援系统设计研究. 工矿自动化, 2012, (6): 39-43.
[43] 张玉, 杨维. 基于带状应急救援无线 Mesh 网络的标称容量. 华中科技大学学报: 自然科学版, 2012, 40(6): 59-64.
[44] 张玉, 杨维. 矿井应急救援 WMN 修正分级信道分配策略. 煤炭学报, 2012, 37(11): 1935-1940.
[45] 张玉, 杨维, 韩东升. 混合结构矿井应急救援无线Mesh网络及其路由算法. 煤炭学报, 2013, 38(12): 2279-2284.
[46] 宋金玲, 郝丽娜, 魏培, 等. 夹河煤矿感知矿山物联网方案设计及实施. 煤炭科学技术, 2012, 40(9): 68-71.
[47] Herr Q P, Johnson M W, Feldman M J. Temperature-dependent bit-error rate of a clocked superconducting digital circuit. IEEE Trans Applied Superconductivity, 1999, 9(2): 3594-3597.
[48] Golrezaei N, Molisch AF, Dimakis A G, et al. Femtocaching and device-to-device collaboration: a new architecture for wireless video distribution. IEEE Communications Magazine, 2012, 51(4): 142-149.
[49] Zhang Y, Cai J, Song M, et al. Study on the fairness of wireless mesh networks. Journal of University of Science and Technology of China, 2007, 37(2): 164-170.
[50] Doppler K, Rinne M, Wijting C, et al. Device-to-device communication as an underlay to LTE-advanced networks. IEEE Communications Magazine, 2010, 47(12): 42-49.

6 感知矿山的智能化

进行矿山物联网建设的最终目的是通过实际应用，切实提高矿山自动化水平，实现高效、安全和绿色开采。因此，感知矿山物联网应用层的建设至关重要，本章将从矿山安全智能感知和决策的角度，研究“感、知、行”三个层次中的“知”，针对人员、设备和灾害等问题，讨论感知矿山系统的认知建模与智能决策，包括认知对象、认知方法、认知内容和决策机制；介绍系统的组成框架、该框架下需要解决的关键问题，以及可能的解决方法，为感知矿山走向实用化奠定基础。

6.1 概　　述

感知矿山物联网是物联网技术在矿山中的实际应用，是矿山真正走向智能化的一个研究热点，该系统建设的最终目的是通过各种传感技术实时、准确、全面地感知矿山信息，通过网络技术快速、高效、可靠地传输感知信息，从生产过程和安全决策等角度完善矿山信息化和自动化建设，为矿山企业决策提供技术支持，从而使矿山的生产、管理和决策真正满足企业的实际需求和发展。那么，在该过程中，基于感知和传输的大量矿井数据信息，设计合适的方法，从拟人或者仿生的角度出发，构建感知矿山系统的认知模型，并基于数据和知识进行智能决策，将根本影响矿山信息化建设的实用性。目前，关于该部分内容的建设还非常薄弱，因此，非常有必要考虑在物联网环境下，研究感知矿山系统的认知建模和智能决策问题。

矿山系统的建模和决策一直是矿山综合自动化或者数字化矿山的重要组成部分。但是，到目前为止，对该部分内容的建设依然停留在概念层面。张申、赵小虎指出矿山综合自动化与数字化矿山的概念和建设目标一致[1]，所采用的模型与实现的网络架构相似，二者都是矿山信息化建设的核心内容。梁宵等指出[2]，近十多年来，我国矿山企业在应用和推广信息技术方面进行了较大投入，取得了明显的效益，并促进了矿山安全生产，以信息流为主要特征的煤矿机电一体化产品已在煤炭生产作业中得到普遍应用，以计算机控制为核心的电牵引采煤机、全数字提升机等成为矿山市场主导产品；煤矿安全生产监控系统得到迅速推广；矿山企业信息系统的开发建设逐步走向集成化。但是，矿山行业信息化的整体水平不高[3]，信息孤岛问题严重制约着矿山行业信息化的实际应用；矿山企业的信息化投入和应用分布非常不均衡，如设计和财务等部门已基本实现了计算机自动管理，但是企业决策部门的信息化建设非常薄弱，基本停留在“形象工程”和概念上；矿山数据丰富，激增的数据背后隐藏着大量重要的矿山生产、管理和决策信息，企业希望能够对其进行有效的分析，以更好地利用这些数据，但是，目前的信息系统却更集中于对数据的录入、查询和统计功能上，没有充分利用数据分析和挖掘工具来发现数据中存在的关系和规律，没有充分利用人类的智能构建认知模型、没有充分利用这些数据实现对矿山生产的智能化预测，从而辅助决策。

正是这些在矿山综合自动化或者信息化建设中存在的突出问题，使得感知矿山物联网系统的建设应运而生。但是，目前的研究正如文献[4]~[7]所述，矿山物联网系统的建设还依然停留在重点针对感知手段、感知网络、系统集成等方面上，在矿山传感网络、数据传输网络以及系统集成的硬件建设方面取得了丰硕的研究成果。然而，受传统矿山信息化建设的影响，对于数据信息的融合，以及基于感知信息的认知建模和智能决策、感知矿山应用层面的研究几乎是一片空白。对于感知矿山物联网系统而言，最终要走向实际应用，那么，仅仅有感知层和数据传输层是远远不够的。如果不对这些数据进行融合、分析、抽取规律，那么，在感知和传输层所做的工作将失去其存在的意义和价值。

我们能直接将当前矿山综合自动化建设的成果生搬硬套至感知矿山物联网系统中吗？显然，答案是否定的！因为在当前的矿山信息化建设中，对于数据和知识的利用、矿山模型和决策的研究非常薄弱，而在矿山物联网环境下，数据量将更加庞大，变化将更加迅速，数据类型将更多样化，即本质为大数据的环境下，如何针对矿山的智能化感知，从安全、高效的角度，考虑数据挖掘技术、模型构建机制和决策支持方案，将是感知矿山所面临的独特和亟待解决的问题。

大数据是当前计算机、自动化、应用数学等领域研究的热点内容，尚有大量问题需要解决。那么，如何在感知矿山物联网系统的背景下，结合矿山的智能感知需求，解决感知矿山模型构建和决策问题，实现知识自动化，应是感知矿山研究的热点和难点，需要国家、矿山企业和高校院所投入更多的人力和物力。本章将针对这些问题，从人员感知、设备感知以及环境灾害感知的角度，探讨物联网大数据环境下，基于感知和传输的数据信息，给出感知矿山建模和智能决策的框架结构；从知识自动化的理念出发，阐述该框架下需解决的核心问题，以及可能的解决方法，以抛砖引玉。

本章内容安排如下：6.2，将分别从人员感知、设备感知和环境灾害感知层面，阐述感知矿山系统建模和决策框架结构，并对主要部分所包含的内容进行说明；6.3，6.4，将重点针对感知矿山大数据特性，从知识自动化角度出发，探讨模型选择和构建；6.5，将从知识自动化方面，阐释基于当前信息、历史信息和矿山知识的决策；6.6，给出本章小结。

6.2 感知矿山系统决策架构

6.2.1 矿山决策概述

矿山生产系统和生产环境都非常复杂：人员集中、采掘工作面随时移动、地质条件的逐渐变化或者突变等会使采掘工作面不断出现新的情况和问题，若不采取有效措施，将极有可能导致重大灾害事故[5]。感知矿山物联网系统就是针对这些问题，从全面掌握矿山安全生产的角度出发，考虑矿区地面、井下环境、巷道和机电设备的工作状态信息；井下人员分布、环境灾害突变等，将物联网应用于矿山，通过各种感知手段，对真实矿山的地理、地质实现可视化，对矿山生产、安全管理、产品加工与运销等进行数字化，使矿山建设和矿山生态走向智能化，以高效、安全、绿色开采为目标，保证矿山经济的可持续增长。

在矿山数字化建设的过程中，在矿山地理地质可视化、生产过程综合自动化、财务和产品营销的信息化建设上已取得了长足进展，并在矿山企业得到了成功应用，极大地促进了矿山企业的发展，提高了其竞争力。但是，却极少就矿井人员、矿山设备，以及灾害环境的信息化和智能化决策方面进行研究和投入。

为了真正实现矿山信息化和智能化建设，考虑矿山决策支持系统的建设是非常必要的。近几十年来，已有大量学者从多个角度开展了矿山的决策支持系统建设，如早期的利用决策支持的数据库系统、计算机辅助设计和扩展图表软件等辅助设计师进行矿山设计[8]。何煦春等[9]提出了基于数据仓库的矿山企业决策支持系统，给出了框架结构，并对其中的数据仓库、联机分析和数据挖掘系统构建等进行了说明。黄解军等[10]利用 GIS 具有空间数据管理、三维可视化表达和空间分析等功能，提出了基于 GIS 的矿山决策支持结构和模型，并对开发流程和实例进行了探讨分析。从安全管理的角度出发，张黔生等[11]提出了基于交互式模糊综合评价的决策支持系统，论述了系统分析与设计的思想、方法和步骤，并给出了该系统的人机交互评价过程。除此之外，还有分别针对矿山水害水文地质、矿山开采计划分析、回采生产计划、矿山应急救援指挥、矿山开采沉陷等方面的决策支持系统的研究，这里不再赘述。

如前所述，虽然在矿山数字化建设过程中，决策支持至关重要，也进行了大量的研究，但是，其对数据的处理能力、对知识的理解能力、对规律的挖掘深度、对决策的支持程度、对信息的响应速度还远远无法满足矿山信息化和智能化建设的需要。更没有相关工作，在感知矿山物联网的背景下，从人员感知、设备感知和环境灾害感知决策的角度进行研究。结合感知矿山物联网针对人员、设备和灾害感知的建设目标，这里将重点考虑上述三点内容，从智能决策的需求出发，探讨感知矿山系统建模与决策的框架结构。

6.2.2　决策支持系统

决策支持系统（decision support system, DSS）产生于 20 世纪 70 年代，其目的是为管理者提供决策支持。一般的决策过程如图 6.1 所示，即根据目标设计决策方案，基于当前环境实施并评价决策方案，根据当前的实施情况，修正目标并更新方案。

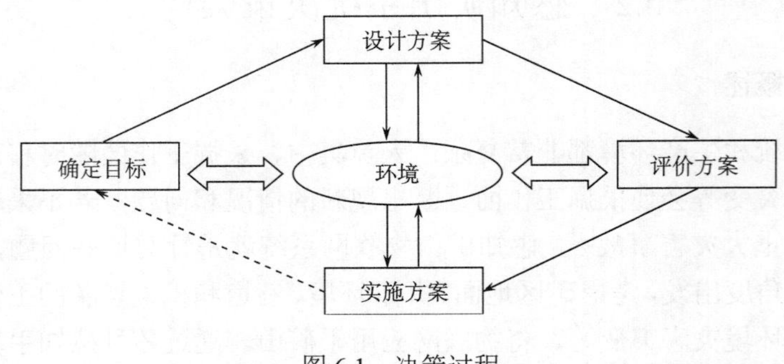

图 6.1　决策过程

决策支持系统从早期的两库（数据库和模型库）、三库（+方法库），逐渐发展到现在的四库（+知识库）、五库（+文本库）、六库（+图形库）、七库（+语音库）等。若将文本库、图形库和语音库视为不同类型的数据，则可将五库、六库和七库模型统一到四库模型中。当将决策支持与矿山信息化建设进行综合时，更多地采用了三库的结构形式。

文献[9]给出了如图 6.2 所示的基于数据仓库的矿山决策支持系统，不难看出该系统实质由数据库、方法库和模型库组成，没有考虑知识库，也没有充分利用诸如专家信息、模糊规则等智能信息，即没有考虑智能决策。那么，对于矿山分析中的定性问题和不确定推理则难以处理。充分利用领域内已有的知识进行决策的系统为智能决策系统，而四库模型则为该类决策机制。

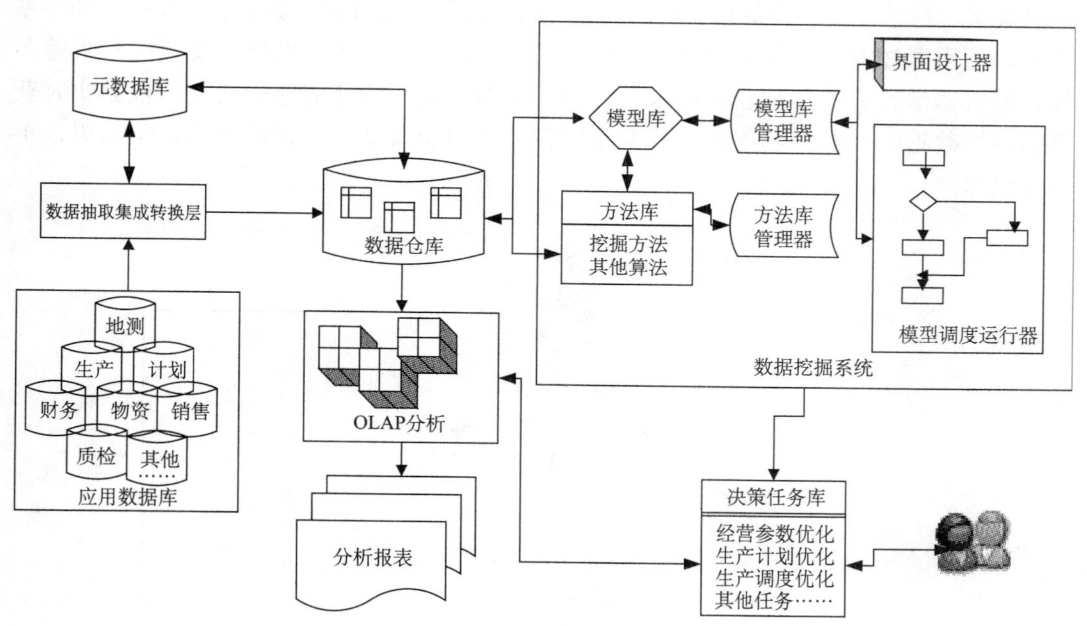

图 6.2 基于数据仓库的矿山决策支持系统

下面将根据图 6.2 所示的决策支持系统，结合感知矿山物联网的人员感知、设备感知和环境灾害感知的需求，利用四库智能决策结构，说明感知矿山系统建模与智能决策的框架结构。

6.2.3 智能决策架构

在物联网环境下，构建感知矿山的认知模型并进行智能决策，需明确如下三个问题：一是认知的对象是什么；二是通过什么方法获得对认知对象的认知；三是如何在认知的基础上实施决策。首先，明确了认知的对象，利用前面所述方法获得各认知对象的变化特征和描述数据。其次，可采用定性、定量等方法，采用分类、回归等策略，针对各对象的特性，构建认知的模型。最后，基于认知对象的当前或者历史状态信息，基于构建的认知模型，结合工人、管理人员等经验知识，对相关认知对象实施决策行为。

为保障矿山的安全生产，感知矿山是在综合自动化的基础上，实现三个感知：即感知矿工周围安全环境，实现主动式安全保障；感知矿山设备工作状况，实现预知维修；感知矿山灾害风险，实现各种灾害事故的预警预报。矿山灾害发生的区域和时间均具有未知性，并且矿山处于动态开采过程中，要感知这些灾害产生的前兆信息，只能基于矿山物联网所感知的大量数据信息，构建动态的感知煤矿灾害状况、感知设备健康状态、感知人员安全环境等模型，并实施决策支持。

在矿山企业，有大量的历史数据和经验知识，而这些知识对于基于感知数据的感知矿山建模和决策非常重要。因此，这里采用“四库”模型——数据库、方法库、知识库和模型库，描述感知矿山建模和决策的框架。

从基于决策的角度出发，本章提出的系统整体构架如图 6.3 所示。基于感知的矿山信息数据，包括人员、设备和环境等信息，已保留的历史数据，员工的工作经验和专家知识，利用感知方法，包括用回归和分类的传统方法以及神经网络、支持向量机等多种智能机器学习方法，构建矿山系统的感知模型；由所构建的感知模型，根据实时获取的感知数据，并充分利用知识和专家经验，给出决策结果；根据新的决策结果，更新知识库。

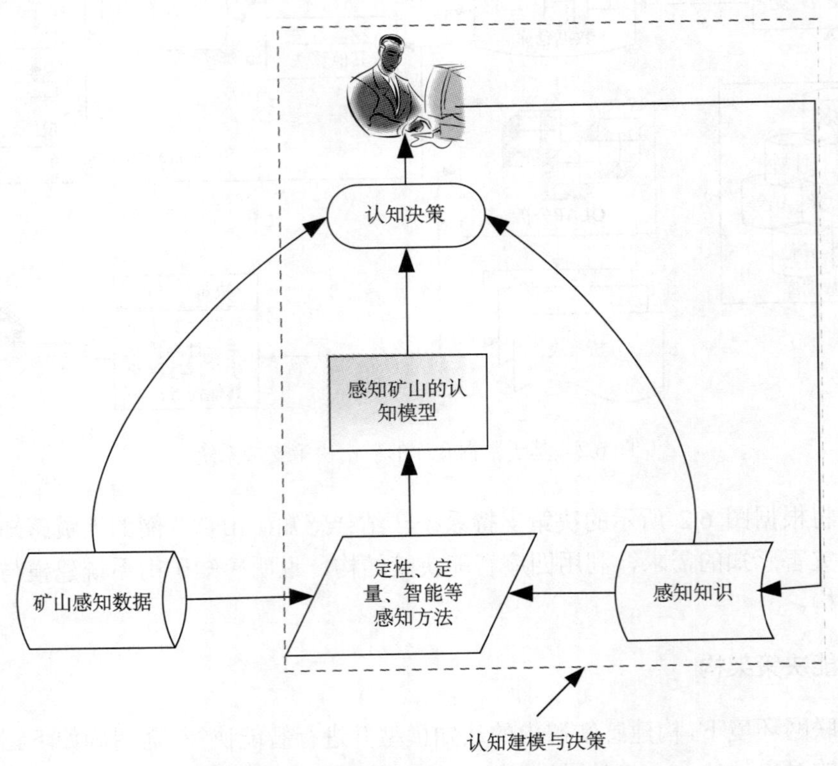

图 6.3　矿山感知建模与决策系统框图

在上述系统中，矿山感知数据为前面硬件设备和软件工具所获取的大量时序数据，包括人员、设备和矿山环境等信息，该部分内容是本章研究的基础，但不是本章讨论的重点，本章的核心在于虚线框中各部分的内容，即包括针对各种感知对象的不同特性信息，所需采用的认知方法的选择、基于感知知识和感知数据的方法的实现，即认知模型的构建，以及基于更新（历史）的感知数据和不断更新的感知知识，利用认知模型，获得对当前感知对象的预测或评估信息，并将其提供给决策者进行决策。可见，上述系统框图为具有一般意义的框架。由于感知矿山决策支持重点针对人员、设备和环境灾害信息，由图 6.3 可知，框架构建的关键是目标的确定、方案的设计、方案的实施。下面将结合感知矿山的实际需求，对上述各环节进行详细阐述。

6.3 感知矿山的认知方法

6.3.1 感知矿山认知建模的对象

针对物联网感知矿山建模与决策问题的具体情况，这里重点对数据库中的认知对象、方法库中的认知表达、模型库中的认知构建和知识库中的认知决策等分别进行说明。

如前所述，在物联网环境下，利用井下构建的良好的网络环境、软硬件设备，可以实时获得大量的数据信息，但是，在获取信息时，需首先明确决策者可能关注的是什么，然后，有针对性地针对这些信息进行保存和预处理，而不是简单地对数据进行采集和传输，这些内容在前述章节中已给出说明，这里不再赘述。为了便于后续认知建模的阐述，这里将就人员定位、设备状况和井下环境等需考虑的信息进行说明。

人员定位问题，核心是定位，而“定位”是我们都非常熟悉的名词，尤其是在当前的移动互联网环境下。当前，对于“人员定位”的定义更多是站在移动互联网的角度给出，常见说法有“通过移动、联通、电信运营商的网络获取手机用户的位置信息；通过复杂的数学模型，对移动通信网络数据进行精密计算，得出移动用户的经纬度坐标，在电子地图平台的支持下，为用户提供相应位置服务。该服务开通后，所有用户无须换卡或更换手机，无论身在何处，都能使用这项服务”。显然，该定义中首先强调了人员定位的方法是基于移动数据、电子地图、复杂数学模型，然后，确定为该用户推送的服务。这无法满足煤矿井下的环境需求，因为在煤矿井下，难以获得移动互联网的数据、没有精确的电子地图，当前更是缺乏复杂的分析模型，而煤矿井下人员定位的目的更不是获得某种服务。

随着我国的经济体制的改革不断深入，现代化进程不断加快，国家对煤矿安全日益重视，监管力度不断加强，大中型煤矿和众多乡镇小煤矿均已大量装备了煤矿安全监控系统，有效遏制了重大瓦斯爆炸事故的发生。但是，缺乏对井下人员位置信息的监控，目前还普遍存在入井人员管理困难的问题，井上人员难以及时准确掌握井下人员的分布和作业情况，一旦发生事故，抢险救灾、安全救护的效率低，特别是事故发生后对矿井人员的抢救缺乏可靠的位置信息，严重地制约了抢险救灾的效率，失去最宝贵的抢救时机。安全生产的核心是人的安全。矿山安全生产的主体是人，只有对人进行了有效的监督与规范才能确保整个矿山的安全。因为矿山工作环境的复杂性，影响安全生产环节众多，在众多环节中起决定性作用的是人，只有对下井职工进行有效监督，才能从源头上杜绝安全隐患。当煤矿发生事故后，指挥部可以立即调阅定位系统查询灾变区域遇险人员情况，根据定位系统提供的信息，减少人员伤亡数量，减小煤矿损失，提高井下作业人员的生命安全保障。因此，煤矿对相应的矿井人员安装跟踪定位设备，全天候对煤矿入井人员进行实时自动跟踪和考勤，需要随时掌握每个员工在井下的位置及活动轨迹、全矿井下人员的位置分布情况等。

在煤矿井下物联网系统下，采用物联网的软硬件技术，如 RFID 人员精确定位系统，通过远距离、非接触式采集电子标签的信息，实现人员在移动状态下的自动识别，获得井下人员当前大概的位置信息、携带的个人工作内容等，然后对记录的数据进行处理。当前已有工作主要包括：获得全矿井下人员总数，人员分布情况，重点区域、限制区域等人员情况。实时监测、查询指定人员所在区域位置及历史行动轨迹。并且可实现下井人员全方位考勤，能准确统计人员下井、升井时间，并按班次、部门、人员生成日考勤、月考勤报表。能够按人员统计某时段的下井次数、下井总时间、平均每次下井时间等。对领导、瓦检员等重点人员下井情况进行统计、监督、跟踪管理，哪些人在井下、哪些人未按规定下井、哪些人未到规定区域等。对井下某些特殊区域进行禁区设置，对非授权人员进入报警并记录。当前一般是根据记录的数据，提供完整的通行记录报告，生成考勤等统计报表，并实时监控人员进出系统状态；当人员非法进入或不按规定通道进出时，系统报警。当事故发生时，救援人员可以根据系统所提供的数据、图形，及时掌握事故地点的人员信息，也可以通过求救人员发出的呼救信号，进一步确定人员位置及数量，及时采取相应的救援措施，提高应急救援工作的效率。但是，当前研究没有根据煤矿井下人员的历史工作状态，构建相应人员的工作负荷和健康状况模型，根据其当前工作状态，预测该人员后续的负荷承受能力，为人员调度提供决策依据。这将是我们认知需关注的重点内容之一。

目的是通过在感知层构建井下人员定位的传感和传输系统，如射频识别阅读、数据采集控制、数据网络传输等，可实时获得井下人员的定位信息，掌握人员分布情况，以进行合理的人员调度和管理，并基于环境信息，进行人员环境的感知。基于人员定位信息，可以实时获知携卡人员的个人基本信息，包括卡号、姓名、身份证号、出生年月、职务或工种、所在部分或班组；自动记录考勤、异常人员报警和下井工作时长；井下人员的历史作业地点，月下井次数、时间等数据。根据上述信息，对于人员定位感知决策的任务重点在于构建人员调度模型并进行优化调度，以实现调度优化决策；当发生灾害时，根据人员定位实施救援。

井下设备状况在感知矿山物联网建设中，“物”即指设备或设施等硬件，是矿山生产力的重要组成部分，设备状况的好坏，将直接影响矿山企业的安全生产。设备的状态依赖于三个阶段，即设计、制造和使用，这里将重点针对井下设备使用阶段的状态进行决策监控。在感知层，可以实时监测到设备的多类信息，包括设备的基本信息，如设备种类、型号、规格、设备的使用时长、维修和检修状况、设备的历史故障状况等。基于上述感知信息，对设备认知的核心任务是构建设备状态的预测模型，实现故障预测，为设备的检修和维护提供决策支持，以改进目前由于缺乏有效的故障预知方法，在设备发生故障后再去维修所带来的巨大经济损失和人员伤亡所存在的不足。

煤矿井下设备有很多类型，分为采掘机械、电气设备、通风设备、排水设备等，具体的有采煤机、掘进机、装煤机、液压装载机、各种运输机、绞车、风机、水泵、电动机、隔爆移动变电站、开关、电缆等。在综合采掘化采煤工作面还有一整套液压支架和大小不同的管路。随着煤矿现代化建设的不断发展，各种机电设备还会逐渐增多。当前，煤矿井下大量的大型机电设备成了影响矿山开采和可持续发展的核心设备，对于机电设备的运行状况、维修状况等的监控和管理更加重要。

当前，对大型固定设备，如主、副井提升绞车、主扇通风机、主要排水泵和主压风机，以及主要的采掘运设备，如采煤机、液压支架、刮板运输机、桥式转载机、掘进机、固定带式输送机、可移动带式输送机、活动带式输送机和上下山绞车等的监控和维修在煤矿生产中占据了非常大的财力和人力损耗，依然主要依赖工作人员的经验，进行定期的维护和保养，这往往会带来不必要的经济损失，或者隐含重大的安全责任事故。因此，在感知矿山设备状况时，这些设备应是重点关注的对象。

如挖掘机维修模式基本采用事后维修，随着维修经验的积累慢慢发展到计划维修，但这些模式都很大程度上制约了设备的运行效率，我们希望通过对设备运行数据的采集与分析得出非停工、非接触式的维修模式，通过提前预测可能要发生的故障，提前进行设备状态预警和零部件的更新维护来提高生产效率，降低事后维修的维修成本。

同样，对于煤矿井下大量的机电设备，也应基于感知层所获得相关设备运转数据，构建与机电设备运转性能相关的诊断模型，对其结构、磨损等进行分析，对设备维修和维护给出决策指导信息，即通过对机电设备的状态监测等运行工况进行诊断，然后对机电设备的工作性能和安全可靠性进行预测，及时发现存在的安全隐患，以减少关键机电设备的运行风险。

井下环境灾害。矿山安全一直是矿山企业建设的重中之重，矿山井下灾害主要有五大类：瓦斯灾害、煤尘爆炸、矿井火灾、突水和顶板事故。对于瓦斯突出与爆炸，由于形成瓦斯灾害的影响因素众多，具有潜在性和突发性，事故本身又极具破坏性和灾难性，因此一直是安全建设关注的焦点之一。因此，对瓦斯涌出量进行预测，并实施通风或抽取等决策，至关重要。同样，对于其余灾害，如煤尘爆炸，我国多数煤矿所产生的煤尘具有爆炸性，煤尘爆炸传播时，冲击波传播的速度大于火焰传播速度，由于巷道中沉积的煤尘会加剧煤尘爆炸的程度，而煤尘爆炸气体中含有大量的 CO 和 CO_2 又是造成人员死亡的原因之一，因此对煤尘量的预测和控制亦不可忽视。根据感知层所实时提供的相关数据，如瓦斯实时变化量、煤尘量、采掘面和巷道等的地质情况、变化情况、顶板和支护工作状态等，利用工作人员的经验知识，构建预测模型，并提供智能决策支持，是实施环境灾害感知的主要任务。

基于上述分析，认知对象所包含的内容如图 6.4 所示。

6.3.2　感知矿山认知建模的方法

在感知矿山认知建模和决策框架中，认知方法库是实现认知对象到认知建模的桥梁，认知方法会直接影响建模的精度和计算的复杂度，而其又与所选择的具体模型以及模型包含的参数相关，这里给出可能使用的认知方法的说明，如图 6.5 所示。由于感知矿山所获取的信息具有实时性、时变性、多样性、大容量等大数据的特点，而认知的对象和任务又是多样的，因此，对认知方法的要求会非常高，只有选择了合理的方法，才有可能构建出可行的感知决策模型。

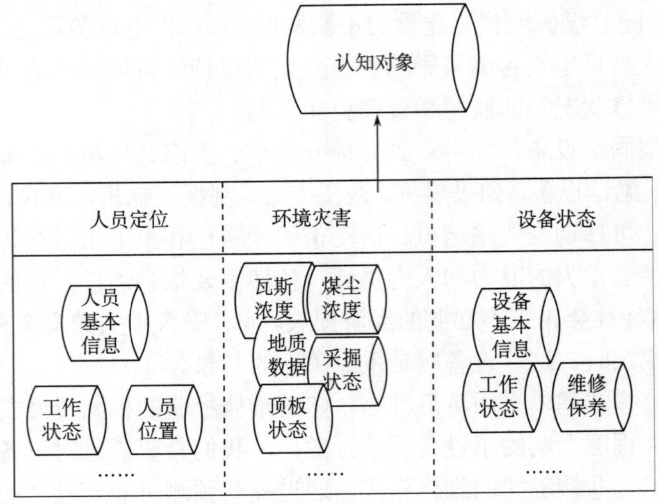

图 6.4　感知矿山的认知对象

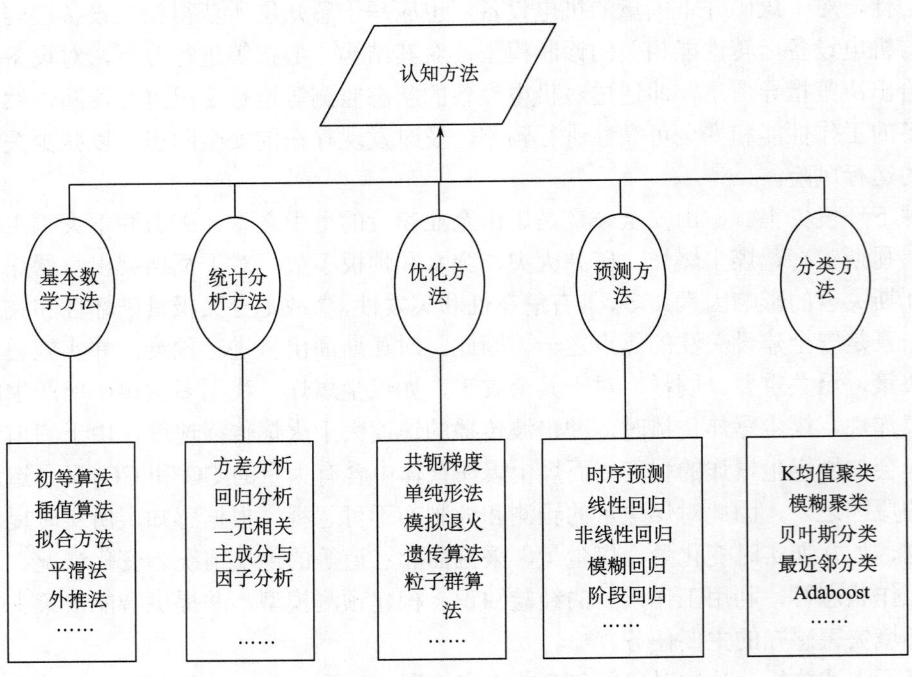

图 6.5　认知方法

在方法库中既包含了传统的方法，如插值、拟合方法，方差分析，线性和非线性回归；又包含了近年来取得的丰硕研究成果的新技术，如遗传算法、粒子群算法等智能优化技术。认知方法库包含的内容非常多，那么，在实际应用时需要着重考虑方法的优化选择及参数的优化设置等，因此，优化方法在这里至关重要。这里对在建模时可能用到的方法给出简略说明。

1. 基本数学方法

插值与拟合方法：插值算法的目的是根据某有限区间内的离散点所构成的信息，构造合适的连续函数，如线性函数 $f(x)=ax+b$、二次非线性函数 $f(x)=ax^2+bx+c$ 等，通过将数据代入相应函数中，可获得相应的 a,b,c 等多项式参数。那么，对于该区间内，当前未知的 x，可以利用求出具体参数的连续函数表达式获得该 x 对应的值，具体如下：

假定区间 $[a,b]$ 上的实值函数 $f(x)$（未知）在该区间上 $n+1$ 个互不相同点 $\{x_0,x_1,\cdots,x_n\}$ 处的值是 $\{f(x_0),f(x_1),\cdots,f(x_n)\}$，要求估算 $f(x)$ 在 $[a,b]$ 中某点的值。

算法是：事先选定一个由简单函数构成的有 $n+1$ 个参数 $\{c_0,c_1,\cdots,c_n\}$ 的函数类 $\Phi(c_0,c_1,\cdots,c_n)$ 中求出满足条件式(6.1)的多项式函数 $p(x)$，并以 $p(x)$ 作为 $f(x)$ 的估值。

$$p(x_i)=f(x_i), i=0,1,2,\cdots,n \tag{6.1}$$

此处 $f(x)$ 称为被插值函数，$\{x_0,x_1,\cdots,x_n\}$ 称为插值节点，$\Phi(c_0,c_1,\cdots,c_n)$ 称为插值函数类，上面等式称为插值条件，$\Phi(c_0,c_1,\cdots,c_n)$ 中满足上式的函数称为插值函数，$R(x)=p(x)-f(x)$ 称为插值余项。当估算点属于包含 $\{x_0,x_1,\cdots,x_n\}$ 的最小闭区间时，相应的插值称为内插，否则称为外插。

该方法拟合精度与所选择模型类相关性很大，根据模型类，插值算法可分为多项式插值，这是最常见的一种插值算法，如令 $\Phi(c_0,c_1,\cdots,c_n)=c_nx^n+c_{n-1}x^{n-1}+\cdots+c_1x+c_0$ 为 n 次多项式，根据所获得的插值数据和插值条件，可以得出：$f(x_i)=c_nx_i^n+c_{n-1}x_i^{n-1}+\cdots+c_1x_i+c_0$，共 n+1 个以 $\{c_0,c_1,\cdots,c_n\}$ 为未知数的线性方程，求解该方程，从而可唯一确定一个满足条件的 n 次多项式 $p(x)$。而最常用的插值算法有拉格朗日插值多项式和牛顿插值多项式，这里以拉格朗日多项式为例给出多项式函数的确定方法。

对于测量的数据 $\{x_0,x_1,\cdots,x_n\}$ 以及 $\{f(x_0),f(x_1),\cdots,f(x_n)\}$，设定如式(6.2)所示多项式

$$p_j(x)=\prod_{i=1,i\neq j}^{n}\frac{x-x_i}{x_j-x_i} \tag{6.2}$$

则最终的插值模型如式(6.3)所示

$$p(x)=\sum_{j=0}^{n}c_jp_j(x) \tag{6.3}$$

如对于煤矿井下设备运转情况的诊断，当精度要求不高时，我们可以采用该方法，基于所获得的某设备在某时间段内的运行状态记录，构建其诊断模型，从而可获得该设备在其他时间点时的状态，以便做出相应的决策，即继续使用还是维修保养等。

2. 预测、分类和聚类方法

上述插值方法往往更有利于处理所插值区间内的问题，如故障诊断，但是，在预测方面，即用于区间外插值预测的时候，精度往往很难满足要求，极有可能给出错误的预

测，那么，这对于人员定位、设备维护以及灾害预警将是非常不利的。因此，往往还需要研究时序预测或者回归模型；而当监测的信息仅有若干个有效的离散状态时，如设备运转的状态可以是正常、不正常两种情况，那么，此时还需要用到大量的分类或者聚类方法。下面，我们介绍两种常见的回归和分类方法，即非线性回归和模糊 KC 均值聚类。

非线性回归，在大量测量数据的基础上，利用数理统计方法建立因变量与自变量之间的回归关系函数表达式，即回归方程式。当因变量和自变量之间为线性关系时，称之为线性回归，否则称之为非线性回归。关于线性回归，其思路与插值算法非常类似，而非线性回归相对更复杂。此外，在回归分析中，当研究的因果关系只涉及因变量和一个自变量时，叫做一元回归分析；当研究的因果关系涉及因变量和两个或两个以上自变量时，叫做多元回归分析。

在感知矿山认知建模中，因变量和自变量之间往往都具有非常复杂的关系，简单的线性回归往往很难满足要求，因此，有必要考虑非线性回归。而非线性回归函数往往是较复杂的非线性函数。非线性函数的求解一般可分为将非线性变换成线性和不能变换成线性两大类。这里主要讨论可以变换为线性方程的非线性问题。

处理非线性回归的基本方法是：通过变量变换，将非线性回归化为线性回归，然后用线性回归方法处理。假定根据理论或经验，已获得输出变量与输入变量之间的非线性表达式，但表达式的系数是未知的，要根据输入输出的测量结果来确定系数的值。按最小二乘法原理来求出系数值，所得到的模型为非线性回归模型。可线性化的常见的非线性回归模型如式（6.4）所示

$$\left.\begin{aligned} &p(x)=c_0+c_1\frac{1}{x}\\ &p(x)=e^{c_0+c_1x}\\ &\ln(p(x))=c_0+c_1\ln x\\ &p(x)=c_0+c_1\sin x\\ &p(x)=c_0x_1^{c_1}x_2^{c_2}\cdots x_k^{c_k}\\ &p(x)=c_0x^{c_1} \end{aligned}\right\} \tag{6.4}$$

对于上述模型，都可以通过函数变换，将其转化为线性回归模型，如对于 $p(x)=c_0+c_1\sin x$，令 $x_i'=\sin x_i$，则该回归关系转化为 $p(x')=c_0+c_1x'$，对于测量信息 $\{x_0,x_1,\cdots,x_n\}$ 及 $\{f(x_0),f(x_1),\cdots,f(x_n)\}$，利用最小二乘法，可获得最优的参数 c_0,c_1。

最小二乘法思路如下：

给出拟合偏差的计算公式 $\varphi(x)=\sum_{i=0}^{n}[f(x_i)-p(x_i)]^2=\sum_{i=0}^{n}[f(x_i)-c_0-c_1x_i]^2$；当 $\varphi(x)$ 最小时，那么，$p(x)$ 最接近于 $f(x)$。为此，对 $\varphi(x)$ 中的两个参数 c_0,c_1 求偏导后可得 $\sum_{i=0}^{n}[c_0+c_1x_i-f(x_i)]=0$，即

$$(n+1)c_0+c_1\sum_{i=1}^{n}x_i=\sum_{i=0}^{n}f(x_i) \tag{6.5}$$

以及 $\sum_{i=0}^{n} x_i[c_0 + c_1 x_i - f(x_i)] = 0$ ，即

$$c_0 \sum_{i=0}^{n} x_i + c_1 \sum_{i=0}^{n} x_i^2 = \sum_{i=0}^{n} x_i \cdot f(x_i) \tag{6.6}$$

将测量信息 $\{x_0, x_1, \cdots, x_n\}$ 及 $\{f(x_0), f(x_1), \cdots, f(x_n)\}$ 代入式(6.5)和式(6.6)，可求得参数 c_0, c_1。

上述回归模型适用于处理连续和时序问题，但是，在感知矿山的认知建模对象中还存在大量聚类问题，往往我们仅能获得测量数据 $\{x_0, x_1, \cdots, x_n\}$，需根据该数据判断哪些数据可能具有共同的特性，如在人员定位和环境灾害预测中，我们往往很难获得足够的经验数据去判断当前人员的工作强度，以及灾害的发生情况，此时，需要对数据进行归类整理，再根据专家经验对归类后的数据进行决策，那么，当新的情况或者数据产生时，仅需要分析该数据属于哪类，即可确定人员或者灾害的情况。这是典型的聚类问题，需要考虑聚类算法。如图 6.6 所示，表明所记录或者测量的数据具有三种不同的状态，此时，需考虑利用聚类算法，这里介绍一种应用广泛且较成功的模糊 C 均值聚类算法的基本思想。

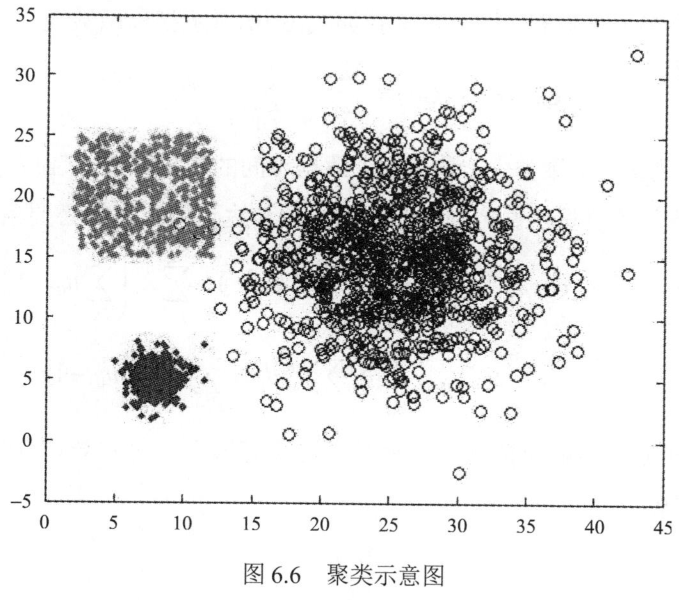

图 6.6 聚类示意图

模糊 C 均值聚类(fuzzy c-means algorithm, FCM)的核心思想是通过优化衡量聚类性能的目标函数，获得每个测量点属于所有类中心的程度，从而决定测量样本点的类别，实现对测量样本的自动聚类。在传统聚类中，一个测量点要么属于这一类，要么不属于这一类，而模糊聚类却允许测量样本以不同的程度属于某类，因此，该种聚类方法具有更高的灵活性和客观性，已经成功应用于数据分析、数据挖掘和模式识别等领域。

设所测量或感知的煤矿井下人员或环境灾害数据为 $X = \{x_1, \cdots, x_n\}$，其中，每个数据具有 m 个可能的特征，如人员信息中的身份信息、工作状态、考勤情况等。设将所测量

数据划分为 C 类，若采用传统的 C 均值聚类，则样本和类别之间的关系可用一个 $C \times n$ 的布尔矩阵 $U=[u_{ij}]$ 表示，即若 $x_j \in G_i, j=1,2,\cdots,n; i=1,2,\cdots,C$，则 $u_{ij}=1$，否则，$u_{ij}=0$。一旦确定聚类中心 v_i，可导出式（6.7）最小的 u_{ij}

$$u_{ik}=\begin{cases}1, & \text{对每个}k \neq i,\text{如果}\left\|x_j-v_i\right\|^2 \leqslant \left\|x_j-v_k\right\|^2 \\ 0, & \text{其他}\end{cases} \tag{6.7}$$

此时，第 i 组最佳聚类中心为该类中所有样本点的均值，即

$$v_i=\frac{1}{\left|G_i\right|}\sum_{j,x_j \in G_i} x_j \tag{6.8}$$

式中，$\left|G_i\right|$ 为第 i 类中所含样本数量。

采用上述方法时，某测量样本和某类之间的关系为绝对属于和不属于，对该关系进行扩展，考虑样本聚类的不确定性，则相应的模糊 C 均值聚类的划分关系矩阵为

$$\begin{gathered}M_{fC}=\left\{\boldsymbol{U} \subset \boldsymbol{R}_{C\times n} \middle| u_{ij} \in [0,1]\right\} \\ \sum_{i=1}^{C} u_{ij}=1,\forall j; \sum_{j=1}^{n} u_{ij}>0,\forall i\end{gathered} \tag{6.9}$$

此时，问题的核心在于求解 $\boldsymbol{U}=\left[u_{ij}\right]$，选择如式(6.10)所示指标函数

$$J(\boldsymbol{U};\ G_1,\cdots,G_C)=\sum_{i=1}^{C} J_i=\sum_{i=1}^{C}\sum_{j}^{n} u_{ij}^m d_{ij}^2\text{，} \tag{6.10}$$

这里 $d_{ij}=\left\|x_j-v_i\right\|$ 为第 i 个聚类中心与第 j 个数据点间的欧氏距离；且 $m \in [1,\infty)$ 是一个加权指数。构造如下新的目标函数，可求得式（6.10）达到最小值的必要条件。

$$\begin{aligned}\overline{J}(\boldsymbol{U};\ c_1,\cdots,c_C,\lambda_1,\cdots,\lambda_n) &= J(U,G_1,\cdots,G_C)+\sum_{j=1}^{n}\lambda_j\left(\sum_{i=1}^{C}u_{ij}-1\right) \\ &= \sum_{i=1}^{C}\sum_{j}^{n} u_{ij}^m d_{ij}^2+\sum_{j=1}^{n}\lambda_j(\sum_{i=1}^{C}u_{ij}-1)\end{aligned} \tag{6.11}$$

式中，λ_j 为满足式(6.9)约束的拉格朗日乘子。对所有输入参量求导，使式（6.10）达到最小的必要条件为

$$v_i=\frac{\sum_{j=1}^{n} u_{ij}^m x_j}{\sum_{j=1}^{n} u_{ij}^m} \tag{6.12}$$

和

$$u_{ij}=\frac{1}{\sum_{k=1}^{C}\left(\dfrac{d_{ij}}{d_{kj}}\right)^{2/(m-1)}} \tag{6.13}$$

由上述两个必要条件可知，模糊 C 均值聚类算法是一个简单的迭代过程。在批处理

方式运行时，FCM 采用下列步骤确定聚类中心 v_i 和隶属矩阵 U。

步骤 1：用值在 0，1 间的随机数初始化隶属矩阵 $\boldsymbol{U}$，使其满足式（6.9）中的约束条件。

步骤 2：用式（6.12）计算 C 个聚类中心 v_i，$i=1,\cdots,C$。

步骤 3：根据式（6.10）计算性能函数。如果它小于某个确定的阈值，或它相对上步迭代的性能指标函数值的改变量小于某个阈值，则算法停止。

步骤 4：用式（6.13）计算新的 $\boldsymbol{U}$ 矩阵。返回步骤 2。

上述算法也可以先初始化聚类中心，然后再执行迭代过程。由于不能确保 FCM 收敛于一个最优解，算法的性能依赖于初始聚类中心。因此，在实际应用时，要么用另外的快速算法确定初始聚类中心，要么每次用不同的初始聚类中心启动该算法，多次运行 FCM。

而本章的研究内容实质是基于矿山物联网的感知层获得大量人员定位、设备状态，以及环境灾害等数据，利用这些数据挖掘出因果关系，因此，可利用上述方法。

无论是对连续状态的拟合估计，还是对离散状态的分类聚类，都会存在拟合分析误差，如果不能对误差进行分析，直接利用这些模型，则极有可能对感知矿山带来极大的损失。如图 6.5 中提到了统计分析方法，这主要用于误差分析或者样本特性分析，这里重点说明常用的拟合误差分析方法。

3. 误差的统计分析方法

首先，针对连续变量或时序变量的拟合回归方法，所构建的 $f(x)$ 的拟合模型为 $g(x)$，由于测量样本往往含有随机偏差，使得拟合也具有随机误差，所以，一般假设

$$\left.\begin{aligned} f(x) &= g(x)+\varepsilon \\ \varepsilon&:\ N(0,\sigma^2) \end{aligned}\right\} \tag{6.14}$$

显然，若要获得拟合误差的信息 ε，则需知道方差 σ^2，下面给出常用的方法。

利用测量信息 $\{x_0,x_1,\cdots,x_n\}$ 及 $\{f(x_0),f(x_1),\cdots,f(x_n)\}$，采用均方误差定义拟合偏差，如式(6.15)所示：

$$\varphi(x)=\sum_{i=1}^{n}[f(x_i)-p(x_i)]^2=\sum_{i=1}^{n}(y_i-\hat{y}_i)^2 \tag{6.15}$$

式中，$y_i=f(x_i);\hat{y}_i=p(x_i)$。

设每个决策变量 x_i 含有 m 个分量，即 $x_i=(x_{i1},x_{i2},\cdots,x_{im})$，根据统计分析的知识，有 $\dfrac{\varphi}{\sigma^2}$：$x^2(n-m-1)$，则可得

$$\sigma^2=\frac{\varphi}{n-m-1} \tag{6.16}$$

除此之外，我们还需要对拟合或者回归函数进行假设检验，如采用 F 检验或者 T 检验等，这里不再赘述。

4. 参数优化策略

在前面所述可用于感知矿山认知建模的方法中，其核心是确定模型的参数，使得所构建的模型能够尽可能逼近或者拟合样本数据，这本质是优化问题。实际上，对于很多

复杂的矿山决策问题，如灾害环境的认知和决策、设备状态的诊断和预测，简单的回归或者分类模型是很难满足要求的，此时，往往需要构建更复杂的数学模型，如多种线性、非线性模型的加权组合。此时，最小二乘法等难以适用于解决权重系数以及模型参数；此外，更多用于解决复杂问题的智能建模方法（将在 6.4 中给出说明），如神经网络、支持向量机等，也需要基于拟合或者分类的性能准则，确定大量的参数。因此，参数优化方法在感知矿山认知建模中不可获取。

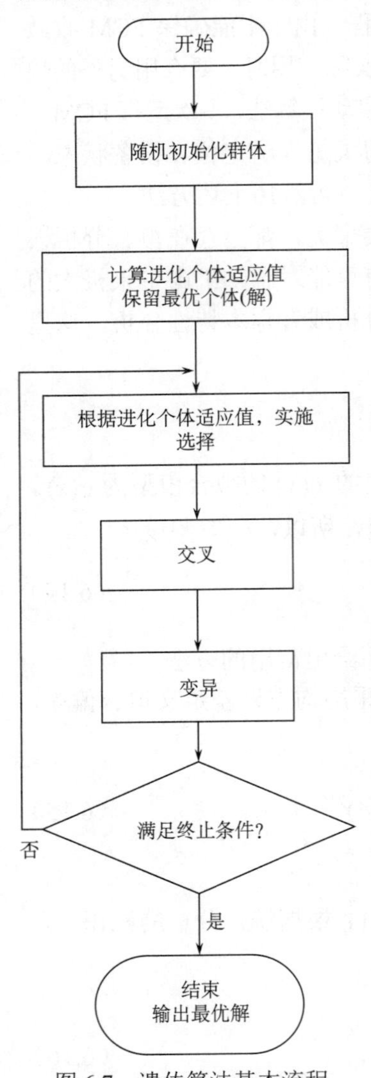

图 6.7　遗传算法基本流程

对于传统的线性或者可线性化的非线性回归建模中，采用最小二乘法可实现对参数的优化。对于复杂的方法或者模型，可考虑基于群体进化的智能优化算法，如遗传算法、微粒群算法、差分进化算法、蚁群算法等，这些方法都是通过模拟自然界生物进化过程搜索最优化的方法，这里给出遗传算法、微粒群算法和差分进化算法的优化方法，将这些方法用于求解具体问题时，只需要确定优化对象以及优化目标即可。

遗传算法（genetic algorithm, GA）是群体智能优化算法中研究最多，应用最广的优化方法。遗传算法的基本思想是：确定优化参数的变化范围，在该范围内采用随机方式生成一组优化参数空间内的点，这些点往往采用某种编码串表示，如二进制串、实数串等，称该组码串所对应的解为进化种群，种群中的每个码串称之为进化个体；利用待优化的性能指标函数，计算每个进化个体的性能指标值，称之为适应值；根据计算的个体适应值，实施遗传操作，包括选择、交叉和变异；重复上述过程，直至找到满意解或达到预先设定的终止条件。

遗传算法的实现流程如图 6.7 所示，其中，选择算子常用的有轮盘赌和联赛选择，交叉算子针对不同的个体编码方式而有所不同，如二进制编码，可采用单点或者多点交叉，实数编码采用模拟二进制交叉；同样的，对于二进制编码的进化个体，变异算子可以是单点变异、多点变异，实数编码时，可采用高斯变异等。

我们以一个简单的多项式拟合中参数确定为例，给出采用遗传算法确定参数的解决策略。设拟合函数表达式为 $p(x)=\sum_{j=1}^{5}c_j x^j\sin^{j-1}(x)$，对于测量样本集 $\{x_1,\cdots,x_n\}$ 及 $\{f(x_1),\cdots,f(x_n)\}$，拟合误差函数为 $\varphi(x)=\sum_{i=1}^{n}\left[f(x_i)-p(x_i)\right]^2$。那么，该问题的优化对象为参数集合 $\{c_1,\cdots,c_5\}$，首先假设各参数的变化范围为 $[-10,10]$。那么采用遗传算法确定 $\{c_1,\cdots,c_5\}$ 的具体步骤如下：

步骤 1：确定编码方法，这里考虑二进制编码，每个参数采用 4 位二进制码表示。

步骤 2：确定遗传操作参数，即种群规模 P，交叉概率 p_c，变异概率 p_m，如设定 P=100，$p_c=0.9$，$p_m=0.01$。

步骤 3：t=0，在各参数可能取值范围内随机初始化 100 个解，即二进制编码的进化个体，形成初始种群 $P(0)$。如初始化的个体可能为 0101 0010 1101 1010 1101，该码串对应的真实参数值可以采用二进制到十进制的变化方法得到，分别为$\{-6.67\ -7.33\ 7.33\ 3.33\ 7.33\}$。

步骤 4：利用测量样本$\{x_1,\cdots,x_n\}$，计算各进化个体对应的拟合函数值 $p(x)=\sum_{j=1}^{5}c_j x^j \sin^{j-1}(x)$，然后，选择 $\varphi(x)=\sum_{i=1}^{n}\left[f(x_i)-p(x_i)\right]^2$ 作为进化个体的适应度函数，计算各个体的适应值。

例如，假设测量的$\{x_1,\cdots,x_n\}=\{0.9501\ \ 0.2311\ \ 0.6068\ \ 0.4860\ \ 0.8913\}$，其对应的 $f(x)$ 为 $f(x)=\{2.2863\ \ 1.3694\ \ 0.0555\ \ 2.4642\ \ 1.3341\}$，则对于编码为 0101 0010 1101 1010 1101 的个体（对应参数为$\{-6.67\ -7.33\ 7.33\ 3.33\ 7.33\}$），各测量样本 x_i 对应的 p 值为 $p=\{4.5681\ \ 1.4484\ \ -0.0341\ \ -0.5458\ \ -0.6840\}$，此时，该个体的适应值为 18.3537，显然，该值越小，则说明拟合函数和真实函数越接近，而该最优值为 0。

步骤 5：根据各进化个体适应值，实施选择操作，并保留最优个体。

步骤 6：实施交叉和变异操作。首先对种群中的个体进行随机两两配对，设配对后的一组进化个体为 $\begin{matrix}0101 & 0010 & 11\,\vdots\,01 & 1010 & 1101\\ 1010 & 1101 & 01\,\vdots\,01 & 0010 & 0001\end{matrix}$，采用单点交叉，设随机选择的交叉点如图中虚线所示，分别互换虚线后的两个体部分，可得到两个新的个体，分别为 $\begin{matrix}0101 & 0010 & 1101 & 0010 & 0001\\ 1010 & 1101 & 0101 & 1010 & 1101\end{matrix}$，显然这两个新的个体所对应的参数组合已发生了变化，形成了新的优化解。对于变异算子，设选择变异的进化个体为 0101 00$\underline{1}$0 1101 1010 1101，随机选择的变异位为横线标注的位置，将该位的“1”变为“0”即可，反之，若该位为“0”，则变为“1”即可，此时，不难看出，参数的取值也发生了变化，由$\{-6.67\ -7.33\ 7.33\ 3.33\ 7.33\}$变为了$\{-6.67\ -7.33\ 7.33\ -7.33\ 7.33\}$。

步骤 7：检验是否满足终止条件，即是否满足 $\varphi(x)=\sum_{i=1}^{n}[f(x_i)-p(x_i)]^2=0$。若满足条件，则优化结束，输出最优的参数组合；否则，转步骤 4。

由上述过程可以看出，采用遗传算法进行优化时，需确定的核心问题包括编码方法、适应度函数、选择算子、交叉算子和变异算子的设计；此外，该算法还需要确定种群规模、交叉概率和变异概率等参数。当利用该方法解决实际问题时，还需结合实际问题的领域知识，设计更有效的策略。

微粒群算法（particle swarm optimization, PSO）与遗传算法非常类似，也是基于群体进化的优化算法。由于该算法的算子相对更简单，使得该算法的搜索效率比传统遗传算法更高，因此，当优化问题比较复杂，且实时性要求较高，如环境灾害预警建模问题，其模型包含的参数往往较多，而获得该参数的运算时间应尽可能短，那么，采用微粒群优化算法可能更合适。

与 GA 算法不同，在 PSO 算法中，每个解对应的个体称之为微粒，算法的思想是：在连续空间坐标系中，设微粒群体规模为 N，其中每个微粒在 n 维空间中（对应于需确定的 n 个参数变量）的坐标位置向量表示为 $\vec{C_i}=(c_{i1},c_{i2},\cdots,c_{id},\cdots,c_{in})$，速度向量表示为 $\vec{V_i}=(v_{i1},v_{i2},\cdots,v_{id},\cdots,v_{in})$，微粒个体最优位置（即该微粒经历过的最优位置）记为 $\vec{P_i}=(p_{i1},p_{i2},\cdots,p_{id},\cdots,p_{in})$，群体最优位置（即该微粒群中任意个体经历过的最优位置）记为 $\vec{P_g}=(p_{g1},p_{g2},\cdots,p_{gd},\cdots,p_{gn})$。不失一般性，以误差最小化问题为例，在传统的微粒群算法中，个体最优位置的更新公式为

$$p_{i,t+1}^d=\begin{cases}c_{i,t+1}^d, & \text{如果}\varphi(C_{i,t+1})<\varphi(P_{i,t})\\ p_{i,t}^d, & \text{其他}\end{cases}\tag{6.17}$$

群体最优位置为个体最优位置中最好的位置。速度和位置迭代公式分别为

$$v_{i,t+1}^d=v_{i,t}^d+m_1\times\text{Rand}\times(p_{i,t}^d-c_{i,t}^d)+m_2\times\text{Rand}\times(p_{g,t}^d-c_{i,t}^d)\tag{6.18}$$

$$c_{i,t+1}^d=c_{i,t}^d+v_{i,t+1}^d\tag{6.19}$$

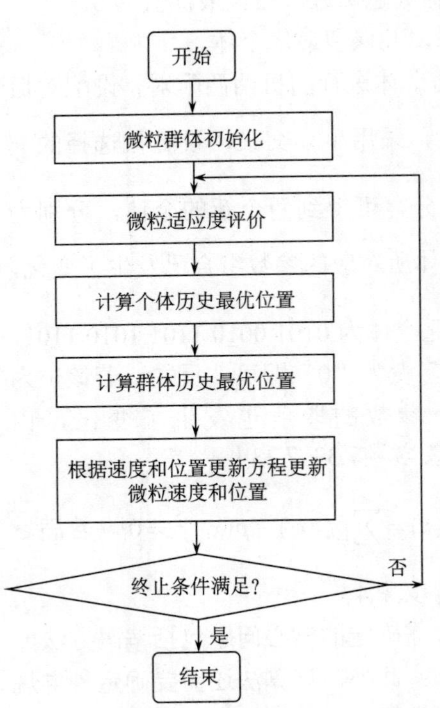

图 6.8　PSO 算法基本流程

PSO 算法流程如图 6.8 所示。从该流程图可以看出，PSO 算法与 GA 算法非常类似，仅仅是将 GA 算法中的交叉和变异算子替换为式(6.18)的运算即可，因此，这里不再举例赘述。

差分进化算法（differential evolutionary algorithm，DEA）也是一种基于群体的优化方法，在约束优化、聚类、非线性控制、神经网络等领域都得到了很好的应用，是当前智能优化领域研究的热点算法之一，该算法相对更简单易用，具有良好的全局寻优能力。该算法的整体结构与 GA 类似，仅仅变异算子与之不同：从当前群体中随机选择三个与当前拟变异个体 $c_{ij}(t)$ 不同的进化个体，记为 $c_{p_1j}(t)$，$c_{p_2j}(t)$ 和 $c_{p_3j}(t)$，则差分进化的变异算子如式(6.20)所示：

$$\begin{aligned}v_{ij}(t+1)&=c_{p_1j}(t)+\eta[c_{p_2j}(t)-c_{p_3j}(t)]\\ c_{ij}(t+1)&=v_{ij}(t+1)+c_{ij}(t)\end{aligned}\tag{6.20}$$

式中，i 代表当前进化种群中的第 i 个待变异的个体；j 为该个体第 j 个编码。

认知方法往往需要和认知模型以及决策目标共同作用，而决策的目标又依赖于决策知识，因此，在介绍更具体的认知模型前，首先简要说明感知矿山认知建模时可能需要的认知决策知识。

6.3.3 感知矿山认知决策的知识

在数据处理领域，领域知识对于提高问题处理的效率和能力往往起到意想不到的作用，尤其是在数据量特别庞杂的环境下。在矿山信息化建设中，已有的矿山安全生产专家知识库系统，主要存储了安全生产的原理性知识、专家的经验性知识以及为推理机提供问题求解所需要的知识等。针对矿山安全生产环节中的各个主要组成部分，将矿山安全生产的知识分为 9 大类：采掘系统知识，通风系统知识，运输和提升系统知识，电气设备知识，煤与瓦斯突出及防治知识，矿井火灾及防治知识，矿井水灾及防治知识，爆炸材料和井下爆破知识，以及煤矿救护知识[12]。在感知矿山物联网系统中，感知的信息量更加庞大，此时，若能充分利用矿山基本知识和专家经验，将会对模型的构建、参数的处理以及决策方案的形成等起到非常重要的作用。然而，现有的专家系统主要考虑安全生产过程和安全管理，对于人员和设备的研究较少。因此，可以在借鉴并利用已有专家知识库的基础上，进一步针对不同的对象，扩充相应的知识。

在人员感知系统中，除了射频识别所提供的个人基本信息、个人工作时长、大概的工作位置、当前的工作状态等信息外，各员工还具有相应的日常行为信息，包括员工参与组织安全活动的程度，与管理者和周围同事的相互交流和影响程度，即依从行为和参与行为的多少，可以反映人员行为的安全性。此外，管理者的行为信息也会直接影响建模和决策，因此，还需考虑管理者的行为知识等[13]。对于设备感知部分，除了传感器反馈的工作状态信息外，同样还有视频和音频信息，有经验的工作人员可能会根据特殊的声音判断设备的工作状态是否异常，这样可弥补传感信息缺失或含噪的不足。对于环境灾害，目前已有大量的关于灾害可能发生的临界条件、灾害的类型、灾害可能的预防方法等知识，这些知识将非常有利于灾害的预测和处理。不难理解，在感知矿山物联网体系下，所考虑的知识类型可能有较大的差异，如谓词逻辑类型、语言规则式、精确数字型，或者区间范围等。鉴于上述分析，这里的感知知识信息如图 6.9 所示。

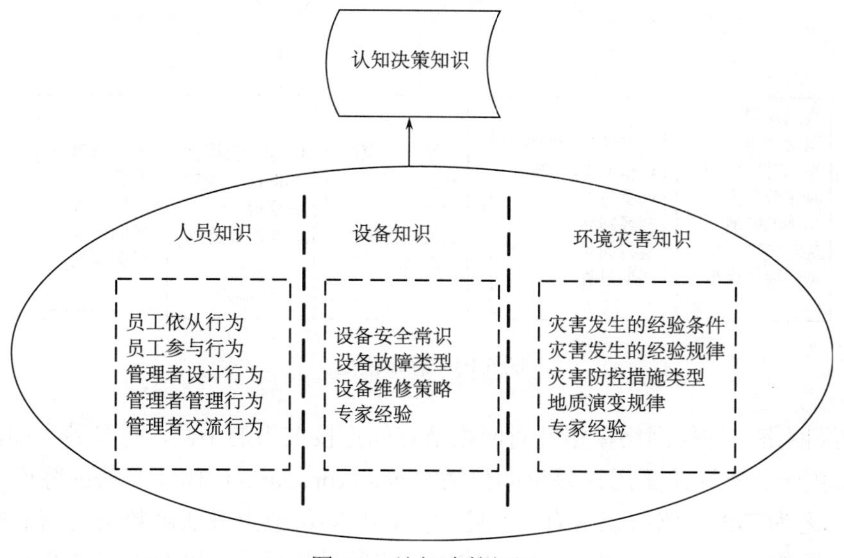

图 6.9 认知决策知识

6.3.4　感知矿山认知建模的模型

对于不同的认知需求，需要的认知模型可能有很大的差别，如对于人员认知模块，应重点考虑基于人员基本信息的调度模型、基于人员工作状态的管理模型、基于工作状态和环境信息的人员保护等；对于设备认知部分，应基于经验知识、设备的运行状态、维修和保养等信息，构建故障预测模型，由于故障一般为有限的几类，这里应考虑分类模型；对于环境灾害认知部分，既有对时序数据的预测，如瓦斯涌出量、煤尘浓度的变化量等，又有对灾害类型以及可采取决策的分类，因此这里应考虑回归和分类模型。也有可能在同一个认知任务中，需要多类模型，这里从不同模型类的角度给出了如图 6.10 所示认知模型的信息。

事实上，认知方法往往与认知模型密切相关，我们在 6.3.2 中介绍的用于连续数据或时序数据拟合的传统数学方法中，如线性、非线性插值等均是与模型有关的，如图 6.10 中时序预测和回归模型类中的直线模型、多元线性回归模型等与拟合方法不可分割。除此之外，本部分模型还涉及了部分智能计算模型，如神经网络模型、支持向量机模型、高斯过程等，这些模型对于处理复杂的认知任务可能会比传统方法和模型更有效，下面我们将分别给出简要说明[21-30]。

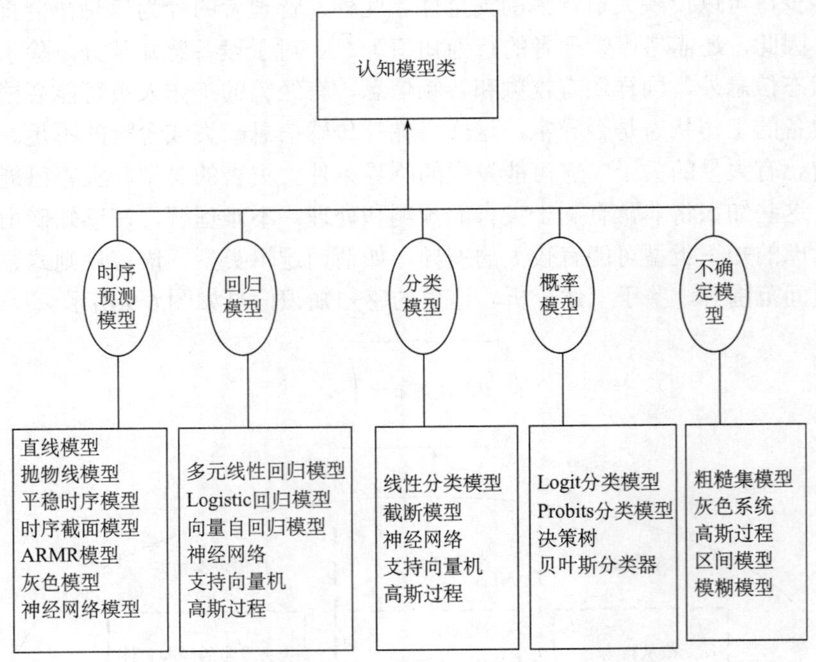

图 6.10　感知模型

1）神经网络　神经网络模型针对网络节点间连接关系的不同，有多种类型，如前向神经网络，由于该类网络采用误差反向传播（back propagation，BP）算法训练连接权值，因此，又称之为 BP 网络；仅含有一个隐含层，且隐层节点激活函数采用高斯核函数的径向基神经网络(radial basis function，RBF)；前后层神经元，以及同层神经元节点间有反馈的动态神经网络，如 Hopfield 神经网络，Elman 网络等。这些非常成熟的模型已在矿山管理决策中有较多应用，特别是在灾害预警和设备诊断预警等方面。但是，神经网络发展的新模型，如极限学习机模型，则在感知矿山中非常少见。实际上，传统的神经网络往往由于需要计算大量的梯度信息，导致网络训练易陷入局部最优，且当需拟合的问题较复杂时，神经网络训练的计算复杂度也非常大，难以满足实际需求。而极限学习机由于其独特的结构，采用的训练算法非常简单，无需多次迭代，因此，网络的学习过程非常快速，对于处理复杂问题更有效，下面给出该网络模型的说明。

极限学习机（extreme learning machine, ELM）是一种简单易用、有效的单隐层前馈神经网络模型[14]，既可用于连续数据的回归建模，也可用于分类。该网络模型训练算法的特点是在网络参数的确定过程中，隐层节点参数随机选取，在训练过程中无需调节，只需要设置隐含层神经元的个数，便可以获得唯一的最优解；而网络的隐层和输出连接权值是通过最小化平方损失函数得到的最小二乘法。显然，与传统的训练方法相比，网络参数的确定过程无需任何迭代步骤，从而大大降低了网络参数的调节时间，使得该网络模型的学习方法具有学习速度快、泛化性能好等优点。

仍记通过物联网系统获得的感知样本数据中的影响因素集合为 $X=\{x_1,\cdots,x_n\}^{\mathrm{T}}$ ($x_i=[x_{i1}\quad x_{i2}\quad\cdots\quad x_{ik}]$)，为便于简化表示，其对应的状态集为 $Y=\{y_1,\cdots,y_n\}^{\mathrm{T}}$ ($y_i=[y_{i1}\quad y_{i2}\quad\cdots\quad y_{im}]$)，则用于建模的样本数据可以表示为 $(X,Y)=\{(x_1,y_1),(x_2,y_2),\cdots,(x_n,y_n)\}$。针对训练数据样本, 具有 N 个隐层神经元和 m 个输出层神经元（与 y_i 的组成因素数相同）的单隐层前向神经网络的输出函数为

$$f_o(x)=\sum_{i=1}^{N}\beta_i g(w_i x+b_i) \tag{6.21}$$

式中，β_i 代表隐层和输出层间的连接权系数；w_i 代表输入层与第 i 个隐层节点间的连接权系数；b_i 为隐层层节点的阈值；$g(x)$ 为激活函数。

设 $(X,Y)=\{(x_1,y_1),(x_2,y_2),\cdots,(x_n,y_n)\}$ 样本均互异，如果上述网络以零误差逼近这些样本，即

$$f_o(x_j)=\sum_{i=1}^{N}\beta_i g(\alpha_i x_j+b_i)=y_j \quad (j=1,2,\cdots,n) \tag{6.22}$$

记 $\boldsymbol{B}=\begin{bmatrix}\beta_1\\ \beta_2\\ M\\ \beta_N\end{bmatrix}=\begin{bmatrix}\beta_{11} & \beta_{12} & \cdots & \beta_{1m}\\ \beta_{21} & \beta_{22} & \cdots & \beta_{2m}\\ M & M & O & M\\ \beta_{N1} & \beta_{N2} & \cdots & \beta_{Nm}\end{bmatrix}$，$h_{ij}=g(w_j x_i+b_j)$，有

$\boldsymbol{H}=\begin{bmatrix}h_1\\ h_2\\ M\\ h_n\end{bmatrix}=\begin{bmatrix}h_{11} & h_{12} & \cdots & h_{1N}\\ h_{21} & h_{22} & \cdots & h_{2N}\\ M & M & O & M\\ h_{nN} & h_{nN} & \cdots & h_{nN}\end{bmatrix}$，则式(6.22)可简化为

$$\boldsymbol{HB}=\boldsymbol{Y} \tag{6.23}$$

若可以计算出 $\boldsymbol{H}$，且其逆存在，则可利用上式直接求出 $\boldsymbol{B}=\boldsymbol{H}^{-1}\boldsymbol{Y}$。然而,在多数情况下，网络训练做到零误差是很难的，因此，在允许误差存在时，可以采用最小二乘法来确定上式中的参数 $\boldsymbol{B}$。

采用常用的均方误差 $J=\sum_{j=1}^{n}[\beta_i g(w_i x_j+b_i)-y_j]^2$，根据式(6.23)，该式可以写为

$$\boldsymbol{J}=(\boldsymbol{HB}-\boldsymbol{Y})^{\mathrm{T}}(\boldsymbol{HB}-\boldsymbol{Y}) \tag{6.24}$$

此时，网络参数的训练问题转化为最小化平方损失函数的问题，即寻找最小二乘解 $\hat{\boldsymbol{B}}$，使得

$$\left\|\boldsymbol{H}\hat{\boldsymbol{B}}-\boldsymbol{Y}\right\|=\min_{\boldsymbol{B}}\left\|\boldsymbol{HB}-\boldsymbol{Y}\right\| \tag{6.25}$$

式中，$\|\hat{\boldsymbol{B}}\|$ 表示 2 范数,在隐层输出为列满秩的情况下，利用 Moore-Penrose 广义逆可以得到

$$\hat{\boldsymbol{B}}=\arg\min_{\boldsymbol{B}}\left\|\boldsymbol{HB}-\boldsymbol{Y}\right\|=(\boldsymbol{H}^{\mathrm{T}}\boldsymbol{H})^{-1}\boldsymbol{H}^{\mathrm{T}} \tag{6.26}$$

当隐层输出矩阵 $\boldsymbol{H}$ 为非列满秩的情况时，$\hat{\boldsymbol{B}}$ 可以利用奇异值分解的方法得到。在 ELM 算法的参数训练过程中，隐层节点参数随机确定(在实际应用中,由于实验样本要经过标准化处理，隐层节点参数值往往在区间[−1, 1] 内随机选取)，使得网络的训练过程相当的简便。

算法的具体实现步骤如下。

给定训练样本集 $(X,Y)=\{(x_1,y_1),(x_2,y_2)\cdots,(x_n,y_n)\}$，隐层输出激活函数和隐层节点个数 N。

步骤 1：随机生成隐层节点参数 $(w_i,b_i),i=1,2,\cdots,N$；

步骤 2：计算隐层输出矩阵 $\boldsymbol{H}$(确保 H 列满秩)；

步骤 3：获得网络隐层和输出层连接权值 $\hat{\boldsymbol{B}}$。

2）支持向量机

支持向量机(support vector machine, SVM)最早由 Vapnik 在 20 世纪 90 年代提出[15]，自提出以来，由于其良好的特性和有效的实际应用性质而获得了大量研究人员的关注。最早，支持向量机是基于结构最小化原则，为了解决二分类问题提出的，即支持向量分类机，后来，对该算法进行扩展，也可用于解决回归问题。由于感知矿山认知模型中，既有连续的回归建模，又有复杂的分类模型，因此分别对这两种情况进行说明。

支持向量分类机模型(support vector classification, SVC) 设感知信息的样本集为 $(X,Y)=\{(x_1,y_1),(x_2,y_2)\cdots,(x_n,y_n)\}$，分类线性方程为 $x\cdot\omega+b=0$，对其进行归一化后使得线性可分的样本集满足

$$y_i(x\cdot\omega+b)-1\geqslant 0 \tag{6.27}$$

满足式(6.27)，且使得 $\|\omega\|$ 最小的分类面就是最优分类面。利用拉格朗日方法，将上述线性可分的最优分类面的带约束优化问题转化为其对偶问题：

$$\max W(\alpha)=\max W(\alpha)=\max(-\frac{1}{2}\sum_{i=1}^{n}\sum_{i=1}^{n}\alpha_i\alpha_j y_i y_j(x_i x_j))+\sum_{i=1}^{n}\alpha_i$$

$$\text{s.t.}\begin{cases}\sum_{i=1}^{n}y_i\alpha_i=0 \\ \alpha_i\geqslant 0\end{cases},i=1,2,\cdots,n \tag{6.28}$$

α_i 为与每个样本对应的拉格朗日乘子，解上述问题后，得到的最优分类函数为

$$\hat{f}(x)=\operatorname{sgn}(x\cdot\omega+b)=\operatorname{sgn}\left\{\sum_{i=1}^{n}\alpha_i^* y_i(x_i\bullet x)+b^*\right\} \tag{6.29}$$

式中，b^* 是分类阈值，可通过任一支持向量在满足式(6.27)的情况下求得，或者通过两类中任意一对支持向量取中值求得。

当样本非线性可分时，Vapnik 提出，可通过在式(6.28)中增加一个松弛项 $\xi_i\geqslant 0$ 求得。即

$$y_i(x\cdot\omega+b)-1+\xi_i\geqslant 0 \tag{6.30}$$

折中考虑最小误分率和最大分类间隔，相应的优化目标为 $\min\ \frac{1}{2}\|\omega\|_2+C\sum_{i=1}^{n}\xi_i$ ，其中，$C>0$ 是一个常数，控制对错分样本惩罚的程度。此时，该优化问题的对偶形式为

$$\max W(\alpha)=\max(-\frac{1}{2}\sum_{i=1}^{n}\sum_{i=1}^{n}\alpha_i\alpha_j y_i y_j(x_i\bullet x_j))+\sum_{i=1}^{n}\alpha_i$$

$$\text{s.t.}\begin{cases}0\leqslant\alpha_i\leqslant C \\ \sum_{i=1}^{n}\alpha_i y_i=0\end{cases} \tag{6.31}$$

实质上，对于非线性问题，可以通过非线性变换，将其转化为某个高维空间中的线性问题，然后在该高维空间中求取最优分类面，而这正是支持向量机的独特之处。在最优分类面中引入适当的内积函数 $K(x_i,x_j)$，就可以实现某一非线性变换后的线性分类，而计算复杂度却没有增加。基于此，目标函数(6.31)变为

$$\max W(\alpha)=\max(-\frac{1}{2}\sum_{i=1}^{T_s}\sum_{i=1}^{T_s}\alpha_i\alpha_j y_i y_j K(x_i,x_j))+\sum_{i=1}^{T_s}\alpha_i$$

$$\text{s.t.}\begin{cases}0\leqslant\alpha_i\leqslant C \\ \sum_{i=1}^{T_s}\alpha_i y_i=0\end{cases} \tag{6.32}$$

相应的分类函数变为

$$\hat{f}(x)=\operatorname{sgn}\left\{\sum_{i=1}^{n}\alpha_i^* y_i K(x_i,x)+b^*\right\} \tag{6.33}$$

SVC 中常用的核函数主要有三类，一是多项式核函数 $K(x,x_i)=[(x\bullet x_i)+1]^q$，二是径

向基函数(RBF) $K(x,x_i)=\mathrm{e}^{-\frac{\|x-x_2\|^2}{\sigma^2}}$，三是 Sigmoid 函数 $K(x,x_i)=\tan h\left[v(x\bullet x_i)+c\right]$。

随后，通过引入一个损失函数，支持向量机算法扩展到实值函数中，以进行函数的近似或者估计，即所谓的支持向量回归算法。

支持向量回归机(support vector regression, SVR)　在支持向量回归机中，首先通过一个非线性变换 $\phi(\cdot)$ 把原始空间中的数据映射到一个高维特征空间中，然后在该高维特征空间中进行线性拟合。在高维特征空间中构造最优线性函数

$$\hat{f}(x,\omega)=\omega^{\mathrm{T}}\phi(x)+b \tag{6.34}$$

式中，b 为偏置项；ω 为权重。引入一个 ε 不敏感损失函数[16]

$$\left|\hat{f}(x)-y\right|_{\varepsilon}=\begin{cases}0, & \left|\hat{f}(x)-y\right|\leqslant\varepsilon\\ \left|\hat{f}(x)-y\right|-\varepsilon, & 其他\end{cases}$$

基于支持向量机理论，综合考虑模型复杂度和 ε 不敏感带外的训练样本的偏离程度，引入非负的松弛变量 ξ 和 ξ^*，支持向量回归机的优化模型为

$$\begin{gathered}\min J(\omega,\xi,\xi^*)=\frac{1}{2}\omega^{\mathrm{T}}\omega+C\sum_{j=1}^{n}\left(\xi+\xi^*\right)\\ s.t.\begin{cases}\hat{f}(x_i)-\omega^{\mathrm{T}}\phi(x_i)-b\leqslant\varepsilon+\xi\\ \omega^{\mathrm{T}}\phi(x_i)+b-\hat{f}(x_i)\leqslant\varepsilon+\xi^*\\ \xi,\xi^*\geqslant 0\end{cases}\end{gathered} \tag{6.35}$$

式中，$\frac{1}{2}\omega^{\mathrm{T}}\omega$ 为控制模型的拟合精度；C 为正则化常数，控制对超出误差的样本的惩罚程度。其对偶优化模型为

$$\begin{aligned}\max W(\alpha,\alpha^*)=&\sum_{i=1}^{n}(\alpha_i-\alpha_i^{\ *})\hat{f}(x_i)-\varepsilon\sum_{j=1}^{n}(\alpha_i+\alpha_i^{\ *})\\ &-\frac{1}{2}\sum_{i,j=1}^{n}(\alpha_i-\alpha_i^{\ *})(\alpha_j-\alpha_j^{\ *})K(x_i,x_j)\end{aligned} \tag{6.36}$$

$$s.t.\quad\begin{cases}\sum_{j=1}^{n}(\alpha_i-\alpha_i^{\ *})=0\\ 0\leqslant\alpha_i,\alpha_i^{\ *}\leqslant C\end{cases}$$

式中，$K(x,x_i)$ 为核函数。求得 $\alpha_i,\alpha_i^{\ *}$ 和 b 后，支持向量回归机模型为

$$\hat{f}(x)=\sum_{i=1}^{n}(\alpha_i-\alpha_i^{\ *})K(x_i,x)+b \tag{6.37}$$

高斯过程又称为正态随机过程，是一种在工程领域普遍存在的重要随机过程。其变量空间中点的联合密度函数服从高斯分布，且其任意有限变量集合的分布都服从高斯分布。具体而言，若随机过程 $X(t)$的任意 n 维概率分布都服从高斯分布，则称该过程为高

斯过程[17]。

一维高斯分布的概率密度函数表达式为

$$f(x)=\frac{1}{\sqrt{2\pi\sigma}}\exp\left[-\frac{(x-a)^2}{2\sigma^2}\right] \tag{6.38}$$

式中，a 为高斯随机变量的数学期望，表示高斯分布的中心均值；σ^2 为方差，表示变量集合的集中或者分散程度。

对于多元高斯过程，实际上是 n 维的多元高斯分布。原则上，高斯过程产生的是分布在一定范围内的数据，也就是多元高斯分布下的任何有限子集。若高斯过程 $\xi(t)$ 的任意 n 维分布都是正态分布，则称它为高斯随机过程或正态过程。其 n 维正态概率密度函数可表示为

$$f_n(x_1,\cdots,x_n;t_1,\cdots,t_n)=\frac{1}{(2\pi)^{n/2}\sigma_1\cdots\sigma_n\,|B|^{1/2}}\exp\left[\frac{-1}{2|B|}\sum_{j=1}^{n}\sum_{k=1}^{n}|B|_{jk}\,(\frac{x_j-a_j}{\sigma_j})(\frac{x_k-a_k}{\sigma_k^2})\right] \tag{6.39}$$

式中，$a_k=E[\xi(t_k)]$ ；$\sigma_k^2=E[\xi(t_k)-a_k]^2$ ；$|B|=\begin{vmatrix} b_{11} & b_{12} & \cdots & b_{1n} \\ b_{21} & b_{22} & \cdots & b_{2n} \\ M & M & \cdots & M \\ b_{n1} & b_{n2} & \cdots & 1 \end{vmatrix}$ 为归一化协方差矩阵的行列式，其中 $b_{jk}=\frac{E\{[\xi(t_j)-a_j[\xi(t_k)-a_k]]\}}{\sigma_j\sigma_k}$ 为归一化协方差函数；$|B|_{jk}$ 为行列式 $|B|$ 中元素 b_{jk} 的代数余子式。

为了便于说明，式（6.39）可写成如下形式

$$f_X(x_1,\cdots,x_n;t_1,\cdots,t_n)=\frac{1}{(2\pi)^{n/2}|C|^{1/2}}\exp\left[-\frac{(X-M_X)^{\mathrm{T}}C^{-1}(X-M_X)}{2}\right] \tag{6.40}$$

式中，$M_X=\begin{bmatrix} E[x_1] \\ M \\ E[x_n] \end{bmatrix}$，$C=\begin{vmatrix} c_{11} & c_{12} & \cdots & c_{1n} \\ c_{21} & c_{22} & \cdots & c_{2n} \\ M & M & \cdots & M \\ c_{n1} & c_{n2} & \cdots & c_{nn} \end{vmatrix}$。由式(6.40)可以看出，高斯过程完全由它的均值函数 M_X 和协方差函数 C 决定。

那么，在利用高斯过程进行分类或回归时，可以不必知道具体的函数关系 $f(x)$，只要对已有的自变量观测值进行充分的多元高斯分布分析，就能够得到相应的预测值。高斯过程可以说是一个“无参数”工具，只要确定了其期望函数与方差函数，则高斯过程就可以唯一确定了，其均值和方差函数，一般基于训练样本，采用监督学习方式获得相关参数。

一般情况下，假定高斯过程期望函数为零，即 $M_X=0$，此时利用高斯过程构造分类或者回归模型时，仅需要确定协方差函数矩阵即可。在高斯过程中，通过定义核函数 $k(x,x')$，计算随机变量 x,x' 之间的相关性，即协方差矩阵 C 中的元素 $c_{ij}=k(x_i,x_j)$。在

高斯过程中，常采用式(6.41)所示高斯核函数：

$$k(x,x')=\sigma_f^2\exp\left[\frac{-(x-x')^2}{2l^2}\right] \tag{6.41}$$

式中，σ_f^2 为允许的最大方差，控制核函数取值范围；l 表示核函数方差。当 $x\approx x'$，即两个变量取值非常接近时，$k(x,x')$ 接近最大值 σ_f^2，此时，意味着函数 $f(x)$ 约等于 $f(x')$ 两者相关性最大。理想情况下，如果我们期望得到的函数为光滑的，则相邻两点的函数值必须相似。当 x 距离 x'无穷远时，此时，$k(x,x')\approx 0$，意味着在这两点处的函数变量 $f(x)$ 和 $f(x')$ 互不相关。那么，对于一个新值 x，空间中距离该点较远处的值对其影响微乎其微。

式（6.41）为理想情况下的协方差函数，但实际使用过程中，往往会有一些误差在里面。所以在实际预测值 y 上可加上一个高斯噪声，也即将预测值表示为

$$y=f(x)+N(0,\sigma_n^2) \tag{6.42}$$

式中，$N(0,\sigma_n^2)$ 为高斯噪声。

将高斯噪声加入理想的协方差函数中，就可得到

$$k(x,x')=\sigma_f^2\exp\left[\frac{-(x-x')^2}{2l^2}\right]+\sigma_n^2\delta(x,x') \tag{6.43}$$

式中，$\delta(x,x')$ 为克罗内克函数。从式（6.43）可以看出，构建高斯过程模型时，仅需确定高斯核函数中的三个参数即可。

利用高斯过程实现回归算法，即对于给定的新变量 x_*，求出其相应的函数值 y^*，在这个过程中，需基于式（6.43）计算训练样本、训练样本与新加入变量之间的协方差函数，即

$$C=\begin{bmatrix} k(x_1,x_1) & k(x_1,x_2) & \cdots & k(x_1,x_n) \\ k(x_2,x_1) & k(x_2,x_2) & \cdots & k(x_2,x_n) \\ M & M & O & M \\ k(x_n,x_1) & k(x_n,x_2) & \cdots & k(x_n,x_n) \end{bmatrix}$$

以及

$$C_*=[k(x_*,x_1)k(x_*,x_2)\cdots k(x_*,x_n)]；\quad C_{**}=k(x_*,x_*)$$

高斯过程中有一个关键，即假设所有数据均为多元高斯分布样本的一个代表，基于该假设，可得如下高斯回归模型：

$$\begin{bmatrix} y \\ y_* \end{bmatrix}\sim N\left(0,\begin{bmatrix} C & C_*^T \\ C_* & C_{**} \end{bmatrix}\right) \tag{6.44}$$

由式（6.44）可得观测数据 y_* 的概率，即 $P(y\mid y_*)$：

$$y_*\left|y\sim N(C_*C^{-1}y,C_{**}-C_*C^{-1}C_*^T)\right. \tag{6.45}$$

那么，该分布下的平均值即为 y_* 的估计，有

$$\overline{y}_*=C_*C^{-1}y \tag{6.46}$$

方差部分为预测的不确定性

$$\mathrm{Var}(y_*) = C_{**} - C_* C^{-1} C_*^T \tag{6.47}$$

实质上，在应用上述模型时，也可利用上节介绍的智能优化算法去确定模型的参数，当将这些模型和方法应用于感知矿山的认知建模时，均需结合实际问题的知识，进行决策。

综合各模块信息后，感知矿山建模与决策系统的整体构架如图 6.11 所示。从上述过程可以看出，本系统给出的方法、模型等具有广泛性，因此在实际应用时，应根据具体的目标和性能指标，采取合适的优化方法，并对方法、模型和参数进行合适的组合和优化，下面将进一步从大数据的角度，说明感知矿山系统建模需解决的关键问题及可能的解决方法。

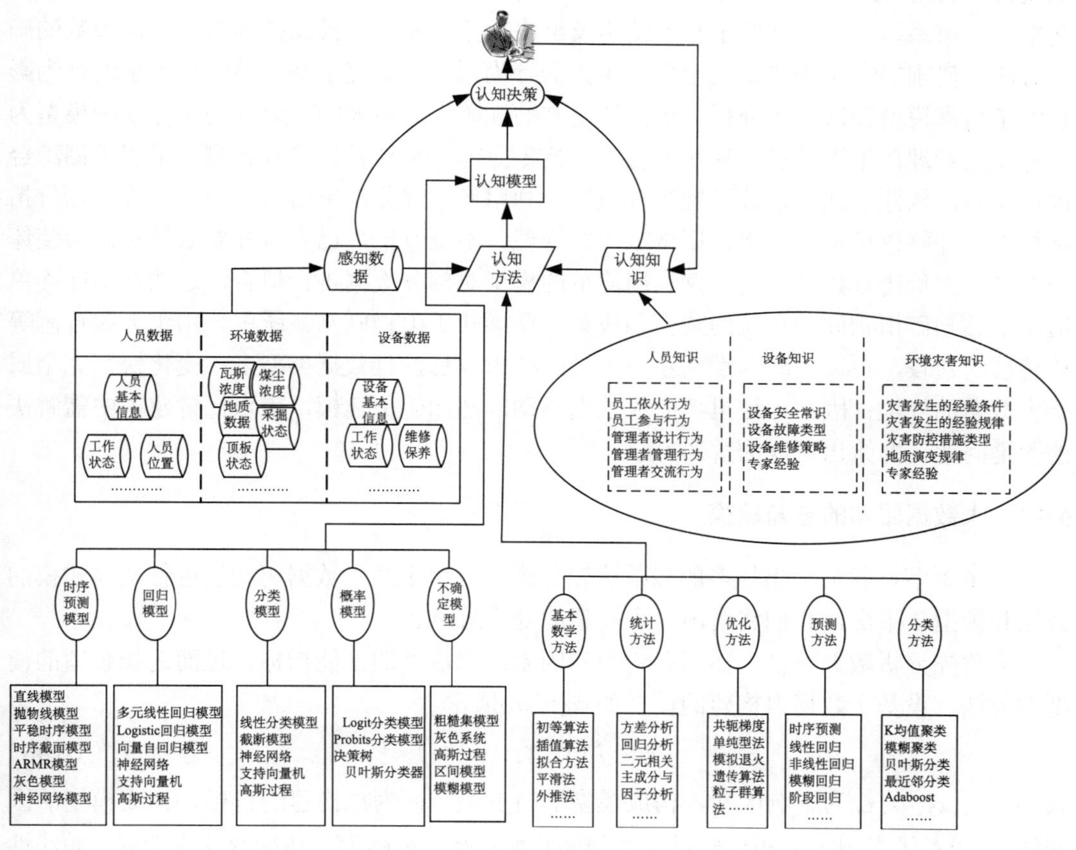

图 6.11　感知矿山系统模型

6.4　大数据感知矿山系统建模

6.4.1　矿山安全系统建模成果

这里所讨论的感知矿山主要是指感知人员、设备和环境灾害，实现对人员的调度、保护和矿山安全的目的。近年来，从矿山安全评价的角度出发，已有部分关于矿山安全建模的研究，如邱利等[18]在 2005 年提出的矿山安全生产系统的动力学特性研究中，在矿山安全生产过程分析的基础上，从系统动力学基本原理出发，建立反映矿山企业安全生产的系统动力学模型，但是该模型更多地停留在概念层面上。刘小生等[19]从构建矿山安全预警专家系统的角度出发，提出了基于神经网络的模型，给出了总体设计方案，并对神经网络训练方法进行了改进，以改善专家系统的逻辑推理能力。王菲等[20]结合郑煤集团的实例，研究了基于信息熵法的我国煤矿安全评价指标体系，并将模糊理论和神经网络技术进行结合，为安全评价提供了一种解决方法。不难看出，上述研究都是从煤矿安全整体评价上进行建模，没有针对具体的对象进行研究。王文铭等[21]从矿山企业智能诊断角度出发，提出了基于神经网络的诊断专家模型，以建立矿山企业生产经营中的知识模式，利用神经网络模拟专家发现故障的因果关系。夏致晰[22]提出了矿山机械故障诊断模糊专家系统模型，介绍了基本结构及组成部分，建立了模糊推理机制以及参数的确定方法。何刚等[23]考虑矿山安全生产中人的行为影响，研究了基于系统动力学的行为影响因子仿真模型并进行了分析，该方法建立的煤矿生产中人的安全行为指标水平模型为煤矿安全管理决策提供了一种新的思路。黄冬梅等[24]针对瓦斯事故预测，采用模糊综合评价策略，构建了瓦斯事故预警管理模型，利用专家评分，采用层次分析法确定评价指标权重，并将该模型应用于瓦斯事故预警管理。不难看出，已有研究要么针对矿山整体安全等级评价进行建模，要么仅利用简单的模型对部分数据进行拟合，这些都不能简单适用于感知矿山物联网系统的建模和决策。在感知矿山物联网系统中，由于无线传感等传感层的建设，可以实时、准确获得大量的矿山信息，且数据类型多，变化快，完全属于大数据的环境；因此，这里考虑大数据驱动的感知矿山建模，重点探讨建模中需解决的关键问题，并给出可能的解决方法。

6.4.2　大数据驱动的感知建模

在 6.3 节，我们给出较多的当前比较先进的可用于基于数据驱动的进行认知建模的方法和模型，下面，我们将给出一个完整的处理思路。

应首先分析数据特性，然后确定影响因素，拟达到的性能指标，进而选择合适的模型和方法。设基于数据拟构建的模型如式(6.48)所示

$$y = f(x_1, x_2, \cdots, x_n) \tag{6.48}$$

式中，$x_1, x_2, \cdots, x_n$ 为影响因素，构成模型的自变量；y 为拟构建的目标，构成模型的因变量；f 代表了影响因素和构建目标之间的映射关系，可能为具体的数学表达式，如线性模型或非线性模型等，也有可能仅仅代表一个模型，如神经网络、支持向量机等。

那么，要构建上述模型，应首先对问题和数据进行分析，确定影响因素；其次，根据经验知识和数据信息，确定模型类结构；利用已知的具有标记信息的样本，选择合适的方法，确定模型的结构和参数；最后，利用另一部分的标记数据测试模型的可行性和真实性。基于数据库、方法库、知识库和模型库的模型构建过程如图 6.12 所示。

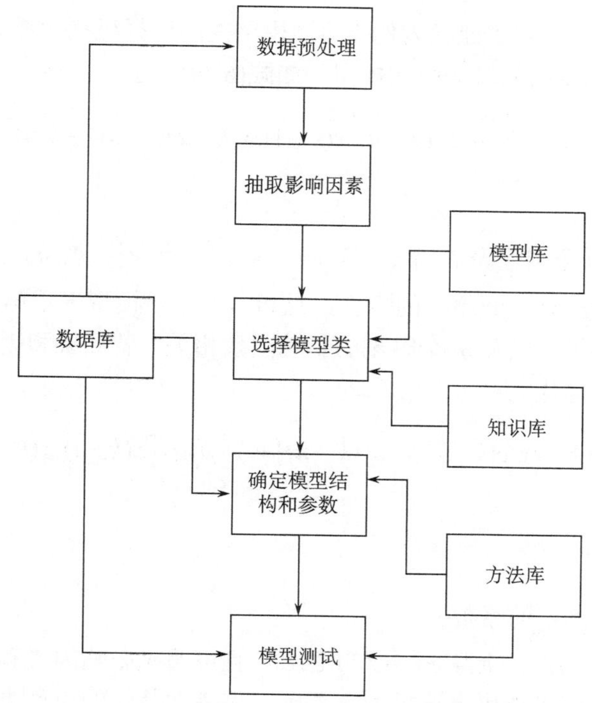

图 6.12 基于“四库”的模型构建

1. 数据预处理

在感知矿山系统中，数据形成了信息流和信息岛，避免了“信息孤岛”的形成。但如此大规模数据的融合为数据形式的统一、数据的分类存储、数据的标记等带来了难度，由于该部分内容已在第 2 章至第 5 章中进行了说明，这里不再赘述。假设所有数据已按人员定位、设备和环境进行了分类存储，文本、视频、音频等数据形式都进行了统一；标记样本和未标记样本也进行了分类存储。若有需要，可以对数据实施归一化处理，将所有数据统一到[0,1]区间上，以有利于构建高精度的模型。

在上述条件下，为了实现模型构建，数据预处理环节需解决两个关键问题：

1）影响因素的确定

影响因素过少，将难以构建正确的模型，而若选择的影响因素过多，则会使得模型过于复杂，难以满足实时性的要求。此外，为了降低问题求解的难度，在该过程中应充分利用相关的经验知识。

2）训练和测试样本的选取

如前所述，要最终获得模型，需确定模型的结构和参数，而这需要一定量的具有标记值的样本，且其中一部分用于训练；另一部分用于测试。那么，如何将标记样本划分为训练样本集和测试样本集，以平衡模型的精度和泛化能力，对模型的构建至关重要。

2. 模型类的选择

在确定了影响因素后，根据实际需要构建的问题模型及经验知识等，确定模型类。

为便于说明，以离散系统辨识建模为例，简述模型类的选择机制。考虑一种单变量(一个影响因素，一个结论)自回归滑动平均模型，如式(6.49)所示：

$$y(k)=f[y(k-1),y(k-2),\cdots,y(k-n);x(k-1),x(k-2),\cdots,x(k-m)]+\sum_{p=1}^{l}r_p d(k-p) \tag{6.49}$$

式中，$x(k),y(k),d(k)$ 分别代表 k 时刻的影响因素、结论和扰动；m，n 和 l 分别为影响因素、输出结果以及扰动时间序列的阶次，且 $m\leqslant n$。该模型表示第 k 时刻期望的结果与过去 n 个时刻的结果，以及 m 个时刻的影响因素相关。若结果和因素线性可分时，则可将上述模型进一步简化为

$$y(k)=\sum_{i=1}^{n}\alpha_i f_i[y(k-1),y(k-2),\cdots,y(k-n)]+\sum_{j=1}^{m}\beta_j g_j\left[x(k-1),x(k-2),\cdots,x(k-m)\right]+\sum_{p=1}^{l}r_p d(k-p) \tag{6.50}$$

式中，α_i,β_j,r_p 为待确定的系数。

若有足够的经验知识，使得 m，n 和 l 已知，且可明确影响因素和输出结果间是否具有线性关系并可分，则可选用上述模型。否则，需考虑其他的模型类，如不需要过多经验知识的神经网络、支持向量机等，相关模型的基本知识说明请见参考文献[25]~[34]，这里不再赘述。而关于神经网络又有多种类型，如经典的前向网络、径向基网络、递归网络等，其适用解决的问题也各有差异；支持向量机又可分为支持向量分类模型和支持向量回归模型，分别用于分类和回归问题等。

因此，在模型类选择中，需解决的关键问题是充分利用领域知识，对需构建的问题模型进行充分的分析，并对完成的任务进行分类。在感知矿山模型构建中，应从人员调度、设备故障分类、瓦斯浓度时序预测等角度出发，若无充分的经验知识，则考虑应用诸如神经网络、支持向量机等模型，完成分类和回归任务。

3. 模型结构和参数的确定

正如上所述，确定了模型类后，需确定所选择模型类中的具体参数，如式(6.49)和式(6.50)中的 m，n，l，α_i,β_j,r_p，也常称该过程为模型训练过程。要获得这些参数，需要两个关键条件，一是足够量的数据样本；二是高效的求解方法。关于数据样本，已在数据预处理环节获得，因而，此时的关键问题是设计高效的求解方法。对于传统的回归或者分类模型，该过程常可采用传统的数值方法，如插值法、平滑法、共轭梯度法等求解；对于神经网络、支持向量机等模型，该过程可采用目前计算机科学领域研究的热点——机器学习方法处理，这些在6.3节中均给出了代表性的说明。

而对于感知矿山系统，面临的是大数据的环境，且要使得模型求解快速可靠，那么模型参数确定方法的设计将是重点和难点内容，其需要根据数据信息、实际的问题特性、模型类、经验知识，设计简单高效的参数求解方法或者机器学习方法。若有足够的标记样本，如设备感知信息和环境灾害信息，而矿山往往已积累了大量宝贵的数据，但是对

于设备的故障诊断和灾害预警模型，往往缺乏较可靠的规律，因此难以确定模型的结构。此时可以先采用神经网络用于诊断设备故障，高斯过程预测灾害，然后基于充足的样本信息采用成熟的监督学习方法和统计方法即可。但对于人员信息，往往缺少标记样本，此时可考虑半监督或者主动式的机器学习方法，确定参数并构建模型。鉴于矿山感知信息的丰富性，需实时利用预测结果更新知识库，以不断丰富历史信息和标记信息，为模型精度的提高提供充足的样本信息。

4. 模型测试

经过第三个阶段，即模型训练后，还需对模型进行充分性的测试，重点验证模型的精度和泛化能力。该过程实质是将部分测试数据中的影响因素输入到所构建的模型中，计算其输出结果，按照一定的准则计算模型输出结果与实际测试样本对应结果的近似程度，以此衡量模型的性能。因此在该过程中有两个核心问题：一是测试样本的选择，应充分、可信；二是衡量准则的设计，应能综合反映模型的逼近性能和泛化性能。关于测试样本，已在数据预处理环节说明；关于衡量准则，往往与选择的模型有一定的相关性，最常用的如均方误差，或者均方误差的泛函，此外还需考虑准则的置信度等统计信息。

对于感知矿山模型，进行模型测试时，除了需要考虑测试样本和测试准则以外，还需要考虑所测试模型的响应速度，尤其是对环境灾害的预测模型，若模型过于复杂，则难以达到预测的实时性。因此，从模型测试和实用的角度出发，模型的结构以及参数求解的方法需同时兼顾精度、泛化性能和快速性。

解决了上述四个方面的主要问题，则可完成模型构建的任务。而在感知矿山系统中，还需要考虑所构建模型之间的交叉相关性，尤其是人员和环境信息的交融。在环境发生变化，尤其是灾害性变化时，若预测模型已给出预警，那么人员调度或者管理模型就应立即响应，并做出决策，以最大程度减少人员伤亡；同样，在设备感知环节，当设备故障预测模型给出设备故障预警结果时，应根据设备故障类型、设备所处位置等信息，高效调度检修人员，及时高效地解决设备故障，以减少经济损失和可能带来的人员伤亡。

6.5 融入知识的感知决策

针对感知矿山系统中的人员、设备和环境灾害信息，采用 6.3 节构建的系统模型，最终的目的是实现辅助决策。在矿山信息化建设过程中，有针对矿山经济发展的决策系统、有针对矿山生产过程的决策系统、有针对矿山应急救援的决策系统，但这些内容均完全依靠管理人员的知识和经验，给出决策的结果，没有充分利用预测预警模型以及矿山专家经验知识，在客观数据的辅助下，进行更加科学合理的决策。在感知矿山物联网系统下，数据量非常庞大，类型多样，如果仅仅依靠管理者进行决策，那么决策的难度会大大增加，而决策的可靠度却极有可能下降。因此，研究基于预测的预警模型和矿山知识的系统决策是非常必要的。

进行系统决策的过程为：根据当前获得的实时数据，抽取与影响因素相关的数据作为模型的输入，计算模型的输出，然后基于经验知识给出决策结论，并将决策结果进一步作为经验知识进行储存。感知矿山决策的系统框图如图 6.13 所示。

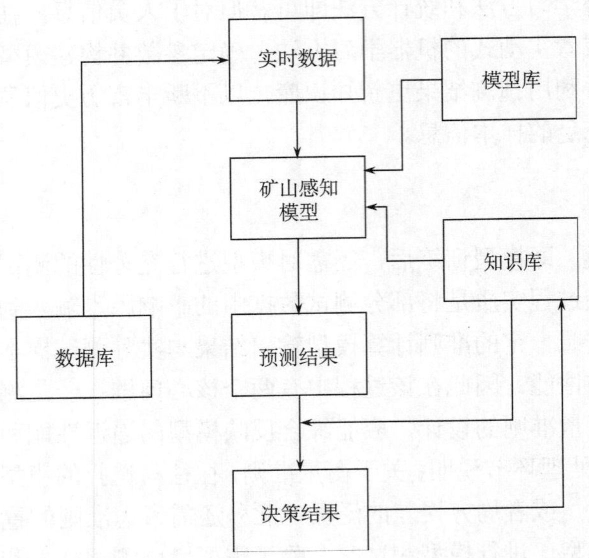

图 6.13　感知矿山决策框图

根据实时数据和感知模型，可以计算或者推理出当前感知对象的状态，如人员的疲劳程度、地理位置的分布情况，可能的决策结果；关键设备在当前运转情况下，可能产生的故障类型、发生的概率以及人员的调度维修等；矿井环境的关键信息，如下一时刻瓦斯浓度、煤尘浓度、地质变化等，以确定当前的工作环境是否安全。显然在这个过程中，基于知识的预测和决策是关键问题，其核心在于知识的存储是否充分、知识是否可靠、知识的利用是否充分以及对知识的更新是否及时。

如前所述，感知矿山存储的知识应包括相应基本知识、专家经验知识等。如对于瓦斯安全问题，矿山企业已有大量丰富的经验，在处理煤与瓦斯突出方面，可以采取的措施有开采保护层、大面积预抽煤层瓦斯、煤层注水、超前钻孔、松动爆破、水力冲孔、多排钻孔；判断瓦斯爆炸的条件关键在于瓦斯浓度是否在爆炸范围内，氧气浓度是否大于临界值，那么这里的爆炸范围和临界值都是可直接使用的经验知识。而对于防止瓦斯爆炸，可以采取加强通风，以防止瓦斯积存超限，及时处理局部瓦斯积聚，分区通风等。当发生瓦斯或者煤尘灾害时，更应该及时获取人员分布信息，指挥其从安全出口尽快撤退。此外，设备的运转状况也需要与环境经验知识进行结合，如是否存在运转不良可能导致的明火，或者机械摩擦过于厉害可能导致火花等，来对灾害和设备感知进行决策。

当决策方案有多个时，需根据预测的结果，采用优化策略、加权合成机制，或者模糊合成等，给出优化后的决策结果。若该决策结果在实际系统中切实有效，则将其添加到知识库中，及时更新或者完善相应的信息。

参 考 文 献

[1] 张申, 赵小虎. 论感知矿山物联网与矿山综合自动化. 煤炭科学技术, 2012, 40(1): 83-86, 91.
[2] 梁宵, 袁艳斌, 张帆, 等. 数字矿山应用及其现状研究. 中国矿业, 2010, 19(9): 94-97.
[3] 胡达涛, 陈建宏, 吴超, 等. 实施矿山数字化技术的问题及策略. 矿业快报, 2008, 24(3): 26-29.
[4] 王健. 感知矿山物联网与矿山综合自动化研究. 科技风, 2013, (17): 198.
[5] 刘相锋, 张飞舟, 肖文军, 等. 基于物联网技术的感知矿山应用研究. 计算机工程与科学, 2014, 36(3): 566-570.
[6] 张申, 丁恩杰, 徐钊, 等. 物联网与感知矿山专题讲座之一——物联网基本概念及典型应用. 工矿自动化, 2010, 36(10): 104-108.
[7] 王建强. 物联网在感知矿山建设中的应用研究. 中国安全生产科学技术, 2012, 8(5): 178-183.
[8] 李冰, 聂辉成. 决策支持系统在矿山设计中的应用. 世界采矿快报, 1993, (27): 7-9.
[9] 何煦春, 胡乃联, 李国清. 基于数据仓库的矿山企业决策支持系统研究. 中国矿业, 2007, 16(4): 4-7.
[10] 黄解军, 叶发旺, 齐培培, 等. 基于 GIS 的矿山决策支持系统. 金属矿山, 2009, (3): 96-99.
[11] 张黔生, 谢贤平, 吴劭星, 等. 矿山企业安全管理交互式模糊综合评价决策支持系统设计. 中国安全生产科学技术, 2010, 6(1): 125-129.
[12] 潘红洁, 许开立. 基于矿山安全专家系统安全信息采集及特征研究. 中国安全生产科学技术, 2011, 7(3): 109-113.
[13] 曹庆仁. 基于安全行为的煤矿安全管理系统模型. 煤矿安全, 2014, (4): 219-222.
[14] Huang G B, Zhou H M, Ping X J, et al. Extreme learning machine for regression and multiclass classification. IEEE Transactions on Systems, Man, and Cybernectics, 2012, 42(2): 513-529.
[15] Vapnik V N. The nature of statistical learning theory. Springer Verlag, New York, 1995.
[16] Vapnik V, Golowich S E, Smola A. Support vector method for function approximation, regression estimation, and signal processing//M. Mozer, M. Jordan, and T. Petsche, editors, Advances in Neural Information Processing Systems, 1997, 9: 281-287, Cambridge, MA: MIT Press, 1997.
[17] Shi J Q, Choi T, Gaussian process regression analysis for functional data. Florida: CRC Press, 2011.
[18] 邱利, 朱明. 矿山安全生产系统动力学研究初探. 矿业快报, 2005, (2): 23-24, 54.
[19] 刘小生, 薛萍. 基于神经网络的矿山安全预警专家系统. 煤矿安全, 2008, (12): 110-112.
[20] 王菲, 杨雪, 李文生, 等. 基于信息熵-模糊神经网络的煤矿安全评价研究. 煤矿安全, 2014, (3): 213-216.
[21] 王文铭, 颜培争. 基于神经网络的矿山企业智能诊断专家系统. 中国矿业, 2004, 13(8): 65-67, 73.
[22] 夏致晰. 矿山机械故障诊断模糊专家系统. 矿山压力与顶板管理, 2001, (1): 81-82, 84.
[23] 何刚, 张国枢, 陈清华, 等. 煤矿安全生产中人的行为影响因子系统动力学(SD)仿真分析. 中国安全科学学报, 2008, 18(9): 43-47.
[24] 黄冬梅, 秦忠诚, 刘业娇. 模糊综合评价在瓦斯事故预警管理中的应用. 煤矿安全, 2011, 42(5): 170-172.
[25] 周政. BP 神经网络的发展现状综述. 山西电子技术, 2008, (2): 90-92.
[26] 李朝静, 唐幼纯, 黄霞. BP 神经网络的应用综述. 劳动保障世界(理论版), 2012, (8): 71-74.
[27] 陈学德, 陈玲. 多层前馈神经网络的能力和结构设计方法综述. 沈阳工业大学学报, 1994, (3): 46-52.
[28] 王耀南, 余群明, 袁小芳. 混沌神经网络模型及其应用研究综述. 控制与决策, 2006, (2): 121-128.
[29] 姚望舒, 万琼, 陈兆乾, 等. 进化神经网络研究综述. 计算机科学, 2004, (3): 125-129.

[30] 陈格. 人工神经网络技术发展综述. 中国科技信息, 2009, (17): 88-89.
[31] 茹菲, 李铁鹰. 人工神经网络系统辨识综述. 软件导刊, 2011, (3): 134-135.
[32] 邬啸, 魏延, 吴瑕. 基于混合核函数的支持向量机. 重庆理工大学学报(自然科学), 2011, (10): 66-70.
[33] 郎宇宁, 蔺娟如. 基于支持向量机的多分类方法研究. 中国西部科技, 2010, (17): 28-29.
[34] 丁世飞, 齐丙娟, 谭红艳. 支持向量机理论与算法研究综述. 电子科技大学学报, 2011, (1): 2-10.

7 矿山灾害感知

瓦斯、煤自燃、冲击矿压和突水灾害是我国煤矿的主要灾害。目前矿井灾害防治信息化和智能化程度不高，灾害参数的监测和预警停留在传感显示和指标判定阶段[1-4]，无法对灾害的发展趋势进行智能预测预报和远程防控。因此，研究矿山灾害的智能感知与预测是我国矿井未来防治灾害的方向。

7.1 瓦斯与煤火灾害感知

目前，对瓦斯和煤火灾害的监测手段主要有气体浓度传感、温度传感和测氡法等方式[5-8]。基本参数通过综合智能传感器感应获取后，需要对危险状态进行分析，为采掘活动中瓦斯涌出灾害发展、演化趋势做出有效及时的预警[9,10]。

7.1.1 瓦斯与煤火感知方法

1. 煤与瓦斯突出灾害感知方法

我国将突出危险性预测分为区域突出危险性预测和工作面突出危险性预测两类。区域突出危险性预测，简称区域预测，用于预测煤层和煤层区域（包括井田、新水平和新采区）的突出危险性，并在地质勘探、新井建设、新水平和新采区开拓或准备时进行。工作面预测也叫点预测，日常预测，用于工作面煤层的突出危险性预测，它包括石门揭煤工作面、煤巷掘进工作面和回采工作面的突出危险性预测。煤与瓦斯突出的区域性预测技术主要有以下几种预测方法。

1）单指标法

采用煤的破坏类型、瓦斯放散初速度指标（ΔP）、煤的坚固性系数（f）和煤层瓦斯压力（p）作为预测指标，某煤层只有全部指标达到或超过其临界值时方可预测为突出煤层。各种指标的突出危险临界值应根据实测资料确定，无实测资料可参考表 7.1 所列。

表 7.1 预测煤层突出危险性单项指标临界值

煤层突出危险性	破坏类型	瓦斯放散初速度指标 ΔP/mmHg	煤坚固性系数 f	煤层瓦斯压力 p/MPa
突出危险	Ⅲ,Ⅳ,Ⅴ	≥10	≤0.5	>0.74
无突出危险	Ⅰ,Ⅱ	<10	>0.5	<0.74

2）煤层突出危险性综合指标 D 和 K 法

用综合指标 D 和 K 来预测煤层的突出危险性，是通过测量及整理计算得出综合指标

D 和 K，与临界值相比较直接判断煤层是否有突出危险。煤炭科学研究总院抚顺分院、北票矿务局与红卫局提出用综合指标 D 和 K 来预测煤层的突出危险性，其临界值参照表 7.2 所示数值。

表 7.2　综合指标 *D* 和 *K* 预测煤层突出危险性临界值

D	K	突出危险性
<0.25		无突出危险
≥0.25	<15	无突出危险
≥0.25	≥15	突出危险

用综合指标 D 和 K 预测煤与瓦斯突出危险的核心技术是瓦斯放散初速度指标(ΔP)、煤的坚固性系数(f) 和煤层瓦斯压力(p)的测定。利用所得数据通过下式计算综合指标 D 和 K。

$$D=\frac{0.0075H}{f}-30(p-0.74) \tag{7.1}$$

式中，D 为煤层突出危险性综合指标之一；H 为煤层开采深度（m）；p 为煤层瓦斯压力，取两测压钻孔实测瓦斯压力的最大值（MPa）；f 为煤层软分层的平均坚固性系数，如打钻所取煤样的粒度达不到测试 f 值所要求的粒度标准(10～15mm)时,可取粒度为 1～3mm 粒度煤样进行 f 值测定。

3）瓦斯地质统计法

瓦斯地质统计法，是根据已开采区域突出点分布与地质构造（包括褶皱、断层、煤层赋存条件变化、火成岩侵入等）的关系，结合未开采区的地质构造条件来大致预测突出可能发生的范围。不同矿区控制突出的地质构造因素是不同的，某些矿区的突出主要受断层控制，另一些矿区主要受褶皱或煤层厚度变化控制。因此，各矿区可根据已采区域主要控制突出的地质构造因素，来预测未采区域的突出危险性。

4）综合指标法

俄罗斯斯科钦斯基矿业研究院提出用综合指标 B 作为预测指标，B 按下式计算：

$$B=\frac{X-X_{\mathrm{OCT}}^{\mathrm{V_{dof}}}}{X_{\mathrm{CP}}}R+2.2M=1.2C+0.002H+0.36f_n \tag{7.2}$$

式中，X 为煤层瓦斯含量，m^3/t；X_{OCT} 为该种煤的残余瓦斯量，m^3/t；X_{CP} 为该种煤的平均瓦斯量，m^3/t；V_{dof} 为煤的挥发分，%；M 为煤层厚度，m；C 为以分层数目表示的煤层复杂程度；H 为煤层埋藏深度，m；f_n 为围岩特性，MPa；R 为通过煤的破坏性表示的煤层强度，mm。可用下式表示：

$$R=\frac{6}{\sum_{i=1}^{B}m_i}\sum_{i=1}^{B}\frac{m_i}{d_i} \tag{7.3}$$

式中，m_i 为粒度的煤粒质量；d_i 为粒度的煤粒直径。

当 B≥15 时煤层有突出危险，B<15 时，煤层无突出危险。

5）地质指标法

地质指标法是通过测量和计算煤层围岩指标 R^5（5m 含砂岩率）、地质构造指标 K_f、煤质指标（K_d）和瓦斯压力 p 进行综合判断。各指标的临界值见表 7.3。

表 7.3　地质指标临界值

R^5	K_f	K_d	p	危险性
>0.7	≤0.25	<1	≤0.4	无危险
0.7～0.45	0.25～0.75	1～1.5	0.4～1	过渡性
<0.45	≥0.75	≥1.5	≥1	危险

6）物探法

根据突出预测过程及其连续性，工作面预测又可以分为静态不连续预测和动态连续预测两种预测方法。实时跟踪预测，即连续动态预测是指通过动态连续地监测能综合反映含瓦斯煤岩体所处（应力或应变）状态的某种指标而确定工作面附近煤层突出危险性的方法。目前突出的连续动态预测有三条途径：一是声发射（AE）监测技术；二是利用环境监测系统连续监测工作面的瓦斯涌出变化特征，分析瓦斯涌出与突出的关系，从而预测瓦斯突出；三是电磁辐射（EME）监测技术。动态连续不接触预测主要有：

（1）利用声发射技术进行煤与瓦斯突出危险性预测。煤和岩石内部存在大量的裂隙等固有缺陷，煤岩变形及破坏的结果就是裂隙的产生、扩展、汇合贯通。研究表明，裂隙的产生和扩展都将以弹性应力波的形式产生能量辐射，这就是声发射。声发射技术可以对破裂源进行定位。早在 20 世纪 40 年代初，美国就利用声发射技术监测金属矿井的岩爆，随着计算技术的应用，该项技术在矿井中的应用更加广泛。前苏联的顿巴斯煤田对声发射用于煤与瓦斯突出预测进行了较多研究工作，早在 1974 年，突出严重的中央区已有 121 个工作面采用了这项技术。我国的研究起步较晚，在现场应用也较少。平顶山矿务局从俄罗斯引进了声发射监测系统，并用于煤与瓦斯突出预报试验研究。我国煤炭科学研究总院重庆分院生产了声发射监测系统，“九五”攻关期间在平顶山矿区进行了应用。煤炭科学研究总院西安分院也研制了 MJY-1 型声发射实时监测系统，并在平顶山十矿进行了现场实验。声发射技术用于矿井已有几十年的历史，其在岩爆监测方面已取得一些成果，尽管很多人认为声发射突出预测系统是一种很有发展前途的预测方法，各国都投入了大量的人力物力进行了广泛的研究，但目前其突出预测的可靠程度与生产实际的需要还有差距，随着大容量、高速度计算机系统的引入和声接收技术的发展，用声发射技术进行突出预测可望获得突破。

（2）利用煤层涌出氡浓度的变化进行煤与瓦斯突出危险性预测。氡元素是自然界中唯一的放射性气体元素，是放射性元素镭和钚衰变过程中的中间产物。虽然它在地层中的含量很少，存在的时间也很短暂，但含量稳定，不易被吸附。在煤层被破坏的突出危险带，由于氡气扩散速度要比瓦斯快许多，氡气放射强度会先于瓦斯变化而大幅升高。据国外有关资料介绍，在无突出危险煤层的工作面中，氡放射强度一般在 30～40q/m^3 以下，在有突出危险的煤层中，氡放射强度高达 2500q/m^3，在煤与瓦斯突出发生前，氡放射强度会急剧升高。氡气的超强扩散能力和易于被检测的特点，将成为采掘工作面预测煤与瓦斯突出最有发展前景的预测方法，而 HDC 连续测氡仪可以实现对其的在线检测。

（3）利用煤层温度变化法进行煤与瓦斯突出危险性预测。利用温度状况预测突出危险性的理论依据是瓦斯解吸时吸热，导致煤层温度降低，温度降低越明显，说明煤层瓦斯解吸能力越强，则冲击地压和突出危险性越大。近年来进行了利用温度指标的探测预报突出的方法研究。前苏联的一些学者采用近工作面地带的温度与煤体原始温度之差作为突出预测指标，该预测方法被前苏联防突委员会推荐使用。实践表明，把突出的温度变化信息作为突出预测指标之一，并与其他预测指标如电磁辐射强度、声辐射强度等一起进行非接触式突出工作面预测以提高预测的准确性是可行的。随着测温技术的发展，长期困扰煤炭安全生产的煤与瓦斯突出问题将得到更好的解决。

（4）利用电磁辐射强度进行煤与瓦斯突出危险性预测。电磁辐射预测的原理是在煤岩层受力变形破坏过程中会产生电磁辐射，电磁辐射强度取决于所受力的大小和煤岩体的物理力学性质。电磁辐射与煤的应力状态及瓦斯状态有关，应力越高、瓦斯压力越大时，电磁辐射信号就越强，电磁辐射脉冲数就越大。在采掘工作面前方卸压区内，煤体发生屈服，大量裂隙形成，应力及瓦斯压力降低。由卸压区到应力集中区，在垂直于煤壁的内部方向上单位煤体应力及瓦斯压力升高时的电磁辐射信号也越来越强；在应力集中区，应力和瓦斯压力达到最大值，煤体的变形破裂过程最强烈，电磁辐射源产生的电磁辐射信号最强；进入原始应力区，不同度方向上电磁辐射源产生的电磁辐射的强度将有所下降。煤炭科学研究总院重庆分院、中国矿业大学相继利用这一原理研制了冲击地压和突出危险探测仪，该仪器采用非接触式测量方式，并在山东华丰矿、四川芙蓉矿务局进行了应用试验，取得了一些规律性的成果。此方法在平顶山八矿也得到了很好的验证。

（5）利用微震技术进行煤与瓦斯突出危险性预测。研究表明，煤和围岩受力破坏过程中，会发生破裂和震动。从震源传出震波或声波，当震波或声波的强度和频率增加到一定数值时，可能出现煤的突然破坏，发生突出。煤岩内的震动波可以被安设在煤体内的探测仪器（如地音器或拾震器）所接收，经放大并记录下来。然后通过资料分析，进行突出危险性预测。研究表明，突出是由连续的、多起断裂引起的，而且异常的微震发射通常在断裂之前 4～45min 内产生，故微震法作为突出预报方法，具有广阔的应用前景。20 世纪 70 年代以来，美国矿业局就用微震技术研究煤层结构物破坏。同时，采用超声波技术来监测岩层响声能量。研究人员利用低频（10～40kHz）微震技术监测确定最可能发生突出的地点，利用高频（40～110kHz）微震技术确定突出的时间。

2. 煤火灾害感知方法

为实现高效防灭火，探测探明矿井内的火区是重要的基础工作，现阶段用于煤炭自燃监测的技术主要包含以下几种：气味检测法、指标气体分析法、测温法、物探分析法、示踪气体法以及直接探测法等。

1）指标气体分析法

大型煤自燃发火实验及小型程序升温实验的研究结果表明，随着煤体温度的升高会产生 CO、CO_2 以及烷烃类等一系列的气体，这些气体的生成浓度会随着煤温度的升高而产生规律性的变化且本身具备敏感性高和易于检测的特点。因此，可以根据检测到的指标气体及其浓度变化情况确定火区状况及其大致范围。除此之外，国内外学者通过大量的科学研究发现烃类气体以及烃类气体浓度的比值在一定阶段也可以用以预报煤炭自燃。其中，链烷比这一指标受风流稀释影响较小，因而具有较高的灵敏度。

2）测温法

测温法借助温度传感器对监测点处的温度进行动态监测，传感器可以是预埋或者通过钻孔布置在煤自然发火的隐患区域，根据监测结果对煤层自然发火危险性及其位置和范围进行判定。根据具体测温方法的不同，现在主要有内置传感器测温法和表面红外测温方法，它们的监测依据主要有两种，即温度值和温度值变化情况。测温法常用的仪器包括测温电阻、热电偶以及热敏材料等。该方法的主要局限在于无法对人员无法到达区域、远距离的危险区域或火区进行监测。

3）物探分析法

常用的火区物探分析方法主要有遥感探测方法、磁探法、电阻率法等。遥感探测法是一种应用卫星遥感等方式对地面的红外遥感数据和图像进行捕捉，根据得到的地面表温度分布、地表裂隙及热效应影响的综合因素分析判断火区的大致分布的探测方法。煤层的赋存在某些情况下会伴随有黄铁矿或菱铁矿，煤火的发生导致周围区域温度升高，受到高温作用后的铁质成分发生物理化学变化进而产生一定的磁性，磁探法就是基于这一原理通过探测区域内磁性分布情况。煤在发生自燃后其结构状态和含水率会发生变化，而未发生自燃的煤层在一定方向上其电阻率基本保持不变，因此可以根据这一原理分析测试结果电阻率的变化情况，从而得出煤火区域的位置。目前研究较多的为高密度电法。

4）其他探测方法

除以上所述之外还有同位素测氡法、气味辨识法、示踪气体定位法及虚拟定位方法等。煤层中天然存在的同位素氡与温度存在一定的关系，温度升高，同位素氡的析出量就随之增大。通过监测煤层中同位素氡的析出量变化可以间接推断煤层温度变化，进而可以对煤层自然发火状况进行预报预警。气味检测法运用的主要设备为气味传感器，该设备根据人类的嗅觉原理制作而成。首先需要确定矿井正常情况下的气味本底值，然后据此建立煤炭自然发火气味检测指标值。该方法比较灵敏，可以准确捕捉到煤炭低温氧化初始阶段释放的微弱气味，但是使用该方法也只能粗略分析煤自然发火状况和大致的位置范围，不能准确定位发火区域。

7.1.2 瓦斯涌出量感知

瓦斯涌出量预测理论发展至今，预测方法多种多样。传统矿井瓦斯涌出量预测方法主要有：矿山统计法、瓦斯含量法、分源计算法和类比法。随着数学方法和计算机技术的发展，原有的预测方法和应用范围得到了拓展，出现了一些新的或进一步优化的预测方法，如瓦斯地质数学模型法、速度预测法、基于灰色系统理论的预测法、混沌时间序列分析、基于遗传规划的预测法以及人工神经网络预测法等。传统的线性分析方法基本上是以固定的线性关系来实现设定各因素对瓦斯涌出结果的映射关系，这显然存在局限性。新的或优化后的分析方法，或多或少又存在一些缺陷，如：速度预测法所需要的参数由现场精确测量相当困难，故而其预测精度难以得到保证，而且速度法只适用于工作面绝对瓦斯涌出量的预测；灰色理论中灰色系统关联度的求解算法存在着明显缺陷，导致其预测结果可能不精确；混沌时间序列分析对系统初始条件的敏感性使得该方法只能适度地进行短期预测，在进行长期预测时误差过大，无法取得理想的预测效果；遗传规划对矿井瓦斯涌出量的预测要在明确矿井瓦斯涌出量的影响因素并且各因素可量化的情况下才能进行，对现场实测数据要求比较高。人工神经网络算法所具有的高度非线性和很强的自学习能力使其在瓦斯涌出量预测方面与传统方法相比显现出很多优势。

1. 设计要素

根据 BP 神经网络的原理和理论分析，对煤矿通风安全监控网络中瓦斯涌出量参数的预测应用进行研究。在确定了 BP 网络的结构后，利用瓦斯涌出量输入输出样本集对其进行训练，让网络对权值或阈值进行学习和调整，以使网络实现给定的输入输出映射。一个完整的用于瓦斯涌出量预测的 BP 网络的主要设计要素有：

1）输入层与输出层节点

输入层节点与输出层节点的个数是由具体问题决定的。为了确保评价的直观性结果采用单输出，即输出的节点数为 1。

2）隐含层节点

隐含层节点个数的确定在理论上没有定量的规定，但是适当选取隐含层节点数目的多少对整个网络的性能影响却很大：如果太多，不但增加训练的时间，还将导致记忆中含有没有意义的数据信息，得不到正确的评价结果；太少，人工神经网络难以处理较复杂的问题。最理想的节点数目可参考下面的公式，经过多次对比后得出数据。

$$L=\sqrt{m+n}+\theta \tag{7.4}$$

式中，m 为输入节点数；n 为输出节点数；θ 为介于 1～10 的常数。

3）初始权值

初始权值取（–1，1）的随机数，从而保证神经元的权值能够在 Sigmoid 型函数变化最大处进行调节。

4）学习速率

学习速率决定每一次循环训练中所产生的权值变化量。学习速率偏大可能引起系统振荡，得不到最期望的输出；偏小则可能导致训练时间较长，收敛速度缓慢，但是能保证网络的误差值最终趋于最小误差值。因而采用变学习率的方法时一般选取小的学习速率，τ 的选取范围多在 0.01～0.8。

5）期望误差

期望误差值是通过对不同期望误差的网络的对比训练来选取的。选取较小的期望误差值要通过增加隐含层的节点数和训练的时间。一般所选取期望误差为 0.001。

确定这些设计要素后，归纳起来就可以实现 BP 网络的功能。

2. 预测模型

将归一化处理后的瓦斯涌出量样本输入神经网络进行学习训练，直到满足精度要求或约定的循环次数为止。

本次建模中采用以下方法：

（1）以 $T(i, t)$表示第 i 天第 t 时刻的瓦斯涌出量。

（2）延迟时间取为 1 天，利用当前时刻 24h 前同一时刻以及前推 23 个时间序列数据，作为预测的输入数据，即以 $T(i-1,t_0)$，$T(i-1,t_1)$，$T(i-1,t_2)$，…，$T(i-1,t_{23})$作为输入端数据预测 $T(i, t_0)$，依此类推，从而预测一天的瓦斯涌出量和趋势。

3. 动态修正网络训练算法

为解决隐含层节点数的问题，在训练过程中动态地加入隐含层神经元节点，具体说就是以标准 BP 算法训练网络，定时（例如 1000 次或者其他值）判断当前收敛值是否达到一定的要求（例如当前误差的 5%），若达到要求，则进行下一轮测试，否则就每次加入一定量隐含层节点（例如，当前隐含层节点数的 10%或至少 1 个）。新加入的隐含层节点与相邻层节点采用全联接，然后对新的网络继续训练，同样采用上面的方法，直到网络达到收敛的要求。网络在训练结束时，可能使网络添加了多余的隐含层节点，所以，有必要在误差达到要求后，删除多余的隐含层节点和多余的节点之间的联接。

1）多余的隐含层节点的删除

在训练神经元网络达到收敛要求后，将每个隐含层节点与输入层节点的联接看作一个 n 维向量，向量中各维的值即这个隐含层节点到各个输入层节点的联接权值，将这个 n 维向量进行聚类，本书采用欧拉函数计算各个向量之间的相似度，若两个向量的相似度达到一个阈值（例如 0.9），则将它们归为一类，每类留其中一个节点而删除其他同类节点。这个方法的根据是向量之间夹角小到一定程度后即可认为向量相关，反映到规则集中就表示规则覆盖或重复，这样删去多余的隐含节点可以看作删去了多余的规则。经过这种聚类处理的网络的隐含层节点之间互不相关，主要的信息被保留了而且信息更紧凑地被编码在网络之中。

2）多余的联接的删除

删除过程比较简单，就是在收敛后的网络经过聚类处理后，检查网络的每个联接权值，若小于一个事先确定的阈值则删除这个联接。若一个隐含层节点与输入层节点的联接和到输出层节点的联接都被删除掉，那么，就可删去这个隐含层节点。在删除的时候，事先确定的阈值很关键，本书首先将网络的所有联接进行分类，根据其中最大权值的 10%确定一个粗略的阈值，在能保证网络收敛的前提下，以一定的步长增加阈值的大小，一直到阈值为 B_i 时网络收敛，而阈值 $B_{i+1} = B_{i+\mathrm{step}}$ 时网络不收敛，那么阈值定为 B_i。

经过处理后的网络与处理前的网络不一定完全相同，也就是处理前收敛达到要求的网络经过处理后也许达不到要求，这样就要重新训练，直到网络收敛，这时网络结构达到最简。

概括前面的介绍，总结出整个训练算法如下：

（1）根据归一处理后的瓦斯涌出量样本建立初始化的 BP 网。

（2）采用标准 BP 算法进行训练，训练中动态地加入隐含层节点，直到网络收敛。

（3）对网络进行删枝，删除多余和不重要联接。

（4）采用标准 BP 算法再对删减后的网络进行训练。

（5）重复（3），（4）步，直到网络没有变化为止。

动态修正算法与标准 BP 算法相比有两个主要优点：一是在训练过程中动态地加入隐含层节点，这样就解决了标准 BP 算法网络隐含层节点数目不易确定的问题。二是加入了“聚类”和“删枝”的处理，这样就可以找到相对最佳网络结构。

4. 瓦斯涌出量现场预测预报

1）掘进工作面概况

我国西部某矿 5857 机巷掘进工作面应用了基于神经网络的瓦斯涌出量预测。在掘进初期 5857 机巷局部通风机以恒定风量供风，风量为 530 m^3/min，由于不同掘进工序间瓦斯涌出变化较大，瓦斯涌出量波动范围为 1～4 m^3/min。

2）BP 神经网络瓦斯涌出量预测

根据 5857 机巷掘进初期瓦斯涌出量的历史数据，采用 BP 神经网络预测方法预测出所有采样时刻的瓦斯涌出量并存储到局部智能通风系统的数据库中，以便在模糊控制过程中进行数据查询。

（1）样本信息量化处理

5857 机巷掘进初期共 5 天的瓦斯涌出量的历史数据见表 7.4。

表 7.4　5857 机巷掘进瓦斯涌出量的历史数据/（m^3/min）

时刻	7-13	7-14	7-15	7-16	7-17	时刻	7-13	7-14	7-15	7-16	7-17
0:00	1.113	1.325	1.166	1.06	1.272	3:10	2.385	1.908	3.445	2.597	2.65
0:10	1.007	1.113	1.06	1.113	0.954	3:20	1.908	1.855	3.71	2.438	2.226
0:20	1.272	1.219	1.325	1.06	0.848	3:30	1.484	1.59	3.233	2.014	2.12
0:30	1.378	1.272	1.378	2.13	0.954	3:40	1.007	1.325	2.756	1.696	1.908
0:40	1.219	1.06	1.113	1.219	0.901	3:50	1.272	1.219	1.908	1.325	1.325
0:50	1.113	1.06	1.113	1.113	0.8745	4:00	1.166	1.113	1.696	1.166	1.166
1:00	1.166	1.0865	1.219	1.0865	1.007	4:10	1.113	1.06	1.484	1.06	1.007
1:10	1.007	1.06	1.06	1.06	1.06	4:20	0.848	0.954	1.378	1.06	1.06
1:20	1.06	1.113	1.007	1.06	1.113	4:30	0.954	0.795	1.06	1.007	1.06
1:30	1.272	1.166	0.954	1.113	0.954	4:40	0.901	0.901	0.954	0.954	0.954
1:40	1.537	1.378	1.007	1.378	0.954	4:50	0.848	1.06	0.848	1.166	0.848
1:50	1.431	1.696	1.219	1.325	0.901	5:00	1.219	1.113	1.113	1.113	0.848
2:00	2.014	2.544	1.325	1.855	1.007	5:10	1.272	1.166	1.113	1.325	0.795
2:10	3.127	3.074	1.378	2.12	1.272	5:20	1.166	1.325	1.219	1.378	1.007
2:20	3.604	3.445	1.59	2.703	2.226	5:30	1.272	1.378	1.113	1.59	1.272
2:30	3.763	2.65	1.908	2.756	2.703	5:40	1.59	1.696	1.855	2.12	2.385
2:40	3.657	2.385	2.014	2.809	2.756	5:50	3.021	2.385	1.908	3.286	3.233
2:50	3.021	2.226	2.12	2.968	2.756	6:00	3.18	3.233	2.703	2.756	3.021
3:00	2.173	2.173	2.915	2.756	2.809	6:10	3.604	3.392	3.18	2.65	2.862

续表

时刻	7-13	7-14	7-15	7-16	7-17	时刻	7-13	7-14	7-15	7-16	7-17
6:20	3.127	3.18	3.445	2.915	2.65	12:10	1.113	1.272	1.325	1.484	0.742
6:30	2.968	2.756	3.604	2.226	2.544	12:20	1.378	1.537	1.166	1.272	1.272
6:40	2.226	2.12	2.12	1.59	1.696	12:30	1.431	1.59	1.166	1.166	1.272
6:50	1.59	1.59	1.643	1.325	1.378	12:40	1.325	1.431	1.431	1.219	1.378
7:00	1.2985	1.166	1.325	1.06	1.007	12:50	1.378	1.484	1.325	1.696	1.431
7:10	1.113	1.007	1.06	0.954	1.0335	13:00	1.378	1.431	1.537	2.385	1.484
7:20	1.06	0.901	1.06	0.901	0.954	13:10	1.855	2.014	1.272	2.756	1.59
7:30	1.007	1.166	1.007	1.113	1.325	13:20	2.544	2.385	1.537	3.445	2.385
7:40	0.848	1.325	1.06	1.219	1.537	13:30	3.127	2.968	1.855	2.968	2.438
7:50	0.795	0.848	1.113	1.113	1.272	13:40	3.233	3.074	2.12	2.65	2.756
8:00	0.954	1.06	0.954	1.219	0.848	13:50	2.968	3.127	2.173	2.385	3.233
8:10	1.113	1.272	0.901	1.166	0.848	14:00	2.544	3.18	2.438	1.696	3.604
8:20	1.06	1.06	0.954	0.954	0.795	14:10	2.862	3.233	2.544	1.59	3.074
8:30	1.219	1.166	0.954	0.954	0.742	14:20	1.908	3.445	3.604	1.484	2.385
8:40	1.325	1.378	1.007	0.901	0.795	14:30	1.696	2.915	4.028	1.537	2.65
8:50	1.272	1.06	1.06	0.742	0.636	14:40	1.59	2.385	3.445	1.59	2.226
9:00	1.908	1.325	1.272	1.113	0.689	14:50	1.431	2.12	2.862	1.378	2.12
9:10	2.756	2.014	1.643	1.696	1.325	18:40	2.173	2.968	2.014	2.385	3.816
9:20	3.604	2.385	1.749	2.968	2.438	18:50	1.696	2.279	2.067	2.226	3.074
9:30	3.975	2.597	1.855	4.081	3.18	19:00	1.378	1.59	1.643	1.484	1.696
9:40	4.134	3.021	2.438	3.233	3.975	19:10	1.272	1.537	1.484	1.325	1.484
9:50	3.816	3.18	2.65	2.968	4.081	19:20	1.325	1.484	1.378	1.219	1.378
10:00	2.544	2.915	2.756	2.915	3.18	19:30	1.219	1.431	1.007	1.06	1.219
10:10	2.968	3.445	3.233	2.65	2.385	19:40	1.272	1.325	0.954	1.219	1.272
10:20	2.226	2.756	3.604	2.491	2.12	19:50	1.007	1.272	0.795	0.954	0.954
10:30	1.696	1.855	3.816	2.438	2.014	20:00	0.954	1.219	1.06	0.795	0.848
10:40	1.908	1.696	3.339	2.014	1.855	20:10	0.795	1.166	1.06	1.06	0.742
10:50	1.484	1.484	2.65	1.696	1.325	20:20	0.848	1.113	1.007	1.113	0.795
11:00	1.484	1.166	2.491	1.643	1.378	20:30	1.06	1.325	1.272	1.166	1.06
11:10	1.272	1.06	2.385	1.59	1.219	20:40	0.954	1.272	1.272	1.219	0.954
11:20	1.06	1.113	1.855	1.272	1.06	20:50	1.007	1.378	1.166	1.113	0.901
11:30	1.219	1.325	1.484	1.166	1.113	21:00	1.219	1.484	1.06	1.272	1.06
11:40	0.636	1.007	1.378	1.06	0.795	21:10	1.272	1.537	0.848	1.696	1.272
11:50	0.53	0.689	1.537	1.272	0.689	21:20	1.007	1.378	1.484	2.12	1.113
12:00	0.848	0.954	1.749	1.325	0.848	21:30	1.378	1.59	1.908	3.286	1.325

续表

时刻	7-13	7-14	7-15	7-16	7-17	时刻	7-13	7-14	7-15	7-16	7-17
21:40	2.067	2.65	2.703	4.081	2.014	22:50	1.378	1.696	2.332	1.855	1.696
21:50	3.392	3.975	3.445	3.71	2.173	23:00	1.272	1.643	1.696	1.696	1.378
22:00	3.657	4.081	3.286	3.604	2.65	23:10	1.219	1.272	1.325	1.484	1.113
22:10	4.134	3.71	2.968	3.18	3.445	23:20	1.007	1.06	1.166	1.325	1.272
22:20	3.286	3.816	2.65	2.968	3.71	23:30	1.06	1.113	1.06	1.272	1.378
22:30	3.657	3.392	2.65	2.65	2.915	23:40	1.378	1.166	1.007	1.325	1.113
22:40	1.855	2.385	2.385	2.385	2.544	23:50	1.272	1.06	1.007	1.113	1.325

在运用 BP 神经网络预测时，输入的原始资料需要进行标准化、剔除冗余数据、归一化处理等。由于本次数据均为瓦斯浓度，量纲相同，不存在奇异数据，无须归一化。

（2）BP 神经网络运算处理

将处理后的瓦斯涌出量样本输入神经网络进行学习训练。

神经网络训练参数如下：

①输入层神经元数目 m =24 个，输出层神经元数目 n =1 个，单层，隐含层神经元数目 $n > \sqrt{m \cdot n}$；

②设定训练次数 5000 次，训练目标 1×10^{-5},学习速率 0.1；

③隐含层采用 S 型正切函数 logsig，输出层采用函数 purelin,网络训练的函数设定为 trainlm。

设定的神经网络训练代码如下：

```
net=newff(minmax(p),[11,1],{'logsig','purelin'},'trainlm');
net.trainParam.show = 10;
net.trainParam.epochs = 5000;
net.trainParam.goal = 1e-5;
[net,tr]=train(net,p,t);
net.trainParam.lr=0.1.
```

这是一个神经网络算法的指令。minmax(P)是一个 P×2 的矩阵以定义 P 个输入向量的最小值和最大值。[11,1]是一个设定每层神经元个数的数组。

将表 7.4 中的 7 月 13～15 日已知数据作为训练样本输入网络，对网络进行训练。7 月 14～16 日数据用来验证网络的可靠性。

通过反复训练发现，当隐含层神经元个数为 11 时，误差进程曲线波动最小，网络的训练速度较快，仅需要 21 次训练便达到了预期的训练误差，训练的速度也比较均匀。因此，选定隐含层神经元个数为 11 个进行预测。

输入数据后网络训练过程误差进程曲线图如图 7.1 所示，利用 7 月 13～15 日作为输入端数据网络训练的结果见图 7.2，该网络训练后的误差曲线见图 7.3。

（3）BP 神经网络测试

将得到的测试数据输入已训练好的 BP 网络，测试结果输出见表 7.5。由相对误差可知，预测结果的相对误差小于 10%，该网络基本满足现场要求，可以用于预测瓦斯涌出量。

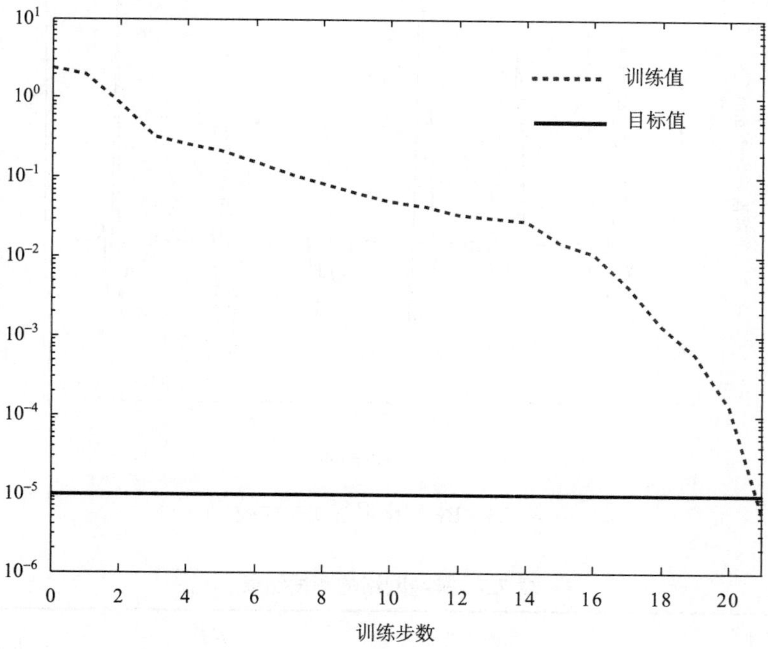

图 7.1　BP 网络误差进程图

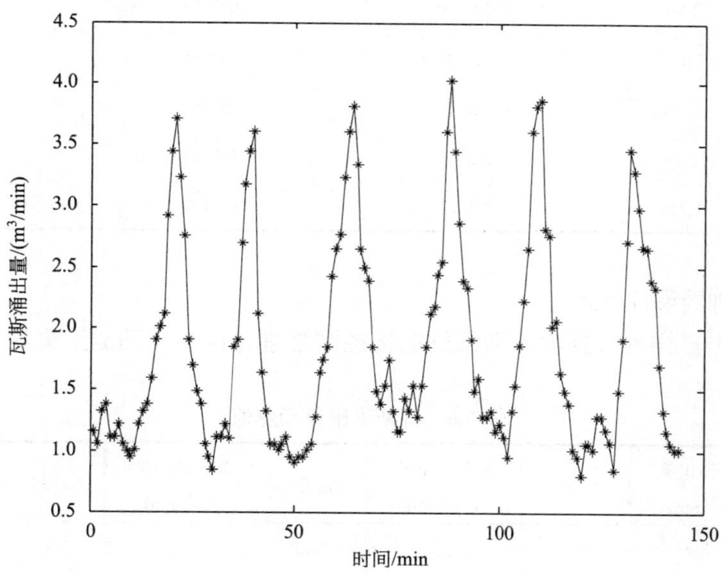

图 7.2　BP 网络训练结果

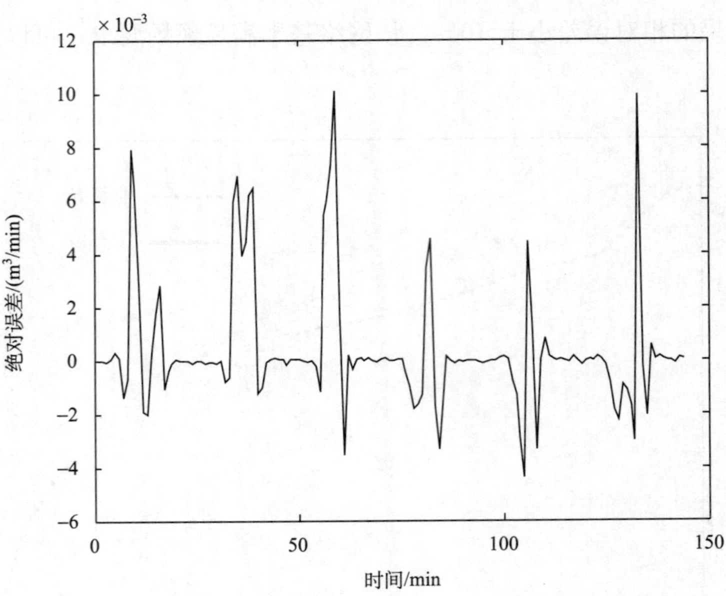

图 7.3　BP 网络训练误差曲线

表 7.5　神经网络的测试结果

测试样本		预测结果/（m^3/min）	绝对误差/（m^3/min）	相对误差/%
时刻	实际值/（m^3/min）			
0:10	1.06	1.0466	0.0134	1.264
0:20	1.113	1.1095	0.0035	0.314
0:30	1.06	1.1512	0.0912	8.604
0:40	2.13	2.2517	0.9797	5.714
0:50	1.219	1.1783	0.0407	3.339

（4）BP 神经网络预测

将瓦斯涌出量样本数据输入训练好的神经网络进行诊断，预测结果如表 7.6 所示。

表 7.6　瓦斯涌出量预测值

时刻	瓦斯涌出量/(m^3/min)	时刻	瓦斯涌出量/(m^3/min)	时刻	瓦斯涌出量/(m^3/min)	时刻	瓦斯涌出量/(m^3/min)
0:00	0.924	0:50	1.23	1:40	1.229	2:30	1.22
0:10	0.944	1:00	0.929	1:50	1.171	2:40	1.458
0:20	1.292	1:10	0.427	2:00	1.203	2:50	1.693
0:30	1.132	1:20	0.309	2:10	1.322	3:00	2.281
0:40	1.205	1:30	0.948	2:20	0.963	3:10	3.453

续表

时刻	瓦斯涌出量/(m³/min)	时刻	瓦斯涌出量/(m³/min)	时刻	瓦斯涌出量/(m³/min)	时刻	瓦斯涌出量/(m³/min)
3:20	3.638	8:30	1.006	13:40	3.493	18:50	2.322
3:30	4.06	8:40	0.79	13:50	2.435	19:00	1.973
3:40	3.46	8:50	0.718	14:00	2.064	19:10	1.407
3:50	3.183	9:00	0.878	14:10	2.111	19:20	1.434
4:00	2.324	9:10	1.921	14:20	1.678	19:30	1.104
4:10	1.807	9:20	3.002	14:30	2.114	19:40	1.144
4:20	1.685	9:30	2.927	14:40	1.892	19:50	1.271
4:30	1.362	9:40	3.009	14:50	1.849	20:00	1.388
4:40	1.264	9:50	2.964	15:00	1.35	20:10	0.954
4:50	1.096	10:00	1.589	15:10	2.036	20:20	1.838
5:00	1.194	10:10	1.791	15:20	1.6	20:30	1.483
5:10	0.916	10:20	3.015	15:30	1.566	20:40	1.912
5:20	1.265	10:30	4.323	15:40	1.026	20:50	1.958
5:30	1.318	10:40	4.196	15:50	0.56	21:00	0.754
5:40	1.558	10:50	3.763	16:00	0.535	21:10	0.92
5:50	1.922	11:00	2.847	16:10	0.863	21:20	1.037
6:00	3.143	11:10	2.82	16:20	0.861	21:30	1.44
6:10	2.791	11:20	1.232	16:30	0.742	21:40	1.305
6:20	3.534	11:30	1.769	16:40	1.594	21:50	1.905
6:30	3.412	11:40	1.231	16:50	1.785	22:00	4.068
6:40	1.682	11:50	0.306	17:00	1.298	22:10	2.792
6:50	1.086	12:00	0.271	17:10	1.331	22:20	2.519
7:00	0.936	12:10	1.126	17:20	0.419	22:30	2.763
7:10	0.51	12:20	0.733	17:30	0.908	22:40	2.585
7:20	1.666	12:30	0.373	17:40	2.834	22:50	2.669
7:30	0.672	12:40	0.818	17:50	3.236	23:00	2.273
7:40	0.634	12:50	0.249	18:00	2.709	23:10	2.436
7:50	0.962	13:00	1.146	18:10	2.145	23:20	1.525
8:00	1.158	13:10	2.499	18:20	3.405	23:30	2.13
8:10	1.22	13:20	3.185	18:30	2.299	23:40	0.965
8:20	1.198	13:30	3.583	18:40	2.551	23:50	0.786

7.1.3 煤与瓦斯突出灾害感知

煤与瓦斯突出预测系统是有效防治煤与瓦斯突出事故发生的基础，也是一项长期而艰巨的任务。系统实现过程中主要包括两大类工作：一是对历史和当前勘探过程中瓦斯地质资料进行收集、管理和综合分析，为煤与瓦斯突出预测、防治提供理论上和数据上的科学依据，但是目前最大的困难也在于此，大多数煤矿的自动监测程度落后，对于瓦斯突出的历史数据资料更是无处可寻；二是将分析结果通过图形、图像或语音等直观方式表达出来，为现场安全管理人员提供决策支持。一个完善的突出预警系统应该是以上二者的有机结合，并充分考虑以下因素：

（1）根据信息的规律，尽量发挥人的主观能动性，增强其对瓦斯地质信息的全面认识和控制（利用）能力，对信息的创造和再生能力。这里的人不仅指从事预防煤与瓦斯突出理论、方法及技术研究活动的科研工作者，更强调那些直接从事防突实践的现场工程技术人员和安全管理者。

（2）根据系统学的相关原理，煤矿防突是一项系统工程，理论研究和现场实践是同一系统中既相对独立又紧密联系的两个方面。煤与瓦斯突出预警系统要有机融入这两个方面的信息，并在各自积累、互相反馈的基础上促进科研活动中理论研究的深入和现场防突实践中控灾、防灾能力的提高。

系统分析中最主要的部分是数据流程分析，它的逻辑方式表达了系统的数据来源和去向，并指出系统中各逻辑功能和联结方式，可以使人们对系统结构有一个清晰的认识。系统的数据流程反映了数据采集、预处理、输入计算机，并在系统中存储、编辑、分析、传输和输出的全过程。数据流程图是进行数据流程分析的有力工具，它不仅可以完整地展示系统的工作过程和全部功能模块，而且能对各种数据与功能模块的相互关系进行详尽的表达。图 7.4 是瓦斯突出预警系统的数据流程图。图中虚线箭头是信息输入流，实线箭头是信息输出流。

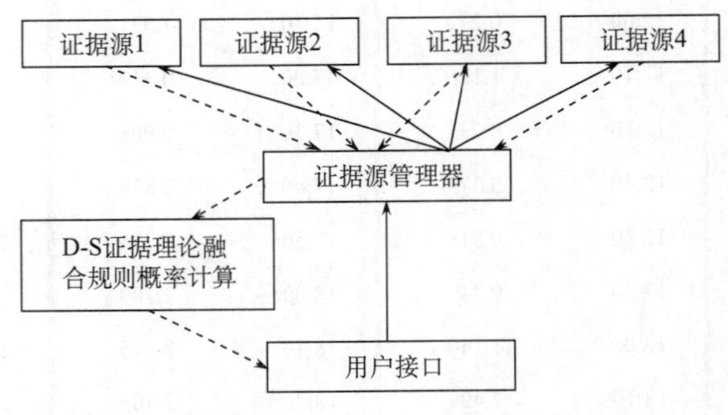

图 7.4 瓦斯突出预警系统的数据流程图

下面将分别对证据源 1、证据源 2、证据源 3 以及证据源 4 的获取进行介绍：

1. 证据源 1 的提取

该证据是通过 BP 神经网络预测法获取的。

基本算法过程如下：

（1）给定误差 $\varepsilon > 0$，学习速率 $\eta > 0$，选定初始权值 ω_k。

（2）计算网络输出，若所有模式目标输出与网络实际输出之差小于 ε，则结束。

（3）求每个节点上的梯度 $\nabla f(\omega_k)$ 及下降方向 $d_k = -\nabla f(\omega_k)$。

（4）修正每个节点的权值向量，引入动量系数 a，使得 $\omega_{k+1} = \omega_k + \eta d_k + a\Delta\omega$，转（2）。

（5）结束。

示例：

表 7.7 中数据为矿井历年煤与瓦斯动力现象记载资料，选取有代表性的发生地点，使得预测结果更加精确。本系统选取巷道类型、垂深（开采深度）、煤层厚度、倾角、地质构造、作业方式六个参数作为神经网络预测法的输入参数。表 7.7 中前 18 个样本作为神经网络的训练样本，后 5 个样本作为预测样本。

确定识别框架 $\Theta = \{A, B\}$，其中 A 表示所测地点发生煤与瓦斯突出，B 表示所测地点不发生煤与瓦斯突出。我们预测的对象是表 7.7 中序号为 19～23 对应的五个地点。

如上所述，本书选择表 7.7 中的六个参数作为神经网络的输入参数，选择突出发生 A 和不发生 B 作为输出参数，这里用 [1,0]和[0,1]分别表示 A 和 B。Kolmogorov 映射神经网络存在的定理表明：对任意一个连续函数或映射，可以精确地以一个三层神经网络实现，此神经网络的输入层有 n 个神经元，隐含层有 $2n+1$ 个神经元，输出层有 m 个神经元，因此本书的网络模型可以采用图 7.5 结构的三层神经网络。为了能够进行网络计算，需要对学习样本和预测样本参数中的定性指标进行编码，如表 7.7 所示：如巷道类型 1 表示平巷，0 表示斜巷等。网络学习样本来源于该矿历史上所发生的动力现象实例及未发生的工作地点，选取 18 个，设计网络的训练次数 epochs 为 2000，网络的网络性能函数值 MSE 为 1×10^{-5}，采用 BP 快速训练函数 trainrp 算法。

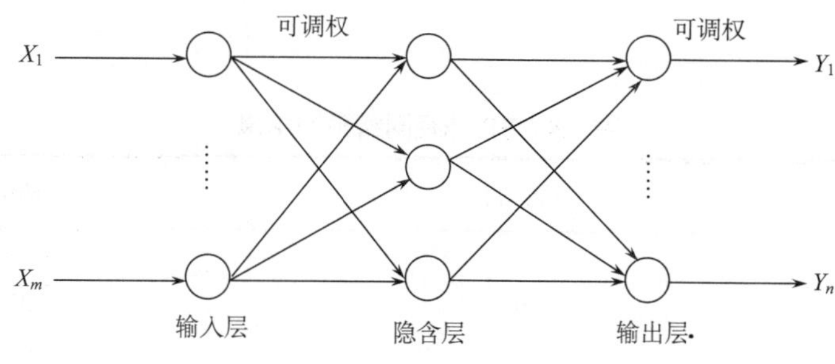

图 7.5　三层 BP 网络的拓扑结构框架图

表 7.7　煤与瓦斯突出 BP 网络学习和预测样本

序号	巷道类型	垂深/m	煤厚/m	倾角/（°）	地质构造	作业方式	实际结果
1	斜巷 0	544.5	6.5	40	褶曲 1	未知 0	1　0
2	斜巷 0	842.2	4.0	26	褶曲 1	放炮 1	1　0
3	斜巷 0	733.6	5.5	50	倾角变陡区 3	放炮 1	1　0

续表

序号	巷道类型	垂深/m	煤厚/m	倾角/（°）	地质构造	作业方式	实际结果
4	平巷 1	875.7	2.5	15	断层 2	放炮 1	1　0
5	平巷 1	987.5	2.9	35	断层 2	放炮 1	0　1
6	平巷 1	710.4	1.8	27	断层 2	放炮 1	1　0
7	斜巷 0	807.8	3.0	35	褶曲 1	放炮 1	1　0
8	斜巷 0	716.5	8.0	55	倾角变陡区 3	放炮 1	1　0
9	斜巷 0	1021.2	10.3	24	断层 2	放炮 1	0　1
10	平巷 1	790.1	3.5	40	褶曲 1	放炮 1	1　0
11	斜巷 0	811.3	3.0	45	倾角变陡区 3	未知 0	1　0
12	斜巷 0	969.1	5.2	25	断层 2	打钻 2	1　0
13	斜巷 0	979.2	2.6	28	褶曲 1	打钻 2	0　1
14	斜巷 0	812.9	4.25	53	倾角变陡区 3	手镐 3	1　0
15	平巷 1	959.0	3.0	35	褶曲轴 4	打钻 2	1　0
16	平巷 1	990.2	2.8	29	褶曲 2	手镐 3	0　1
17	平巷 1	1052.3	5.2	25	褶曲轴 4	打钻 2	1　0
18	斜巷 0	919.0	3.0	25	褶曲轴 4	放炮 1	1　0
19	斜巷 0	788.4	5.45	55	倾角变陡区 3	手镐 3	1　0
20	平巷 1	787.0	3.4	20	断层 2	放炮 1	1　0
21	平巷 1	992.8	2.4	30	断层 2	手镐 3	0　1
22	平巷 1	959.4	12.2	23	褶曲轴 4	打钻 2	1　0
23	斜巷 0	1046.8	9.8	20	断层 2	放炮 1	0　1

利用学习好的煤与瓦斯动力现象 BP 网络来预测另外 5 个样本（表 7.7 中的后 5 个样本）。预测结果见表 7.8。

表 7.8　BP 神经网络预测结果

序号	实际结果	预测结果
19	1	1.126 4
	0	−0.106 9
20	1	1.000 7
	0	0.000 0
21	0	0.013 7
	1	1.017 7
22	1	1.000 7
	0	0.000 2
23	0	0.115 2
	1	0.860 1

将表 7.8 中的预测结果进行归一化得到如下的证据源 1（表 7.9）：

表 7.9 利用 BP 神经网络预测法得到的证据源 1

序号	基本概率赋值	
	$m_1(A)$	$m_1(B)$
19	0.913 3	0.086 7
20	1	0
21	0.013 3	0.986 7
22	0.999 8	0.000 2
23	0.118 1	0.881 9

2. 证据源 2 的提取

该证据源是通过综合指标 K 预测获取的。抚顺煤科分院、北票矿务局与红卫矿提出用综合指标 D 和 K 来预测煤层的突出危险性。预测综合指标 D 和 K 已被列入我国的防突细则，得到了广泛的应用。在煤层区域性突出危险性预测时，可按下列两个综合指标判断：

$$D=\left(0.0075\frac{H}{f}-3\right)(p-0.74) \tag{7.5}$$

式中，D 为综合指标之一；H（m）为煤层开采深度；p（MPa）为煤层瓦斯压力；f 为煤层软分层的平均坚固性系数；如打钻所取煤样的粒度达不到测试 f 值所要求的粒度标准（10～15mm）时，可取粒度为 1～3mm 粒度煤样进行 f 值测定，所得结果按下式进行换算：

$$K=\frac{\Delta P}{f} \tag{7.6}$$

当 $f_{1\sim3}\leqslant 0.25$ 时，$f=f_{1\sim3}$；

当 $f_{1\sim3}>0.25$ 时，$f=1.57f_{1\sim3}-0.14$；

式中，$f_{1\sim3}$ 为用粒度为 1～3mm 煤样测出的煤坚固性系数值。K 为综合指标之二；ΔP 为煤层软分层的瓦斯放散初速度指标。

综合指标 D 和 K 的区域突出危险临界值，应根据本矿区实测数据确定，无实测数据时，可照表 7.10 所列的临界值，以确定突出危险性。

表 7.10 预测煤层瓦斯突出危险性综合指标临界值

煤层突出危险性综合指标 D	煤层突出危险性综合指标 K	
	无烟煤	其他煤种
≥0.25	≥20	≥15

注：①如果 $D=(0.0075\frac{H}{f}-3)(p-0.74)$ 式中两个括号内的计算值都为负时，则不论 D 值大小，都为突出威胁区域；

②地质勘探和新建时期进行煤层突出危险倾向性预测时，突出威胁视为无突出危险煤层。

示例：

表 7.11 中数据与表 7.7 中数据后 5 个样本是相同地点、相同时间的其他指标值。本系统选取破坏类型、开采深度、瓦斯放散初速度、煤的坚固性系数来计算危险性综合指标 K 的值（表 7.11）。

表 7.11　煤与瓦斯突出危险性指标测定结果

序号	破坏类型	放散初速度 ΔP	坚固性系数 f	瓦斯压力 p/MPa	开采深度 H/m	综合指标 K	综合指标 D	S_{max} /（L/m）	实际结果
19	Ⅲ	10.5	0.3297	0.97	788.4	32.02	3.43	11.2	A
20	Ⅲ	12	0.2252	0.40	787.0	53.29	−7.89	5.3	A
21	Ⅱ	3	0.4762	0.21	992.8	6.30	−8.29	4.8	B
22	Ⅲ	9.1	0.4167	0.63	959.4	14.4	−2.00	5.5	A
23	Ⅱ	4	0.6610	0.47	1046.8	6.05	−2.40	3.9	B

从表 7.11 中的指标 D 的值可以看到，基本上都是负值。而造成这一情况的原因主要在于 P 的临界值过大（0.74），而确定 P 值临界值需要统计各次动力现象发生时测得的瓦斯压力，得出导致动力现象的最小瓦斯压力，以其为临界值。但是，由于该矿历史记录中并无动力现象发生时的瓦斯压力数据，故无法确定该临界值。所以这里选择综合指标 K。同证据源 1 一样，我们构造此时的 A 和 B 的隶属函数如下：

$$\mu_A(K)=\begin{cases}1, & K\geqslant 15\\ \left[1+\dfrac{(K-15)^2}{5}\right]^{-1}, & K<15\end{cases} \tag{7.7}$$

$$\mu_B(K)=1-\mu_A(K) \tag{7.8}$$

然后依据隶属函数求出实测值隶属于 A、B 的隶属度，并把此隶属度作为证据理论中的基本可信度。如：对于某一地点测得的 K，由其得到该地点发生突出与否的基本可信度为

$$m_2(A)=\mu_A(K),\ m_2(B)=\mu_B(K)$$

由表 7.11 中的测定值及上述算法得到如下证据源 2（表 7.12）：

表 7.12　综合指标法的预测结果（证据源 2）

序号	基本概率赋值	
	$m_2(A)$	$m_2(B)$
19	1	1
20	1	1
21	0.0620	0.9380
22	0.9328	0.0672
23	0.0588	0.9412

3. 证据源 3 的提取

该证据是通过单项指标法获取的。在指标法中，预测的基础是含瓦斯煤体性质及其赋存条件的某些量化指标，包括瓦斯指标、煤层性质指标、地应力指标和综合指标。Paul、Noack 和王佑安等学者研究了瓦斯含量指标，提出了不同的瓦斯突出临界值；于不凡（1985）和俞启香详细地讨论了瓦斯压力指标，但认为瓦斯压力不能单独用作突出预测指标；前苏联科学院地质所于 1958 年提出了煤体结构指标，把煤分成 5 种破坏类型，认为Ⅳ、Ⅴ两类煤具有突出危险，在国内外受到广泛重视；中国矿业大学瓦斯组把煤体结构划分为 3 种破坏类型，其中丙类煤为突出危险煤；焦作矿业学院瓦斯地质研究室根据煤的宏观特征，以构造煤类型为基础，以突出的难易程度为依据，把煤体结构分为 4 种类型，其中Ⅲ、Ⅳ两类为突出危险煤，取得了较好的应用效果。采用煤的破坏类型、瓦斯放散初速度 ΔP、煤的坚固性系数 f 和煤层瓦斯压力 p 作为预测指标，各种指标的突出危险临界值应根据实测资料来定，无实例资料时可参考表 7.13 中所列的数据。

表 7.13 预测煤与瓦斯突出危险性单项指标

煤层突出危险性	破坏类型	瓦斯放散初速度指标 ΔP	煤的坚固性系数 f	煤层的瓦斯压力 p/MPa
突出危险性	Ⅲ、Ⅳ、Ⅴ	≥10	≤0.5	≥0.74
无突出危险性	Ⅰ、Ⅱ	<10	>0.5	<0.74

一般情况下，随着埋藏深度的增加，岩体应力和瓦斯压力增加，突出危险性增大。对每个突出矿井、煤层都有一个发生突出的最小深度，当小于该深度时不发生突出，该深度简称始突深度。

突出危险煤层一般具有较高的瓦斯压力和瓦斯含量。瓦斯压力和瓦斯含量是引发突出的一个重要动力因素，高压瓦斯的存在是突出能量来源的基础条件。针对特定条件的煤层，都存在一个突出的最小瓦斯压力和瓦斯含量。

示例:

这里选取单项指标——瓦斯放散初速度 ΔP 作为预测指标。但是仅以一个临界值（表 7.13）来作为一个分界线，显然不太科学，如：假设有一个 $\Delta P=9.9$，依据表 7.13 就会将此时定为无突出情况，这显然不合理。为此，本书把识别框架中的 A 和 B 看作两个模糊集合（实际也应该是模糊集合），并且此时，不再依据表 7.13 中的临界值作为判决的标准，而是依据表 7.13 中的临界值分别构造 A 和 B 的隶属度函数如下：

$$\mu_A(\Delta p)=\begin{cases}1 & \Delta P\geqslant 10\\ \left[1+\dfrac{(\Delta p-10)^2}{5}\right]^{-1} & \Delta P<10\end{cases} \tag{7.9}$$

$$\mu_B(\Delta P)=1-\mu_A(\Delta P) \tag{7.10}$$

然后依据隶属函数求出实测值隶属于 A、B 的隶属度，并把此隶属度作为证据理论中的基本可信度。如：对于某一地点测得的 ΔP，由其得到该地点发生突出与否的基本

可信度为

$$m_3(A) = \mu_A(\Delta P) \ , \ m_3(B) = \mu_B(\Delta P)$$

由表 7.11 中的测定值及上述算法得到如下证据源 3（表 7.14）：

表 7.14　瓦斯放散初速度的预测结果（证据源 3）

序号	基本概率赋值	
	$m_3(A)$	$m_3(B)$
19	1	0
20	1	0
21	0.0926	0.9074
22	0.8606	0.1394
23	0.1220	0.8780

4. 证据源 4 的提取

该证据是通过钻屑指标法获取的。采用这一方法预测煤巷工作面突出危险性时，应在工作面打 2 个（倾斜和急倾斜煤层）或 3 个（缓倾斜煤层）直径为 42mm、深为 6m 以上的钻孔。钻孔每打 1m 测定钻屑量 1 次，每隔 2m 取 1 次煤钻屑，测定瓦斯解吸指标 Δh_2、C 或 K_1 值，然后根据测出的指标值来预测突出危险性。此时又有两种方法：

1）钻屑单项指标法

采用钻屑单项指标法进行工作面突出危险性预测时，作为钻屑单项指标，按《防突细则》有以下几种：$S_{\max}$、Δh_2、C 和 K_1 值。各指标的突出危险临界值应根据实测数据确定。无实测数据时，可按表 7.15 中的数值确定工作面的突出危险性。

表 7.15　用钻屑指标法预测煤巷掘进工作面突出危险性的临界值

Δh_2 /Pa	最大钻屑量 $S_{\max}$		K_1/（mL/g · min$^{1/2}$）	危险性
	/（kg/m）	/（L/m）		
≥200	≥6	≥5.4	≥0.5	突出危险工作面
＜200	＜6	＜5.4	＜0.5	无突出危险工作面

2）钻屑综合指标法

为了提高突出预测准确度，有时采用考虑钻屑量和钻屑瓦斯解吸指标的综合指标来预测工作面的突出危险性。抚顺煤科分院与北票矿务局协作，通过对 1800m 煤巷 325 次工作面突出危险性预测考察，得出综合指标

$$F = (\Delta h_{2\max} - 150)(S_{\max} - 4) \tag{7.11}$$

式中，F 为钻屑综合指标；$\Delta h_{2\max}$ 为在每次预测中，实测最大的 Δh_2 值，Pa；$S_{\max}$ 为在每次预测中，实测最大的钻屑量，L/m。

当$F \geqslant 17$时，工作面有突出危险；当$F < 17$时，或两括号中的计算值皆为负时，无论F值的大小为多少，工作面皆无突出危险，为突出威胁工作面。

示例：

这里选择最大钻屑量S_{max}作为预测指标。同证据源1，我们构造此时的A和B的隶属函数如下：

$$\mu_A(S_{max}) = \begin{cases} 1 & , \quad S_{max} \geqslant 5.4 \\ \left[1+\dfrac{(S_{max}-5.4)^2}{0.2}\right]^{-1} & , \quad S_{max} < 5.4 \end{cases} \tag{7.12}$$

$$\mu_B(S_{max}) = 1 - \mu_A(S_{max}) \tag{7.13}$$

然后依据隶属函数求出实测值隶属于A、B的隶属度，并把此隶属度作为证据理论中的基本可信度。如：对于某一地点测得的S_{max}，由其得到该地点发生突出与否的基本可信度为

$$m_4(A) = \mu_A(K), \quad m_4(B) = \mu_B(K)$$

由表7.11中的测定值及上述算法得到如下证据源4（表7.16）：

表7.16 钻屑指标法的预测结果（证据源4）

序号	基本概率赋值	
	$m_4(A)$	$m_4(B)$
19	1	0
20	0.9524	0.0476
21	0.3571	0.6429
22	1	0
23	0.0816	0.9184

5. 基于D-S证据理论的特征融合

1）识别框架

定义1：设有一个判决问题，对于该问题我们所能认识到的结果的集合为Θ，那么，我们所关心的任一命题都对应于Θ的一个子集。为了强调集合Θ所具有的认识论特性，Shafer称其为识别框架。

Shafer指出：识别框架Θ的选取依赖于我们的先验知识，依赖于我们的认识水平，依赖于我们已经知道的和想要知道的。Θ的子集称为一个命题（proposition）。Θ的幂集2^{Θ}表示了所有可能的命题集，即由Θ的所有子集构成的集合。识别框架Θ通常是一个非空的有限集合，R是识别框架幂集2^{Θ}中的一个集类，即表示任何可能的命题集，（Θ，R）称为命题空间。因为R有集合性质，故可以在其上定义并、交、补以及包含等关系。识别框架是证据理论的基础，证据理论的每个概念和函数都是基于识别框架的，证据的组合规则也是建立在同一个识别框架基础之上的。

2）基本函数

定义 2：设 Θ 为识别框架。如果集函数 $m: 2^{\Theta} \to [0,1]$（2^{Θ} 为 Θ 的幂集）满足

$$\begin{aligned} &(1) \quad m(\varnothing)=0 \\ &(2) \quad \sum_{A \subseteq \Theta} m(A)=1 \end{aligned} \tag{7.14}$$

则称 m 为识别框架 Θ 上的基本概率赋值函数 BPAF(basic probability assignment function)(又叫基本可信度分配函数、基本概率指派函数、质量函数或 mass 函数)。

定义 3：设 Θ 为识别框架，$Bel: 2^{\Theta} \to [0,1]$ 为框架 Θ 上的基本概率赋值函数，则称由

$$Bel(A)=\sum_{B \subseteq A} m(B) \quad (\forall A \subset \Theta) \tag{7.15}$$

所定义的函数 Bel: $2^{\Theta} \to [0,1]$ 为 Θ 上的信度函数（belief function）。$\forall A \subset \Theta$，$m(A)$ 也称为证据对命题 A 的基本概率赋值或基本可信数。

$m(A)$ 表示指派给 A 本身的置信测度（置信度），即支持命题 A 本身发生的程度，而不支持任何 A 的真子集，它是人们凭经验给出的，或者根据传感器所得到的数据构造而来。Shafer 认为：在一批给定的证据与一个给定命题之间没有什么一定的客观联系能够确定一个精确的支持度：一个实在的人对于一个命题的心理描述也不是总能够用一个相当精确的实数来表示，而且也并不是总能确定这样一个数。但是，对于一个命题他可以作出一种判决，在他通盘考虑了一个给定的证据组中的有时含混、有时混乱的感觉与理解之后，能够说出一个数字来表示据他本人判断出的该证据支持一个给定的命题的程度，也即他本人希望赋予该命题的那种置信度。Shafer 对于人根据证据为一个命题赋予一个置信度的理解可以用图 7.6 来表示。

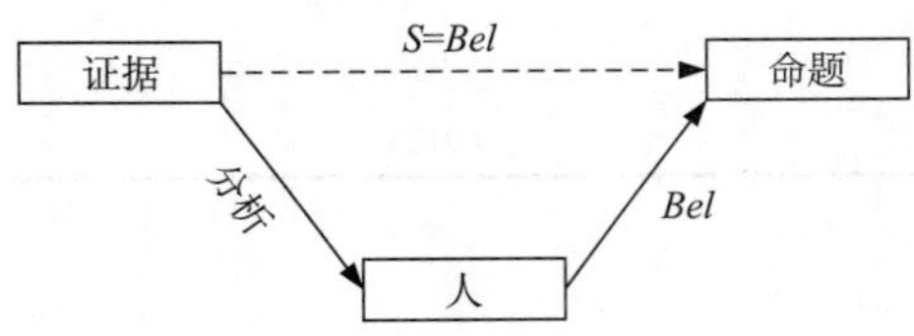

图 7.6　人、证据、命题之间的关系

在证据、命题与人之间所划的实线表示人可以对证据加以分析，从而得到他本人希望赋予命题的信度 Bel；在证据与命题之间所划的虚线表示一种人假想出来的证据对于命题的支持关系，是人经过证据分析后所赋予的证据对命题的支持关系，支持程度 $S=Bel$。所以，支持度与信度是人根据证据判断出的对命题看法的两个方面。

这种基于证据分析，确定相信一个命题为真的程度的方法，称为证据理论。按照 Shafer 的观点，证据处理的数学模型为

（1）首先确立识别框架 Θ。只有确立了框架 Θ，才能使我们对于命题的研究转化为对集合的研究。

（2）根据证据建立一个信度的初始分配，即证据处理人员对证据加以分析，确定出证据对每一个集合（命题）本身的支持程度[而不去管它的任何真子集（前因后果）]。

（3）分析前因后果，算出我们对所有命题的信度。

从直观上看，一批证据对一个命题提供支持的话，那么它也应该对该命题的推论提供同样的支持。所以，一个命题的信度应该等于证据对它的所有前提本身提供的支持度之和。

3）D-S 合成规则

D-S 合成规则（也叫 Dempster-Shafer 合成规则）是一个反映证据的联合作用的一个法则。两个或多个置信函数可以用 D-S 合成规则来组合，通过计算基于不同来源置信度的正交和找到一个新的置信函数。

设 Bel_1 和 Bel_2 是同一识别框架 Θ 上两个信度函数，m_1 和 m_2 分别是其对应的基本概率分配函数，焦元分别为 A_1，…，A_k 和 B_1，…，B_l。基本概率指派 $m_1(A_1),\cdots,m_1(A_k)$ 可以用图 7.7（a）中长度为 1 的线段上的闭区间来表示。同样，基本置信指派 $m_2(B_1),\cdots,m_2(B_l)$ 可以用图 7.7（b）中长度为 1 的线段上的闭区间来表示。在图 7.7(a) 和图 7.7（b）中，[0,1]中的某一段表示由各自的基本置信指派分配决定的某一个焦元上的信质，并不表示整个识别框架。

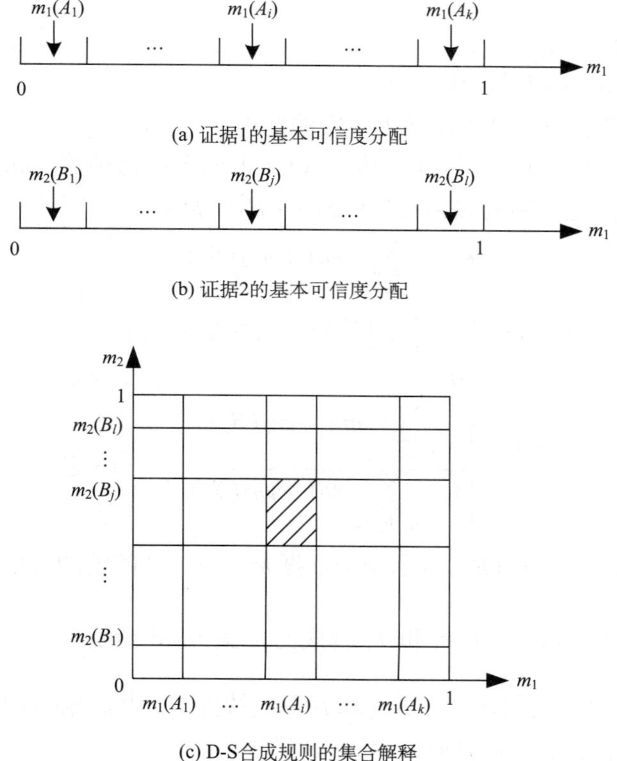

(a) 证据1的基本可信度分配

(b) 证据2的基本可信度分配

(c) D-S合成规则的集合解释

图 7.7　证据 1、2 的基本可信度分配和 D-S 合成规则的集合解释

图 7.7(c)展示了这两条表示 m_1 和 m_2 的线段如何完成正交合成。将整个大矩形看作我们总的信质，那么，一个一个的竖条就表示 m_1 分配到它的焦元 $A_1,\cdots,A_k$ 上的信质。同理，一个一个的横条就表示 m_2 分配到它的焦元 $B_1,\cdots,B_l$ 上的信质。如图，一个横条和一个竖条的交是一个小矩形，该矩形具有测度 $m_1(A_i)m_2(B_j)$。因为它是同时分配到 A_i 和 B_j 上的，所以我们可以说，Bel_1 和 Bel_2 的联合作用就是将确切地分配到 $A_i \cap B_j$ 上。给定 $A \subset \Theta$，若有 $A_i \cap B_j = A$，那么 $m_1(A_i)m_2(B_j)$ 就是确切地分配到 A 上的一部分信质，所有确切地分配到 A 上的总的信质为

$$\sum_{A_i \cap B_j = A} m_1(A_i) m_2(B_j)$$

然而，遇到的一个问题就是，若 $A_i \cap B_j = \varnothing$ ，我们就有一部分信质 $\sum_{A_i \cap B_j = \varnothing} m_1(A_i) m_2(B_j)$ 分配到空集上，也就是说冲突信息量

$$K = m(\varnothing) = \sum_{A_i \cap B_j = \varnothing} m_1(A_i) m_2(B_j) > 0$$

这显然是不合理的。处理这个问题的唯一的方法是丢弃这部分信质，但丢弃这部分信质以后，我们的总信质就要小于 1，为此，还需要在每一信质上乘一个系数

$$\left(1 - \sum_{A_i \cap B_j = \varnothing} m_1(A_i) m_2(B_j)\right)^{-1} = (1-K)^{-1} \tag{7.16}$$

以满足总信质为 1 的要求。

其中，式（7.16）称为归一化因子。

综上所述，D-S 合成规则可概括为下面的定理：

定理 1　设 Bel_1 和 Bel_2 是同一识别框架 Θ 上的两个置信函数，m_1 和 m_2 是它们的基本概率赋值函数，焦元分别为 $A_1,\cdots,A_k$ 和 $B_1,\cdots,B_l$ ，如果

$$K = \sum_{A_i \cap B_j = \varnothing} m_1(A_i) m_2(B_j) < 1 \tag{7.17}$$

那么，由下式定义的函数 m: $2^{\Theta} \to [0,1]$ 是基本概率赋值函数

$$m(A) = \begin{cases} 0 & , \quad A = \varnothing \\ \dfrac{\sum_{A_i \cap B_j = A} m_1(A_i) m_2(B_j)}{1 - \sum_{A_i \cap B_j = \varnothing} m_1(A_i) m_2(B_j)} & , \quad A \neq \varnothing \end{cases} \tag{7.18}$$

式中，$K = \sum_{A_i \cap B_j = \varnothing} m_1(A_i) m_2(B_j)$ 表示两个证据 m_1 和 m_2 之间的冲突信息。

显然，$\sum_{A \subset \varnothing} m(A) = 1$，也即 m_1 和 m_2 合成的 m 为 mass 函数。

由 m 给定的置信函数的核等于 Bel_1 和 Bel_2 的核的交。由 m 给定的置信函数称为 Bel_1 和 Bel_2 的正交和，记为 $Bel_1 \oplus Bel_2$ 。

定理 2　设 Bel_1 和 Bel_2 是同一识别框架 Θ 上的两个置信函数，q_1 和 q_2 分别表示它们的众信度函数，那么下列条件都是等价的：

（1）$Bel_1 \oplus Bel_2$ 不存在；

（2）Bel_1 和 Bel_2 的核不相交；

（3）$\exists A \subseteq \Theta$ 使 $Bel_1(A) = 1$ 且 $Bel_2(\bar{A}) = 1$；

（4）$\forall A \subseteq \Theta, A \neq \Theta$，有 $q_1(A) q_2(A) = 0$ 。

该定理的（2）表明当 Bel_1 和 Bel_2 的核不相交时，Bel_1 和 Bel_2 不能合成，Bel_1 和 Bel_2 的核不相交也即它们所对应的证据支持完全不同的命题（即是两批完全不同的证据），

而这样的两批证据显然是合不到一块的。定理的（3）表明当这两批证据一个完全支持命题，一个完全支持该命题的非时，这两批证据也是不能合成的，这一点也符合我们的直观理解。定理的（4）表明 Bel_1 和 Bel_2 的核不相交时，对 $\forall A \subseteq \Theta, A \neq \Theta$，$q_1(A)$ 和 $q_2(A)$ 中至少有一个为 0，从而 $q_1(A)q_2(A)=0$。由 D-S 合成规则，很容易看出，这种正交和满足交换律，即 $Bel_1 \oplus Bel_2 = Bel_2 \oplus Bel_1$。另外，D-S 合成规则可使用于多个置信函数的合成，为了合并一组置信函数 $Bel_1,\cdots,Bel_n$。如果 Bel_1 和 Bel_2 是可以合成的，那么 $Bel_1 \oplus Bel_2$ 也是一个置信函数；如果该信度函数与 Bel_3 也可以合成，那么 $(Bel_1 \oplus Bel_2) \oplus Bel_3$ 也是一个信度函数，而且由 Dempster 合成规则很容易看出，这种直和运算满足结合律，即有 $(Bel_1 \oplus Bel_2) \oplus Bel_3 = Bel_1 \oplus (Bel_2 \oplus Bel_3)$，由此可定义 $Bel_1 \oplus Bel_2 \oplus Bel_3$。同样可以依次类推定义：$Bel_1 \oplus \cdots \oplus Bel_n$。

4）D-S 合成规则的改进——证据冲突的处理

虽然证据理论有许多优点，但在实际应用中往往并不很理想，有时甚至出现与直觉相违背的结果。产生这种情况的原因主要是由于证据之间存在不一致或证据间存在冲突。在实际的信息融合过程中，证据冲突也是不可忽视的问题。

面对如何合理有效地处理冲突信息，很多学者做了大量的研究，大家一致认为冲突信息不能简单地抛弃，而应该重新分配，但如何分配，正是大家讨论和研究的热点。下面给出改进的证据合成规则（即本系统所采用的证据源合成规则）。

5）D-S 合成规则的改进——改进的证据合成规则

首先，引入证据距离的概念。设 Θ 是一个包含 N 个两两不同命题的辨识框架，现有 M 个证据源：$S_1, S_2, \cdots, S_M$，它们对应的基本概率赋值函数 BPAF 分别为 $m_1, m_2, \cdots, m_M$。每个证据源 S_i 看成一个 2^N 维行向量 S_i，该向量的各分量分别为 Θ 的幂集 2^Θ 的各元素对应 m_i 的概率分配值。则两个证据源 S_i 和 S_j 之间的距离可定义为

$$\mathrm{d}(S_i,S_j)=\sqrt{\frac{1}{2}(S_i,S_j)\underline{\underline{D}}(S_i,S_j)^{\mathrm{T}}} \tag{7.19}$$

式中，$\underline{\underline{D}}$ 为一个 $2^N \times 2^N$ 的矩阵：

$$\underline{\underline{D}}(A,B)=\frac{|A \cap B|}{|A \cup B|} \quad A,B \in 2^\Theta$$

证据距离的计算公式为

$$\mathrm{d}(S_i,S_j)=\sqrt{\frac{1}{2}\left(\|S_i\|^2+\|S_j\|^2-2\langle S_i,S_j\rangle\right)} \tag{7.20}$$

式中，$\langle S_i,S_j\rangle=\sum_{s=1}^{2^N}\sum_{t=1}^{2^N} m_i(A_s)m_j(A_t)\frac{|A_s \cap A_t|}{|A_s \cup A_t|}$，$A_s, A_t \in 2^\Theta$。

证据距离反映了两个证据之间的差距，它是证据冲突的另一种反映，它的对立面应该反映两个证据的一致性程度。显然，两个证据间的距离和一致性程度成反方向变化。并且，当两个证据间的距离为 1 时，说明两个证据完全不一致，故此时它们的一致性为 0，当两个证据间的距离为 0 时，说明两个证据完全一致，故此时它们的一致性程度为 1。

在兼顾融合效果的基础上，我们选择一个比较简单的关系式来定义两个证据的一致性程度。例如，证据 S_i、S_j 之间的一致性程度可定义为

$$\mathrm{coh}(S_i,S_j)=1-\mathrm{d}(S_i,S_j) \tag{7.21}$$

从一致性程度定义可以看出，两个证据间的一致性程度反映了它们的相互支持程度。所以，一个证据 S_i 被其他所有证据支持的程度可定义为

$$\sup(S_i)=\sum_{j=1,j\neq i}^{M}\mathrm{coh}(S_i,S_j) \tag{7.22}$$

显然，如果一个证据被其他证据的支持程度越大，说明它的可信度越高。这样，我们可以利用证据间的支持程度来定义单个证据源的可信度。证据源 S_i 的可信度可定义为

$$\mathrm{cre}(S_i)=\sup(S_i)/\sum_{i=1}^{M}\sup(S_i) \tag{7.23}$$

当有多个证据源时，一致性程度较大的证据源越多，则可信度大的单个证据源越多，从而，这 M 个证据源的总体可信度越大，反之越小。而且，当所有的证据源完全冲突，即任意两个证据间的一致性程度均为 0 时，从直觉上看，此时的证据源的总体可信度应该为 0；当所有的证据完全一致，即任意两个证据间的一致性程度均为 1 时，从直觉上看，此时的证据源总体的可信度应该为 1。为此，我们借助证据间的两两一致性程度来构造证据源总体的可信度超球体和证据完全一致的证据源总体的可信度超球体(理想超球体)，它们都为 C_M^2 2MC 维，其半径分别为 r 和 R，定义如下：

$$r=\sqrt[C_M^2]{\sum_{i=1}^{M-1}\sum_{j=i+1}^{M}coh^{C_M^2}(S_i,S_j)}\Big/2 \tag{7.24}$$

$$R=\sqrt[C_M^2]{C_M^2\times 1^{C_M^2}}\;/\;2=\sqrt[C_M^2]{C_M^2}\Big/2 \tag{7.25}$$

证据源总体的可信度可认为是它对证据完全一致的理想证据源的接近程度，也就是证据源总体的可信度超球体对理想超球体的接近程度，考虑证据源的可信度是一维的，我们定义证据源总体的可信度 C 为

$$C=r/R \tag{7.26}$$

6）证据源融合

在证据源的获取中，我们采用了 4 种不同的方法对 5 个地点分别进行了煤与瓦斯突出危险性预测，得到了不同预测方法预测的结果，并把它们作为 D-S 证据理论的证据。显然，这样得到的证据之间基本不具有相关性，而且，这种方法得到的证据比较客观合理。

对获取的 4 个证据源进行融合，得到融合结果见表 7.17。

表 7.17　4 个证据源的融合结果

序号	基本概率赋值	
	$m(A)$	$m(B)$
19	0.9982	0.0018
20	0.9994	0.0006
21	0.0554	0.9446

22	0.99	0.01
23	0.0316	0.9684

从上面的融合结果可以很容易地对 5 个预测地点的瓦斯突出情况做出预测：即 19、20 和 22 3 个地点有突出威胁（或危险），21 和 23 两个地点没有突出威胁。这与实际情况完全相符。从各个证据源的预测结果可以看出，通过将各种预测方法、预测结果利用证据理论进行融合，得到的结果更合理，也更加容易做出正确的判断。它可以通过其他证据的“补偿”来避免因某种方法预测不准而做出错误的判断，如第 21 个地点用钻屑指标法预测的结果不太明确，难以做出较为可信的判断，但通过其他几种方法的“补偿”后，得到的结果明显改善，我们完全有把握预测该地点有突出威胁（危险）。另外，第 23 个地点，通过证据理论的融合，使得发生突出的可信度为 0.9684，比其他任何一种方法的可信度都有所提高。

7.1.4 煤火灾害感知

目前，预测方法主要有自燃倾向性预测法、综合评判预测法、经验统计预测法和数学模型模拟预测法等。自燃倾向性预测法主要根据煤自燃倾向性不同，划分煤层自然发火等级，以此区分煤层的自燃危险程度，该方法仅能粗略判断出煤层的自然发火危险程度。综合评判预测法是根据影响煤层自燃危险程度的内、外因素进行主观判断与分析评分，然后应用模糊数学理论，逐步聚类分析，根据标准模式计算聚类中心，对开采煤层自燃危险程度进行综合评判预测，该方法只能定性分析。统计经验预测法建立在已发生自然发火事故统计资料基础上，分析预测巷道松散煤体实际开采条件下的自燃危险性，这种方法只能根据巷道实际情况和自然发火统计资料，粗略判断巷道可能的发火区域和高温点位置。数学模型模拟预测法是指通过建立煤自然发火数学模型，并进行煤自燃过程的实验模拟和数值解算，得出不同边界条件下煤体的自然发火危险程度值；这种方法的成本较低，但由于模型是建立在一定的假设条件之上的，因此，与实际存在一定偏差。煤自燃作为一个复杂的物理、化学和环境作用过程，是多种内在原因和外在条件综合作用的结果。煤自燃与其影响因素之间呈复杂的非线性关系。对于这类问题，神经网络具有较高的非线性逼近能力，能真实刻画所求问题与其影响因素之间的非线性关系。

针对标准 BP 算法存在的容易陷入误差局部最小、收敛效果差、极易产生振荡的缺点，本书在仿真实验中使用了利用 LM（levenberg-marquardt）规则训练前向网络的改进 BP 算法，并把它应用于火灾预测的模拟。

改进后算法的训练速度比 BP 算法使用的梯度下降法要快得多，参数更新的规则如下

$$\Delta\omega = (\boldsymbol{J}^T\boldsymbol{J} + \mu\boldsymbol{I})^{-1}\boldsymbol{J}^T E \tag{7.27}$$

式中，$\boldsymbol{J}$ 为误差对权值微分的 Jacobian 矩阵；$\boldsymbol{E}$ 为误差向量；μ 为一个标量，确定网络是根据牛顿法还是梯度法来学习，$\boldsymbol{I}$ 为单位矩阵。当 μ 为零时，即为牛顿法；随着 μ 的增大，公式中的 $\boldsymbol{J}^T\boldsymbol{J}$ 项可以忽略，因此，学习过程主要根据梯度下降法，即 $-(\mu\boldsymbol{I})^{-1}\mu\boldsymbol{J}^T\boldsymbol{E}$ 项。只要迭代使误差增加，μ 也就会增加，且直到误差不再增加为止。当已经找到最小误差时，$\mu\boldsymbol{J}^T\boldsymbol{E}$ 接近于零，则会停止学习。可见 LM 算法是梯度下降法和牛顿法的结合，

同时具有梯度下降法的保证收敛特性和牛顿法的快速收敛特性。

为了说明 LM 算法的优越，可选取

$$y = \sin(0.5\pi x) + \sin(\pi x) \tag{7.28}$$

1. 自燃火灾超前感知的神经网络模型

针对具体的矿井煤层（自身的自燃倾向性），确定出其自燃倾向性，并通过实验测定出指标气体，筛选出各自的临界指标，采用束管监测系统连续获取采空区自燃气体的浓度数据，然后利用建立的神经网络模型对自燃火灾进行预测预报。图 7.8 为建立的基于神经网络多参数的自燃火灾超前感知模型。

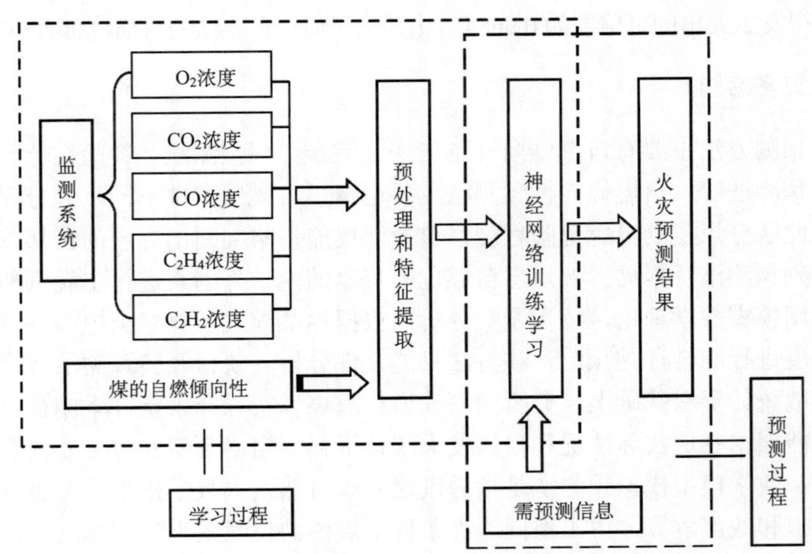

图 7.8　基于神经网络多参数的自燃火灾超前感知模型

1）样本信息选取

选取完备的样本信息，即从矿井火灾案例数据库中选取反映各种不同类型矿井火灾的典型信息来构成样本集。传统的煤炭自燃火灾的预测往往是基于一元或二元，而本书根据煤自燃产物的特性规律，提出对 O_2、CO_2、CO、C_2H_4、C_2H_2 等变量进行多元预测，以提高火灾预测预报的准确率。根据前面的基础实验发现，各种煤（褐煤、烟煤、无烟煤）的自燃倾向性不同，其自燃产物的表现特征差异较大，因此，在预测时，将煤层自燃倾向性作为一个重要的指标。

2）样本信息量化处理

包括原始资料的标准化、剔除冗余数据、归一化处理等，具体在下面章节中作出详细描述。

3）神经网络运算处理

将量化后的样本集输入神经网络进行学习训练，直到满足精度要求或约定的循环次数为止，存储权值和阈值。

4）诊断与输出

将待预测的矿井信息经过量化处理后，输入训练好的神经网络进行诊断，并输出结果，做出是否会引起火灾的预测。

2. 自燃火灾现场预测预报

1）网络的创建

BP 网络的输入层和输出层的神经元数目，是由输入和输出向量的维数确定的。输入向量的维数也就是影响火灾因素的个数，本书选择 O_2、CO_2、CO、C_2H_4、C_2H_2 和煤的自燃倾向性 6 项指标进行火灾预测，不同矿井火灾原始资料见表 7.18。

表 7.18 矿井自燃火灾的样本参数

序号	矿井名称	自燃倾向性			O_2/%	CO_2/%	CO/%	C_2H_4/ppm	C_2H_2/ppm	火灾（1）
1	河北葛泉矿	0	1	0	20.5	0.6	0.003	3	0	1
2	兖州东滩矿	1	0	0	19.6	0.5	0.016	1	0	1
3	河北崔家寨矿	1	0	0	20.1	0.3	0.01	0	0	0
4	张家口宣东矿	0	1	0	20	0.8	0.085	2	0	1
5	孟加拉国孟巴矿	0	1	0	20.1	0.6	0.002	0	0	0
6	承德汪庄矿	0	1	0	20.5	0.7	0.012	0	0	1
7	宁夏白芨沟矿	0	0	1	19.9	1	0.038	0	0	1
8	义马千秋矿	1	0	0	20.3	0.4	0.041	5	2	1
9	济宁运河矿	0	1	0	20.1	0.8	0.025	2	0	1
10	华亭陈家沟矿	1	0	0	19.8	0.6	0.032	3	0	1
11	岱庄生建矿	0	1	0	20.3	0.5	0.004	0.33	0	0
12	韩城象山矿	0	1	0	20.1	0.6	0.005	0	0	0
13	淮南谢桥矿	0	1	0	20.3	0.8	0.001	0	0	0
14	枣庄柴里矿	0	1	0	20.6	0.4	0.001	0	0	0
15	大同吴官屯矿	0	1	0	20.4	0.7	0	0	0	0

为了量化煤的自燃倾向性，可将自燃倾向性的三种状态采用如下形式表示。

（1）容易自燃：（1，0，0）。

（2）自燃：（0，1，0）。

（3）不易自燃：（0，0，1）。

输出模式只有 2 种，因此可以采用如下形式表示。

（1）有火灾：1。

（2）无火灾：0。

这样 BP 网络模型的输入层和输出层分别取 8 个神经元和 1 个神经元。

2）数据预处理

原始数据并不适合直接用于 BP 网络的输入，因为此特征样本是一奇异样本数据，即相对于其他输入样本特别大或者特别小的样本矢量，如 m=[20.5 0.6 0.003；19.6 0.5 0.016]。其中的第三列数据相对于前两列就可能成为奇异样本数据，这样的数据会引起网络训练时间增加，并可能引起网络无法收敛，所以对于样本存在奇异样本数据的数据集在训练之前最好先将其归一化。所谓归一化就是把需要处理的数据经过某种算法限制在需要的范围内。这是为了后面数据处理的方便，并且保证程序运行时收敛加快。

样本的归一化处理：

$$P_i'^M = \frac{P_i^M - P_{\min}^M}{P_{\max}^M - P_{\min}^M} \quad (i = 1,2,\cdots,m)$$
$$T_j'^M = \frac{T_j^M - T_{\min}^M}{T_{\max}^M - T_{\min}^M} \quad (j = 1,2,\cdots,m) \tag{7.29}$$

式中，P_i^M 和 T_j^M 分别是未归一化的第 M 个实际样本的第 i 个输入值和第 j 个期望输出值，$P_i'^M$ 和 $T_j'^M$ 分别是归一化后第 M 个实际样本的第 i 个输入值和第 j 个期望输出值，$P_{\max}^M$ 和 $P_{\min}^M$ 分别是样本中最大值和最小值，$T_{\max}^M$ 和 $T_{\min}^M$ 是期望输出的最大值和最小值，M 是样本容量。

将表 7.18 矿井自燃火灾的样本参数按此方法进行预处理。处理后的网络输入输出向量如表 7.19 所示。

表 7.19　归一化后网络输入输出向量

序号	矿井名称	输入向量								输出向量
		自燃倾向性			O_2 /%	CO_2 /%	CO /%	C_2H_4 /ppm	C_2H_2 /ppm	火灾（1）
1	河北葛泉矿	0	1	0	0.9	0	0.035	0.6	0	1
2	兖州东滩矿	1	0	0	0	0	0.184	0.2	0	1
3	河北崔家寨矿	1	0	0	0.5	0	0.118	0	0	0
4	张家口宣东矿	0	1	0	0.4	1	1	0.4	0	1
5	孟加拉国孟巴矿	0	1	0	0.5	0	0.024	0	0	0
6	承德汪庄矿	0	1	0	0.9	1	0.141	0	0	1
7	宁夏白芨沟矿	0	0	1	0.3	1	0.447	0	0	1
8	义马千秋矿	1	0	0	1	0	0	1	1	1
9	济宁运河矿	0	1	0	0.5	1	0.294	0.4	0	1
10	华亭陈家沟矿	1	0	0	0.2	0	0.377	0.6	0	1
11	岱庄生建矿	0	1	0	0.7	0	0.047	0.066	0	0
12	韩城象山矿	0	1	0	0.5	0	0.059	0	0	0
13	淮南谢桥矿	0	1	0	0.7	1	0.012	0	0	0
14	枣庄柴里矿	0	1	0	1	0	0.012	0	0	0
15	大同吴官屯矿	0	1	0	0.8	1	0	0	0	0

3）网络的训练

设计合适的神经网络参数。输入层神经元 8 个，输出层神经元 1 个，单层隐含层神经元数目 4～13 个，通过灵敏度修剪算法确定隐含层的最佳神经元个数；设定训练次数 1000 次，训练目标 0.00001，学习速率 0.1；由于输出模式为 0～1，故隐含层采用 S 型正切函数 tansig，输出层采用 S 型对数函数 logsig。

在上文中已验证提出的 LM 改进算法比 BP 算法使用的梯度下降法要快得多。改进算法的学习过程主要根据梯度下降法，即 $\mu \boldsymbol{J}^T\boldsymbol{E}$ 项，只要迭代使误差增加，μ 也就会增加，且直到误差不再增加为止。当找到最小误差时，$\mu \boldsymbol{J}^T\boldsymbol{E}$ 接近于零，则会停止学习。可见这种改进同时具有梯度下降法的保证收敛特性和牛顿法的快速收敛特性。因此，在建立网络时，训练函数设定为改进的 trainlm。

将表 7.5 中的经归一化处理后矿井的样本数据作为训练样本输入网络，对网络进行训练。图 7.9、图 7.10 为网络训练过程曲线图。

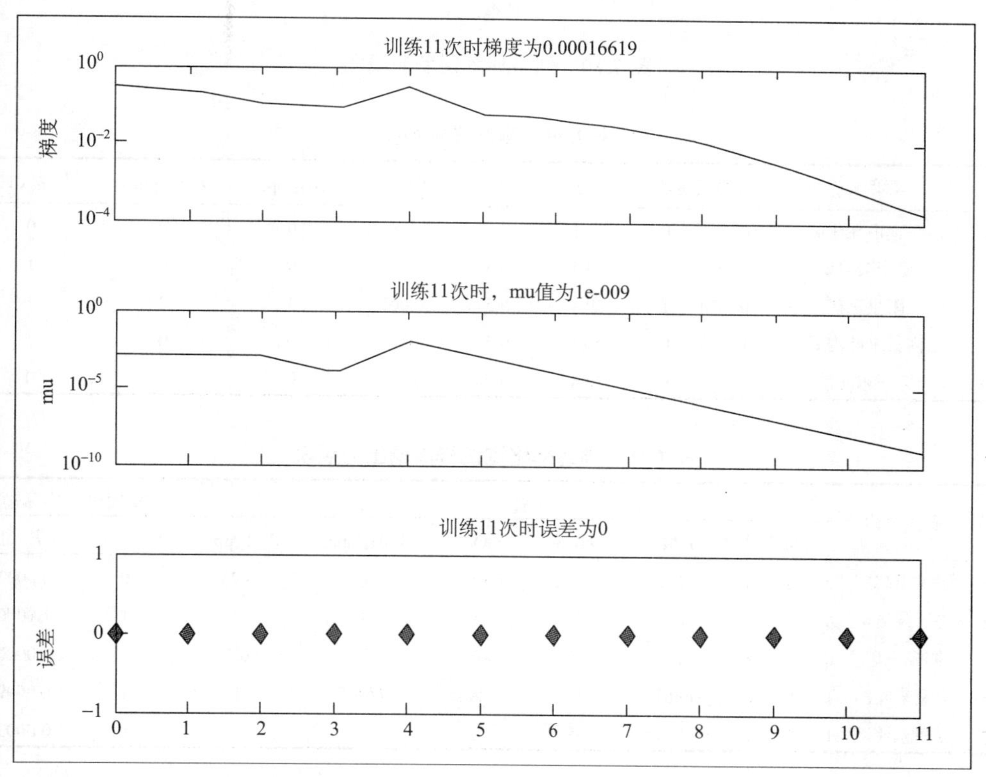

图 7.9　神经网络训练过程曲线

通过反复训练发现，当隐含层神经元个数为 9 时，网络的训练速度最快，仅需要 11 次训练便达到了预期的训练误差，训练的速度也比较均匀，网络振荡最小。

4）网络的预测

网络训练好后，将表 7.20 中的 5 个测试样本矿井参数的实际监测值经过归一化预处理后作为测试样本输入到网络，就可以得到各个矿井的预测火灾值，具体结果见表 7.21。

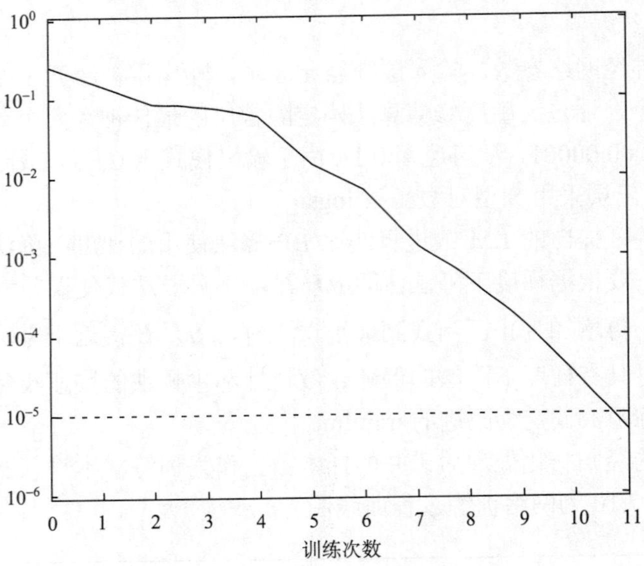

图 7.10　网络训练误差曲线图

表 7.20　测试样本数据

序号	矿井名称	自燃倾向性			O_2/%	CO_2/%	CO/%	C_2H_4/ppm	C_2H_2/ppm	火灾（1）
6	平顶山高庄矿	0	1	0	20.1	0.6	0.01	0	0	0
7	枣庄柴里矿	0	1	0	20.4	0.3	0.16	0	0	1
8	阳泉三矿	0	0	1	20.4	0.5	0.002	4	0	1
9	内蒙来叶沟矿	1	0	0	20.3	0.7	0.04	0	0	1
10	兖州东滩矿	1	0	0	20.4	0.5	0.002	0	0	0

表 7.21　神经网络测试样本输出对照表

序号	矿井名称	输入								期望输出	实际输出
		自燃倾向性			O_2/%	CO_2/%	CO/%	C_2H_4/ppm	C_2H_2/ppm	火灾（1）	火灾（1）
1	平顶山高庄	0	1	0	0	0.75	0.0506	0	0.75	0	0.0002
2	枣庄柴里矿	0	1	0	1	0	1	1	0	1	1.0000
3	阳泉三矿	0	0	1	1	0.5	0	1	0.5	1	1.0000
4	内蒙来叶沟	1	0	0	0.6667	1	0.2405	0.6667	1	1	0.9999
5	兖州东滩矿	1	0	0	1	0.5	0	1	0.5	0	0.0003

如果按照预报误差大于 0.05 时为预测错误的标准，则测试矿井样本中，有 2 例矿井不起火灾，预测正确率 100%，有 3 例矿井将产生火灾，预测正确率 100%。样本预测的效果非常好，均方误差仅为 2.4743×10^{-8}。通过预测误差曲线也可看出，如图 7.11 所示，训练的结果逼近期望的输出，网络找到了输入、输出之间的映射规律，这种映射规律便隐含在该神经网络的结构和互联权值之中。同时，由图 7.11 网络训练误差曲线可知，神经网络 LM 改进后算法训练得到的误差是收敛的，而且在多次的仿真试验中，发现该算

法非常稳定，几乎不会陷入局部极小或发生振荡。

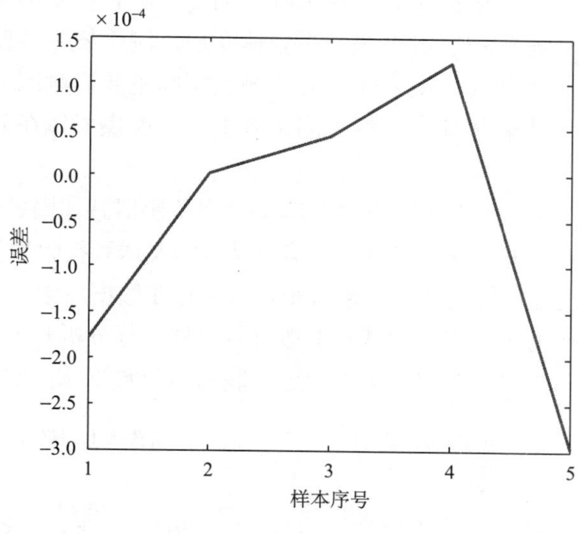

图 7.11 预测误差曲线

对比实际输出与期望输出的数据就可看出，改进的 BP 神经网络预测煤火灾早期预测非常准确。采用了 LM 优化算法来改进 BP 网络，不仅提高了收敛速度，且改善了 BP 网络的识别率。BP 神经网络经过训练后，可以快速、准确地预测出相应火灾情况，将其应用在煤火灾自燃预测是切实可行的，且具有很好的应用前景。

7.2 矿山压力灾害感知

地下岩体在被开挖以前，原岩应力处于平衡状态。开挖巷道或进行回采工作时，破坏了原始的应力平衡状态，引起岩体内部的应力重新分布，直至形成新的平衡状态。这种由于矿山开采活动的影响，在巷硐周围岩体中形成的和作用在巷硐支护物上的力定义为矿山压力，在相关学科中也可称为二次应力或工程扰动力。在矿山压力作用下，会引起各种力学现象，如岩体的变形、破坏、塌落，支护物的变形、破坏、折损，以及在岩体中产生的动力现象。这些由于矿山压力作用使巷硐周围岩体和支护物产生的种种力学现象，统称为矿山压力显现[11]。在大多数情况下，矿山压力显现会对采矿工程造成不同程度的危害，其中以冲击地压灾害最为严重[12]。

围岩在矿山压力作用下会产生许多力学效应，例如煤岩体的变形、应力集中、破裂和电荷迁移等。对表征围岩力学效应的物理量的监测，将有助于了解矿山压力现象的力学特征，探究其突变致灾的机理，实现矿山压力灾害的有效预防和监控，最终达到煤矿矿山压力灾害感知的目的。

7.2.1 矿山压力灾害感知方法

随着科学技术尤其是微电子和计算机技术的飞速发展，近几年来的矿山压力监控系统有了很大发展，其特点主要呈现实时化和自动化监测，其有效性和可靠性也大大提高。根据其监测物理量的不同，矿山压力监控系统可细分为围岩体变形监测系统、围岩体应力监测系统和煤岩体动态破裂监测系统。围岩体变形监测系统主要监测围岩在矿山压力作用下的表面位移和支护载荷。围岩体应力监测系统则主要监测围岩在矿山压力作用下不同区域的应力状态。煤岩体动态破裂监测系统主要监测煤岩体在矿山压力作用下产生的震动、声和电效应。

图 7.12 展示了矿山压力灾害感知网络结构，利用传感器感知围岩体变形、围岩体应力和围岩破裂等基础参数，并传输至信息岛。信息岛能够发送和接收数据，并实时预处理灾害指标性参数。数据通过网络传输到信息云平台，储存在数据库中，并通过建立的数学模型对井下感知的矿山压力灾害相关的基础参数海量数据进行分析和处理，及时定位预测预报井下各网点矿山压力灾害。客户端可以通过互联网访问数据库，实时监测井下情况。

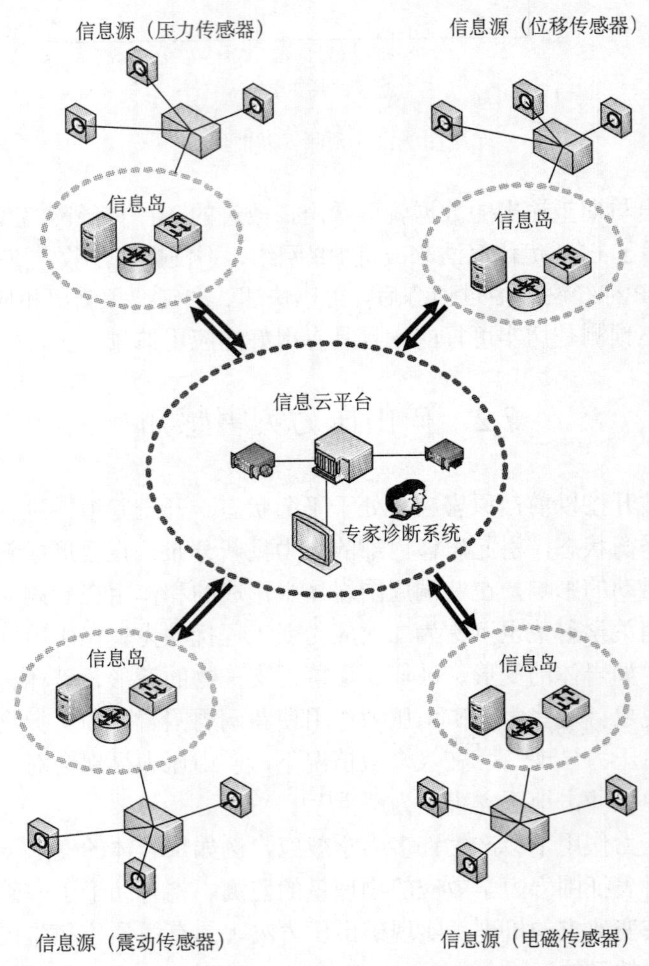

图 7.12　矿山压力灾害感知网络结构

1. 煤岩体变形感知方法

1）巷道围岩变形监测

对于巷道表面位移的监测，可以用测杆或动态仪观测巷道顶底板移近，用钢尺或围岩收敛仪（带弹性紧固装置调整观测预紧力）观测巷道两帮的位移，据此预测评价巷道围岩的收敛率和稳定性。顶板离层监测，是在巷道顶板打钻孔，安设顶板离层仪，分为深基点和浅基点，观测顶板不同层位和高度的深部岩层变形量，依据观测数据分析评价顶板离层的量值和危险程度。巷道围岩松动圈测定，则是在顶板和两帮布置观测钻孔，用超声波测试仪观测孔内不同范围的波速变化，借此评价巷道围岩的强度变化和松动程度，为锚杆锚索的支护参数设计提供依据。

2）巷道支架载荷监测

巷道支架载荷监测主要采用在支架上安装仪器，观测巷道不同地点、时间的支架承受载荷大小，分析支架在整个服务过程中载荷情况，验证支架的安全程度。对于抬棚或砌碹支护巷道可以通过压力盒进行监测，对采用锚杆和锚索支护的情况，则需用测力计实施监测。

2. 煤岩体压力感知方法

1）应力在线实时监测

本方法基于钻屑法的基本原理，通过矿压理论、现场监测总结出支承压力分布、钻屑量与钻孔应力三者的关系理论，从而研究预测预报技术和关键阈值的确定。应力在线实时监测系统的理论基础，是“当量钻屑量预报矿压灾害的机理”[13]。该机理指出：在有矿压危险的区域，在发生矿压灾害前，采动应力存在逐步增加的过程，且应力必须达到煤体破坏极限时，才有可能发生矿压灾害，而此时钻屑量将超过额定的安全指标，因此，应力增量的变化规律与钻屑量存在相关性，通过监测应力增量的变化规律，相当于间接地得到了钻屑量，故将应力增加称为钻屑量。如图 7.13 所示，由于应力增量可以实现实时在线监测，因此，可通过监测应力增量，实现冲击矿压灾害的监测预警。

2）弹性波 CT 层析成像探测

弹性波 CT 层析成像技术，就是地震层析成像技术，是一种采矿地球物理方法之一[14]。其工作原理是利用地震波射线对工作面的煤岩体进行透视，通过如图 7.14 所示的设备观测地震波走时和能量衰减参数，对工作面的煤岩体进行成像。地震波传播通过工作面煤岩体时，煤岩体上所受的应力越高，震动传播的速度就越快。通过震动波速的反演，可确定工作面范围内的震动波速度场的分布规律，速度场的分布则反映了工作面范围内应力场的分布，从而划分出高应力区和矿压灾害危险区域，为这种灾害的监测防治提供依据。

3. 煤岩体动态破裂监测方法

1）电磁辐射监测法

电磁辐射是指煤岩受载破裂过程中向外辐射电磁能量的过程或现象。研究表明，电磁辐射是煤体等非均质材料在受载情况下发生变形及破裂的结果，是由煤体各部分的非

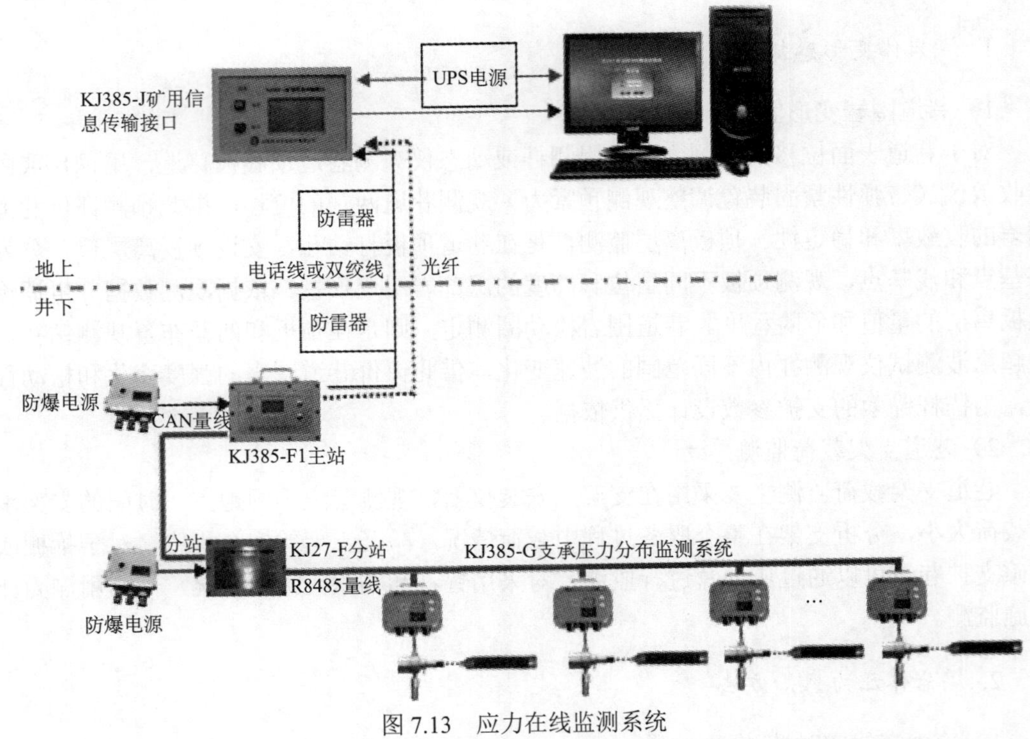

图 7.13　应力在线监测系统

注 1. KJ27-F 煤矿用本安型传输分站简称为 KJ27-F 分站；2. KJ385-F1 矿用本安型压力监测主站简称为 KJ385-F1 主站

图 7.14　弹性波 CT 整套设备的连接图

均匀变速变形引起的电荷迁移和裂纹扩展过程中形成的带电粒子产生变速运动而形成的。不同类型的煤岩体在载荷作用下变形及破裂过程中都有电磁辐射信号产生。在煤体的受载变形破裂过程中，电磁辐射基本上随着载荷的增大而增强，随着加载及变形速率的增加而增强。从煤的变形破坏试验结果来看，煤试样在发生冲击性破坏以前，电磁辐射强度一般较小，而在冲击破坏时，电磁辐射强度突然增加。煤岩体电磁辐射的脉冲数随着载荷的增大及变形破裂过程的增强而增大。载荷及加载速率越高，煤体的变形破裂越强烈，电磁辐射信号也越强。受载煤岩体电磁辐射具有 Kaiser 效应，即对受到反复加卸载的煤岩体而言，只有在加载至煤岩体曾受过的最大载荷后才会重新出现明显的电磁辐射现象[15,16]。图 7.15 所示为现场用电磁辐射监测系统。

2）声发射监测法

矿井中的声发射现象与岩石的动力现象及弹性波的发射有关。这是由于在岩体压力场作用下，岩体结构的非弹性变形或结构产生的非稳定状态的结果[17]。

声发射源与岩石种类、信号的发射水平、塑性变形、微裂缝的形成与增长、已存在的裂缝及微裂缝等有关。对矿山压力灾害危险性的评价来说，主要是根据图 7.16 所示声

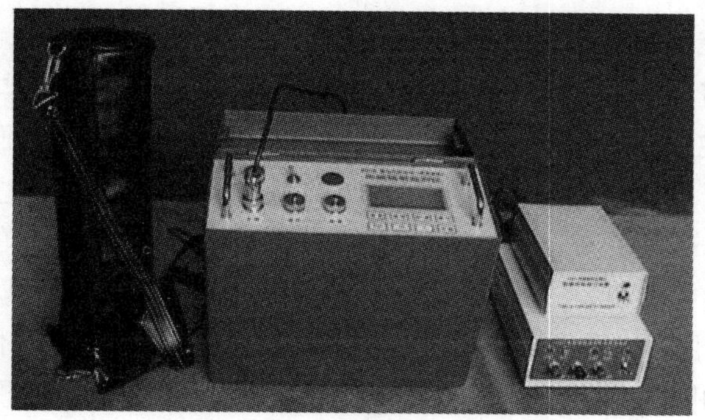

图 7.15　电磁辐射监测系统

发射系统记录到的岩体声发射参数与局部应力场的变化来进行。岩石破坏的不稳定阶段是岩石中裂缝扩展的结果，而声发射现象则是微扩（岩体中出现的破裂和零量裂隙缝）超过界限的表征，而该现象的进一步发展则表明岩石的最终断裂。根据矿山压力显现特征，最终断裂将引发高能量的震动，对巷道的稳定形成威胁，也可能引发冲击地压灾害。

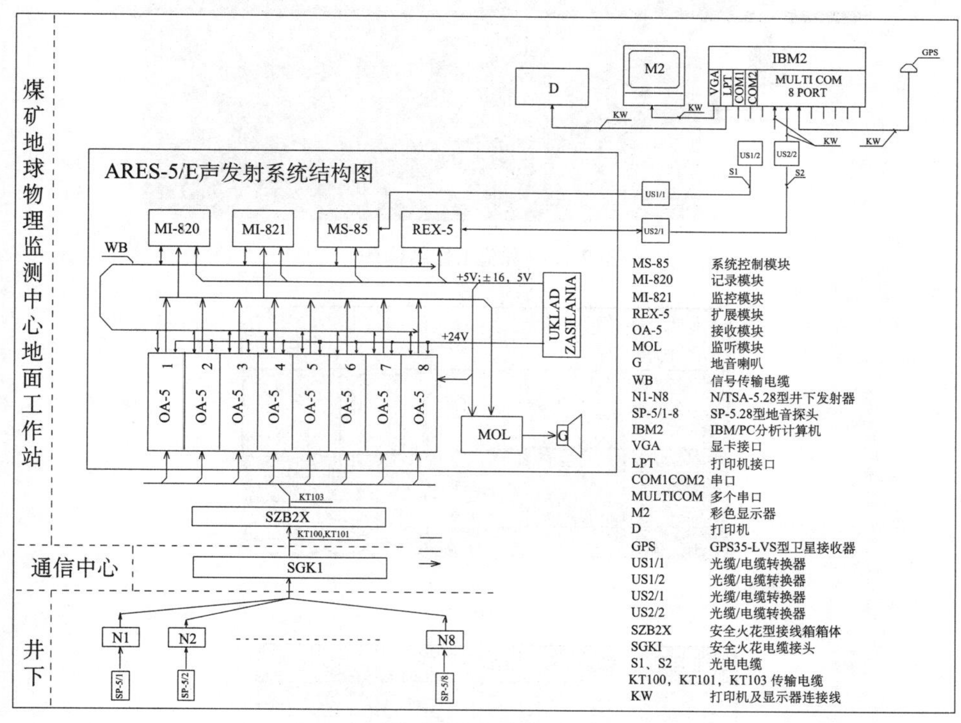

图 7.16　声发射系统结构图

3）微震监测法

微震监测技术是利用岩体受力变形和破坏后本身发射出的地震波来进行监测工程岩体稳定性的技术方法。该技术目前被认为是对岩体的动力灾害，特别是对冲击地压预测预报最有效和最有潜力的监测方法之一。

如图 7.17 所示，微震法作为区域性监测手段，可连续记录煤岩体内出现的动力现象，并对震源进行精确定位和能量计算，所以该方法具有探测潜在大范围矿压灾害危险分布的能力。这里需要进一步阐明的是矿震与冲击地压的关系，矿震是与采掘活动息息相关的普遍现象，冲击地压则较少发生，但无论矿震还是冲击地压，它们都是井下煤岩体在开采活动影响下煤岩体内发生的快速破裂现象。从本质上讲，冲击地压属于灾害性矿震，体现了采动煤岩冲击破裂的震动效应。如图 7.18（a）所示，除纯粹的煤体受重力及构造应力作用导致应力集中而引发的煤层（柱）冲击地压，更多冲击地压是顶底板岩层破裂（矿震）引起的动力载荷脉冲，作用在巷道或采场周边的静压力集中区，使其达到极限强度而产生的冲击破坏，如图 7.18（b）所示。矿震能量越大，发生冲击地压的可能性就越大。

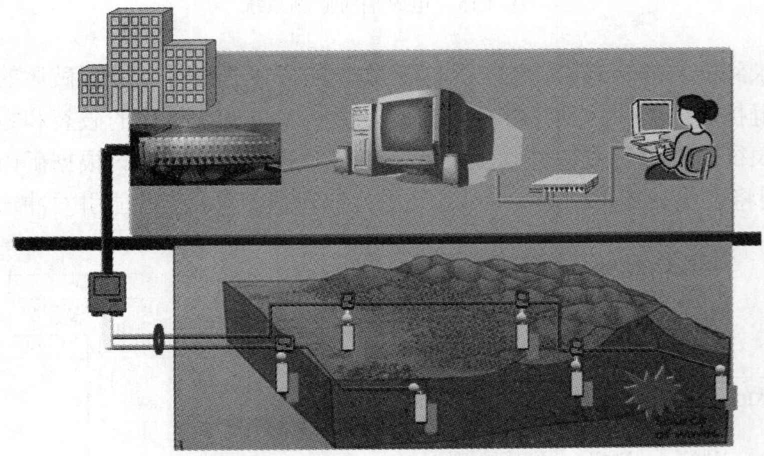

图 7.17　系统工作结构图

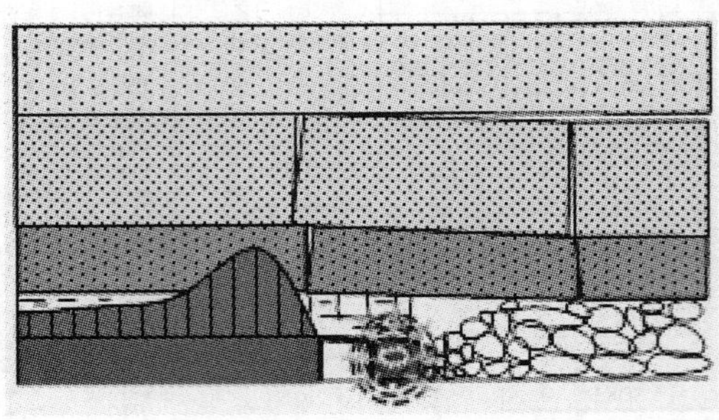

(a) 压力冲击

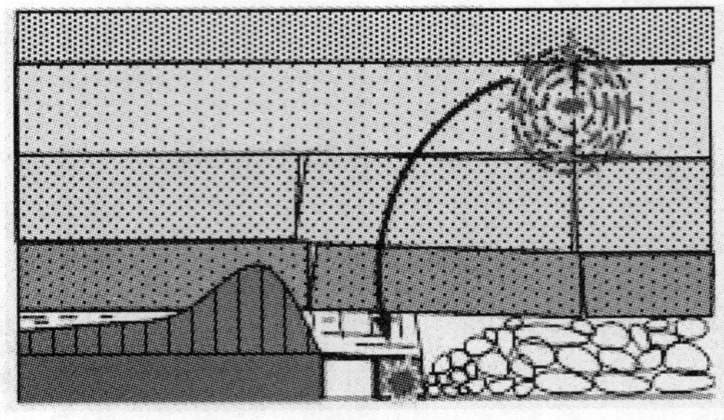

(b) 震动诱发冲击

图 7.18　煤体冲击破坏的两种情况

通常，煤岩体发生冲击地压前一定会在应力作用下产生众多小能量级别的矿震，两者之间具有伴生关系，而这些小矿震则是研究并预警冲击地压或强矿震的重要信息源。利用微震法进行冲击危险或强矿震预警，目前国内外已取得一些研究成果。归结下来可分为：基于地球物理学理论的冲击危险或强矿震预测[18,19]；结合采矿覆岩空间结构的冲击危险或强矿震预测[20,21]；基于统计数学方法的冲击危险或强矿震预测[22,23]。

7.2.2 冲击地压灾害感知的微震监测法

1. 感知台网构成

矿山震动感知，其特点是连续不间断的测量和记录，即完全记录研究区域通过微震门限的震动现象，特别是清楚地记录震动的最小能量。

所谓的微震监测台网，就是至少布置三台拾震器，记录三个垂直方向 *N-S*、*E-W* 和 *Z* 的震动。而所谓的观测区域，则是要考虑集中的区域、分布范围及震动能量的大小，有区域型的地震台网、矿井范围内的微震台网和局部微震台网。

经过震动仪器记录下来的就是震动波形图，是时间 t 的函数。

震动信息主要是根据震动波形图来应用的，而震动波形图的好坏则是震动仪器的反映。目前数字式震动仪器可以记录高质量的震动波形图，可以达到充分高效地利用震动信息的目的。

利用震动波形图，首先要较为准确、详细地识别震动波形和震动波初次进入观测站的时间。从震中传到观测站的震动波的好坏，主要取决于振幅的衰减，波的阻尼、离散以及在不同岩体弹性介质边界的折射与反射。

图 7.19 为不同类型的震动波形。区别主要是传播动力特征，纵波 P 是压缩波，首先出现；S 是剪切波，然后出现。当然，还有其他类型的波，如面波等。而图 7.20 为监测站的安设方式。

表 7.22 为不同的震动波在岩体中传播的速度。

表 7.22 纵波和横波在不同岩体中传播的速度

岩石种类	纵波速度/（m/s）	横波速度/（m/s）
砂岩	2500～5000	1400～3000
页岩	2200～4600	1100～2600
煤	1400～2600	700～1400
石灰岩	5200～6000	2800～3500
泥、沙	200～1000	50～400

2. 感知网络优化

煤矿矿震定位的准确度依赖于以下几种因素[24-30]：微震台网布置、台站 P 波到时读

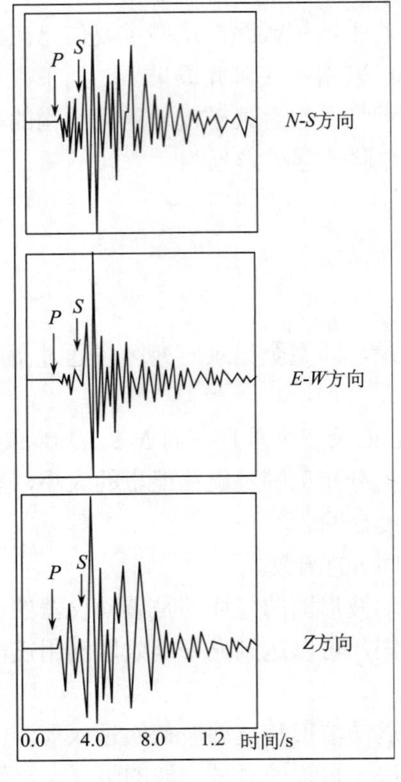

图 7.19　微震波形图

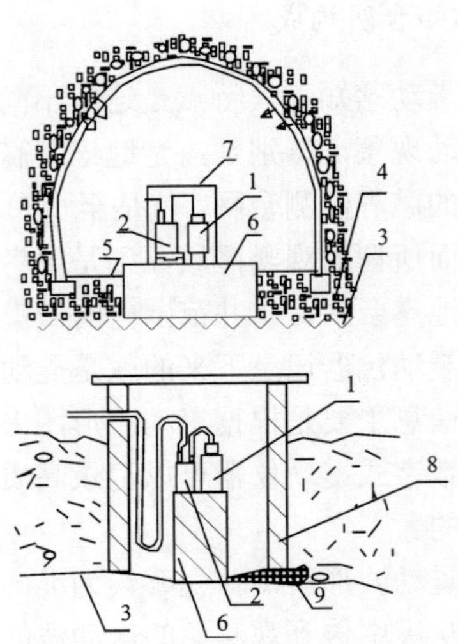

图 7.20　监测台站的布置方式

1. 地震仪；2. 调制器；3. 硬地基；4. 松动岩体；5. 扩展裂缝；
6. 水泥基砖；7. 安全火花壳；8. 水泥管；9. 裂缝

入的准确性、背景噪音的特点和仪器的采样频率、求解震源算法、速度模型和区域异常（例如采空区）所导致的传播路径的变化。其中，速度模型和区域异常等因素可通过联合震中测定技术来消除，而 P 波到时读入的准确性和震源到台站的几何特征等随机因素则无法根本消除，只能通过优化台网布置和降低随机因素大小等手段降低求解震源的非线性方程组的条件数，提高台网的容差能力，提高求解系统的鲁棒性。

如图 7.21 所示，在相同输入误差下，台网布设优的区域抗误差能力强，求解的震源位置分布比较集中。当煤矿中出现定位误差较大时，多是由于台网布设不合理造成的，而又由于开采区域是不断移动的，因此台网布设还应根据现场实际情况进行调整，以获得准确的震源能量和震源位置求解结果。

根据 D 值优化理论，微震感知网络形成前，为提出台网布置方案，应首先根据影响冲击矿压危险状态的地质因素和开采技术因素确定矿区内重点监测的高微震活动区域。

为此，采用综合指数法[31-33]通过对煤岩体的自然条件、特征及开采历史的认识，可近似确定区域内冲击矿压的危险状态及等级。W_{t1} 为地质因素对冲击矿压的影响程度及冲击矿压危险状态等级评定的指数；W_{t2} 为采矿技术因素对冲击矿压的影响程度及冲击矿压

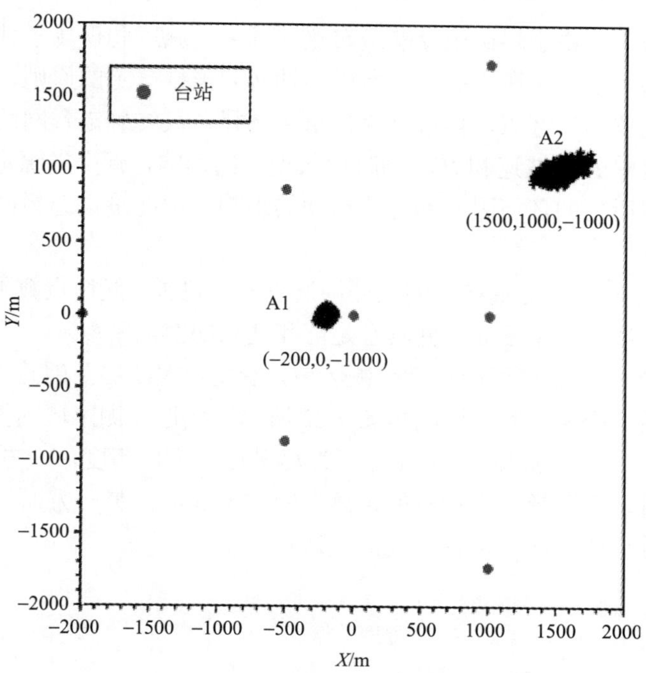

图 7.21 两震源在相同输入误差下的求解分布

危险状态等级评定的指数；W_t 为某采掘工作面的冲击矿压危险状态等级评定综合指数，取 W_{t1} 和 W_{t2} 中的最大值，并以此确定冲击矿压危险程度。

$$W_{t1}=\frac{\sum_{i=1}^{n_1}W_i}{\sum_{i=1}^{n_1}W_{i\max}} \tag{7.30}$$

$$W_{t2}=\frac{\sum_{i=1}^{n_2}W_i}{\sum_{i=1}^{n_2}W_{i\max}} \tag{7.31}$$

$$W_t=\max\left\{W_{t1},W_{t2}\right\} \tag{7.32}$$

在分析已发生的各种冲击矿压灾害的基础上，利用综合指数法，计算各种因素的影响权重，然后将其综合起来评价各区域内的冲击危险程度，最后由冲击矿压危险状态等级综合指数确定区域内发生矿震的概率，见表 7.23。

表 7.23 高微震活动区域内矿震发生概率

危险状态	冲击矿压危险指数	区域内发生矿震的概率
无冲击	0～0.25	0.15
弱冲击	0.25～0.5	0.35
中等冲击	0.5～0.75	0.65
强冲击	0.75～0.9	0.85

确定危险区域后，由于煤矿中受巷道布置、开采、施工和现场条件等因素限制，并不是所有的地点都可以安装微震探头，所以初期必须根据一定的原则，选入一些可行的监测点作为台站位置的候选点，再进行优化组合选择，最终确定台网的布设方案。为尽可能避免随机因素中 P 波波速和 P 波到时读入误差的影响，减少震源定位的误差，候选点的选择还要考虑所处的环境因素和开采活动的影响。由此确定选择候选点的一般原则为[14]

（1）危险区域周边应尽量在空间上被候选点均匀包围，候选点数不能少于 5 个，避免近似形成一条直线或一个平面，并具有足够和适当的空间密度。

（2）一部分候选点应尽可能接近待测区域，避免较大断层及破碎带的影响。但是受巷道布置的客观条件影响，常见情况如图 7.22 所示，接近监测区域的探头只能安装在 A 和 B 两条直线巷道中，与原则（1）相悖。为尽量提高定位精度，一方面增加在 A 和 B 中备选探头的数目，但距超前支护段的距离不应小于 50m；另一方面结合客观条件考虑在监测区域其他方位的地面上选择合适的候选点。

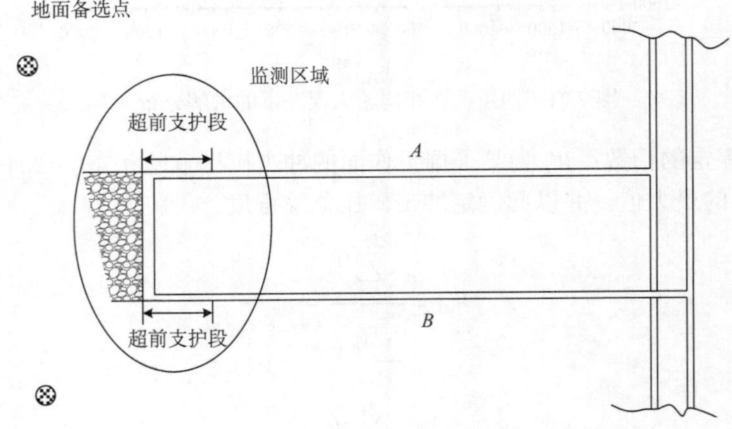

图 7.22　候选点选择的不利条件

（3）候选点应远离大型电器和机械设备的干扰，例如皮带机头、转载机等，尽量利用现有巷道内的躲避硐室，远离行人和矿车影响。为减少波的衰减，探头尽量安装在底板为岩石的巷道内。既要照顾当前开采区域，又要考虑未来一定时期内的开采活动。

受随机误差 ξ_i 影响，从震源传播到台站的最短时间有如下普遍形式：

$$t_i = T_i(\boldsymbol{H}, V, \boldsymbol{X}_i) + t_0 + \xi_i \tag{7.33}$$

通常在感知台网安装前，对台网内所有台站总是假设随机误差满足相同的正态分布 $\xi \sim N(0, \sigma^2 \boldsymbol{I})$，$\boldsymbol{I}$ 为单位矩阵，σ 为随机误差的方差。

由以上假设，Gallant[34]确定最小二乘估计参数 $\hat{\boldsymbol{\theta}}$ 近似满足正态分布

$$\hat{\boldsymbol{\theta}} \sim N(\boldsymbol{\theta}, (\boldsymbol{A}^{\mathrm{T}}\boldsymbol{A})^{-1}\sigma^2) \tag{7.34}$$

$\boldsymbol{C}_{\boldsymbol{\theta}}(\boldsymbol{X}) = (\boldsymbol{A}^{\mathrm{T}}\boldsymbol{A})^{-1}\sigma^2$ 为求解参数 $\boldsymbol{\theta}$ 的协方差矩阵，根据正态分布的特点，满足自由度为 $n-4$ 的 χ^2 分布为

$$(\boldsymbol{\theta}-\hat{\boldsymbol{\theta}})^T \boldsymbol{C}_{\theta}^{-1}(\boldsymbol{X})(\boldsymbol{\theta}-\hat{\boldsymbol{\theta}}) \sim \chi^2(n-4) \tag{7.35}$$

式（7.35）的几何意义非常重要，描述了在某一置信区间下估计参数 $\hat{\boldsymbol{\theta}}$ 的分布特征。对不同的台网布设方案 X，根据最小二乘法可获得不同的参数估计，参数估计的好坏则由此式表示的椭球体积大小来评价。体积越小，估计参数的分布就越集中，定位就越准确，布设方案 X 就越有利。由 D 值优化准则知，椭球体体积与 $\sqrt{\det[\boldsymbol{C}_{\theta}(\boldsymbol{X})]}$ 成正比。协方差矩阵 $\boldsymbol{C}_{\theta}(\boldsymbol{X})$ 的行列式越小，椭球体体积越小。满足 $\det[\boldsymbol{C}_{\theta}(\boldsymbol{X})]$ 最小的台网设计方案 $\boldsymbol{X}^*$ 称为 D 值最优台网布设方案[28]。由估计参数 $\hat{\boldsymbol{\theta}}$ 的方差表达式可以看出，并不需要计算协方差矩阵，而可由偏微分矩阵 $\boldsymbol{A}$ 表示。求 $(\boldsymbol{A}^{\mathrm{T}}\boldsymbol{A})^{-1}$ 的行列式最小值同样满足 D 值优化准则。在考虑随机误差中 P 波波速的影响后，协方差可写成 $(\boldsymbol{A}^{\mathrm{T}}\boldsymbol{W}\boldsymbol{A})^{-1}$ 的形式，$\boldsymbol{W}$ 为对角矩阵，对角元素分别为

$$\boldsymbol{W}_{i,i} = \frac{1}{\left(\dfrac{\partial T_i}{\partial V_P}\right)^2 \left(\sigma_{V_P}\right)^2 + \sigma_t^2} \tag{7.36}$$

式中，σ_{V_P} 和 σ_t 分别为 P 波波速和 P 波到时读入的方差，并且对于所有台站取值相同。

以上 D 值优化准则仅适用于矿震集中在相对较小区域时，煤矿中实际情况更加复杂。由于许多矿井开采和掘进工作面不止一个，矿震活动危险区域较多，某点上的最优布设方案 X^* 由多个区域组成的整体区域上的最优方案 $\boldsymbol{\Omega X}^*$ 所替代。假设在某点 H_j 上发生矿震的概率为 $p(H_j)$，同样可表述为该点的重要性，则 $\min\det[\boldsymbol{C}_{\theta}(\boldsymbol{X})]$ 可以由整个区域 Ω_H 中目标函数所替代

$$\min \int_{\boldsymbol{\Omega}_H} p(\boldsymbol{H}) \det[\boldsymbol{C}_{\theta}(\boldsymbol{X})] \mathrm{d}\boldsymbol{H} \tag{7.37}$$

离散形式为

$$\min \sum_{j=1}^{ne} p(\boldsymbol{H}_j) \det[(\boldsymbol{A}^{\mathrm{T}}\boldsymbol{W}\boldsymbol{A})^{-1}] \tag{7.38}$$

式中，ne 为冲击危险区域内需要计算的震源点数量。在计算偏微分矩阵 $\boldsymbol{A}$ 时，需要代入震点位置 H_j 和台网布设方案 X^*。

因为感知监测区域中的大部分震动都不能激发所有台站，况且小的矿震是分析大震动的基础，是重要的信息源，所以偏微分矩阵 $\boldsymbol{A}$ 的行数必须是变化的。不同能量级的震动有不同的可探测距离，只有处于监测范围内的探头才能被激发并包含于矩阵 $\boldsymbol{A}$。利用能量 E 和可探测距离 r 的经验公式 $E=\lambda r^q$ [24]，q 接近 2，λ 为某一常值，可以确定某一能量下，某一震源点的接收探头数目，且规定在可探测距离内至少要有 5 个通道能够接收到波形。可以看出，q 值越大，可探测距离就越短，那么在同样能量下，能够触发的探头个数就越少。此时，最优感知台网布置就越紧密，所能覆盖的区域也越有限。

Kijko[35]定义震中位置标准差为平面圆的半径，该圆的面积等于（x_0，y_0）处标准误差椭圆的面积，由此，确定

$$\sigma_{xy}=\sqrt{\sqrt{\boldsymbol{C}_\theta(\boldsymbol{X})_{22}\boldsymbol{C}_\theta(\boldsymbol{X})_{33}-\boldsymbol{C}_\theta(\boldsymbol{X})_{23}^2}} \tag{7.39}$$

式中，$\boldsymbol{C}_\theta(\boldsymbol{X})_{i,j}$ 为协方差矩阵 $\boldsymbol{C}_\theta(\boldsymbol{X})$ 的元素，由于椭圆的两个轴对应协方差矩阵的特征值 $(\lambda_{x0},\lambda_{y0})$，所以式（7.39）标准误差又可写成式（7.40）的形式

$$\sigma_{xy}=\sqrt{\sqrt{\lambda_{x0}\lambda_{y0}}} \tag{7.40}$$

两式的区别在于，式（7.39）由协方差矩阵 $\boldsymbol{C}_\theta(\boldsymbol{X})$ 对应 X 轴和 Y 轴的子矩阵计算而得，即式（7.40）中的 $(\lambda_{x0},\lambda_{y0})$ 不是来自于协方差矩阵 $\boldsymbol{C}_\theta(\boldsymbol{X})$，导致由式（7.40）计算的震中位置标准差可能会出现大于震源误差的情况。Kijko[36]没有定义相应的震源位置的标准差。与震中标准差定义类似，通过建立球体和椭球体等体积的关系式，利用 X 轴、Y 轴、Z 轴方向的协方差矩阵 $\boldsymbol{C}_\theta(\boldsymbol{X})$ 的特征值 $(\lambda_{x0},\lambda_{y0},\lambda_{z0})$ 同样可以计算出 σ_{xyz}

$$\sigma_{xyz}=\sqrt[3]{\sqrt{\lambda_{x0}\lambda_{y0}\lambda_{z0}}} \tag{7.41}$$

当 $\sqrt{\lambda_{x0}\lambda_{y0}}>\lambda_{z0}$ 时，震中标准差大于震源标准差，与震源定位误差大于震中误差的理论情况不符。这多出现在台网立体分布较好，而平面分布较差时。但在煤矿实际条件下，其出现的可能性较小，而多出现由于感知台网空间分布不均匀，密度不高，λ_{z0} 偏高的情况。而且由于标准误差椭圆或椭球置信区间为 39.4%，只能包含近 40%的点，所以利用特征值计算的 σ_{xy} 和 σ_{xyz} 并不能恰当地反映台网的定位能力，当特征值差异比较大时，λ_{z0} 将被低估，计算的震源标准差偏低。

为体现感知台网的定位能力，一种简便的方法就是对监测区域进行大量的仿真实验，实验过程主要考虑随机因素 P 波波速和 P 波到时读入误差的影响，假设它们在所有台站分别服从相同的正态分布，即 $V_P\sim N(\hat{V}_P,\sigma_{V_P})$，$\xi\sim N(0,\sigma_t)$，受随机误差污染后，监测区域内 H_j 点到台站 X_i 的 P 波传播时间为

$$t_{i,j}=\frac{\mathrm{Dist}(H_j,X_i)}{\langle V_P\rangle}+\langle\xi\rangle,\quad i=1,\cdots,n \tag{7.42}$$

式中，$\mathrm{Dist}(H_j,X_i)$ 为 H_j 到台站 X_i 的直线距离，$\langle V_P\rangle$ 和 $\langle\xi\rangle$ 为随机产生的样本值。根据微震定位理论，当 $n\geqslant4$ 时，即可利用污染后的 $t_{i,j}$ 计算新的震源位置 H_j'，H_j' 与 H_j 的震中距离和震源距离即可作为污染后的定位误差，在多次重复实验（大样本）下，定位误差的期望值（7.43）即可作为台网在 H_j 上定位能力的评价

$$\begin{cases}\sigma_{xy}(H_j)=\dfrac{\sum\limits_{k=1}^{N_m}\sqrt{[(x_j')^k-x_j]^2+[(y_j')^k-y_j]^2}}{N_m},\text{震中误差}\\[2ex]\sigma_{xyz}(H_j)=\dfrac{\sum\limits_{k=1}^{N_m}\sqrt{[(x_j')^k-x_j]^2+[(y_j')^k-y_j]^2+[(z_j')^k-z_j]^2}}{N_m},\text{震源误差}\end{cases} \tag{7.43}$$

式中，N_m 为 H_j 点上重复实验次数，一般大于 1000，选择鲍威尔算法求解震源位置。基于以上数值仿真模型，可编制相应的感知台网布设误差分析软件，如图 7.23 所示。

由于仿真实验也可得到定位误差的期望值，所以该方法同样能对感知台网进行定位能力评价，并用于确定最佳感知台网布局。但是由于重复实验次数较多，而鲍威尔法用

于定位计算又需要耗费一定的时间，将导致优化感知台网布设的计算成本过高。

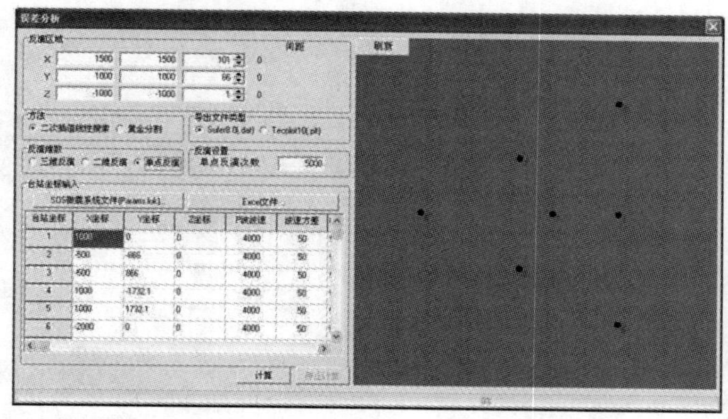

图 7.23 感知台网布设评价软件

3. 感知平台建设

要建立一套满足功能需要、运行良好的矿震感知远程在线监测平台首要解决的问题是矿震远程在线监测平台的需求问题。只有确定了建设需求才能按照需求制定合理的建设目标和建设方案。

1）系统整体框架

一套良好的实时监测系统其功能必须满足客户的基本需求，同时也不能不考虑投入而一味追求功能的完备。经过深入研究，微震监测系统目前呈报给决策领导的监测信息主要为每天的 Plot 报表、Surfer 平面报表，有时需要呈报当天或一段时间监测的大能量矿震。因此，通过矿震远程监测平台，必须能保证 Plot 报表、Surfer 报表的上传发布。另外，为了实现微震监测的实时在线监测，矿震远程监测平台应能显示目前记录仪监测到的实时震动信息，包括震动波形、已分析出的矿震震源信息。

矿震冲击灾害远程在线预警平台建设内容主要包括软硬件两部分内容，硬件主要用于搭建客户端至服务端的网络环境、存储和显示从客户端传来的分析报表和震动波形信息，如图 7.24 所示，目前已在中国矿业大学煤炭资源安全开采国家重点实验室搭建了矿震远程监控中心。

矿震远程监测平台建立后，基于信息的实时传播，冲击矿压专家可通过网络终端获取矿震的监测信息。这为冲击矿压专家进行冲击矿压危险诊断远程决策提供了便利。由此，矿震远程监测平台应具备专家诊断和诊断报告发布的功能。矿震远程在线预警平台同时具备网络发布、专家诊断、提供信息浏览服务环节，加快了信息传播速度和防冲决策的可靠度。系统框架如图 7.25 所示。

整个平台的最底层是由微震监测系统形成的监测网络，它能够监测井下采掘过程中产生的震动信息，虽然该系统是实时在线监测系统，但只有当满足触发条件时，系统才以文件形式记录震动波形信息。分析人员进行标记后，就可获得震源位置和震源能量等重要参数，并绘制震源参量变化和震源分布规律报表，而这都是进行矿震冲击灾害机理

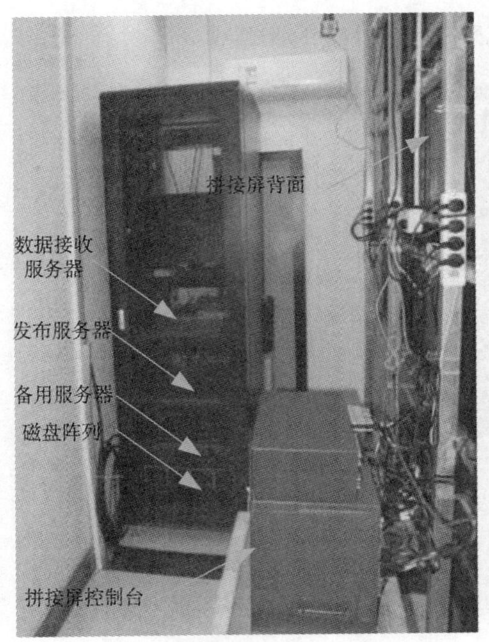

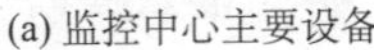
(a) 监控中心主要设备

(b) 远程监控中心监测显示效果图

图 7.24　远程监控中心

研究，进而实现冲击灾害预警的重要信息源。因此，要在客户端根据分析人员操作流程编制客户端软件，对流程中产生的重要信息进行管理，并上传信息至服务器。服务器对这些信息进行存储后，可供研究人员调取，并基于专家系统进行冲击危险预警和防治措施的制定工作，最终矿区用户通过 Web 浏览器下载预警和防治意见，从而指导现场的防治与管理工作，避免冲击事故的发生。

2）客户端实现

在客户端，感知台网实时记录井下探头传来的信息，煤矿工作人员需要在服务端（在矿区）对获取的数据进行初步的分析，并将处理好的数据结果和原始数据传给服务器（在监控中心），在服务器端将数据提供给专家系统进行评价。客户端设计目的就是使煤矿操作人员将数据的处理集成在一个系统中，使人员的操作在设计框架内，便于操作的一体化进行，同时将采集的原始数据和经过操作人员分析的数据及时上传到服务器端，方便服务器端的专家对数据进行分析，并及时预警，提高感知台网对矿震冲击危险预警的能力。

如图 7.26 所示，客户端主要完成以下功能：

（1）设置记录仪保存数据文件夹为共享目录（网络磁盘驱动）。

（2）感知文件变化：无论客户端是否打开，能够对监控文件夹内各种类型文件发生的变化进行感知，并进行传输。在分析仪感知记录仪共享文件夹下的文件更新，并拷贝到分析仪本地指定目录下。感知分析仪监控的文件夹：对于震动波形文件，如果经过分析软件处理后，在数据库表中插入了新记录，此时将对应的震动波形文件进行上传。对于微震数据分析报表文件和震源分布报表文件，如果出现新的文件则进行上传。

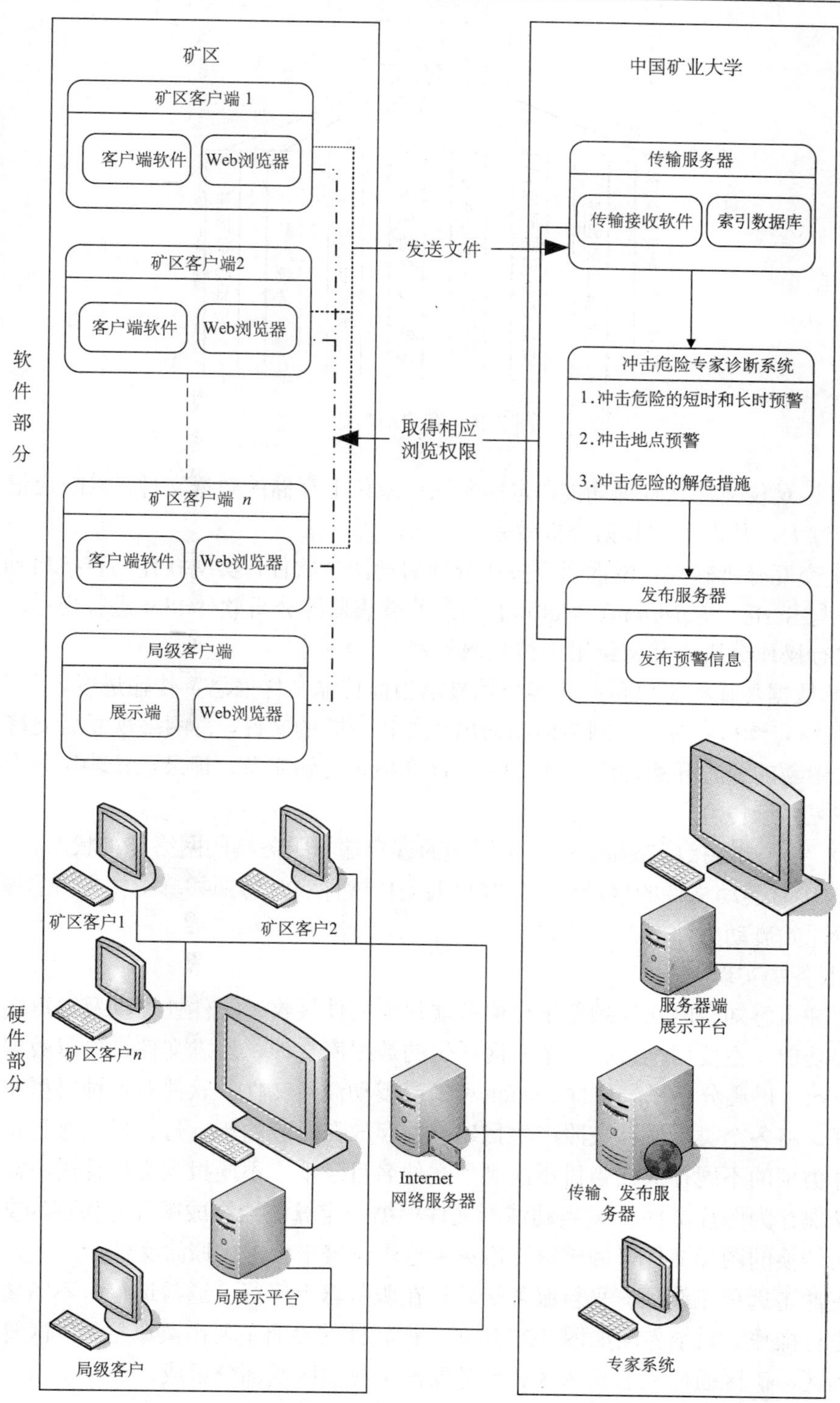

图 7.25 矿震远程在线预警平台架构

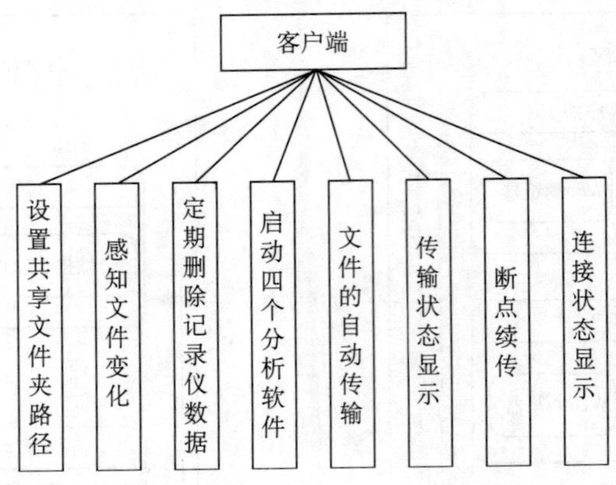

图 7.26　客户端功能

（3）记录仪文件夹管理功能：定期删除记录仪上存储的数据文件，以防止记录仪存储数据量过大，从而影响数据分析效率。

（4）交互分析软件：设置四个按钮分别启动四个软件，实现软件的直接启动。客户端软件将与 Surfer、Seisgram、Multilok 和矿井微震监测分析软件 Plot 进行交互，调用以上软件进行操作分析，并将结果上传到服务器。

（5）数据传输状态显示：在客户端显示当前传输文件信息、传输进度。

（6）断点续传：对由于网络问题而出现传输中断的文件，待网络恢复后支持自动从文件上次中断的地方开始传送数据。利用 TCP 标记传输字节，记录已传输字节个数，方便网络恢复后续传。

（7）客户端连接状态显示：显示添加的客户端与服务端的网络连接状态。

（8）实时震动文件的自动传输：客户端上传软件实时感知共享文件夹内的变动，并及时传输原始震动文件。

3）服务端实现

矿震冲击感知台网在线预警平台服务端包含文件接收、文件处理以及客户端运行状态监测等功能。主要用来接收各个矿区产生的数据库文件、日志文件、微震数据分析报表文件 Plot、矿震分布报表文件 Surfer 和矿震震动波形文件。软件对各种类型文件分别进行处理，将各个类型文件按照产生日期分别存放在对应的年、月、日三级目录下，并根据文件类型的不同存放在当日不同类型文件名目录下。不同报表文件使用不同的方法进行转换保存为图片文件，.w 震动波形文件根据一定算法绘制成图片并保存为文件。各个文件所转换的图片文件可为矿震冲击灾害远程预警平台提供原始文件。

矿震冲击远程在线预警平台服务端软件在服务器上运行，通常运行时不需要工作人员对其进行操作。系统界面如图 7.27 所示，该软件的界面主要由菜单栏、矿区管理组织结构树图区、矿区通信状态显示区和服务器消息显示区四部分组成。

4）预警平台 Web 发布

安装在煤矿矿区（客户端）的感知台网会实时记录大量的数据信息，客户端获取后进行初步分析，形成各种报表文件，并连同原始信息传输到矿震远程监测与研究中心（服务端），作为专家诊断系统的原始基础信息。

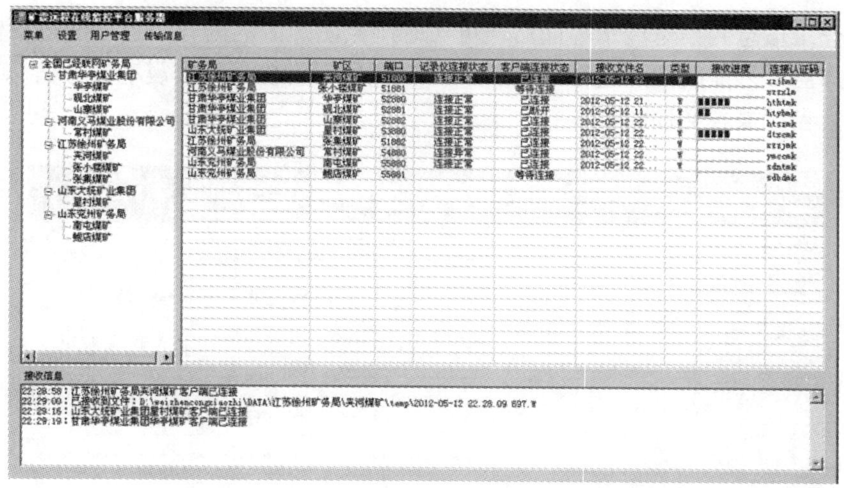

图 7.27 矿震远程在线预警平台服务器界面

服务端把原始数据、报表文件和专家诊断系统的输出结果通过网络进行发布，供不同权限的客户端进行浏览和下载，并指导现场安全生产。

为了保证客户端能方便地浏览和下载相关信息，设计了一套完整的网站系统，让客户端通过互联网的方式实时地获取到所需的信息。

网站设计成含数据库功能的 ASP 动态网页，主要包含以下功能。

（1）客户登录界面：验证客户的权限，获得权限的客户才能浏览网站的内容。

（2）信息展示界面：展示图片格式的报表文件。

（3）信息下载界面：供有特殊权限的客户下载所需的信息。

（4）网站管理平台：相当于后台平台，用来管理展示界面和下载界面的内容。

如图 7.28 所示，客户登录到首页后，系统根据不同的用户身份，显示该身份对应的矿区矿震远程监控信息：微震数据分析报表文件、矿震分布报表文件以及震动波形文件。用户可以实时浏览到该矿区的矿震信息，也可下载矿区矿震信息文件。

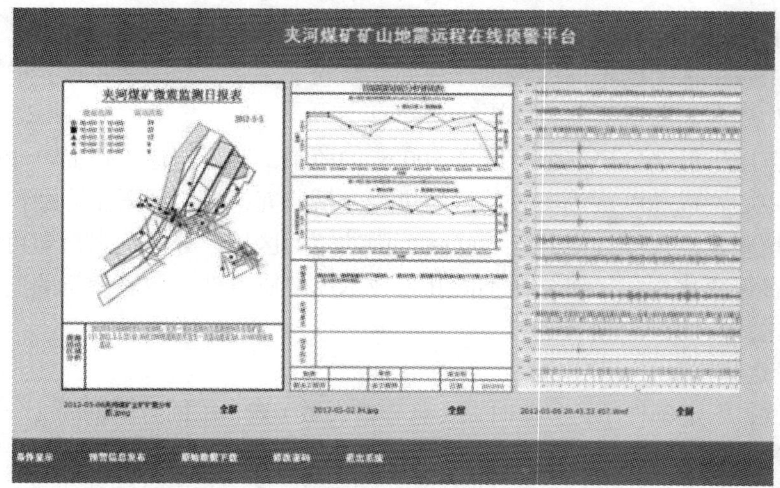

图 7.28 矿震感知信息实时显示

客户登录信息到信息展示界面后，可实时浏览图片区的内容，也可通过检索区所提供功能选择当日之前的图片进行浏览，如图 7.29 所示为检索到的震动波形信息文件，同样也可检索当日报表文件。

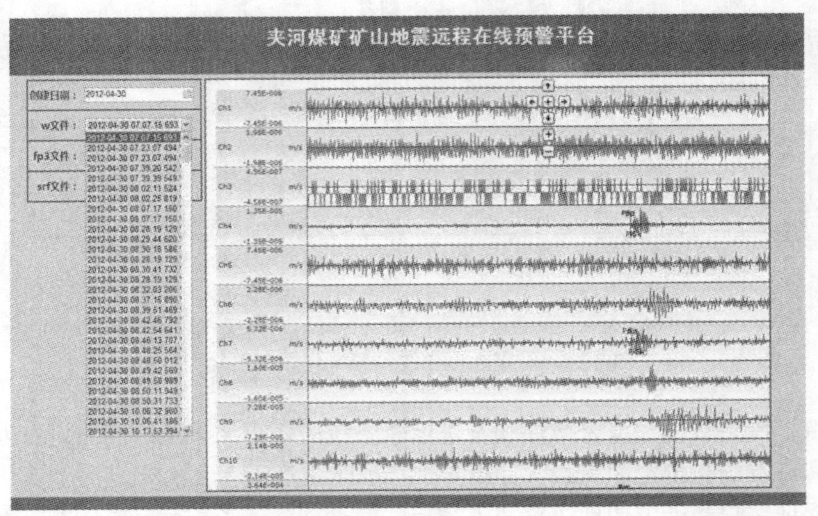

图 7.29　震动波形检索界面

4. *冲击地压灾害危险感知专家系统*

感知台网预警冲击矿压危险的实质是观测某个采掘工作面周围（即分区）矿震参量（矿震频次、矿震能量、震源分布和震动波速）的变化情况，并确定该区域的冲击矿压的危险性的大小及危险性变化程度。

1）分区

煤矿采掘生产区域不止一个，感知台网记录的矿震信号是多个采掘工作面共同影响的结果。由于各个生产区域的地质和开采技术条件不尽相同，即使是同一工作面，在回采过程中地质构造、上覆岩层结构也会发生改变。为区分在不同影响条件下产生的矿震，就要对煤矿中发生矿震的不同区域进行划分，以利于建立独立因素与产生矿震信号特征的关系，例如褶曲、断层等地质因素。

分区的范围一般选取研究分析区域 500 m 的范围。对于掘进工作面，一般选择以掘进工作面为中心，以 500 m 为半径的区域进行分析研究；对于回采工作面，则选取以上下顺槽、开切眼及停采线为界外延 500 m 范围的矩形区域。分区确定后即可统计一段时间段内的各参量变化规律，研究在不同开采技术与地质条件下微震参量的变化规律，从而应用于冲击危险的监测预警[37,38]。

2）参量选择

矿震频次：一定条件下，一段时期（总分析天数）内，相同时间间距（一天或多天）内矿震发生次数的累加值。

矿震能量：一定条件下，一段时期（总分析天数）内，相同时间间距（一天或多天）

内的矿震能量总和。

震源集中程度指标值：描述震源集中程度变化的指标，认为震源分布越集中或存在线性关系时，发生强矿震的可能性就越大。

假设某个区域内应力集中程度升高，破裂增加，那么围绕着这个区域所发生的震动就会增加，产生一个震动集中的群体，这个由 X、Y 组成的向量群体可用图 7.30 来表示。从这个图中可以看出，后期震源分布比前期更接近破裂区域，故相对前期也更加集中，现实是有时这种震源分布的变化并没有图中显示的那么明显，这就需要构造一个参数来描述这种震源分布的变化，以识别强矿震的危险前兆信息。

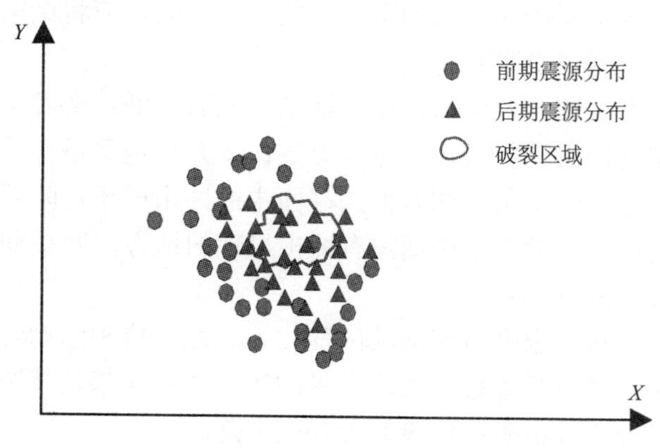

图 7.30 震源集中程度描述图

以破裂区域为中心，测量的 X、Y 分布在中心的周围，其与中心的偏离可通过协方差矩阵来描述。协方差矩阵可由下式获得，其中破裂区域中心由 $\boldsymbol{E}(X)$和 $\boldsymbol{E}(Y)$确定

$$\boldsymbol{C}=\begin{pmatrix} c_{11} & c_{12} \\ c_{21} & c_{22} \end{pmatrix} \tag{7.44}$$

式中，$c_{11}=\boldsymbol{E}\{[X-\boldsymbol{E}(X)]^2\}$，$c_{21}=c_{12}=\boldsymbol{E}\{[X-\boldsymbol{E}(X)][Y-\boldsymbol{E}(Y)]\}$，$c_{22}=\boldsymbol{E}\{[Y-\boldsymbol{E}(Y)]^2\}$。

利用协方差矩阵，标准密度椭圆的面积即可作为震源集中程度描述的指标值，其表达式为

$$\text{Sindex}=\pi\sqrt{c_{11}c_{22}-c_{12}{}^2} \tag{7.45}$$

现场统计得该参量冲击危险判断依据为：震动频次升高后，若总是集中在一个较小的区域内释放能量，说明岩体的某个小区域内岩体活动加剧，是强矿震来临的一个前兆。当出现震动集中程度指标值与震动次数曲线在纵向上明显偏离的时段，且与之前的曲线偏离程度相比，震动次数越多，指标值越小，集中程度越高，发生强矿震的可能性就越大。

3）冲击危险界定及评价条件

（1）冲击危险界定

对掘进巷道：出现能量超过 1×10^4J 的矿震，即为危险性矿震，说明该区域巷道在掘进过程中开始具有冲击危险；

对采煤工作面：出现能量超过 1×10^5 J 的矿震，即为危险性矿震，说明在该区域工作面回采过程中开始具有冲击危险。

（2）冲击危险应对措施

当采掘工作面具有冲击危险性，应采取以下对策：

①若为危险性矿震，应及时与震源点附近区域取得联系，询问并记录现场矿压显现、动力现象及震动破坏情况；②加强微震法监测与冲击危险性分析，并与其他监测方法结合后综合应用于冲击危险预警；③根据冲击危险级别确定相应的防治措施。

（3）冲击危险评价条件

为了达到微震法确定观测区域内冲击矿压危险的目的，应将微震能量、微震频次和震源分布相关指标与下列因素联系起来：

①采掘工作面是否生产，若停产，微震活动将显著降低；②开采技术条件，包括残留煤柱、停采线、相向回采或掘进、工作面见方；③开采地质条件，例如断层、褶曲、坚硬顶板；④在具有近似开采条件的其他采掘面中的冲击矿压危险状况，尤其是掘进期间的冲击矿压危险状况，一般在掘进期间有冲击显现的地方，回采期间同样会发生。

4）微震趋势判别冲击危险

通过大量的监测实践，根据微震活动的变化、震源方位和活动趋势可以评价冲击矿压危险，对冲击矿压灾害进行预警。微震参量的每一次变化都是某个区域中应力变形状态变化的征兆，可以说明冲击矿压危险的上升或下降。

微震活动一直比较平静，持续保持在较低的能量水平（工作面小于 1×10^4J，掘进面小于 1×10^3 J），处于能量稳定释放状态，此时采掘区域无冲击危险性。

强矿震发生前，矿震次数和矿震能量迅速增加，维持在较高水平，持续 2～3 天后会出现大的震动，之后矿震次数和矿震能量明显降低。

微震参量变化的原因应通过分析采掘工程条件和参数来识别。①对掘进面，当采矿技术与地质条件恶化（例如遇到残留煤柱、断层、褶曲等）时，震动次数增加，并出现超过 1×10^4J 的矿震是冲击危险大幅度增加的征兆。当采矿地质条件改善，震动频次降低说明冲击矿压危险下降。②对于回采工作面，当采矿技术与地质条件恶化（例如遇到残留煤柱、断层、褶曲、见方等）时，那么矿震能量降低是冲击危险大幅度增加的征兆。

对于回采工作面，岩体中能量的释放总是处于一种波动状态，对应积聚和能量释放频繁转换，而在具有冲击危险的情况时，这种波动状态开始加剧。震源总能量变化趋势首先经历一个震动活跃期（活跃期内出现能量超过 1×10^5 J 矿震），之后出现较明显的下降阶段（正常生产条件下），开始具有冲击危险性，而在下降阶段再回升或下降阶段中出现比较长时间的沉寂现象后，或震动频次维持在较高水平时，此时具有强冲击危险性（图 7.31）。

如果微震强度参数的变化是在固定的时间内震动次数增加、推进量和工艺循环的增加：①在微震能量同时增加的情况下，这是冲击矿压危险上升的征兆；②在微震能量同时减少的情况下，这是冲击矿压危险下降的征兆。

如果微震强度参数的变化是在固定的时间内震动次数减少、推进量和工艺循环的减少：①当至少在几个生产循环（采煤工作面或巷道最少推进 20 m）中维持这种情况，这

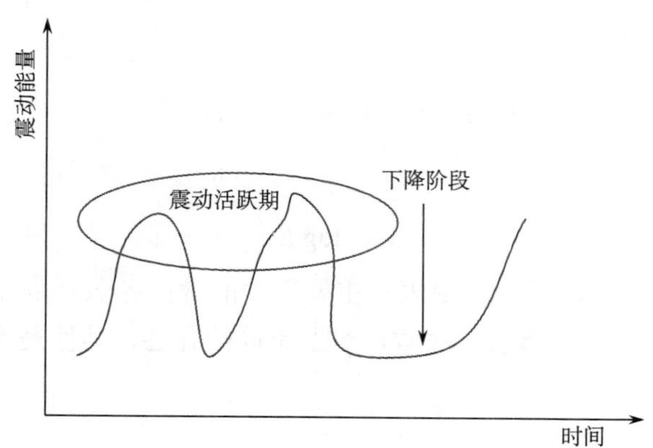

图 7.31 冲击危险前的矿震活动规律

是冲击矿压危险下降的征兆；②当震动的微震能量增加，这是冲击矿压危险上升的征兆。

震动相对于观测巷道的位置变化：①在震源向采煤工作面或巷道迎头接近时，冲击矿压危险上升；②当震源向离生产区域较近的断层、遗留煤柱、停采线等区域积聚时，这是冲击危险上升的征兆；③在震源向采空区方向远离采煤工作面或巷道迎头时，冲击矿压危险下降；④震动频次升高后，若总是集中在一个较小的区域内释放能量，说明岩体的某个小区域内岩体活动加剧，是强矿震来临的又一个前兆。当出现震动集中程度指标值与震动次数曲线在纵向上明显偏离的时段，且与之前的曲线偏离程度相比，震动次数越多，指标值越小，集中程度越高，发生强矿震的可能性就越大。

5）冲击危险的微震监测预警

在某个矿井的某个区域内，在一定的时间内，已进行了一定的矿震观测。在这种情况下，就可以根据观测到的矿震能量水平，对冲击矿压危险进行预测预报。冲击矿压危险程度分为四级，根据不同的危险程度，可采用相应的防治措施，见表 7.24[32]。

表 7.24 冲击矿压危险状态分级及相应对策表

危险等级	危险状态	危险指数	防治对策
A	无危险	<0.25	所有的采掘工作可正常进行
B	弱危险	0.25～0.5	采掘过程中，加强冲击矿压危险的监测预报
C	中等危险	0.5～0.75	进行采掘工作的同时，采取强度弱化减冲治理措施，消除冲击危险
D	强危险	>0.75	停止采掘作业，人员撤离危险地点。采取强度弱化减冲治理措施，采取措施后，通过监测检验，冲击危险消除后，方可进行下一步作业

（1）矿震能量趋势预测法

如果将冲击矿压的危险性采用危险指数来表示，则可采用矿震能量趋势预测法预测冲击矿压危险程度[32]。

$$\mu_{sj} = \mathop{V}_{i=1}^{2}\left\{\mu_{ei}\left(e_i\right)\right\} \qquad (7.46)$$

式中

$$\mu_{ei}(e_i)=\begin{cases}0 & e_i<a_i\\ \dfrac{e_i-a_i}{b_i-a_i} & a_i\leqslant e_i<b_i\\ 1 & e_i\geqslant b_i\end{cases} \tag{7.47}$$

$$e_i=\log E_i \tag{7.48}$$

式中，i 取 1 和取 2，表示索引号；e_1 表示主要震动能量；e_2 表示偶尔发生的最大震动能量；E_i 表示震动能量；a_i、b_i 表示系数，对于不同的井巷，其值是不同的，其系数值如表 7.25 所示。

表 7.25　不同采掘工作面的系数值

震动能量＼类别	系数	垮落面	巷道
e_1	a_i	2	0
	b_i	6	4
e_2	a_i	4	2
	b_i	7	6

（2）冲击危险的监测预警法

矿震监测预警法主要是根据矿震能量等级确定采掘面冲击矿压危险状况：①震动能量的最大值 E_{max} 和大多数的震动能量值；②一定推进距释放的矿震能量总和（$\sum E$）；表 7.26 所示为冲击矿压危险的微震监测预警指标。

表 7.26　冲击矿压危险的微震监测预警指标

危险状态	工作面	掘进巷道
A 无危险	（1）一般：10^2～10^3J，最大 E_{max}<5×10^3J （2）$\sum E$<10^5J/5m 推进度	（1）一般：10^2～10^3J，最大 E_{max}<5×10^3J （2）$\sum E$<5×10^3J/5m 推进度
B 弱危险	（1）一般：10^2～10^5J，最大 E_{max}<1×10^5J （2）$\sum E$<10^6J/5m 推进度	（1）一般：10^2～10^4J，最大 E_{max}<5×10^4J （2）$\sum E$<5×10^4J/5m 推进度
C 中等危险	（1）一般：10^2～10^6J，最大<E_{max}<1×10^6J （2）$\sum E$<10^7J/5m 推进度	（1）一般：10^2～10^5J，最大 E_{max}<5×10^5J （2）$\sum E$<5×10^5J/5m 推进度
D 强危险	（1）一般：10^2～10^8J，最大 E_{max}>1×10^6J （2）$\sum E$>10^7J/5m 推进度	（1）一般：10^2～10^5J，最大 E_{max}>5×10^5J （2）$\sum E$>5×10^5J/5m 推进度

如果确定的冲击矿压的危险程度高，当上述参数降低后，冲击矿压危险性不能马上解除，必须经过一个昼夜或一个循环周转后，逐级解除，一个昼夜最多只能降低一个等级。

（3）震动波 CT 成像预警技术

试验测试研究表明，震动波波速随应力的增加而增加，应力与波速之间应具有幂函数关系。震动波 CT 成像就是通过反演，获得研究区域内波速的大小，从而反映出应力的分布情况[39]。

工作面开采后，在其前后方形成应力集中区和应力降低区，如图 7.32 所示。根据震动波波速与应力之间的关系，裂隙带区域对应一个低波速区，而应力集中区域则对应高波速区，在这两个区域之间是从高波速向低波速过渡的一个区域，即波速变化梯度较大的区域。研究表明，强矿震不仅发生在高波速区域，也发生在波速梯度变化明显的区域。所以梯度变化较大的区域也是冲击危险的区域。由矿压理论知，工作面回采后在底板也形成类似的应力分布特征，并与煤层上方顶板岩层具有近似对称性。

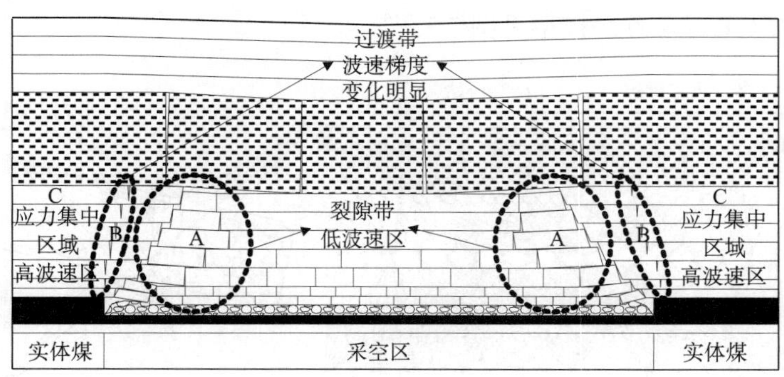

图 7.32 工作面开采后的上覆岩层结构及波速分布示意图

冲击矿压预警主要是确定煤层中的应力状态和应力集中程度。由试验结果知，应力高且集中程度大的区域，相对其他区域将出现纵波波速的正异常，其异常值由下式计算。

$$A_n = \frac{V_p - V_p^a}{V_p^a} \tag{7.49}$$

式中，V_p 为反演区域一点的纵波波速值，V_p^a 为模型波速的平均值。

对波速的梯度变化，可采用波速梯度 VG 值，它描述了相邻节点间波速的变化程度，对波速梯度 VG 值的异常变化，可采用类似的公式进行描述，即

$$A_n = \frac{VG - VG^a}{VG^a} \tag{7.50}$$

式中，VG^a 为波速梯度 VG 的平均值。由波速梯度 VG 异常计算得到的波速梯度变化异常值 A_n 对应的冲击危险性判别指标见表 7.27 所示，当波速梯度变化异常值 $A_n<0$ 时，异常变化不明显，认为无危险特征，对应波速梯度变化异常值为 0。

表 7.27 *VG* 异常变化与冲击危险之间的关系

冲击危险指标	异常对应的危险性特征	*VG* 异常/%
A	无	<5
B	弱	5～15
C	中等	15～25
D	强	>25

为进一步消除参数不确定性带来的影响，可采用应力集中系数的形式判断冲击矿震危险性。因波速大小受垂直应力和水平应力的共同影响，故计算得到的应力是水平应力和垂直应力的加权和值，见式（7.51）。

$$\varphi=\frac{\left(\dfrac{V_{\mathrm{p}}}{\phi}\right)^{1/\psi}}{\sigma_{\mathrm{p}}^{\mathrm{a}}} \tag{7.51}$$

式中，$\sigma_{\mathrm{p}}^{\mathrm{a}}$ 由模型波速的平均值 $V_{\mathrm{p}}^{\mathrm{a}}$ 估计得到。

利用以上构建的三个参数，采用震动波速 CT 成像技术就可进行冲击或强矿震危险的预警，震动波 CT 成像预警模型见图 7.33[14]。

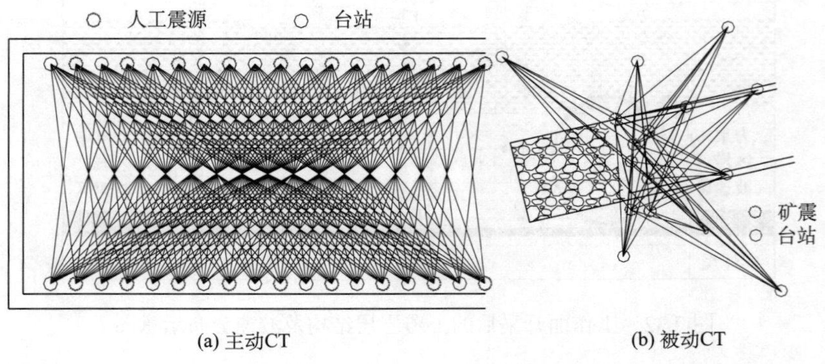

图 7.33　震动波 CT 成像模型

例如义马某矿 25110 工作面采深 1000m 左右（地面标高+551～+596m，工作面煤层标高−390.0～−451.6 m），为 25 采区东翼第一个综放工作面，平均采高 11m，主采 2-1 煤层。2-1 煤层平均厚度 11.5m，平均倾角 13°，煤层上方依次为 18m 泥岩直接顶、1.5m 厚 1-2 煤、4m 泥岩和 190m 巨厚砂岩老顶，下方依次为 4m 泥岩直接底和 26m 砂岩老底。井下四邻关系（图 7.34）：东为 23 采区下山保护煤柱，南为 25 区下部未采煤层，西为 25 采区下山保护煤柱，北为 25090 工作面（一分层已采），且 25110 上巷布置于 25090 采空区下方煤层中。

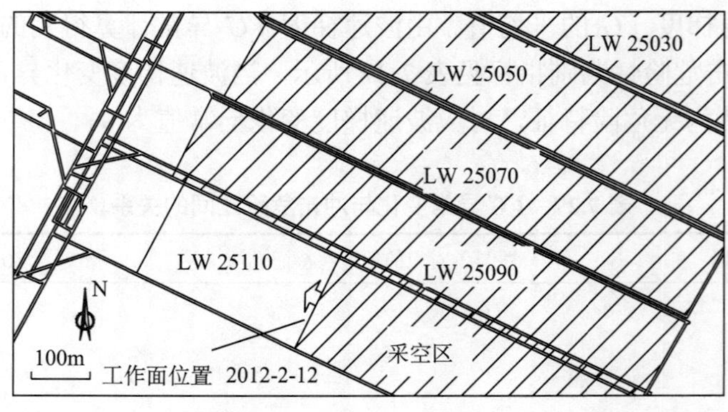

图 7.34　某矿 25110 工作面概况

探测方案如图7.35所示，选取2012年5月8日～6月7日的震动波形作为反演数据。期间监测到微震事件总数201个，其中满足条件的有效微震事件101个，形成射线599条。大能量震动激发探头个数较多，对于接受探头总数超过10的震动事件，进行震源定位时采用最多10个探头，当中所有的P波首次到时的标记均由人工进行。

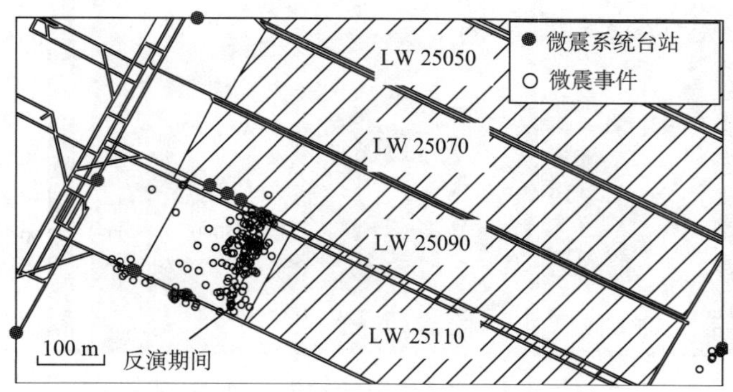

图7.35 探测方案（2012年5月8日～6月7日）

对形成的射线进行波速统计，得出最小波速2.60km/s，最大波速6.92km/s，平均波速4.21km/s。通过统计每个波速区间内的射线条数可知（图7.36），P波波速主要集中在3.87km/s和4.38km/s附近，射线总数分别占总数的52.6%和17.7%。统计分析说明该反演区域P波波速变化较大，所以，需建立层状模型进行计算，网格划分为50×28×4，X、Y、Z方向间距为30×30×133m，模型从上到下波速在2.60～6.00km/s范围等梯度分布。

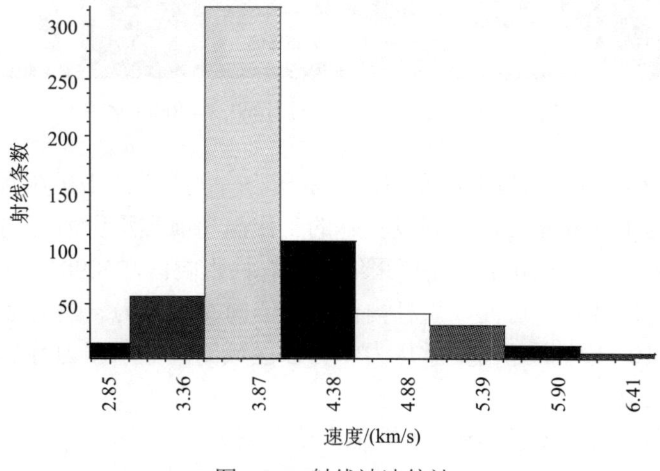

图7.36 射线波速统计

选取25110工作面煤层平均标高–400m水平切片的波速异常系数A_n和波速梯度变化系数VG等值线云图作为25110工作面的探测评价结果，如图7.37、图7.38所示。根据波速正负异常变化与应力集中程度及弱化程度之间的关系，划分出2个强应力集中区域B1和B2（由图7.37中蓝色曲线圈出），以及3个强弱化区域R1、R2和R3（由图7.37

中红色曲线圈出）。另外，根据波速梯度变化与冲击危险之间的关系（表 7.27），划分出 5 个强冲击危险区域 G1、G2、G3、G4 和 G5（由图 7.38 中黑色曲线圈出）。

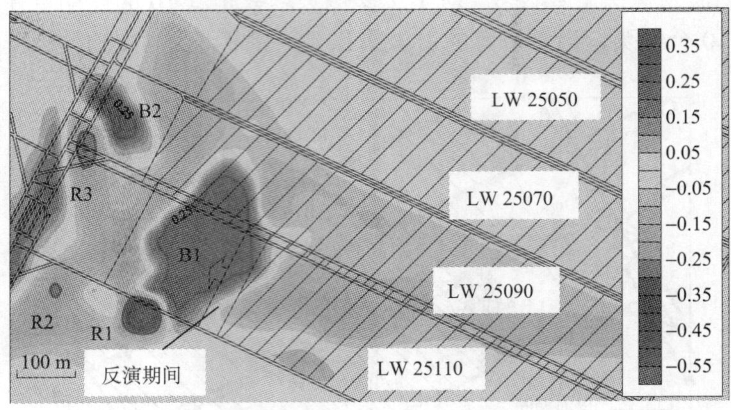

图 7.37　波速异常系数计算结果（−400m 水平）

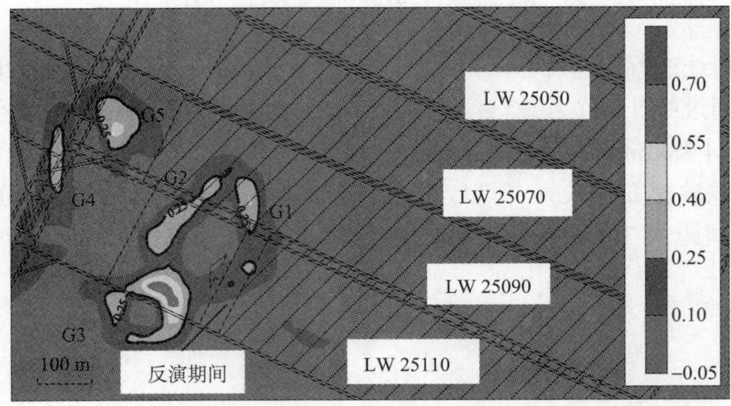

图 7.38　波速梯度变化系数计算结果（−400m 水平）

B1 区域，该区域的形成与工作面超前支承压力有关，为冲击矿压频发区域。该区域走向上分布范围为 100 m 左右，与现场实际的工作面超前支承压力影响范围基本一致。

B2 区域，该区域为 25090 工作面停采线遗留煤柱影响区。25090 工作面回采结束后，遗留煤柱侧形成悬顶现象，进而在煤柱内侧形成侧向支承压力。随着 25110 工作面向停采线的靠近，25110 工作面超前支承压力将与该区域侧向支承压力叠加，此时该区域的冲击危险性将更为显著。

R1、R2 区域，该区域为现场卸压措施实施区域。

G1、G2、G5 区域，该区域为实体煤向采空区过渡的区域，如图 7.37 所示的区域 B1 和区域 B2。

G3 区域，该区域的形成与现场卸压措施实施有关。由于卸压措施的实施将松散煤岩体形成破碎带，使得该破碎带与实体煤之间形成一个过渡带，即波速梯度变化异常带。因此，当实体煤中应力集中程度较高时，实施卸压措施容易诱发冲击矿压灾害，此时施工人员应充分做好个体防护或远离施工区域。因此，该区域属于施工过程中的危险区域，施工后，该区域仍然属于卸压区域，不能作为下一时段的冲击危险区域。

R3、G4 区域，该区域为因素未知区域。

为验证探测评价结果，绘制了未来 2012 年 6 月 8 日～6 月 30 日的微震事件震源分布，如图 7.39 所示。由图可知，大部分微震事件发生在 B1、G2 区域，同时在 B2、G5 区域发生了一次 5 次方的大能量微震事件，而在 G3 区域仅发生了少量小能量微震事件，这与探测评价结果分析一致，从而验证了该技术的可靠性。

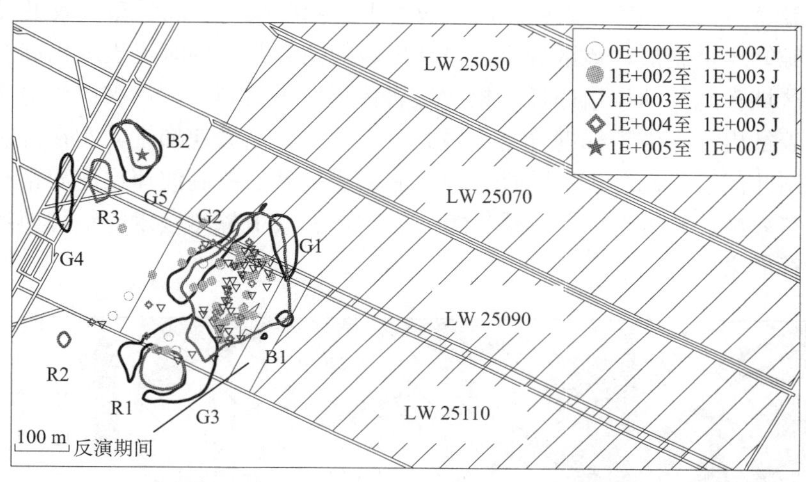

图 7.39　冲击危险区域及未来微震事件分布

如图 7.40 所示为 2012 年 4 月 16 日～5 月 8 日的震动波 CT 探测结果，反演结果显示出 5 个需要采取卸压措施的中等应力集中区域 A1、A2、A3、A4 和 A5。其中区域 A1 和 A2 位于采空区，远离工作面开采空间，卸压措施无法实施，同时该区域对工作面的安全也不构成威胁；区域 A3 和 A5 横穿工作面上下巷，由于 25110 工作面上巷位于采空区下方，卸压措施实施效果不佳，同时考虑到现场施工的难度，暂不在该区域的上巷采

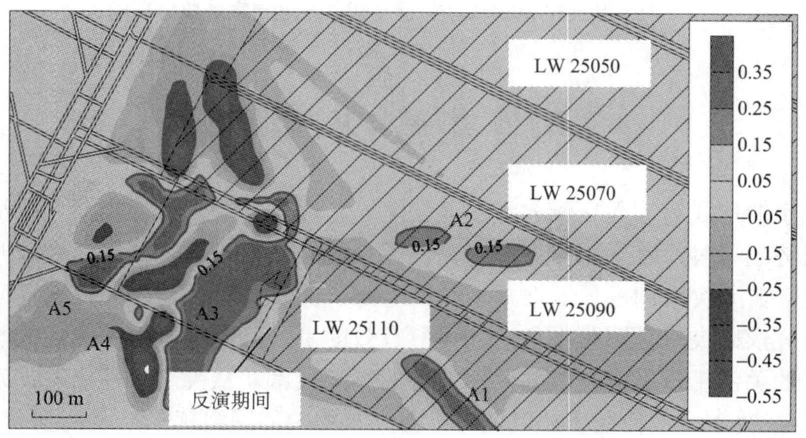

图 7.40　CT 探测评价结果（2012 年 4 月 16 日～5 月 8 日）

取卸压措施。最终确定在 A4 区域和 A3、A5 的下巷区域实施卸压措施，如图 7.40 所示。图中黑色直线表示大直径卸压钻孔（钻孔直径 133mm，孔深 30～57m，顺煤层布置）、蓝色表示煤体卸压爆破钻孔（孔深 20m，封孔长度 9m，装药量 18kg，顺煤层布置）、红色表示深孔断顶爆破钻孔（孔深 20m，封孔长度 9m，装药量 18kg，钻孔角度 60°），直线长度表示钻孔实际实施的深度。

此次卸压解危措施效果检验采用 2012 年 5 月 8 日～6 月 7 日期间的波速异常系数结果，如图 7.41 所示。从图中可以看出，A4 区域和 A5 下巷区域实施卸压措施后，波速异常指数由正异常转为负异常，表明该区域应力下降幅度很高，说明卸压效果很明显；A3 下巷区域实施卸压措施后，该区域不仅呈现出波速负异常，同时还表现出高波速梯度异常，表明该区域实施的卸压措施通过松散煤岩体形成了破碎带，该破碎带与实体煤之间的过渡正好表征出了高波速梯度异常，由此可以得出，高波速梯度异常在没有实施卸压措施的前提下才能表征高冲击危险性，而实施卸压措施后的高波速梯度异常应表征卸压措施效果的有效性，即弱化程度的显著性。综上所述，CT 探测技术能很好地对各项卸压解危措施进行效果检验。

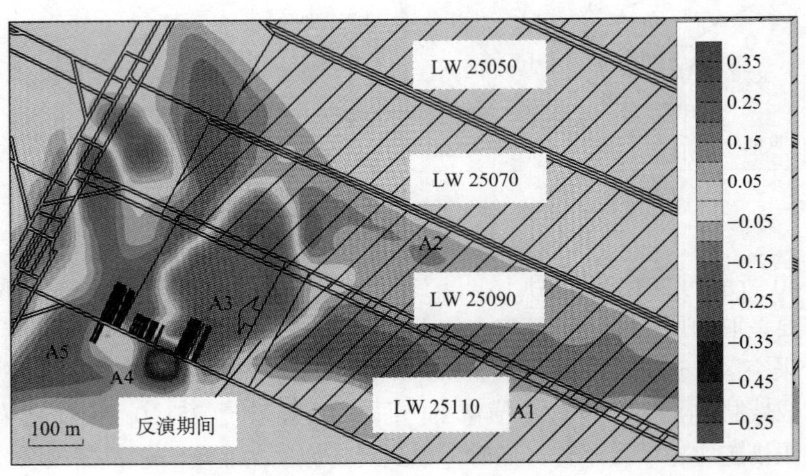

图 7.41　卸压措施实施方案及实施后波速异常系数分布图

7.3　矿井突水灾害感知

矿井充水的形式有渗入、滴入、淋入、流入、涌入和溃入等，当涌入或溃入井巷的水量大、来势凶猛时，称为矿井突水。在我国，随着开采深度、开采速度和开采规模的增加和扩大，矿井突水问题日益严重，制约着煤矿的安全生产。因此，查清矿井水文地质条件、研究煤矿突水预测预报方法，采取有效的手段确保煤矿不发生大的水害成为煤炭安全开采的关键工作之一。矿井突水灾害的感知技术，从突水机理出发，确定感知方法、感知技术、突水地带特征感知以及与矿井突水相关的网络感知技术；通过突水感知、认知达到突水预警的目的。

7.3.1 矿井突水机理与感知方法

1. 矿井突水机理

我国煤矿水害的类型、特点及近年来的变化趋势主要受开采煤层赋存的地质、水文地质条件及其开采方式的控制。根据不同的划分依据，煤矿水害类型可以划分为不同的标准。为了预防和治理矿井水害，首先要分析和掌握矿井突水的基本机理，这是突水感知的基础；然后根据矿井具体的水文地质条件和水害类型与特点进行预测预报和综合治理。下面按照不同水害类型[40]，对矿井突水机理进行介绍。

1）主要水害类型划分

根据不同的划分依据，煤矿水害可划分为不同的类型，主要如下：

（1）按充水水源分类

按矿井水害的充水水源不同，可分为天然充水水源型水害和人为充水水源型水害。其中天然充水水源型水害是指大气降水、地表水以及地下水等引起的水害；人为充水水源型水害主要是矿井老空区积水水害。

（2）按导水通道分类

矿井导水通道可分为天然通道和人为通道两大类，故矿井水害也可分为天然通道型水害和人为通道型水害两类，其中，天然通道型水害可分为岩溶陷落柱通道型水害、裂隙带通道型水害和隐伏构造型水害等；人为通道型水害可分为顶板冒落裂隙带通道型水害、底板矿压破坏带通道型水害和地面岩溶塌陷带通道型水害等。

（3）按与煤层接触位置分类

按与煤层接触位置分类，矿井水害可以分为底板充水水源型水害（底板水害）、顶板充水水源型水害（顶板水害）和周边充水水源型水害三类 。

2）顶、底板突水机理

（1）底板突水机理

底板水害的发生是隔水层阻抗水压能力与高压水破坏、穿透隔水层能力之间相互的结果。我国在底板突水规律的研究方面始于 20 世纪 60 年代，当时借鉴匈牙利保护层理论在实践中的应用，提出突水系数概念。70 年代后期，修改了原有的突水系数概念，并应用于实践。80 年代开始，底板突水机理及突水预测预报的研究开始走上了蓬勃发展的道路。科研人员经过理论研究和科研实践逐步提出以下理论：

①突水系数法

突水系数法[41,42]，是 20 世纪 60 年代提出的一种突水预测方法，七八十年代考虑到矿压、岩性组合及导升高度等因素的影响，对突水系数的定义做了两次修改，90 年代又提出了“安全系数”的概念，形成了实用的突水系数理论。

②“下三带”理论

“下三带”理论[43]，将回采工作面从煤层底面到含水层顶面的岩层分为三带，采动破坏带（导水裂隙带）、完整岩层阻水带（或有效保护层带）、承压水导水带。采动矿压的作用导致底板岩层被连续性破坏，其导水性发生明显的改变，即底板采动导水破坏带。在采动导水破坏带之下，能保持岩层连续性及具有阻水性能的岩层为完整岩层带，它是阻抗底板突水的关键因素，又称为底板突水保护层带。在含水层上方承压水存在着原始的导升高度，称为原始导升带。

③原位张裂与零位破坏理论

该理论认为被开采的煤层在矿压、水压的联合作用下工作面对底板的影响范围分为三段，即超前压力压缩段、卸压膨胀段和采后压力压缩稳定段。该理论阐明了受采动影响，底板岩体移动、变形及破坏的演化过程和承压水的运动规律，揭示了矿井突水的内在原因。

④关键层理论

关键层理论[44]是指煤层底板中含水层以上承载能力最高的一层岩层。在采动条件下，将关键层作为四边固支的矩形薄板，然后按弹塑性理论分别求得底板关键层在水压等作用下的极限破断跨距，并分析了关键层破断后岩块的平衡条件，建立了断层底板突水准则和无断层突水准则。

⑤“强渗通道”理论

“强渗通道”理论[45]认为底板是否发生突水，关键性在于是否具备突水通道。分为两种情况：其一，底板水文地质结构存在与水源沟通的固有突水通道，当其被采掘工程揭穿时，即可产生突破性的大量涌水。其二，底板不存在固有的突水通道，但在工程应力和地下水共同作用下，沿袭底板岩体结构和水文地质结构中原有的薄弱环节发生形变与破坏，形成新的贯穿性的强渗通道。

（2）顶板突水机理

相对底板突水机理研究理论而言，顶板突水机理研究理论较为统一，主要以“上三带”理论为代表：当采空区顶板围岩达到一定厚度时，覆岩的破坏和移动出现 3 个具有代表性的部分，自下而上分别为冒落带、裂隙带和弯曲带，即“上三带”。在“上三带”理论基础上，也有岩移“四带”模型被提出：认为岩层结构力学模型应划分为破裂带、离层带、弯曲带和松散冲击层带，进一步拓宽了对顶板突水机理的认识。而顶板关键层破断理论，则较好地融合在“三带”“四带”理论中。

2. *矿井水害感知技术*

在我国，煤矿水害的防治，坚持“安全第一，预防为主、综合治理”的方针[46]，按照“预测预报，有疑必探，先探后掘，先治后采”的原则，实施“防、堵、疏、排、截”的综合措施。而煤矿水害防治技术分为预防与治理两个方面：水害预防技术包括探测、预测、监测技术等，其感知手段有物探、化探、钻探等；水害治理技术，则是根据具体的矿井水文地质条件和水害类型及特点，通过专门的水害防治设备和工程，对水害进行治理的技术。

1）矿井水害探测技术

（1）物探技术

在地面物探技术（包括二维、三维地震勘探，瞬变电磁法、直流电法、高密度电法、可控源音频大地电磁测深、地质雷达、瑞利波等）中，三维地震勘探是煤矿隐伏地质构造、不良地质体探查的最佳手段，电法、磁法在探测地下含水低阻地质体（如充水采空区、含水陷落柱等）方面具有独特优势，在矿井水害探测方面都有广泛应用。

井下物探技术手段则构成矿井水害探测技术主体，包括：无线电波透视、瞬变电磁法、直流电法、高密度电法、地质雷达、音频电透视等电磁波探测技术，以及槽波地震、矿井地震（MSP）、微震、瑞利波勘探、多分量地震探测等弹性波探测技术。

（2）化探技术

化探方法主要有水化学探查方法、水温对比法[47,48]。

水化学探查方法一般分为两大类：天然方法和人工方法。天然方法是指对地下水中含有的化学成分或者同位素成分等进行研究，如特征离子法和离子比值法；人工方法是指通过人工投放示踪剂（化学和同位素示踪剂），并观察和分析示踪剂在地下水的运动、变化特征来达到探查目的的方法。水化学探测技术被应用于防治水工作的各个环节，尤其在矿井突水水源、地下水径流通道、不同含水层水力联系及注浆效果等的判别中成效显著。

水温对比法主要是对比矿井多层位水温动态趋势，包括年、月、日动态类型。分析不同动态类型，并参照观测层位的水文条件、水力性质，得出水源的动态信息，对矿井防治水害有很大意义。

（3）钻探技术

用于煤矿水害防治的钻探技术包括井下和地面两种类型，使用的钻探技术有常规回转钻进和定向钻进技术。近年来取得较大进展的钻探技术有精确定位与造斜分支钻探技术、井下长距离近水平定向钻探技术、地面大口径定向钻探技术等。定向钻进技术以先进的随钻测控技术为依托，可对钻孔轨迹进行实时测量和精确控制，使钻孔在目的层位延伸或精确中靶。

2）矿井水害预测技术

目前煤矿水害预测技术主要包括矿井涌水量预测和顶、底板突水预测。矿井涌水量预测计算方法主要有大井法、经验比拟法、解析法、数值法、人工智能法，其中经验比拟法、解析法、数值法在现场实际工作中应用较为广泛。常用的突水预测方法[49,50]包括：顶板突水“模糊数学”法、顶板透水“三图双预测”法、底板突水“突水系数”法、“突水概率指数”法、“人工神经网络”法、“脆弱性指数”法、“五图双系数”法等。

3）矿井水害监测技术

顶板或底板水的监测，按照监测环境的不同，可分为地面监测和井下监测；按照监测对象的不同，可分为地下水动态监测和突水监测；按照监测条件的不同，可分为自然条件下监测和采矿条件下监测。

国内已开发了一系列针对特定突水灾害的预警系统，包括监测仪器，井上下工作方法，数据采集系统、数据处理技术。此外，在监测方法上，提出了监测中间指示层地下水位方法；在监测指标上，常用的预警指标有水量、水压、水温和水质等。

4）矿井水害治理技术

煤矿水害治理技术主要有堵水截流和疏干两种方法。

（1）堵水截流法

突水类型以及突水水源和径流通道的确定，是堵水截流具体方式、方法选择实施的重要依据。当井筒预计穿过较厚裂隙含水层或者裂隙含水层较薄但层数较多时，可以利用注浆方法进行堵水截流和建造地下帷幕。针对出水点的帷幕注浆也主要是将钻孔布置于出水点附近，属于局部堵水技术，如对工作面底板、断层进行注浆加固。

（2）疏干方法

根据排水与开采时间的关系，它可分为预先疏干、开采疏干和综合疏干。

预先疏干是在采矿前把即将开采的水平进行疏干，然后在已疏干的地段内进行采掘工作；开采疏干是随同采矿工作同时进行疏干，一般在未经预先疏干或虽经预先疏干但还存在威胁安全生产的残余水头的情况下采用；综合疏干是在采矿时综合使用预先疏干和开采疏干两种方法。

7.3.2　突水地质条件感知

突水地质条件，即可能发生突水的水文地质条件，其探测与评价是预防矿井突水灾害的重要环节。根据不同的水文地质条件类型，主要的水文地质条件特征及其感知技术简述如下：

1. 水文地质条件感知目标及特征

根据煤矿水文地质条件分类规范，当煤矿水文地质条件类型（按埋藏深度分类、按主要充水水源分类、按煤矿富水系数分类）确定之后，还应按照潜在水患划分辅助类型[51,52]（老空水型、导水断层带型及导水陷落柱型）。从实际工作需求出发，就老空水型、导水断层带型及导水陷落柱型三种辅助类型的水文地质特征简要介绍如下：

1）老空水水文地质特征

老空水是指采掘活动留下的地下空间中积存的地下水，其突水的危害性很大，因为大量积水在短时间内涌入煤矿，不但瞬时流量大、速度快，而且多夹带有煤泥、石块和瓦斯气体。其空间位置一般都比较隐蔽，形状大多不规则，深度和层位不一，大小各异，既有连成一片的较大积水区，也有深入地层、孤立存在的较小积水区。因此老空水的位置、深度不易准确确定。

老空水的主要充水来源有外部充水水源和含水层直接充水水源。外部充水水源有：大气降水、采空区老窖水、灭火注浆水以及地表水；含水层直接充水水源多为煤层顶、底板岩层含水层[53]。

水源只是构成矿井老空水灾害的一个方面，决定水害发生的另一重要因素是导水通道。一般地，导水通道包括：①煤层开采后形成的冒落带、导水裂隙带；②断裂带；③岩溶陷落柱；④灭火钻孔及封堵不良的钻孔等。其中，因煤层开采后形成的冒落带、导水裂隙带是最主要的导水通道。

2）断层水文地质特征

断层是地壳岩层受力达到一定程度而破裂并沿破裂面有明显相对移动而形成的，是煤矿中常见的导水通道。根据断层形成的机理，断裂面可分为压性断裂面、张性断裂面和扭性断裂面[54]。

压性断裂面，在非采动条件下，断裂面非常紧密，故导水性差，相对起隔水作用；但在采动条件下，断裂面性质由压性断裂变为张性断裂或扭性断裂时，隔水断层活化为导水断层。张性断裂面，张裂程度大，裂隙多、孔隙度大，且断裂面两侧常常伴生低序次的断裂面，相对地起到导水作用。扭性断裂面，一般呈闭合型或较窄的裂缝，且延展较远，发育深度大、层次多，因而也具有较好的导水性。

断层突水往往是由于断层缩短了采掘空间与含水层之间的距离，并通过断层破碎带、裂隙带将承压水导入采掘空间而造成的。断层两盘的移动使采掘空间与含水层的相对位置发生改变，直接导致有效隔水层厚度的减小，甚至会与断层另一盘的含水层直接对接。同时，构造应力作用破坏了岩体的完整性，在断层两盘（尤其是在正断层的上盘，张性裂隙发育）、小断层密集带、断层交汇或尖灭端等应力集中区裂隙发育，有利于导水通道的形成，易诱发突水。

3）陷落柱水文地质特征

陷落柱通常是由于岩溶地下水的不断溶蚀，洞穴越来越大，在地质构造运动和上覆岩层重力的作用下，溶洞发生坍塌，覆盖在上部的煤系地层随之陷落而形成的圆形或不规则椭圆形柱状体。

地质历史时期所产生的陷落柱，可以成为导水通道，但并非都是导水通道。目前，一般认为陷落柱成为导水通道需具备三种条件：①穿过的含水层富水；②具有一定的水头压力；③柱体本身的导水性好[55]。

首先要看是否有水可导，即陷落柱及其穿过的含水层是否富水；开采煤层位置水压的承压大小；岩溶富水带上或与其他水体相连的陷落柱最具突水危险。由于岩溶发育带富水，当井下作业区存在的陷落柱承受不住所具有的水压时才会作为导水通道引发突水。从水动力条件讲，大区域的排泄带附近、强渗流带上等是常见的富水区域。

其次要看陷落柱内填充物的胶结程度。根据柱体内填充物的压实胶结程度、揭露时出水情况和涌水量大小等，把岩溶陷落柱划分为四种导水类型[54~56]：①不导水性岩溶陷落柱，其柱体填充物压实紧密，胶结程度好，采掘工程揭露时不滴水、不淋水；②弱导水型岩溶陷落柱，其柱体充填物压实较紧密，胶结程度较好，采掘工程揭露时有少量滴水或淋水，涌水量小于 0.1m^3/min；③中等导水型岩溶陷落柱，其柱体充填物压实、胶结程度较差，多呈半胶结状态，采掘工程揭露时滴水、淋水不断，但涌水量一般不超过 2m^3/min；④强导水型岩溶陷落柱，其柱体充填物未被压实，十分松散，孔隙率高并存在空洞，柱体间充水，导水性强，涌水量大于 2m^3/min。

2. 水文地质条件感知方法

我国岩溶发育极为广泛，在岩溶地区的地下工程中常常面临着涌水的威胁。随着煤矿开采深度持续深入，地下岩溶构造（陷落柱、断层和岩溶裂隙）造成的涌水带来矿井淹井事故的风险日益增加。在岩溶水防治过程中，如何准确掌握导水构造的发育和注浆浆液扩散规律，国内外学者利用计算或数值方法做了大量研究，但是由于岩体裂隙和浆液扩散规律的复杂性，数值计算方法同实际具有一定的偏差。通过物探方法、化探方法和钻探方法相结合可以取得含水构造边界和空间分布位置，并在此基础上进行水力等压线的绘制，研究缝隙浆液扩散规律，为后期的注浆治理提供指导。

1）钻探方法

用于煤矿水害防治的钻探技术包括井下和地面两种类型，使用的钻探技术有常规回转钻进和定向钻进技术。近年来取得较大进展的钻探技术有精确定位与造斜分支钻探技术、井下长距离近水平定向钻探技术、地面大口径定向钻探技术等。定向钻进技术以先进的随钻测控技术为依托，可对钻孔轨迹进行实时测量和精确控制，使钻孔在目的层位延伸或精确中靶。

通过钻探录井、岩心编录、测井等钻探手段，确定煤岩层地质特征，包括含水层、隔水层、断层、陷落柱、老矿区等水文地质与工程地质特征等。钻探资料是感知矿井水文地质特征的直接素材和标杆。

2）化探方法

水文地球化学探测技术是矿井水害防治工作中的一种重要手段，在矿井突水水源判别方面效果显著，是一种快速、经济、实用的方法。多年来的理论研究和实践表明，水化学和同位素方法是探查地下水成因、赋存条件、分布特征、运移规律等的重要方法。

常规水化学分析主要从离子含量、矿化度、硬度、碱度、pH、Eh 等进行分析。利用离子含量分析可以大概得出地下水的运移情况、水交替强度、水力联系强弱等。不同的含水层其岩性、水动力条件等性质不同，在水化学参数上表现出不同的离子组合与丰度差异，从而可以确定其水源。

除了常规水化学分析外，应用同位素理论与方法可以解决许多有关地下水的渗流问题，如：测定地下水年龄；研究地下水起源、形成与分布规律；示踪地下水的运动；测定水文地质参数；研究地下水化学组分的来源。目前应用最多的环境同位素有 D（^{2}H）、T（^{3}H）、^{18}O，以及 ^{13}C、^{14}C 等。

3）矿井物探方法

（1）矿井物探方法的优越性

著名地球物理学家刘光鼎院士曾指出：地球物理学在地球科学的发展中起到了先导作用[57]，地质勘查和地球物理勘探工作是所有地下工程建设的“先行军”。同样，对于地下工程巷道前方含导水地质构造超前探测和突水灾害预测预警而言，以地球物理勘探为先导的超前地质预报和实时监测方法成为最有效的解决途径之一。近十余年来相关的研究课题和项目相继得到资助和立项，极大地推动了地下工程不良地质超前预报与突水灾害预测的研究进展，为解决和突破该难题奠定了坚实的基础[58]。

地球物理法旨在探测目标体与围岩的物理性质差异，并将得到的数据进行反演、解释等步骤来判定目标体的物理性质以及空间分布位置。地球物理反演是根据地球物理观测数据去反推地球物理模型的过程，实现了从观测数据空间到模型空间的映射。

在地面物探技术（包括二维、三维地震勘探，瞬变电磁法、直流电法、高密度电法、可控源音频大地电磁测深、地质雷达、瑞利波等）中，三维地震勘探是煤矿隐伏地质构造、不良地质体探查的最佳手段，电法、磁法在探测地下含水低阻地质体（如充水采空区、含水陷落柱等）方面具有独特优势，在矿井水害探测方面都有广泛应用。

井下物探（矿井物探）技术则构成矿井水害探测技术主体，包括：无线电波透视、瞬变电磁法、直流电法、高密度电法、地质雷达、音频电透视等电磁波探测技术，以及槽波地震、矿井地震（MSP）、微震、瑞利波勘探、多分量地震探测等弹性波探测技术。其中，井下直流电法、无线电坑透法、瞬变电磁法、地质雷达、瑞雷波等探测技术与装备的应用较广。

矿井物探具有距探测目标近、物探异常明显、探采对比实证性强、运用灵活等优点。我国矿井地球物理勘探主要内容由四大类方法构成[59]（图 7.42）。需要说明的是，物探方法存在多解性，单一预报方法对地质预报的准确度并不十分可靠，且不同方法对不同的地质缺陷预报效果也不尽相同。从目前状况看，还没有哪种预报方法能对各种地质缺陷做出准确预报。为了提高预报的准确性，许多研究者致力于多种方法相结合的综合超前地质预报方法研究。

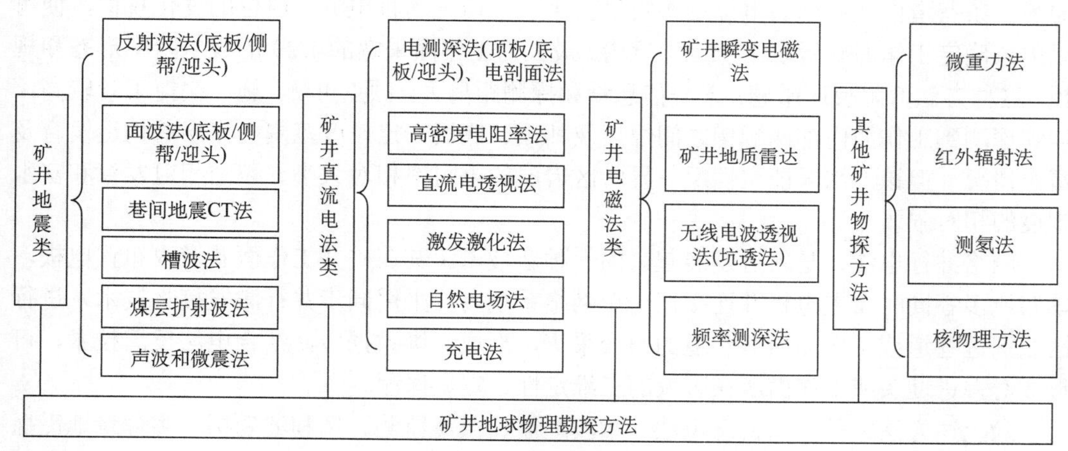

图 7.42　我国矿井地球物理勘探主要方法

目前应用在超前地质探测中的物探方法有很多，包括高密度电法、瞬变电磁法、地震反射法、雷达法、TSP 超前预报方法、陆地声纳法等，每一种方法都有各自的特点，在矿井超前探测应用中各显神通[60]。

（2）物探方法的主要构成

矿井瞬变电磁法对低阻体反应灵敏，被认为是有效探测低电阻率含水带的方法之一[61]。该方法具有施工快速简单、纵横向分辨率较高、体积效应小等优势，可完成对矿井巷道顶底板、左右侧帮及掘进面前方的多方位探测，但易受金属体干扰。

地震反射波法是一种探测距离远、可靠性高的超前探测方法[62]。地震反射波法基于岩性密度差异而提出，用来查明断层、裂隙发育带、喀斯特陷落柱等隐伏导水构造，通过分析地震反射波的运动学和动力学特征，确定围岩的波速、反射面位置、界面两侧围岩力学差异，为查明岩性界面、构造位置、含水层厚度提供可靠依据。

无线电波透视法基于各种岩层和煤层的电性（电阻率 ρ 和介电常数 ε）存在差异而对电磁波的吸收不一致的原理，来探测待采工作面内的地质异常体[63]。在工作面的一侧向另一侧发射电磁波，当在前进的方向上遇到低阻异常体（如断层、陷落柱、含水裂隙等）时，电磁波在界面上产生反射和折射作用，造成能量被吸收或完全屏蔽，使信号显著减弱或收不到信号，从而形成一个“阴影区”，即为所要探测的异常体的位置和范围。该方法的优点是仪器轻便，便于携带，操作简单，透视距离（150～300m）可以穿透整个工作面，对含水陷落柱等的探测效果较好，但探测精度受所探地区电磁干扰的影响大。

矿井地质雷达，采用高频脉冲电磁波定向发射，电磁波在传播途中遇到不同电性分界面或不均匀地质体产生反射（回波），在时间域识别回波并确定其旅行时间，从而确定界面或地质体的空间位置[64]。矿井地质雷达探测具有定向性，且操作方便，但探测距离有限，一般为几十米；金属体与环境电磁场对探测结果有很大的影响。

音频电透视法是以岩石、矿石的电性差异为基础的。其基本原理是在井下工作面一条巷道的供电电极通入地下的稳定电流，流经不同的岩层、矿体或地质构造时，在工作面另一条巷道内观测到的电位场将发生变化[65]。研究这种电流、电位的变化规律，便可以大致确定工作面底板以下一定深度内（最大为工作面采宽的1/2）的视电阻率形态和规模。这种方法低阻反应敏感，采集信息量和探测距离大，频点可变，施工快捷工效较高；能够探测到工作面内部两顺槽之间煤层及其顶、底板一定厚度范围内岩层的构造发育及富水情况。但该方法只能定性反映异常区岩层的电阻率相对大小、裂隙相对发育和富水程度的相对强弱。

网络并行电法，是新近发展起来的一种新技术。其在矿井工作面巷道内布置电极，单巷或多巷同时布置电极并连接在一个网络系统内，采用同步并行激发接收技术，进行围绕掘进巷道或工作面所有巷道的组合采集，形成三维数据体，结合电法反演技术，可形成对掘进迎头或工作面所在区域的三维定性、定量探测。

除上述方法之外，高密度电法、槽波地震、微震监测、瑞利波勘探、多分量地震探测等井下探测技术以及二维、三维地震勘探、瞬变电磁法、直流电法、可控源音频大地电磁测深和孔间透视等地面探测技术，均可达到探测地下含水低阻地质体的目的。

3. 水文地质条件感知技术及应用

以钻探、物探、化探综合感知水文地质条件，是一种较为合理的技术。当潜在突水水源已知，可采用物探控制、钻探验证的技术，实现最优技术经济效益。下面以利用网络并行电法技术、通过钻孔布置方式进行矿井顶板水文地质条件动态感知的工程实例，来介绍水文地质条件感知技术。

网络并行电法探测技术是继常规电法和高密度电法后发展起来的新一代电法数据采集技术。和常规电法及高密度电法每次供电只能采得一个测点数据不同，并行电法探测技术每次供电可同时获得多个测点数据，是一种全电场观测技术。据电极观测装置和场源形式的不同，将网络并行电法数据采集方式分为AM法和ABM法。AM法是基于点电源场形式采集：如测线上布置64个电极，则任一单电极（A极）供电时，其余63个电极（M极）同时采集电位，一次采集的数据可进行所有点电源场的电阻率反演，包括二极、三极等装置；而ABM法则基于异性点电源场：由任2个电极组成偶极供电（AB极），其余62个电极（M极）同时采集电位数据，一次采集的数据可进行所有双点电源场电阻率反演，包括偶极、对称四极、微分装置。

皖北煤电某矿 7131 工作面的回风巷位于井田东翼一水平三采区，东以 DF5 断层为界，西以三采区第 1 中部车场，南北分别以设计回风巷、运输巷为界。工作面沿走向布置，7131 回风巷位于 7130 采空区下部，距 7130 运输巷间留有宽 5m 防水煤柱。工作面起止标高–393～–473m，平均走向长 1677m，倾向宽 161～166m，煤层最大厚度 4.1m，最小厚度 2.5m，平均厚度 3.19m，煤厚变异系数 9%，综合评定为稳定煤层；工作面地质储量 120.7 万吨。

该工作面直接充水水源为顶板砂岩裂隙水和 7130 采空区积水。利用承压水、潜水完整型公式，求得顶板砂岩裂隙水正常涌水量 $49m^3/h$。该工作面上限至–393m，该区域四含水层底界受古地貌地形制约，为一残坡积——漫滩沉积，两极厚度 0～30m，平均 8m，第 29～30 号勘探线以东部四含水层厚度逐渐变小，局部无四含水层分布，属风化剥蚀区，巷道距四含水层底界最近处约 60.2m，正常情况下对巷道掘进无影响。如图 7.43 所示，目前 7130 采空区（矿井 12 号积水区）积水外缘标高–397m，最深积水标高–434m，积水深度 37m，预计 7130 采空区（12 号积水区）积水面积约 $34757m^2$，积水量约 $31280m^3$。

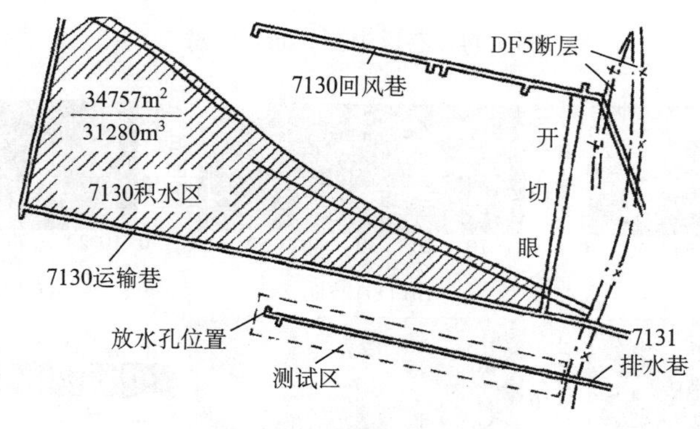

图 7.43　测试工作面位置

皖北煤电集团与安徽惠洲地质安全研究院采用网络并行电法技术，探测试验选择在 7131 排水巷内进行，现场共布置 4 条测线，具体如图 7.44 所示。其中测线Ⅰ布置在排水巷右帮，位于 4～5 号放水孔之间，方位角 160°，倾角 14°，向上挑高 0.5m，钻孔深 29m，钻孔顶端距离 7130 工作面采空区积水区域 13m，孔径 75mm。共布置 8 个电极，电极距 3m。测线Ⅱ位于右帮腰线位置，布置电极 16 个，电极距 5m。测线Ⅲ位于右帮底板，布置电极 16 个，电极距 2.5m。测线Ⅳ位于左帮底板，布置电极 16 个，电极距 2.5m。测试过程中，采用网络并行电法探测仪器进行探放水前后 5 次有效的连续动态监测。

利用网络并行电法探测技术处理软件进行数据解编与处理，形成 AGI 数据处理格式文件，使用 AGI 三维反演软件对数据计算，形成不同时间段的探测剖面图，并结合相关地质资料分析计算的积水区边界，获得其对应积水区边界的视电阻率分布，如图 7.45 所示。

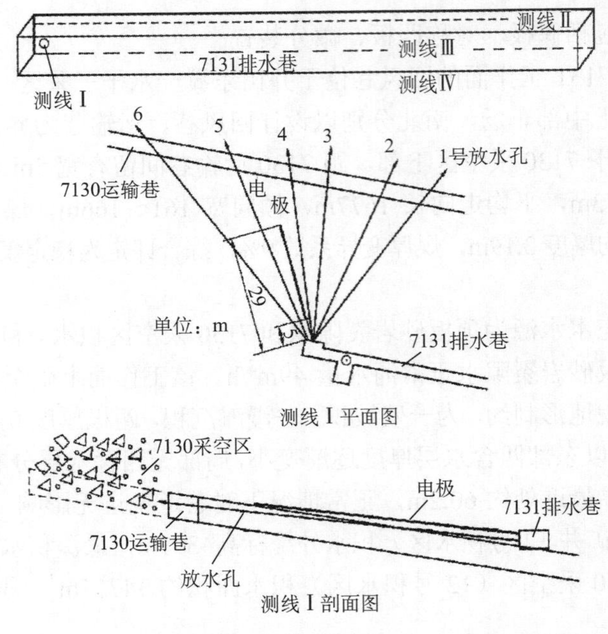

图 7.44　巷道中测线布置示意

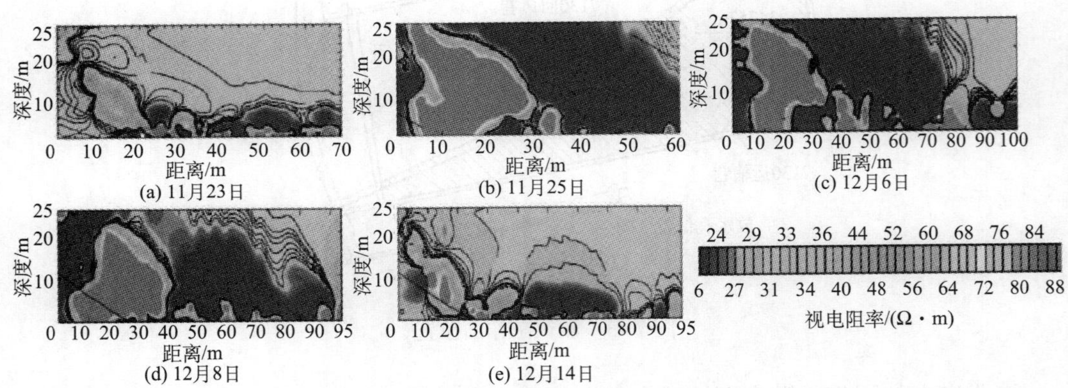

图 7.45　积水区边界视电阻率探测结果

放水之前，2010 年 11 月 23 日防水煤柱中未有水流填充，表现为高阻体，此时积水区边界位置在监测系统之外，视电阻率图像不具有实时反映积水区边界位置的特性。通过分析发现，当积水区边界位于探测区域之外时，积水区范围大于 11 月 23 日或者小于 11 月 25 日监测测线所在的探测区，视电阻率图像不能反映积水区边界位置。由于钻孔周围岩层（煤层）有裂隙发育，放水后，由于毛细现象等，水流沿裂隙运移至防水煤柱中，使防水煤柱视电阻率下降，如图 7.45（a）、7.45（b）所示。

由图 7.45（c）、7.45（d）可知，当积水区边界位于探测区测线范围之内（12 月 6 日、8 日）时，视电阻率图中的高阻体扩展方向指示积水区收缩的方向，高阻体扩展方向边界的形态的延长线精确地指示了积水区边界位置。当积水区边界下降后，裂隙中的毛细水由于压力减小，将析出并向下补充，在视电阻率图像上显示为视电阻率增加。因此，放水后可以通过高阻区的位置指示积水区边界位置。

由图 7.45（e）可知，当积水区边界收缩至监测系统所控制的监测范围之外时（12 月 14 日），积水区通过测线范围短时间内，视电阻率图仍具有定位积水区边界的依据[66]。

7.3.3 突水地带特征感知

突水地质条件，即可能发生突水的水文地质条件，其探测与评价是预防矿井突水灾害的重要环节。针对不同水文地质条件类型，下面简述主要的水文地质条件特征及其感知技术。

1. 破坏带的主要类别及参数特征

我国矿井突水的类型多样，其来源包括：巨厚强含水冲积层、具有强含水层或地表水体补给的太原群岩溶灰岩含水层、厚层灰岩岩溶强含水层。前两者或对下伏煤层，或对上下煤层开采产生威胁，但后者的危害更大也更为广泛。我国有关煤矿底板岩溶水突水的资料相当丰富，据不完全统计，全国 1000 多次的突水记载中就有 700 余次有详细或较详细的记录，占突水总数的 70%以上。

采动破坏带是指由于采动矿压的作用，采空区周围岩层连续性遭到破坏，导水性发生明显改变的岩层带。在空间分布上，顶板、底板、煤壁方向都会产生不同程度的破坏，采动破坏带的类型也有所区别。地下水突出遵循一定规律，即沿着采动破坏带产生的裂隙移动，或导通原有的断层等软弱面而突水。

1）“上三带”及其特征

“上三带”又称“顶三带”，是工作面采煤过程中顶板煤岩层产生崩落、裂隙、变形的范围。钱鸣高教授等于 20 世纪 80 年代初提出了采场上覆岩层活动规律中老顶岩层破断后的“砌体梁”力学模型并发现了老顶岩层“板”的“O-X”型破断规律，在国内外产生了较大的影响。在 20 世纪 90 年代末，进一步提出了岩层控制中的“关键层”理论，钱鸣高根据砌体梁理论对煤层开采后上覆岩层运动规律提出了“上三带”的分布规律。这三带分别为冒落带、裂隙带、弯曲下沉带。

以长壁式全部垮落采煤法为例，采场在初次放顶时，仅影响到岩层内部一定范围，且主要表现为应力变化及开裂冒落，其范围大致呈拱形。在此阶段内处在垮落拱以内的上覆煤岩层全部垮落，垮落空间内的充分卸压，垮落拱以外的煤岩层仍处在原始压力区内。

初次放顶后，工作面进入正常推进阶段，此时采空区周围所采煤层处于压缩状态，随着工作面向前推进及回柱放顶，顶板不断向下冒落，采空区内的冒落岩石由堆积状态转入承压状态，并逐渐被压实而稳定下来。采空区内上覆岩层由顶板向上依次冒落、开裂、离层、整体移动，直至地表，并形成“上三带”（图 7.46）。

“上三带”对于矿井突水的影响在于有可能导通顶板至强含水冲积层或岩溶灰岩含水层。就影响范围而言，“上三带”的影响范围明显大于底板、侧面的围岩破坏。总体来说，顶板灰岩、砂岩含水层的水量有限，而防治这类水害的煤层开采技术，已有了一套比较完整及成熟的经验。

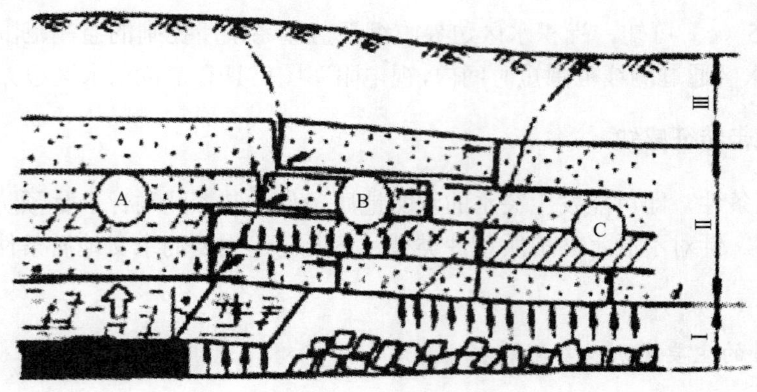

图 7.46　煤层开采及上覆岩层破坏特征

Ⅰ. 冒落带；Ⅱ. 裂隙带；Ⅲ. 弯曲下沉带或整体移动带

A. 超前压力压缩区；B. 卸压膨胀区；C. 采后压缩稳定区

2）“下三带”及其特征

刘天泉在国内率先提出了煤层采空区底板岩层破坏的“三带”概念，即底板自上而下由鼓胀开裂带（8～15m）、微小变形与移动带（20～25m）及应力微变化带（60～80m）三带组成。

刘天泉、张金才从力学分析角度首次提出了底板岩体“两带”模型，即底板岩体由采动导水裂隙带及底板隔水带组成，并得出了“两带”的厚度。张金才、刘天泉详细分析了底板采动裂隙带的深度及分布形态，并得出了底板导水裂隙带深度的计算公式[67]。

李白英等在矿井底板突水灾害的防治方面提出了“下三带理论及其配套技术”，形成了新的较完善的理论应用体系，并已得到生产实践验证。自煤层底面至含水层顶面“下三带”分别包括采动底板破坏带、完整岩层带和原始导高带，并得出了底板破坏深度与采面斜长之间的线性关系，代表了底板变形理论研究的新成果[68]。

底板导水破坏带。煤层底板受开采矿压作用，岩层连续性遭受破坏，其导水性因裂隙产生而明显改变。促使导水性明显改变的裂隙在空间分布的范围称底板导水破坏带。开采煤层底面至导水裂隙分布范围最深部边界的法线距离称“导水破坏带深度”，可简称“底板破坏深度”[43]。

导水破坏带中的裂隙根据空间分布形态也可以分为三种：一是竖向张裂隙，底板膨胀时层向张力破坏形成的张裂隙，分布在紧靠煤层的底板最上部；二是层向裂隙，通常发育在底板浅部，是在采煤工作面推进过程中底板受矿压作用而压缩—膨胀—再压缩反向位移沿层向薄弱结构面离层所致，沿层面以离层形式出现；三是剪切裂隙，一般为两组，以 60°左右，分别反向交叉分布，这是由采空区与煤壁（及采空区顶板冒落在受压区）岩层反向受力剪切形成（图 7.47）。

保护层带。是指底板岩层保持采前的完整状态及其原有阻水性能不变的部分。此带位于导水破坏带与承压水导升带之间，其特点是仍保持采前岩层的连续性，使其阻水性能不发生变化，因而这一层带的厚度对于承压工作面的安全开采至关重要，故称为有效保护层带或阻水带。

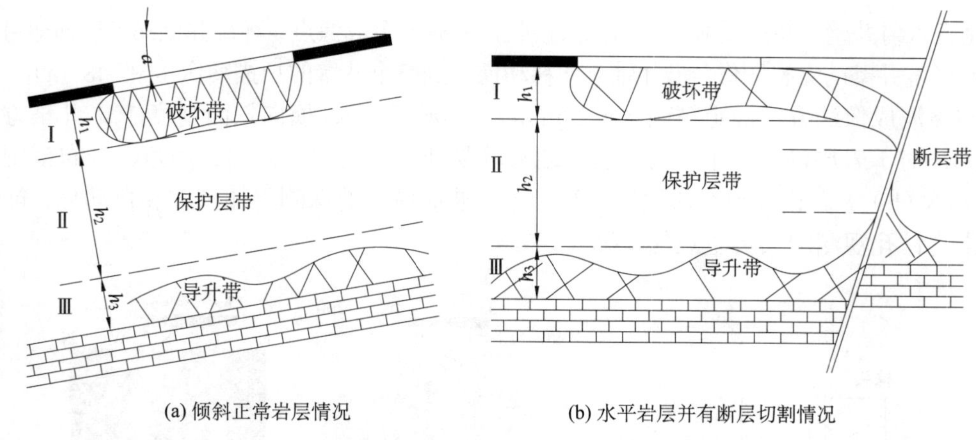

(a) 倾斜正常岩层情况　　(b) 水平岩层并有断层切割情况

图 7.47　底板“下三带”空间分布示意图

注：①正常水平岩层 h_1 空间分布形态大致对称；②断层带附近 h_1 比正常岩层 h_1 增大 0.5～1 倍；③断层带附近承压水导升高度变化很大，h_3 一般比正常岩层增大，甚至可切过煤层，为区别正常承压水导升带可称其为承压水异常导升带

承压水导升带。承压水可沿含水层顶面以上隔水岩层中的裂隙导升，导升承压水的充水裂隙分布的范围称为承压水导升带。其上部边界至含水层顶面的最大法线距离称为含水层的原始导升高度（简称承压水原始导高）。根据隔水层底部岩性及地质构造，原始导高大小不一，有的矿区隔水层底部为隔水软岩，无导水裂隙，则此时其导高可能为零。

2. *采动破坏带感知方法*

煤层采动破坏带的感知方法较多，按照感知位置可分为地面感知方法和井下感知方法两类，根据感知手段不同又可分为地质感知方法、地球物理感知方法等。

1）“上三带”的探测方法

地面感知方法主要针对煤层上覆岩层破坏带，即“上三带”的感知。综合国内外多年来的研究成果和煤层采动覆岩导水裂隙带探测实践，目前已被证明较为可靠的地面感知方法有[69]如下几种。

（1）钻孔冲洗液观测法

采用钻探的方法，在煤矿采空区的上方，通过对钻孔冲洗液的漏失量及变化情况进行观测来确定工作面上覆煤层的导水裂隙带高度，判定“上三带”的具体深度位置。该方法涉及一些常规观测项目、钻孔布置、钻孔施工、钻孔测量段要求、测量方法和数据处理方法等。

统计钻进时钻具本身的异常，是否发生掉钻、卡钻、吸钻等现象，取芯是否完整，冲洗液是否加速渗漏等物理现象，直观可靠，是经典的探测“上三带”的地质手段。但该方法局限于少数的钻孔，对于采动破坏带的整体感知限定在一定范围，而采动破坏带的连续性并不算强，探测范围有限。

（2）地面钻孔超声波成像法

这种高精度的成像测井技术，是以井下探头发出的超声波为信号源，再经探头接收孔壁周围反射信号的物探方法。超声波向下激发，经倾斜45°放置的凹面镜反射，改变方向，垂直入射井壁，井壁反射后再由探头接收，形成一个成像点。环绕井壁360°扫描即可得到确定深度井壁的完整图像，沿井轴方向移动便得到整个井壁的扫描图像（图7.48（a））。

超声波成像法方位确定精确（±2.5mm）、分辨率高（横向扫面精度 1°，井轴方向 3mm），对于岩层以及其中节理、裂隙能够轻易地分辨走向、倾向、倾角、分布范围等（图 7.48（b））。相较于普通地质方法，超声波成像法的探测更加精细和自动化，能够避免常规钻孔观测的人员主观的疏漏和误差。

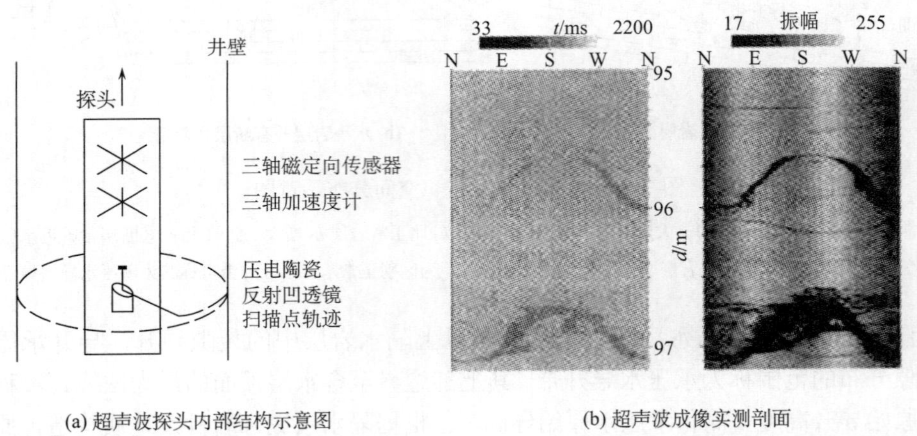

(a) 超声波探头内部结构示意图　　(b) 超声波成像实测剖面

图 7.48　超声波探头的内部结构和孔壁成像效果

（3）钻孔电视法

钻孔电视法以井下探头发出的可见光为信号源，再接收井壁的反射光信号进行成像。按照结构上的差异可以将钻孔电视划分为全景式钻孔电视和侧视式钻孔电视。

全景式钻孔电视法在探头的前端安装一个固定光源，光源发出的光线经井壁反射，反射信号从井壁四周 360°方向同时由接收传感器接收并由仪器记录成像。

侧视式钻孔电视法在探头前方安装的是可转动的光源，光源的照射具有指向性。在井轴方向垂直的平面内能够旋转 360°，井轴平面内可以旋转 90°，将不同深度、方位的图像进行记录，从而形成完整的井壁图像。

钻孔电视法的观测精度较低，只能观察井壁的完整性、岩层和节理的大致发育情况、钻孔堵塞物等。容易受浑浊的钻井液影响，难以知晓节理裂隙的具体发育信息，单独使用只适合对方位要求不太高的工程测量。

（4）地面 TEM 观测法[70]

瞬变电磁法是一种时间域的物探方法。目前不论在地面找矿、找水，还是矿井安全生产中的顶底板水害探查、老空水探查中都得到了广泛的应用。对于顶板强冲积层含水和岩溶灰岩强含水层含水的分布可以得到整体概况的反映，这对于“上三带”中的裂隙发育和导水通道的位置的确定具有参考价值。

（5）钻孔多参数（物探、水文、岩土）监测法

该方法通过在监测区段地面钻孔各个深度位置布置一定数量不同种类的传感器，对不同的参数如水压、形变、应力进行长期不间断的监测，隔一段时间（如 1h）采一

组数据，这样足以保证在时间和空间尺度内对采动破坏带的发育和水头水压的变化进行掌控把握。

（6）直流电法

直流电法的优势在于不仅仅局限在一个钻孔的位置，而是将探测区域扩展到钻孔四周一定的范围，这对探测破坏岩层的整体形态具有重要意义。理论上直流电法的勘探深度是测线长度的 1/2，获得的观测资料清晰明了，易于判读，冒落带、裂隙带均清晰可辨。

2）“下三带”的探测方法

与地面采动破坏带勘探方法相比，井下勘探方法具有距探测目标近、探测精度高等特点。近年来矿井物探、钻探、地质勘探方法都具有长足的发展，受到矿方和学者的高度重视，在底板采动破坏带感知方面取得了不少成果。具体来说，常用方法包括：

（1）井下钻孔注、压水试验

煤矿开采过程中，“下三带”采动破坏带范围的大小关系到承压水上煤层带开采的安全性问题，而首先要做的就是测量、感知采动破坏带的深度。

传统的底板破坏带探测通常选择在煤层底板内沿倾斜剖面布置钻孔，终孔于底板法线，只留下孔底 2m 段为裸孔，其余段注浆封闭。但此方法为点式间断观测，不能确切地知道采动破坏带的破坏程度和影响范围。

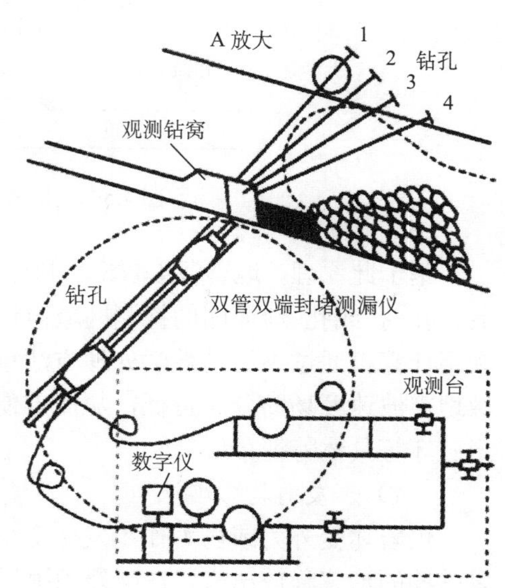

图 7.49 井下钻孔注、放水试验图

目前更加有效的方法是在井下向上（向下）打一任意俯仰角的钻孔，进行分段式各级注（放）水。由于注（放）回路与各段封隔的独立性，因而可根据注（放）水量而精确判定底板破坏带的延伸范围。该方法简便有效，大大减少了钻孔工程量，观测资料直观易懂（图 7.49）。

（2）井下钻孔中波速检层法

在井下钻孔中放入地震波激发、接收一体装置，激发点、接收点之间存在一定距离，装置与主机之间有线相连，通过固定长度的支架往前逐级前进，前进过程中完成各井壁段的直达波采集。通过对各井壁段初至波波速分析、震波频谱分析，从而获得钻孔各段的破坏带分布情况。

波速检层法对于钻孔的探查十分精细，能够满足高精度的探测任务。但现实情况下钻孔并不稳定，薄弱、松软的煤岩层极易受到破坏，导致仪器进出困难，而波速检层只对应裸孔的探测，所以该方法只适用于岩性较致密、成孔条件较好的钻孔[71]。

（3）孔巷、孔间及孔地震波 CT 法

地震波在介质中传播的过程中，携带大量的地质信息，通过地震波波速、频率及振幅等特性表现出来。其中，地震波速度与岩体的结构特征及应力状态有着显著的相关性。通常不同岩性中地震波的传播速度是不同的，即使是同一岩层，由于其结构特征在时空上发生变化，波场分布也会产生新的变化。当覆岩受采动影响，应力场发生改变，应力集中或增大，岩体波速会增加，继而岩体遭受破坏，此时相应波速会明显减小（图 7.50）。

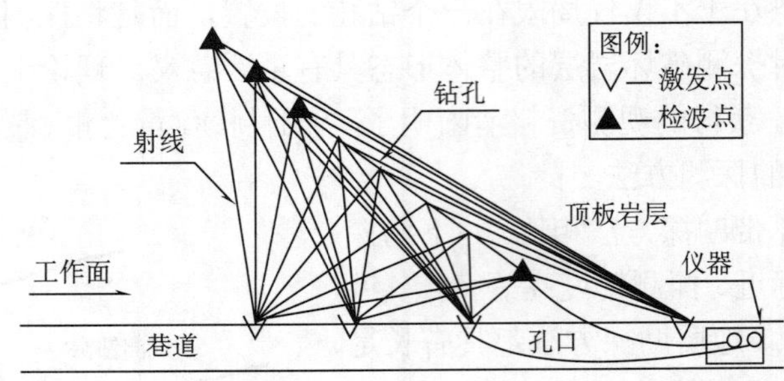

图 7.50　孔-巷间地震波 CT 技术探测系统

基于此原理，地震波 CT 技术利用地震波在不同介质中传播速度的差异，通过在孔-巷、孔-孔或孔-地面间的探测区域内构成切面，根据地震波信号初至时间数据的变化，利用计算机通过不同的数学处理方法重建介质速度的二维图像。通过这种重建的测试区域地震波速度场的分布特征，从而方便地解释相应阶段的应力集中、裂隙发育和岩层变形破坏等具体特征。

（4）声发射与微震法

煤岩体受外力或内力作用发生变形和断裂时释放出的瞬时弹性波，这种弹性波通常以脉冲的形式释放出来，在破裂源附近产生宽频率的尖脉冲，被称为声发射（AE）；由于岩体弹性波随着距离的增大，频率、幅度急速衰减，在一定距离以外只留下低频、低幅度的微弱弹性波，称其为微震（MS）。在采动矿压的作用下，采空区周围岩层连续性会遭到破坏，在这个过程中，岩层由于变形和断裂会产生大量的声发射与微震事件，所以通过声发射、微震监测系统对采空区震源事件进行监测可以对矿井采动破坏带进行有效感知。

3. 采动破坏带感知技术及应用

下文以网络并行电法技术为例来介绍采动破坏带感知技术的应用。

使用网络并行电法技术对顶板破坏带进行动态监测，十多年在理论研究和大量工程实践中都取得了不少成果。图 7.51 是小浪底库区水下采煤工作面的电法实测“上三带”视电阻率剖面。在工作面一个仰孔内安装 64 个测量电极进行直流电阻率法动态勘探，用以监测顶板“三带”发育情况。图 7.51（a）为工作面未进入测量区域时的监测背景场视电阻率剖面图，图 7.51（b）为工作面推进至距钻场 21m 时的视电阻率剖面图，由图 7.51（b）中可以清晰看到顶板“冒裂带”的发育特征。可见，动态电阻率勘探技术在感知采动破坏带的发生、发展过程方面具有鲜明效果。

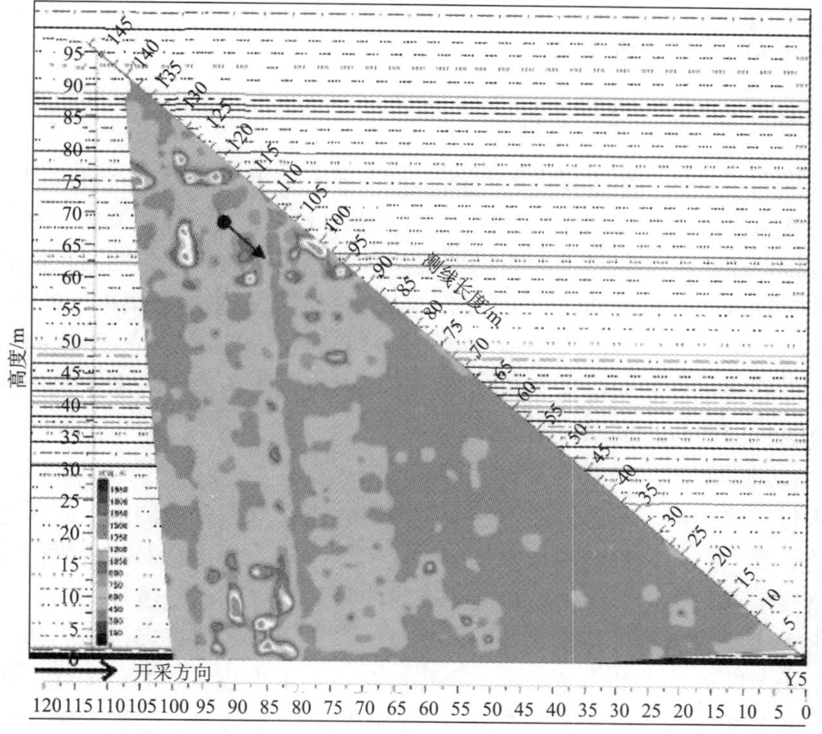

(a)

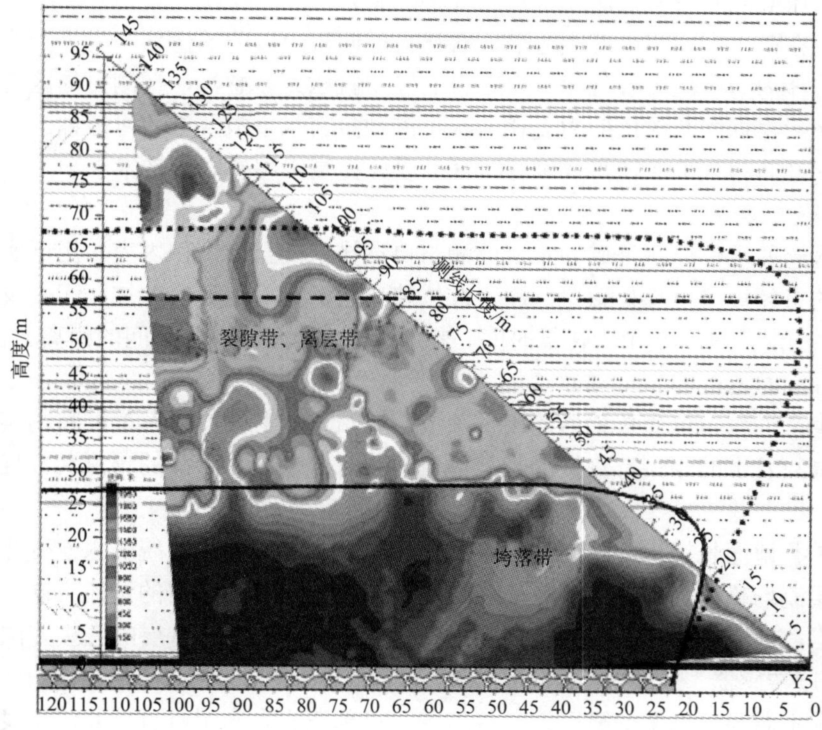

(b)

图 7.51 “上三带”视电阻剖面图

7.3.4　矿井突水的感知网络

1. 主要传感器类别及工作方式

瓦斯、煤尘、水害、火灾以及冲击地压是造成矿山事故的五大灾害[72,73]。在我国矿山事故中，水害事故占了很大比例，矿井水害的形成和发生都有一个从孕育、发展到发生的变化过程，在这一变化过程的不同阶段都有其对应的前兆，这也为我们对矿山突水的监测及预防预报提供了可能性[74]。目前，矿山突水监测技术主要集中在矿山压力监测、水文水质监测、微震监测、电位监测及电磁辐射监测这五个方面[75]。不同的监测方式具有不同的工作原理以及相应的监测传感器。下面对目前常用监测技术中的传感器及其在水害感知方面的应用进行简单介绍。

1）压力传感器

以水压传感器为例，其芯体通常选用扩散硅，工作原理是被测水压的压力直接作用于传感器的膜片上时，膜片产生与水压成正比的微位移，使传感器的电阻值发生变化，用电子线路检测这一变化，并转换输出一个对应压力的标准测量信号。

地下水水压的监测是矿井水文监测中重要的一个方面，可以通过压力传感器实时监测矿山开采相关区地下水的水压情况，来预测预报突水事故发生的可能性。它主要用于矿井区域内的各含水层水位动态监测，包括地面钻孔水位监测、遥测系统和矿井巷道、钻孔内的水压监测系统，目前在有水害威胁的矿井已经普及。

此外，在矿山突水事故发生之前，必然会引起矿山压力的变化。为了查明目的探测区煤层或岩体内的矿压显现规律，可在目的区布置压力传感器，探测目的区岩体的压应力状态，然后根据探测的压应力变化情况预测预报突水事故发生的可能性。矿山压力与水压的变化及其相互关系还需要进行研究，以此提高水害感知的技术水平。

2）位移传感器

矿井水仓的水位监测是矿井水文监测与自动排水的日常工作内容，用于实时探测地下水水位的有超声波位移传感器。超声波位移传感器在微处理器的控制下，发射和接收超声波，并由超声波在空中的传播时间 t 来计算传感器与被测物之间的距离 s，从而对地下水位进行实时的监测。

矿井生产过程中位移传感器还用于顶板、巷帮位移监测，对巷道位移的实时监测不仅对冒顶事故发生的预测有直接的指导价值，其对顶板突水事故的预测预报也有重要的指导意义。

通过矿井地面长期水文观测孔、巷道内水文观测孔及排水系统的水位变化，形成矿井各含水层流场趋势，分析其流场动态变化，可以确定各含水层的水流方向、通道与潜在出水地点，是水文地质预测的常规手段和有效感知矿井各含水层的直接方法。

3）温度传感器

地下水水温与含水层的赋存深、浅有关，深部灰岩含水层具有更高的温度，水温与岩体温度的差异具有指示突水水源的能力，因此温度监测是矿井水文监测中的一个重要方面。由于地下水的导通与流动往往会导致水温的变化，矿用温度传感器就需要实时探测地下水的温度变化，由此预测预报突水事故发生的可能性。在温度传感器方面还需要进一步提高温度传感器的响应时间和分辨率，达到过程同步和精细温度梯度的感知。

4）流速、流量传感器

矿山开采相关区地下水流量的改变往往是含水层之间导通以及其他导水通道发生改变的直接表现。通过实时监测矿山开采相关区地下水流量的改变来预测预报突水事故发生具有同可能性。在该类工作中常用的是电磁式流量传感器和涡轮式流速传感器。

电磁式流量传感器，它基于导电性的液体在流动时切割磁力线时产生感应电动势的原理来测定流速；一般具有安装使用简单可靠、测量精度高等特点。

涡轮式流速传感器是利用放在流体中的叶轮的转速进行流量测试的一种传感器。当叶轮置于流体中时，由于叶轮的迎流面和背流面流速不同，因此在流向方向形成压差，所产生的推力使叶轮转动。如果选择摩擦力小的轴承来支承叶轮，且叶轮采用轻型材料制作，那么可使流速和转速的关系接近线性，只要测得叶轮的转速，便可得知流体的流速。也可采用流量计直接测定流量及其变化。

5）震动传感器

工程掘进和采矿引起的富水区或导水结构的导通有一个时间过程。工程掘进及采矿过程引起围岩一定程度及范围的破裂，而任何岩体在宏观破坏前一般都会产生许多细小的微破裂，这些微破裂以弹性能释放形式产生弹性波，可被安装在有效范围内的传感器接收。微震的实时、连续监测，是描述导水通道孕育、发展到最终失稳过程的有效技术手段，微震监测的过程就是对微震波的反演分析过程，微震波蕴含了大量的震源和传播介质的信息。

矿用震动传感器，即检波器，根据转换原理的不同可以分为速度传感器、加速度传感器，速度传感器是以速度的增量作为电压输出的标准，加速度传感器是以加速度的增量作为电压输出的标准。根据工作原理的不同又可分为动圈式传感器、涡流式传感器、压电式传感器和微机电传感器等。其中动圈式和涡流式传感器是基于电磁感应原理而制成，振动产生的变化的磁场会使传感器输出电压信号。压电式传感器是基于压电效应原理而制成，压电材料受力后表面产生电荷，此电荷经电荷放大器和测量电路放大和变换阻抗后就成为正比于所受外力的电量输出。微机电传感器是采用微电子和微机械加工技术制造出来的新型传感器，与传统的传感器相比，它具有体积小、重量轻、成本低、功耗低、可靠性高、适于批量化生产、易于集成和实现智能化的特点。

实际施工中，在目的区打钻安置一定数量的震动传感器，利用震动传感器记录周围震源震动情况（岩石破裂就是震源），通过震动信息判定发生破裂岩石的位置，然后根据岩层的动态破裂以及破裂区的位置分布与含水层的位置关系，确定突水的危险性，从而对矿山突水起到了预测预报的效果。

6）电位传感器

直流电法勘探中，电位传感器，即电极，是一个重要的附属设备，常用的电极按材料不同，有铁电极、铜电极、铂金电极、炭质电极和不极化电极等，并按测试需求具有不同的尺寸。不同材料电极的极化效应不同，因此必须根据条件选择合适的电极进行数据采集。

地下空间的采掘过程中，必然有岩石的破裂以及地下水的运移。在目的区布置一定数量的电位传感器，通过测量各位置的自然电位或者在供电情况下测量各位置的激励电位情况，然后可计算得出各区域的视电阻率、电阻率，结合地质资料、水文资料等进行解释，由此完成对岩层破坏、渗流状态的预测预报。

7）辐射传感器

工程掘进及采矿过程必然会引起矿山应力的改变，发射的电磁波信息，通过传感器收集、量测并记录在胶片或磁带上，然后进行光学或计算机处理，最终得到可供几何定位和图像解释的遥感图像。从而预测预报目的区冲击地压及矿山突水事故发生的可能性。

电磁辐射传感器是一种获取目标电磁辐射信息的装置，传感器主要由四部分组成：收集器、探测器、处理器和输出器，各部件分别负责信号的收集、A/D 转换、处理信号及输出信号的功能。传感器的接收天线为磁性天线，极化方式为轴向圆极化，当有电磁辐射信号传播过来，传感器内的天线将磁信号转换成电信号。煤岩体电磁辐射原始信号为阵发性的脉冲信号，其频带很宽，且主频带随载荷发生变化，根据电磁场理论及采掘工作面监测范围确定接收机的测量频率范围。通过采集宽频带的冲击地压电磁辐射信号并进一步分析完成对矿山冲击地压等事故的预测预报。

8）水质传感器

水质传感器是以水体为观测对象，通过敏感元件与转换元件，将水体特性按一定规律转换成为电信号或其他所需形式的信息输出，以满足信息的传输、处理、存储、显示、记录和控制等要求。近半个世纪以来，水质传感器技术得到了快速发展，pH、电导率、硬度、矿化度、油度、溶解氧、高锰酸盐指数、氨氮、总氮、总磷和总有机碳等十几项参数的测量技术已相对成熟，市场上出现了各种类别的水质传感器，并得到了广泛应用。

据测量的参数多少可分为单参数水质传感器和多参数水质传感器。单参数水质传感器针对单一水质参数测量设计，主要应用于化工、冶金等行业对特定参数测量；多参数水质传感器可同时对多个水质参数进行测量，功能齐全，主要应用于水质监测等多参数测量。

根据工作方式可分为便携式水质传感器和在线式水质传感器。便携式水质传感器携带方便，主要用于试验研究、临时测量；在线式水质传感器可实现参数实时监测，通常安装于待测水体中，主要应用于在线自动水质监测系统。通过水质分析可确定突水通道与水源的关系。

2. 网络构成与工作方式

矿山突水事故的发生有着从孕育、发展到发生的变化过程，在其孕育与发展的过程中，我们可以通过相应的各种传感器探测感知矿山的物理化学特征的变化，通过矿山物理化学性质变化推测矿山突水事故发生的可能性，从而对其进行预报以及及时采取应对措施。因此，如何将井下监测传感器采集的数据快速、准确、可靠地传输至地面，以保证对矿山突水事故发生的可能性迅速做出判断，并指导矿井生产和安全管理显得尤为重要。

目前，工业以太网以其透明协议、组网能力强等特点在矿井地下工程中获得了较为广泛的应用。光纤传输网络以其抗干扰能力强、传输距离远、传输容量大等特点被广泛应用于系统传输网络的主干线建设。构建基于光纤的千兆环网，为井下各类监控数据提供了稳定、安全、可靠的传输链路。井下光纤工业以太环网主要由单模多芯阻燃光纤、工业以太环网交换机、基站控制器、数据采集站、传感器等部分组成。

传感器采集到的数据通过无线通信的方式（也可以用有线传输的方式，但由于矿井环境限制，无线通信方式更适合）传输到基站，然后经过基站控制器，由交换机将数据信息连入环网，通过环网传达至地面局域网，然后被连入地面局域网的控制主机所接受。由于光纤传输网络具有抗干扰能力强、传输距离远、传输容量大等特点，因此矿山监测数据能及时高效地传至控制主机。同理，地面控制主机也可以发出指令通过局域网、光纤环网经过交换机传达至基站控制器，来控制井下基站及传感器的数据采集。

3. 在线式探测装备与应用

矿山突水事故的发生，常常会在短时间内淹没坑道，给矿山生产带来严重的危害，造成人员伤亡和财产损失。相比于其他预防突水事故发生的探测手段，在线式监测具有实时、全面、高效的特点，且在线式监测能够很大程度的节约人力物力成本，因此在线式探测装备在近些年得到了长足的发展，且在许多矿区进行了应用并取得了良好的效果。下面将对目前应用较成熟监测方式的典型设备进行简单介绍。

1）矿压位移监测系统

矿压位移监测系统是对矿井下顶板压力、底板压力以及巷道压力进行综合监测的一个自动化监测系统，另外该系统还可以同时监测获取位移参数。该系统主要由压力传感器、位移传感器、数据采集站、无线数据传输设备、报警系统、地面数据综合处理主机组成，该系统通过实时监测目的区压应力及位移变化，经矿山通信网络将数据传至地面，然后由地面数据综合处理分析中心完成数据的实时处理，通过分析处理所测压力及位移的数值和变化情况来综合辅助判断突水的危险性，当危险程度提高时，结合水文地质等监测数据，进行综合分析与预警提示，从而可以提前采取相应预防矿山突水事故的措施。

2）水文水质监测系统[76,77]

水文水质监测系统是通过对地下水水位、温度、水质、水压、流量进行综合监测的自动化系统。该系统主要由位移传感器、温度传感器、压力传感器、流速流量传感器、数据采集站、无线数据传输设备、报警系统、地面数据综合处理主机组成，通过实时监测矿山开采相关区地下水水位、温度、水质、水压、流量的变化，经矿山通信网络将数据传至地面，然后由地面数据综合处理分析中心完成数据的实时处理。它集自动化、智能化、监测全面、数据准确、实时性好等特点于一体，综合运用计算机技术、现代传感器技术、现代通信技术、多信息融合技术、数据库技术等，采用分布式设计结构，来完成对矿井周围水文状况的监测和对水害的预报预警。现在矿井水文监测系统已在部分煤矿推广应用，取得了不错的效果，水文数据观测及时，对水害的预防及时有效。

3）在线式电磁辐射监测系统[78~82]

在线式电磁辐射监测系统通过监测目的区电磁辐射强度及其变化来预测预报矿山突

水事故的发生。在线式电磁辐射监测系统主要包括高灵敏度的宽频带定向接收天线、监测及数据处理主机、遥控器、监测及预报软件等，以 KJ 系列矿井环境与安全监测系统作为通信平台，实现矿山动力灾害的电磁辐射信号采集和分析预报，对具体危险性区域进行连续监测及预警。实际应用过程中，通常先用便携式电磁辐射监测仪测试并确定危险性较大的目的区域，然后再用在线式电磁辐射监测系统实时监测，根据电磁辐射强度及脉冲数变化情况，结合现场实际，当危险程度提高时，进行预警提示，从而提前采取相应预防矿山突水事故的措施。

4）微震监测系统[83]

微震监测系统通过所探测到的微小震动，来分析研究并预测预报矿山突水事故的发生。主要由传感器、数据采集站、无线数据传输设备、报警系统、地面数据综合处理主机、事件数据定位分析系统组成，具有低功耗、高信噪比、使用方便等特点。该系统基本构架采用分布式网络拓扑结构，采用以太网将采集系统和控制系统连成一体，并可通过无线数据传输模块远程管理设备系统，最后由地面数据综合处理分析中心完成数据的实时处理。通过实时处理的震动信息判定发生破裂岩石的位置，然后根据岩层的动态破裂以及破裂区的位置分布与含水层的位置关系确定突水的危险性，当危险程度提高时，进行预警提示，从而可以提前采取相应预防矿山突水事故的措施。

5）电位监测系统[84~86]

电位监测系统是在人工供电或自然电场情况下通过监测目的区电位强度及其变化来预测预报矿山突水事故发生的系统。电位监测系统主要由电位传感器、数据采集站、无线数据传输设备、报警系统和地面数据综合处理主机组成。由于富水区域或导水结构的导通，必然有岩石的破裂和地下水的运移，通过测量目的区的自然电位或在供电情况下目的区的电位，经矿山通信网络将数据传至地面，然后由地面数据综合处理分析中心处理得到目的区的视电阻率。通过监测区视电阻率的大小及改变来判断突水的危险性，当危险程度提高时，进行预警提示，从而可以提前采取相应预防矿山突水事故的措施。

水相对围岩是明显低阻体，且围岩破裂形成空隙会导致破裂区电阻严重不均匀分布。电位监测系统对水以及由围岩破裂导致的电阻不均匀分布的监测具有非常高的灵敏度。另外，电位监测系统还有高信噪比、解释显示直观、经济等优点。

7.3.5　矿井突水的综合感知

矿井突水灾害的综合探测已有几十年的历史，如“突水系数法”“三带理论法”“双层水位理论”“三图双预测”“五图双系数”等。从实际情况来看，煤矿突水的复杂性和感知、认知的局限性，需要采用综合感知的方法和技术从客观上进行全面分析。矿井突水的感知方法大致有地质环境预测技术、矿井物探技术和 3S 技术等。

1. 矿山突水的综合预测

1）地质环境预测技术

不利的地质因素是造成煤矿突水最直接的客观原因，其中煤层及其围岩的性质对突水有很大的影响，这就是煤矿地质、水文地质、工程地质条件的感知程度问题，需要有一个透明的地质与水文地质环境，才能认知突水过程。

无论是“突水系数”，还是“三带理论”等突水机理的总结，都是以地质结构与地质构造为基础而提出的，包括地质体的岩石力学、土力学等工程地质特征和含水层、隔水层的水文地质特征等。煤层结构及其顶底板的围岩地质环境和采掘工程的耦合直接约束了突水特征与突水强度。需要把地质勘探资料进行全面收集和整理，重点是将矿井精查地质资料、建井地质资料和补充勘探资料进行整合分析，在此基础上按照矿井开采实际，结合矿井地质资料，提出新的专门水文地质补充勘探，通过这些地质资料整合，才能建立地质环境预测系统。

目前在我国地质条件相对简单的西部与西北地区，采空区突水灾害严重，原因之一，就是没有客观地感知矿井基础地质资料，忽略了简单地质条件下地质背景的重要性，勘探与补充勘探严重不足，钻探工程基本没有实施，主观感知代替了客观感知，大量的老空突水灾害反映了地质资料不可或缺的作用。对煤层勘查与矿井地质工作的投入，直接反映在对地质环境的把握上。目前，感知地质环境已经有了一定改善，地质资料及时修编、专门的矿井水文补充勘探、承压水上煤层开采评价、强松散层水体下开采评价等专门矿井水文地质工作已经全面开展[87]。

2）综合矿井物探技术

矿井地球物理勘探，简称矿井物探，是指在矿井地下开采空间进行各类地质勘查的地球物理方法的总称[88]。我国以煤炭为主的能源结构特点决定了矿井物探服务于煤炭安全生产的重要性；以煤为主的能源消费结构、复杂的成煤模式和开采条件决定了中国矿井物探技术的发展具有自身特点。与打钻孔、掘巷道探测相比，采用地球物理方法进行突水预测观察，测量成本低、获得的信息量大；同时在采掘过程中具有非破坏性，并能够进行测量、记录和分析[89]。我国矿井地球物理勘探主要内容有矿井地震类、矿井直流电法类、矿井电磁法类和其他矿井物探方法这四大类方法。这些方法已取得了丰硕的成果，也存在理论滞后、研究不足、人员匮乏等问题[90]。

矿井地震勘探技术是指针对煤矿开采过程中的各种地质条件进行的浅层反射波地震勘探、面波勘探、槽波勘探、煤层折射波勘探等的总称。井下地震勘探利用地下有限空间来开展工作，与地面地震相比，不受上覆松散低速层影响，矿井地震波频带宽、主频高，对小断层、煤层厚度、下组煤隔水层厚度探测十分有效。

基于地震勘探技术对于工作面构造异常探查有着相对精确的优势，电法探测对工作面的低阻异常区及其富水性评价有着较好的效果。矿井直流电法勘探已经在掘进巷道、顶底板及工作面富水构造探测等方面发挥了重要作用[91]。

高密度电阻率法进行二维地电断面测量，兼具常规剖面法与测深法的功能，铺设一次导线后可进行数百至数千个记录点的数据观测，其信息量大、施工效率高，而且数据经系统自动采集后，可以通过处理软件实现资料的现场实时处理，并根据需要自动绘制和打印各种成果图件，大大提高了电阻率法的智能化程度，很适合一般勘查中对地下目标物的探测。

电法勘探技术中的并行电法系统由安徽理工大学率先提出，该系统由测量主机、控制软件、电极阵列和电缆系统部分组成。并行电法系统每一电极都能自动采样，在接收供电状态命令时电极采样部分断开让电极处于供电状态，否则一直处于电压采样状态，并通过通信线实时将测量数据送回主机，采样过程中无闲置电极。

瞬变电磁测深法是近几年来发展起来的电法勘探分支方法，它利用采集的数据求取各个测点在不同深度的视电阻率，作出视电阻率的剖面图，进而利用视电阻率异常来分辨和定位地下目的物的几何形态与展布。其探测原理是：在发送回线上供一个电流脉冲方波，在方波后沿下降的瞬间产生一个沿发射回线法线方向传播的一次磁场，在一次磁场的激励下，地质体将产生涡流，在一次磁场消失后将有一个过渡过程。该过渡过程又产生一个衰减的二次磁场，该二次磁场的变化将反映地质体的电性分布情况，从而判断地下不均匀体的赋存位置、形态和电性特征。现有的科研成果和实践经验已经表明，矿井瞬变电磁法可用于圈定巷道前方、顶底板的富水区、导（含）水断层、采空区等低阻异常。它除了具有电磁法穿透高阻层能力强、分辨能力好、采用人工源随机干扰影响小、探测效率高、成像清晰、直观明了等优点外，还具有耦合方便、受地形影响小、施工简便的突出优点，在一些场地狭窄、其他物探方法难于开展工作的条件下，采用瞬变电磁法往往可取得良好的效果。

除上述阐述的三种代表性方法之外，其他矿井地球物理方法也至关重要，如无线电波透视法、地质雷达法、声波及微震监测法、红外热像法、放射性法、微重力法等。在大力发展主动源物探手段的同时，也及时开展了被动源的物探研究，目前声发射、微震监测、电磁辐射、震电技术等研究工作已经在部分矿井灾害预警和勘探工作中发挥出作用。在新的煤炭开采形势下，结合煤矿安全生产需求来深入研究矿井物探技术势在必行。

3）3S 技术

矿区是一种特殊的地理区域，其地理空间要素、资源环境信息和社会经济信息的内容广泛，综合，复合，变化迅速。如何将矿区各种要素进行科学的管理和调控，实现人与自然的协调及社会经济的可持续发展是矿山工程面临的新问题，也是一个新的发展机遇。全球定位系统（GPS）、地理信息系统（GIS）与遥感（RS）等技术能够在工矿区资源和环境信息的获取、管理及分析中发挥重要作用，提高水平和效益。3S 技术在矿山勘探、建设、生产经营的各阶段都能够得到不同广度和深度的应用，可以为矿区资源勘测、规划设计和开发提供所需的各项、各种比例尺图纸等基础数据，可以为矿区施工、变形监测控制网的建立及进行沉陷、边坡稳定性监测等工作，在矿区地质测量、地质填图、找矿勘探、工程地质、水文地质、自然调查、地质构造调查、地质采矿条件评价等方面具有明显的效益[92]。

通过 3S 技术来整理分析多元的地质、物探、水文资料，具有明显的优势，是对矿井环境的全面认知的重要手段，目前已经在生产矿井全面推行基于矿井地质的信息管理与成图软件系统，对于矿井水害的地质信息与预警软件系统还处在开发与完善阶段，需要结合矿井物联网技术进行研究与补充。

2. 矿山突水的多元信息耦合分析

1）物探、钻探技术综合分析

据我国国家开发银行与中国煤炭地质总局的联合调查资料表明，地球物理勘探可以查明煤矿矿井地质构造（断层、陷落柱等）、老采空区及含水层分布等，为矿井工作面布置、开采方式的选择和防、治水等提供依据，同时地球物理勘探的应用还可消除多种地质风险。但是单一的地球物理方法往往在勘探对象、勘探深度、分辨能力与解决问题的全面性上存在某些弊端，而运用综合地球物理方法防治煤矿地质灾害与地质风险的优势非常明显，综合物探技术以其独具的信息量大、分辨率高、控制网密等优点，使得较准确地探测小规模断层、陷落柱、含水体等地质体成为可能[94,95]。

近来，随着重磁电三维技术的发展，人们普遍认识到综合物探技术的发展必须依赖于三维基础上的联合反演综合研究，于是一些新的联合反演方法应运而生，主要有以下方法。

（1）约束外推法。如果一个地区有钻井、地震及重磁电资料，或是可靠的浅层地震资料，只是缺少深层反射，可以在地震资料可靠的部位，利用地震等先验知识约束重磁电资料的反演，在地震资料品质不好的部位，利用重磁电反演资料进行补充，最终得到整个地球物理模型。

（2）异常剥离法。如果已知地下构造的一些参数，包括几何格架和物性资料，但局部参量难以确定，那么可以通过正演已知模型的异常，从总异常中把正演异常去掉，然后再反演剩余模型的参数。比如：地震和钻井资料已经确定地下构造和部分岩性，未知部分的岩性可以采用异常剥离法确定，反过来，如果岩性已知，部分边界不能确定，也可以采用异常剥离法。

（3）顺序修正法。以一种地球物理方法为主建立模型，其他方法为辅，一次修改模型，最终使各自的目标函数泛函极值逐渐减小，最终得到符合各种地球物理信息的地球物理模型。

2）物探、化探技术综合分析[96,97]

“地质调查出思路，物化探定靶区，钻探作验证”已成为地质勘查找矿专业技术人员的基本共识。物探、化探是防治矿井突水和地下找矿的一个重要手段，主要为地质提供勘查技术服务。随着矿井突水问题日益严重，矿井水害给人民生命财产造成重大损失，严重制约着煤矿的安全生产，物化探技术已成为除钻探以外的重要手段。随着科学技术的进步和探测仪器精度的提高，物化探技术手段得到了较快发展，特别是计算机的发展，促使重力、磁法等的模拟解释已从手工的一维反演达到人机对话的 2.5 度空间解释，结果更趋于定量化，减少了多解性和盲目性。化探分析水平的提高（如金分析检出限从原来的 1×10^{-6} 含量发展到现在可测出 0.3×10^{-9}），物探、化探的技术快速发展使得矿井突水问题得到进一步的防治。当前国际国内较先进的物化探技术方法有地震技术、第二代航空磁测、激发极化法、化探分析技术和电子计算机技术，这些先进的技术方法在找矿实践中被广泛应用且成效显著。

3. 矿山突水的综合感知技术展望

钻探技术在传统的地质勘察中占据着十分重要的地位，随着技术的发展，仅仅使用钻探技术逐渐暴露其局限性，而物探技术在地质勘探中得到广泛性的应用。因此，矿山突水的综合感知技术在地质勘察中物探方法和钻探方法上各有其优缺点，只有将钻探手段和物探手段方法有机地结合起来才能取得快又准的勘察效果[98,99]。钻探可以通过物探延伸勘探范围、勘探时效，物探可以通过钻探改变观测方式，提高分辨率。

从发展过程来看，矿井物探技术在近十年来发展迅速，不仅得到煤矿主管部门的重视，而且在生产单位已经推广应用。由于矿井物探涉及全空间、强干扰环境，与地面差异大，需要在基础理论勘探技术和反演方法上有所突破。为克服现存问题，在提升单一方法水平的同时，需着力发展针对灾害源的矿井地球物理场协同观测与耦合分析技术，同时结合巷道掘进技术和钻探工艺创新物探方法，并重视其他物探方法在深部矿井勘探与监测中的应用，充分发挥矿井地球物理场的灾害预警能力。

近几年来，3S 技术已经在矿山勘探、开采和管理等方面得到广泛应用。由于矿井突水灾害与地质环境、水文水质、物探监测、采掘活动、应急救援密切相关，涉及信息量大，信息成分复杂，并且具有动态性，有效地管理认知这些信息，正确发出预报预警和应急救援是煤矿防治水的主要内容。3S 技术及其集成技术可为其管理一体化、智能化体系的建立提供技术支撑。实现这一目标的可行途径是将 RS、GPS 以及其他常规方法作为数据来源和数据更新的手段。将 GIS 作为一种搜集、管理和分析这些空间数据的灵活、高效、具有交互作用和可视性的环境与平台，以实现数据获取、更新、分析和应用自动化和智能化。矿山水害防治 GIS 应该具有编辑、查询、分析和输出等功能，做到预报准确、警报及时、预案可行，为煤矿防治水的日常技术管理工作提供适时准确信息。

参考文献

[1] 王培, 李新春. 危险源理论及煤矿事故危险源风险分析研究综述. 煤炭经济研究, 2008, (11): 76-79.
[2] 刘全龙, 李新春. 煤矿瓦斯事故危险源分类及其耦合作用分析. 中国安全生产科学技术, 2012, 8(9): 164-168.
[3] 付华, 煤矿瓦斯灾害特征提取与信息融合技术研究. 阜新: 辽宁工程技术大学, 2006.
[4] 潘启. 煤矿灾害网络构建及特征属性研究. 北京: 中国矿业大学, 2011.
[5] 于震, 张正勇. 热催化瓦斯传感器的特性及其补偿方法. 传感器与微系统, 2010 (1): 42-44.
[6] 张雷, 尹王保, 董磊, 等. 基于红外光谱吸收原理的红外瓦斯传感器的实验. 煤炭学报, 2006, 31(4): 480-483.
[7] 曹茂永, 张逸芳. 吸收光谱式光纤瓦斯传感器的参数设计. 煤炭学报, 1997, 22(3): 280-283.
[8] 柴化鹏, 冯锋, 白云峰, 等. 瓦斯传感器的研究进展. 山西大同大学学报: 自然科学版, 2009, 25(3): 27-31.
[9] 吴财芳, 曾勇, 秦勇. 神经网络分析方法在瓦斯预测中的应用. 地球科学进展, 2004, 19(5): 860-866.
[10] 朱向彩, 周伟. BP 神经网络在矿井安全监测评价系统中的应用. 山东科技大学学报: 自然科学版, 2003, 22(2): 60-62.
[11] 钱鸣高, 石平五, 许家林. 矿山压力与岩层控制. 第二版. 徐州: 中国矿业大学出版社, 2010.
[12] 窦林名, 何学秋. 冲击矿压防治理论与技术. 徐州: 中国矿业大学出版社, 2001.
[13] 曲效成, 姜福兴, 于正兴, 等. 基于当量钻屑法的冲击地压监测预警技术研究及应用. 岩石力学与工程学报, 2011, 30(11): 2346-2351.
[14] 巩思园. 矿震震动波波速层析成像原理及其预测煤矿冲击危险应用实践. 徐州: 中国矿业大学, 2010.
[15] 刘明举, 何学秋, 李大伟. 断裂电磁辐射 Kaiser 效应的实验研究. 焦作矿业学院学报, 1995, 14(4):

89-96.

[16] 撒占友, 何学秋, 王恩元, 等. 煤岩变形破坏电磁辐射记忆效应实验研究. 地球物理学报, 2005b, 48(2): 379-385.

[17] 贺虎, 窦林名, 巩思园, 等. 冲击矿压的声发射监测技术研究. 岩土力学, 2011, 32(4): 1262-1268.

[18] 夏永学, 康立军, 齐庆新, 等. 基于微震监测的 5 个指标及其在冲击地压预测中的应用. 煤炭学报, 2010, 35(12): 2011-2016.

[19] 唐礼忠, 汪令辉, 张君, 等. 大规模开采矿山地震视应力和变形与区域性危险地震预测. 岩石力学与工程学报, 2011, 30(6): 1168-1178.

[20] Jiang F X, Feng Y, Liu Y. Dynamic evaluation method for rockburst risk before stopping. Chinese Journal of Rock Mechanics and Engineering, 2014 , 33(10): 2101-2106.

[21]姜福兴, 苗小虎, 王存文, 等. 构造控制型冲击地压的微地震监测预警研究与实践. 煤炭学报, 2010, 35(6): 900-903.

[22] 陈刚, 潘一山. 基于异步迭代算法的冲击地压预测. 岩土力学, 2004, 25(3): 446-450.

[23] 陈刚, 潘一山. 遗传模拟退火的 BP 算法在冲击地压中的应用. 岩土力学, 2003, 24(6): 882-886.

[24] Mendecki D A J. Seismic monitoring in mines. London: Chapman and Hall Press, 1997.

[25] 董陇军, 李夕兵, 唐礼忠. 影响微震震源定位精度的主要因素分析. 科技导报, 2013, 31(24): 26-32.

[26] 高永涛, 吴庆良, 吴顺川, 等. 基于 D 值理论的微震监测台网优化布设. 北京科技大学学报, 2013, 35(12): 1538-1545.

[27] 巩思园, 窦林名, 曹安业, 等. 煤矿微震监测台网优化布设研究. 地球物理学报, 2010a, 53(2): 457-465.

[28] 巩思园, 窦林名, 何江, 等. 深部冲击倾向煤岩循环加卸载的纵波波速与应力关系试验研究. 岩土力学, 2012a, 33(1): 41-47.

[29] 巩思园, 窦林名, 马小平, 等. 提高煤矿微震定位精度的最优通道个数的选取. 煤炭学报, 2010b, 35(12): 2017-2021.

[30] 巩思园, 窦林名, 马小平, 等. 煤矿矿震定位中异向波速模型的构建与求解. 地球物理学报, 2012b, 55(5): 1757-1763.

[31] 巩思园, 窦林名, 马小平, 等. 提高煤矿微震定位精度的台网优化布置算法. 岩石力学与工程学报, 2012c, 31(1): 8-17.

[32] 窦林名, 牟宗龙, 陆菜平, 等. 采矿地球物理理论与技术. 北京: 科学出版社, 2014.

[33] 齐庆新, 窦林名. 冲击地压理论与技术. 徐州: 中国矿业大学出版社, 2008.

[34] Gallant A R. Three-stage least squares estimationfor a system of simultaneous nonlinear implicit equations. Journal of Econometrics, 1977a, 5(1): 71-88.

[35] Kijko A. An algorithm for the optimum distribution of a regional seismic network—I. Pure and applied geophysics, 1977a, 115(4), 999-1009.

[36] Kijko A. An algorithm for the optimum distribution of a regional seismic network—II. An analysis of the accuracy of location of local earthquakes depending on the number of seismic stations. Pure and applied geophysics, 1977b, 115(4): 1011-1021.

[37] 李志华, 窦林名, 管向清, 等. 矿震前兆分区监测方法及应用. 煤炭学报, 2009, 34(5): 614-618.

[38] 窦林名, 何学秋. 煤矿冲击矿压的分级预测研究. 中国矿业大学学报, 2007, 36(6): 717-722.

[39] Dou L M, Chen T J, Gong S Y, et al. Rockburst hazard determination by using computed tomography technology in deep workface. Safety Science. 2012, 50(4): 736-740.

[40] 武强, 崔苏鹏, 赵苏启, 等. 矿井水害类型划分及主要特征分析. 煤炭学报, 2013, (4): 561-562.

[41] 文宇, 高敏, 罗康成. 红砖煤矿主采煤层顶底板突水危险性分析. 矿业安全与环保, 2014, (2): 73-75.
[42] 张乐中. 煤矿深部开采底板突水机理研究. 西安: 长安大学, 2013.
[43] 王作宇, 刘鸿泉. 承压水上采煤. 北京: 煤炭工业出版社, 1993.
[44] 刘守强. 煤层底板突水评价方法与应用研究. 北京: 中国矿业大学, 2012.
[45] 尹立明. 深部煤层开采底板突水机理基础实验研究. 青岛: 山东科技大学, 2011.
[46] 国家安全生产监督管理总局, 国家煤矿安全监察局. 煤矿防治水规定. 北京: 煤炭工业出版社, 2009.
[47] 王广才, 段琦, 常永生. 矿井水害防治中的水文地球化学探查方法. 中国地质灾害与防治学报, 2000, 11(1): 33-37.
[48] 刘峰. 矿井水害水源的水文地球化学探测技术. 煤田地质与勘探, 2007, (4): 62-64.
[49] 虎维岳, 田干. 我国煤矿水害类型及其防治对策. 煤炭科学技术, 2010, 38(1): 92-96.
[50] 肖建于. 证据理论研究及其在矿井突水预测中的应用. 徐州: 中国矿业大学, 2012.
[51] 李喜林, 王来贵, 刘浩. 矿井水资源评价——以阜新矿区为例. 煤田地质与勘探, 2012, 40(2): 49-54.
[52] 张志龙, 高延法, 武强, 等. 大屯姚桥矿矿井水文地质条件分类与评价. 煤田地质与勘探, 2013, (2): 67-71.
[53] 薛军宁. 白芨沟煤矿老空水的充水特征及防治对策. 神华科技, 2013, (2): 21-23.
[54] 李青锋, 王卫军, 朱川曲, 等. 基于隔水关键层原理的断层突水机理分析. 采矿与安全工程学报, 2009, 26(1): 87-90.
[55] 李金凯, 周万芳. 华北型煤矿床陷落柱作为导水通道突水的水文地质环境及预测. 中国岩溶, 1989, (3): 192-199.
[56] 刘国林, 潘懋, 尹尚先. 华北型煤田岩溶陷落柱导水性研究. 中国安全生产科学技术, 2009, 5(2): 154-158.
[57] 王家映. 地球物理反演理论. 2 版. 北京: 高等教育出版社, 2002.
[58] 刘斌. 基于电阻率法与激电法的隧道含水地质构造超前探测与突水灾害实时监测研究. 济南: 山东大学, 2010.
[59] 刘盛东, 刘静, 岳建华. 中国矿井物探技术发展现状和关键问题. 煤炭学报, 2014, (1): 19-25.
[60] 罗成果. 矿井超前探测综合物探方法的研究与应用. 成都: 成都理工大学, 2013.
[61] 于景邨. 矿井瞬变电磁法勘探. 徐州: 中国矿业大学出版社, 1999.
[62] 李录明, 李正文. 地震勘探原理、方法和解释. 北京: 地质出版社, 2005.
[63] 张戬. 坑道无线电波透视法在探测井下陷落柱中的应用. 科技情报开发与经济, 2006, 16(19): 166-168.
[64] 王连成. 矿井地质雷达的方法及应用. 煤炭学报, 2000, (1): 5-9.
[65] 张根良. 音频电透视法在煤矿防治水中的应用. 河北煤炭, 2007, (2): 27-28.
[66] 吴超凡, 刘盛东, 邱占林, 等. 矿井采空区积水网络并行电法探测技术. 煤炭科学技术, 2013, 4(4): 93-95.
[67] 张金才, 张玉卓, 刘天泉. 岩体渗流与煤层底板突水. 北京: 地质出版社, 1997.
[68] 李白英. 预防矿井底板突水的“下三带”理论及其发展与应用. 山东矿业学院学报(自然科学版), 1999, (4): 11-18.
[69] 张文泉, 张红日, 徐方军, 等. 大采深倾斜薄煤层底板采动破坏形态的连续探测. 煤田地质与勘探, 2000, 28(2): 39-42.
[70] 欧阳立胜. 地面瞬变电磁法(TEM)研究进展. 四川地震, 2011, (4): 40-45.
[71] 胡平, 孔广胜, 余钦范. 高精度钻孔超声波成像原理及解释技术. 物探与化探, 2004, 28(4): 310-313.

[72] 张红日, 张文泉, 温兴林, 等. 矿井底板采动破坏特征连续观测的工程设计与实践. 矿业研究与开发, 2000, 20(4): 1-4.
[73] 毛振西. 煤矿地质学. 太原: 山西人民出版社, 2010.
[74] 姜福兴, 叶根喜, 王存文, 等. 高精度微震监测技术在煤矿突水监测中的应用. 岩石力学与工程学报, 2008, 27(9): 1932-1938.
[75] 王宁涛. 矿区地下水监测与预警系统研究. 武汉: 中国地质大学, 2009.
[76] 佛海鹏. 基于 STM32 的矿井水文监测系统设计. 哈尔滨: 哈尔滨理工大学, 2014.
[77] 韩进. 矿井水害监控及决策支持技术研究. 上海: 上海大学, 2007.
[78] 郑纲. 煤矿底板突水机理与底板突水实时监测技术研究. 西安: 长安大学, 2004.
[79] 司海飞, 杨忠, 王珺. 无线传感器网络研究现状与应用. 机电工程, 2011, (1): 16-20.
[80] 王恩元, 刘晓斐, 李忠辉, 等. 电磁辐射技术在煤岩动力灾害监测预警中的应用. 辽宁工程技术大学学报(自然科学版), 2012, (5): 68-71.
[81] 窦林名, 曹其伟, 何学秋, 等. 冲击矿压危险的电磁辐射监测技术. 矿山压力与顶板管理, 2002, (4): 89-91.
[82] 王恩元, 何学秋, 聂百胜, 等. 电磁辐射法预测煤与瓦斯突出原理. 中国矿业大学学报, 2000, 29(3): 3-7.
[83] 王恩元, 何学秋, 刘贞堂, 等. 煤岩变形破裂的电磁辐射规律及其应用研究. 中国安全科学学报, 2000, 10(2): 35-39.
[84] 吴超凡, 刘盛东, 杨胜伦, 等. 煤层围岩破裂过程中的自然电位响应. 煤炭学报, 2013, 38(1): 50-54.
[85] 刘静, 刘盛东, 杨胜伦, 等. 煤层顶板水渗流视电阻率响应实验研究. 中国煤炭地质, 2010, 22(3): 50-55.
[86] 刘盛东, 杨彩, 赵立瑰. 含水层渗流突变过程地电场响应的物理模拟. 煤炭学报, 2011, (5): 772-777.
[87] 张立新, 李长洪, 赵宇. 矿井突水预测研究现状及发展趋势. 中国矿业, 2009, 18(1): 88-90.
[88] 刘盛东, 刘静, 岳建华. 中国矿井物探技术发展现状和关键问题. 煤炭学报, 2014, 39(1): 19-25.
[89] 姜海鹏, 王术睿, 汪锋. 地球物理学方法在矿井突水预测中的应用. 煤炭技术, 2010, 29(11): 102-104.
[90] 范维强, 李君源. 物探与钻探方法相结合在工程地质勘查中的应用. 西部探矿工程, 2005, (S1): 165-166.
[91] 程刚, 张平松, 吴荣新, 等. 矿井工作面地质异常精细探查方法技术研究进展. 工程地球物理学报, 2013, 10(1): 99-106.
[92] 沈芳, 黄润秋, 苗放, 等. 地理信息系统与地质环境评价. 地质灾害与环境保护, 2000, 11(1): 6-10.
[93] 何展翔, 王永涛, 刘云祥, 等. 综合物探技术新进展及应用. 石油地球物理勘探, 2005, 40(1) : 108-112.
[94] 李春生, 李振潜. 试论综合钻探技术. 探矿工程, 1994. (1): 38-39.
[95] 李天斌, 孟陆波, 朱劲, 等. 隧道超前地质预报综合分析方法. 岩石力学与工程学报, 2009, 28(12) : 2429-2436.
[96] 刘士毅, 孙文珂, 孙焕振, 等. 我国物探化探找矿思路与经验初析. 物探与化探, 2004, 28(1) : 1-9.
[97] 吴有信. 综合物探技术在煤矿灾害防治中的应用. 安全与环境工程, 2009, 16(2) : 95-100.
[98] 王目军, 王术睿, 丁凌霄. 浅析矿井突水的预测方法[J]. 山西焦煤科技, 2012. (2): 54-56.
[99] 程建远, 石显新. 中国煤炭物探技术的现状与发展. 地球物理学进展, 2013, 28(4) : 2024- 2032.

8 井下人员感知

煤矿井下工人繁多，但现在能获取工人信息的方法却十分少。以工人的位置信息为例，大多数煤矿，依旧是采用区域定位技术来获取工人的区域位置信息，而无法获得工人的精确位置信息。因此，亟需一种手段来打破这种局面。物联网技术在井下的发展，为大量的信息提供了契机，以人为中心的环境感知技术，成为了研究关注的热点。

8.1 井下人员感知模型

对于人员环境的感知，需要解决的是要感知什么、怎么感知、感知后怎么做这三个关键问题。井下人员可被感知的信息十分丰富，要实现全部信息感知，是一种资源浪费，也是不太现实的。因此，在感知前，要明确什么信息需要感知（强感知信息），什么信息可以不感知（软感知信息）。强弱感知信息可以根据井下不同的工种、不同的工种区域，进行分类划分。

8.1.1 人员感知的层次框架

人员环境感知系统是一个按照煤矿中对象进行划分的系统。因此，人员环境感知系统是一个跨“源、流、岛”三层的系统。在一个人员环境感知系统中，也必然存在“源、流、岛”这三层。

人员感知系统结构如图 8.1 所示。人员环境感知系统中的第一层是传感器层，各种各样传感器构成了整个系统的“源”；人员环境感知系统的第二层是网络传输层，该层利用有线或无线网络技术构建各个信息子系统的通道，是各个信息岛的接驳手段；人员环境感知系统的第三层是信息决策层，该层是传感器所采集的通过网络传输的各种信息的具体体现及应用。

根据源的概念，人员环境感知系统的源是广义的传感器。它是煤矿井下矿工各种感官的扩展。因此，它可以是具体的矿工携带的各类传感器，如：瓦斯传感器、氧气传感器、运动传感器；也可以是逻辑的传感器系统，如其他矿工携带传感器所传输的数据；还可以是物理的监控检测系统。

根据流的概念，人员环境感知系统中的流是物理和信息相结合的混合体。人员环境感知系统中的流的物理表现形式是由矿工所携带的通信设备所构成的数据传输的无线网络，以及煤矿布置的有线无线相结合的骨干网络。而流的逻辑表现形式是各类广义传感器直接对数据、信息的传输。

根据岛的概念，人员环境感知系统中的岛是一个抽象的概念。其外在表现是一个个和矿工安全相关的软件功能模块。这些岛利用流中的数据和信息，根据决策模型，对矿工安全状况进行计算，并进行预警。特别需要说明的是，人员环境感知系统中的各种岛是可以自由组合的，从粒度上划分，一个岛可以是由若干个小岛利用流的组合。如图 8.1 中的特征可以提取为一个岛，同时这个岛又可以是“人员职业健康状况诊断”这个岛的一部分。

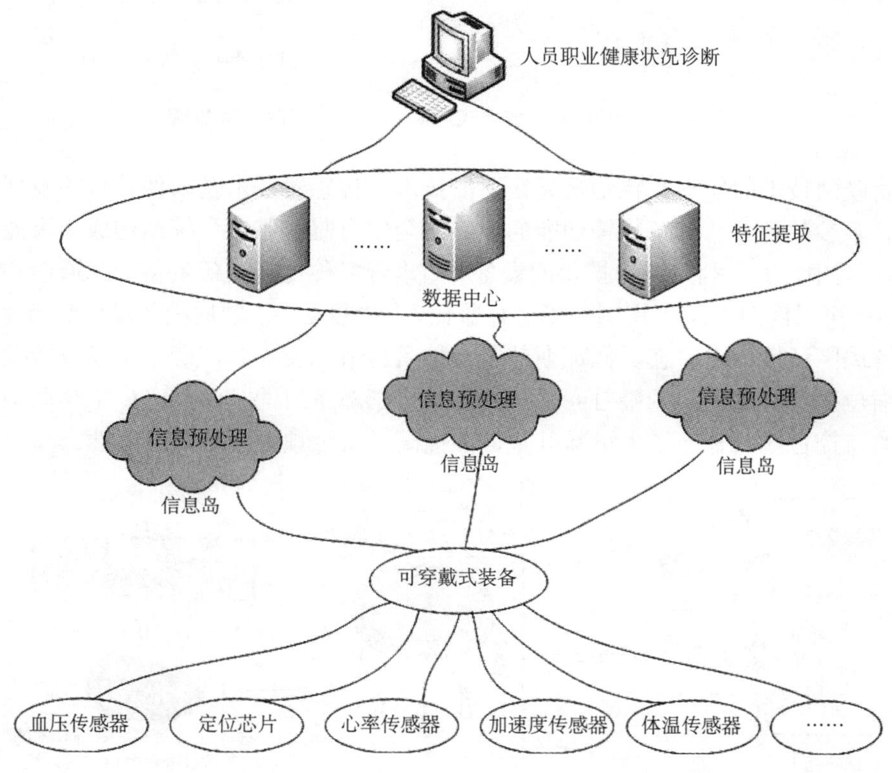

图 8.1 人员感知系统结构

8.1.2 主动式人员环境感知

人员环境感知系统，不仅仅只是将矿工的配置更加高级化和全面，而是对井下作业矿工的保护方法方式理念的改变。也就是说人员环境感知系统，不仅仅是给井下矿工配置各种传感器，更重要的是要实现煤矿井下作业矿工从被动式环境感知到主动式人员环境感知的转变。

煤矿企业对在井下从事生产的矿工安全保障非常重视。不仅制定了各种规章制度，还强制性规定了矿工必须配置照明（矿灯）、救护器等装备，并且在矿工工作的重要场所配置了环境安全监测监控系统对矿工周围环境参数，瓦斯、风速、氧气等参数进行监控，这些系统发挥了较好的作用。但是，从矿工角度而言，这种监控是属于被动式的环境感知方式，如图 8.2 所示，安全监测监控系统监测到的环境参数是传输到调度指挥中心的，调度指挥中心对所监控的参数进行监控，在类似瓦斯超限这种紧急情况发生时，通过相关通信系统通知矿工，因此，矿工对这些信息的获取始终处于一种被动状态。

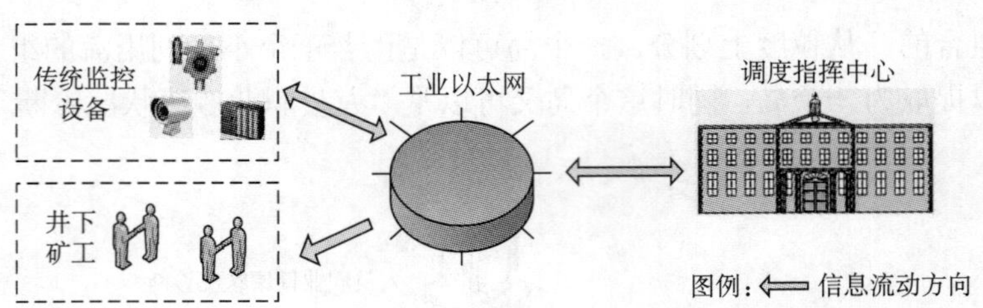

图 8.2　传统的矿工被动式煤矿安全生产监测监控系统

而物联网技术的发展，特别是无线通信技术、传感器技术及软件技术的发展，使得主动式、多参数融合、具备预警功能的煤矿安全生产监测监控系统结构成为可能。如图 8.3 所示，其中，矿工利用自身携带的设备（如集合多种传感设备具备无线通信和组网能力的矿灯）可以随时对矿工周围环境进行监控。从“被动”了解周围环境信息转换为“主动”了解周围环境信息。在类似瓦斯超限这种紧急情况发生时，矿工可以直接获得相关警报，缩短矿工对灾害的预警时间，从而延长矿工逃生时间。此外，矿工移动消除了监测系统的监控盲区，补充了大量基础数据，提高了安全预警系统的准确性。

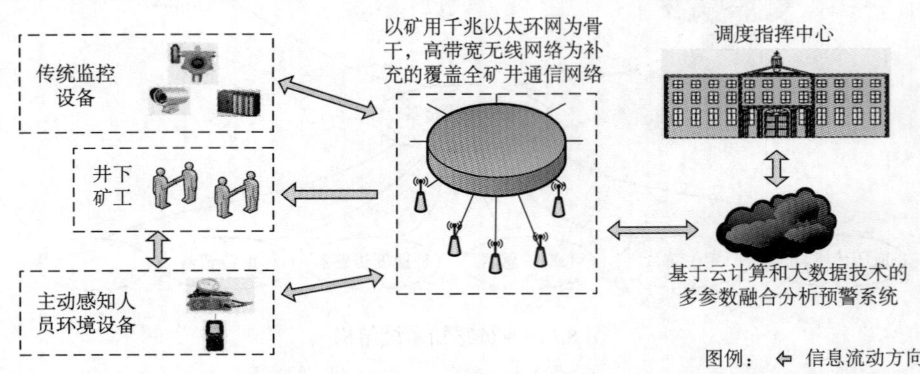

图 8.3　主动式、多参数融合、具备预警功能的煤矿安全生产监测监控系统结构

8.2　井下人员定位技术

作为人员环境感知系统而言，首先要解决源的问题。根据前面所述，人员环境感知系统中源是广义的传感器，它是煤矿井下矿工各种感官的扩展。常规传感器在前面的章节中已经进行了相应介绍。本小节主要介绍人员环境感知系统中所特有的虚拟传感器，人员位置传感器技术。

8.2.1　井下定位技术发展

对于室外的定位技术，利用 GPS 系统进行定位已经得到了较好的解决，但在没有 GPS 信号的情况下，如何实现较高精度的定位，是目前的研究热点，因此，从广义而言，煤矿井下人员定位技术是室内定位技术的一种。

国外的 Bahl 和 Padmanabhan 两位提出的 RADAR 系统主要应用于室内环境定位[1]。

其基本原理就是，在室内环境下，通过对接收到的接入分站（access point，AP）、无线电波信号强度值（received singal strength indication，RSSI），与定位数据中的每一个信号指纹（finger printing）进行特征匹配（pattern matching），把在室内的位置输出到现实界面上。但此系统移动端在离线阶段（off-line）建立定位数据库的过程中需要耗费大量时间与人力，并且随着定位环境的改变必须要重新建立相应的数据库才能实现定位的目的。

Leu 和 Tzeng 提出一种基于 RSSI 指纹和足迹的定位算法[2]。该算法在估计人员位置时不仅要考虑用于定位的专用 AP，也要参考在定位环境中的其他 AP。对不同类型的 AP 给出不同的权重值，从而提升定位精度。从文中最后的验证得出，使用该算法可以得到比 RADAR 系统更高的精度。

Dawes 等总结分析了基于 RSSI 的确定性和概率性定位算法并进行了比较，首先介绍了 K 近邻法、不加权的 K 近邻法、迭代加权的 K 近邻法、NPDF（normal probability distribution function）等匹配算法的特点，然后又在文章中将 K 近邻算法和 NPDF 算法结合，提出一种适合于室内定位的新算法[3]。

Panyov 等通过将位置指纹膜与惯性导航相结合的方法[4]，提出一种新的适用于室内的定位算法。在该算法中，作者让被定位人员随身携带 MEMS 传感器，通过 MEMS 传感器获得被定位人员的加速度和三种陀螺仪信息，然后将这些姿态信息与位置指纹信息相结合，获得了良好的室内定位效果。

在我国，程森林等提出了无线传感网络定位中的 RSSI 概率质心计算方法[5]。该算法主要针对最小二乘法定位精度且最大似然估计法计算量较大等问题，提出了接收信号强度模型概率质心定位方法。该算法弱化了定位区间的物理质心，更重视定位区间的概率质心，通过计算概率质心获得优于最小二乘法的定位精度且小于最大似然估计法的计算量。

上述的系统和算法在室内往往具有良好的定位效果，但是在煤矿井下，传输介质复杂，空气湿度大，粉尘大，巷道空间狭窄，多径效应和非视距传输等因素严重影响信号的接收和传输[6]。将这些系统应用在煤矿井下，定位效果都不是让人十分满意。因此，在国内煤矿井下获得良好定位效果的精确定位技术研究还处于初级阶段，算法以及完整的定位系统成果相对不多。

张申教授提出了基于矿井巷道无线电波传播信道的帐篷定律[7]，给出了隧道无线电射线传输所遵循的帐篷定律，详细说明了各种射线传输距离的迭代算法，证实了煤矿井下巷道的多径效应并给出了相应的数学模型，为研究提供了基础。

最近几年机器学习成为研究的热点，越来越多的学者将机器学习中的算法应用在人员定位当中。Bahl 等采用 KNN（k-nearest neiphbor）算法进行人员定位[9]。算法首先通过特定设备在固定位置接收无线信号，然后将每个位置上的无线信号进行汇总，建立“指纹”数据。在进行实时人员定位时，将最近的 k 个位置记录下来，然后对 k 个位置使用最小二乘法，求出最可能的位置，最后将求出的结果作为定位的结果。

为了能优化 KNN 的定位精度，Bhasker 等在定位过程中将用户的定位结果进行反馈，通过反馈信息对下次定位结果进行预测，从而提高了定位的可靠性[8]。

相关学者将神经网络用于室内定位，设计了基于人工神经网络的室内定位系统[9]。

整个定位过程包括离线和在线两个阶段：在离线训练阶段，通过位置单元坐标对神经网络模型进行训练；在在线定位阶段，将在线检测到的 RSS 信息作为输入，由神经网络模型输出在线定位结果。与概率模型相比，该方法的定位精度较高，实验结果显示平均定位误差从 2.54 m 提高到 1.43 m。

尽管市场上出现了一些比较成熟的实时精确定位系统，比如国内的优频科技，国外的 AeroScout、Ekahau 等公司，他们的基本定位原理是在基于接收信号强度值 RSSI 定位算法的基础上做了一些补偿和修正计算。但是在煤矿井下，传输介质复杂，存在易燃易爆气体，空气湿度高，巷道空间狭窄，并布有支架、电缆、各种管道，时有机车通过，多径干扰、折射、散射和非视距传输等因素对无线射频信号的传输与接收影响严重。因此，煤矿井下实施精确定位技术的研究还在初级阶段，科研成果相对较少。

董长富等在煤矿无线通信技术的基础上，提出了微波频段通信方式，实现了直线视距内的人员定位[10]；耿晓立等采用 ZigBee 技术，对井下建立无线传输网络进行人员定位，并通过 MODEM 上传监测信息[11]；杜存功分析了井下无线传输机理，在 RSSI 测距定位原理的基础上，提出了基于位置修正的改进算法和基于 Pattern Matching 算法的加权质心算法[9]；陈湘源证明了 WiFi 系统可用于井下无线通信、人员定位、监测监控数据无线收发、视频信号无线传输、多媒体通信及构建井下无线局域网[12]。孙戈、徐瑞华设计了基于 WiFi 技术的井下多功能便携终端，采用 ARM 嵌入式微处理器为核心，嵌入式 Linux 为平台，实现 VoIP 语音通过、人员定位、环境监测等多种功能[13]。

8.2.2　井下动点定位算法

1. 几何法

几何法是指利用几何计算的方法，根据测距和非测距定位算法得出的终端与接入点的距离或角度，来计算出终端所在位置。几何法定位又可分为三边测量法和三角测量法两种。三边测量法是基于终端与接入点之间的距离进行定位的，常用的定位算法有信号传播模型法、到达时间法、到达时间差法。三角测量法是根据被定位点与多个无线接入点形成的角度进行定位的。

1）三边测量法

几何法中，最常用的是三边测量法。如图 8.4 所示，如果可以从被定位点测得距三个 AP 的距离，同时 AP 的位置已知，就可以根据图形几何关系来确定自己的位置。设 A、B、C 为三个 AP，坐标分别为 (x_a, y_a) 、(x_b, y_b) 和 (x_c, y_c)，测得与 WiFi 终端 D 的距离分别为 d_a、d_b 和 d_c，设被定位点 D 坐标为(x, y)，则有方程组

$$\begin{cases} \sqrt{(x-x_a)^2+(y-y_a)^2}=d_a \\ \sqrt{(x-x_b)^2+(y-y_b)^2}=d_b \\ \sqrt{(x-x_c)^2+(y-y_c)^2}=d_c \end{cases} \tag{8.1}$$

由上式解得 D 点坐标为

$$\begin{bmatrix} x \\ y \end{bmatrix} = \begin{bmatrix} 2(x_a - x_c) & 2(y_a - y_c) \\ 2(x_b - x_c) & 2(y_b - y_c) \end{bmatrix}^{-1} \begin{bmatrix} x_a^2 - x_c^2 + y_a^2 - y_c^2 + d_c^2 - d_a^2 \\ x_b^2 - x_c^2 + y_b^2 - y_c^2 + d_c^2 - d_b^2 \end{bmatrix} \tag{8.2}$$

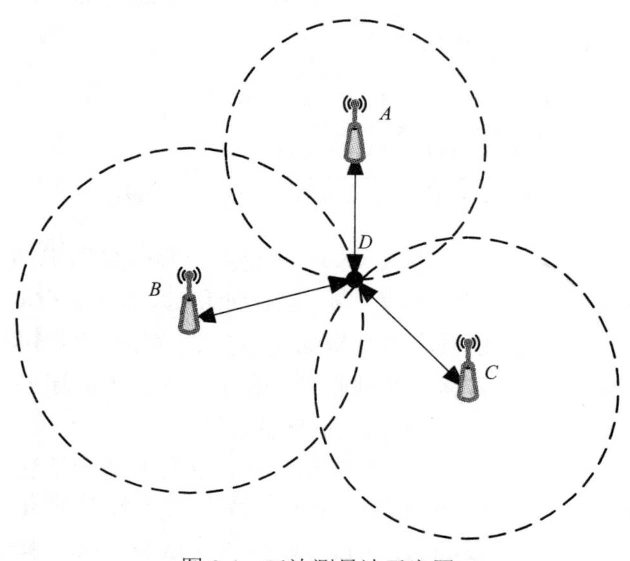

图 8.4　三边测量法示意图

三边测量法的优点是计算简单，缺点是难于实现，因为定位过程中，经常存在较大的定位误差，导致三个圆不完全交于一点。

2）三角测量法

三角测量法的基本原理是根据三角形的边角及相位关系来计算，首先通过确定无线射频信号到达的多条方向线，它们的交点可看作 WiFi 终端的坐标位置，图 8.5 为三角测量法示意图。

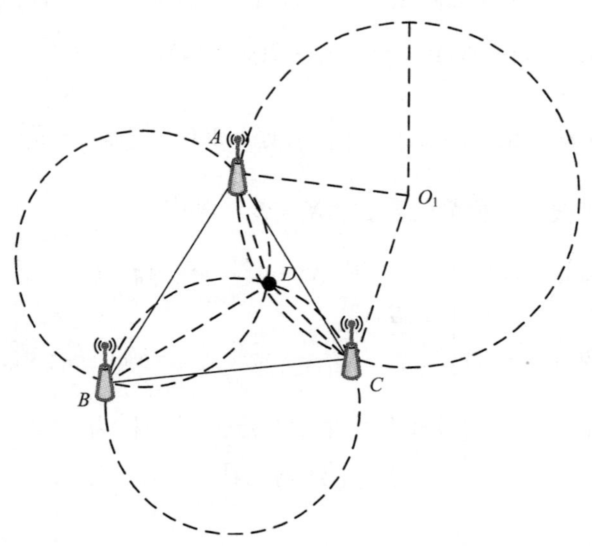

图 8.5　三角测量法示意图

同上，AP（A）、AP（B）、AP（C）的坐标分别为(x_a, y_a)、(x_b, y_b)和(x_c, y_c)，WiFi终端D到三个AP的角度分别为$\angle ADB$、$\angle ADC$和$\angle BDC$，WiFi终端D坐标为(x, y)。若弧AC位于ΔABC内，且AP（A）、AP（C）坐标和$\angle ADC$已知，由两点一角确定一个圆的特性，可以确定一个圆，其圆心为$O_1(x_{O_1}, y_{O_1})$，半径为r_1，则$\alpha = \angle AO_1C = (2\pi - 2\angle ADC)$，有方程组

$$\begin{cases}\sqrt{(x_{O_1}-x_a)^2+(y_{O_1}-y_a)^2}=r_1\\ \sqrt{(x_{O_1}-x_b)^2+(y_{O_1}-y_b)^2}=r_1\\ \sqrt{(x_a-x_c)^2+(y_a-y_c)^2}=2r_1^2-2r_1^2\cos\alpha\end{cases}\tag{8.3}$$

由式（8.3）可以解得圆心O_1的坐标及其半径r_1，同理可以由A、B、$\angle ADB$和B、C、$\angle BDC$求出另外两个圆的圆心及其坐标，确定三个圆后，再使用三边测量法原理，根据三个圆心坐标和半径计算出终端D的坐标。

3）极大似然估计法

极大似然估计法，又称多边测量法，如图 8.6 所示。已知 1,2,3· 等n个节点的坐标分别是(x_1, y_1)，(x_2, y_2)，$(x_3, y_3), \cdots, (x_n, y_n)$，以及这些节点到未知节点$D$的距离分别是$d_1, d_2, d_3, \cdots, d_n$，设未知节点$D$的坐标为$(x, y)$。

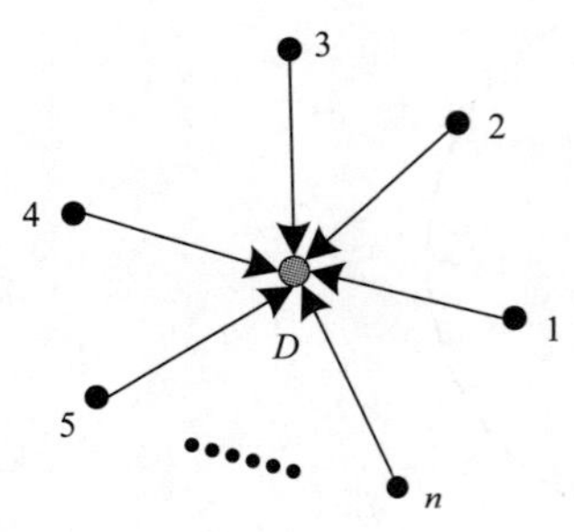

图 8.6　极大似然估计法示意图

那么，有如下公式：

$$\begin{cases}(x_1-x)^2+(y_1-y)^2=d_1^2\\ (x_2-x)^2+(y_2-y)^2=d_2^2\\ \vdots\\ (x_n-x)^2+(y_n-y)^2=d_n^2\end{cases}\tag{8.4}$$

由第一个方程开始分别往后减去下一个方程直到最后一个方程得

$$\begin{cases}x_1^2-x_n^2-2(x_1-x_n)x+y_1^2-y_n^2-2(y_1-y_n)y=d_1^2-d_n^2\\ \vdots\\ x_{n-1}^2-x_n^2-2(x_{n-1}-x_n)x+y_{n-1}^2-y_n^2-2(y_{n-1}-y_n)y=d_{n-1}^2-d_n^2\end{cases}\tag{8.5}$$

由式（8.5）得到线性方程简化表达$\boldsymbol{AX}=\boldsymbol{B}$，其中

$$\boldsymbol{A}=\begin{bmatrix}2(x_1-x_n) & 2(y_1-y_n)\\ \vdots & \vdots\\ 2(x_{n-1}-x_n) & 2(y_{n-1}-y_n)\end{bmatrix},\quad \boldsymbol{B}=\begin{bmatrix}x_1^2-x_n^2+y_1^2-y_n^2+d_n^2-d_1^2\\ \vdots\\ x_{n-1}^2-x_n^2+y_{n-1}^2-y_n^2+d_n^2-d_{n-1}^2\end{bmatrix},\quad \boldsymbol{X}=\begin{bmatrix}x\\ y\end{bmatrix}\tag{8.6}$$

使用标准最小均方差估计法可得出未知节点D的坐标为

$$\hat{\boldsymbol{X}}=(\boldsymbol{A}^{\mathrm{T}}\boldsymbol{A})^{-1}\boldsymbol{A}^{\mathrm{T}}b\tag{8.7}$$

2. 近似法

近似法的定位思想是通过一些传感感知手段，当待测位置目标向某处靠近时或者进入某一范围时，把已知的位置（某处或某范围中的某处）估算为待测目标的位置，如图8.7所示。Georgia Tech 公司的 Smart Floor[14]就采用了近似法，当人走在室内的地板上，脚步接触到嵌入到地板里的压力传感器，利用压力传感器捕捉到的脚步信息进行对人的位置跟踪和对人的用户识别。近似定位法在移动通信的定位中也有应用，称为蜂窝定位；在无线局域网中的应用称为最近 AP 法。

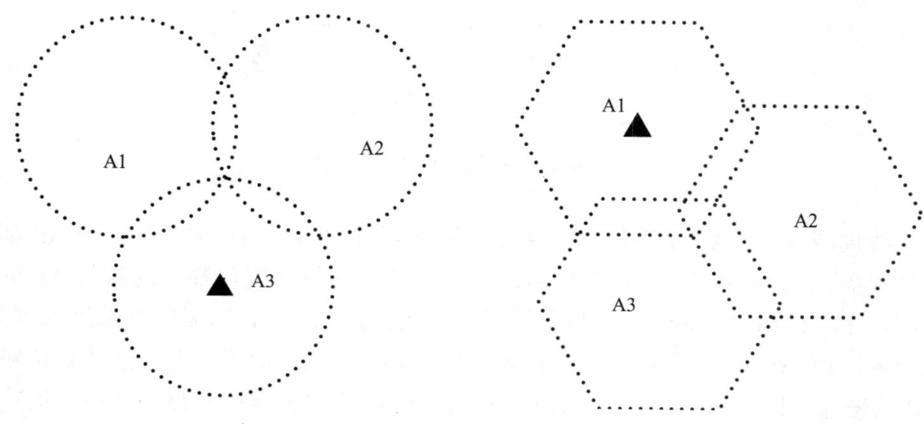

图 8.7 近似法定位示意图

最近 AP 法定位原理是通过物理上的近距离接触或者无线射频信号感知方式，已知位置的固定的设备发现有用户“靠近”自己时，用已知的这个位置来估计用户的位置。在无线局域网中，用户以无线的方式和无线接入点（AP）连接向服务器发送消息，最近 AP 法把用户连接的 AP 的位置估计成用户的位置。在移动通信中，用户的蜂窝定位原理和最近 AP 法相似。当移动用户在某基站覆盖范围内的小区内活动时，把该基站的位置定位估计为该用户的位置坐标。在这种定位方法中，服务器中需要有关于城市所有基站的地理坐标的数据库，才可完成蜂窝定位。

获取 AP 上记录的所连接终端的信息的两种途径：基于 RADIUS[15]和基于 SNMP[16]。RADIUS 远端用户拨入验证服务（remote authentication dial in user service）是一个 AAA 协议，同时兼顾验证（authentication）、授权（authorization）及记账（accounting）三种服务的协议，通常用于网络存取或流动 IP 服务，适用于局域网及漫游服务[17]。简单网络管理协议 SNMP（simple network management protocol），是一种标准的方式，能够支持对 AP 上信息的访问，对通信线路进行管理。

最近 AP 法的定位原理如图 8.8 所示，AP 使用的是全向天线，在理想状态且无障碍物的情况下，它的覆盖范围形状是球形；若有障碍物的话，覆盖范围会根据环境的不同，可能会呈现不规则的形状。如图所示，用户 1 与 AP1 连接且通信，那么它的定位估计的位置就是 AP1 所在位置坐标，用户 3 与 AP2 连接且通信，那么用户 3 的定位估计位置就是 AP2 的所在位置的坐标，而用户 2 在 AP1 和 AP2 的重叠区域中的这种情况，要看用户 2 连接的 AP 的位置，若它与 AP2 连接且通信，那么它的定位估计位置是 AP2 的所在位置的坐标。

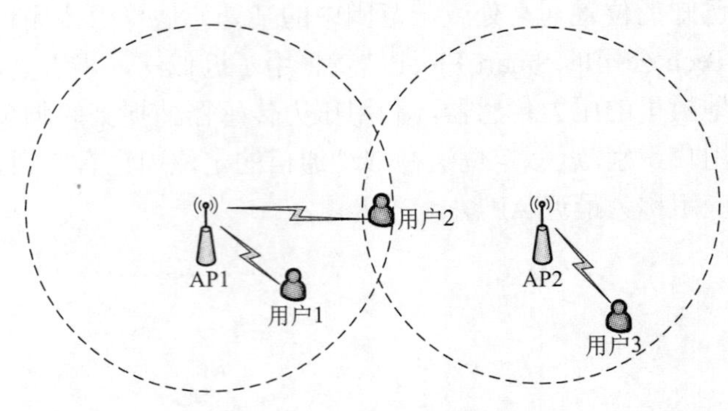

图 8.8　最近 AP 法定位原理

在无线局域网中，AP 是连接用户从无线通信到有线通信的桥梁。每一个 AP 都有自己的信号覆盖范围，进入该 AP 信号覆盖的范围中的无线终端用户都可通过与 AP 的连接实现通信。在无线局域网定位中，近似法又可称为最近 AP 法，当无线终端进入到某 AP 覆盖范围内，该 AP 所在的位置即为定位估算的无线终端的位置。近似法的定位精度取决于 AP 的覆盖范围，理论上，基于 IEEE802.11b/g 协议的无线接入点的理论上通信距离为室内复杂环境约 100m，室外自由开阔空旷环境能达到 300m，而在实际环境往往更加复杂，AP 的实际覆盖距离都大打折扣，室内约 40~50m，室外约 100m。在矿井巷道内，在兴隆庄煤矿井巷内测量的 AP（天线 10dBi）覆盖范围为 150m，这是由于井巷（宽为 3~4m，长为十几千米）内多径效应造成的。

3. *场景分析法*（scene positioning method）

场景分析法的原理是通过观测到的目标场景特征信息估计目标的位置。场景分析法包括差动场景分析和静态场景分析。差动场景分析通过追踪连续的场景特征信息之间的差异来估算定位目标的位置，场景特征的差异比作目标的移动，根据已知场景特征信息的位置，可以推算出与之相关联的目标位置。然而静态场景分析法则是通过查询匹配已预设的数据库中的信息和观测到的场景特征，将该特征映射成目标的位置，完成定位估计。

常用的场景一般为可测量的物理特征，如接收到的信号强度、信号的信噪比，这两种物理量就是在无线局域网中比较容易测得的电磁环境特征。RADAR 定位系统使用的是观测信号强度的样本数据库[18]，文献[19]使用的是观测到的信号的信噪比作为无线局域网的场景特征，但是实验结果表明，无线信号的室内传播受多种因素干扰，信噪比变化比信号强度的变化更加不稳定。所以，目前最常用的场景分析法都使用信号强度作为场景特征。

场景分析法的优点在于待求目标位置能根据非几何特征量估计得出，终端上不需要另增精密设备，减少成本，也避免了几何测量的误差。但是，场景分析法的缺点是，要对场景的特征信息进行采样存储，用来和实时观察到的场景特征进行匹配定位，另外，环境的改变可能会影响原有的环境特征数据库，用户可能需要更新或重建特征信息库。

1）原理

位置指纹定位算法的原理是，在待定位区域内有原则地选取若干个采样点，记录这些位置接收到的无线信号的信息（接收到的信号强度值 RSSI、无线接入点 AP 的 MAC 或 IP 地址信息等），再与各采样点的位置信息相对应，建立并存储在经验值数据库中，待定位终端实时测量的信号信息与上述数据库中的信息相比较匹配，选择最接近的采样点所在位置作为待定位终端位置。

位置指纹法包括两个阶段，如图 8.9 所示：离线采样（训练或练习）阶段和在线定位（实时定位）阶段。首先，离线采样阶段是构建一个数据库，其中主要内容是采样点处 WiFi 终端接收到的 AP 的信号强度，和其对应在地图的坐标信息。在这一阶段需要操作人员先确定待定位区域的采样点位置，记录每个采样点测得的无线信号信息，将它们保存在数据库中。然后，在线定位阶段，待定位终端接收到来自不同 AP 的信号强度值，将此信息经由无线 AP 转发到定位服务器中，与数据库中的信息数据利用一些匹配算法进行比较匹配，选择最接近的位置估算为此时终端的位置供用户查看，完成定位过程[20]。

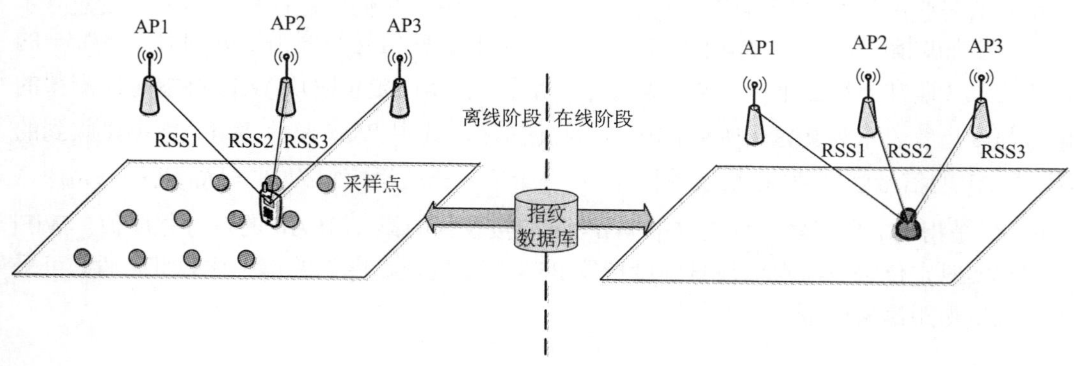

图 8.9 位置指纹定位算法过程

基于位置指纹的定位算法是目前研究学者的研究热点，基础定位原理是相同的，基本都是上面所介绍的离线采样阶段和实时定位阶段两个基础定位思想，这些研究成果的差别在于：一方面是不同定位环境场所中无线信号覆盖情况，另一方面是在不同的无线信号覆盖情况下运用了不同的信号匹配算法。

基于位置指纹的定位算法中主要的两种匹配算法是确定性定位方法和概率性定位方法。确定性定位方法，在离线采样阶段测量和保存的是在采样周期内接收到的信号强度的平均值，在实时定位阶段通过计算实测值与存储值之间的欧氏距离作为匹配度的衡量。概率性定位方法，在离线采样阶段测量和保存的是信号的概率，在实时定位阶段利用贝叶斯公式法来计算估计位置。

2）匹配算法

位置指纹匹配算法可分为两大类，确定性定位匹配算法和概率性定位匹配算法。确定性方法在离线采样阶段测量后保存的是在采样周期内 RSSI 值的平均值，在线定位阶段一般会采用欧氏距离或曼哈顿距离来衡量两类信号强度值之间的匹配度。概率性方法在离线采样阶段采样无线信号并计算和保存该信号在某采样点处的概率，实时定位阶段利用贝叶斯概率公式计算估计待定位终端的位置。确定性定位算法包括 K 近邻法（K-NNSS, nearest neighbor in signal space）、支持向量机（support vector machine, SVM）和神经网络[18]，其中 K 近邻法是最常用的匹配算法。概率法主要采用贝叶斯推理机制来估计用户的位置[19,21]。

（1）K 近邻法

K 近邻法是确定性的定位方法，离线采样信息形成训练元组，实时定位阶段信息形成测试元组，通过比较这两个元组之间的相似度来确定最相似的 K 个训练元组。训练元组信息是服务器数据库中已存储的，现给定一个测试元组，搜索数据库中所有训练元组，找出与测试元组信息最相似的 K 个训练元组。相似度一般情况下用空间内两个元组所在两个点之间的距离来衡量，若距离越小，则这两个点越相似，即可匹配估计位置。距离的选择有欧几里得距离、曼哈顿距离或其他距离度量，通常采用欧几里得距离。但是，K 近邻法的计算量大，为了保证定位系统的实时性，对服务器的计算能力要求较高。

在指纹模定位过程中，指纹训练阶段所建立的指纹数据库和实时定位阶段 WiFi 终端测得的信号强度指纹分别对应着训练元组和测试元组。我们假定在指纹训练阶段建立了 n 个信号强度指纹表示为 $R=\{R_1,R_2,\cdots,R_n\}$，同时这些信号强度指纹分别对应着唯一的位置信息（通常为平面坐标）$S=\{S_1,S_2,\cdots,S_n\}$。在实时定位阶段 WiFi 终端每次测得的信号强度指纹表示为 $\mathrm{RSS}=\{\mathrm{RSS}_1,\mathrm{RSS}_2,\cdots,\mathrm{RSS}_n\}$，其中 RSS_n 表示 WiFi 终端接收到的第 n 个 AP 的信号强度值。在指纹数据库中，每个信号强度指纹记为 $R_i=\{R_{i1},R_{i2},\cdots,R_{in}\}$，其中 R_{in} 是指第 i 个信号强度指纹中 WiFi 终端接收到的第 n 个 AP 的信号强度值。WiFi 终端在实时定位阶段测得的信号强度指纹 RSS 与指纹数据库中的信息比较邻近性，可采用欧几里得距离来度量。

$$D(\mathrm{RSS},R_i)=\sqrt{\sum_{m=1}^{n}(\mathrm{RSS}_m-R_{im})^2} \tag{8.8}$$

然后，计算出与实时信号强度指纹最相近的 k 个数据库指纹，最后对这 k 个数据库指纹所对应的平面坐标求质心，得到的坐标信息即为估计的 WiFi 终端的坐标。

$$s=\sum_{j=1}^{k}S_j/k \tag{8.9}$$

最邻近法是 K=1 的情况，它的匹配思想是，取最邻近位置坐标值作为 WiFi 终端实际的估计位置。而 K 近邻法是取大于一个的邻近坐标，通过对这些邻近坐标进行一定处理方法来计算估计 WiFi 终端的位置。K 近邻法考虑了多个邻近坐标，与最邻近法相比有更好的鲁棒性。

（2）贝叶斯公式法

贝叶斯公式法是一种基于概率的定位匹配方法，它是一种把类的先验知识和从数据中收集的新证据相结合的统计原理。它的基本思想是，由某种结论的先验概率、得出该结论的事件的概率和该事件，用来计算在出现这个事件时，该结论成立时的概率。贝叶斯概率法若应用到定位问题上，就是已知被定位终端在某位置的先验概率、已知某信号强度值时被定位终端在该处的分布概率和实时监测到的接收到的信号强度，来计算被定位终端在监测到的信号强度值时被定位在该处的概率。

贝叶斯公式的定位过程如下。首先，假定所需定位区域共产生 l 个位置指纹，记作 $\{F_1,F_2,\cdots,F_l\}$，每个位置指纹与一组位置 $\{L_1,L_2,\cdots,L_l\}$ 有一对一的映射关系。其次，在实时定位阶段，一个位置记为 S，它包含有多个接入点的接收信号强度的平均值，即 $S=(S_1,S_2,\cdots,S_n)$。贝叶斯公式法就是要计算出实时 RSS 位置指纹 S 在定位区域的每个位置处的后验概率，即表示为 $p(L_i|S)$。后验概率如下式所示：

$$p(L_i|S)=\frac{p(S|L_i)\cdot p(L_i)}{\sum_{k\in L}p(S|L_k)\cdot p(L_k)} \tag{8.10}$$

一般情况下，把某处接收到的信号强度看成随机变量，用高斯概率正态分布来近似表示接收的信号强度在某一位置处的分布，如下式所示

$$p(s|L_i)=\frac{1}{\sqrt{2\pi}\cdot\delta}\exp\left[-\frac{(s-\mu)^2}{2\delta^2}\right] \tag{8.11}$$

4. 定位方法比较（positioning method comparison）

信号传播模型法是根据信号强度与距离之间的数学关系来确定定位位置的，根据信号传输原理，被定位终端离无线接入点越近，监测到的信号强度就越大。在室内环境中，墙壁和家具摆设都会影响无线信号的规律传输，信号经过多次反射、折射和散射等现象，信号传播的模型也不统一。很多研究学者也根据室内环境不同提出了不同的信号传播模型，以改善定位精度。模型不精确、不统一，三边测量法计算匹配，都是引起信号传播模型法定位误差存在的原因。矿井巷道中环境更为复杂，目前为止，并没有一个确定的传播模型，这也使得在矿井下定位时，使用信号传播模型的可行性小。

时间法和时间差法对设备之间的时间同步要求较高，需要在定位终端上添加辅助硬件，提高了定位成本，因此，这两种方法在实际应用中可行性较低。基于到达角度法定位精度较高，但是也需要在定位终端上额外添加硬件，提高了成本。在室内环境中，由于固定或移动的设施的遮挡，对角度的测量会造成影响，存在不可避免的误差，可行性降低。在煤矿中，有些巷道存在一些弧度，无线信号的非视距传播，对角度的测量造成很大的影响，这使得基于到达角度法的方法应用于矿井下难度较大。

最近 AP 法方法简单明了，缺点很明显，定位精确低，满足不了目前室内或矿井下的实时定位的需求。位置指纹法不需要通过测量或计算终端与无线接入点之间的距离或角度等参数来定位估计位置，无需添加额外的精密硬件，降低了成本，也减少了一些技术测量上的误差。在该算法中，不需要知道 AP 的位置，减少了工作量。另外，位置指纹定位法的定位误差对于煤矿井下的定位需要来说基本可以满足。但是，位置指纹法也有自身无法避免的缺点。它需要获得待定位的整个环境的信号特征存储到服务器中，用来实时定位阶段的信号特征和它比对匹配和估计，对于一般长达几十千米的巷道来说，这无疑是一大工程，增加了开发人员的工作量；另外，若环境特征有些变化（某处 AP

的增加或减少、巷道形状变化等），需要重新采集环境信号特征，更新数据库。

表 8.1 列出了介绍的几种定位方法的特性。

表 8.1　无线局域网定位技术特性比较

特性 方法	几何法			近似法	场景分析法
	TOA/TDOA	信号传播模型	AOA	最近 AP 法	位置指纹法
定位精度	高	较低	高	低	较高
添加硬件	需要	不需要	需要	不需要	不需要
AP 位置	需要	需要	需要	需要	不需要
信号样本数据	不需要	需要	不需要	不需要	需要
算法效率	高	高	高	高	较高
抗干扰	强	强	强	弱	强
成本	高	低	高	低	低

8.2.3　动点定位误差分析

由于煤矿井下定位要求工作在狭长巷道，因此诸如 AOA 和 TOA 的方法都不很适用。随着煤矿物联网技术的发展，在井下布置无线网络已经成为趋势，因此在已有的无线网络上承载更多的业务是实际的需要，利用基于信号强度的定位算法成为煤矿井下动目标定位算法的必然选择。比较合适的定位算法是极大似然估计算法。本小节对极大似然的误差上界进行分析，为实践提供理论依据。

1. 酉不变范数

本章主要利用酉不变范数推导极大似然估计法的误差上界。因此，首先对酉不变范数进行介绍。

1）范数

如果矩阵 $A\in R^{n\times n}$ 的某个实值函数满足 $f(A)=\|A\|$：

（1）正定性：$\|A\|\geqslant 0$ 且 $\|A\|=0$ 当且仅当 $A=0$；

（2）齐次性：对任意实数 α，都有 $\|\alpha A\|=|\alpha|\|A\|$；

（3）三角不等式：对任意 $A,B\in\mathbb{R}|^{n\times n}$ 都有 $\|A+B\|\leqslant\|A\|+\|B\|$；

（4）相容性：对任意 $A,B\in\mathbb{R}|^{n\times n}$ 都有 $\|AB\|\leqslant\|A\|\|B\|$。

则称该实值函数为范数。

2）SG 函数

Φ_N 函数是满足如下条件的函数：

（1）$\Phi(x)>0, x\neq 0$；

（2）$\Phi(\alpha x)=|\alpha|\Phi(x), \forall\alpha\in\mathbb{R}$；

（3）$\Phi(x+y)\leqslant\Phi(x)+\Phi(y)$；

（4） $\Phi(\varepsilon_1 x_{i_1},\cdots,\varepsilon_n x_{i_n})=\Phi(x)$。

其中 α 是比例系数；对所有 i，$\varepsilon_i=\pm 1$；并且 $i_1,\cdots,i_n$ 是对 $1,2,\cdots,n$ 的一个排序。

3）酉不变范数

给定一个矩阵 $\boldsymbol{A}$ 的奇异值分解为 $\boldsymbol{A}=U\sum V^H$，其中 U 与 V 为酉阵，$\sum=\mathrm{diag}(\sigma_1,\sigma_2,\cdots)$，$\sigma_1\geqslant\cdots\geqslant\sigma_n$ 是 $\boldsymbol{A}$ 的奇异值，则定义 $\|\boldsymbol{A}\|=\Phi_N(\sigma_1,\cdots,\sigma_n,0,\cdots,0)$ 就叫做由 $\mathbb{R}^N$ 上的函数 Φ_N 一致生成的、在 $\bigcup_{m,n=1}^{N}\mathbb{C}^{m\times n}$ 上相容的酉不变范数。

对于该范数，有如下性质：

（1） $\|A^T\|=\|A\|,\forall A\in\mathbb{C}^{m\times n}$;

（2） $\|A\|=\|A\|,\forall A\in\mathbb{C}^{m\times n},\mathrm{rank}(A)=1$;

（3） $\|x\|=\|x\|,\forall x\in\mathbb{C}^n$;

（4） $\|AB\|=\|A\|\cdot\|B\|,\forall A\in\mathbb{C}^{m\times n},\forall B\in\mathbb{C}^{n\times l}$;

（5） $\|AB\|=\|A\|\cdot\|B\|,\forall A\in\mathbb{C}^{m\times n},\forall B\in\mathbb{C}^{n\times l}$;

（6） $\|A-B\|\leqslant\|A\|+\|A\|,\forall A,B\in\mathbb{C}^{m\times n}$。

从这些性质中可看出该范数建立了向量范数和矩阵范数的关联。

2. *极大似然估计法的定位误差上界分析*

首先对符号进行定义。约定用下标 Bi 表示相应的符号是在选择以 i 为基准锚节点下的符号。如：$\boldsymbol{A}_{Bi}$ 表示选择 i 为基准锚节点情况下的系数矩阵 $\boldsymbol{A}$。

假设 $x+\Delta x_{\mathrm{B}i}$ 是式（8.6）的解，那么可得

$$\boldsymbol{A}_{Bi}(x+\Delta x_{Bi})=b_{Bi}+\Delta b_{Bi} \tag{8.12}$$

若在定位环境中不存在噪声，可知：

$$\boldsymbol{A}_{Bi}x=b_{Bi} \tag{8.13}$$

代入式（8.12）可得

$$\Delta x_{Bi}=\boldsymbol{A}_{Bi}^{\dagger}\Delta b_{Bi} \tag{8.14}$$

式中，$\boldsymbol{A}_{Bi}^{\dagger}$ 表示 $\boldsymbol{A}_{Bi}$ 的 Moore-Penrose 逆。使用范式性质，可得到不等式

$$\begin{cases}\|b_{Bi}\|\leqslant\|\boldsymbol{A}_{Bi}\|_2\cdot\|x\| \\ \|\Delta x_{Bi}\|\leqslant\|\boldsymbol{A}_{Bi}^{\dagger}\|_2\cdot\|\Delta b_{Bi}\|\end{cases} \tag{8.15}$$

通过式（8.14）可得到 MLLS 的定位误差上界：

$$\frac{\|\Delta x_{Bi}\|}{\|x\|}\leqslant\|\boldsymbol{A}_{Bi}^{\dagger}\|_2\bullet\|\boldsymbol{A}_{Bi}\|_2\cdot\frac{\|\Delta b_{Bi}\|}{\|b_{Bi}\|}=\|\boldsymbol{A}_{Bi}^{\dagger}\|_2\cdot\|\boldsymbol{A}_{Bi}\|_2\cdot\frac{\|\Delta b_{Bi}\|_2}{\|b_{Bi}\|_2} \tag{8.16}$$

式（8.16）得出的定位误差上界是通过不等式得出的，因此它是一个相对粗糙的定位误差上界，但该定位上界可以用来作为评价定位的指标。

3. 基于 RSS 的极大似然估计法的定位误差上界分析

上一小节得出的误差上界公式相对还比较抽象。考虑到在煤矿井下定位中，常采用 RSS 作为特征值用于求未知节点与锚节点之间的距离，因此本节对基于 RSS 的极大似然估计法的误差上界进行分析。

根据阴影衰减模型，当未知节点距离锚节点为 d_i 时，接收功率

$$P_r(d_i) = P_0 - \eta 10\log_{10}\left(\frac{d_i}{d_0}\right) + X_{\sigma i} \tag{8.17}$$

因此，理论上，当某个节点功率为 $P_r(d_i)$ 时，其距锚节点的位置应按如下公式计算：

$$d_i = d_0 10^{\frac{P_0(d_0) - P_r(d_i) + X_{\sigma i}}{10\eta}} \tag{8.18}$$

但实际上，由于噪声不可估计，实际计算公式为

$$\hat{d}_i = d_0 10^{\frac{P_0(d_0) - P_r(d)}{10\eta}} \tag{8.19}$$

式中，$\hat{d}_i$ 表示未知节点到锚节点的估计距离。

使用 Δd 表示测量数据中的噪声值，可以得出

$$\Delta d_i \overset{\text{def}}{=} \hat{d}_i - d_i = d_i\left(10^{-\frac{X_{\sigma i}}{10\eta}} - 1\right) = \hat{d}_i\left(1 - 10^{\frac{X_{\sigma i}}{10\eta}}\right) \tag{8.20}$$

同理可以得出 Δd_i^2：

$$\Delta d_i^2 \overset{\text{def}}{=} \hat{d}_i^2 - d_i^2 = d_i^2\left(10^{-\frac{2X_{\sigma i}}{10\eta}} - 1\right) \tag{8.21}$$

因此可以计算出 $\|\Delta b_{B_i}\| / \|b_{B_i}\|$：

$$\frac{\|\Delta b_{B_i}\|}{\|b_{B_i}\|} = \frac{\left\|\sum_{k=1,k\neq i}^{n}(\hat{d}_i^2(1-10^{\frac{2X_{\sigma k}}{10\eta}})e_k) - \hat{d}_i^2(1-10^{\frac{2X_{\sigma i}}{10\eta}})\right\|}{\sqrt{\sum_{k=1(k\neq i)}^{n}\left(x_k^2 + y_k^2 - \hat{d}_k - (x_i^2 + y_i^2 - \hat{d}_i)\right)^2}} \tag{8.22}$$

式中，e_k 为第 k 个向量为 1 的单位向量。进一步，假设噪声满足独立同分布，即 $\Delta b_i (i = 1, \cdots, n-1)$ 为独立同分布，可得到如下结论：

$$\forall i, k, \|\Delta b_i\| = \|\Delta b_k\| \overset{def}{=} \|\Delta b\|$$

此时可以将式（8.22）变形为

$$\left.\begin{aligned}&\frac{\left\|\Delta b_{B_i}\right\|_2}{\left\|b_{B_i}\right\|_2}\leqslant\left\|\Delta b\right\|_2\frac{\left\|\sum\limits_{k=1,k\neq i}^{n}\left(\hat{d}_i^2\left(1-10^{\frac{2X_{\sigma k}}{10\eta}}\right)e_k\right)-\hat{d}_i^2\left(1-10^{\frac{2X_{\sigma i}}{10\eta}}\right)\right\|}{\sqrt{\sum\limits_{k=1(k\neq i)}^{n}\left(x_k^2+y_k^2-\hat{d}_k-(x_i^2+y_i^2-\hat{d}_i)\right)^2}}\\&\left\|\Delta b\right\|_2=\frac{\left\|\sum\limits_{k=1,k\neq i}^{n}\left(\hat{d}_i^2\left(1-10^{\frac{2X_{\sigma k}}{10\eta}}\right)e_k\right)\right\|+\left\|\hat{d}_i^2\left(1-10^{\frac{2X_{\sigma i}}{10\eta}}\right)\right\|}{\sqrt{\sum\limits_{k=1,k\neq i}^{n}\left(x_k^2+y_k^2-\hat{d}_k-(x_i^2+y_i^2-\hat{d}_i)\right)^2}}\end{aligned}\right\}\tag{8.23}$$

从上式可看出，基于 RSS 的极大似然估计法的定位误差上界正比于一个和测量距离锚节点距离相关的函数，即有

$$\frac{\left\|\Delta x_{Bi}\right\|}{\left\|x\right\|}\propto\left\|A_{Bi}^{\dagger}\right\|_2\cdot\left\|A_{Bi}\right\|_2\cdot\frac{\sum\limits_{k=1,k\neq i}^{n}\hat{d}_k^2-\hat{d}_t^2}{\sqrt{\sum\limits_{k=1,k\neq i}^{n}\left(x_k^2+y_k^2-\hat{d}_k-(x_i^2+y_i^2-\hat{d}_i)\right)^2}}\tag{8.24}$$

上式表示了定位误差最小上界。本章利用该最小上界进行最佳基准锚节点的选择。

需要特别指出的是，该定位上界是概率上界。由于在实际中，$\left\|\Delta b_i\right\|=\left\|\Delta b_k\right\|$ 的概率很低，但 $\left\|\Delta b_i\right\|\approx\left\|\Delta b_k\right\|$ 的概率很高。

8.3　人员感知流构建技术

根据流的概念，人员环境感知系统中的流是个物理和信息相结合的混合体。人员环境感知系统中的流的物理表现形式是由矿工所携带的通信设备所构成的数据传输的无线网络，以及煤矿布置的有线无线相结合的骨干网络。而流的逻辑表现形式是由各类广义传感器直接的数据、信息的传输。

因此在人员环境感知系统中流的核心问题是要解决通信稳定问题。在煤矿中人员环境感知系统中当前面临最大的挑战是：

（1）数据流的不均衡性问题。由于煤矿为了生产安全采用多级监控的思想。因此，地面存在一个调度指挥及监控中心。该调度指挥监控中心，会对井下的各种传感器进行监控。这样造成的结果是越靠近地面，所要传输的数据也就越多，整个数据通信量呈棒槌性结构。

（2）移动物体间组网问题。作为人员环境感知系统，其中最大的一个特点是矿工在井下移动。该问题的解决不能简单使用已有的类似蜂窝通信技术来解决。这是因为井下的矿工通信完全可能是在基站失能情况下发生的。因此，这就需要动态组网。同时要求这种组网的通信信道最好能冗余，以保障信息的有效传输。

8.3.1　压缩感知技术

压缩感知理论在矿井中是用以实现减少数据采集量的有效方法。其基本思路是利用不均衡采样方法来实现数据采集量减少。

1. 压缩感知简介

压缩感知过程如图 8.10 所示。

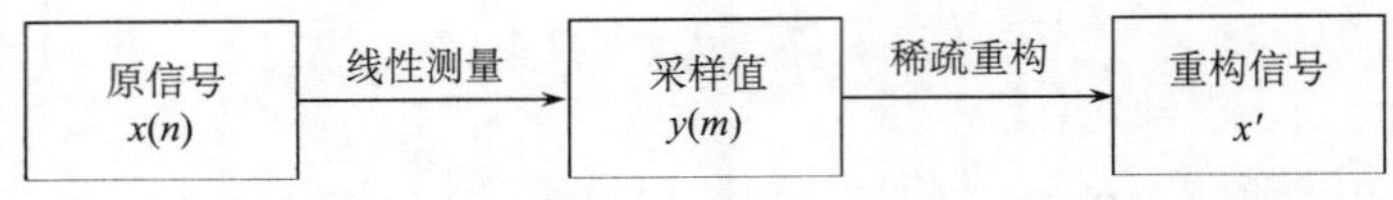

图 8.10　压缩感知过程

压缩感知首先通过测量矩阵对信号 $x(n)$ 进行线性测量，得到采样值 $y(m)$， $y(m)$ 再通过恢复矩阵与重构算法进行稀疏重构，得到原信号的重构信号，实现一个完整的压缩感知过程。

1）压缩感知的线性测量过程

压缩感知的采样方式是通过测量矩阵 Θ 直接与长度为 N 的原信号 $x(n)$ 相乘，进行线性测量，得到采样值 $y(m)$ 。$y(m)$ 的长度为 M ，计算公式为 $y=\Theta x$ ，其中 Θ 的大小为 $M\times N$（$M<N$）。按照压缩感知理论的前提条件，为稀疏信号或可稀疏信号。一般信号在时域内是不可稀疏的，而通过一些变换后，在变换域内表现为非常稀疏。比如：FFT 变换、DCT 变换、小波变换等。时域信号 $x(n)$ 经过稀疏变换后，可由变换系数 $s(k)$ 表示，计算公式为 $x=\Psi s$ ，其中 $s(n)$ 为 K 稀疏的（只有 K 个非零元，$K<M$ ），所以采样过程也可记为 $y=As$ ，其中 $A=\Theta\Psi$ 。压缩感知的线性测量过程如图 8.11 所示[21]。

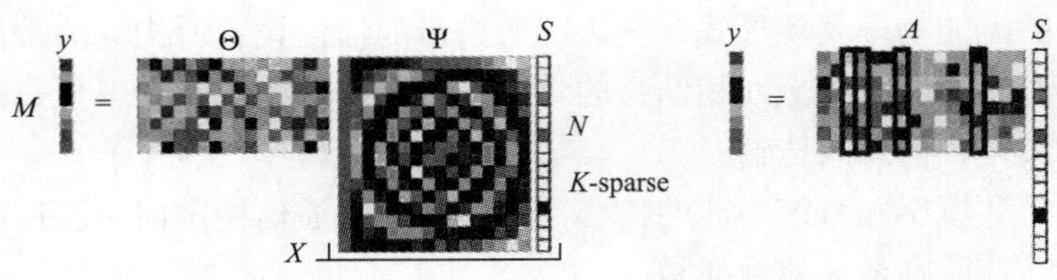

图 8.11　压缩感知的线性测量过程

图 8.12 给出了如何从物理上来实现压缩感知的线性测量过程。 $y=\Theta\Psi$ 从数学上分析是一个矩阵的线性变换，对于一个连续的模拟信号 $x(t)$，实现上只能利用连续的内积来进行运算。

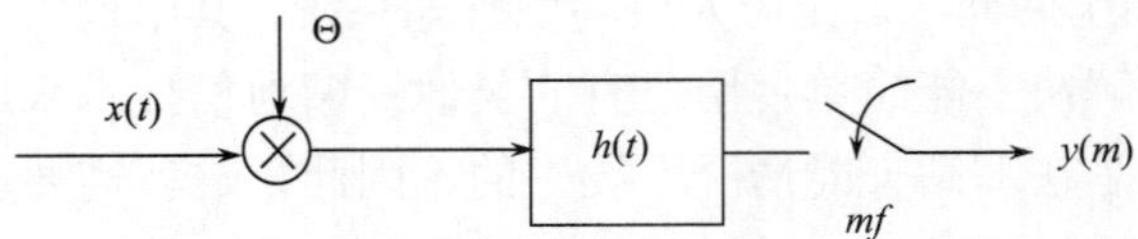

图 8.12　压缩感知理论的采样过程

通过上述模拟电路模型，实现连续信号 $x(t)$ 与测量矩阵 Θ 相乘，$h(t)$ 为一个低通滤波器脉冲响应，f 为采样率。模拟信号 $x(t)$ 可采样为

$$y(m)=\int_{-\infty}^{\infty}x(\tau)\Theta(\tau)h(t-\tau)\mathrm{d}\tau\,|_{t=mf} \tag{8.25}$$

2）压缩感知的稀疏重构过程

由压缩感知的线性测量过程 $y=\Theta x$ 可知，y 是大小为 $M\times N$ 的矩阵。如果想通过测量到的 $M\times N$ 的测量值重构出 $N\times N$ 的原信号，只通过求解方程组是没有办法实现的，原因是方程个数 M 远小于方程组的未知数个数 N。在数学上，这是一种对欠定方程组的求解问题。

如果得不到原信号 $x(n)$ 的其他相关信息，上述方程组很难得到唯一的解；如果信号 $x(n)$ 是可稀疏信号，设稀疏度为 K，只要满足 $M>K\cdot\log(N)$，上述方程组是可以得到唯一解的，原因是此时未知数实际只有 K 个。只要找到这 K 个重要稀疏系数，通过稀疏反变换即可得到原信号。根据范数定义可知，l_0 表示信号中非零元素的个数，所以基于压缩感知的稀疏重构过程可以表示为以下范数形式

$$\arg\min\|x\|_0\ s.t. y=\boldsymbol{\Theta}x \tag{8.26}$$

2. 典型应用

压缩感知理论从诞生以来，已经在许多领域内得以应用。美国 Rice 大学利用压缩感知原理研发的单像素相机[22]，原理如图 8.13 所示[23]，使得低像素相机也可以拍摄出高质量的图像，引起了国内外媒体、学者的广泛关注。Bhattacharya 等将压缩感知理论与合成孔径雷达的图像数据的获取相结合，避开了对原始数据的直接采样，降低了采样频率与采样数据量，解决了海量数据的采集与存储问题，转化为寻找更好的信号恢复算法[24]。麻省理工学院 Wald 教授等研发了 MRI RF 脉冲设备[25]，使得压缩感知理论在稀疏核磁共振成像[26]、三维磁共振波谱成像[27]等医学领域得以应用。国外研究者研究了基于压缩

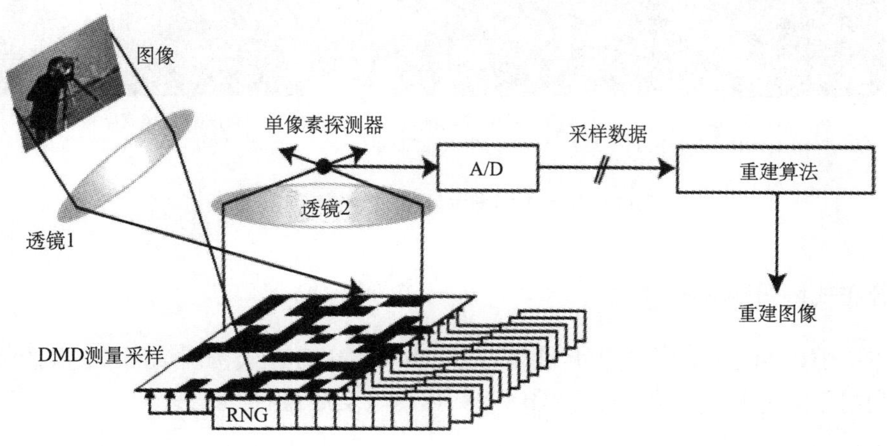

图 8.13 单像素相机原理图

感知的视频序列表示及编码方法，发展了压缩视频编码与视频压缩采样的孔径重建的问题。梁瑞宇等利用压缩感知理论，对语音压缩及重构进行了相关研究[28]。孙林慧、杨震、叶蕾利用压缩感知理论，对视频编解码器的设计进行了相关研究[29]。压缩感知原理同时在无线传感器网络[30]、数据通信[31]领域得到了广泛的应用。

因此利用压缩感知算法，可以基于节点的低运行能力情况下，对周围环境进行图像感知信息。具体算法如下：

1）压缩感知算法

（1）采集部分

生成高斯随机测量矩阵Θ，通过 QR 分解，得到基于两次 QR 分解的随机高斯测量矩阵Θ''，通过Θ''与$x(n)$相乘，获得测量信号$y(m)$。其中，Θ''的大小决定了采样率。

（2）重构部分

第一步：生成 Contourlet 的稀疏基Ψ，求得恢复矩阵$A=\Theta''\Psi$；

第二步：利用测量信号$y(m)$及恢复矩阵A进行基于数据融合的 OMP 算法重构，求得相应的稀疏系数s；

第三步：将稀疏系数s在稀疏基Ψ下进行稀疏反变换，得到重构结果x'；

第四步：计算x'与信号$x(n)$的 PSNR 值及重构时间。

2）实验

图 8.14 给出了基于不同融合方式在采样率为 0.3、0.5、0.7 时的重构图像。

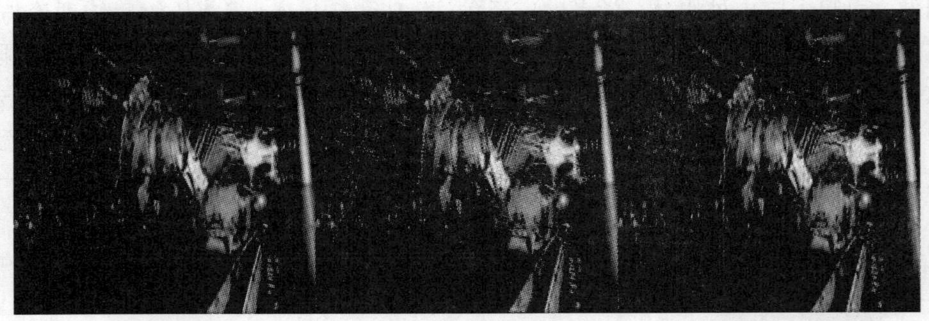

(a) 加权平均融合法（$M:N$=0.3；PSNR=27.55dB）　(b)行插入像素融合法（$M:N$=0.5；PSNR=25.04dB）　(c)列插入像素融合法（$M:N$=0.7；PSNR=25.22dB）

图 8.14　基于不同融合方法的压缩感知重构图

8.3.2　分布式协同编码技术

利用压缩感知理论减少数据传输量，进一步可利用分布式协同编码技术减少数据源。也就是利用压缩感知和分布式协同编码将数据传输变成带状。

1. 简介

在无线网络环境中，信源编码问题面临着更具有挑战性的新场景：一是编码器之间不能相互通信，各自独立获得信源的部分信息；另外，解码器只能获得与信源相关的边信息或者是仅能获知一部分信源信息。

1） 无损信源编码

无损信源编码的情况为两个独立的编码器分别获得部分信源信息且分别以 R_1、R_2 在解码端进行联合解码。该问题定义如下[32]：

定义给定的离散信源和，一种两端无损信源编码包含两个编码函数 f_1：$X^N \to \{1,\cdots,M_1\}$，f_2：$Y^N \to \{1,\cdots,M_2\}$，和一个解码函数 $g:\{1,\cdots,M_1\}\times\{1,\cdots,M_2\}\to X^N \times Y^N$，那么

$$Pr\left(\left(X^N,Y^N\right)\neq g\left(f_1\left(X^N\right),f_2\left(Y^N\right)\right)\right)\leqslant\delta \tag{8.27}$$

由于两个编码器所获得的部分信源信息之间存在一定的相关性，所以速率 R_1 和 R_2 是相互制约的。换句话说，若用较多的比特来描述其中一个信源，则描述另一个信源的比特数目就相应的减少。特别的，如果 $R_2>\log|Y|$，则认为解码器能无差错的恢复 Y。故这个问题也包含了解码端具有边信息的情况。

2）有损信源编码

有损分布式信源编码是在允许存在一定的失真条件下，不需要解码端进行完全重建的问题。在有损编码中，信源 X 是允许在失真为 D_1 的情形下重建，其失真度量为 $d_1(\cdot,\cdot)$；信源 Y 允许在失真为 D_2 的情形下重建，其失真度量为 $d_2(\cdot,\cdot)$，这个问题的正式定义如下：

M 个编码器均能获知边信息的情形，给定 M 个信源 $S_m, m\in\{1,\cdots,M\}$，以及 K 个失真函数 d_k：$\prod_{m=1}^{M} S_m \times X_k \to R^+$，$k\in\{1,\cdots,K\}$，一种分布式有损信源编码 $(N,\vec{R},\vec{D})$ 包含 M 个编码函数 f_m：$S_m^M \to \{1,\cdots,2^{NR_m}\}$，以及解码函数 $g_k:\prod_{m=1}^{M}\{1,\cdots,2^{NR_m}\}\to X_k^N$，那么对于 $U_k^N = g_k\left(f_1\left(S_1^N\right),f_2\left(S_2^N\right),\cdots,f_M\left(S_M^N\right)\right)$，有 $\sum_{i=1}^{N} E\left[d_k\left(S_1(i),\ S_2(i),\cdots,S_{M+1}(i),\ U_k(i)\right)\right] \leqslant ND_k$。

给定 M 个信源 S_m，$m\in\{1,\cdots,M\}$，以及 K 个失真函数 d_k：$\prod_{m=1}^{M} S_m \times X_k \to R^+$，$k\in\{1,\cdots,K\}$，如果对于所有的 $\delta>0$，存在有损信源编码 $\left(N,\vec{R},\vec{D}\right)$，并且存在 N^* 使得所有的 $N\geqslant N^*$，满足 $R_{M,N}\geqslant R_m+\delta$，$D_{k,N}\leqslant D_k+\delta$，$m\in\{1,\cdots,M\}$，$k\in\{1,\cdots,K\}$，那么分布式有损信源编码的率失真矢量 $\left(\vec{R},\vec{D}\right)$ 是可达的。

另外，Wagner、Tavildar 和 Viswanath[33]指出，服从独立同分布的联合高斯信源 X，Y，即 $(S_1(k),S_2(k))\sim N(0,\sum)$，则协方差矩阵为

$$\sum\begin{pmatrix}\sigma_1^2 & \rho\sigma_1\sigma_2\\ \rho\sigma_1\sigma_2 & \sigma_2^2\end{pmatrix} \tag{8.28}$$

对于 $D_1,D_2>0$，定义 $R(D_1,D_2)$ 如下：

$$
\left.\begin{aligned}
R(D_1,D_2)=\{(R_1,R_2)\colon R_1 \geqslant \frac{1}{2}\log+\frac{(1-\rho^2+\rho^2 2^{-2R_2})\sigma_1^2}{D_1}\\
R_2 \geqslant \frac{1}{2}\log+\frac{(1-\rho^2+\rho^2 2^{-2R_1})\sigma_2^2}{D_2}\\
R_1+R_2 \geqslant \frac{1}{2}\log+\frac{(1-\rho^2)\sigma_1^2\sigma_2^2\beta(D_1,D_2)}{D_2}
\end{aligned}\right\} \tag{8.29}
$$

式中，

$$
\beta(D_1,D_2)=1+\sqrt{1+\frac{4\rho^2 D_1 D_2}{\left(1-\rho^2\right)^2\sigma_1^2\sigma_2^2}} \tag{8.30}
$$

另设，R^0 为 R 的内部，那么针对两个高斯信源，在失真 $D_1,D_2>0,(R_1,R_2)\in R^0(D_1,D_2)$ 为无损信源编码的可达速率，而 $(R_1,R_2)\notin R(D_1,D_2)$ 为不可达速率。

2. *关键技术——边信息相关噪声估计*

在线逐比特平面连续细化的边信息相关噪声估计算法如下所示。

当前 WZ 帧的每个编码频带 β，算法结合已经 SW 解码的频带中的比特平面去获取频带 WZ 帧系数的量化索引。除了边信息系数，本算法可以粗略描述 WZ 帧的频带系数。然后，基于得到的 WZ 量化索引和离散边信息频带系数，即 $y_k\in[0.2^{L_\beta}-1]$，算法可以粗略地估计任何给定的 y_k 的信道的概率密度函数 pmf。基于获得的 pmf，算法可以获得相应条件的 pdf。注意，根据边信息相关噪声模型，模型参数 $\sigma_\beta(y_k)$ 是与边信息相关的拉普拉斯算子，因此给定的 y_k 的 pdf 是与边信息 y_k 相关。得到的边信息相关噪声估计 $\sigma_\beta(y_k)$ 用于解码下一个比特平面，然后，解码器可以得到一个更新的 WZ 频带系数的描述，算法被再次执行。当对频带 β 的所有比特平面进行 SW 解码后，算法再次被执行为重建获取更精细的 $\sigma_\beta(y_k)$ 估计。

对于 WZ 帧任何的已编码的 DCT 带 β，所提出算法的逐步细化的过程都可以描述为如下步骤。

第 1 步：m 表述 WZ 帧的频带中已解码的比特平面的数目，其中 $1\leqslant m\leqslant L_\beta$，这些比特平面被表示为二进制 M 元组：$b_1^M,b_2^M,\cdots,b_m^M$，其中 M 是 WZ 频带的大小。解码器利用现有的 $b_1^M,b_2^M,\cdots,b_m^M$ 二进制 M 元组产生 WZ 频带系数的一个粗略估计，记为 q_m^M。后者包含 WZ 频带 β 的系数在 $q_m\in[0.2^m-1]^{23}$ 范围内的量化索引。相关噪声估计的目的是在解码端离散边信息的频带 β 的系数，因而产生了 y_k 的 M 维数组包含索引 $y_k\in[0.2^{L^\beta}-1]$。

第 2 步：采用现有的 q_m^M 和 y_k 的 M 维数组，相关估计能很接近联合 pdf，$\mathrm{p}_{Q_m,Y}(q_{m,\vartheta},y_k)$，其中，$Q_m$ 表示 WZ 系数的量化索引的随机可变值，$q_{m,\vartheta}$ 表示 ϑ^{th} 的量化索引，$q_{m,\vartheta}\in[0.2^m-1]$，$y_k\in[0.2^{L^\beta}-1]$。这些通过直方图可以近似得到。

第 3 步：根据估计的联合 pdf，本算法计算经验值条件 pdf，即

$$p_{Q_m|Y}(q_{m,\vartheta}|y_k) = p_{Q_m,Y}(q_{m,\vartheta}, y_k) / \sum_{\vartheta=0}^{2m-1} p_{Q_m,Y}(q_{m,\vartheta}, y_k) \tag{8.31}$$

对每个索引 $y_k \in [0.2^{L\beta}-1]$ 和 $q_{m,\vartheta} \in [0.2^m-1]$，上式给出了独立相关信道的过渡矩阵 $p_{Q_m,Y}(q_{m,\vartheta}|y_k)$，这个信道输入时离散的边信息系数，输出是 WZ 的量化系数，即

$$p_{Q_m|Y}(q_{m,\vartheta}|y_k) = \begin{bmatrix} p_{Q_m|Y}(q_{m,0}|y_0) & \cdots & p_{Q_m|Y}(q_{m,\vartheta}|y_0) & \cdots & p_{Q_m|Y}(q_{m,\theta-1}|y_0) \\ \vdots & & \vdots & & \vdots \\ p_{Q_m|Y}(q_{m,0}|y_k) & \cdots & p_{Q_m|Y}(q_{m,\vartheta}|y_k) & \cdots & p_{Q_m|Y}(q_{m,\theta-1}|y_k) \\ \vdots & & \vdots & & \vdots \\ p_{Q_m|Y}(q_{m,0}|y_K) & \cdots & p_{Q_m|Y}(q_{m,\vartheta}|y_{K-1}) & \cdots & p_{Q_m|Y}(q_{m,\theta-1}|y_{K-1}) \end{bmatrix} \tag{8.32}$$

第 4 步：上式过渡矩阵中每一行，即 $p_{Q_m|Y}(q_{m,\vartheta}|y_k)|\forall q_{m,\vartheta} \in [0,2^m-1]$ ，是给定的 y_k 的条件 pmf。然后，本算法获得给定的 y_k 的条件 pdf，因而获得经验 pmf。根据边信息相关噪声算法，$p_{Q_m|Y}(q_{m,\vartheta}|y_k)|\forall q_{m,\vartheta} \in [0,2^m-1]$ 是通过带有缩放参数 $\lambda_\beta(y_k) = \sqrt{2}/\sigma_\beta(y_k)$ 的拉普拉斯分布的标量量化得到的 pmf，它的中心是 y_k'，也就是说相反的量化边信息是由量化索引 y_k 得到的。因此，为获得每个拉普拉斯分布 $\forall y_k \in [0,2^{L\beta}-1]$ 的缩放参数 $\lambda_\beta(y_k)$，建立边信息相关的噪声模型，需要获得下面函数的根：

$$g(\lambda_k) = p_{Q_m|Y}(q_{m,\vartheta}|y_k) - \int_{q_L}^{q_H} \frac{\lambda_k}{2} e^{-\lambda_k|x-y_k'|} dx, \forall y_k \in [0,2^{L\beta}-1] \tag{8.33}$$

式中，q_L 和 q_H 是量化索引 $q_{m,\vartheta}$ 的量化的下限值和上限值，为了简单起见，我们用 λ_k 代替 $\lambda_\beta(y_k)$。对于每个 $y_k \in [0,2^{L\beta}-1]$，上式存在唯一的根，证明如下：

式（8.33）可以写为

$$\begin{cases} g_1(\lambda_k) = 2\cdot p_{Q_m|Y}(q_{m,\vartheta}|y_k) - e^{-\lambda(q_L-y_k')} + e^{-\lambda(q_H-y_k')}, y_k' < q_L \\ g_2(\lambda_k) = 2\cdot p_{Q_m|Y}(q_{m,\vartheta}|y_k) - e^{-\lambda(q_H-y_k')} + e^{-\lambda(q_L-y_k')}, y_k' > q_H \\ g_3(\lambda_k) = 2\cdot p_{Q_m|Y}(q_{m,\vartheta}|y_k) - 2 + e^{-\lambda(q_L-y_k')} + e^{-\lambda(q_H-y_k')}, q_L \leqslant y_k' \leqslant q_H \end{cases} \tag{8.34}$$

由此可知 $g_1(\lambda_k)$ 在区间 $\left[0,\lambda_k^*\right)$ 递减和在区间 $\left[\lambda_k^*,+\infty\right)$ 递增，可以求得 λ_k^* 的值，即 $\lambda_k^* = \left(1/2^{M-m}\right)\ln\left[\left(q_H-y_k'\right)/\left(q_L-y_k'\right)\right]$。又，$g_1(0) \geqslant 0$，$\lim\limits_{\lambda k\to+\infty} g_1(\lambda_k) \geqslant 0$。因此，$g_1(\lambda_k)=0$ 在区间 $\left[0,+\infty\right)$ 可能有一个或者两个解，也可能无解，这取决于 $g_1\left(\lambda_k^*\right)$ 的符号。同理，$g_1(\lambda_k)=0$ 在区间 $\left[0,+\infty\right)$ 可能无解，也可能有一个或者两个解。

然而，$g_3(\lambda_k)=0$ 在区间 $\left[0,+\infty\right)$ 上单调递减，而 $g_3(0)\geqslant 0$ 且 $\lim\limits_{\lambda_k\to+\infty} g_3(\lambda_k) \leqslant 0$，因此 $g_3(\lambda_k)=0$ 在区间 $\left[0,+\infty\right)$ 上有且仅有一个解。因此，$g_3(\lambda_k)=0$ 的解为我们所求的与边信息 y_k 相关的在线估计模型的参数 λ_k。

当 $y_k' = q_L$ 或者 $y_k' = q_H$ 意味着反量化的边信息值与量化值的上限或者下限一致时，$g_3(\lambda_k)=0$ 的解为

$$\lambda_\beta(y_k) = -\frac{\ln - 2\cdot p_{Q_m|Y}(q_{m,\vartheta}|y_k')}{2^{M-m}} \tag{8.35}$$

当$q_L < y'_k < q_H$时，$g_3(\lambda_k)=0$采用数学上的二分法、切割法和二次插值的快速算法求得[46]。

SW 解码完 WZ 帧中频带β的一个比特平面后，步骤 1~4 再次被执行。这个过程递归地执行，因而可以更精确地估计频带β。这是非常重要的，因为每增加一个解码的比特平面，支持准确估计的相关信息会更多，因而噪声估计在编码效率上的影响也将增加。这也解释了为什么每个频带的第一个比特平面的估计不是很准确。

8.4　移动组网拓扑控制

当井下矿工越来越多后，为了保障每个矿工的信息都能传输到骨干网络中，需要对流进行控制，确保每个流都能顺利传输。

网络拓扑控制作为可实现网络生存期最长，或是实现网络最小能耗、最小接口、可靠性和服务质量等目的的技术，是保证可靠的无线数据传输网络的技术手段[34,35]。网络拓扑控制的具体表现为拓扑控制算法和路由协议。

目前煤矿中研究较多的是经典的 AODV 算法及其改进算法[36]。这些算法的一个特点是：每个通信节点除需要维护邻居列表外，还需要维护全网络参与的满足各个要求（如：最短路径等）的路由列表，即有一个路由规划的过程。这个过程对于提高网络传输速度、降低网络能耗等方面有帮助。但路由规划的过程在网络节点不稳定时，性能表现较差。如某节点的下一跳节点在路由算法计算后突然出现故障或者被移动，那么该节点在发送数据时就会失败，从而会导致重新启动建立路由过程。随机拓扑控制算法则不存在这样的问题。随机拓扑控制算法的核心思想是：某个节点发送数据时，是将数据包发送到某一随机选择的邻居节点[37,38]。因此，可以减少邻居节点突然出现故障或者被移动后发送失败概率。随机拓扑控制由于是随机选择下一跳节点，因此数据包的路径不一定最优，实时性也相对难以保证。

而综采工作面数据流向有较大确定性，即数据或者是流向上地面方向，或者是流向工作面方向。双向随机拓扑控制算法。算法基本思想如下：

（1）对网络中所有通信节点进行编号，每个节点有两个编号。每个节点的两个编号分别代表节点距离综采工作面上下顺槽的距离。

（2）每个节点根据邻居节点的距离、吞吐量等信息，对两个方向的邻居节点发送概率进行优化。当有数据需要发送时，在两个方向各随机选择一个邻居节点作为目的地发送，若发送成功，则本节点发送任务结束；否则，再次随机选择一个邻居节点作为目的地发送；直至数据发送成功。

下面具体阐述算法思想中第二点的数学模型及分布式实现。

8.4.1　邻居节点选择概率的优化模型

对于发送节点而言，由于邻居节点的距离、吞吐量不同，设置不同的发送概率是合理的选择。因此，本章选择节点间的误包率（packet error）作为选择邻居节点发送概率的主要依据。

井下无线传输射线模型可利用二维 Possion 求和公式转换成波模表达式，从而确定每个波模的激励强度 E_{0mn}[39]。

$$E_{0mn}=\frac{4E_0\pi\sin\left(\frac{m\pi}{w}x+\varphi_x\right)\cos\left(\frac{n\pi}{h}y+\varphi_y\right)}{wh\sqrt{1-\left(\frac{m\pi}{wk_0}\right)^2-\left(\frac{n\pi}{hk_0}\right)^2}} \tag{8.36}$$

利用 E_{0mn} 可得到功率传输公式[40]

$$P_r=P_tG_tG_r\left[\frac{1}{E_0}\sum_{m,n}E_{0mn}\sin\left(\frac{m\pi}{w}x+\varphi_x\right)\cos\left(\frac{n\pi}{h}y+\varphi_y\right)\mathrm{e}^{-k_{zmn}z}\right] \tag{8.37}$$

式中，E_0 为发射天线处的场强；如果 m 为偶数，$\varphi_x=0$，反之，$\varphi_x=\pi/2$；如果 n 为偶数，$\varphi_y=0$，反之，$\varphi_y=\pi/2$；P_t 为发射天线的输入功率，P_r 为接收天线的接收功率，G_t、G_r 分别为收发天线增益。

因此，若已知网络中第 i 个节点和第 j 个节点的位置，就可计算出节点间通信的误包率 τ_{ij}

$$\tau_{ij}=\operatorname{erfc}\left(\sqrt{kP_r/P_{NO}}\right) \tag{8.38}$$

式中，P_{NO} 为噪声强度，k 为和无线通信编码方式相关的参数，erfc（x）为概率论中的高斯误差函数。

利用节点间通信的误包率可建立邻居节点选择概率的优化模型为

$$\left.\begin{aligned}&\xi=\arg\max\sum\omega_i\\&\mathrm{s.t.}\,\mathbf{u}=\mathbf{u}_0+\int_0^t\dot{\mathbf{u}}\mathrm{d}v\\&\omega_i\leqslant\xi_{ij}\tau_{ij}-\xi_{ji}\tau_{ji}\\&\sum\xi_{ij}=1\end{aligned}\right\} \tag{8.39}$$

式中，ω_i 表示节点 i 的最小吞吐量要求；ξ_{ij} 表示节点 i 发送数据包到节点 j 的概率；目标函数 $\arg\max\sum\omega_i$ 表示使得网络的吞吐量达到最大；约束条件 $\omega_i\leqslant\xi_{ij}\tau_{ij}-\xi_{ji}\tau_{ji}$ 表示每个节点的吞吐量要大于一定值，满足综采工作面 CPS 网络可靠要求；约束条件 $\sum\xi_{ij}=1$ 表示节点 i 必须选择某个邻居节点作为发送目的地。

8.4.2 邻居节点选择概率的分布式实现

由式（8.39）所示的模型利用拉格朗日乘子法进行求解，可得相应的函数

$$L=-\sum\omega_i+\sum\lambda_i(\omega_i-\xi_{ij}\tau_{ij}+\xi_{ji}\tau_{ji}) \tag{8.40}$$

该函数是一个需要网络所有节点参与优化的函数，即是一个网络全局函数。根据非线性优化理论中的对偶性理论[36,37]，函数 L 可转换为每个节点的优化问题，即转换为求解每个节点 L-i 函数：

$$L_i = -\omega_i + \sum \lambda_{ij} \xi_{ij} \tau_{ij} - \sum \lambda_{ji} \xi_{ji} \tau_{ji} + \omega_i + \sum (\lambda_{ij} - \lambda_{ji}) \tag{8.41}$$

式中，$\lambda_{ji}, \xi_{ji}, \tau_{ji}$ 都是邻居节点的信息，需要传输到节点 i 参与计算。函数 L 的求解可使用子梯度算法及标准下降梯度法进行求解。

8.4.3 算法描述

综合上述讨论，算法描述如下：

第 1 步：网络节点根据自身离上顺槽、下顺槽位置远近设置标示号。即对某个节点 i 存在两个标示号，记为 $\mathrm{ID}_i^{\mathrm{T}}, \mathrm{ID}_i^{\mathrm{D}}$。

第 2 步：节点 i 在发送数据时，根据邻居节点（以 j 为例）所传输的距离信息，根据式（8.38）计算 τ_{ij}；同时根据邻居节点信息 λ_{ji}、ξ_{ji}、τ_{ji} 对式（8.41）进行求解 ξ_{ij}。

第 3 步：以 ξ_{ij} 为概率分布产生所要发送的节点号 $\mathrm{ID}_m^{\mathrm{T}}$ 和 $\mathrm{ID}_n^{\mathrm{D}}$。其中，$\mathrm{ID}_m^{\mathrm{T}}$ 和 $\mathrm{ID}_n^{\mathrm{D}}$ 满足条件 $\mathrm{ID}_m^{\mathrm{T}} < \mathrm{ID}_i^{\mathrm{T}}$，$\mathrm{ID}_n^{\mathrm{D}} < \mathrm{ID}_i^{\mathrm{D}}$。

第 4 步：节点 i 向 m 和 n 节点发送数据包。如果发送不成功，重新进行第 3 步，直至发送成功为止。

8.4.4 算法仿真及分析

仿真场景设置为尺寸为 100m×3m 的工作面，共 40 个通信节点，节点位置随机产生，节点物理层仿真参数采用 2.4G 频段 802.11n 标准的物理层参数，节点间通信有效距离设置为 30m；最小带宽需求为理论值上限的 0.2。

图 8.15 为随机拓扑控制算法的仿真结果。图中线条表示通信节点的可能路由路径，线条颜色代表该条路径被选择的概率大小。从图中可以看出通信节点和通信节点之间存在多条路由路径，这就保证了通信线路的冗余性。

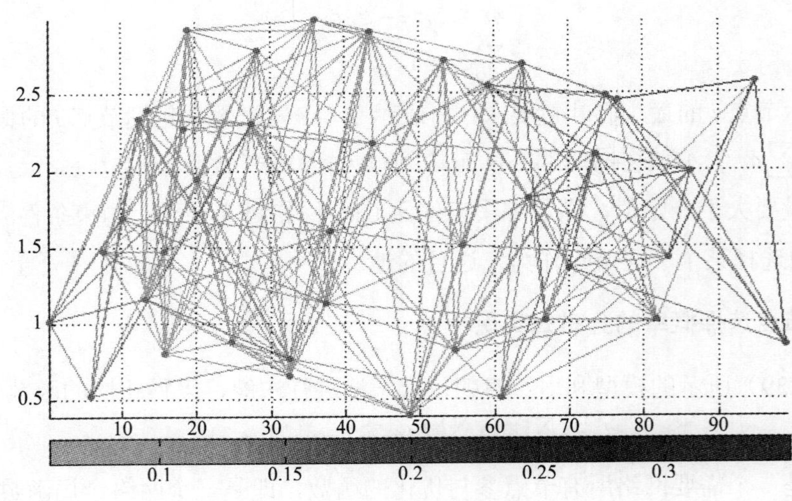

图 8.15 随机拓扑控制算法仿真结果

图8.16为节点无故障时，AODV算法和随机拓扑控制算法的平均时延的比较。其中，AODV路由表建立过程阶段数据被舍弃。从图8.16中可看出，在AODV路由表建立后，AODV算法的平均时延表现比随机拓扑控制算法好。这是因为在仿真场景中节点比较密集，对同一节点而言，其邻居节点距离都比较靠近，节点间通信的误包率接近相同，造成该节点被选择的概率相同。这对随机拓扑控制算法而言，非路径最优节点有较大概率被选择为下一跳，从而影响算法时延性能。

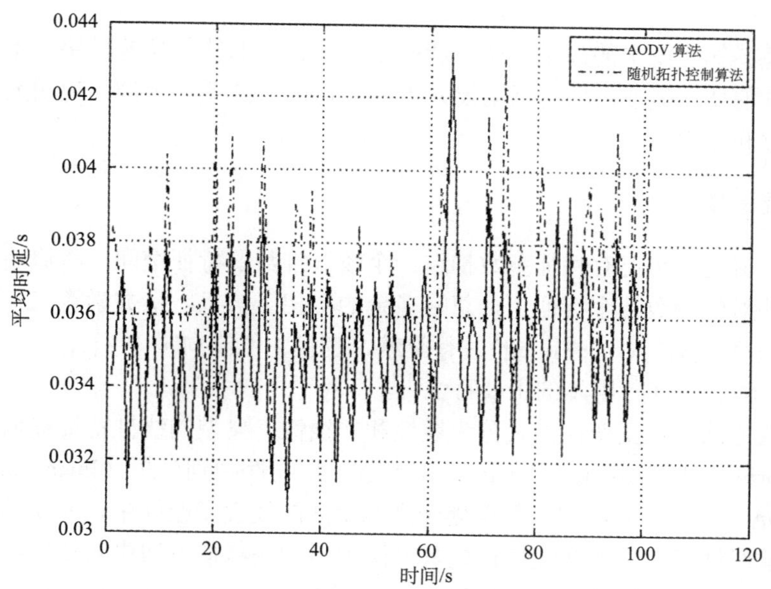

图 8.16　节点无故障情况下的平均时延对比

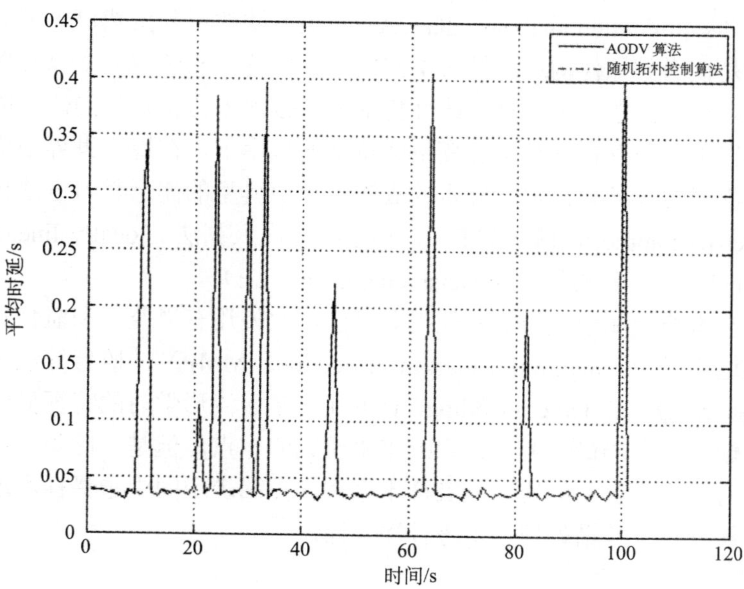

图 8.17　节点故障情况下的平均时延对比

但是，当节点出现故障时，随机拓扑控制算法将明显比 AODV 算法表现更佳。图 8.17 为 100s 内节点出现失能概率为 10.89%时时延对比情况。由于节点失能，导致路由规划进程重新激活，因此 AODV 算法时延明显波动剧烈；而随机拓扑控制算法没有相应的路由规划过程，因此网络时延抖动不大。

8.5　人员感知信息岛

人员环境感知系统中的岛是一个个和矿工安全相关的软件功能模块。本小节以基于人员监控保护的特征提取、信息联动及井下人员管理 GIS 系统为例，说明人员环境感知信息岛的地位和作用。

8.5.1　特征提取技术

特征提取就是利用已有特征参数构造一个较低维数的特征空间，将原始特征中蕴含的有用信息映射到少数几个特征上，忽略多余的不相干信息。从数学意义上讲，就是对一个 n 维向量 $X=[x_1, x_2, \cdots, x_n]^T$ 进行降维，变换为低维向量 $Y=[y_1, y_2, \cdots, y_m]^T$，$m<n$。其中 Y 确实含有向量 X 的主要特性[41]。

特征提取方法可根据变换方式分为线性和非线性。典型的线性特征提取算法包括主成分分析（principal component analysis，PCA）和线性判别分析（linear discrimination analysis，LDA）。这类方法假设数据处于高维空间的线性子空间中，而现实世界中的数据大多具有非线性特性。非线性特征提取方法中一种是将核方法引入线性特征提取算法中，假定原始空间数据经过核变换投影到维度更高的核空间，数据则可能成为线性结构，例如核主成分分析（kernel principle component analysis，KPCA）与核 Fisher 判别分析（kernel fisher discrimination analysis，KFDA）。核方法的引入虽然可以扩展线性判别方法的应用，但是核函数如何构造、针对不同问题如何选取核函数类型以及核参数的最佳取值都是亟待解决的问题。另一种非线性特征提取技术来自认知学的研究成果，即流形学习，数据集在未知但存在低维本征变量或特征的作用下，在现实世界中会形成高维空间点集。流形学习的任务就是揭示样本的真实流形，典型的流形学习方法包括等度规映射算法（isometric mapping，ISOMAP）、局部线性嵌入算法（locally linear embedding，LLE）、拉普拉斯特征谱方法（Laplacian eigenmap，LE）。

上述算法在本质上属于无监督特征提取算法，此外还有半监督和监督式算法。半监督算法如最大边缘投影（maximum margin projection，MMP），监督算法如鉴别邻近嵌入（discriminate neighborhood embedding，DNE）。基于流形学习的特征提取算法由于计算效率较高，能获得全局最优解，成为近年来研究的重点。但是，此类方法存在实际样本集不足，相对维度而言不能均匀充满样本空间，在稀疏空间中选择样本近邻失去原有意义等问题，需要结合数据处理技术进行深入探讨[42]。

8.5.2　信息联动

感知矿山信息联动系统是为感知矿工周围安全环境、井下各类感知设备工作状态，实现各类感知信息的实时显示、查询、报警与综合预警，实现井下人员、设备与环境及井上调度之间信息交互所开发的专用软件系统。

1. 系统结构和工作原理

感知矿山信息联动系统在专用的信息联动器中运行，结构图如图 8.18 所示，主要包含运行控制、配置管理、井下信息终端实时信息的收发、监控设备实时报警信息的接收与转发和历史信息查询五个部分。各个部分的工作原理如下：

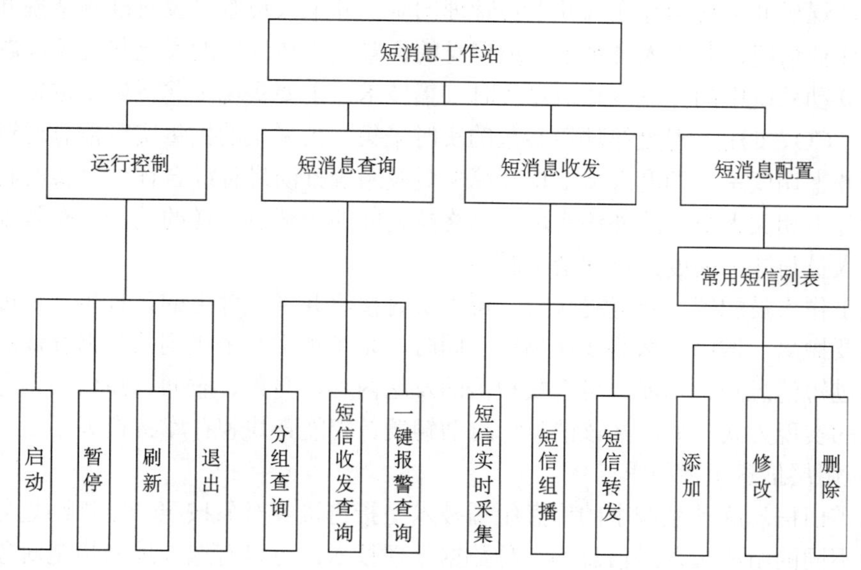

图 8.18　感知矿山信息联动系统结构图

（1）运行控制用来对应系统的启动、暂停、刷新和退出操作。

（2）配置管理中设置了一个常用短消息列表，可以对常用消息进行添加、修改、删除等操作，节省了编辑短信息的时间。由于受井下智能矿灯内存区限制，其中输入信息不得超过 18 个字。

（3）感知消息接收。每个工人均配置环境信息终端，下井后，在系统主界面即显示正在作业的工人列表，这些井下实时数据，包含井下作业人员人数，他们的序号、姓名、矿灯号、编队和当前位置等详细信息。工人在井下可以通过信息终端向上位机发送报警信息，报警后，系统及时显示报警工人、所在编组、报警时间、报警内容及所在位置等信息。

（4）实时接收由监控系统产生的报警信息，经过处理后自动转发给井下指定单个或分组/区域信息终端，告知设备状态和环境状态。

（5）调度信息发送。井上工作调度人员看到报警信息后，可以通过工人列表选择或者智能查找，对相应的井下作业工人发送消息，并且可以选择短信的紧急程度并显示短信的实现方式。同时，系统还有短信自动预警的功能，调度人员可以输入通知区域半径，自动对报警呼救者附近区域工人进行预警通知。

（6）历史信息查询包括分组查询、信息收发查询和一键报警查询。其中分组查询又包含工种、职务、队名信息。短信收发查询可显示短信的发送内容、对象、时间、短信的紧急程度并显示短信的实现方式，如广播该消息、自动触发、智能查找和存库备查等。

2. 系统关键技术

感知矿山信息联动系统包括以下关键技术：

1）井下感知信息的实时采集技术

目前，煤矿井下普遍存在入井人员管理困难，井上人员难以及时准确掌握井下人员的分布和作业情况，井下人员难于知道自身的位置及周边环境的安全状况等问题。感知矿山信息联动系统中的井下感知信息实时采集技术，主要实现了井下矿工位置、所处环境中瓦斯、CO、CH_4、温度等环境参数的实时采集，被采集的大量实时信息通过传输网络发送至井上调度室，调度人员根据环境参量及系统推演进行综合评估，实时将评估结论发送给井下相关人员。此外还实现信息终端之间的短消息传送的功能，有效地保证了井下作业人员与井上调度人员的紧密联系。

井下工作人员配置了智能终端后，可以实时接收井下至井上的各种生产调度指令，如是否需要撤离、按照什么路线撤离等。同时，系统将实时采集到的数据存储到数据库中，并通过短消息查询功能，可查找短信的发送内容、对象、时间、短信的紧急程度并显示短信的实现方式，如广播该消息、自动触发、智能查找和存库备查等。

2）应用层信息组播技术

感知矿山信息联动系统中的信息组播技术是指将接收对象按照一定规则划分成若干组，针对不同的组成员发送信息的一种数据处理技术，可以有选择地向指定对象广播发送短消息，有效地解决单点发送多点接收的问题，实现网络中点到多点的高效数据传送，保证安全生产指令第一时间发送到井下相关工作人员信息终端上，同时能够大量节约网络带宽、降低网络负载。

组播技术指的是单个发送者对应多个接收者的一种网络通信，见图 8.19。组播技术中，通过向多个接收方传送单信息流方式，可以减少具有多个接收方同时收听或查看相同资源情况下的网络通信流量。对于 n 方视频会议，可以减少使用 $a(n-1)$ 倍的带宽长度。组播技术基于“组”这样一个概念，属于接收方专有组，主要接收相同数据流。该接收方组可以分配在 Internet 网的任意地方。

3）基于空间位置的感知信息转发技术

感知矿山信息联动系统中的基于空间位置的感知信息转发技术支持点对点发送，支持区域转发，能实时准确地接收报警信息并定位报警人员的位置，并及时向报警呼救者指定附近区域工人预警通知。系统还能对各种异常状态进行预警、报警，并转发给井下人员。

3. 系统功能

（1）感知信息接收：系统显示正在作业的工人列表，包含井下作业人员人数，他们的序号、姓名、矿灯号、编队和当前位置等详细信息。工人在井下通过智能终端向上位机发送报警信息，系统及时显示报警工人、所在编组、报警时间、报警内容及所在位置等信息。

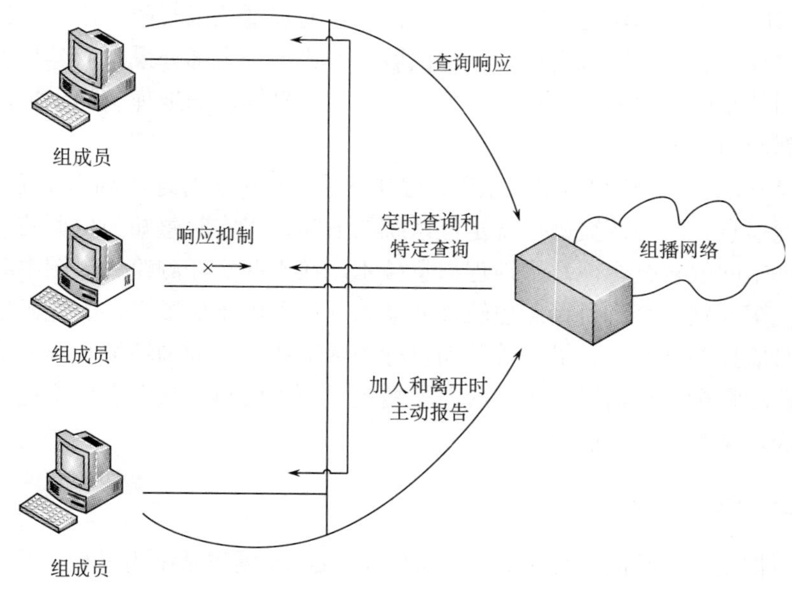

图 8.19 组播技术原理图

（2）调度命令发送：井上工作调度人员通过工人列表选择或者智能查找，对相应的井下作业工人发送调度命令，并且可以选择短信的紧急程度并显示信息内容的实现方式。

（3）预警发送：调度人员输入通知区域半径，系统自动对报警呼救者附近区域工人进行预警通知。

（4）配置管理：配置管理中设置常用短消息列表，可以对常用信息进行添加、修改、删除等操作。由于受井下智能矿灯内存区限制，其中输入信息不得超过 18 个字。

（5）历史信息查询：历史查询包括分组查询、短信收发查询和一键报警查询。其中分组查询又包含工种，职务，队名信息。短信收发查询可显示短信的发送内容、对象、时间、短信的紧急程度并显示短信的实现方式，如广播该消息、自动触发、智能查找和存库备查等。

系统的主要技术参数。

支持智能终端个数：10 万个；

支持输入信息长度：18 个字；

短信处理速度：>2000 条/s。

8.5.3 井下人员管理 GIS 系统

1. 系统概述

2011 年 3 月 21 日国家安监总局、煤矿安监局联合出台了《煤矿井下安全避险“六大系统”建设完善基本规范（试行）》，对“六大系统”的建设提出了明确而具体的要求，其中包括“准确掌握井下人员动态分布情况和采掘工作面人员数量，并且优先选择技术先进、性能稳定、定位精度高的产品”。[43]

目前，国内井下人员定位系统中，相当一部分是人员考勤记录系统[44]。这种系统采用被动式 RFID 和读卡器结合的方式，单一读卡器的识别范围有限，读卡器识别范围没有有效衔接，仅仅算作是区域定位。在定位展示方式上，大部分采用的是列表方式，图形化显示采用的是栅格底图，位置信息采用的是相对坐标，非地理空间坐标，降低了定位信息的实际应用价值。

以井下 WiFi 的无线感知网络为基础，对井下移动目标进行连续动态定位，并且感知矿工周围环境信息。本系统突破传统定位系统的缺陷，将实时感知的位置信息、周围环境信息和地理空间位置融合，基于地理信息技术，在矿井实际测绘成果图中动态实时地定位人员及机车位置，查询目标历史轨迹并动态回放于电子矿图上，为煤矿安监、调度部门提供实时监控井下矿工、机车等移动目标的活动状态及周围环境状况的信息平台，为分析井下移动目标运行情况、灾后应急救援提供历史资料，从而有效地提高矿井安全生产水平与合理调配资源的能力。

2. 系统结构工作原理

针对矿山物联网系统的总体设计，以微软 Windows 操作系统为平台，采用目前最新的 GIS 技术——地理信息服务（geographic information service），以 ArcGIS Server 9.3 为 GIS 后台服务平台，融入网络应用开发中最新的 Web Service 技术，提出了面向矿山物联网的井下移动目标监控 WebGIS 系统架构（图 8.20）。该架构中由 Web Service 获取并

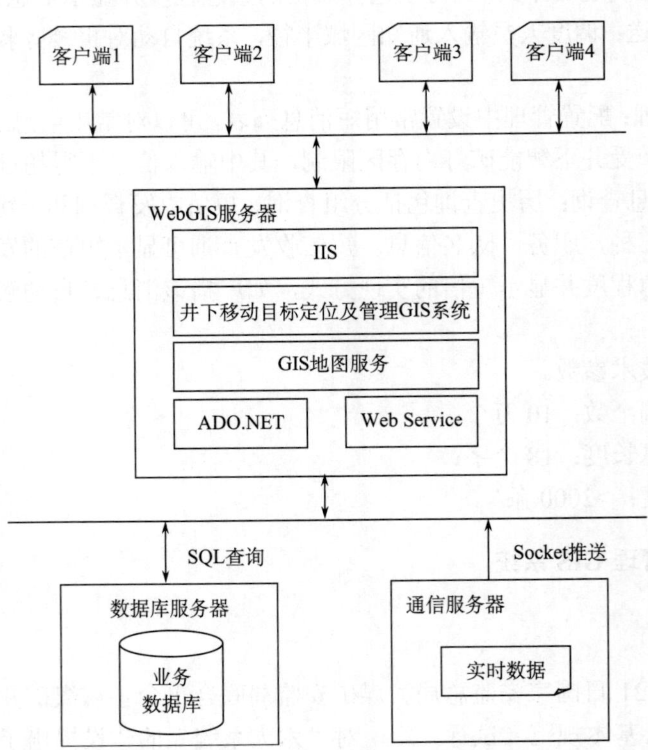

图 8.20　煤矿井下移动目标定位及管理 GIS 系统架构

解析感知矿山信息集成与交换平台发送的实时定位数据 UDP 包，利用 ADO.NET 访问业务数据库抽取基础属性数据和历史数据，WebGIS 系统负责融合实时数据、业务数据和 GIS 空间数据，最终通过 IIS 发布到 Internet 或 Intranet，实现任意地点任意浏览器对 WebGIS 系统的访问。

3. 系统关键技术

系统是在井下 WiFi 无线感知层网络的基础上，利用 GIS 技术和计算机网络应用开发技术，将各种传感器数据在电子矿图上进行定位并实时动态更新，为分析井下移动目标活动情况提供历史轨迹查询与动态绘制，实现无线网络感知数据与实际地理空间数据结合，从而将井下网络感知节点定位到实际地理环境中，为感知矿山提供地理可视化与分析平台。

1）基于控制点的井下 WiFi 实时定位坐标与地理参考坐标映射技术

矿山物联网在井下布置了庞大的传感器网络，包括固定的 AP 接入点、移动的 RFID 卡、矿工个人信息终端等，这些信息均存在于井下复杂的巷道系统环境中，所感知到的人员、机车位置、周围环境参数均处于某一地理位置。传统的人员定位系统，采用区（段）域式定位，定位结果的表达方式采用列表形式或者是在自定义巷道分布图片中显示，这种方式将感知数据与真实地理环境分隔开来，在实际应用中，不能最大限度地发挥感知网络的作用。

将感知数据与实际地理环境融合，关键是感知数据的坐标系统要与实际地理参考系统统一起来。目前，GIS 地理参考系统主要包括地理坐标系和大地坐标系，地理坐标系采用经度、纬度的形式表达，属于球面坐标系统，大地坐标系又称投影坐标系，是大比例尺地图常用的坐标系统，属于平面坐标系统。我国对地图坐标系统选用有明确的规定，矿山行业常用的坐标系统为北京 54 坐标系（6 度分带和 3 度分带）和西安 80 坐标系（6 度分带和 3 度分带）[45]。感知层网络中固定节点的位置信息可以通过矿山测量的方法获得。

WiFi 定位系统基于无线传感器网络定位原理，主要采用基于距离的定位模式，即获取未知节点（要定位的目标）到信标节点（已知坐标的参考节点）之间的距离，再由特定的算法计算相对信标节点的坐标。计算距离的传感器参数通常包括到达时间 TOA、到达时间差 TDOA、接收信号强度指示 RSSI 等，计算相对坐标的算法包括三边测量、三角测量、最大似然等算法[46,47]。基于 RSSI 计算未知节点到参考节点距离采用信号传播的理论模型结合实际测量参数计算：

$$P(d) = P(d_0) - 10n\lg_{10}(d) \tag{8.42}$$

式中，d 为读卡器到标签距离；$P(d)$ 为读卡器接收的相距 d m 处标签发射的信号强度；$P(d_0)$ 为读卡器接收的相距 1m 处标签发射的信号强度（RSSI）；n 为实测参数。

计算定位目标与无线接入设备的相对距离作为该点坐标，属于自定义坐标系统，直接使用造成坐标与地理参考坐标的不一致，带来诸多不便。煤矿或非煤矿井下巷道往往十分复杂，井下 WiFi 实时定位同样存在定位坐标与矿山测量坐标（地理参考坐标，如北京 54、西安 80）不一致的问题，造成无法建立井下定位目标与矿山测绘成果的空间对应关系。为解决该问题，提出了采用无线接入设备作为控制点，通过矿山测量获取无线接入设备的地理参考坐标作为控制点坐标，依据定位时采用的无线设备编号及相对坐标，经过坐标转换将相对坐标映射为地理参考坐标。经过分析，定位引擎计算的相对坐标为二维平面笛卡儿坐标，与地理参考系统中投影后的大地坐标系表达方式一致，但是坐标系原点不同，同时还要考虑坐标系统的旋转[48]。

公式如下：

$$\begin{cases} x = x_0 + x_r \bullet \cos\theta + y_r \sin\theta \\ y = y_0 + y_r \cos\theta - x_r \sin\theta \end{cases} \tag{8.43}$$

式中，(x, y)为矿图坐标系下的坐标，(x_r, y_r)为控制点在矿图坐标系统中坐标 θ，为自定义坐标系与矿图坐标系间旋转角度。

基于这一思想，开发了映射计算程序，实际应用效果良好，井下定位目标位置能够实时定位在采掘工程图、井上下对照图等矿山测绘成果上，而无需对其进行任何处理。

2）实时感知数据的动态地理二维可视化技术

（1）信息聚合技术

在实时感知数据与矿山空间数据融合于同一的地理参考系统之后，将实时感知数据在地理空间上进行可视化（二维），实际上是目前 GIS 研究领域提出的网络环境下空间与非空间信息的聚合（Mashup）。所谓信息聚合，是指在网络环境中，Web GIS 功能通常以 Web 服务的形式提供，这使得用户在新建一个包含有 GIS 功能的页面程序时通过专门的 API 进行调用，如 Google Maps、Yahoo! Maps 等都提供了 API 供开发人员使用，让用户在自己的业务流程中嵌入地图、文本、流媒体等多种内容，这种过程被称为“Mashup”。

基于信息聚合的思想，首先通过地图制图与图形处理将原始矿图转换为电子矿图，并在 ArcGIS Server 中发布 GIS 地图服务，之后通过 Web Service 的方式建立获取统一坐标系统的实时感知数据服务。Web Service 是基于网络的、自包含的、松散耦合的分布式模块化组件，可以在网络中被描述、发布、查找和调用，它最大的优势在于有效地解决了 Internet 的分布式计算、资源共享和跨平台问题，实现 Web 程序的互操作，从而真正实现了 Web 环境下的分布式计算。目前 Web Service 体系结构成为面向对象分析与设计的合理发展模式，并且成为面向服务（service oriented architecture，SOA）架构体系的主要实现方式。因此，在本系统中，将获取实时感知数据的细节封装成 Web Service，对外暴露一个通过 Web 进行调用的 API，同时调用 ArcGIS Server 中的 GIS 地图服务，通过添加 Graphics Layer 图层对实时感知数据进行渲染（点样式），从而在电子矿图中显示出来。实现实时感知数据与矿山空间数据的信息聚合及实时感知数据的二维地理可视化。

（2）异步交互技术 AJAX

矿山物联网底层感知数据的实时更新频率较高，传送至 GIS 服务器的数据约 5s 就更新一次，相应地，将实时数据与矿山空间数据聚合就需要进行同步更新，但是，更新的范围仅限于实时感知数据，地图数据作为底图则不需要刷新。传统的 Web 应用允许用户填写表单（form），当提交表单时就向 Web 服务器发送一个请求。服务器接收并处理传来的表单，然后返回一个新的网页。这样做导致客户端整个界面进行了刷新，一方面占用了许多带宽，另一方面，频繁刷新使用户视觉难以忍受，每次应用的交互都需要向服务器发送请求，应用的响应时间就依赖于服务器的响应时间。这导致了用户界面的响应比本地应用慢得多。因此，本系统采用目前网络应用开发较为成熟的 AJAX 技术，仅提交需要更新的数据请求，对页面局部进行刷新，从而实现实时感知数据的动态更新。

AJAX 即“asynchronous javascript and XML”（异步 JavaScript 和 XML），与传统的 Web 应用不同，AJAX 应用可以仅向服务器发送并取回必需的数据，它使用 SOAP 或其他一些基于 XML 的 Web Service 接口，并在客户端采用 JavaScript 处理来自服务器的响应。因此在服务器和浏览器之间交换的数据大量减少，结果看到响应更快的应用。同时很多的处理工作可以在发出请求的客户端机器上完成，所以 Web 服务器的处理时间也减少了。本系统中采用 ArcGIS Server 提供的 AJAX 框架，通过 Callback 机制实现，在客户端编写 JavaScript 脚本，发送请求，在服务器端通过继承 ICallbackEventHandler 接口编写处理函数，将需要更新的实时感知数据进行处理，添加并生成 CallBackResult，客户端接收后由对应的 JavaScript 进行前台界面更新，从而减少数据量，提高客户端响应速率。

4. 海量定位数据的历史轨迹重绘技术

基于 WiFi 的实时定位引擎每 5 s 就产生 1 条坐标数据并记录在历史库中，在查询历史轨迹时往往设置 6～8h 以上的时间段，即处理 4000～6000 条以上的数据，查询一次将耗费大量服务器资源，造成客户端响应缓慢，并且通过对全部的历史记录分析，发现很多记录坐标位置近乎重叠（与矿工、机车活动情况有关），而历史轨迹侧重于大范围的运动路线（趋势），忽略细微的动作，因此，应当对查询得到的历史记录进行筛选，这样既保留了目标总的运动趋势，又大幅减少了数据量，提升了系统响应效率。但是，筛选后的结果有可能漏掉关键的拐点，采用直接连线生成轨迹的方法会造成轨迹落到巷道之外的情况。为此，提出将人员轨迹概化巷道中线，基于 GIS 空间分析算法，将筛选结果作为路径必经的站点（stops）,按照时间顺序生成运动路线（轨迹），从而保证历史轨迹的合理性。

整个计算流程中，服务器端处理主要是历史数据筛选和基于 GIS 空间分析的路径计算，其中，空间分析采用网络分析算法实现[49]。历史数据筛选算法具体是先将查得的历史记录按时间顺序进行排序，起始时刻和结束时刻的坐标数据作为重要时间节点直接归入筛选结果，从起始时刻的下一条记录开始，计算当前坐标与起始时刻坐标之间的笛卡儿距离（d），当距离大于设定阈值（d_m）时，归入筛选结果，否则继续向下寻找，直至找到符合条件的记录，之后将该记录作为“起始”时刻，继续对余下的数据按上述阈值进行筛选，直至结束时刻。当前待筛选坐标（x，y）与筛选结果中当前坐标（x_s，y_s）之间的笛卡儿距离 d 为

$$d=\sqrt{(x-x_s)^2+(y-y_s)^2} \tag{8.44}$$

距离阈值条件根据用户设置的查询时间段长短而异，设用户输入查询时间段为 Δt，单位为 h，距离阈值为 d_m，单位为 m，则 d_m 为 t 的分段函数 $f(\Delta t)$。客户端历史轨迹查询

设置了最大查询时间间隔为 48h。

$$d_m = f(\Delta t) = \begin{cases} 5, & 0 < \Delta t \leqslant 8 \\ 10, & 8 < \Delta t \leqslant 24 \\ 20, & 24 < \Delta t \leqslant 48 \end{cases} \tag{8.45}$$

整个流程中，客户端主要是接收分析结果和绘制轨迹线，由结果提取节点并绘制轨迹线通过 ArcGIS Server ADF JavaScript 脚本实现。为了产生更好的客户体验，整个流程采用 AJAX 异步处理与 Callback 机制进行开发[50]。

8.5.4 系统功能

1. 系统的主要功能

（1）井下移动目标实时监控功能

接收实时位置与传感器信息，实时统计井下矿工、车辆数量，鼠标悬停在目标上显示目标属性信息、实时坐标和传感器信息。

（2）井下移动目标实时定位功能

按照输入的矿工姓名、工种、职务、机车名称等条件查询当前处于监控状态和所有矿工、机车位置，定位时地图自动移动将定位目标居中，目标图标放大并弹出相应的实时信息。

（3）井下移动目标历史轨迹回放功能

提供按照起始、终止时间，人员姓名、职务、工种、区队、机车名称等条件查询矿工、机车历史记录，显示历史记录信息，通过历史位置与地图联动、动态绘制轨迹线的方式对历史轨迹进行回放。

（4）井下移动目标报警定位功能

该功能包括传感器感知到的环境参数超出规定限值报警和矿工信息终端发送的呼救报警两部分。接收到传感器实时值超过设定的门限值将弹出报警框，显示超限传感器信息，并定位到佩戴该传感器的目标，自动弹出该目标信息框。接收到井下人员发出的呼救信息时将弹出报警框，显示呼救内容，并定位到呼救人员位置，自动弹出该人员信息框。

2. 系统的主要技术参数

实时定位精度≤5m

实时定位数据动态更新频率≤5s

实时监控数据与底层传感网络延迟≤6s

实时定位响应时间≤3s

历史轨迹查询耗响应≤5s（正常工况下）

参考文献

[1] Bahl P. and Padmanabhan. V. N. RADAR: An in-building RF based user location and tracking

system//Proceedings of the IEEE INFOCOM 2000, 2000, 2: 775-784.
[2] Leu J S, Tzeng H J. Received signal strength fingerprint and footprint assisted indoor positioning based on ambient Wi-Fi signals//Vehicular Technology Conference (VTC Spring), 2012 IEEE 75th. IEEE, 2012: 1-5.
[3] Dawes B, Chin K W. A comparison of deterministic and probabilistic methods for indoor localization. The Journal of Systems and Software. 2011, 84(3): 442-451.
[4] Panyov A A, Smirnov A S, Kosyanchuk V V. Indoor navigation using foot-mounted IMU aided with heterogeneous additional information.
[5] 程森林, 李雷, 朱保卫, 等. WSN定位中的RSSI概率质心计算方法. 浙江大学学报工学版, 2014(1): 100-104.
[6] 张明华. 基于WLAN的室内定位技术研究[D]. 上海: 上海交通大学. 2009.
[7] 张申. 帐篷定律与隧道无线数字通信信道建模[J]. 通信学报, 2002, 23(11): 41-50.
[8] Bhasker ES, Brown SW, Griswold WG. Employing user feedback for fast, accurate, low-maintenance geolocationing. In: Proc. of the 2nd IEEE Annual Conf. on Pervasive Computing and Communications (PERCOM 2004). IEEE Computer Society, 2004. 111-120 .
[9] 杜存功. 基于无线传感器网络的煤矿井下目标跟踪技术的研究[D]. 徐州: 中国矿业大学图书馆, 2010.
[10] 董长富, 郭超平, 宋渝. 煤矿井下人员自动定位系统的设计与实现[J]. 电子元器件应用, 2006(8): 43-46.
[11] 耿晓立, 邱选兵, 魏计林. 基于 ZigBee 技术的井下人员定位系统的研究[J]. 太原科技, 2008(1): 52-57.
[12] 陈湘源. 煤矿无线通信系统的现状与发展[J]. 煤炭工程, 2009(21): 62-65.
[13] 孙戈, 徐瑞华. 基于 WiFi 技术的井下多功能便携终端的设计与实现[J]. 工矿自动化, 2007, 6 (3): 60-63.
[14] Orr R J, Abowd G D. The smart floor: a mechanism for natural user identification and tracking//CHI'00 extended abstracts on Human factors in computing systems. ACM, 2000: 275-276.
[15] 华钢, 周磊, 任凯. 地下煤矿人员定位跟踪系统发展综述[J]. 矿山机械, 2008, 6: 36-40.
[16] 徐加伟, 牛清伟. 浅谈煤矿井下人员定位系统[J]. 煤矿开采. 2009. 8(总第89). 14(4): 72-73, 56.
[17] 宋金玲, 郝丽娜, 魏培, 等. 夹河煤矿感知矿山物联网方案设计及实施[J]. 煤炭科学技术. 2012. 9. 40(9): 68-71, 124.
[18] Brunato M, Battiti R. Statistical learning theory for location fingerprinting in wireless LANs [J]. Computer Networks, 2005, 47, 825-845.
[19] ITO S, KAWAGUCHI N. Bayesian Based Location Estimation System Using Wireless LAN[C]. In Proceedings of the 3rd International Conference on Pervasive Computing and Communications Workshops, 2005, 273-278.
[20] Battiti R, Villani A, Nhat T L. Neural network models for intelligent networks: deriving the location from signal patterns[C]//Proceedings of the First Annual Symposium on Autonomous Intelligent Networks and Systems, UCLA: 2002, 1-13.
[21] Bobin J, Starck J, Ottensamer R. Compressed sensing in astronomy[J]. IEEE Journal of Selected Topics inSignal Processing, 2008, 2(5): 718-726.
[22] Duarte M F, Davenport M A, et al. Single-pixel imaging via compressive sampling[J]. IEEE Signal Processing Magazine, 2008, 25(2): 83-91.

[23] 莱斯大学单像素相机主页[EB/OL]. http: //dsp. rice. edu/cscamera.
[24] Baraniuk R, Steeghs P. Compressive radar imaging[C]. InProceedings of the Radar Conference. Washington D. C. , USA, IEEE, 2007: 128-133.
[25] Zelinski A C, Wald L L, et al. Sparsity-enforced slice-selective MRI RF excitation pulsedesign[J]. IEEE Trans. Medical Imaging, 2008, 27(9): 1213-1229.
[26] Lustig M, Donoho D. Sparse MRI: the application of compressed sensing for rapid MR imaging[J]. Magnetic Resonance in Medicine, 2007, 58(6): 1182-1195.
[27] Hu S, Lustig M, Chen A P. Compressed sensing for resolution enhancement of hyperpolarized 13C flyback 3D-MRSI[J]. Journal of Magnetic Resonance, 2008, 192(2): 258-264.
[28] 梁瑞宇, 邹采荣, 赵力, 等. 语音压缩感知及其重构算法[J]. 东南大学学报(自然科学生版), 2011, 41(1): 1-5.
[29] 孙林慧, 杨震, 叶蕾. 基于自适应多尺度压缩感知的语音压缩与重构[J]. 电子学报, 2011, 39(1): 40-45.
[30] 干宗良, 齐丽娜, 唐贵进, 等. 泛在网络中基于压缩感知的 Wyner-Ziv 空域可分级视频编码[J]. 通信学报, 2010, 31(11): 41-48.
[31] 胡海峰, 杨震. 无线传感器网络中基于空间相关性的分布式压缩感知[J]. 南京邮电大学学报, 2009, 29(6): 12-16.
[32] Bajwa W U, Haupt J, et al. Compressed channel sensing[C]//Proceedings of the 42nd Annual Conference on Information Sciences and Systems. Washington D. C. , USA, 2008: 5-10.
[33] Wagner A B, Tavildar, S and Viswanath P, Rate region of the quadratic Gaussian two-encoder source-coding problem, " IEEE Transactions on Theory, 2008, 54(5): 1938-1961.
[34] Gelal E, Ning J, Pelechrinis K, et al. Topology control for effective interference cancellation in multiuser MIMO networks[J]. IEEE/ACM Trans. on Networking , 2013, 21(2): 455-468.
[35] Aziz A A, Sekercioglu Y A, Fitzpatrick P, et al. A survey on distributed topology control techniques for extending the lifetime of battery powered wireless sensor networks[J]. Communications Surveys and Tutorials, IEEE, 2013, 15(1): 121-144.
[36] 张玉, 杨维, 韩东升. 混合结构矿井应急救援无线 Mesh 网络及其路由算法[J]. 煤炭学报, 2013, 38(12): 2279-2284.
[37] Lott C, Teneketzis D. Stochastic routing in ad-hoc networks[J]. IEEE Transactions on, Automatic Control, 2006, 51(1): 52-70.
[38] Ribeiro A, Sidiropoulos N, Giannakis G B. Optimal distributed stochastic routing algorithms for wireless multihop networks[J]. Wireless Communications, IEEE Transactions on, 2008, 7(11): 4261-4272.
[39] Sun Z, Akyildiz I F. Channel modeling and analysis for wireless networks in underground mines and road tunnels[J]. IEEE Transactions on Communications, 2010, 58(6): 1758-1768.
[40] 霍羽, 刘逢雪, 徐钊. 煤矿井巷天线位置对辐射场分布的影响[J]. 煤炭学报, 2013, 38(4): 715-720.
[41] 刘中华, 盛赛斌. 故障特征提取的方法研究[J]. 电子技术应用, 2004(11): 19-21.
[42] 潘锋. 特征提取与特征选择技术研究[D]. 南京航空航天大学, 2011.
[43] 国家安全生产监督管理总局. 煤矿井下安全避险“六大系统”建设完善基本规范(试行)[EB/OL]. http: // www. chinasafety. gov. cn/newpage/Contents/Channel_5330/2011/0324/126988/files_founder_323049365/189518526. doc. 2011-03-21.
[44] 谢晓佳, 程丽君, 王勇. 基于 Zigbee 网络平台的井下人员跟踪定位系统[J]. 煤炭学报, 2007, 32(8): 884-888.

[45] 吴立新, 史文中. 地理信息系统原理与算法[M]. 北京: 科学出版社, 2008.
[46] Moen, H. L. , T. Jelle, T. a. T. AS. The Potential for Location-Based Services with Wi-Fi RFID Tags in Citywide Wireless Networks[A], Proceedings of 4th IEEE International Symposium on Wireless Communilcatilon Systems[C]. Trondheim, Norway. 2007. 148-152.
[47] 孙利民, 李建中, 陈渝, 等. 无线传感器网络[M]. 北京: 清华大学出版社, 2005.
[48] 崔铁军. 地理信息系统理论与应用丛书: 地理信息科学基础理论[M]. 北京: 科学出版社, 2012.
[49] 孟磊, 丁恩杰, 冯启言, 等. 基于 WiFi 与 WebGIS 的井下移动目标定位与历史轨迹提取[J]. 地理与地理信息科学, 2012, 28(3): 109-110.
[50] 陈小奎, 方贤文. 量化分析 Ajax 性能与应用决策[J]. 长春大学学报, 2014, 26(6): 734-738.

9 开采装备感知

9.1 地下采矿装备概述

采矿分为地下井工开采和地面露天开采，相比而言，地下井工开采系统更复杂，生产环境更危险，本章主要涉及井工开采装备。井工开采是在地下数百米乃至超过千米的深部进行挖掘作业，以煤炭开采为例，煤矿井工开采系统包括巷道掘进、煤炭回采、物流运输、动力供给、通风排水五个子系统。由于煤矿地质条件与开采技术条件的不同，煤矿井工开采系统的巷道分布及其余子系统的空间布局会有差别，从而形成了多种采煤工艺。

9.1.1 巷道掘进装备

巷道是在煤矿地下岩石中挖掘构建的稳固隧道空间，承担着物流运输、人员运输、井下供电、通风排水、通信传输等任务。一个采区的巷道系统包括开拓巷道、准备巷道和回采巷道。

开拓巷道：在矿区井田中掘进形成的干线巷道，为整个矿井、一个开采水平或若干采区服务，如主副井、主运输石门、阶段运输大巷、阶段回风大巷、风井等。它们是从地面通往地下开采水平的干线路。

准备巷道：在采区、盘区或带区掘进形成的支线巷道，分布在采区、盘区或带区内，起点位于开拓巷道，终点位于区段或斜巷通道，如采区上下山、采区或带区车场、变电所、煤仓等。它们是从开采水平通往采区、盘区或带区的支线路。

回采巷道：在采煤工作面掘进形成的巷道，如区段运输平巷（顺槽）、区段回风平巷（顺槽）和开切眼。它们是采区、盘区或带区通往采煤工作面的区间路。

井下巷道掘进方式主要有三种：第一种是综合机械化掘进，这种方式在我国国有重点煤矿得到了广泛应用，主要设备为悬臂式煤巷掘进机；第两种是连续采煤机与锚杆钻车配套作业线，主要设备为连续采煤机，它采取多巷掘进，交叉换位施工；第三种为掘锚一体化掘进，主要设备为掘锚机组或基于悬臂式掘进机的掘进支护一体机。

图 9.1 是 EBZ 型掘进机结构示意图，它主要由截割部、装载部、刮板输送机、机架和回转台、履带行走部、油箱、操作台、泵站及电控箱等组成。

9.1.2 煤炭回采装备

煤炭回采在采煤工作面展开，一般把采煤工作面也简称为采面。采煤工作面回采煤炭的作业工序包括破（落）煤、装煤、运煤、支护顶板、采空区处理。各道工序要求不同，在进行的顺序、时间和空间上必须有规律地进行排列和配合。

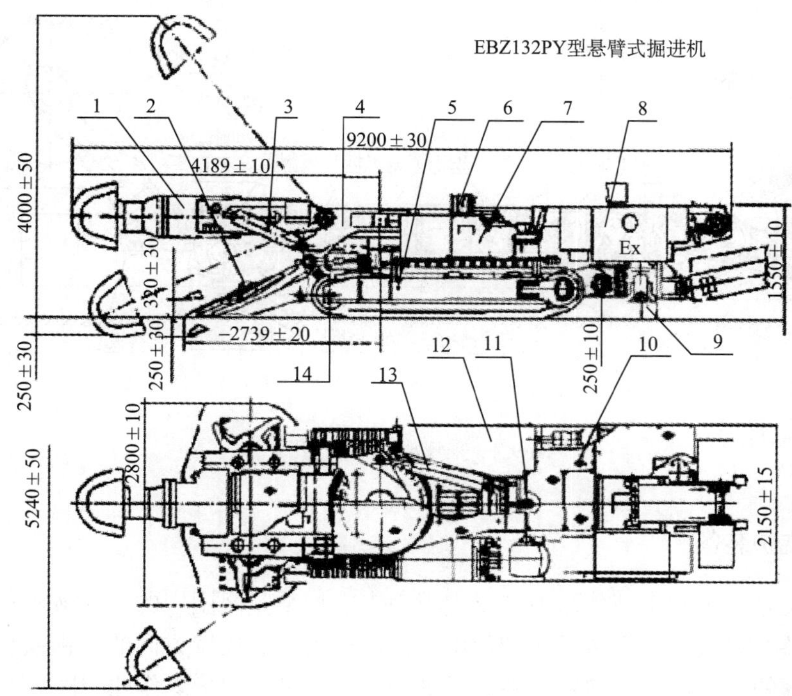

图 9.1　掘进机总体结构

1. 截割机构；2. 装运机构；3. 升降油缸；4. 主机部；5. 行走机构；6. 电气操作箱；7. 液压操作箱；8.电气控制箱；9. 支撑油缸；10. 液压传动部；11. 喷雾泵站；12. 油箱总成；13. 回转油缸；14. 铲板油缸

我国矿井采煤工艺方式主要有爆破采煤工艺、普通机械化采煤工艺、综合机械化采煤工艺[1]。

爆破采煤工艺：简称“炮采”，其特点是采用爆破方式落煤，人工装煤，机械化运煤，用单体支柱支护采空区顶板。这种采煤工艺技术落后，将被逐步淘汰。

普通机械化采煤工艺：简称“普采”，其特点是用采煤机同时完成落煤和装煤工序，而运煤、顶板支护和采空区处理与炮采工艺基本相同。

综合机械化采煤工艺：简称“综采”，即破（落）煤、装煤、运煤、支护顶板、采空区处理五个工序全部实现机械化。综合机械化采煤是采煤史上一场重大的技术革命，它于 1954 年在英国问世，经历 60 多年的发展，综采已成为世界上先进采煤国家的主导采煤技术，特别是将机器人与人工智能、专家系统相结合，为智能化采煤开辟了途径，使得矿井普遍向“一个矿井、一个采区、一个回采工作面”发展[2]。

滚筒采煤机较为常用，它通过装有截齿的螺旋滚筒旋转和采煤机推进作用，切割煤壁而回采煤炭。采煤机的装煤是通过滚筒螺旋叶片的旋转面进行装载的，将从煤壁上切割下的煤运出，再利用叶片外缘将煤抛至工作面刮板运输机溜槽内运走。

电牵引采煤机主要由截割部、牵引部、电控箱、附属装置等组成，如图 9.2 所示。

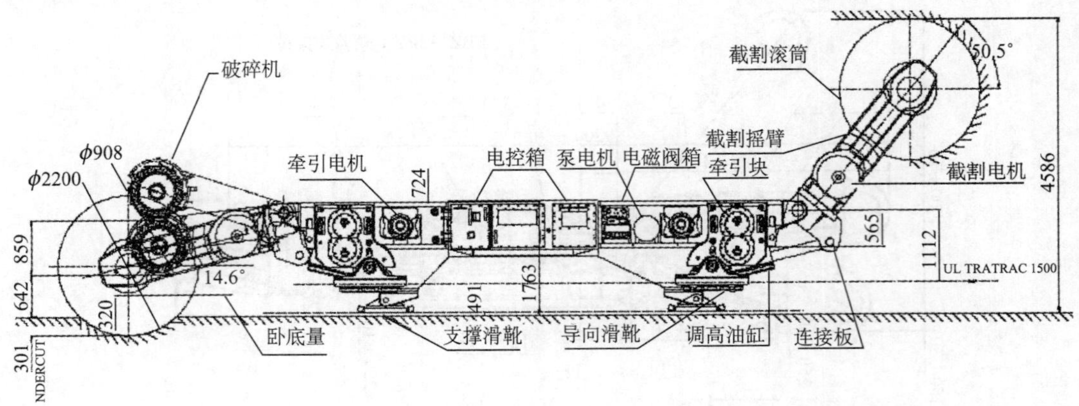

图 9.2　采煤机外形结构图

9.1.3　液压支护装备

液压支架是一种利用液体压力产生支撑力来支护采空区围岩的一种液压动力装置。液压支架沿整个采煤工作面装设排列使用，形成一条沿着煤壁方向的“钢铁长廊”，支撑采空区暴露的顶板，防止围岩垮塌，提供一个安全可靠的采煤作业空间。

液压支架的型式（称为架型）很多，支撑掩护式液压支架的基本结构如图 9.3 所示，主要部件包括：顶梁、掩护梁、前连杆、后连杆、底座、推杆、单侧护装置、立柱、各种千斤顶、液压控制阀等。

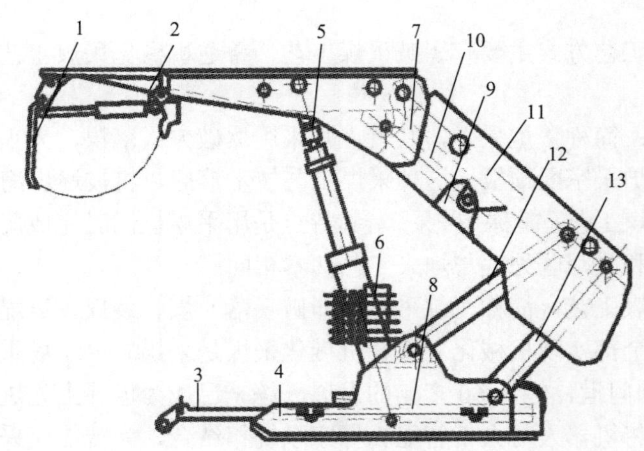

图 9.3　支撑掩护式液压支架的结构示意图

1.护帮装置；2.顶梁；3.推杆；4.底座；5.立柱；6.操纵装置；7.顶梁活动侧护板；8.推移千斤顶；9.掩护梁活动侧护板；10.平衡千斤顶；11.掩护梁；12.前连杆；13.后连杆

液压支架自动化控制系统是煤矿综采工作面自动化控制系统的核心，是实现综采工作面机电一体化和无人化的必要手段。电液控制系统主要由地面主控计算机、井下交换机、巷道主机、耦合器、支架控制器、电源、传感器、电磁阀、网络终端器和通信网络组成。采用本安型 CAN 总线通信，实现综采设备数据上传与下载。机巷集控室中的巷道主机作为监控系统的重要组成部分，实现综采工作面液压支架、采煤机和其他配套设备的工作状态远程监控[3]。

9.1.4 矿井运输装备

运输是煤炭生产整个运行过程中的重要功能。煤炭回采之后，经过工作面、顺槽及采区巷道，进入煤仓，再由主井提升到地面。采掘设备及支护材料经副井、大巷或斜巷运输到工作面。

1. *矿井提升机*

立井罐笼提升系统一般用于副井运载（也有作为混合井提升的，在小型的矿井中也有兼作主井提升），系统结构如图 9.4 所示。

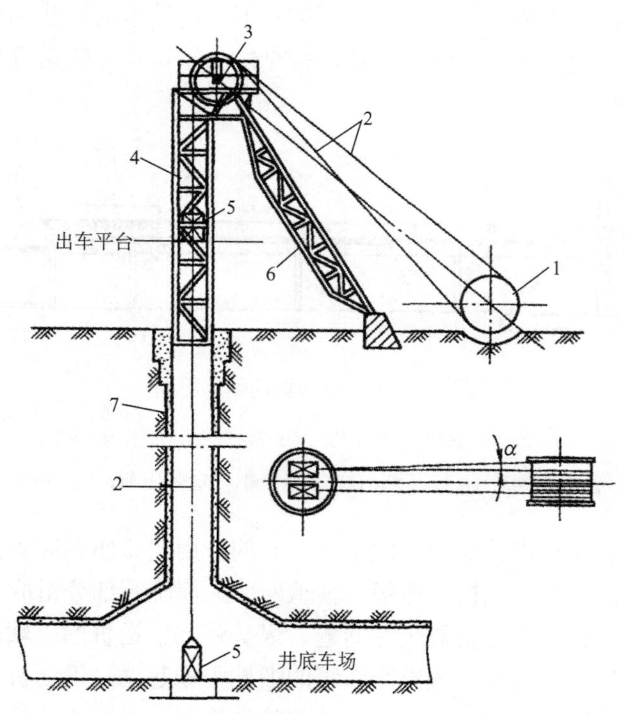

图 9.4 立井罐笼提升系统

1.提升机；2.钢丝绳；3.天轮；4.井架；5.罐笼；6.井架斜撑；7.井筒

两根提升钢丝绳的一端固定在提升机的滚筒上，而另一端则绕过井架上的天轮后悬挂提升容器——罐笼，两根提升钢丝绳在提升机滚筒上的缠绕方向相反。这样，当电动机起动后经减速器带动提引机滚筒旋转，两根钢丝绳则经过天轮在提升机滚筒上缠上和松下，从而使提升容器在井筒里上下运动。

1）缠绕式提升机

单绳缠绕式提升机属于一种嵌入式绳牵引机构，其原理是将两根提升钢丝绳的一端以相反的方向分别缠绕并固定在提升机的两个卷筒上；另一端绕过井架上的天轮分别与两个提升容器连接。这样，通过电动机改变卷筒的转动方向，可将提升钢丝绳分别在两个卷筒上缠绕和松放，以达到提升或下放容器，完成提升任务的目的。目前，单绳缠绕式提升机在我国矿山中使用较为普遍。

2）摩擦式提升机

由于矿井深度和产量的不断增加，缠绕式提升机为了卷绕钢丝绳，其卷筒直径和宽度也随之加大，使得提升机卷筒体积庞大而笨重。为了解决这个问题，利用摩擦轮与钢丝绳之间的摩擦力来带动钢丝绳，以实现提升容器的升降，这种提升方式称之为摩擦提升。多绳摩擦提升机的终端载荷由 n 根钢丝绳共同承担，使得每根钢丝绳直径变小，从而摩擦轮直径也随之变小。

2. 带式输送机

带式输送机又称胶带输送机，是目前煤矿井下使用较多的散状物料运输设备，与其他运输设备相比具有运量大、运输距离长、可靠性高、可连续输送等优点。普通带式输送机结构如图 9.5 所示。

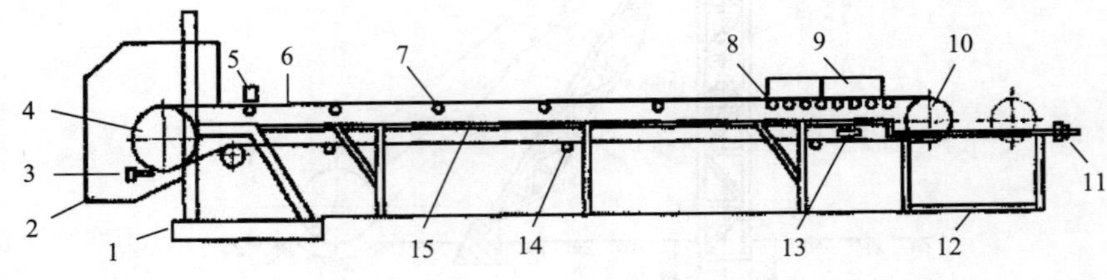

图 9.5　带式输送机的结构简图

1.机头；2.头部漏斗；3.头部清扫器；4.驱动滚筒；5.保护装置；6.输送带；7.承载托辊；8.缓冲托辊；9.导料槽；10.改向滚筒；11.拉紧装置；12.机架；13.空段清扫器；14.回程托辊；15.中间架

驱动滚筒是带式输送机的重要组成部件，它的作用是将驱动装置提供的扭矩传送到输送带。滚筒装置由筒壳、辐板、轮毂、轴承座、滚筒轴等部分组成。

可控起动是大型带式输送机的关键问题。煤矿带式输送机的“软起动”是指输送机在重载工况下，可控制地逐步克服整个系统的惯性平稳起动。输送机软起动能够减小起动时传动系统对输送胶带的破坏性张力，消除输送机起动时产生的震荡，延长胶带、托辊等关键部件的使用寿命，同时能够减少对电动机冲击负荷及对电网的影响，从而节约电能并延长电动机的工作寿命。常用的软起动装置主要有液力耦合器、液体黏性软起动装置、CST 可控起动传输装置、大功率变频软起动系统等。

3. 刮板输送机

刮板输送机是一种利用刮板链作为传动机构的连续输送设备，主要用于煤矿的回采工作面或顺槽等场所，如图 9.6 所示。刮板输送机主要部件包括：机头部（包括机头架、驱动装置、链轮组件等）、承载槽（分为中部槽、特殊槽和调节槽等）、刮板链、机尾部（包括机尾架、驱动装置、链轮组件等）挡煤板、铲煤板、无链牵引装置等。

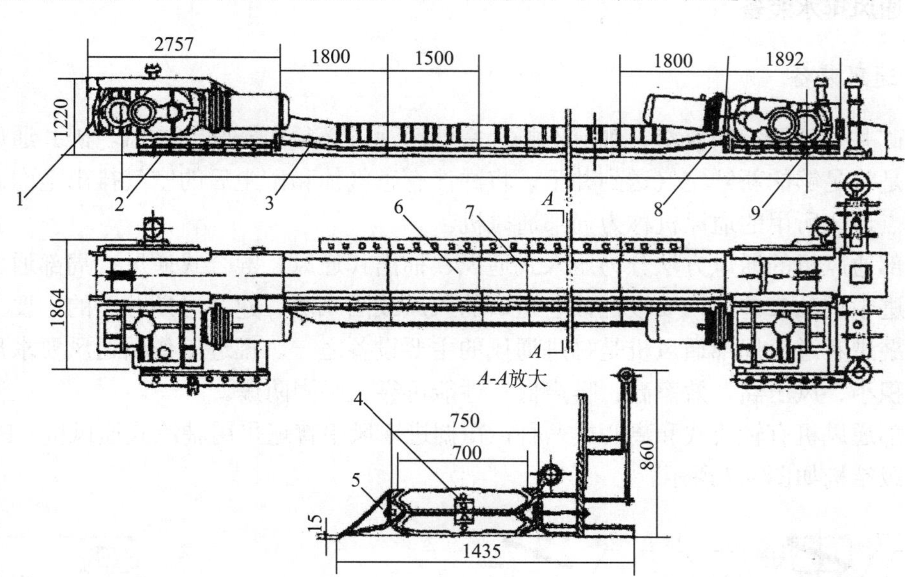

图 9.6 矿用刮板输送机

1.机头；2.机头支撑推移装置；3.机头过渡槽；4.刮板链；5.铲煤板；6.中部槽；7.调节槽；8.机尾过渡槽；9.机尾

刮板输送机刮板链的张紧程度直接影响输送机的运行可靠性。刮板链过度松弛，会引起刮板链的堆叠与刮卡，易发生断链事故；刮板链张紧力过大，会加剧刮板与中部槽的磨损，输送机无用功率增大，降低输送机的使用寿命。因此，刮板输送机需要对刮板链的张紧力进行控制，使其在适度张紧状态下运行。

大功率刮板输送机负载量大，运距长，起动频繁且多为带载起动，起动困难，对刮板输送机冲击大，从而造成刮板输送机传动系统和链条组件中应力过大，严重时甚至烧毁电机，因此要求大功率刮板输送机具有软起动功能。

9.1.5 井下供电装备

进入井筒的供电设备及供电电缆所组成的供电网路，属于井下供电系统。一般由下井电缆、井下各水平的中央变（配）电所、分区变电所（配电点）、采区变电所、防爆移动变电站、采区配电点以及用于相互供配电用的各类电缆等所组成。井下中央变电所一般设在井底车场附近，与井下中央水泵房合建在一个硐室内。由地面变电所馈出的下井电缆进入中央变电所后，再分配给井下其他负荷。分区变电所（配电所）一般供几个采区用电，设在几个采区的适中位置。由井下中央变电所馈出的电缆进入分区变电所后，再分配给其他采区变电所或防爆移动变电站。采区变电所供一个或用电负荷较小的几个采区用电，一般设在上、下山接近采区附近，如石门开采方式，则设在靠近采区的石门运输巷中。防爆移动变电站允许放置在采掘工作面附近，主要用于对容量较大的机组电动机供电，使高压电源深入大负荷，以缩短低压供电距离，改善对机组等大容量设备的供电质量。

9.1.6　通风排水装备

1. 通风装备

煤矿井下开采空间狭窄、气流不畅、空气污浊，必须实施强制通风。矿井通风的基本任务是将足够的新鲜空气送到井下，将冲淡有害气体和矿尘后的空气排出地面。井下局部地点通风所用的通风机称为局部通风机。

局部通风机的通风方法分为压入式通风、抽出式通风、混合式通风。局部通风机服务于掘进中的独头巷道，安设在该巷道口的入风或回风侧。建井时期井下的主要工程是凿井和掘进巷道，局部通风机是掘进通风的主要设备之一。掘进工作面通风要求局部通风机体积小、风压高、效率高、噪声低、性能可靠、坚固防爆。

局部通风机有轴流式和离心式两种，在掘进通风中普遍采用轴流式通风机，FBD 型轴流分级结构如图 9.7 所示。

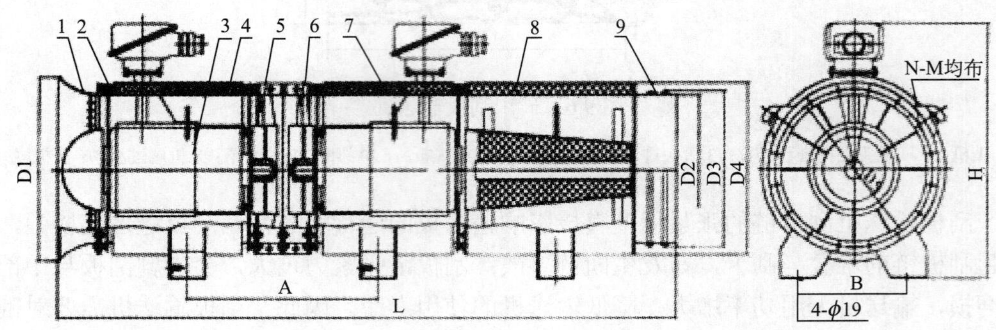

图 9.7　FBD 型矿用通风机结构示意图

1.集风器；2.注油装置；3.电动机；4.前机壳；5.I 级叶轮；6.II 级叶轮；7.后机壳；8.消声器；9.风筒接头

2. 排水装备

矿井排水的目的是将井下涌出的矿井水，通过排水系统不断地排至地面，以保证矿井安全生产和作业人员的安全，否则就会影响矿井正常生产，甚至发生淹井事故，造成生命财产的巨大损失。矿井排水设备耗电量大，一般占到全矿井总耗电量的 25%～35%，有的突水量大的矿井占到 40%。

矿井排水系统分为直接排水系统、分段排水系统和集中排水系统等。矿井排水应根据矿井深度、开拓方式以及各水平涌水量大小的不同，采用不同的排水系统。

矿井排水设备主要包括水泵、配套电机、管路及其附件，其主要设备是矿用水泵，如图 9.8 所示。

矿用水泵按使用特点可分固定式和移动式两类。固定式水泵安装在泵房内，多用卧式离心泵，如主排水泵、区域水泵和辅助水泵。主排水泵和区域水泵均为多级离心泵，辅助水泵一般是单级悬臂泵。移动式水泵用于井巷掘进和被淹没矿井的排水。

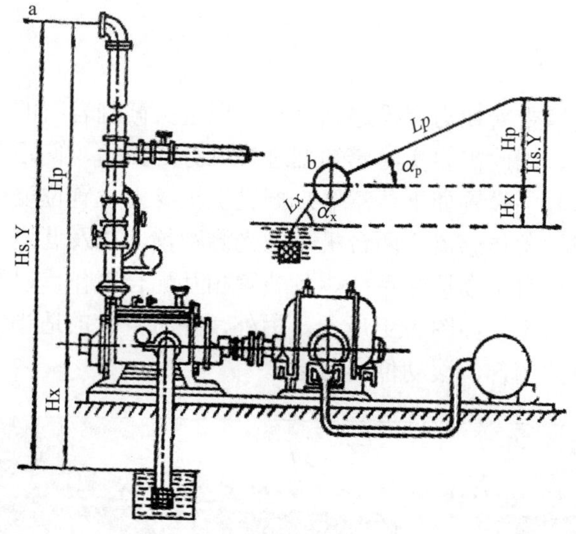

图 9.8　井下排水设备布置示意图

9.2　采矿装备状态感知

9.2.1　掘进机状态感知

掘进机的运行状态感知主要包括钻进状态、动力状态、作业姿态、环境视频、故障预警。基于这些感知信息，可以实现掘进机远程监测。在地面监测室设置远程终端监测计算机，能够实时监测掘进机的运行状态，实现实时显示掘进机的工作位置、姿态、切割头的位置等信息，并实现远程故障诊断和报警。

1. 钻进状态感知

悬臂式掘进机工作时，通过升降油缸和水平回转油缸的驱动来分别实现截割臂在垂直面和水平面内的摆动。在进行自动截割时，需要编程控制回转或升降油缸的起停顺序以及阀口流量，最终控制截割头按设计路径准确截割，获得规整断面。因此，在 2 个升降油缸、2 个回转油缸中设置位移传感器、流量传感器。位移传感器用于感知截割头的空间位置，流量传感器用于感知截割头的移动速度。

2. 动力状态感知

悬臂式掘进机截割巷道是由截割头旋转与截割臂摆动共同动作来完成截割断面煤岩的破碎，截割臂摆动速度改变是通过调控截割部回转油缸和升降油缸的伸缩速度得以实现的。为此，需要实时感知截割悬臂摆速，用自适应控制技术来替代人工操控模式，以免截齿过载和截割电机过流、提高掘进机可靠性。在截割电动机设置电流传感器，与 4 个油缸传感器一起，实现对截割头的空间位置、截割臂摆速、截割电机电流的实时感知和计算，形成优化的反馈控制策略。

3. 作业姿态感知

掘进机依靠两侧履带着地力来推进掘进头，掘进头截割岩石的侧向反作用力容易导致行走机身姿态偏移，因此需要实时感知掘进机机身的偏角、偏距、俯仰、翻滚、车前距五种机身姿态。为此，设置如下传感器：掘进机机身上设置位姿检测仪、一台激光信号发射器、两台机载倾角传感器、两台机身激光测距仪，以及巷道原有的矿用点激光指向仪，共同组成一个机身位姿检测系统。各装置相互配合工作，以测出掘进机的五个机身位姿参数。整套感知系统如图 9.9 所示。另外，在机身上的适当位置加装两台倾角传感器，用以测出机身的俯仰、滚动位姿信息。

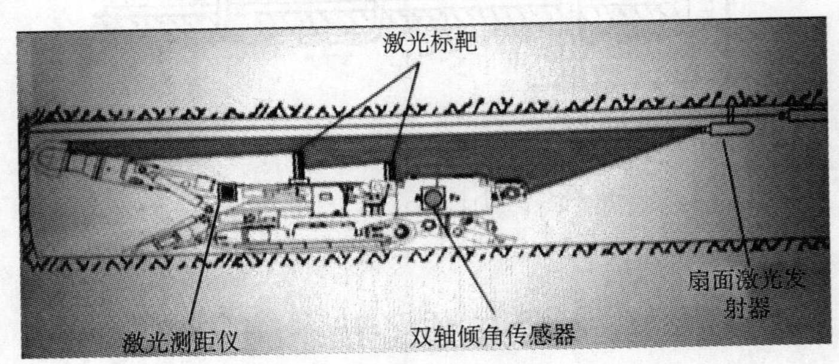

图 9.9　掘进机位姿感知系统示意图

4. 环境视频感知

中国矿业大学研制的掘进机视频监控系统由矿用本安型摄像仪、视频光端机、网络视频服务器、无线交换机和隔爆监视器等设备组成。在距离掘进机 500~1000m 硐室处，安装 1 台隔爆监视器。掘进机身前方安装的 4 台摄像仪图像经光端机转换成光信号，后通过光缆传输至监视器。而掘进机后上方安装的 2 台摄像仪经网络视频服务器转换成电信号，再通过无线交换机之间传输数据。

5. 故障预警感知

掘进机故障感知的功能是当掘进机运行工况发生异常（如油温超过 70℃，电机电流超过额定值）时，机载控制器要控制其立即停机；当其他工作参数出现异常时，感知系统要及时报警，并根据常见故障的专家系统，提示有可能出现的故障类型，提供解决方案。

在设置油缸传感器、电机传感器、位姿传感器的基础上，掘进机有关部位还设置振动传感器、温度传感器、音频传感器、油压传感器等，用于构建掘进机故障信息感知及分析系统。

常见的掘进机故障分析如表 9.1 所示。

表 9.1 常见故障原因及处理方法

故障报警参数	故障原因分析	建议处理方法
振动信号异常 信号特征：信号峰值过大	截割头遇到坚硬煤岩	缩进截割头，或者停止掘进，放炮处理
	铲板和后支撑接地不好	重新调整
	履带过松	调整履带张紧度
	机械连接部松动	拧紧连接螺栓
音频信号异常 信号特征：信号峰值过大	减速机内部损坏	拆开检查，更换轴承或齿轮
	油泵内部损坏	拆开检查，更换部件
	机械连接部松动	拧紧连接螺栓
油温过高	液压油量不够	补充油量
	系统压力过高	调整油泵输出压力
	冷却水不足	调整水量
	油冷却器内部堵塞	清理水路系统
油压不足	油泵内部损坏	更换
	压力控制阀动作不良	检查控制阀内部
掘进机跑偏 信号特征：掘进机在行进时方位发生变化	液压油泄漏，造成左右马达不一致	检查液压
	减速器故障	拆开检查，更换轴承或齿轮
	油路压力不同	检查控制阀
截割悬臂控制失灵 信号特征：在控制指令下，截割悬臂的方位或倾角没有变化	机载控制器发生故障	检查控制器，或者进行更换
	油泵内部损坏	拆开检查，更换部件
	压力控制阀失灵	更换
	阻力过大	位置调整控制
掘进机行进故障 信号特征：激光测距信号不变	油压不够	检查油压故障
	油马达损坏	更换
	行走减速器内部损坏	检查内部
	履带板内煤岩堵塞	清除

9.2.2 采煤机状态感知

电牵引采煤机传感器以采煤机的牵引功能、截割破碎功能、滚筒调高功能和辅助功能四个方面配备，实现采煤机姿态控制、牵引速度调节、截割滚筒高度调节、主电机运行保护和环境参数监控等方面信息的采集。

采煤机的监控参数如表 9.2 所示。

表 9.2　采煤机的状态监控参数

序号	监测参数	序号	监测参数
1	左牵引电机温度	12	采煤机俯仰倾角
2	左截割电机温度	13	牵引速度
3	左截割电机电流	14	当前位置
4	主变频器转速	15	右牵引电机温度
5	左牵引转矩	16	右截割电机温度
6	左牵引电流	17	右截割电机电流
7	左滚筒高度	18	从变频器转速
8	左摇臂倾角	19	右牵引转矩
9	牵引变压器温度	20	右牵引电流
10	泵电机温度	21	右滚筒高度
11	煤层倾角	22	右摇臂倾角

1. 机器姿态感知

为了实现采煤机的记忆截割及自适应调高，必须对采煤机的行进位置、机身倾角、摇臂角度进行准确测量。为了测量采煤机机身纵向和横向倾斜角度，在采煤机防爆腔体内设置 2 个倾角传感器；为了实现采煤机摇臂高度的准确计算，在摇臂上安装双轴倾角计。

2. 振动信号感知

振动信号是反映采煤机截割状态的重要信息。中国矿业大学研制出采煤机振动监测装置，该装置的工作电压都在 5V 以下，整体电流不超过 0.8A，核心 ARM 芯片的端口工作电压只有 3.3V，核心电压只有 1.8V，功耗低。全部采用工业级的芯片，工作温度–40~125℃。该装置具有以太网通信接口和 RS232 串口，既适合远程大量数据传输，还可以和采煤机主控 PLC 联机。

3. 运行参数感知

目前采煤机的状态监测是通过在其防爆腔内安装一个可编程逻辑控制器（PLC），通过该 PLC 对常规模拟量（电流、电压、温度、流量、压力、牵引速度、位置等）进行采集和简单的逻辑超限报警，然后通过显示屏显示。

4. 截割状态感知

截割机构由左右摇臂、左右滚筒组成，其主要功能是完成采煤工作面的落煤。为了保障电牵引采煤机的电机安全运行，需要对电机运行的电流、温度、振动等传感器信息进行融合，获取截割电机的运行良好程度，实现故障的诊断与预警功能。

5. 牵引状态感知

当截割滚筒需要调节时，通常需要改变牵引速度，这与采煤机的行程姿态紧密联系，牵引速度的调节也受到液压支架移架速度的限制。感知采煤机行程的主要传感量包括：2个复位开关，2 个限速开关，采煤机机身倾角和采煤机俯仰角度，采煤机机身中心位置和行走速度。

6. 滚筒调高感知

为了实现电牵引采煤机截割滚筒高度的控制，在调高油缸中配置了位移传感器，摇臂上配置了倾角传感器测量截割滚筒的当前位置。在截割滚筒高度调节过程中，截割滚筒高度的调节量与调节时机受到截割路径曲线、机身位置、牵引速度和截割电机电流的影响，因此在截割滚筒的调节控制中引入上述传感量。在逻辑传感器中增加调高驱动电机的时间积分、调节高度积分、调节时间积分、油缸位移微分、摇臂倾角微分牵引速度及其模糊状态、截割电流及其模糊状态等附加特征及相关的附加约束，设置调节高度的位置、方向、时间、调节能力等值函数来反映该单元的逻辑状态。

7. 远程状态监控

在采煤机上装置 1 台本安型无线交换机，整个综采工作面布置若干台本安型无线交换机。采煤机上的无线交换机和液压支架上的无线交换机并行通信，一个交换机同时和多台交换机通信，利用该无线传输网络把采煤机的参数信息和控制指令传输到端头无线交换机。在机巷安装 5~6 台本安型无线交换机，实现采煤机机载控制器、顺槽控制器以及地面远程控制器的通信，可以实时监控采煤机的工作状态。操作人员可以在顺槽和地面实施监测和控制采煤机。整个系统的控制结构拓扑图如图 9.10 所示。

通过无线网状网，一方面可以将采煤机的运行参数和运行状态传送到顺槽集控中心，另一方面，可以从顺槽集控中心向采煤机发送控制指令，实现在顺槽集控中心远程控制采煤机运行。采煤机远程监控数字化平台界面分为 4 个功能区：井下采煤机工作状态真实再现区、工作参数显示区、采煤机远程控制区及故障显示区。

9.2.3 液压支架感知

液压支架自动化控制系统是实现综采工作面无人化的必要手段，自 20 世纪 50 年代英国研制出第一套垛式支架以来，液压支架控制系统经历了手动本架控制、手动邻架液压控制、手动先导邻架液压控制和电液程序控制四个技术发展阶段。

1. 液压支架监控

液压支架感知及控制系统结构如图 9.11 所示[3]，该系统主要由地面主控计算机、井下交换机、巷道主机、耦合器、支架控制器、电源、传感器、电磁阀、网络终端器和通信网络组成。传感器和电磁阀作为支架控制器外围设备，工作面每 6~7 个支架控制器分为 1 组，由独立的双路电源供电，组与组之间经隔离控制器连接。

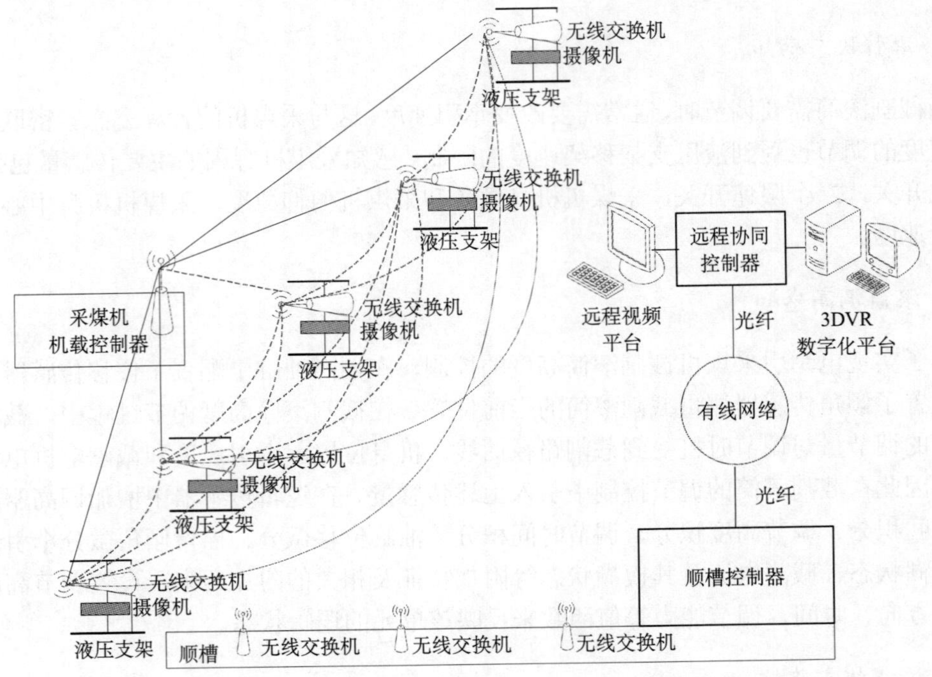

图 9.10　采煤机远程监控系统拓扑图

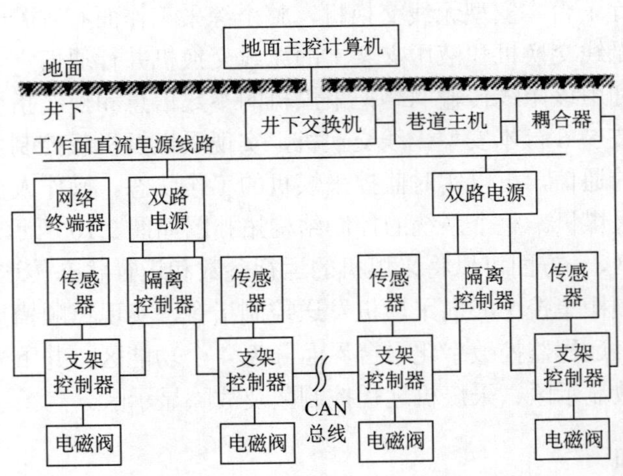

图 9.11　液压支架电液控制系统结构图

液压支架感知系统主要包括行程传感器、压力传感器、接近开关传感器、支架红外接收传感器等，行程传感器和压力传感器安装在支架内部，接近开关传感器和支架红外接收传感器安装在液压支架移动机构上。

在电液控制系统中，所有支架控制器靠电缆互联成网络，电缆从端头架控制器开始顺序将全部支架控制器连接起来，支架控制器单元利用干线电缆互联成网络，支架控制器之间采用全双工串行通信。该系统采用本安型 CAN 总线通信，实现综采设备数据上传与下载。机巷集控室中的巷道主机作为监控系统的重要组成部分，实现综采工作面液压支架、采煤机和其他配套设备的工作状态远程监控。

2. 液压泵站监控

液压支架的工作压力液体是由乳化液泵站提供的，乳化液泵站感知系统包括：压力传感器、液箱液位传感器、油箱油位传感器、泵组油温传感器、泵组油压传感器、泵组油位传感器泵组蓄能器压力传感器等。

乳化液泵站感知及控制的目的是：①实现对乳化液泵站运行工况信息的采集、显示、存储；实现对乳化液泵站 PLC 控制输出的实时监控。②通过乳化液泵站子系统集控接口实现对该子系统控制参数的远程修改、远程查询和校核。③实现乳化液泵站子系统故障数据的采集、显示和报警。

9.2.4　转运装备感知

采煤工作面转运系统是综采作业的重要子系统，对输送装备的实时感知包括设备运行参数监控、设备运行状态监控。被感知的设备主要包括工作面刮板输送机、转载机、破碎机、顺槽胶带输送机及为其供电的组合开关等。

1. 刮板机状态感知

刮板机及其减速器、电动机的监控参数主要包括：减速器高速轴承温度、低速轴承温度、油箱油温度和油箱油位；冷却水流量和压力；电动机定子温度、转子前轴承温度和转子后轴承温度等。根据所监测参数，判断设备运行状态并报警。将所监测参数显示，可以调整报警值。

2. 转载机状态感知

对转载机的主要监测功能如下：

（1）对转载机链轮组件的轴承温度、油温、油位进行监测监控。

（2）对转载机自移装置采用电液控制，实现程序自动化控制。

（3）转载机传动部分的监测监控内容与刮板输送机监测监控内容一致。

3. 胶带机状态感知

采用通信控制装置对胶带机启停状态、电机转速、电机电流、近控/远控状态、电机温度、系统电压、电机功率、电机转矩、电机频率、运行时间、环境温度等工况进行检测，具有张力、烟雾、纵撕、跑偏、堆煤、打滑等状态的故障保护和报警信息，并在烟雾和环境温度动作时启动超温洒水电磁阀，降尘降温。

9.2.5　提升装备感知

1. 提升机状态感知

矿井提升机为了保证高可靠性的安全运行，须设置一套综合后备自动保护装置，对其运行参数和安全状态进行实时感知。提升机综合后备保护装置由位置传感器、速度传感器、位置传感器、行程指示失效传感器等组成。

提升机综合保护系统的感知功能如下[4]：

(1) 报警功能。提升机综合保护装置设置 6 个报警功能：等速段超速、减速段超速、2m/s 超速、过卷故障、深指失效、卡箕斗故障。

(2) 定位功能。实时显示提升容器的行程和速度。

(3) 超速保护。等速阶段的速度超过最大提升速度 15%，减速阶段的速度超过设定的极限保护范围，爬行段保护的速度超过 2m/s 时，发出保护控制信号。

(4) 过卷保护。当提升容器超过正常停车位置 0.5m 时，发出保护控制信号，并伴有声光报警及安全制动。

(5) 行程指示器失效保护。提升机运行时，装置对电机轴旋转编码器的信号与深度指示器失效传感器的信号进行比较，判断深度指示器是否失效。装置判断深度指示器失效后，立即发出声光报警信号。

(6) 卡箕斗保护。箕斗卡阻不能顺利通过卸载曲轨时，保护继电器动作，并伴有声光报警。

(7) 提升方向指示。感知提升机运行方向及提升容器上下行方向。

2. 制动器状态感知

制动装置是提升机的重要安全保护设备，也是易发生故障的系统，所以对它的实时监测是非常重要的。提升机盘式制动器监测原理有[5]：

(1) 直接监测法。是指直接利用传感器获得制动力矩的信号。它是通过将应变片贴在制动闸座上，或将荷重传感器置于闸座地脚螺栓下来读取制动力矩的信号。这种监测方法只能得到提升机静力矩产生的制动力矩的值，不能实现在线实时监测。

(2) 间接监测法。是指通过测量制动正压力来实现对制动正压力的监测。把传感器安装在制动器的柱塞上，或置于碟簧的前缘或后缘，读取制动正压力的信号。这种方法精度较高，但对传感器的要求也高。

(3) 油压测量法。它是通过油压传感器读取制动闸的贴闸油压、开闸油压和残压值，通过计算得出制动力矩的值。这种方法监测功能比较全，但由于液压站的原因或制动盘的偏摆等会造成管路中油压值波动，读取几个状态的液压值时，在波峰和波谷得到的值相差很大，从而使它反映的制动力矩不精确。

提升机盘式制动器在线感知装置如图 9.12 所示[6]，该系统由上位机（工控机）和下位机组成。下位机以单片机为核心，由多个传感器、信号检测电路、调理电路、报警电路、通信接口电路、液晶显示器、键盘和工作电源等主要部分组成，下位机可独立工作。监测系统工作时，通过传感器和信号检测电路获取制动闸参数信号，由调理电路将传感器送来的信号变换为与 A/D 转换器相匹配的电压信号，经过 A/D 转换器转换为数字信号，送给单片机进行相应的数据分析和处理，同时将测试结果存储、显示、传送给上位机。上位机软件采用 LabVIEW 开发平台，主要完成与下位机的通信、测试数据的读取、数据分析处理、状态参数显示和存储、故障报警和存储、数据库的管理与操作等功能。

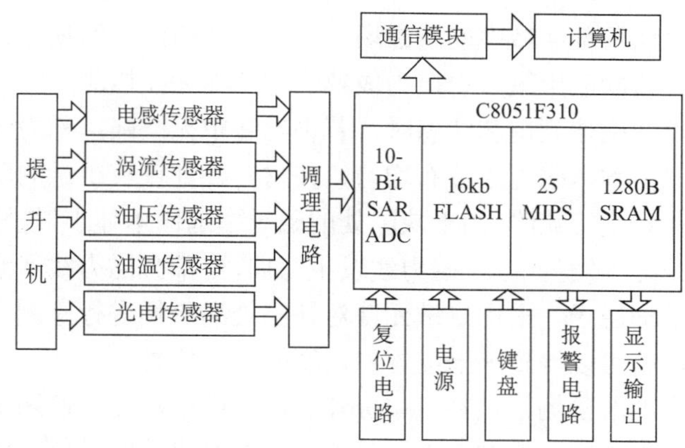

图 9.12 提升机制动器监测系统硬件结构

3. 防滑安全性感知

钢丝绳防滑可靠性保护是在摩擦轮附近设置钢丝绳滑动制动装置，当钢丝绳发生滑动时，由额外的摩擦制动力制止钢丝绳滑动，其原理如图 9.13 所示[7]。

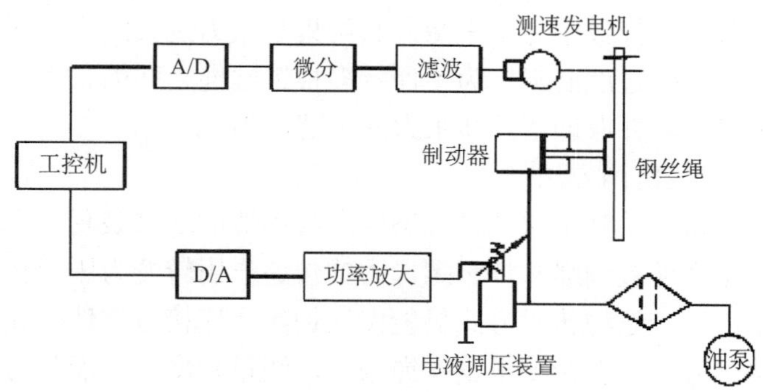

图 9.13 滑速监控系统示意图

在提升机运行过程中实时检测滑动速度、判断是否出现滑动，若出现安全滑动，便发出报警指示。若出现危险滑动，便断开提升机系统安全回路，启动钢丝绳制动机构实现滑动保护。测速电机检测的速度信号，反馈至输入，与给定的速度信号相比较得到速度的误差值，由数字控制器处理后，输出控制电压给比例阀的放大器，放大器输出控制电流控制比例溢流阀的调节压力，从而保证滑动钢丝绳的制动力满足设定的控制值。钢丝绳制动机构采用错位的三块摩擦闸瓦结构，可有效利用摩擦材料的厚度。两侧各设一个油缸，能够自动对中，平衡制动力。

4. 钢丝绳损伤感知

钢丝绳作为提升、运输设备中的重要承载部件，长时间的使用过程中往往会出现断丝、腐蚀等缺陷，如不及时发现，将会引起突发性断绳事故。因此，对钢丝绳使用过程中积累的缺陷损伤需要及早发现、识别和报警，以便及时更换存在隐患的钢丝绳。

通过测量钢绳表面局部区域中的漏磁场可判别钢绳断丝、磨损、锈蚀等引起的局部突变缺陷，是目前公认的应用最广也最为成熟的钢丝绳无损检测方法。当用一定的励磁装置将被检测的钢丝绳磁化到饱和状态时，若钢丝绳中无缺陷，磁力线绝大部分通过钢丝绳，此时在钢丝绳内部，磁力线分布均匀，在材料外部仅有少量的漏磁通。如果钢丝绳表面或近表面存在裂纹等缺陷，由于缺陷处的磁导率远比本体小，缺陷处的磁阻增大，从而使通过该区域的磁场发生畸变，磁力线发生弯曲，一部分磁力线泄漏出钢丝绳表面，就会在缺陷处形成泄漏磁场，采用磁敏元件对缺陷处漏磁场进行检测，将漏磁场转换成电信号并进行处理，就可以得到缺陷位置和尺度的相关信息。

钢丝绳缺陷产生的漏磁场往往在 1~10mT，可采用霍尔元件检测磁场信号。采用霍尔元件测量磁场具有无速度影响的特点，且能获得绝对磁场的量值，所以它是钢丝绳磁检测中理想的敏感元件。由于一个霍尔元件的检测面有限，可以在一个环绕钢丝绳的检测环上放置足够多个霍尔元件，一般放置 8~16 个霍尔元件，这样可以全方位检测钢丝绳断丝的漏磁信号[8]。

5. 钢丝绳张力感知

多绳摩擦式提升由多根钢丝绳共同承担提升载荷重量，长时间运行过程中，由于各根钢丝绳弹性变形不同会导致张力不平衡，其结果是张力过大的钢丝绳首先产生疲劳损坏，对应的摩擦衬垫产生过度磨损。为了保持多根钢丝绳之间的张力一致性，需要感知每根钢丝绳的动态张力，并保证钢丝绳张力差不超过 10%。

1）钢丝绳张力在线监测方法[9]

在线监测钢丝绳张力的基本原理是在钢丝绳与容器的连接装置上设置压力传感器，从而使提升钢丝绳张力通过调绳螺杆和螺母力的传递作用转变为压力传感器的压力。即便传感器产生强度破坏，这种传感方式仍能保证钢丝绳连接可靠性，属于安全型传感元件。同时，这种传感方式可直接测量钢丝绳张力，测量精度高，而且可实时在线监测钢丝绳的张力。

赵子江等最早提出了在提升钢丝绳连接装置中间设置一个弹性变换元件，来感知钢丝绳张力的技术原理[10]，而且在不需测量的时候，可以卸载传感器的受力。当传感器工作时，调整支架使其与底座脱离接触，此时力的作用线路为底盘→支架→弹性测量件→底座→螺母，根据弹性测量件变化量的大小来判断传感器所受的压力大小（即钢丝绳的张力大小）。

2）钢丝绳张力无线遥测技术

李怀伦运用定向无线电传输技术和移动感应通信原理，研制出通过数字信号调制、发射、接收、解调的钢丝绳张力动态无线传输系统，其原理如图 9.14（a）所示[11]。发射机包括测力传感器、发射机箱、发射磁环及专用蓄电池。发射系统的电路框图如图 9.14（b）所示。提升钢丝绳张力的变化，反映到测力传感器的输出端，该输出端出现一个电压变化。该电压信号经模拟放大电路放大后，进入发射机箱内部，再经电路滤波后，由模数转换器转换成数字信号进入单片机系统。单片机经软件滤波、数值变换、信息编码等处理后，送至发射电路。发射电路完成信号调制及功率放大，并将信号耦合到提升钢丝绳上。接收机通过棒状天线接收来自罐笼上发射装置发射的数据信号，并传送到接收器中，由接收电路对这些信号进行放大、混频、滤波、解调，然后，通过接口 RS232 把这些信息送到单片机中处理，处理后分别送数据至显示电路、打印机及报警电路。

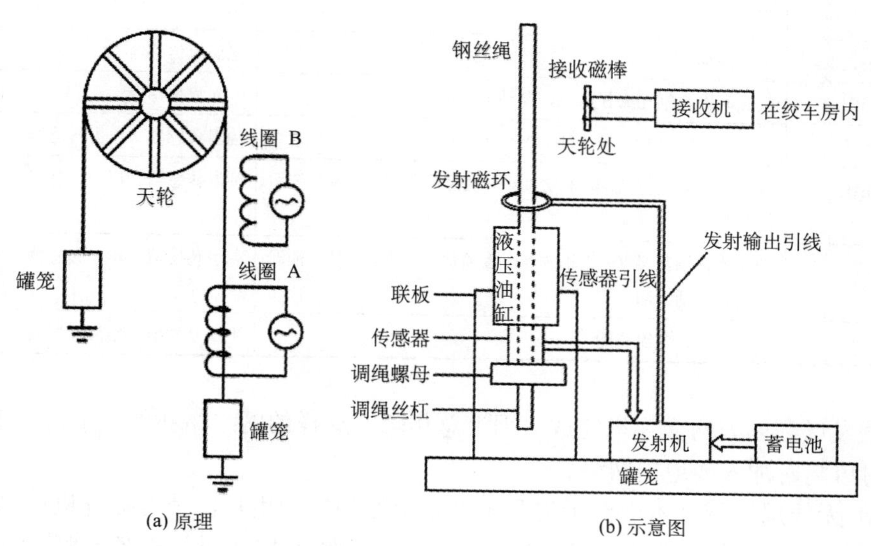

图 9.14 载波式钢丝绳张力实时监测系统原理及布置示意图

获得钢丝绳张力监测信息之后，可以扩展包括张力平衡状态在内的钢丝绳载荷监测功能，诸如装载超限保护、卸载残留保护、容器卡阻保护、张力失衡报警以及提升作业统计。

6. 提升机物联网

将物联网技术应用于矿井提升机，基于网络技术、大数据平台、故障诊断专家系统等关键技术，建立矿井提升机远程监控及故障诊断系统，将使庞大复杂的提升系统具备感知功能，可及时发现并有效解决运行故障，实现了矿井提升机在线监测、快速诊断和可靠性维修的要求。

1）提升机综合感知技术

在工业以太网的基础上，融合电子标签、RFID 技术和 WSN 技术，构建光纤冗余工业以太网+无线传感器网络的无缝监测系统，提升机运行状态监测参数及传感器如表 9.3 所示[12]。

（1）电子标签技术：在提升机上部署的传感器上安装电子标签，电子标签中保存有约定的电子数据，包括标签标号、传感器编号、标签位置等。主要作用是配合无线传感器监测系统，完成系统监测点定位以及提升机内部和表面故障点定位。

（2）无线传感网技术：提升的实时监控信息由附加在其上的传感器采集，传感器分布在提升机的不同位置，同时安装无线采集设备，进行实时的数据采集，WSN 可保证网络中的传感器自组织为一个数据网，在数据汇总时由节点之间传递数据，最终传感器节

表 9.3　矿井提升机感知参数

监测部位	监测内容	传感器选用
提升容器	提升容器行程位置及偏差监测、制动盘的偏摆量、提升机运行速度监测	测速发电机、红外测速仪、脉冲编码器
主轴装置	主轴振动	电涡流传感器
制动装置	闸瓦间隙、闸瓦磨损监测、制动力矩监测	电涡流传感器
液压系统	液压站油压监测、液压油油温监测、油质监测	油温传感器、压力传感器
辅助系统	润滑油油泵运行监测、润滑油压、油温值监测、通风系统运行监测	油温传感器、压力传感器
减速器	减速器各轴瓦温度、主轴轴瓦温度监测、减速器油压、油温监测、振动监测	温度传感器、压力传感器
电动机	工作电压、电流监测	电压互感器、电流互感器

点将数据发送到以太网交换机完成数据汇总传输。这样的网络拓扑保证了每一个 WSN 节点都可以随时加入或退出网络。

（3）无线局域网技术：对于提升机设备附近的短程用户，其与提升机可以形成另一个小型的自组网络，通过手持设备可通过加入网络获取实时的设备检测数据。设备传感器的自组织网络与提升机设备可以通过无线局域网（WiFi）的方式与这个网络交换数据。

2）远程监管物联网技术

提升机的远程监测物联网面向提升机群提供实时监测和故障诊断，而不仅是服务单一的提升机系统，系统网络结构如图 9.15 所示[13]。

数据感知与处理平台：主要由光纤通信设备采用集中式结构连接提升机控制系统 PLC 和制动器控制系统上位机，构成提升设备工业控制网络，再由运行在数据采集服务器中的数据采集系统，对提升机的电气、机械和液压等相关设备的关键运行参数进行信号采集，集中汇总到提升机实时数据库中，并通过数据管理服务器发布到企业网中。

实时监测平台：主要是在建立面向多台提升机的远程实时监测系统中，采用实时工业总线传输、通信协议解析、数据整合与实时数据库等技术，实现面向多台提升机的远程提升机实时数据汇总与显示，并通过系统中存储的故障规则进行故障判断，完成实时报警。

远程监管平台：主要实现提升机等大型设备点检定修的维修管理体制，将传统设备维修管理体制深化、细化和量化。设备点检是按照预先制定的技术标准，定人、定点、定周期地对设备进行检查。定修是根据点检的分析，定位设备的状况，按照设备失效的规律和周期制定设备维修计划。

远程故障咨询平台：在企业网提供 VPN 等外网访问接口的基础上，厂家技术人员可以通过本系统的授权，针对提升机出现的故障，可以查看提升机实时运行参数，以及故障时刻和故障之前提升机运行数据，以此判断故障原因，并通过本系统发布故障维护意

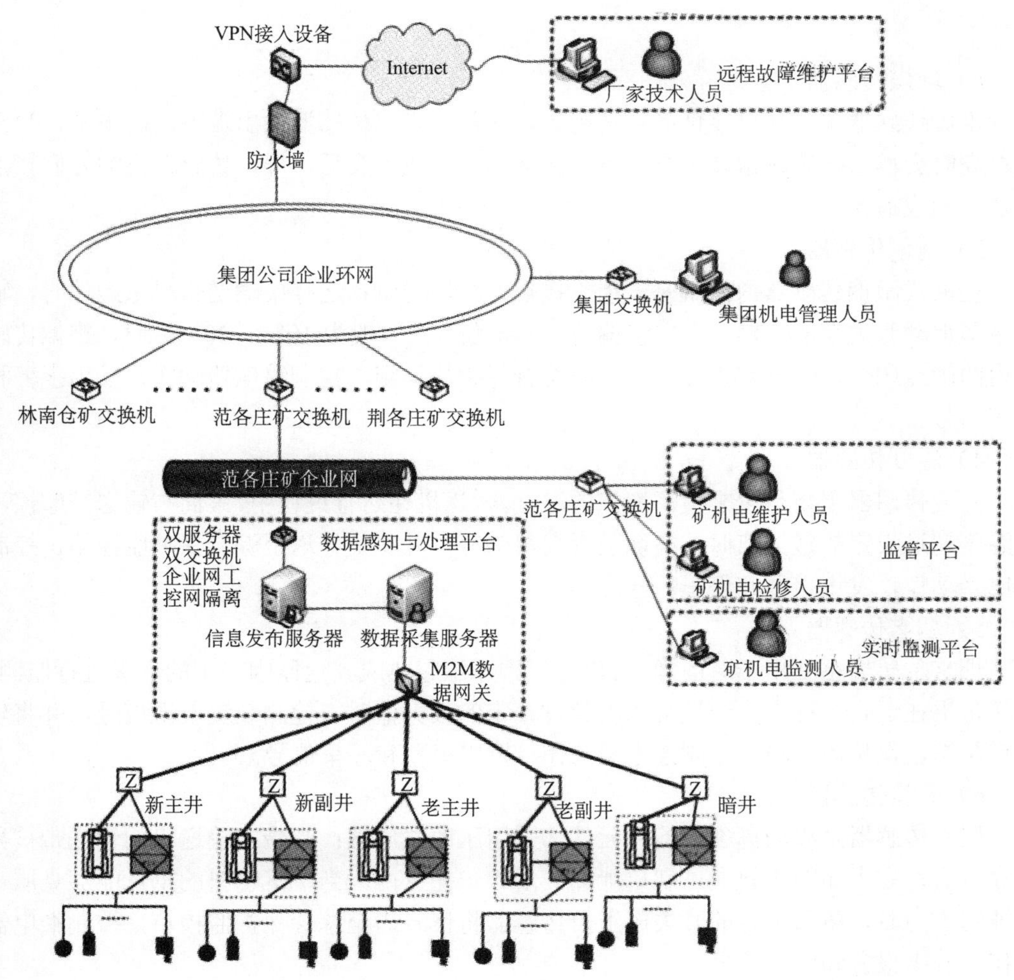

图 9.15　提升机群监测监管系统网络结构

见，作为现场维护人员提供的检修依据，为快速解决现场故障构建一个实时沟通的交流平台。

9.2.6　带式输送机感知

1. 输送带运行感知

带式输送机的连续高效运输能力使之成为大型煤矿的主要运输设备，目前我国煤矿井下在用的带式输送机感知及保护功能主要包括防滑、堆煤、防偏、温度、烟雾、自动洒水和沿线急停等[14]。

1）速度传感器

速度传感器由两部分组成：其一是速度探测器，是一个磁接近开关，它是由硅磁敏晶体管和一滞后型电压比较器构成，形成一个阻容耦合式磁敏开关，能够将机械速度转变成电脉冲频率，传输给控制器处理；其二是一个旋转的永磁体，它装在输送机的从动滚筒上。

2）堆煤传感器

堆煤传感器采用高可靠性触点传感器，正常时煤位传感器输出端输出高电平，当煤位增高时会推移传感器偏转一定角度。在溜槽内形成堆煤后，煤位传感器内的万向接点导通，形成通路。

3）跑偏传感器

机械式跑偏传感器内部就是一组干接点，当输送机在运行中输送带严重跑偏时，输送带即追动开关上的立辊，当立辊偏转到一定角度（一般为 10°～30°）时，跑偏传感器内的触点闭合，输出跑偏故障信号至综合保护监控箱，控制继电器动作，发出报警和停车信号。

4）温度传感器

温度传感器主要是用来检测滚筒的温度。输送机在运行过程中，滚筒与输送带摩擦，当温度超过设定的最大值时，检测装置发出信号，并将信号送至综合保护监控箱，控制继电器动作，发出报警和停车信号。

5）烟雾传感器

烟雾传感器主要用于对由橡胶、煤尘等因摩擦起热或其他原因产生的烟雾进行监测。输送带机在运行过程中，当烟雾浓度超过设定的最大值时，检测装置发出信号，并将信号送至综合保护监控箱，控制继电器动作，发出报警和停车信号。

6）撕裂传感器

撕裂传感器是纵向撕裂的检测元件，采用压敏式原理：当带式输送机的输送带被异物穿透后，它上面的物料通过裂口泄漏，落入一托盘内。当下落物料的重量能够克服平衡锤的重力时，将其下方的开关压下，传感器将信号送至综合保护监控箱，控制继电器动作，发出报警和停车信号。

2. 输送带断裂感知

随着大倾角、长距离、大负荷带式输送机的普遍使用，输送带的长期运转及各种意外因素导致的输送带断裂事故时有发生，给运输系统造成很大破坏。目前，国内煤矿常用的断带保护装置有逆止托辊制动装置、全断面抓捕装置、楔块摩擦抓捕装置。

全断面抓捕装置主要由制动机构、液压系统、电气控制系统、信号采集系统组成，如图 9.16 所示[15]。工作原理：信号采集系统实时地对输送带的运行状况进行跟踪，输送带正向运行时，信号采集系统不采集信号，只有当输送带反向运行时，信号采集系统才采集信号，并将采集的信号传输到可编程控制器（PLC），经过电气控制系统的运算、比较与判断，并以输送带的下滑距离是否大于安全设定距离作为判断输送带是否发生断带现象的唯一依据。当电气控制系统判断断带发生时，电控箱迅速启动液压泵站，蓄能器内的高压油拖动下液压油缸，使下旋转梁快速旋转升起，将输送带顶起展平，同时将输送带上物料抛开，然后，蓄能器内的高压油拖动上液压油缸，上旋转梁旋转压向被下旋转梁顶起的输送带，同时将输送带上剩余物料清扫干净。通过自增力机构，使上、下旋转梁与输送带上、下表面之间产生强大的摩擦制动力，可靠地将下滑的输送带与物料停止下来。

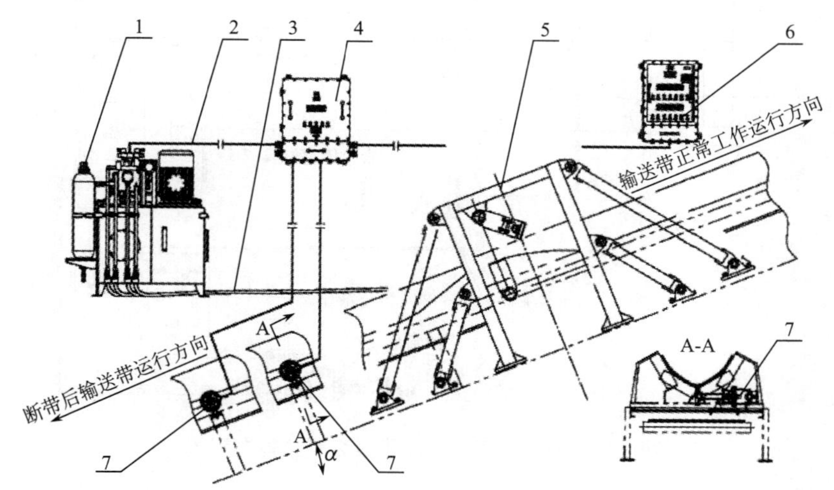

图 9.16 全断面断带捕捉装置示意图

1.液压泵站；2.煤矿用控制电缆；3.液压支架软管总成；4.电控箱；5.制动机构；6.操作箱；7.编码器

3. 输送带张紧感知

煤矿井下带式输送机朝着长距离、高带速、大运量的方向发展，特别是长距离整芯带式输送机的不断应用，使得输送带伸长量急剧增加，就需要动态性能好、适应长距离带式输送机发展需要的自动张紧装置。目前，带式输送机自动式张紧装置分为电动绞车式、液压油缸式和液压绞车式三种类型。

液压绞车自动张紧装置主要由液压站、液压绞车、张力缓冲油缸、电器控制柜、张紧监控装置、蓄能器等部分组成，如图 9.17 所示[16]。液压站可以给液压马达提供动力能源，液压马达驱动液压绞车运动，并将其作为张紧执行动作部件，能够及时地拉紧输送带，根据需要保持输送带的张紧力；张力缓冲油缸和蓄能器可以对输送带的张紧力进行快速的微小距离的调整，既可避免液压系统的频繁启动，又可随时平衡输送带的张力，使输送带的受力更加平稳；张紧监控装置能够实时检测输送带的张紧力大小，并提供信号给电器控制柜，便于张紧力的控制；电器控制柜可以根据设定的程序控制液压系统的启动和停止，从而起到控制输送带张紧力的目的。

4. 输送带损伤感知

目前，钢绳芯输送带接头损伤的监测方法主要有：X 射线探测检测法、基于接头曲线的检测方法、磁信号分析法。

X 射线探测检测法的原理：扇形 X 射线束穿透输送带，检测其中钢芯，由二维 X 射线光伏探测器接收，形成图像像素电信号，并将其采集、转换、传输和处理，得到输送带的二维投影图像，以此来观察输送带内钢绳芯及接头的完好情况。

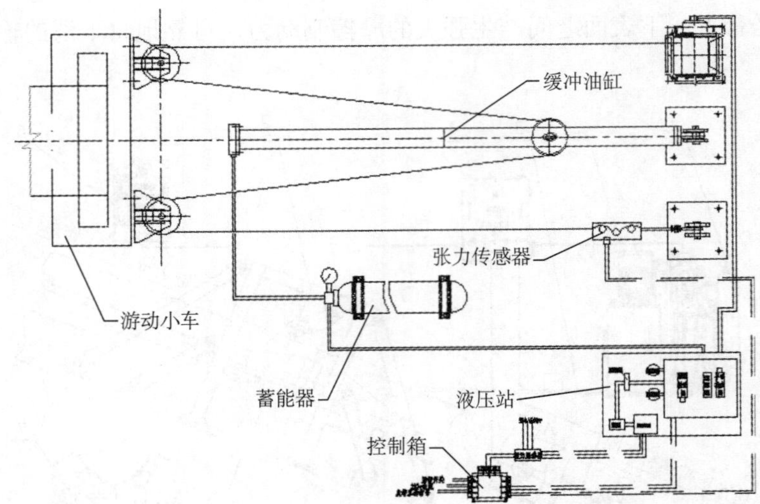

图 9.17　液压绞车式自动张紧装置总体布置图

X 射线钢丝绳芯输送带检测系统由 X 射线光源、X 射线线阵探测器、下位机电气机械系统、上位机软件系统构成，如图 9.18 所示。

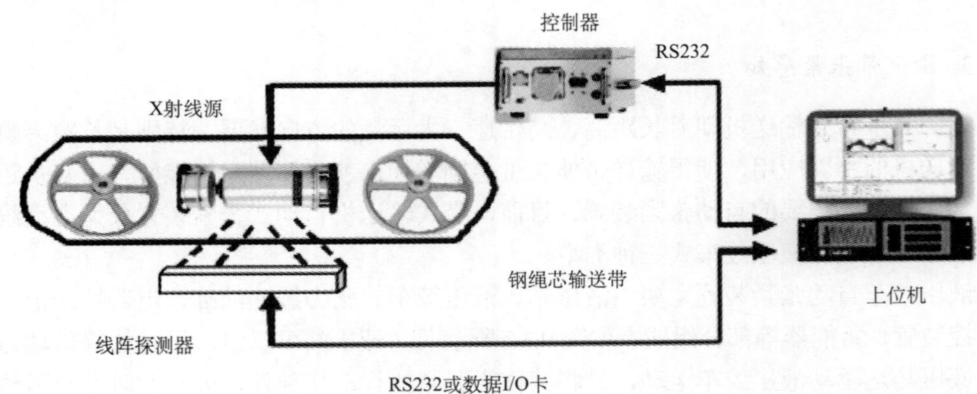

图 9.18　X 射线钢丝绳芯输送带检测系统结构图

5. 输送机物联网

基于工业以太网或物联网的煤矿井下带式输送机监控系统是当前带式输送机智能监控的主流技术，它由输送机的集中控制和运行视频监控两部分组成，如图 9.19 所示[17]。该系统的输送机集中控制部分分为设备层、控制层以及信息层 3 个网络层次。

在设备层，主要通过控制从站与现场设备进行信息交换，并采用总线式传感器、总线式急停开关等对该输送机实施安全保护，因此其可靠性大大提高，布线减少，安装方便，并可实现快速故障诊断和故障定位。

在控制层，主要利用现场总线技术使控制主站与控制从站进行信息交换，实现设备层各个控制从站之间的 I/O 控制、闭锁和报文传送，并将 I/O 网络的功能和对等信息传

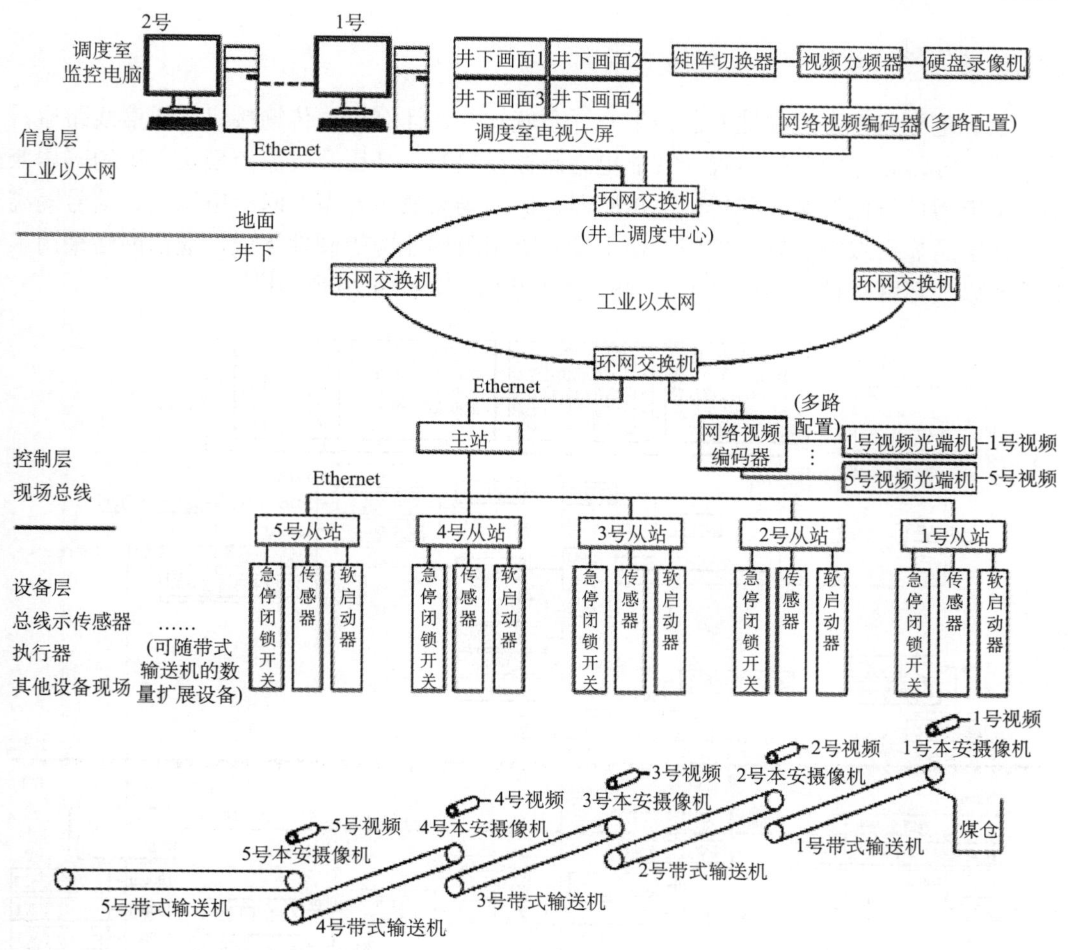

图 9.19 基于工业以太网的煤矿井下带式输送机监控系统结构

输网络结合起来，保证信息的实时性和确定性，同时也支持实时数据的传输，例如现场信息的上传以及控制指令的下传等。

在信息层，采用工业以太网技术，通过 TCP/IP 协议，将带式输送机集中控制系统的所有信息显示在地面监控计算机上，以便生产调度监控人员实时掌握井下运输线的工作情况，并对其进行控制操作，它还能将带式输送机的实时信息连接至企业的信息系统。

9.2.7 电力装备感知

目前，煤矿井下变电所仍需专人值守、电话调度，这对煤矿安全生产极为不利。为了加强煤炭的安全生产，必须尽早对井下变电所实现全方位监控。光纤井下变电所（电网）监控系统能够实现井下变电所、人员、设备、电网运行状况及参数的自动采集和综合监控，极大地改变了煤矿安全生产状况。

1. 感知系统结构

某矿电力监控系统由地面监控中心、系统软件、计算机、传输接口、通信线路避雷器、传输分站、电力监控装置（智能电力测控模块）、高压开关监控模块、矿用隔爆兼本安型电力计量监控站、各种矿用传感器、矿用隔爆兼本安型不间断电源箱、信号隔离器、变电所显示报警装置、矿用通信电缆、矿用阻燃光缆等硬件组成，通信网络采用工业千兆以太环网结构，下层采用 RS485 总线结构，如图 9.20 所示[18]。

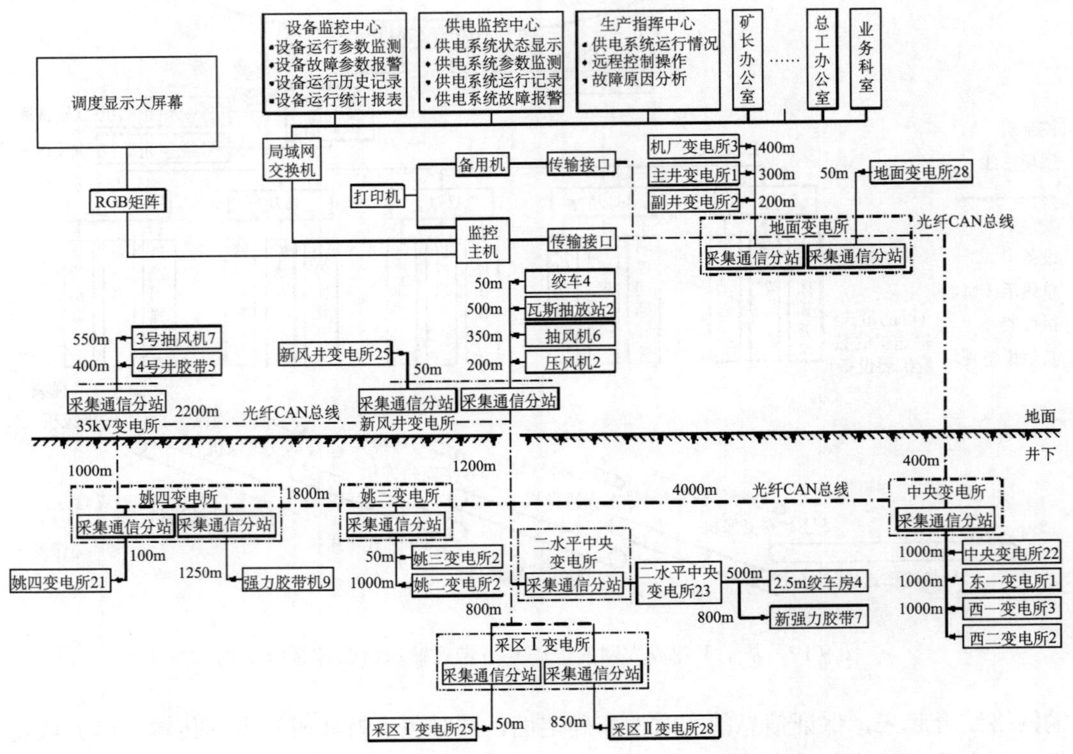

图 9.20　煤矿电力监控系统组成及网络结构

2. 系统感知功能

1）实时数据采集功能[19]

遥测：变电所运行设备的各种实时数据，如母线电压、线路电流、零序电流、零序电压、有功功率、无功功率、功率因数及有功/无功电能计量等。

遥信：隔离开关合闸信号、断路器合闸信号、高压开关柜手车等位置状态点信息，综合保护器保护状态信息等。

2）远程集中控制功能

遥控：实现高压开关设备以及低压开关设备的远程分合闸控制功能。地面监控中心通过监控网络对井上、井下变电所设备进行远程控制操作，实现无人值守，集中控制。

遥调：实现高压开关设备综合保护装置保护设定值的统一管理功能，根据负荷变化在现场工作站上调节保护参数。

3）报警功能

遥测处理：可进行越限检查，发出报警，还可以进行电压正常、异常统计，电压合格率计算，功率因数计算等，所有计算均可以产生相应的报警。遥信处理可以进行变位报警（正常变位和事故变位）、断路器开断次数统计。

报警处理：多种限值、多种报警级别、多种告警方式（声响、语音）、告警闭锁和解除。

9.2.8 通风装备感知

矿井主通风机担负着向井下输送新鲜空气、排除污浊气流及粉尘，保证井下工作人员安全生产和身体健康的重任。煤矿井下工作现场条件恶劣，主扇风机若发生故障，将对煤矿安全生产造成严重影响，故而应对其实现在线监测监控。

1. 感知系统结构

矿井主通风机在线监测系统的硬件结构如图 9.21 所示[20]。在主通风机旋转部件上安设振动传感器，振动数据经振动参数采集装置后可通过装置本身或外接的以太网口经交换机与工控机通信，管理者可通过上位工控机的振动分析软件了解主通风机旋转部件的实时运转情况，及时掌握主通风机主轴承等平时不易检查到的设备的运转情况。

风硐内风压及风量等数据由传感器采集后经 PLC 运算处理，在上位工控机上实时显示出来。另外，风机风门开、关到位情况，风门绞车运行情况等开关量需满足 PLC 逻辑条件，运行状态在上位工控机显示器上实时显示。

主通风机各部分温度数据及电动机运行状态数据经传感器采集后由信号变送器上传至上位机进行实时显示，并在上位机软件中设置保护报警功能。

感知系统以上位工控机和工业控制器 PLC 为核心，主要由运行参数采集装置、振动参数采集装置、传感（变送）器、上位工控机、通信装置及驱动设备组成。

系统监测参数包括高压开关柜及主要电气设备运行状态参数，主通风机流量、温度、风压，主通风机电动机的轴承温度、定子绕组温度，主通风机电动机的轴承状态参数，主通风机风门运行状态参数，主通风机周围外部环境参数等。监测参数均需上传至监控室上位工控机进行分析，同时可接入矿井地面环网。

流量监测：由于煤矿主通风机的流量监测只能在地面上进行，而地面缺少较长的平直段，所以限制了标准流量仪表在主通风机流量监测中的应用；另外，煤矿井下气体成分复杂，湿度大，风尘含量大，仪表又必须长期工作，所以要求流量监测仪表无运动部件；加上煤矿通风断面大，因此，利用压差原理监测煤矿主通风流量是理想的选择，可选用阿牛巴流量计作为流量监测传感器。

风压监测：系统采用钻孔取压方法测量风压，测点选择在主通风机入口处，将取得的压力信号通过风压传感（变送）器转换成电信号输入到 PLC。

电气设备运行状态监测：电气设备运行状态是指主通风机配套电动机的负载和空载

电流、电压、励磁电流和电压、轴功率和功率因数等。对主通风机高压开关柜的断路器采用电脑综合保护装置，可实现电动机运行状态参数的采集功能。

温度监测：采用关键位置预埋 Pt100 铂电阻的方法来监测主通风机电动机的温度。

振动监测：通过振动传感器测量电动机轴承的振动值，将测量值送入采集模块，利用专业振动分析软件，实现对电动机轴承振动信号的实时采集、分析、报警、记录功能。

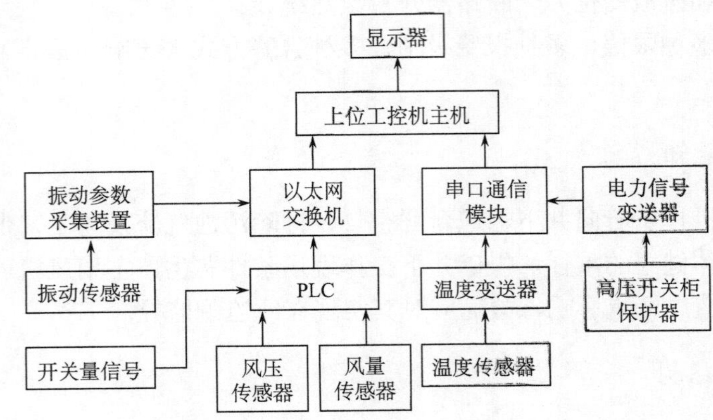

图 9.21　矿井主通风机在线监测系统的硬件结构

2. *实时感知功能*

主通风机在线监控系统的主要目的是实时准确地测量和监视通风机的各项参数，以及对通风机异常情况进行报警和控制，保证通风机在安全的条件下工作[21]。

通风机在线监控系统实现的主要功能有：

（1）实时检测风机电流、电压、功率、轴承温度、三相绕组温度等电机参数；

（2）实时检测风机负压、风速、风量、轴承振动等风机参数；

（3）实时检测风机蝶阀开启状态、运行状态信号等参数；

（4）查看温度、振动等参数的实时数据曲线，任意参数变量的历史数据记录查询，实时或定时打印数据报表。

9.2.9　排水装备感知

随着我国大型矿井开采深度增加，发生突水事故的风险相应增大，单纯依靠井下值班人员手动开、停水泵存在安全隐患，要求地面应同时具有可靠的监视保护及起、停水泵的设施，实现高水位排水、低水位停泵。煤矿井下小时及日涌水量不平衡，对要求起动的水泵台数及时间不易掌握，因而需要自动完成水泵的起、停操作，以节省电能及减少对电网及其他重要负荷的冲击。

1. *感知系统结构*

某矿井下主排水泵房采用五台水泵，正常时两台工作，两台备用，一台检修，最大涌水量时，三台同时工作。主排水泵自动化系统选用本安型可编程序控制器（PLC）为主控装置，布置在中央水泵房，主要设有本安工业控制计算机、矿用多功能控制驱动器，频率、电压型总线式通用 I/O 接口，温度型总线式通用 I/O 接口，另配有相应的温度、压力、流量等传感元件以及信号转换器等；上位机为 SIMTICRACKPC478 工控机，配置 WINCC610 组态软件，设在办公楼调度控制室；在水泵电机的机旁与主控装置之间设有 KXT2212 型联系信号装置；上述装置共同组成一套完整的 PLC 控制系统，自动化系统结构见图 9.22[22]。

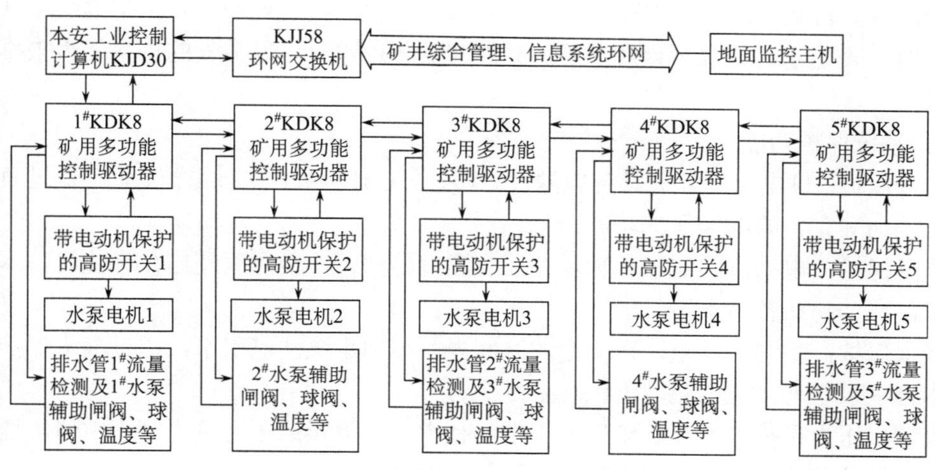

图 9.22　井下排水泵自动控制系统框图

2. 系统感知功能

1）工作方式

该系统具有遥控、本地自动集中控制、本地手动集中控制、就地手动控制四种工作方式。

遥控：接受来自矿井综合信息自动化系统的起动和停止指令。

本地自动集中控制：PLC 系统根据采集的水仓水位信号，结合电网的经济运行时间，自动完成水泵的起、停操作。

本地手动集中控制：由泵房值班人员在井下中央变电所集控操作箱上发出开、停机指令。

就地手工控制：此方式为操作人员在水泵房起、停水泵，此按钮在任何工作方式下都起作用。

2）控制功能

手动控制：正常工作时可由值班人员在 PLC 上手动完成水泵的选择及起动、停止控制，在 PLC 系统故障时可由值班人员在就地控制箱上实现水泵的起停控制。

自动控制：在井下中央变电所设有集控操作箱，控制主机选用 S7300 型 PLC，完成泵的选择及备用泵的切换。根据水仓水位信号开、停程序预选的水泵，并实现各水泵之间的自动轮换，以防止备用泵长期不用而使电动机受潮或有其他故障而未及时发现，以达到有故障早发现、早处理的目的。

3）自动化功能

该系统自动监测超声波液位计输出的水位信号，根据水位的高低发出开、停机指令。当水位达到高位 1 值时，首先对电网的负荷进行监测，若处于用电低谷时，可以立即起动，若处于用电高峰，则暂缓起动。当水位继续上升至高位 2 值时，则不论电网负荷如何，必须起动水泵；此时，PLC 程序自动发出起动指令，并实时监测水泵出口压力，达到额定值后，自动开启出口电动闸阀，完成水泵的自动起动过程。若水位继续上升到高位 3 值时，表明起动的水泵台数不足，立即起动备用水泵，以最大的排水能力来排除矿井涌水。

4）系统保护功能

电气保护：供电高压开关具备电源过电压、欠电压、失压、过电流、漏电、过负荷、速断、差动等完备的电气保护功能。

超温保护：电动机的定子和轴承中设有温度传感器，当温度超出允许值时，本台水泵停车，自动起动备用水泵。

漏水保护：如漏水严重，在规定的时间内不能向水泵注满引水，通过漏水保护装置阻止本台水泵起动，改为起动下台水泵。

流量、压力保护：水泵起动后或正常运行中，如流量或压力达不到正常值，通过流量、压力保护装置使本台水泵停车，改为起动下台水泵。

9.3　智能材料结构感知

智能材料结构是将传感元件、驱动元件和控制系统结合或融合在基体材料中的一种结构。这种结构不仅具有承受载荷的能力，还具有识别、分析、判断、动作等额外功能。具体地说，就是具有检测（应变、损伤、温度、压力）、通信（数据传输）、动作（改变结构外形和结构应力分布）等功能，即结构件本身具有自诊断、自适应、自修复、自增殖、自衰减等能力[23]。

传感技术是实现智能结构实时、在线和动态监测的基础。而其中用于感受周围环境变化以实现传感的一类功能元件叫传感元件，它相当于人的神经系统。通过埋入（或粘贴）于主体材料内部（或表面）的传感元件能够有效地将所感受的物理量（如：力、声、光、电、磁、热等）的变化转换成另一种物理量（如：电、光）的变换，它是结构实现智能化的基础元件之一。智能结构中的传感元件应满足如下要求：①厚度薄，尺寸小，不影响结构外形。②与主体材料相容性好，埋入后对原结构强度影响小。③性能稳定可靠，传感信号覆盖面宽，电磁兼容性好，抗干扰能力强。目前研究和采用的主要传感元件有：光导纤维、压电元件、电阻应变元件、疲劳寿命丝、半导体元件等[24]。

驱动技术（包括驱动元件、激励和控制方式等）是智能结构实现形状或力学性能自适应变化的核心问题，也是困扰结构自适应的一个瓶颈。其中，驱动元件是使结构自身适应其环境的一类功能元件，它的作用就像人的肌肉，可以改变结构的形状、刚度、位置、固有频率、阻尼、摩擦阻力、流体流动速率、温度、电场及磁场等。驱动元件是自适应结构区别于普通结构的根本特征，也是自适应结构从初级形态走向高级形态的关键。对驱动元件的要求如下：①与主体材料相容性好，具有较高的结合强度。②本身具有较好的机械性能，如弹性模量大、静强度和疲劳强度高、抗冲击等。③频率响应宽，响应速度快，激励后的变形量和驱动力大，且易于控制。目前研究和采用的主要驱动元件有：压电元件、形状记忆合金、电致/磁致伸缩材料、电/磁流变体、压电复合材料、聚合物胶体等[24]。

9.3.1 智能材料

智能材料（intelligent material）是一种能感知外部刺激，能够判断并适当处理且本身可执行的新型功能材料。一般说来，智能材料有七大功能，即传感功能、反馈功能、信息识别与积累功能、响应功能、自诊断能力、自修复能力和自适应能力。目前，智能感知材料主要有压电材料、光纤材料、记忆合金材料、电磁流变材料等。

1. 压电感知材料

压电感知材料包括压电陶瓷（如钛酸钡、钛酸铅、锆钛酸铅等），压电晶体（如罗谢尔盐、磷酸二氢钾等），压电复合材料（如尼龙 11/聚偏氟乙烯、锆钛酸铅/环氧树脂和钛酸铅/合成树脂等）和压电高聚物。

1）压电陶瓷[25]

压电陶瓷是一种能够将机械能和电能互相转换的功能陶瓷材料，当受到机械压力的作用或感应到振动信号时，在压电陶瓷两电极面间将会有电压信号输出；反之，给压电陶瓷施加电信号时，它也可以将电信号转换成振动信号。压电陶瓷除具有压电性外，还具有介电性、弹性等，已被广泛应用于超声成像、声传感器、声换能器、超声马达等。压电材料能制作模拟神经、大脑和肌肉的传感器、执行器和控制电路进入单片集成，构成一种新型复合智能材料。随着材料技术的发展，新型压电材料不断涌现。

（1）无铅压电陶瓷

目前大量使用的压电陶瓷材料是传统的含铅压电陶瓷，其中铅元素含量高达 60%以上。氧化铅是一种易挥发的有毒物质，在生产、制备、使用及废弃后，会给生态环境造成损害。近年来，无铅压电陶瓷有了较大发展，制备出 $BaTiO_3$ 基无铅压电陶瓷、铌酸盐基无铅压电陶瓷、铋层状结构无铅压电陶瓷和 BNT 基无铅压电陶瓷等。

（2）压电薄膜

压电薄膜能制成非易失随机存取存储器、热释电红外探测器、压电微型驱动器与执行器。其优越性是尺寸小、重量轻、工作电压低、能与半导体集成电路兼容。制备 PZT 薄膜的方法主要有：金属有机化学气相沉积法、溶胶-凝胶法、催化化学气相沉积法、脉冲激光沉积法、反应脉冲沉积法、电子束沉积法、等离子体激活的化学气相沉积法、溅射法等。

（3）压电厚膜

PZT 压电厚膜材料兼顾了块体材料和薄膜的优点，工作电压低，使用频率范围宽，与半导体集成电路兼容，PZT 厚膜与其薄膜相比具有更大的驱动力，更好的压电性能。

因此，PZT 压电厚膜材料广泛用于制造微型机械泵、厚膜微致动器、高频声纳换能器、压力传感器、微机械谐振器、压电加速度转换器、新型超声复合换能器、弹性波传感器、光纤调制器、压电多层致动器、微电子机械系统（MEMS）器件等。压电厚膜的制备技术主要有丝网印刷技术、新型溶胶-凝胶（Sol-Ge1）法、电泳沉积法、脉冲激光沉积法及流延法等。

（4）压电陶瓷-高聚物复合材料

无机压电陶瓷和有机高分子树脂构成的压电复合材料，兼备无机和有机压电材料的性能，并能产生两相都没有的特性。它既保持了压电陶瓷优良的压电性能，同时又有利于机械加工，具有一定的柔顺性。常见的压电复合材料有 PVC /陶瓷复合材料、PVF /陶瓷复合材料和 PVDF /陶瓷复合材料，PVDF -TrFE/陶瓷复合材料。

2）压电聚合物[26]

压电聚合物通常为非导电性高分子材料，较为典型的压电/热电高分子材料的例子是拉伸并极化的聚偏二氟乙烯（PVDF）及其共聚物——PVDF-TrFE（trifluoroethylene）。这些材料在机械式传感器（如压力、加速度、振动和触觉传感器等）、声学和红外辐射传感器等领域应用广泛。与压电陶瓷和压电晶体相比，压电聚合物的压电应力常数比压电陶瓷要小，然而压电聚合物具有比压电陶瓷高很多的压电电压常数，这说明它是比压电陶瓷更好的传感器材料。同时，聚合物材料轻质、高韧性，适于大面积加工和可剪裁成为复杂形状的特点也为压电聚合物传感器和驱动器的加工提供了很大的灵活性。半结晶的氟聚合物是能够商业化生产的压电聚合物材料。奇数的尼龙也是被广泛研究的压电聚合物，在高温下具有优异的压电特性，但还没有用于实际生产中。

2. 光纤感知纤维

光导纤维以光纤传感器的应用最为普遍，光纤技术为智能材料应用中传感器和数据传输联络线路的设计提供了独特优点，包括使用同一装置可感知力、声、电磁和热等数种物理量的技术基础。光导纤维具有感知和传输双重功能，具有直径小（560~ 250μm）、柔韧性好、质量轻、抗电磁干扰、耐腐蚀、传输频带宽、便于波分和时分复用、可进行分布式传感，与复合材料有良好的相容性等优点[27]。

在材料和结构的制造过程中，将传感元件和驱动元件埋入其中，传感元件可对结构的状态参数，如应变、温度、损伤程度等进行实时测量，驱动元件根据需要对结构的状态作必要的调节或控制，由此可保证结构的安全运行并始终工作在最佳状态。光纤传感器由于具有体积小、损耗低、灵敏度高、抗电磁干扰、电绝缘性好、带宽大、可同时作为传感元件和传输媒质并实现多点或分布式测量，因而是最有希望用于智能结构的传感技术，而是光纤传感器亦成为迄今为止发展最成熟的纤维传感器。

3. 形状记忆合金

形状记忆合金（shape memory alloys，SMA）是利用应力和温度诱发相变的机理来实现形状记忆功能，即将已在高温下定型的形状记忆合金，放置于低温或常温下使其产生塑性变形，当环境温度升高到临界温度（相变温度）时，合金变形消失并可恢复到定型时的原始状态。在此恢复过程中，合金能产生与温度呈函数关系的位移或力。形状记忆合金用于机械结构主被动控制的基础主要是 SMA 的形状记忆效应、伪弹效应和电阻特性。这些特性使 SMA 既具有感知、驱动的双重功效，又具有阻尼功能，因而 SMA 在机械工程中常用作力敏、热敏驱动元件和阻尼元件。

形状记忆合金材料分为高温形状记忆合金和低温形状记忆合金[28]。高温形状记忆合金一般是指工作温度在 100℃以上的合金体系，主要应用于航空航天领域，例如用形状记忆合金作为飞机发动机热空气出口处的减震降噪装置，在飞机起飞和巡航状态调整引擎排气通道形状，以及改变发动机从低速到高速飞行时进气口的几何形状。目前的高温形状记忆合金主要有 TiNi 基合金和 Zr 基合金。低温形状记忆合金是指可以在较低温度范围内工作的形状记忆合金，主要用于液化气体分离、压缩控制、低温恒温器自动控制等。但是目前低温形状记忆合金的研究较少，其中比较有希望应用于低温环境的有 TiNiFe 和 CuAlMn 两种合金。

4. *电磁流变材料*

1）电流变液体

电流变液（electrorheological fluid，ERF）是一种悬浮液，其流变特性在外加电场的作用下会发生明显变化，黏度、剪切强度等随外加电场强度的提高而增大，响应迅速，在毫秒级。电流变液的剪切强度可以在很大范围内通过电场快速的、连续可调的变化，因而有着很广阔的应用前景，如可以应用在离合器、阻尼系统、减震器、制动系统、无级变速等装置中。

在不受电场作用时，组成电流变液的颗粒在基础液中呈无规则分布。受到外电场作用后，悬浮在液体介质中的固体颗粒因极化而相互吸引，沿电场方向形成横跨两电极的链状及柱状结构，正是电场下颗粒间的相互作用才使电流变液的剪切强度提高。长期以来，人们制备和研究的电流变液都是这类基于颗粒极化而产生的电流变效应，介电理论给出的电流变液中颗粒极化产生的作用力与实验测量结果基本相符，因此把这类由颗粒极化起作用的电流变液称为介电型传统电流变液。介电型传统电流变液的基本特征是剪切强度低，剪切应力与电场强度平方成正比。

介电型电流变液不能达到高剪切强度，致使电流变液未能实现广泛应用。近年发展了一类极性分子型电流变液，这种新型电流变液可以达到很高的剪切强度，为电流变液的研究和应用开辟了新的前景。各种不同类型的、具有大偶极矩的极性分子被用作修饰电流变液的分散相材料，它们掺杂在固态物质中或者包覆在固体颗粒表面，不同程度地提高了电流变效应。目前通过极性分子修饰的电流变液，其屈服强度最高可达 300kPa[29]。

2）磁流变材料

磁流变材料是一类具有流变特性的智能材料，在磁场的作用下，其流变特性可发生连续的、迅速的和可逆的变化。目前的磁流变材料主要有磁流变液体和磁流变弹性体。

磁流变液（magnetorheological fluid，MRF）是一种在磁场作用下能够快速、可逆地由流动性良好的牛顿流体转变为高黏度、低流动性的 Bingham 弹塑性体的智能材料。典型的磁流变液由软磁性颗粒、载液和添加剂合成。

软磁性颗粒一般有羰基铁粉、Fe_3O_4、钴粉、铁钴合金及镍锌合金等。载液是软磁性颗粒所能悬浮的连续媒介，是磁流变液的重要组成成分，如合成油、矿物油、水等液体都可以作为载液。添加剂包括分散剂和防沉降剂等，其作用主要是改善 MRF 的沉降稳定性、再分散性、零场黏度和剪切屈服强度。分散剂主要有油酸及油酸盐、环烷酸盐、磺酸盐（或酯）、磷酸盐（或酯）、硬脂酸及其盐、单油酸丙三醇、脂肪醇、二氧化硅等。防沉降剂主要有高分子聚合物、亲水的硅树脂低聚物、有机金属硅共聚物、超细无定形硅胶以及有机黏土和含氢键的低聚物等[30]。

磁流变弹性体（magnetorheological elastomer，MRE）是磁流变液的固体模拟。在磁流变弹性体中载液被橡胶所代替。使用磁流变固体材料的明显优点是颗粒不会随时间而沉降，也不需要将磁流变材料保持在工作位置的密封装置。磁流变弹性体主要由基体材料和分散其中的磁性颗粒组成。基体材料有硅橡胶和天然橡胶两种。用前者制备的弹性体较软，而用后者制备的弹性体较硬。磁性颗粒的选择与磁流变液相似，要求颗粒具有高磁导率、低剩磁和高饱和磁化强度。利用磁流变弹性体在磁场作用下的流变特性可开发各种简单的变刚度装置，例如，自适应可调吸振器，刚度可调的支座和悬架等[31]。

9.3.2　智能结构

智能结构是指集内嵌或附着在基体上的传感器、致动器、控制器以及相应的配套辅助系统为一体，且具有人们所希望的一些仿生功能的结构或部件。在振动控制领域的智能结构，能感知其所受到的刺激，并通过控制器和致动器做出恰当的反应，快速抑制振动，使结构始终处于最佳工作状态，典型的智能结构如图 9.23 所示[32]。

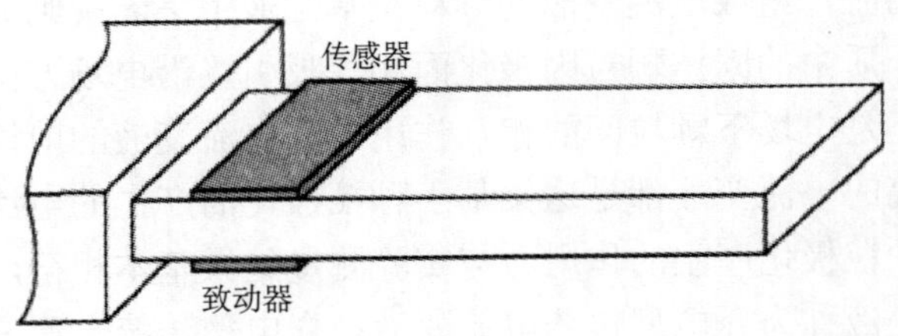

图 9.23　智能结构示意图

在智能结构中，智能材料以及其配置、控制器以及其结构集成是智能结构的四个关键技术。智能材料已在前面述及。

1. 智能结构的控制技术

在智能结构中，控制系统也是一个重要的组成部分，它所起的作用相当于人的大脑。智能结构控制系统包括控制元件及控制策略与算法等。智能结构的控制元件集成于结构之中，其控制对象就是结构自身。由于智能结构本身是分布式、强耦合的非线性系统，且所处的环境具有不确定性和时变性，因此，要求控制元件能够自己形成控制规律，并能够快速完成优化过程，需有很强的鲁棒性、实时性和在线性。

对于智能结构而言，一套完整的控制系统由以下部分组成：信号放大装置、功率放大器、数据采集系统、中央处理系统。其中，数据采集系统目前使用较多的是A/D数据采集系统，同时配一套控制算法为核心的中央控制软件，典型的控制系统如图9.24所示[32]。

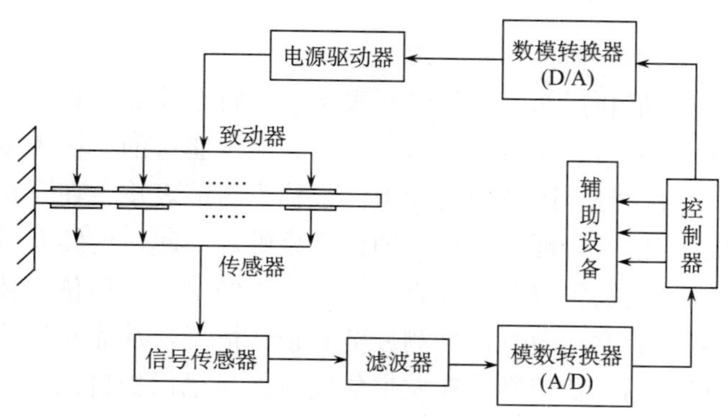

图9.24　智能悬臂梁控制装置图

智能结构的控制策略分为3个层次，即局部控制（local control）、全局算法控制（global algorithm control）和智能控制（intelligent control）。局部控制的目标是增大阻尼和（或）吸收能量并减少残留位移或应变；全局算法控制的目标是稳定结构、控制形状和抑制扰动。智能控制通常应具备系统辨识、故障诊断和定位、故障元件的自主隔离、修复或功能重构、在线自适应学习等功能。

2. 智能信息处理与传输

智能结构分布式的传感元件、驱动元件和控制元件，意味着需要有一个与其相适应的分布式的计算结构。这一结构主要包括数据总线、连接网络的布置和信息处理单元。信息处理单元应具有分布式且与中央处理方式相协调的特点，对于复杂的应变系统，还应具有一定的鲁棒性和在线学习功能。基于智能结构的多传感器体系，且传感网络信号具有高度非线性、大数量、并行等特点，使用传统的分析方法进行处理往往十分耗时、困难，甚至完全不可能。而现代模式识别方法（包括人工神经网络）、小波分析技术、时间有限元模型理论以及光时域反射计检测技术等就成为实现实时、在线、智能化处理分布式信号的理想工具。

人工神经网络突破了以传统线性处理为基础的数字电子计算机的局限，是一个具有高度非线性的超大规模连续时间动力系统。目前，应用于智能结构的人工神经网络，主要有BP网络、RBF网络、Kohnoen自组织特征映射网络以及小波神经网络等。近年来发展起来的支持向量机（support vector machine，SVM）网络则是建立在VC维（Vapnik-Chervonenic dimension）理论基础之上的，采用结构风险最小化（structure risk minimization，SRM）原则，在最小化样本点误差的同时，最小化模型的结构风险，从而提高了模型的泛化能力，这一优点在小样本学习中更为突出。因此，支持向量机是目前模式识别及非线性回归的理想网络模型。

由于智能结构传感元件、驱动元件和控制元件大量地分布于结构之中，采用无线传输方式来实现材料内部与外界环境间的信号传输与能量供给是必需的，这就像将很多微型电子器件植入人体内进行检测一样，采用有线传输是不切实际的。因此需采用无线传输方式，来实现远程监测与控制。

9.3.3 智能结构应用

对于材料内部的缺陷和损伤，智能结构表层能进行自诊断、自修复、自适应，还能抑制噪声和振动，因此被用于飞机、火箭、卫星、潜水艇等的结构表皮，使之具有随外界条件变化而变化以及探测周围环境的能力，被称为智能表皮。在飞机结构中埋入传感器，它将与人工智能、信号处理器和适当的计算机硬件一起，连续及时地评价飞机结构的状态和完整性，以防止发生突发性灾难。智能土木结构是一种仿生体系，可用于实时测量结构内部的应变、温度、裂纹，探测疲劳和损伤情况，从而对结构进行监测，迅速处理突发事故，并自动调节及控制，在发生危险时能自己保护自己，使整个结构处于安全状态。

1. 压电智能结构振动控制

地震和强风的作用严重威胁土木工程结构的安全。工程师从自然界和生物进化受到启示，提出了解决工程结构整个寿命期间的安全及减小灾害影响的智能结构系统思路。智能工程结构中的振动控制系统主要由传感器、信号处理器、控制器和作动器或耗能器四部分组成，它们分别相当于人的感官、神经、大脑和肌肉，其仿生结构如图 9.25 所示。此系统可以模拟生物界的方式感知结构内部状态和外部环境，将传感器量测到的信号，经信号处理器加工处理，送入控制器，控制器再依据某种智能控制算法作出决策，通过作动器对结构施加指令或调节耗能减振系统的参数实现结构减振系统智能化的目的。因而具有智能特性的工程结构能够根据环境激励信号和结构响应信号，自适应地实时改变结构的状态，抑制结构在地震或强风作用下的振动，保证结构的安全[33]。

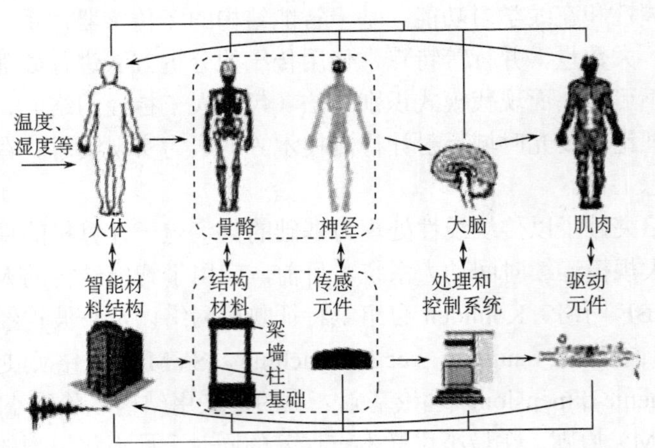

图 9.25　智能结构减震控制的仿生模型

1）压电驱动器

压电材料是当前制作智能驱动器的理想材料，其中压电陶瓷是研究智能工程结构驱动装置时较为常用的一种。压电陶瓷驱动器主要有薄片式与叠堆式两种，由于薄片式压电陶瓷驱动器所能提供的驱动力小，因而在轻质的桁架、梁、板等柔性结构中应用得较多，但其不太适合应用于复杂的土木工程结构减振系统当中。而压电陶瓷叠堆式驱动器，是由十几个到几百个压电陶瓷薄片以力学上串联、电学上并联的形式，用导电聚合物黏结在一起制成的，这样不但可以使压电陶瓷片做得很薄，而且可以降低驱动电压，增加驱动器的位移。PolytecPI 公司生产的 P-007（056）压电驱动器的最大驱动力可达 80 000N。但是压电驱动器的极限应变量普遍较小，目前市场上压电材料的极限应变量一般在 0.1%左右，有一部分的极限应变量可达到 0.2%，最新出现的压电单晶陶瓷材料的极限应变量也只有 0.5%。

2）压电智能减振器

结构主动控制是应用现代控制技术，对输入的外部扰动和结构反应实现联机实时跟踪和预测，并通过驱动器对结构施加控制力来改变系统特性，使结构和系统的性能满足一定的优化准则，以达到减小结构地震或风振反应的目的。压电智能驱动器主要有压电智能力矩控制装置、压电智能轴力装置、压电智能轴力-力矩混合控制装置和压电智能驱动支撑等四种形式。

压电智能力矩、轴力和轴力-力矩混合控制装置一般被置于框架结构或排架结构柱的底部。压电智能力矩控制原理为对位于同一力矩控制器中的压电驱动器，一边进行增加电压的同时，另一边进行相同程度的减压，这样在柱的一边产生推力，另一边产生相等的拉力，形成力矩，从而在柱顶产生控制剪力。压电智能轴力控制原理为使分别布置于相邻框架柱底部的两个轴力控制器，产生符号相反的力，在相邻框架柱中，一个承受拉力，另一个承受压力，从而在楼板处形成控制力矩。同时运用上述两种工作原理即可实现压电智能轴力-力矩混合控制装置。图 9.26 为上述控制装置的原理简图。

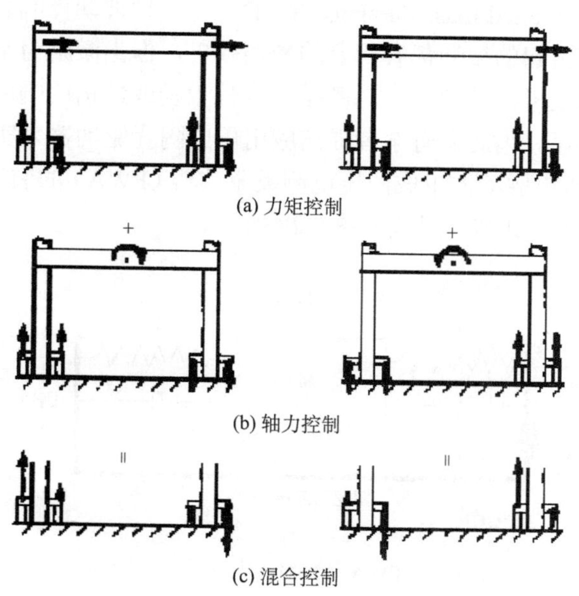

图 9.26　压电智能减振器原理示意图

3）压电智能摩擦耗能器

压电材料因其具有电致变形的能力，从而在智能耗能器中可以充当重要角色。欧进萍等提出了在 Pall 摩擦耗能器的基础上，增加压电陶瓷垫圈，通过调节压电陶瓷垫圈的电致变形，改变螺栓的紧固力来实现耗能摩擦力的调节，从而形成压电智能耗能器，其结构如图 9.27 所示。此后出现了多种压电智能摩擦耗能器，试验研究表明：压电摩擦耗能器的耗能能力基本上不随激励频率的变化而发生改变，这一点对结构振动控制很重要。

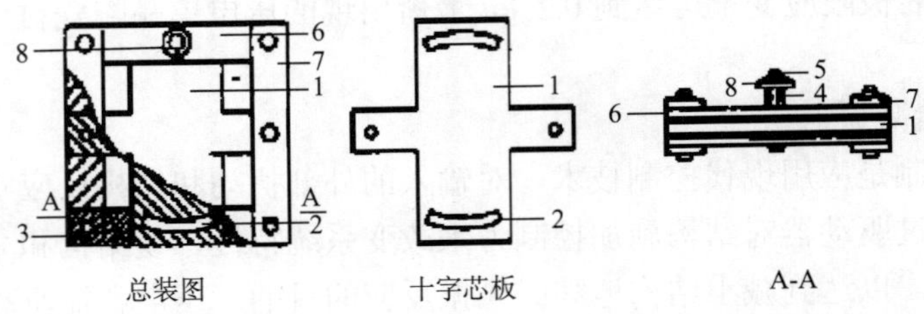

图 9.27　Pall 型压电-摩擦智能耗能器构造

1. 十字芯板；2. 圆弧槽孔；3. 垫片；4. 压电陶瓷驱动器；5. 滑动螺栓；6. 横连板；7. 竖连板；8. 驱动器垫片

4）半主动与混合智能控制

半主动控制方法是以被动控制为主，根据环境激励和结构的响应信号，切换控制器的工作状态，调整结构自身的刚度或阻尼特性，以达到减震的目的，它具有所需能源小的特点，压电摩擦耗能阻尼器可归为半主动控制系统。

混合控制是指在同一控制系统中混合采用多种控制装置进行结构振动控制的方法。将压电材料应用于半主动控制装置和混合控制装置是智能减振系统的重要方向。

调谐质量阻尼器（tuned mass damper，TMD）是一种被动控制装置，这种控制装置无论对风振还是地震引起的振动都有明显的减振效果，但当激励为窄带或结构的响应以基频控制时，其控制效果比较理想，当激振为宽带激励或结构的响应是多个振型都起作用时，控制效果不明显。因此，有学者提出应用压电陶瓷驱动器来实时改变 TMD 的动力特性，将由铝板、压电驱动器组成的压电侧板驱动器（PWA）的装置与 TMD 相串联，构成半主动 TMD 系统，其结构形式如图 9.28 所示。

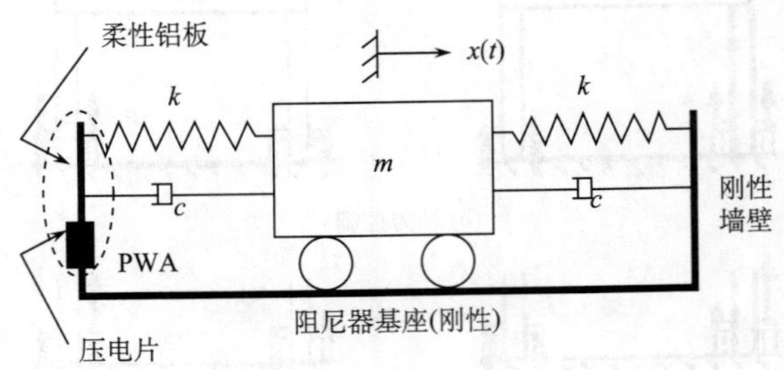

图 9.28　PWA 和 TMD 串联系统示意图

2. 光纤感知结构健康监测

传统的损伤评价方法主要是超声波法、射线法、磁粉法、渗透法以及电涡流法。前2种方法适合于结构内部缺陷检测，而后3种则适合于表面缺陷检测。智能材料结构的产生和发展，使得损伤评价技术有了新的进步，出现了一些智能结构自诊断的新方法，如基于光波导理论的光纤传感技术，使得在线、动态、实时、主动监测易于实现。

1）光纤传感损伤评价原理与方法[34]

（1）损伤匹配法：损伤匹配定义为埋入的光纤与结构界面相容并同时发生断裂，是利用光功率损耗来探测断裂和过度应变的直接方法。将多模光纤埋入复合材料中，构成光纤网络，当结构发生断裂时会使光纤折断，这样光纤末端输出的能量急剧减少，从而可判断损伤的发生和发展。如图9.29所示给出了一种智能光纤网络系统检测结构损伤的原理图。二维光纤网络埋入复合材料中，输出光接入神经网络，神经网络为Kohonen网，其功能是将输入的传感模式分类到相应的空间位置上，网络训练数据来自规范化了的输出光强度值，输出光是光传播路径上的应变分布函数，一旦结构有损伤，监视器上就会立刻显示损伤位置。

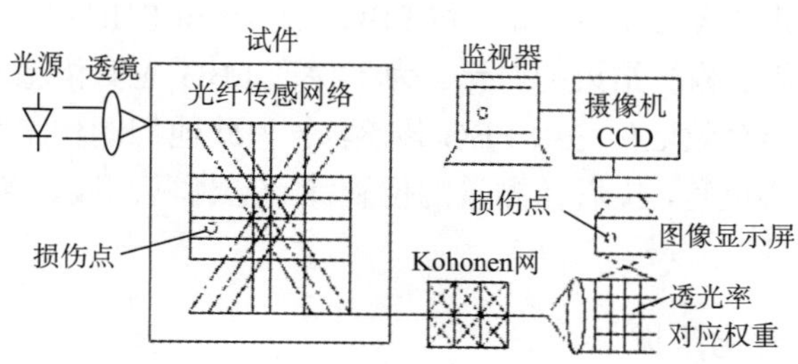

图9.29 智能光纤网络检测结构损伤原理图

（2）应力-应变法：应力与应变是智能材料结构中最重要的测量参数，也是预测其损伤发生和扩展的重要指标。利用埋入结构的光纤传感器测量应力、应变的方法很多，从原理上可分为光时域反射（OTDR）、微弯、模域、偏振和干涉几大类。OTDR传感器工作原理类似雷达，通过测量背向散射信号的时间和幅度可以确定应变发生的位置和大小，属强度调制型。该技术基于分布式光纤应变传感器（DOFS），既可测量分布应变也可测量局部应变。

2）飞行器结构健康监测

布拉格光纤（FBG）传感器作为理想的监测传感元件，在航空航天飞行器的结构健康监测领域也得到较为广泛的应用[35]。

1998年，德国的Daimler Chrysler Aerospace（DASA）飞机测试中心的M.Trutzel等将FBG应用于当时最新的碳纤维增强塑料机翼的结构疲劳特性的健康监测，并取得很好的测试结果。

2001年，德国WolfgangEche等研究出一种由12个FBG传感器构成的空间分布式传感器网络系统，用于X-38航天飞机的结构健康监控。在航天飞机整个飞行过程中，

FBG 传感器网络要求的测量温度为−40~+200℃，应变为−1000~+3000με。整个传感器网络构成由 12 个 FBG 传感器分布在 4 个传感器垫上，每个传感器垫如图 9.30 所示由 1 个温度传感器（图 9.30（a））和 2 个处于二维状态下的相互垂直的应变传感器（图 9.30（b））构成。这些 FBG 传感器被粘贴在 X-38 航天飞机的背部元件面，用来实时监测航天飞机在发射、升空以及返航过程中机体的温度及应变等特征，以便工作人员对其进行寿命估算，实现对 X-38 的健康监控测量。

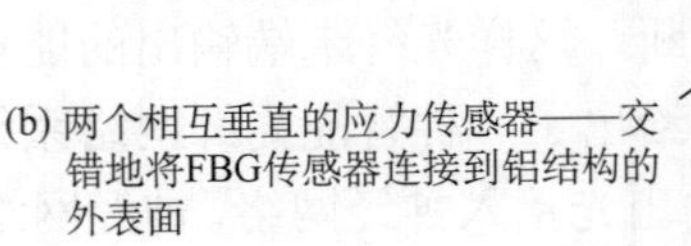
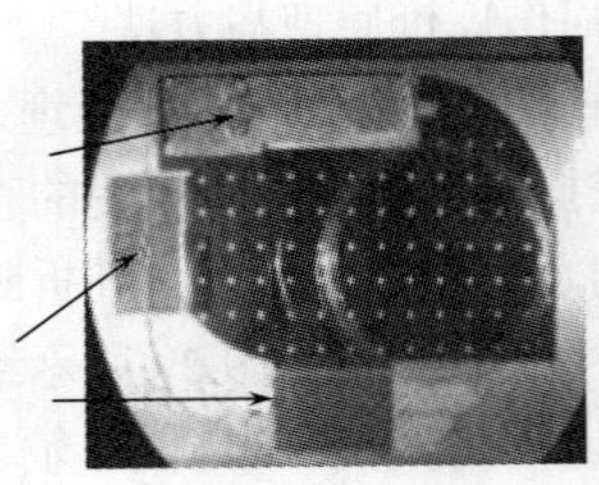

图 9.30　传感器垫组成

2002 年，德国的 Daniel Betz 等将 FBG 温度和应变传感器安装在 A340-600 客机的机身上，实现对该型客机结构的载荷标定。将 FBG 传感器和电阻应变计并列地粘贴在机身选定的位置，这样有利于测量结果的对比。为了保证 FBG 应变传感器能正常工作，使拉伸表面能将自身的变形有效地传递给 FBG 传感器，为此他们制作了特殊的安装工具，使 FBG 处于 stamp 的中心位置，接着在测量的位置涂一层薄薄的胶，将 FBG 粘在被测位置的表面，然后开始测量。

3. *形状记忆合金智能结构*

1）记忆型无源温控阀[36]

记忆型膨胀式温度调节器动作元件采用形状记忆合金（SMA）制作成螺旋状弹簧。这种记忆合金弹簧具有形状记忆效应。在低温状态下，弹力减小；在温度升高时，弹力增大。当温度达到一定时，温度调节器通过记忆合金弹簧弹力增加产生反作用弹簧力，当空间温度下降到一定值时，温度调节器中记忆合金弹簧的弹力减小，反作用弹簧力克服记忆合金弹簧的弹力，使结构收缩。自动温控阀结构示意图见图 9.31。

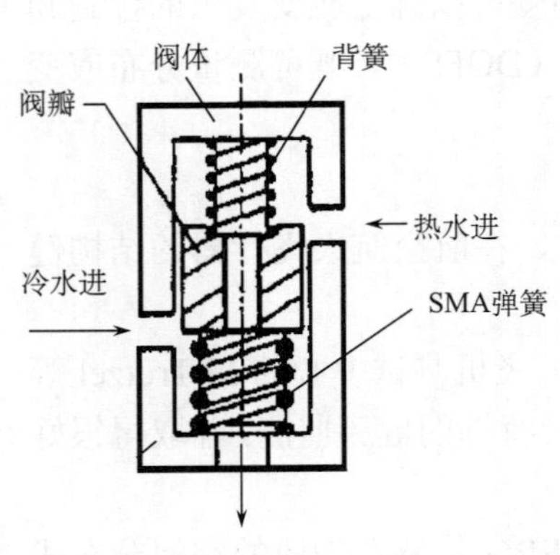

图 9.31　温度自控阀工作示意图

形状记忆合金弹簧应力-应变呈非线性关系，而且形状记忆合金材料特性及弹簧特性还因制造方法（冶炼、轧钢、弹簧成型、热处理）而有很大差异，因此形状记忆螺旋状弹簧的设计要比一般金属弹簧复杂得多。目前，记忆合金弹簧设计主要以实际测定数据为基础，结合理论计算，基于形状记忆合金螺形弹簧的自动温控阀控制精度可在 1.5℃范围内。

2）形状记忆合金驱动器

SMA 弹簧驱动器输出位移大，电热驱动结构简单，将在智能机械结构中有广阔的应用前景。

SMA 驱动器分为单程驱动器和双程驱动器。SMA 单程驱动器一次性动作，不能自动恢复到加热前的状态；双程驱动器可以实现反复动作，双程驱动器可以采用双程 SMA 材料制作，也可以采用单程 SMA 材料按偏动和差动方式构成；双程 SMA 材料处理工艺复杂，材料可靠性差，输出位移、滞后温度和输出力很难控制，应用具有相当的难度。

偏动驱动器采用 SMA 元件和能够产生偏动力的元件构成（图 9.32（b）），加热 SMA 元件，驱动器产生向左的位移；冷却 SMA 元件，在偏动弹簧的作用下，驱动器产生向右的位移。差动驱动器由两个单程 SMA 元件构成（图 9.32（c））：分别为加热和冷却两个 SMA 元件，产生往复位移。目前这两种类型驱动器的研究较多。SMA 驱动器常用的加热方式有 3 种：直接电加热、间接电加热、热气/流体加热，其中直接电加热是最方便的方法。通过控制 SMA 丝的加热电流来控制 SMA 弹簧的温度，实现对 SMA 弹簧响应速度、输出力和位移的控制[37]。

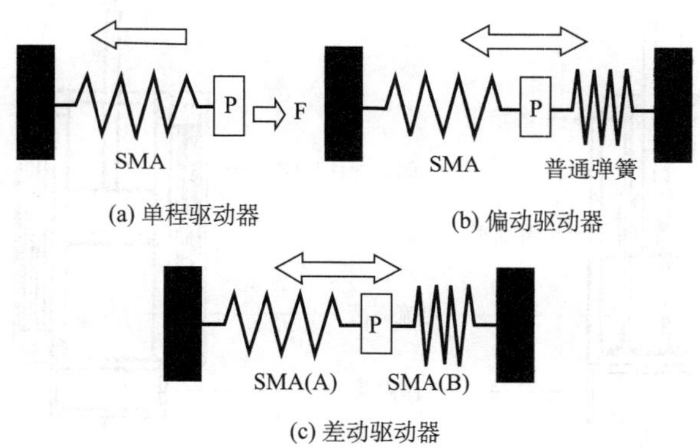

图 9.32　SMA 弹簧驱动器的 3 种基本类型

3）SMA 转子主动控制[38]

利用形状记忆合金（SMA）元件对转子系统进行主动控制，是近年来振动控制中新兴起的一个方向。转子系统的响应随支承刚度的变化而变化。如图 9.33 所示，设转子支承系统的支承刚度可在 K_1 和 K_2 之间变换，当支承刚度为 K_1（或 K_2）时，系统的动态响应如图 9.34 所示中的 K_1（或 K_2）曲线。在转子系统加速运转过程中，初始支承刚度为 K_2，当系统转速至 ω_B 时，突然改变系统支承刚度为 K_1，则整个系统的响应曲线如图 9.34 中的阴影所示，同理，减速过程的刚度变化则由 K_1 变为 K_2。这样，在整个运行范围内，系统响应的最大振幅 A_{max} 将不超过 A_B，实现平稳运转。

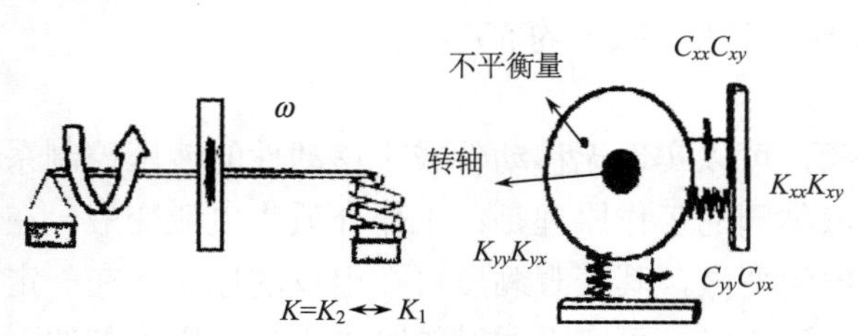

图 9.33　支承刚度可变的转子系统模型

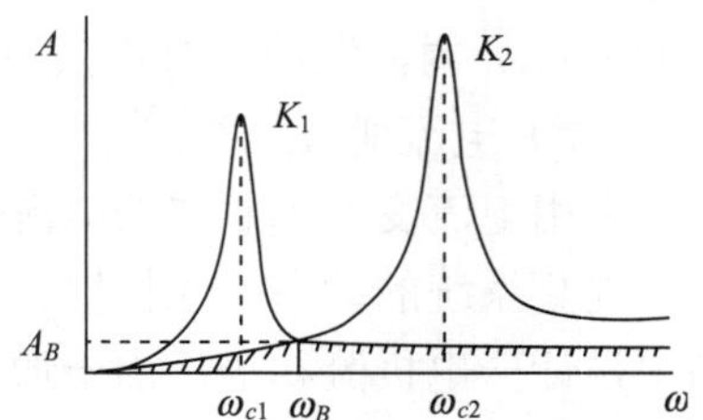

图 9.34　主动变刚度下转子系统的动态响应

4. 电磁流变液的智能结构

1）电流变智能结构

（1）电流变减振器[39]

电流变液体（ERF）减振器是目前应用较多的ERF智能装置，图9.35是滑动平板型和固定电极阀型ERF减振器示意图。在滑动平板型减振器中，来源于两滑动板间流体的ER效应的阻力产生剪切力，并由此引起压力增大。在同心圆筒固定电极阀型减振器中，来源于ER效应的阻力阻止了流体在同心圆筒中的流动，当活塞运动时，微机即可调节电极电压以改变流体的黏度，随后流体变稀薄而迅速复原。可见，ERF减振器能适用于各种车辆和各种工作环境的需要。

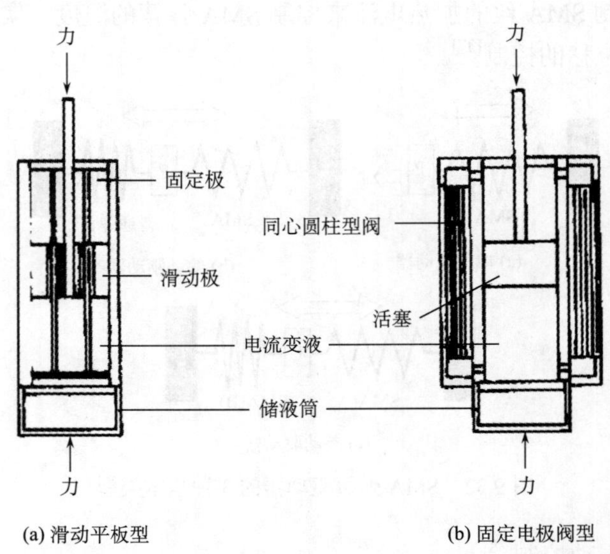

图9.35　两种电流变液减振器结构示意图

美国Lubrizol公司已制造出半主动型电流变汽车悬挂系统，并用于福特公司制造的汽车。试验结果表明，装有ERF减振器的汽车下沉和上抬大大减少，在试验场正弦形特制的路面上，普通汽车的速度都低于56km/h，但装ERF减振器的汽车行驶平稳且车速可达96km/h，这种ERF减振器设计前轮最大减振力为3kN，其最大功耗为20W。这类装置还有电流变发动机支座，如图9.36所示，这种减振装置所需的屈服应力仅为1～2kPa。通过调节ERF的黏度，可以有效地调节其动态刚度，在典型的发动机工作范围（1000～3000r/min）内，发动机对正弦力产生的不平衡力可减少约50%。

（2）电流变液压阀[40]

利用电流变技术制造的电流变液压阀，可以实现无移动件或少移动件的液压控制系统，提高系统的动态响应特性。电流变液体阀的工作原理是：工作介质为电流变液，在阀中设计一电极流动场；由于通过阀的电流变液，其表观黏度可在电场的控制下在一定的条件和范围内实现无级调节，因而在恒流量时，可实现通过阀时进出口间压力差的无级调节，或在定压差下，实现流量的无级调节。

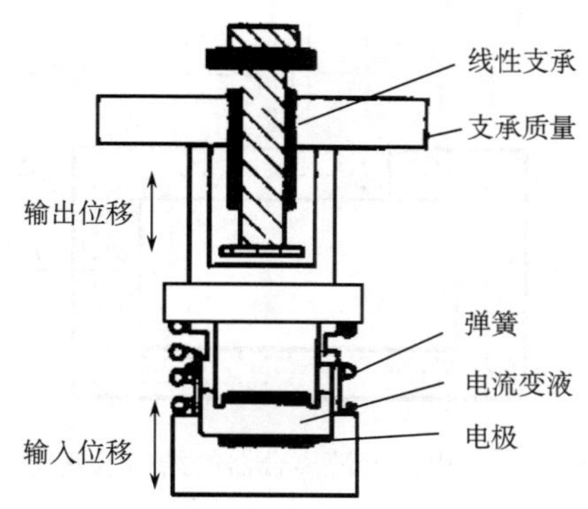

图 9.36 发动机支座电流变减振原理示意图

图 9.37 为一电流变流体动力传输的系统原理图。其工作过程为：当控制信号时，电信号控制器输出零位电压（E_0）到电流变流体控制元件的两对桥臂，两桥臂输出等量、等压的电流变液到负载的左、右控制腔，负载保持中位。当控制信号时，电信号控制器输出两路电压控制信号（和）到 ER_1、ER_3 和 ER_2、ER_4，在负载的两端产生压力差，使负载产生运动。改变电场信号的大小和方向，就可改变流体动力传输的流量和方向。

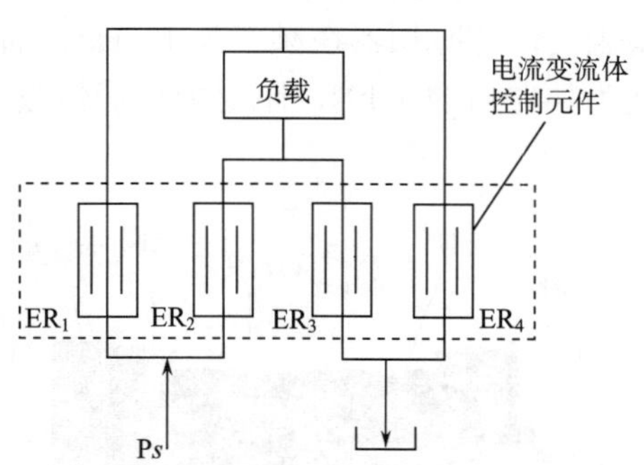

图 9.37 流体动力传输的电流变控制原理图

（3）电流变离合器[40]

电流变离合器的原理是电流变液位于有相对运动的机械部件之间，通过控制电压，改变电流变液的黏度，从而控制机械部件传递力或力矩的大小。传统的离合器是一种纯机械装置，只能传递恒定力矩，而电流变液体联轴器能根据需要，在某一范围内传递任意力矩。同时，由于离合器的工作介质是电流变液体，在工作过程中，能吸收系统的振动，降低噪音和磨损，使器件的工作寿命延长。

图 9.38 为电流变液离合器的结构示意图。在作为正电极的内筒和作为负电极的外筒间装满电流变液，将输入轴和输出轴分别联于内外筒上。无电场时，内外筒处于“离”的状态，输出轴无力矩和速度输出；有电场时，内外筒间的电流变液固化，输入轴的转速和力矩通过固化的电流变液传给输出轴。改变电场强度大小，就可改变输出的转速和

力矩大小。

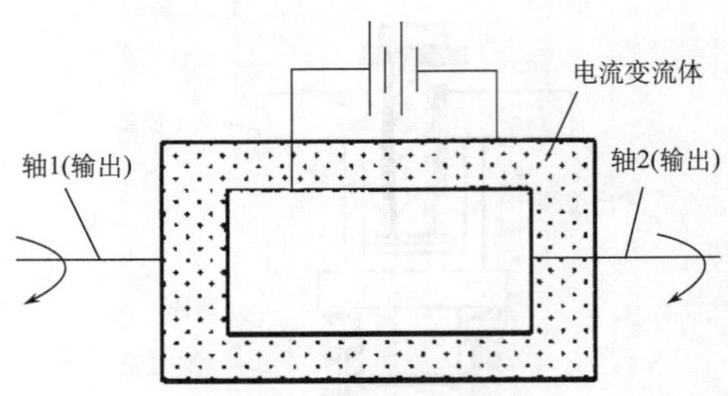

图 9.38　电流变液离合器的结构示意图

2）磁流变智能结构

（1）磁流变减振器[30]

根据磁流变液体（MRF）在磁场作用下流变特性可控的特点，MRF 阻尼器件可以根据外部振动环境实时调节阻尼，容易实现对结构进行减振的目的，因此 MRF 减振器是磁流变液工程应用的重要领域。特别是车用磁流变减振器，具有阻尼力可调倍数高、易于实现计算机变阻尼实时控制、结构紧凑以及外部输入能量小等特点。

筒式磁流变减振器，2007 年，马里兰大学为火炮反后坐装置设计出了两褶环形间隙节流阀 MRF 减振器，实验表明，该减振器在频率为 12 Hz、幅值为 12. 7 mm 的正弦激励下，其阻尼力由 2 kN 变为加电后的 4 kN，阻尼力可调倍数达到 2，图 9.39 为研制的 MRF 减振器原理图。

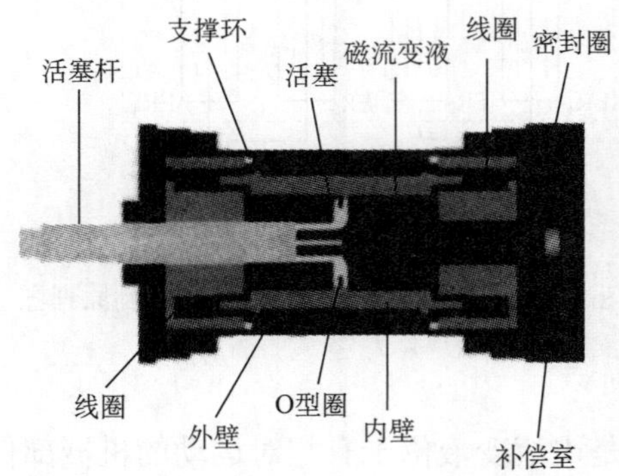

图 9.39　节流阀磁流变减振器

叶片式磁流变减振器：某型履带车辆的叶片式磁流变减振器如图 9.40 所示，它采用了双向安全阀，使叶片的结构更为紧凑，最大限度为励磁单元预留了空间，且利用安全阀柱塞在压力作用下对节流阀开口大小的调整，实现了磁流变阻尼器正反行程阻尼力的非对称，使阻尼器具备了良好的耗功能力。

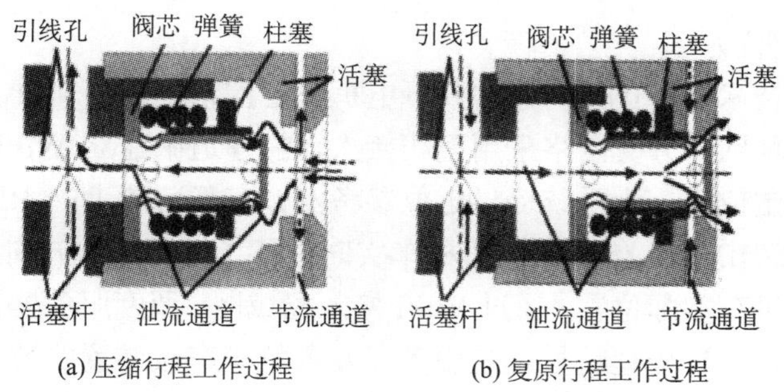

图 9.40 叶片式磁流变减振器阀结构原理图

（2）车辆悬挂系统振动控制[30]

由于被动悬挂系统的刚度和阻尼不能随着外界地面行驶环境的改变而变化，利用磁流变制成的半主动悬挂系统及变阻尼自适应悬挂系统成为提高车辆越野机动性或乘坐舒适性的重要技术。

弗吉尼亚大学对装有 MRF 减振器的 Volvo VN 系列重型货车进行了实车道路实验，汽车前、后轮胎处加速度均方根值分别比原始被动减振器降低了 50%和 36%，车辆左右侧倾和前后俯仰的加速度均方根值降低了 26%。

基于 MRF 半主动悬挂系统的悍马军用越野车的实车道路实验表明：与原始车辆相比，装有 MRF 减振器的悍马车体加速度峰值减少了 10% ~30%，越野极限车速提高了 35%。

轮式装甲输送车的 MRF 半主动悬挂系统实车道路结果表明：与原车相比，装有 MRF 减振器的轮式装甲输送车越野极限车速提高了 72%，车辆的侧倾率降低了 30%，大幅度提高了越野机动性及操控稳定性。

9.4 移动装备定位感知

所谓定位，就是指移动目标在二维工作环境下，通过对内部状态的检测或对外部环境的感知估算相对于全局坐标的自身位置及其本身的姿态。在二维环境中，移动目标的位姿通常使用三元级（x,y,ϕ）表示，其中，（x,y）表示移动目标相对大地坐标位置（平移分量），ϕ表示其方位（旋转分量）。定位技术可分为相对定位技术和绝对定位技术。相对定位技术或称为航位推算法，主要有测距法和惯性导航法。绝对定位技术现有全球定位系统、路标定位和地图匹配定位。

9.4.1 井下移动装备定位技术

1. 井下轨道机车定位

井下巷道纵横交错，其不规则性给井下机车调度工增大了难度，高精度的井下导航能够有效地提高井下工作调度速率，是智能化矿井的重要环节。由于信号被遮挡，常规的地面导航技术（如全球定位系统）不能有效用于地下机车导航，所以井下电机车的实时导航需要特殊的测量手段。

1）射频识别定位方法[41]

采用射频识别技术（RFID）构建的井下电机车定位系统如图 9.41 所示。井下局域网主干网络使用光纤环网，分支网络采用无线接入点在巷道中建立 WiFi 无线网络；RFID 标签置于巷道中特定位置，为系统提供定位参考点，车载装置上的 RFID 读卡器，获取所经过的 RFID 标签 ID 号，传感器测量机车实时位移（包括行进方向）；车载装置内部的控制器计算得出机车实际位置，通过 WiFi 接入局域网；调度服务器接收来自巷道中运行的各机车的数据，经过处理后显示在服务器及各机车车载装置的数字地图上，协助调度及导航。

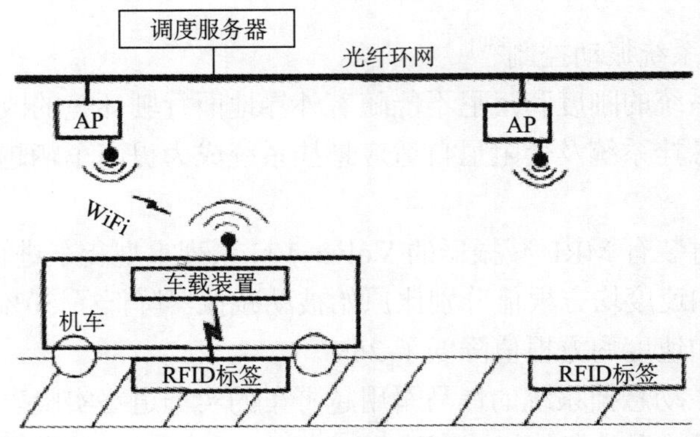

图 9.41　基于 RFID 的矿井机车实时定位系统结构

测算位移的方法是把 RFID 标签布置在每个岔道口的两侧，机车在经过一个岔道口后和到达下一个岔道口之间只有一条固定路线，要得到机车实际位置，还需要测算机车的位移（含行驶方向）。采用本安型电感式接近开关，测量机车轮轴齿轮旋转角度，根据车轮周长换算成行驶距离。

2）无线感应定位方法[42]

无线感应技术构成的移动机车定位系统如图 9.42 所示。感应天线箱安装在移动机车上随机车移动，且始终与编码电缆保持距离 z 约为 10cm；编码电缆部分由编码电缆、连接电缆、匹配阻抗构成。试验结果表明，应用无线感应技术进行位置检测，检测精度为 2mm，且具有较好的抗干扰能力。

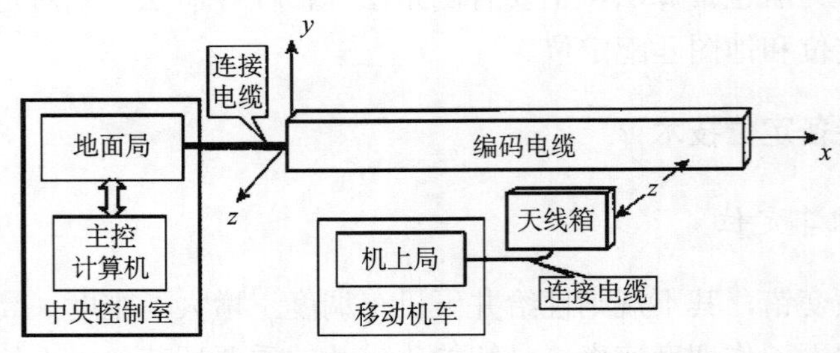

图 9.42　无线感应系统模型

天线箱线圈为矩形多圈线圈，编码电缆中任何一传输对线的一个网孔可看成矩形单圈线圈。当在发送线圈中通交变电流，则在靠近发送线圈的编码电缆中的每一个传输对线中会产生感应电动势。通过检测感应电动势的相位和幅度，可检测天线箱所在的位置。

在图 9.43 中，发送线圈是指移动机车上的天线箱线圈，感应线圈是指编码电缆中的传输对线线圈。由于存在一个交叉，传输对线相邻两个区域产生的感应电动势相位相反。从端口得到的传输对线产生的感应电动势 e 是发送线圈所对着的相邻两个区域产生的感应电动势的合成，e 的相位与感应线圈中心线所对着的区域产生的感应电动势相位相同。

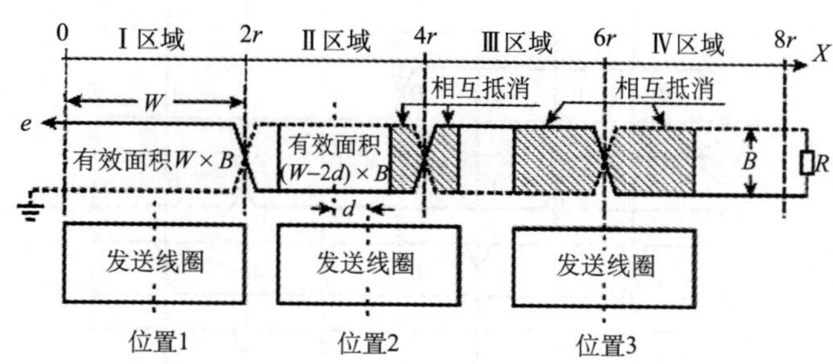

图 9.43 编码电缆与发送线圈位置关系图

感应线圈产生的感应电动势 e 的幅度 A 与有效感应面积成正比。在图 9.43 中，在位置 1，d=0，有效感应面积为最大值 $S_{max}=W\times B$，感应电动势幅度为最大值 A_{max}。在位置 3，$d=r$，有效感应面积 S=0，感应电动势 A=0。在位置 2，有效感应面积 S=（$W-2d$）$\times B$，产生的感应电动势的幅度和大小分别为

$$A = A_{max}\left(\frac{W-2d}{W}\right) = A_{max}\left(\frac{r-d}{r}\right) \tag{9.1}$$

$$e = (-1)^n A_{max}\left(\frac{r-d}{r}\right)\cos\omega t \tag{9.2}$$

由此，得

$$e = \begin{cases} (-1)^n A_{max}\left(\dfrac{x}{r} - 2n\right)\cos\omega t, \text{ 当}m\text{为偶数} \\ (-1)^n A_{max}\left(2(n+1) - \dfrac{x}{r}\right)\cos\omega t, \text{ 当}m\text{为奇数} \end{cases} \tag{9.3}$$

式中，$m = \mathrm{int}\left(\dfrac{x}{r}\right)$。

（1）编码电缆中位置传输对线

在无线感应位置检测的编码电缆中，有 R 传输对线、G 传输对线、传输对线三根传输对线。

R 传输对线：长距离检测时，需将标准长度为 L 的编码电缆连接起来，采用 R 传输

对线分段技术，R_i对线仅在i段叉开（i=0，1，2，…），在其余段双绞。

G传输对线：编码电缆内有若干对G传输对线G_0，G_1，…，G_{n-1}，按格雷码规则交叉编制，避免了发送线圈处在G传输对线交叉点时可能造成的误差。n的大小取决于R线的标准长度L和任意两G线最小交叉距离r。编码电缆结构图如图9.44所示。

传输对线：编码电缆内有一对传输对线，传输对线与G_0传输对线的交叉间距相同，但交叉处与G_0传输对线错开距离r。

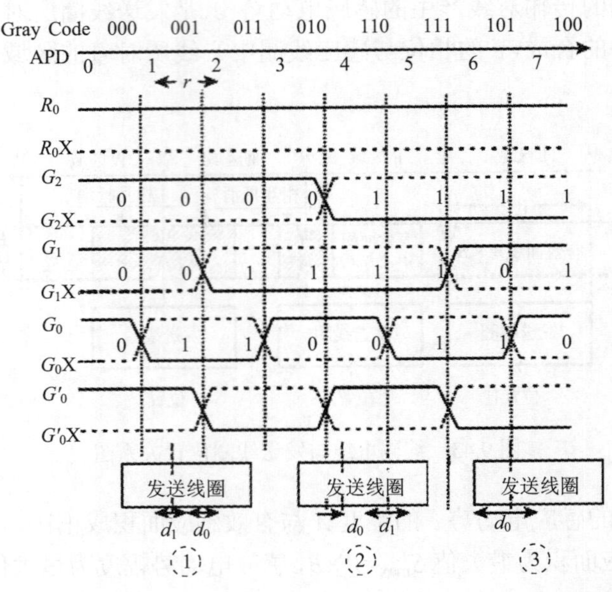

图 9.44　编码电缆结构图

（2）位置检测计算（APD）

当通过发送线圈发送载波信号时，编码电缆各传输对线中会产生感应信号，若从R_i传输对线检测的信号幅度最大，则发送线圈位于第i段。由于R_i在i段不交叉，故以接收信号幅度最大的R_i传输对线感应的信号相位作为基准相位。各路G传输对线感应的信号与之进行相位比较，若G_j与R_i同相记G_j=0，反相记G_j=1。由于各路G对线按照格雷码规则交叉，相位比较的结果数据$G_2G_1G_0$是一组格雷码（为分析方便，只写3对G传输线），设格雷码$G_2G_1G_0$对应的十进制数为g，可得一般位置检测（APD）位置公式为

$$\mathrm{APD} = L \times i + g \times r$$

从上式可见，APD的检测精度为G线任意两交叉的间距r。

2. 井下自移车辆定位

1）惯性测量定位方法

惯性导航系统（inertial navigation system，INS）是一种不依赖于外部信息，也不向外部辐射能量的自主式导航系统。自主式导航是对陀螺仪、加速度计的基准方向和初始位置坐标设定后，利用惯性元件连续测得的运载体航向角和速度能够推算出其下一点的

位置，因而无论在何种环境下，都可以连续测出运动体的当前位置信息，实现精确定位。

（1）惯性导航系统组成[43]

一个完整的惯性导航系统可由一个三轴加速度传感器和一个三轴角速度传感器构成。惯性导航元器件安装在井下有轨道的电机车上，进行测量的数值相对简单，因而只用一个三自由度陀螺仪和加速度计就能够实现精确定位。

陀螺仪是测定姿态用的一种仪表。陀螺仪一般由转子、内外环和基座组成，其结构如图 9.45 所示。通过轴承安装在内环上的转子作高速旋转。内环通过轴承与外环相连，外环又通过轴承与运动物体（基座）相连。转子相对于基座具有 3 个角运动自由度，因此有三自由度陀螺仪之称；但转子实际上只能绕内环轴和外环轴转动，因而又称之为双自由度陀螺仪；它又因转子可自由转向任意方向而被称为自由转子陀螺仪。在控制系统中的陀螺仪应有输出姿态角信号的元件（角度传感器）。图 9.45 中陀螺仪的两个输出轴（内环轴和外环轴）上均装有这种元件，为使陀螺仪工作于某种特定状态（如要求陀螺仪保持水平基准），在内环轴和外环轴上应装力矩器，以便对陀螺仪加以约束或修正。

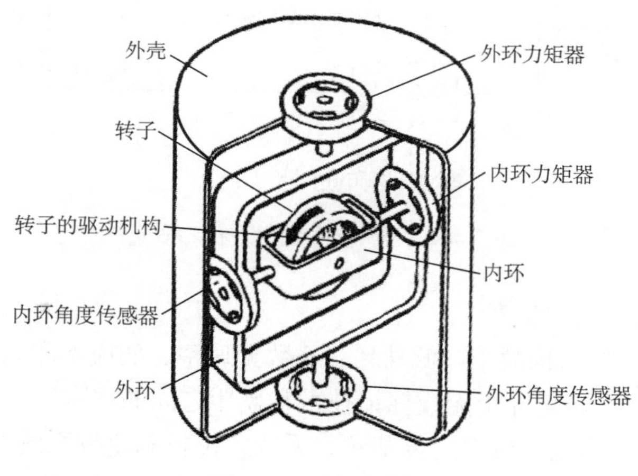

图 9.45 陀螺仪结构

（2）捷联惯性导航

捷联惯性导航的基本原理是根据陀螺仪与加速度计的数据信息，通过积分微分矩阵乘法等运算计算出物体姿态速度和位移，进而确定其位置的过程。井下车辆高精度导航系统如图 9.46 所示，该系统由 IMU 模块、高精度井下 INS 导航定位消噪模型、INS 测量处理模块组成[44]。

IMU 模块包括陀螺仪、加速度计、温度传感器、带通滤波器、同步化转换模块和模拟数字 A/D 转换模块。陀螺仪用于提供三轴角速度测量值，加速度计用于提供三轴比力测量值，温度传感器用于测量系统内部温度，带通滤波器根据有用信号的频率区间消除低频和高频噪声，同步化模块用于惯性测量的观测信息同步化，A/D 转换模块用于将 IMU 模块的信号转换为数字信息。IMU 模块输出的比力测量值和角速度测量值输入到高精度井下 INS 导航模型，输出改正后的比力测量值和角速度测量值。给定导航初始时刻载体的姿态估值后，根据相对于惯性坐标系的载体角速度的测量值、姿态计算得到方向余弦矩阵。为了建立导航方程，加速度计的输出比力必须分解到导航坐标系中，得到导航坐标系中比力值。利用得到的在速度和位置初始估值的基础上，综合重力计算得到的当地重力矢量和哥氏校正信息，经导航计算得到载体的位置和速度及新的哥氏校正，位置信息通过重力计算得到新的当地重力矢量，利用可以提取载体的姿态航向信息。得到的载体位置、速度、姿态、当地重力矢量和哥氏校正信息作为下一次计算的初始值。当有新的观测值输入时，重复上述过程，直至得到最终时刻载体位置速度和姿态[44]。

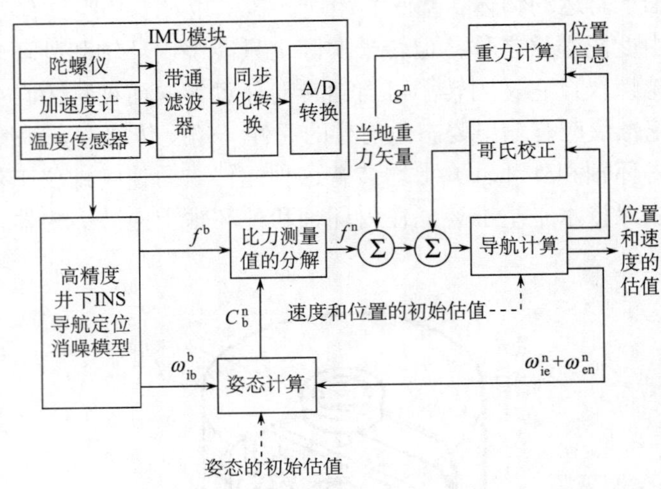

图 9.46　井下车辆高精度导航系统

2）ZigBee 组网车辆定位[45]

ZigBee 技术是一种结构简单、低功耗、低数据速率、低成本和高可靠性的双向微功率网格式无线接入技术，是介于无线标记技术和蓝牙之间的技术。

ZigBee 组网定位系统主要由定位基站、无线定位机和定位系统服务器等设备组成。其中无线定位机由车辆携带，并以无线的方式和定位基站保持连接；定位基站安装到车辆必经的路旁，与总线相连，负责收集范围内的无线定位机的信息，并用串口的方式将信息上报给定位系统服务器；定位系统服务器负责对相关信息的处理、显示和报警。

ZigBee 组网定位原理：每一个井下的车辆都带有识别卡，它会自动发出代表车辆编号的射频信号，经最近的基站接收，该基站将车辆识别卡的编号信息和自身基站的地址信息相组合，经 RS485 总线发送给临近的上一个基站，再由这个基站上传，直至发送到数据中心站，传入到中心计算机，由中心计算机进行数据分析、处理，并提供查询、管理等功能。使管理者能实时地观察到井下工作车辆的即时位置，实现井下车辆定位，并且能区分井下车辆的型号。管理者如要找井下某辆车，可以向目标发出呼叫信息，可以呼叫某一个目标，也可以群呼。信息可以在第一时刻立即传达到每辆车，每辆车有紧急情况也可呼救井上管理中心，实现实时信息双向传递。

通过定位基站实现地面监控中心对井下车辆进行实时监控，主要功能包括：①对井下车辆进行定位，并进行相关信息的收集统计，能够实时监控车辆的具体位置；②车辆的行为轨迹描绘，根据基站的记录反映出车辆的信息，描绘车辆活动的主区域。

3）超声红外定位

燕学智等提出了一种基于超声红外定位原理的自动引导车辆 AGV 定位新方法，给出了系统导航与控制数学模型，并以此为基础研制开发了一套智能导航车定位系统[46]。定位原理示意图如图 9.47 所示，位于固定位置的两路超声接收传感器 R_1、R_2 分别接收来自于车头 S_1 和车尾 S_2 的超声发射信号，通过时延提取电路得到车头、车尾发射的超声到达 R_1、R_2 的传播时间，分别为 $\tau_{s_1R_1}$、$\tau_{s_1R_2}$、$\tau_{s_2R_1}$、$\tau_{s_2R_2}$ 。

根据平面几何原理可推导得到 S_1 点坐标（x_1，y_1）为

$$\begin{cases} x_1 = \dfrac{\left(x_b^2 - x_a^2\right) - \left(c\tau_{s_1R_2}\right)^2 + \left(c\tau_{s_1R_1}\right)^2}{x_b - x_a} \\ y_1 = y_a + \sqrt{\left(c\tau_{s_1R_1}\right)^2 - \left(x_1 - x_a\right)^2} \end{cases} \tag{9.4}$$

式中，c 为声音传播速度。

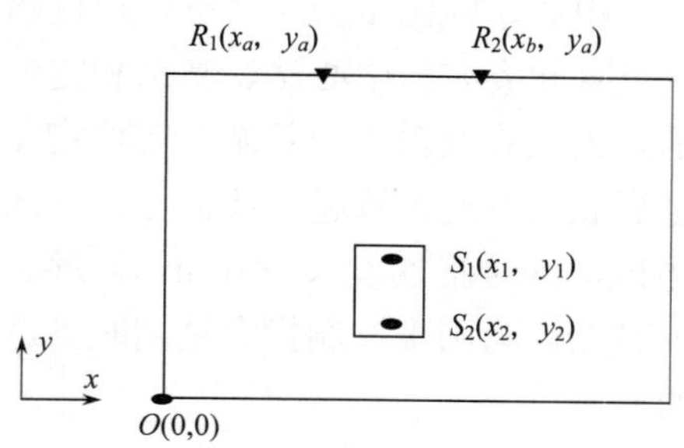

图 9.47 定位原理图

4）基于激光雷达的车辆定位

激光测距传感器，简称为激光雷达，它是基于飞行时间测量（time-of-flight）的原理，是一种非接触式光学测量系统，可根据向环境中发射红外激光和接收到反射的激光所需时间计算物体的距离。二维的激光雷达扫描一个平面的数据，即可实现如下的空间几何参数感知：①感知距离可达 80 m，感知角度可达 180°；②测距和测角精度分别可达 5 cm 和 0.1°；③扫描时间约为 26.6 ms，可以实时测量高速车辆。

基于激光雷达的车辆定位原理是采用将智能车的位置传感器（如里程计、惯性导航单元或者 GPS 等）提供的信息和外部环境传感器（二维激光雷达等）提供的信息进行融合，从而得到智能车的精确定位。

车辆的精确定位是智能车领域的关键问题，其中比较简单廉价的是航位推算法，该方法利用里程计或者编码器来获得车辆的相对位置，但此方法存在难于标定、抗干扰性差等缺陷。另外一种方法是惯性导航法，采用陀螺仪和加速度计来获得车辆相对位置；这种方法比航位推算法定位精度高，但也存在难于标定的问题。还有一种方法是基于路标的定位方法，利用车辆传感器检测放置在环境中的一些特征明显的人工路标，并与已知地图匹配来确定车辆的位置，该方法不存在累积误差的问题，关键是如何可靠、准确

地检测路标。伍舜喜提出了一种比较好的改进算法，引入路标对，增加了地图的特征量，提高了路标提取的准确性和高效性，用扩展卡尔曼滤波进行车辆位置跟踪，进一步提高定位的精度[47]。

5）类 GPS 超声定位

常规超声局部定位系统都采用以距离为观测量的定位方法，但存在的缺陷是：当定位空间中存在多于两个定位物体时，基站需要区分各个定位物体所发射的信号。当定位物体增加时，基站区分定位物体的难度以及整个系统的复杂度将呈指数级增加。如果将超声局部定位系统借鉴 GPS 的工作原理，用超声取代电磁波，用在固定位置处配置的超声发射传感器取代 GPS 中的空间卫星星座，可以构建一种类似 GPS 的超声局部定位系统[48]。

类 GPS 超声定位系统与常规超声定位方法不同，由基站发射信号，定位物体接收并处理信号从而得到当前的位置。整个定位系统如图 9.48 所示，由中心站、基站 S_j 和定位物体组成。在定位空间中的不同区域放置多个超声发送传感器（基站），在定位物体上配置超声波接收传感器，在中心站的同步控制之下，定位物体接收并处理从各个基站发送过来的信号，以确定其位置和姿态。中心站、基站和定位物体上都装配有无线收发模块，中心站每隔 500m 通过无线收发模块向基站和定位物体下发同步指令。各个基站接收到中心站下发的指令之后立刻发送扩频超声波信号，与此同时，定位物体开始采集接收信号。由于在空气中电磁波的传播速度（3×10^8m/s）远远大于声速（340m/s），所以在几十米的局部范围之内可以认为同步控制指令是同时到达各个基站的，即各个基站是同时发射扩频超声信号的。

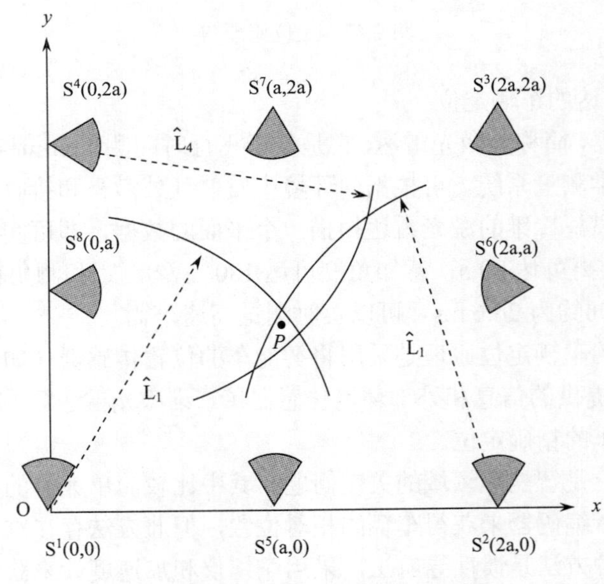

图 9.48　类 GPS 超声定位系统原理

由于采用了多个传感器，如果用传统的单脉冲超声测距方法定位物体就无法区分各个基站发送过来的信号。如果给每个基站分配一个单独的伪随机码（m 序列），将伪随机码与超声载波进行二进制幅移键控调制（BASK，即伪随机序列为高电平“1”时，发送超声脉冲；为低电平“0”时，不发送超声脉冲），用已调信号驱动超声发送器，由于具有不同特征多项式的 m 序列几乎不相关，据此定位物体可以很容易区分各个基站发送过来的信号，进而得到与定位基站的观测距离 L_j，后解算非线性定位方程组得到定位物体当前位置的估计值（x，y）。

9.4.2　井下运输车辆导航技术

地下采矿运输装备包括有轨机车、无轨车辆。由于其恶劣的作业环境、不安全的诸多因素，无人化开采一直是业界研究的技术焦点，地下运输装备智能化就是其中的重点之一。以地下铲运车智能化为例，就是通过安装各种复杂的电子设备来获取环境的信息，实现遥控驾驶、自主导航、自行装载矿石、障碍自动避让及故障诊断功能，具有自我感知、自主决策、自动控制的功能。目前国外一些著名的铲运车制造公司，如美国的 Wagner 公司、德国的 G.H.H 公司、荷兰的 Sandvik Tomrock 公司在这方面研究都取得了一定的进展。

目前，地面车辆导航技术主要有 GPS（全球定位系统）卫星导航、机器视觉导航、光检测导航、激光导航、寻线导航、超声波导航等。GPS 导航是目前应用较多且较成熟的一项导航技术，然而地下矿井不同于地面车辆和露天矿，无法接收到 GPS 信号，因此铲运车导航应选用其他导航方式。目前井下矿运车导航技术主要是视觉导航、光检测和激光导航，光检测和激光导航在电动矿运车上应用较为成功[49]。

1. 视觉导航

视觉导航是基于机器视觉的智能车辆导航技术。它能完成道路和障碍物检测任务，控制车辆在道路上安全行驶。视觉导航有其显著优点，它既不需要障碍物的先验知识，对障碍物是否运动也无限制，还能直接得到障碍物的实际位置；但其对摄像机标定要求较高。而在车辆行驶过程中，摄像机定标参数会发生漂移，需要对摄像机进行动态标定。该技术在地下车辆自动导航上也有应用，但是系统复杂，自动化程度要求高，实施成本也较高。

2. 光检测导航

光检测导航是根据光电传感器测得的反射光强信号来自动辨识行驶路径，实现车辆的无人自动寻迹行驶。美国卡特彼勒公司（CAT）基于这种方法，在地下矿车上进行了应用。其导航过程如图 9.49 所示，在巷道的侧壁或天花板上安装了反光绳，两台摄像机或光传感器安装在车辆上，探测反光绳的位置，以此确定车辆与导航绳的位置，从而使车辆跟踪巷道天花板上导航绳移动，这种导航方法应用在电动铲运车上比较理想。

图 9.49　光检测导航

3. 寻线导航

寻线导航是智能车辆导航方式之一，寻线导航（即地面标志线导航）作为一种非视觉传感器组合导航方式，铺设简单，灵活方便，对周围环境的依赖性较小。寻线导航方式以光电传感器为硬件基础，利用调制光检测原理，实现环境识别与定位。

杨振宏等设计了一种基于电力线载波技术的井下移动目标跟踪系统，其基本组成如图 9.50 所示[50]。系统中发射器采用编码器编码后发送超高频信号，接收器采用二次混频型超外差式接收移动目标信号。井下矿车上安装信号发射器，在电力线上安装若干位置传感器，当矿车通过时，位置传感器即可获得矿车或人员通过的信息，并送入单片机进行处理，得到该节点的地址编码信息。该信息通过电力线传送到总控制室的中央控制机，由中央控制机发布调度命令，实现对整个井下情况的宏观调控。

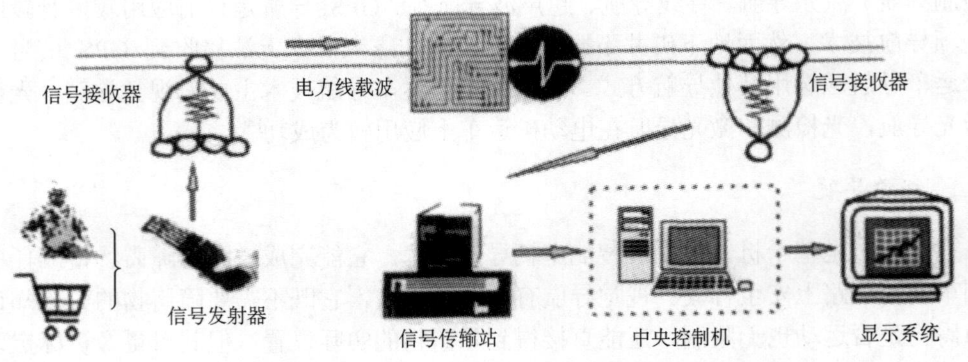

图 9.50　基于电力线载波技术的井下移动目标跟踪系统

段丽华设计了基于泄露电缆的井下机车定位跟踪系统[51]，由井下机车携带的微型移动电子标签、预先布设在井下的固定信息采集的射频读头、扩频处理电路，以及传输电力线（泄漏电缆）、地面主机等几部分构成。电子标签是井下机车随身携带的无线信号收发装置，其内部存储有井下机车的身份编码（每辆车的编码都是唯一的），该装置发出带有机车信息的编码信号，安装在井下机车上。射频读头装置安装在井下巷道的顶部或机车轨道旁，沿巷道走向，每隔一定距离布置一个射频读头，通过泄漏电缆无线传输与地面主机通信。当携带有电子标签的机车进入某读头检测范围时，此读头可以将相关机车的身份信息读出。该读头将机车身份信息和自身读头的地址信息相组合，经过扩频调制过程，产生的调频信号经发射装置转换成特定频率的射频无线信号经泄漏电缆疏编织结构细导线间的间隙传至内导体，信号经线路解调处理后最终传输至地面主机。

4. 回转激光导航

小型回转激光安装在车辆的顶部，传感器发出激光束并检测安装在巷道壁任一位置专用反光带反射的激光束。当激光束回转时，车辆运行方向与任一反射带之间的夹角，可以被检测出来，通过比较专用反射图与下载到车辆的反射电子地图比较，就可以确定电子地图覆盖的任何一点的绝对位置。

5. 激光扫描导航

激光扫描是用于自主采铲运车辆的最新技术。激光扫描导航的测量传感器和巷道壁之间超过 270° 角度的距离，其图形扫描结果几乎与雷达图像一样，车载计算机在雷达图上寻找有意义的“自然路标”——巷道帮岩石表面特有的下陷，并把“路标”同现有地图比较以决定车辆绝对位置。

在上述导航方式中，光检测和激光导航一般都应用光学原理，如果在工况条件比较差的矿井中工作，车辆尾气烟雾、巷道弥漫大量矿石粉尘、井下潮湿闷热产生雾气，这些粉尘和烟雾会对光学导航产生一定的干扰，会使导航精度及可靠性降低。

6. 磁导航

磁导航被认为是一项非常有应用前景的技术，主要通过测量道路上的磁场信号来获取车辆自身相对于目标跟踪路径之间的位置偏差，从而实现车辆的控制及导航。磁导航具有很高的测量精度及良好的重复性，相对于基于光学导航的系统，磁导航不易受恶劣环境及光线变化的影响。通过变换埋设在道路路面底下磁钉的极性来进行编码，可以预先提供前方道路特征的信息，包括道路曲率、入口和出口位置、里程标志等。根据诱导信号的产生方式不同，磁导航可以分为信号电缆、磁带、磁钉及磁钉与磁带混合导航四种方式[52]。

1）信号电缆导航

1996 年，在美国内华达州汽车测试中心的无人卡车驾驶试验中，通过在跑道两边埋设电缆并对电缆通 100 mA 的电流产生磁场，在卡车上设置天线的方式来完成车道保持功能，四辆三拖挂车队在实验跑道上以 65km/h 的速度进行了自动控制运行试验，如图 9.51 所示。这种基于信号电缆的导航系统需要在道路中埋设电缆，电缆中通以电流，产

图 9.51　WesTrack 试验车辆

生磁场，要求线路中时刻都需要电流存在，一旦出现断路或其他情况，电路中将不会产生磁信号，因此维护起来比较困难，另外铺设电缆的费用也比较高。

2）磁带导航

总部在明尼苏达州的 3M 公司，利用自己公司生产的磁带，在 1997~1998 年进行了磁带导航的演示，并在自动扫雪车系统中得到了应用。作为信号发生源的磁带由 50% 的硼铁材料混合丁腈橡胶复合而成，平均厚度为 1.0mm，宽度为 102mm，磁带沿着道路轨迹埋设在路面下作为横向位置导航系统的参考。埋设磁带的方式有三种，直接覆盖在道路表面上、镶嵌在道路表面以及埋设在道路底下。由 Honeywell 公司研制的三维磁力计被用来测量磁带的三个方向的磁场大小，从而实现车辆的自动导航。磁带导航系统中磁带的埋设不太容易，而且费用也比较高，产生的磁场强度不强，维护起来不方便。磁带导航在 20 世纪 90 年代末得到了应用，但在最近几年，逐渐被磁钉导航所替代。

3）磁钉导航

1997 年，美国加州大学 PATH 课题组在圣地亚哥市进行了智能公路系统的演示，10 辆别克车在磁传感器和高灵敏度雷达装置的导航下，沿一条 8 英里（1 英里约合 1.61km）长的试验道路运行，直径为 2.4cm、长为 10cm 的陶瓷材料磁钉和一些直径为 2.5cm、长为 2.5cm 的钕制磁钉以 1.2m 的间隔沿车辆运行路线埋设，三维磁通门式传感器安装在车辆的前后保险杠上，用来测量磁钉的磁场信号。这套磁导航系统的横向定位误差为 5mm，纵向定位误差为 5cm，在现实环境下，具有高鲁棒性和可靠性，具有自动防故障能力。

前不久，沃尔沃宣布将在瑞典哥德堡进行 100 辆汽车的基于磁钉导航的自动驾驶车项目，从而实现道路汽车的自动驾驶，将基于磁场系统确定的位置信息整合入汽车主动安全系统中，能够帮助减少道路事故；当冬天道路被积雪层覆盖时，人们无法看清路标、埋在雪中的路面障碍物以及路边缘，利用磁钉导航系统可以帮助司机对这些物体进行定位。

瑞典哥德堡的沃尔沃试验场建造了一条长 100m 的测试车道，这条车道的路面下 200mm 位置按一定的规律排列了许多圆柱形铁氧体磁铁。磁铁直径为 40mm，高度为 15mm，在试验车上则相应地配备了多个磁场感应器。汽车在驶过磁铁时磁铁周围的磁场会发生变化，而根据路段上磁场感应变化的位置则能确定汽车的位置，如图 9.52 所示。

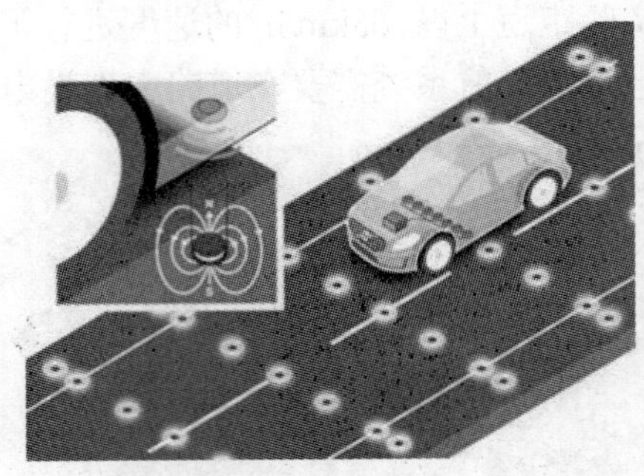

图 9.52　沃尔沃智能车的磁钉导航原理

4）磁钉和磁带混合导航

日本在进行智能车的试验中，除了应用磁钉单独导航以外，还运用了磁钉和磁带混合导航，具体方法是在跑道中央埋设磁道钉，在车辆前保险杠上安装磁传感器来接收信号。在跑道两旁埋设磁带，在车辆两侧安装相应的磁传感器接收信号，车载计算机根据 3 个传感器信息进行转向控制。这种混合导航的方式比较可靠，但费用也比较高，埋设磁带也不容易，国内外研究这种混合方式导航的不多。

将磁导航技术应用于井下运输车辆，具有以下优点：

（1）不受井下矿石粉尘、发动机尾气烟雾影响，即使在完全漆黑的矿井下，也能正常工作。

（2）井下矿运车运行速度一般都不高（≤25km/h），有利于磁导航控制。

（3）铲运车发动机一般都后置，对磁传感器的干扰较小（磁传感器一般安装在车辆前面）。

（4）磁导航系统结构较其他导航系统简单，并且磁钉为无源信号发生器，基本不需要维护，系统成本较低。

地下无轨铲运机磁导航系统由磁钉、磁传感器组、滤波放大电路、数据采集器、车载计算机和转向机构组成。磁钉直径为 30mm，高度为 25mm，磁钉间距为 1m；磁传感器选用 Honeywell 公司的 HMC1021 单轴和 HMC1022 双轴两种磁阻传感器；数据采集器选用德州仪器公司 TMS320LF2407 型 DSP 处理器；数据采集器与车载计算机通过 CAN 总线实现数据交互[49]。

车载磁传感器采集的信号经放大后，送到数据采集器中，经过 A/D 转换、信号调理后，由采集器上的 CAN 收发器送到车载计算机上的 CAN 适配器。车载计算机根据定位算法可确定车辆的相对位置，再下达指令给执行机构：液压阀流量控制器、液压转向油缸，实现方向控制。

目前在自动公路系统中都采用了烧结钕铁硼的永磁材料制造磁道钉。在外形上，圆柱体磁材料的磁场具有良好的对称性，且易于打孔安装，因此普遍采用圆柱形的磁道钉。

矿井下不同于地面环境，巷道路面不是很平整，并常有积水，甚至泥浆。矿运车在工作时有时会有碎矿石跌落在路面上。如果磁钉安装在路面上，这些因素会对磁钉及磁钉产生的诱导磁场造成很大的影响。并且，如果磁钉安装在路面上，相应的磁传感器也必须装在车辆底部（距路面＜20cm），路面的积水、泥浆容易渗透到磁传感器电路板上，增加维护成本。所以我们将磁钉安装在巷道顶部中线上，使其保持与路面平行，如图 9.53 所示[49]。

磁尺安装在一个活动支架上，工作时可以使其升到工作位置，工作结束后，可以降下收起来。上升高度可以调整。同时，这样安装可以使磁传感器组离开车体，大大减少了铲运车发动机和车体（铁磁干扰、电路干扰）对信号采集的干扰。

7. 磁通门导航

卫星导航定位系统 GPS 具有覆盖范围广、精度高的特点，但卫星导航属于被动导航，而且信号经常受到遮挡，导航系统不能连续定位。惯性导航系统属于主动导航，工作时不依赖外界信息，不易受外界干扰，但角速度陀螺初始化时间较长，存在误差积累，而且存在运动部件，可靠性较差。磁通门传感器具有可靠性高、即开即用、体积小、重量

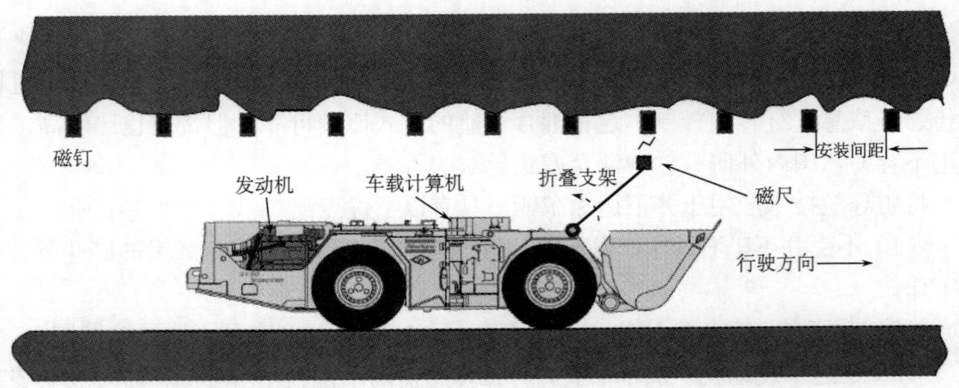

图 9.53　井下智能铲运车磁钉布设及磁尺安装设计

轻、无漂移等特点，已在地面车辆导航系统中获得应用。

基于磁通门技术的车辆导航系统由航向及姿态角传感器、路程发送器和计算机组成[53]。航向及姿态角传感器由捷联式机械编排的三个磁通门传感器和两个石英加速度计组成，主要用于测量车辆航向角和姿态角。路程传感器用于测量车辆行驶距离。计算机是该导航系统的核心，主要用于航向角及姿态角的解算、车辆定位、地图管理和车辆位置在地图上显示。

1）定位原理

基于磁通门技术的车辆导航系统采用航位推算法进行车辆定位，其基本原理是在已知载体初始位置坐标时，通过实时采集车辆行驶方向、车体纵倾角和车体行驶距离，将短时间内载体行驶路线视为直线，将三维的行驶路线投影到平面内，采用递推方法确定载体在一个平面内的位置坐标，其基本原理如图 9.54 所示，其中的ΔS为位移增量；A 为车体航向角；I 为车体纵倾角。

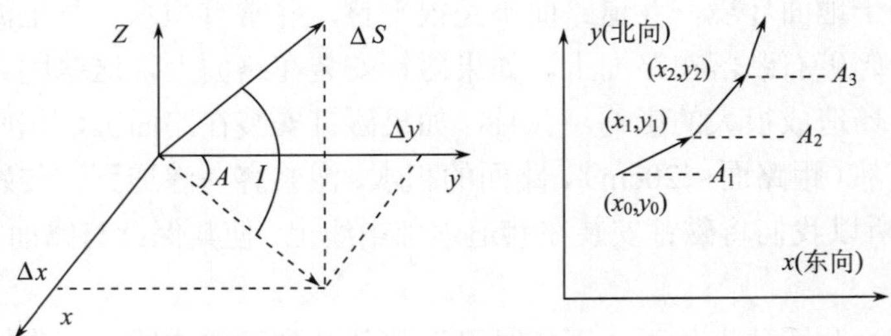

图 9.54　航位推算原理及连续定位原理图

设 i 时刻车辆航向角为 A_i，车辆纵倾角为 I_i，第 $i-1$ 时刻车辆在水平面位置坐标为（x_{i-1}，y_{i-1}），从第 $i-1$ 时刻到第 i 时刻车辆行驶距离为ΔS，由此可得第 i 时刻车辆位置为

$$x_i = x_{i-1} + S\cos I_i \sin A_i$$

$$y_i = y_{i-1} + S\cos I_i \cos A_i$$

设车辆初始位置为（x_0，y_0），不断重复上述过程，可得到连续车辆运动轨迹。

2）定向原理

三端式磁通门传感器的结构：由捷联式编排的三个磁通门探头和两个石英加速度计组成，以实现对称布局，并且三轴探头的中心聚于一点，这种结构也是唯一能够实现三轴探头微型化的形式。三个磁通门探头和两个石英加速度计被安装在车体坐标系的三个坐标轴上。其中 M_x、M_y、M_z 为磁通门探头，a_x、a_y 为加速度计。

航向角的测量：地磁坐标系选取地磁在水平面上投影方向为 X 轴，重力场方向为 Z 轴，Y 轴与 Z、X 轴构成右手直角坐标系。车体坐标系选取车体纵轴指向前方为 X' 轴，车体横轴指向右方为 Y' 轴、Z' 轴，与 X' 、Y' 轴构成右手坐标系。

磁场坐标系到车体坐标系之间的坐标转换矩阵为

$$\boldsymbol{T}_R=\begin{bmatrix}\cos I & 0 & -\sin I\\ 0 & 1 & 0\\ \sin I & 0 & \cos I\end{bmatrix}\begin{bmatrix}1 & 0 & 0\\ 0 & \cos T & \sin T\\ 0 & -\sin T & \cos T\end{bmatrix}\begin{bmatrix}\cos A & \sin A & 0\\ -\sin A & \cos A & 0\\ 0 & 0 & 1\end{bmatrix} \tag{9.5}$$

加速度计的输出为

$$\begin{bmatrix}a_x\\ a_y\\ a_z\end{bmatrix}=\boldsymbol{T}_R\begin{bmatrix}0\\ 0\\ g\end{bmatrix} \tag{9.6}$$

磁通门的输出为

$$\begin{bmatrix}m_x\\ m_y\\ m_z\end{bmatrix}=\boldsymbol{T}_R\begin{bmatrix}M\cos\eta\\ 0\\ M\sin\eta\end{bmatrix} \tag{9.7}$$

式中，T 为车体横倾角；I 为车体纵倾角；A 为磁方位角；a_x、a_y、a_z 为重力加速度在 X'、Y'、Z' 方向的分量；m_x、m_y、m_z 为地磁在 X'、Y'、Z' 方向的分量；M 为地磁强度；η 为磁倾角；g 为重力加速度。

由此，磁方位角位为

$$A=\tan^{-1}\frac{-m_x\left(g^2-a_y^2\right)m_x a_x a_y+m_z a_y\sqrt{g^2-\left(a_x^2+a_y^2\right)}}{g\left(m_z a_x+m_x\sqrt{g^2-\left(a_x^2+a_y^2\right)}\right)} \tag{9.8}$$

纵倾角为

$$I=\tan^{-1}\frac{a_x}{\sqrt{g^2-\left(a_x^2+a_y^2\right)}} \tag{9.9}$$

横倾角为

$$T=\tan^{-1}\frac{a_y}{\sqrt{g^2-a_y^2}} \tag{9.10}$$

磁通门测角精度是影响导航精度的重要因素，而系统测量航向的误差主要来源于自差，即车体的强磁性材料所具有的永久性磁性和由地磁场产生的感应磁性给磁场测量带来的误差。为消除车体磁场对磁通门测角精度的影响，采用与标准磁场对比修正的多点拟合磁场补偿方法，有效地消除了车体磁场对磁通门测角精度的影响。实验结果表明，修正前最大误差超过 20°，且误差分布不同。采用补偿方法进行校正后，最大误差仅为0.6°。磁通门传感器的测角精度非常高，将它和路程发送器应用于车辆导航系统，可以实时监测车辆的位置。

9.5 截割煤岩性状感知

在煤岩挖掘中，采掘装备的截割机具以旋转方式切割煤岩。现有采煤机、掘进机的截割机具切割深度和位置，大部分依靠人工操作，操作工人靠视力观测及截割噪声来判断截割机具处于割煤和割岩状态，以便调节机具的截割位置。然而，由于采掘过程中产生大量粉尘，工作面能见度很低，而且机器噪声很大，操作工人实际上难以快速准确地判断截割状态。因截割机具调控不及时，截割滚筒经常切入岩石，带来一些机电故障的问题，加剧截齿磨损；切割岩石产生的火花有可能引发高瓦斯矿井的爆炸事故；剧烈振动引起顶岩大面积崩塌，危及设备和人身安全；切割岩石产生的粉尘，有损身体健康；大量截割的围岩混入原煤中，造成原煤质量下降；滚筒位置调节不当还可能造成顶底煤剩留煤过厚，降低回采率。解决这些问题的途径是实现截割机具的自动调控。

煤层的自然成藏边界很不规则，经常出现顶板岩石下陷、底板岩石上升或者煤层夹持岩块的情况。目前，采煤机的煤岩识别技术仍然是一个煤炭行业的难题，主要分为基于煤层厚度测量和基于煤岩表面测量的两种识别原理，如图 9.55 所示。目前，已有的一些煤岩界面探测识别方法主要有射线探测法、雷达探测法、红外探测法、有功功率检测法、振动检测法、声音检测法、粉尘检测法、图像识别法，它们的检测原理和特点如表 9.4 所示[54]。

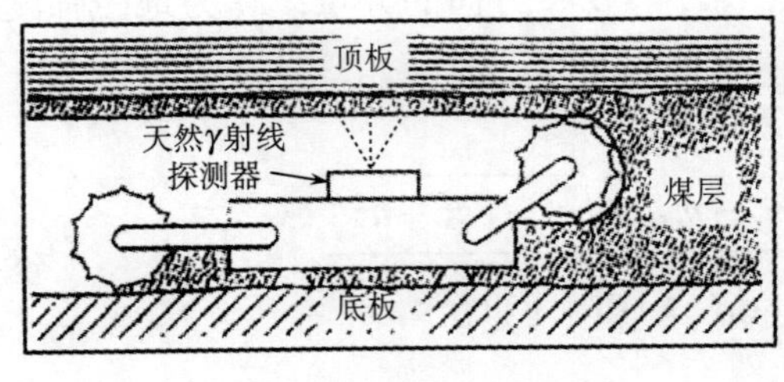

(a) 基于煤层厚度测量

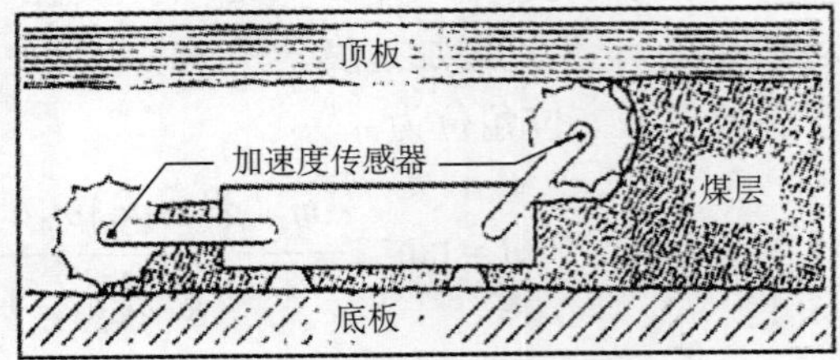

(b) 基于煤岩表面测量

图 9.55 煤岩界面识别的两种原理

表 9.4 煤岩界面识别原理及特点

类别	方法	原理	特点
放射性探测技术	γ射线背散射法	将人工放射源和放射性探测器放在顶煤下方。人工放射源放出的γ射线同顶煤发生作用后被反射回空气中并被探测器探测到。这种反射γ射线的强度与顶煤厚有关	缺点：①散射 C 射线穿透能力有限，所能测得的顶煤厚度不大于 250mm；②难于保证与顶煤良好接触；③煤中夹杂物影响探测精度

续表

类别	方法	原理	特点
放射性探测技术	天然γ射线法	在顶板岩中通常含有钾、钍、铀三大系放射性元素。顶岩岩性不同，这些放射性元素的含量也不同，因此放射出的γ射线能量和强度都不同	优点：①无放射源因而便于管理；②探测范围增大，最大顶煤厚度可测到 50mm；③传感器为非接触式不易损坏 缺点：不能适用于顶板不含放射性元素或放射性元素含量较低的工作面，以及煤层中夹矸太多的情况
振动测试技术	拾振点位于采煤机部件上	检测采煤机截齿，摇臂，调高油缸压力，转轴及机身的振动信号，经信号分析处理来判断采煤机是否切割到顶（底）板	缺点：工作中截齿经常切入岩石，因此对某些采煤工艺要求预留顶煤或高瓦斯工作面，推广受到了限制。另外截齿的损耗也较大
	拾振点位于顶板上	拾振的加速度计安装在顶板表面，采煤机割煤时产生的振动波通过岩石传播被加速度计检测到，通过对振动信号的处理就可判断滚筒截齿是否切割到岩石	优点：可使仪器远离采煤机，减少采煤机噪声的影响。研究表明在滚筒附近的顶（底）板上安置拾振器，其信号检测效果明显比采煤机身上所测得的效果好
电磁测试技术	雷达探测方法	当一束电磁波透过顶煤向上发射时，由于煤和顶板材料不同，在煤岩界面上电磁波会被反射。反射波的速度，相应滞后或从发射波到反射波被接受的时间间隙除与发射波频率、煤和顶板材料等可测知的因素有关外，还与电磁波在顶煤中穿越路程即顶煤厚度有关。通过对接收到的反射波进行信号处理可确定顶煤厚	优点：无需预先求取煤岩物理特性，适用范围更广 缺点：探测范围太小，当顶煤厚度增加时，信号衰减严重
	电子自旋共振方法	发射天线发射一恒功率连续调频电磁波，当频率 $f=2uH$ 时发生共振。顶煤越厚，电磁波穿越路径越长，吸收越多，功率下降幅值越大。根据共振频率处的功率下降幅值就可测定顶煤厚度	
光学探测技术	激光粉尘探测技术	用集收装置将切割滚筒附近的破碎物料的粉尘颗粒吸到专用的防火花隔爆室内，用激光照射查明粉尘成分。通过粉尘中煤与岩石成分含量之比来推断是否切割到顶岩	缺点：不能推断顶煤厚度，仅能识别截齿是否切入顶岩
	高压水射流-光测法	用两相距 50mm 的高压喷嘴围绕其对称轴旋转并喷射高压水，在顶煤上会打出一个 D50mm 的孔，而在顶板上只会打出一圆形狭缝，孔的底平面就是顶煤厚	
热敏测量技术		用高灵敏度的红外测温仪定向测量切割截齿附近煤岩体的温度，由于煤岩物理特性不同，切割时产生的温度不同，据此来判断滚筒是否切割到煤岩界面	红外辐射对粉尘的穿透力强，高灵敏度的红外测温仪可测出±1℃的温度变化，有应用前景

9.5.1　基于煤岩物性的识别技术

1. 煤岩图像识别方法

从性状上区分，煤与岩石的基本区别是颜色、硬度、光泽，一般煤的颜色比岩石要黑，甚至有部分岩石（或矸石）呈现白色，煤的硬度较低，岩石的硬度较高，大部分煤具有光泽，而岩石基本无光泽。这些煤、岩在图像特征上的稳定性和互异性，为煤岩界面的图像识别提供了先决条件，因此采用机器视觉可以替代人眼完成观测和判断煤岩界面。

1）煤岩表面图像特征提取[55]

在研究煤岩图像时，首先要对采集到的煤岩图像进行灰度化处理以得到灰度图。有时由于信息微弱，无法辨识，还要进行增强；增强的作用，在于提供一个满足一定要求的图像，或对图像进行变换，以便人、机分析；为了提高信噪比还要对图像进行去噪处理，去除干扰；为了从图像中找到需要识别的信息，还得对图像进行锐化、分解、特征提取等。

（1）煤岩灰度值识别

煤的图像整体较暗，处在较低的灰度级；岩石图像整体比煤要亮，处在比煤高的灰度级，即它们的灰度均值有一定差别，可以把图像的灰度均值作为判断煤与非煤的一个特征。

因为灰度均值反映的是图像的全局特性，对图像的细节部分并没有过多的要求，所以在对图像做预处理时并不需要锐化处理，而只需做灰度处理和去除噪声的平滑处理；本文在研究灰度均值算法的过程中选用中值滤波器对图像进行平滑去噪处理；使用中值滤波器处理后图像的效果和灰度直方图的效果如图 9.56 所示。

表 9.5 分别列举了 7 幅煤图片和 7 幅岩石图片的灰度值。从表中可以看到，煤岩图像灰度值存在不同。但是仅从 7 幅图片中提取灰度值是不够的，因此本节分别选取了 96 幅煤和岩石的图像进行灰度值的提取，从而确定了煤的灰度值的范围是[26,80]，以这个范围作为煤岩灰度识别的最佳阈值，经过验证，其识别准确率为 85.7%；考虑到灰度值受光照因素的影响较大，只用灰度值对煤岩图像进行识别是不够的，因此还要结合其他的识别方法，如基于纹理的识别方法。

(a) 煤岩样本图像

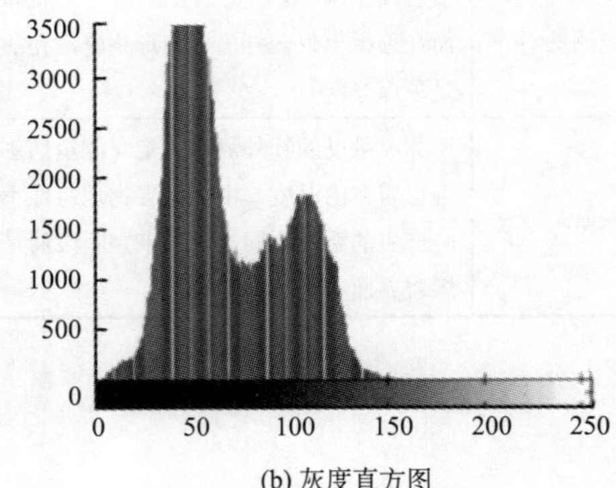

(b) 灰度直方图

图 9.56　煤岩样本图像和直方图

表 9.5 煤、岩表面灰度值

	1	2	3	4	5	6	7
煤	50.57	42.9	76.49	61.69	598.63	36.57	69.50
岩石	157.39	19.99	91.56	126.34	108.29	112.58	85.14

（2）煤岩纹理的识别

纹理特征分析是图像分析的一种重要手段。纹理广泛地存在于自然界物体中，与其他图像特征相比，能更好地兼顾图像的宏观性质与细微结构。纹理特征提取的方法有很多，由于小波变换能将原始图像的能量集中到少部分小波系数上，且分解后的小波系数在 3 个方向的细节分量有高度的局部相关性，这为特征提取提供了有利的条件。

利用小波函数对煤图像进行分解得到了 13 个系数，分别是第 4 层的近似系数和 1、2、3、4 层的水平细节系数、垂直细节系数、对角线细节系数。提取各层小波系数的均值和方差共 26 个特征值作为纹理的特征向量，可确定煤图像纹理的 26 个特征区间；对任意一副煤岩图像进行小波纹理分析，如果有 4 个或 4 个以上的纹理特征与煤图像纹理特征区间不符，则判别为岩石，反之判别为煤。

图 9.57 是基于小波变换的纹理特征分析。图 9.57（a）只有第 4 层近似系数的方差不在煤的第 4 层近似系数方差的特征区间内，所以被系统判别为煤。而图 9.57（b）的第 4 层垂直细节系数的方差、第 4 层对角线细节系数的方差、第 3 层的水平细节系数的方差、第 3 层的垂直细节系数的方差等 8 个特征值都不在煤相应的特征值区间内，所以被系统判别为岩石。经过实验证明，此种方法可以对煤和岩石进行区分，准确率高于单独使用灰度值的识别方法，可以对煤和岩石进行初步的识别。

（a）煤

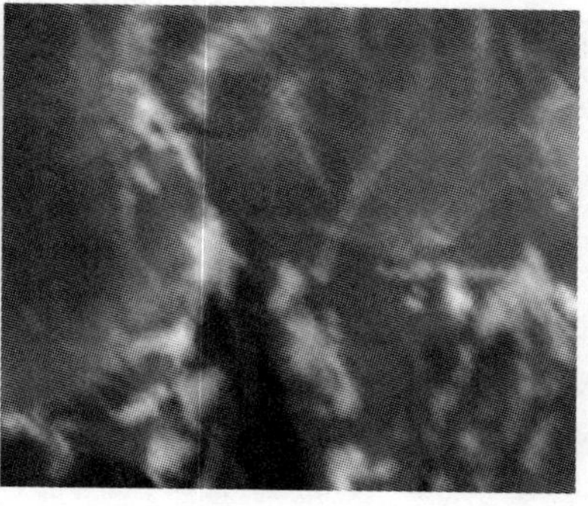

（b）岩石

图 9.57 煤的表面纹理和岩石的表面纹理

2）煤岩界面机器视觉识别[56]

基于机器视觉的煤岩界面识别实质上是一个两类模式识别问题，相应的模式识别系统结构如图 9.58 所示。该识别系统工作流程分为两个阶段：煤岩分类器模型建立阶段和煤岩自动识别阶段。在煤岩分类器设计阶段，将事先采集到的多幅煤、岩图像作为训练样本，依次经过图像预处理、图像特征提取、确定判别函数，从而建立煤岩分类器模型。

在煤岩自动识别阶段，实时采集滚筒截割过的煤岩介质的图像，经过预处理、特征提取后输入到煤岩分类器模型进行分类决策，得到识别结果。

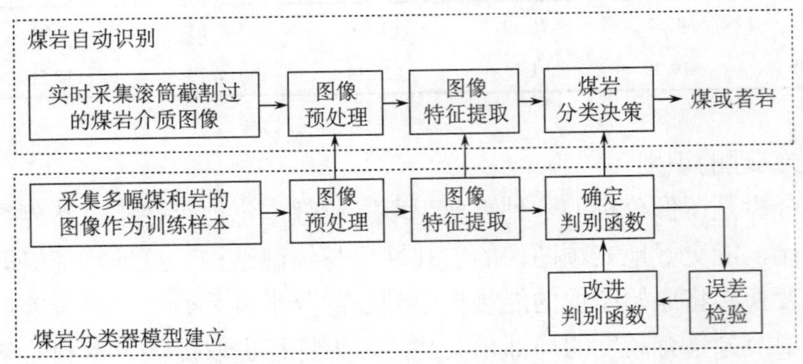

图 9.58　煤岩界面模式识别系统结构

基于机器视觉的煤岩界面识别系统的总体结构如图 9.59 所示，系统由光源、成像模块、处理模块和防爆外壳组成。光源是由多组 LED 阵列组成的高亮度环形白光照明灯，LED 阵列点亮的数量由处理模块控制，为采集煤岩图像提供合适照明。

成像模块采用 CCD 相机，用于采集煤岩截割面的图像，具有自动调焦和自动调节曝光功能，其采集动作由处理模块触发。处理模块负责光源调节、图像采集、图像预处理、煤岩分类器模型建立和分类识别任务。为了满足煤矿井下的防爆要求，系统外壳采用防爆外壳，其中镶嵌有高透光视窗，处理模块通过通信接口与采煤机控制器通信，煤岩界面识别系统根据采煤机控制系统的指令完成识别任务。在煤岩分类器模型建立阶段，煤岩界面识别系统在采煤机控制器的监视与控制下分别采集多幅煤和岩的图像作为训练样本；在煤岩自动识别阶段，识别结果经通信接口传至采煤机控制器，采煤机控制器据此调节滚筒高度。

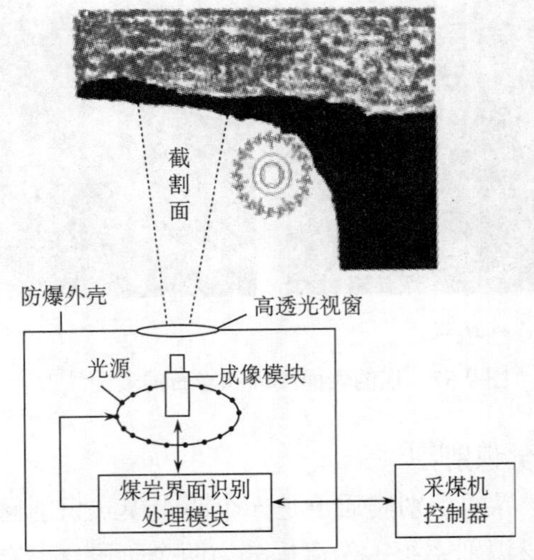

图 9.59　基于机器视觉的煤岩界面识别系统总体结构

以焦煤、页岩作为研究对象进行实验研究。采集 40 幅焦煤图像和 40 幅页岩图像作为训练样本图像；对每幅图像预处理后提取灰度共生矩阵，计算出 22 个纹理特征作为样本特征向量的分量；采用 Fisher 线性判别法建立煤岩分类器模型，采用交叉验证评估煤岩分类器对未知样本的预测能力。实验得到平均识别率达到 93%，表明依据本书方法所建立的煤岩分类器模型性能稳定，对于焦煤和页岩具有较强的识别能力。

2. 煤岩热敏检测技术

煤岩切割过程是一个局部冲击和切向犁削、法向脆裂的高度非线性、热力耦合的过程，钻头在钻掘岩石过程中会出现明显的温度升高现象。使钻头温度升高的热源主要是岩石剪切变形热和刀屑间的摩擦热。

1）煤岩切削温升预测[57]

钻头前端面在推力作用下压入岩石，可以看成压头侵入岩石过程。根据 Bever 等的研究和实验结果，固体切割破碎时所有与切屑形成有关系的能量几乎完全被转化为热能，而形成新表面的表面能相对于热能来说可以忽略。根据 Jaeger 等的分析和实验结果，可以近似认为侵入破碎产生的热量在工作面上均匀分布。

（1）压入过程剪切热致温升计算：单位时间、单位面积在岩石剪切面上产生的剪切热 q_1 为

$$q_1 = \frac{F_J v_J}{UZ\csc\phi} \tag{9.11}$$

式中，v_J 为剪切速度；F_J 为剪切力；U 为压入刃宽度；Z 为剪切厚度。

设剪切热流入刀具的比率为 R_1，则流入切屑的比率为 1~R_1，根据比热容公式，剪切面的平均温度升高 T_J 应为

$$T_J = \frac{R_1 q_1 \left(UZ\csc\phi\right)}{c_1\rho_1\left(vUZ\right)} \tag{9.12}$$

根据 Weiner 给出的剪切面热量分布模型，热量分配比率 R_1 可按下式计算：

$$R_1 = \frac{1}{4W}\operatorname{erf}\sqrt{W} + \left(1+W\right)\operatorname{erfc}\sqrt{W} - \frac{e^{-W}}{\sqrt{W}}\left(\frac{1}{2\sqrt{W}} + \sqrt{W}\right) \tag{9.13}$$

式中，erf（W）为关于 W 的误差函数；erfc（W）为误差函数的余函数；W 为计算参数，即

$$W = \frac{\tan\phi vZ}{4K_1} \tag{9.14}$$

式中，K_1 为岩石的导温系数。

（2）压入过程摩擦热致温升计算：单位时间、单位面积在摩擦面上产生的摩擦热 q_2 为

$$q_2 = \frac{F_M v_M}{LZ} \tag{9.15}$$

式中，v_M 为摩擦速度；F_M 为摩擦力；L 为岩石与钻头端面的摩擦接触长度。

设 R_2 是摩擦热传入钻头的比率，则流入切屑中的摩擦热为（$1-R_2$）q_2。岩石切屑与刀具间摩擦运动可根据 Jaeger 提出的移动摩擦表面与平面作用模型计算，则由摩擦造成的切屑表面平均温度升高 $\Delta\theta_M$ 为

$$\Delta\theta_M=\frac{0.377(1-R_2)q_2L}{k_2\sqrt{\Omega}} \tag{9.16}$$

式中，k_2 为岩石切屑的导热系数；Ω 为计算参数，即

$$\Omega=\frac{v_C L}{4K_2} \tag{9.17}$$

式中，K_2 为岩石切屑的导温系数。

综合前面分析，侵入岩石的钻头前端面平均温度升高 θ_t 为

$$\theta_t=T_J+\Delta\theta_M=\frac{R_1q_1(UZ\csc\phi)}{c_1\rho_1(vUZ)}+\frac{0.377(1-R_2)q_2L}{k_2\sqrt{\Omega}} \tag{9.18}$$

2）煤岩切削温升实测

刀具与岩石在截割运动过程中产生摩擦热。杨晓峰等利用红外热像仪对摩擦温度进行近似测量。在岩石的侧壁边缘钻孔，并使钻头中心线位于岩石表面之上，形成半孔槽，然后采用特制镶有硬质合金刀片的小口径钻头施加一定钻压在孔内旋转，其暴露在岩石外面的刀具温度就可以被热像仪感测。实验中使用的硬质合金刀片，刀片与岩石的摩擦速度定为 10mm/s，图 9.60 是红外热像仪的测量结果。测量仪采集到的钻头区域最高温度为 33.9℃，摩擦温升为 23.5℃[58]。

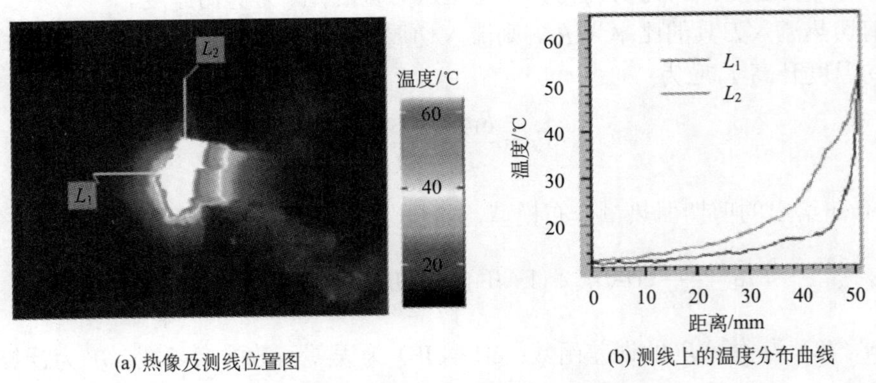

(a) 热像及测线位置图　(b) 测线上的温度分布曲线

图 9.60　大口径钻头钻掘过程的热像图

3）煤岩分界轨迹识别

从以上的理论分析和试验测试结果可见，刀具切割煤层、岩石所产生的表面温度存在一定差异性，这种差异源于煤、岩的硬度、导热系数、摩擦系数的不同。目前，高灵敏度红外热成像扫描仪的温度分辨率可达 0.01℃，这为基于截割表面温度的煤岩分界轨迹识别奠定了基础。

在井下采煤工作面利用红外热成像仪作为煤岩界面探测技术，具有以下优点：

（1）红外热成像仪可以在井下黑暗中探测，而没有任何图像质量损失，其输出特性

是独立于环境可见光水平的。

（2）红外热能可以有效地穿透灰尘和水粒子，让可探测条件比视觉成像仪更为宽泛。

（3）红外热成像仪尺寸小，所以可以方便地安装在煤矿井下狭窄空间，尤其适于在移动的采煤机上安装。

Ralston 等在采煤机上采用红外热成像仪识别煤岩分界轨迹。图 9.61 是安装在采煤机上的热红外摄像机，扫描采煤工作面和截割滚筒的温度场分布。图像的黑白强度反映温度高低，亮白的区域对应于较高温度，灰暗的区域对应于较低温度，由该图像可以获得采煤工作面和顶板的温度场变化，该图还显示了截割滚筒与顶板相互作用的信息，随着切割滚筒分离相对较软的煤层，遭遇较硬的页岩或岩石材料，切割摩擦力增大，导致截齿和截割面的温度升高。在图中的红外热成像区，很容易观测到切割滚筒附件的温升[59]。

图 9.62 是红外热成像仪垂直于煤壁的温度场扫描图像，以此检测煤岩分界的标记带。图像上端是顶板支架位置，中部显示煤壁红外扫描特征，底部是采煤机机身。这种检测方法可以更清晰地获得煤层变化的跟踪轨迹。

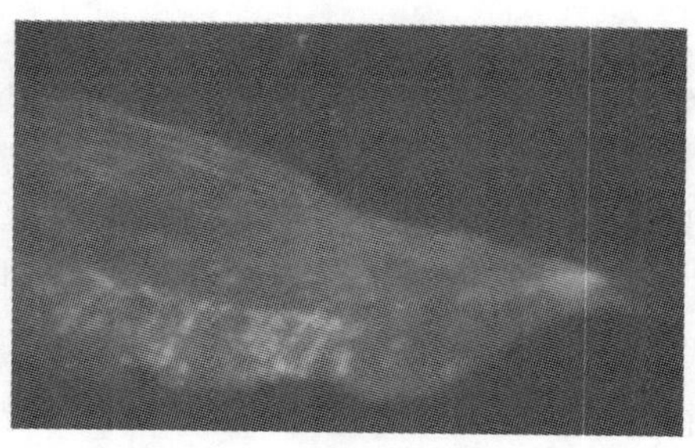

图 9.61 采煤机截割区域的红外热成像检测温度场

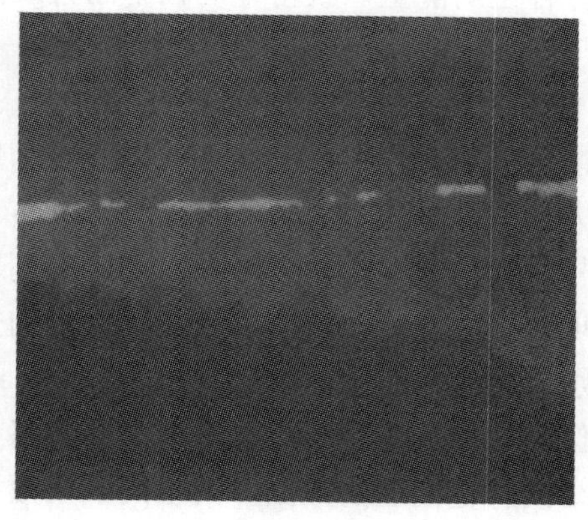

图 9.62 在煤壁上检测的煤岩分界热成像轨迹

9.5.2 基于切割载荷的识别技术

1. 煤岩截割力学分析

截割机具的镐型截齿以一定的位置安装在滚筒上，工作过程中以较大的能量冲击挤压破碎岩石。截割岩石时有两种冲击挤压的接触位置，一是截齿垂直楔入岩石的情况，即理想模型，作用于锥体表面的压应力相等；二是实际截割中的截齿轴线与截割速度成一定的角度，即截齿楔入岩石。

对于单个截齿而言，截齿产生的瞬时截割力随着瞬时切割厚度的变化而呈周期性的变化，一般可以近似认为是一种瞬态的线性关系[60]：

$$F = Kc\sin\phi \tag{9.19}$$

式中，F为作用在截齿上的瞬时截割力；c为单个螺旋叶片的进给量；K为平均截割阻力系数（截割阻抗），代表单位长度上的截割载荷。国内外大量的煤样实验表明，截割阻力系数大小与煤的硬度、节理发育情况、地压等因素有关。褐煤和焦煤硬度约为 2~2.5，无烟煤硬度接近 4。煤层顶板常见的岩石包括泥岩、粉砂岩、砂岩、砂砾岩，它们的硬度在 5~8。因此，截割不同硬度的煤或岩，截齿承受的反作用力具有较大差异，通过监测截齿受力状态，即可反映截割的煤岩状态。

2. 截割振动识别方法

采煤机滚筒在切割煤岩的过程中，截割介质的变化将会引起截割力波动，导致摇臂直线振动响应和滚筒扭转振动响应也随之发生变化，监测这些振动参数变化，可实时识别切割的煤岩形状。截齿的受力通过滚筒作用于滚筒轴上，力传递环节少，受干扰噪声影响小，因此滚筒轴上的扭振可以比较准确地反映截齿的截割状态，是一种比较理想的煤岩截面识别信号。

任芳等采用加速度传感器获取摇臂直线振动信号，采用增量式光电编码器获取滚筒扭振信号，基于小波包分解的能量分布特征进行特征提取。为了能定量地提取煤岩特征，根据能量特征提取方法计算各空间能量，获得不同频率的直线振动能量和扭振能量如图 9.63 所示[61]。

由图 9.63 可见，摇臂垂向（X向）直线振动信号的ω_0、ω_1、ω_2、ω_3空间能量为主要能量，且割岩能量比割煤能量大；摇臂轴向（Z向）的直线振动信号的 8 个空间能量值，均出现割岩能量在各空间大于割煤能量。因此，取ω_0、ω_1、ω_2、ω_3空间的能量值，可作为煤岩界面识别的振动信号特征值。从扭振信号看，割煤与割岩产生扭振大小的不同将体现在直流分量上，即体现在空间上。在该图中，割煤信号的空间能量值相对较大，因此可以作为扭振传感器识别煤岩界面的特征值。

扭振信号与直线振动信号的数据融合结果表明：对于网络记忆过的数据，可得到准确的识别结果；而对于网络没有记忆过的数据，网络的识别效果就会降低。扭振信号之所以识别效果较好，就是因为扭振信号数据比较稳定，受干扰信号和其他因素影响较小，可靠性高。

3. 多源融合识别方法

由于煤层和岩石的力学特性不同，使得采煤机滚筒截齿在割煤、割岩时所表现出的载荷特征不同，以此可以识别煤岩界面。

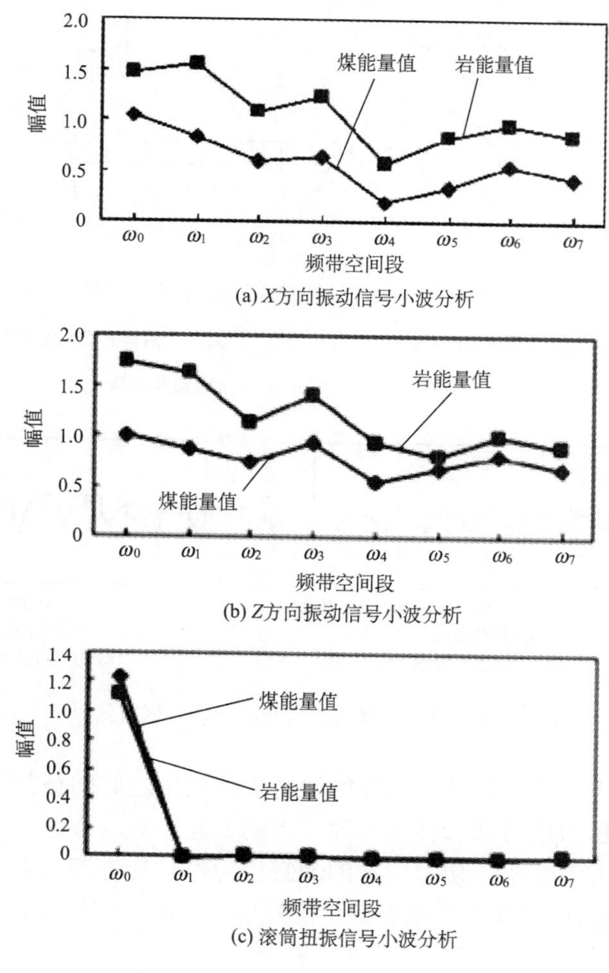

(a) X方向振动信号小波分析

(b) Z方向振动信号小波分析

(c) 滚筒扭振信号小波分析

图 9.63 信号小波分析

王东等在采煤机上设置多种力学测试传感器，所采集的信号包括摇臂三向应力信号、调高油缸前后腔压力信号及电动机负载功率信号，以此感知不同截割状态（截煤或截岩石）的信息，间接地判别滚筒的截割状态和煤岩界面[62]。

试验系统及传感器配置见图 9.64，切煤和切岩石的典型切割力检测信号见图 9.65。获取的摇臂振动信号、调高油缸压力信号和电动机负载信号，用随机信号分析仪进行自（互）功率谱分析，结果如下：

（1）摇臂振动信号的自功率谱不论是切煤还是切岩，在 1.6Hz 处都有十分明显的频率分量，切岩时的谱线幅值为 $A(\omega)R$，切煤时的谱线幅值为 $A(\omega)C$，前者约为后者的 2 倍。

（2）调高油缸压力信号的自功率谱表明，切岩时的谱线幅值约为切煤时的 2 倍。

（3）电动机负载功率信号的自功率谱表明，切岩时的谱线幅值约为切煤时的 1.5 倍。

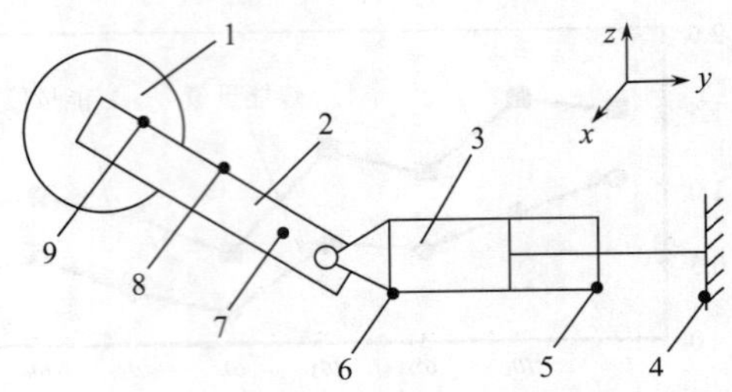

图 9.64　采煤机切割煤岩受力试验装置

1.滚筒；2.摇臂；3.调高油缸；4.采煤机牵引方向加速度传感器；5，6.前后油缸压力传感器；7.x 向加速度传感器；8.y 向加速度传感器；9.z 向加速度传感器

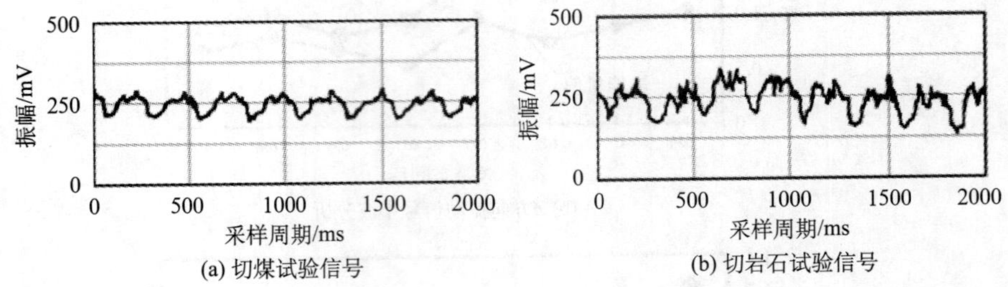

(a) 切煤试验信号　(b) 切岩石试验信号

图 9.65　切煤试验信号和切岩石试验信号

在一般情况下，岩石的硬度比煤的硬度大，故切岩时的截割滚筒调高油缸压力信号要比切煤时的压力信号波动性大，即二者的方差（或均方差）有所不同。利用计算机对信号进行了方差分析，切岩状态的油缸压力信号均方差比切煤时大得多，比值见表 9.6。切岩的压力信号均方差大于切煤信号均方差的 80%以上，这表明均方差可以识别煤岩分界。

表 9.6　切割岩石与切割煤层的调高油缸压力均方差比值

采样周期/ms	观测周期/s	岩/煤均方差比值 A	差异度/%
1	2	1.87	87
2	4	1.80	80
5	10	1.79	79
10	20	1.88	88

对调高油缸压力信号取 4 组不同的信号进行分析：第 1 组，切煤状态；第 2 组，切岩状态；第 3 组，由切煤过渡到切岩工作状态，每种状态各占观测周期的 1/2；第 4 组，由切岩过渡到切煤工作状态，每种状态各占观测周期的 1/2。对这 4 组观测周期进行方差回归分析，结果见表 9.7，由其可得出以下煤岩截割状态判据：

（1）当 $\hat{k}_0 \to 0$ 时，采煤机的切割状态不变，即切煤或切岩；

（2）当 $\hat{k}_0 > 0$ 时，采煤机由切煤状态过渡到切岩状态；

（3）当 $\hat{k}_0 < 0$ 时，采煤机由切岩状态过渡到切煤状态；

（4）当 $\hat{\sigma}_0$~12 时，在观测周期的初始时刻采煤机处于切煤工作状态；

（5）当 $\hat{\sigma}_0$~19 时，在观测周期的初始时刻采煤机处于切岩工作状态。

表 9.7 调高油缸压力信号方差回归分析

观测序号	采煤机切割状态	$\hat{\sigma}_0$	$\hat{k}_0$
1	切煤	11.83	0.008 86
2	切岩	18.35	−0.002 52
3	切煤→切岩	12.52	0.237
4	切岩→切煤	19.46	−0.24

可见，用均方差回归分析方法足以识别采煤机的切割状态及切割过渡状态，即可以进行煤岩分界识别。

何家健等提出基于主成分分析（principal component analysis，PCA）的煤岩界面识别方法，采用多个传感器同时监测采煤机割煤时的各项参数，并对所采集的数据信息进行主成分分析，利用所得的主元信息建立 HotellingT2 和 SPE（或称 Q）统计量，根据这两个统计量捕捉采煤机割到岩石时的异常，从而识别煤岩界面[63]。

这种基于 PCA 的煤岩界面识别方法在神华蒙西棋盘井煤矿工作面 QMZ300 联合采煤机上应用，采用加速度传感器（测振动）、压力传感器（测油缸压力）、电流传感器（测变频器后的定子电流）、扭振传感器（测轴角速度）、扭矩传感器（测滚筒的电动机轴转矩）及声传感器等监测采煤机状态。用采煤机分别割含有岩石较少的煤层及含有岩石较多的煤层，每隔 0.5s 采集各传感器的数据，各采集 250 组。在 MATLAB 中对所采集的数据进行 SPE（Q）统计，设定阈值为 2.74。在采煤机割煤质较好的煤层时，Q 值基本稳定在 0~2，未超过控制限；当采煤机割煤质较差的煤层时，在 153~165 采样点，Q 值超过控制限，说明采煤机在此段时间割到岩石，采煤机应调整滚筒高度，以防止损坏采煤机。

9.5.3 基于岩层扫描的识别技术

1. γ射线识别方法

自然γ射线法基于顶底板含有较高γ射线，而煤中含有极少量的γ射线原理来探测煤层厚度，即煤层与岩石的边界。

1）煤岩中自然γ射线分布及可识别性[64]

煤岩中的放射性元素主要来自铀、钍、锕系的蜕变物，还有相当一部分来自钾、铷等放射性元素。由于这些放射性元素在岩石中的分布与富集和沉积环境有很大关系，因此，各种沉积岩的元素含量就产生了差异。根据放射性强弱不同，可以把沉积岩分成以下 4 类。

（1）具有强放射性的沉积岩：包括红色黏土、黑色沥青质黏土、泥质页岩、泥质粉砂岩、钾岩等。其中，黏土、特别是深海黏土的放射性含量最高，可达到 90×10^{-12}g 镭当量/g。

（2）具有中等放射性的沉积岩：包括黏土砂岩、泥灰岩、泥质石灰岩和砂质泥岩等，有中等放射性含量，在 5×10^{-12}～30×10^{-12} 克镭当量/克的范围内变化。在含泥量多时，放射性含量可达 20×10^{-12} 克镭当量/克。煤矿中的顶底板多属于这类沉积岩。

（3）具有弱放射性的沉积岩：这类岩石的放射性含量少，如砂岩、白云岩和灰质砂岩等。它们的放射性含量一般为 1×10^{-12}～8×10^{-12} 克镭当量/克。部分煤矿顶底板属于这种沉积岩。

（4）放射性最弱的沉积岩：这类岩石是放射性含量最低的沉积岩，如硬石膏、不含钾岩的岩盐等。其放射性一般在 1×10^{-12}～2×10^{-12} 克镭当量/克。煤就属于这样一种沉积岩。

图 9.66 是沉积岩的放射性强度示例。由图可见，对放射性强度较高的泥质页岩，其放射性强度至少要比煤的放射性高出 4 倍。即使是中等放射性强度的泥质砂岩，其放射性强度比煤也要高出 3 倍。因此，以顶底板作为放射源，利用顶底板岩石中的γ射线穿透顶煤后的衰减量来进行煤岩分界在理论上是可行的。

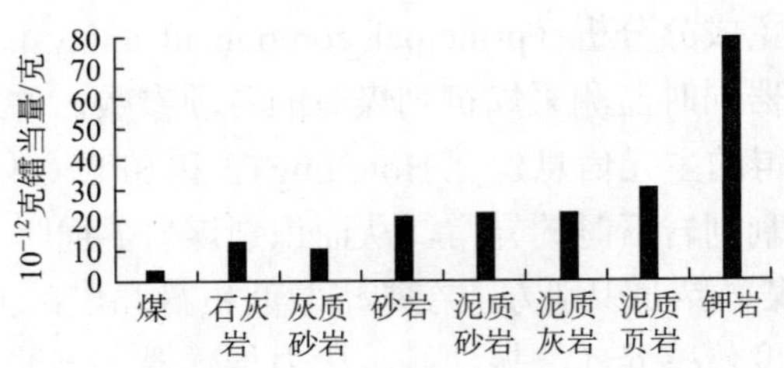

图 9.66　沉积岩石γ射线强度对比值

自然γ射线煤岩界面识别方法的适用性主要取决于：①煤和顶底板岩石的放射性差异；②顶底板岩石放射性的稳定程度。我国煤矿工作面顶底板岩性复杂多样，有高放射性的泥质页岩，也有中等放射性的泥质砂岩，还有一部分低放射性的砂岩。根据对原煤炭部地质处的有关资料和中国煤种资源数据库的查询表明，高、中等级放射性顶底板岩石分别约占 20%和 35%。例如大同矿务局大斗沟矿和忻州窑矿某工作面煤与顶底板中放射性元素的含量测量显示，煤岩中所含放射性元素含量比值差别较大，以此区分煤岩界面是很容易的。

2）煤岩界面识别传感器

自然γ射线煤岩界面传感器的传感机理是利用顶板岩石中发出的自然γ射线在穿过剩余顶煤后产生衰减，根据衰减幅值来进行煤岩界面识别的。由于岩石中发出的自然γ射线非常微弱，因此对信号处理及仪器的测量灵敏度要求相应较高。

图 9.67 是γ射线煤岩界面传感器在综采工作面布置的示意图，传感器接受来自正上方滚筒截深范围内的γ粒子，传感器置于滚筒后侧，位于截深中央。探头接收到的来自 $2\theta_1$ 立角锥台内的γ射线强度为[65]

$$I=\left(I_0-I_{c\infty}\right)K+I_{c\infty} \tag{9.20}$$

式中，I_0 为传感器探头接收到的来自暴露顶板岩石表面的γ射线强度；$I_{c\infty}$ 为煤层厚度为无限大时探头接收到的γ射线强度，也就是煤层的放射性本底；K 为表征煤层对顶板岩石γ

射线阻挡能力的系数，与剩余顶煤厚、探头屏蔽结构参数有关。

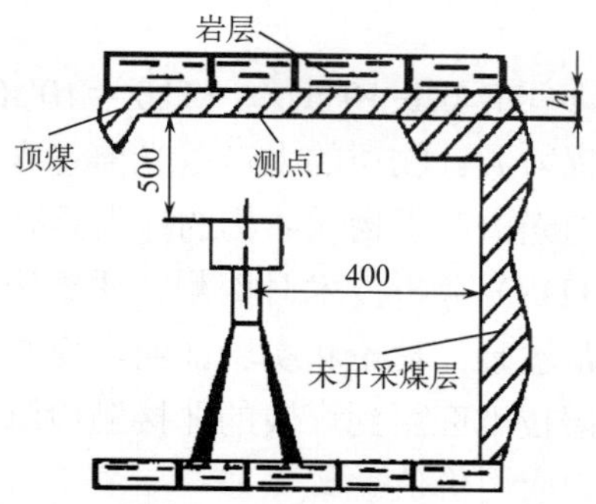

图 9.67　γ 射线煤岩界面传感器在综采工作面布置

要正确测报煤岩界面，首先必须提取有关放射源（顶板岩石）以及衰减物（煤介质）的特征参数。这些特征参数包括顶板岩石表面的γ射线强度 I_0，煤介质对该特定放射源所产生γ射线的线衰减系数μ_c；I_0可通过标定暴露顶岩表面的γ射线强度而求得，μ_c与γ射源及煤介质的特性有关。假定在剩余顶煤厚 d_1、d_2时顶煤表面的γ射线强度标定值为 I_1和 I_2，将这些参数代入式（9.20）即可获得煤介质的线衰减系数μ_c，进而可导出煤厚测报公式，即

$$K(\mu_c d)=\frac{\left[1-K(\mu_c d_1)\right]I(d)}{(I_1-I_0)}-\frac{\left[I_1-I_0K(\mu_c d_1)\right]}{(I_1-I_0)} \tag{9.21}$$

γ 射线煤岩界面探测仪在门头沟煤矿的 2#、5#煤层进行了现场实验，煤层顶、底板为细砂岩，煤质灰分含量为 10%。实验中使用改装的 FD-3003C 能谱仪，探头晶体是 75mm×75mm 的 NaI（T1），仪器能量初始阈在 40～800keV 连续可调，γ射线强度归一化为探测器每秒钟脉冲计数。5#煤层的探测结果如图 9.68 所示，可见在煤厚 100mm 以下的探测误差小于 20mm。

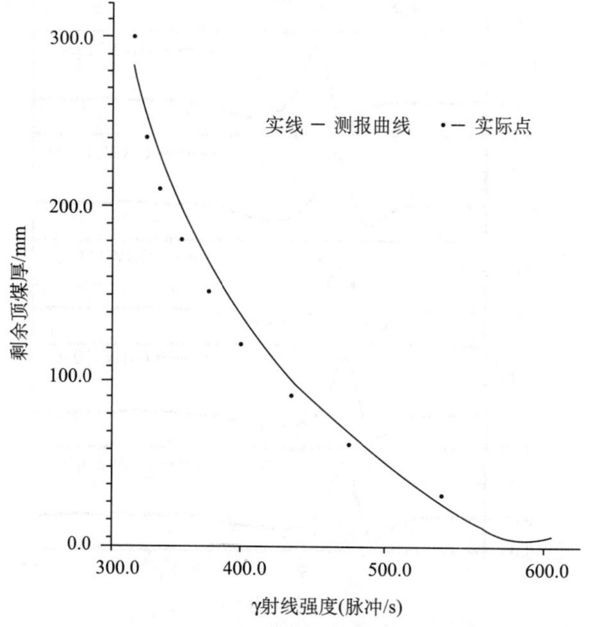

图 9.68　门头沟矿 5#煤层的煤岩界面实测结果

2. 太赫兹光谱识别方法

太赫兹波（THz）是指频率在 0.1~10THz（1THz＝10^{12}Hz）之间的电磁波，它是一种新的、有很多独特优点的辐射源。物质的太赫兹光谱包含着非常丰富的物理和化学信息，所以研究物质在该波段的光谱对于物质结构的探索具有重要意义[66]。

太赫兹时域光谱（THz-TDS）分析技术对探测物质结构存在的微小差异及对映异构体、同分异构体间的变化非常敏感。理论和实验证明，煤炭在太赫兹波段有明显的指纹特征，因此将太赫兹时域光谱技术应用到煤炭的非接触检测，对于煤岩成分含量快速判别和煤岩界面识别有着重要的应用价值。

滕学明等采用太赫兹时域光谱（THz-TDS）分析技术对 5 个不同岩石灰分和碳含量的样品进行了吸收光谱检测，实验样品的灰分及碳含量如表 9.8 所列[67]。图 9.69 是 THz

表 9.8　实验煤岩样品的灰分及碳含量

样品编号	灰分α/%	含碳量β/%
GWB1101p	26.31	61.14
GWB1105f	20.36	64.08
GWB1110g	19.11	71.76
GWB1111f	8.48	77.03
GBW1112e	11.92	79.48

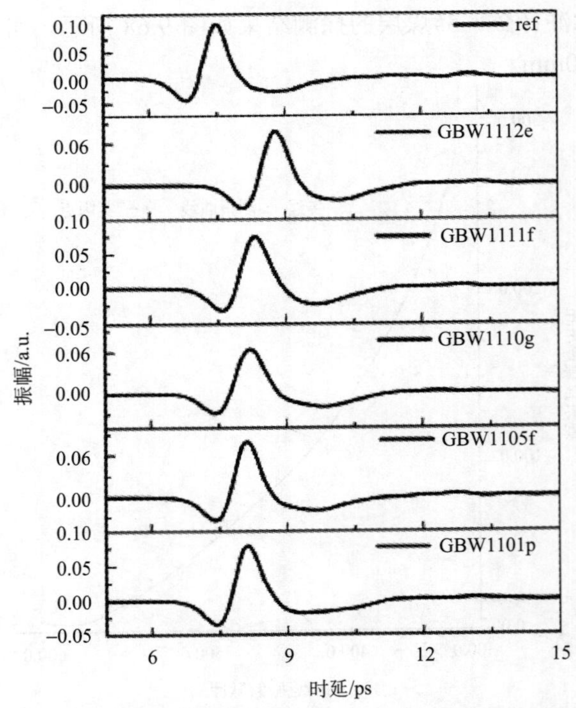

图 9.69　样品分别经过 THz 光谱分析得到的时域谱曲线

脉冲透射过 5 种样品后的 THz 时域光谱，THz 脉冲在不同碳含量样品中的波速不同，引起 THz 脉冲通过样品后相对于参考的时间延迟差异，同时样品的色散导致脉冲展宽，由此造成透过样品的 THz 时域光谱波形相对于参考信号的波形出现了一定程度衰减和延迟。

通过理论公式可以计算样品在 0.2～1.5THz 波段的吸收系数，对每一条样品吸收谱曲线做线性拟合，得出吸收谱的斜率 K。不同煤炭样品的 K 值与样品灰分和碳含量的关系如图 9.70 所示，K 随灰分含量成指数递增关系，随碳含量则成指数递减关系。由此表明 THz-TDS 对探测煤炭质结构存在的微小差异及对映异构体、同分异构体间的变化非常敏感。在实际煤层中，截割裸露的岩石表面的碳含量很低，而煤层的碳含量很高，这种物质成分的差异性可以被太赫兹的吸收谱斜率显著反映出来，因此利用太赫兹检测技术可能是煤岩界面识别的新手段。

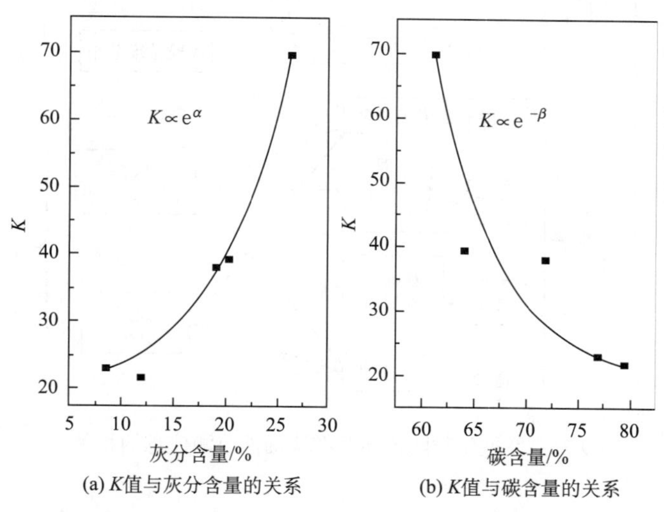

图 9.70　样品中灰分含量和碳含量与其吸收谱斜率（K）的关系

9.6　机械润滑状态感知

为了减少机械摩擦副在运行中的摩擦和磨损，必须对机械设备的运动摩擦副采取润滑措施。润滑油是机械设备的“血液”，其功能包括：①减摩功能，降低摩擦副摩擦磨损造成的损耗；②冷却清洗功能，避免高温黏着磨损的发生，清洗摩擦表面减少磨损；③密封功能，利用黏性，附着于运动零件表面提高零件的密封性；④防锈功能，附着油膜可防止零件表面与水分、空气及燃气接触而产生锈蚀。但润滑油里也藏有许多污染物，包括零部件的磨损颗粒、腐蚀产物，还有润滑油和添加剂经过物理化学变化而形成的胶质、沥青、油泥及燃烧产物等。随着润滑油中污染物的增加，润滑油性能逐渐退化，最终失效。此外，润滑油蕴藏着丰富的机器运动副摩擦学状态信息，对润滑油性能及所携带的磨损产物的分析，可有效地评价机械的磨损状态。

磨损故障是机器中的摩擦学系统的构成元素经摩擦学行为作用的结果。机械磨损故障分为摩擦副磨损和润滑剂失效这两大类，如果能从摩擦副磨损和润滑剂失效的程度、型式、组分（部位）和趋势四个方面进行描述，则可有效地表征设备运行状况。磨损在线监测系统可从摩擦副磨损和润滑剂失效的四个方面来描述其状态或故障，如图 9.71 所示[68]。

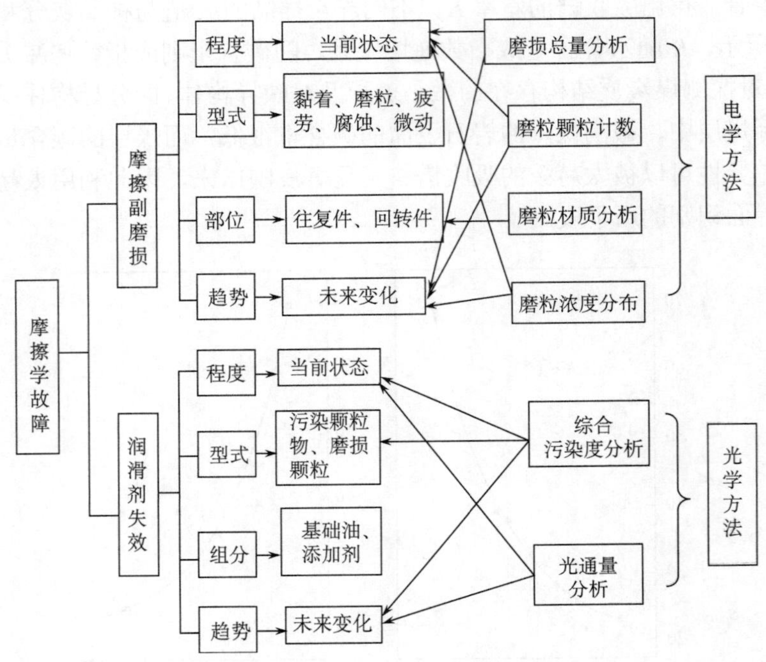

图 9.71　摩擦学故障描述及在线油液监测信息的相关性

9.6.1　油液监测技术

油液监测技术就是将采集到的设备润滑油或工作介质，利用光学、电学、磁学等分析手段，分析其理化性能指标，检测其所携带的磨损和污染物颗粒，从而监控和评价润滑油品质状态，或获得机器的润滑和磨粒状态的信息，定性和定量地描述设备磨损状态，找出诱发因素，评价机器的工作状况和预测其故障，并确定故障部位、原因和类型，从而对实际工作做出指导。

油液监测技术主要包括以下几种：常规理化分析、铁谱分析、红外光谱分析、原子光谱分析及颗粒计数技术[69]。

1. 常规理化分析

油液的常规理化性能通常包括黏度、水分、闪点、酸度和机械杂质等，主要考虑从油液的物理化学参数出发，表征其状态，这些数据只是从宏观上反映了在用油液与新油相比之下性能的变化，并不涉及由于油液内部分子结构变化而引起的油液性能变化的内因。用理化性能监控润滑油的过程就是定期抽取油样进行分析，测试结果以时间为横坐标，以测试值为纵坐标，可以得到一条曲线，通过该曲线的突变点就可判断是否需要更换润滑油或进行设备检修。

2. 铁谱分析

铁谱分析技术是利用高梯度强磁场将机械设备在用润滑油中所含磨损微粒按其粒度大小有序地分离出来，鉴别机械摩擦副在不同磨损状态下所产生的各种特征磨损微粒，通过对磨粒形态、大小、成分、浓度和粒度分布等方面进行定性定量检测，从而直观地获得机械摩擦副表面的磨损情况的重要信息，达到诊断设备部件运行状态的目的。铁谱分析既可以监测磨粒的浓度和粒度，也可以分析磨粒的形态特征和成分，同时还可以进一步分析磨粒的增长速度，判断磨损类型和故障原因，并且能够准确监测出机械系统中一些异常磨损的轻微征兆，如早期疲劳磨损、黏着与腐蚀磨损等。

20 世纪 70 年代初，铁谱技术问世并很快在机器的故障诊断中得到了应用，这一技术可以全面分析磨粒的浓度、尺寸分布、形貌和成分，丰富了油液监测中磨粒分析的内涵。我国先后研制成功电磁铁谱仪、气动式铁谱仪、旋转铁谱仪、半自动旋转式铁谱仪、智能在线铁谱仪、直读式旋转铁谱仪。

3. 红外光谱分析

红外光谱是由分子的振动-转动能级跃迁形成的光谱，其波长通常出现在红外区段，通过对在用油液进行红外光谱分析，能够达到对润滑油的氧化、硝化、硫化、抗磨剂损失、燃油稀释、水分和积碳污染等方面的表征，能够实现对油液中各种分子或分子基团性质及状态的评定。

1999 年 Caterpillar 公司首开运用红外技术检测油液之先河，美国三军相继推广使用红外光谱技术取代常规分析。通过红外手段进行油品分析，极大地简化了分析仪器的种类和数据处理过程，样品量少，快速、准确、重复性好。近年来，油液监测技术所用的设备逐渐向便携式方向发展，出现了新一代便携式油液监测红外光谱仪，可以有效监测各种在用油品。

4. 原子光谱分析

由于设备部件的摩擦磨损，润滑油中包含各种摩擦磨损微粒。相应地，这些润滑油中的微粒也能够反映零部件的磨损状态。光谱分析提供了一种研究元素种类以及相应浓度的方法。原子光谱分析技术主要包括原子吸收光谱、原子发射光谱。原子吸收光谱是原子从基态跃迁到激发态时所吸收的特征波长光的强度。在油液检测技术中主要使用的是原子发射光谱，原子发射光谱是原子从激发态跃迁到基态时发出的特征谱线，通过发射光谱仪的测试，可以迅速准确地得到润滑油中各种元素的种类以及含量，从而对与该元素相对应的零部件的磨损状态做出判断，诊断与润滑系统有关的故障，达到诊断机器各部件技术状态的目的。

5. 颗粒计数

颗粒计数是评定油液受固体颗粒污染程度的一项重要技术。通过把油样中的颗粒进行粒度测量，并按预选的粒度范围进行计数，从而得到有关颗粒粒度分布方面的重要信息。目前颗粒计数技术的方法主要有过滤称重、颗粒自动计数和电阻型磨粒监测。采用颗粒计数技术，通过对不同时期的在用油液进行分析，与标准对比获得对油液污染程度的评价；另外，通过分析也可以得出油液中磨粒的增长速度，从而对机器磨损速度做出判断。颗粒计数测试方法的优点是测试原理简单，既能应用于实验室作定量测量，也能应用于工业设备作在线检测。

目前，国外研制生产了适合现场使用的各种便携式的在线快速油液污染度检测仪，如美国 CSI 公司的 011view 系列油液监测仪，PARK 公司的 PLC-2000 型便携式激光颗粒计数仪以及 PALL 公司的 PFC200、英国 UCC 公司的 CM20.9021 等。这些油液污染度检测仪方法、原理简单，代表着未来实用油液快速污染检测仪的发展方向。

传统的油液监测技术主要是采样离线取样的分析方法，这种方法需要昂贵的精密仪器，且有很大的局限性，实际操作中有 50%的离线分析油样没有发现问题，45%的油样显示失效即将发生，仅有 5%检测出严重问题。为此，需要一种切实可行的油液在线监测与分析技术，对于提高机械设备运行的稳定性、可靠性，实施视情维修与预防维修，降低维护费用，减少事故的发生具有重要的意义。

9.6.2　润滑油在线监测技术

油液在线监测技术通过安装在油液管路中的传感器，利用光学、电学、磁学等手段采集设备的润滑油或其他工作介质的状态信息，分析油液中蕴藏的设备磨损和污染物颗粒及污染指标，定性和定量地描述设备的磨损状态（包括部位、形式、程度），找出诱发因素，并预测发展趋势。当前，国内外先进的润滑油在线监测传感器技术主要如下[70]。

1. 磨损颗粒在线监测传感器技术

磨损颗粒在线监测是采用安装在设备润滑系统上的监测传感器实时采集流经摩擦副后的油液中所含磨损颗粒量信息并提供超限报警功能的一门油液在线监测技术。针对磨损金属颗粒具有铁磁性的特点开发的磁电型磨粒在线监测传感器是比较成功的一种。它是利用油液流经传感器具有磁场的待检区域时金属颗粒所产生的扰动，使检测区与磨粒数量相关的磁力线或磁通量发生改变，并进行标定而检测出磨粒数量的原理进行工作的。由于润滑油中不可避免会进入一些非铁磁性颗粒以及气泡等，正确区分这些磨损颗粒是这类传感器的关键技术。

国外比较成功的这类传感器是美国 MACOM Technologies 公司开发的 TechAlert 10 型、加拿大 GasTops 公司开发的 MetalSCAN 磨粒传感器和英国 Kittiwake 开发的 FG 型在线磨粒量传感器。TechAlert 10 型磨粒传感器能提供机器不同失效阶段的磨粒尺寸分布与图像信息，并具有消除因水泡和气泡引起的误报警的专利技术，其铁颗粒监测范围为 50μm 以上，非铁颗粒为 150μm 以上，安装时需要从润滑系统旁通连接。MetalSCAN 磨粒传感器能根据非铁磁性颗粒的信号相位与铁磁性颗粒信息相位相反的特征区分颗粒种类，并根据信号的振幅确定磨粒的尺寸，可监测金属颗粒尺寸为 100μm 以上，非金属为 250μm 以上，并能统计出各个尺寸范围内的颗粒数量和质量，累积数据进行趋势分析。

安装时，根据油路的管径尺寸选用不同尺寸的传感器直接接在油路上。FG 型在线磨粒量传感器可监测的铁颗粒为 40μm 以上，非铁金属颗粒为 135μm 以上，安装时直接接入油路。目前，三种传感器已经实现了军民两用，具有高灵敏度、高可靠性和快速检测特点，能及时发现并预报机械摩擦学系统突发性磨损故障。

在国内，西安交通大学润滑理论与轴承研究所研发的具有可视铁谱监测功能的在线图像铁谱传感器已开始进入应用。该传感器基于磁性技术与光学原理，利用电磁线圈产生电磁力将流经沉积管的被测油液中的磨损金属颗粒沉积下来，并利用光学感光镜头对沉积管待测区域进行测量和观察。一方面可通过调节电磁线圈的磁力强度来选择不同的沉积颗粒粒径范围，从而获得大、小磨粒读数以及由这两个读数延伸出来的各种定量指标；另一方面，可以对沉积管中的沉积磨粒进行拍照和观测，从而获取油中磨粒的颗粒尺寸、外观形貌等摩擦学信息，从而判断设备的磨损状态和异常磨损类型。深圳先波科技有限公司开发的基于石英晶体微天平技术的磨粒量监测传感器，对油液中的磨损颗粒量的变化具有高的线性响应和灵敏度，目前已进入商业化应用。

2. 油质在线监测传感器技术

1）油液黏度在线监测传感器技术

黏度是衡量油品润滑能力的一个重要指标。对油品黏度的监测，是判断设备润滑磨损状态、确定是否换油的重要依据。当润滑油经过被润滑的摩擦副表面时，局部的高温高压会使在用润滑油氧化，同时各种氧化产物的生成和外界污染杂质的掺入，如油泥、积碳、漆膜片、粉尘、泥沙等，也会降低润滑油的流动性，导致黏度升高。因此，实时监测设备润滑油黏度的变化能及时反映在用油品的质量状态及剩余寿命。

目前，基于不同的专利技术的在线黏度监测传感器均已投入市场，具有代表性的是美国 Cambridge Voscosity 公司生产的多款在线式工业用黏度传感器。该在线监测传感器技术采用基于简单和稳定的电子式概念，探头内两组线圈在一个连续电磁力的作用下来回移动一个微型活塞，电路分析活塞来回移动行程的时间，从而测量油液的绝对黏度。同时，位于活塞上方的导流装置，将液体导入测量室，活塞持续运动以不断更新样品，同时机械摩擦不断擦洗测量室。一个内置的 RTD 温度测量探头，实时测量测量室的温度。其次，美国精量 MEAS 也推出了一款新型油液在线监测黏度传感器，该传感器利用了音叉的机械谐振，可同时测量流体黏度、密度、介电常数和温度参数。另外，美国 TRW Conekt 公司研制的采用测量油液吸收与之接触的材料产生的剪切波能量是该液体黏度的函数原理技术开发的一款新型嵌入式油液黏度传感器，应用到了汽车发动机油在线监测。

在国内，深圳先波科技有限公司也开发了两款工业级的油液在线监测检测传感器，一款是基于 QCM 敏感器件的润滑油黏度的在线测量传感器，当被测油液与探头敏感器件接触时，通过测量压电超声敏感器件的参数变化，来感知液体黏度的变化。另一款是基于超声波振动技术开发的在线黏度传感器，该传感器技术达到国际先进水平，测试精度高，长期稳定，无运动部件，无维护。

2）油液水分在线监测传感器技术

水分是指油品中水含量的多少。润滑油中的水分会促使油品乳化、氧化，降低油品黏度和油膜强度，增加油泥，加速有机酸对金属的腐蚀，使润滑、绝缘等效果变差。实验表明，随着含水量逐渐增加，润滑油的抗磨性逐渐下降，当含水量超过 0.4%（质量分数）达到 1%甚至更高的时候，抗磨性急剧下降，润滑油的润滑性丧失，因此，实时监测润滑油中的含水率，能提前预测设备故障的发生。

国内外开发的油液在线水分监测传感器技术主要是电学方法，其原理就是利用油液的电化学性能如介电常数能反映油品的污染状况，而水分污染对油的电化学性能参数又特别敏感这一特性实现。传感器采用的电学方法主要分为电容法和电阻法。电容法将油液及其中的污染物作为一个特别构造的电容器，电介质、水分等的存在及其数量引起介电常数变化，从而改变这个电容器的电容量。传感器通过对电容量变化大小的检测实现对油液中水分的状态监测。英国 Kittiwake 公司开发的在线水分传感器、美国迪沃森公司开发的在线水分监测传感器、Lubrigard 公司开发的油质在线监测传感器，国内先波科技有限公司开发的在线润滑油含水率监测传感器以及西安交通大学润滑理论与轴承研究开发的润滑油液微量水分传感器探头，都是通过测量油液中的介电常数来反映油液含水率的变化。国外先进的传感器应用都具有选择性，量程范围可以根据客户需要设定选择，并可以通过标准信号输出实现远程监控。

电阻式在线监测传感器主要是通过测量油液的电阻率来实现对水分及其他污染物的监测。油液电阻率的大小与其中的水分、磨粒等其他污染质含量有关，在一定条件下测出油液电阻率的变化，便可分析出润滑油品质的变化程度。如 OCEI-A 型油液污染状态快速分析仪器就是可用于在线监测的电阻型仪器。先波科技有限公司研发的一款在线油液水分监测传感器也是采用测量油质电阻抗变化实现的。

3）油液污染度在线监测传感器技术

机械设备润滑和液压系统中油液污染的程度可用油液污染度定量表示。油液污染度是指单位体积油液中固体颗粒污染物的含量，而固体颗粒，如磨损颗粒、氧化物、粉尘等，是油液中最主要、危害最大的污染物，是引起摩擦副表面磨损、刮伤、机件卡阻等故障的主要原因。常用的方法有称重法、计数法和半定量法等。目前自动颗粒计数器在油液污染分析中应用广泛，其原理分为遮光型、光散型和电阻型等。而遮光型颗粒计数器是目前应用最广泛的一种，其方法是使一定体积的样品流过仪器传感器，用光遮挡法（也称光阻法）检测出大于某粒径的颗粒数量，然后计算并显示出大于该粒径的颗粒数或浓度。一次取样可同时测量、判别几种粒径。美国 ICM 公司生产的在线式颗粒计数器和德国 ARGO 公司生产的在线式污染度监测装置均采用工业界认同的遮光技术。国内，天津罗根科技有限公司自主开发的在线式颗粒计数器亦采用光阻法（遮光式）原理，内置颗粒污染度等级标准，并可根据用户要求内置所需标准，准确度为 0.5 个污染度等级。

3. 油液集成在线监测技术

为了获取更多的关于设备润滑磨损信息，提高设备油液在线故障监测的准确度，油液在线监测传感器技术向着集成化发展。这也是针对机械摩擦学系统在油液综合诊断信息中参数间表现出多种关联和互补特性发展起来的。集成传感器通过获取设备磨损颗粒、油品理化、污染度等信息，监测系统自动实现设备运行工况的综合分析与故障诊断。目前，油液分析的各种在线监测方法越来越多，性能也逐步稳定。这些仪器也逐渐集成化，能快速地同时测定多项在用润滑油的理化指标。如美国洛克希德马丁公司开发的 LaserNet Fines 自动磨损颗粒分析仪采用基于激光图像处理技术将磨粒形貌识别与颗粒计数两种常用的油液监测技术集成。Kittiwake 开发的传感器套件组，可在线监测润滑油品状态，控制污染，测试及分析磨损颗粒。

9.6.3　几种典型油液监测技术

1. 全油流颗粒污染物监测技术

全油流颗粒监测传感器（in-line wear debris monitorB）是一种机械设备运行状况在线监测仪，它安装在回油线上，作为油液的流动通道，当金属颗粒物通过时将会产生监测信号。磨粒监测原理是基于电磁干扰：当颗粒通过感应线圈时引起磁场变化，通过产生的脉冲信号或其他相应特征信号进行颗粒监测。如加拿大 GasTops 公司开发的测量油液中铁磁性颗粒的 FerroSCAN 和测量金属颗粒的 MetalSCAN 传感器。

1）传感器结构[71]

电磁式全油流颗粒监测传感器结构原理如图 9.72 所示，主要由传感线圈、第一驱动线圈、第二驱动线圈 3 个线圈组成，传感线圈位于线圈架中央，第一驱动线圈和第二驱动线圈反向串联在传感线圈架两端，通过交流电驱动使之产生的磁场方向相反，使传感线圈所处位置内部磁场相互抵消，即接近于零磁场。传感线圈与信号处理单元相连接，当流过的油液中有颗粒物经过时引起磁场变化，传感线圈将产生感应电动势。通过铁磁颗粒和非铁磁颗粒对磁场产生的不同影响，输出信号将产生相反的相位，以此区分铁磁颗粒和非铁磁颗粒；同时传感线圈输出信号的幅值和颗粒大小成正比，可用于判断颗粒尺寸。

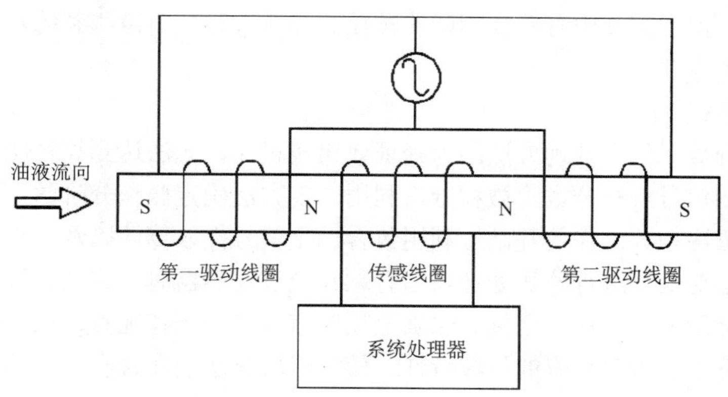

图 9.72　全油流颗粒监测器结构图

全油流颗粒监测传感器具有较高的颗粒污染物捕获效率，能够有效地区分颗粒类型，可连续、实时、在线监测油液系统中磨损金属颗粒的数量、尺寸及总质量，可以监测油液系统中磨损颗粒产生的速率，且对工作环境有较强适应能力。

2）信号处理方法[71]

全油流颗粒监测传感器具有良好的监测效果，但其监测信号易被背景噪声和振动信号干扰，导致错误警报信号的发生，因而需对监测信号进行处理，剔除干扰信号，提取出颗粒信号。对全油流颗粒监测传感器信号的常用处理方法有传统阈值法，小波峭度结合法，分数算子法，自适应线性增强法和经验模态分解法。详细介绍如下。

（1）传统阈值法

传统阈值法是去除传感信号中噪声的典型方法，如 MetalSCAN 传感器，便是采用的该种方法。其原理是通过预先设定阈值范围，当感应信号的振幅超出该范围时，即认为监测到的信号为颗粒信号。方法具有监测快速、简便的优点；但在实际应用中，合适的阈值设定存在较大困难。只有当信噪比较高时，所设定的阈值才能有效地区分颗粒信号。在实际情况中，颗粒信号常被严重的噪声信号重叠附加，这使得原设定的阈值失去真实意义，相关研究人员曾使用内置滤波器的方法避免该问题，先利用滤波器滤掉不需要的信号成分，再根据阈值法进行信号处理，但内置滤波器的加入并不能完全消除噪声，同时会对颗粒监测系统产生不良影响。故随后的信号处理方法多是阈值同其他处理方法相结合，可达到较为理想的处理效果。

（2）小波峭度结合法

传统的小波信号处理方法需要预设定阈值，这使其存在了可用阈值难以确定的弊端。小波峭度结合法利用小波函数的时频分解能力，将传感信号进行分解，在小波域得到对应的尺度分解分量，同时利用峭度作为小波分量的检测指标，在每一个小波尺度上计算信号的峭度，因其对颗粒性号的敏感性，通过分析不同尺度分量的峭度值即可监测到颗粒信号，并从原信号中提取出来。

根据实验的结果、方法可在噪声和振动干扰的环境中监测到最小粒径为 125μm 的铁磁颗粒和最小粒径为 169μm 的非铁磁颗粒，可有效地获悉用油设备的早期故障，达到较好的预警效果，但当油液中有粒径相同的颗粒连续通过时，所监测到的颗粒信号将会被方法作为噪声去除掉。

（3）分数算子法

整数微积分算子信号处理方法因为处理效果较粗糙，无法达到高精度要求，分数算子法通过对监测信号进行分数阶微积分，利用一定方法确定微积分阶数，并分别采用正阶次微分和负阶次积分。在此基础上利用包含一个信号提取算法以及一个特征点定位算法的双监测算法对信号进行监测处理，当有颗粒经过传感器时，首先利用信号提取算法提取出信号，然后利用特征点定位算法确定颗粒信号的 3 个特征点，以确定信号的真实性。因为分数算子法本身具有的滤波特性，信号提取算法能在含有噪声的环境中提取出颗粒信号。该方法可以在高噪声环境下提取出低振幅的颗粒信号，可以有效地监测到最小粒径为 56μm 的颗粒，在机械设备磨损的早期监测中有令人瞩目的贡献。但同时，微积分阶次的确定较为复杂，是方法使用过程中的一大难点。

（4）自适应线性增强法

针对前述方法的不足，自适应线性增强方法利用小波处理方法将信号分解，并作为输入信号，根据自适应算法更新线性增强算法的系数，再将输出后的延迟信号与原信号进行对比，以输入和输出信号的统计特性为依据，寻找相关性，以确定信号类型。同时可通过线性方法增强颗粒信号，更有效地捕集颗粒信号。方法的重要的特征在于能够在未知环境中有效工作，并能够跟踪输入信号的时变特征，但对于宽频噪声的有效去除尚待改进。

2. 基于电容的润滑油在线监测

当润滑油逐渐劣化或被污染，其介电常数会发生相应的变化，油液介电常数的变化蕴含着机械设备的故障信息。电容传感器电容值的变化能够反映润滑油介电常数的变化。所以，通过设计电容传感器监测油液介电常数的变化可以得到润滑油状态及机械设备故障的信息。

一般情况下，机器油液中的磨粒粒度呈对数正态分布或正态分布。油液中小于 5μm 的磨粒属于正常的磨损产生的，而大于 15μm 的颗粒是由不正常的磨损所致。微米级的磨粒悬浮在油液中得到的混合物的介电常数随着磨粒数量的增加而增大。

1）理论建模分析[72]

将电容传感器测量油液介电常数的模型简化，只研究其中一个磨粒。假设这个磨粒为长方体，高度为 Δd，上下表面面积为 ΔS，平板电容器上下极板间距为 d，简化模型如图 9.73（a）所示。

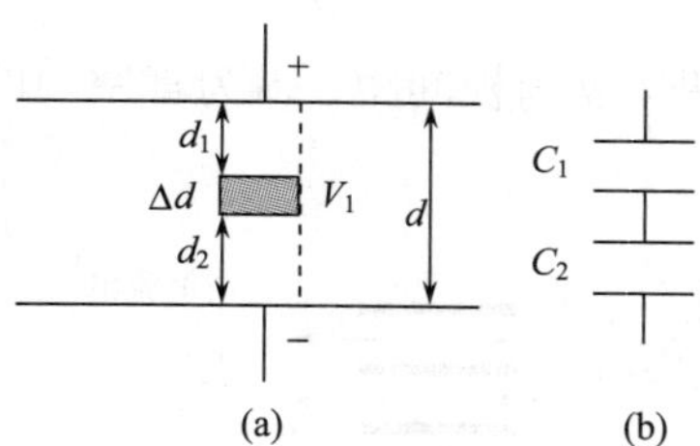

图 9.73 电容传感器检测金属微粒模型

电介质为纯净的润滑油时，加入一粒上述金属微粒。取其中微粒上下表面对应面积为 ΔS 的部分，则其电容值为

$$C_0 = \frac{\varepsilon \Delta S}{d} \tag{9.22}$$

加入金属微粒后，金属微粒内部场强为零，可以简化为图 9.73（b）所示的电容器串联的模型。此时的电容值为

$$C = \frac{1}{\dfrac{1}{C_1} + \dfrac{1}{C_2}} \tag{9.23}$$

式中，$C_1 = \varepsilon \Delta S / d_1$，$C_2 = \varepsilon \Delta S / d_2$，代入式（9.23），得

$$C = \frac{\varepsilon \Delta S}{d_1 + d_2} \tag{9.24}$$

加入金属导电微粒后电容器的电容值变化为，代入相应的计算式，整理得

$$\Delta C = \varepsilon \Delta S \frac{\Delta d}{(d_1 + d_2)d} \tag{9.25}$$

已知 $d=d_1+d_1+\Delta d$，可得

$$\Delta C \approx \varepsilon \Delta S \frac{\Delta d}{d^2} = \frac{\Delta d}{d} C_0 = \frac{\varepsilon}{d^2} V_1 \tag{9.26}$$

由式（9.15）有 $\Delta C>0$。任何形状的微粒都可以拆分成长方体微元的和，可以证明任何导体代替电介质的一部分将引起电容传感器的电容值增加[30]，即混合物的介电常数增大。所以，当润滑油液被磨损颗粒污染后，其介电常数增大并且平板电容传感器电容值的变化与金属微粒的体积成正比。

2）电容传感器设计[72]

如何设计合理的电容传感器，使其能够敏感反映油液的介电常数，是油液监测的一个重点也是一个难点。润滑油液在管路中不断循环，为了与油液管路容易连接，初步将电容传感器设计成三种结构。

（1）平板形电容传感器：结构如图 9.74 所示。其中中间极板作为电容的一极，上下极板作为电容的另一极。油液从极板中间流过，平板电容传感器的电容值反映了油液电介质介电常数的变化。平板电容器电容值

$$C = \frac{\varepsilon_0 \varepsilon_r S}{d} \tag{9.27}$$

式中，S 为电容传感器极板面积，d 为板间距，ε_0 为真空中的介电常数，ε_r 为滑油混合液的相对介电常数。

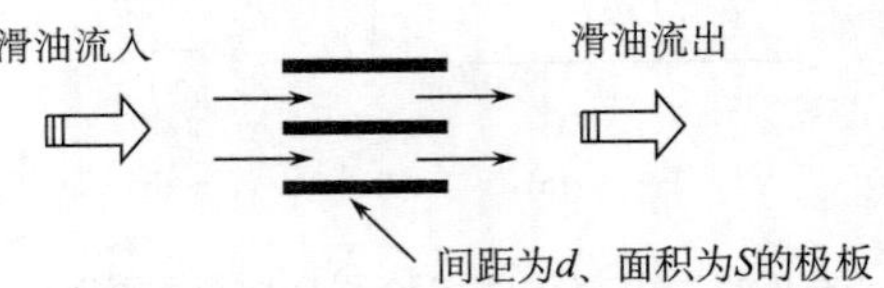

图 9.74 平板形电容传感器结构

（2）圆筒式电容传感器：结构如图 9.75 所示，其中实心铜柱作为电容的一极，外壁的圆筒作为电容的另一极。油液从圆柱筒中流过时，圆柱形电容传感器的电容值的变化反映了油液作为电介质发生的介电常数的变化。

根据电磁学的相关理论我们可以得到图 9.75 所示电容器的电容理论值为

$$C = \frac{Q}{\Delta U} = \frac{2\pi \varepsilon_0 \varepsilon_r L}{\ln \dfrac{R}{r}} \tag{9.28}$$

式中，L 为电容传感器电极的长度，设计时要求 L 远大于 R。

随着润滑油老化或被污染以及运动副的摩擦磨损，油液的介电常数逐渐增大，原因主要是油液中的极化分子和导电性强的金属微粒增加。因此，介电常数是一个反映油液老化、被污染以及磨损状况的综合参数。图 9.76 是圆柱筒电容传感器监测的四种污染润滑油的介电常数变化。油样 a、b 对比表明极性分子的增加导致油液介电常数增大，

油液介电常数变化与极性分子数量有一定的相关性。油样 a、c、d 表明导电微粒增加同样导致油液介电常数增大，介电常数变化与导电微粒数量，进而与发动机运动件的磨损故障有很好的相关性。油样 a、e 对比表明废弃油液的介电常数与全新油液相比增大明显。

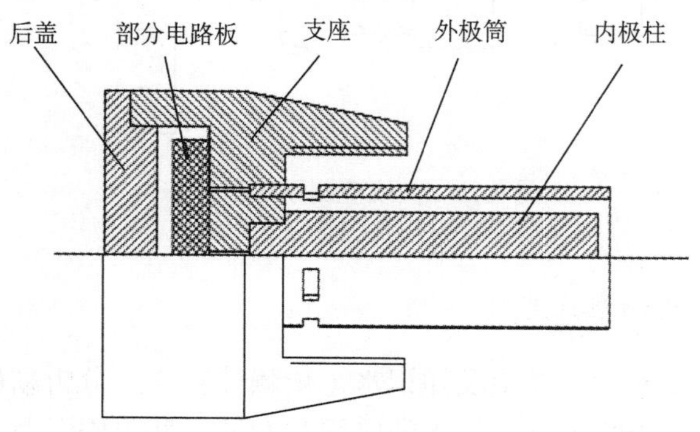

图 9.75　圆柱筒电容传感器设计图

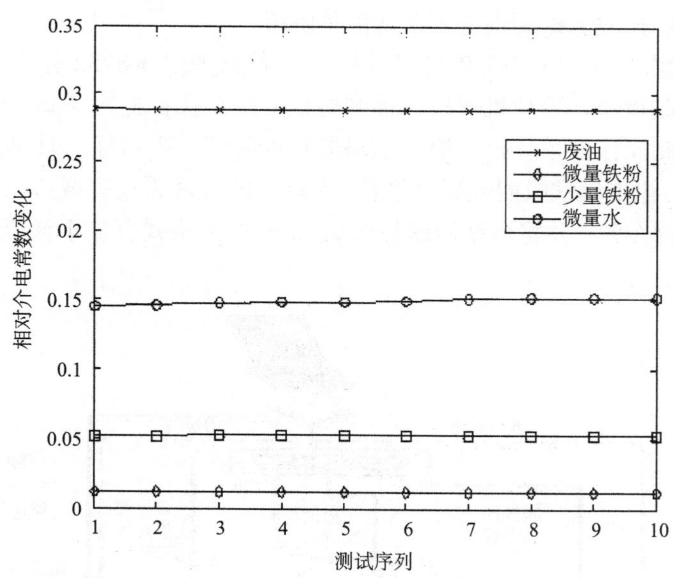

图 9.76　圆筒式传感器测量的相对介电常数变化对比

3. 基于光谱的润滑油在线监测

润滑油污染度在线检测系统的设计主要有光源、探测器、信号处理及采集、单片机系统等，系统结构图如图 9.77 所示[69]。通过软件与硬件相结合使探测系统具有探测润滑油透射光谱组成，从而判断润滑油污染等级的功能。

润滑油在线检测系统工作过程：光源发出光线照射润滑油油池，透过润滑油的光经过三个特定波长的色散装置，再由光电传感器探测三种滤过光的光强信号，进行光电转换，将信息传到单片机，进行数据处理。单片机通过串口通信与计算机连接，进行测试结果显示。

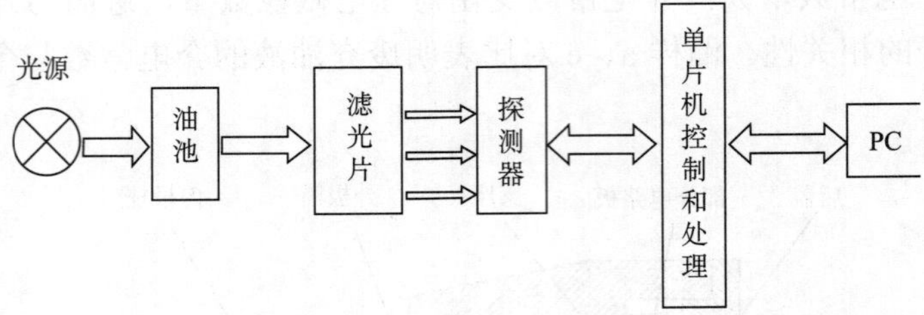

图 9.77　在线检测系统结构图

4. 基于铁谱的润滑油在线监测

传统磨粒分析对技术人员经验及知识水平依赖性较大，分析精确度差别较大，且只能做一些定性描述，这影响了铁谱技术的应用与发展，并阻碍了对采用磨粒进行磨损故障诊断后续数据处理的自动化、智能化和系统化的发展。随着人工智能及油液分析技术的信息化发展，磨损故障诊断也进入了智能化阶段。

在线铁谱控制系统结构如图 9.78 所示[73]，计算机通过 RS232 接口与单片机连接，向单片机发送控制指令，单片机解析该控制协议，并对执行机构（阀、泵、电磁铁、指示灯等）实行控制操作。单片机控制主油路旁路电磁阀、指示灯、泵有效，让油液进入油路形成回路，再让电磁铁吸附铁磁性磨粒，当定量的油液采集完成后，计算机通过 USB 接口直接拍摄铁谱图片，并将该铁谱图片以 24 位的位图格式存储于计算机硬盘，进行特征提取和图像显示等。

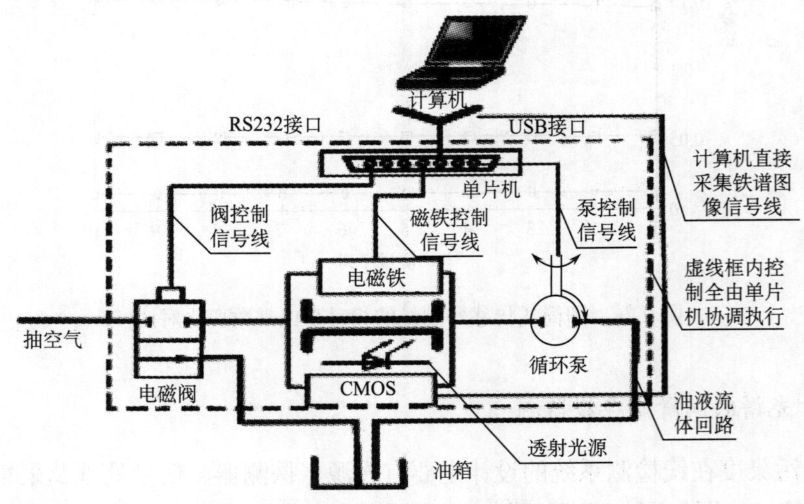

图 9.78　在线铁谱控制系统体系结构图

1）磨粒轮廓特征

数字磨粒图像由许多像素组成，如经二值化后的磨粒图像由 0 和 1 两种像素组成，则面积（A）表示像素为 0 的个数总和；周长（P）表示边界像素间距离的总和（上、下、左、右像素间的距离为 1，对角线像素间的距离为 $\sqrt{2}$）；圆形度为 $R=4WA/P^2$，这样对像素进行各种统计分析，便得到了磨粒在统计分析方法上的各种轮廓特征。

磨粒长宽比反映了磨粒的形状，如接近 1，表示该磨粒为圆形或正方形；如远远大于 1，则表示该磨粒是细长状或条形。

2）磨粒纹理特征

对在线磨粒纹理特征进行提取，也是基于离线铁谱清晰的磨损磨粒表面纹理特征进行的，因为在线可视铁谱传感器的内置拍摄探头是固定的，放大倍数有限且固定，对图像的拍摄具有一定局限性，从工程应用上讲，从图像中提取磨粒故障报警参数是足够了，但分析故障模式需要进行数字化理论探讨。

通过分析磨粒的纹理特征能够获得关于磨粒成分、磨损机理等的定量解释。由于磨粒是摩擦副长时间运转的产物，其表面纹理特征又具有统计特征，磨粒的统计纹理特征主要是指是磨粒纹理的方向性和粗糙性。在统计分析方法中，应用比较广泛的是灰度共生矩阵法，可用下列参数描述和解释。

（1）三阶矩

$$\mu_3=\sum_{i=0}^{L-1}\left(z_i-\sum_{i=0}^{L-1}z_i p\left(z_i\right)\right)^2 p\left(z_i\right) \tag{9.29}$$

式中，z_i 为磨粒图像灰度级的一个离散随机变量；$p(z_i)$，$i=0$，1，2，…，$L-1$ 是相应的一个目标区域中灰度级的直方图；L 是可能的灰度级数。三阶矩反映了磨粒图像灰度分布均匀程度和纹理粗细度，若大，纹理就粗；反之，纹理就细。

（2）熵

熵反映了磨粒图像纹理的复杂程度或非均匀度，若纹理复杂，熵具有较大值；相反，若磨粒图像中灰度均匀，熵较小。

黄学文等采用可视化在线铁谱技术，建立集成铁谱和黏度指标的油液监测系统，并通过远程网络实现大功率矿用减速器磨损状态的远程监测[74]。

远程监测系统结构：将多个集成传感器安装到多个动力部，从齿轮箱取油并获得油液的实时黏度和磨粒图片；多台传感器通过交换机连接到井下的监测计算机，从而实现第一级监测；井下计算机通过通信光缆将监测数据发送至井上监测计算机，从而实现第二级监测；井上计算机通过 Internet 与某油液分析中心互联，从而实现远程诊断。其中第一级监测的功能为集成传感器的参数设置以及异常处理，第二级监测的功能为综合其他信息进行初步故障分析，第三级监测的主要功能是针对谱图像分析给出机器磨损机制及润滑状态。

集成传感器构成：油液综合在线监测传感器系统（图 9.79）主要包括在线铁谱传感器和润滑油在线黏度传感器、单片机及 PC104、油泵、黏度信号变送器、电源组件以及接口。其工作原理为：系统上电后由单片机获得 PC104 中主程序的指令，首先获得采集参数并启动油泵，油液通过进油口进入油泵，然后进入铁谱传感器，单片机通过时序控制电磁铁得电进行磨粒采集，采集结束后保持磁势并启动冲刷作业，油泵停止工作，采集图像；电磁铁失电，油泵开始高速冲刷流道，单片机采集黏度数据并将数据传回 PC104，PC104

将处理后的磨损信息和润滑油黏度信息通过网络传输至上位机；至此完成一个工作循环。

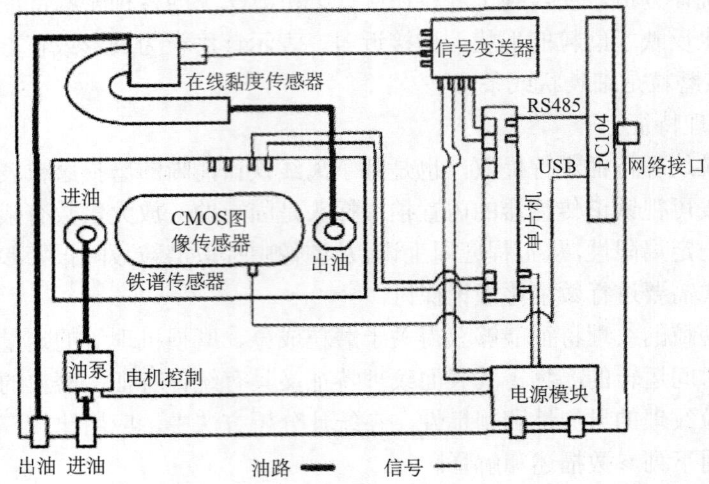

图 9.79　油液在线监测集成传感器系统示意图

9.6.4　润滑油在线净化与修复

1. 润滑油主要性能及衰变

在矿山机械中要使用大量润滑油，这些油液必须具备一定的性能，即：①合适的黏度；②合适的润滑性能；③灰分、杂质含量少；④对热、氧化、水解和剪切具有合理的稳定性；⑤具备合适的抗泡沫性、抗乳化性、防锈性；⑥合适的酸值；⑦具有合适的比热、导热系数、膨胀系数；⑧具有合适的流动点、凝固点、闪点和燃点[75]。

润滑油使用一段时间后，因氧化变质、外界的污染、油液中的灰分杂质、水分、气体、胶状物以及有害的化学物质增加，影响油液性能，导致机械设备的功能和使用寿命降低。

（1）灰分和杂质：油液中灰分和杂质主要是悬浮在油液中的外来物质，如金属磨损颗粒、尘埃、砂土、渣泥等，主要来源于运输、保存和使用中。杂质的存在不仅会影响油液的黏度、润滑等性能，还具有一定的吸附性，吸收有害物质。

（2）水分：油液长期受到潮湿空气的影响，特别是氧的影响，使油液中水分增加，水在油中使油“水解”，低温时又会凝成冰粒，划伤器件。水的存在会降低油液黏度，增加腐蚀性，影响抗乳化性和防锈性。

（3）气体：在运输和使用中，油液与空气接触性能下降，油中常混入一些有害气体，这些气体对油液的体积模量发生影响，还影响油液的抗泡沫性，加快油液中的化学反应。

（4）酸值：矿物油是液压油中常含有少量的环烷酸，它对金属有腐蚀作用，酸值是一个重要的性能指标，它反映空气中氧对油中烃类的氧化程度。

2. 润滑油净化原理和技术

常见的油液净化方法有：滤芯过滤、静电吸附和离心过滤[76]。

1）高精度滤芯过滤技术

在工程中，通常把能够过滤出3μm以下尺寸颗粒污染物的过滤器称为高精度过滤器或称为精密过滤器，其滤芯主要有网状、纸质、烧结、钢丝和磁性等形式，过滤细度最高可达1μm。高精度滤芯过滤技术的关键是在油液净化装置泵出口的高压管路中加装若干个专用的精密滤芯式过滤器。高精度滤芯过滤装置一般采用系统供压和净化为一体的结构，不仅为液压系统提供能源，操纵相关元件运动，进行性能检查，同时还能清洗、净化液压系统，滤除油液中大部分颗粒污染物。

2）静电过滤技术

对液压油进行静电过滤是依据油液为绝缘流体的特性，利用高压静电产生较强的吸附能力，达到清除油液中污染物的作用。

目前，国内外静电过滤器主要有两种结构形式。一种是平行板电极式结构，如图9.80（a)所示，即在净油室内放置平行电极板，在平行板电极之间插入折叠的纤维纸集尘体，油液自下而上循环流过集尘体，油液中的污染物不断被吸附在集尘体上，从而使油液净化。另一种是圆柱形金属网电极式结构，如图9.80（b）所示，把过滤器外壳作为接地电极，并与集尘体的一极相连，集尘体的另一极通过绝缘线引出壳外，集尘体是由相互绝缘的金属网电极和纤维介质卷成的柱状结构，这是一种改进的静电过滤器，性能优于前者。

静电过滤器单独安装在净油室中，靠泵使油循环，它和供压循环管路无关。图9.81为静电过滤器系统工作示意图。静电过滤装置的突出优点是压差小，纳污能力强，噪声较低，对油液中各种污染物都有净化作用。但是这种过滤技术的不足是一次通过的油液净化效率较低，油液流过静电过滤器的速度低。

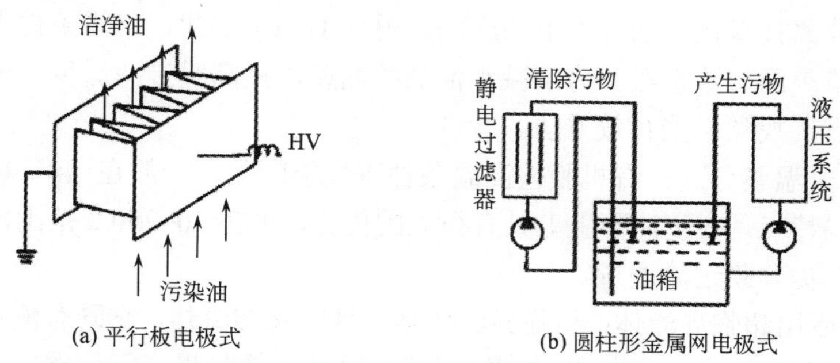

图9.80 平行板电极式结构图和圆柱形金属网电极式结构

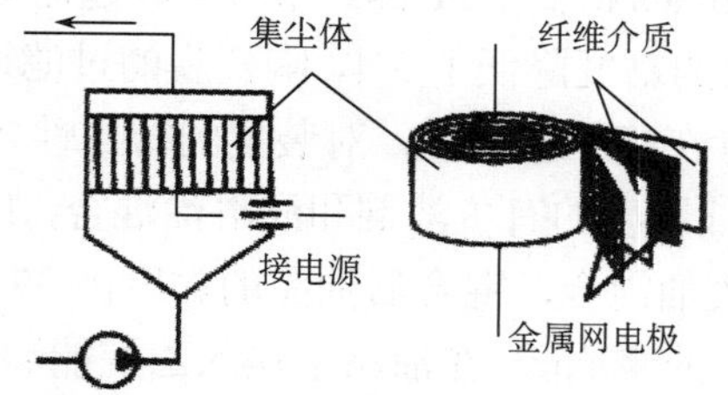

图9.81 静电过滤器和液压系统工作示意图

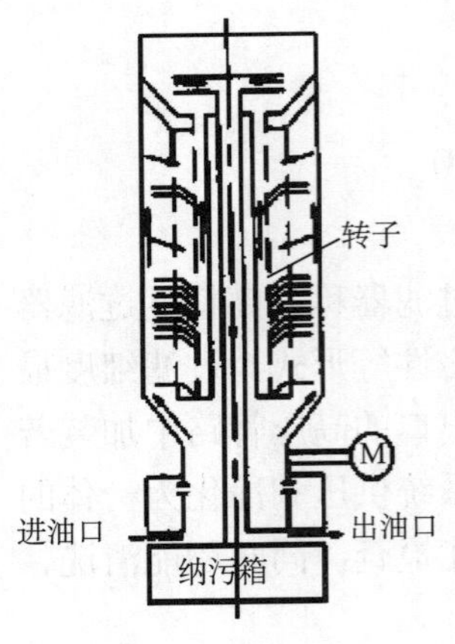

图 9.82　离心过滤装置

3）离心过滤技术

离心过滤技术就是采用离心机对液压油箱内的油液直接净化的技术，离心机的工作不受液压系统的制约。

图 9.82 为一种离心过滤装置。它是利用离心机将含有颗粒等污染物的油液高速旋转，使密度大于油液的杂质甩出，达到净油的目的。

在工程实际应用中，常采取离心过滤器与滤芯式过滤器相组合的过滤方法，并以离心过滤为主，以滤芯过滤为辅，使过滤效果更好。

由于离心式过滤装置与液压系统工作无关，所以适用于各部门、各种情况下对油液进行净化处理。离心过滤技术过滤精度高，不受油液流速的限制，纳污能力强，阻力小，工作效率高。例如，30L 污染度为 9 级的液压油经 5min 时间净化，污染度降为 5 级，经 8min 净化后降为 2 级，可见净油效率是非常高的。

3. 润滑油在线修复与再生

1）膜分离技术[77]

膜分离技术具有高效、节能、过程易控制、操作方便、环境友好、易与其他技术集成等优点。由于油品老化和外界的污染，废油中含有大量的胶质、沥青质、碳粒和金属颗粒、金属盐等，从而影响其使用性能。膜分离形成的超滤和微滤是基于筛分机理的分离技术，通过筛分作用将废油中的杂质去除，使油品再生。采用 0.2μm 陶瓷膜进行废内燃机油再生实验，可有效去除废油中的金属离子、机械杂质等。

润滑油黏度大，油品杂质含量高，存在膜过滤通量较低、膜污染严重等问题，严重限制了膜分离技术在废油再生中的应用。根据 Darcy 定律，常规条件下润滑油的过滤通量比水通量小两个数量级。为了减小油品的黏度，提高膜过滤通量，国内外学者根据润滑油的特点，找到一些有效方法。

（1）升温膜分离：有机膜在高温条件下性能较差，一般在 40℃以下工作。陶瓷膜具有耐高温特点，在废油再生上具有很大的优势，可在 50~250℃范围内进行膜分离法再生润滑油，提高膜过滤通量。

（2）应用超临界流体：超临界流体是一种特殊的流体，它既有液体的溶解能力，又有气体良好的流动和传递性能。在过滤清油时加入超临界二氧化碳，当压力在 150MPa 时，废润滑油的黏度从 25mPa·s 降到 5mPa·s。用陶瓷膜超滤处理废摩托车机油，加入超临界二氧化碳后，废润滑油的黏度降低了 3/4，陶瓷膜的过滤通量提高了 4 倍。但采用超临界技术，膜分离装置运行在高压状态下，对装置的密封性要求极高。

（3）加入有机溶剂：低黏度的有机溶剂和润滑油混合，能够降低润滑油的黏度，采用体积分数为 50%煤油和废油混合，混合后油品的黏度由 37.2mm^2/s 降低到 9.2mm^2/s。用膜分离技术去除食用油中的磷脂酸，在油品中加入乙烷能够有效地降低混合液的黏度，从而提高过滤通量。在去除植物油脱胶时，加入不同体积的己烷，改变了胶体在油中的存在状态，从而使黏度变小。

2）可移动润滑油再生装置[78]

这种新型润滑油净化装置主要由真空闪蒸塔、强磁力过滤器、精密过滤器、强风冷凝器、红外线液位控制器、压力保护装置、控制箱、真空泵、油泵、加温装置、排水装置等组成。新型润滑油净化装置工作时，需要过滤的润滑油在外界大气压和真空泵的抽吸作用下进入加热器加热后，进入强磁过滤器，滤除大颗粒杂质，含有细小杂质的油液进入二级过滤器，进行再次过滤，然后油液进入聚结式分水过滤器。因分水过滤器采用了强化亲油疏水技术，改善了油水两相界面的相互作用力，使油中的细小水滴加速运动，并聚结成大水滴从油中分离析出，沉淀于储水器中。除去杂质、细小水滴的油液进入真空立体闪蒸塔，经塔内的喷淋装置淋在闪蒸鲍尔环上使油液产生较大的曝气面积和增加曝气的时间滞留过程，进行充分的油、气分离，除去油中残余的微量水分和气体。蒸发的水蒸气、轻质烃等所形成的混合气体进入水气分离装置，沉淀下的水进入排水装置被排出，剩余的水蒸气、轻质烃等气体经过强风冷凝器，水蒸气和可凝气体被凝结后与不可凝气体进入真空缓冲室，冷却后的水经排水装置后排出，不可凝的气体经真空泵排出；除去水分、气体和机械杂质的油液经油泵输入精滤器除去油中的微粒杂质即为净化的清洁润滑油，从而完成了整个净化过程。工作原理如图 9.83 所示。

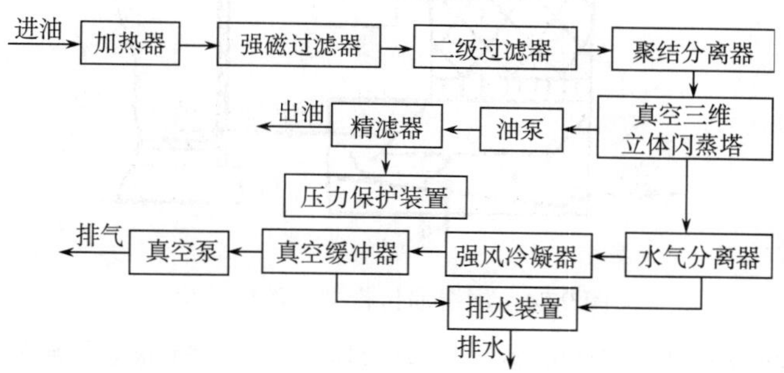

图 9.83 新型润滑油净化装置工作原理图

该净化装置的流量 600L/h，工作压力≤0.5MPa，处理精度≤5μm，电加热功率 18kW，总功率 20kW，设备质量 300kg，设备尺寸 1050mm×650mm×1250mm。实际应用表明，该净化再生装置操作简便、工作稳定可靠，能快速去除润滑油中的水分、气体、机械杂质等，对提高油液品质、恢复润滑油的使用性能具有很强的实用性；能够提高润滑油系统工作的可靠性，降低润滑油系统的故障率，节约润滑油投用量。

3）仿肾型油液在线净化机[79,80]

肾型净油机基于仿生学，源于人的血液一生不用更换是有赖于肾脏净化的道理。如果把设备的润滑油也看作血液每天进行净化，那么润滑油也可以长期使用而不用更换。肾型净油机采用了非机械作用力的库仑力为净化手段，利用油与水、胶质杂质、机械杂质等介电常数的不同，将其沉淀吸附在介电滤材上，在库仑力的作用下，沉淀出的杂质粒子，还可以像磁场中的铁屑一样，去吸引沉淀别的杂质粒子。置于梯度电场中的圆柱状介电体，当施加一定强度的电场时，电力线在介电体周围弯曲，形成极强的高梯度电场，杂质粒子随油流运动至介电体附近时，即迅速泳向场强方向，被吸附在其表面。

（1）结构及净化过程

仿肾型净油机结构如图 9.84 所示。净油机置于与油箱相等同的水平位置或比油箱稍低一点的位置，其入口与油箱排污口相连接。当油箱的机械杂质、水分、胶质被净油机抽入后，游离水、大的机械杂质在浅层沉淀 3 上迅速分离。分离出的水达到一定量时，测水电极 9 将信号传给控制器 1，发出放水信号给排水阀 8，开启放水 0.5~1.5min 后自动关闭。除掉游离水的油经大水珠分离层 4 分离出大水珠，再经电场沉淀析出层 5 除掉胶质、乳化水、微细颗粒杂质。含水量高达 40%或更多时，也可以一次分离成较纯净的油液，经油泵 6、保护过滤器 7 返回油箱。除了上述物理净化外，还要定期给油补充损失的化学添加剂。选择净油机的处理量时，按油箱油量的 1/6~1/12 选择。

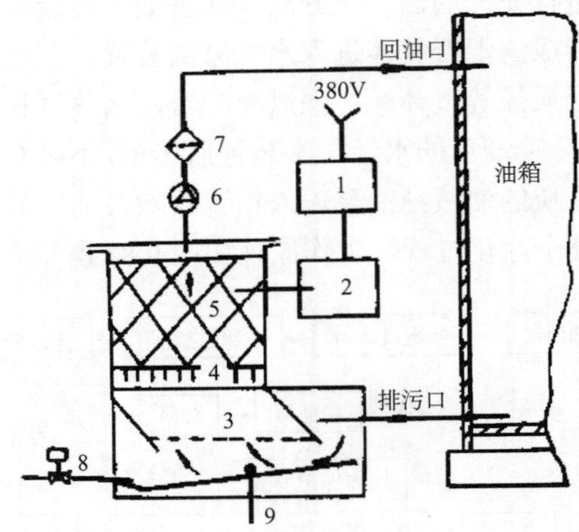

图 9.84　润滑油仿肾型净油机结构

1.控制器；2.极化电场发生器；3.浅层沉淀；4.大水珠分离层；5.电场沉淀析出层；6.油泵；7.保护过滤器；8.排水阀；9.测水电极

（2）净化特性

净化精度：肾型净油机的净化精度达 0.1μm。

脱除胶质能力：能够脱除真空滤油机、离心式滤油机及一般过滤器脱除不掉的胶质杂质。

微米杂质除去率：使用在线净化的污染控制系统，可以很容易地将 5~15μm 的机械杂质，控制在 NAS 标准 4 级以下。与普通过滤器相反，粒径越小的杂质，肾型净油机的除去率越高。

除水：普通的过滤器系统不能从油中去除水，肾型净油机可以有效地在线分离微量含水和故障时的大量进水。分离出的水靠重力积存在净油罐底部，通过排污口排出，并且不消耗滤材。

污染控制特性：在线净化的润滑油污染控制特性如图 9.85 所示。

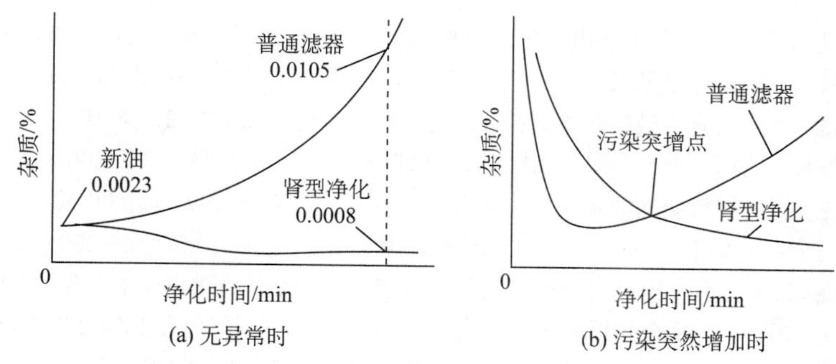

(a) 无异常时　　(b) 污染突然增加时

图 9.85　无异常时的污染控制和污染突然增加时污染控制

（3）应用效果

使用仿肾型净油机后，原有的油系统不做任何改动，利用油箱的排污口和回油口对油箱做并联净化。在气压机润滑系统近两年的使用，净化效果如下：

①润滑油箱的机械杂质随运行时间的增加呈下降趋势，由原来的0.005%降到0.001%左右。

②密封油箱的油质清澈透明，每月取样未检出水分，润滑油未发生过乳化现象。

③过滤器堵塞次数下降为零，前后差压恒定，过滤器芯子未因堵塞而更换。

④运行润滑油中的机械杂质一直优于新油，化学指标合格。

参 考 文 献

[1] 陈炎光, 徐永圻. 中国采煤方法. 徐州: 中国矿业大学出版社, 1991.
[2] 胡省三, 刘修源, 成玉琪, 采煤史上的技术革命. 煤炭学报, 2010. 35(11): 1769-1771.
[3] 伍小杰, 程尧, 崔建民, 等. 液压支架电液控制系统设计. 煤炭科学技术, 2011. 39(4): 106-109.
[4] 李媛. KHT12 矿井提升机综合后备保护装置的研究与应用. 科技情报开发与经济, 2009. 19(28): 225-226.
[5] 吴宏志, 葛世荣, 倪宏昭, 等. 提升机制动力矩在线监测的试验研究. 煤矿机电, 1998(6): 13-14.
[6] 李曼, 赵君兰. 矿用提升机盘式制动系统在线监测报警装置. 矿山机械, 2010. 38(11): 44-47.
[7] 李权, 胡成名, 王前, 等. 摩擦提升机可控式防滑装置的设计及动态响应分析. 煤矿机械, 2009. 30(1): 10-12.
[8] 陈凤军, 华钢, 陆延红. 矿用钢丝绳损伤检测传感器的设计. 煤矿安全, 2009, 40(6): 60-63.
[9] 王广丰, 潘宏歌, 钟海娜, 等. 摩擦提升钢丝绳张力监测. 煤矿机械, 2005, (5): 1-3.
[10] 赵子江, 葛世荣. 新型多绳提升机钢丝绳张力检测仪的研制. 煤矿机械, 1999, (6): 32-33.
[11] 李怀伦. 矿井提升机钢丝绳测力传感器信号的传送与接收. 工矿自动化, 2007, (5): 92-94.
[12] 时珏, 刘混举. 物联网技术在矿山设备状态监测中的应用探讨. 煤矿机械, 2013, 34, (7): 239-242.
[13] 张文学, 何晓群, 夏士雄, 基于物联网的矿区提升机群远程监测监管与智能故障诊断系统. 2012, 徐州: 中国矿业大学.
[14] 屈凡非, 何永平, 薛建东. 井下带式输送机保护装置现状及发展. 煤矿机电, 2009, (6): 40-43.
[15] 赵金明, 毛宝霞. 全断面抓捕型断带保护装置的选型设计. 煤矿机电, 2013, (4): 35-37.
[16] 张德坤, 葛世荣, 刘金龙. 带式输送机自动张紧装置的设计. 矿山机械, 1999, (5): 44-46.
[17] 姚保平. 基于工业以太网的煤矿井下带式输送机监控系统. 矿山机械, 2012, 40, (8): 133-134.
[18] 李大锋, 赵帅, 吴峰. 基于工业以太网的煤矿电力监控系统的应用. 工矿自动化, 2011, (1): 84-86.

[19] 罗辉, 王文亮, 贾堃, 等. 井下变电所集中监控系统的设计. 工矿自动化, 2010, (7): 96-98.
[20] 缪雨松, 宋海军. 矿井主通风机在线监测系统原理及应用. 工矿自动化, 2011, (1): 89-92.
[21] 陈蕊, 杜永贵. 矿井主通风机的在线监控. 机械工程及自动化, 2012, (2): 18-19.
[22] 彭澄伟, 徐振栋, 魏岱宁, 等. 矿井主排水泵自动控制系统研究. 煤炭工程, 2008, (6): 76-78.
[23] 陶宝祺, 熊克. 智能材料结构的定义及应用前景. 中国科学基金, 1995, (2): 40-46.
[24] 谢建宏, 张为公, 梁大开. 智能材料结构的研究现状及未来发展. 材料导报, 2006. 20, (11): 6-9.
[25] 李环亭, 孙晓红, 陈志伟. 压电陶瓷材料的研究进展与发展趋势. 现代技术陶瓷, 2009, (2): 28-32.
[26] 胡南, 刘雪宁, 杨治中. 聚合物压电智能材料研究新进展. 高分子通报, 2004, (5): 75-82.
[27] 姜力夫, 李卓. 智能传感材料的研究进展. 山东化工, 2008, 37,(8): 14-17.
[28] 薛嗣创, 王戊, 吴殿震, 等. 形状记忆合金的研究进展. 材料导报, 2011, 25(18): 478-481.
[29] 路阳, 王学昭, 王凤平, 等. 电流变液研究新进展. 材料导报, 2009, 23, (2): 6-10.
[30] 张进秋, 张建, 孔亚男, 等. 磁流变液及其应用研究综述. 装甲兵工程学院学报, 2010, 24(2): 1-6.
[31] 汪建晓, 孟光. 磁流变弹性体研究进展. 功能材料, 2006, 37(5): 706-709.
[32] 张建辉. 智能结构的研究现状及其前景展望. 科学技术与工程, 2008， 8(21): 5886-5890.
[33] 李宏男, 李军, 宋钢兵. 采用压电智能材料的土木工程结构控制研究进展. 建筑结构学报, 2005. 26(3): 1-8.
[34] 胡自力, 熊克, 杨红. 基于智能材料结构的几种损伤评价方法. 航空学报, 2002, 23(1): 1-5.
[35] 李鹏飞, 万方义, 崔卫民, 等. FBG 传感器在飞行器结构健康监控中的可行性研究. 机械强度, 2011. 33(4): 624-628.
[36] 董元源, 刘永刚, 孙宝辉, 等. 自动温控阀形状记忆合金弹簧设计. 甘肃工业大学学报, 2000, 26(4): 27-29.
[37] 王金辉, 徐峰, 阎绍泽, 等. SMA 弹簧驱动器驱动机理及实验. 清华大学学报(自然科学版), 2003, 43(2): 188-191.
[38] 阎晓军, 聂景旭, 孙长任. 用于高速转子振动主动控制的智能变刚度支承系统. 航空动力学报, 2000, 15(1): 63-66.
[39] 鄢红春, 周骏, 李定国, 等. 电流变技术在工程中的应用. 海军工程学院学报, 1999, (3): 33-39.
[40] 魏克湘, 朱石沙, 王启新. 电流变材料及其工程应用. 机电工程技术, 2002, 31(5): 19-20.
[41] 司匡书, 李锡文. WiFi 和 RFID 的矿井机车实时定位系统. 机械与电子, 2012, (5): 27-29.
[42] 程望斌, 陈进, 陈新. 新型无线感应技术在位置检测中的应用. 电子测量与仪器学报, 2010, 24(4): 379-384.
[43] 王鑫. 基于精确定位技术的煤矿井下电机车监测系统的研究. 阜新: 辽宁工程技术大学, 2011.
[44] 李增科, 高井祥, 王坚. 基于捷联惯性测量的井下车辆高精度导航系统. 中国矿业大学学报, 2013, 42(3): 483-488.
[45] 姚远, 任永昌, 陈晓纪. 基于 ZigBee 技术的矿山井下车辆定位系统研究. 煤矿机械, 2007, 28(12): 139-141.
[46] 燕学智, 王树勋, 马中胜, 等. 基于超声红外定位导航研制自动引导车辆系统. 吉林大学学报(工学版), 2006. 36(2): 242-246.
[47] 伍舜喜. 基于激光雷达的智能车定位技术研究. 上海: 上海交通大学, 2008.
[48] 程晓畅, 苏绍景, 王跃科. 类 GPS 超声定位系统及其定位精度分析. 声学技术, 2007, 26(4): 632-637.
[49] 梁少波. 地下无轨铲运车导航技术研究. 成都: 电子科技大学, 2009.
[50] 杨振宏, 杨创业, 王再丽. 基于电力线载波技术的井下移动目标跟踪系统. 金属矿山, 2006,(4):

45-47.
[51] 段丽华. 基于泄漏电缆的矿山井下机车定位跟踪系统的研究. 阜新: 辽宁工程技术大学, 2008.
[52] 徐海贵. 基于磁阻传感器阵列的车辆自主导航系统研究. 上海: 上海交通大学, 2009.
[53] 庞发亮, 石志勇, 张丽花, 等. 基于磁通门技术的车辆导航系统. 兵工自动化, 2006, 25(2): 3-4.
[54] 任芳, 杨兆建, 熊诗波. 国内外煤岩界面识别技术研究动态综述, 2001, 10(4): 54-55.
[55] 田慧卿, 魏忠义. 基于图像识别技术的煤岩识别研究与实现. 西安工程大学学报, 2012, 26(5): 657-660.
[56] 田子建, 彭霞, 苏波. 基于机器视觉的煤岩界面识别研究. 工矿自动化, 2013, 39(5): 49-52.
[57] 杨晓峰, 李晓红, 卢义玉. 岩石钻掘过程中的钻头温度分析. 中南大学学报(自然科学版), 2011, 42(10): 3164-3169.
[58] 杨晓峰, 卢义玉, 康勇. 刀具-岩石摩擦过程中的闪温分析. 四川大学学报(工程科学版), 2011, 43(6): 225-231.
[59] Ralston J C, Strange A D. Developing selective mining capability for longwall shearers using thermal infrared-based seam tracking. International Journal of Mining Science and Technology, 2013, 23(1): 47-53.
[60] 尹力, 梁坚毅, 朱真才, 等. 采煤机螺旋式滚筒截割载荷仿真分析. 煤炭技术, 2010, 29(11): 3-5.
[61] 任芳, 刘正彦, 杨兆建, 等. 扭振测量在煤岩界面识别中的应用研究. 太原理工大学学报, 2010, 41(1): 94-96.
[62] 王东, 陈延康. 基于信号分析的煤岩分界识别技术研究. 矿山机械, 2010, 38(5): 22-25.
[63] 何家健, 陈卓, 吴孟侗, 等. 基于主成分分析的煤岩界面识别方法. 工矿自动化, 2011, (7): 76-78.
[64] 王增才, 孟惠荣, 张秀娟. 自然γ射线煤岩界面识别研究. 煤矿机械, 1999, (6): 16-18.
[65] 秦剑秋, 郑建荣, 朱旬, 等. 自然 γ 射线煤岩界面识别传感器的理论建模及实验验证. 煤炭学报, 1996, 21(5): 513-516.
[66] 姚建铨. 太赫兹技术及其应用. 重庆邮电大学学报(自然科学版), 2010, 22(6): 703-707.
[67] 滕学明, 赵昆, 赵卉, 等. 利用太赫兹技术研究煤炭中的灰分含量与碳含量. 现代科学仪器, 2011, (6): 19-21.
[68] 殷勇辉. 基于电感测量和光纤技术的在线油液监测方法研究. 武汉: 武汉理工大学, 2002.
[69] 丘雪棠. 润滑油液在线颗粒传感器试验研究. 广州: 华南理工大学, 2011.
[70] 冯伟, 陈闽杰, 贺石中. 油液在线监测传感器技术. 润滑与密封, 2012. 37(1): 99-104.
[71] 彭娟, 喻其炳, 高陈玺, 等. 全油流颗粒监测技术的研究进展. 重庆工商大学学报(自然科学版), 2012, 29(3): 89-93.
[72] 张晓飞. 基于介电常数测量的油液监测技术研究. 长沙. 国防科学技术大学. 2008.
[73] 陶辉, 冯伟, 贺石中, 等. 一种融合在线铁谱图像特征信息的磨损状态诊断方法. 哈尔滨理工大学学报, 2012, 17(4): 46-51.
[74] 黄学文, 陈兵奎, 王伟刚, 等. 大功率矿用减速器油液在线监测技术的应用. 润滑与密封, 2010, 35(2): 84-86.
[75] 郭祖华, 尹玉林, 徐娜, 等. 油液净化再生技术的应用. 机械开发, 2000, (1): 29-30.
[76] 蔡文海, 蒋永洲. 高清洁度液压油的净化技术. 液压与气动, 2000, (1): 39-40.
[77] 唐建伟, 吴克宏, 林茂光, 等. 膜分离技术在废油再生中的研究进展. 膜科学与技术, 2010, 30(1): 103-107.
[78] 王洲伟, 孙启顺, 杨军良, 等. 一种新型润滑油净化装置的设计. 润滑与密封, 2006, (6): 149-150.
[79] 宋宝玉, 黄梅香. 润清油在线净化新技术的探索与实线. 设备管理与维修, 2002, (6): 31-32.
[80] 刘开连, 黄梅香, 夏洪伟. 在线净化润滑油的肾型净油机. 石油化工设备技术, 1995, 16(5): 49-51.

10 感知矿山云平台

在感知矿山物联网技术体系中，信息源是部署在矿井底层的实时信息监测系统，为上层提供实时、多样、海量的监测信息；信息流是信息往上层传输的管道，负责信息的初步过滤和路由寻址；信息岛是信息的中转站，负责接收分类并暂存信息流传来的各类信息。而“感知矿山”需要对暂存于多个信息岛的海量监测信息进行多类别、多时态的融合挖掘，以获得最佳感知结果，因此需要在信息源、信息流、信息岛的上层构建一个总的信息存储、分析和对外服务平台，这便是建设感知矿山云平台思想的由来。

由于云计算和大数据技术的兴起及在多个行业取得成功应用，笔者开始研究利用其搭建感知矿山云平台的可行性和实施方案。经过技术调研与评估，并考虑到当下矿山灾害依旧对矿工生命安全造成巨大威胁而井下灾害的监测预警水平依然差强人意的现状，我们决定在感知矿山技术体系中引入云计算和大数据技术，搭建矿山灾害监测预警云平台，以提高矿山灾害监测预警的准确性、效率及降低系统成本，并进而在其基础上，推广到其他各类感知矿山云平台系统。本章将把笔者在这些方面的一些研究和实践成果与大家分享。

10.1 感知矿山云平台基础

感知矿山云平台是以云计算技术为核心搭建的面向矿山的综合信息服务平台。首先我们给出云计算的概念。从 2005 年谷歌公司提出“云计算”的思想后，国外的微软、雅虎、亚马逊、脸书、推特等公司，国内的百度、阿里巴巴、腾讯、新浪等公司都先后宣布了自己的“云战略”，公有云、私有云、混合云、云安全、云应用……众多新鲜词汇概念不断进入从业者的视野。

10.1.1 云计算概念

总的来看，云计算（cloud computing）是由分布式处理（distributed processing）、并行计算（parallel computing）、网格模型（grid model）等技术发展来的新一代大规模计算技术，也是一种崭新的商业计算服务架构。时至今日，对于“云”的认识仍在不断更新和变化，“云计算”仍没有一个权威的定义，接受度比较高的是美国国家标准与技术研究院的定义[1]：云计算是一种按用量收费的商业服务模式，这种模式通过提供可靠的、方便的、按需使用的网络访问，存取可配置的各种计算资源池（包括 CPU、内存、外存、网络、软件等），这些资源可被按需快速提供，用户只需投入很少的运维工作即可。

对于普通用户来讲，解放军理工大学刘鹏教授于 2008 年做出的一个云计算的阐释更通俗易懂[2]：“云计算将数据和计算分布在大量普通电脑构成的云资源池上，使各种终端系统能够按需获取各种计算或存储服务”。从这个定义可以看出，所谓“云”就是“飘浮”在网络集群上的各种软硬件资源，本地客户端只要向“云”端发送一个服务请求，就会有云端分布在各地的大量的计算机为你服务，提供计算、存储、分析等服务并将结果反馈给计算的客户端。在这种计算模式下，客户端只需要做很少的工作，绝大部分工作都在云端完成。

云计算具有以下显著特点[2]：大规模、虚拟化、高可靠、高通用性、高可扩展、按需服务、成本极低、效率极高。

另外，感知矿山云平台还常用到两个云计算的相关概念：

（1）云服务：云服务[3]是基于云计算的一种新型服务模式，主要方式为本地计算集群通过因特网向远端客户提供各种所需的专业信息服务，包括各种虚拟的计算、存储、网络资源，远端用户通过因特网以廉价且高效的方式按需索取所需云服务，云服务意味着计算能力作为大规模商品面向普通大众服务的时代真正到来了。

（2）云终端：云终端[4]泛指云计算架构下的终端设备，和传统本地计算机不同，由于云计算的绝大部分计算量在云端完成，因此云终端可以做得非常轻型，价格也大幅降低。通过云端服务，云终端可实现共享云端资源，将云端计算能力延伸到本地，因此云终端功能相比传统单机非但没有减少，反而大大增强，同时由于结构更简单，成本也更加低廉，更加绿色节能。

10.1.2 云计算应用模式

目前，云计算的应用形式种类繁多，已渗透到互联网的方方面面，在工业界也有诸多表现，例如国外的谷歌在线应用、亚马逊云服务，国内的阿里云梯、百度云盘、腾讯云语音、南航的航空云等。对这些云应用进行分类，如图 10.1 所示，可以主要分为以下三种[2]：软件即服务 SaaS（software as a service），平台即服务 PaaS（platform as a service），基础设施即服务 IaaS（infrastructure as a service）。

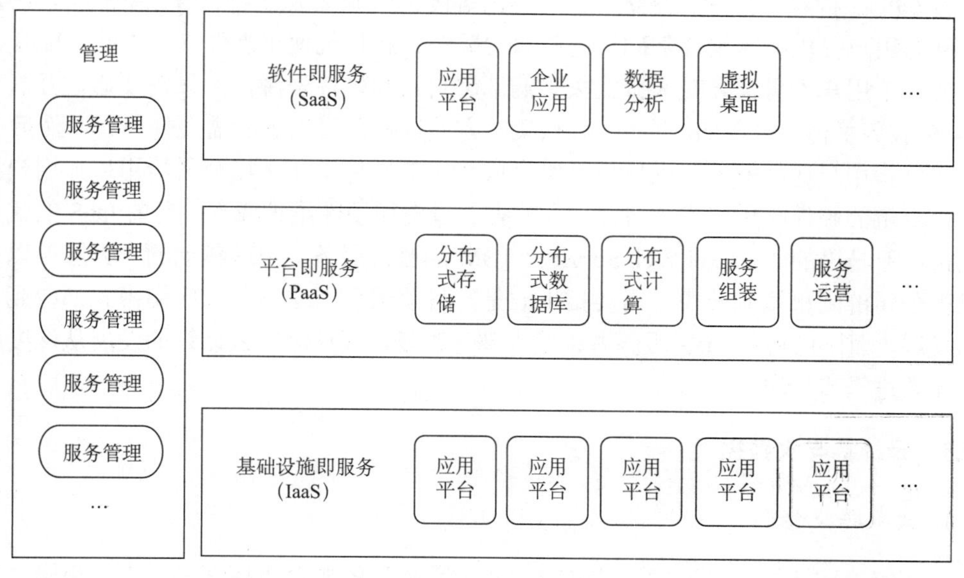

图 10.1 云计算的体系架构

1. 软件即服务（SaaS）

SaaS 提供商在自己的服务集群上统一安装对外服务的应用软件，用户则利用因特网向服务提供商订购所需的应用软件服务，而后服务提供商通过 Web 向用户提供应用软件租用服务，并根据用户租用软件的种类、多少、时长等收取很少量的租用费。和传统软件应用模式相比，SaaS 的最大优势就在于软件提供商全面负责软件服务的质量，包括开发、安装、部署、维护、升级等，而软件使用者只需拥有浏览器，接入因特网，支付少量费用即可方便地享用所需软件服务，而不必像以前那样还要关心软件从部署到维护的整个生命线，大大节省了用户的人力和财力的投资。目前提供 SaaS 服务的公司包括 Salesforce、谷歌、微软等。

2. 平台即服务（PaaS）

PaaS 是平台即服务，它利用云计算架构，把软件开发环境作为一种增值服务提供给研发人员。PaaS 提供的是一种集软件开发环境、服务器集群及其他相关资源为一体的整体服务包，用户通过互联网登录 PaaS 平台，便可在其上开发软件，并在该平台上部署和发布，继而 PaaS 平台便可将用户研发的软件通过因特网分享给其他相关用户。和传统软件开发模式相比，PaaS 的最大优势在于软件开发者不再需要关心硬件平台、软件开发环境等这些专业且复杂但又和软件开发密切相关的东西，这些软件开发支撑平台的部分全部交由 PaaS 服务商提供和负责，而用户只需专注于自己的软件开发逻辑即可。目前一些代表性的 PaaS 产品包括谷歌应用引擎[5]、阿里云梯、新浪应用引擎等。

3. 基础设施即服务（IaaS）

IaaS 利用云计算技术实现了一种崭新的硬件基础设施资源使用模式，它使用虚拟化技术将 CPU、内存、外存、网络、输入输出等硬件资源集成整合成虚拟资源池，再通过互联网为用户提供所需硬件基础设施资源的服务。和传统使用硬件方式不同，IaaS 的最大优势在于用户不再需要花大价钱去采购部署自己的硬件资源，而只需要通过互联网登录 IaaS 服务平台，在 Web 页面上以点菜的方式选择自己当下所需硬件单元，然后 IaaS 后台便可将用户选择的若干硬件单元组合成真正的硬件工作环境交付给用户，用户只需支付极少量的硬件租用费用即可，大大节省了投资和硬件维护成本。目前 IaaS 的代表产品包括：亚马逊的 Amazon Web Service、IBM 的蓝云服务、中国移动的大云服务以及阿里巴巴公司的阿里基础云等。需要指出的是，目前国际上这三种云应用模式都得到了迅速的发展，而国内还是 IaaS 服务占领绝大部分市场，可见国内云计算的发展从深度和广度上还须进一步加快。

10.1.3　云计算与大数据

1. 大数据概念

近几年“云计算”迅速发展的同时，“大数据”的概念也逐渐进入人们视野。大数据（big data）[6]，又称为巨量数据、海量数据，它主要指信息处理涉及的数据量已大到无法通过现有软件技术，在可以接受的时间内完成以下单个或几个联合处理，包括采集、传输、存储、检索、分析、挖掘等。因此，人们普遍认为大数据需要更新的甚至专有技术，以便能在可接受的时间期限内被有效处理。典型的“大数据技术”包括并行处理平台，云数据库，大规模文件系统，基于内存的计算，大规模机器学习等。

2. 大数据特征

目前比较公认的一种说法是大数据的本质特征可概括为“5 个 V”[7]：volume（规模性）、velocity（高速性）、variety（多样性）、veracity（真实性）、value（价值性），具体内容为以下方面。

（1）volume 是指数据量达巨大或者海量，级别从 TB 到 PB、ZB、EB，这和互联网迅猛发展及硬件存储技术的飞速进步都密切相关。

（2）velocity 主要指大数据流的实时性和移动性大大增强，这和移动互联网的高速发展密切相关。

（3）variety 主要指大数据的来源庞杂，又包含结构、半结构和非结构型数据，需要在大规模、多异构、多时变等大数据复杂条件下挖掘其潜在联系。

（4）veracity 指真实性，有两层意义：一是大数据量大繁杂，其中很可能包含噪声或虚假信息，需使用者做去噪处理；二是在超大规模下，即使绝大部分数据是无意义或无价值的，但作为海量规模总体来看，其中必定隐藏着许多宝贵信息和深度价值，需要使用者去用心处理和挖掘。

（5）value 即价值，大数据价值普遍具有稀缺性、不确定性和多样性，需通过种种大数据技术，提取挖掘大数据的深度价值，这是大数据应用的核心意义和最终目的。

3. 云计算与大数据关系

我们对云计算与大数据的关系作如下阐释：云计算技术的关键在于“分布”和“集中”，不管是通过经典的虚拟资源池技术，还是新兴的巨量计算资源整合技术，云计算都是将分布和集中思想贯穿其中，将大量广泛分布的计算资源通过网络进行集中聚合，再通过适合的调度算法分布配额给各种云用户，使得分布在各地的云用户的文档资料和办公研发工作都集中在云端完成。而大数据技术则是由于云计算的兴起导致海量信息和数据的激增而出现的一种崭新的计算技术，其目的是存储、计算、挖掘和使用互联网络所产生的各种大数据。用个简单而形象的比喻，云计算像个大水池，而大数据便是这池中的水，大数据依靠云计算产生和存在，云计算则由于大数据而变得有价值和活力，两者相辅相成、密不可分，共同铸就了一个崭新的计算时代。

10.1.4 感知矿山的云计算

我国煤矿事故频发，全国各类煤矿有 2.6 万多处，超过世界上其他主要采煤国家的煤矿总数。全国矿井平均井深已超过 300m，最深的矿井超过了 1300m，井下矿工至少达 100 万人。“入井三分险”，在井下多待一分钟，危险就会增加几分，在数百米的地下深处，种种未知的地质危险因素随时威胁着矿工的生命安全[8]。一方面，矿产能源开采已经被我国提高到能源战略的高度，另一方面，井下作业环境恶劣，矿难事故时有发生，因此在提高开采效率的同时，国家和社会对安全生产的呼声也越来越高。针对当前中国煤矿业的现状，无论是国家管理部门，还是煤炭行业的资深专家都认为，建设信息化矿山是实现我国煤矿安全生产最根本的发展之路。而在矿山信息化中，矿山灾害监测的信息化是重点也是难点，煤矿矿震灾害、煤与瓦斯突出和煤矿突水是矿山最严重的灾害，都需要进行信息化监测。

1. 矿山信息监测技术现状

图 10.2 给出了一种煤矿单点安全信号监测系统示意图，系统以独立形态运行于某矿区，实施单参数电磁信号的监测，这也是当前矿山信息监测系统运行现状的一个缩影。参照图 10.2，本书总结了目前矿山信息监测系统普遍存在的共性问题主要为以下方面。

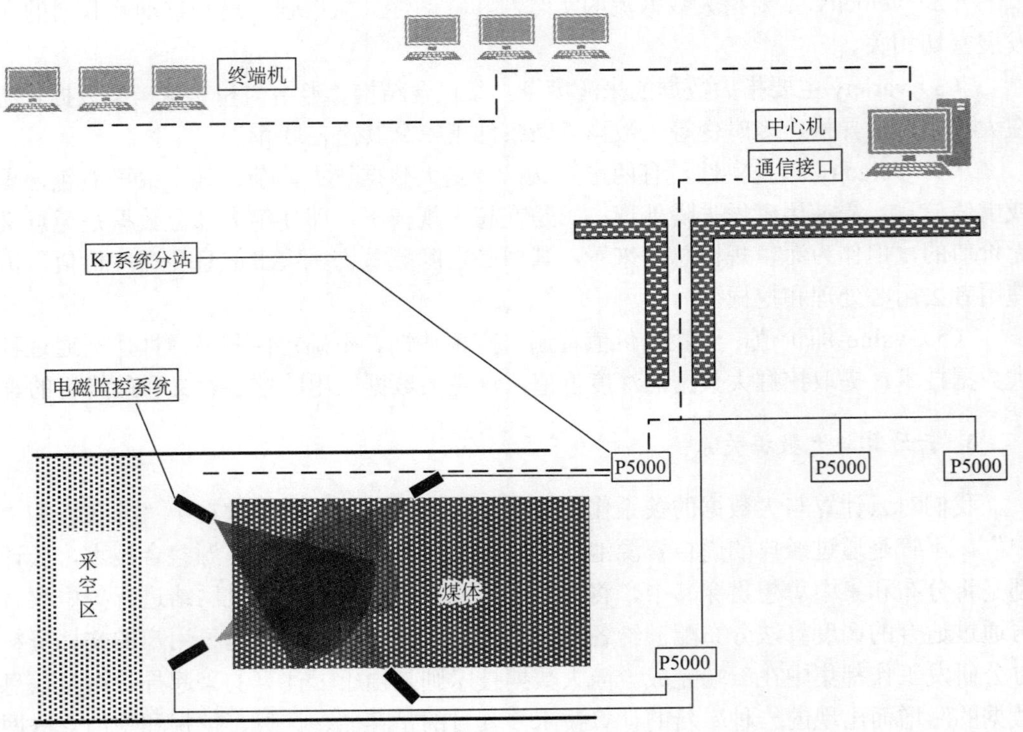

图 10.2　一种煤矿单点安全信号监测系统

（1）系统大都是以独立形式分别运行于各矿区，安装困难，投资巨大，浪费严重，也不利于监测预警技术的推广应用。尚未见任何有关基于云平台技术实现监测数据的采集、存贮及分析服务，实现矿山灾害预警的相关报道。

（2）系统基本都只能对很少量甚至单个参数进行监测，监测信息种类和数量都非常有限，更无法提供多信息融合和数据挖掘服务，因此对准确预警可提供的实质性帮助严重不足。

（3）煤矿灾害信号需要相关专家的分析、解读与会商才能起到监测目的，但由于煤矿普遍缺少从事这方面的专门力量，所以很难对监测信息进行有效利用，往往需要各自外请专家进行分析。

（4）从事矿山灾害研究的专家大都在高校和研究机构，不可能长期在矿山工作，这就造成“外请专家”的实现难度和代价更大。

（5）随着我国煤矿设备年限不断加长，矿井开采深度不断增加，矿井拓扑复杂度不断增加，矿山灾害的形势越来越严峻，需要建设相应监测预警优化系统的煤矿越来越多，因此提供统一的煤矿灾害预警服务的需求也越来越迫切。

2. 感知矿山云平台的意义

云计算是物联网应用平台的关键核心技术[9]，是网格计算、分布式计算、网络存储、负载均衡等计算技术和网络技术发展融合的产物，它旨在通过互联网把多个成本相对较低的计算实体整合成一个具有强大计算能力的完美系统，并借助 IaaS、SaaS、PaaS 等先进的商业模式把这些强大的计算能力分布到终端用户手中。利用云计算及大数据处理技术[2, 10]，可以将大量用网络连接的计算资源统一管理和调度，构成一个计算资源池向终端用户按需提供服务，并通过不断提高“云”的处理能力，进而减少用户终端的处理负担，最终使用户终端简化成一个单纯的输入输出设备，按需享受“云”的强大计算处理能力。相对于传统方案，云计算解决方案有明显的优势，包括较低的前期成本，便于维护，快速提供大规模服务应用等。

以云计算和大数据处理为核心技术架构建立矿山云服务平台，以云服务的方式为全国矿山企业提供灾害预警等方面的服务，这将是一个基于云平台的全国矿山灾害监测服务中心，它集中汇总全国矿山的海量实时监测信息，利用分析软件和专家云对各矿山灾害的活动规律及监测数据进行分析，提供分析报告、预警决策等信息服务。利用云计算技术搭建的矿山云服务平台可体现“一次投资、按需使用、分散监测、异地会诊、集中维护、多矿共用”的多重优势，具有明确而重大的意义和价值。

10.2 感知矿山云平台技术

感知矿山云平台以先进的云计算和大数据处理为主要技术支撑，以矿山灾害信息预警为主要服务目标，针对矿山生产相关的数据存储、安全预警、监视与控制等基本问题，搭建感知矿山云服务平台，为安全生产提供技术支持，最大限度地满足保护社会生命财产的需求。云计算技术所提供的大规模数据处理能力和弹性部署特性，为全方位的矿山灾害信息预警提供了强有力的技术后盾。首先，云存储技术能够为感知矿山物联网平台所产生的大数据提供海量存储、快速检索、高效传输等云服务；其次，云计算并行处理技术能够协调大规模的计算资源，通过高效可靠的大数据计算模式来快速完成井下状态模拟、安全预警等计算和数据密集型的任务，从而指导应急反应；最后，云计算软硬件资源的快速部署和弹性服务可提高信息处理效率，降低运营开销。

总体来看，感知矿山云平台由云系统管理软件、云存储软件、云门户软件及云应用软件群四部分组成，图 10.3 给出了其整体架构。

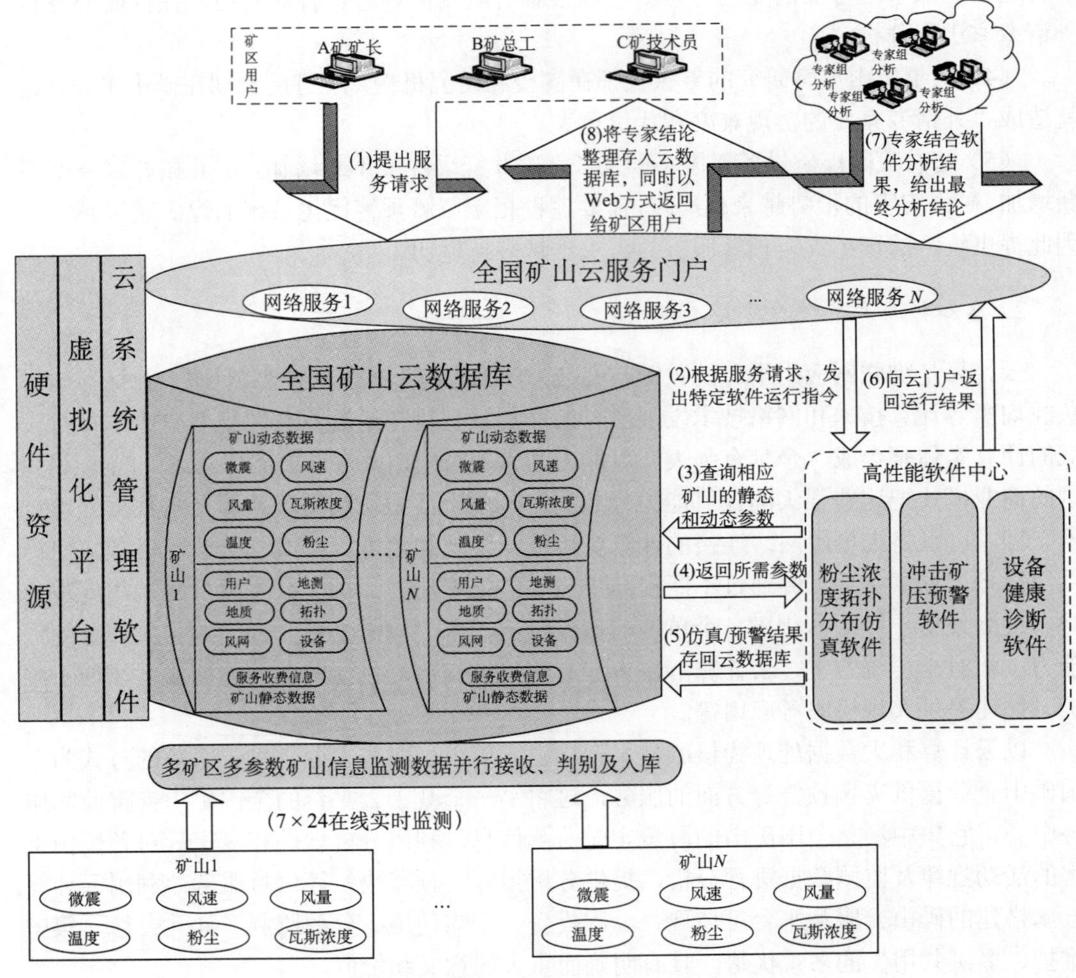

图 10.3　感知矿山云平台整体架构

10.2.1　云系统管理软件

作为整个感知矿山云平台的管理中心，云系统管理软件必须具备良好的系统结构、高可靠性、高性能及可扩展性。同时需要积极参考云计算最新技术和矿山安全信息化特征，运用资源虚拟化技术、大规模数据处理技术，结合操作系统层次化原理和系统抽象原理，研制符合发展趋势的感知矿山云平台系统管理软件，内容包括以下几个方面。

（1）在计算资源管理方面，矿山云系统管理软件将在硬件基础设施层面上，利用分区概念管理不同类型和用途的设备，在核心层屏蔽分布的计算和存储资源的异构性和动态性，提供具有共性的系统抽象和系统调用接口，实现基于资源池（即云池）的按需服务模式，开发基于负载平衡的稳健高效资源调度策略。

（2）在数据资源管理方面，将建立统一的矿山安全数据规范，开发数据访问的标准接口，增强不同数据间的互操作性，开发矿山安全数据的高效并发存储组件。

（3）在网络资源管理上，针对矿山信息传输特点，在充分保障数据采集安全可靠的基础上合理管理网络带宽，实现数据传输的通畅性。

（4）在应用方式上，遵循云计算的按需服务模式，运行环境具备高伸缩、高可靠、大规模资源调度等特点，充分体现矿山信息存储和处理的特性并满足矿山安全生产的需求。

为了达成上述目标，有以下一些关键点需要深入研究。

（1）研究云与端一体化，同时支持在线和离线数据处理等新型网络服务体系架构。

（2）研究虚拟化的资源管理与按需资源保障，虚拟资源的性能及故障隔离技术，支持弹性的动态部署与自适应技术。

（3）研究稳健高效的调度策略，研究多种不同优化目标或应用价值的调度算法，实现负载均衡的高可用机制。

（4）研究针对不同优先级数据的传输机制。如传感网所获取的环境数据具有高传输优先级，对一般视频监控数据则在保证足够清晰度和压缩效率前提下使其适应多种传输速率。

（5）研究海量数据的可靠高效传输技术，如分拆打包、断点续传、完整性校验检测等。

（6）研究系统监控与诊断技术、资源使用统计和计费系统、虚拟服务的可靠安全保证技术，实现网络软件的持续运营和按需即时服务。

（7）研究面向云服务的用户身份认证、服务授权与分级管理等技术，同时要研究基于用户行为的检测与攻防技术等。

10.2.2 云存储软件

感知矿山云存储软件实体主要包括面向多矿山、多感知实体、多监测参数的云数据库，以及适合数据融合和挖掘需求的云存储管理软件两部分。

矿山数字化信息的主要特征概括起来有四个主要方面：①大容量；②实时性；③追加无修改；④广域分布。当前主流的云数据库技术[11]，能很好地满足上述四个方面的数据管理要求，如谷歌的 GFS 文件系统和 BigTable 数据库、开源平台 Hadoop 所提供的 HDFS 文件系统和 HBase 数据库等。具体来看，云数据库要存储来自多矿山的信息监测数据，每个矿山的动态数据又包含多种监测参数，且为 7×24 全天候监测，同时还有大量静态数据，因此数据量应比较巨大，且随着监控矿山数目的增加，数据量会不断上升并可至海量级别。因此，我们采用适合实时（增量式）大数据存储的分布式云数据库作为存储架构，图 10.4 给出了一个云数据库参考模型。这种分布式云数据库必须是一个可动态扩展、高性能、高可靠性、易用的分布式数据库系统，它构架于常用的 MySQL、PostgreSQL、Oracle 等关系数据库之上，为用户提供标准的 JDBC API 接口或者查询服务器（Query Server）模式（独立于应用开发语言）。根据业务数据量的需求，用户可以通过大量的 MySQL 或 PostgreSQL 等服务器组成一个分布式数据库集群，云数据库引擎通过将用户的业务数据分片（shard）到不同的数据库节点中，大大降低了普通数据库面对海量数据时的压力，并通过将用户的 SQL 请求分发到各节点上执行，充分利用各节点的计算资源，从而能够使 PC 服务器集群达到小型机甚至中大型机的性能，同时还拥有了集群规模无限扩展的能力。

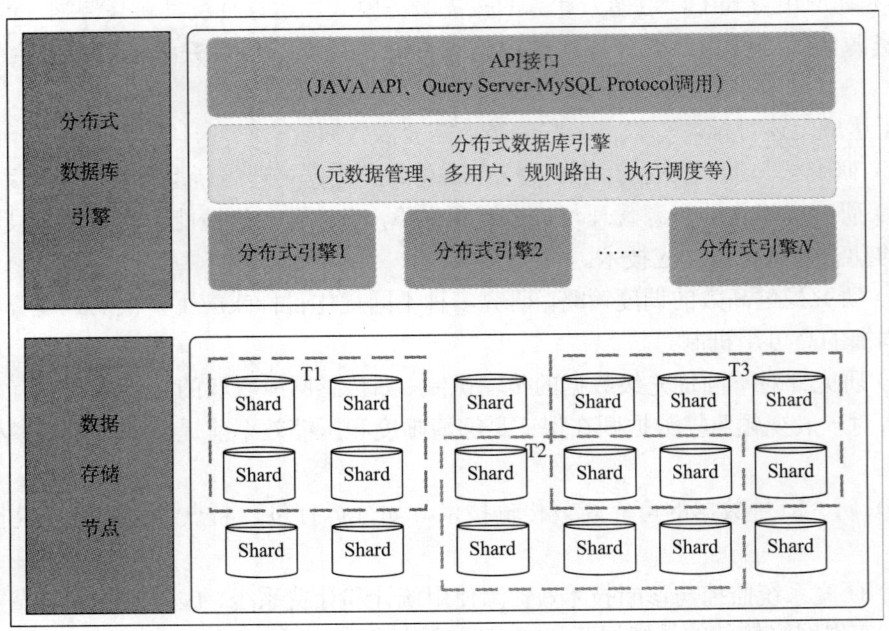

图 10.4　基于分布式存储的云数据库模型

在构建分布式云数据库基础上，还需要开展以下三方面的研究。

1. 分布式、多时态、异构、海量矿山信息数据特点及管理技术研究

矿井安全数据包括多种多样的数据类型，譬如传感网络数据、设备产生的数据、计算模拟产生的数据等。不同的矿井、不同的设备、不同的传感网络、不同的计算模型等构成了分布、多时态、异构、海量的数字资源。矿井云平台所需处理的信息规模和范围都大大超出了原有某一个方面的范畴，面临着更大范围、更长时间内的数字资源处理问题，因此，需要在数据获取、存储与检索等环节高效、准确地对这些数字资源进行研究和管理，才能有效地对矿山安全各项具体应用形成支撑。譬如矿山粉尘信息数据来源于地理空间高度分散的不同矿山，每个矿山都是 7×24 全时长监测，监测参数又包括多种多样的数据类型，如粉尘浓度、风速、温度、湿度、瓦斯浓度等，这样就构成了分布、多时态、异构、海量的数字资源。因此每个监测参数的数据字段设计，均需包含监测时间、矿山 ID、工作面 ID、x、y、z 等信息，以便准确定位其时间、空间来源。

针对矿山数据普遍存在的上述特点，需要研究可定制化的海量数据资源管理技术，包括：①研究矿山安全的海量数据资源管理体系与参考模型；②对各种可能涉及的数据资源的元数据进行分类、规范与标注等管理；③研究高效节能的分布式数据计算模型、动态数据布局、数据共享，以及高可用、高可靠、高吞吐的数据存取技术；④研究异构

数据间的数据访问协议。

2. 服务于多参数数据融合和挖掘的矿灾预警存储模型研究

仅仅是存储海量数据，供一般查询和分析用是不能满足全国矿灾预警网络建设需求的，因为构建该网络的最终目的是通过对其中存储的大量多参数数据的融合及挖掘，建立多参数数据和矿灾之间的关联模型，从而为矿灾预警做出实质性的重大贡献。而矿灾数据在云数据库中如何进行组织与管理，是信息融合与挖掘，建立高效预警模型的基础工作。从空间整体来看，这种大数据存储模型应能提供一种有效处理大数据的分析计算方法，准确表达多源异构数据及相互间的关系，并且能提供面向服务的表达方式和计算方式，对数据进行提取和分析，从而为数据挖掘和趋势预测作有效前期准备[12]。以往的预警评价模型都是分散在不同计算机上，涉及的参数由于系统规模和计算能力的限制，考虑的因素综合性不够，模型较为简单，预测的精确性不高。在物联网和云计算环境下，多参数矿灾数据统一感知，集中到统一的云数据库上，使高精度、多变量、实时性矿灾安全预警成为可能，因此需要对基于云计算和大数据的矿山灾害预警模型进行深入研究，解决应用的关键技术问题。

具体研究内容包括：①基于云计算的异构数据空间的建立，定义空间中的数据模型，使其能够准确表达矿灾信息各类型数据间的相互关系；②建立数据仓库将矿山灾害信息以主题形式存放在数据仓库中；③在此基础上深入挖掘多元异构数据间的潜在关系以最终建立高效矿山灾害预警数学模型。

3. 高效云数据存取管理技术研究

云数据存取软件负责实时收集、存储与检索来自于井下的各种传感网络数据，包括环境、设备状态、人员跟踪、监控视频等方面。建立在矿山信息安全数据特征的基础上，开发数据访问协议和接口，实现基于动态和实时数据的高效并发存储。并且通过探索和总结矿山安全数据的生命周期，在数据的不同时期采用不同的增减方法，提供可靠的数据存储、共享和处理工具。简而言之，云存储管理软件需研究内容包括动态数据采集接收、数据去冗余、数据灾备管理、数据共享及快照、矿山数据文件访问和接口协议等，对矿山云平台数据的高效、可靠存储和访问有着基础而重要的作用。

10.2.3 云门户软件

感知矿山云门户以 Web Service 技术为核心，建设面向全国矿山用户的服务接口，同时也是整个云平台系统的交换枢纽，承担着协调云数据库及感知矿山软件群为矿山用户提供应用服务的职责。

通过云平台整体架构图可知，作为整个感知矿山云平台的交换中心，虽然技术上没有特别高级和复杂，但其有着重要的枢纽作用。

（1）通过感知矿山云门户，矿山用户和专家用户可完成信息注册和维护，矿山用户上传服务需求、获取服务（预警/优化）结果、付费，专家用户提取矿山用户需求、提取软件分析结果、综合给出最终结论等操作（图 10.5~图 10.7）。

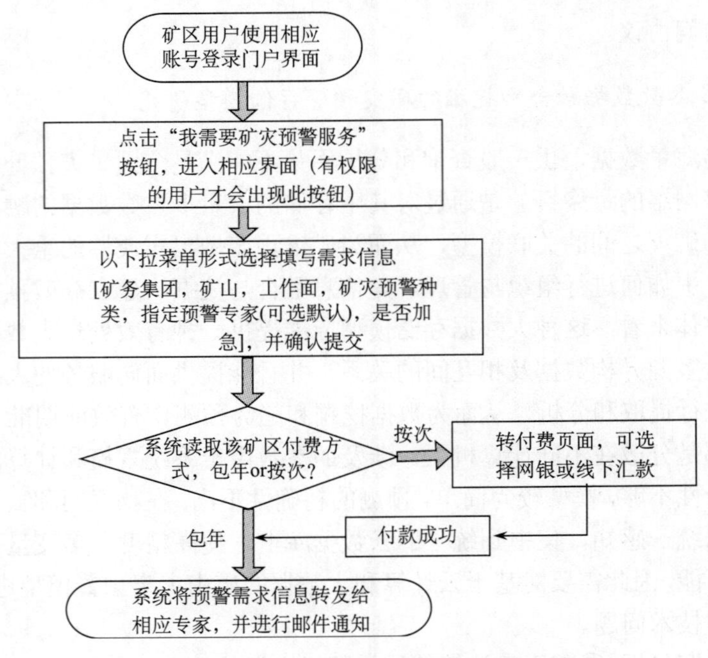

图 10.5　矿山用户提交预警需求流程图

（2）感知矿山云门户作为云数据库的存取接口，矿山应用软件可通过云门户从云数据库中提取所需的各种矿山静态、动态数据，并在进行分析后将预警/优化结果存入云数据库，同时将结果通过云门户反馈给特定矿山用户提取。

（3）矿山各种实时监测数据传输至云平台后，通过云平台的数据接收处理接口（感知矿山云门户的组成模块），存入感知矿山云数据库。

在感知矿山云门户系统实现过程中，会用到一项核心技术：Web Service[13]。简单来说，Web Service 是一种远程调用技术，既能跨编程语言，又能跨操作系统和硬件平台。从表现形式看，它是一个应用软件对外展现一个API调用接口，能通过Web被编程调用，Web Service 的调用者称为客户端，Web Service 提供者称为服务端。从内部机制来看，Web Service 实现了一个分布式互操作编程的新平台，它定义了在 Web 上实现互操作性的具体接口、标准，使得提供者可以用任何语言在任何平台上写 Web Service，使用者可以通过 Web 进行访问调用。其技术体系有三大核心技术：XML+XSD、SOAP 和 WSDL。

（1）XML+XSD：Web Service 传输数据使用 XML（extensible markup language）[14]格式进行封装， XML 的优势在于格式标准规范，便于文件生成和分析，同时和平台及厂商无关。但是 XML 标准虽整体上规定了数据格式表示问题，却没有给出完整的数据类型细节，XML Schema（XSD）则补充解决了这一问题。

（2）SOAP： Web Service 采用 XML 封装数据的时候，添加了一些特殊的 HTTP 消息头，这些 HTTP 消息头和 XML 封装内容一起被称为简单对象访问协议[14]（simple object access protocol, SOAP）。SOAP 为 Web Service 调用提供了标准的 RPC 方法。

（3）WSDL： Web Service 发布之后，调用者如何知道有哪些 Web Service，它们在哪里，具体调用接口是什么？即调用者在调用之前，需先查询所需要的 Web Service

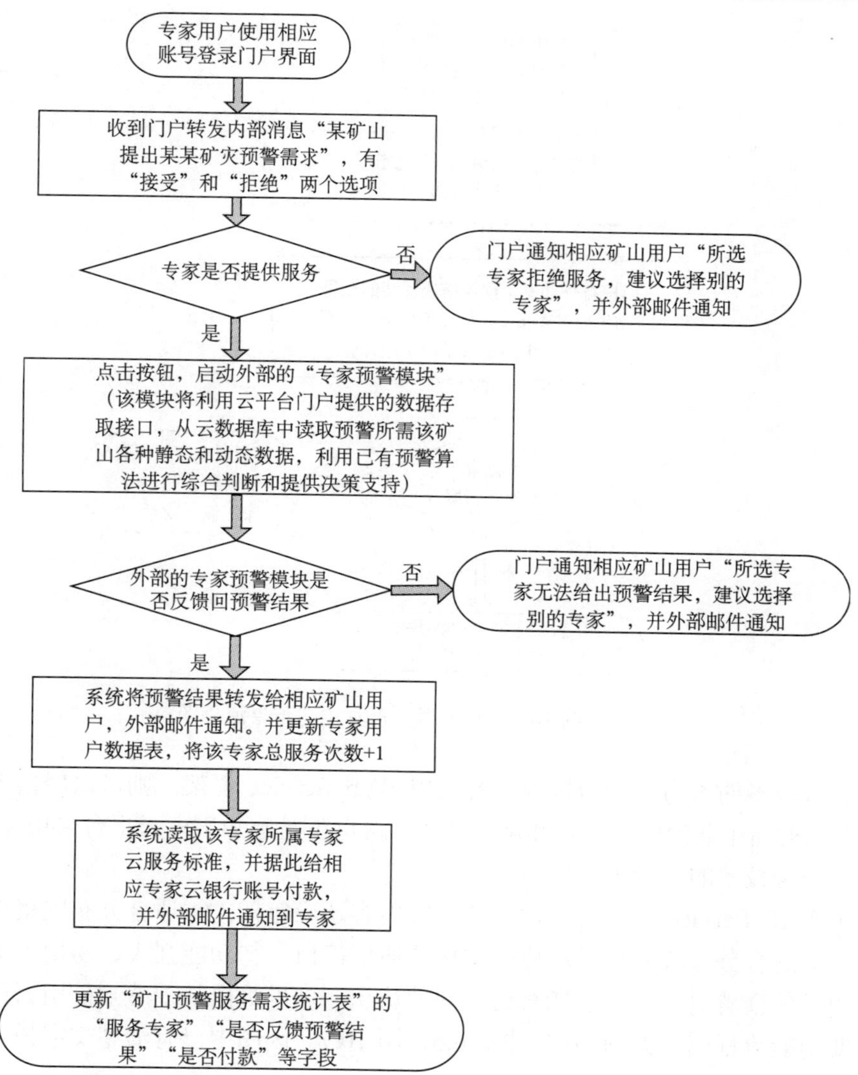

图 10.6 专家用户提供预警服务流程图

服务，得到服务地址，然后要确定用什么具体接口去调用。为此，Web Service 服务端通过 WSDL（web services description language）[15]文件来说明可提供的服务种类、地址及具体调用方式。WSDL 同样使用 XML 实现，其既可被人读懂，又可被机器阅读。Web Service 的 WSDL 文件一般被放到某个已知的服务器上，调用者登录此服务器后便可查询到所需的 WSDL 文件进而调取所需的 Web Service。

Web Service 应用开发主要分为两部分：服务端开发和客户端开发。服务端开发指提供者把自身的业务方法打包作为服务进行发布，供其他用户调用；客户端开发指用户研发如何调用 Web Service 服务的程序。从应用领域看，Web Service 技术框架主要有两种应用场合：互联网范围内 Web 程序协同开发和企业级分布式系统内部模块协同开发。在企业里，通常要把不同语言实现在不同平台上运行的各种软件集成在一起，使用传统的

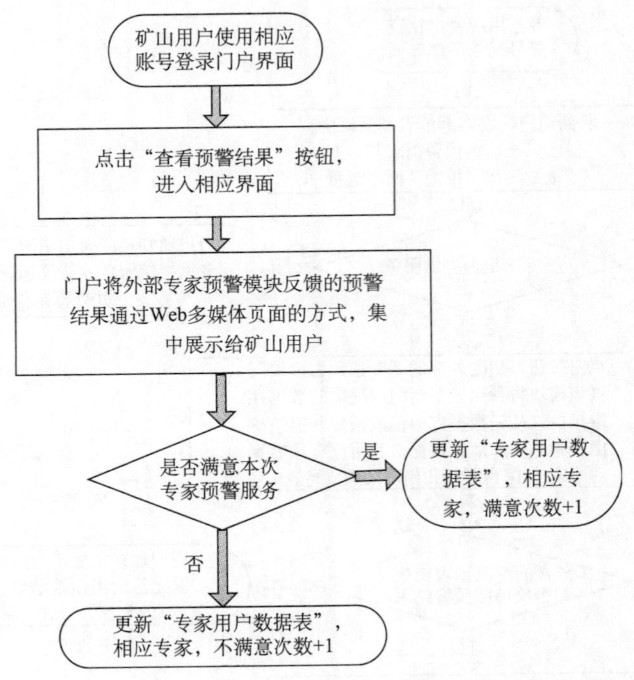

图 10.7　矿山用户查看预警结果流程图

方法会花费很多的人力、物力资源，若使用 Web Service 框架，则可以轻松地解决这一难题，大大提高企业的研发效率和降低成本，这也正是感知矿山云平台采用 Web Service 作为核心架构技术的一个重要原因。

除了 Web Service 之外，云门户的研究内容还应包括：①适合分布式集群的门户基础架构；②适合分布式异构模块协同工作的通信接口；③功能强大、易用、美观的门户界面。为了使读者对云门户功能有更直观的认识，这里给出基于感知矿山云门户实现的几个主要功能流程图，见图 10.5、图 10.6、图 10.7。因图中已有清楚文字说明，此处不再赘述。

10.2.4　云应用软件群

基于云平台整体架构，面向矿山信息化建设实际需求，以高性能并行计算为核心开发技术，在云门户和云数据库周围部署感知矿山软件群，并以 Web Service 为主要接口技术与后者相连，为矿山用户提供各种所需的应用服务。

目前矿山已有实际运行的各种预警/优化系统，但它们大都各自为战，以独立、分散的方式运行于矿山，运行质量、维护效率和重复建设问题都比较严重。建立感知矿山云平台的根本目的是以互联网为载体，以云计算技术为核心，整合矿山数据、分析算法、领域专家等各种资源，建立统一的矿山数据存储中心、信息分析中心及专家服务中心，统一为全国广大矿山用户提供高质量、高效率、高易用、高性价比的各种监测/预警/优化服务，以满足日益高涨的矿山信息化建设需求。基于上述目的，除了基础设施、云数据库、云门户等模块外，感知矿山云平台必须依托云平台，利用分布式、并行计算等各种先进计算技术，提供一系列矿山相关的预警、优化、仿真应用软件，形成“感知矿山软件群”，为广大矿山用户提供各种所需的信息化服务。

感知矿山软件群主要包含以下这些软件（软件服务功能在10.3节有具体介绍）：

1）煤矿灾害预警软件

（1）冲击地压预警软件。

（2）突水灾害预警软件。

2）煤与瓦斯突出预警软件

（1）煤矿粉尘浓度拓扑仿真软件。

（2）煤矿风网优化软件。

（3）煤矿设备健康诊断软件。

下面从系统架构和内部实现两个方面对感知矿山软件群的技术体系进行介绍。

在系统架构方面，以Web Service技术为核心，实际内容在上一节已有具体描述，此处简单概括如下：感知矿山软件群利用MS.NET或Java体系的Web Service模块构建WS客户端，并且以感知矿山云门户为交换枢纽，通过调用云门户（服务端）的各种Web Service组件，存取云数据库，针对矿山用户提交的实际需求提供各种数据分析服务。

在内部实现方面，基于云计算技术搭建的感知矿山软件群集中体现高性能特色，软件研发一般通过两种技术方式实现：第一种是对于内部模块能够并行分割的，利用云平台本地硬件资源和并行计算框架，进行并行计算实现；第二种是对于内部模块之间耦合性强，无法并行分割的，则利用高性能服务器单机实现。第二种方式是传统的软件开发方式，此处不再多述。下面主要对感知矿山软件实现的第一种方式——基于云平台的并行计算框架，进行重点介绍。目前，基于云计算技术的并行计算框架有十余种，经过综合比对先进性、稳定性、可靠性、维护性等多种因素，感知矿山软件群的研发将基于下述两个并行计算框架实现：Hadoop[16]和Spark[17]。下面对它们分别做介绍。

1. Hadoop

Hadoop是基于云计算的经典分布式并行处理架构，最早来源于Google，现在由Apache基金会负责开发和维护。基于Hadoop架构，应用开发者可以在不了解分布式底层细节的情况下，充分利用集群的威力高速运算和存储，快速开发分布式应用程序。

1）Hadoop优点

Hadoop是一个能够对大量数据进行分布式处理的软件框架，具有高可靠、高效、高可伸缩、低成本等诸多优点。Hadoop是可靠的，因为它假设计算元素和存储会失败，因此它维护多个工作数据副本，确保能够针对失败的节点重新分布处理。Hadoop是高效的，因为它以并行的方式工作，通过并行计算加快处理速度。Hadoop是可伸缩的，能够处理MB至PB级数据。此外，Hadoop架构为普通PC机所设计，因此运维成本低廉，使用门槛较低[18]。

2）Hadoop架构核心部件

Hadoop由许多部件构成。其最底部是Hadoop Distributed File System（HDFS），它存储Hadoop集群中所有存储节点上的文件。HDFS的上一层是MapReduce引擎，该引擎由 JobTrackers 和 TaskTrackers 组成。HDFS 和 MapReduce 是 Hadoop 架构的核心部件。

（1）HDFS

对外部客户机而言，HDFS 就像一个传统的分级文件系统。可以创建、删除、移动或重命名文件等。但是 HDFS 的架构是基于一组特定的节点构建的（图 10.8），这是其自身的特点决定的。这些节点包括 NameNode（仅一个），它在 HDFS 内部提供元数据服务；DataNode，它为 HDFS 提供存储块。由于仅存在一个 NameNode，因此这是 HDFS 的一个缺点（单点失败不易恢复）。 存储在 HDFS 中的文件被分成块，然后被复制到多个（缺省为 3 个）计算机（DataNode）中。NameNode 可以控制所有文件操作。HDFS 内部的所有通信都基于标准的 TCP/IP 协议。

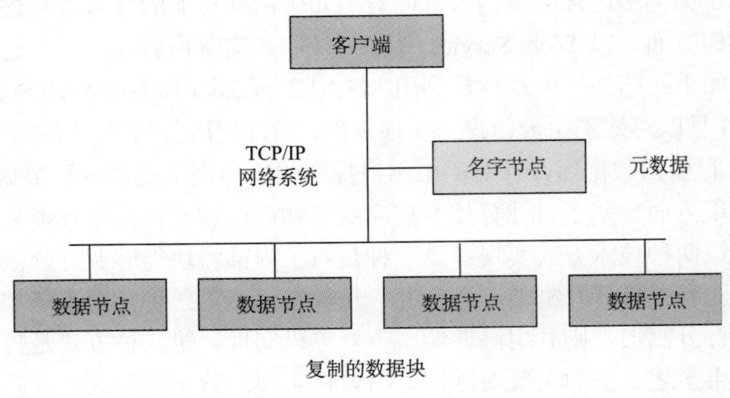

图 10.8　HDFS 组成节点架构

（2）MapReduce

由 Google 发明的 MapReduce 是一种“数据分割（map） - 数据规约（reduce）”编程机制，Hadoop 将其实现为一整套编程接口 APIs 并内嵌于系统，使得 MapReduce 已成为了 Hadoop 并行计算框架的核心组件及标志性特征，目前 MapReduce 已被公认为最适用于并行处理大数据集的软件框架之一。

图 10.9 给出了 MapReduce 机制核心处理流程。最简单的 MapReduce 应用程序至少包含三个部分：一个 Map 函数、一个 Reduce 函数和一个 Main 函数，Map 函数负责数据分割，Reduce 函数负责数据规约，Main 函数则将作业控制和文件输入/输出结合起来。Hadoop 为 MapReduce 提供了大量的接口和抽象类，从而为 Hadoop 应用程序开发人员提供许多工具，可用于调试和性能度量等。具体来看，Map 函数接受一组数据并将其转换为一个键/值对列表，Map 输入域中的每个元素对应一个键/值对；而 Reduce 函数接受 Map 函数生成的列表，然后根据它们的键（为每个不同的键生成一个键/值对）缩小键/值对列表。

下面给出一个示例，假设输入域是 one small step for man, one giant leap for mankind。在这个域上运行 Map 函数将得出以下的键/值对列表：（one, 1）（small, 1）（step, 1）（for, 1）（man, 1），（one, 1）（giant, 1）（leap, 1）（for, 1）（mankind, 1）。接着

对这个键/值对列表应用 Reduce 函数，将得到以下一组键/值对：（one, 2）（small, 1）（step, 1）（for, 2）（man, 1）（giant, 1）（leap, 1）（mankind, 1），显然结果是对输入域中的单词进行计数，这无疑对处理索引十分有用。

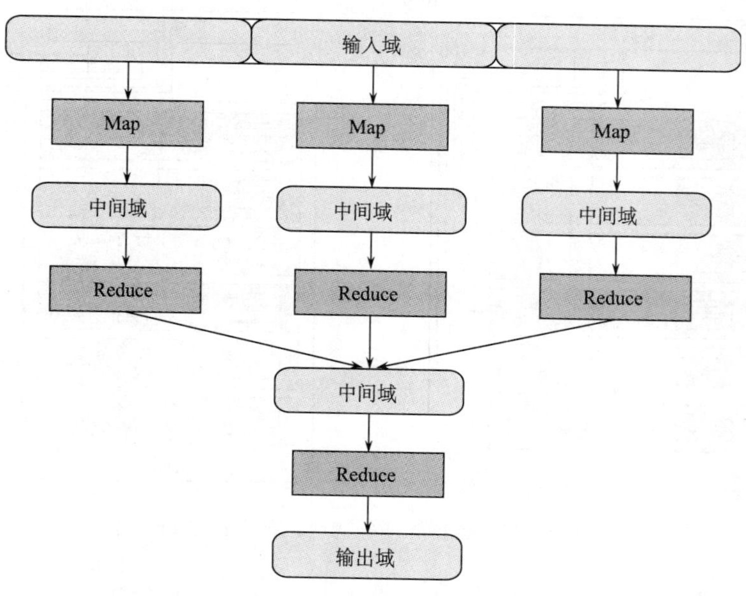

图 10.9 MapReduce 处理流程示意

现在回到承载 Hadoop 系统的物理集群上，它是如何实现 MapReduce 功能的呢？解释如下：一个代表客户机在单个主系统上启动的 MapReduce 应用程序称为 JobTracker，类似于 NameNode，它是 Hadoop 集群中唯一负责控制 MapReduce 应用程序的系统。在应用程序提交之后，将提供包含在 HDFS 中的输入和输出目录。JobTracker 使用文件块信息（物理量和位置）确定如何创建其他 TaskTracker 从属任务，使得 MapReduce 应用程序被复制到每个出现输入文件块的节点，为特定节点上的每个文件块创建一个唯一的从属任务。在运行过程中，每个 TaskTracker 将状态和完成信息报告给 JobTracker，由后者做调度时参考使用。图 10.10 显示了一个示例集群中的数据和任务分布。在操作过程中需注意两点：①Hadoop 会根据各处理节点 CPU 和内存能力，尽量将数据和任务平均分布到不同节点，以最大限度发挥多节点并行处理能力。②Hadoop 不是将数据块移动到某个位置以供任务处理，而是将任务分布到数据块所在节点进行处理，这种做法被称为数据本地化（data localization），可以尽量减小集群通信开销以提高处理效率和可靠性。

3）Hadoop 系统子项目简介

（1）Hadoop Common: 属 Hadoop 内核。在 0.20 及以前的版本中，包含 HDFS、MapReduce 和其他项目公共内容，从 0.21 开始 HDFS 和 MapReduce 被分离为独立的子项目，其余内容为 Hadoop Common。

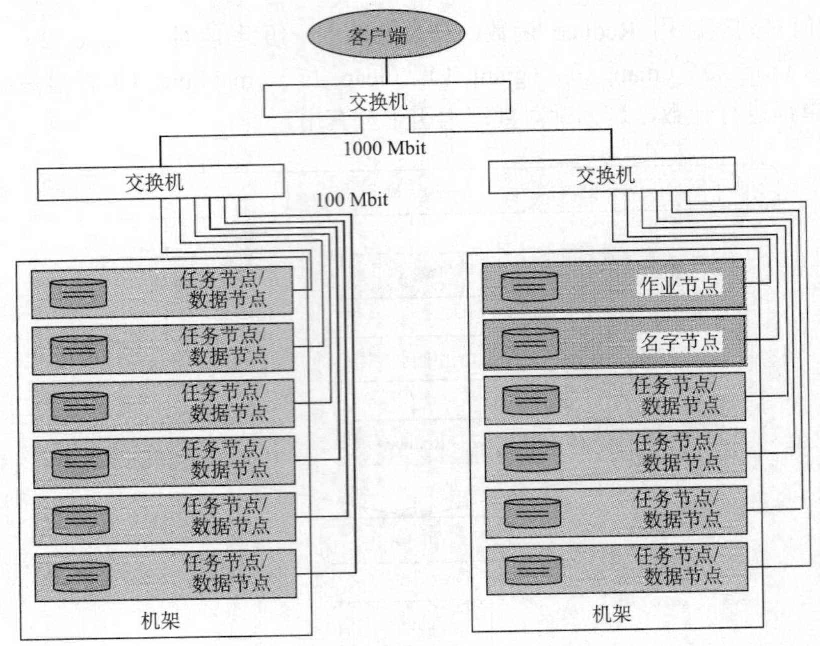

图 10.10　显示数据和任务物理分布的 Hadoop 集群

（2）HDFS: Hadoop 分布式文件系统，Hadoop Distributed File System，属于 Hadoop 核心部件。

（3）MapReduce：并行计算框架，0.20 前使用 org.apache.hadoop.mapred 旧接口，0.20 版本开始引入 org.apache.hadoop.mapreduce 的新 API，属 Hadoop 核心部件。

（4）HBase: 类似 Google BigTable 的分布式 NoSQL 列数据库。

（5）Hive：数据仓库工具，由 Facebook 贡献。

（6）Zookeeper：分布式锁设施，提供类似 Google Chubby 的功能，由 Facebook 贡献。

（7）Avro：新的数据序列化格式与传输工具，将逐步取代 Hadoop 原有的 IPC（进程间消息通信）机制。

2. Spark

Spark 开源于 UC Berkeley AMP Lab 实验室，基于 MapReduce 拓展研发，是新一代基于内存的通用并行计算框架。虽然 Spark 是基于 MapReduce 实现的分布式计算，拥有 Hadoop MapReduce 所具有的优点，但有一点显著不同于 Hadoop MapReduce 的是，Spark 的 Job 中间输出和结果可以保存在内存中，而不像 Hadoop 那样需要读写 HDFS，因此 Spark 能更好更高效地适用于数据分析（数据挖掘、机器学习等）领域需要反复迭代的 MapReduce 算法。Spark 计算框架如图 10.11 所示。

框架最下层表示 Spark 支持的（文件、数据库）存储系统，可以看出对现有流行存储系统有很强的支持力度。往上一层代表 Spark 的部署和运行模式，主要有单机（本地运行模式）和分布式（后面四种）模式两大类。再往上一层表示 Spark 的三大核心机制：

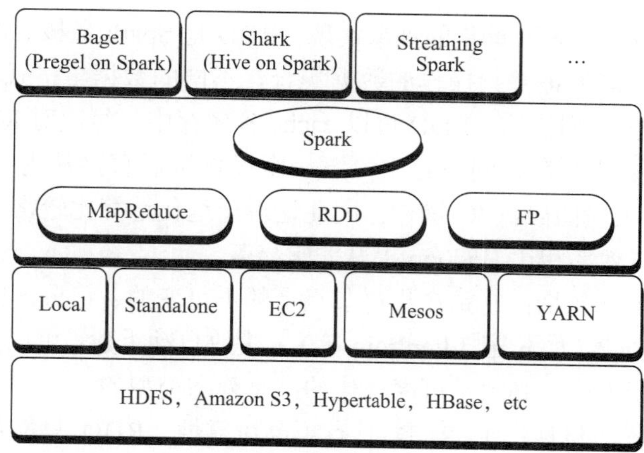

图 10.11 Spark 并行计算框架

MapReduce、RDD、函数式编程（FP）。最上层表示 Spark 框架的子项目：Bagel（图处理）、Shark（数据仓库）、Spark Streaming（实时流处理）等。

1） Spark 与 Hadoop 的对比[19]

（1）相比 Hadoop，Spark 处理效率整体上更高，而由于将中间数据置于内存中，所以对于迭代运算效率提高尤为明显，应用对数据反复操作的次数越多，所需读取的数据量越大，效率提高就越显著。因此 Spark 更适合于迭代运算比较多的机器学习和数据挖掘运算，而感知矿山应用软件群大都要对多分类、多模态、多时态、海量的矿山信息数据进行数据分析和挖掘，所以很适合基于 Spark 实现。

（2）Spark 比 Hadoop 更通用，适用领域更广。Spark 提供的数据集操作命令分 Transformation 和 Action 两大类，有几十种具体操作命令，不像 Hadoop 只提供了 Map 和 Reduce 两种操作。这些多种多样的数据集操作类型，给开发上层应用的用户提供了极大的方便。各个处理节点之间的通信模型也不再像 Hadoop 那样就是唯一的 Data Shuffle 模式，用户可以通过命名、物化等控制中间结果的存储、分区等，编程模型比 Hadoop 丰富和灵活得多。

（3）Spark 比 Hadoop 容错性更高也更易控制。在分布式数据集计算时通过 checkpoint 来实现容错，而 checkpoint 有两种方式，一种是 checkpoint data（Hadoop 采用），一种是 logging the updates（Spark 采用），后者实现起来更轻便、可靠。

（4）Spark 比 Hadoop 有更高的易用性。Spark 通过提供丰富的 Scala、Java、Python API 及交互式 Shell，相比 Hadoop，易用性大为提高。

2）Spark 与 Hadoop 的结合

Spark 可以直接对 HDFS 进行数据的读写，并完全支持 Spark on YARN（Hadoop2.0），Spark 可以与 MapReduce 运行于同集群中，共享存储资源与计算，数据仓库 Shark 实现上借用 Hive，几乎与 Hive 完全兼容，这些都展现了 Spark 和 Hadoop 可以高度共存、融合使用，给应用开发者提供了灵活的选择。

3）Spark 核心概念：Resilient Distributed Datasets（RDD）弹性分布数据集[17]

（1）RDD 是 Spark 的最基本抽象，是对分布式内存的抽象使用，实现了以操作本地集合的方式来操作分布式数据集的抽象实现。RDD 是 Spark 最核心的东西，它表示已被分区，不可变的并能够被并行操作的数据集合，不同的数据集格式对应不同的 RDD 实现。RDD 必须是可序列化的。RDD 可以 cache 到内存中，每次对 RDD 数据集操作之后的结果，都可以推荐并存放到内存中，下一个操作可以直接从内存中输入，省去了 Hadoop MapReduce 大量的磁盘 IO 操作。因此这对于迭代运算比较常见的机器学习、交互式数据挖掘来说，效率相比 Hadoop 提升非常显著。

（2）RDD 的特点包括：它是在集群节点上的不可变的、已分区的集合对象；通过并行转换的方式来创建（如 map, filter, join 等）；失败自动重建；可以控制存储级别（内存、磁盘等）来进行重用；必须是可序列化的；是静态类型的。

（3）RDD 的优势包括：① RDD 具有更高可靠性。RDD 只能从持久存储或通过 Transformations 操作产生，相比于分布式共享内存可以更高效实现容错，对于丢失部分数据分区只需根据它的世袭（lineage）就可重新计算出来，而不需要做特定的 Checkpoint。② RDD 的不变性，可以实现类 Hadoop MapReduce 的推测式执行。③ 利用 RDD 的数据分区特性，可以通过数据的本地性提高包括 join 在内的诸多操作的性能，这可以看成是 Hadoop MapReduce 数据本地化的增强实现。④ RDD 都是可序列化的，在内存不足时可自动降级为磁盘存储，把 RDD 存储于磁盘上，这时性能会有下降但不会差于现在的 Hadoop MapReduce。

为了使读者对感知矿山软件群的工作机制有个直观的认识，结合感知矿山云平台整体架构图，本书给出感知矿山软件群的基本工作流程，具体为以下步骤：

（1）矿山用户登录云门户，根据界面列出的云平台可提供服务列表，选择所需的特定服务并提交。

（2）感知矿山云门户根据用户所提服务请求，向特定的某个感知矿山软件 X 发出运行指令。

（3）X 软件通过云门户的 Web Service 存取云数据库，查询所需的相应矿山静态和动态参数。

（4）云数据库返回所需查询数据给 X 软件。

（5）X 软件针对特定数据分析服务，结合该矿山的静态和动态数据，给出初步分析（预警/优化/仿真）结果并存入云数据库。

（6）X 软件向云门户返回运行结果。

（7）专家结合软件分析结果，给出本次服务的最终结论。

（8）云门户将专家结论整理存入云数据库，同时以 Web 形式返回给相应矿山用户。

综上所述，无论是经典云计算并行计算架构 Hadoop 还是新一代大数据并行处理架构 Spark，MapReduce 都是其核心、本质的运算机制，因此必须着重研究基于 MapReduce 机制的矿灾预警大规模并行处理算法。简而言之，MapReduce 模型是云计算的核心技术之一，它基于分布式的硬件平台，提供简单易用的并行编程接口 API，其优势在于把简单的业务逻辑从复杂的实现细节中提取出来，通过所提供的并行编程接口可以实现高效的并行计算功能。同时 MapReduce 平台本身还解决了任务调度、负载均衡、容错处理等分布式计算中的繁琐问题，使得开发人员只要专注自己的业务逻辑就可以了，这不但大大降低了开发难度，缩短了开发周期，开发者甚至不需要有并行编程的经验，就可以利用 MapReduce 模型在云平台上做快速开发，如进行大规模数据的并行处理。

面对海量多元异构的大规模矿山灾害感知数据，感知矿山云平台非常需要利用 MapReduce 进行矿灾数据的并行处理分析，特别是对于大数据量、多参数据，需要进行数据融合、数据清洗和数据挖掘处理的，利用 MapReduce 将原有算法并行化，进行矿山灾害大数据的挖掘并行化处理，这一点尤为适合。实际上，这里的研究难点也正是如何根据不同矿灾数据特点分别定制相应的高效、准确、可靠的数据挖掘算法，并进而研究如何在 Hadoop 或 Spark 平台下将其 MapReduce 化，这里还有大量的工作需要做。

10.3 感知矿山云平台服务

结合目前煤矿对安全、高效生产及信息化建设的迫切需求，利用感知矿山云平台可以为煤矿提供多种专业、高效、高性价比的矿山信息化应用服务，具体包括煤矿灾害预警云服务、煤矿风网优化云服务、煤矿设备健康监测云服务等，分别介绍如下。

10.3.1 煤矿灾害预警云服务

在本系统中，我们将利用先进的云计算技术，建立起统一的煤矿灾害远程预警信息化平台，利用后方的煤矿灾害专家组，对发生在各地的、不同类型的煤矿灾害进行深入分析研究，揭示其发生机理、影响因素，尤其是在矿山灾害预警关键理论与技术方面要有所突破，以便能够较准确地监测和预警煤矿灾害的地点、类型、强度，并给出相应的决策支持。

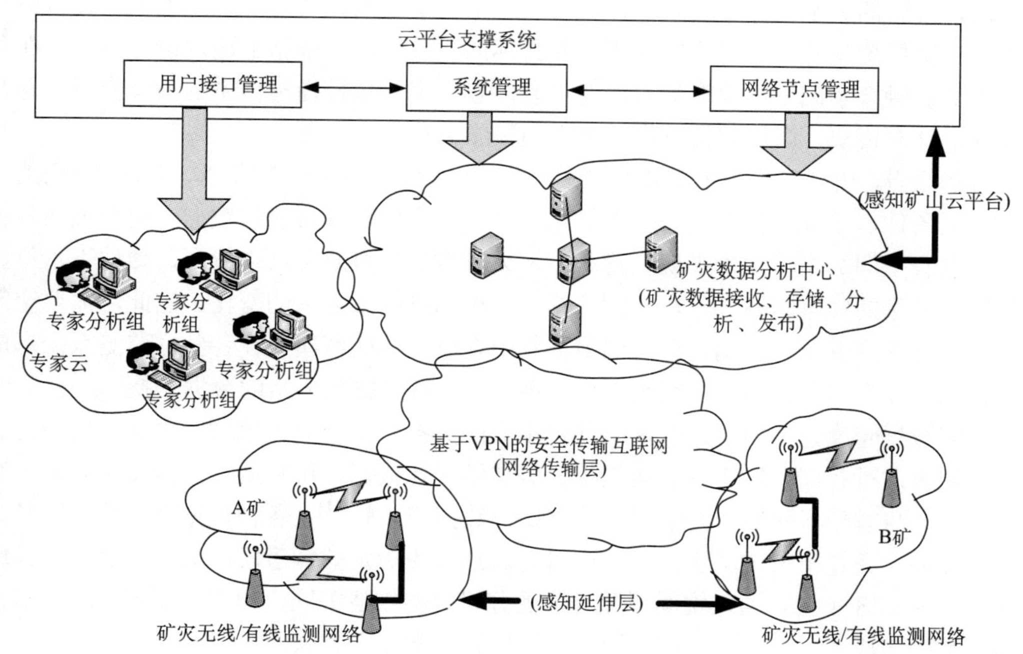

图 10.12 煤矿灾害预警云服务框架图

对图 10.12 解释如下：各个矿区的底层监测网络使用有线或无线传感器群，将监测到的矿灾信息数据通过煤矿企业的工业环网和 Internet 汇总传输到矿山灾害数据中心。矿山灾害数据中心以远程在线的方式为各矿提供相应服务，按事先订制的数据格式出具统计报表及初步的分析结果。后台专家资源组成专家云与数据分析子系统相结合，进一步为矿山灾害提供专家分析及数据解析服务，出具最终的分析、预警报告及决策支持并向用户发布。在上述框图中，数据中心以 IaaS 模式，通过虚拟化及云计算技术实现弹性部署，实现资源充分利用以及可扩展性，在存储管理方面，充分利用分布式文件系统，高效的结构化或非结构化的数据存储，以及高效的集群存储系统。在云平台支撑系统方面，基于稳健高效的调度策略研发满足多种优化目标的不同调度算法，以实现负载均衡的高可用机制。

具体地，煤矿灾害预警云服务主要包括煤矿突水灾害预警、煤矿冲击地压灾害预警、煤矿粉尘灾害预警及煤与瓦斯突出灾害预警四项服务内容。

1. 煤矿突水灾害预警服务

总体来看，矿井突水与多种地质因素有关，不同参数的监测数据来自多种传感器，传感器监测数据为实际地理位置的某一个点或几个点的应力、水压等参数，为时间维度的数据，只有将这些参数与矿井地质、水文地质、物探成果等空间维度的数据融合分析才能为突水水源、突水通道的判别提供帮助。因此，需要研究开发将上述多源异构（时间、空间）数据无缝融合的分析系统，其关键技术包括：同构传感器的信息融合技术、异构传感器的信息融合技术与时空数据融合技术。目前对突水机理的研究还存在一些不确定性，现有的突水预测及危险性评价模型包括突水系数、“下三带”理论、突水概率指数、关键层理论等，各模型的应用有其具体的适用条件，根据上述理论与模型，在多源异构数据融合基础上，提取突水前兆信息，建立突水预警指标体系与预警模型，并开发相应的计算模块，向用户提供煤矿突水预警服务。

具体来看，预测矿井突水需要水文、应力、应变等多场的动态信息，以及地质构造、水文地质条件、采掘工程布置等静态信息。从类型上分，既有属性数据，用来描述各种条件，也有空间数据，用来表现位置分布，大量数据具有时空双重特征，如地下水位、电法物探采集的视电阻率等，在不同位置、时刻均可能发生大的变化。因此，需要空间数据仓库对这些多源、异构、分散的数据集中存储，彻底解决以往各独立监测系统形成的“信息孤岛”问题，为矿井突水数据挖掘与分析决策提供丰富的数据支持。

空间数据仓库是面向主题的，矿井突水空间数据仓库可分为地质、水文、地应力、物探等主题进行存储，对于各类成果报告等非结构化数据，可采用支持全文搜索的内容数据库，并将非结构化数据与空间数据、属性数据相关联[21]。各种数据之间的关联是为“信息孤岛”搭建桥梁的关键，一方面可以通过人为指定关联字段，另一方面，可借助矿井真三维 GIS 平台，通过空间匹配与邻近分析自动创建关联，如水文观测孔动态水位（压）数据与成孔资料之间，即可通过空间位置匹配建立关联。

存储在空间数据仓库中的数据，需要专业人员进行分析，这些专业人员可以是煤矿企业的防治水工程师、矿业集团的总工，也可以是科研院校的专家学者。因此，必须将数据进行发布与共享，并提供简单的查询及数据曲线、空间等值线、水文地质图件浏览等功能。借助于感知矿山云平台，以 IaaS 模式提供计算资源、存储空间等基础设施服务，以 SaaS 模式提供空间数据仓库、数据统计分析、GIS 地图服务等突水预警软件服务，其中空间数据仓库采用云数据库的模式搭建，这样最终形成矿井突水云服务。各矿山用户可随时登录云门户查看突水预警历史资料或提出新的突水预警服务需求，突水预警软件针对需求进行计算给出初步的分析结果，网上专家结合软件分析结果，远程会商给出最终分析结论[21, 22]。目前，矿井防治水专家与人才紧缺，很多矿井的防治水工作得不到专家的指导，技术水平较低，矿井突水云服务平台将很大程度上解决这一问题，使更多的矿井能够方便、高效地接受专家的指导，使新的防治水技术成果能够更快地推广，从而提升我国矿山水害防治的整体技术水平。在综合上述研究现状的基础上，笔者团队重点研究了多源异构信息融合的突水预警方法，下面予以介绍。

多源信息融合是将各种传感器在空间和时间上的互补与冗余信息依据某种优化准则组合起来，产生对观测环境的一致性解释与描述，目标是基于各传感器分离观测信息，通过对信息的优化组合导出更多的有效信息[23]。与一般意义上的多源信息融合不同，矿井突水相关信息种类多、数据量大，不仅包括多传感器采集的现场实时信息，还包括历史勘探、测试、化验等工作积累的“静态”信息，如地质勘探揭露的煤层顶底板岩层岩性、厚度，水文地质试验得到的含水层渗透系数、单位涌水量等。此外，还有构造分布、工程布置等空间数据。对这些静态与动态、空间与属性信息的综合分析，可以有效提升预测矿井突水的能力，而实现这一过程的本质是多源异构信息融合。

现有的矿井突水预测模型，主要基于“静态”信息集成建立突水水源识别、含水层富水性分析、突水量预测、危险性综合评价等模型。例如，李丽等采用水压平均值、隔水层厚度、岩溶发育等级等 4 个指标，利用 D-S 证据理论进行融合，建立了底板突水预测模型[24]；武强等采用 ANN、D-S 证据、Logistic 回归等，在 GIS 平台下对突水主控指标体系进行融合，对矿井含水层富水性、突水危险性等进行了评价[21, 22]；郭文兵、闫志刚等采用 ANN 与 SVM 根据已有的底板破坏深度测试成果，建立了多参数融合的预测模型，比经验公式提高了预计精度 [25, 26]。

从信息融合方法来看，上述模型均采用了特征级融合方法。模型种类较多，既有综合预测评价模型，也有单一模型，综合模型考虑的指标多、判别规则复杂，单一模型考虑的指标相对较少、特征区分明显、判别规则简单，但是，单一模型的功能局限于各专业领域。同时，各类模型中均有时变参量，现场使用过程中，应当将实时监测信息放入到模型中计算。因此，本书提出将各单一模型结合起来，建立新的突水预测方法，并利用分布式突水监测系统，接入模型参量的当前实时数据，实现实时预测预报。

本书提出的突水预测方法包含水源识别、采动破坏预计及突水量等级预测三个模型[27]。

（1）水源识别模型（M1），根据不同水源的水化学、水温等指标差异，在预先采集多个水源样本基础上，通过机器学习、模式识别、参数寻优等，建立判别函数。

（2）采动破坏带预计模型（M2），在已开展的注水试验、应力监测、破坏深度动态观测、物理探测等成果基础上，分析采动破坏带发育高度与矿压、岩层岩性、煤厚、采深等之间的关系，通过多元统计、回归分析、数值模拟等，建立底板破坏深度、覆岩冒落高度等采动破坏带预计模型。

（3）突水量等级预测模型（M3），对以往突水实例进行分析，建立突水实例库，利用水源（类型、厚度、水压）、通道（断层、陷落柱）、隔水层（厚度、岩性、力学强度）数据训练拟合突水量等级，建立突水量等级预测模型。

如图 10.13 所示，构建单一模型之后，基于突水空间数据仓库与 GIS 分析平台，提取监测区地质构造、水文地质条件、采掘分布（含老空区）等基础数据，分布式监测系统采集的水源实时信息进入 M1，识别矿井涌水水源，得到水源信息（如含水层名称、类型、厚度、渗透系数等）。分布式监测系统采集的采动实时信息接入 M2，生成采动破坏带发育范围，在 3D GMS（三维地理模型系统）环境中，与当前监测区断层、陷落柱、老空区的分布范围，进行复合分析，判别突水通道形成概率及类型（如断层、陷落柱、裂隙等）。将 M1 与 M2 得到结果，与当前实时信息（如水压），放入 M3 计算突水量等级，当达到设定的报警级别时，发出警报。新的突水预测方法融合了前期勘探、物探、测试、试验成果等静态信息与分布式监测系统的实时信息，在三维 GIS 平台与基础数据库支持下，实现对静态与动态、空间与属性等多源异构信息的融合预警[27]。

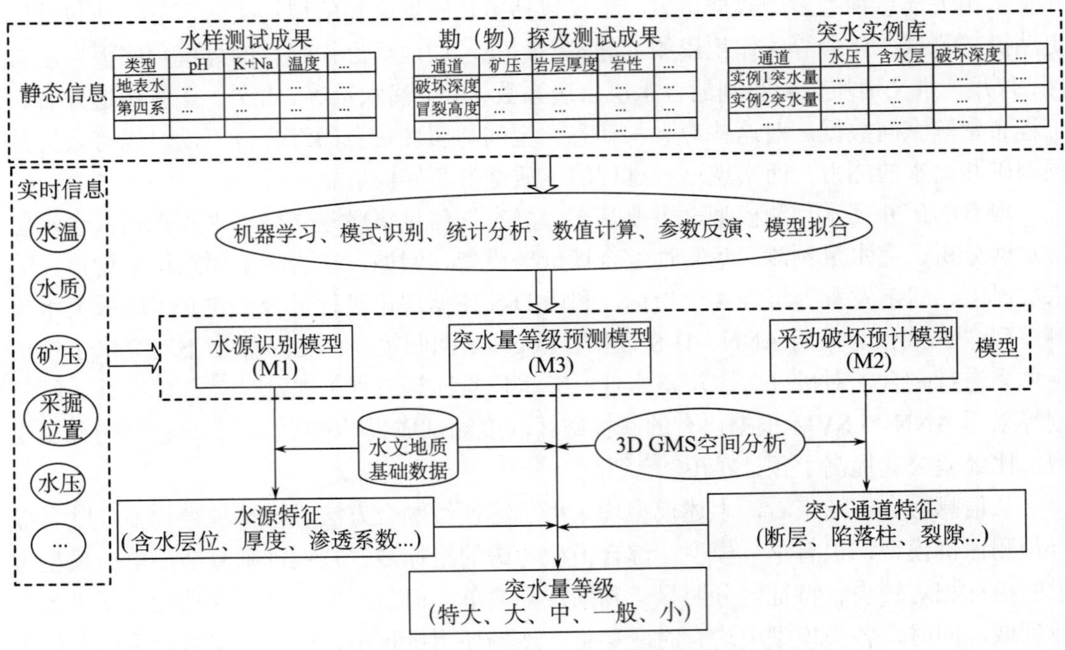

图 10.13　基于多源信息融合的矿井突水预警

2. 煤矿冲击地压灾害预警服务

总体来看，冲击地压预警需要基于多参量、多信息整合技术，研究矿震灾害前兆信息特征，并开展神经网络的计算机灾源识别技术研发。基础工作需要利用微震层析成像技术（computed tomography, CT）反演微震方法监测区域内的三维速度分布情况，并根据速度与煤岩体受力的对应关系，进一步分析出随工作面开采或巷道掘进，围岩应力的分布特征，据此，预测预报冲击矿压发生的危险区域。还需要进行基于灾源识别的矿震灾害预测预报技术体系研究、矿震灾害危险区域识别、灾害区域动态实时监测技术研究，形成矿震灾害危险的分级分区体系与相应的对应措施，建立冲击危险预警预报的模型，最终可向矿区提供冲击地压灾害的预警服务。

CT 技术被认为是“在减少观测数据的情况下推导获得物质世界的有用信息的一种有组织的数学技术[28]”，它是利用震动波穿过煤岩体到达传感器后形成的多组射线来反演某参量的分布情况（图 10.14）。通过前期实验室研究[29, 30]发现，在单轴及循环载荷条件下，纵波（P 波）波速与应力间存在正相关关系，而冲击地压或强矿震本质上是煤岩体在应力作用下的表现，所以通过 CT 方法反演纵波波速可研究大 范围煤岩体内的应力分布特征，进而实现大范围冲击矿压或强矿震危险分布的定量 预警。

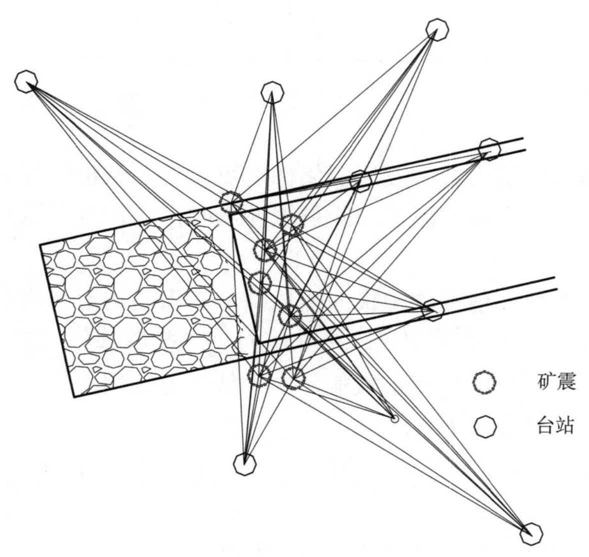

图 10.14 基于震动波 CT 方法的矿震监测

岩层破裂需要应力及变形的空间条件，如图 10.15 所示，工作面开采后所形成的采空区导致上覆岩层重量加载到其邻近的支撑区域 C，形成一侧应力降低区与一侧高应力集中区，在没有额外力的作用下，两者的存在总是相辅相成的。由纵波波速与应力之间的试验关系模型知，裂隙带区域 A 对应一个低波速区，而在应力集中区域 C 则对应高波速区，这两个区域之间是从高波速向低波速过渡的一个区域，即波速变化梯度较大的区域 B。因此，强矿震不仅发生在高波速区域，也发生在波速梯度变化明显的区域。所以梯度变化较大的区域也是冲击危险的区域。由矿压理论知，工作面回采后在底板也形成类似的应力分布特征，并与煤层上方顶板岩层具有近似对称性，所以底板的层析成像结果同样可用于分析冲击危险。

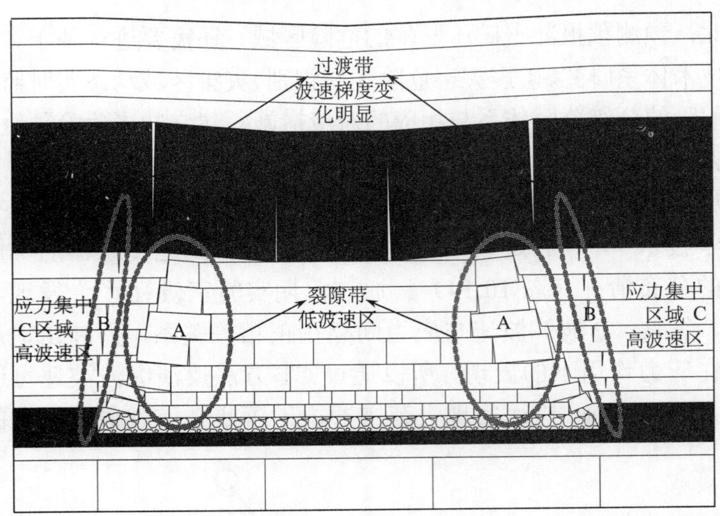

图 10.15　工作面开采后的上覆岩层结构及波速分布示意图

因此，从岩层结构分析来看，波速变化梯度较大的区域也是强矿震多发的区域，具有诱发冲击的危险。在利用纵波波速预测预报冲击时，应把具有这些特征的区域划分为冲击危险区域[31]。

为利用波速变化的梯度值预测预报冲击危险，就需要构造网格节点上的波速梯度计算公式（图 10.16），网格间距为 d，构建点 (i, j) 的 8 点波速梯度计算公式（10.1），从安全考虑，式中取 8 个点中的梯度最大值，由于低波速区危险较小，为不影响危险性判断，对局部最小值上的梯度取为 0。

$$
\begin{aligned}
\mathrm{Grad}(i,j)=\max(&\frac{V(i,j)-V(i-1,j-1)}{\sqrt{2}d},\frac{V(i,j)-V(i-1,j+1)}{\sqrt{2}d},\frac{V(i,j)-V(i+1,j+1)}{\sqrt{2}d},\\
&\frac{V(i,j)-V(i+1,j-1)}{\sqrt{2}d},\frac{V(i,j)-V(i-1,j)}{d},\\
&\frac{V(i,j)-V(i+1,j)}{d},\frac{V(i,j)-V(i,j-1)}{d},\frac{V(i,j)-V(i,j+1)}{d},0)
\end{aligned}
\tag{10.1}
$$

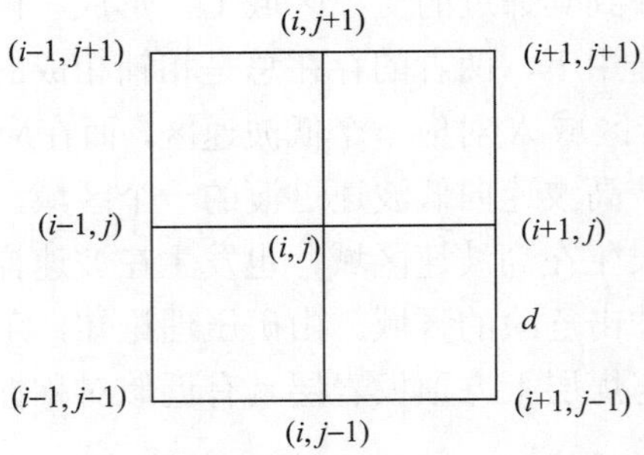

(i, j+1)
(i−1, j+1)　(i+1, j+1)
(i−1, j)　(i, j)　(i+1, j)
d
(i−1, j−1)　(i+1, j−1)
(i, j−1)

图 10.16　波速梯度计算的 8 点公式

因破裂还与应力大小有关，所以评价危险时，式（10.1）还应乘 (i, j) 点上的纵波波速值，得

$$VG(i,j)=V(i,j)\mathrm{Grad}(i,j) \tag{10.2}$$

VG 值的异常变化公式为

$$A_n=\frac{VG-VG^a}{VG^a} \tag{10.3}$$

式中，VG^a 为模型中构建的 VG 的平均值。由 VG 异常计算得到 A_n 对应的冲击危险性见表 10.1，当 $A_n<0$ 时，异常变化不明显，认为无危险特征，对应异常值程度 0。

表 10.1　*VG* 异常变化与冲击危险之间的关系

冲击危险指标	异常对应的危险性特征	VG 异常/%
0	无	<5
1	弱	5~15
2	中等	15~25
3	强	>25

3. 煤矿粉尘灾害预警服务

矿井粉尘诱发尘肺病和煤尘爆炸，具有严重的危害。矿尘防治的首要前提是粉尘检测检验，伴随高产高效集约化生产的加速和机械化程度的提高，矿井产尘强度的增加和粉尘检测检验装备落后的矛盾日益突出，人工检测的方法测点少、时间不连续，无法真实全面地反映矿井粉尘状态。随着人们对健康的日渐重视和煤矿尘肺病的广泛关注，矿尘监测的要求将更加严格，除了准确实时的粉尘监测设备外，人们对系统、全面地反映矿井粉尘状态的监测网络有着更迫切的需求[32]。因此，构建在线煤矿粉尘监测网络，全方位反映矿尘状态，并基于云计算和大数据分析，建立矿井粉尘与生产工艺的关系数据库、控尘方法对降尘效果的评价体系，智能预测矿尘时空变化，提供矿尘防治的专家决策技术支持，这将是煤矿粉尘监测和预警的一个重要发展趋势，对于改善煤矿井下作业环境，预防尘肺病，防止矿尘爆炸，保障作业人员健康与安全具有重要意义。

基于感知矿山云平台整体架构，我们将在感知矿山软件群中提供煤矿粉尘灾害预警云服务（软件），核心技术路线为以下方面。

1）基础目标：基于云数据库建立历史粉尘浓度-控尘措施-抑尘效果的关系数据库

首先，对常见的数据处理技术进行深入的研究，并结合煤矿粉尘安全预警的背景研究新的技术，包括对大数据的分析处理；其次，对数据处理技术进行组织包装服务化，并保障数据服务运行的可靠性和高效性；最后，数据服务平台的架构设计要完善，可扩展，从而支持各种类型的数据服务。为了解决这些难题，需要对下面的关键技术进行研究：

（1）统一元数据管理框架与元数据互操作技术。元数据为各种形态数据资源集合提供规范的描述方法，它是进行数据搜索、数据协同与服务应用的基础与纽带。由于不同域的元数据描述方法往往不同，这给跨域应用进行跨域数据访问、交换带来很大的障碍。可以说实现元数据的互操作是进行跨域数据应用的重要基础。

（2）异构数据资源访问技术。数据资源的访问与抽取是数据共享与协同中的首要关键环节。目前，随着信息化工作的深入开展，除传统的数据库等形式的数据资源外，还有大量的应用系统的数据资源需要被集成与访问，并且有不断增长的趋势。为了实现对大量不同类别数据源访问，往往采用适配器技术，针对新的数据资源开发相应的适配器。这是一种灵活的具有扩展性的机制，但工作量大。

（3）海量数据分布式处理技术。煤矿粉尘安全预警信息处理平台中随着时间的推移将累积海量的数据，必须对这些数据进行高效分析处理，包括数据的预处理及数据挖掘分析。为了将海量数据分布式处理提供为一种数据服务，需要提供一个可视化的海量数据处理服务设计器，支持用户设计各种数据处理流程，同时提供数据服务的分布式执行引擎，及数据服务的执行优化。

（4）数据质量保障技术。为了进行可靠的矿石安全预警，必须基于可靠的数据来进行分析决策，因此保障数据质量是平台服务质量保障的关键。在进行数据共享与整合过程中往往产生数据的冲突与不一致，需要进行数据的比对、清洗等质量控制机制与操作，保障数据的可靠与可信。

（5）数据服务的封装及运行支撑技术。平台提供的各种数据处理功能需要对外提供服务，方便其他系统调用。需要研究基于语义的数据服务描述模型，精确的刻画服务的数据提供能力，促进异构系统间的语义互操作；基于描述模型，研究数据密集型服务的匹配方法，支持高效的服务查找；在此基础上，提出高效的数据密集型服务功能的动态组装策略，实现基于数据密集型 Web 服务的分布式数据管理；根据数据密集型 Web 服务的特点，研究其有效的运行支撑机制。

2）主要目标：根据实时监测数据，研发数据挖掘算法，及时、准确预测粉尘浓度分布，并智能联动优选控尘措施以达到最佳控尘效果

（1）基于多传感器信息融合的分布区域粉尘浓度预测。

在分析煤矿粉尘数据特征的基础上，提出了基于多传感器信息融合的粉尘浓度预测系统模型，并分别从系统融合的数据层、特征层和决策层分别进行分析和研究。对数据层信息进行简单的分析和排序，选取和研究粉尘监测传感器；在特征层，利用改进型人工神经网络的非线性映射能力对粉尘的部分特征信息进行融合；结合其他重要指标和典型预测方法的特征提取结果，将特征层的预测结果作为决策层 D-S 证据理论的证据来源；利用多传感器管理子系统形成反馈，构成一个完整的闭环控制系统。

（2）历史粉尘浓度、控尘措施和抑尘效果关联规则挖掘。

运用关联规则来评价历史粉尘浓度、控尘措施和抑尘效果的关联程度，在云台基础上针对煤矿粉尘监测数据的特点，研究基于云理论的属性空间软划分模型，然后在此基础上对关联规则算法进行改进，提出适用于对煤矿粉尘防治历史数据进行关联规则挖掘的算法，并结合实时现场数据进行关联挖掘防尘措施的有效性测试。

3）拓展目标：研究建立煤矿粉尘危险性评价模型，包括煤尘爆炸评价模型及煤尘健康损害定量评价模型

（1）煤尘爆炸评价模型分析。利用事故树分析煤尘爆炸事故时，因为煤尘爆炸是否具有爆炸性，是无法人为控制的，所以把煤尘是否具有爆炸性这一基本事件忽略。根据

一个最小径集中所包含的基本事件都不发生，就可防止事件发生的原理，可通过计算事故树的成功树的最小隔集得出煤尘爆炸事故的最小径集。

（2）煤尘健康损害定量评价模型分析。采用模糊综合决策来评判尘肺病的危险性，首先确定尘肺病危险性的因素集。包括事故发生的可能性、事故后的严重程度、对社会造成的影响及防止事故的难易程度。考虑各因素的重要程度，利用对比分析法确定权重集。对评价目标影响越大的因素，其权重亦越大；对评价目标影响小的因素，其权重亦小。

4）高级目标：研究建立煤矿粉尘防治专家决策支持系统

煤矿粉尘防治专家决策支持系统是在煤矿粉尘监测数据库系统和控尘历史数据库系统的基础上集成人工智能的专家系统而形成的，主要包括：需求处理及人机交互系统、数据仓库管理系统（由煤矿粉尘数据库及其管理系统组成）、模型库系统（由控尘决策模型库及其管理系统组成）、知识库、知识库管理系统和推理机等，其中知识库、知识库管理系统和推理机构成煤矿粉尘防治决策专家系统，系统总体结构如图 10.17 所示。

煤矿粉尘防治专家决策支持系统主要完成煤矿粉尘防治决策需求分析和主要人机交互界面、构建煤尘控制数据仓库以及建立控尘决策模型库和知识库。能够实现煤尘监测信息查询和图文显示，为煤矿决策者进行防尘提供正确的决策信息。建立煤矿粉尘防治决策支持系统，为煤矿防尘提供科学的决策依据。

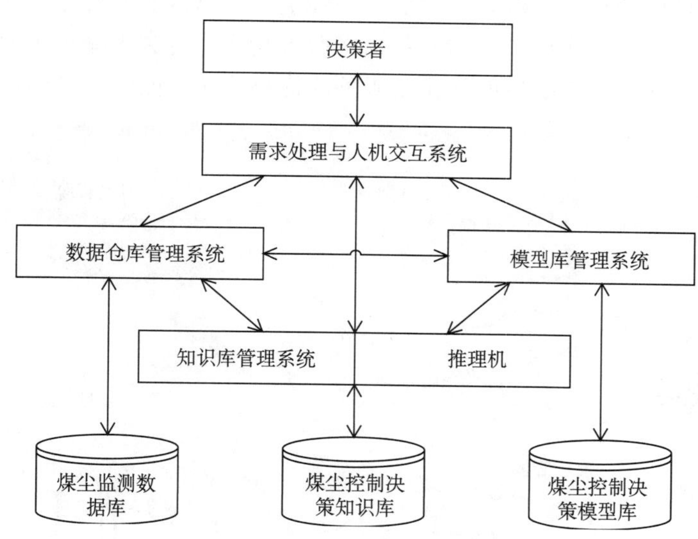

图 10.17　煤矿粉尘防治专家决策支持系统总体结构图

根据生产现场的要求，将煤矿粉尘控制数据库进行数据集成，重新构造用于决策支持的数据仓库，为煤矿粉尘控制决策专家系统及模型库的各种模型提供数据参考；煤尘控制决策模型库是利用各种算法对来源于原始库或数据仓库的数据按照既定规则进行大量运算产生的；煤矿粉尘控制决策专家系统是结合数据仓库、专家知识和原始库，利用推理机做出决策支持策略；需求处理与人机交互系统是根据用户需要直接查询数据仓库或根据专家系统和模型库生成各种决策数据，并具备打印各种报表、显示各类历史曲线等人机交互功能，为决策提供辅助支持。

4. 煤与瓦斯突出灾害预警服务

结合煤与瓦斯突出致因及征兆耦合机理，以及其与采掘作业的关系，研发区域性预测技术和工作面突出危险性预测技术，探讨常规预测指标与超前钻孔钻进过程中参数（钻粉量和动力特征）变化之间的关系，进一步补充优化研究，建立“点”和“面”相结合、接触式与非接触式相结合的瓦斯突出危险性多源信息耦合监测预警技术及敏感指标体系，筛选突出危险性预测敏感指标，准确预测煤巷掘进过程中突出的危险性，建立新的瓦斯突出危险性监测预警敏感指标体系及临界值，为不同矿井和区域采用相对准确的预测方法、敏感指标及临界值奠定基础，形成煤与瓦斯突出危险性预测服务。

在煤与瓦斯突出灾害预警服务研发过程中，需深入研究瓦斯爆炸致因和征兆耦合机理及其与采掘作业的关系，瓦斯煤尘爆炸危险性参数动态变化特征，工作面瓦斯浓度、点火源和氧含量的耦合规律，瓦斯煤尘爆炸危险性等级监测及智能化处理技术，瓦斯煤尘爆炸危险性评价及分级监测技术，建立瓦斯煤尘爆炸危险性指标体系及数据库等。

10.3.2　煤矿风网优化云服务

由于煤矿风网优化的计算资源较昂贵，而每个矿山每年只要优化计算几次，显然让每个矿山都配备这样的计算资源是不合适、不经济的。以云服务的方式为矿山提供风网优化服务，做到计算资源集中，按需服务，按服务收费，可大大减少企业的投入，又能满足企业的需要，这正是煤矿风网优化云服务的优势所在，如图 10.18 所示。

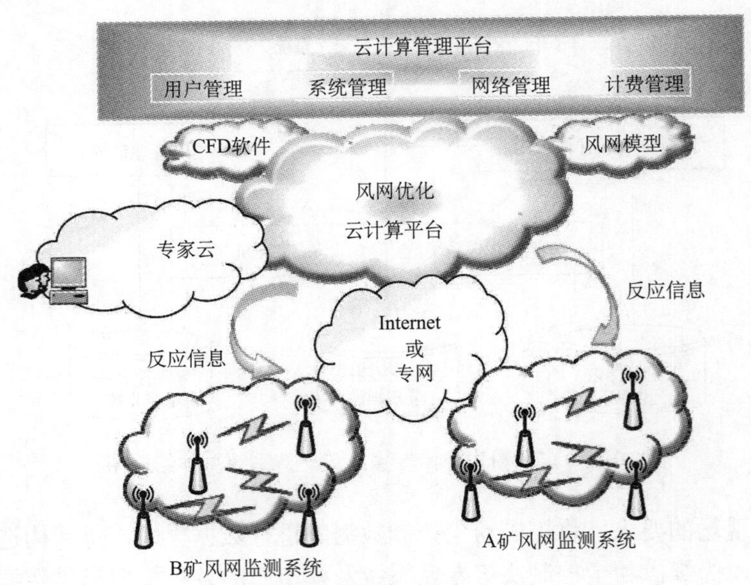

图 10.18　煤矿风网优化云服务

煤矿风网优化云服务的主要内容包括以下方面。

（1）运用流体力学和云计算技术，对矿井井巷进行三维建模，计算井巷风流各种物理量的大小和变化规律，对风网拓扑设计及瓦斯与粉尘控制、热害防治等提供决策依据。

（2）根据矿区用户提出需求，系统结合物联网技术、传感技术和云计算技术，对实测风网参数数据与设计数据进行并行化的分析比较等处理，并提出具体优化方案。

（3）矿区用户利用风网拓扑数据的处理结果和优化方案，对风网进行优化，以保证在安全生产的前提下显著节约耗能。

煤矿风网优化云服务的主要监测对象包括风网风速、流量、瓦斯浓度、粉尘浓度、温度场等，系统实施步骤大致如下：

（1）矿区用户以我中心风网优化 Web 页面做用户接口，提出风网优化申请，并预付前期费用。

（2）如果不是首次申请，转至下一步。如果是首次申请，则需首先在申请矿区布置风速、风压、风量等传感器，将采集数据（包括事先得到的通风拓扑图），通过矿区网络和 Internet 传输并存储在云平台数据中心。

（3）将已存储在云平台数据库里的上述矿区风网数据，通过校园网络传至高性能计算中心的 AnSys 软件平台，通过 AnSys 对采集数据进行分析优化，并和原有风网拓扑相比较，将最终优化结果传回至中心存储。

（4）专家利用上述 AnSys 优化结果，对通风系统作进一步的经验优化，并将最终优化结论通过 Web 界面发布。

（5）矿区用户登录中心风网优化 Web 页面，提取最终优化结果，并支付剩余费用。

10.3.3 设备健康监测云服务

煤矿设备健康监测云服务（图 10.19）具有明确的建设意义，它可解决多个设备厂家、多种模型库在一个云平台上协同工作，联合专家云服务，全天候实时在线监测设备健康

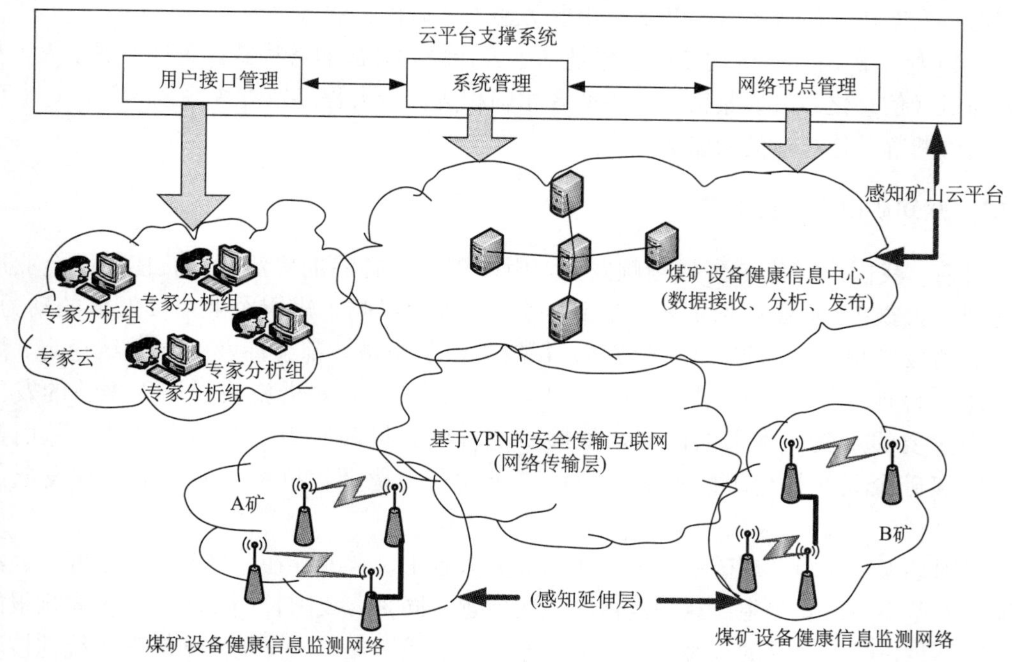

图 10.19 煤矿设备健康监测云服务

状态，切实保障煤矿安全生产的问题。而且矿山可以根据实际情况，按需要求设备诊断服务，不必进行目的性不强的定期检修，大大提高了工作效率及检修质量，同时也显著降低了成本。

煤矿设备健康监测云服务将建立多矿区煤矿大型设备的信息采集与集中存贮云中心，开发分析软件对现场大型设备运行情况进行计算机分析，与设备生产厂家联合进行大型设备专家分析，为现场提供分析报告及维修、维护建议，其核心技术包括弹性化虚拟资源分配与利用、多源数据库构建技术、并行数据过滤接收技术、专家诊断，个性化定制技术等。

煤矿设备健康监测云服务的主要监测设备包括，通风机（通风系统）、水泵（排水系统）、压风机、采煤机、提升机、主皮带、刮板运输机、支架，及供电系统等。

10.4　感知矿山云平台前景

10.4.1　感知矿山云平台特色

（1）感知矿山云平台利用云计算技术构建统一的矿山云服务，替代现有独立分散的煤矿灾害预警系统，具有明确而重大的实用价值。

（2）感知矿山云平台按照“一次投资、按需使用、分散监测、异地会诊、集中维护、多矿同用”的模式安装和运行，大大降低系统的各项成本，使得服务的大规模、高效应用成为可能。

（3）感知矿山云平台具有良好可扩展性，按照同样模式可将矿工位置及行为分析、矿灾逃生方案快速生成系统等其他矿山服务融入本矿山云服务平台。

（4）感知矿山云平台的核心思想是基于云计算的开放服务模式，充分考虑了人（专家）与机（信息化系统）紧密结合，两者相辅相成，最大程度地发挥系统功效，将来可为疾病诊断等其他行业的云服务提供参考。

10.4.2　感知矿山云平台需求

目前，我国煤矿安全事故频频发生，引起国内外各界的广泛关注，使煤矿企业形象受到巨大损害，企业市场亲和力受到削弱，严重地影响了煤炭企业后续发展的动力。事故的消极影响远远超过了经济范畴，每发生一起事故，都会涉及社会团结稳定、煤矿能源的合理开发、国家形象等诸多因素。因此采取有效措施减少煤矿事故的发生具有很重要的意义。本书的研究，能够一定程度上提高矿山生产的安全性，从而提升我国煤矿企业在社会上的形象，使煤矿企业获得稳定、持续、充足的后续发展的动力。

我国是煤矿大国，煤矿从业人员达 100 万人以上，普遍存在着受教育程度低下、经验能力参差不齐、安全生产意识淡薄的现实问题。同时，我国长期以来煤矿灾害预报能力严重不足，缺乏有效的预警机制。究其原因，是我国在矿山安全方面缺乏系统性技术研究和相关体系建设。

感知矿山云平台的建设将显著带动IT产业向煤矿行业全面的整合与渗透，正在形成一个从软件到硬件的庞大产业链，创造一个至少百万人以上的高技术研发、制造和现代服务的新型行业，成为一个站在与国外发达国家同一技术和产业起跑线的国家级项目，整个行业的需求将有上万亿规模，持续增长周期将超过20年。

感知矿山云平台完全符合国家政策、符合国家发展规划、符合国家各部委重点扶持支持领域，具有巨大的市场需求和发展空间。平均按一个煤矿4000万元的市场份额，可以粗略计算出这必将会形成一个新兴的、庞大的“矿山安全预警”规模化产业，其对关联产业的辐射和拉动作用将更为巨大。

因此，感知矿山云平台的技术成果将具有广阔的市场需求和良好的应用前景。

10.4.3 中国感知矿山云服务中心

基于上述感知矿山云平台体系架构、服务内容、特色及应用前景的分析，我们有理由相信，辅以必要的政策支持和商业模式，在不远的将来便可以在此基础上构建全国统一的感知矿山云服务平台——中国感知矿山云服务中心，图10.20给出了其组织架构图的一个构想。

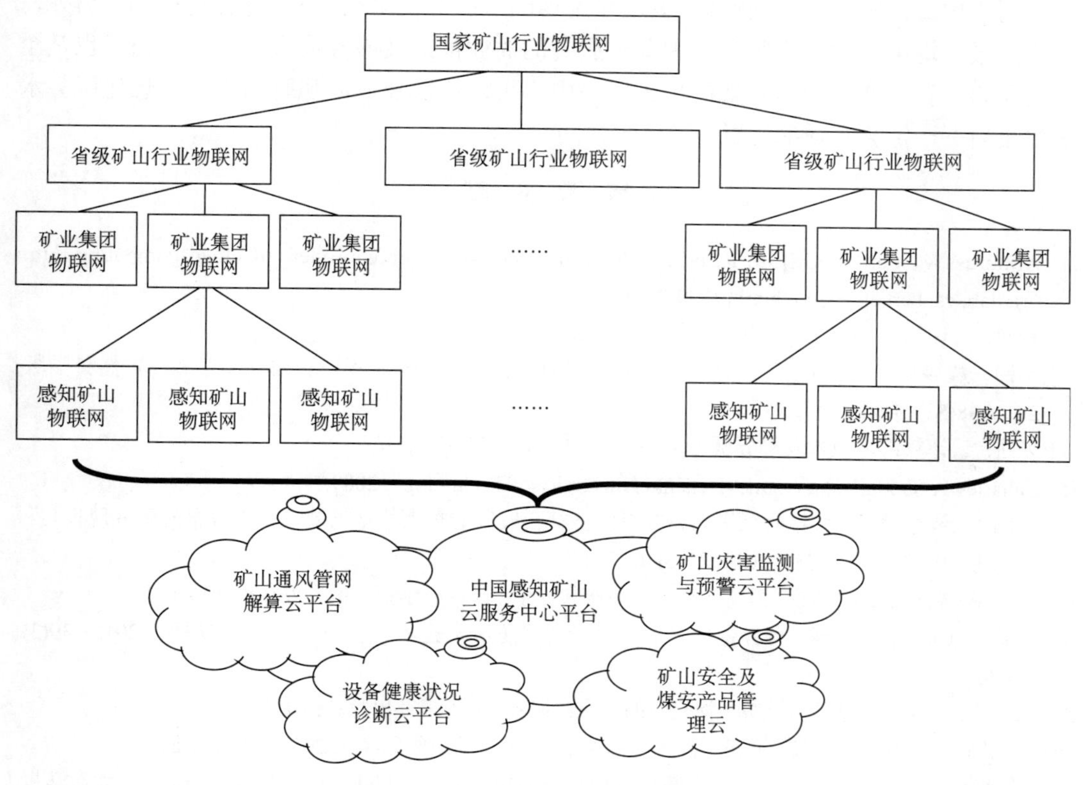

图10.20 中国感知矿山云服务中心架构图

从图10.20可以看到，矿山行业物联网分为四个层次，每个层次的职能和实现目标各不相同，而感知矿山云服务中心是架构在这四层之外的，其包含的各专项云服务平台一般由专门的服务商来提供，譬如矿山灾害监测与预警云平台由某个矿山灾害监测云服务商会聚一批矿山安全专家（专家云）来为矿山提供服务，设备健康状况诊断云平台则由矿山设备诊断云服务商会聚一批矿山设备提供商来为矿山提供服务等。这些云端的服务均是按服务收取费用，充分体现专业化服务和云平台的服务价值。但是也不排除部分云服务可能由政府部门来建设与管理，如矿山安全与煤安全产品管理云平台，这种政府云不是以营利为目的，而是为了加强管理和提高管理效率。

图 10.20 中的几级矿山物联网的职责分别如下：

（1）矿业集团物联网需要从集团战略发展、资源整合与分配、产品营销、设备租赁管理、矿山的运行、安全、环保等层面进行监督和管理。

（2）省级矿山行业物联网主要是对省内矿山资源、矿山安全监督管理。

（3）国家矿山行业物联网主要对国家矿业资源进行统筹管理及对全国矿山进行安全监督。

实际上，在图 10.20 的中国感知矿山云服务中心架构中，我们最关注的还是云服务中心能为矿山用户提供哪些服务，并且这些服务能得到矿山行业的充分认可，愿意愉快地接受之并为之买单。如 10.3 节所述，目前可期待的矿山云服务的典型应用包括矿山灾害监测与预警云服务、设备管理与健康状况诊断云服务及矿山风网优化云服务等。另外，这些云服务均可以向用户收费，因此云服务的商业模式及服务提供方式如何构建也是至关重要的。我们期待中国感知矿山云服务中心可以尽快建成，那时的矿山信息化服务水平相比当下一定会有质的飞跃。

参 考 文 献

[1] Armbrust M, Fox A, Griffith R. et al. Above the clouds: A Berkeley view of cloud computing. http://radlab. cs. berkeley. edu. html [2009-2-10].

[2] 刘鹏. 云计算. 2 版. 北京：电子工业出版社, 2011.

[3] 南凯，董科军，谢建军，等. 面向云服务的科研协同平台研究. 华中科技大学学报：自然科学版, 2010, 38(S1): 14-19.

[4] 朱进. 云计算终端技术发展分析. 数字技术与应用, 2011, (7): 207.

[5] Zahariev A. Google app engine. Helsinki University of Technology, 2009.

[6] 李国杰, 程学旗. 大数据研究未来科技及经济社会发展的重大战略领域——大数据的研究现状与科学思考. 中国科学院院刊, 2012, 27(6): 647-657.

[7] 王元卓, 靳小龙, 程学旗. 网络大数据：现状与展望. 计算机学报, 2013, 36(6): 1125-1138.

[8] 雷毅，申宝宏，刘修源. 世界主要产煤国煤矿灾害防治经验及启示. 矿业安全与环保, 2012, 39(3): 87-89.

[9] 朱近之，岳爽. 智慧的云计算：物联网的平台. 北京：电子工业出版社, 2011.

[10] 罗军舟, 金嘉晖, 宋爱波. 云计算：体系架构与关键技术. 通信学报, 2011, 32(7): 3-21.

[11] 覃雄派，王会举，杜小勇，等. 大数据分析——RDBMS 与 MapReduce 的竞争与共生. 软件学报, 2012, 23(1): 32-45.

[12] Papazoglou M P. Web 服务原理与技术. 北京：机械工业出版社, 2010.

[13] 刘志辉. 基于 Web 服务与 XML 技术的异构数据集成的研究. 大连：大连海事大学, 2012.

[14] 张仙伟, 张璟. Web 服务的核心技术之一——SOAP 协议. 电子科技, 2010, 23(3): 93-96.

[15] 刘刚, 余晖. 利用 WSDL 和 UDDI 为公共 Web Service 建立统一接口. 计算机应用研究, 2003, 20(5): 150-152.

[16] White T. Hadoop: the definitive guide. USA: O'Reilly Media Inc. , 2012.

[17] Zaharia M, Chowdhury M, Das T, et al. Resilient distributed datasets: a fault-tolerant abstraction for in-memory cluster computing//Proceedings of the 9th USENIX conference on networked systems design and implementation, 2012: 2.

[18]刘鹏. 实战 Hadoop: 开启通向云计算的捷径. 北京: 电子工业出版社, 2011.

[19] Zaharia M, Chowdhury M, Franklin M J, et al. Spark: cluster computing with working sets// Usenix conference on hot topics in cloud computing. USENIX Association, 2010: 1765-1773.

[20] 孟召平, 高延法, 卢爱红. 矿井突水危险性评价理论与方法. 北京: 科学出版社, 2011.

[21] 武强, 张志龙, 张生元, 等. 煤层底板突水评价的新型实用方法Ⅱ——脆弱性指数法. 煤炭学报, 2007, 32(11): 1121-1126.

[22] 武强, 樊振丽, 刘守强, 等. 基于 GIS 的信息融合型含水层富水性评价方法——富水性指数法. 煤炭学报, 2011, 36(7): 1124-1128.

[23] 邓军, 肖旸, 陈晓坤, 等. 矿井火灾多源信息融合预警方法的研究. 采矿与安全工程学报, 2012, 28(4): 638-643.

[24] 李丽, 程久龙. 基于信息融合的矿井底板突水预测. 煤炭学报, 2006. 31(5): 623-626.

[25] 郭文兵, 邹友峰, 邓喀中. 煤层底板采动导水破坏深度计算的神经网络方法. 中国安全科学学报, 2003, 13(3): 34-37.

[26] Yan Z G. The PSO-LSSVM model for predicting the failure depth of coal seam floor// Intelligent control and automation. IEEE, 2012: 570-574.

[27] 孟磊, 丁恩杰, 吴立新. 基于矿山物联网的矿井突水感知关键技术研究. 煤炭学报, 2013, 38(8): 1398-1402.

[29] Menke W. Geophysical data analysis: discrete inverse theory. USA: Academic press, 2012.

[29] 巩思园, 窦林名, 何江, 等. 深部冲击倾向煤岩循环加卸载的纵波波速与应力关系试验研究. 岩土力学, 2012, 33(1): 42-49.

[30] 巩思园, 窦林名, 徐晓菊, 等. 冲击倾向煤岩纵波波速与应力关系试验研究. 采矿与安全工程学报, 2012, 29(1): 67-71.

[31] 巩思园. 矿震震动波波速层析成像原理及其预测煤矿冲击危险应用实践. 徐州: 中国矿业大学, 2010.

[32] 程卫民, 刘伟, 聂文, 等. 煤矿采掘工作面粉尘防治技术及其发展趋势. 山东科技大学学报(自然科学版), 2010, 29 (4): 77-82.

11 井下灾变感知

井下灾变环境是指矿井发生灾变事故后的地理、气体组成、温度、风速、风向、气压等环境。井下灾变环境感知技术是用于矿井灾变发生后，为救援指挥决策提供灾变后井下环境地理信息、灾变后混合气体的组成、灾变后环境温度、巷道风向风速、巷道中气压等信息的感知技术。

煤炭是我国最主要的能源来源，在我国一次能源消费结构中所占的比例高达70%[1]。随着我国对煤炭资源的巨大需求，我国成为世界上最大的产煤国，煤炭年产量占世界煤炭产量的35%[2, 3]。同时，我国也是煤矿灾害事故最严重的国家。我国矿难的死亡人数占到全世界的80%左右，百万吨死亡率居世界之首。并且，随着煤矿采煤深度的不断增加，地质条件不断恶化，采煤难度越来越大，机械化采煤很难在中国全面推广，多数的煤矿仍然是以人工采煤为主，井下作业人员多。虽然，近几年我国加大了在安全生产管理上的投入，全国煤炭生产百万吨死亡率从2000年的5.71%下降到2013年的0.293%，煤矿安全状况趋于好转。但是，相对发达国家，我国仍有较大差距。从2003年至今，澳大利亚已实现煤矿开采零死亡[4]。美国、澳大利亚等国的采矿业已成为最安全的行业之一。而在中国媒体公布的十大危险职业中，矿工总是名列其中。矿井主要存在着瓦斯、煤尘、顶板、火和水五大灾害，其中瓦斯爆炸事故危害最大，约占煤矿灾害性事故的一半以上[5]。

煤矿事故不仅造成人员的伤亡，还严重破坏生产系统，中断供电、暂停通风，使灾变后的井下环境不同于正常生产时的井下环境，变得更加恶劣危险，甚至会引发二次事故。井下灾变环境感知是制定科学正确的矿井灾变事故救援决策的关键，因此研究井下灾变环境感知技术具有重要意义。

11.1 井下灾变事故特征

我国矿井主要存在着顶板、瓦斯、机电、运输、放炮、水害、火灾和其他八类灾害。在各类事故中，顶板事故发生起数最多，超过一半，其次是瓦斯事故。2013年死亡3人以上事故中，主要是瓦斯事故的占 69.23%。瓦斯爆炸事故是瓦斯事故中发生次数最多，死亡人数最多的事故。以下对各类煤矿事故进行简要介绍。

11.1.1 瓦斯事故

矿井瓦斯是指井下以甲烷为主的各种气体的总称，其主要成分为甲烷，约为 80%，其他为二氧化碳、氮气及少量硫化氢、氢气、稀有气体等。甲烷是一种无色、无味、无嗅并在一定条件下可以燃烧爆炸的气体，难溶于水，扩散性较空气高。甲烷无毒，但不能供呼吸。当井下气体中甲烷浓度较高时，氧气的浓度则相对降低，人会缺氧而窒息。

甲烷比空气轻，它的密度是空气密度的 0.554 倍。因此甲烷易在巷道的顶部、顶板冒落空洞处、由下向上施工的掘进工作面和其他较高地方聚集。

1. 瓦斯涌出

在采掘过程中，采掘空间附近的煤、岩层会受到不同程度的破坏，使原有的瓦斯平衡状态受到破坏，从而沿煤、岩层的孔隙、裂隙涌入采掘空间。矿井瓦斯的涌出可分为普通涌出和异常涌出两种形式。普通涌出是指由采动影响的煤、岩层以及由采落的煤、矸石向井下空间均匀地放出瓦斯的现象，又称“瓦斯涌出”。这种涌出是均匀的、缓慢的、经常性的，是煤矿主要的瓦斯涌出形式。异常涌出包括瓦斯喷出、煤（岩）与瓦斯突出两种形式。瓦斯喷出是指从煤体或岩体裂隙中异常涌出大量瓦斯的现象，简称“喷出”。瓦斯喷出一般持续时间较短。煤（岩）与瓦斯突出是指在地应力和瓦斯的共同作用下，破碎的煤、岩和瓦斯由煤体或岩体内突然向采掘空间抛出的异常动力现象，简称“突出”。煤（岩）与瓦斯突出持续时间极短，一般为数秒或数十秒。它所产生的高速瓦斯流（含煤粉或岩粉）能摧毁井下巷道及设施，破坏通风系统，造成人员窒息，煤流埋人，甚至引起瓦斯燃烧和爆炸事故，如图 11.1 所示。所以，它是井下较为严重的灾害之一。煤与瓦斯突出有以下特点：

（1）突出的煤向外抛出距离较远，具有分选现象。

（2）抛出的煤堆积角小于煤的自然安息角。

（3）抛出的煤破碎程度高，含有大量的煤块和手捻无粒感的煤粉。

（4）有明显的动力效应，破坏支架，推倒矿车，破坏和抛出安装在巷道内的设施。

（5）有大量的瓦斯（二氧化碳）涌出，瓦斯（二氧化碳）涌出量远远超过突出煤的瓦斯（二氧化碳）含量，有时会使风流逆转。

（6）突出孔洞呈口小腔大的梨形、倒瓶形以及其他分岔形等。

图 11.1　煤（岩）与瓦斯突出事故

2. 瓦斯爆炸

矿井瓦斯爆炸是一种热-链式反应（也叫链锁反应）。当爆炸混合物吸收一定能量（通常是引火源给予的热能）后，反应分子的链即行断裂，离解成两个或两个以上的游离基

（也叫自由基）。这类游离基具有很大的化学活性，成为反应连续进行的活化中心。在适合的条件下，每一个游离基又可以进一步分解，再产生两个或两个以上的游离基。这样循环不已，游离基越来越多，化学反应速度也越来越快，最后就可以发展为燃烧或爆炸式的氧化反应。所以，瓦斯爆炸就其本质来说，是一定浓度的甲烷和空气中的氧气在一定温度作用下产生的激烈氧化反应，如图 11.2 所示。引起瓦斯燃烧与爆炸必须具备三个条件：一定浓度的甲烷，一定温度的引火源和足够的氧气。这也是进行瓦斯治理和电气防爆的基本依据。

矿井一旦发生瓦斯爆炸，危害将十分严重，其主要表现在以下方面。

（1）高温高压及冲击。由于瓦斯爆炸是激烈的氧化放热反应，井下爆炸点及其附近的温度可达 1850℃以上，压力可达 0.74MPa 以上，促使爆炸源附近的气体以极快的速度

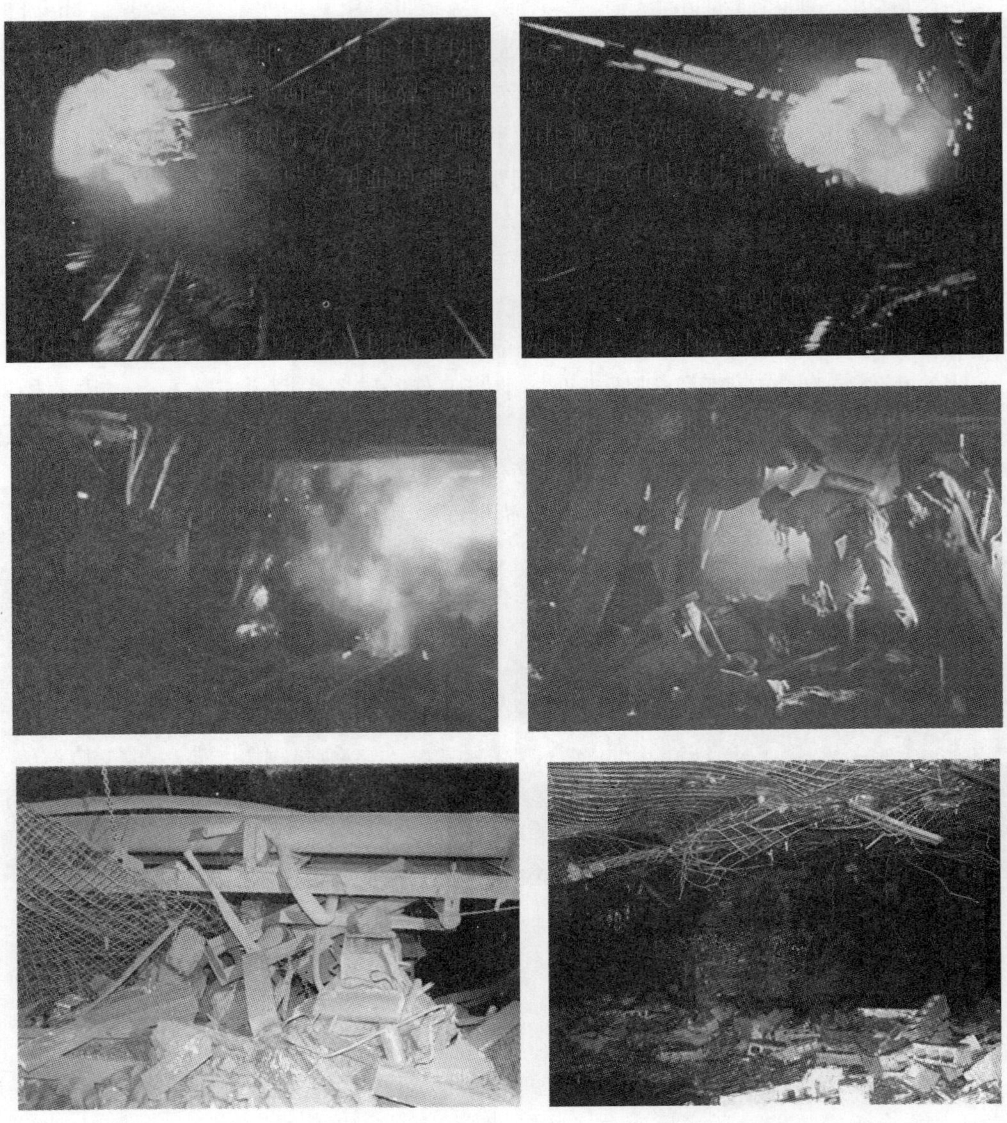

图 11.2　瓦斯爆炸

（每秒数百米以上）向外冲击，造成人员死亡、巷道和机电设备严重损坏。此外，爆炸时产生的高温会引燃井下可燃物，造成矿井火灾。爆炸时产生的冲击会将煤尘扬起，使空气中煤尘浓度增加，若煤尘具有爆炸性，煤尘浓度又处在爆炸浓度范围内，且有高温源，则会引起煤尘爆炸，加重灾害程度。

（2）爆炸后产生大量有毒气体。爆炸后空气中的氧含量大大减少，并产生大量的一氧化碳，从而使人员窒息及中毒。在瓦斯爆炸所造成的人员伤亡中，绝大部分是因一氧化碳中毒和缺氧窒息所致。

11.1.2　顶板事故

顶板事故是指采掘工作空间或井下其他工作地点顶板岩石发生坠落的事故，通常称为冒顶，也称顶板冒落。该事故是煤矿中最常见、最容易发生的事故，如图 11.3 所示。按工作面顶板冒落范围和伤亡人数分为局部冒顶事故和大冒顶事故两类。

局部冒顶一般是由于已遭受一定程度破坏的直接顶未被及时支护或支护未能充分发挥作用，甚至失效而造成的。受原生、地质构造、采动等影响，直接顶中会产生许多交错的裂隙，使直接顶的连续性遭受一定程度的破坏，一旦支护不及时或支护支架失去作用，局部范围内的岩块就可能会冒落而发生局部冒顶。直接顶是指直接位于煤层上方的一层或几层性质相近的岩层。局部冒顶事故的特点是：①范围和冒顶高度较小，每次事故伤亡的人数不多，对生产的影响不是特别严重；②局部冒顶事故总是在有人工作的部

图 11.3　顶板事故

位发生，预兆不明显，极易造成人身伤亡。据统计，每年局部冒顶事故造成的死亡人数占冒顶事故人数的 60%~70%，而重伤事故则占 80%以上。

大冒顶事故是指采煤工作面大面积冒顶，也叫落大顶、垮面。其特点是垮落面积大，来势凶狠，时间持久，常导致重大人身伤亡和设备、器材损坏，往往造成生产中断。

11.1.3　矿井水灾

我国是受矿井水害最严重的国家之一。矿井水灾是指影响、威胁矿井安全生产，使矿井局部或全部被淹没并造成人员伤亡和经济损失的矿井涌水事故，如图 11.4 所示。在矿井建设和生产期间，大气降水、地表水（江、河、湖、海、水库等）和地下水都有可能通过各种通道涌入井下，这些涌入矿井内的水统称为矿井涌水。矿井涌水量的大小及涌入状态直接影响到矿井的建设和生产。通常情况下，矿井涌水是持续地、缓慢地涌入井下，通过井下排水设备将其排至地面，而不影响矿井建设和生产的正常进行。然而，当矿井涌水在短时间内大量涌入井下作业空间时，轻则冲毁设备造成区域生产中断，重则造成人员伤亡，甚至导致淹井事故，产生极为严重的后果。根据矿井涌水来源不同，可将矿井水灾分为突水事故和透水事故，如图 11.4 所示。突水事故是江河湖泽等地表水或大气降水涌入矿井造成的矿井水灾。透水事故是由含水层积水、断层裂缝水、老空区及废旧井巷积水造成的。

图 11.4 透水事故

11.1.4 矿井火灾

矿井火灾是煤矿主要灾害之一。凡是发生在矿井地下或地面而威胁到井下安全生产，造成损失的非控制燃烧均称为矿井火灾，如图 11.5 所示。矿井火灾具有以下特点：

（1）空间小，场地窄，设备多，防治设施和灭火器材不齐全，灭火工作比较困难。

（2）井下火灾一般是在空气有限条件下发生的，尤其是采空区的内因火灾更是如此，通常无明显火焰，但却生成大量有害气体。

（3）内因火灾不易发现，持续时间长，燃烧的范围逐渐蔓延扩大，烧毁大量煤炭资源，冻结大量开拓煤量。

（4）井下人员集中，安全出口少，不易躲避和疏散，从而加重了火灾造成的损失。

（5）产生火风压，改变井下风流方向。

矿井火灾的危害主要有以下几个方面：

（1）燃烧煤炭资源，烧毁生产设备，消耗大量的材料，造成巨大的经济损失。

（2）为了灭火需要封闭采区，冻结大量开采的煤炭，影响矿井的产量。

（3）矿井火灾能引起瓦斯煤尘爆炸，使矿井事故进一步扩大，造成更大的损失。

（4）矿井火灾产生大量的有毒有害气体，尤其是一氧化碳危害极大，造成大量人员死亡。据统计，在矿井火灾事故中遇难人员，95%以上是因为吸入有害气体而导致死亡。

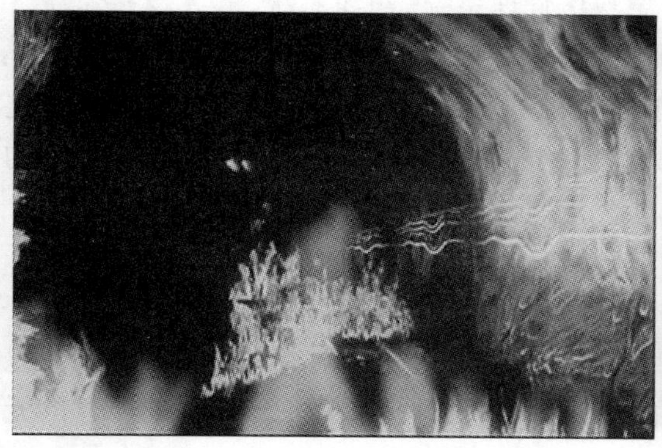

图 11.5 矿井火灾

11.1.5 井下灾变感知特点

井下灾变事故的发生对国家财产及人员将造成巨大的伤害，它除了具有灾变事故的突发性、灾难性、破坏性、继发性等一般特征，对于矿山感知系统来说还具有以下特征。

（1）原有感知系统失效。无论哪种灾变事故，灾变事故的破坏性决定了其对原有感知系统的破坏，目前技术条件下，感知系统主要由电子元器件构成，其物理性质决定了其很难在灾变事故中保存下来。无论灾变事故前，感知系统架设程度如何，灾变事故后其继续能够提供有效信息的可能性都极小。

（2）原有环境信息记录失效。矿山灾变事故发生后，将会对原有环境的地形地貌产生一定程度的破坏，原来能够正常通行的区域可能被碎石、火焰、积水等所阻塞，从而给灾后环境中感知系统的重新建立带来了很多挑战。

（3）灾后环境对新进感知系统的伤害较大。矿山开采所处的工作环境原本就相对恶劣，而在灾变事故发生后，其环境将会进一步恶化，灾后的火焰、积水、尘埃、高温等环境因素都会对重新构建的环境感知系统造成持续性的损害，因此需要对感知系统相关元器件进行针对性的设计。

（4）新进感知系统的感知信息时效性较差。灾变事故的继发性决定了灾后环境的可变性。二次灾难的发生可能会将新进感知系统获得的信息重新清零，或者发生相对重大的变化，同时二次灾难的发生也意味着对灾难发生后进入检测和搜救人员的人身安全的重大威胁。

（5）以人员搜寻和救援为第一要务。井下灾变事故发生后，国家财产及相关工作人员的生命安全都将受到重大威胁，而其中人的生命则是重中之重。井下灾变事故后感知系统的主要任务就是对已陷入困境的人员的搜寻以及对相关搜救人员自身给予预警和提醒。

11.2 灾变环境感知方法

当发生井下灾变事故后，必须采取应急救援措施，抢救遇害人员，减少事故造成的损失。我国已根据相关法律建立起由矿山应急救援管理系统、组织系统、技术支持系统、装备保障系统、通信信息系统五部分组成国家矿山应急救援体系。在灾后探测救援过程中，矿山救护队需要通过各种探测仪器感知井下灾变环境信息，从而为科学合理地制定救援策略提供依据。本书将井下灾变事故发生后主要环境感知方法按照人体感知环境的方式分为四种：分别是基于视觉、听觉、嗅觉和触觉的感知方法。

11.2.1 基于视觉的感知方法

当井下灾变事故发生后，井下环境发生重大改变，因此需要对井下环境进行观察以及地图重建，而这需要采用基于视觉的感知元件，其中目前应用最广泛的环境重建的元件是深度相机和激光测距仪。

1. 深度相机

由于光束照射被测物体的三维表面会发生空间调制，成像光束的角度发生了改变，即在检测器阵列上的成像光点位置发生了改变。因此，该类测距传感器以三角测量为基础，通过确定成像光点位置和系统光路的几何参数，求解距离。如果接收器沿着某个轴对反射的位置进行测量，称为 1D 光学三角测量传感器，如红外测距传感器；如果接收器沿着两个正交轴测量反射的位置，称之为结构光传感器，也叫深度相机。

结构光测量，基于光编码技术，投射已知的红外模式到场景中，通过另一个红外 CMOS 成像器采集到变形图像，确定深度信息。结构光一般是指具有特定模式的光，其模式图案可以是点、线、面等。结构光扫描法首先将结构光投射到物体表面，再使用摄像机接收该物体表面反射的结构光图案，由于接收图案会因物体的立体形状而发生变化，所以可以通过该图案在摄像机上的位置和形变程度计算物体表面空间信息。普通的深度相机采用的是三角测距原理。

此外，还有 Light Coding 方法，用光源照明给需要测量的空间编码，与结构光测量类似，但距离计算方法不同。其光源为“激光散斑”，是激光打到表面粗糙物体或穿过毛玻璃后形成的随机衍射斑点，其不需要特制的感光芯片。不是通过空间几何关系求解，测量精度只和标定时取的参考面的密度有关。如微软的 Kinect，如图 11.6 所示。Kinect 设备由 RGB 摄像头和红外摄像头组成，分别获取 RGB 图像和深度图像。可将其放入防爆壳体内，可用于井下危险环境。

图 11.6 微软 Kinect 设备

2. 激光测距仪

激光测距仪是使用激光的基于飞行时间的测距传感器，也称为激光雷达。它由激光发射器和接收器组成，激光发射器发射准直激光射束照射目标，接收器检测光的反射分量，根据光到达目标后返回所需的时间进行距离估计。

测量光束飞行时间的一种方法是使用脉冲激光，直接测量占用时间。但是，这种方法需要使用兆分之一秒的电子技术，因此造价昂贵。第二种方法是测量调频连续波和它接收到的反射之间的差额。第三种方法是使用光的相移进行测量，该方法更容易实现。

近红外光从发射器发射并射中环境中的 P 点，对粗糙度大于入射光波长的表面，会产生漫反射，即光发生几乎各向同性的反射。落在传感器接收孔径的红外光分量，几乎平行于发射光束而返回。传感器以已知的频率发射 100% 幅度的调制光，并测量发射和

反射信号之间的相移。光束往返总距离 D' 为

$$D' = L + 2D = L + \frac{\theta}{2\pi}\lambda \tag{11.1}$$

式中，D 和 L 由图 11.7 中定义。

光束分离器和目标之间的距离 D 为

$$D = \frac{\lambda}{4\pi}\theta \tag{11.2}$$

式中，θ 为发射光束和返回光束间的相移差；λ 为已知的调制波长。

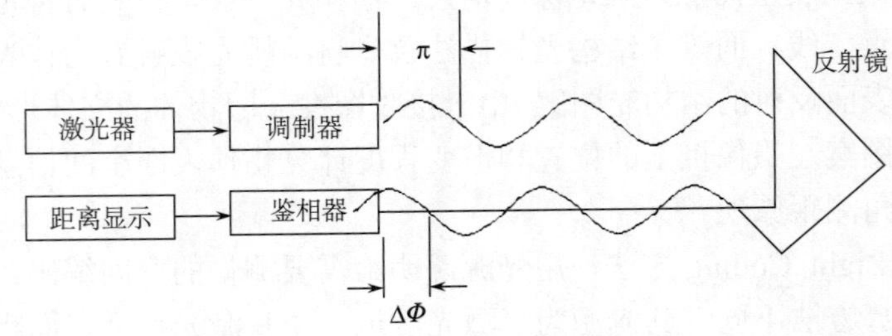

图 11.7　相移测量激光测距仪示意图

由于激光测距仪的距离测量置信度反比于所接收信号幅度的平方，因此，黑暗、远距离的物体不会产生与近距离、光亮物体准确的距离估计。但是，激光测距仪的角分辨率远远超过超声波传感器。

11.2.2　基于听觉的感知方法

井下灾变事故发生后，地形地貌会受到严重破坏，而且会丧失照明和供电能源，普通摄像机获得可用图像较难或者存在一定的视觉盲区，而基于视觉的环境重建则可能耗时较长，无法满足搜救运载平台运动过程中避障和自我调整的要求，因此需要基于听觉的感知元件来获得实时环境信息，其中较为常用的元件是超声波传感器。

超声波传感器的基本原理是发送（超声）压力波包，并测量该波包反射和接收的时间。移动运载平台采用的超声波测距传感器的有效距离大多为 12cm~5m。商用超声波传感器的准确度在 98%~99.1%。通过特定的方法可以将应用在移动运载平台上的超声波传感器的分辨率近似到 2cm。由于声波以锥形方式传播（图 11.8），所以测量是恒定深度的区域而非数据点。超声波传感器应用到移动运载平台上时，由于超声波传感器对被测物体并非垂直辐射，所以其误差要比真值大很多。另外，在中等开阔空间中，单个超声波传感器具有较慢的周期时间，从而限制其带宽。

11.2.3　基于嗅觉的感知方法

井下灾变事故发生后，环境中可能会充满危险气体，一方面可能氧气浓度不足，将对救援人员生命安全产生威胁；另一方面，如果一氧化碳或者甲烷超标则可能引起爆炸。因此，需要基于嗅觉的感知元件对环境中的空气成分进行感知。其中具有代表性的元件

是便携式多气体传感器。

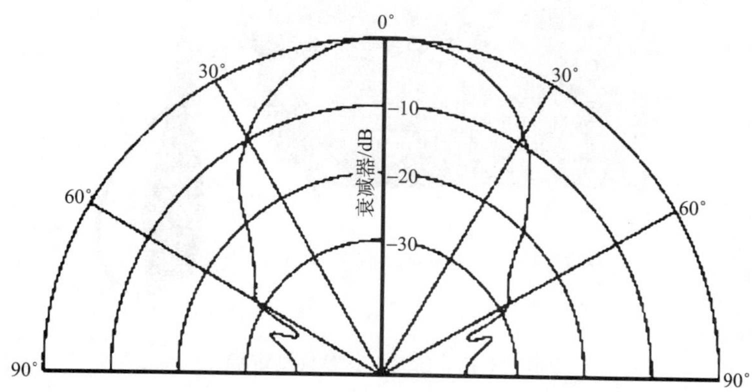

图 11.8　超声波传感器波束角

便携式多气体传感器是矿山救护队员用于测量井下灾变环境气体成分的便携式仪器设备，根据测量参数的种类可分为单参数气体测量仪和多参数测量仪，多参数测量仪由于其集成性好，所以被广泛使用。以下对目前使用较多的多参数测量仪进行简单介绍。

BMK-A 便携式气体可爆性测定仪（爆炸三角形测定仪）（图 11.9），用于矿山井下，由救护队员、消防人员及事故处理人员携带进入火灾区或事故现场，监测作业环境是否存在爆炸危险性，以及作业环境中一氧化碳含量是否超标，对人员的生命是否造成威胁。可测定周围环境气体中 O_2、CH_4、CO、CO_2 的浓度及环境温度，并在显示屏上直接显示出爆炸三角形，临近或达到爆炸界限量可同时发出声、光报警。

图 11.9　BMK-A 便携式气体可爆性测定仪

CD10 多参数测定器（便捷式多功能气体检测报警仪）是一种高度集成的便携检测仪表（图 11.10），可测量 CH_4、CO_2、SO_2、O_2、CO、H_2S、风速、温度、湿度、大气压力。使用泵吸和扩散相结合的采样方式，内置采样泵，采样的距离不小于 50m。采用锂电池和外接电源双供电模式。使用电池时，工作时间可达 48h（非报警状态）。防爆型式为本安兼隔爆型。

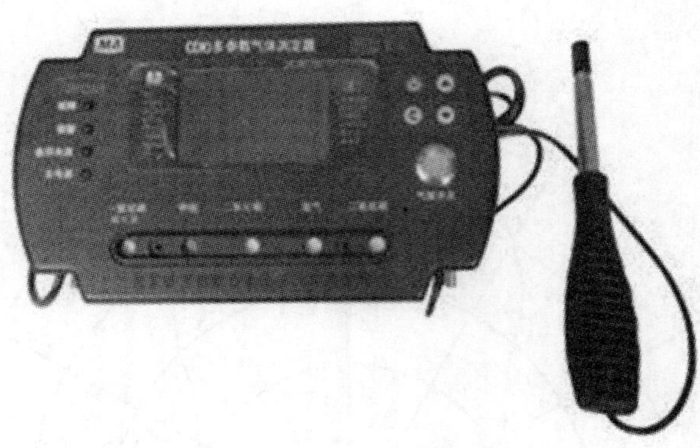

图 11.10　CD10 多参数测定器

CD4 多参数气体测定器（以下简称测定器）可同时连续检测 CH_4、O_2、CO、H_2S 共 4 种气体的浓度，并可超限报警，测定器采用 8 位微控制器作为控制单元，采用高精度检测元件，灵敏度高、响应速度快，屏幕采用宽温范围的 12864 液晶，显示清晰可靠（图 11.11）。当环境中检测到待测气体的浓度达到或超过或低于预置报警值时，测定器立即发出声、光报警。

图 11.11　CD4 多参数气体测定器

11.2.4　基于触觉的感知方法

井下灾变事故发生后，需要对井下环境中的风速、风向以及气压等因素进行监测。一方面这些因素将影响井下环境中气体浓度的变化；另一方面可以从风速、风向等因素中间接判断井下通道以及通风设备的破坏情况。而对这些参数的监测则需要基于触觉的感知元件，其中具有代表性的是风速传感器。常用的风速传感器有风碗式、超声波式、热线式、热阻式、叶轮式等。

JFY-6 矿用通风阻力测定系统（通风多参数检测仪）集风速、温度、差压、大气压、湿度、甲烷六种参数测量于一体，内置接口，可将数据快速便捷地传送到电脑，3.7 英寸超大彩色显示屏易于迅速、准确、及时地记录现场测试数据（图 11.12），可用于为通风阻力的测定提供基本数据，也可用于平时的通风工况检查。本产品符合《MT/T440—2008 矿井通风阻力测定方法》、《MT /T635—1996 通风摩擦阻力系数测定方法》及《AQ2013.3—2008 金属非金属地下矿山通风技术规范通风系统检测》等行业标准。

图 11.12　JFY-6 矿用通风阻力测定系统

11.3　灾变感知的运载工具

灾害发生后，原有感知系统受到破坏，无论是对灾情的判断以及随后的施救都需要重新构建环境感知系统。而灾后环境的一个特点就是地形地貌的大幅改变且环境恶劣，普通交通工具很难正常通行。因此，研究者开发出多种运载工具，通过其搭载的传感器来获取灾后环境的实时信息。本节分别对不同类型的运载工具以及运载工具在灾后环境探测中所需解决的关键问题进行介绍。

11.3.1　灾变感知的运载工具

灾变环境的地形地貌较为复杂恶劣，因此地面运载工具一般选择履带式行走机构。而因为灾后环境中可能会有积水，所以需要水陆两栖式运载工具。空中运载工具则可以忽略地面上的恶劣的地形环境，但其也面临续航距离、飞行高度等问题。

1.飞行运载工具

汶川地震中，无人机进入普通交通工具无法进入的受灾区，拍摄了大量的照片和视频，对于后期救援的开展提供了重要的依据。无人机作为感知系统的空中运载工具，可以忽略灾后环境中恶劣的地形地貌，较快地进入灾区，从而获得灾后环境信息，构建灾后环境感知系统。图 11.13 为中国科学院沈阳自动化研究所开发的全天候 120kg 级悬翼无人机系统[6-8]。

此外，随着扑翼飞行器研究的进展，其也可用于灾后狭小区域的探索。美国 Aero Vironment 在 2012 年研发了微小飞行器 Nano Hummingbird。该飞行器重量为 10g，长度 16cm，续航能力 10~20min[9]。能够实现空中翻滚、悬停等动作。目前，该飞行器已成为美军装备，可用于多种环境的探测工作。图 11.14 为 Nano Hummingbird 扑翼飞行器。

图 11.13　全天候 120kg 级悬翼无人机系统

图 11.14　Nano Hummingbird 扑翼飞行器

2. 车辆运载工具

感知系统空中运载工具尽管优点很多，但相对地面运载工具，仍有某些方面的不足。包括飞行对拍摄效果的影响、续航时间等因素，特别是井下灾后环境，普通飞行器无法进入，因此地面运载工具仍是研究的热点。从 20 世纪开始研究便开发了多种传感器的地面运载工具，由于其能取代人员探测并具有一定的智能等因素，因此多被称为搜救机器人。

ISRC（Sandia's Intelligent Systems and Robotics Center）在 1998 年研制了 RATLER 机器人，如图 11.15 所示[10]。该机器人利用无线控制，直线控制距离为 250 英尺，操作人员可利用摄像头来对机器人进行远程操作。该机器人曾用于发生火灾的 Willow Creek 煤矿，用于探测和评估井下的危险情况。

卡内基梅隆大学在 2002 年研发了名为 Groundhog 矿用机器人，用于检测废弃矿井有害气体的浓度和对井下巷道进行三维成像，如图 11.16 所示[11]。该机器人采用液压驱动，最高速度可达 10km/h。并装备了激光测距传感器、夜视摄像机、气体探测传感器、陀螺仪等。该机器人在煤矿下进行了多次实验，能够实现基本的探测及地图建模功能。

图 11.15 RATLER 机器人[10]

图 11.16 Groundhog 机器人[11]

2007 年，卡内基梅隆大学的研究人员研究的 Cave Crawler 机器人，如图 11.17 所示[12]。它是一款可以实现无人操控自动探索的机器人。它可以通过携带的传感器绘制三维地图并完成自主导航。这款机器人可以完成图像采集、物理测量、获取数据和对井下巷道三维建模等工作。

ISRC 在 2011 年展示了改进的新一代 Gemini-Sout 煤矿救援机器人，如图 11.18 所示[13]。该机器人大约 60cm 高，120cm 长，带有气体传感器和热成像摄像头。可以为探索人员提供井下发生灾难后的情况。

Remotec 公司研发了面向煤矿救援的 V2 机器人，使用防爆电动机驱动橡胶履带，如图 11.19 所示[14]。安装有导航和监控摄像机、灯、气体传感器和一个机械臂，具有夜视能力和两路语音通信功能。通过光纤可以实现 1.5km 以外的远程遥控及信息收集。

图 11.17 Cave Crawler 机器人[12]

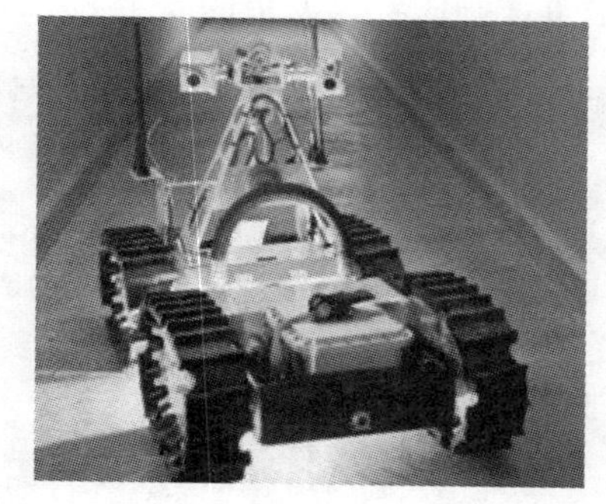
图 11.18 Gemini-Sout 机器人[13]

在国内，煤矿救援机器人也开展了较多的研究。中国矿业大学可靠性工程与救灾机器人研究所在 2006 年开发了 CUMT-Ⅰ型矿井搜救机器人，如图 11.20 所示[15]。该机器人装备有低照度摄像机、气体传感器和温度传感器等设备。能够探测灾害环境，实时传回灾区的瓦斯、一氧化碳、粉尘浓度和温度，以及现场图像等信息；具有双向语音对讲功能，能够使救灾指挥人员与受害者进行快速联络，指挥受伤人员选择最佳的逃生路线；具有无线网络通信功能；同时还携带有食品、水、药品、救护工具等救助物资，使受害者能够积极开展自救。

图 11.19　V2 机器人[14]

图 11.20　CUMT-I 机器人[15]

哈尔滨工业大学机器人研究所为唐山开诚电器有限公司研制了煤矿井下探测机器人[16]。该机器人为三节履带机构形式，分为驱动部分、摆臂部分和摆腿部分，如图 11.21 所示。控制系统分为井下机器人控制系统和井上控制盒遥控系统两部分。井下机器人控制系统实现机构运动控制、井下视频音频信号采集及温度、风速、CO、CH_4 传感器的数据采集。井上控制盒遥控系统用于接收井下传来的图像及声音信息，并通过操作摇杆对机器人出控制命令，实现对井下机器人的遥控。

沈阳新松机器人公司在 2009 年宣布研制成功国内首台具有生命探测功能的井下探测救援机器人，如图 11.22 所示[17]。该机器人采用履带式行走机构，具有一定越障能力。机器人采用音频探测、视频观测和红外热成像等多种技术手段相结合的人员生命探测方式，还可探测出温度、压力、混合气体成分及其浓度等多项环境参数，对现场危险气体进行检查，确保救援人员的安全。

图 11.21　开诚煤矿井下探测机器人

图 11.22　新松井下探测救援机器人

3. 爬行运载工具

灾难发生后，井下环境极大可能受到严重破坏，地面崎岖不平，甚至乱石遍布，给轮式及履带式机器人的运动带来极大阻碍，而多足机器人因为模仿四足哺乳动物的肢体结构形式从而在越障性能上有较大优势。美国 Boston Dynamics 公司在 2008 年研发出一款具有较强野外生存能力的液压驱动四足机器人 BigDog，该机器人最大负载能力 154kg，最大速度 7km/h，最大攀爬坡度为 35°。能够在草地、沙砾等野外复杂环境中灵活行走，且具有防倾倒功能[18]。其后，工程师们在 BigDog 前端增加了机械臂，可用于杂物的捡起和抛扔。图 11.23 为液压驱动四足机器人 BigDog。

图 11.23　液压驱动四足机器人 BigDog

灾难发生后的井下环境不但地形会发生起伏变化，同时也会伴随着渗水、漏水等情况，井下灾变环境对运载工具的挑战不但包括崎岖路面环境，也包括可能存在的水洼环境，因此需要一款具备水陆两栖功能的感知系统运载工具。蛇形机器人是模仿生物蛇的身体结构设计开发的一种特种探测机器人，其可以模仿生物蛇的动作从而完成在地面及水中的运动。图 11.24 为中国科学院沈阳自动化研究所开发的蛇形机器人[19,20]。

图 11.24　蛇形机器人

11.3.2　运载工具的关键技术

灾变事故发生后，环境发生剧烈变化，因此无法使用常用的交通或者运载工具，需要针对其探测环境的具体特点来设计相应技术。一方面，井下灾后环境地形复杂，原来的环境信息已经失效，因此需要救援人员远程操作，实时控制运载工具，但由于信号压缩、传输等过程，救援人员获得的信息与运载工具的实时环境信息存在延时问题，因此需要运载工具自身具备一定的避障及导航能力。另一方面，井下环境中，为避免运载工具本身携带的电子元器件短路打火引起二次事故，需要对运载工具所携带的部分电子元器件进行隔爆处理。这两个方面是井下灾变环境感知系统运载工具的关键技术。

1. 避障及导航技术

感知系统运载工具为了完成运载任务必须解决其自身定位、地图创建、任务规划、路径规划四个问题。其中，定位是运载工具导航研究的基本环节。常用的定位方法有航位推算定位（dead reckoning，DR），GPS 定位，地图匹配定位，基于路标定位，基于视觉定位，基于激光雷达定位，基于概率定位，组合定位等。矿井环境是半结构环境，而灾变后往往变成非结构环境，井下定位较为困难。因此，需要研制基于惯性测量系统的导航定位系统和基于煤矿 GIS 的导航系统。

导航是自主运载工具的灵魂。自主运载工具为了完成任务，常常要从甲地移动到乙地，在这个过程中，运载工具要知道自己的坐标、自己的姿态（航向）、目标位置的坐标。定位是运载工具导航的基本问题。精确的定位对于运载工具的路径规划、运动控制、目标跟踪等具有重要意义。

1）基于 IMU 和电子罗盘的组合导航技术

由于煤矿事故多发生于地下，所以运载工具在井下救灾时无法使用 GPS 导航。无线电导航具有精度高、定位时间短、设备简单可靠等优点，但是由于井下煤层对电磁波有很强的吸收作用，且煤矿灾后多数通信设备会被损毁，所以救援运载平台很难依靠无线电进行导航。惯性导航是一种自助式的导航方式，它完全依靠机载设备自主地完成导航任务，和外界不发生任何光、电联系，因此隐蔽性好，工作不受环境条件的限制，但是其误差会随时间累积。电子罗盘导航易受到岩层中铁磁性矿物的干扰，会产生一定的随机误差，但没有累积误差，可利用其来对惯性导航系统进行修正，组成组合导航系统。

为了推测运载工具的航向角，选用了将三轴加速度计与三轴陀螺仪集成在一起的惯性测量单元 IMU5200（图 11.25）及高精度电子罗盘 XW PL3200（图 11.26）。

图 11.25　惯性测量单元 IMU5200

图 11.26　高精度电子罗盘 XW PL3200

IMU5200 中的三轴加速度计输出加速度值，运载平台一般是在低加速度情况下运行，可以近似认为运载平台运动加速度与重力加速度的矢量和为零。基于此，可由三轴加速度计的输出推导出俯仰角 θ_b 和横滚角 γ_b。

$$\theta_b = \arcsin(A_Y / g) \tag{11.3}$$

$$\gamma_b = \arctan(-A_X / A_Z) \tag{11.4}$$

由于实际中运载平台的加速度不等于零，所以俯仰角 θ_b 和横滚角 γ_b 存在一定的随机误差。

电子罗盘可以输出运载平台的绝对航向角 ψ_b，此航向角有一定的随机噪声。

惯导系统具有自主性，但是导航误差随时间积累。惯性/罗盘组合导航是用电子罗盘来对惯导系统进行修正的组合导航系统。

惯性/罗盘组合导航系统将罗盘信息和惯性导航的差值作为观测量，结合惯导系统的误差方程，组成卡尔曼滤波器，估计出惯导系统的误差状态，对惯导系统进行误差修正。取修正后惯导系统输出的姿态信息为运载平台定向，通过连续积分可得到运载平台在导航坐标系中的位置，从而实现定位。惯导系统的平台误差角、速度误差及位置误差方程分别为

$$\dot{\phi}^n = -\omega_{im}^n \times \phi^n - \varepsilon^p \tag{11.5}$$

$$\delta\dot{v}^n = f^n \times \phi^n - 2\omega_{im}^n \times v^n + \nabla^p \tag{11.6}$$

$$\delta\dot{l}_{nb}^n = \delta v^n \tag{11.7}$$

式中，$\omega_{im}^n = [\omega_{im}\cos L \quad 0 \quad \omega_{im}\sin L]^T$，$L$ 表示导航坐标系原点的纬度，ω_{im} 表示地球在惯性空间的自转角速度值；ϕ^n 为平台误差角在导航坐标系的矢量表示；ε^p 为平台坐标系内的陀螺测量误差向量；f^n 为导航坐标系里的比力；∇^p 为平台坐标系内的等效加速度计偏差。

2）基于行为控制的避障技术

行为控制模块采用基于行为的设计思想，给运载平台赋予一系列行为，通过行为的组合使运载平台完成自主导航和避障任务。图 11.27 为行为控制模块的行为框图，为运载平台设计以下几种基本行为（优先级由高到低）：刹车行为，遥控行为，逃离行为，短红外避障行为，长红外避障行为，归航行为。图 11.27 中左侧为运载平台的感知信息；中间为基本行为；右侧为执行器，因为对应一个执行器有不止一个基本行为，所以在基本行为与执行器之间有仲裁器，根据优先级的不同来决定分配给哪个行为控制执行器。每种基本行为都由两部分组成：将感知信息转换为执行器指令的控制单元；用来决定控制单元何时动作的触发单元。

运载平台机体分布一定数目的红外开关和红外测距传感器。实验结果显示，红外开关的工作非常可靠几乎不存在盲区，而红外测距传感器的输出结果不太理想，一方面是由于数据非线性，另一方面是由于存在较大的盲区以及许多随机误差。红外开关的分布比较丰富，既有测周围水平方向障碍物的，又有测周围陡沿的，还有测前后斜上方障碍物的，而这些统称为障碍物。

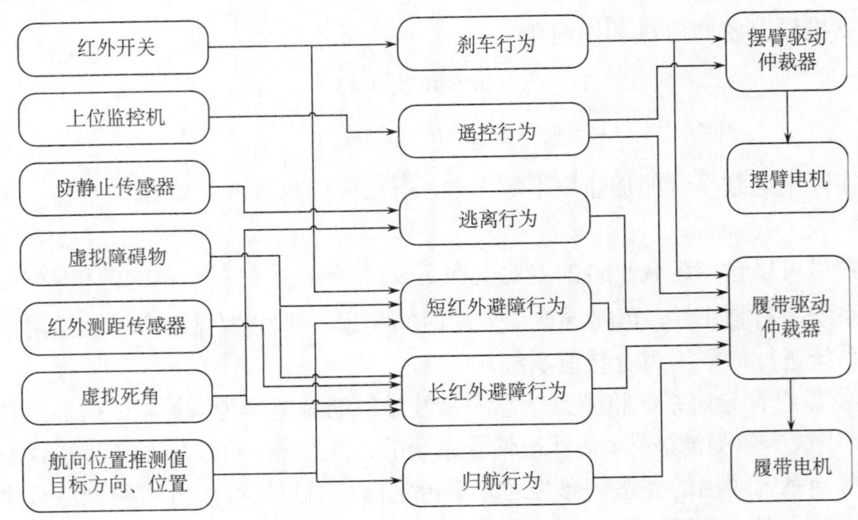

图 11.27　运载平台避障行为框图

程序运行过程中，六种基本行为各自独立运行，其控制单元不断地将感知信息转换为执行器指令，其触发单元决定是否将执行器指令输出到对应的仲裁器。两个仲裁器也独立运行，从收到的执行器指令中选择优先级最高的输出到执行器，其他的舍弃。下面分别介绍六种基本行为。

（1）刹车行为。刹车行为的优先级最高，它将在红外开关测到运载平台行驶方向上出现危险时被触发，驱动履带电机急停、驱动摆臂电机定位。

（2）遥控行为。遥控行为将在运载平台收到上位监控机的遥控命令时被触发，可以直接驱动履带电机和摆臂电机，完成复杂的动作。

（3）逃离行为。逃离行为将在运载平台遇到自己无法解决的困境时被触发。防静止传感器是一段程序，当检测到履带编码器一直不转动时，认为运载平台处于静止状态，触发逃离行为。当运载平台分析自己的运动轨迹，检测到自己一直处于一个小的范围内时，认为自己陷入一个虚拟死角，触发逃离行为。逃离行为驱动运载平台随机转过一定角度，然后随机行驶一段距离。

（4）短红外避障行为。短红外避障行为将在运载平台的红外开关测到障碍时被触发，此行为的控制系统采用人工势场法，将红外开关测到的障碍对运载平台的斥力与目标方向对运载平台的引力矢量合成，作为运载平台的前进方向。此行为将融合伺服行为和弹导式行为，驱动运载平台先转到这个方向，再向前行驶一段距离。

（5）长红外避障行为。长红外避障行为的触发条件为运载平台红外测距传感器测到以运载平台为圆心，半径 1m 内红外测距传感器测到有障碍物，或存在虚拟障碍物。此行为的控制系统同样采用人工势场法。长红外避障行为中引力仍为目标方向的引力。而斥力将更加丰富，有红外测距传感器测到的障碍物对运载平台的斥力，与距离的平方成反比；虚拟障碍物，与距离的平方成反比，与其生命值成正比；虚拟死角，与距离成反比，与其生命值成正比。此处我们引入两个新概念：虚拟障碍物和虚拟死角，下面我们将对此分别说明其来源。

在运载平台的红外开关测到障碍时，触发了短红外矢量避障行为，这时，我们得到了障碍物与运载平台的相对位置关系。这个障碍物是红外开关测到的，说明红外测距传感器曾将它漏报，我们有理由相信，下次接近这个障碍物时，红外测距传感器还可能漏报。但当运载平台稍微远离一下，就测不到此障碍物了。如果运载平台能记住这个障碍物，这无疑会增加避障的效率。值得庆幸的是，我们的运载平台具有航位推测功能，它知道自己的坐标，也就能推测出障碍物的坐标，并把此障碍物标记为虚拟障碍物。虚拟障碍物的加入使运载平台在长红外矢量避障行为中对自身尚未检测的障碍物作出影响，提高了避障效率。我们为虚拟障碍物引入三个属性：横坐标、纵坐标、生命值。其中生命值的初值为它的生存周期，随着时间的推移，生命值逐渐减小，当生命值减到 0 时，此虚拟障碍物将从运载平台的记忆中被删除。生命周期引入的原因是：一方面我们的航位推测结果随着时间的推移存在积累误差，当误差大到一定程度，虚拟障碍物对我们的避障已经没有参考价值，另一方面，过多的虚拟障碍物会浪费运载平台的存储空间。

赋予运载平台一定的反思能力，即每隔一段时间对前段的运行轨迹进行分析，如果运载平台在一段时间内始终在一个小的区域内徘徊，运载平台可以将此区域定义为一个死角，并将其标记，标记后的死角被称为虚拟死角。与虚拟障碍物相似的，我们为虚拟死角引入三个属性：横坐标、纵坐标、生命值。其中生命值的初值为它的生存周期，随着时间的推移，生命值逐渐减小，当生命值减到 0 时，此虚拟死角将从运载平台的记忆中被删除。虚拟死角的影响范围要比虚拟障碍物大得多，所以我们将它的斥力定义为与距离成反比，而不是与距离的平方成反比。

（6）归航行为。归航行为优先级最低，并且任何时候都可被触发，只要前面的行为没有执行，它就可以默认执行。其控制系统依然是人工势场法，引力为目标方向；斥力为虚拟死角，与距离成反比，与其生命值成正比。长红外矢量避障行为和归航行为将采用伺服行为，并以差速前进的弧线运动调整方向，使运动更加平滑、高效。

2. 运载平台的防爆技术

煤矿行业在生产过程中存在气体和蒸气等可燃性物质与空气形成爆炸性混合物的危险环境，一旦接触点燃源就会发生爆炸。普通的电气设备因可能会产生火花、电弧和危险温度而成为一种强点燃源，在具有爆炸性危险的环境中是不能使用的。但是，大部分普通电气设备能够根据规定的防爆保护措施设计制造成不同防爆形式的电气设备，从而可以在爆炸性环境中使用。

煤矿井下电气设备选型原则是按危险区域和瓦斯等级进行选用电气设备。

在《煤矿安全规程》中规定在煤矿井下有瓦斯和煤尘危险的场所，必须采用矿用防爆电气设备，如果在煤矿井下没有瓦斯和煤尘爆炸危险的场所，可以采用矿用一般型电气设备。井下电气设备的选用规定如表 11.1 所示。

矿用救援机器人的工作环境类似于煤（岩）与瓦斯（二氧化碳）突出矿井和瓦斯喷出区域，因此矿用救援机器人的电气设备必须采用矿用防爆型电气设备，但不能采用矿用增安型电气设备。适用于矿用救援机器人的防爆型式主要有隔爆、本质安全和浇封三种防爆型式。下面就这三种防爆型式的原理及技术要求进行说明。

表 11.1　井下电气设备的选用规定

	煤（岩）与瓦斯（二氧化碳）突出矿井和瓦斯喷出区域	瓦斯矿井				
		井底车场、总进风巷和主要进风巷		翻车机硐室	采区进风巷	总回风巷、主要回风巷、采区回风巷、工作面和工作面回风巷
		低瓦斯矿井	高瓦斯矿井			
高低压电机和电气设备	矿用防爆型（矿用增安型除外）	矿用一般型	矿用一般型	矿用防爆型	矿用防爆型	矿用防爆型（矿用增安型除外）
照明灯具	矿用防爆型（矿用增安型除外）	矿用一般型	矿用防爆型	矿用防爆型	矿用防爆型	矿用防爆型（矿用增安型除外）
通信、自动化装置和仪器、仪表	矿用防爆型（矿用增安型除外）	矿用一般型	矿用防爆型	矿用防爆型	矿用防爆型	矿用防爆型（矿用增安型除外）

1）隔爆型式的原理及技术要求

隔爆型电气设备防爆原理是：将电气设备的带电部件放置于隔爆外壳内。隔爆外壳具有将壳内电气部件产生的火花和电弧与壳外爆炸性混合物隔离的作用，并能承受通过外壳任何接合面或结构间隙进入外壳内部的爆炸性混合物在内部爆炸而不损害，也不会引起外部爆炸性气体环境的点燃爆炸。

隔爆方式主要运用了间隙防爆原理，理论研究和实践证明隔爆外壳的间隙能起到隔爆作用。一方面，隔爆间隙对壳内爆炸生成物（火焰）有熄火作用，火焰在狭窄的间隙中能自动熄灭；另一方面，隔爆间隙能降低壳内爆炸生成物的温度和能量，从而起到隔爆作用。

隔爆型电气设备的基本要求是：外壳应具有足够的机械强度承受壳内的爆炸压力及冲击波，而外壳不被损坏或变形；同时隔爆接合面能阻止壳内爆炸生成物向壳外传播，不会引起壳外爆炸性气体混合物燃烧和爆炸。因此，隔爆外壳应具有耐爆性和隔爆性两种性能。

隔爆型电气设备是将电气本体置于隔爆外壳内，在外壳合适的位置上配置观察窗、按钮、转轴、引入装置等附加附件，使设备满足使用要求。GB3836.2—2010《爆炸性环境第 2 部分：由隔爆外壳“d”保护的设备》中对隔爆外壳的结构、隔爆结合面尺寸和外壳材质等作了详细规定，同时对衬垫和“O”形圈、黏结接合面、操纵杆（轴）、转轴和轴承、透明件、呼吸装置和排液装置以及电缆引入装置等作了具体规定。

2）本质安全型式的原理及技术要求

爆炸性气体混合物发生点燃爆炸需要具备三个条件：可燃性物质、助燃物质和点燃源。本质安全型防爆原理是将设备电路中可能产生电火花或热效应的能量限制在相应的最小点燃能量以下。电火花的最小点燃能量是能使可燃性物质点燃的最小能量，其大小是设计本安电路的主要依据。因此，本质安全型电气设备只适用于弱电回路，如煤矿井下通信、监控系统及仪器仪表等。

电流所产生的热、火花和电弧是导致爆炸性气体混合物爆炸的主要点燃源。本安型防爆主要是限制电路中的电压、电流和最大功率；又由于电容和电感能够存储和释放电能量，因此需要限制电容和电感大小，同时采取附加保护措施，从而削弱电流所产生的热效应及火花、电弧放电能量，使电路系统无论在正常工作状态还是故障状态下，所产生的热效应和火花都不能点燃爆炸性气体混合物。由于热效应引起的爆炸很少发生，因此主要考虑电火花点燃。

本质安全型电气设备设计和制造除需符合GB3836.1—2010《爆炸性环境 第1部分：设备 通用要求》的技术要求外，还应符合 GB3836.4—2010 《爆炸性环境 第 4 部分：由本质安全型“i”保护的设备》规定的电气设备结构和试验专用要求。

3）浇封型式的原理及技术要求

浇封型电气设备的防爆原理是：将可能产生点燃爆炸性气体混合物的火花或过热电气部件浇封在浇封剂复合物中，避免这些电气部件与爆炸性气体混合物接触，使它们在正常运行和认可的过载或故障下不能点燃周围的爆炸性气体混合物。

浇封型电气设备的防爆保护性能主要取决于浇封复合物的性能及工艺，是一种相对较新的隔离防爆技术。浇封保护措施固化了电气元件间的绝缘，能防止电气元件短路等故障和防止爆炸性气体混合物进入内部，这种防爆型式安全程度较高，能在煤矿井下瓦斯爆炸环境中安全使用。虽然这种防爆型式电气设备的额定电压最高允许值可到 10kV，但是，由于浇封中允许的净空间容积的限制，只适用于小型电气部件或元件（如继电器、晶体管等）的浇封保护，并不能用于和供电电源连接的开关等较大部件的浇封，其采取降低功率元件温升、增加结构间距等保护措施都与本质安全型防爆设备类似，因此，也只适用于煤矿井下控制回路电子电路设备的防爆保护。

浇封型电气设备设计和制造应符合 GB3836.1—2010《爆炸性环境 第 1 部分：设备 通用要求》的技术要求外，还需符合 GB3836.9—2006《爆炸性气体环境用电气设备第 9 部分：浇封“m”》中规定的电气设备结构和试验要求。

11.4 灾变环境通信系统

煤矿事故发生后，矿井中的通信系统会破坏，并且，为了保证安全，会采取断电措施。因此，事故后，煤矿灾变环境无人探测系统就不能使用感知矿山物联网。利用煤矿灾变环境无人探测系统可以实现灾变后井下快速组网。运载平台可以通过无线网络与煤矿物联网中的传输层中无线网络，实现数据的传输。

井下灾变环境无人感知系统通信系统的主要目标是实现矿用搜救运载平台与远程监控之间信息的双向传输，为运载平台的远程遥操作、数据采集传输（包括环境探测数据、视频、音频等信号），以及多运载平台间的通信与协调，提供一个切实可行的通信平台。按照信息的流向分为两类数据：一类是灾害后矿井的环境数据和运载平台的状态参数，该类数据是由各个传感器检测并流到下位机再传到上位机，这类数据称为数据流。另一类数据是上位机向运载平台发送的控制命令。该类数据是从上位机流到下位机再到各个执行器的控制器，这类数据称为控制流。矿用搜救运载平台的通信系统就是要解决好数据流和控制流的准确和可靠传输。目前，大多数使用线控式和无线遥控式。线控式控制可靠性高，但控制线缆很容易被现场锋利的金属片划破、刺穿，甚至割断；无线遥控式控制操作方便，运载平台行动灵活，但控制信号容易受到现场各种金属残片的屏蔽；而自适应救灾运载平台具有多种感知功能，可进行复杂的逻辑推理、规划和决策，在作业环境中自主行动，具有很高的智能性。

井下灾变环境无人感知系统通信系统的通信系统采用三级控制：第一级为上位机 PC 机，主要担负系统监控、人工干预和数据处理等任务；第二级为下位机，主要担负整个运载平台的运动控制和数据传输；第三级为单片机，主要负责各个驱动电机的控制和环境和运载平台状态传感器的读数。因此，通信系统的设计就分为上、下位机通信系统的设计和机身通信系统的设计。井下灾变环境无人感知系统通信系统如图 11.28 所示。

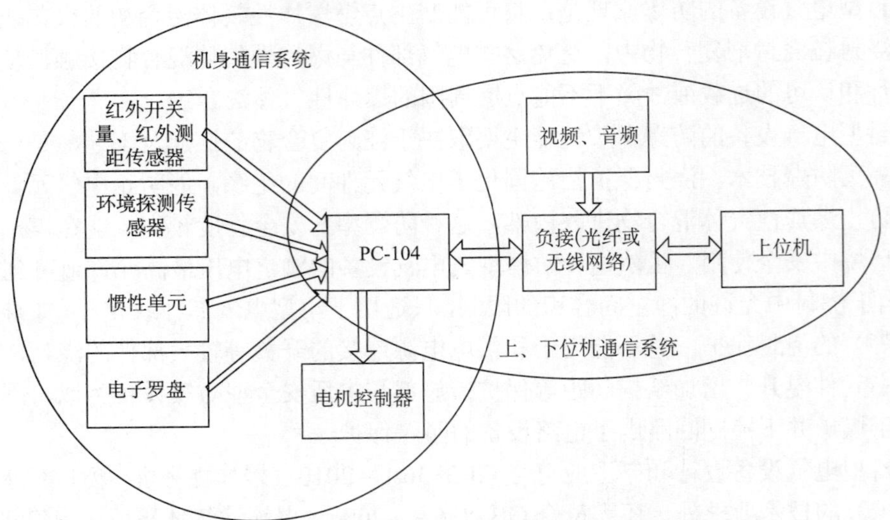

图 11.28 煤矿灾变环境无人感知系统通信系统

参考 ISO'OSI 开放系统互联基本参考模型，设计了井下灾变环境无人感知系统通信系统的通信模型，该模型分为三层，如图 11.29 所示。第一层为物理层，相当于 OSI 中的物理层，主要是定义传输原始的数据比特流信号的物理媒体，是数据流和控制流共用的通信系统的硬件；第二层为数据链路层，相当于 OSI 中的数据链路层，其主要功能是通过校验、确认和反馈重发等手段将原始的物理连接改造成无差错的数据链路，对数据传输进行流量控制；第三层是应用层，相当于 OSI 中的高层，包括数据的处理和控制命令的执行等。机身通信系统和上、下位机的通信系统参考该通信模型进行设计[21,22]。

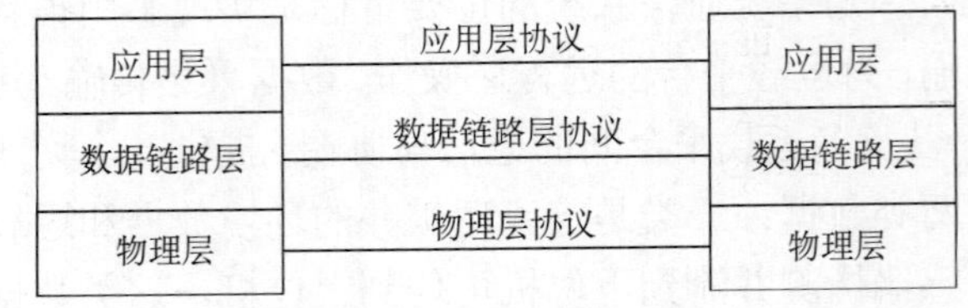

图 11.29 煤矿井下环境探测与搜救多运载平台系统的通信系统模型

井下灾变环境无人感知系统的通信系统由运载平台端通信接口、无线中继模块、计算机端通信接口和上位机控制与显示模块组成。其中运载平台端通信接口、无线中继模块和计算机端通信接口以硬件电路为主，是构成通信信息传输系统的关键部分。上位机控制与显示模块为软件模块，用于控制通信的方式、传输速度等，并显示井下运载平台采集来的图像和数据。通信系统构成原理如图 11.30 所示。

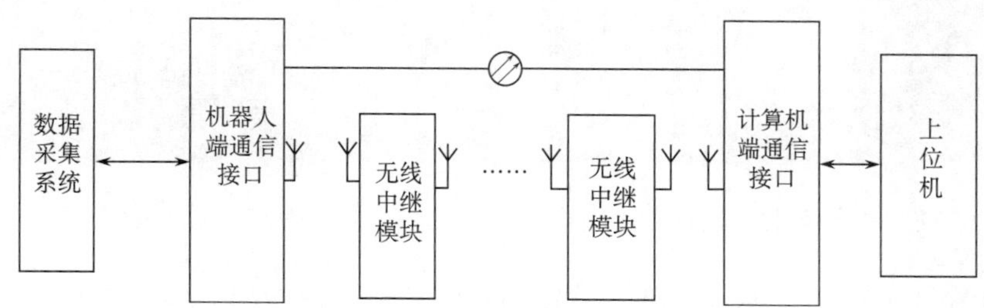

图 11.30　通信系统构成

针对煤矿井下灾难后的实际应用环境，为运载平台的远程遥操作、数据采集传输（包括视频、音频等信号），以及多运载平台间的通信与协调，研制了一种切实可行的通信系统，并结合光纤通信与无线通信的特点，同时利用两种传输媒质实现双向通信，以提高系统可靠性和灵活性。技术指标包括以下两方面。

1）光纤通信系统指标

（1）通信距离：不小于 2 km；

（2）光缆总重量：不大于 1.8kg；

（3）工作环境：温度 0～＋40℃，湿度 5%～98%RH；

（4）采用防爆设计，电路均采用本安电路；

（5）具有良好的抗干扰能力。

2）无线通信系统指标

（1）所有模块总重量：不大于 2kg；

（2）无线通信模块外形尺寸（长×宽×高）：约 40×40×15mm；

（3）工作电压：3.6V/5V（方便进行电路的本安设计）；

（4）无线通信距离：不小于 2 km；

（5）工作环境：温度 0～＋40℃，湿度 5%～98%RH；

（6）采用防爆设计，电路均采用本安电路；

（7）防护等级：IP65；

（8）具有良好的抗震性能；

（9）具有良好的抗干扰能力。

通信系统具体包括：①运载平台端通信接口和计算机端通信接口电路相同，称为通信终端机（图 11.31）。②无线通信链路和无线中继模块（图 11.32）。③上位机控制与显示模块。

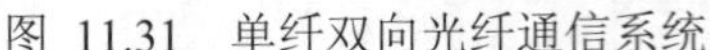

图 11.31　单纤双向光纤通信系统

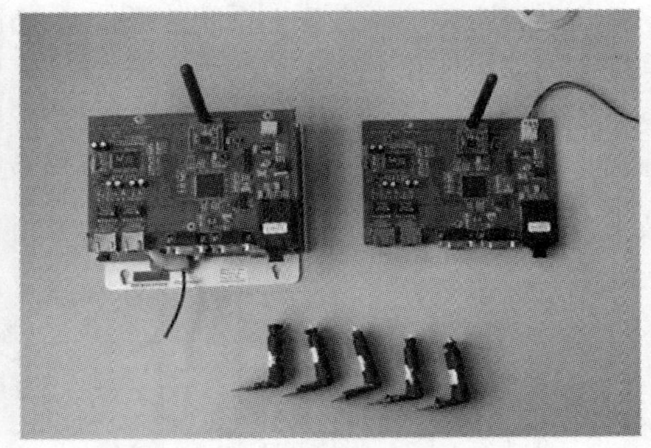

图 11.32　无线通信系统

长距离无线通信技术要求终端有足够的发射功率和优秀的天线，同时带来了增大功耗和体积的问题。可是在煤矿井下，由于巷道弯曲和巷道壁吸收等原因，增大功耗和体积并不能保证长距离，所以采用短距离无线通信技术是合适的方案。

目前短距离无线通信技术中，常用的成熟技术有 WLAN、基于 IEEE802.15.4 的无线传感网（或 ZigBee）、蓝牙和 RFID 等。蓝牙和 RFID 的有效通信距离太短，不宜在此应用。对于 WLAN，其技术的成熟和应用的普及是首屈一指的，传输速率也很高。使用该技术构建无线链路十分方便，只要在遥控终端和运载平台上装上无线网卡，用无线路由器做中继节点，通过无线路由器的转发，就可以实现遥控终端和运载平台之间的中继通信。但是，该技术的网卡和路由器的功耗和体积都较大，供电电池也会很重，如果要求行进距离较远或者巷道弯曲较多，运载平台将无法携带足够的中继器，因而无线局域网这种方案也不适用。

剩下的方案就是基于 IEEE802.15.4 的无线传感网技术，但是在这里的应用中，网络结构很简单，不需要无线传感网或 ZigBee 等高层协议，只需要利用兼容 IEEE802.15.4 标准的无线传感通信芯片，配合适当的单片机控制电路，即可构成低功耗、大范围和高速率的无线中继节点，实现运载平台和遥控终端之间的多跳长距离无线通信。

由于井下煤层对无线信号有很强的吸收作用，无线通信的距离十分有限，仅有百余米，所以必须通过中继模块来续传无线信号，以保证煤矿救灾运载平台与救灾指挥控制端之间的通信。CUMT-2 型煤矿救灾运载平台中用于抛投通信中继模块的装置能够实现在得到指令后抛下一个通信中继模块的功能，以保障救灾指挥控制端与煤矿救灾运载平台之间的通信畅通，中继抛投装置如图 11.33 所示[23]。

在中继抛投试验过程中，如图 11.34 所示，运载平台依靠无线通信在救灾指挥控制端的控制下运动，当运载平台转弯或无线信号较弱时，救灾指挥控制端给出抛投指令，救灾运载平台在得到指令后抛投出一个中继模块。在运载平台抛投了中继模块后，无线信号增强，运载平台继续前进。运载平台在模拟矿井的防空洞环境里试验了 2h，最远行驶至防空洞尽头，距救灾指挥控制端为 500m，期间一直保持较好的无线通信状态。

图 11.33 中继抛投装置

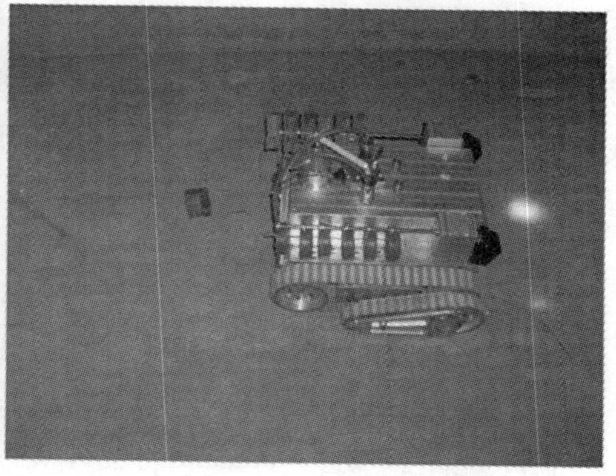

图 11.34 中继抛投试验

为了克服井下无线网络通信距离短、易受干扰的问题，设计一套将光纤通信技术和无线 WiFi 技术相结合的有线无线混合通信系统，扩展感知矿山物联网网络层，其结构如图 11.35 所示。

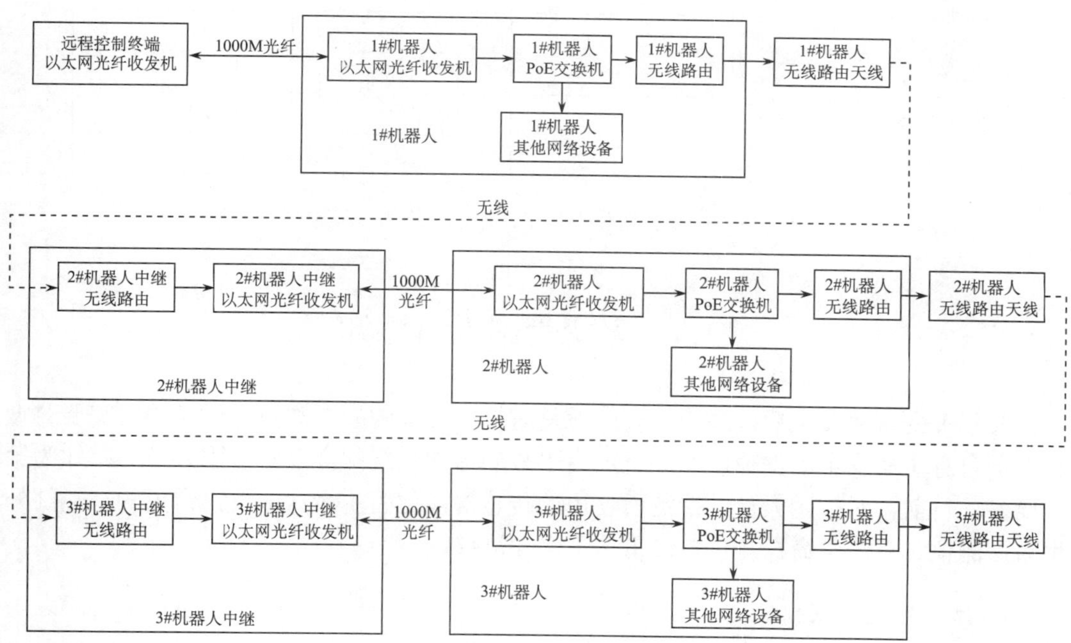

图 11.35 有线无线通信系统结构图

该系统光纤作为主通信介质，将其分为几段，每段光纤由一个运载平台负载。由于运载平台负载能力有限，所以每台运载平台携带 1000M 光缆。各段光纤的端头连接无线模块；相邻的无线模块之间可以自动连接，将断开的有线通信链路连接起来。通过无线模块作为中继，解决了有线通信链路自动链接和防爆问题。由于前后两台运载平台的无线模块距离很近，所以所需无线信号的功率很低，因此可以做成本质安全型防爆设备，降低了无线模块的体积和重量，提高了安全性。采用阻燃高抗拉强度的铠装光纤作为有线通信介质，从而保证了运载平台远程通信的可靠性和带宽。并且，光纤传输的是光信号，因此是本质安全的。光纤由运载平台携带，通过放缆的形式释放，可以避免拖缆时，线缆受到阻力。通过 3 台运载平台顺序释放光纤可以组建 3km 的通信网络，其工作原理如图 11.36 所示。

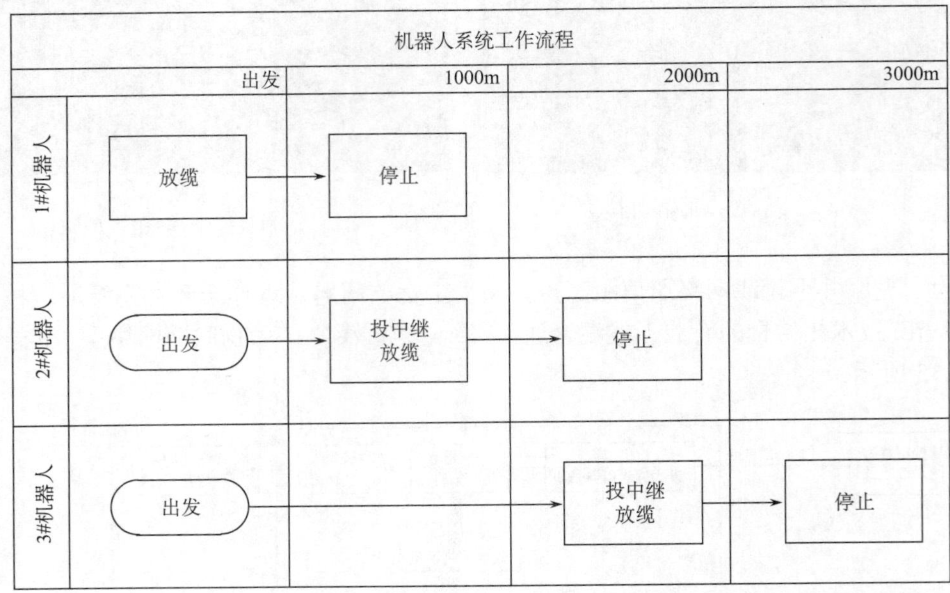

图 11.36　3 台运载平台组建通信网络工作原理图

11.5　灾变受困人员感知

井下灾变事故发生后，最为重要的就是对被困人员的搜寻和救援以及同时需要对搜救人员自身生命安全的保障。而井下灾变事故的感知系统同样以对被困人员的感知为第一要务。目前，对被困人员的探测所使用的传感器被称为生命探测仪，常见的有热红外生命探测仪、声波生命探测仪以及雷达生命探测仪。

1. 热红外生命探测仪

热红外生命探测仪是基于动物红外辐射与周围环境有所差异的原理而制作的。任何物体都会向环境中发出红外辐射，而人体的红外辐射的主要波长为 9.4μm，人体皮肤的红外辐射范围为 3～50μm，其中 8～14μm 占全部人体辐射能量的 46%，这种特性是将人体从周围环境中分割区分出来的重要依据。

热红外生命探测仪的主要优势在于可在黑暗中对被困人员进行搜救，其可以在黑暗中提高搜救人员的搜救效率，环境适应能力强，除可在暗光无光情况下使用外，同时也可用于浓烟、大火等矿难发生后的常见场景中。热红外生命探测仪主要检测人体热辐射的能量，通过红外传感器将其转化并显示为红外热图像，便于对被困人员的搜救。

2. 声波生命探测仪

声波生命探测仪是通过检测被困人员发出的呼救、心跳以及对物体的敲击或摩擦等声波信号来发现被困人员。它携带多个振动检测器、拾振器，来获得被困人员发出的声波信号并判断其被困位置。

在救援中，被困人员可能能够听到搜救人员发出的寻找声音，但其由于受困于狭小空间以及长时间受困，可能无法发出可以让搜救人员能够听到的声音，因此这种情况下声波生命探测仪通过拾振器检测被困人员的呼救、心跳以及其他声波信号，可以大幅提高搜救人员的搜救效率。

3. 雷达生命探测仪

雷达生命探测仪是一款综合了微功率超宽带雷达技术与生物医学工程技术研制而成的高科技救生设备，专业用于地震灾害、塌方事故等紧急救援任务中，有效提高救援质量和工作效率。它的工作原理是基于人体运动在雷达回波上产生的时域多普勒效应来进行分析判断废墟内有无生命体存在以及生命体的具体位置信息。它充分利用纳秒级电磁波脉冲的频谱宽、穿透性强、分辨力高、抗干扰性好、功耗低等特性，应用在地震灾害、坍塌事故等救援现场，由废墟表面向废墟内发射纳秒级脉冲电磁波，并对回波相参接收后进行信号处理，对墙壁、瓦砾等静止目标回波予以滤除，仅仅对运动的肢体、心肺等动目标回波进行检测显示，从而实现探测、搜救幸存者的目的。有效克服了音频、光学、红外等生命探测仪存在的一些固有技术缺陷，尤其在灾害现场的强噪声背景下，可以帮助救援人员更为快速、便捷、有效地判断幸存者的有无和位置，大大降低救援工作的盲目性和工作量，提高救援效率，对于最大限度地挽救人民生命安全具有重要的使用价值。煤矿使用的雷达生命探测仪要具有防爆性能，根据防爆性能有本安型和隔爆型。

YSR25 本安型雷达生命探测仪是一种微波生命探测设备，如图 11.37 所示，适用于在自由空间和穿透非金属介质进行生命探测，主要用来对被掩埋在倒塌建筑物、废墟、土壤中的人类幸存者或对烟、雾等环境中的人类生命体进行探测搜寻。具有体积小、重量轻、结构简单、人机界面好、操作简便、抗干扰能力强、环境适应性强等特点。

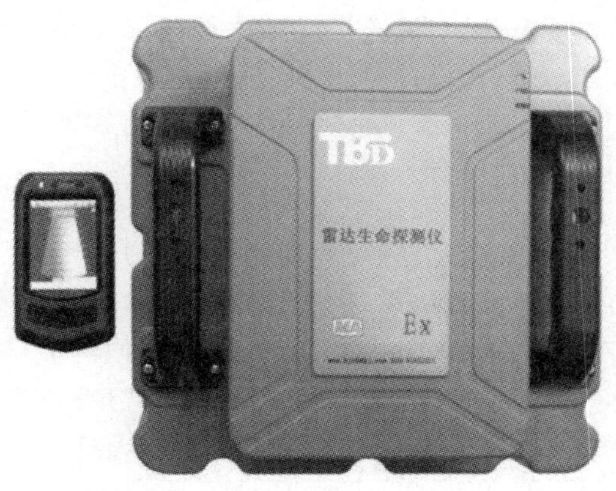

图 11.37　YSR25 本安型雷达生命探测仪

YSR15 矿用隔爆型雷达生命探测仪是一种先进的矿山救援生命探测仪，如图 11.38 所示，具有很大的相对带宽（信号的带宽与中心频率之比），一般大于 25%。用脉冲形式的微波束照射人体，由于人体生命活动（呼吸、心跳、肠蠕动等）的存在，使得被人体反射后的回波脉冲序列重复周期发生变化，从而检测到人体生命参数。如果对经人体反射后的回波脉冲序列进行解调、积分、放大、滤波等处理并输入计算机进行数据处理和分析，就可以得到与被测人体生命特征相关的参数。YSR15 矿用隔爆型雷达生命探测仪用于井下爆炸性环境中生命探测具有穿透力强、作用距离精确、抗干扰能力强、多目标探测能力强、探测灵敏度高等优点，探测距离可达 15m。

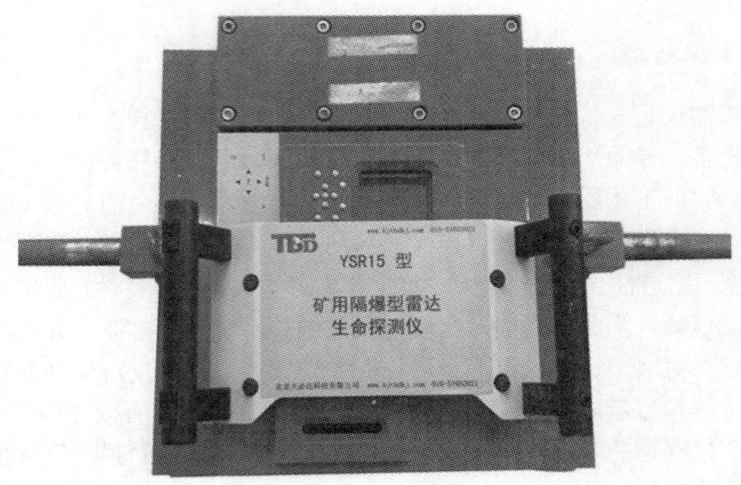

图 11.38　YSR15 矿用隔爆型雷达生命探测仪

参 考 文 献

[1] 赵黛青, 余颖琳, 万英. 我国能源的现状与发展. 科学对社会的影响, 2006, (2): 25-29.

[2] 《当代世界煤炭工业》课题组. 当代世界煤炭工业发展趋势. 中国煤炭, 2011, (3): 119-124.

[3] 郭志福. 煤炭资源的科学开采与环境保护. 中国科技信息, 2007, (20): 16.

[4] 国家安全生产监督管理总局安全生产协调司. 特别重大事故案例汇编(2004—2005). 北京: 中国劳动社会保障出版社, 2007.

[5] 柳玉龙. 煤矿搜救机器人的研究现状及关键技术分析. 矿山机械, 2013, (3): 7-12.

[6] 戴磊, 齐俊桐, 宋大雷, 等. 基于多传感器融合的组合导航方法研究. 仪器仪表学报, 2009, 30(S): 42-49.

[7] 范保杰, 朱琳琳, 崔书平, 等. 旋翼无人机视觉跟踪系统. 红外与激光工程, 2011, (1): 149-152.

[8] 齐俊桐, 韩建达. 旋翼飞行机器人故障诊断与容错控制技术综述. 智能系统学报, 2007, (2): 31-39.

[9] Keennon M, Klingebiel K, Won H. Development of the nano hummingbird: a tailless flapping wing micro air vehicle//AIAA aerospace sciences meeting including the new horizons forum and aerospace exposition. 2012.

[10] Rapid response investigation of robots for post-accident safety assessment. http://robotics. sandia. gov/minerobot. html[2008-01-17].

[11] Baker C, Morris A, Ferguson D, et al. A campaign in autonomous mine mapping//Robotics and Automation, 2004. Proceedings. ICRA '04.2004IEEE International Conference on. IEEE, 2004. 2004-2009 Vol. 2.

[12] Mobile robot development-groundhog. www. ri. cmu. edu [2003-01-17].

[13] Gemini-Scout robot can scope out mining accidents, may save lives. http: //www. engadget. com/2011/08/22/gemini-scout-robot-can-scope-out-mining-accidents-may-save-live [2011-8-22].

[14] Mine rescue robot. http: //www. msha. gov/Sago Mine/robotdetails. asp[2013-2-11].

[15] 李允旺, 矿井救灾机器人行走机构研究. 徐州: 中国矿业大学, 2010.

[16] 王争. 井下探测机器人控制系统研制及其运动性能分析. 哈尔滨: 哈尔滨工业大学, 2007.

[17] 董晓坡. 煤矿搜救机器人描述方法研究及其探测模块开发. 成都: 成都理工大学, 2007.

[18] Kim T J, So B, Kwon O, et al. The energy minimization algorithm using foot rotation for hydraulic actuated quadruped walking robot with redundancy//Robotics (ISR), 2010 41st International Symposium on and 2010 6th German Conference on Robotics (ROBOTIK). VDE, 2010: 1-6.

[19] 张丹凤, 吴成东, 李斌. 蛇形机器人被动蜿蜒避障运动的研究//第九届全国信息获取与处理学术会议论文集 Ⅰ, 2011.

[20] 郁树梅, 王明辉, 马书根, 等. 水陆两栖蛇形机器人的研制及其陆地和水下步态. 机械工程学报, 2012, (9): 18-25.

[21] 刘建, 朱华, 郑之增, 等. 煤矿救援机器人的通信系统设计. 煤炭科学技术, 2009, (8): 87-90.

[22] 薛旭升. 煤矿救援机器人无线通信系统及布放装置研究. 西安: 西安科技大学, 2013.

[23] 方海峰, 葛世荣, 李允旺, 等. 煤矿救灾机器人的通信中继抛投装置设计. 矿山机械, 2009, (13): 8-11.

12 感知矿山工程实践

12.1 概　述

20 世纪 90 年代末煤矿开始实现单机自动化监控，21 世纪初，各大煤矿开始建设综合自动化系统，经过十余年的推广应用，加快了我国煤矿信息化建设的步伐，煤矿综合自动化系统实现了现有系统的网络化集成，实现了煤矿生产与安全系统的网络化监控，这为实现感知矿山打下了良好的基础。然而由于感知手段传统单一、缺乏泛在感知网络、缺乏应用层面的信息融合、多学科交叉研究不够，在矿山安全生产监控及灾害风险预警中仍存在诸多问题。

感知矿山物联网为建立煤矿安全生产与预警救援新体系提出了新的思路和方法。“感知矿山”通过构建“三个感知”信息处理平台——感知人员安全环境、感知设备健康状态、感知煤矿灾害状况，实现对真实矿山整体及相关现象的可视化、数字化及智能化，动态详尽地描述并控制矿山安全生产与运营的全过程。

2010 年 3 月，中国矿业大学与徐州市政府依据国家重大发展战略和应用需求，结合江苏省物联网产业的发展布局，采取“产学研”相结合的方式组建了中国矿业大学物联网（感知矿山）研究中心。研究中心依托中国矿业大学的学科优势，是一个多学科交叉融合的，集基础研究、技术研发、成果转化、技术服务和高层次人才培养、国际合作等为一体的高水平研究平台。研究中心按照“三个感知”建设思路，结合实际情况分别在山煤集团霍尔辛赫煤矿、徐矿集团夹河煤矿建设了两个感知矿山示范工程，构建了感知矿山基础平台，“三个感知”系统在示范工程中进行了较好的应用。

12.2　霍尔辛赫煤矿示范工程

山西霍尔辛赫煤业有限公司于 2005 年 6 月开始筹建，建设工期 3 年时间，2009 年初投产，矿井设计能力为 300 万吨/年。

霍尔辛赫煤矿在煤矿综合自动化方面已现有 19 个监控子系统，包括工业电视、CDMA 通信、监测监控系统、人员定位、瓦斯抽放监控系统、中央变电所电力监控系统、矿井主井提升机监测监控系统、矿井副井提升机监测监控系统、矿井主通风机监测系统、压风系统、锅炉房集控系统、中央水泵房排水监测系统、选煤厂集控系统、矿井污水处理监测系统、井下原煤生产运输系统、产量监控、调度通信系统、应急广播通信、胶轮车监控系统。综合自动化方面的建设，为感知矿山示范工程的实施奠定了基础。

12.2.1 霍尔辛赫煤矿示范工程规划

霍尔辛赫煤矿感知矿山示范工程本着统一设计，分布实施的原则进行规划设计。整体项目设计目标是建成一个统一的网络平台（骨干网络平台、无线网络平台），结合“六大安全避险系统”，实现井下工人精确定位、周围安全环境感知；实现井下和地面各个生产系统和大型机电设备、供电系统、管网等的监控及诊断，即设备工况感知；使矿井生产安全可靠，有效地预防和及时处理各种突发事故和自然灾害，即矿山灾害风险感知；实现全矿井的各种数据采集，使生产调度、经营管理、决策指挥实现网络化、信息化、科学化。实现企业的经营、生产决策、安全生产管理和设备控制等信息的有机集成，达到减人增效和提高矿井安全水平的目的。建设内容包括以下方面。

（1）系统集成平台建设：建设全矿井安全、人员、设备的感知集成平台，实现全矿井地面远程监控，包括集群服务器、数据库平台、集成软件平台建设等。

（2）骨干网建设：包括井上、井下 1000M 高速工业以太网和调度指挥控制中心工业以太网建设。

（3）感知网建设：利用无线传感器网络建立覆盖煤矿井下并与 1000M 工业以太网相结合的无线自组网系统。

（4）建设以下应用子系统：①井下人员环境感知系统；②设备健康状态感知系统；③矿山灾害感知系统（二期内容）；④感知矿山信息联动系统；⑤基于 GIS 的井下移动目标连续定位及管理系统；⑥感知矿山物联网运行维护管理系统。

12.2.2 感知矿山信息集成交换平台

感知矿山信息集成交换平台确保煤矿所有安全生产、人员、设备、管理信息等复杂异构信息在一个统一数据平台存储，在异构条件下进行联通与共享，能够使不同功能的应用系统联系起来，协调有序运行。它是 M2M 平台的核心，实现将采集的感知信息及时地处理并转发给其他的服务器，从而保证信息动态顺畅地沟通。

1. 硬件平台建设

示范工程集成交换平台的硬件系统的设备布置图如图 12.1 所示。

（1）设置应用服务器，用于应用程序开发、部署、维护及管理工作。

（2）设置 I/O 服务器，采集全矿生产、安全等全部信息，并提供给以太网上各个操作员站，各个工作站对全矿子系统的控制信息也由服务器，经由工业以太网上相应节点发送到被控子系统。

（3）设置 Web 服务器，负责 Web 发布，把信息传送到局域网。

（4）设置数据库服务器，数据库服务器负责存储全矿安全、生产等信息，产生实时和历史数据库，供管理网数据查询与分析。

（5）设置定位服务器，实现对矿井人员位置信息的采集及定位计算。

（6）设置多台工作站，用于监控各个子系统的工况、设备的状态，控制各种设备的运行。

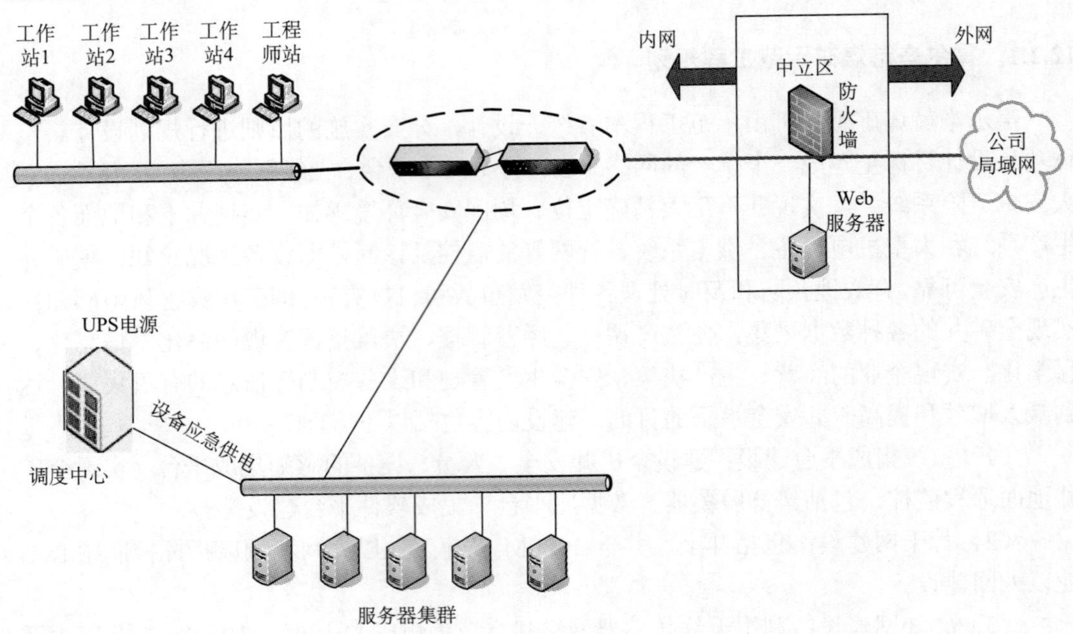

图 12.1　调度指挥控制中心设备布置图

（7）设置工程师站，负责全部控制系统的组态和维护，工程师站由经过专门培训过的工程师操作。

（8）设置硬件防火墙，负责将监控网络与煤矿局域网隔离，以保证监控网络的相对独立。

（9）设置核心工业交换机，实现整个矿山安全、生产信息的交互。

（10）配置大容量后备时间不小于 4h 的 UPS 电源设备。

2. 信息集成交换平台结构与工作原理

系统结构图如图 12.2 所示，它处于信息采集与应用服务之间，是信息交换的核心模块。从图 12.2 可以看出，各类传感器完成数据的采集，经过统一数据接口交付至信息预处理单元，然后由预处理单元对信息进行初步处理后进入时空实时数据库。时空实时数据库按照应用服务器预订服务，从时空实时数据库中提取特征信息并以主动路由模式交付给特定的应用服务器。平台资源监管模块负责动态管理 M2M 信息平台中的各种软硬件资源，确保通信系统有条不紊地工作。

3. 系统关键技术

1）制定统一数据接口，实现异构分布传输信息的统一接入

感知矿山物联网统一信息交换平台作为信息交换与处理的核心平台，必须保证信息的高效、有序、可靠和安全，而煤矿现有的各类离散子系统种类繁多，传感信息类型、采集方式、传输方式等还基本处于各自为战的状态。物联网统一信息交换平台必须充分了解各子系统信息特征，并提取归纳各种信息特征，指定统一的信息接入规范，确保异类、分布的

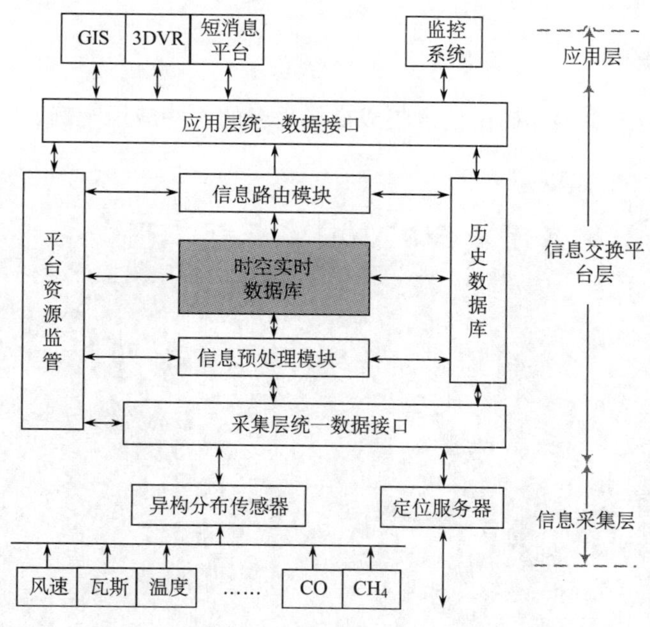

图 12.2 通信系统结构图

传感信息能准确有效地集中到M2M信息交换平台中。通信中采用以太网信息交换模式，采用统一接口与应用平台中的 GIS、短消息、3DVR 等系统的信息交换及统一通信下行接口与智能矿灯和短信终端的通信。

2）建立信息流预处理模型

由于复杂异构信息存在很大的不确定性和个别误差，如定位抖动、瞬时传感数据自相关异常等，因此必须对采集到的信息进行预处理。系统中的信息流预处理模块主要利用快捷的平滑滤波、关联分析等手段对信号有限降噪，在确保数据的有效性和准确性的前提下，适当去除冗余信息，降低后端信息交换及实时处理的复杂性和重复性，提高后端系统的鲁棒性。

3）构建统一时空实时信息库

统一时空实时数据库作为 M2M 信息交换平台中核心模块，是各类信息存储快速交换及融合的主要场所，实时数据库的有效性和合理性直接影响到系统处理能力；M2M 平台中统一时空实时数据库主要对信息的基本属性及动态属性分别存储，通过高速哈希表对动态属性进行高速的读/写；通过高速并行算法对大量动态信息进行匹配与输出，使来自不同传感器、具有较大相关性的特征信息快速归类，具有时间、空间、环境特征。

4）M2M 平台资源动态监管

实现对资源的动态管理。包括实时哈希表监管、线程监视、CPU 资源监管、实时数据队列并行调度管理等。实现运行状态下资源动态管理与自动优化，不必人为重新调整资源系统配置，确保系统运行的连续性和稳定性。

4. 系统应用

图 12.3~图 12.5 是感知矿山信息集成交换平台的一些应用案例。

图 12.3　感知矿山信息集成交换平台主界面

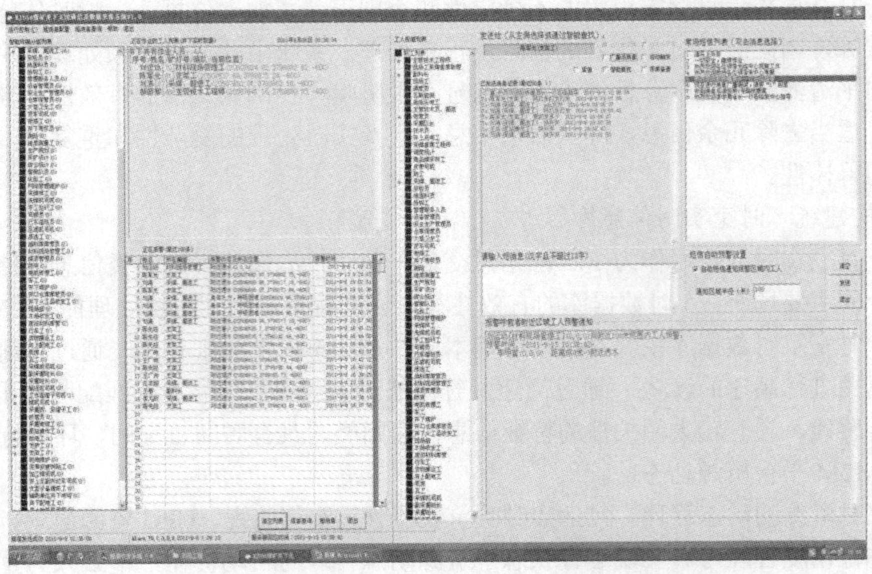

图 12.4　感知矿山短信平台

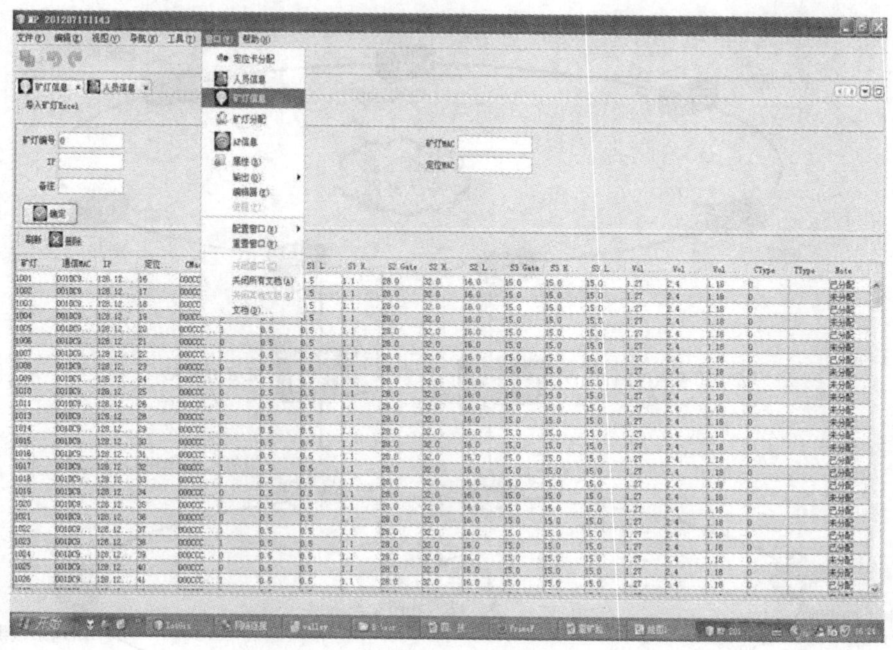

图 12.5　智能终端管理平台

感知矿山信息交换平台的建立实现了异构数据的有机融合，使基于多元信息的综合、实时分析成为可能；而且，通过该平台井上井下实现了软件层次的双向互联互通，在此基础上可以衍生出实时精确定位、矿山信息联动、人员环境感知等一系列新的应用。未来，系统在此基础上可以进一步演化，通过井下设备智能化来提高系统对实时信息的现场预处理能力，进而使信息交换平台的信息处理速度更加及时，计算资源分布更加均衡，效益更高。

12.2.3　骨干网络建设

骨干网为 1000M 工业以太环网，以保证系统的高可靠性。如果在使用过程中存在光纤网络某点断开的故障情况，网络也能照常工作，而且系统能及时诊断出故障点以便维修。敷设光缆根据环网需求和冗余性选用单模阻燃光缆。它理所当然是三网合一的系统，除接入各种监测监控系统外，将有线 IP 电话、无线移动电话、人员定位系统、数字视频系统都接入网络。主干网通过工业级交换机为全矿地面及井下各个子系统提供方便灵活的工业以太网接口。

在示范工程中，系统以赫斯曼交换机为核心，井下采用 6 台防爆 1000M 交换机，井上采用 7 台 1000M 交换机，核心交换机采用 2 台赫斯曼 MACH4002。网络拓扑结构如图 12.6 所示。

示范工程使用千兆骨干环网通信，技术成熟、稳定性高、维护方便，通过 QoS 控制和 VPN 划分，网络可以很好的根据业务类型组织调度传输资源，使监测监控信息、视频流、语音信号等对带宽、时延有不同需求的业务可以有条不紊的运行。

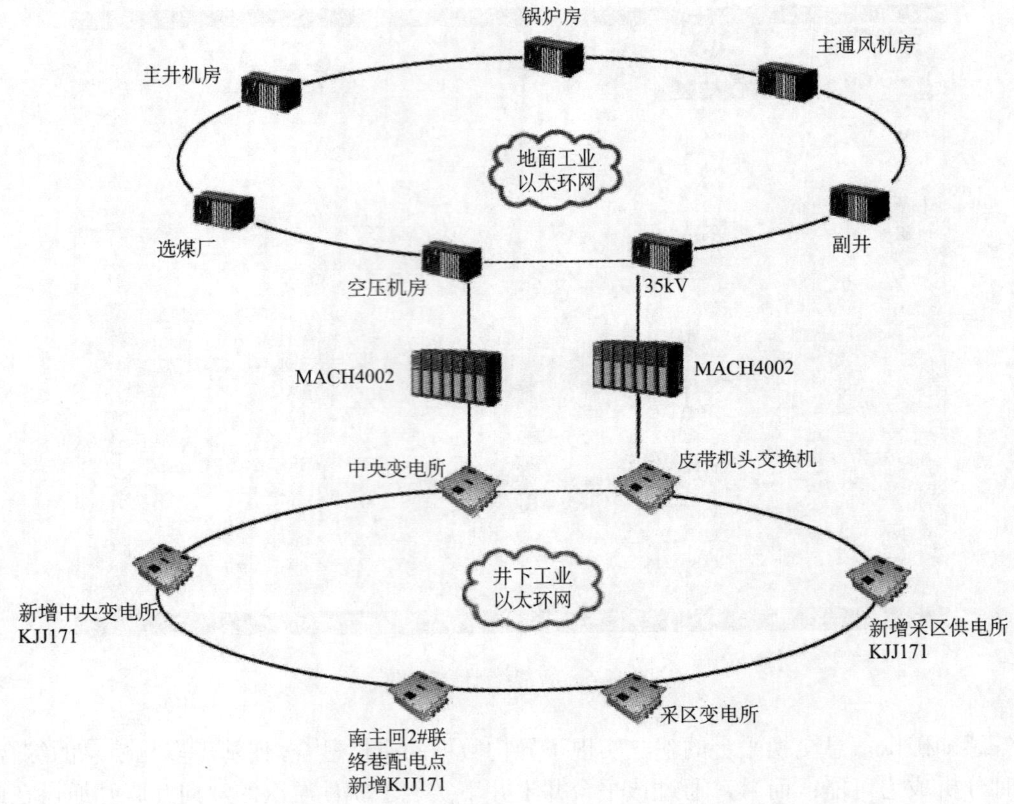

图 12.6　矿用骨干网通信系统结构图

12.2.4　无线感知网络建设

无线感知网络基于 WiFi 技术，为煤矿井下提供一个泛在通信网络，为实现“三个感知”提供感知信息的传输通道。在物联网示范工程中，无线感知网络为感知矿工安全工作环境、实现井下矿工与井上调度以及矿工之间的通信联络、视频数据传输、环境参数传输、定位数据传输等提供基础服务。

1. 无线感知网络系统结构

矿用无线通信系统主要由交换机、AP 控制器（AC）、接入点 AP 和终端四部分组成，如图 12.7 所示。各个部分的主要功能如下：

（1）AP 控制器（AC）主要负责对接入点 AP 的管理，包括对 AP 的升级、AP 连接情况及 AP 网络的故障信息的监测、配置及管理。

（2）接入点 AP 主要负责信息的传输，将终端接入无线网络，对终端采集到的信息发送给服务器并将服务器给终端的数据发送回去。

（3）交换机的作用主要是系统中 AC 与服务器的桥梁，把 AP 从井下采集的各种数据信息经交换机传到井上服务器中，以供工作人员查看。

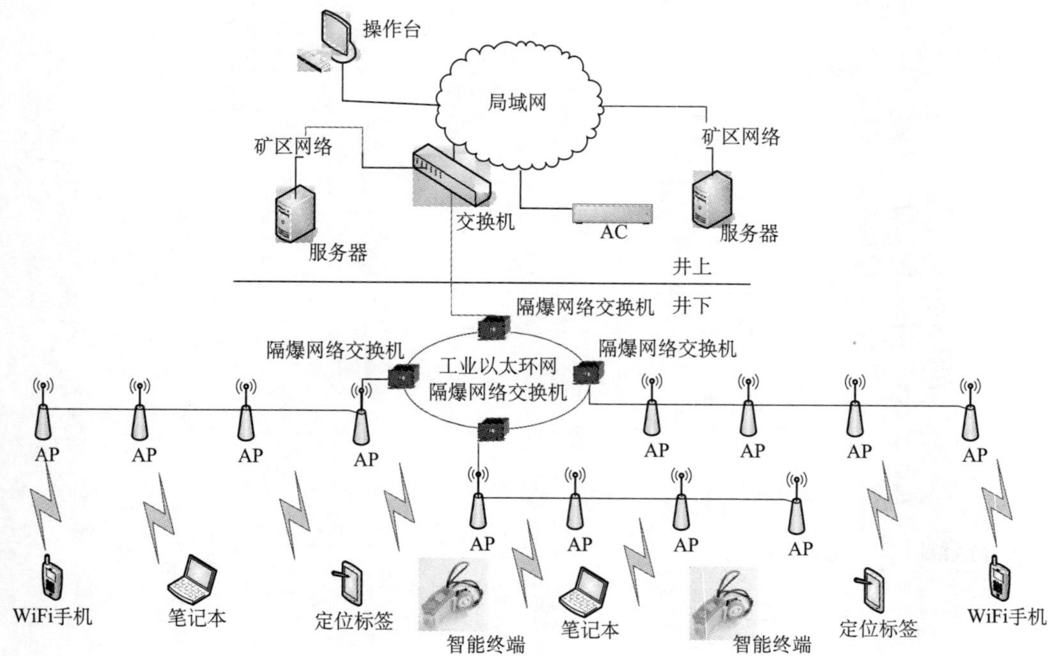

图 12.7 无线感知网络结构图

（4）终端包含有智能终端、机车定位卡、无线摄像头等。终端通过 AP 接入无线感知网，将采集到的环境参数、定位信息、视频数据、语音数据等，通过 AP 传送到特定设备。

2. 示范工程无线感知网络布置拓扑

在示范工程中，感知网络系统实现了井下主要巷道、采掘面的全覆盖，如图 12.8 所示。

基于 WiFi 的矿用感知网络的建设，为井上与井下人员、井下与井下人员之间的沟通（语音、视频、位置、环境参数等）搭建了一个宽广快速的网络平台；为煤矿安全生产综合调度提供了新的指挥手段；也为煤矿的救援提供新的快捷通信手段，可在灾变期间快速的恢复和投入运行，大大提高救援效率。

12.2.5 井下人员感知系统

1. 概述

在现有系统中矿工属于被动感知环境状态，矿工无法实时或及时获取周围的环境信息；通过本系统的建设，构建井下矿工能主动感知煤矿环境的人员感知系统。

煤矿井下人员感知系统是实现矿工主动式安全监测的方法。系统由个人终端（智能矿灯）、有线与无线通信网络、应用管理平台组成，是一种分布式接入系统。网络平台及管理平台的使用案例已经在前面进行了描述，本部分主要介绍个人终端（即智能矿灯）的应用。

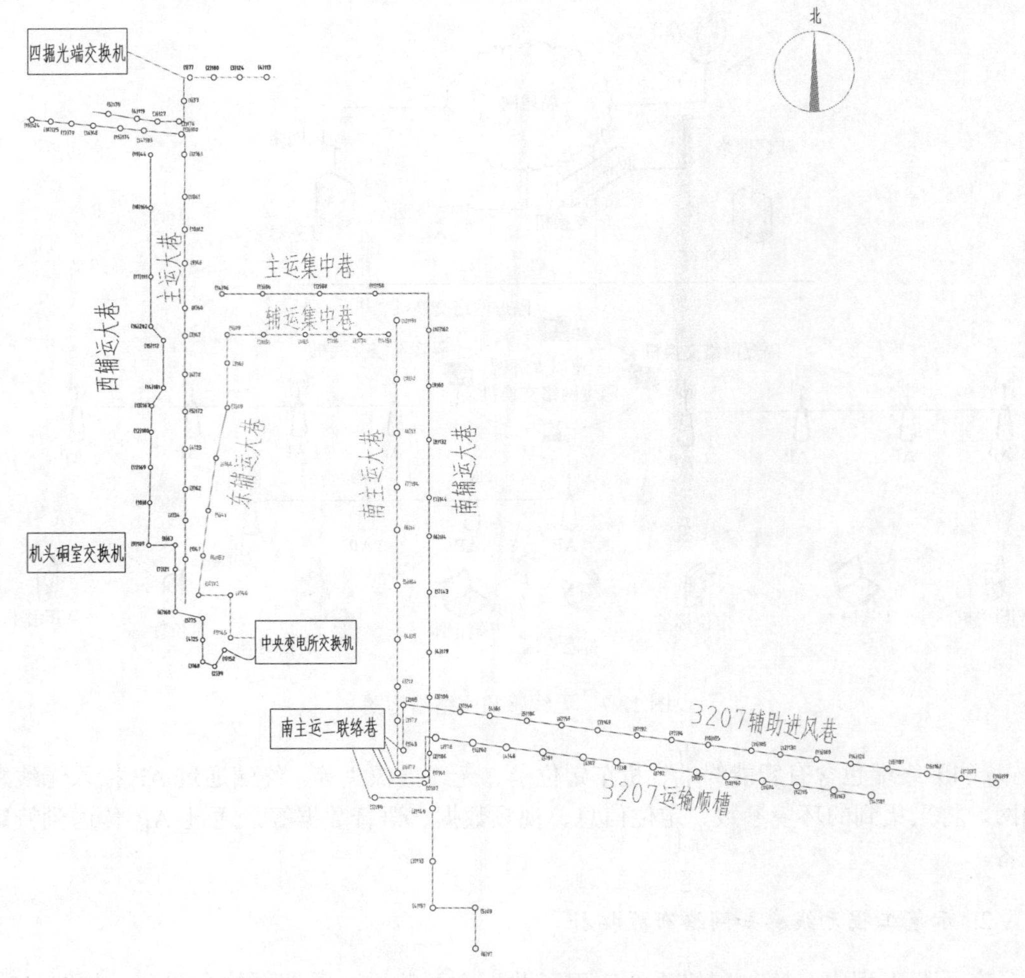

图 12.8　霍尔辛赫煤矿井下无线感知网络布局图

2. 智能矿灯

个人终端即可穿戴式人员感知及救援装备，实现对井下人员位置、活动轨迹及生命体征的全面感知。目前可穿戴式人员装备是各研究机构、公司的研发热点，其中研究方向之一就是智能矿灯系统。智能矿灯的研发目的是为井下矿工构建一个主动感知煤矿环境的综合感知及预警系统。在感知矿山建设中，中国矿业大学在国内首次研制并成功应用了智能矿灯。智能矿灯按 GB3836.4—2000《爆炸性气体环境用电气设备 第四部分：本质安全型“I”》设计制造，是本质安全型电器设备。

基于 WiFi 通信协议的智能矿灯系统包括：微控制器部分、温度传感器部分、加速度传感器部分、瓦斯传感器部分、液晶显示部分以及一些外围电路。采集的温度信号、加速度信号、瓦斯浓度经过微控制器 APP CPU 的采样处理后，一方面控制液晶屏显示采集到的传感器信号，另一方面交给 WLAN CPU 通信部分，WLAN CPU 主要负责与基站的无线通信、接收上位机发送过来的消息、向上位机发送智能矿灯的求救信号。本智能矿灯采用 IEEE802.11b 通信协议（图 12.9），实现与地面的通信可以通过微控制器本身的 MAC 地址区分各个智能矿灯，进而确定矿工的身份。

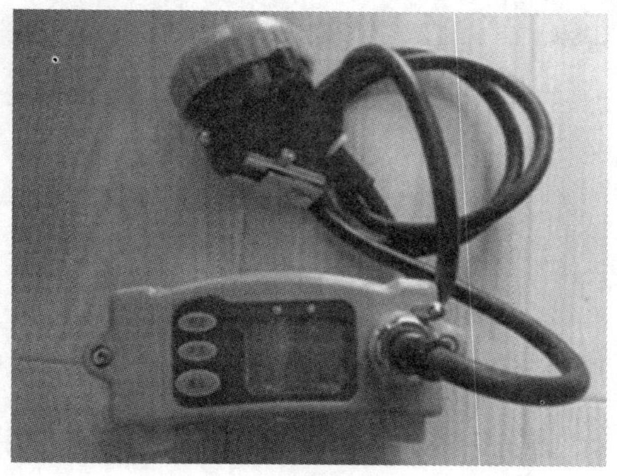

图 12.9 智能矿灯

3. 系统应用

人员感知系统在感知矿山示范工程中进行了应用，如图 12.10~图 12.13 所示。整个系统以矿灯为载体实现以下功能。

（1）实现对煤矿井下人员精确定位。现有的煤矿井下人员定位系统大多是区域定位系统，即只能了解人员大致在什么区域，并且一般现有设计区域都在几公里以上，因此，区域定位系统对人员的掌握还是比较粗放。而本系统能实现对煤矿井下人员的精确定位，定位精度可达到 3～5m。

（2）系统实现了六大系统中矿井通信联络系统的井下无线通信并具备灾变期间能够及时通知人员撤离的功能。本系统和已有成熟的工业以太网系统、矿井调度电话系统、广播系统相结合将构成完整的覆盖全矿井的有线、无线通信系统。

（3）系统实现了对矿井监测监控系统进一步完善。现有监测监控系统都是在固定位置布置相应的探头对井下环境进行监控。而本系统为矿工配置了相应的具备瓦斯等传感器的矿灯，能直接检测矿工当前位置的瓦斯信号等，消除了传感器监控的盲区。

（4）智能信息矿灯作为系统的井下重要组成部分，集定位、多传感器信息采集、通信等多种功能为一体，是井下设备智能化、便携化发展的方向。

12.2.6 井下设备感知系统

在示范工程中本部分包括两大方面：①实现井上、井下各生产及辅助系统的远程监控，减少井下操作人员，即实现霍尔辛赫煤矿各子系统自动化改造，包括工作面系统、主煤流运输系统、主副井提升系统、通风机系统、压风机系统、排水系统、供电系统等；②感知矿山设备工作健康状况，实现预知维修。

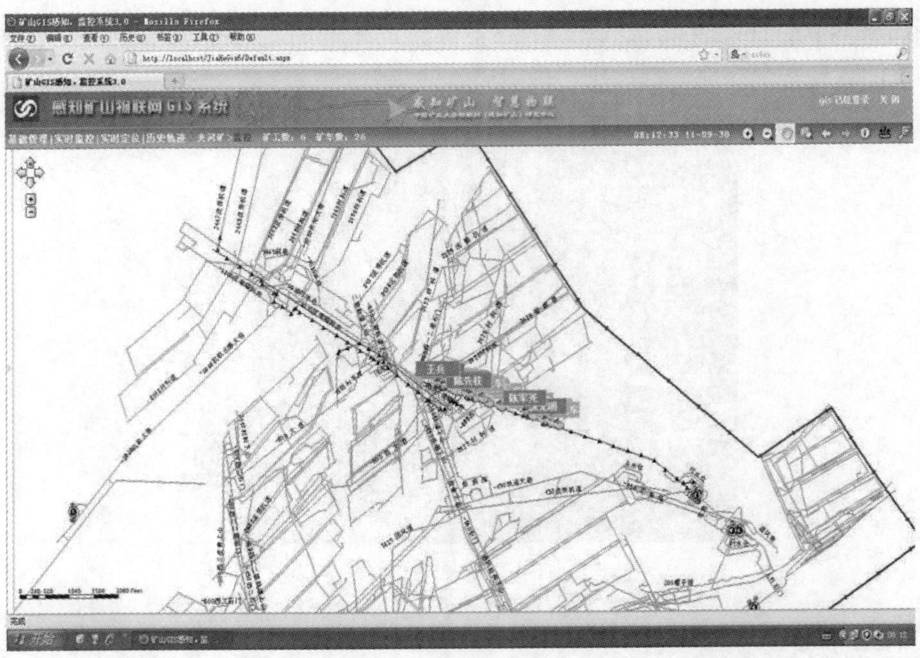

图 12.10　基于 GIS 系统的个人安全环境感知界面

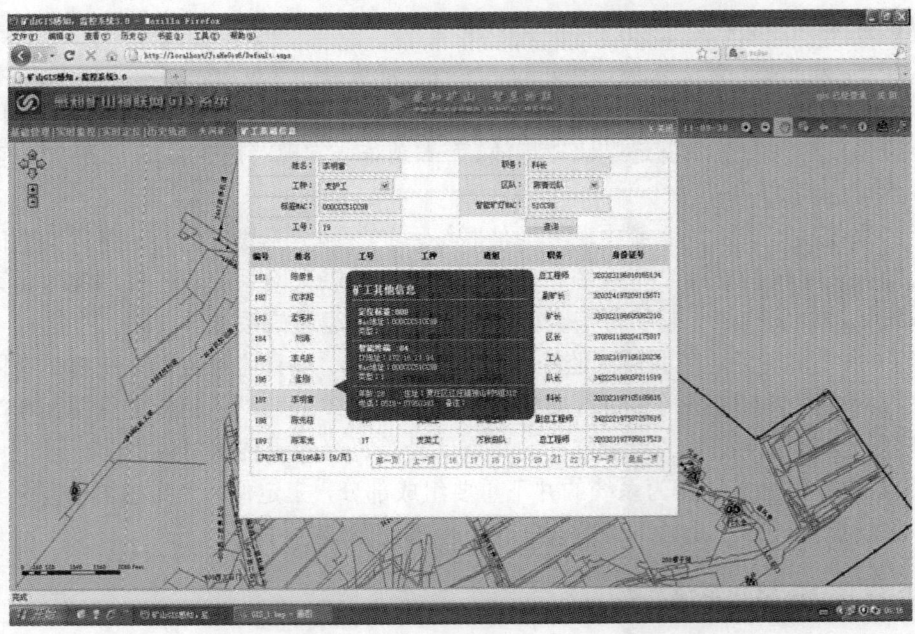

图 12.11　个人安全环境感知查询界面

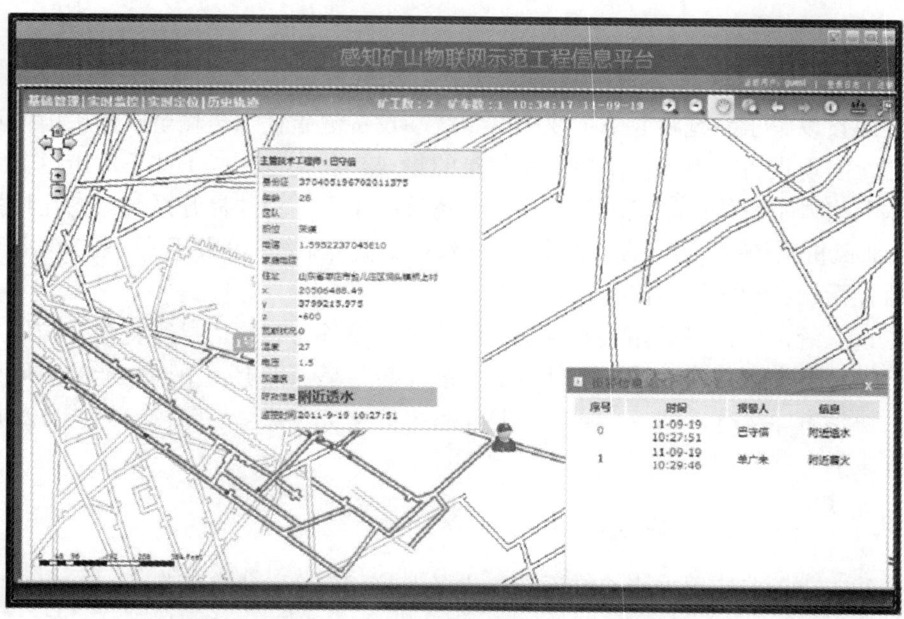

图 12.12　个人安全环境感知信息呼叫界面

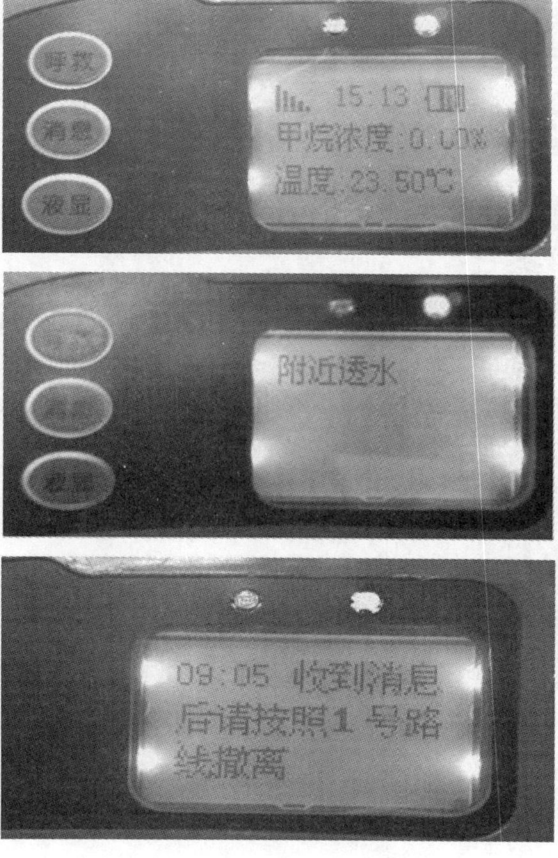

图 12.13　智能矿灯界面

1. 安全生产系统的远程监控

通过建设以下子系统将井下主要生产系统和设备健康状态传输至感知矿山信息集成交换平台，实现设备的自动远动控制和信息的集成。系统包括：①井下皮带运输系统；②中央水泵房排水系统；③空压机自动控制系统；④主、副井提升系统；⑤瓦斯抽放系统；⑥主通风机系统；⑦产量监控系统；⑧35kV 变电所系统；⑨井下变（配）电所系统；⑩安全监控系统；⑪锅炉房监控系统。

通过该系统，确保煤矿相关安全生产、人员、设备、管理信息等复杂异构信息在一个统一网络平台上运行，在异构条件下进行联通与共享，能够使不同功能的应用系统联系起来，协调有序运行，使各自独立的监控系统信息实现共享。图 12.14~图 12.16 是在示范工程中的一些应用案例。

2. 基于 GIS 平台的设备感知系统

在感知矿山示范应用中将 GIS 系统与设备监控相结合，建立了基于 GIS 平台的设备感知系统，并在井下供电系统方面进行了成功的应用，如图 12.17~图 12.19 所示。

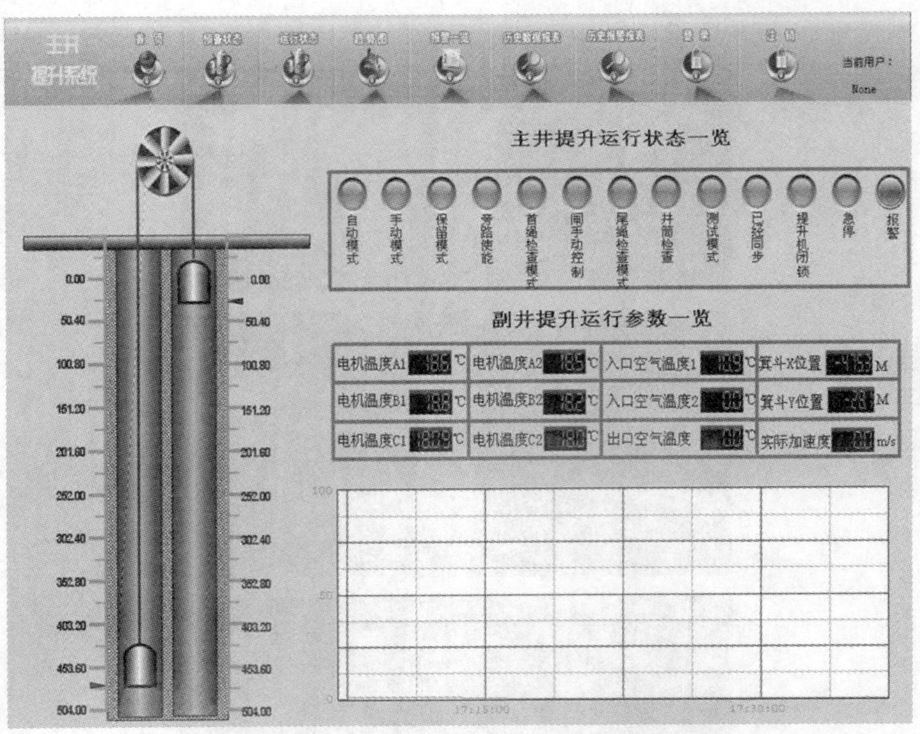

图 12.14　提升机监控与健康状态感知

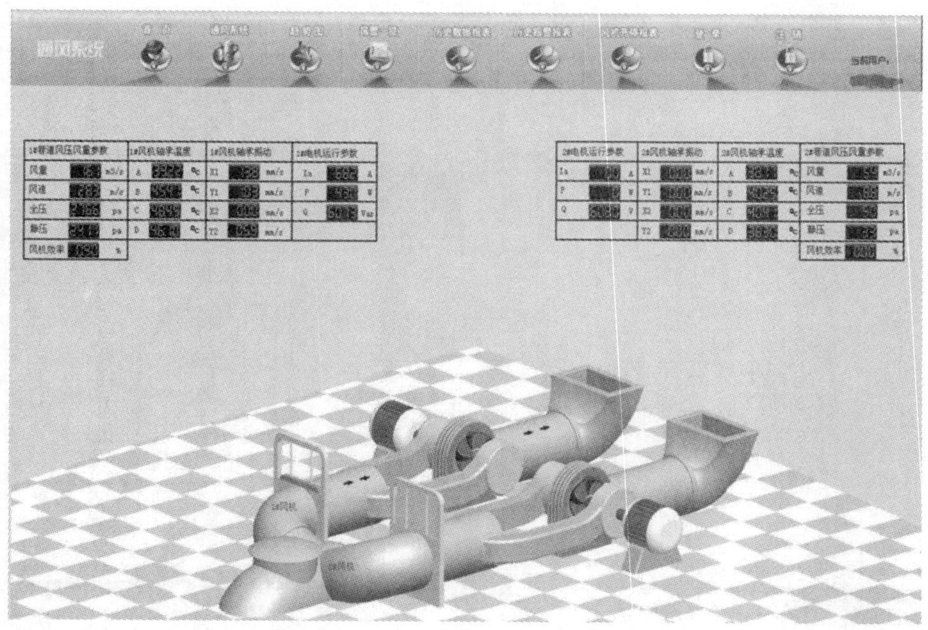

图 12.15　主通风机监控与健康状态感知

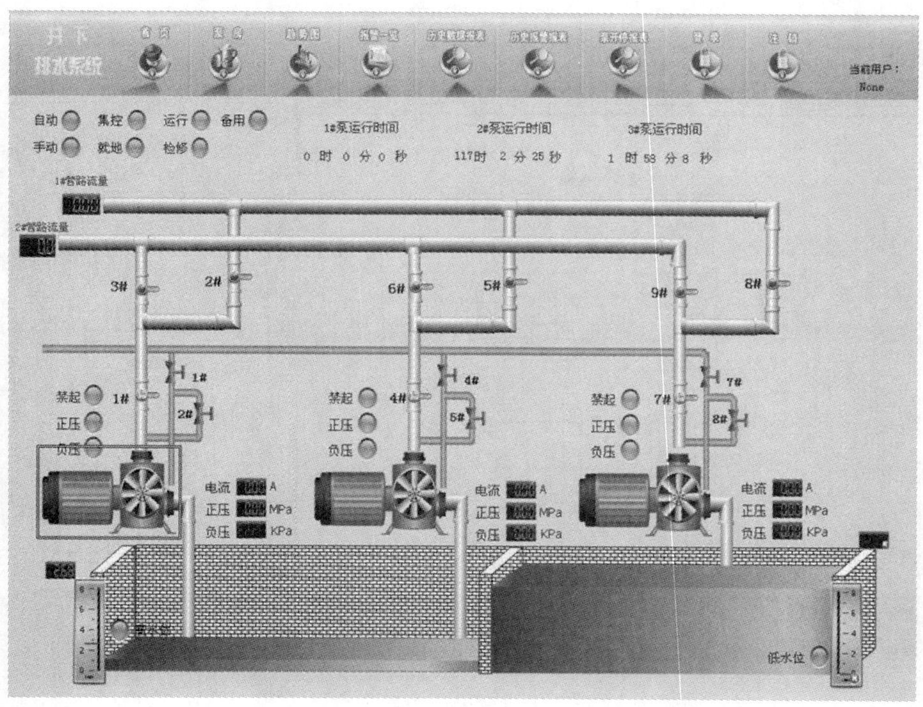

图 12.16　水泵监控与健康状态感知

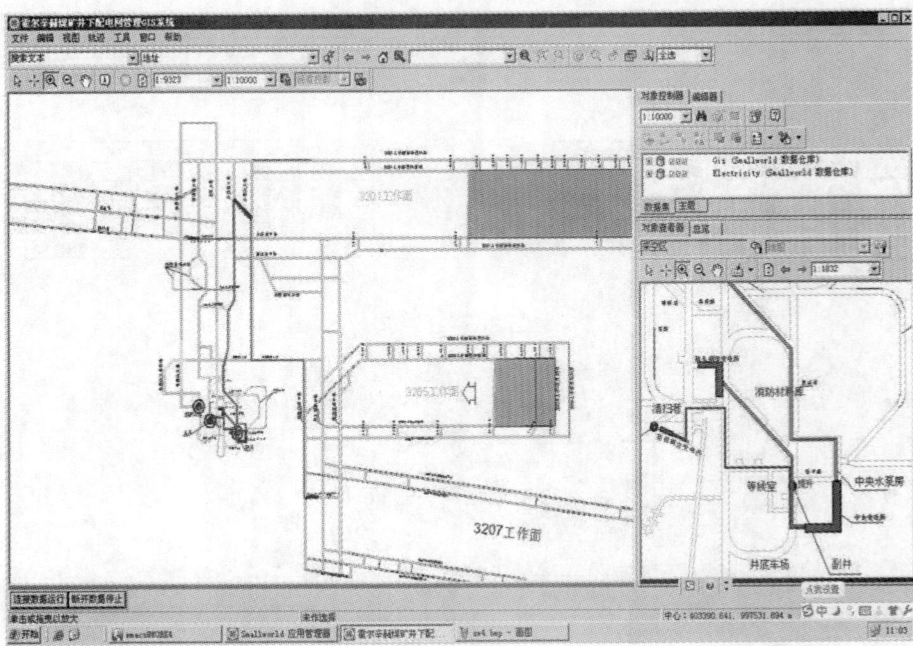

图 12.17　基于 GIS 平台的设备感知系统主界面

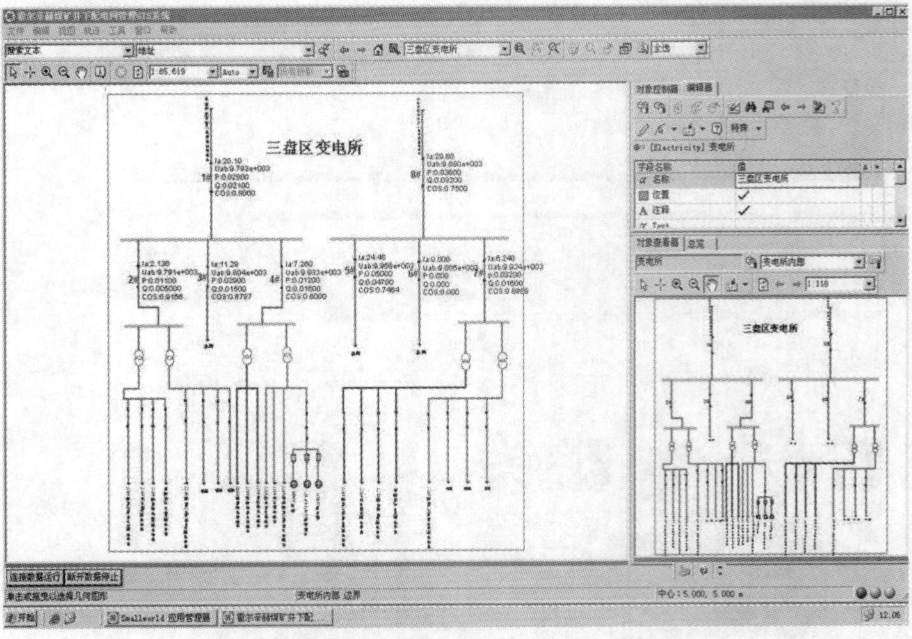

图 12.18　中央变电所内部世界展示

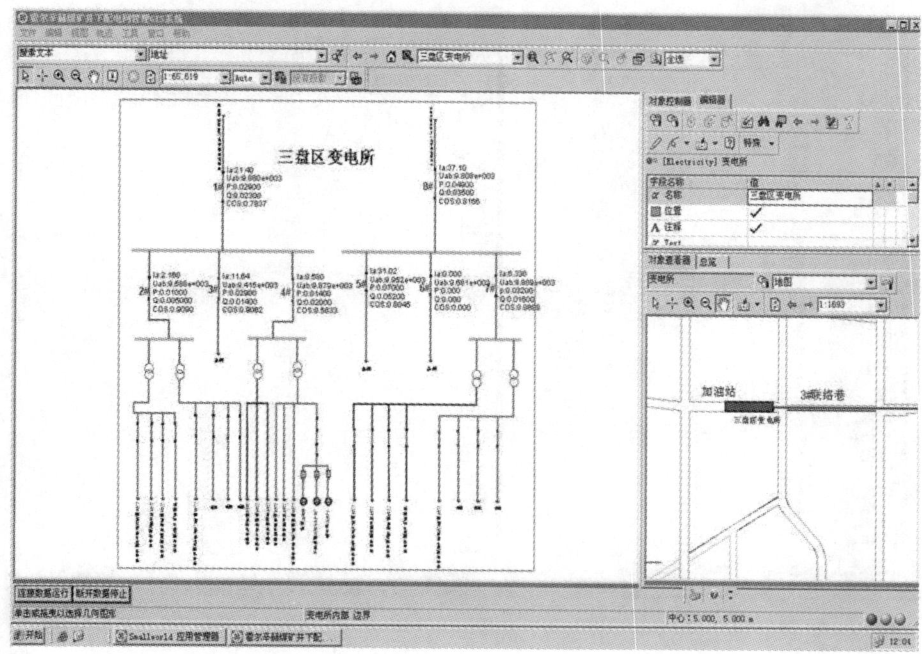

图 12.19　采区变电所内部世界展示

该系统以面向对象建模为基础，建立了井下电网地理拓扑以及电力设备逻辑关系模型，实现了巷道地测数据与井下供电实时感知数据之间的无缝连接，具备了由电力系统内部到巷道系统外部之间的关联分析，采用多世界空间关联表达实现了井下配电网络“一张图”集成化管理，接入井下变电所自动遥测数据，实现基于 GIS 的井下配电网络工作状态的动态掌握，开发了井下配电网络故障双向追踪分析，为井下配电网络的优化与高效管理提供支撑。

12.2.7　感知矿山信息联动系统

感知矿山信息联动系统是为感知矿工周围安全环境、井下各类感知设备工作状态，实现各类感知信息的实时显示、查询、报警与综合预警，实现井下人员、设备与环境及井上调度之间信息交互所开发的专用软件系统。其系统结构和原理详见第 8 章相关内容，本部分主要介绍系统的应用实例。

系统应用效果

图 12.20 显示系统运行的主界面，由实时工人及手持信息终端报警状态、生产人员信息、井下呼救信息、消息发送区等模块组成。

短信自动预警设置如图 12.21 所示，当有信息终端报警时，系统能自动通知到给定范围内的所有其他工人。

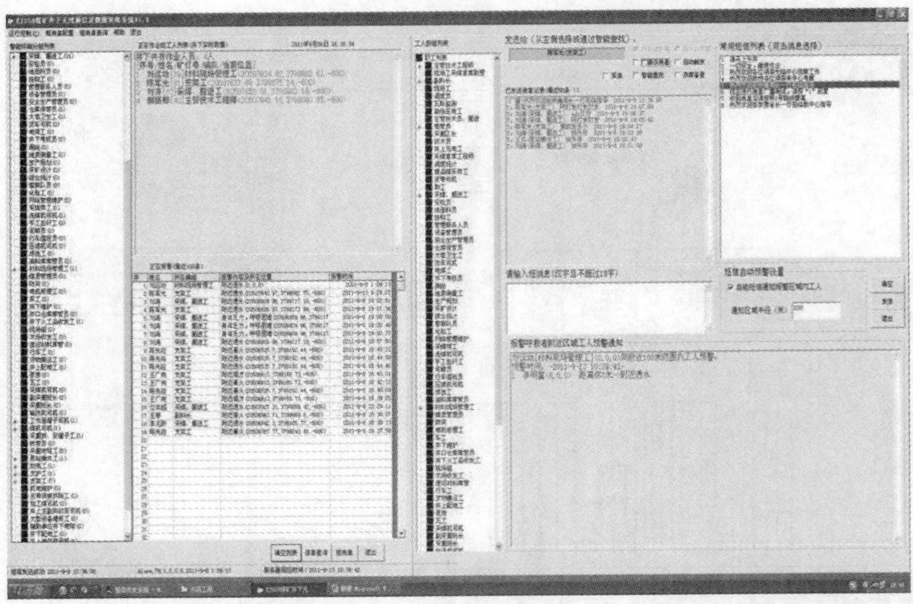

图 12.20　系统主界面

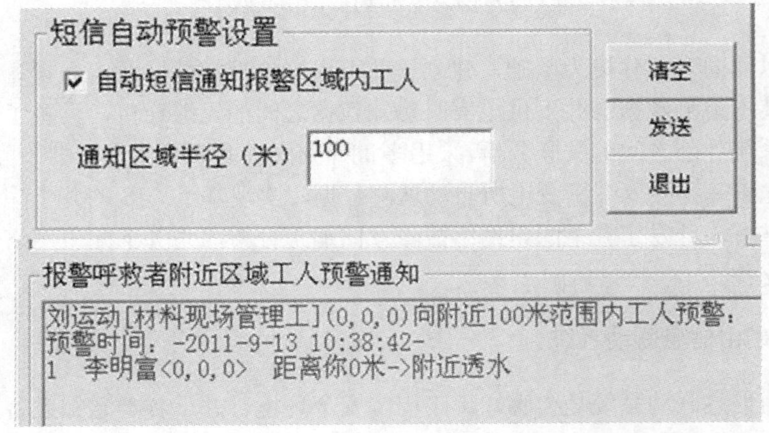

图 12.21　区域预警

实时生产与报警信息列表如图 12.22 所示，显示所有当前正在井下作业人员的姓名、终端设备号、编队和当前实时位置信息。同时显示井下最近的 100 条紧急呼救信息。

信息联动系统的应用改变了矿山传统的通信方式，使调度和一线生产人员可以直接通信，便于管理人员更好地掌握井下实际情况；同时，系统通过信息过滤和分组转发技术，实现了井下信息的区域自动转发，突发的事件可以在第一时间传达到周边的工作人员，大大提高了工人应对突发事件的能力。

正在报警(最近100条)

序	姓名	所在编组	报警内容及所在位置	报警时间
1	刘运动	材料现场管理工	附近透水(0, 0, 0)	2011-9-8 1:09:13
2	陈军光	支架工	附近透水(20507642.97, 3798882.75, -600)	2011-9-13 9:29:07
3	刘涛	采煤、掘进工	附近透水(20506809.96, 3799117.18, -600)	2011-9-8 19:02:51
4	陈军光	支架工	附近透水(20506608.97, 3799173.94, -600)	2011-9-8 19:01:36
5	刘涛	采煤、掘进工	身体乏力，呼吸困难(20506809.96, 3799117	2011-9-8 19:00:50
6	刘涛	采煤、掘进工	身体乏力，呼吸困难(20506809.96, 3799117	2011-9-8 19:00:40
7	刘涛	采煤、掘进工	身体乏力，呼吸困难(20506809.96, 3799117	2011-9-8 19:00:37
8	刘涛	采煤、掘进工	附近透水(20506809.96, 3799117.18, -600)	2011-9-8 18:57:50
9	陈先柱	支架工	附近着火(20506535.7, 3799192.44, -600)	2011-9-8 16:45:22
10	陈先柱	支架工	附近透水(20506535.7, 3799192.44, -600)	2011-9-8 16:44:50
11	陈先柱	支架工	附近透水(20506535.7, 3799192.44, -600)	2011-9-8 16:44:46
12	王广向	支架工	附近塌方(20506613, 3799165.73, -600)	2011-9-8 16:43:01
13	王广向	支架工	附近着火(20506613, 3799165.73, -600)	2011-9-8 16:42:12
14	陈先柱	支架工	附近着火(20506535.7, 3799192.44, -600)	2011-9-8 16:40:09
15	王广向	支架工	附近塌方(20506613, 3799165.73, -600)	2011-9-8 16:39:25
16	位本超	采煤、掘进工	附近透水(20507007.31, 3799055.42, -600)	2011-9-8 23:29:11
17	王春	副科长	附近着火(20506963.71, 3799069.6, -600)	2011-9-8 16:38:27
18	李凡跃	采煤、掘进工	附近透水(20506842.3, 3799105.77, -600)	2011-9-8 16:38:13
19	陈先柱	支架工	附近着火(20506387.77, 3799243.81, -600)	2011-9-8 16:37:58
20				
21				
22				
23				
24				
25				
26				
27				
28				
29				
30				
31				
32				

清空列表　信息查询　短消息　退出

图 12.22　实时生产与报警信息

12.2.8　井下移动目标定位系统

煤矿井下移动目标主要为矿工和机车，矿工位置对于井上生产调度、安全监督管理及灾后救援具有重要意义，机车是运送矿工、生产材料、煤矸等的井下交通工具，合理调配机车可以提高矿井生产效率，保障矿工安全。目前，煤矿井下移动目标定位系统基本是区域定位的模式，不能够实现井下任意位置的连续监控定位，更不能在矿井地质测绘图中实时、动态地显示目标位置及运动轨迹。霍尔辛赫示范工程建立了基于 WiFi 的无线感知网络，能够对井下移动目标进行连续动态定位，并且感知矿工周围环境信息。本系统突破传统定位系统的缺陷，将实时感知的位置信息、周围环境信息和地理空间位置融合，在矿井实际测绘成果图中动态实时地定位人员及机车位置，查询目标历史轨迹并动态回放于电子矿图上。为煤矿安监、调度部门提供实时监控井下矿工、机车等移动目标的活动状态及周围环境状况的信息平台，为分析井下移动目标运行情况、灾后应急救援提供历史资料，从而有效地提高矿井安全生产水平与合理调配资源的能力。

1. 系统结构工作原理

针对霍尔辛赫矿山物联网系统的总体设计，以微软 Windows 操作系统为平台，采用目前最新的 GIS 技术——地理信息服务(geographic information service)，以 ArcGIS Server

9.3 为 GIS 后台服务平台，融入网络应用开发中最新的 Web Service 技术，提出了面向矿山物联网的井下移动目标监控 WebGIS 系统架构（图 12.23）。该架构中由 Web Service 获取并解析感知矿山信息集成与交换平台发送的实时定位数据 UDP 包，利用 ADO.NET 访问业务数据库抽取基础属性数据和历史数据，WebGIS 系统负责融合实时数据、业务数据和 GIS 空间数据，最终通过 IIS 发布到 Internet 或 Intranet，实现任意地点任意浏览器对 WebGIS 系统的访问。

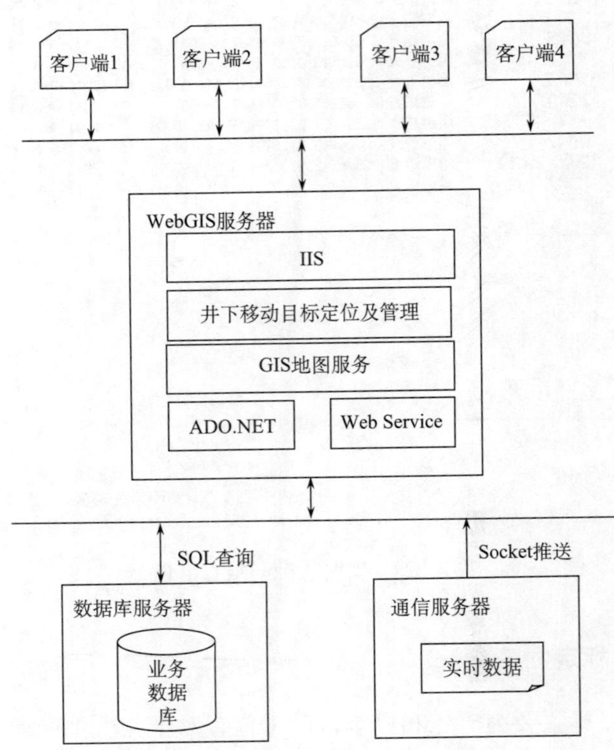

图 12.23　煤矿井下移动目标定位及管理 GIS 系统架构

2. 系统应用效果

1）实时监控

系统启动后直接进入实时监控界面（图 12.24），也可在其他状态下（如历史轨迹）点击实时监控进入实时监控界面。在界面中，不同类型的目标采用不同图标表示，在菜单栏中，实时统计目前监控的人员、机车数量，显示当前时间，鼠标悬停于移动目标之上显示人员、机车的基本信息及传感器感知到的周围环境信息，以及目标的实时位置（图 12.25）。

2）历史轨迹

点击历史轨迹查询，输入查询的起始、终止时间及其可选条件查询历史轨迹记录，可以将查询的某一个对象自动在地图中绘制该目标移动的历史轨迹（图 12.26）。

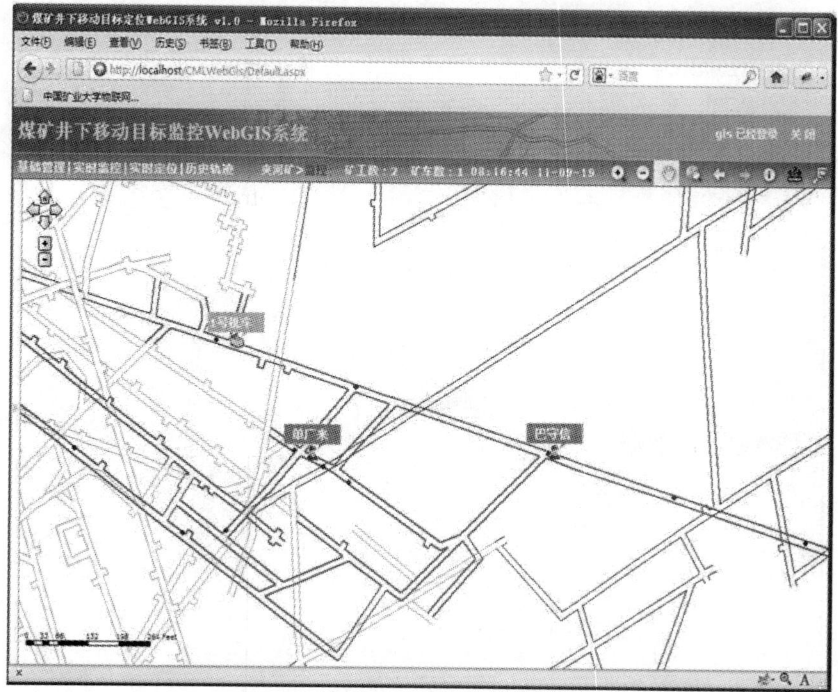

图 12.24 实时监控主界面

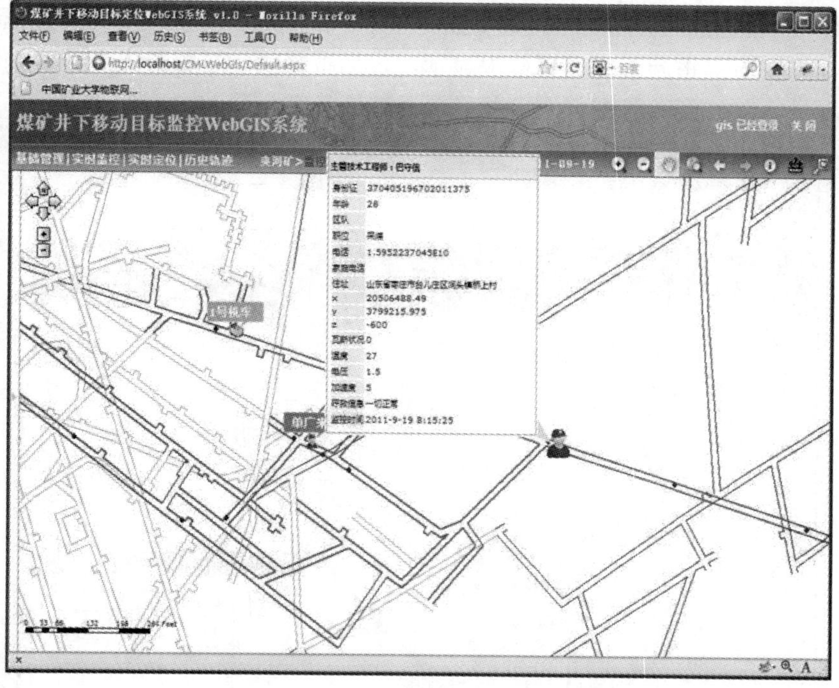

图 12.25 人员实时监控信息

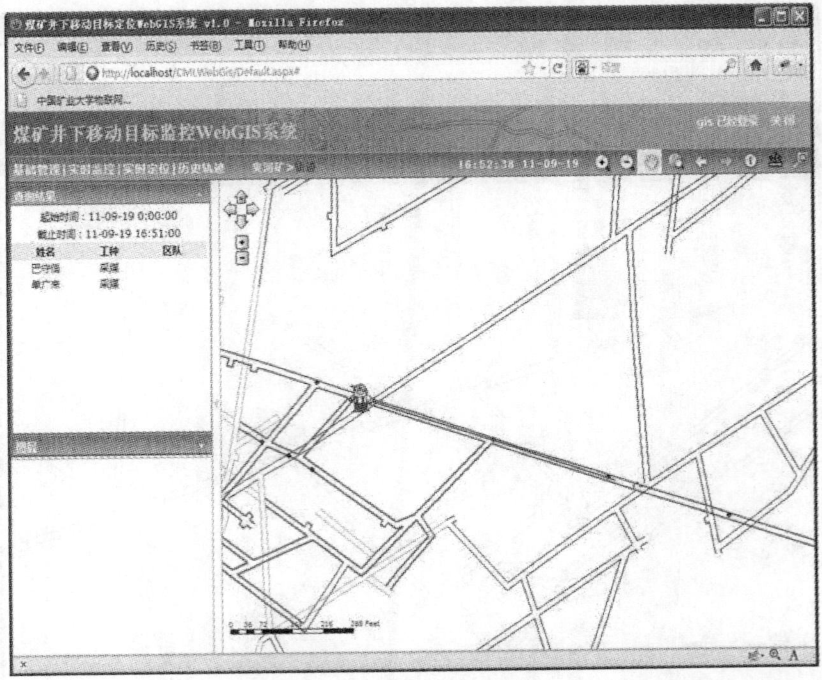

图 12.26　历史轨迹绘制

3）呼救报警

实时监控状态下，在接收到呼救消息后，页面右下角显示报警内容消息框，多人同时报警时，报警内容将同时在消息框中显示，包括报警时间、报警人和报警消息内容，鼠标点击序号将定位到对应报警人，并显示详细信息，如图 12.27 所示。

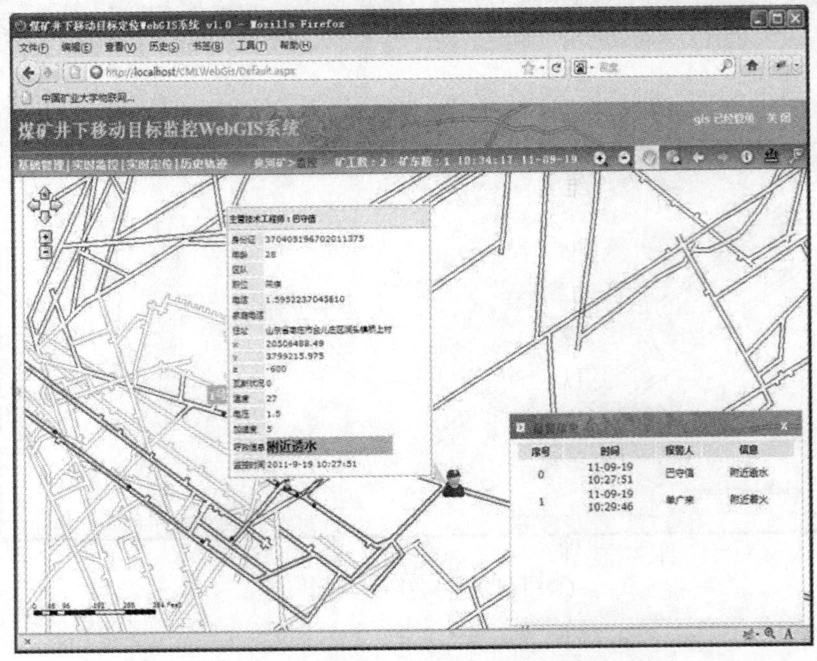

图 12.27　呼救报警

4）传感器报警

当发送的数据中超出对应传感器的报警门限时，将弹出报警信息框，同时将呼救报警，一并显示在消息框中，点击序号将定位到目标，并显示详细信息，如图 12.28 所示。

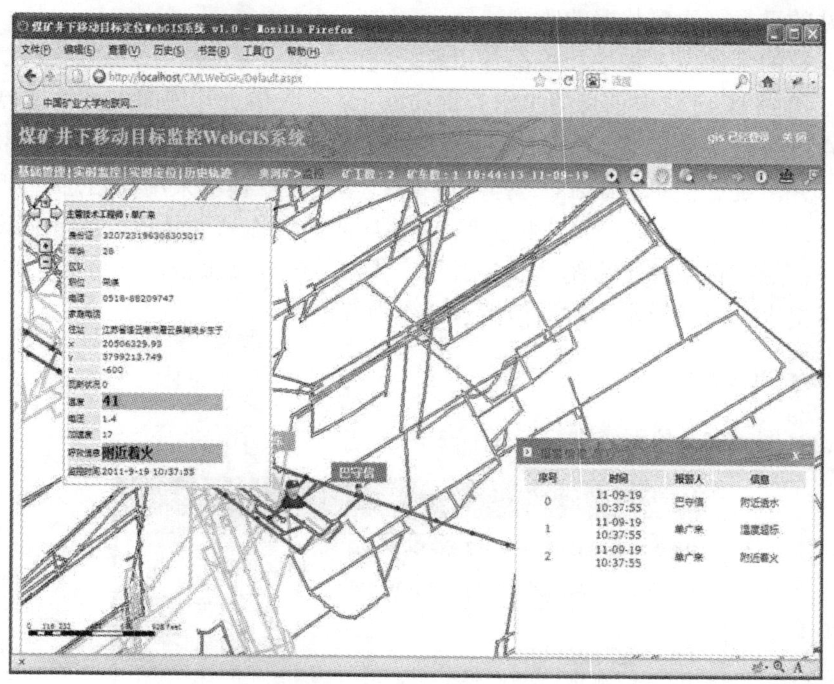

图 12.28　传感器报警

基于 GIS 的井下移动目标连续定位及管理系统实现了井下移动目标的实时连续跟踪、历史轨迹回放等功能。其基于 GIS 的动态信息显示平台可以综合显示目标轨迹、周边传感器实时信息、地理环境信息、设备分布信息等多样信息，可以作为一种全新的煤矿安全监控平台形式，为煤矿安全生产监控提供新的手段。

12.2.9　感知矿山物联网运行维护管理系统

感知矿山物联网运行维护管理系统是将感知矿山物联网的各个子系统，如：GIS、信息集成交换平台、信息联动系统、3DVR、数据库服务器、基础信息（人员、设备）等信息进行统一管理的后台支撑管理系统，是确保“三个感知”得以实现的中坚后盾，主要实现煤矿人员设备基础信息的管理，实时监测与感知矿山相关的主要网络设备、服务器及工作站的工作信息状态。

1. 系统结构与工作原理

感知矿山物联网运行维护管理系统包含信息查询、信息管理、基本设置和运行状态监测四部分。主要功能如下：①信息查询完成人员个人基本信息、信息终端信息及定位卡信息的查询和显示。②信息管理完成煤矿人员、感知设备、定位卡、IP 资源、通信端口等资源的统一管理，对职工信息列表进行显示，实现对基本信息的添加、编辑和删除。

③基本设置完成对工作人员的个人信息及工作种类/职务种类/团队名称等基本参数的设置，系统初始化对启动所需的必要参数、原始启动记录、必要的运行参数进行设置。此外还包括对人员与感知设备关联关系的绑定/解除等操作。④运行状态监测完成对各服务器及工作站的运行、通信状况的监测和显示。

系统运行的工作原理如下：根据各信息之间的关联关系设计出的查询算法，可以实现对人员/信息终端/定位卡信息的绑定查询和显示；进入信息管理即人员管理界面时，列表方式的查询算法实现了对工人信息按职位列表显示，当选择某个工人时，显示工人的详细信息，并可进行信息的添加、编辑和删除；基本设置模块采用与信息管理模块相同的查询算法，将人员按不同的工作种类/职务种类/团队名称列表显示，并提供添加、编辑和删除操作；系统记录各子系统（服务器及工作站）的异常报告，并将其工作状态和通信状况显示出来，出现异常时，通信指示灯变为红色。

2. 系统应用效果

图 12.29~图 12.31 是系统在示范工程中的一些具体应用。

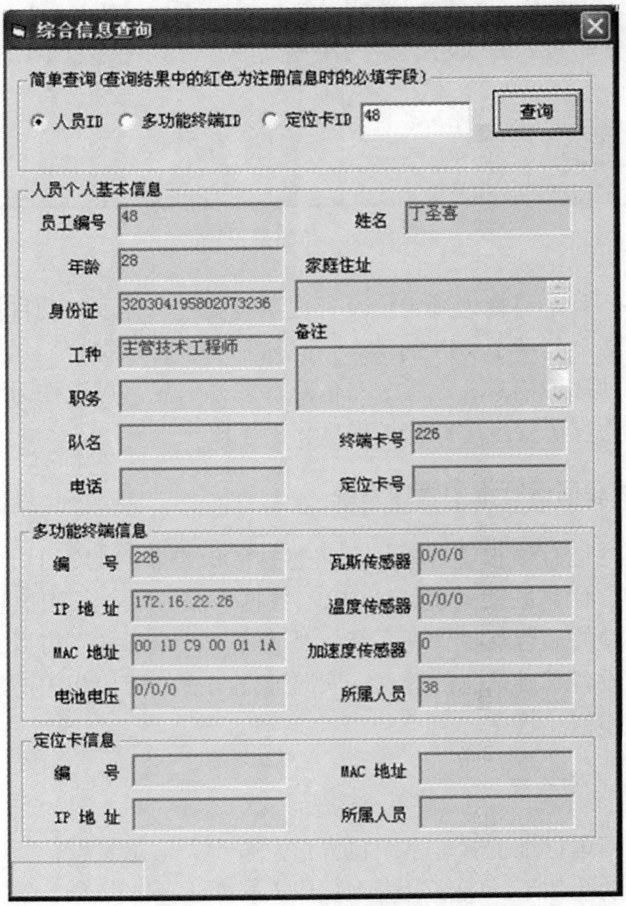

图 12.29　按人员 ID 查询信息效果图

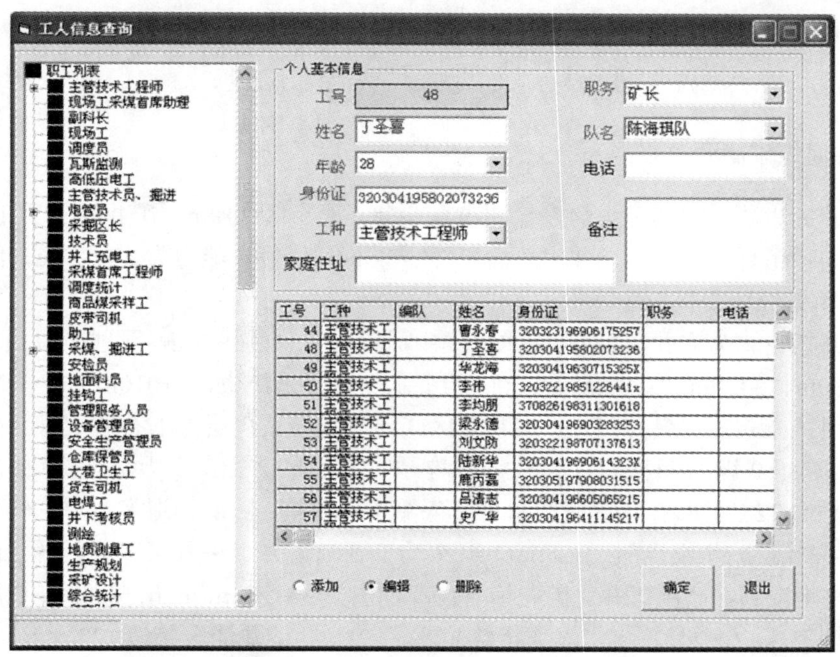

图 12.30 人员管理效果图

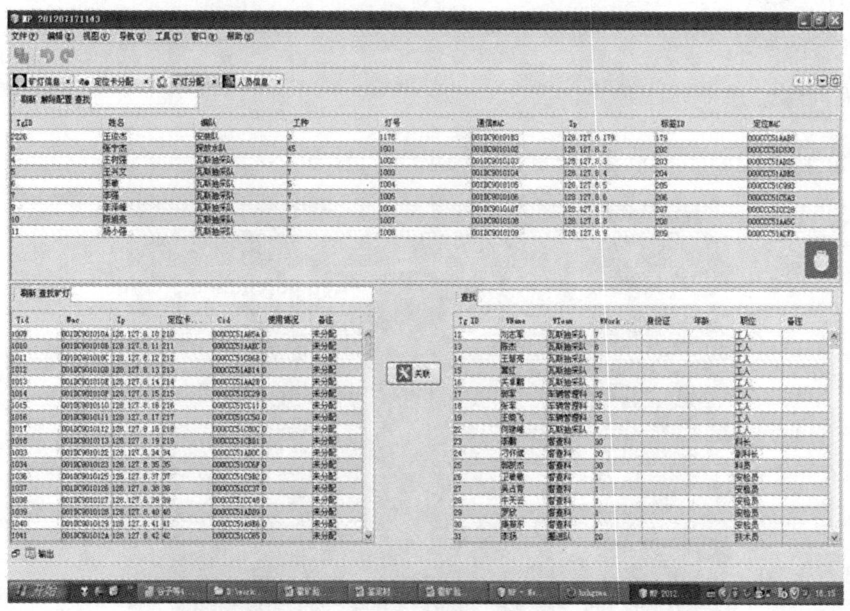

图 12.31 人员、矿灯终端、定位卡的关联

该部分作为系统的配置和管理平台，提供了简便的管理接口，是系统能够长时间运行的保障，各种后台监测数据为系统日常维护和故障处理提供了技术支持。

12.3　夹河煤矿示范工程

12.3.1　夹河煤矿简介

徐州矿务集团夹河煤矿坐落在徐州市西北郊，距市区 11km。矿井始建于 1965 年 2 月，1969 年 10 月正式投产，井田总面积 24.75km^2，原设计能力为 45 万 t/a，经多次技改，2006 年省经贸委核定生产能力 140 万 t/a。

矿井开拓方式为立井、暗斜井多水平集中运输大巷分区式开拓。现划分为五个水平，其中：–280m、–450m、–600m、–800m 四个水平已开采结束，–1010m 水平为现生产水平。矿井通风方式为中央并列式，实行分区式通风。主采煤层为下石盒子组 2 煤和山西组 7 煤、山西组 9 煤，煤种为气煤，煤层平均厚度为 1.7～2.2m，多为缓倾斜、倾斜煤层，煤层倾角平均 22℃，赋存状况复杂，自然条件相对较差，断层构造多，“三软”煤层占总储量的 33%。矿井原浅部（–280m）开采为低瓦斯矿井，进入深部开采后，已发展为高瓦斯、高地应力、高温矿井。矿井绝对瓦斯涌出量 38～48m^3/min；7、9 煤皆属自燃煤层，发火期为 3～6 个月，煤尘爆炸指数 37%～39%；矿井涌水量为 122m^3/h。

夹河煤矿先后建成了井下 1000M 工业环网系统，人员定位系统，瓦斯监测监控系统，皮带机集控系统，变电所无人值守系统，考勤系统，核子秤系统，HMES 降温系统，井下危险区域、重要场所可视化监控系统等。

12.3.2　夹河煤矿感知矿山建设内容

夹河煤矿感知矿山示范工程建设内容如图 12.32 所示。

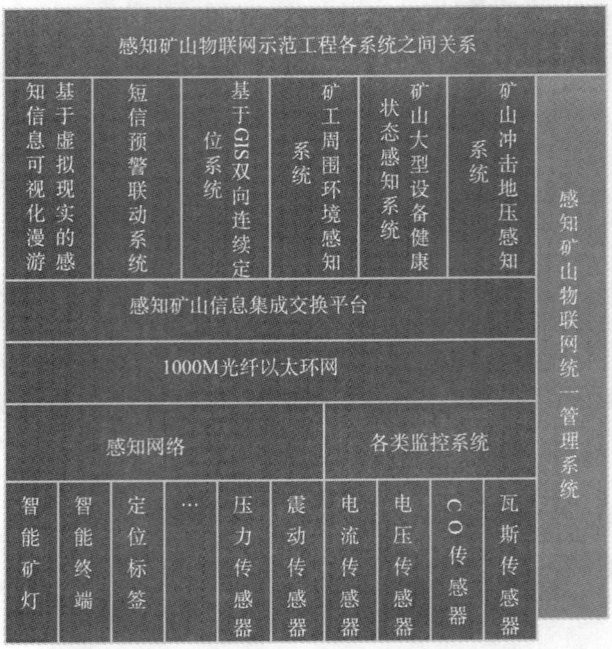

图 12.32　夹河煤矿感知矿山工程建设内容

示范工程包括：系统集成平台建设；骨干网建设；感知网建设；应用子系统建设，包括：井下人员环境感知系统、设备健康状态感知系统、矿山灾害感知系统、感知矿山信息集成交换平台、感知矿山信息联动系统、基于 GIS 的井下移动目标连续定位及管理系统、感知矿山物联网运行维护管理系统等。

12.3.3 夹河煤矿感知矿山系统应用

夹河煤矿感知矿山示范工程按照总体规划分阶段进行，主要建设内容与霍尔辛赫煤矿类似，部分系统应用如下。

夹河煤矿骨干网络建设如图 12.33 所示，在井下采用了 9 台 1000M 防爆交换机（以西门子工业交换机为核心），在地面采用了 5 台西门子 1000M 工业交换机以及 2 台西门子核心交换机，构建全矿井 1000M 环形工业以太环网。

感知网络建设实现了从井口到地下-1010 采掘水平主要巷道的无线覆盖，如图 12.34 所示。

设备健康状态感知系统包括：综采工作面监控系统、主煤流运输监控系统、主副井提升监控系统、主通风机监控系统、压风机监控系统、排水监控系统、35kV 变电所监控系统、井下变电所监控系统，如图 12.35 所示。

在灾害感知方面实现了矿山微震实时监测，具体应用如图 12.36 所示。

在夹河煤矿示范工程中实现了基于虚拟现实的感知矿山三维平台，平台结构如图 12.37 所示。

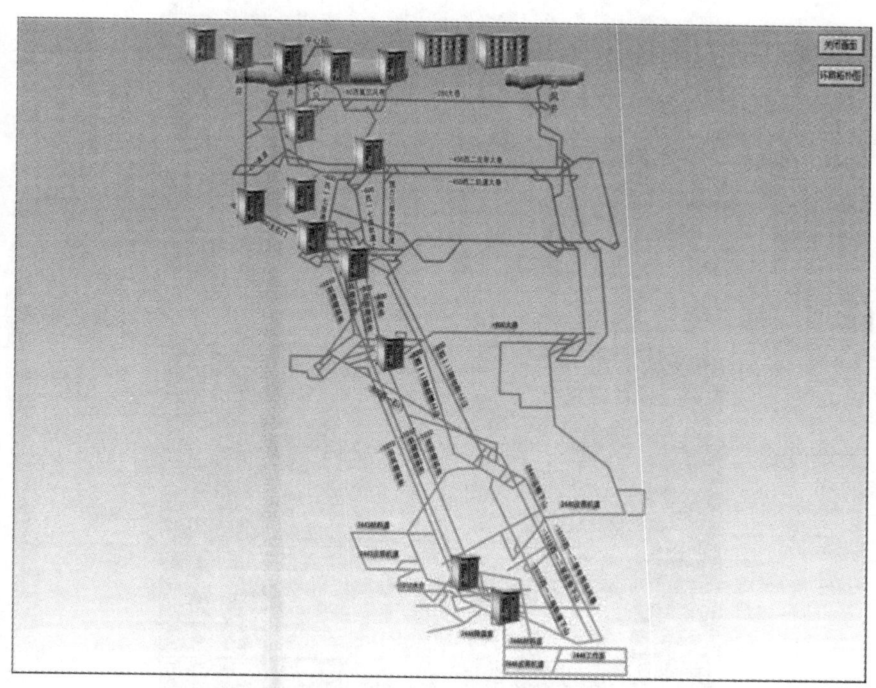

图 12.33 骨干网络结构示意图

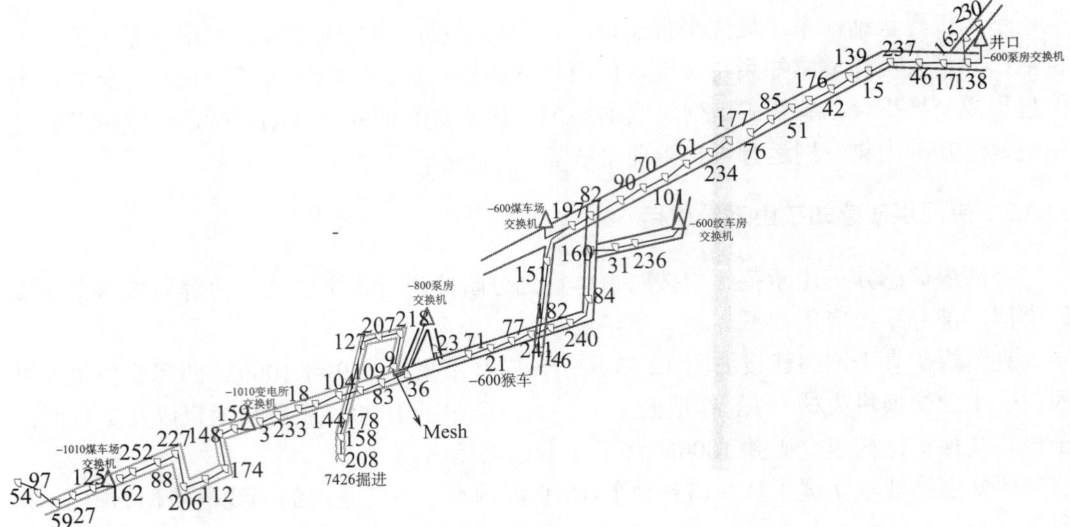

图 12.34　矿用无线感知网络系统结构图

设备健康状态感知系统

设备健康信息集成

综采工作面监控系统	主煤流运输监控系统	主、副井提升监控系统	主通风机监控系统	压风机监控系统	排水监控系统	35kV 变电所监控系统	井下变电所监控系统

图 12.35　设备健康状态感知系统

（a）DLM-SOS 信号采集站

（b）记录仪系统

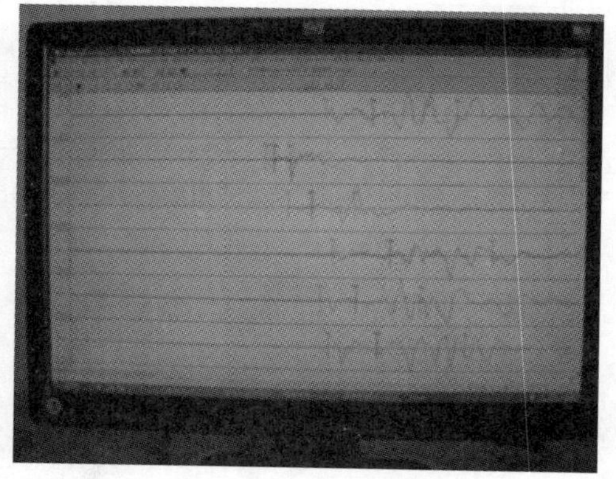

（c）分析仪

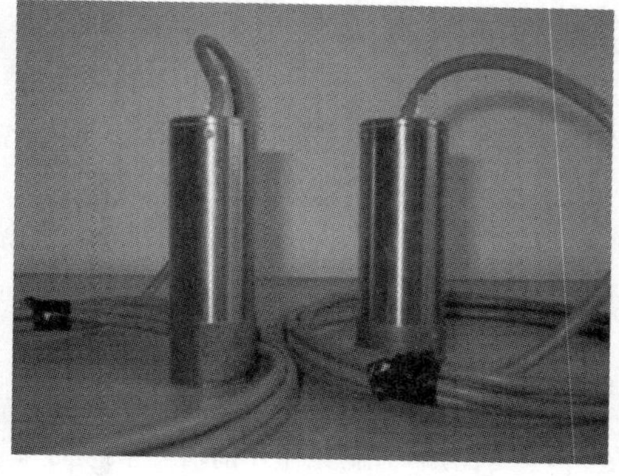

（d）检波测量探头

图 12.36 微震监测系统

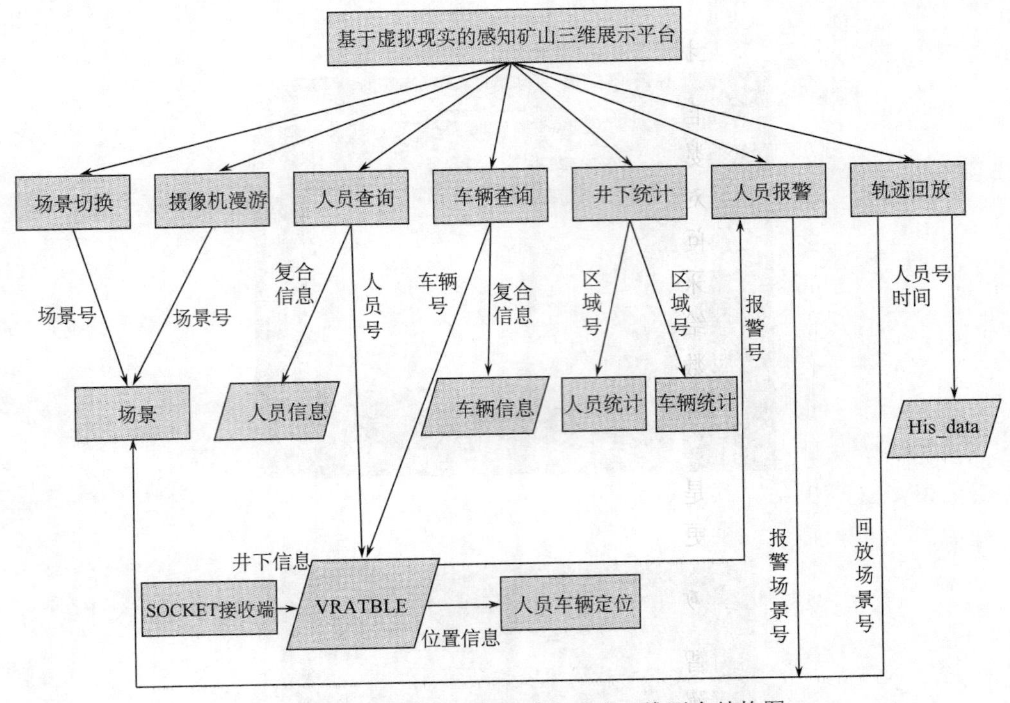

图 12.37　基于虚拟现实的感知矿山三维平台结构图

12.4　感知矿山示范创新意义

1. *感知矿山物联网体系架构*

感知矿山体系架构，是由中国矿业大学物联网（感知矿山）研究中心在感知矿山总体规划中首次提出，感知矿山物联网应用模型由三层组成：①感知与控制层；②信息集成与 MES 层；③管理决策与应用层。

感知矿山物联网模型是一个开放性模型，适用于各种不同类型的矿井，感知矿山三层结构模型并不是一成不变的，它可以根据矿山的规模、现代化水平、开采方式等进行灵活的调整，增减模块，以适应各种不同类型矿山的需要。

感知矿山物联网模型的特点表现在：①完整物联网体系；②可伸缩的结构；③完全兼容综合自动化系统和煤矿信息化系统；④完善的感知层网络。

2. *矿井人员环境感知终端*

可实时了解自身所处环境（瓦斯、温度等）情况，实现了矿工对周围环境情况的主动感知，并可以实现和井上人员之间的主动通信，在紧急情况下，调度室可通过此终端下达人员撤离等重大指令。在国内首次实现井下人员周围环境信息的感知，为物联网技术在矿山的应用开辟了新应用模式。

3. 感知矿山时空实时数据对象模型

物联网环境与一般综合自动化环境不同，要求感知信息都带有空间坐标，传统的实时数据库在存放和处理这类数据时显得力不从心，考虑到未来适应物联网应用的需要，提出并建立了时空实时数据对象模型，并在此模型基础上构建时空实时数据库，进而解决了时空信息的同步和交换问题，为构建 M2M 平台解决了核心技术。感知矿山时空实时数据对象模型是将传感器采集的“点、值、时间”实时感知信息在一个具有统一空间维度的对象中，按照“区域给定、时间许可”的原则进行融合的实时数据对象模型。其实质是将各类井下传统实时数据进行空间、时间、属性等多维度表示，构建多维数据对象，对数据对象的描述更精确与完整。由于空间参数的引入，使原本独立的矿山感知信息融合到一个统一的时空中，使给定时间、空间的时空数据对象被有机融合到一起，相互具有一定的关联度。尤其是给定区域内多数据对象的多维特征分析提供快捷、可靠的手段，为智能决策输出提供更高可信度，同时大大提高专家系统的执行效率。

4. 基于安全知识的感知矿山信息联动技术

物联网示范工程，利用智能终端、传感网、统一的时空信息交换平台等，实现信息的集成与共享，但是，如何解决众多感知信息的综合利用是感知矿山信息处理面临的严峻课题，涉及的研究方向众多。示范工程从保障煤矿安全角度出发，提出了基于煤矿安全知识的感知信息联动技术，建立起了超越传统应用的信息之间关联关系，实现了多传感器信息、多系统之间的联动。比如，传感器发现某处紧急事件，系统会将信息及时地通知井下相关区域人员和井上人员，实现重大消息的区域转发等功能。

5. 基于控制点的井下 WiFi 实时定位坐标与地理参考坐标映射技术

WiFi 定位系统与 GPS 定位系统不同，GPS 系统直接计算定位目标在全球统一的 WGS84 坐标系下的坐标值，而 WiFi 定位系统基于无线传感器网络定位原理，计算定位目标与无线接入设备的相对距离作为该点坐标，属于自定义坐标系统。煤矿或非煤矿井下巷道往往十分复杂，井下 WiFi 实时定位会存在定位坐标与矿山测量坐标不一致的问题，造成无法建立井下定位目标与矿山测绘成果的空间对应关系。为解决该问题，提出了采用无线接入设备作为控制点，通过矿山测量获取无线接入设备的地理参考坐标作为控制点坐标，依据定位时采用的无线设备编号及相对坐标，经过坐标转换将相对坐标映射为地理参考坐标。基于这一思想，开发了映射计算程序，实际应用效果良好，井下定位目标位置能够实时定位在采掘工程图、井上下对照图等矿山测绘成果上，而无需对其进行任何处理，映射位置误差≤5m，100 个定位点坐标映射计算延迟≤0.5s，具有较高的实时性。

6. 实时数据驱动的三维矿井动态实体容错定位技术

利用实时定位信息对煤矿三维场景的动态实体进行定位时，定位数据的精确程度决定了三维场景反映现实场景的准确性和逼真性。然而，由于煤矿井下的恶劣环境以及采用 WiFi 技术进行定位时自身的精确程度导致定位信息与实际信息都存在一定的误差。因此，利用定位坐标直接在三维场景中进行动态实体定位时就会出现位置和方向上的偏移，导致虚拟场景的逼真性下降。为了解决这一问题，提出一种实时数据驱动的三维矿井动态实体容错定位技术，该技术首先通过对井下场景进行区域划分，并对每个区域进行吸引子建模，在进行三维定位过程中通过寻找实际定位信息的最近邻吸引子来进行容错处理，经过计算将实际定位信息转化为三维定位信息，达到精确定位的目的。另外，为了避免空间区域划分中可能存在的交叉情况而出现的抖动现象，引入了兴趣点优先的处理技术，在一些区域交叉的关键点，像矿井巷道的拐弯处设置兴趣点，并在进行三维定位时优先进行兴趣点判断处理。现场应用效果表明，利用三维矿井动态实体容错定位技术能够在三维虚拟矿山中对人员和车辆进行精确的定位，并且由于算法在区域划分和兴趣点上的优化设置，系统具有较高的实时性。

总之，感知矿山示范工程是按照感知矿山总体规划，紧密结合感知矿山物联网关键技术及装备研发成果进行的，为目前矿山物联网研发成果进行了初步应用及展示。